Nr. 22
S. 7769–8132

1962
30. Mai

Chemisches Zentralblatt

Vollständiges Repertorium für alle Zweige der reinen und angewandten Chemie

1830 gegründet. 1897—1945 von der Deutschen Chemischen Gesellschaft fortgeführt. Im Auftrage der Deutschen Akademie der Wissenschaften zu Berlin, der Chemischen Gesellschaft in der DDR, der Akademie der Wissenschaften zu Göttingen und der Gesellschaft Deutscher Chemiker (in der BRD)

herausgegeben von Prof. Dr. **Heinrich Bertsch** und Prof. Dr. Dr. h. c. **Wilhelm Klemm**

133. Jahrgang

1962

Chefredakteure: Dr. Eugen Klever und Dr. Willi Barz

Akademie-Verlag GmbH., Berlin — Verlag Chemie, GmbH., Weinheim/Bergstr.

Inhalt

Namenregister

Patentregister

Dänische Patente
(Dän.P.)

Englische Patente
(E.P.)

Französische Patente
(F.P.)

Holländische Patente
(Holl.P.)

Chemisches Zentralblatt

1962 Nr. 22 30. Mai

A. Allgemeine, physikalische und anorganische Chemie

Die neue Atomgewichtstabelle. H. Remy. (Angew. Chem. **74**. 69—74. 21/1. 1962. Hamburg, Univ., Inst. für anorg. Chem.) (Dt.)

Bericht über die Umstellung der Atomgew. auf die Bezugseinheit $^{12}C = 12$, die von der Atomgew.-Kommission der IUPAC 1961 beschlossen wurde. Wiedergabe der neuen Atomgewichte. Neuberechnet wurden das Molvol. zu 22,4129 Liter, die Gas-Konst. R zu 0,0820537 Liter·atm, die AVOGADROsche Zahl zu $6,02295 \cdot 10^{23}$ u. F zu 96494,5 ± 1,5 internationale Coulomb. CH. WEISKE. 10□

Rudolf Brdička, Grundlagen der physikalischen Chemie. 2. berichtigte Aufl. Berlin: Deutscher Verl. der Wissenschaften. 1961. (XXVI + 934 S. m. Abb.) 8°. DM 44,40.

Max von Laue, Die Relativitätstheorie. Bd. 1: Die spezielle Relativitätstheorie. 7. durchgesehene Aufl. Herausgeg. v. **Friedrich Beck**. Braunschweig: Vieweg & Sohn. 1961. (VIII + 204 S. m. 23 Abb.) 8° = Die Wissenschaft. Bd. 38. DM 19,80.

Eugen Merzbacher, Quantum mechanics. New York: Wiley. 1961. (544 S.) $ 12.—.

J. Thewlis, Encyclopaedic dictionary of physics: general, nuclear, solid state, molecular, chemical, metal and vacuum physics, astronomy, geophysics, biophysics and related subjects. Vol. 3: Epitaxy to Intermediate image. London: Pergamon. 1961. (IX + 894 S. m. Tab. u. Diagr.) 7 £. 10 s.

A_1. Kernphysik und Kernchemie

Über die μ-mesonischen Atome. Y. Eisenberg und D. Kessler. (Nuovo Cimento [10] **19**. 1195—1210. 16/3. 1961. Rehovoth, Weizmann Inst. of Sci.) (Engl.) — Vgl. C. **1962**. 2614.

Zur Unters. des Problems der „fehlenden Röntgenstrahlen" beim Einfang von μ-Mesonen in die leichten Elemente wird eine vollständige Kaskadenberechnung der Übergänge des μ-Mesons in den meson. Atomen durchgeführt. Ferner wurden das erwartete AUGER-Elektronenspektrum für μ^--Einfang in die schweren Elemente (Ag, Br) von Kernemulsionen berechnet. HERBERT WEBER. 90□

Über die neutralen Zerfallsprodukte von Myonen. P. Vértes. (Acta physica Acad. Sci. hung. **12**. 249—52. 1960. Budapest, Roland Eötvös Univ., Inst. of Theoret. Physics.) (Engl.)

Es werden verschiedene Experimente diskutiert, um zu entscheiden, ob das neutrale mit dem Elektron u. das mit dem Myon gekoppelte Teilchen ident. sind: nämlich Absorption der freien Neutrinos des μ-Zerfalls u. Auslösung des β-Zerfalls, schwache Wechselwrkg. zweiter Ordnung von Myonen mit Kernen u. Wechselwrkg. zweiter Ordnung beim Zerfall von Mesoatomen. M. WIEDEMANN. 90□

Zur Interpretation von Jets mit dem Modell der angeregten Nucleonen. J. Burmeister, K. Lanius und H. W. Meier. (Nuovo Cimento [10] **11**. 12—20. 1/1. 1959. Berlin, Dt. Akad. der Wiss., Kernphysik. Inst. Zeuthen.) (Dt.) — Vgl. C. **1961**. 9668.

Experimentelle Daten über Jets in Kernemulsionen wurden an Hand des Zweizentrenmodells interpretiert. Dabei wurde angenommen, daß die nach dem Stoß im Schwerpunkts-Syst. auseinanderfliegenden Zentren angeregte Nucleonen sind. Zwei Raumgebiete hoher Energiedichte sind demnach die Ursache der Mesonenvielfacherzeugung. Für N-N-Stöße wurden γ_c-Werte ermittelt u. mit der Theorie verglichen. Ferner wurden π-N-Stöße diskutiert. M. WIEDEMANN. 90□

Weitere Untersuchung eines energiereichen Jets. G. Bozoki, G. Domokos, E. Fenyves, A. Frenkel, E. Gombosi, D. Bebel, K. Lanius und H. W. Meier. (Nuovo Cimento [10] **13**. 662—64. 1/8. 1959. Budapest, Central Res. Inst. of Physics; Dt. Akad. der Wiss. zu Berlin, Kernphysik. Inst.) (Engl.)

Ein energiereicher Jet vom Typ $0 + 16\alpha$ wurde analysiert. Die Energien der Sekundärteilchen wurden durch relative u. Einfachstreumessungen u. durch Analyse der sek. Elektron-Photon-Kaskaden bestimmt. Die auf die neutralen Pionen übertragene Energie ergab sich zu $6 \cdot 10^{11}$—$6 \cdot 10^{12}$ eV, die Primärenergie zu $2,7 \cdot 10^{12}$—$1,3 \cdot 10^{13}$ eV. Die Frage des Inelastizitäts-Koeff. wird erörtert. M. WIEDEMANN. 90□

Über die Gleichung für das Bosonendublett. Ch. Yiglane und G. Kutusowa. (Журнал Экспериментальной и Теоретической Физики [J. exp. theoret. Physik] **40**.

80–81. März 1961. Inst. für Phys. u. Astron. der Akad. der Wiss. der EstnSSR.) (Russ.; Auszug: Engl.)

Für das Bosonendublett wird eine Gleichung aufgestellt, die für das Syst. der K-Mesonen von Bedeutung ist. Sie ist gegenüber 2 Transformationen vom Pauli-Gürsey-Typ invariant. M. Wiedemann. 90□

Wechselwirkungen von K^--Mesonen von 1,15 GeV/c in Emulsionen. 2. Mitt. A. Marzari Chiesa, B. Quassiati und G. Rinaudo. (Nuovo Cimento [10] **19.** 1171 bis 1182. 16/3. 1961. Torino, Ist. Naz. di Fis. Nucl.) (Engl.) — 1. vgl. C. **1961.** 14901.

Die l. c. durchgeführten Unterss. werden bzgl. des Energiespektrums u. der Winkelverteilung der reemittierten K^-, der Erzeugung von π-Mesonen, der mittleren Lebensdauer u. der Kernstreuung von Σ-Hyperonen u. der Auf/Ab-Symmetrie beim Zerfall von Σ^+-Hyperonen analysiert. Herbert Weber. 90□

Über die Pion–Hyperon-Resonanzen und ihre mögliche Verwendung (Bestimmung der relativen Σ–Λ-Parität und des α_Λ/α_0-Verhältnisses). Ph. Meyer, J. Prentki und Y. Yamaguchi. (Nuovo Cimento [10] **19.** 794–815. 16/2. 1961. Geneva, CERN.) (Engl.)

In Ergänzung zu C. **1962.** 4 schlagen Vff. ein Verf. vor, daß nur die Messung der Aufwärts/Abwärts-Asymmetrien der Pionen aus den Λ- u. Σ-Zerfällen erfordert. Die Existenz weiterer Resonanzen u. die Beziehungen zwischen ihnen werden diskutiert. M. Wiedemann. 90□

Bestimmung der Masse des Λ^0-Hyperons. J. Bogdanowicz, M. Danysz, A. Filipkowski, E. Marquit, E. Skrzypczak, A. Wróblewski und J. Zakrzewski. (Acta physica polon. **19.** 277–87. 1960. Warsaw, Univ., Inst. of Phys., Inst. of Nucl. Res.) (Engl.)

180-Ilford-G 5-Emulsionen wurden dem 300-MeV/c-K^--Bündel ausgesetzt u. 53 $\Lambda^0 \rightarrow p + \pi^-$-Zerfälle analysiert. Es ergab sich ein Wert $Q_\Lambda = 37{,}58 \pm 0{,}18$ MeV u. eine Masse $M_\Lambda = 1115{,}42 \pm 0{,}19$ MeV. Reichweitemessungen anderer Autoren wurden nach durchgeführten Eichungen umgerechnet u. insgesamt ein Mittelwert von $M(\Sigma^+) = 1189{,}43 \pm 0{,}31$ MeV erhalten. M. Wiedemann. 90□

Über Strahlungskorrekturen infolge von weichen Photonen. K. E. Eriksson. (Nuovo Cimento [10] **19.** 1010–28. 1/3. 1961. Geneva, CERN.) (Engl.)

Quantenfeldtheoreth. Unters. zur Infrarotdivergenz von (Lorentz-invarianten) Streuamplituden. Herbert Weber. 90□

Der Wirkungsquerschnitt für Paarerzeugung durch 6,3-MeV-γ-Quanten im Coulombfeld des Elektrons. Ch. J. Frei, H. H. Staub und H. Winkler. (Helv. physica Acta **31.** 491–510. 1/9. 1958. Zürich, Univ., Physik. Inst.) (Dt.)

Das 1,5-MeV-Protonenbündel erzeugte an CaF_2 nach der Rk. $^{19}F(p, \alpha\gamma)^{16}O$ eine 6,3-MeV-γ-Strahlung. Durch Koinzidenzmessung mit der Vernichtungsstrahlung der Positronen wurde bei den Paaren Be–Al u. Mg–C das Verhältnis der gesamten, nuclearen u. elektron. Wrkg.-Querschnitte für die Paarerzeugung bestimmt. Da die Paarerzeugung im Feld eines Kerns u. im Feld eines Elektrons in verschiedener Weise von Z abhängen, kann das Verhältnis des elektron. zum nuclearen Wrkg.-Querschnitt erhalten werden, es ergab sich zu $0{,}5 \pm 0{,}05$ nahe dem theoret. Wert von 0,4. M. Wiedemann. 90□

Photoelektrischer Effekt und Paarvernichtung mit großer Impulsübertragung. David S. Moroi. (Physic. Rev. [2] **123.** 167–74. 1/7. 1961. Ames, Iowa, Iowa State Univ., Inst. of Atom. Res., Dep. of Phys.) (Engl.)

Vf. untersucht den photoelektr. Effekt u. die Paarvernichtung in *H* bei großem Winkel, um zu erfahren, ob diese Prozesse als Test für das Verh. der Elektronen- u. Positronenpropagatoren in der Quantenelektrodynamik bei kleinen Entfernungen verwendet werden können. Gerhard Schmidt. 90□

Čerenkov-Strahlung bei ausgedehnten Höhenstrahlschauern. A. J. Van der Walt. (Tydskr. Wet. Kuns [N. S.] **20.** Nr. 2. 168–76. Okt. 1960. Potchefstroom, Univ. vir C. H. O., Dep. Fis.) (Afrikans.)

Vf. leitet unter Zugrundelegung einer Huygensschen Konstruktion eine empir. Gleichung zur Best. der mittleren Lichtintensität bzw. der Anzahl Photonen als Funktion des Abstandes vom Schauerzentrum ab, die beim Auftreten von Čerenkov-Strahlung pro Schauerteilchen wahrgenommen werden können. Dabei gehen die vertikale Entstehungshöhe des Schauers u. die Energie des prim. Höhenstrahlteilchens als Parameter in die Gleichung ein. Die Beziehung erlaubt Rückschlüsse auf die senkrechte Entw. ausgedehnter Höhenstrahlschauer. G. Kirsten. 90□

Expansion in den Drehimpulsen in der Störungstheorie des gebundenen Zustandes. G. E. Brown und G. W. Schaefer. (Proc. Roy. Soc. [London], Ser. A **233.** 527–35. 10/1. 1956. Birmingham, Univ., Dep. of Math. Phys.) (Engl.)

Mathemat. Wiedergabe einer Ausbreitung des Propagators eines relativist. Elektrons in einem zentralen stat. Potential u. Anwendung des Verf. auf schwere Atome.
GERHARD SCHMIDT. 90□

Spinschwankungen bei der Streuung von Neutronen an Magnetit. Tormod Riste, Konrad Blinowski und Jerzy Janik. (Physics Chem. Solids **9.** 153—64. Febr. 1959. Kjeller, Joint Establ. for Nucl. Energy Res.) (Engl.)

Es wurden Messungen der Neutronenstreuung an Fe_3O_4 im Temp.-Bereich von 0—700° durchgeführt. Die Ergebnisse zeigen, daß sich die unelast. magnet. Streuung der Neutronen über einen weiten Temp.-Bereich durch die Spinwellentheorie wiedergeben läßt. Die maximale Temp. des Gültigkeitsbereiches der Spinwellennäherung wird außerordentlich genau durch die Temp.-Abhängigkeit der Peakbreiten erhalten; sie ergibt sich als Funktion der Spinwellenenergie u. liegt bei 400°. Bei höheren Temp. beginnt eine Schwankung der z-Komponente der einzelnen Spins einzusetzen. Das statist. Verh. der Spinwellen u. die Temp.-Abhängigkeit des Wrkg.-Querschnittes zeigen, daß die BOSE-EINSTEIN-Statistik gültig ist. Ferner zeigt sich die Gültigkeit der quadrat. Dispersionsbeziehung für ferromagnet. Spinwellen mit einem Wert von $J_{AB} = 2 \cdot 10^{-3}$eV.
G. M. NEUMANN. 90□

Die Anwendung topologischer Methoden auf die Kinetik homogener Reaktoren. Henri B. Smets und Elias P. Gyftopoulos. (Nuclear Sci. Engng. **6.** 341—49. Okt. 1959. MIT, Dep. of Nucl. Engng. and Dep. of Electr. Engng.) (Engl.)

Die sprunghaften Änderungen der Reaktivität eines homogenen Reaktors mit einem einzigen negativen Temp.-Koeff. der Reaktivität u. verzögerten Neutronen wurden mit Hilfe von topolog. Meth. untersucht. Eine angenäherte analyt. Lsg. wird für den Fall vorgeschlagen, daß keine Wärmeverluste (adiabat. Reaktormodell) u. kleine oder große Änderungen der Reaktivität auftreten. W. KARCHER. 90□

Physikalische und thermische Berechnungen für den Reaktor der Kernkraftstation der Akademie der Wissenschaften der UdSSR. D. I. Blokhintsev, M. E. Minashin und Yu. A. Sergeev. (J. nuclear Energy **3.** 96—120. Aug. 1956.) (Engl.)

Reaktivitäts- u. Wärmeberechnungen am AES-Reaktor (5 MW) auf der Basis der FERMI-Altertheorie. GERHARD SCHMIDT. 90□

Elastische Streuung von 24,4-MeV-Deuteronen an Protonen. W. T. H. Van Oers und K. W. Brockman jun. (Nuclear Physics [Amsterdam] **21.** 189—95. Nov. (5) 1960. Amsterdam, Inst. voor kernphys. Onderz.) (Engl.)

Der differentielle Wrkg.-Querschnitt für die elast. Streuung von 24,4-MeV-Deuteronen an Protonen (H_2 von 20—50 cm Hg Druck) wurde für Winkel von 15—170° bestimmt, er fällt von 126,8 mbarn/sterad auf 11,5 bei 123° u. steigt wieder auf 135 mbarn/sterad. Diese Anordnung entspricht der Streuung von 12,2-MeV-Protonen an Deuteronen. Die Kurve des differentiellen Wrkg.-Querschnitts ähnelt den bei anderen Energien erhaltenen, sie widerspricht im Bereich der COULOMB-Kerninterferenz der Theorie.
M. WIEDEMANN. 90□

Das Trägheitsmoment rotierender Kerne. Amnon Katz und John Blatt. (Nuclear Physics [Amsterdam] **23.** 612—29. März 1961. Rehovoth, Israel, Weizmann Inst. of Sci.; Sydney, Univ. of N. S. W., Appl. Math. Dep.) (Engl.)

Eine für die Supraleitfähigkeit u. den MEISSNER-Effekt entwickelte Meth. wird auf die Berechnung des Rotationsträgheitsmomentes von suprafl. Syst. angewendet. Die Formeln für das Trägheitsmoment sind denen von MIGDAL (C. **1961.** 2867) äquivalent.
HERBERT WEBER. 95□

Statistische Ableitung der Kernrotationsenergien. K. Kumar. (Nuovo Cimento [10] **13.** 591—604. 1/8. 1959. Bombay, Tata Inst. of Fundament. Res.) (Engl.)

Der Kern wird als FERMI-Gas behandelt u. die Energie als Potenzreihe nach I^2 (I = Drehimpuls) ausgedrückt. Die Rotationsenergien werden durch die Wechselwrkg. zwischen den Teilchen nicht beeinflußt, wohl aber die Rotationsschwingungsenergien. Der experimentelle Gang der Trägheitsmomente wird durch ein Modell wiedergegeben, bei dem nur die Nucleonen außerhalb eines Cores das gesamte Drehimpuls erzeugen. Die Oberflächeneffekte u. die geschwindigkeitsabhängigen Kräfte werden ebenfalls berücksichtigt. M. WIEDEMANN. 95□

Stabilitätsbedingungen und Kernrotationen in der Hartree-Fock-Theorie. D. J. Thouless. (Nuclear Physics [Amsterdam] **21.** 225—32. Nov. (5) 1960. Birmingham, Univ., Math. Phys. Dep.) (Engl.)

Für die allg. SLATER-Determinante wird in der Aufzeichnung der zweiten Quantisierung ein Ausdruck abgeleitet. Hiermit kann eine Lsg. der HARTREE-FOCK-Gleichungen erhalten werden, die für die HAMILTON-Funktion einen Minimalwert erwarten läßt, ferner kann die Determinante gefunden werden, die dazu für eine Komponente des Drehimpulses

einen bestimmten Wert liefert. Auf diese Weise können die Stabilitätsbedingung u. ein Ausdruck für das Trägheitsmoment eines axialsymm. Syst. erhalten werden.
M. Wiedemann. 95□

Rotationszustände von gerade-gerade-Kernen. G. R. DeMille, T. M. Kavanagh, R. B. Moore, R. S. Weaver und W. White. (Canad. J. Physics **37.** 1036—43. Sept. 1959. Montreal, McGill Univ., Radiat. Labor.) (Engl.)

Nach einer von Davydov u. Filippov (C. **1959.** 14308) gegebenen Formel wurden die Energien der Rotationsniveaus axialasymm. Kerne berechnet u. gute Übereinstimmung mit den experimentellen Daten gefunden. Die Übereinstimmung könnte noch durch Einführung der Schwingungsrotations-Wechselwrkg. u. einer Korrektur für Zentrifugalstreckung verbessert werden. M. Wiedemann. 95□

Über die nichtaxiale Deformation der mittelschweren und schweren gerade-gerade-Kerne. Jun Hiura und Shōta Suekane. (Progr. theoret. Physics [Kyoto] **24.** 462—64. Aug. 1960. Sapporo, Hokkaido Univ., Dep. of Phys.; Osaka, Osaka City Univ., Dep. of Phys.) (Engl.)

Systemat. Berechnung der Asymmetrie der Deformation von gg-Kernen mit $N \gtrsim 50$ aus ihrem Energieverhältnis von tiefliegenden Zuständen auf der Basis des Modells des asymm. Rotators, bei dem die Energieniveaus in 2 Typen (normale u. anomale Rotationsniveaus) eingeteilt werden. Herbert Weber. 95□

Hyperfeinstruktur des $(5p)^5(6s)\,^3P_2$-Zustandes von ^{129}Xe und ^{131}Xe. W. L. Faust und M. N. Mc Dermott. (Physic. Rev. [2] **123.** 198—204. 1/7. 1961. New York, N.Y., Columbia Univ., Columbia Radiat. Labor.) (Engl.)

Vff. messen nach der Atomstrahl-Magnetresonanz-Meth. die Hyperfeinstrukturen des metastabilen $(5\,p)^5(6\,s)^3P_2$-Zustandes von ^{129}Xe u. ^{131}Xe. Die Nullmagnetfeldintervalle $f\,(F \leftrightarrow F')$ sind für ^{129}Xe $f\,(3/2 \leftrightarrow 5/2) = 5961{,}2577\,(9)$ MHz u. für ^{131}Xe $f\,(5/2 \leftrightarrow 7/2) = 2693{,}6234\,(7)$ MHz, $f\,(3/2 \leftrightarrow 5/2) = 1608{,}3475\,(8)$ MHz u. $f\,(1/2 \leftrightarrow 3/2) = 838{,}7636\,(4)$ MHz. Die Werte der Quadrupol- u. Oktupolmomente von ^{131}Xe ohne Polarisationskorrekturen u. ohne Korrekturen für irgendwelche Effekte der Konfigurationsmischung sind $Q = -0{,}120\,(12)$ barn u. $\Omega = +0{,}048\,(12)$ Kernmagnetonen · barn. Die Hyperfeinstrukturanomalie für die beiden Nuclide, die von dem $s_{1/2}$-Elektron allein herrührt, ist $\Delta(s_{1/2}) = +0{,}0440\,(44)\,\%$ im Widerspruch zu dem Einzelteilchenmodell. Gerhard Schmidt. 95□

Kernorientierung von ^{155}Dy und ^{157}Dy. Quirino O. Navarro und D. A. Shirley. (Physic. Rev. [2] **123.** 186—89. 1/7. 1961. Berkeley, Calif., Univ. of California, Lawrence Radiat. Labor.) (Engl.)

Die beiden Nuclide ^{155}Dy u. ^{157}Dy werden bei niedrigen Temp. in einem Einkristall von Neodymäthylsufat unter Verw. der magnet. Hyperfeinstruktur-Meth. ausgerichtet. Die Winkelverteilung der γ-Strahlung, die dem Zerfall dieser Nuclide folgt, wird als eine Funktion der Temp. im Bereich $0{,}02^0K < T < 1^0K$ untersucht. Spinzuordnungen von $5/2^-$ erfolgen für Zustände bei 227 keV in ^{155}Tb u. bei 327 keV in ^{157}Tb. Unter den Annahmen von $I = 3/2$ für beide Dy-Isotope sowie von reinem $L = 1-\beta$-Zerfall zu den $5/2^-$-Zuständen werden Kernmomente von $|\mu_{155}| = 0{,}21 \pm 0{,}5$ u. von $|\mu_{157}| = 0{,}32 \pm 0{,}02$ Kernmagnetonen abgeleitet. Gerhard Schmidt. 95□

Nucleonen- und Restkernpolarisation bei Strippingreaktionen. Hans-Arwed Weidenmüller. (Z. Physik **153.** 440—44. 1959. Heidelberg, Univ., Inst. für Theor. Phys.) (Dt.) — Vgl. C. **1959.** 7016.

Die die beiden Polarisationsvektoren der bei Stripping-Rkk. freigesetzten Nucleonen verknüpfende Proportionalitäts-Konst. wird durch eine theoret. u. experimentelle Unters. ermittelt. Es bietet sich so eine Möglichkeit zur Überprüfung der Voraussetzungen der Theorie der Strippingreaktionen. W. Betcke. 103□

Über die Polarisation von Protonen in (d, p)-Strippingreaktionen. E. Coffou. (Nuovo Cimento [10] **19.** 1055—57. 1/3. 1961. Zagreb, Inst. „Rudjer Bošković".) (Engl.)

Die Polarisation des emittierten Protons bei Abstreif-Rkk. mit unpolarisierten Targetkernen u. einem beliebig polarisierten Deuteronenbündel wird theoret. untersucht.
Herbert Weber. 103□

Interpretation der experimentellen (n, 2n)-Anregungsfunktionen. D. W. Barr, C. I. Browne und J. S. Gilmore. (Physic. Rev. [2] **123.** 859—64. 1/8. 1961. Los Alamos, N. Mex., Univ. of California, Los Alamos Sci. Labor.) (Engl.)

Radiochem. bestimmte (n, 2n)-Anregungsfunktionen für ^{45}Sc, ^{46}Ti, ^{58}Ni, ^{65}Cu, ^{70}Ge, ^{75}As, ^{84}Sr, ^{85}Rb, ^{87}Rb, ^{89}Y, ^{90}Zr, ^{112}Sn, ^{116}Cd, ^{123}Sb u. ^{238}U werden nach dem statist. Modell der Kern-Rkk. interpretiert. Die Werte des Niveaudiccheparameters a werden erhalten u. mit der Massenzahl in Beziehung gebracht. Vff. entwickeln ein Verf. zur Vorhersage der Größe eines (n, 2n)-Querschnittes aus dem nuclearen Geh. des Targetmaterials. Der Formalismus des statist. Modells eignet sich zur Erklärung des beobachteten Verlaufs der (n, 2n)-Anregungsfunktionen in dem untersuchten Energiebereich.

GERHARD SCHMIDT. 103□

Die (n, 2n)-Querschnitte von Deuterium und Beryllium zwischen 6 und 10 MeV. H. C. Catron, M. D. Goldberg, R. W. Hill, J. M. LeBlanc, J. P. Stoering, C. J. Taylor und M. A. Williamson. (Physic. Rev. [2] **123.** 218—20. 1/7. 1961. Livermore, Calif., Univ. of California, Lawrence Radiat. Labor.) (Engl.)

Unter Verw. eines großen Fl.-Scintillators bestimmen Vff. die (n, 2n)-Querschnitte von D u. Be für Energien der einfallenden Neutronen im Bereich von 6—10 MeV. Die Neutronen werden durch die Rkk. T(p, n)^{3}He u. D(d, n)^{3}He im Cyclotron variabler Energie erzeugt. Die für D erhaltenen Querschnitte in barn sind 0,067 $\pm$ 0,007 bei 6,11 MeV, 0,073 $\pm$ 0,007 bei 6,55 MeV, 0,088 $\pm$ 0,009 bei 7,32 MeV, 0,11 $\pm$ 0,010 bei 8,26 MeV u. 0,14 $\pm$ 0,015 bei 10,2 MeV. Die Be-Querschnitte sind 0,55 $\pm$ 0,08 barn bei 6,55 MeV, 0,56 $\pm$ 0,07 barn bei 7,32 MeV u. 0,63 $\pm$ 0,09 barn bei 8,26 MeV. Die Änderung des (n, 2n)-Querschnittes für D mit der Neutronenenergie ist nahezu linear für Energien $<$ 14 MeV. GERHARD SCHMIDT. 103□

Photozertrümmerung von ^{9}Be von der Schwelle bis 5 MeV. Mark J. Jakobson. (Physic. Rev. [2] **123.** 229—30. 1/7. 1961. Missula, Mont., Montana State Univ.) (Engl.)

Die Anregungsfunktion für die Erzeugung von Photoneutronen wird mit einem Zähler unter einem Winkel von 90° zum einfallenden Photonenbündel gemessen. Die Neutronen werden mit einem BF_3-Langzähler, der in Paraffin eingebettet ist, nachgewiesen. Eine nach der Bremsstrahlungs-Photon-Differenz-Meth. durchgeführte Messung des Querschnitts der Rk. ^{9}Be(γ, n) zeigt Maxima im Querschnitt von 1,15 $\pm$ 0,15, 0,55 $\pm$ 0,1, 1,2 $\pm$ 0,2 u. 1,0 $\pm$ 0,3 mbarn bei Energien von 1,70; 2,40; 2,95 bzw. 4,6 MeV. Die Winkelverteilung der Neutronen, die den 1,70- u. 4,6-MeV-Peaks entsprechen, ist sphär. symm.; für den 2,59-MeV-Peak gilt $d\sigma/d\Omega = a + b \sin^2 \Theta$ (a/b = 1,0 $\pm$ 0,2).

GERHARD SCHMIDT. 103□

Neutron-Gamma-Winkelkorrelationsuntersuchungen der Reaktion ^{11}B(d, nγ)^{12}C. J. B. Garg, N. H. Gale und J. M. Calvert. (Nuclear Physics [Amsterdam] **23.** 630—47. März 1961. Manchester, Univ., Phys. Labor.) (Engl.)

Verschiedene n-γ-Winkelkorrelationen der Neutronengruppe, die zum 4,43-MeV-Niveau in ^{12}C führt u. der assoziierten γ-Strahlen aus der Rk. ^{11}B(d, n)^{12}C wurden mittels Flugzeit-Verf. gemessen. Die Energien der Beschußdeuteronen betrugen 2,65 u. 5,35 MeV. Die Ergebnisse der Messung zeigen, daß die einfache Theorie der BUTLER-Abstreifung ziemlich ungeeignet ist, um die Einzelheiten des Rk.-Mechanismus zu beschreiben. Gute qual. Übereinstimmung wird dagegen nach der Theorie der verzerrten Wellen erreicht. Die Messung der n-γ-Winkelkorrelation für Rückwärtswinkel zeigt nicht die erwarteten Eigg. des Mechanismus der Abstreifung (stripping) schwerer Teilchen.

HERBERT WEBER. 103□

Messungen hoher Auflösung der Anregungsfunktion für die Reaktion ^{16}O(p, α)^{13}N. H. A. Hill, E. L. Haase und D. B. Knudsen. (Physic. Rev. [2] **123.** 1301—04. 15/8. 1961. Princeton, N.J., Princeton Univ., Palmer Physic. Labor.) (Engl.)

Vff. bestimmen die Aktivierungsquerschnitte der Rk. ^{16}O (p, α) ^{13}N von 12—18 MeV mit einer Energieauflösung von 30 keV. Das Protonenbündel wird aus dem Cyclotron direkt in ein doppelfokussierendes Magnetspektrometer geleitet, das die Targets enthält. Bei Zunahme der Protonenenergie über eine sehr enge Resonanz steigt der Querschnitt zuerst um 7% bis zu einem Maximum an, fällt dann um 33% zu einem Minimum ab u. steigt schließlich um 6% an. Peak u. Tal haben eine Breite beim halben Maximum von 30 keV u. sind um 60 keV voneinander getrennt. Die Protonenenergie wird zu 14,600 $\pm$ 0,020 MeV bestimmt. Es zeigt sich, daß diese Resonanz für Eichzwecke sehr geeignet ist. Die Ergebnisse werden qual. nach dem Cluster-Modell interpretiert.

GERHARD SCHMIDT. 103□

Winkelverteilungen der Reaktion ^{16}O(p, α)^{13}N bei 13,5—18,1 MeV. Donald R. Maxson. (Physic. Rev. [2] **123.** 1304—09. 15/8. 1961. Princeton, N.J., Princeton Univ., Palmer Physic. Labor.) (Engl.)

Vf. bestimmt die Winkelverteilung der α-Teilchen aus der Grundzustands-Rk. ^{16}O (p, α) ^{13}N mit einer Ionisationskammer bei 10 Beschußenergien von 13,5—18,1 MeV. Die Targets werden mit Protonen aus dem Cyclotron beschossen, deren Energien zu $\pm$0,1 MeV genau bestimmt werden können. Die Winkelverteilungen sind oscillator., die Änderung mit der Energie ist ausgeprägter, als nach einer einfachen direkten Rk. erwartet wird. Die Anregungskurve hat ein Minimum bei $E_p \simeq$ 16,5 MeV u. die Winkelverteilungen sind merklich verschieden oberhalb u. unterhalb dier Energie. Die Rk.

$^{16}O(p, \alpha)^{13}N^*$ (2,4 MeV) ist ebenfalls stark energieabhängig. Der elast. Streuquerschnitt von $^{16}O(p, p)^{16}O$ ist bei großen Winkeln stark empfindlich bzgl. der Energie. Die Energieabhängigkeit des Streuquerschnitts bei 125° kann mit der Anregungsfunktion der Rk. $^{16}O(p, \alpha)^{13}N$ in Beziehung gebracht werden. GERHARD SCHMIDT. 103□

Neutronen und γ-Strahlen aus dem Beschuß von ^{16}O durch ^{3}He. K. L. Dunning und J. W. Butler. (Physic. Rev. [2] **123**. 1321—25. 15/8. 1961. Washington, D. C., US Naval Res. Labor., Nucl. Div.) (Engl.)

Vff. bestimmen die Schwellenenergie für die Rk. $^{16}O(^{3}He, n)^{18}Ne$ zu 3,811 ± 0,015 MeV. Für die Verss. werden ^{16}O-Targets verschiedener Dicke mit dem magnet. analysierten, einfach geladenen ^{3}He-Bündel aus dem 5-MeV-VAN DE GRAAFF beschossen. Der beobachtete Schwellenwert bestimmt die Masse von ^{18}Ne zu 18,011446 ± 0,000014 Masseneinheiten (^{16}O-Standard). Es wird die Langsam–schnell-Verhältnis-Meth. für die Beobachtung der Neutronenschwellenwerte bei Beschußenergien von der Grundzustandsschwelle bis 5,6 MeV angewandt, was einem Anregungsbereich im Restkern von 0 bis 1,5 MeV entspricht. Der Beschuß von ^{16}O mit ^{3}He erzeugt auch die Rkk. $^{16}O(^{3}He, p)^{18}F$ u. $^{16}O(^{3}He, \alpha)^{15}O$. Energiespektren werden mittels eines Scintillationsspektrometers für γ-Strahlen aus bestimmten Übergängen in ^{18}F u. ^{15}O erhalten. Für 4,5-MeV–^{3}He-Teilchen, die in ein 1 MeV dickes Target aus TiO_2 eintauchen, werden nachst. Energien beobachtet u. ^{18}F zugeschrieben: 0,652 ± 0,007, 0,939 ± 0,005, 1,041 ± 0,005, 1,17 ± 0,01, 1,61 ± 0,02, 1,68 ± 0,02, 2,09 ± 0,01, 2,51 ± 0,01, 2,65 ± 0,05, 3,06 ± 0,05, 3,35 ± 0,10 (?) u. 3,84 ± 0,10 MeV. Nachst. γ-Strahlen werden ebenfalls beobachtet u. ^{15}O zugeschrieben: 5,25 ± 0,05, 6,22 ± 0,10 u. 6,87 ± 0,10 MeV. GERHARD SCHMIDT. 103□

Bestimmung der Halbwertszeit von ^{32}P. Oswald U. Anders und W. Wayne Meinke. (Nucleonics **15**. Nr. 12. 68—70. Dez. 1957. Ann Arbor, Mich., Univ. of Michigan, Dep. of Chem.) (Engl.)

Reines ^{32}P, durch Deuteronenbeschuß aus reinem ZnS hergestellt, wird auf einen 30 μg/cm² dicken Zaponfilm gebracht u. in einem 4-π–β-Proportionalzähler gezählt. Der Zerfall wird über 11 Halbwertszeiten verfolgt. Als neuer $T_{1/2}$-Wert ergibt sich 14,223 ± 0,015 (Standardabweichung). GERHARD SCHMIDT. 103□

Spektrometrie der Neutrinorückstöße von Argon-37. Arthur H. Snell und Frances Pleasonton. (Physic. Rev. [2] **100**. 1396—1403. 1/12. 1955. Oak Ridge, Tenn.. Oak Ridge Nat. Labor.) (Engl.)

Vff. beobachteten mit Hilfe magnet. Spektrometer (Energieauflösung 2,8%) die beim Zerfall von ^{37}Ar durch Elektroneneinfang infolge der Neutrinoemission rückgestoßenen Ionen, deren Energie zu 9,63 ± 0,06 eV bestimmt wurde. Der theoret. Wert auf der Grundlage eines Zweikörperzerfalls u. einer Neutrinoenergie von 815 ± 2 keV ist 9,65 ± 0,05 eV. Das Impulsgleichgewicht ergibt eine obere Grenze von ca. 5 keV für die Neutrinoruhmasse. Die dem Bahnelektroneneinfang folgende AUGER-Elektronenemission läßt die Rückstoßkerne in 1—7fach geladenem Zustand mit den Häufigkeiten 6,2 ± 0,1, 15,7 ± 0,4, 39,2 ± 0,5, 26,7 ± 0,4, 10,0 ± 0,2, 1,8 ± 0,1 bzw. 0,4 ± 0,1 zurück. Die natürliche Halbwertsbreite der einfach geladenen Rückstoßlinie beträgt 1,7 eV, was völlig der therm. Bewegung der Ar-Atome entspricht. Die natürliche Breite der dreifach geladenen Rückstoßlinie beträgt 2,5 eV, was nicht ganz durch therm. Bewegung plus Rückstoß von der Emission eines 2300-eV-AUGER-Elektrons erklärbar ist. Die einfach geladenen Rückstoßlinien dürften vom L-Einfang u. vom K-Einfang, gefolgt von einer K-Röntgenemission, herrühren; keiner dieser Prozesse schließt den Rückstoß von einem 2300-eV-AUGER-Elektron ein. D. JÖRCHEL. 103□

Neue Manganisotope: Wirkungsquerschnitte der Eisenisotope für 14,8-MeV-Neutronen. D. M. Chittenden II, D. G. Gardner und R. W. Fink. (Physic. Rev. [2] **122**. 860—61. 1/5. 1961. Fayetteville, Ark., Univ. of Arkansas, Dep. of Chem.) (Engl.)

Die für die Verss. verwendeten Neutronen (10^{10}—10^{11} n/s) aus der Rk. $T(d, n)^{4}He$ werden unter 0° zum einfallenden Deuteronenbündel des 400-kV-COCKCROFT-WALTON-Beschleunigers erzeugt. Der Beschuß von in ^{58}Fe angereichertem Fe mit 14,8-MeV-Neutronen ruft eine Aktivität mit einer Halbwertszeit von 1,1 ± 0,1 Min. hervor. Auf der Grundlage verschiedener Beschuß-Rkk. u. des γ-Spektrums der Aktivität handelt es sich hierbei um ^{58}Mn. Zusätzlich werden nachst. Querschnitte gemessen: $^{58}Fe(n, p)$, 23,0 ± 3,5 mbarn; $^{57}Fe(n, p)$, 71,0 ± 7,0 mbarn; $^{56}Fe(n, p)$, 128 ± 13 mbarn; $^{58}Fe(n, \alpha)$, 21,5 ± 2,0 mbarn; $^{54}Fe(n, \alpha)$, 270 ± 135 mbarn; $^{57}Fe(n, n p)$, 6,1 ± 2,6 mbarn; $^{54}Fe(n, 2 n)$, 7,9 ± 0,8 mbarn u. $^{54}Fe(n, t)$, 0,6 ± 0,1 mbarn. Der große Querschnitt für die (n, n p)-Rk. von ^{57}Fe u. die Beobachtung der (n, t)-Rk. an ^{54}Fe läßt sich auf der Basis einer Cluster-Theorie des Kerns erklären. GERHARD SCHMIDT. 103□

Reaktionen von α-Teilchen mit Eisen-54 und Nickel-58. Frank S. Houck und J. M. Miller. (Physic. Rev. [2] **123**. 231—40. 1/7. 1961. New York, N.Y., Columbia Univ., Chem. Dep.; Upton, N.Y., Brookhaven Nat. Labor., Chem. Dep.) (Engl.)

Vff. messen die Anregungsfunktionen im äußeren α-Bündel aus dem 60-in.-Cyclotron nach der Folienstapeltechnik. Sämtliche Cu-Targets bestehen aus Folien von ca. 11 mg/cm² Dicke. Für den Beschuß von Fe wird eine in ^{54}Fe angereicherte Fe_2O_3-Probe verwendet. Die Anregungsfunktionen für die (α, p)-, (α, n)-, (α, pn)-, (α, 2n)-, (α, 2pn)- u. (α, p2n)-Rkk. von ^{54}Fe u. die (α, α'p)-, (α, α'n)-, (α, α'pn)- u. (α, α'2n)-Rkk. von ^{58}Ni werden für α-Energien bis zu 40 MeV bestimmt. Es wird eine große Bevorzugung der Protonenemission beobachtet. An den Maxima der Anregungsfunktionen werden folgende Verhältnisse erhalten: σ (α, p)/σ (α, n) = 3,1; σ (α, pn)/σ (α, 2n) = 70; σ (α, α'p)/σ (α, α'n) = 6; σ (α, 2pn)/σ (α, p2n) = 6,3 bei 40 MeV u. σ (α, α'pn)/σ (α, α'2n) = 140 bei 40 MeV. Die Ergebnisse werden im Rahmen des Compoundkernmodells diskutiert. Ein Wert von r_0 = 1,7 fermi ist erforderlich, um den niedrigenerget. Teil des beobachteten totalen Querschnitts dem totalen Rk.-Querschnitt anzupassen, der aus der Kontinuumstheorie berechnet worden ist.

GERHARD SCHMIDT. 103 □

Positronenspektren von ^{56}Co. J. H. Hamilton, L. M. Langer und D. R. Smith. (Physic. Rev. [2] **123.** 189—93. 1/7. 1961. Nashville, Tenn., Vanderbilt Univ., Phys. Dep.; Bloomington, Ind., Indiana Univ., Phys. Dep.) (Engl.)

Mit einem Magnetspektrometer mit 40 cm Krümmungsradius wird das Positronenspektrum von ^{56}Co eingehend untersucht. Es werden 2 Positronengruppen beobachtet. Die maximalen Energien u. Intensitäten der beiden Gruppen sind 1,464 ± 0,015 bzw. 0,440 ± 0,030 MeV u. ≧ 90 bzw. ≦ 10%. Der Nachw. für weitere Gruppen wird nicht erbracht. Es wird eine obere Grenze von 1% für die Ggw. einer Gruppe mit maximaler Energie von 0,9—1,0 MeV angesetzt. Das Spektrum bei hoher Energie hat im wesentlichen einen erlaubten Verlauf. Einschluß eines Formfaktors von (1 + 0,3/W) ermöglicht eine größere Anpassung an die vorliegenden Daten. GERHARD SCHMIDT. 103 □

Winkelverteilung und lineare Polarisation der γ-Strahlen aus orientierten ^{56}Co-Kernen. A. N. Diddens, W. J. Huiskamp, J. C. Severiens, A. R. Miedema und M. J. Steenland. (Nuclear Physics [Amsterdam] **5.** 58—88. Jan. (1) 1958. Groningen, Rijksuniv., Natuurkund. Labor.; Leiden, Kamerlingh Onnes Labor.) (Engl.)

Nach der (d, 2 n)-Rk. wurden aus Fe ^{56}Co-Quellen von 75 μc dargestellt. In $2\,Ce(NO_3)_3 \cdot 3\,Mg(NO_3)_2 \cdot 24\,H_2O$-Kristallen konnten die Co-Kerne durch magnet. Hyperfeinstrukturpolarisation orientiert werden. Es wurden Messungen der β-γ- u. γ-γ-Koinzidenzen u. der Winkelverteilung u. linearen Polarisation der γ-Strahlung durch den COMPTON-Streuprozeß ausgeführt. Einige Messungen erfolgten auch bei Zimmertemperatur. Die Multipolarität der γ-Strahlung wurde ermittelt. Es wird ein Zerfallsschema von ^{56}Co aufgestellt u. den Niveaus von ^{56}*Fe* folgende Spins u. Paritäten zugeordnet: Grundzustand 0^+, 0,845 MeV 2^+, 2,08 MeV 4^+, 2,66 MeV 2^+, 2,97 MeV 2^+, 3,45 MeV 3^+, 3,84 MeV 3^+ u. 4,10 MeV 4^+. M. WIEDEMANN. 103 □

Zweifach verbotener β-Übergang von ^{60}Co. D. C. Camp, L. M. Langer und D. R. Smith. (Physic. Rev. [2] **123.** 241. 1/7. 1961. Bloomington, Ind., Indiana Univ., Phys. Dep.) (Engl.)

Vff. untersuchen den energiereichen β-Übergang vom Grundzustand von ^{60}Co zum ersten angeregten Zustand von ^{60}*Ni* in einem Magnetspektrometer mit einem Krümmungsradius von 40 cm. Der Verlauf des β-Spektrums ist im Einklang mit dem für einen eindeutig 2fach verbotenen Übergang von einem 5^+- zu einem 2^+-Niveau erwarteten. Die relative Intensität dieses 1,48-MeV-Übergangs ergibt sich zu 0,12%. Die vergleichende Halbwertszeit ist log ($< S_2^3 >$ f_0 t) in Übereinstimmung mit den Werten, die für die weiteren eindeutig 2fach verbotenen Übergänge von ^{10}*Be* u. ^{22}*Na* erhalten worden sind.

GERHARD SCHMIDT. 103 □

Zerfall von ^{88}Y. M. K. Ramaswamy und P. S. Jastram. (Nuclear Physics [Amsterdam] **19.** 243—47. Okt. (3) 1960. Columbus, Ohio, Ohio State Univ., Phys. Dep.) (Engl.)

Das schwache Positronenspektrum von ^{88}Y (105 d) wurde in Koinzidenz mit der 1,86-γ-Strahlung mittels eines Plastescintillators vermessen u. eine Maximalenergie von 560 ± 30 keV gefunden. Das Spektrum ist vom Typ für Übergänge, die vom ersten Grad verboten sind ($\Delta J = 2$, yes). Dem Grundzustand von ^{88}Y wird daher 4^- zugeordnet. Ferner wurde das Verhältnis der K-Röntgenstrahlung in Koinzidenz mit der 0,90-MeV-γ-Strahlung zur Zahl der 0,90-MeV-γ-Zerfälle bestimmt u. hieraus das L/K-Verhältnis beim Einfang ermittelt. Die Zerfallsenergie zum 2,76-MeV-Niveau ergibt sich daraus zu 540 ± 160 MeV, was eine β^+-Energie von 420 ± 160 keV liefern würde. Unterhalb des 1,86-MeV-Niveaus mit 2^+ in ^{88}Sr wurde kein 0^+-Niveau gefunden. M. WIEDEMANN. 103 □

Neue Yttriumisomere der Massen 86 und 90. Larry Haskin und Robert Vandenbosch. (Physic. Rev. [2] **123.** 184—85. 1/7. 1961. Madison, Wis., Univ. of Wisconsin, Dep. of Chem.; Argonne, Ill., Argonne Nat. Labor.) (Engl.)

Der Cyclotronbeschuß von *Rb* mit 42-MeV-α-Teilchen u. von *Sr* mit 21-MeV-Deuteronen liefert 2 neue *Y*-Aktivitäten. ^{86m}Y zerfällt mit einer Halbwertszeit von 49,0 ± 1,5 Minuten. Das Isomer wird durch einen stark konvertierten 7,2-keV-Übergang aufrechterhalten, dem ein 210-keV-γ-Strahl mit einem Konversions-Koeff. e/γ = 0,06 ± 0,01 folgt. ^{90m}Y besitzt eine Halbwertszeit von 3,19 ± 0,06 Stunden. Es zerfällt zum ^{90}Y-Grundzustand unter Emission der γ-Strahlen von 476 keV, e/γ = 0,10 ± 0,02 u. 203 keV, e/γ = 0,036 ± 0,007. Spin- u. Paritätszuordnungen werden für die ^{90}Y-Niveaus durchgeführt. Gerhard Schmidt. 103□

Das isomere 3,14-Stunden-Niveau in ^{90}Y. R. L. Heath, J. E. Cline, C. W. Reich, E. C. Yates und E. H. Turk. (Physic. Rev. [2] **123.** 903—09. 1/8. 1961. Idaho Falls, Idaho, Phillips Petroleum Co., Nat. Res. Test Stat.) (Engl.)

Quellen kurzlebiger Aktivität werden durch Bestrahlung von spektroskop. reinen Y_2O_3-Proben im Reaktor hergestellt. Eine noch nicht mitgeteilte 3,14-Std.-Aktivität wird hierbei in ^{90}Y durch Beschuß von ^{89}Y mit therm. Neutronen erzeugt. Der therm. Einfangquerschnitt für die Erzeugung dieses Isomers ergibt sich zu 1,0 ± 0,2 mbarn. Der Zerfall des isomeren Niveaus ist durch die Emission von 2 Kaskaden-γ-Strahlen von 0,482 u. 0,203 MeV charakterisiert. Die γ-Strahlen werden mit zylindr. NaJ(Tl)-Detektoren (3 in. × 3 in.) beobachtet. Die Messungen des Konversions-Koeff. zeigen an, daß das isomere Niveau bei 0,685 MeV unter M4- oder E5-Strahlung zu einem Zwischenniveau bei 0,203 MeV mit anschließendem überwiegend M 1-Übergang zum Grundzustand von ^{90}Y zerfällt. Die Messungen der γ–γ-Richtungskorrelation u. der inneren Konversion zeigen an, daß das Niveau bei 0,203 MeV den Spin 3 mit ungerader Parität u. das Niveau bei 0,685 MeV den Spin 7 oder 8 mit gerader Parität besitzen. Dem isomeren Zustand wird eine Schalenmodellkonfiguration von ($g_{9/2}$ $d_{5/2}$) zugeordnet.
Gerhard Schmidt. 103□

Über das Zerfallsschema von ^{128}Cs. S. Jha, R. K. Gupta, H. G. Devare, G. C. Pramila und K. P. Gopinathan. (Nuovo Cimento [10] **20.** 76—85. 1/4. 1961. Bombay, Tata Inst. of Fundamental Res.) (Engl.)

Vff. berichten über Messungen des β-Spektrums beim Zerfall von ^{128}Cs. Das Fermi-Diagramm des Positronenspektrums, das mit einem Siegbahn-Slätis-Spektrometer aufgenommen wurde, ergibt die folgenden Endpunktenergien: 2885 ± 25 keV (100, log ft 4,8), 2445 ± 25 keV (39 log ft 5,1), 1900 ± 40 keV (≦ 16, log ft ≧ 5,1) u. 1300 ± 40 keV γ ≦ 8, log ft ≧ 4,6). Die Analyse des mit einem Scintillationsspektrometer aufgenommenen γ-Spektrum zeigt folgende γ-Energien: 168 keV (10), 270 keV (23), 440 keV (50), 511 keV (200), 970 keV (1,5), 1120 keV (2,1), 1660 keV (0,4), 2180 keV (0,36) u. 2420 keV (0,2). Diese Ergebnisse sowie β⁺–γ- u. γ–γ-Koinzidenz-Unterss. liefern für ^{128}Xe folgende Energieniveaus: Grundzustand (0^+), 440 keV (2^+), 970 keV (2^+), 1560 keV (0^+ oder 2^+) mit Positronen- u. Elektroneneinfang sowie 2620 keV (wahrscheinlich 3^+) u. 2860 keV (2^+) mit Elektroneneinfang. Bei dem 2620-keV-Niveau handelt es sich wahrscheinlich um das 1. Oktopol-Schwingungsniveau. Damit ist das Zerfallsschema des ^{128}Cs charakterisiert. G. M. Neumann. 103□

Kernorientierung von ^{143}Pm. C. A. Lovejoy, J. O. Rasmussen und D. A. Shirley. (Physic. Rev. [2] **123.** 954—56. 1/8. 1961. Berkeley, Calif., Univ. of California, Lawrence Radiat. Labor., Dep. of Chem.) (Engl.)

Aus dem Beschuß von Pr_2O_3 mit 35-MeV-He-Ionen wird ^{143}Pm hergestellt. ^{143}Pm wird in einem $Nd(C_2H_5SO_4)_3$-Kristall orientiert. Die Winkelverteilung des 740-keV-γ-Strahls ergibt sich zu $W(\Theta) = 1 - (0{,}065 \pm 0{,}006)\, P_2(\cos\Theta)$ bei 0,02° K. Die Werte für das Mischungsverhältnis δ des 740-keV-γ-Strahls von ^{143}*Nd* werden als eine Funktion des magnet. Moments des Grundzustandes von ^{143}Pm erhalten. Dem Spin des angeregten Zustandes von ^{143}Nd wird der Wert $9/2^-$ zugeordnet. Für das magnet. Moment von ^{143}Pm wird eine abs. untere Grenze von $|\mu| > 1{,}0$ angesetzt. Das Mischungsverhältnis des γ-Strahls von ^{143}Nd liegt im Bereich $0{,}23 < \delta\,(E2/M1) < 0{,}35$.
Gerhard Schmidt. 103□

Messungen der Polarisationskorrelation an ^{154}Eu. C. V. K. Baba und S. K. Bhattacherjee. (Physic. Rev. [2] **123.** 865—70. 1/8. 1961. Trombay, Bombay, Atomic Energy Establ. and Tata Inst. of Fundament. Res.) (Engl.)

Vff. diskutieren die Spins u. Paritäten der 1400- u. 1723-keV-Niveaus in ^{154}*Gd* auf der Grundlage von Polarisations-Richtungskorrelationsmessungen an den 1277—123- u. 725—998-keV-γ-Kaskaden, die dem β-Zerfall von ^{154}Eu folgen. Im Falle der 1277—123-keV-Kaskade werden die Richtungskorrelations- u. die Polarisationskorrelationsmessungen des 1277-keV-γ-Strahls mit fl. u. festen Quellen durchgeführt. In beiden Quellen wird eine Schwächung in der Anisotropie der Richtungskorrelation u. im Grad der linearen Polarisationskorrelation beobachtet. Bei der 725—898-keV-Kaskade wird die Polarisation jeder der beiden Strahlungen in 2 getrennten Verss. gemessen. Auf der Basis dieser Messungen folgen 2^--Zuordnungen für die Spins u. Paritäten der beiden Niveaus von 1400 u. 1723 keV in ^{154}Gd. Die Eignung der verwendeten App. wird an den Polarisationskorrelationsmessungen der bekannten Kaskaden in ^{60}Ni, ^{46}Ti, ^{106}Pd u. ^{88}Sr geprüft. GERHARD SCHMIDT. 103□

Über den Zerfall von ^{180}Ta. P. Eberhardt, J. Geiss, C. Lang, W. Herr und E. Merz. (Nat. Acad. Sci. — Nat. Res. Council, Publ. Nr. **19.** 203—04. 31/7. 1956. Bern, Univ. Physikal. Inst.; Mainz, MPI für Chem.) (Engl.)

In Ergänzung zur C. **1956.** 14242 referierten Arbeit wird $\lambda_{\beta^-} < 7 \cdot 10^{-13}\,a^{-1}$ angegeben (vgl. auch C. **1959.** 6021). GERHARD SCHMIDT. 103□

Die unabhängige Ausbeute an ^{136}Cs bei der Spaltung von ^{235}U, ^{233}U und ^{239}Pu mit thermischen Neutronen. W. E. Grummitt und G. M. Milton. (J. inorg. Nuclear Chem. **20.** 6—11. Nov. 1961. Chalk River, Ontario, AE of Canada Ltd., Res. Chem. Branch.) (Engl.)

Eine Neubest. der unabhängigen Ausbeute an ^{136}Cs bei der Spaltung von ^{235}U, ^{233}U u. ^{239}Pu durch therm. Neutronen ergibt Ausbeuten von $6{,}85 \cdot 10^{-3}$, 0,118 bzw. $8{,}35 \cdot 10^{-2}$%. Die Ergebnisse stimmen mit Werten, die aus der Hypothese der gleichmäßigen Ladungsverschiebung berechnet wurden, überein. Es zeigt sich, daß die Ausbeute bei der ^{233}U-Spaltung durch eine Cd-Abschirmung nicht beeinflußt wird. G. M. NEUMANN. 103□

Die Transurane. Glenn T. Seaborg. (Nuclear Sci. Engng. **9.** 475—87. 4/4. 1961. Berkeley, Calif., Univ. of California.) (Engl.) — Vgl. C. **1962.** 5170.

Übersicht über Chemie u. Herst. der Elemente 99—102 u. Ausblick auf die Entdeckung weiterer Transurane. GERHARD SCHMIDT. 103□

Über die Rolle einer Längsdurchmischung in Austauschkolonnen für die Isotopentrennung. B. P. Konstantinow und L. W. Kotowa. (Доклады Академии Наук СССР [Ber. Akad. Wiss. UdSSR] **135.** 896—98. 1/12. 1960. Physikal.-techn. Inst. der Akad. der Wiss. der UdSSR.) (Russ.)

Theoret. Betrachtung. H. JÄGER. 104□

Präzise Tracermessungen von Flüssigkeits- und Gasströmen. Colin G. Clayton. (Nucleonics **18.** Nr. 7. 96—100. Juli 1960. Wantage, Berks., AERE, Isotope Res. Div.) (Engl.)

Übersicht über eine Testreihe zur Best. von Durchflußraten u. direkter Vgl. mit dem Standard im NATIONAL ENGINEERING LABOR., Glasgow. GERHARD SCHMIDT. 106□

Die Metallurgie von Reaktorbrennstoffen. J. P. Howe. (Proc. int. Conf. peaceful Uses Atomic Energy **9.** 179—95. 1956. Los Angeles, Calif., North Amer. Aviat., Nucl. Engng. and Mfg.) (Engl.)

Konferenzbericht über die verschiedenen Typen von Brennelementen, über keram. u. fl. Brennstoffsysteme. GERHARD SCHMIDT. 110□

Brennelemente vom MTR-Typ. J. E. Cunningham und E. J. Boyle. (Proc. int. Conf. peaceful Uses Atomic Energy **9.** 203—07. 1956. Oak Ridge, Tenn., Oak Ridge Nat. Labor.) (Engl.)

Konferenzbericht über die Technologie von Brennelementen vom Al-Plattentyp mit einem Brennstoff aus Al u. angereichertem UO_2-Pulver. GERHARD SCHMIDT. 110□

Brennstoffwiederaufbereitung. 2. Mitt. **Methoden mit niedrigem Dekontaminierungsfaktor und Verflüchtigungsmethoden.** Edward L. Anderson jun. (Nucleonics **15.** Nr. 12. **44**—49. Dez. 1957. Washington, D.C., U. S. Atomic Energy Comm., Div. of Reactor Dev.) (Engl.) — 1. vgl. C. **1960.** 6392.

Übersicht über die angeführten Prozesse u. deren Vorteile gegenüber der Fl.-Extraktion. GERHARD SCHMIDT. 110□

Aufbereitung des Reaktorwassers im APPR (Army Package Power Reactor). A. Louis Medin. (Nucleonics **15.** Nr. 12. 72—81. Dez. 1957. Schenectady, N.Y., ALCO Prod., Inc.) (Engl.) — Vgl. C. **1960.** 9682.

Im APPR wird mit Hilfe eines Bypass-Syst. durch kontinuierliche Reinigung eines Teils des Primärwassers das Primärsyst. auf maximal 2 ppm Feststoffe gehalten. GERHARD SCHMIDT. 110□

Über die Entfernung flüchtiger Spaltprodukte aus Uran–Wismut-Reaktorbrennstoffen. Orrington E. Dwyer und Allen M. Eshaya. (Nuclear Sci. Engng. **6.** 350—60. Okt. 1959. Upton, Long Island, N.Y., Brookhaven Nat. Labor.) (Engl.)

Es wird die Entfernung flüchtiger Spaltprodd. (bes. ^{135}J u. ^{135}Xe) aus den LMFR-Kernbrennstoffen, die aus einer verd. Lsg. von U, Mg u. Zr in Bi bestehen, diskutiert.

Die vollständige Isotopen-Zus. der flüchtigen Spaltprodd. u. der Vergiftungsgrad für in verschiedenem Umfang vorgenommene Entfernung der Spaltprodd. werden angegeben u. der Einfl. verschiedener Verflüchtigungsgrade von Br_2 u. J_2 auf diese Faktoren gezeigt. Die Löslichkeit von Xe in Bi wurde für 540° zu $2,4 \pm 1,1 \cdot 10^{-9}$ Mol/cm³·at bestimmt (umgerechnet auf 500° $1,2 \cdot 10^{-9}$). Verss. mit Graphitkapseln, welche mit einer Leg. von Bi–Mg–Zr–U gefüllt waren, bei einer Bestrahlungsdauer von 15 Tagen u. einem therm. Neutronenfluß von $2 \cdot 10^{12}$ n/cm²·s ergaben, daß Xe u. J_2 eine starke Tendenz zur Adsorption an trocknen Stahl-u. Graphitoberflächen aufweisen, u. daß eine beträchtliche Durchdringung des Moderatorgraphits stattfindet. W. Karcher. 110□

Das Mikrotron. A. P. Grinberg. (Успехи Физических Наук [Fortschr. physik. Wiss.] **75.** 421—58. Nov. 1961.)(Russ.)

Zusammenfassende Übersicht über die grundlegenden experimentellen u. theoret. Daten des cycl. Resonanz-Elektronenbeschleunigers, des Mikrotons. Vgl. mit anderen Elektronenbeschleunigern u. Anwendungsmöglichkeiten. — 63 Literaturangaben. E. Klever. 112□

Auslegung und Konstruktion eines 29-MeV-Mikrotrons. D. K. Aitken, F. F. Heymann, R. E. Jennings und P. I. P. Kalmus. (Proc. physic. Soc. **77.** 769—85. 1/3. 1961. London, Univ. Coll., Dep. of Phys.) (Engl.)

Das Mikrotron besitzt einen 20-t-Magneten mit einem Poldurchmesser von 80 inch. Auf die Phasenstabilität wird besonders eingegangen. Das ausgelenkte Elektronenbündel von ca. 10^{-8} A besitzt eine Energie von 29 MeV. Gerhard Schmidt. 112□

Ein Paarspektrometer zur Messung eines 30-MeV-Bremsspektrums. Bernhard Ziegler. (Z. angew. Physik **10.** 397—403. Sept. 1958. Karlsruhe, TH, Physikal. Inst.) (Dt.)

Mit einem magnet. Paarspektrometer guter Lichtstärke u. ca. 2% Auflösung wird ein Betatronbremsspektrum aus einer dicken Antikathode gemessen. Das Ergebnis wird mit der Form des Bremsspektrums nach Schiff (C. **1952.** 2787) verglichen. G. Ruban. 112□

Diffusionsnebelkammer mit Vakuummantel. Anthony A. Silvidi und Donald Marn. (Amer. J. Physics **29.** 99—101. Febr. 1961. Kent, Ohio, Kent State Univ.) (Engl.)

Durch den Vakuummantel wird die Ausbildung eines horizontalen Temp.-Gradienten erschwert u. die Bldg. übersätt. Dampfes in der Nähe der Kammerwände erleichtert, was die Empfindlichkeit der Kammer steigert. Vff. prüfen diese Empfindlichkeit mit ^{210}Po-α-Strahlen bei verschiedenen Drücken. Bei Druckerniedrigung von 1 at auf 10^{-7} Torr verlängerte sich die Spur von 2,08 auf 2,95 cm. Die effektive Beobachtungsfläche wurde auf 21,9 cm² gesteigert. D. Hoene. 112□

Verwendung von Freonen in Blasenkammern. David V. Bugg. (Rev. sci. Instruments **29.** 587—89. Juli 1958. Upton, N.Y., Brookhaven Nat. Labor.) (Engl.)

Die Freone CF_2Cl_2, CF_3Br, CF_2Br_2, CF_3Cl u. Mischungen von 19—45% CF_2Br_2 u. 81—55% CF_3Br wurden in einer 6×4×2-in.-Blasenkammer auf ihre Verwendbarkeit zum Nachw. von γ-Strahlen untersucht. Die größten Vorzüge weist CF_3Br auf (Arbeitsbedingungen: 30°, 310 lbs./sq.in. bei 17,6-MeV-γ-Strahlung). Die Mischungen ergeben schlechtere Ergebnisse als ihre Komponenten. P. Sartori. 112□

Einige praktische Hinweise für das Arbeiten mit Geiger-Müller-Zählrohren. H. Gebauer. (Kerntechn., Isotopentechn. u. -chem. **3.** 84—86. Febr. 1961. Erlangen-Bruck, Frieseke & Hoepfner GmbH., Entwicklungslabor.) (Dt.)

Im Hinblick auf ein betriebssicheres Arbeiten mit Geiger-Müller-Zählern werden die wichtigsten Eigg. dieses Zählrohrtyps beschrieben: Plateau-Eigg., optimale Arbeitsspannung, Einfl. der Temp., Nulleffekt, Ankopplung. Herbert Weber. 112□

Selbstlöschende mit Luft, Xenon, Argon und Neon gefüllte Geiger-Müller-Zähler. Juichi Akutsu. (Rep. sci. Res. Inst. [Rikagaku-Kenkyujo-Hokoku] **35.** 129—33. März 1959.) (Jap.)

Für einen Geiger-Müller-Zähler, der mit einer geeigneten Mischung an Ne, Xe, Ar u. Luft gefüllt ist, werden mit den üblichen Schaltungen die Kenndaten ermittelt. Die Arbeitsspannung ist niedriger als bei den organ. Zählrohren. Die radiale Empfindlichkeit ist fast gleich der von üblichen Zählrohren mit Endfenster. L. Schuler. 112□

Verbesserte Messung der absoluten β-Zerfallsgeschwindigkeit unter Verwendung der 4-π-Zählertechnik. Narendra Nath und N. K. Saha. (Proc. nat. Inst. Sci. India, Part A **24.** 256—57. 26/7. 1958. Delhi, Univ., Phys. Dep.) (Engl.)

Vff. verbessern die Konstruktion eines 4-π-Zählers u. die Meßtechnik bis zu einer erhöhten Genauigkeit der β-Zerfalls-Geschw. von $(8,31 \pm 0,29) \cdot 10^6$ Zerfällen/g·min, gemessen an ^{32}P mit 3,74 μc (±3%). G. Ruban. 112□

Bestimmung der Zusammensetzung eines Gemisches von β-Strahlern nach der Absorption in Aluminiumschichten. W. L. Anochin. (Радиохимия [Radiochemie] 2. 479—84. 1960.) (Russ.)

Die Möglichkeit einer Analyse eines Gemisches von β-Strahlern nach der Absorptionskurve in Al wurde untersucht. Für Mischungen aus ^{90}(Sr + Y), ^{144}(Ce + Pr) u. ^{134}Cs sind Eichkurven aufgenommen. M. Wiedemann. 112□

Eichung von Gasdichten mit schnellen geladenen Teilchen. Berthold W. Schumacher. (Nucleonics **18.** Nr. 10. 106—14. Okt. 1960. Toronto, Ontario, Ontario Res. Found.) (Engl.)

Übersicht über Meth. zur β-Eichmessung von Gasdichten, Durchflußraten, Gas-Zus. u. Temperatur. Die auf verschiedenen Prinzipien beruhenden Anordnungen (Messungen von Streuung, Energieverlust, Ionisation u. Fluorescenz) werden auf ihre Genauigkeit hin untersucht. Gerhard Schmidt. 112□

A$_2$. Optisches Verhalten der Materie

Emission von Photoneutrinos und Paarvernichtungsneutrinos aus Sternen. Hong-Yee Chiu und Robert C. Stabler. (Physic. Rev. [2] **122.** 1317—22. 15/5. 1961. Princeton, N.J., Inst. for Advanced Study; Ithaca, N.Y., Cornell Univ., Labor. for Nucl. Stud.; New Beach, Calif., Ford Motor Co.) (Engl.)

Feldtheoret. Berechnungen der Querschnitte für $\gamma + e^- \rightarrow e^- + \nu + \bar{\nu}$ u. $e^+ + e^- \rightarrow \nu + \bar{\nu}$ werden durchgeführt, um die Neutrino-Leuchtkraft der sehr heißen Sterne ($T_c \gtrsim 5 \cdot 10^8$ Grad K) zu erhalten. Die Energieverlustrate, die für den letzten Prozeß erhalten wird, ist hinreichend zur Best. der Geschw. der Evolution des Sternenkerns, wenn $T_c \gtrsim 2 \cdot 10^9$ Grad K. Herbert Weber. 113□

Supernovae und Californium-254. W. Baade, G. R. Burbidge, F. Hoyle, E. M. Burbidge, R. F. Christy und W. A. Fowler. (Publ. Astronom. Soc. Pacific **68.** 296—300. Aug. 1956. Mount Wilson and Palomar Observ.; Carnegie Inst. of Washington; California Inst. of Technol.; Kellogg Radiat. Labor.) (Engl.)

Inhaltlich ident. mit der C. **1957.** 10927 referierten Arbeit von Burbidge u. Mitarbeitern. C. Gottfried. 113

Wellenlängen von verbotenen Nebellinien. 2. Mitt. Ira S. Bowen. (Astrophysic. J. **132.** 1—17. Juli 1960. California Inst. of Technol., Carnegie Inst. of Washington, Mount Wilson and Palomar Observ.) (Engl.) — 1. vgl. C. **1957. 3719.**

Die l. c. begonnenen Messungen von verbotenen Linien wurden bis in das UV ausgedehnt; ausgemessen wurden die Linien von 3000 bis ca. 4900 Å. Von folgenden Elementen wurden die Wellenlängen gemessen u. die zu ihnen gehörenden Übergänge bestimmt: *N I, F IV, Ne III, Na IV, Mg I, S III, Cl III, Ar III, K IV, Fe III* u. *Fe V*. Anschließend wird tabellar. ein Überblick über alle bisher beobachteten verbotenen Linien, einschließlich der gemessenen Wellenlängen, der Übergänge u. der Genauigkeit der Messungen gegeben. C. Gottfried. 113

Das Profil der Lyman-Alphalinie des Wasserstoffs der Sonne. C. R. Detwiler, J. D. Purcell und R. Tousey. (Rep. NRL Progr. **1960.** Nr. PB 161 278. 1—6. Febr. Washington, D.C., U. S. Naval Res. Labor., Atmosphere and Astrophys. Div., Rocket Spectroscopy Branch.) (Engl.)

Bei einem Raketenaufstieg (maximale Höhe 126 Meilen) erhielten Vff. ein sehr hoch aufgelöstes Spektrum der Lyman-Hα-Linie der Sonne. Die Breite der Linie betrug ca. 2 Å. Die Linienform entspricht einer Emission aus einem Gebiet der Sonnenatmosphäre, in dem die Temp. von der Größenordnung von 100000° K ist. Im Zentrum der Linie wurde ein schmaler Absorptionskern beobachtet, der von atomarem H zwischen der Erde u. der Sonne erzeugt wird. Zur Erzeugung dieser Absorption werden ca. $2 \cdot 10^{12}$ Atome/cm^2 oberhalb der E-Schicht benötigt. C. Gottfried. 113

Vor und während des internationalen geophysikalischen Jahres beobachtete ionosphärische Elektronendichtegradienten. J. C. Seddon. (Rep. NRL Progr. **1960.** Nr. PB 161280. 1—7. April. Washington, D.C., U.S. Naval Res. Labor., Atmosphere and Astrophys. Div., Rocket Sonde Branch.) (Engl.)

Mit Hilfe von Raketenaufstiegen konnte in der Ionosphäre das Auftreten von Gradienten hoher Elektronendichte zwischen ca. 64 u. 200 km registriert werden. Es wurden Gradienten von bis zu 10^6 Elektronen/cm^3/km beobachtet. Ein hoher Gradient trat stets nahe der Mesopause auf; die anderen variierten im Auftreten u. in der Höhe. In der E-Region war eine Tendenz zum Auftreten hoher Gradienten bei „bevorzugten" Höhen von ca. 100; 105; 110; 117 u. 129 km festzustellen. C. Gottfried. 113

Über die Verteilung der N_2^+-Ionen in der hohen antarktischen Atmosphäre. G. Weill. (Ann. Géophysique **16.** 223—35. April/Juni 1960. Centre Nat. de la Rech. Sci., Sous-Comité Antarctique.) (Franz.)

Im Adelie-Land untersuchte Vf. photometrisch die Dämmerungserscheinungen in der 3914 Å-Strahlung. Aus den abs. Intensitäten als Funktion der Sonnenlichtgebiete wurden die N_2^+-Konzz. oberhalb der Nordlichtzone hergeleitet. In einer Höhe von 700 km beträgt die mittlere N_2^+-Konz. 28 Ionen/cm³, in 400 km 180 u. in 200 km Höhe 2000 Ionen/cm³. Es scheint ein ausgesprochener Breiteneffekt vorhanden zu sein.

C. Gottfried. 113

Über einige Zusammenhänge zwischen der allgemeinen Zirkulation und der Ozonatmosphäre. G. I. Kusnetzow. (Известия Академии Наук СССР, Серия Геофизическая [Nachr. Akad. Wiss. UdSSR, geophysik. Ser.] **1961.** 467—77. März. Moskau, Lomonossow-Univ.) (Russ.)

Der O_3-Geh. der Atmosphäre ist für die Jahre 1957—1959 für eine Reihe von Stationen tabelliert. Die jahreszeitlichen, wie die sehr starken, aber plötzlichen Änderungen, sind durch die Zirkulation in der Atmosphäre bedingt. M. Wiedemann. 113 □

Vertikale Verteilung des atmosphärischen Ozons. Vergleich verschiedener Methoden. A. W. Brewer, H. U. Dütsch, J. R. Milford, M. Migeotte, H. K. Paetzold, F. Piscalar und E. Vigroux. (Ann. Géophysique **16.** 196—99. April/Juni 1960.) (Franz.)

Auf verschiedenen Beobachtungsstationen wurde die vertikale Verteilung des atmosphär. O_3 gemessen, u. zwar an der gleichen Station nach vier verschiedenen Methoden. Speziell sollten die sog. Umkehr-Meth. u. die IR-spektrograph. Meth. verglichen werden. Die erhaltenen Ergebnisse sollen später mitgeteilt werden. In einem 2. Teil beschreiben Brewer u. Milford die elektrochem. O_3-Sonde, die auf der bekannten Rk. $2\,KJ + O_3 + H_2O = 2\,KOH + J_2 + O_2$ beruht. C. Gottfried. 113

Jahreszeitliche Variationen der Kohlenstoffdioxid-Konzentration in der Atmosphäre. Eugene M. Wilkins. (J. geophys. Res. **66.** 1314—15. April 1961. Dallas, Tex., Temco Electron. and Missiles Comp.) (Engl.)

Die Variationen im CO_2-Geh. der Atmosphäre mit den Jahreszeiten auf der nördlichen u. südlichen Hemisphäre werden verglichen. Sie dürften durch das pflanzliche Leben bedingt sein. Austausch zwischen den beiden Hemisphären ist zu einem gewissen Grade anzunehmen, hierdurch werden die Schwankungen gemildert. Ferner steigt der CO_2-Geh. infolge Verbrennung fossilen Materials stetig an. M. Wiedemann. 113 □

Über die Dämmerungsbeobachtungen der Lithiumlinie im Verlauf des internationalen geophysikalischen Jahres. J. Delannoy. (Ann. Géophysique **16.** 236—52. April/Juni 1960.) (Franz.)

Im Aug./Sept. 1957 u. 1958 wurden in Adelie-Land in der Dämmerung die abs. Intensitäten des Dubletts 2 P—2 S des Li u. der D_2-Linie des Na gemessen. Diese Beobachtungen gestatteten einen Vgl. der Mengen neutraler Li- u. Na-Atome in der hohen Atmosphäre oberhalb der Beobachtungsstation. In den beiden Beobachtungsperioden betrug das Verhältnis N(Li)/N(Na) der Anzahl neutraler Li- u. Na-Atome $7 \cdot 10^{-4}$ u. $8 \cdot 10^{-3}$. Über den Ursprung der Li-Atome können sichere Erklärungen noch nicht gegeben werden. C. Gottfried. 113

Künstliche Natriumwolken. Mehrfache Streuung des Resonanzlichtes. Jacques-Émile Blamont. (C. R. hebd. Séances Acad. Sci. **250.** 567—69. 18/1. 1960.) (Franz.)

Vf. berechnete das Verhältnis der Intensitäten der D_2/D_1-Linien als Funktion der opt. Dichte kl der Na-Wolke. Es ergab sich, daß sich das Verhältnis von 2 auf 1 ändert, wenn sich kl von Null auf unendlich ändert. Interferometr. Messungen an 2 künstlichen Na-Wolken ergaben 5 Min. nach Ausstoßung der Wolke (Höhe 115 km) das Verhältnis 1,10 u. nach 25 Min. (Höhe 105 km) das Verhältnis 1,40. Messungen der Linienbreiten zeigten, daß sie sich mit der Zeit vermindern infolge des Verschwindens von Na u. einem Grenzwert zustreben, der der Doppler-Breite entspricht. Die gefundene Breite entsprach genau der mit Hilfe des Modells berechneten Linienbreite. Die Messungen bestätigten damit die vom Vf. angenommene mehrfache Streuung. Es ist damit möglich, die Anzahl von Na-Atomen pro cm³ zu bestimmen u. ferner kann man die Temp. in der hohen Atmosphäre feststellen. C. Gottfried. 113

Messung der Transparenz der Prismenschicht der Atmosphäre im ultravioletten und sichtbaren Bereich des Spektrums. O. I. Popow, Je. O. Fedorowa und Je. D. Scholochowa. (Известия Академии Наук СССР, Серия Геофизическая [Nachr. Akad. Wiss. UdSSR, geophysik. Ser.] **1961.** 478—86. März. Optisches Wawilow-Inst.) (Russ.)

Bei verschiedenen meteorolog. Bedingungen, wo die Sicht zwischen Entfernungen von 4—5 km u. solchen von über 100 km variierte, wurde die Durchlässigkeit einer

Luftschicht im Bereich 230—580 mμ mittels Hg-Lampe, Monochromator u. photoelektr. Einrichtung gemessen. Der Anteil von Streuung u. Absorption wurde diskutiert. Bei ca. 230 mμ spielt die Absorption die Hauptrolle, daher ist die Fernsicht ohne Bedeutung. Zwischen 300—250 mμ absorbiert hauptsächlich O_3, ab 250 mμ beginnt Sauerstoff zu absorbieren. Bei 290—250 mμ dürfte der Anteil von Streuung u. Absorption etwa gleich groß sein. M. Wiedemann. 113□

Thomas-Fermi-Dirac-Modell komprimierter Ionen. Shigehiro Kobayashi. (J. physic. Soc. Japan **15.** 1842—44. Okt. 1960. Takamatsu, Kagawa Univ., Dep. of Phys.) (Engl.)

In Fortsetzung einer früheren Arbeit (C. **1960.** 14949) wird die Thomas-Fermi-Dirac (TFD)-Meth. auf Ionen im komprimierten Zustand angewandt; die Koeff. der Reihen-Entw. der TFD-Funktion nahe der Grenze werden angegeben. H. Schirrwitz. 114□

Ionisationspotential. Analytische Deutung. Constantin Bedreag. (C. R. hebd. Séances Acad. Sci. **243.** 773—75. 3/9. 1956.) (Franz.)

In der Reihe der 3d-Elemente mit der Ordnungszahl Z = 21—37 (Sc bis Rb), der $4d^{1-10}$- u. der $5d^{1-10}$-Elemente zeigt das Ionisationspotential V^{+z} (z = 3—10) bei jeweils konst. z einen regelmäßigen Anstieg $\Delta V/\Delta Z$ mit zunehmendem Z, der in der Mitte jeder Reihe (bei V_m^{+z} u. Z_m) durch eine Verschiebung $-\Delta V$ unterbrochen wird. Der Sommerfeldsche Ausdruck V_m^{+z} [Volt] $= 1{,}27 \cdot z^{7/3}/[1-0{,}903\,(z/Z_m)^{1/4}]$ findet sich bestätigt, wenn statt 7/3 ein veränderlicher Exponent $\alpha = 7/3$ bis 7/4 benutzt wird. Hieraus ergibt sich ein allg. Ausdruck für beliebiges Z. A. Blaschette. 114□

Ionisationspotential. Analytische Deutung. C. G. Bedreag. (Bul. ştiinţ., Secţ. Ştiinţe mat. fizice **9.** 165—73. Jan./März 1957.) (Rum.; Auszug: Franz.)

Ausführliche Wiedergabe der vorst. referierten Arbeit. R. K. Müller. 114□

Ionisationspotentiale, Elektronenaffinitäten und Abschirmungskonstanten. Eine einfache Theorie. E. C. Baughan. (Trans. Faraday Soc. **57.** 1863—72. Nov. 1961. Shrivenham, Royal Military Coll. of Sci., Dep. of Chem. and Metallurgy.) (Engl.)

Vf. leitet einfache Gleichungen ab, die die Ionisationsenergien von atomaren Syst. mit der effektiven Kernladung in der Elektronenbahn Y ($\equiv Z - \Sigma$, wo Z die Ordnungszahl u. Σ eine Abschirmungs-Konst. ist) u. der bekannten effektiven Ladung Q in unendlicher Entfernung verbinden. Diese Beziehungen werden dann auf He-ähnliche Ionen angewandt u. für andere kompliziertere Syst. mit den Ergebnissen der „self-consistent-field"-Theorie verglichen. Schließlich erhält man eine Ableitung für Glocklers empir. Gleichung sowie eine einfache Meth. zur Best. der Abschirmungs-Konst. Σ. G. M. Neumann. 114□

Modelle für spektrale Bandenabsorption. Gilbert N. Plass. (J. opt. Soc. America **48.** 690—703. Okt. 1958. Glendale, Calif., Aeronutronic Syst., Inc.) (Engl.)

Vf. diskutiert ausführlich die verschiedenen Modelle zur Beschreibung der Absorptionsbanden. Hierbei werden bes. das statist. Modell sowie die Lorentz-, Doppler- u. andere Linienformen erörtert. G. Ruban. 118□

Über die Form und Breite von Spektrallinien, die von einer Flamme und einem Gleichstrombogen emittiert werden. N. N. Sobolev. (Spectrochim. Acta [London], Proc. Colloquium spectroscop. int. VI **1956.** 310—17. 1957. Moscow, Acad. of Sci. of the USSR., Lebedev Phys. Inst.) (Engl.)

Die von einer Luft–C_2H_2-Flamme (2400° K) emittierten Spektrallinien *Na* 5890, *Li* 6708, *Ca* 4227 u. *Tl* 5350 Å lassen sich bei geringen Salz-Konzz. in der Flamme befriedigend durch die Voigt-Reiche-Gleichung beschreiben, d. h. die Form der Linien wird durch den Doppler-Effekt u. die Zusammenstöße mit den Flammengasen bestimmt. In Übereinstimmung mit der Theorie ist die Gesamtenergie der Linie bei kleinen Salz-Konzz. linear von N abhängig. Bei steigender Salz-Konz. erreichen die Zentren der Linien Sättigungswerte, wodurch eine trapezförmige Form entsteht u. die Gesamtenergie proportional N ansteigt. Spektrallinien mit quadrat. Stark-Effekt (Na 5890, 6161, 5153, 4752, 8195, 5688, 4983 u. Tl 5350 Å) wurden im Gleichstrombogen (5000 bis 6000° K) untersucht. Linien mit van der Waalsschen Kraft-Konst. $C_6 \sim 10^{-32} - 10^{-30}$ u. quadrat. Stark-Effekt-Konst. $C_4 < 10^{-13}$ sind symm. u. gehorchen der Voigt-Reiche-Gleichung. Bei $C_4 < 3 \cdot 10^{-14}$ tritt Linienverbreiterung durch Zusammenstöße zwischen angeregten Atomen u. neutralen Teilchen auf. Wenn $C_4 > 3 \cdot 10^{-14}$ wirken sich Zusammenstöße mit Elektronen aus. Die Form der Linien mit $C_4 > 10^{-13}$ ist unsymm., weil die statist. Verbreiterung der Linien durch die Ionen des Bogenplasmas beträchtlich wird. K. Ross. 118□

Methode zur Bestimmung der Strahlungswahrscheinlichkeit von Gasen und Dämpfen. Ja. I. Gerlowin. (Оптика и Спектроскопия [Optik u. Spektroskopie] **9.** 664—65. Nov. 1960.) (Russ.)

Vf. beschreibt eine Meth. zur direkten Best. der Wahrscheinlichkeit spontaner Strahlung von Gasmoll. im Bereich der Rotationsschwingungsbanden. Sie beruht im Prinzip auf dem Vgl. der Strahlung eines abs. schwarzen Körpers mit der Strahlung eines Gases von der gleichen Temp. bei Messung mit einem Strahlungsempfänger mit wesentlich niedrigerer Temperatur. Orientierende Messung mit einer berußten Scheibe als schwarzer Körper u. einem mit fl. Luft gekühlten Te–Pb-Photowiderstand ergaben für CO_2 bei Zimmer-Temp. eine Strahlungswahrscheinlichkeit von 350 s^{-1} für die Bande bei 4,3 μ. R. Gerbatsch. 118□

Über die Natur der Fluktuationsbanden der Borsäure. A. A. Malzew, W. K. Matwejew und W. M. Tatewski. (Доклады Академии Наук СССР [Ber. Akad. Wiss. UdSSR] **137.** 123–25. 1/3. 1961. Moskau, Lomonossow-Univ.) (Russ.)

Vff. untersuchten die im ganzen sichtbaren Spektralbereich liegenden sog. „Fluktuationsbanden" der Borsäure. Bei Anwesenheit von 2 B-Isotopen treten 2 Bandenkanten auf, was auf 1 B-Atom enthaltende Moll. schließen läßt. Unterss. der Absorption der Dämpfe über B_2O_3 bei 1200–1550° zeigten, daß in Edelgasatmosphäre die Fluktuationsbanden schwach u. in H_2-haltiger Atmosphäre gar nicht auftreten. Bei Anwesenheit geringer O_2-Mengen treten sie dagegen stark auf. Quantitative Auswertungen ergaben, daß die Banden dem Radikal BO_2 zugeordnet werden müssen. Im IR-Bereich von 3–12 μ tritt nur eine Bande bei 2000 cm^{-1} auf, die zur Bindung B=0 gehört.
R. Gerbatsch. 118□

Emissionsspektrum des AlS-Moleküls. Ch. N. McKinney und K. Keith Innes. (J. molecular Spectroscopy **3.** 235–47. Juni 1959. Nashville, Tenn., Vanderbilt Univ., Dep. of Chem.) (Engl.)

Vff. messen das Emissionsspektrum von AlS, erhalten durch Erhitzen von S, Al u. Ar auf 1800°, im Bereich von 3700–4800 Å. Die Spektrallinien der 3–0, 2–0-, 1–0-, 0–0-, 0–1- u. 0–2-Banden werden tabellar. zusammengestellt, u. es wird die Zuordnung der Banden zum $A^2\Sigma^+ - X^2\Sigma^+$-Übergang des AlS-Mol durchgeführt. Die Emission des AlS ist der des AlO sehr ähnlich. M. Schüle. 118□

Die Emission von ultravioletten und von sichtbaren Strahlen aus Metallen durch Zusammenstoß mit energiereichen Wasserstoffionen. Rafi Mohammed Chaudhri und Mustafa Yar Khan. (Nature [London] **192.** 646–47. 18/11. 1961. Lahore, Governm. Coll., High Tension and Nucl. Res. Labor.) (Engl.) — Vgl. C. **1961.** 14914.

Die von *Ni* bei der Bestrahlung mit H^+ von 200 keV ausgesandte Strahlung wurde untersucht u. die Verteilungskurve der spektralen Intensitäten aufgenommen. Es zeigt sich, daß das sichtbare Spektrum kontinuierlich verläuft u. die Intensität im UV-Bereich höher als im sichtbaren Bereich ist. Darüber hinaus tritt bei gekühlten Proben zwischen 4600 u. 4800 Å ein Maximum auf. Das Auftreten dieses Maximums führt zu der Vermutung, daß die Strahlung von angeregten Metallatomen ausgesandt wird. Andrerseits deutet aber die kontinuierliche Natur des Spektrums auf eine gewisse Schwingung des Elektronenplasmas hin. Eine Zuordnung der Strahlung zu einem Mechanismus ist sehr schwierig. G. M. Neumann. 118□

Die Bedeutung von Verunreinigungen bei Strahlungseffekten in ionischen Festkörpern. E. E. Schneider. (Discuss. Faraday Soc. Nr. **31.** 176–83. **1961.** Newcastle-upon-Tyne, Univ. of Durham, King's Coll., Phys. Dep.) (Engl.)

In Alkalihalogeniden u. MgO-Kristallen durch Strahlung hervorgerufene Zentren, die mit mehr- u. einwertigen Verunreinigungen verbunden sind, werden unter Anwendung des Prinzips völligen Ladungsausgleichs beschrieben u. diskutiert. Es wird angenommen, daß der Primärprozeß der schnellen Röntgenstrahlverfärbung von reinen oder dotierten Alkalihalogeniden in der Bldg. solcher Zentren zu sehen ist. Experimentelle Ergebnisse an *KCl(Sr)*, *NaCl(Mn)* u. *LiF(Na)*-Kristallen, bei denen die tatsächliche in fester Lsg. vorhandene Menge an Verunreinigungen durch Leitfähigkeitsmessungen oder Elektronenspinresonanz-Unterss. bestimmt wurde, bestätigen diese Anschauung. Ferner werden experimentelle Anhaltspunkte dafür angegeben, daß teilweise gelöste Verunreinigungen u. die damit verbundene Substruktur von Versetzungen u. Ausscheidungen eine ähnliche entscheidende Bedeutung für das 2. langsame Stadium der Röntgenstrahlverfärbung bei normalen Temp. besitzen. G. M. Neumann. 119□

Über die Excitonenspektren der Alkalihalogenide. Fred Fischer. (Z. Physik **160.** 194–200. 1960. Göttingen, Univ., I. Physikal. Inst.) (Dt.)

An Hand experimenteller Daten wird gezeigt, daß das Excitonenspektrum der Alkalihalogenide mit den ^2P-Zuständen der Alkaliatome verknüpft zu sein scheint. Ferner wird aus den experimentellen Daten folgende Beziehung zwischen der Ionisierungsenergie des Excitons E_{exc} u. der opt. DK ε der Alkalihalogenide aufgestellt: $E_{exc} = 10/\varepsilon^3$ [eV]. Letzteres ist mit dem Wasserstoffmodell des Excitons in Einklang.
J. Baars. 119□

Über das induzierte Silber-B-Zentrum. (Kurze Mitt.) Masakazu Ishiguro, Takeshi Okuno und Kazuko Kojima. (Mem. Inst. sci. ind. Res., Osaka Univ. **15.** 1—4. 1958.) (Engl.)

Ag aktivierte *KCl*-Kristalle, die durch Röntgenstrahlen gefärbt wurden, weisen mehrere Absorptionsbanden (F, E u. B) auf, die nach Ausleuchten mit F-Licht bei Zimmer-Temp. oder tieferer Temp. anderes Verh. zeigen; so nimmt im ersteren Fall F ab, B zu u. E ändert sich nicht, während bei tieferer Temp. F abnimmt, E anwächst u. B unverändert bleibt. Aus diesen Ergebnissen ist der Schluß zu ziehen. daß das F-Zentrum in ein freies Elektron u. eine negative Ionenleerstelle dissoziiert. Gelangt letztere zum Gitterplatz eines Ag-Ions, das ein Elektron eingefangen hat, bildet sich, in Übereinstimmung mit dem Modell von ETZER, ein B-Zentrum. Bei tieferen Temp. wandert die Leerstelle nicht, sondern es bildet sich eine α-Bande aus, das an Ag aktivierten KJ-Einkristallen gut festzustellen war. Die E-Bande, die nicht näher untersucht wurde, könnte auf ein Elektronenzentrum zurückgeführt werden. G. HERZOG. 119□

Photoleitung und optisches Ausbleichen von induzierten Silber-B-Zentren. (Kurze Mitt.) Masakazu Ishiguro, Etsu Sugioka und Nozomu Takeuchi. (Mem. Inst. sci. ind. Res., Osaka Univ. **15.** 5—7. 1958.) (Engl.) — Vgl. vorst. Referat.

Bei den untersuchten elektrolyt. gefärbten KCl-Einkristallen wurden die F-Zentren therm. ausgelöscht, so daß nur B-Zentren vorlagen. Der Photostrom, hervorgerufen durch B-Licht-Impulse, wächst mit zunehmender Temp. an u. erreicht einen Maximalwert bei 130°, d. h., daß die therm. Aktivierungsenergie des Übergangs vom angeregten zum ionisierten Zustand, die einen Wert von 0,3 eV besitzt, größer ist als beim F-Zentrum (0,07 eV). Der Frequenzfaktor B_0 wurde zu $10^{12} s^{-1}$ ermittelt. Bei der opt. Auslöschung der B-Zentren wurden die gleichen Werte für E u. B_0 erhalten. Die Wanderung des B-Zentrums im elektr. Feld scheint nach dem gleichen Mechanismus zu erfolgen wie der des F-Zentrums. G. HERZOG. 119□

Durch Röntgenstrahlen hervorgerufene Farbzentren im MgO. R. W. Soshea, A. J. Dekker und J. P. Sturtz. (Physics Chem. Solids **5.** 23—33. 1958. Minneapolis, Minn., Univ. of Minnesota, Inst. of Technol.) (Engl.)

Beim Glühen in O_2 unter einem Druck von 1,5 cm, einer Temp. von 1250° u. einer Dauer von 11 Min. wird im MgO ein Absorptionsspektrum hervorgerufen, das gaußförmige Banden bei 5,7, 4,8 u. 4,3 eV aufweist. Durch Einw. von Röntgenstrahlen erhält man ein Spektrum, das aus GAUSS-Banden bei 5,7, 4,8, 4,3, u. 2,3 eV besteht u. daneben Absorption unterhalb 4 eV zeigt. Die Lage u. Intensität dieser GAUSS-Banden kann durch Nacherhitzen bei 100 oder 325° verändert werden. Daß bei 600° durch Röntgenstrahlen induzierte Spektrum ist mit dem durch Nacherhitzen (325°) erhaltenen identisch. Die Konz. der F-Zentren, die von der Bestrahlung herrührt, erreicht durch weitere Einstrahlung über mehrere Std. einen Sättigungswert. Die F-Zentren zeigen ferner schon bei Zimmer-Temp. therm. Abklingen. Die Einw. von X-Strahlen auf Kristalle, die vorher durch Erhitzen in O_2 gefärbt wurden, läßt erkennen, daß die Absorption bei 5,7 eV, hervorgerufen durch Röntgenstrahlen, mit der Menge an Überschuß-O_2 linear abnimmt, während die Bande bei 3,6 eV anwächst. Die Diskussion der Ergebnisse an einem Bändermodell macht die Anwesenheit von Übergangselementen variabler Wertigkeit (Fe^{3+}) wahrscheinlich. G. HERZOG. 119□

Das Absorptionsspektrum des festen Antimontrisulfids. W. P. Doyle. (Physics Chem. Solids **3.** 156—57. 1957. Dublin, Univ. Coll., Dep. of Chem.) (Engl.)

Das Absorptionsspektrum des festen Sb_2S_3 wird an aufgedampften, 160—2500 Å dicken Schichten zwischen 0,20 u. 1,00 μ gemessen. Unterhalb 0,525 μ erfolgt keine wesentliche, echte Absorption; der Absorptions-Koeff. ist bei 0,7 Å prakt. 0. In dicken Filmen bewirkt Lichtstreuung scheinbare Absorption. Bei 0,525 Å beginnt ein scharfer, kontinuierlicher Anstieg der Absorptionskurve bis 0,2 μ, die Abflachung zwischen 0,22 u. 0,20 μ läßt unterhalb 0,2 μ ein Maximum vermuten. Der Absorptions-Koeff. ist bei 0,2 μ so groß, daß die Absorption dem Gitter u. nicht Verunreinigungen zugeschrieben wird. Die Gitterabsorptionsschwelle liegt bei 0,525 μ, die langwellige Photoleitfähigkeitsschwelle bei 0,8 μ, so daß die Photoleitfähigkeit nicht mit der Gitterabsorption zusammenhängt, sondern entweder von Gitterstörungen u. Verunreinigungen oder von langwelliger Absorption, die durch Excitonen-Bldg. bedingt ist, herrührt; letzteres ist aber durch Fehlen jeglicher Schulter in der Absorptionskurve unwahrscheinlich.

F. HUBER. 119□

Die optische Absorption von Galliumarsenid im Reststrahlen-Band. S. J. Fray, F. A. Johnson, J. E. Quarrington und N. Williams. (Proc. physic. Soc. **77.** 215 17. 1/1. 1961. Great Malvern, Worcs., Royal Radar Establ.) (Engl.)

An kleinen planparallelen GaAs-Kristallplättchen wurden der Transmissions- und der Reflexions-Koeff. im Reststrahlen-Band für senkrecht einfallendes Licht bei T = 25 ermittelt u. daraus der abs. Absorptions-Koeff. α berechnet. Die Größe u. der spektrale Verlauf von α hingen wesentlich von der Stärke der Proben ab. Es werden Ergebnisse für einen 25 μ u. einen 68 μ starken Kristall mitgeteilt: Bei der 25-μ-Probe lassen sich 6 verschiedene Absorptionsmaxima unterscheiden. Sie entsprechen den Wellenlängen $\lambda = 30,2$; 32,0; 34,0; 34,9; 36,5 u. 37,7 μ. Für die 68-μ-Probe ergaben sich erheblich geringere Werte von α u. kein Absorptionsmaximum bei $\lambda = 34,9$ μ. Es werden der mutmaßliche Ursprung u. die Verschiedenheit der Absorptionsspektren diskutiert.

J. Baars. 120 □

Anwendung der Infrarotspektroskopie zur Untersuchung der Struktur von Silicaten. 1. Mitt. Reflexionsspektren kristalliner Natriumsilicate im Bereich 7,5—15 μ. W. A. Florinskaja und R. Ss. Petschenkina. (Журнал Структурной Химии [J. Strukturchem.] **1.** 86—98. Mai/Juni 1960. Leningrad, Wawilow-Inst. für Optik.) (Russ.)

Die Reflexionsspektren der Kristallisations-Prodd. von Zweikomponentengläsern, bestehend aus Na_2O (**I**) u. SiO_2 (**II**), mit einem **I**-Geh. von 12—55 Mol-% wurden im Bereich 7—15 μ untersucht. Das Hauptkristallisations-Prod. der Gläser mit einem **I**-Geh. von 12—29 Mol.-% ist **II**, dem Banden bei 8,30, 9,10—9,20 u. 12,6—12,7 μ entsprechen. Daneben weisen Banden bei 10,4—10,6 u. 13—14 μ auf die Ggw. von Silicaten mit hohem **I**-Geh. hin. In den Spektren der Gläser, deren **I**-Geh. 22 Mol-% nicht übersteigt, erscheint die intensivste Bande als Dublett mit Maxima bei 9,05—9,10 u. 8,30 μ. Diese sind für α-Cristobalit charakteristisch. Bei den Gläsern mit 25,5 Mol-% **I** u. mehr ist die intensive, längerwellige Komponente des Dubletts nach 9,15—9,20 μ verschoben, während sich die Intensität von 8,30 verringert hat. Hier liegt **II** als „primitiverer" Cristobalit vor. Bei Gläsern mit einem **I**-Geh. > 29 Mol-% bestehen die Kristallisations-Prodd. aus einem Gemisch von **II**, $Na_2Si_2O_5$ u. anderen Silicaten mit einem höheren **I**-Gehalt.

U.-L. Rau. 120 □

Rotationsanalyse der $^{65}Cu^{35}Cl$-Banden. R. K. Asundi, P. Ramakoteswara Rao und J. K. Brody. (Nature [London] **192.** 444—45. 4/11. 1961. Trombay, India, Atomic Energy Establ.; Argonne, Ill., Argonne Nat. Labor.) (Engl.)

Das Spektrum von $^{65}Cu^{35}Cl$ wurde aufgenommen u. analysiert. Es zeigt sich, daß alle bekannten Banden-Syst. mit hoher Intensität auftreten. Die Rotationsanalyse zeigt, daß die höchsten Zustände dieser Syst. entweder $^1\Pi$-, Σ^1- usw. Zustände sind, oder sich doch so wie diese verhalten. Die Λ-Typ-Verdopplung in den F-Zuständen ist vernachlässigbar, während sie in den D- u. B-Zuständen groß ist. Die spektroskop. Daten werden tabellar. mitgeteilt.

G. M. Neumann. 121 □

Einige mineralogische, Verfärbung und Luminescenz betreffende Gesichtspunkte. Karl Przibram. (Tschermaks mineralog. petrogr. Mitt. [3] **7.** 331—36. April 1961. Wien.) (Dt.)

Diskussion der Kriterien einer natürlichen Bestrahlungsfarbe u. Bemerkungen über die Anwendung der Fluorescenzanalyse.

H. Moenke. 125 □

Ausleuchtung von Kristallphosphoren mit Ultraschall nach Vorbestrahlung mit UV-Licht und β-Strahlen. Klaus Friedrich. (Ann. Physik [7] **7.** 201—09. 1961. Leipzig, Inst. für angew. Radioaktivität.) (Dt.)

Für die Abhängigkeit der durch Ultraschall aus Leuchtschirmen von ZnS/Cu u. aktivierten $2\,NaBr_2 \cdot 1\,BaF_2$ („R 28") ausgeleuchteten Lichtsumme von Bestrahlungszeit u. -stärke bei UV-Licht werden Messungen durchgeführt u. Gleichungen abgeleitet. Für die Anregung mit β-Strahlen wird eine Beziehung zwischen Beschallungsaufhellung u. Bestrahlungszeit ermittelt. Die Abhängigkeit der Aufhellung von der Vorbestrahlung wird mit Hilfe des Bändermodells für Kristallphosphore erklärt u. berechnet.

R. Mattes. 125 □

Die Triboluminescenz von Zinksulfidphosphoren. Kiyotake Naraoka und Yoshihide Kotera. (Bull. chem. Soc. Japan **31.** 378. April 1958. Yoyogi, Tokyo, Gov. Chem. Ind. Res. Inst.) (Engl.)

Gepulverte u. mit verschiedenen Metallen aktivierte ZnS-Phosphore wurden als dicke Suspensionen in einer Lsg. von Polymethylmetacrylat in Bzl. auf Platten aufgestrichen u. nach dem Trocknen durch Reiben mit einer harten Messerschneide zur Luminescenz angeregt. Die mit Mn, Cu/Mn u. Pb/Mn aktivierten Phosphore gaben eine orangefarbene, die mit Cu u. Pb aktivierten u. die (Zn, Cd)S: Ag-Phosphore eine grüne Triboluminescenz; ZnS:Ag ergab nur eine schwache, unbestimmte Triboluminescenz. Im allg. stimmen die Farben mit denen des Photoluminescenzlichts überein.

W. Betcke. 125 □

Kristallstruktur und Elektroluminescenz des ZnS. D. W. G. Ballentyne. (Physics Chem. Solids **10.** 242. Juli 1959. Harlow, England, Siemens Edison Swan Ltd., Res. Labor.) (Engl.)

Vf. untersuchte pulverförmige Cu- u. Ag-aktivierte ZnS-Leuchtstoffe, die in schwach oxydierender Atmosphäre (feuchtes H_2S) oberhalb von 1024 (Transformationspunkt) mit Al, Ga u. In als Koaktivatoren geglüht worden waren. Die Strukturanalyse ergab, daß mit zunehmender Cu-Konz. zwischen 10^{-4} u. 10^{-3} g Cu/g ZnS eine Strukturänderung von der hexagonalen zur kub. Modifikation des ZnS erfolgt. In diesem Konz.-Bereich scheidet sich außerdem in steigendem Maße CuS an den Kristalloberflächen ab, u. die Leuchtstoffe beginnen Elektroluminescenz zu zeigen. Auch für Ag-aktiviertes ZnS fallen Strukturänderung u. Elektroluminescenz-Fähigkeit zusammen für Konzz. von 10^{-2} g Ag/g ZnS, jedoch scheidet sich Ag bereits bei geringeren Konzz. ab. Vf. vermutet daher, daß die Bldg. einer elektronenreichen Fremdphase für die Elektroluminescenz allein nicht ausreicht. Wie Thermoluminescenz-Experimente ergaben, geht mit der Strukturänderung eine Verarmung der Leuchtstoffe an energet. tiefen Haftstellen parallel.

J. BAARS. 125□

Zur Thermoluminescenz der Seltenen Erden in CaF_2. Hans Adler. (Acta physica austriaca **12.** 356—99. 1959. Wien, Inst. für Radiumforsch. der Österr. Akad. der Wiss.) (Dt.) — Vgl. C. **1961.** 3561.

Es werden Unterss. über die Thermolumineszenzkurven von synthet. CaF_2-Phosphoren beschrieben, die mit Seltenen Erden oder Mn aktiviert sind. Die Unters.-Ergebnisse zeigen, daß, bei sonst gleicher Behandlung der Präpp., die Form der Glowkurven offenbar für den Aktivator spezif. ist, die Haftstellen für (Defekt-)Elektronen jedoch von den Eigg. des Mutterkristalls abhängen u. nur ihre zahlenmäßige Verteilung von dem Aktivator beeinflußt wird. Eine modellmäßige Deutung dieses spezif. Einfl. wird nicht gegeben, hingegen wird auf Grund der bekannten Daten eine Erklärung für das Zustandekommen des ersten unspezif., offenbar bimolekularen Glowmaximums versucht. Berücksichtigt man die Unters.-Ergebnisse über die Radioluminescenz und ihre Temp.-Abhängigkeit, so zeigen die Glowkurven, daß ein und dasselbe Aktivatorion je nach der Konfiguration seiner Umgebung verschiedene Banden emittieren kann. Die bekannten Farbumschläge bei den gemischt aktivierten natürlichen Fluoriden scheinen nicht nur auf die Verschiedenheiten der, für den Einzelaktivator charakterist., Glowkurven zurückzugehen, sondern auch darauf, daß untereinander verschiedene Leuchtkomplexe eines Aktivators mit verschiedenen Temp.-Lagen der Thermoluminescenz existieren. Ferner wird wahrscheinlich gemacht, daß Tb in CaF_2 im vierwertigen Zustand vorliegen kann.

M. GUERLIN. 125□

Energiemodell für die Kantenemission in Cadmiumsulfid. L. S. Pedrotti und D. C. Reynolds. (Physic. Rev. [2] **120.** 1664—69. 1/12. 1960. Wright-Patterson Air Force Base, Ohio, Inst. of Technol., Dep. of Phys., and Aeronaut. Res. Labor.) (Engl.)

Vff. untersuchen im Temp.-Bereich von 4,2 —77° K nach UV-Bestrahlung bei tiefen Temp. die blaue u. grüne Fluorescenz von CdS-Einkristallen. Hierzu werden die spektralen Lagen u. relativen Intensitäten einiger dieser Fluorescenzlinien als Funktion der Temp. gemessen, ferner der Polarisationsgrad der Fluorescenz bei 4,2° K. Aus diesen Daten wird ein Energiemodell aufgestellt, das den Übergängen Rechnung trägt.

G. RUBAN. 125□

A_3. Elektrizität. Magnetismus. Elektrochemie

Nichtlineare Erscheinungen in einem Plasma, das sich in einem veränderlichen elektromagnetischen Feld befindet. V. L. Ginzburg und A. V. Gurevic. (Fortschr. Physik **8.** 97—189. 1960. Moskau, Lebedew-Inst. für Phys. der Akad. der Wiss. der UdSSR.) (Dt.)

Umfassende zusammenfassende Übersicht. — 132 Literaturangaben.

E. KLEVER. 131□

Spektrum der Elektronen-Cyclotronresonanz in einem Plasma. Taro Dodo. (J. physic. Soc. Japan **16.** 348—49. Febr. 1961. Kokubunji, Tokyo, Hitachi Central Res. Labor.) (Engl.)

Pflanzt sich eine elektromagnet. Welle durch ein Plasma in Richtung senkrecht zum stat. Magnetfeld fort, so erscheint eine Cyclotronresonanzspitze bei der Winkelfrequenz: $\omega = (\omega_c^2 + \omega_p^2 + \nu_m^2)^{1/2}$, worin $\omega_c/2\pi$ = Kreisfrequenz, $\omega_p/2\pi$ = Plasmafrequenz u. ν_m = Zusammenstoßhäufigkeit für momentanen Übergang bedeuten. Diese Beziehung wird experimentell nachgewiesen. Aus der Spitzenhöhe der Cyclotronresonanzspektren bei verschiedenen Entladungsströmen kann auf die Elektronendichte geschlossen werden. Die Elektronendichte ergibt sich proportional zum Entladungsstrom. Die Auswrkg. einer ungleichmäßigen Elektronenverteilung in der Entladungsröhre werden diskutiert.

H. SCHIBILLA. 131□

Methode zur Bestimmung der Plasma-Elektronendichte durch die Gruppengeschwindigkeit. Térenzio Consoli und Dimitri Lepechinski. (C. R. hebd. Séances Acad. Sci. **250.** 2694—96. 11/4. 1960. Saclay, Centre d'Etudes nucl., Serv. de Phys. appl.) (Franz.)

Es wird gezeigt, daß in der Nähe ihres Maximums die Gruppen-Geschw. sehr empfindlich ist bzgl. Schwankungen der Elektronendichte N_e, u. daß die Abszisse des Maximums selbst eine Funktion der magnet. Feldstärke B ist. Es wird das Prinzip einer Meß-Meth. für N_e abgeleitet. J. M. SPAETH. 131 □

Die Driftgeschwindigkeit von langsamen Elektronen in Helium, Neon, Argon, Wasserstoff und Stickstoff. J. L. Pack und A. V. Phelps. (Physic. Rev. [2] **121.** 798—806. 1/2. 1961. Pittsburgh, Pa., Westinghouse Res. Labor.) (Engl.)

Die Drift-Geschw. von Elektronen in He, Ne, Ar, H_2 u. N_2 ist bei Temp. zwischen 77 u. 373° K gemessen worden. Die Werte für E/p liegen zwischen 10^{-4} u. 10 V/cm—mm Hg. Die Werte wurden erhalten durch Messung der Durchgangszeiten von Elektronen durch eine spezielle Elektronenröhre, die von BRADBURY u. NIELSEN [1936] entwickelt wurde. Legt man an das Steuergitter ausreichend kleine Spannungsimpulse, so ist es möglich, Randeffekte zu eliminieren, die sich bei früheren Experimenten gezeigt hatten. Die Werte, die man für die Impulsübertragungsquerschnitte von Elektronen mit Energien zwischen 0,003 u. 0,05 eV erhalten hat, stimmen mit der gemessenen Drift-Geschw. für therm. Elektronen in He, Ar, H_2 u. N_2 überein. Der abgeleitete Impulsübertragungsquerschnitt für Elektronen in He ist unabhängig von der Elektronenenergie u. beträgt $5{,}6 \cdot 10^{-16}$ cm². Der Impulsübertragungsquerschnitt für Ar, H_2 u. N_2 hängt von der Elektronenenergie ab. M. GUERLIN. 131 □

Negative Schichten. J. R. M. Coulter. (Physica [Utrecht] **26.** 949—53. Nov. 1960. Belfast, Northern Ireland, Queen's Univ., Phys. Dep.) (Engl.)

Mit rotierendem Spiegel u. Photomultipliern werden die Schichten am negativen Ende der Säule einer Ne-Glimmentladung untersucht. Diese sog. negativen Schichten bewegen sich mit sehr hoher Geschw. (ca. 10^5 cm/s) u. geringer Leuchtkraft zur Anode hin. Die Frequenz der negativen Schichten scheint ein ganzes Vielfaches der Frequenz der positiven zu betragen. Weitere Zusammenhänge zu den positiven Schichten werden untersucht. Es wird vermutet, daß die Änderung der Röhrenspannung mehr als diese „negativen" Schichten eine Synchronisierung der Anodenfleckoscillationen u. der positiven Schichten bewirkt. H. SCHIBILLA. 131 □

Glimmentladungscharakteristiken von Helium-Argon-Gemischen. J. W. Hughes, Isabel E. Lewis und A. J. C. Wilson. (Brit. J. appl. Physics **11.** 305—06. Juli 1960. Salfords, Surrey, Mullard Res. Labor.) (Engl.)

Die von den Vff. an Gemischen von Ar u. He durchgeführten Verss. waren ähnlich denen, die WESTON (vgl. C. **1962.** 2258) für He—Ne-Gemische beschrieben hatte. Das Gemisch zeigte den bekannten „PENNING-Effekt", d. h. ein Ansteigen von α, wenn Ar dem He zugesetzt wurde, das von der Ionisation der Ar-Atome durch die metastabilen He herrührt; dadurch wird das Durchschlagspotential herabgesetzt. Der normale Kathodenabfall V_n für die verschiedenen Gemische ist tabellar. angegeben. Er beträgt in reinem He 114 V u. bei reinem Ar 105 V. V_n zeigt denselben Verlauf mit der Gas-Zus. wie das Durchschlagpotential. Trägt man jedoch das niedrigste Durchschlagspotential graph. gegen V_n auf, dann liegen die Punkte unterhalb der l. c. vorgeschlagenen „linearen Beziehung". Die lineare Beziehung eignet sich jedoch angenähert für den Entwurf von Glimmentladungsröhren. C. GOTTFRIED. 131

Die Photoionisation von H_2 und die räumliche Beziehung zwischen Elektronen. Mikio Shimizu. (J. physic. Soc. Japan **15.** 1440—48. Aug. 1960. Tokyo, Univ., Dep. of Phys.) (Engl.)

Die Photoionisation von H_2 durch Beschuß mit Photonen genügend kurzer Wellenlänge (λ) führte sowohl zum mol. Ion H_2^+ als auch zum atomaren Ion H^+, wobei die relative Ausbeute H^+/H_2^+ als Funktion der Energie der Photonen bestimmt wurde. Die Beschreibung des Grundzustandes von H_2 wurde durch Überlagerung zweier Konfigurationen, $\sigma_g^2 + \lambda\sigma_u^2$, gegeben, wobei die räumliche Beziehung zwischen den Elektronen berücksichtigt wurde, während jene von H_2^+ durch die linearen Kombinationen der Atombahnen des WANG-Typs gegeben wurde. Die Resultate zeigten, daß die Kurve der relativen Ausbeute ein Plateau im Bereich hoher Energie erreicht, dessen Höhe im wesentlichen λ^2 proportional ist. Die verschiedenen, bei der Berechnung verwendeten Näherungen (FRANCK-CONDON-Näherung, BORN-Näherung, Dipol-Geschw.-Näherung, die Vernachlässigung der Möglichkeit der Entstehung von H_2^+ u. H^+ durch Selbstionisierung u. mehrfache Ionisierung usw.) wurden ausführlich diskutiert. Die Geschw.-Verteilung der herausgeschlagenen Protonen wurde ebenfalls nach dem FRANCK-CONDON-Prinzip berechnet. H. FRIES. 131 □

Prozeß niedriger Energie bei der F^--Bildung in SF_6. R. K. Curran. (J. chem. Physics **34.** 1069. März 1961. Pittsburgh, Pa., Westinghouse Res. Labor.) (Engl.)
Die Bldg. von F^--Ionen in SF_6 wurde bei Elektronenbeschuß-Verss. mit einem Massenspektrographen untersucht u. dabei die kinet. Energie der F^--Ionen von 0,20 $\pm$ 0,05 eV u. die totale kinet. Energie des Prozesses $KE_{Total} = 0{,}23 \pm 0{,}05$ eV gemessen. Es besteht keine Abhängigkeit der Ionenenergie von der Elektronenenergie, die Dissoziationsenergie der SF_5- u. F-Bande $D(SF_5 - F)$ kann nach $AP(F^-) + EA(F) \leq D(SF_5 - F) + KE_{Total}$ bestimmt werden, wobei $EA(F) = 3{,}62 \pm 0{,}09$ eV die Elektronenaffinität des Fluors ist. Übereinstimmung der Elektronenauftreffwerte für $D(SF_5 - F)$ u. thermochem. Werte für $[D(S - 6F)]/6$ zeigen, daß SF_5 u. SF_6 eine konst. S—F Bindungsenergie haben. W. SOBIESKI. 131 □

Die Dielektrizitätskonstante von Zinkoxid in einem großen Frequenzbereich. N. H. Langton und D. Matthews. (Brit. J. appl. Physics **9.** 453—56. Nov. 1958. London, Northern Coll., Coll. of Rubber Technol.) (Engl.)
Mit Hilfe der von WHITEHEAD u. HACKETT (Proc. physic. Soc. **51.** [1939.] 173) entwickelten Meth. der Gemische bestimmten Vff. die DK von koll. ZnO in Gemischen von Cyclohexanol u. Äthylacetat als suspendierenden Fll. bei 25°. In dem Frequenzbereich von 105 kHz bis 10 MHz wurde die DK zu 10,4 gefunden; oberhalb dieser Frequenz fällt der Wert u. beträgt bei 25 MHz 9,4. Analoge Verss. mit nadelförmigem ZnO ergaben für den Frequenzbereich von 0,1—10 MHz einen Wert für die DK von der Größenordnung von 40. Diese Unterschiede werden auf die Unterschiede in der Teilchenform zurückgeführt. Es wurden hierauf die DK von verschiedenen konz. Gemischen von *Cyclohexanol* u. *Äthylacetat* bei 25° gemessen. Die erhaltenen Werte gehorchten nicht der von LICHTENEKER (vgl. Z. Physik **27.** [1926.] 115) angegebenen Gleichung. C. GOTTFRIED. 132

Das Entstehen ferroelektrischer Hystereseschleifen. J. C. Burfoot und R. V. Peacock. (Proc. physic. Soc. **73.** 973—75. 1/6. 1959. London, Queen Mary Coll.) (Engl.)
Bei $BaTiO_3$-Kristallen mit c-Domänen entstehen die Umpolarisationen in elektr. Feldern an lanzettenförmigen Keimen. Die Umpolarisationen wachsen entweder durch eine Ausdehnung der Keime in Längsrichtung oder in Radialrichtung. Bei den Schalt-Verss. mit großen elektr. Feldstärken ist es wegen der Kleinheit der Domänen schwer, die beiden Wachstumsprozesse voneinander zu trennen. Vf. zeigt, wie man trotzdem mit gezielten Verss. zu Ergebnissen kommt, die jeweils über den Anteil der beiden Wachstumsprozesse Aussagen gestatten. H. FAHLENBRACH. 133 □

Einige Messungen über die thermoelektrische Kraft von Plutoniummetall. J. A. Lee und R. O. A. Hall. (J. less-common Metals [Amsterdam] **1.** 356—61. Okt. 1959. Harwell, Berks., AERE.) (Engl.)
Vff. messen die Thermo-EMK eines *Pu-Pt*-Thermopaares zwischen 20 u. 630° u. berechnen die abs. Thermo-EMK von Pu in seinen 6 allotropen Modifikationen über den gesamten Temp.-Bereich ihrer Stabilität. Die Ergebnisse werden bzgl. der Zustandsdichte Energie-Kurve an der FERMI-Oberfläche diskutiert. G. RUBAN. 133 □

Energieverteilung und Kühlungseffekt von Elektronen, die von einer Bogenkathode emittiert werden. T. H. Lee. (J. appl. Physics **31.** 924—27. Mai 1960. Philadelphia, Pa., Gen. Electr. Co.) (Engl.)
Vf. berechnet die Energieverteilung u. den durchschnittlichen Kühlungseffekt von Elektronen, die durch einen T—F-Prozeß emittiert werden, über einen weiten Bereich der Temp. u. der elektr. Felder für verschiedene Werte der Austrittsarbeiten. Es wird gezeigt, daß sich der durchschnittliche Kühlungseffekt bei tiefen Temp. Null nähert u. bei hohen Temp. annähernd gleich der red. Austrittsarbeit wird. Hierdurch läßt sich die begrenzte Gültigkeit der red. Austrittsarbeit leicht einsehen.
G. RUBAN. 134 □

Exciton und Plasmon in isolierenden Kristallen. Chiuji Horie. (Progr. theoret. Physics [Kyoto] **21.** 113—34. Jan. 1959. Sendai, Tohoku Univ., Fac. of Sci., Phys. Inst.) (Engl.)
Vf. untersucht die Beziehung zwischen einem Exciton u. einem Plasmon in Isolatoren vom Gesichtspunkt des Elektron—Loch-Paares als Näherungsmodell. Wie näher gezeigt wird, gilt das übliche Excitonmodell für einen Isolator mit abschätzbar lokalisierten Wellenfunktionen; wenn diese nicht abschätzbar lokalisiert sondern ziemlich ausgedehnt sind, so wird eine plasmonähnliche Anregung möglich, die oberhalb der Kontinuumspaarbande zusätzlich zum darunterliegenden Excitonniveau auftritt. Dieses Verh. wird im Vgl. zu den experimentellen Beobachtungen diskutiert.
G. RUBAN. 135 □

Dielektrische Eigenschaften von Halbleitern. H. Rabenhorst und J. Raab. (Ann. Physik [7] **4.** 352—59. 1959. Berlin-Adlershof, Heinrich-Hertz-Inst.) (Dt.)

Es werden die dielektr. Eigg. von polykristallinem Se sowie von Ge- u. Si-Einkristallen in einem Meßkondensator zwischen 100 u. 400 kHz in Abhängigkeit von der Temp. gemessen. Die von anderen Autoren, bes. FREYMANN, an Se u. anderen elektron. Halbleitern bei bestimmten Temp. u. Frequenzen beobachteten Maxima des Verlustwinkels werden an Se u. Si ebenfalls festgestellt. Vff. zeigen aber, daß diese Maxima keine Vol.-Eigg. der Halbleiter sind, sondern durch Kontakte an der Oberfläche der Halbleiter bedingt sind. G. RUBAN. 135□

Die Radikalstruktur der Halbleiteroxide. Alfons Krause. (Z. physik. Chem. [Frankfurt/M.] [N. F.] **30.** 233—37. Nov. 1961. Poznań, Univ., Inst. für anorg. Chem.) (Dt.)

Die von Vf. entwickelte Radikalhypothese akt. Oxide (Ber. dtsch. chem. Ges. **69.** [1936.] 2709), wonach bei n-fehlgeordneten Oxiden die Anwesenheit von R–Me-Donatorradikalen (Me = Metall, R = Restmol.) an der Oxidoberfläche erforderlich ist u. bei p-fehlgeordneten Oxiden die Defektelektronen bzw. Elektronenlücken ihren Sitz an den R–Me–O-Acceptorradikalen haben, stimmt mit der modernen Elektronentheorie von Halbleiteroxiden prinzipiell überein. Die R–Me-Donatorradikale sind zugleich potentielle Kationen u. LEWIS-Basen, während die R–Me–O-Acceptorradikale als potentielle Anionen u. LEWIS-Säuren betrachtet werden können. Auf dieser Grundlage läßt sich nun der Standort der mit dem Oxidkatalysator in Kontakt gebrachten Substrat-Moll. — je nach ihrer kation. oder anion. Natur — an einem der beiden Oxidradikale im voraus angeben; somit kann jede Umsetzung, die an der Oxidoberfläche ausgelöst wird, als Donator- oder Acceptor-Rk. erklärt werden. So wird z. B. *Acetylen*, das latent saure Eigg. hat, am R–Me-Radikal chemisorbiert, radikalisiert u. anschließend polymerisiert. Da mit zunehmender Kettenlänge des polymerisierten KW-Stoffes dessen latent saure Eigg. mehr u. mehr verschwinden, wird dieser von dem bas. Donatorradikal schließlich desorbiert u. zugleich evtl. umgelagert. Die Radikalhypothese wird weiterhin auf die Dehydrierung von *C_2H_5OH* an *ZnO* u. die Dehydratisierung von C_2H_5OH an ZnO u. *γ-Al_2O_3* angewendet. U. SKURNIA. 135□

Die Radikalstruktur der Halbleiteroxide. Bemerkungen zu der vorstehenden Abhandlung von A. Krause. Georg-Maria Schwab. (Z. physik. Chem. [Frankfurt/M.] [N. F.] **30.** 238—39. Nov. 1961. München, Univ., Phys.-Chem. Inst.) (Dt.) — Vgl. vorst. Referat.

Vf. betrachtet krit. die von KRAUSE (vgl. l. c.) aufgestellte Radikalhypothese akt. Oxide u. stellt fest, daß diese den üblichen Darst. der Halbleitertheorie völlig äquivalent ist u. eine unmittelbare Brücke zu der Auffassung der Dehydratisierung von C_2H_5OH von EUCKEN u. WICKE (1947) schlägt. Die erwähnten „Radikale" müssen nicht unbedingt echte Radikale mit ungepaarten Elektronen sein, denn es ist durchaus möglich, daß während der katalyt. Rk. Elektronen nur paarweise verschoben werden, wie dies von NOLLER u. OSTERMEIER (C. **1959.** 12158) postuliert wird. Die „Radikale", soweit sie katalyt. relevant sind, wären dann, wie etwa Zn^0 oder O^0, zwar valenz-ungesätt., aber nicht spin-ungesätt., wie etwa Zn^+ oder O^- es wären. Die Halbleitertheorie als solche zieht diese Möglichkeit nicht in Betracht. U. SKURNIA. 135□

Bildungsmechanismen von Donator-Zuständen in wärmebehandeltem Silicium. W. Kaiser, H. L. Frisch und H. Reiss. (Physic. Rev. [2] **112.** 1546—54. 1/12. 1958. Murray Hill, N.J., Bell Telephone Labor.) (Engl.)

Es wird ein Mechanismus für die Donator-Bldg. bei der Wärmebehandlung von Si-Kristallen angeführt, der quant. die komplexkinet. Phänomene erklärt u. der auch mit den anderen, nicht die Kinetik betreffenden, bekannten Tatsachen über dieses Syst. übereinstimmt. Der während des Wachsens der Si-Kristalle eingedrungene, atomar gelöste O reagiert im Verlauf der Wärmebehandlung unter Bldg. einer Reihe von kinet. miteinander verknüpften Aggregaten, bis zuletzt ein polymeres SiO_2 entsteht. Bei Zimmer-Temp. wirken nur solche Aggregate intensiv als Donatoren, die weniger als 5 gebundene O-Atome aufweisen. Die bei ca. 450° entstehenden Donatoren bestehen höchstwahrscheinlich aus einem $[SiO_4]$-Komplex. Die aus den kinet. Gleichungen unter Einsatz verschiedener O_2-Anfangs-Konzz., Temp. usw. ermittelten Resultate stimmen sehr gut mit den experimentell gefundenen Daten überein. CLAUS FISCHER. 135□

Über den Störungsmechanismus durch α-Teilchen in Germanium. A. Ascoli, M. Asdente und E. Germagnoli. (Energia Nucleare, Suppl. **4.** 131—38. 15/4. 1957. Milano, CISE Labor.) (Engl.) — Vgl. C. **1959.** 3377. HERBERT WEBER. 135□

Einfluß des Oberflächenzustandes auf die photoelektrische Empfindlichkeit von p-n-Übergängen in Indiumantimonid. Yves Marfaing. (C. R. hebd. Séances Acad.

Sci. **253.** 626—28. 24/7. 1961. Bellevue, C.N.R.S., Labor. du Magnét. et de Phys. du Solide.) (Franz.)

An durch Diffusion in InSb erzeugten p-n-Übergängen wird das Oberflächenpotential Φ_s im Vakuum u. in Ggw. von H_2O-Dampf bzw. O_2 als Funktion der eingestrahlten Wellenlänge bestimmt. Im Bereich starker Absorption (2—6 μ) entspricht die Abhängigkeit der photoelektr. Empfindlichkeit vom Oberflächenzustand der Proben den theoret. Werten. Während im Vakuum die Dichte der Oberflächenladungen gering u. Φ_s negativ ist, wird die Oberfläche in H_2O mit positiven Ladungen belegt, u. die Oberflächendichte der Elektronen steigt an; aus Gründen der Elektroneutralität wird Φ_s positiv. In O_2 wird die Oberfläche mit negativen Ladungen bedeckt; die Oberflächendichte der Löcher steigt stark an u. Φ_s wird negativ. HERBERT MÜLLER. 135□

Leitfähigkeit und isothermer Hall-Effekt in dünnen Kobaltschichten. Henri Daridon und Antoine Colombani. (C. R. hebd. Séances Acad. Sci. **252.** 3992—94. 19/6. 1961. Caen, Fac. des Sci., Labor. de Phys. des Couches Minces.) (Franz.)

Durch Aufdampfen bei 10^{-6} Torr auf polierte Quarzschichten werden 100—1000 Å dicke Co-Schichten hergestellt u. der elektr. Widerstand ϱ als Funktion der Temp. (50—450°) u. der isotherme, senkrechte HALL-Effekt als Funktion der Magnetfeldstärke (5000—33000 Gauß) bestimmt. Vor dem Anlassen der Schichten fällt ϱ mit zunehmender Schichtdicke u. erreicht bei 1000 Å den 9fachen Wert des kompakten Co. Wird ϱ bei steigender Temp. gemessen, so steigt ϱ an u. zeigt zwischen 200 u. 300° einen Knick, der auf die Strukturumwandlung hexagonal-kub. des Co zurückzuführen ist. Nach dem Anlassen erreicht ϱ für Schichtdicken > 200 Å einen konst. Wert von $23 \cdot 10^{-6}$ $\Omega \cdot$cm. In schwachen Magnetfeldern zeigt der HALL-Effekt nicht angelassener Co-Schichten bei ca. 2000 Gauß eine Inversion, die nach dem Anlassen verschwindet. Die HALL-Spannung besitzt in Magnetfeldern > 5000 Gauß positives Vorzeichen, während die Konst. R_0 negativ ist. Die Abhängigkeit von R_0 von der Dicke nicht angelassener Schichten weist für 200—250 Å ein Minimum auf, während 750 Å dicke Schichten bereits den Wert von kompaktem Co zeigen. HERBERT MÜLLER. 136□

Hall-Effekt dünner Kobaltschichten. Antoine Colombani und Henri Daridon. (C. R. hebd. Séances Acad. Sci. **253.** 411—13. 17/7. 1961.) (Franz.) — Vgl. vorst. Referat.

Nach längerem Anlassen dünner, aufgedampfter Co-Schichten im Vakuum auf 400° erreicht der bei Raum-Temp. gemessene HALL-Effekt bei magnet. Sättigung (17800 Gauß) den ca. 4fachen Wert nicht angelassener Schichten; das Vorzeichen bleibt stets positiv. Der HALL-Effekt wird als Funktion der Magnetfeldstärke H mit der Meß-Temp. als Parameter angegeben; nach einem linearen Anstieg der HALL-Spannung mit H bis ca. 20000 Gauß biegen die Kurven bei allen Temp. (25—400°) in konst. Grenzwerte ein. Bei ca. 300° wird eine mit der Phasenumwandlung hexagonal-kub. verbundene Anomalie beobachtet, die bes. für kleine H hervortritt. HERBERT MÜLLER. 136□

Thermische und elektrische Leitfähigkeiten von Rhodium und Eisen. W. R. G. Kemp, P. G. Klemens und R. J. Tainsh. (Ann. Physik [7] **5.** 35—41. 1959. Sydney, C.S.I.R.O., Nat. Stand. Labor., Div. of Phys.) (Engl.) — Vgl. C. **1960.** 8093.

Vff. messen die elektr. u. therm. Leitfähigkeit von Rh u. Fe im Temp.-Bereich von 2—90° K an reinen Proben. Der Temp.-Verlauf der Widerstände wird durch Streuung der s-Elektronen innerhalb des s-Bandes u. in das d-Band gedeutet. G. RUBAN. 136□

Zur Theorie supraleitender Legierungen mit paramagnetischen Zusätzen. A. A. Abrikossow und L. P. Gorkow. (Журнал Экспериментальной и Теоретической Физики [J. exp. theoret. Physik] **39.** 1781—96. Dez. 1960. Inst. für physikal. Probleme der Akad. der Wiss. der UdSSR.) (Russ.; Auszug: Engl.) — Vgl. C. **1961.** 383.

Die Abhängigkeit der krit. Temp. T_c von der Konz. der Zusätze wird berechnet. Für Konzz., die die Supraleitung fast zum Verschwinden bringen, werden die thermodynam. u. magnet. Eigg. der Legg. untersucht. Die Energielücke im Elektronenspektrum verschwindet schon, wenn die krit. Konz. (bei der $T_c = 0°$ K wird) noch nicht ganz erreicht ist. G. KIRSCHSTEIN. 136□

Über die Supraleitfähigkeit der Kristallmodifikationen des Wismuts. N. B. Brandt und N. I. Ginsburg. (Журнал Экспериментальной и Теоретической Физики [J. exp. theoret. Physik] **39.** 1554—56. Dez. 1960. Moskau, Univ.) (Russ.; Auszug: Engl.)

Die beiden Hochdruckmodifikationen Bi II u. Bi III werden bei 3,93° K (25000 at) bzw. 7,25° K (25000—29000 at) supraleitend. Bei Bi III ändert sich die krit. Temp. mit dem Druck fast gar nicht, bei Bi II um $-3{,}5 \cdot 10^{-5}$ °K bei Druckerhöhung um 1 at. Über die Art der Modifikationen, die nach Entlastung entstehen, werden einzelne Angaben gemacht. G. KIRSCHSTEIN. 136□

Die kritische Temperatur der Supraleitung und der Elektronenanteil der spezifischen Wärme von unreinem Zinn. E. A. Lynton, B. Serin und M. Zucker. (Physics Chem. Solids **3.** 165—74. 1957. New Brunswick, N.J., Rutgers Univ.) (Engl.)

Die Verringerung der krit. Temp. T_c ist bei kleinen Konzz. nur vom Widerstandsverhältnis abhängig, nicht jedoch von der Art der Verunreinigungen. ΔT_c ist eine lineare Funktion dieses Verhältnisses. Bei höherem Widerstandsverhältnis sinkt ΔT_c schwächer als linear u. wird für *Sb*- u. *Bi*-Zusätze sogar positiv. Dieser Anteil der Änderung wird mit der Zustandsdichte in der Nähe des Fermi-Niveaus erklärt, die sich auch durch Vergrößerung von γ, des Elektronenanteils der spezif. Wärme, bemerkbar macht. G. Kirschstein. 136□

Der Einfluß von Legierungszusätzen auf die Übergangstemperatur zur Supraleitung von Zinn. A. B. Pippard. (Physics Chem. Solids **3.** 175—77. 1957. Cambridge, Univ., Roy. Soc. Mond Labor.) (Engl.)

Theoret. Erläuterungen zu den Ergebnissen der vorst. ref. Arbeit. G. Kirschstein. 136□

Die statistische Mechanik eines ungeordneten magnetischen Gitters bei tiefen Temperaturen. Joseph Seiden. (C. R. hebd. Séances Acad. Sci. **250.** 3006—08. 2/5. 1960. Paris, Labor. de Radioélectricité de la Sorbonne.) (Franz.)

Im Anschluß an frühere Unterss. des Vf. (C. **1962.** 1129) wird die für höhere Temp. T, u. zwar $T > T_c$ (Curie-Punkt) entwickelte statist. Mechanik ungeordneter magnet. Gitter jetzt auch auf niedrige Temp., u. zwar auf $T \ll T_c$ ausgedehnt. Damit wird ein Verständnis für den Ferromagnetismus gewisser ungeordneter fester Lsgg. von magnet. Atomen in Edelmetallen, wie z. B. im Syst. MnAu oder auch in Supraleitern, wie z. B. im Syst. LaGd, gewonnen. H. Fahlenbrach. 137□

Der Einfluß eines Magnetfeldes auf die Dämpfung von Eisenproben verschiedener Reinheit. Francis Dabosi und Jean Talbot. (C. R. hebd. Séances Acad. Sci. **250.** 2025—26. 14/3. 1960.) (Franz.)

An den früher (C. **1959.** 16959) untersuchten Fe-Proben verschiedenen Reinheitsgrades (Zonenschmelzen, Elektrolyt- u. Armco-Fe) wird jetzt zusätzlich der Einfl. verschieden starker Magnetfelder (0,5—80 Oe) auf die Dämpfung gemessen. Diese nimmt mit zunehmendem Magnetfeld wegen des Abklingens des bekannten ferromagnet. Effektes ab, u. zwar bei um so kleineren Feldstärken, je reiner die Fe-Sorte ist. Die Verss. bestätigen damit den großen Einfl. der Bloch-Wand-Verschiebungen auf die innere Reibung. Die Beweglichkeit der Bloch-Wände ist in verständlicher Weise nach diesen Verss. um so größer, je größer der Reinheitsgrad des Fe ist. H. Fahlenbrach. 137□

Die Untersuchung der Magnetisierung eines Einkristalls aus Silicium-Eisen mit der ferromagnetischen Resonanz. André Coumes. (C. R. hebd. Séances Acad. Sci. **250.** 3458—60. 23/5. 1960. Grenoble, École d'Ingénieurs Electron.) (Franz.)

Vf. zeigt, daß die Néelsche Theorie verschiedener magnet. Phasen (J. Physique Radium **5.** [1944.] 241) in der Lage ist, die Unterschiede zu erklären, die beim Vgl. der nach der Kittelschen Theorie der ferromagnet. Resonanz berechneten u. der experimentell gefundenen Resonanzfeldstärken auftreten, bes. wenn man die Resonanz in Abhängigkeit vom Winkel zur Richtung leichtester Magnetisierbarkeit betrachtet. Diese theoret. Ergänzung gestattet ferner, die Drehprozesse bei der ferromagnet. Resonanz gegen die Richtung leichtester Magnetisierbarkeit zu untersuchen. Am Beispiel von Fe–Si-Einkristallen werden die Diskussionen durchgeführt. H. Fahlenbrach. 137□

Magnetische Stabilität der Restmagnetisierung von Zweikomponenten-Gemischen. Ss. Ju. Brodskaja. (Известия Академии Наук СССР, Серия Геофизическая [Nachr. Akad. Wiss. UdSSR, geophysik. Ser.] **1961.** 423—27. März. Akad. der Wiss. der UdSSR, Inst. für Physik der Erde.) (Russ.)

Als Labor.-Kriterium für die magnet. Stabilität erwies sich die die Restmagnetisierung zerstörende Feldstärke H_c'. Messungen wurden an Würfeln von 2,4 cm Kantenlänge ausgeführt, sie enthielten Gips u. insgesamt rund 6% der stabilen Komponente Pyrrhotin u. der instabilen Magnetit in Form von Körnern mit unter 0,1 mm Durchmesser. Die Körper wurden auf 800° erhitzt u. im Bereich 450—20° in einem Feld von 0,7 Oe abgekühlt. Die Restmagnetisierung wurde mit einem Magnetometer gemessen. Wenn der nichtstabile Anteil der Restmagnetisierung den stabilen übertraf, war H_c' nahezu konst. 10—15 Oe. M. Wiedemann. 137□

Einfluß einiger Faktoren bei der Fällung des Eisen(II)-oxalats auf die magnetischen Eigenschaften des daraus gewonnenen γFe_2O_3. O. St. Zarnoretschki. (Доклады Болгарской Академии Наук [C. R. Acad. bulg. Sci.] **13.** 559—62. Sept./Okt. 1960.) (Dt.)

Durch Fällung von Eisensulfat mit Oxalsäure u. Trocknen des Nd. sowie Erhitzen auf 340° wurde γ-Fe_2O_3 erhalten. Dessen ferromagnet. Eigg., Koerzitivkraft u. Remanenz wurden gemessen. Hieraus u. aus mkr. Aufnahmen lassen sich Schlüsse auf die Anisotropie ziehen. Überschuß von $FeSO_4$ oder Oxalsäure bei der Fällung ist ohne Einfl., ebenso die Zeitdauer des Vermischens, das pH der $FeSO_4$-Lsg. u. die Temp. (10—98°). Wird die Fällung an anderen Fe(II)-Salzen durchgeführt, hat dies nur geringen Einfl., dagegen sinkt Koerzitivkraft u. Remanenz bei Fällung mit K-, Na oder Ammoniumoxalat. M. WIEDEMANN. 137□

Eine weitere Erklärung der Form der Hystereseschleife von Rechteck-Ferriten. J. E. Knowles. (Proc. physic. Soc. **77.** 225—29. 1/2. 1961. Salfords, Surrey, Mullard Res. Labor.) (Engl.) — Vgl. C. **1961.** 7843.

Zur Erklärung der rechteckigen Hystereseschleifen wurde vom Vf. nach l. c. angenommen, daß jedes Kristallkorn eine solche Hystereseschleife besitzt. Diese Annahme wird jetzt mit dem NÉELschen Modell für die Wandverschiebungen unter dem Einfl. mechan. Spannungen theoret. untermauert. Mit diesem Modell gelingt es ferner zu berechnen, wie oft eine BLOCH-Wand im Verlauf einer Ummagnetisierung jeweils durch ein Energieminimum geht. H. FAHLENBRACH. 137□

Rückwärtswellen bei longitudinal magnetisierten Ferritstäben. A. W. Trivelpiece, A. Ignatius und P. C. Holscher. (J. appl. Physics **32.** 259—67. Febr. 1961. Delft, Niederlande, Techn. Hogeschool, Labor. voor Elektrotechn.) (Engl.)

Mit Hilfe einer quasistat. Näherung ($\nabla \cdot H = 0$) werden die Rückwärtswellen, die sich längs Ferritstäben ausbreiten, untersucht. Solche Wellen breiten sich in dem Frequenzgebiet aus, in dem die Susceptibilität des Ferrits negativ ist, die Phasen-Geschw. also viel kleiner als die Licht-Geschw. ist. Die quasistat. Näherung ist dann gültig, wenn die Wellenlänge im freien Raum größer als der Umfang des Ferritstabes ist. Ferner werden Wanderwellen-Wechselwrkg. eines treibenden Elektronenstromes mit diesen Rückwärtswellen berechnet, wobei eine anfängliche Oscillationslänge von 25 mm mit einer Frequenz von 4000 MHz für einen Elektronenstrahl von 600 V u. 0,4 mA erreichbar sein sollte. Verss. zur Bestätigung dieser Voraussage werden geplant. Bisher wurden dabei Phasen-Geschw. von $^1/_{100}$ der Licht-Geschw. gemessen. H. FAHLENBRACH. 137□

Die magnetische Susceptibilität von Tektiten und einigen anderen Gläsern. F. E. Senftle und A. Thorpe. (Geochim. cosmochim. Acta [London] **17.** 234—47. Nov. 1959. Washington, D.C., Howard Univ., US Geolog. Survey.) (Engl.)

An ca. 30 natürlichen Gläsern (Tektiten) wird mit der CURIE-CHEVENAUschen Torsionswaage im inhomogenen Magnetfeld die magnet. Susceptibilität χ bei verschiedenen Feldstärken gemessen. Die χ-Werte der verschiedenen Proben schwankten zwischen $2 \cdot 10^{-6}$ u. $7{,}9 \cdot 10^{-6}$. Ferromagnetismus wurde nirgends gefunden. Es wird gezeigt, daß bei der Entstehung der Tektite Temp. oberhalb 1400° vorhanden gewesen sein müssen, um den natürlichen Ferromagnetismus zu beseitigen. Die Tektite können danach auch außerterrest. Ursprungs sein. H. FAHLENBRACH. 137□

Die magnetische Susceptibilität von Siliciumbronze (Everdur 1010) bei hohen Feldstärken. D. N. Lyon und T. E. Hopkins. (Rev. sci. Instruments **32.** 92—93. Jan. 1961. Berkeley, Calif., Univ., Dep. of Chem. and Chem. Engng., Low Temp. Labor.) (Engl.)

An der techn. Si-Bronze Everdur 1010 (0,0008% Fe, 0,80% Mn, 3,31% Si, Rest Cu), die wegen ihres hohen Korrosionswiderstandes, der kleinen therm. u. elektr. Leitfähigkeit, der guten Schweißbarkeit u. des fehlenden Ferromagnetismus prakt. Einsatz findet, wird mit der GOUYschen Waage bei Feldstärken H bis zu 8400 Oe die magnet. Vol.-Susceptibilität χ_v gemessen. Dabei wird die empir. Formel: $\chi_v = 10{,}41 \cdot 10^{-6} - 9{,}40 \cdot 10^{-9}\, H^{1/2}$ bestätigt gefunden. Dieser χ_v-Wert, bezogen auf H = 0, ist ca. 20% kleiner, als von OWEN früher an einer Cu-Mn-Leg. mit 0,85% Mn gemessen wurde.

H. FAHLENBRACH. 137□

Magnetisches Moment des Ni^{2+}-Ions im $(Ph_3P)_2NiBr_2(PhBr)_2$. Yoshio Matsunaga. (Canad. J. Chem. **38.** 621—22. April 1960. Hongo, Tokyo, Japan, Univ. of Tokyo, Fac. of Sci., Dep. of Chem.) (Engl.)

Die spezif. magnet. Susceptibilität (in Einheiten von 10^{-6}) wurde bei 20° bestimmt zu: $(Ph_3P)_2NiBr_2$ 5,64 c.g.s.-e.m.-Einheiten, $(Ph_3P)_2NiBr_2$-*tert.*-C_4H_9Br 5,37 u. $(Ph_3P)_2 \cdot NiBr_2(PhBr)_2$ 5,59 (Ph = Phenyl). Das effektive magnet. Moment des Ni^{2+}-Ions in diesen Verbb. beträgt 3,2 bzw. 3,4 bzw. 3,8 B.M. Die Unterschiede werden auf ster. Einfl. zurückgeführt. O. FUCHS. 137□

Die magnetischen Eigenschaften bei tiefen Temperaturen und die magnetischen Energieniveaus der Chelate einiger Seltenerdmetalle mit Acetylaceton und Äthylendiamintetraessigsäure. J. J. Fritz, P. E. Field und Ingmar Grenthe. (J. physic.

Chem. **65.** 2070—74. Nov. 1961. University Park, Pa., Pennsylvania State Univ., Coll. of Chem. and Phys.) (Engl.) — Vgl. C. **1961.** 7123.

Die magnet. Susceptibilitäten von Pulvern der Acetylacetonate $Me(acac)_3 \cdot H_2O$ (acac = Acetylacetonatanion; Me = *Pr, Tb, Nd, Ho, Gd, Er, Tm, Yb* u. *Dy*) sowie der Äthylendiamintetraacetate $Na[Me(EDTA)] \cdot 8\,H_2O$ (Me = *Nd, Gd* u. *Pr*) wurden bei Temp. von 1,3—20° K u. Frequenzen von 100—2000 Hz bestimmt. Nur bei $Dy(acac)_3 \cdot H_2O$ wurden Relaxationseffekte beobachtet, die einer Spin-Gitter-Relaxationszeit von ca. 1 ms entsprechen. Die Temp.-Abhängigkeit der Susceptibilitäten wurde zur Analyse der Kristallfelder kub. u. trigonaler Symmetrie benutzt. Die Ergebnisse stimmen besser mit einem kub. Kristallfeld überein, doch zeigen sie deutliche, niedrigerer Symmetrie entsprechende Abweichungen. P. SCHARNER. 137□

Dynamische Eigenschaften der s-d-Wechselwirkung. Hiroshi Hasegawa. (Progr. theoret. Physics [Kyoto] **21.** 483—500. April 1959. Tokyo, Univ., Dep. of Phys.) (Engl.)

In Verbindung mit der Elektronenspinresonanz der d-Spins mit dem g-Wert der freien Elektronen untersucht Vf. die dynam. Eigg. des Zweispin-Syst., das aus den Spins der Leitungselektronen u. den durch Austausch in Wechselwrkg. stehenden lokalisierten d-Spins zusammengesetzt ist. Hierbei verwendet Vf. die übliche adiabat. Näherung zur Unters. der weitverbreiteten Vorstellung, daß die s-d-Wechselwrkg. selbst nicht zu einer Relaxationszeit u. einer Verschiebung führt. Sowohl eine modifizierte Dämpfungsgleichung vom BLOCH-Typ als auch die BLOCHsche Relaxationstheorie sind anwendbar, aber nicht ausreichend für eine vollständige Lösung des Problems. Vf. untersucht bes. Schwierigkeiten bzgl. der Deutung experimenteller u. theoret. Arbeiten über die Elektronenspinresonanz in verd. *Cu-Mn*-Legierungen. Hierbei läßt sich die Möglichkeit nicht ausschließen, daß die Spin-Gitter-Relaxationszeit der Leitungselektronen in der Leg. auf Grund anderer Mechanismen als der s-d-Wechselwrkg. länger ist, als von anderen Autoren bisher angenommen wurde. G. RUBAN. 137□

Elektronenparamagnetische Resonanz und Antiferromagnetismus bei $LaCrO_3$. I. Weinberg und P. Larssen. (Nature [London] **192.** 445—46. 4/11. 1961. Newport Beach, Calif., Div. of Ford Motor Co., Res. Labor.) (Engl.)

Paramagnet. Resonanz-Unterss. an $LaCrO_3$ wurden im Temp.-Bereich von 200 bis 450° K durchgeführt. Die Ergebnisse stimmen mit Resonanz-Unterss. an ähnlich gebauten Verbb. gut überein. Anisotropie u. Austauschfelder im antiferromagnet. Zustand bringen die Resonanz aus dem Beobachtungsgebiet heraus. Im paramagnet. Gebiet ist die Intensität der einzelnen Peaks der Magnetisierung proportional. Aus dem plötzlichen Wechsel der Intensitäten in der Nähe des Transformationspunktes kann auf eine Verkleinerung der Nahordnungskräfte geschlossen werden. Für die NÉEL-Temp. erhält man $T_n \approx 295°$ K. G. M. NEUMANN. 137□

Protonenmagnetische Resonanz in wasserstoffgebundenen Dimeren in festen Körpern. Kiyoshi Kume und Yoshinobu Kakiuchi. (J. physic. Soc. Japan **15.** 1277—84. Juli 1960. Tokyo, Univ., Inst. for Solid State Phys.) (Engl.)

Vff. untersuchten die protonenmagnet. Resonanzabsorption von pulverförmigem $KHCO_3$ (I) u. H_3BO_3 (II) sowie von I-Einkristallen. Daraus konnte geschlossen werden, daß in II die Protonen beträchtlich abseits der Linien liegen, die 2 wasserstoffgebundene O-Atome verbinden. Im Gegensatz hierzu liegen in II-Kristallen die Protonen angenähert auf den O—O-Linien. Der Hauptgegensatz zwischen beiden Kristallen liegt darin, daß in II der Winkel B—O—H ziemlich klein u. der Abstand O—H relativ kurz ist, während in I der Winkel C—O—H viel größer u. der Abstand O—H relativ groß ist. Dies führt zu der Annahme, daß die lange u. schwache O—H···O-Bindung in II nur eine geringe Abweichung von der Geometrie des nicht wasserstoffgebundenen Radikals zeigt, während in der kurzen u. starken H-Bindung in I sowohl der Winkel C—O—H u. die Länge der O—H-Bindung beträchtlich durch die Bldg. der H-Bindung beeinflußt werden. Bei I wäre noch eine andere Möglichkeit zu diskutieren, nämlich, daß der Doppelbindungscharakter der Bindung zwischen C u. O—H eine Erhöhung des Winkels C—O—H bewirken könnte. C. GOTTFRIED. 137

Neue Technik zur schnellen Bestimmung von Resonanzlinien in NMR-Spektren. B. H. Arison und N. R. Trenner. (Analytic. Chem. **32.** 1904. Dez. 1960. Rahway, N.J., Merck, Sharp & Dohme Res. Labor., Div. of Merck & Co.) (Engl.)

Zur Best. von Resonanzlinien in NMR-Spektren wird die Verw. einer beweglichen Skala vorgeschlagen, wie sie von GERBER SCI. Co., Hartford, Conn., entwickelt wurde. Eine weitere Möglichkeit besteht in der Verw. eines SIMMON-Modell-D 3-Automega-Vergrößerers u. einer passenden, auf eine 4—5 Zoll große Glasplatte eingravierten Skala. Die Skala wird dann in der gewünschten Größe auf das Spektrum projiziert.
H. PLUSKAL. 137□

Einfluß schwefelhaltiger Verbindungen auf die Stromausbeute an Magnesium bei der Elektrolyse von Carnallit. Ss. A. Puschkarewa. (Журнал Прикладной Химии [J. angew. Chem.] **32.** 1056—60. Mai 1959.) (Russ.)

Im Labor.-Vers. wird die Stromausbeute bei der Elektrolyse einer $MgCl_2$ + KCl-Schmelze (700°) in Abhängigkeit von der Konz. an $MgSO_4$- u. MgS-Zusätzen untersucht (Geh. an $MgCl_2$ 27—30 Gew.-%). Dem Elektrolyt werden noch 2 Gew.-% KF zugefügt. Bei Zusatz von $MgSO_4$ (0,2—0,4 Gew.-%) sinkt die Stromausbeute von ca. 75 auf ca. 20% ab. Bei höheren $MgSO_4$-Zusätzen nähert sich die Stromausbeutekurve asymptot. dem Wert 10%. MgS bewirkt bei Zusätzen von 0,8—2,0 Gew.-% eine Erniedrigung der Stromausbeute auf 60%. Bei Zusatz von $MgSO_3$ oder MgS_2O_3 bildet sich bei der Elektrolyse Mg. Als Anionen sind in der Schmelze nach dem Vers. SO_3^{2-}, SO_4^{2-} u. S^{2-} enthalten. Unter Ar-Atmosphäre scheidet sich noch S aus. Bei Elektrolyse an der Luft entwickelt sich SO_2. Die S-Bldg. wird durch die Rk. von MgS mit Cl_2 u. O_2 u. die Rk. von SO_2 mit Mg hervorgerufen. Die geringere Wrkg. von Mg S auf die Stromausbeute im Vgl. zu $MgSO_4$ erklärt sich durch die schlechte Löslichkeit von MgS in der Schmelze. H. TREUMANN. 141 □

Einfluß von Ammoniumfluorid auf die physikalisch-chemischen Eigenschaften des Eisenelektrolyten. N. A. Ssolowjew. (Журнал Прикладной Химии [J. angew. Chem.] **32.** 1377—80. Juni 1959.) (Russ.)]

Bei einer Elektrolyt-Zus. von 200 (g/Liter) $FeCl_2 \cdot 4 H_2O$, 200 NaCl u. 5—8 NH_4F scheidet sich bei einem pH-Wert der Lsg. von 6,0—6,6, einer Bad-Temp. von 20—60° u. einer Stromdichte von 5—20 A/dm² Fe mit einer Mikrohärte von 200—900 kg/mm² ab. Der NH_4F-Zusatz erhöht den pH-Wert u. verhindert eine Oxydation des Elektrolyten. H. TREUMANN. 141 □

Zersetzungsspannung einiger in geschmolzenem Natriumhydroxid gelösten Bleiverbindungen. Ju. K. Delimarski, P. P. Turow und Je. B. Gitman. (Журнал Прикладной Химии [J. angew. Chem.] **28.** 1170—73. Nov. 1955.) (Russ.)

Vff. untersuchen das für die Regenerierung von Akkumulatormassen wichtige Abscheidungspotential von Pb aus Schmelzen der Syst. PbO–NaOH, PbO_2–NaOH u. $PbSO_4$–NaOH (Fe-Tiegel, 400—500°, Fe- u. Ni-Elektroden). Es wurden zwei Zers.-Potentiale gefunden: A bei 0,48—0,50 V u. B bei 0,85—0,90 V, welche vor dem Zers.-Potential von W. erscheinen u. von denen angenommen wird, daß A dem Zers.-Potential der Pb-Kationen u. B dem Zers.-Potential der komplexen Pb-Anionen entspricht. J. TŮMOVÁ. 141 □

Über die anodische Polarisation und Passivierung des Nickels. Martin Hollnagel. (Wiss. Z. Ernst Moritz Arndt-Univ. Greifswald, math.-naturwiss. R. **8.** 172—73. 1958/59. Greifswald, Univ., Inst. für physikal. Chem.) (Dt.) — Vgl. LANDSBERG u. HOLLNAGEL, C. **1957.** 7571; C. **1960.** 7758.

Vf. berichtet über nichtstationäre Polarisationsmessungen an Ni-Elektroden unter O_2-Ausschluß, wobei die Elektrodenvorbehandlung u. die Zus. der Lsgg. variiert wurden. Die beobachtete logarithm. Abhängigkeit der Polarisation von der Stromdichte wird auf eine Durchschnittshemmung der Ni-Ionen zurückgeführt. Durch Abschätzung gelangt man zu einem Wert von 10^{-9} A·cm^{-2} für die Austauschstromdichte. Cl^- wirkt vergrößernd auf die Austauschstromdichten. Die gleichzeitig beobachtete Einw. von H^+ auf die Höhe der Polarisation wurde im Sinne einer OH^--Katalyse gedeutet. Die parallel durchgeführten Passivierungs-Verss. bei verschiedener Zus. der Lsgg. u. verschiedener Elektrodenvorbehandlung konnten mit Hilfe eines Überführungs–Diffusions-Mechanismus erklärt werden. Das in den verwendeten Lsgg. beobachtete Ruhepotential erwies sich als Mischpotential der Ni-Korrosion. C. GOTTFRIED. 142

Die Stabilität von an Gold kondensierten monomolekularen Palmitinsäureschichten. H. A. Laitinen und M. S. Chao. (Analytic. Chem. **33.** 1836—38. Dez. 1961. Urbana, Ill., Univ. of Illinois, Noyes Chem. Labor.) (Engl.)

Die Stabilität von monomol. Palmitinsäure (I)-Schichten auf einer Au-Oberfläche wurde auf Grund der Änderung der Kapazität der Oberfläche bestimmt. Zur Best. der Schichtdicke wurde ^{14}C-markierte **I** benutzt u. die Aktivität nach dem Ablösen der Schicht mit Toluol gemessen. Die Au-Elektrodenoberfläche wurde entweder oxydierend bei einem Potential von 1,55 V in 0,01 n $HClO_4$ bzw. bei 1,65 V in 1 n $HClO_4$ oder reduzierend bei 0,45 bzw. 0,65 V in 0,01 n bzw. 1 n $HClO_4$ vorbehandelt. Bei einer speziellen Elektrodenanordnung wurde die **I** als Tropfen einer 0,04 m Lsg. in Bzl. zugeführt. Die Desorption der **I**-Schicht wurde an der zeitlichen Änderung der Kapazität der Oberflächendoppelschicht in 1 n $HClO_4$ bei einem Oxydationspotential von 1,65 V bzw. einem Red.-Potential von 0,65 V verfolgt. Abschließend wurde die Mol.-Konz. aus Scintillationsmessungen bestimmt. Es zeigte sich, daß in oxydierender (reduzierender) Umgebung der Verlust an **I** bei der an die red. (oxydierte) Oberfläche adsorbierten Schicht größer ist als bei der an die oxydierte (red.) Oberfläche adsorbierten. Die stabilste monomol. Schicht entsteht unter durchweg reduzierenden Bedingungen. Durch Bldg. oder Abbau einer Au_2O_3-Oberflächenschicht wird die Stabilität der I-Schicht vermindert. W. BETCKE. 143☐

Untersuchung der Erosion durch Entladungen zwischen verschiedenen Metallelektroden. N. Calinicenco, C. Ruscior und Cornelia Ciobanu. (Bul. Inst. Politehnic Iaşi [N. S.] **4** (8). Nr. 3—4. 119—26. 1958. Iaşi, Inst. politehnic.) (Rum.) — Vgl. C. **1961.** 2894.

Bei Entladung in Paraffinöl zwischen einer wenig kathod. erodierten *Cu*-Kathode u. einer Anode aus *Mo, W, Fe, Ni, Cu, Al, Mg, Pt* u. *Zn* wird die anod. Erosion untersucht. Die Menge erodierten Metalls ist der durchgegangenen Entladungsenergie proportional. Je Energieeinheit nimmt die Erosion in obiger Reihenfolge der Metalle zu; für jedes Metall ist sie konst.: Mo m/W = 17 (μg/Joule), W 20, Fe 25, Ni 37, Cu 40, Al 43, Mg 58, Pt 60, Zn 110. Zwischen dem F. des Metalls (Θ), der Schmelzwärme L u. m/W besteht die Beziehung $\Theta\,L\,(m/W)^{1.7} = 84\cdot 10^6$. Aus dem MAXWELL-Potential des durch den Entladungsstrom geschaffenen Magnetfeldes läßt sich eine Minimaltemp. für den Erosionsprozeß berechnen. Mit der DK des Mediums nimmt m/W zu: Luft 3, Erdöl 26, Paraffinöl 36, A. 43, W. 54 (Verss. mit Cu bei 110 V u. 120 μF). R. K. MÜLLER. 143☐

Stuart A. Rice and Mitsuru Nagasawa, Polyelectrolyte solutions: a theoretical introduction. London: Academic P. 1961. (XV + 568 S. m. Tab. u. Diagr.) 5 £. 18 s.

A₄. Thermodynamik. Thermochemie

Radiale Verteilungsfunktion der Percus-Yevick-Beziehung. A. A. Broyles. (J. chem. Physics **34.** 1068. März 1961. Gainesville, Fla., Univ. of Florida, Dep. of Phys.) (Engl.)

Die Best. der radialen Verteilungsfunktion g(r) für eine klass. Fl. bei therm. Gleichgewicht wird nach der MONTE CARLO-Meth. (MC) u. der BORN-GREEN-Meth. (BG) durchgeführt u. mit numer. Lösung der PERCUS-YEVICK-Beziehung (PY) für $n/a^3 = 10/9$ verglichen, wobei n/a^3 die Anzahl der Partikel in der Vol.-Einheit u. der Parameter a die Längeneinheit im LENNARD-JONES (LJ)-Potential ist. Durch Substitution werden weitere thermodynam. Funktionen u. Parameter verglichen u. Genauigkeiten für q von $\pm 0,1$ (bei $r > 1,9$ a) u. $\pm 0,01$ (bei $r > 2,9$ a) gefunden. p v/R T- u. E′/R T-Werte, nach PY berechnet, entsprechen mehr den MC-Werten als denen aus BG-Lösungen. W. SOBIESKI. 146☐

Druck–Volumen–Temperatur-Eigenschaften von Schwefeldioxid. T. L. Kang, L. J. Hirth, K. A. Kobe und J. J. McKetta. (J. chem. Engng. Data **6.** 220—26. April 1961. Austin, Tex., Univ. of Texas.) (Engl.)

Im Temp.-Bereich von 10—250° wurden bei Drücken von 1—312 atm die Dampfdrücke, orthobare Dichten, Verdampfungswärmen, Kompressibilitätsfaktoren, Flüchtigkeits (fugacity)- u. 2. Virial-Koeff. ermittelt. Für die Dampfdrücke ergab sich zwischen 50 u. 157,5° die Beziehung $\log P = 14{,}400840 - 1437{,}1978/T - 4{,}0200950 \log T + 0{,}032898989\,T$. Ferner wurden die krit. Konst. berechnet: $t_K = (157{,}5 \pm 0{,}02)$ Grad, $p_K = (77{,}808 \pm 0{,}02)$ atm, $d_K = (0{,}525 \pm 0{,}001)$ g/cm³, $v_K = 1{,}905$ cm³/g, krit. Kompressibilitätsfaktor = 0,2697. Die krit. Größen stimmen gut mit den Ergebnissen anderer Autoren überein. WOLFGANG KRÜGER. 148☐

Anwendung der Benedict-Webb-Rubin-Zustandsgleichung auf Schwefeldioxid. T. L. Kang und J. J. McKetta. (J. chem. Engng. Data **6.** 227—28. April 1961.) (Engl.) — Vgl. vorst. Referat.

Vff. wenden erstmalig diese bisher fast ausschließlich für KW-Stoffe benutzte Zustandsgleichung auf einen hochpolaren Stoff an u. berechnen die spezif. Konst. für SO_2. WOLFGANG KRÜGER. 148☐

Volumetrisches Verhalten von Distickstoffmonoxid. 1. Mitt. **Druck–Volumen-Isothermen bei hohen Drücken.** Earl J. Couch und Kenneth A. Kobe. (J. chem. Engng. Data **6.** 229—33. April 1961. Austin, Tex., Univ. of Texas.) (Engl.)

Im Temp.-Bereich von —30 bis +150° wurden von 6—315 atm die Kompressibilitätsfaktoren der Gasphase, die Druck–Vol.-Abhängigkeit der fl. Phase, die Dampfdruckdaten u. die Verdampfungswärmen ermittelt. Für die Zustandsgleichung von HOGE $\log P = A - 1/T\,\{B + C\cdot y\,[10 \exp (D\cdot y^2) - 1]\} + r_p$, wurden die Konst. ermittelt. Für die krit. Größen ergab sich: $t_k = (36{,}434 \pm 0{,}005)$ Grad, $p_k = (71{,}596 \pm 0{,}007)$ atm, $d_k = (0{,}4525 \pm 0{,}001)$ g/ml. WOLFGANG KRÜGER. 148☐

Volumetrisches Verhalten von Distickstoffmonoxid. 2. Mitt. **Gaskompressibilitätsfaktoren bei niedrigen Drücken.** Leo J. Hirth und Kenneth A. Kobe. (J. chem. Engng. Data **6.** 233—37. April 1961.) (Engl.) — 1. vgl. vorst. Referat.

Im Bereich von ca. 1—10 atm wurden zwischen —30 u. +150° die Kompressibilitätsfaktoren ermittelt. Die Best. der 2. Virial- u. Flüchtigkeits (fugacity)-Koeff. erfolgte in demselben Temp.-Bereich zwischen 1 u. 315 atm. Zur Berechnung des 2. Virial-Koeff. wurde die BERTHELOTsche Gleichung benutzt, da sich die Gleichung von STOCKMAYER infolge des kleinen Dipolmoments des N_2O als ungeeignet erwies.

WOLFGANG KRÜGER. 148□

Eine theoretische Studie der Kompressibilität, thermischen Ausdehnung und der Zustandsgleichung von Steinsalz bis zum Schmelzpunkt. B. Dayal und Shivananda Tolpadi (unter Mitarbeit von K. Banerjee). (Proc. nat. Inst. Sci. India, Part A **25.** 214—19. 26/7. 1959. Banaras, Hindu Univ., Phys. Dep., X-ray Sect.) (Engl.)

Für die experimentell bestimmten Werte der Kompressibilität u. therm. Ausdehnung von NaCl werden theoret. Ableitungen dieser Größen angegeben. Die berechnete Isotherme bei 348° stimmt gut mit den experimentellen Ergebnissen überein. Der berechnete F. von 1350° K liegt ca. 25% zu hoch (experimenteller F. 1060° K).

G. TALSKY. 148□

Reinigung und Dampfdruck von Stickstoffoxid. Ernest E. Hughes. (J. chem. Physics **35.** 1531—32. Okt. 1961. Washington, D.C., Nat. Bur. of Stand.) (Engl.)

Die Dampfdruckgleichung von hochgereinigtem NO im Bereich von 10 mm bis 0,1 μ Hg wurde nach einer Modifizierung des Verf. von TICKNER u. LOSSING (C. **1952.** 647) bestimmt. Käufliches NO wird durch Adsorption aller vorhandenen Verunreinigungen außer N_2 an Silicagel bei —78° gereinigt. N_2 läßt sich leicht durch Dest. bei —196° entfernen. Im ganzen angegebenen Druckbereich gilt die Dampfdruckgleichung: $\log_{10} p_{mm} = -877{,}2/T + 10{,}2368$.

P. SARTORI. 150□

Ein thermodynamischer Weg zur Messung der Hygroskopizität. Wasserdampfdruck univarianter, binärer Systeme und Hygroskopizitätspotential. Meyer M. Markowitz und Daniel A. Boryta. (J. chem. Engng. Data **6.** 16—18. Jan. 1961. Berwyn, Pa., Foote Mineral Co., Res. and Dev. Labor., Chem. Div.) (Engl.)

Vff. benutzen als Kriterium der Hygroskopizität den negativen Wert der Änderung der freien Enthalpie bei der isothermen Überführung eines Mols H_2O-Dampf vom Dampfdruck des reinen H_2O [p (H_2O rein)] zum Wasserdampfdruck des univarianten bin. Syst., p (H_2O Syst.). Dieser Wert wird als Hygroskopizitätspotential (HP) bezeichnet u. ist gegeben durch $HP = -\Delta G = \mu(H_2O\ \text{rein}) - \mu(H_2O\ \text{Syst.}) = R\,T \cdot \ln[p(H_2O\ \text{rein})/p(H_2O\ \text{Syst.})]$. Für folgende Syst. wurden die Dampfdrücke zwischen 40 u. 120° F gemessen, eine Beziehung für ihre Temp.-Abhängigkeit gegeben u. die HP berechnet: gesätt. Lsg. von $KClO_4$, $\lg p(H_2O\ \text{Syst.}) = -2259{,}2/T + 8{,}9106$, sehr geringe Neigung zur Hygroskopizität; $NaClO_4 \cdot H_2O$ (fest) → $NaClO_4$(fest)–H_2O (Gas), $\lg p(H_2O\ \text{Syst.}) = -2615{,}1/T + 9{,}5923$, Verdampfungswärme $\Delta H = 11{,}967$ (kcal/Mol) Bldg.-Wärme des $NaClO_4 \cdot H_2O = -162{,}0$ in guter Übereinstimmung mit calorimetr. Daten; gesätt. Lsg. von $NaClO_4 \cdot H_2O$, $\log p(H_2O\ \text{Syst.}) = 2086{,}6/T + 8{,}0136$, $NaClO_4$ bildet zuerst das Monohydrat u. dieses geht dann in Lsg.; für das Syst. $LiClO_4$ (fest)–$LiClO_4 \cdot H_2O$ (fest)–H_2O (Gas) konnten im genannten Temp.-Bereich keine Dampfdrücke bestimmt werden, HP muß also sehr hoch sein; für $LiClO_4 \cdot H_2O$ (fest)–$LiClO_4 \cdot 3\,H_2O$ (fest) H_2O (Gas) konnten nur begrenzte Messungen vorgenommen werden, $\log p(H_2O\ \text{Syst.}) = -3563{,}3/T + 11{,}592$ (angenähert), $\Delta H = 16{,}3$; gesätt. Lsg. von $LiClO_4 \cdot 3\,H_2O$, $\log p(H_2O\ \text{Syst.}) = -1984{,}2/T + 7{,}8537$, $\Delta H = 504$ infolge des endothermen Lsg.-Prozesses des Trihydrats; ungesätt. (15 Gew.-%) Lsg. von $LiClO_4$, $\log p(H_2O\ \text{Syst.}) = -2333{,}3/T + 9{,}1379$, $\Delta H = 593$ infolge extensiver Hydratation der Li-Ionen. Ein angenäherter Wert der Bldg.-Wärme des $LiClO_4 \cdot H_2O$ wurde auf Grund der Rk. $LiClO_4 \cdot 3\,H_2O$ (fest) → $LiClO_4 \cdot H_2O$ (fest) + 2 H_2O (Gas), $\Delta H = 32{,}6$ zu —163 kcal/Mol erhalten.

WOLFGANG KRÜGER. 150□

Ammoniakdampfdruck ammoniakalischer Lösungen von Ammonium- und Kupfer(II)-sulfaten. R. L. Benoit. (J. chem. Engng. Data **6.** 161—66. April 1961. Québec, Canada, Laval Univ., Dep. of Chem.) (Engl.)

Der Zusatz von $(NH_4)_2SO_4$ zu wss. Lsgg. von NH_3 erhöht den NH_3-Dampfdruck derselben (Aussalzeffekt). Bei niedriger Konz. des Nichtelektrolyten ändert sich der log des Aktivitäts-Koeff. linear mit der Konz. des Elektrolyten: $\log f_{NH_3} = k \cdot C_{(NH_4)_2SO_4}$. Die für k gefundenen Werte stimmen gut mit denen anderer Autoren überein. Die Temp.-Abhängigkeit des Aktivitäts-Koeff. ist gering, für die Enthalpieänderung ergibt sich etwa $\Delta H \sim 0{,}15$ kcal/Mol. Der Zusatz von $CuSO_4$ zu ammoniakal. $(NH_4)_2SO_4$-Lsgg. erniedrigt den NH_3-Dampfdruck sehr. Ein vorhandener, aber kleiner Aussalzeffekt wird durch einen sehr großen Einsalzeffekt überschattet, der durch eine Reihe von Gleichgewichts-Rkk. zwischen den Cu^{2+}-Ionen u. den NH_3-Moll. zustandekommt. Die Konz. der freien NH_3-Moll. ist eine Funktion der durchschnittlich an ein Cu^{2+}-Ion gebundenen Moll.

$\bar{n}$ NH_3; somit ist der NH_3-Dampfdruck auch von $\bar{n}$ abhängig. Bei Annahme des gleichen Aktivitäts-Koeff. für Cu^{2+}-freie u. -haltige 2m $(NH_4)_2SO_4$-Lsgg. erhält man bei 25° für die Konz. des freien NH_3 log $[NH_3]$ = log p_{NH_3} — 1,38. Für den Einfl. des $(NH_4)_2SO_4$ auf die Konz. des freien NH_3 bei konst. $\bar{n}$ ergibt sich log $[NH_3]_{\bar{n}}^{C}$ = log $[NH_3]_{\bar{n}}$ + 0,08·C, wobei C die $(NH_4)_2SO_4$-Konz. bedeutet. Die Bldg.-Wärme des $[Cu(NH_3)_4]^{2+}$-Komplexes ergab sich zwischen 25 u. 40° zu Δ H = 24,8 ± 1,2 kcal/Mol. Sie nimmt mit steigender Temp. zu, wodurch das Sinken der Lsg.-Wärme des NH_3 bedingt ist. Die Messung des NH_3-Dampfdrucks erfolgte bei 25 u. 40° indirekt durch pH-Messung, zwischen 25 u. 89,1° durch die Gassättigungs-Meth. u. bei 100° auf dynam. Wege. Bei 25° ergab sich log p_{NH_3} = pH — 7,97, bei 40° log p_{NH_3} = pH — 7,22. Die Anwendung der Ergebnisse zur Dest. beschriebener Lsgg. wird untersucht. Wolfgang Krüger. 150 □

Über Kaliumcarbonathemihydrat. Antoine-Pierre Rollet, Roger Cohen-Adad und Luce Carbonnel. (C. R. hebd. Séances Acad. Sci. **253.** 1579—81. 9/10. 1961.) (Franz.)

Das bin. Syst. H_2O–K_2CO_3 wurde unter Druck oberhalb des Kp. einer gesätt. K_2CO_3-Lsg. (135,2°) bei K_2CO_3-Geh. zwischen 70—100% durch therm. Analyse in geschlossenen Rohren untersucht. Die Ergebnisse wurden graph. dargestellt. Es zeigten sich bei 147 (T_1) u. 153° (T_2) Umwandlungen, die auf ein in diesem Bereich beständiges Hydrat mit der Zus. $K_2CO_3 \cdot 0,5\,H_2O$ deuteten. Die Umwandlungen entsprachen folgenden Rkk.: T_1: $K_2CO_3 \cdot 1,5\,H_2O \rightleftharpoons$ Lsg. T_1 + $K_2CO_3 \cdot 0,5\,H_2O$ u. T_2: $K_2CO_3 \cdot 0,5\,H_2O \rightleftharpoons$ Lsg. T_2 + K_2CO_3. H. Fries. 150 □

System Wasser–Lithiumchlorid. 2. Mitt. **Löslichkeitsmessungen zwischen —65 und +60°.** Jean-Jacques Kessis. (Bull. Soc. chim. France **1961.** 1503. Aug./Sept. Alger, Fac. des Sci., Labor. de Chim. gén.) (Franz.) — 1. vgl. C. **1961.** 8559.

Die Löslichkeit von LiCl in W. wurde zwischen —65 u. +60° gemessen. Aus den Ergebnissen wurde die Liquiduskurve konstruiert; mit Hilfe früherer thermoanalyt. Messungen wurden daraus die Invarianzpunkte bestimmt. *Pentahydrat*: T_5 —65,4°, 29,15 (%) LiCl; F_5 — 62,9°, 32,00; *Trihydrat*: T_3 — 20,5°, 37,8; *Dihydrat*: T_2 + 19,4°, 45,15. Die früher beobachtete kongruente Schmelze des Pentahydrats erwies sich als metastabil. Die Ergebnisse wurden mit denen anderer Autoren verglichen. H. Fries. 150 □

Thermische Zersetzung einiger Cyanotriphenylborate von Metallen. Wesley W. Wendlandt. (Chemist-Analyst **47.** 38—39. Juni 1958. Lubbock, Tex., Texas Technol. Coll., Dep. of Chem. and Chem. Engng.) (Engl.) — Vgl. C. **1960.** 10168.

Die Unters. der therm. Stabilität von *Cyanotriphenylmetallboraten* (**I**) ergibt mit Ausnahme von Rb, daß sich die Zers.-Temp. dieser Verbb. von denen der entsprechenden Tetraphenylborate (**II**) nicht wesentlich unterscheiden. Auf einer Thermowaage werden Einwaagen von 80—100 mg um 5,4°/min erhitzt. Die einzelnen **I** zeigen folgende Zers.-Temp.: Na 65° (mit eingeschlossenem Lsgm.), 240° (lösungsmittelfrei); Rb 165°, Cs 200°, Tl(I) 175°, Ag 65°, Cu(II) 70°. Die Zers.-Temp. der **II** liegen bei: Li 140°, Na 200°, K 265° Rb 240°, Cs 210°, Tl(I) 180°, Ag 65°, NH_4 130°. W. Mucke. 150

Zur Thermochemie der Halogensilane. Die Bildungsenthalpien von $SiCl_4$ und $SiHCl_3$. E. Wolf. (Z. anorg. allg. Chem. **313.** 228—33. Nov. 1961. Dresden, Inst. für angew. Phys. der Reinstoffe.) (Dt.)

Die beim Lösen von $SiCl_4$ in 2n NaOH auftretende Lsg.-Wärme wurde zu Δ H = —137,5 ± 0,4 (kcal/Mol) gemessen u. hieraus mittels des Hessschen Satzes die Bldg.-Enthalpie des $SiCl_4$(fl.) im Standardzustand zu ΔH^0_{298} = —158,9 ± 2,0 berechnet. Für $SiCl_4$(g) wurde ΔH^0_{298} = 151,8 ± 2,0 erhalten. Die zugehörigen thermodynam. Potentiale ergaben sich für $SiCl_4$(fl.) zu ΔF^0_{298} = —143,0 u. für ΔF^0_{298} (g) zu ΔH^0_{298} = —142,3. Der Wert für die Bldg.-Enthalpie befindet sich in befriedigender Übereinstimmung mit den Ergebnissen anderer Autoren. Die Umsetzung von $SiHCl_3$ mit NaOH mußte infolge der heftigen Rk. durch Einleiten von gasförmiger $SiHCl_3$ in 2n NaOH vorgenommen werden. Die molare Lsg.-Enthalpie wurde zu —125,5 ± 0,3 u. hieraus, wie beschrieben, die Bldg.-Enthalpie des $SiHCl_3$(g) ΔH^0_{298} zu —117,4 ± 1,7 bzw. für $SiHCl_3$(fl.) ΔH^0_{298} zu —123,9 ermittelt. Die thermodynam. Potentiale ergaben sich für $SiHCl_3$(g) zu ΔF^0_{298} = —109,6, für $SiHCl_3$(fl.) zu ΔF^0_{298} = —109,7.

Wolfgang Krüger. 156 □

Einfluß der Frischgasströmung auf die Beschleunigungen von Flammen und den Anlaufvorgang von Detonationen. W. Baumann und H. Gg. Wagner. (Z. Elektrochem., Ber. Bunsenges. physik. Chem. **65.** 895—98. Dez. 1961. Göttingen, Univ., Inst. für physikal. Chem.) (Dt.)

Vff. untersuchen am Beispiel stöchiometr. C_2H_6–O_2-Gemische den Einfl. der Turbulenz auf die Beschleunigung der Flamme u. auf den Anlaufvorgang von Detonationen. Die Verbrennung wird im ruhenden bzw. im mit bestimmter Reynolds-Zahl R_e strömenden Gas in Rohren von 1 cm Ø eingeleitet u. der Anlaufvorgang der Detonation durch photograph. Aufnahmen mit einer Trommelkamera im Eigenlicht untersucht. Die R_e-Werte des strömenden Frischgases liegen im Bereich $0 < R_e < 60000$. Bei $R_e < 5000$ sind die mittleren Werte der Anlauflängen χ_l u. -zeiten τ_l prakt. unabhängig von der Frischgasströmung, bei $R_e > 5000$ ändern sie sich etwa proportional zu $1/\sqrt{R_e}$. Durch in das Rohr eingebaute Hindernisse lassen sich χ_l u. π_l stark verkürzen. Als Hindernisse dienen schraubenförmig aufgewickelter Draht (1 mm Ø; Schraubendurchmesser 8 mm) sowie ähnlich geformte Drahtgebilde von einer Gesamtlänge von 10—100 cm. Ihre Wrkg. (Erzeugung von Turbulenz; Reflexion von Druckwellen) ist oberhalb einer bestimmten Mindestlänge unabhängig von ihrer Gesamtlänge. Das Verhältnis zwischen τ_l u. χ_l erwies sich bei allen Verss. als prakt. konstant. P. FRENZEL. 157□

Einfluß des Rohrdurchmessers auf die Entwicklung von Gasdetonationen. W. Baumann, P. A. Urtiew und A. K. Oppenheim. (Z. Elektrochem., Ber. Bunsenges. physik. Chem. **65**. 898—902. Dez. 1961. Berkeley, Calif., Univ. of California.) (Engl.) — Vgl. vorst. Referat.

Vff. untersuchen mit Hilfe einer rotierenden Trommelkamera den Übergang vom langsamen Abbrennen zur Detonation in stöchiometr. H_2–O_2-Gemischen im einseitig geschlossenen Plexiglasrohr bei Zündung durch eine Flamme. Berücksichtigt werden die Einfl. des Rohrdurchmessers d ($0{,}3$ cm $< d < 5{,}1$ cm) u. die Entfernung der Zündflamme vom geschlossenen Rohrende auf die Entw. der Detonation. Die Kurven für Anlauflängen χ_l u. -zeiten τ_l in Abhängigkeit von d zeigen asymptot. Verhalten. Es gilt $\bar{\chi}_l = 47\sqrt{d}$ cm u. $\bar{\tau}_l = 0{,}53\sqrt[4]{d^3}$ ms. Oberhalb eines bestimmten d-Werts erfolgt keine weitere Erhöhung von π_l u. χ_r mit steigendem d. Aus den mittleren Anlauf-Geschw. der Detonation, d. h. dem Verhältnis χ_l/τ_l, die bei $d > 1$ einen konst. Wert von 0,65 km/s erreichen, wird entnommen, daß Wand-Einfl. nur für Werte von $d <$ ca. 1 cm eine Rolle spielen. Die höchste Flammen-Geschw. von 3,1 km/s wird unmittelbar nach dem Einsetzen der Detonation beobachtet, bevor die Verbrennungsfront in die CHAPMAN-JOUGUETsche Detonation mit einer konst. Geschw. von 2,8 km/s übergeht. Der Entw.-Vorgang kann als zwischen zwei Asymptoten liegend betrachtet werden; eine davon entspricht einer zeitlich abfallenden Beschleunigung u. ist manchmal negativ, die andere zeigt eine zeitlich ansteigende Beschleunigung an. Der mittlere Wert der beobachteten Beschleunigungen liegt in der Größenordnung von 10^6 m/s. P. FRENZEL. 157□

Wärmeleitfähigkeit von Thallium und Zinn hoher Reinheit. N. W. Sawaritzki. (Журнал Экспериментальной и Теоретической Физики [J. exp. theoret. Physik] **39**. 1571—77. Dez. 1960. Inst. für physikal. Probleme der Akad. der Wiss. der UdSSR.) (Russ.; Auszug: Engl.)

Unterhalb 5° K wird an sehr reinen Tl- u. Sn-Proben die Wärmeleitfähigkeit im normalen u. im supraleitenden Zustand gemessen. Aus den Ergebnissen wird auf die verschiedenen Streuprozesse geschlossen, an denen die Leitungselektronen beteiligt sind. G. KIRSCHSTEIN. 158□

Tom Leadbetter Cottrell and **J. C. McCoubrey**, Molecular energy transfer in gases. London: Butterworths. 1961. (VIII + 205 S. m. Taf., Tab. u. Diagr.) 45 s.

Y. S. Touloukian, ed., Retrieval guide to thermophysical properties research literature. 3 vols. New York: McGraw-Hill. 1961. 1: (1250 S.) 2: (169 S.) 3: (372 S.) set $ 120,—.

A_5. Kolloidchemie. Grenzschichtforschung

Über die Ursachen der Aggregatstabilität einer Emulsion. Ss. Ss. Wojutzki. (Успехи Химии [Fortschr. Chem.] **30**. 1237—57. Okt. 1961. Moskau, Lomonossow-Univ., Inst. für feinchem. Technol.) (Russ.)

Überblick über die Stabilität von Emulsionen, stabilisiert durch Seifen sowie durch andere Substanzen, u. von reziproken Emulsionen. CH. WEISKE. 162□

Neuere Beiträge zur Kenntnis der Taktosole. 1. Mitt. **Ein neues Taktosol: Aluminiumhydroxid.** H. Zocher und C. Török. (Kolloid-Z. **170**. 140—44. Juni 1960. Rio de Janeiro, Minist. da Agric., Labor. da Prod. chim.) (Dt.)

An einem 4 Jahre alten Aluminiumhydroxid-Sol wurde bei der Unters. mit polarisiertem Licht als Sediment ein neues Taktosol gefunden, das auch bei Schlierenbeleuchtung gut sichtbar war. Die Struktur der Konfigurationen entspricht der Mechanik der nemat. Phasen. Die Form eines einfachen Tropfens, umgeben von Ataktosol („Taktoide") wurde eingehend betrachtet. H. FRIES. 162□

Eine Bemerkung über den Einfluß von Ultraschallwellen auf die Leitfähigkeit kolloider Lösungen. Satya Prakash und Ashim Kumar Ghosh. (Kolloid-Z. **151**. 72—73. März 1957. Allahabad, India, Univ., Chem. Labor.) (Engl.)

Die spezif. Leitfähigkeit $\varkappa$ verschiedener Koll.-Lsgg. wurde vor u. nach der Bestrahlung mit Ultraschall (2 MHz) gemessen. Folgende Sole wurden nach der Reinigung durch Dialyse untersucht: $Fe(OH)_3$, $Sn(OH)_4$, $Cu_3[Fe(CN)_6]_2$, Preuß. Blau, Sb_2S_3, As_2S_3. Es konnte keine Veränderung der $\varkappa$-Werte durch die Ultraschallbehandlung festgestellt werden. W. BETCKE. 162□

Die Wirkung von alkylsubstituierten Ammoniumchloriden auf negatives Silberjodid-Sol. Kunio Tamaki. (Kolloid-Z. **170.** 113—16. Juni 1960. Tokyo, Univ., Coll. of Gen. Educat., Dep. of Chem.) (Engl.)

Die Wrkg. von methyl-, äthyl- u. butylsubstituierten Ammoniumchloriden (sek., tert., quart.) auf die Stabilität von negativem AgJ-Sol wurde untersucht. Dabei wurde festgestellt, daß der Flockungswert dieser Elektrolyte mit der Zunahme der Gesamt-C-Atomzahl der Alkylketten abnimmt u. daß die Flockungswerte der Elektrolyte von verschiedener Struktur u. gleicher C-Atomzahl in der Reihenfolge prim. Aminsalze > sek. Aminsalze > tert. Aminsalze = quart. Ammoniumsalze abnehmen. Weiter wurde gefunden, daß Tri- u. Tetrabutylammoniumchloride die gleiche Flockungs-Wrkg. wie die Dodecyl-, Tetradecyl- u. Hexadecylammoniumchloride zeigen, d. h., daß die Flokkungswerte in beiden Fällen gleich sind u. mit Abnahme der Sol-Konz. sinken. Tri- u. Tetrabutylammoniumchloride können ebenfalls wie n-Alkylammoniumchloride mit Alkylketten aus mehr als 12 C-Atomen die Flockung peptisierend beeinflussen, u. zwar bei noch höheren Konzentrationen. Die experimentellen Ergebnisse deuten darauf hin, daß die Flockung hauptsächlich durch die Gesamt-C-Atomzahl im Mol. bestimmt wird, während die Peptisation durch andere Strukturfaktoren beeinflußt wird.

H. FRIES. 163□

Benetzbarkeit einiger Mineralien durch flüssiges Blei unter einer Schicht geschmolzener Salze. I. T. Guldin und A. W. Bushinskaja. (Журнал Прикладной Химии [J. angew. Chem.] **33.** 2603—06. Nov. 1960. Staatl. Forsch.-Inst. für Buntmetalle.) (Russ.)

Die Benetzbarkeit von *Pyrit, Galenit, Sphalerit, Quarz* u. *Stahl 3* durch fl. Pb unter einer durchsichtigen NaCl–KCl-Schmelze wurde durch Messung der Randwinkel bestimmt. Gut benetzbar sind Galenit (64°) u. Pyrit (61°); die Benetzbarkeit von Sphalerit, Quarz u. Stahl ist geringer (116, 127 u. 110°). Die verwendete App. wird beschrieben.

H. JÄGER. 166□

Einflüsse elektrischer Felder auf das Zusammenfließen von Wassertropfen. G. G. Goyer, J. E. McDonald, F. Baer und R. R. Braham jun. (J. Meteorol. **17.** 442—45. Aug. 1960. Chicago, Ill., Univ.) (Engl.)

Kinematograph. untersuchten Vff. das Zusammenfließen von Wassertröpfchen bei gegenseitigen Zusammenstößen. Mit Tröpfchen mit ∅ von 700 μ wurde bei Fehlen eines elektr. Feldes nur bei einer Zahl von Zusammenstößen <30% ein Zusammenfließen beobachtet. Wurde jedoch ein Feld von ca. 40 V/cm angelegt, dann erfolgte ein 100%ig. Zusammenfließen. Die experimentelle Technik wird genau beschrieben. C. GOTTFRIED. 167

Die Instabilität eines zwischen horizontalen, koaxial rotierenden Platten eingeschlossenen Zweischichtsystems. Kirk Bryan. (J. Meteorol. **17.** 446—55. Aug. 1960. Woods Hole Oceanographic Instn.) (Engl.)

Vf. untersucht die Bewegung zweier homogener Schichten einer Fl., die sich zwischen zwei horizontalen Platten befindet; diese Platten rotieren koaxial mit gering verschiedenen Winkelgeschwindigkeiten. Es wird das Vorliegen einer symm. Bewegung festgestellt, die jedoch in einem Bereich der Parameter instabil ist.

C. GOTTFRIED. 173

Die Kinetik der Adsorption von Schwefeldioxid an Aktivkohle. Štefan Kachaňák und Zděnek Jóna. (Chem. Průmysl **11(36).** 127—29. März 1961. Bratislava, Slovenská vysoká škola techn.) (Tschech.)

Es wurde die Geschw. der Adsorption von SO_2 an Aktivkohle untersucht. Es wurde gefunden, daß die kinet. Gleichung genügend genau dem Ausdruck $dx/dt = K(a - x)$, in dem a die adsorbierte Menge u. t die Zeit in Min. bedeuten, entspricht. Die Konst. K wird graph. angegeben. J. SCHNEIDER. 176□

Die Adsorptionswärme von Argon und Krypton an Molybdändisulfid — Trennung der Enthalpien in rationale Komponenten. Peter Cannon. (J. physic. Chem. **64.** 1285—89. Sept. 1960. Schenectady, N.Y., Gen. Electr. Res. Labor.) (Engl.) — Vgl. C. **1961.** 7133.

Die molare integrale Adsorptionswärme von Ar u. Kr an oxidfreiem MoS_2 wird als Funktion der Bedeckung dargestellt. Es wird eine Trennung der aus isothermen Daten berechneten Enthalpien in Anteile der parallelen (Wechsel-Wrkg. zwischen den

adsorbierten Atomen) u. senkrechten Kraftfelder (Wechsel-Wrkg. adsorbierter Film–Festkörper) durchgeführt. Die Berechnung der Dispersionskräfte für das Syst. Gas–Festkörper gelingt am erfolgreichsten durch Verw. der LONDONschen Form der Dispersionskonstante. Die berechneten Werte gelten in den Bereichen $4\cdot10^{-7} < p/p_0 < 2\cdot10^{-3}$ für Ar u. $4\cdot10^{-4} < p/p_0 < 4\cdot10^{-1}$ für Kr. Der Ar-Film zeigt bei 251 μ Hg u. 77,4° K eine Gas–Fl.-Umwandlung u. der Kr-Film ein Maximum der Wechsel-Wrkg.-Energie zwischen den Atomen desselben von der Hälfte der Schmelzwärme.
WOLFGANG KRÜGER. 176□

Die Photodesorption und Photoadsorption von Sauerstoff an Zinkoxid. Yuzaburo Fujita und Takao Kwan. (Bull. chem. Soc. Japan **31.** 379—80. April 1958. Sapporo, Hakkaido Univ., Res. Inst. for Catalysis and Chem. Dep.) (Engl.)

Zur Unters. der Photodesorption u. -adsorption an ZnO wurden ZnO-Proben (Oberfläche 6,2 m^2/g) einige Std. bei 300° entgast u. dann in einer O_2-Atmosphäre bei weniger als 10^{-3} mm O_2-Druck mit dem gefilterten Licht einer Hg-Lampe bestrahlt. Außerdem wurde ZnO in O_2 (0,1 mm Hg) ca. 1 Std. auf 300° erhitzt u. nach dem Erkalten bestrahlt. Messungen der Druckschwankungen ergaben, daß im ersten Falle bei Raum-Temp. eine reversible Desorption, im zweiten eine irreversible Adsorption von O_2 an ZnO stattfindet. Der Adsorptionseffekt war bei Bestrahlung mit Licht von 4500 Å am größten, ließ mit steigender Temp. nach u. verschwand bei 200°. Vom Syst. ZnO (entgast)/O_2 wurde die Temp.-Abhängigkeit des O_2-Druckes bei steigender Temp. bis 300° untersucht. Die p/T-Kurve erreicht ein Maximum bei 150—200°. — Zur Erklärung der Erscheinungen werden elektron. Wechselwrkg. zwischen O_2^--Ionen u. der ZnO-Oberfläche diskutiert.
W. BETCKE. 176□

Adsorptionsuntersuchungen von Silicatsolen an der Oberfläche von Leuchtstoffen. I. Hangos, H. Toperzer, Gy. Pozsgay und L. Vecsernyés. (Kolloid-Z. **170.** 104—12. Juni 1960. Budapest, Staatl. Ungar. Onkolog. Inst. u. Forsch.-Anst. für Fernmeldetechnik.) (Dt.)

Vff. untersuchten die Zus. u. Dicke von an der Oberfläche mikrokristalliner ZnS-Leuchtstoffe adsorbierten komplexen Schichten, wobei die ZnS-Mikrokristalle in mit Erdalkali-Salzen (Ba, Sr, Ca) koaguliertem koll. Kieselsäure-Gel suspendiert wurden. Desgleichen wurden Zus. u. Dicke der an Leuchtstoffkristallen adsorbierten koll. Adsorptionsschicht in Abhängigkeit von der Zus. der Kolloid-Lsg., von der Korngrößenverteilung der Leuchtstoffkristalle, von der Zus. des angewandten Bindemittels u. von der Qualität des Koagulators bestimmt. In Tabellen u. Diagrammen wurden die Ergebnisse wiedergegeben u. ausführlich diskutiert.
H. FRIES. 176□

Diffusion in Polystyrolsulfonsäure-Ionenaustauschharzen. A. E. Lagos und J. A. Kitchener. (Trans. Faraday Soc. **56.** 1245—51. Aug. 1960. London, Imp. Coll., Chem. Dep.) (Engl.)

Vff. beschreibt die Darst. vernetzter Polystyrolsulfonsäure-Ionenaustauschharze in Form dünner Streifen. Dazu werden die Monomeren, Styrol u. Divinylbenzol (I), zur Entfernung der Stabilisatoren mit NaOH gewaschen u. durch anschließende Dest. unter red. Druck gereinigt. Die Styrol-I-Mischungen (2,5 oder 5% I zusammen mit 0,5% Benzoylperoxid als Katalysator u. 15% Toluol) werden zwischen Glasplatten, deren Abstand 0,2 mm beträgt, polymerisiert u. danach für je 24 Std. auf 40°, 70° u. 100° erhitzt. Das in Streifen oder 2 mm × 6 cm geschnittene Polymerisat wurde bei 100° mit einem großen Überschuß konz. H_2SO_4, das 0,2% Ag_2SO_4 als Katalysator enthielt, sulfoniert. Zur vollständigen Monosulfonierung wurden bei dem schwach vernetzten Harz 4 Std. u. bei dem stärker vernetzten 7 Std. benötigt. Um ein Zerbrechen der Harzmembranen bei dem Verdünnen der Säure zu verhindern, wurden die Streifen je 10 Min. lang nacheinander in 97,5, 95, 90, 80 · · · 10, 5 u. 2,5%ig. H_2SO_4 übergeführt u. danach gründlich mit W. gewaschen. Es entstehen so transparente, hellbraune, biegsame u. vor allem rißfreie Harzmembranen in der H^+-Form. Dieses Material wurde zur Unters. der Selbstdiffusion radioakt. markierter Gegenionen (^{22}Na, ^{134}Cs, ^{110}Ag, ^{45}Ca) u. der Diffusion ^{14}C-markierter Nichtelektrolyte (Glycerin, Glucose, Saccharose) in verschieden stark gequollenen Harzen benutzt. Da der Wassergeh. der Harze stark vom Vernetzungsgrad abhängt, ist dessen Einfl. auf die Diffusion groß. Die Beziehung zwischen dem Diffusions-Koeff. u. dem Wassergeh. hat für die einzelnen diffundierenden Stoffe verschiedene Werte. Obwohl die Hemmung durch das Netzwerk des Harzes ein Hauptfaktor ist, kann ein gewisser Einfl. der Größe u. der Hydratationsgrade der diffundierenden Teilchen sowie des elektrostat. Feldes der Polyelektrolytketten nicht unberücksichtigt bleiben. Die äußerst geringe Diffusions-Geschw. von Ag^+-Ionen beruht auf dem geringen Wassergeh. der Ag-Harze. Ca^{2+}-Ionen zeigen eine ausgeprägte Unbeweglichkeit. Ein deutlicher Siebeffekt auf die Diffusion wurde bei Saccharose gefunden.

W. HEIN. 177□

Kationenaustauschelulerung von Metallchloriden mit Salzsäure. Charles K. Mann und Charles L. Swanson. (Analytic. Chem. **33.** 459—62. März 1961. Tallahassee, Fla., Florida State Univ., Dep. of Chem.) (Engl.)

Die Bedingungen für die Trennung von Kationen durch Ionenaustausch an Dowex-50 W mit Vernetzungsgraden entsprechend einem Geh. von 2—16% Divinylbenzol, werden aus den Eluierungskurven abgeleitet. Adsorbiertes Mn^{2+}, Fe^{2+}, Fe^{3+}, Ni^{2+}, Cu^{2+}, Zn^{2+}, Cd^{2+} u. Hg^{2+} wird mit 0,5—12m HCl eluiert. Aus der Konz.-Verteilung werden die Verteilungs-Koeff. für Austauscher u. Lsg. u. effektive theoret. Bodenhöhen als Funktion der HCl-Konz. u. des Vernetzungsgrades des Austauschers erhalten. Mit 0,5m HCl ist die quant. Abtrennung des Hg^{2+} von den angegebenen Kationen möglich, während mit 1m HCl eine bevorzugte Eluierung von Cd^{2+} u. Hg^{2+} u. mit 2—4m HCl die Abtrennung des Zn^{2+} von Ni^{2+}, Mn^{2+}, Fe^{2+} u. Mg^{2+} erreicht wird; die Trennung Cu^{2+}-Zn^{2+} ist nicht möglich. Mit 12m HCl erfolgt die Abtrennung des Fe^{3+} von Cu^{2+}, Ni^{2+}, Cd^{2+} bzw. Hg^{2+}. Die Trennmöglichkeiten gelten für gleiche Mengen der Komponenten, wenn ca. 1% der Austauscherkapazität ausgenutzt wird. Für Verteilungs-Koeff. >10 wird ein Ansteigen des Koeff. mit abnehmender Beladung beobachtet.

HERBERT MÜLLER. 177□

Abtrennung von Niob-95 aus Zirkoniumlösungen mit Vycor-Glas. J. G. Moore. (J. inorg. Nuclear Chem. **20.** 166—67. Nov. 1961. Oak Ridge, Tenn., Oak Ridge Nat. Labor., Chem. Technol. Div.) (Engl.)

Verss. mit trägerfreien Zr-Nb-Lsgg. in HNO_3 verschiedener Konzz., die über Säulen (8×10 mm) von Vycor (Borosilicat)-Glaspulver (0,5 g, 100—200 mesh) laufen, zeigen, daß mit steigender HNO_3-Konz. bis zu 10m das Nb (>90%) bevorzugt adsorbiert wird. Dazu sind Kurven angegeben. Ähnliche Verss. unter Zusatz von Zr-Träger zur Lsg. ergeben, daß aus der Lsg. <1% des vorhandenen Zr entfernt werden.

E. SCHIEWER. 177□

Trennung des Yttrium-90 von Strontium-90 und des Lanthan-140 von Barium-140 mit Anionenaustauscherharz in der Carbonatform. S. Misumi und T. Taketatsu. (J. inorg. Nuclear Chem. **20.** 127—30. Nov. 1961. Fukuoka, Japan, Kyushu Univ., Fac. of Sci., Dep. of Chem.) (Engl.) — Vgl. C. **1961.** 758.

Verss. mit trägerfreiem ^{90}Sr-^{90}Y- u. ^{140}Ba-^{140}La-Lsgg. zeigen, daß Dowex-1, X-8 in der Carbonatform geeignet ist, aus carbonathaltigen Lsgg. Y bzw. La selektiv zu binden. Bei der „Gleichgewichts-Meth." wird das Harz bis zur Gleichgewichtseinstellung mit der betreffenden Lsg. gerührt, abfiltriert u. ausgewaschen. Nach dem Extrahieren der Radioisotope mit verd. HCl wird die Aktivität des eingedampften Eluates gemessen. Die Abfallkurven entsprechen denen des ^{90}Y bzw. des ^{140}La. Es wird eine Tabelle angegeben, aus der die Abhängigkeit der Verteilungs-Koeff. $K_d = M_r/M_s$ (M_r = Radioaktivität von 1 g Harz, M_s = Radioaktivität von 1 ml Lsg.) für ^{140}La u. ^{140}Ba von der Konz. der verwendeten $(NH_4)_2CO_3$-Lsg. hervorgeht. Im Konz.-Bereich von 0,02—0,32m fallen die K_d-Werte von 452 auf 26 für ^{140}La u. von 4,2 auf 1,2 für ^{140}Ba ab. Verss. mit Austauschersäulen zeigen ebenfalls, daß ^{90}Y u. ^{140}La fest adsorbiert werden, während ^{90}Sr u. ^{140}Ba die Säule passieren. Es ist möglich, durch Eluieren der beladenen Austauschersäule mit verd. HCl trägerfreie ^{90}Y- bzw. ^{140}La-Lsgg. herzustellen. Die Elutionskurven zu diesen Verss. sind angegeben. Die erhaltenen Eluate sind prakt. ^{90}Sr- bzw. ^{140}Ba-frei. Verss. mit 0,08m Na_2CO_3- u. K_2CO_3-Lsgg. statt $(NH_4)_2CO_3$-Lsg. zeigen keinen Einfl. auf den Trenneffekt von ^{90}Y-^{90}Sr. E. SCHIEWER. 177□

Untersuchungen an monodispersen Aerosolen. 3. Mitt. **Die Bildung von Schwefel-Aerosolen.** Susumu Kitani. (Bull. chem. Soc. Japan **31.** 16—19. Jan. 1958. Chikusa, Nagoya, Univ., Fac. of Sci., Dep. of Chem.) (Engl.) — 2. vgl. J. chem. Soc. Japan, pure Chem. Sect. [Nippon Kagaku Zassi] **77.** [1956.] 1621.

S-Aerosole wurden in N_2 oder Luft unter Verw. eines LAMER-SINCLAIR-Aerosol-Generators erzeugt, bei dem der Ionisator (Ag-Flammenbogen) vom S-Siedegefäß durch einen Ionenseparator (IS) getrennt ist, u. in dem sich an der Gasansaugstelle ebenfalls ein IS befindet. Monodisperse S-Aerosole wurden nur bei Betrieb des Ag-Flammenbogens gebildet, polydisperse Aerosole hingegen entstanden im Steigrohr, wahrscheinlich wegen Keim-Bldg. des S durch rasches Kühlen. Da elektronenmkr. Ag-Partikel im Gasraum festgestellt wurden, da die Aerosol-Bldg. gleichermaßen in N_2 u. O_2 erfolgt u. ionisierte Gase aus der Luft durch den IS ausgeschieden werden, kann man annehmen, daß winzige Ag-Teilchen die wirksamen Kerne des Aerosols bilden. R. JUNGE. 180□

A_6. Strukturforschung

Anwendung der Lichtstreuung zur Untersuchung der Vollkommenheit von Kristallen. W. H. Vaughan, F. W. von Batchelder und J. W. Davisson. (Rep. NRL Progr. **1960.** Nr. PB 161 280. 8—18. April. Washington, D.C., US. Naval Res. Labor., Solid State Div., Crystals Branch.) (Engl.)

Vff. beschreiben ein neu entwickeltes Instrument, das sog. „Ultramakroskop", das als eine Modifikation des Ultramikroskops angesehen werden kann. Mit diesem Instrument wurden die Reinheit u. mechan. Vollkommenheit von durchsichtigen Kristallen untersucht. Man kann mit dem Instrument photograph. Defekte registrieren, die das Licht bei extrem niedriger Beleuchtungsdichte streuen. Mit diesem Instrument konnten in künstlichen *LiF*-, *NaCl*- u. *KCl*-Kristallen, die als opt. rein angesprochen worden waren, sehr große Defekte festgestellt werden, die vorher nicht erkennbar waren. Beobachtet wurde auch eine Korngrenzenablagerung, die während des Wachstums von KCl aus wss. Lsg. eintrat, die etwa 1% $PbCl_2$ enthielt. C. Gottfried. 181

Kleinwinkelstreuung an großen Volumina. B. E. Warren. (Z. Kristallogr., Kristallgeometrie, Kristallphysik, Kristallchem. **112.** 255—62. 9/10. 1959. Cambridge, Mass., MIT.) (Engl.)

Eine Berechnung der Intensität der Kleinwinkelstreuung von Röntgenstrahlen an ausgedehnten Medien gleichmäßiger Elektronendichte zeigte, daß die Fraunhofersche Näherung durchweg zu große Werte lieferte, die sich für Kugeln, Scheiben u. quadrat. Tafeln um Größenordnungen unterschieden. Es wurde eine genaue Rechnung der Fresnelschen Beugung für quadrat. Tafeln durchgeführt. Unter der Voraussetzung, daß die Probe nicht durchweg gleiche Abmessungen hat, ergeben sich Intensitätsbeträge, die mit den experimentell beobachteten Intensitäten angenähert übereinstimmten. C. Gottfried. 181

Die Deutung der Patterson-Synthesen in der Röntgenkristallographie. C. A. Beevers und H. W. Ehrlich. (Z. Kristallogr., Kristallgeometrie, Kristallphysik, Kristallchem. **112.** 414—26. 9/10. 1959. Edinburgh, Univ., Chem. Dep.) (Engl.)

An Hand einer Reihe von Beispielen zeigen Vff., daß man zur Deutung der Patterson-Funktionen von Kristallstrukturen mit Molekülgitter die Gestalt der Moll. oder ihrer Teile, wenn sie bekannt ist, immer heranziehen sollte. C. Gottfried. 181

Funktionsräume zwischen Kristallraum und Fourier-Transformationsraum. A. L. Patterson. (Z. Kristallogr., Kristallgeometrie, Kristallphysik, Kristallchem. **112.** 22—32. 9/10. 1959. Philadelphia, Pa., Inst. for Cancer Res.) (Engl.)

Ein allg. Ausdruck für die Kerne integraler Transformationen in Hermitschen Funktionen wird gegeben. Dieser Ausdruck führt zu Mengen von Funktionsräumen, die zwischen einem gegebenen Funktionsraum u. seinem Fourier-Transformationsraum liegen. Die von Wiener u. Condon gegebenen Werte werden im Rahmen dieses Ausdruckes erhalten. Außerdem wird eine neue Reihe von „generalisierten Funktionen" definiert. Die Erweiterung auf 2 u. 3 Dimensionen wird erörtert. C. Gottfried. 181

Die zweistufige positive Kohlenstoff-Vorabdruck-Methode für die Elektronen-Metallographie. Ronald L. Scott und Anna M. Turkalo. (Proc. Amer. Soc. Testing Mater. **57.** 536—53. 1957. Detroit, Mich., General Motors Corp., Res. Staff.; Schenectady, N.Y., General Electric Co., Res. Labor.) (Engl.)

Beschrieben wird eine Technik zur Herst. von stark aufgelösten Kohleabdrücken von Oberflächen, die im Bereich sehr glatter bis ziemlich rauher Konturen liegen. Abgesehen von den üblichen Anforderungen an die Abdrucktechnik darf dabei die Probenoberfläche nicht zerstört oder verdorben werden. Die Abdrucktechnik besteht aus zwei Stufen: 1. Das Gießen eines prim. plast. negativen Abdrucks u. 2. das Aufdampfen eines C-Filmes. Darauf wird das plast. Negativ unter Hinterlassung eines vorbeschatteten positiven Kohleabdrucks aufgelöst. Die Vorzüge von Cr- u. W-Oxid als Beschattungsmaterialien werden erörtert. Die Anwendung des zweistufigen Verf. auf Fe- u. Nichteisenmetallstrukturen wird an Beispielen erläutert. H. Hochstein. 181 □

Röntgenographische Messung des Streufaktors von Eisen in geordnetem Fe_3Al. Yukitomo Komura, Yujiro Tomiie und Robert Nathans. (J. physic. Soc. Japan **15.** 1434—39. Aug. 1960. Kita-kū Osaka, Osaka City Univ., Inst. of Polytechn. u. Nakanoshima, Osaka, Osaka Univ., Fac. of Sci.) (Engl.)

Um die Anzahl lokalisierter 3d-Elektronen im Fe abschätzen zu können, bestimmten Vff. unter Verw. von MoK_α-Strahlung die abs. integralen Intensitäten mehrerer Überstrukturinterferenzen eines geordneten Fe_3Al-Einkristalls. Extinktionseffekte wurden mit Hilfe einer Wellenlängenanalyse der integralen Intensitäten abgeschätzt.

Um eine Kenntnis des Zustands der Atomordnung zu erhalten u. zur Herleitung von Temp.-Faktoren des Fe u. Al wurde eine Neutronenanalyse durchgeführt. Es wurde gefunden, daß der Streufaktor des Fe in dem geordneten Fe_3Al sehr gut mit dem des freien Atoms übereinstimmt, der sich durch die Wellenfunktionen des „self-consistent field" errechnet. Die Anzahl effektiver 3d-Elektronen beträgt sechs.
C. GOTTFRIED. 182

Aufspaltung der d^n-Terme tetragonaler Komplexe in starken Feldern. F. J. Gilde und M. I. Ban. (Acta Univ. Szegediensis, Acta physica chem. [N. S.], **5.** 3—11. 1959. Szeged, Univ., Inst. of Theoret. Phys.) (Engl.) — Vgl. C. **1961. 14558.**

Vff. berechnen die Konfigurationen, die aus d^n-Konfigurationen ($n = 1, \cdots 10$) in dem Komplexfeld mit D_{4h}-Symmetrie entstehen. Die Multiplizität der Aufspaltungsprodukte dieser Terme wird nachgewiesen. Die Aufspaltung der Konfiguration d^1 u. d^9 wird durch die Gleichung $\Gamma_a = A_{1g} + B_{1g} + B_{2g} + E_g$ beschrieben. Die d^{10}-Konfiguration $[(e_g)^4(a_{1g})^2(b_{1g})^2(b_{2g})^2]$ besteht aus dem einzigen Term $^1A_{1g}$. Die Ergebnisse werden in Tabellen zusammengefaßt. J. PETERS. 182□

Elektronographische Untersuchung des Molekülbaus von Salpetersäure und Salpetersäureanhydrid in Dämpfen. P. A. Akischin, L. W. Wilkow und W. Ja. Rossolowski (Журнал Структурной Химии [J. Strukturchem.] **1.** 5—11. Mai/Juni 1960. Moskau, Lomonossow-Univ.; Kurnakow-Inst. für allg. u. anorg. Chem. der Akad. der Wiss. der UdSSR.) (Russ.)

Die Struktur von HNO_3 (**I**) u. N_2O_5 (**II**) im Dampfzustand wurde elektronograph. mit visueller Schätzung der Intensitäten untersucht. **I** besitzt die ebene Struktur $H{-}O'{-}N{\genfrac{}{}{0pt}{}{\nearrow O}{\searrow O}}$, wobei eine mögliche Abweichung der NO_3-Gruppe aus der Ebene, die weniger als 5^0 beträgt, nicht mehr bestimmt werden konnte. Die ermittelten geometr. Größen des **I**-Mol. sind: $\angle ONO\ 135 \pm 2{,}5^0$; $r(N = O)\ 1{,}22 \pm 0{,}01$, $r(O \cdots O')\ 2{,}19 \pm 0{,}02$, $r(N{-}O)\ 1{,}40 \pm 0{,}01$, $r(O \cdots O)\ 2{,}25 \pm 0{,}02$ (Å). Ein bipyramidales Modell für **II** mit der Symmetrie D_{3h} ist mit der experimentellen Intensitätskurve nicht in Übereinstimmung zu bringen u. bei den ermittelten Atomabständen geometr. unmöglich. **II** besitzt eine blattförmige Struktur, bei der die beiden $\genfrac{}{}{0pt}{}{O}{O}{>}N$-Gruppen in 2 Ebenen liegen, die miteinander einen Winkel von 95 ± 3^0 bilden. Das verbindende O'-Atom sitzt in der Schnittlinie zwischen den beiden Ebenen. Die bestimmten geometr. Größen sind: $\angle ONO\ 134 \pm 5^0$; $r(N{=}O)\ 1{,}21 \pm 0{,}01$, $r(N{-}O)\ 1{,}46 \pm 0{,}02$, $r(O \cdots O)\ 2{,}24$, $r(O \cdots O')\ 2{,}23$, $r(N \cdots N)\ 2{,}15$, $r(N \cdots O)\ 2{,}76$, $r(O_{(1)} \cdots O_{(4)})\ 2{,}85$, $r(O_{(1)} \cdots O_{(3)})\ 3{,}62$ (Å). Die O-Atome der einen NO_2-Gruppe sind mit (1) u. (2), die der anderen mit (3) u. (4) numeriert. Der größere N—O-Abstand bei **II** im Vgl. zu **I** kann durch eine Verringerung der Elektronendichte in der Einfachbindung unter dem Einfl. der 2 stark elektronegativen NO_2-Gruppen gedeutet werden. U.-L. RAU. 182□

Über den Nachweis der Bindungsart in den Uranseleniden U_2Se_3, U_3Se_4 und USe. Parviz Khodadad. (C. R. hebd. Séances Acad. Sci. **253.** 1575—77. 9/10. 1961. Paris, Fac. de Pharm., Labor. de Chim. minér.) (Franz.) — Vgl. C. **1961.** 15690.

Aus den ausführlich beschriebenen Rkk. der Selenide U_2Se_3, U_3Se_4 u. USe mit $HgCl_2$ in wss. Lsg., sowohl unter Ausschluß als auch in Ggw. von Luft, schloß Vf., daß in diesen Uranseleniden zwischen U u. Se kovalente Bindungen bestehen.
H. FRIES. 182□

Über den Einfluß von Ionen auf die Struktur des Wassers. I. G. Michailow und Ju. P. Ssyrnikow. (Журнал Структурной Химии [J. Strukturchem.] **1.** 12—27. Mai/Juni 1960. Leningrad, Shdanow-Univ. u. Leningrad, Holztechn. Kirow Inst.) (Russ.)

Vff. entwickeln ein Modell über den Einfl. von Ionen auf die Struktur des nicht in der ersten Koordinationssphäre „gebundenen" Wassers. In der ersten Koordinationssphäre treten die Ionen mit den Wassermoll. in Wechselwrkg., die sich hauptsächlich auf die Translationsbewegung der letzteren auswirkt. Die übrigen Wassermoll. sind dem Einfl. des starken elektrostat. Feldes der Ionen unterworfen. Daraus resultiert eine Verschiebung des thermodynam. Gleichgew. zwischen der tetraedr. Koordination u. der dichtest gepackten Struktur des W. zugunsten letzterer. Somit ruft das Ionenfeld eine Vergrößerung der Mol.-Zahl in der Struktureinheit u. eine Erhöhung der Translationsbewegung hervor. Unter Verw. der entwickelten Formeln berechnen Vff. die Konz.-Abhängigkeit der Temp. des Dichtemaximums der entsprechenden Lsgg. für die Salzgruppen: 1. *NaCl*, *$NaNO_3$*, *NaJ*, *KCl*, *KBr*, *KJ*; 2. *LiCl*, *LiBr*, *LiJ* u. 3. *$ZnSO_4$*, *$CaSO_4$*, *$MgSO_4$*. Der theoret. Kurvenverlauf zeigt mit den für die einzelnen Salz-Lsgg. experimentell bestimmten Werten eine gute Übereinstimmung.
U.-L. RAU. 186□

Definition von s als Ordnungsgrad für die Nahordnung in der monoperiodischen Struktur einer binären Verbindung. M. T. Prat und R. Gay. (Bull. Soc. franç. Minéralog. Cristallogr. **83.** 221—24. Juli/Sept. 1960. Bordeaux, Labor. de Cristallographie de la Fac. des Sci.) (Franz.)

Für den vorausgesetzten Fall, daß eine bin. Verb. einen Kristall darstellt, dessen eine netzförmige Fläche monoperiod. Struktur zeigt, u. der als feste Lsg. beider Atomarten die Fähigkeit aufweist, bei Temp.-Erhöhung eine Nahordnung einzugehen, wird eine allg. geltende mathemat. Definition für den Ordnungsparameter s gegeben.

R. G. KAISER. 190□

Über Orientierungs- und Rotationsunordnung in Molekülkristallen. Isamu Nitta. (Z. Kristallogr., Kristallgeometrie, Kristallphysik, Kristallchem. **112.** 234—54. 9/10. 1959. Osaka, Univ., Dep. of Chem.) (Engl.)

An Hand der vorliegenden Literatur untersuchte Vf. krit. für Kristalle von pseudoeinatomigen, zweiatomigen, pseudozweiatomigen, tetraedr. u. oktaedr. Moll. die Strukturen mit gewisser Orientierungs- u. Rotationsunordnung der ersten Phase unterhalb des F. im Zusammenhang mit der Größe der Schmelzentropien. Auf Grund dieser Unterss. kommt Vf. zu dem Ergebnis, daß es einige kristallchem. Regelmäßigkeiten bzgl. der prädominanten Strukturtypen von kub.-flächenzentrierten u. kub.-innenzentrierten Anordnungen gibt. C. GOTTFRIED. 190

Die Verwendung des Rückstoßes des durch Zerfall gebildeten Edelgases zur Untersuchung einer Kristallstrukturänderung. Seishi Yajima, Sumio Ichiba, Yuichiro Kamemoto und Koreyuki Shiba. (Bull. chem. Soc. Japan **33.** 426—27. März 1960. Tokai, Ibaraki-Ken, Japan Atomic Energy Res. Inst., Div. of Chem.) (Engl.)

Das Prinzip der von den Vff. beschriebenen Meth. besteht darin, daß UO_2-Pulver mit der zu untersuchenden pulverförmigen Substanz gemischt wird u. das Gemisch mit therm. Neutronen bestrahlt wird. Wenn das Gew.-Verhältnis UO_2: Substanz 1:30 ist, dann werden infolge der Zerfallsrückstoßenergie ca. 90% der Zerfalls-Prodd. durch das feste Pulver eingefangen. Die eingefangenen Zerfalls-Prodd. sind Edelgase, die sich leicht wegen der relativ hohen Zerfallsausbeute von radioakt. *Xe* u. *Kr* nachweisen lassen. Zur Nachprüfung der Meth. wurden *γ-Haematit* u. *α-Haematit* mit UO_2-Pulver im Gew.-Verhältnis 30:1 gemischt u. mit einem gesamten Fluß von ca. $3{,}5 \cdot 10^{15}$ therm. Neutronen pro cm^3 bestrahlt. Nach Abkühlung wurde die Probe in ein Quarzschiffchen in einem Quarzrohr untergebracht u. die Röhre unter Zwischenschaltung eines P_2O_5-Trockenröhrchens mit einem γ-Strahlspektrometer verbunden. Unter Überleiten von He mit einer Strömungs-Geschw. von 70 cm^3/min wurde die Probe langsam erhitzt. Die Radioaktivität des aus dem Haematit mit dem He entweichenden Xe wurde mit dem γ-Strahlspektrometer gemessen. Trägt man die gemessene Radioaktivität gegen die Erhitzungs-Temp. graph. auf, dann tritt in der Kurve des γ-Haematits ein Maximum bei 680° auf, die mit der Umwandlung γ-Haematit → α-Haematit in Zusammenhang steht. Röntgenograph. wurde festgestellt, daß sich γ- in α-Haematit umwandelt, wenn er auf eine etwas höhere Temp. als die oben beobachtete erhitzt wird. Bei α-Haematit tritt kein Maximum auf, da die Strukturänderung irreversibel ist. C. GOTTFRIED. 190

Der Abbau von inneren Spannungen in synthetischen Spinellen durch Hohlkanalbildung. W. F. Eppler und H. Arnold. (Fortschr. Mineralog. **38.** 80—81. Mai 1960. Würzburg.) (Dt.)

Vff. berichten, daß Spinelle mit $Mg:Al_2O_3 = 1:2{,}50$ nach 116std. Wechseltempern bei 1000° nadelförmige Struktur zeigten, die sich in ihrem opt. Verh. wesentlich von der sich in diesem Temp.-Gebiet nach SAALFELD u. JAGODZINSKI (C. **1959.** 2721) ausbildenden Zwischenstruktur des $MgAl_{26}O_{40}$ unterscheiden. Während diese stark doppelbrechend ist, sind die Kanäle es nicht. An Hand von LAUE- u. WEISSENBERG-Aufnahmen wurde festgestellt, daß eine neue Struktur nicht vorliegt. Nur auf Grund des Spannungsabbaues traten charakterist. Verschiebungen in der Lage der Reflexe der Zwischenstruktur auf. Die Nadeln wurden daher als Hohlräume angesprochen, die durch Wanderung von Fehlstellen zu geeigneten Stellen im Kristall entstehen. C. GOTTFRIED. 190

Strukturumwandlungen bei der Dehydratation von Diaspor, Goethit und Delta-Eisen(III)-oxid. M. H. Francombe und H. O. Rooksby. (Clay Minerals Bull. **4.** 1—14. Aug. 1959. Wembley, England, General Electric Co. Ltd., Res. Labor.) (Engl.)

Röntgenograph. Unterss. der Strukturumwandlungen von Goethit u. Diaspor bei der Dehydratation lassen Überstrukturen mit einem hexagonal beschreibbaren Anionengitter erkennen. Das ferromagnet. „δ-Fe_2O_3" ist ein Oxidhydrat der Zus. FeOOH. Es geht bei 150° in Goethit über. Da ein Teil des W. an die Atmosphäre abgegeben wird, ist die Überführung nicht quantitativ. δ-FeOOH krist. hexagonal mit $a_0 = 2{,}45$, $c_0 = 4{,}53$ Å. D. (gemessen) 3,95, D. (berechnet) 4,32 g/cm^3. Z = 1. Ca. 80% der Fe-Ionen besetzen oktaedr. Plätze, der Rest tetraedrische. Die Kationenverteilung erklärt sowohl die Goethitumwandlung als auch die magnet. Eigenschaften. H. Moenke. 190□

Zusammenhang zwischen $\Delta S^{\neq}$ und $\Delta V^{\neq}$ bei einfachen aktivierten Prozessen in Festkörpern. A. W. Lawson. (Physics Chem. Solids **3.** 250—52. 1957. Chicago, Ill., Univ., Inst. for the Study of Metals.) (Engl.)

Die isotherme Arbeit $\Delta G^{\neq}$, die zur Bewegung eines Grammatoms diffundierender Atome von den Gleichgewichtsgitterplätzen reversibel zu den entsprechenden Lagen der Sattelkonfiguration in einem elementaren Diffusionsprozeß erforderlich ist, steht mit der entsprechenden Aktivierungsentropie $\Delta S^{\neq}$ u. dem Aktivierungs-Vol. $\Delta V^{\neq}$ in einem Zusammenhang. Vf. ermittelt die Beziehung $\Delta S^{\neq}/\Delta V^{\neq} \cong \alpha/\beta$, worin α der kub. Ausdehnungs-Koeff. u. β die isotherme Kompressibilität sind. Die Gültigkeit der Beziehung wird an folgenden aus der Literatur bekannten Beispielen überprüft: Beweglichkeit von *Ag* auf Leerstellen u. auf Zwischengitterplätzen in *AgBr*, Bldg. von Frenkel-Fehlstellen in AgBr, Gesamtdiffusions-Geschw. der Br^--Ionen in AgBr, Selbstdiffusion in *Na* u. in *weißem P.* G. Ruban. 190□

Die Diffusion in einer ferromagnetischen Legierung. James Stanley und Charles Wert. (J. appl. Physics **32.** 267—73. Febr. 1961. Urbana, Ill., Univ., Dep. of Mining and Meteorolog. Engng.) (Engl.)

An Fe-V-Legg. mit V-Geh. um 18% (13—21%) werden Diffusionsmessungen mit den radioaktiven Indikatoren ^{59}Fe u. ^{48}V u. mit Hilfe der inneren Reibung im Temp.-Gebiet um den Curie-Punkt bei 1096° K, nämlich zwischen 700° u. 1400° K, durchgeführt. Dabei machte sich der Curie-Punkt sehr deutlich in der Diffusion bemerkbar. Im ferromagnet. geordneten Zustand verläuft die Diffusion ca. 100 mal so langsam wie im paramagnet. Gebiet, wenn man die Diffusions-Temp.-Kurven auf die gleiche Temp. extrapolieren würde. Diese Diffusionsverzögerung im ferromagnet. Gebiet kommt zum Teil durch eine Vergrößerung der Aktivierungsenergie, zum Teil aber auch durch eine Verkleinerung von D_0 zustande. H. Fahlenbrach. 190□

Die Absolutstärke der „verbotenen" Reflexe von Diamant, Silicium und Germanium. M. Renninger. (Fortschr. Mineralog. **38.** 59. Mai 1960. Marburg/Lahn.) (Dt.)

Vf. bestimmte an (111)-Flächen von Si u. Ge das integrale Reflexionsvermögen der (222)-Interferenzen für CuK_α absolut. Die aus den Messungen folgenden Absolutwerte der (222)-Strukturfaktoren ergaben sich zu 1,7 Elektronen/Zelle für Si u. 1,2 Elektronen/Zelle für Ge. Auf die Gesamtelektronenzahlen pro Zelle bezogen, bedeuten diese Werte 2,5(%) bei Diamant, 1,5 bei Si u. 0,5 bei Ge; auf die Summe der Atomfaktoren in (222)-Richtung bezogen, 8 (%) für Diamant, $2{,}6_5$ für Si u. $0{,}8_5$ für Ge. Weitere „verbotene" Reflexe konnten innerhalb der Meßempfindlichkeit nicht beobachtet werden. C. Gottfried. 195

Die Kristallstruktur von $SbCl_5 \cdot PO(CH_3)_3$. Carl-Ivar Brändén und Ingvar Lindqvist. (Acta chem. scand. **15.** 167—74. 1961. Uppsala, Univ., Inst. of Chem.) (Engl.)

Die in Form nadelförmiger Kristalle mit der a-Achse als Nadelachse kristallisierende Verb. $SbCl_5 \cdot PO(CH_3)_3$ wurde nach der Vorschrift von Lindqvist u. Olovson (vgl. C. **1961.** 5362) dargestellt. Die Röntgenaufnahmen ergaben orthorhomb. Symmetrie u. die Zelldimensionen a = 16,66 ± 0,04; b = 8,205 ± 0,01; c = 8,865 ± 0,01 Å; Raumgruppe Pnma; Z = 4. Die Verb. ist mit dem von Lindqvist u. Brändén (vgl. C. **1961.** 8941) untersuchten *$SbCl_5 \cdot POCl_3$* isomorph. Die Strukturanalyse lieferte folgende Parameter: Sb: (x =) 0,1454; (y =) 0,2500; (z =) 0,0710; $Cl_{(1)}$: 0,2615; 0,2500; 0,9269; $Cl_{(2)}$: 0,0258; 0,2500; 0,2150; $Cl_{(3)}$: 0,2240; 0,2500; 0,2871; $Cl_{(6)}$: 0,1424; 0,9641; 0,0541; P: 0,0794; 0,2500; 0,7074; O: 0,0749; 0,2500; 0,8890; $C_{(1)}$: 0,4800; 0,2500; 0,8800; $C_{(2)}$: 0,1397; 0,0707; 0,6375. Die Atomabstände sind tabelliert. Sie werden mit den Abständen in *$PO(CH_3)_3$* u. in $SbCl_5 \cdot POCl_3$ verglichen. C. Gottfried. 195

Bestimmung der Lage des Wasserstoffs in LiOH durch Neutronenbeugung. Hans Dachs. (Z. Kristallogr., Kristallgeometrie, Kristallphysik, Kristallchem. **112.** 60—67. 9/10. 1959. Upton, N.Y., Brookhaven Nat. Labor.) (Dt.)

LiOH krist. in der Raumgruppe D_{4h}^7—P 4/n m m mit a = 3,55 (kX) u. c = 4,33; Z = 2. Li liegt in ± 1/4 1/4 0 u. O in ± 1/4 3/4 u mit u (röntgenograph. bestimmt) = 0,1951 ± 0,005 bzw. 0,1931 ± 0,0006. Die Neutronenbeugungs-Unterss. zur Best. des H-Parameters wurden an Einkristallplatten durchgeführt, die parallel [1 0 0] u. [1 1 0] lagen. Die Wellenlänge der Neutronen betrug 1,08 Å. Aus den Aufnahmen ergab sich für H der Parameter 0,4069 ± 0,0014 bzw. 0,4074 ± 0,0012. Mit diesem Wert beträgt der Abstand O—H 0,981 ± 0,008 Å. Auffallend ist die hohe Wärmebewegung von allen Atomen in der c-Richtung. Zur Erklärung kann man annehmen, daß die Abstände zwischen Atomen von in der c-Richtung aufeinanderfolgenden Schichten viel größer sind, als sie sich aus den üblichen Ionenradien berechnen, während die Abstände in den Schichten nahe den üblichen Abständen liegen. Es bleibt jedoch die Frage offen, ob hier der Temp.-Faktor wirklich nur Unordnung auf Grund der therm. Bewegung beschreibt, oder nicht auch andere Fehlordnungserscheinungen. C. GOTTFRIED. 195

Die Kristallstruktur von Lithiumphosphat, Li_3PO_4. J. Zemann. (Acta crystallogr. [Copenhagen] **13.** 863—67. 10/11. 1960. Göttingen, Univ., Miner.-Kristallograph. Inst.) (Dt.)

Durch Umkristallisieren von gefälltem Li_3PO_4 in geschmolzenem LiCl wurden Einkristalle hergestellt, deren WEISSENBERG- u. Präzessions-Aufnahmen eine orthorhomb. Elementarzelle mit a = 6,12 (Å); b = 10,53 u. c = 4,93 ergaben. Z = 4; Raumgruppe D_{2h}^{16}—P m n b. Die Struktur wurde durch PATTERSON-Projektionen, durch FOURIER- u. (F_o-F_c)-Synth. bestimmt. Atomparameter: 8 Li_1 (x =) 0,495; (y =) 0,162; (z =) 0,304; 4 Li_2 0,750; 0,422; 0,196; 4 P 0,250; 0,411$_5$; 0,308; 4 O_1 0,042; 0,342; 0,205; 4 O_2 0,250; 0,052; 0,295; 4 O_3 0,750; 0,090; 0,125. R'_{hko} = 0,05$_9$; R'_{okl} = 0,05$_6$ (Cu-Strahlung). Tabelle der Atomabstände u. Valenzwinkel. Im Li_3PO_4 sind die PO_4-Gruppen durch verzerrt tetraedr. koordiniertes Li miteinander verknüpft; allerdings besetzen die Li ausschließlich die Tetraederlücken. Die Strukturformel lautet also $^3_\infty Li_3^{(4)}PO_4$rh. Die Verb. stellt einen neuen Strukturtyp dar. B. M. KOEHLER. 195□

Elementarzellen und Raumgruppen der piezoelektrischen Kristalle von $KHC_4H_4O_6$, $NH_4HC_4H_4O_6$ und $C_6H_5CH(CH_3)NH_2 \cdot C_4H_6O_6$. S. K. Solina und A. D. Jerschowa. (Кристаллография [Kristallographie] **3.** 371—73. 1958. Moskau, Lomonossow-Univ.) (Russ.)

Nach LAUE-Aufnahmen, Schwingungsröntgenogrammen u. röntgengoniometr. Aufnahmen wurden folgende Kristalldaten erhalten: $KHC_4H_4O_6$, rhomb., a = 7,594 ± 0,006, b = 10,631 ± 0,003, c = 7,747 ± 0,002 kX; $D_{röntg.}$ 1,999; Z = 4; Raumgruppe D_2^4 — P 2_1 2_1 2_1; $NH_4HC_4H_4O_6$, rhomb., a = 7,644 ± 0,007, b = 11,061 ± 0,007, c = 7,832 ± 0,004; $D_{röntg.}$ 1,679; Z = 4; Raumgruppe D_2^4 — P 2_1 2_1 2_1; $C_6H_5CH(CH_3)NH_2 \cdot C_4H_6O_6$, monoklin, a = 6,3 ± 0,1, b = 14,2 ± 0,1, c = 8,3 ± 0,1; β = 119° 42′ ± 20′; $D_{pykn.}$ 1,42; $D_{röntg.}$ 1,39; Z = 2; C_2^2 — P_{21}. CH. WEISKE. 195□

Bildung, Struktur und Bindung von Ni–Co–Mn-Oxiden mit Spinellstruktur. Leonid V. Azároff. (Z. Kristallogr., Kristallgeometrie, Kristallphysik, Kristallchem. **112.** 33—43. 9/10. 1959. Chicago, Ill., Inst. of Technol., Technol. Center.) (Engl.)

Röntgenograph. u. mittels Neutronenbeugung wurden die folgenden Verbb. untersucht: $Mn(Ni_{1/2}Mn_{3/2})O_4$ (I), $Mn(NiMn)O_4$ (II), $Mn(Ni_{3/2}Mn_{1/2})O_4$ (III), $(Co_{1/2}Mn_{1/2})Mn_2O_4$ (IV), $CoMn_2O_4$ (V), $(Co_{3/4}Mn_{1/4})(Ni_{1/4}Mn_{7/4})O_4$ (VI), $(Co_{1/2}Mn_{1/2})(Ni_{1/2}Mn_{3/2})O_4$ (VII), $(Co_{1/2} \cdot Mn_{1/2})(NiMn)O_4$ (VIII) u. $Co(Ni_{1/2}Mn_{3/2})O_4$ (IX). Zur Darst. wurden Pulvergemische der entsprechenden Metallcarbonate auf 1000° erhitzt. Die nochmals gemahlenen Oxidgemische wurden 16 Std. auf 900° erhitzt, 3 Min. bei 1250° gesintert, 1 Std. bei 850° getempert u. an der Luft abgeschreckt. Pulveraufnahmen wurden von **VII** hergestellt, u. zwar nach dem 16std. Erhitzen auf 900°, nach dem Sintern bei 1250° u. nach dem nochmaligen Erhitzen auf 850°. Auf dem ersten Diagramm wurden neben den Interferenzen der kub. Spinellstruktur zusätzlich die Linien von NiO, CoO (?), Co_2O_3, γ-Mn_2O_3 u. Mn_3O_4 (?) gefunden, während auf dem Diagramm der dritten Probe nur die Interferenzen der Spinellstruktur auftraten. Da die Atomformfaktoren von Co, Ni u. Mn sehr ähnlich sind, lassen sich röntgenograph. die Lagen der Metallatome nicht festlegen. Es wurde vielmehr die Neutronenbeugung eingesetzt, weil die Neutronenstreufaktoren der 3 Metalle 0,28; 1,03 bzw. —0,37 sind. Es wurde gefunden, daß in allen Fällen die Ni-Atome die Oktaederplätze u. die Co-Atome die Tetraederplätze besetzen. Sind weniger als 25% der Oktaederplätze durch Ni-Atome besetzt, dann wird die Struktur tetragonal verzerrt, was bei **IV, V** u. **VI** der Fall ist. In Abwesenheit von Ni nimmt das c/a-Verhältnis der tetragonalen Struktur ab, wenn die Anzahl der Co-Atome, die die Tetraederplätze besetzen, zunimmt. Bezüglich der Bindungen wird ein Modell vorgeschlagen, nach dem Ni^{2+} u. im wesentlichen auch Co^{2+} u. Mn^{2+} Ionenbindung haben u. Mn^{3+} kovalente Bindung über dsp^2- u. d^2sp^3-Zustände eingeht; auch Co^{2+} kann über nicht besetzte dsp^2- u. sp^3-Zustände kovalente Bindung eingehen. Dieses Modell ist im Einklang mit der tetragonalen u. der kub. Symmetrie der Ni-haltigen Verbb. u. außerdem mit den Halbleiter-Eigg. der Oxide. C. GOTTFRIED. 195

Zu den Strukturen der Disilicide und Digermanide von Os, Ru und Mn. G. Weitz und E. Hellner. (Fortschr. Mineralog. **38.** 41. Mai 1960. Marburg.) (Dt.)

Röntgenograph. wurden $OsGe_2$ (I), $RuGe_2$ (II), $RuSi_2$ (III), $OsSi_2$ (IV) u. $MnSi_2$ (V) untersucht. I krist. monoklin mit a = 8,99$_5$ (Å); b = 3,09$_5$; c = 7,68$_5$; β = 119° 10′; Raumgruppe C_{2h}^3 — C 2/m; Z = 4. Die Struktur wurde mit Hilfe der Superpositions-Meth. von PATTERSON-Diagrammen aufgeklärt. Danach besetzen die Os- u. Ge-Atome die Punktlage 4(i). Die Struktur besteht aus leichtgewinkelten pseudohexagonalen

Netzen parallel der a- u. b-Achse, wobei die Netze durch Ge—Ge- u. Os—Ge-Bindungen miteinander verbunden sind. Es handelt sich bei der Struktur um einen eigenen Strukturtyp. **II**, **III** u. **IV** sind isotyp u. kristallisieren als 8-Schicht-Typ in einer Raumgruppe tetragonaler Symmetrie. **V**, das ein 16-Schicht-Typ ist, zeigt eine enge Verwandtschaft zu **II**. Allen untersuchten Strukturen ist gemeinsam, daß sie keine kovalenten Si- bzw. Ge-Baugruppen zeigen, sondern daß die Si- bzw. Ge-Atome mit den Übergangselementen gemeinsame Bauverbände bilden. C. Gottfried. 195

Über die Kristallstruktur von Platin-cis-äthylenammindibromid. G. B. Boki und G. A. Kukina. (Доклады Академии Наук СССР [Ber. Akad. Wiss. UdSSR] **135.** 840—42. 1/12. 1960. Moskau, Inst. für allg. u. anorg. Chem. der Akad. der Wiss. der UdSSR.) (Russ.)

Bei röntgenograph. Unterss. an $PtC_2H_4NH_3Br_2$ wurden die Atomabstände zwischen $Pt-Br_1$ u. $Pt-Br_2$ zu 2,52 (Å) bzw. 2,43 bestimmt. Die Gitterparameter der tetragonalen Zelle sind: a = 10,51 + 0,02 u. c = 24,80 + 0,05; Z = 16; Raumgruppe C_{4h}^6 — $I\,4_1/a$; n_g = 1,88, n_m = 1,770. W. D. Heussner. 195□

Scheinsymmetrie (Templeton-Effekt) in Lawsonit. A. Pabst. (Z. Kristallogr., Kristallgeometrie, Kristallphysik, Kristallchem. **112.** 53—59. 9/10. 1959. Berkeley, Calif., Univ., Dep. of Geol.) (Engl.)

Nach Unterss. von anderen Seiten entsprechen die Auslöschungen des Lawsonits, $CaAl_2(Si_2O_7)(OH)_2 \cdot H_2O$, der Raumgruppe C c m m, während die wahre Raumgruppe der Struktur $C\,2\,2\,2_1$ ist. Vf. zeigt rechner. u. graph., daß diese Scheinsymmetrie (der Templeton-Effekt) auf den besonderen Werten der y-Parameter aller Atome in allg. Lagen beruht. C. Gottfried. 195

Struktur des Prehnits. S. Malčić und A. Preisinger. (Fortschr. Mineralog. **38.** 45. Mai 1960. Wien.) (Dt.)

$Ca_2Al_2Si_3O_{10}(OH)_2$ krist. orthorhomb.; aus Weissenberg-Aufnahmen ergaben sich die Zelldimensionen a = 4,63 (Å); b = 5,49; c = 18,48. Raumgruppe ist C_{2v}^4 — P 2 c m; Z = 2; D. 2,91 g/cm³. Patterson-Fourier-Synth. ergaben eine Struktur, der die Strukturformel $^2_\infty Ca_2^{[7]}Al^{[6]}(OH)_2[Al^{[4]}Si_3^{[4]}O_{10}]r$ entspricht. C. Gottfried. 195

Über die Anisotropie der thermischen Zersetzungsgeschwindigkeit fester Stoffe. 1. Mitt. **Die Anisotropie der Dehydratationsgeschwindigkeit von Kaliumaluminiumalaunen.** W. W. Boldyrew und Ju. A. Sacharow. (Журнал Физической Химии [J. physik. Chem.] **34.** 446—51. Febr. 1960. Tomsk, Univ.) (Russ.; Auszug: Engl.)

Es wurde die Geschw. der Dehydratation der kristallogr. Flächen (1 1 1), (1 0 0) u. (1 1 0) von Kaliumaluminiumalaun-Kristallen bei 50, 60 u. 70° gemessen. Die Dehydratations-Geschw. für die verschiedenen Flächen war deutlich unterschiedlich, u. zwar in der Reihenfolge (1 1 1) > (1 0 0) > (1 1 0). Diese Tatsache wird mit der unterschiedlichen Verteilungsdichte der H_2O-Moll. auf den verschiedenen Kristallflächen erklärt. E. Kordes. 196□

Die Gleichgewichtsformen metallischer Oberflächen in schwach oxydierender Umgebung. J. Bénard. (Fortschr. Mineralog. **38.** 22—30. Mai 1960. Paris.) (Frans)

Zusammenfassender Vortrag an Hand der vorliegenden Literatur. C. Gottfried. 196

Übergang von parabolischer zu linearer Kinetik beim Zundern von Metallen. E. W. Haycock. (J. electrochem. Soc. **106.** 771—75. Sept. 1959. Emeryville, Calif., Shell Dev. Co.) (Engl.)

Vf. leitet eine allg. Gleichung für eine Zunderrandschicht ab, die durch einen Diffusionsprozeß gebildet u. gleichzeitig mit konst. Geschw. durch eine Sekundär-Rk. abgebaut wird. Sie wird am Beispiel der Bldg. von sulfid. Fe-Zunder, der durch Behandlung von Fe mit H_2S entsteht, erprobt u. auf die Oxydation von Al u. Hf in Bereichen angewendet, bei denen bisher 2—3 Geschw.-Gleichungen nötig waren, um die experimentellen Daten erklären zu können. Die Gültigkeit der aufgefundenen Gleichung zeigt die Bedeutung von Sekundär-Rkk., wie z. B. der Zunderrekristallisation, bei der Best. der Gesamt-Geschw. von Hochtemp.-Korrosions-Reaktionen. G. Talsky. 196□

Das Ätzen von Substrukturen in Beryllium. J. Sawkill und J. E. Meredith. (Philos. Mag. [8] **5.** 1195—96. Nov. 1960. 2 Tafeln. Hinxton Hall, Cambridge, Tube Investments Res. Labor.) (Engl.)

Beim Elektropolieren von reinem handelsüblichem Be in dem „Disa Electropol"-App. u. -Elektrolyt beobachteten Vff., daß das Be nicht nur poliert, sondern auch angeätzt wurde, wodurch Korn- u. Subkorngrenzen sichtbar wurden. Auch der A2-Elektrolyt, der Perchlorsäure, A. u. Butylcellosolve enthält, konnte als Ätzmittel an Oberflächen verwendet werden, die vorher elektrolyt. oder mechan. poliert worden waren. Eine frische Lsg. wirkte jedoch nicht als Ätzmittel; sie wirkte erst dann ätzend, wenn das Be zuvor einige Std. mit ihr elektrolyt. poliert worden war. Es wurde festgestellt, daß dieses Ätzmittel nicht die Oberfläche anätzte, sondern einen Nd. an den Korngrenzen erzeugte. Die Unters. der geätzten Oberflächen auf röntgenograph. Wege u. durch Elektronenbeugung ergab, daß der Nd. aus Cu bestand. Die Wrkg. des Ätzmittels besteht also darin, die Korngrenzen u. andere Plätze mit Cu zu bedecken; es wird daher angenommen, daß die frische Lsg. nicht ätzend wirkte, weil sie kein Cu enthielt, daß sie dies aber bei längerem elektrolyt. Polieren aus dem Cu-haltigem Be herauslöste. Bestätigt wurde diese Vermutung dadurch, daß eine frische A 2-Lsg., der einige Kriställchen $CuSO_4$ zugesetzt worden waren, sofort ätzend wirkt. Schließlich wurde noch gefunden, daß auch eine sehr verd. wss. $CuSO_4$-Lsg. als Ätzmittel verwendet werden kann. Bei Verw. von $AgNO_3$-Lsg. bildete sich ein Nd. von Ag, bei Verw. einer $AuCl_3$-Lsg. ein Nd. von Au an den Korngrenzen. C. GOTTFRIED. 197

Über sehr dünne Goldeinkristall-Plättchen. Barbara Brüche. (Kolloid-Z. **170.** 97—104. Juni 1960. Mosbach, Phys. Labor.) (Dt.)

Die Wachstumsbedingungen dünner Goldeinkristallplättchen aus Goldchlorid-Lsg. wurden elektronenmkr. untersucht. Der Einfl. der Konz. des Ausgangsstoffes u. des Fällungsmittels, des pH-Wertes sowie der Rk.-Temp. wurde für die Bldg. möglichst großer Kristalle bei möglichst kleiner Ausdehnung in der [1 1 1]-Richtung untersucht u. in Diagrammen festgelegt. Bei langsamem, ungestörtem Wachstum konnten bei Red. von $AuCl_3$ mit Salicylsäure Kristalle bis ca. 15 μ bzw. 60 μ Größe u. einer Dicke von ca. 100 Å, bei der Red. mit Formaldehyd bis ca. 100 μ Größe u. einer Dicke von ca. 150 Å erzielt werden. Es wurde festgelegt, unter welchen Bedingungen die sog. Wendelkristalle auftreten. Durch Zugabe neuer Nährlsg. zu wachsenden Kristallen ist reguläres Weiterwachsen oder Anwachsen neuer Kristalle auf den Kanten der Wirtkristalle möglich. H. FRIES. 197□

Die Kristallstruktur von Ti_2Ni. G. A. Yurko, J. W. Barton und J. Gordon Parr. (Acta crystallogr. [Copenhagen] **12.** 909—11. 10/11. 1959. Edmonton, Alberta, Univ., Dep. of Miner. and Metallurg.) (Engl.)

Aus Röntgenpulveraufnahmen von Ti_2Ni folgt eine kub.-flächenzentrierte Elementarzelle mit $a = 11{,}278 \pm 0{,}001$ Å bei 21°; $D._{exp.}$ $5{,}723 \pm 0{,}001$ g/cm³; $Z = 32$; Raumgruppe $O_h^7 - Fd3m$. Die 64 Ti-Atome sind in den Punktlagen 48(f) u. 16(c), 32 Ni in 32(e); durch „trial and error" ergeben sich die Atomparameter $X_{Ni} = 0{,}215 \pm 0{,}001$ u. $X_{Ti} = 0{,}810 \pm 0{,}002$. G. RUBAN. 197□

Beobachtungen über die Versetzungs-Struktur von Unterkorngrenzen im Eisen. F. W. C. Boswell. (Proc. Amer. Soc. Testing Mater. **57.** 521—26. 1957. Ottawa, Ontario, Dep. of Mines and Techn. Surv., Mines Branch, Physic. and Metallurgy Div.) (Engl.)

An einem im Vakuum erschmolzenen Fe mit C <0,01 (Gew.-%), O 0,004, Ni 0,03, N 0,001, Si 0,007, H <0,005, S <0,003, andere Verunreinigungen 0,001, wurden aderförmig ausgebildete Korngrenzen mit Winkeln bis zu 12′ in Abhängigkeit von ihrer Versetzungsstruktur durch eine besondere Ätztechnik in Verbindung mit einer elektronenmkr. Unters. nachgewiesen. Die angewandte Technik erweist sich als wertvoll bei der Unters. von Unterkorngrenzen-Bldg. in Fe, bei der Unters. von Phasenumwandlungen an den Unterkorngrenzen in Abhängigkeit von der Versetzungsstruktur der Unterkorngrenze u. der Keim-Bldg. bei Oberflächen-Rkk. an den Versetzungsstellen der Fe-Oberfläche. H. HOCHSTEIN. 197□

Über den Nachweis der dendritischen Seigerung in rostfreien, austenitischen Stählen. Mikroanalytische Untersuchung des Ferrits als Funktion seiner Lage. René Castro. (C. R. hebd. Séances Acad. Sci. **253.** 1690—92. 16/10. 1961.) (Franz.)

Eine dendrit. Erstarrungsstruktur rostfreier, austenit. Stähle kann mkr. durch Ätzen mit siedendem, 65%ig. HNO_3 nachgewiesen werden. Mkr. Aufnahmen der Oberfläche eines geschmiedeten Stahls mit 18,6 (%) Cr, 1,72 Mn, 11,8 Ni, 0,42 Si, 0,49 Ti u. 0,125 C zeigen nach dem Ätzen dunkel gefärbte Blöckchen von *δ-Ferrit* (I) in einer helleren *Austenit*-Matrix. Aus der Best. der Zus. mit der Elektronenmikrosonde folgt, daß in I bevorzugt Cr u. Si angereichert u. Ni u. Mn abgereichert sind. Die Verteilung von Ti zwischen den Phasen ist weitgehend gleichmäßig, da es als Carbid gebunden ist. Bes. die Ni-Konz. zeigt an der Phasengrenze einen starken Sprung. I bleibt demnach bei einer Abkühlung bis Raum-Temp. erhalten. HERBERT MÜLLER. 197□

Zugverformung von Aluminiumeinkristallen bei tiefen Temperaturen. W. F. Hosford jun., R. L. Fleischer und W. A. Backofen. (Acta metallurg. [New York] **8.** 187—99. März 1960. Cambridge, Mass., Massachusetts Inst. of Technol., Metals Proc. Labor., Dep. of Metallurgy.) (Engl.)

An verschieden orientierten Al-Einkristallen wurden bei Temp. zwischen 273 u. 4,2°K Zug-Verss. durchgeführt. Bei den Verfestigungskurven ergaben sich keine Anzeichen eines Bereiches II mit konst. Anstieg. Der Verfestigungsanstieg durchlief ein Maximum u. fiel mit zunehmender Spannung kontinuierlich ab. Bei 273°K verformten sich [0 0 1]-Kristalle nach anfänglich starker Verfestigung durch die Tätigkeit zweier zueinander konjugierter Gleitsysteme. Durch Gitterdrehungen führen die zahlreichen Einschnürungen erst nach großen Verformungen zum Bruch. Durch die Bldg. von LOMER-COTTRELL-Versetzungen entsteht eine größere Verfestigung. Es wird vermutet, daß die Gleitlinien bei tieferen Temp. den Spuren von [1 1 0]-Ebenen folgen, was als feine Mischung von Quergleitung auf zwei [1 1 1]-Ebenen erklärt wird. In den [1 1 1]-Kristallen wurde durch eine nahezu gleich starke Tätigkeit der drei begünstigten Gleitrichtungen bei allen Temp. Gitterdrehungen verhindert u. ein starker Verfestigungsanstieg erreicht. J. UHLMANN. 200 □

Aus festem Metall gewachsene faserige Kristalle. George Sines. (J. physic. Soc. Japan **15.** 1199—1210. Juli 1960. Los Angeles, Calif., Univ.) (Engl.)

Vf. zeigt zunächst auf theoret. Wege, daß eine Energiequelle für spontanes Whiskerwachstum die elast. Verformungsenergie ist, die von der Anisotropie der Wärmeausdehnung der Metalle herrührt. Vf. gelang es, Whiskers von *Au, Ag, Bi, Pb, Sn, In* u. *In-Pb*-Legg. mit 84 (Gew.-%) In u. mit 64 Pb herzustellen. Von einer Anzahl von Sn-Whiskers wurden die kristallograph. Orientierungen bestimmt u. die Streckgrenzen gemessen; diese waren niedriger, als sie sich aus Biegeverss. errechnen. Für eine In-Probe wurde im Biegevers. die hohe elast. Verformung von 5% beobachtet. C. GOTTFRIED. 200

Änderung des Festigkeitsmoduls von Messingdrähten durch Kaltbearbeitung und anschließendes Anlassen. Jun Kuroyanagi. (J. physic. Soc. Japan **15.** 1386—95. Aug. 1960. Yamagata Univ., Fac. of Liberal Arts and Sci., Dep. of Phys.) (Engl.)

Vf. führte Messungen der Änderung des Festigkeitsmoduls von Messingdrähten mit 10,14; 30,15 u. 40,24% Zn sowie von handelsüblichem Messing mit 32,66% Zn bei der Kaltbearbeitung u. dem nachfolgenden Anlassen durch. Die Ergebnisse wurden mit den an reinem Cu erhaltenen Ergebnissen verglichen. Es wurde zunächst gefunden, daß der Festigkeitsmodul der Messingdrähte quasi-linear mit steigendem Zn-Geh. abnimmt. Ebenso nimmt der Modul der Messingdrähte mit zunehmendem Grad der Kaltbearbeitung ab; die relative Abnahme des Moduls, verglichen mit der Abnahme eines auf gleiche Weise kalt bearbeiteten reinen Cu-Drahtes, ist jedoch je nach dem Zn-Geh. verschieden von der des Cu. Ferner wurde festgestellt, daß die Änderungen in dem Temp.-Koeff. des Festigkeitsmoduls je nach der Meth. (Walzen oder Torsion) u. dem Grad der Kaltbearbeitung je nach dem Zn-Geh. charakterist. Werte haben. C. GOTTFRIED. 200

Dickenabhängigkeit der Spannung von im Vakuum aufgedampften Silberfilmen. Koreo Kinosita und Hideki Kondo. (J. physic. Soc. Japan **15.** 1339. Juli 1960. Tokyo, Gakushuin Univ., Dep. of Phys. and Chem.) (Engl.)

Vff. analysierten die von KINOSITA u. Mitarbeitern (C. **1961.** 9711) an 30—2500 Å dicken Ag-Filmen erhaltenen Meßergebnisse u. fanden, daß zwischen der Größe der Spannung σ u. der Filmdicke d die Beziehung $\sigma \cdot d$ = konst. besteht. Die l. c. angegebene Kurve läßt sich wiedergeben durch $\sigma \cdot d = 177 \cdot 10^9$ dyn·Å/cm². Eine versuchsweise Erklärung kann unter den folgenden Annahmen gegeben werden: Die Spannung in dem Film ist in einer sehr dünnen Oberflächenschicht lokalisiert u. die Dicke dieser Oberflächenschicht d_0, die von der Größenordnung von 10 Å sein muß, ist konst. ohne Rücksicht auf die Dicke d des ganzen Films, u. schließlich ist die Spannung σ_0 in dieser Schicht, ebenfalls ohne Rücksicht auf d, konstant. Eine getrennte Best. von σ_0 u. d_0 ist nicht möglich. Die mittlere Spannung in dem Film ist $\sigma = \sigma_0 d_0/d$. C. GOTTFRIED. 200

Graphitierungsspannung in polykristallinem Kohlenstoff als Ursprung von Versetzungen. Takuro Tsuzuku. (J. physic. Soc. Japan **15.** 1373—79. Aug. 1960. Tokyo, Nihon Univ. Kanda-Surugadai, Coll. of Sci. and Engng.) (Engl.)

Vf. führt zunächst aus, daß, wenn ein polykristalliner C zwecks Graphitierung erhitzt wird, eine hohe therm. Spannung infolge der Interferenz der extrem anisotropen Ausdehnung jedes Kristallits erzeugt wird. Es ist nun zu erwarten, daß eine Spannung dieser Art die Wiederordnung der Kristallite von der sog. turbostrat. Struktur zu dem dreidimensionalen Graphitgitter direkt oder indirekt fördert; diese Spannung wird daher „Graphitierungsspannung" genannt. Vf. führte nun an Hand von 2 Modellen, u. zwar an kugelförmigen u. zylindr. Polykristallen, in denen die C-Kristallite mit ihren Basisebenen parallel zur äußeren Oberfläche angeordnet sind, eine Spannungsanalyse durch. Diese beiden Modelle entsprechen einerseits der Struktur von pyrolyt. C-Teilchen u. andererseits der von faserigem weichem Koks. Die numer. Auswertung der Analyse führte zu dem Ergebnis, daß in beiden Fällen durch Erhitzen auf 2500° ca. $3 \cdot 10^{10}$ dyn/cm² Zug in der a-Richtung u. ca. $0{,}9 \cdot 10^{10}$ dyn/cm² Druck in der c-Richtung erzeugt wird, was ausreichend ist, um das Kristallgitter zu biegen, u. was seinerseits wieder zur Erzeugung von Versetzungen führen dürfte. Aus den entsprechenden Verformungskurven wurde das Kriterium für die Spannungsrelaxation durch diese Versetzungen in Verb. mit der Kristallitgröße bestimmt; dies ergibt ein Maß zur Unterscheidung von sog. weichen u. harten Kohlenstoffen. C. GOTTFRIED. 200

Die Bildung von Sprüngen im Eis während des Kriechens. L. W. Gold. (Canad. J. Physics **38.** 1137—48. Sept. 1960. Ottawa, Nat. Res. Council, Div. of Building Res., Snow and Ice Sect.) (Engl.)

Vf. untersuchte bei $-10 \pm 0{,}5^0$ die Bldg. von Sprüngen im Eis während des Kriechens unter konst. Druckbelastung. Das Eis hatte mit Bezug auf die Korngrenzen hexagonale Symmetrie, u. der Druck erfolgte senkrecht zu der langen Achse der Körner. Zur Messung der Bldg. von Sprüngen in dem Eis während des Kriechens war auf die eine Seite der Eisprobe ein piezoelektr. Kristall aufgefroren. Die von dem Kristall ausgehende Leistung wurde verstärkt u. registriert. Wenn eine Störung in dem Eis auftrat, wurde eine Stoßwelle erzeugt u. dies verursachte eine Abweichung der registrierenden Feder. Es wurden 2 Stufen von Sprung-Bldg. beobachtet. Die erste trat während der vorübergehenden Kriechperiode auf, die Ebene dieser Sprünge lag im allg. parallel zu den Korngrenzen u. zur Richtung der Druckbelastung. Die Geschw., mit der sich diese Sprünge bildeten, nahm sehr deutlich ab, wenn sich die Kriech-Geschw. einem konst. Wert näherte. Oberhalb einer gewissen Druckspannung nahm die Kriech-Geschw. mit der Zeit kontinuierlich zu. Unter dieser Bedingung wurde die zweite Stufe der Sprung-Bldg. beobachtet. Diese Sprünge zeigten eine unregelmäßige Richtung u. traten in Ebenen auf, die einen Winkel von 45^0 mit der angelegten Druckspannung bildeten. C. GOTTFRIED. 200

Einige Einflüsse der Schwingung auf die innere Reibung von Natriumchlorid. R. W. Whitworth. (Philos. Mag. [8] **5.** 425—40. 1 Tafel. Mai 1960. Birmingham, Univ., Dep. of Phys. Metallurgy.) (Engl.)

Die von dem Vf. durchgeführten Verss. wurden an Spaltblättchen eines großen Einkristalls durchgeführt, der nach der Meth. von KYROPOULOS durch Ziehen aus der Schmelze erhalten worden war. Die Probe hatte (100)-Flächen u. die Abmessungen $0{,}5 \times 0{,}5 \times 2{,}52$ cm. Der Kristall wurde durch Druck entlang der langen Achse verformt. Die innere Reibung der bei 650^0 angelassenen u. langsam abgekühlten Probe war bei niedrigen Amplituden 10^{-5} u. stieg auf etwa 10^{-4} bei einer Verformungsamplitude $\varepsilon = 4 \cdot 10^{-5}$. Es wurde bei Zimmer-Temp. die innere Reibung dieser NaCl-Einkristalle, die bei einer Frequenz von 90 kHz schwangen, bei Verformungsamplituden bis zu $2{,}7 \cdot 10^{-4}$ gemessen. Die Dämpfung der plast. verformten Kristalle nahm mit steigender Verformungsamplitude zu; sie wird der Bewegung der durch die Verformung eingeführten Versetzungen zugeschrieben. Durch die Schwingung der Proben bei hohen Amplituden wurde die innere Reibung auf drei verschiedene Arten geändert: 1. wurden verformte Proben bei $100-200^0$ angelassen, dann wurde die innere Reibung herabgesetzt; nachfolgende Schwingung bei hohen Amplituden bewirkte, daß die Dämpfung wieder den Wert erreichte, den sie vor dem Anlassen hatte; 2. wurden leicht verformte Kristalle bei sehr hohen Amplituden zum Schwingen angeregt, dann nahm die Dämpfung ab; der später bei niedrigeren Amplituden gefundene Wert war niedriger als der, der vor dieser Schwingung bestimmt worden war; 3. bei den höchsten erreichbaren Amplituden wurden neue Versetzungen eingeführt, die durch Anätzen nachgewiesen werden konnten. Mit dieser Einführung der Versetzungen ist eine Zunahme in der Dämpfung verbunden. C. GOTTFRIED. 200

Einige Beobachtungen über plastische Verformung und Gleitlinien von Natriumchloridwhiskers. Kan-Ichi Kamiyoshi und Tsutomu Yamakami. (J. physic. Soc. Japan **15.** 1347. Juli 1960. Sendai, Tohoku Univ., Res. Inst. for Sci. Measurements.) (Engl.)

Durch Zug-Verss. an NaCl-Whiskers, die nach der Meth. von AMELINCKX (vgl. C. **1959.** 4387) dargestellt worden waren, bestimmten Vff. die Beziehung zwischen Zugfestigkeit u. Querschnitt. Obgleich die experimentellen Werte von Whisker zu Whisker beträchtlich verschieden waren, ergab sich, daß die Zugfestigkeit sehr schnell zunimmt, wenn der Querschnitt unter $1 \cdot 10^{-3}\,mm^2$ abnimmt. Im Gegensatz hierzu nimmt die plast. Verformung zuerst mit abnehmendem Querschnitt zu u. dann scharf bis auf Null ab, wenn der Querschnitt weiter kleiner wird. Die Eigg. der NaCl-Whiskers kann man in 3 Gruppen einteilen: Bei Whiskers sehr kleiner Größe hohe Streckgrenze, aber spröder Bruch; bei Whiskers mittlerer Größe geringe Streckgrenze, aber plast. Verformung u. bei großen Whiskers niedrige Streckgrenze u. kleine plast. Verformung. Durch plast. Verformung erzeugte Gleitlinien konnten mkr. u. elektronenmkr. beobachtet werden. Das Gleiten erfolgt gewöhnlich auf den (110)-Gleitebenensystemen. Die Gleitlinien sind im allg. gerade u. parallel; in einigen Fällen sind sie auch wellig u. zeigen Verzweigungen.

C. GOTTFRIED. 200

Festigkeit von Glasfasern. D. G. Holloway. (Philos. Mag. [8] **4.** 1101—06. Okt. 1959. North Staffordshire, Univ. Coll., Phys. Dep.) (Engl.) — Vgl. C. **1961.** 10709.

Die schlechtere Bruchfestigkeit von bei relativ tiefen Temp. aus Stäben gezogenen Glasfasern im Vgl. zu Glasfasern, die aus geschmolzenem Glas bei sehr hohen Temp. hergestellt wurden, wird auf die in den Glasoberflächen beobachteten Fehlstellen (flaws) zurückgeführt. Die Ursache hierfür u. Wege zur Erzielung besserer Bruchfestigkeitswerte werden erörtert.

W. SCHÄFF. 200□

Leslie Ernest Sutton, Chemische Bindung und Molekülstruktur. Berlin, Göttingen, Heidelberg: Springer. 1961. (VII + 122 S. m. 77 Abb.) 8° = Anorganische und allgemeine Chemie in Einzeldarstellungen. Bd. 3. DM 19,80.

A₇. Gleichgewichte. Kinetik

Die Natur der Cadmiumionen in Hydroxid- und Carbonatlösungen. Phyllis E. Lake und J. M. Goodings. (Canad. J. Chem. **36.** 1089—96. Juli 1958. Toronto, Ontario, Univ.) (Engl.)

Die Konz. von Cd^{2+} in KOH (1—13 n), K_2CO_3 (1—10 n) u. in Mischungen verschiedener Zus. (Gesamt-Konz. 7 n) im Gleichgewicht mit festem CdO, $Cd(OH)_2$ bzw. $CdCO_3$ wurde bei 0, 25 u. 50° gemessen. Die KOH- bzw. K_2CO_3-Lsgg. wurden durch Schütteln mit CdO oder $Cd(NO_3)_2 \cdot 4\,H_2O$ gesättigt. Letzteres wird als Bodenkörper schnell in $Cd(OH)_2$ bzw. $CdCO_3$ oder in eine Mischung beider umgewandelt, CdO wandelt sich nur langsam um. Die Cd^{2+}-Konz. nimmt sowohl in den KOH- als auch in den K_2CO_3-Lsgg. mit steigender Alkali-Konz. u. steigender Temp. zu. In den KOH/K_2CO_3-Lsgg. erreicht sie nach anfänglich relativ hohem Wert bei einer Zus. 1 n KOH/6 n K_2CO_3 ein Minimum u. steigt mit zunehmender KOH-Konz. langsam wieder auf etwa ihren ursprünglichen Wert an. Die Cd^{2+}-Konz. in den Lsgg. wurde polarograph. bestimmt. In den KOH-Lsgg. liegt Cd als $Cd(OH)_4^{2-}$, in den K_2CO_3-Lsgg. als $Cd(CO_3)_3^{4-}$ vor. Die Dissoziations-Konst. dieser Komplexe haben die Werte $2 \cdot 10^{-10}$ bzw. 6.10^{-7}.

W. BETCKE. 224□

Über die Hydrolyse von Eisen(III)-chlorid beim Sieden. Léone Walter Lévy und Eugène Quéméneur. (C.R. hebd. Séances Acad. Sci. **253.** 1562—64. 9/10. 1961.) (Franz.)

Vff. untersuchten die Hydrolyse wss. $FeCl_3$-Lsgg. verschiedener Konz. unterhalb 2 Mol pro 1000 g Lsg. beim Kp. der Lösung. Die Lsgg. wurden in einem mit Rückflußkühler u. Rührer versehenen Kolben zum Sieden erhitzt u. nach der Rest-Meth. die Zus. der festen u. fl. Phasen bestimmt. Außerdem wurden die Ndd. durch Waschen mit A. von den Mutterlaugen befreit u. röntgenograph. untersucht. Es wurde festgestellt, daß bei Konzz. 2—0,03 Mol $FeCl_3$ pro 1000 g Lsg. sich als feste Phase ein bas. Salz der Formel $Fe_2Cl_6 \cdot 25\,FeOOH \cdot n\,H_2O$ (n = 5—8) bildete. Unterhalb einer Konz. 0,03 werden die Mengen der entstehenden festen Phase derart gering, daß sie nach obiger Analysen-Meth. nicht mehr erfaßt werden konnten. Wurden die Lsgg. länger als 1 Std. zum Sieden erhitzt, so wandelte sich obiges Salz bei $FeCl_3$-Geh. zwischen 0,12 u. 1,72 ganz langsam in das Endprod. der Hydrolyse, Fe_2O_3, um.

H. FRIES. 224□

Trennung der Rhodanide von Eisen, Kobalt und Nickel durch Extraktion mit Furfurol. Elena Spaccamela Marchetti und Maria Teresa Cereti Mazza. (Chim. e Ind. [Milano] **43.** 133—36. Febr. 1961. Torino, Politecn., Ist di Chim. ind.) (Ital.)

Vff. untersuchen die Trennung von Fe, Co u. Ni durch Extraktion der Thiocyanatkomplexe mit Furfurol. Die CRAIGschen Verteilungs-Koeff. werden durch Variieren der Konz. des Metalls (Me) u. des Überschusses von KCNS ermittelt. Auch mit niedrigen Konz. werden für Fe u. Co hohe Werte für die Verteilungs-Konst. (bes. von Fe) erhalten, während die Werte für Ni niedriger sind. Die Konst. sind unabhängig vom pH der Lsg. (zwischen pH 4 u. 1) u. bei gleichem Mol-Verhältnis SCN^-/Me werden mit NH_4SCN dieselben Werte erreicht. Diese Tatsache scheint eine leichte Trennung des Ni vom Fe u. Co zu ermöglichen, während Fe u. Co voneinander schwieriger zu trennen sind. Verteilungs- u. Extraktions-Verss. im Gegenstrom konnten diese Annahme bestätigen. Fe u. Co können durch Variieren des KSCN-Überschusses oder der Konz. der 2 Metalle getrennt werden.

G. PLATZER. 224□

Zusammensetzungs-Eigenschafts-Diagramme als Funktion der chemischen Reaktionsstufen in binären flüssigen Systemen. 1. Mitt. **Viscositätsdiagramme.** Ju. Ja. Fialkow. (Журнал Общей Химии [J. allg. Chem.] **30** (**92**). Nr. 12. 3860—65. Dez. 1960. Kiew, Polytechn. Inst.) (Russ.)

In bin. fl. Syst. mit einem allg. Bestandteil (X-A, X–B, X–C usw.) besteht ein direkter Einfl. der chem. Rk.-Stufe auf das Viscositätsdiagramm. Die qual. Veränderung der chem. Rk.-Stufe drückt sich direkt in einer Änderung des relativen Maximums (Verhältnis von Viscositätsmaximum zur Viscosität der veränderlichen Komponente) aus. Vermutlich besteht auch ein einfacher quant. Zusammenhang zwischen der chem. Rk.-Stufe u. dem relativen Maximum. Betrachtung des Syst. Essigsäure–Säure, wie Perchlorsäure, Schwefelsäure usw., Perchlorsäure-Säure usw. Die Angaben entstammen der Literatur. (26 Literaturzitate). W. BÜTTNER. 225□

Über die Rolle der chemischen und Kristallisationsprozesse bei reversiblen topochemischen Reaktionen. M. M. Pawljutschenko und Je. A. Prodan. (Доклады Академии Наук СССР [Ber. Akad. Wiss. UdSSR] **136.** 651—53. 21/1. 1961. Beloruss. Lenin-Univ.) (Russ.)

Kinet. Ableitung der Unabhängigkeit von Aktivierungsenergien u. Geschw.-Konst. reversibler topochem. Rkk. von den Sättigungsbedingungen. Am Beispiel der therm. Zers. von $CdCO_3$ im Vakuum bei verschiedenen Temp. u. unter verschiedenen CO_2-Drücken wird diese Feststellung experimentell bestätigt. H. JÄGER. 225□

Kinetische Gleichungen homogener Reaktionen. Rudolf Zahradnik. (Успехи Химии [Fortschr. Chem.] **30.** 1272—1311. Okt. 1961. — C. **1959.** 16247.) (Russ.) CH. WEISKE. 225□

Eine experimentelle Untersuchung der Oxydation alkalischer Sulfidlösungen durch Sauerstoff. Eino Uusitalo. (Suomen Kemestilehti B **30.** 157—62. 1957. Helsinki, Finland, Inst. of Technol., Dep. of Chem.) (Engl.)

Es wird die Absorption von O_2 u. von Luft durch alkal. S^{2-}-Lsgg. im Konz.-Bereich, der bei der Cellulosesulfat-Herst. vorliegt, bei 20 u. 90° untersucht. Der erste u. schnellste Oxydationsschritt beruht auf der Umwandlung von S^{2-} in $S_2O_3^{2-}$; gleichzeitig werden, jedoch mit sehr langsamer Oxydations-Geschw., SO_3^{2-} u. SO_4^{2-} gebildet. Fe-Feilspäne katalysieren die Bldg. des $S_2O_3^{2-}$. In Polysulfid-Lsgg. ($Na_2S_{4,5}$) wird in einem schnellen Rk.-Schritt nur $S_2O_3^{2-}$ gebildet. U. SKURNIA. 225□

Kinetik der Reaktion zwischen Pu(VI) und Sn(II) in einer Chlorid–Perchlorat-Lösung. S. W. Rabideau und B. J. Masters. (J. physic. Chem. **65.** 1256—61. Juli 1961. Los Alamos, N. Mex., Univ. of California, Los Alamos Sci. Labor.) (Engl.)

Vff. untersuchen spektrophotometr. die Kinetik der Rk. Pu(VI) + Sn(II) → Pu(IV) + Sn(IV). In einem Cl^--ClO_4^--Medium besteht für die Red.-Geschw. K des Pu(VI) eine Abhängigkeit 1. Ordnung von der Konz. jedes Reaktanten [$1{,}6\cdot10^{-4}$—$3{,}1\cdot10^{-4}$ m an Pu(VI), $1{,}6\cdot10^{-4}$—$1{,}1\cdot10^{-3}$ m an Sn(II)]. K wird bei 2,4°, $[H^+] = 2{,}0$ m, $n = 2{,}0$, [Pu(VI)] = [Sn(II)] = $1{,}647\cdot10^{-4}$ m zu $15{,}42 \pm 0{,}07$ $Mol^{-1}\,s^{-1}$ ermittelt. Bei 20,2°, n = 2,0 u. einer konst. Cl^--Konz. von 0,50 m ist K unabhängig von der H^+-Konz. im Bereich von 2,0—0,344 m. Es besteht dagegen eine starke Abhängigkeit von der Cl^--Konzentration. Es wird somit gefolgert, daß 2 parallel ablaufende Rk.-Mechanismen vorliegen, wobei prim. die aktivierten Komplexe $[PuO_2\cdot SnCl_3]^+$ u. $[PuO_2\cdot SnCl_4]$ auftreten. Die Beobachtung, daß die Red. des Pu(VI) durch Sn(II) schneller als die Red. des Pu(V) durch Sn(II) abläuft, wird als Beweis dafür angesehen, daß bei der ersteren Rk. ein Einstufenmechanismus mit einer Übertragung von 2 Ladungsäquivalenten vorliegt. U. SKURNIA. 225□

Eine spektrophotometrische Untersuchung der Reaktion zwischen dem Eisen(III)-Ion und der Stickstoffwasserstoffsäure. R. M. Wallace und E. K. Dukes. (J. physic. Chem. **65.** 2094—97. Nov. 1961. Aiken, S.C., Du Pont de Nemours & Co., Savannah River Labor.) (Engl.)

Durch spektrophotometr. Unterss. wird gezeigt, daß sich bei der Rk. zwischen Fe^{3+} u. HN_3 der Komplex $[FeN_3]^{2+}$ bildet. Beim Absorptionsmaximum bei 460 nm betrug der molare Extinktions-Koeff. für $[FeN_3]^{2+}$ $3{,}68\cdot10^3$. Die Gleichgewichts-Konst. der Rk. $Fe^{3+} + HN_3 \rightleftarrows [FeN_3]^{2+} + H^+$ wurden für verschiedene Bedingungen ermittelt. Für 25° ergibt sich eine auf unendliche Verdünnung extrapolierte Gleichgewichts-Konst. von 1,71. Ferner ist $\Delta F_{25°} = -318$ cal, $\Delta H_{25°} = 2010 \pm 100$ cal u. $\Delta S_{25°} = 7{,}8 \pm 0{,}3$ Entropieeinheiten. Die anomalen Werte der Gleichgewichts-Konst. bei sehr geringen Säure-Konzz. werden auf die Hydrolyse des Fe^{3+} zu $FeOH^{2+}$ zurückgeführt. W. HEIN. 225□

Die Reaktion von Kohlenstoffdisulfid mit Aluminiumoxid. A. G. Pinkus und J. S. Kim. (Canad. J. Chem. **36.** 296—302. Febr. 1958. Waco, Tex., Baylor Univ., Dep. of Chem.) (Engl.)

Das Absorptionsspektrum einer wss. Lsg. der gelben Substanz, die bei Rk. von fl. CS_2 mit käuflichem Al_2O_3 gebildet wird, zeigt Absorptionsmaxima bei 398 u. 325 mμ. Die gelbe Farbe wird nicht durch die Ggw. von Na_2S_2 bedingt. Weiterhin wird bestätigt, daß sowohl H_2O als auch NaOH im Al_2O_3 zur Bldg. der gelben Farbe vorhanden sein müssen. Die Unterss. der Gewichtszunahme des Al_2O_3 in Abhängigkeit von der Zeit des Kontaktes mit CS_2 ergibt, daß der Gleichgewichtszustand erst nach ca. 24 Std. erreicht wird. Es wird ein Minimumwert von 8,6 cal/g für die bei der Rk. von überschüssigem CS_2 mit Al_2O_3 entwickelte Wärme angegeben. U. SKURNIA. 225□

Die Kinetik der Oxydation und Nitridbildung von Lithium, Calcium, Strontium und Barium. M. S. Chandrasekharaiah und John L. Margrave. (J. electrochem. Soc. **108.** 1008—12. Nov. 1961. Madison, Wis., Univ. of Wisconsin, Dep. of Chem.) (Engl.)

Mit Hilfe einer manometr. Meth. von CAMPBELL u. THOMAS (Trans. electrochem. Soc. **91.** [1947.] 623) messen Vff. die Rk.-Geschw. der Umsetzung von Li, Ca, Sr u. Ba mit O_2 u. N_2 in einem Zeitraum von 120 Min. in Abhängigkeit von der Temperatur. Die Oxydations-Geschw. (OG) von Li konnte unterhalb der Entzündungs-Temp. (630°) nicht messend verfolgt werden, da sie zu langsam war; die Geschw. der Nitrid-Bldg. (NG) folgt bis 310° einem linearen Geschw.-Gesetz mit einer Aktivierungsenergie (AE) zwischen 10 u. 45 (kcal/Mol) unter Bldg. eines dunkel gefärbten Li_3N-Filmes. Die OG von Ca folgt bei 300—435° u. 100—200 mm O_2-Druck nicht, wie CUBICCIOTTI (C. **1952.** 5543) behauptet, einem parabol. Gesetz. Unterhalb 350° ist die OG gering u. fast linear, wogegen oberhalb dieser Temp. nach einer Induktionsperiode ein plötzlicher Anstieg festgestellt wird; die AE beträgt 6,3, das gebildete Prod. ist CaO. Die Oxydation (100—200°; O_2-Druck 210 mm) u. Nitrid-Bldg. (300—400°; N_2-Druck 100—200 mm) führt bei Sr zu SrO bzw. Sr_3N_2 mit einer AE von 29 ± 2 bzw. 20,2 u. bei Ba zu BaO u. Ba_3N_2 mit einer AE von 5,9 (bei 346—425°) bzw. 17,2 (320—425°; 245 mm N_2-Druck). Bei den untersuchten Syst. besteht in den meisten Fällen eine exponentielle Zeitabhängigkeit der Rk.-Geschw., in einigen Fällen eine lineare Abhängigkeit. Bei genügend langer Vers.-Dauer sollte in jedem Fall ein lineares Geschw.-Gesetz festgestellt werden, da nicht gänzlich bedeckende, makroskop. defekte Rk.-Filme gebildet werden u. die Rk.-Geschw. somit von der Filmdicke unabhängig sein sollte. Die geringen AE der Syst., bei denen eine exponentielle Zeitbeziehung nach einer Induktionsperiode festgestellt wurde, lassen eine nichtisotherme Rk. oder einen katalyt. Prozeß vermuten. Es ist möglich, daß trotz sorgfältiger Temp.-Kontrolle sehr schnell verlaufende Oberflächen-Rkk. die Ursache für die exponentiellen Rk.-Geschw. sein können. U. SKURNIA. 225□

Untersuchung der die Sulfidierung von Metalloxiden mit Schwefeldioxid beeinflussenden Faktoren. W. W. Petschkowski. (Журнал Прикладной Химии [J. angew. Chem.] **32.** 966—69. Mai 1959. Perm, Gorki-Univ.) (Russ.)

Unterss. zeigen, daß die Geschw. u. der Grad der Sulfid-Bldg. durch Rk. von SO_2 mit Metalloxyden (Mn_2O_3, ZnO, Co_2O_3, Fe_2O_3) in Ggw. von C von der Temp., der SO_2-Konz., von der Menge, der Art u. der Größe der Partikeln des verwendeten C-enthaltenden Materials, von den physikal. u. physikal.-chem. Eigg. der Metalloxide, von dem Vorhandensein von Beimengungen u. von der Glühdauer abhängen.

H. TREUMANN. 225□

Die Kinetik der Umsetzung von festem Lithiumcarbonat mit Ammoniumchlorid. F. F. Barkowa und I. Ss. Lilejew. (Известия Сибирского Отделения Академии Наук СССР [Nachr. sibir. Abt. Akad. Wiss. UdSSR] **1958.** Nr. 7. 36—39. Westsibir. Zweigstelle der Akad. der Wiss. der UdSSR.) (Russ.) — Vgl. C. **1960.** 6435.

Vff. berichten über kinet. Unterss. der Rk. $Li_2CO_3 + 2\ NH_4Cl = 2\ LiCl + 2\ NH_3 + CO_2 + H_2O$, die zur Darst. von wasserfreiem LiCl Bedeutung besitzt. Die Geschw.-Konst. der Rk. betragen bei 200 (300, 400, 500)° 0,02045 (0,1160, 0,2584, 0,6582) u. zeigen deutlich den bes. Einfl. des Aggregatzustandes des verwendeten NH_4Cl, das bei 200° fest, bei 300° u. höher dagegen gasförmig vorliegt. Aus der Geraden ln K(1/T) wird die Aktivierungsenergie zu 8414, aus einer angegebenen Formel zu 8870 cal errechnet. Die Unterss. zeigen ferner, daß bei allen angewandten Temp. die Rk.-Geschw. ihr Maximum dann erreicht, wenn etwa ein Drittel des Li_2CO_3 bereits umgesetzt ist.

H.-J. OSTMANN. 225□

Untersuchung reversibler photochemischer Reaktionen. 3. Mitt. **Mechanismus der Phototropie von Hg(II)-Komplexsalzen.** 1. Mitt. **Änderungen der physikalischen Eigenschaften bei der reversiblen Farbänderungsreaktion von $HgJ_2 \cdot 2\ HgS$.** Kunio Takei. (Bull. chem. Soc. Japan **28.** 403—05. Aug. 1955. Fukuoka, Kyushu Univ., Fac. of Engng., Dep. of Appl. Sci.) (Engl.) — 2. vgl. C. **1953.** 3529.

Das am Licht sich schwärzende gelbe Pulver von HgJ·2 HgS (**I**) wird nach dem H_2S-Verf. hergestellt. Aus der Best. der magnet. Susceptibilität (mS) u. dem Röntgendiagramm ergibt sich, daß bei der Dunkelfärbung nach Belichtung höchstens 20 Mol-% eine Kristallstrukturänderung erfahren haben können. Durch Licht wird ein Elektron des gelben **I** aktiviert. Fluorescenz oder Phosphorescenz konnte aber weder durch Augenschein noch photograph. beobachtet werden. Die Dunkelfärbung wird weder durch O_2- noch durch CO_2-Atmosphäre beschleunigt (Vakuum ist ohne Einfl.), so daß kein Redoxvorgang für Hg(II) in Frage kommt. Zur Unters. des Einfl. von Verunreinigungen wurde der Mischung $HgJ_2 \cdot HgS = 1{,}1 : 2$ Se zugesetzt; dann wurde 1 Std. lang im elektr. Ofen auf 170° erhitzt. Bei den 0,65—1,1% Se enthaltenden Proben erfolgte die Dunkelfärbung rascher als bei den Se-freien Proben oder bei den Präpp. mit anderen Se-Gehalten. Dies deutet auf eine Strukturempfindlichkeit des phototropen Vorgangs. Nach 2 Tagen im Dunkeln war das geschwärzte Pulver nicht restlos wieder gelb geworden, obwohl die mS ganz derjenigen der gelben Form gleichkam. Bei Raum-Temp. scheint der aktivierte Zustand von ziemlicher Lebensdauer. L. SCHULER. 226☐

Untersuchung reversibler photochemischer Reaktionen. 3. Mitt. **Mechanismus der Phototropie von Hg(II)-Komplexsalzen.** 2. Mitt. **Absorptionsspektrum und mikroskopische Beobachtung von $HgJ_2 \cdot 2$ HgS-Einkristallen.** Kunio Takei. (Bull. chem. Soc. Japan **28.** 406—08. Aug. 1955.) (Engl.) — 1. vgl. vorst. Referat.

Durch Rk. in der Dampfphase zwischen HgJ_2 u. HgS werden $HgJ_2 \cdot 2$ HgS-Einkristalle ($600 \cdot 500 \cdot 40\ \mu^3$) erzeugt. Das Absorptionsspektrum eines gelben Einkristalls zeigt eine Kante bei 510 (mμ) u. kleinere Maxima bei 430, 470, 560, 630, 650, 700 u. 770. Für $\lambda < 340$ wird die Absorption langsam größer als für $\lambda > 350$. Bei Tageslicht dunkel gewordene Kristalle zeigen keine selektive Absorption im sichtbaren Gebiet. Solche Kristalle zeigen im Mikroskop schwarze Punkte auf der Oberfläche, die sich als koll. Hg erwiesen. Beim Erhitzen verdampfen daraus Hg u. HgJ_2; HgS bleibt auf der Oberfläche zurück. Durch Bestrahlung bei z. B. 470 mμ dunkel gewordene Kristalle werden durch 2 Monate Dunkelhaltung wieder gelb. L. SCHULER. 226☐

Untersuchung reversibler photochemischer Reaktionen. 4. Mitt. **Phototropie von $HgX_2 \cdot 2$ HgS und HgXCNS.** Kunio Takei. (Bull. chem. Soc. Japan **28.** 408—10. Aug. 1955.) (Engl.) — 3. vgl. vorst. Referat.

Die Komplexe *$HgJ_2 \cdot 2$ HgS* (**I**), *$HgBr_2 \cdot 2$ HgS* (**II**) u. *$HgCl_2 \cdot 2$ HgS* (**III**) werden aus der CH_3OH-Lsg. des Hg-Halogenids + H_2S u. durch anschließendes Erhitzen auf 170° dargestellt. HgJCNS (**IV**), HgBrCNS (**V**) u. HgClCNS (**VI**) werden durch 1 std. Erhitzen einer Mischung aus Hg-Halogenid u. -Rhodanid (1 : 1) auf 160° erhalten. Nur **I** wurde in Form von Einkristallen erhalten. Die Reflexionsspektren (SHIMAZU-App.) werden angegeben. Die magnet. Susceptibilitäten $\varkappa_0$ (ohne Belichtung), $\varkappa_1$ (nach Einw. von Tageslicht), $\varkappa_2$ (nach Erhitzen zur Entfärbungs-Temp.) u. $\varkappa_3$ (nach mehrtätigem Stehen des dunkelverfärbten Pulvers bei Raum-Temp. im Dunkeln) sind für **I** ($\cdot 10^{-6}$) —0,18; +0,030; +0,012 u. —0,18 (3 Tage); **II**: —0,19; —0,15; —0,15 u. —0,19 (3 Tage); **III**: —0,22; —0,15; —0,15 u. —0,22 (1 Monat); **IV**: —0,22; +0,0020; +0,0020 u. +0,0010 (3 Tage); **V**: —0,23; +0,0034; +0,0034 u. +0,0010 (13 Tage) u. **VI**: —0,24; —0,16; —0,16 u. —0,16 (16 Tage). Die Röntgendiagramme der dem Tageslicht noch nicht ausgesetzten Pulver sind ident. mit denen der geschwärzten Produkte. Die Geschw.-Konst. der Dunkelfärbung bei 5 Grad/s, die Aktivierungsenergie der Umkehr-Rk. (kcal/Mol), die Zers.- u. die Entfärbungs-Temp., die Dichte u. die Farbe sind: **I**: 0,00234; 12,8; 185°, 90°; 6,75 ± 0,02; orangegelb; **II**: 0,000690; 17,4; 200—332°, 197°; 6,85 ± 0,01, blaßgelb; **III**: 0,000184; 19,9; 200—347°, 225°; 6,63 ± 0,02, weiß; **IV**: 0,00131; 17,6; 213°, 136°; 5,06 ± 0,02; orangegelb; **V**: 0,000253; 23,8; 288°, 202°; 5,73 ± 0,01; weißgelb; **VI**: $6 \cdot 10^{-5}$; —; 290°, 260°; 6,26 ± 0,02; weißgelb. Daß $\varkappa_1$ für geschwärztes HgXCNS nicht zum Ausgangswert zurückkehrt (im Gegensatz zu $HgX_2 \cdot 2$ HgS) wird durch die Annahme erklärt, daß HgXCNS durch Licht in die Komponenten zerlegt wird; gleichzeitig entsteht im Kristall eine positiv geladene Fehlstelle, u. ein Elektron wird auf das Leitungsband gehoben. Die positiv geladene Fehlstelle diffundiert dann zur Kristalloberfläche. Bei $HgX_2 \cdot 2$ HgS bleiben jedoch die meisten positiv geladenen Fehlstellen im Kristallinneren. Hg auf Zwischengitterplätzen diffundiert in die Oberfläche u. wird dort als koll. Hg abgelagert. L. SCHULER. 226☐

Einfluß von Protonenbestrahlung auf die Wasserstoffreduktion von NiO. M. T. Simnad, R. Smoluchowski und Aija Spilners. (J. appl. Physics **29.** 1630—32. Dez. 1958. Pittsburgh, Pa., Carnegie Inst. of Technol.) (Engl.)

Vff. zeigen, daß die Red. eines Metalloxids wie NiO durch H_2-Gas stark durch Bestrahlung mit Protonen (260 MeV, Fluß 10^{16} Protonen/cm^2) zu beeinflussen ist. Die anfängliche Induktionsperiode wird verkürzt u. die nachfolgende Red. beschleunigt. Der Effekt läßt sich bei höheren Temp. ausglühen. Auf der Basis der Fehlordnungstheorie wird ein wahrscheinlicher Mechanismus für die Beschleunigung der Red. vorgeschlagen. G. RUBAN. 226☐

Katalytische Rekombination von radiolytisch gebildetem Gas. J. Kristan. („J. Stefan" Inst., Rep. [Ljubljana] **4.** 143—45. Okt. 1957.) (Engl.)

Vf. untersucht in einer näher beschriebenen App. die Rekombination von O u. H an *Pd-*, *Pt-* u. *Ni*-Katalysatoren in einer Wasserdampfatmosphäre von 10 at u. bei verschiedenen Temperaturen. Pd erweist sich als am besten geeignet bei 400°; die Katalysatoraktivität von Pd u. Pt nimmt bei einer Temp.-Erniedrigung auf 300° oder weniger nicht ab, wogegen Ni bei diesen Temp. nicht mehr aktiv ist. U. SKURNIA. 227 □

Wladimir D. Kusnezow, Einfluß der Oberflächenenergie auf das Verhalten fester Körper. Berlin: Akademie Verl. 1961. (XII + 253 S. m. 104 Abb. u. 56 Tab.) 8°. DM 32,—.

Günther Briegleb, Elektronen-Donator-Acceptor-Komplexe. Berlin, Göttingen, Heidelberg: Springer. 1961. (X + 279 S. m. 93 Abb.) 8°. DM 48,—.

A_8. Präparative anorganische Chemie. Komplexverbindungen. Metallorganische Verbindungen

Analyse der Gasentwicklung von einem Titanhydrid-Gasgenerator. Leonard Levine und David Lichtman. (Rev. sci. Instruments **31.** 731—33. Juli 1960. Great Neck, Long Island, N.Y., Sperry Gyroscope Co.) (Engl.)

Mit Hilfe eines Massenspektrometers bestimmten Vff. die Reinheit des H_2 aus einem Titanhydridgenerator u. fanden, daß der Generator 97%ig. H_2 liefert. An Verunreinigungen werden Wasserdampf, CH_4 u. C_2H_6 ermittelt. C. GOTTFRIED. 238

Ternäre Verbindungen im System NH_3–H_2O_2–H_2O. Paul A. Giguère und David Chin. (Canad. J. Chem. **37.** 2064—67. Dez. 1959. Québec, Laval Univ., Dep. of Chem.) (Engl.)

Eine therm. Analyse des Dreikomponenten-Syst. NH_3–H_2O_2–H_2O wurde durch Zugabe von wasserfreiem NH_3 zu dem Hydrat $H_2O_2 \cdot 2\,H_2O$ durchgeführt. Dabei wurden zwei Verbb. gefunden, pulverförmiges $NH_3 \cdot 3\,H_2O_2 \cdot 6\,H_2O$, F. —28,9° u. $(NH_4)_2O_2 \cdot 2\,H_2O$, Kristalle, F. ca. 15°. Die Eutektika lagen bei —54,5° u. 0,7% NH_3 bzw. —33,4° u. 12,5% NH_3. Erneute Unterss. ergaben, daß der F. von $H_2O_2 \cdot 2\,H_2O$ nicht wie bisher angegeben bei —50°, sondern bei —52° liegt. Die latente Schmelzwärme dieser Verb. wurde zu 3,9 kcal, der Dissoziationsgrad beim Schmelzen zu $^1/_3$ bestimmt. H. FRIES. 243 □

Modifiziertes Kaliummetaphosphat durch Zusatz von Salzen. Ss. I. Wolfkowitsch und T. A. Banschtschikowa. (Журнал Прикладной Химии [J. angew. Chem.] **32.** 941—47. Mai 1959. Moskau, Lomonossow-Univ.) (Russ.)

Durch Erhitzen von KH_2PO_4 auf 320—330° sowie 960—1000° in Ggw. von Zusätzen (je 5%—10%), wie KCl, NaCl, $CaCl_2$, CaO, $MgCl_2 \cdot 6\,H_2O$, $MgCl_2$, $MgSO_4$, MgO, wurden Metaphosphate dargestellt u. deren Löslichkeit in W. u. Citronensäure untersucht. Den größten Effekt hatten CaO u. $MgCl_2$. Bei 5%ig. Zusatz von CaO wurde ein Phosphat erhalten, das zu 75% wasserlösl. war. Eine Entwässerung des Orthophosphat bis zur Hälfte des entfernbaren W. ergab ein völlig wasserlösl. Polyphosphat. Das in Ggw. von 1% Fe_2O_3 bzw. 3% $CaCl_2$, $MgCl_2$, NaCl, Al_2O_3 oder 5% SiO_2 bei 960—1000° dehydratisierte Phosphat war ebenfalls völlig wasserlöslich. Durch DTA-Unters. wurde festgestellt, daß die Zusätze die Dehydratations-Temp. nur um 15—30% erniedrigen.

H. TREUMANN. 264 □

Über fluorhaltige Komplexe. 4. Mitt. **Über Trimetatetrafluoroarsenat.** Lothar Kolditz und Brigitte Nussbücker. (Z. anorg. allg. Chem. **312.** 299—306. Nov. 1961. Jena, Friedrich-Schiller-Univ., Inst. für Anorg. Chem.) (Dt.) — 3. vgl. C. **1961.** 16037.

K(AsF₅OH) liefert bei der therm. Kondens. im Vakuum neben kettenförmigen *K-Polyfluoroarsenaten* das ringförmige *K-Trimetatetrafluoroarsenat* (I), welches infolge seiner Hydrolysebeständigkeit in nKOH gelöst u. aus ihm umkrist. werden kann. Die Struktur von I wurde durch Analyse, IR-Spektrum u. kryoskop. Molgew.-Best. bewiesen. Mit Kationenaustauschern in der H^+-Form läßt sich aus I die freie Säure darstellen, welche wesentlich hydrolyseempfindlicher ist. Aus einer Lsg. von I fällt mit Nitronacetat quant. $(C_{20}H_{17}N_4)_3(As_3F_{12}O_3)$, F. 118—121°, aus, leichtlösl. in Aceton, Eisessig, Acetonitril u. heißem A., schwerlösl. in Chlf., Bzl. u. Äther. I läßt sich im alkal. Medium papierchromatograph. erfassen (Laufmittel Isopropanol, Isobutanol, W., 25%ig. NH_3-Lsg. im Vol.-Verhältnis 40 : 20 : 39 : 1, Papier SCHLEICHER u. SCHÜLL 2040a, Entw. mit 0,5 g Ammoniummolybdat in 85 ml W., 10 ml n-HCl u. 5 ml 60%ig. $HClO_4$), R_F 0,65.

Versuche: *K-Trimetatetrafluoroarsenat*: $K(AsF_5OH)$ wurde bei 40—50 Torr zunächst 1 Std. auf 80°, dann langsam auf 260° (Temp.-Anstieg 20°/Std.) erhitzt u. 12 Std. bei dieser Temp. gehalten. Je 5 g Kondens.-Prod. wurden mit 50 ml nKOH zum Sieden erhitzt, heiß filtriert. Beim Abkühlen schied sich I in farblosen Kristallblättchen ab; Ausbeute nach Umkristallisieren aus nKOH 16%. P. SARTORI. 265 □

Über die Bildung salzartiger Verbindungen bei der Umsetzung von Antimon(V)-chlorid mit Äthylat. L. Kolditz und S. Engels. (Z. anorg. allg. Chem. **302.** 88–102. 1959. Merseburg, TH für Chem., Inst. für Anorg. Chem.; Berlin, Humboldt-Univ., I. Chem. Inst.) (Dt.)

Bei der Umsetzung von $SbCl_5$ mit $NaOC_2H_5$ (I) entstehen heteropolare Verbb. mit 4fach koordiniertem Kation u. 6fach koordiniertem Anion: $[SbCl_a(OC_2H_5)_{4-a}][SbCl_b \cdot (OC_2H_5)_{6-b}]$. In polaren Lsgm. zeigen diese Substanzen elektrolyt. Leitfähigkeit u. Molgew., die in verd. Lsg. auf vollständige Dissoziation schließen lassen. In unpolaren Lsgm. sind die Verbb. in homöopolarer Form als $SbCl_c(OC_2H_5)_{5-c}$ gelöst. Diese Lsgg. zeigen nur geringe Leitfähigkeit. Die IR-Spektren der Verbb. in polaren u. unpolaren Lsgm. unterscheiden sich stark voneinander. Das bei –70° hergestellte $SbCl_4(OC_2H_5)$ (II) liegt in sehr verd. $AsCl_3$-Lsgg. (< 0,005m) als $[SbCl_3(OC_2H_5)][SbCl_5(OC_2H_5)]$ vor; die Leitfähigkeitswerte verändern sich aber mit der Zeit u. streben einem Sättigungswert zu, der der Leitfähigkeit von $[SbCl_4][SbCl_5(OC_2H_5)]$ bei gleicher Konz. entspricht. Diese Tatsache wird durch Ersatz von Cl in $AsCl_3$ durch OC_2H_5-Gruppen erklärt. Wird $SbCl_5$ mit 2 Val I in A. umgesetzt, so erhält man $SbCl_{2.5}(OC_2H_5)_{2.5}$ (III), das eine große Bldg.-Tendenz aufweist u. durch Rk. der 1 : 3-Verb. mit überschüssigem A. entstanden ist. Dem salzartigen III wird die Konstit. $[SbCl_2(OC_2H_5)_2][SbCl_3(OC_2H_5)_3]$ zugeschrieben. Bei der Rk. von $SbCl_5$ mit I in Acetonitril in Abwesenheit von A. wird bei –25°, auch bei Verw. von überschüssigem I, stets $SbCl_{4.5}(OC_2H_5)_{0.5} \cdot 4\ CH_3CN$ mit der heteropolaren Struktur $[SbCl_4][SbCl_5(OC_2H_5)]$ gebildet. Die Solvat-Moll. lassen sich bei Behandlung im Ölpumpenvakuum bei 30° entfernen.

Versuche: $SbCl_4(OC_2H_5)$ (II), F. 147–148°, a) durch tropfenweise Zugabe einer Lsg. von 3,88 g Na in 200 ml abs. A. zu 50,5 g $SbCl_5$ unter Rühren (Eis–Kochsalz-Kühlung), Abzentrifugieren des NaCl u. Abdest. des A. (30°, Wasserstrahlvakuum); stark dunkel gefärbtes viscoses Öl; 53,6% (Ausbeute); b) durch Zugabe von 30,3 g $SbCl_5$ zu 400 ml abs. Ae. unter Kühlung (Ae.-CO_2), Feuchtigkeitsausschluß u. Rühren, Versetzen mit einer Lsg. von 2,33 Na in 150 ml A. u. Fortsetzung analog a). — $SbCl(OC_2H_5)_4$, F. 89°, analog 1a), Extraktion des schwach gelbbraun gefärbten Rückstandes mit Ae., Abdestillieren des Ae. u. Umkristallisation aus Ae.; 72%. — $SbCl_3(OC_2H_5)_2$, nur in Lsgg. mit dem Verhältnis Sb : Cl = 1 : 3 nachgewiesen. — $SbCl_2(OC_2H_5)_3$, F. 98–99°, analog vorst. Verbb. aus 8,65 Na in 200 ml A. u. 37,5 g $SbCl_5$, nach tagelangem Stehen Einsetzen einer zögernden Kristallisation des zähfl. Abdampfungsrückstandes; deshalb Abpressen der Prodd. auf Ton in einer Trockenkammer u. Umkristallisation; 47%. — $SbCl_{2.5} \cdot (OC_2H_5)_{2.5}$ (III), F. 103°, aus 5,15 g Na in 200 ml A. u. 33,5 g $SbCl_5$, Umkristallisation aus Ae.; 85,6%. — $SbCl_{4.5}(OC_2H_5)_{0.5} \cdot 4\ CH_3CN$, F. 75°, durch tropfenweises Versetzen von 250 ml CH_3CN mit 58,6 g $SbCl_5$ bei –25°, Zugabe von 26,7 g I unter Rühren, 2std. Rühren bei –25° u. 4std. Rühren bei Zimmer-Temp., Abzentrifugieren, Einengen auf $^1/_4$ bei 30°, Abfiltrieren u. Umkristallisieren aus CH_3CN; 87%. — $SbCl_{4.5}(OC_2H_5)_{0.5}$, F. 95°, aus vorst. Verb. durch Abbau in einer Trockenpistole bei 30° u. Ölpumpenvakuum.

U. SKURNIA. 266□

Über Antimon(V)-oxidchloride. Kurt Dehnicke. (Z. anorg. allg. Chem. **312.** 237–43. 1961. Stuttgart, TH, Labor. für anorg. Chem.) (Dt.)

Bei der Übertragung der Darst. von $SnOCl_2$ u. $TiOCl_2$ aus den wasserfreien Chloriden u. Cl_2O (DEHNICKE, C. **1961.** 13469) auf $SbCl_5$ gelang es, als definiertes Oxidchlorid des Sb(V) $Cl_4SbO(SbO_2Cl)_3SbCl_4$ (I) darzustellen. Molgew. u. die Fähigkeit der 3 mittleren Sb-Atome, je ein Mol. Ae. zu binden, sprechen für eine kettenförmige Struktur. I ist hygroskop., lösl. in CCl_4 u. spaltet bei 130° Cl_2 u. $SbCl_5$ ab. In den mitgeteilten IR-Spektren von I–III werden die Sb–O-Frequenzen versuchsweise zugeordnet. Die Lage dieser Frequenz spricht in I für stark polare Bindungsanteile. Sein DEBYE-Diagramm wird angegeben. In CCl_4-Lsg. geht I durch Chlorierung der $SbCl_4$-Gruppen zu $SbCl_5$ sowie Kettenspaltung in die Additions-Verb. $SbO_2Cl \cdot {}^1/_2\ COCl_2$ (II) über. Aus dem IR-Spektrum läßt sich die Frage nach dem Donatoratom im $COCl_2$ nicht entscheiden. Bei weiterer Einw. von CCl_4 auf II entsteht durch Chlorierung das hygroskop. u. in unpolaren Lsgm. unlösl. $SbOCl_3$ (III). Es zersetzt sich bei 168° im Rohr unter $SbCl_5$-Bildung. Aus dem IR-Spektrum wird auf eine vom $SbCl_5$ abgeleitete polymere Struktur geschlossen.

Versuche: $Cl_4SbO(SbO_2Cl)_3SbCl_4$ (I), durch Einleiten von mit O_2 verd. Cl_2O in wasserfreies $SbCl_5$, Waschen mit CCl_4, Trocknen; 40% (Ausbeute). *Ae.-Additions-Verb.*, aus 1 g vorst. Verb. in 50 ml CCl_4 u. 5 ml Ae., Filtrieren, Trocknen; 90%. — $SbO_2Cl \cdot {}^1/_2\ COCl_2$ (II), aus 1 g I in 50 ml CCl_4, über Nacht stehenlassen; Kristalle. — $SbOCl_3$ (III), wie vorst. Verb., jedoch durch mehrwöchiges Stehenlassen der Lösung.

H. BÜRGER. 266□

Stabilität von „Calciumhydrosulfoaluminaten". Ju. M. Butt, A. A. Mayer und B. G. Warschal. (Доклады Академии Наук СССР [Ber. Akad. Wiss. UdSSR] **136.** 398—400. 11/1. 1961. Republikan. Forsch.-Inst. für Baustoffe.) (Russ.)

Vff. untersuchten den Einfl. von SiO_2 (Sand) auf die hydrothermale Beständigkeit von *3 CaO·Al₂O₃·3 CaSO₄·31 H₂O* (**I**) u. *3 CaO·Al₂O₃·CaSO₄·12 H₂O* (**II**). Chem., petrograph., therm. u. röntgenograph. Unters. der Rk.-Produkte. **II** ist im Gleichgewicht mit seiner gesätt. Lsg. zwischen 50 u. 200° beständig, während **I** zwischen 125 u. 175° in **II** übergeht. Im Kontakt mit SiO_2 gehen beide Verbb. zwischen 125 u. 175° in Hydrogranat über, u. Anhydrit scheidet sich ab: $3\,CaO \cdot Al_2O_3 \cdot CaSO_4 \cdot 12\,H_2O \xrightarrow{SiO_2} 3\,CaO \cdot Al_2O_3 \cdot SiO_2 \cdot 4\,H_2O + CaSO_4 + 8\,H_2O$. H. Jäger. 294□

Über die Darstellung von Nitriden des Aluminiums und Galliums. Arrigo Addamiano. (J. electrochem. Soc. **108.** 1072. Nov. 1961. Nela Park, Cleveland, Ohio, Gen. Electric Co., Lamp Res. Labor.) (Engl.). — Vgl. C. **1961.** 7859.

Durch 1—2std. Erhitzen eines feinen Pulvers von AlP bei 1000—1100° in einem trocknen NH_3-Strom wird in theoret. Ausbeute AlN gemäß $AlP + NH_3 \rightarrow AlN + \frac{1}{4} P_4 + \frac{3}{2} H_2$ erhalten. Das weiße bis hellgraue pulverförmige AlN zeigt erst beim Erhitzen (1100°) über Nacht scharfe Röntgendiagramme. Die ermittelten Gitter-Konst. stimmen mit denen von Ott [1924] überein. Pulveraufnahmen bei hoher Temp. lassen außer sehr geringen Linienverschiebungen keine Phasenumwandlung bis 1170° erkennen. GaN wird auf ähnliche Weise aus GaP oder GaAs erhalten; nach Entw. von P-Dämpfen bei 900° erfolgt die quant. Umwandlung bei 2std. Erhitzen auf 1000—1100°, bei GaAs bei 1—2std. Erhitzen auf 1000°. Infolge der therm. Instabilität von GaN müssen die Rk.-Prodd. dauernd in einer NH_3-Atmosphäre gekühlt werden. In Abhängigkeit vom Ausgangsmaterial u. der therm. Behandlung zeigt GaN eine Farbveränderung von Weiß bis Hellgelb. Die Prodd. sind hochkristallin u. liefern scharfe Röntgendiagramme. Die Gitter-Konst. stimmen mit den Werten von Juza u. Halm [1938] überein. Bei der Hitzebehandlung von Gemischen aus AlN u. GaN werden trotz der Ähnlichkeit in Kristallstruktur u. Gitterdimensionen keine (Ga, Al)N-Mischkristalle erhalten. In gleicher Weise werden keine Anzeichen für die Bldg. der Mischkristalle Al(P, N), Ga(P,N) oder Ga(As, N) festgestellt. U. Skurnia. 295□

Elektrische Eigenschaften der Systeme aus Titantetrachlorid und Trichloressigsäureestern. O. A. Ossipow und Ju. A. Lyssenko. (Журнал Общей Химии [J. allg. Chem.] **30** (**92**). Nr. 12. 3866—69. Dez. 1960. Rostow, Univ.) (Russ.)

Die Messung der DK u. der orientierten Polarisation ergab, daß sich im Syst. $TiCl_4$–Trichloressigsäureester (Äthyl-, n-Butyl-, Isobutyl- u. Isoamylester) bei 20° komplexe, stark dissoziierte Verbb. äquimol. Zus. bilden. Diese Komplexe spielen bei der Polykondens. u. Polymerisation eine Rolle. Die Dipolmomente von $TiCl_4 \cdot R$ sind (in Debye): R = Äthyltrichloracetat 2,10, R = n-Butyl- 2,12, R = Isobutyl- 2,23, R = Isoamyl- 2,23, R = Äthylacetat 4,95, R = n-Butyl- 4,86, R = Isoamyl- 4,48, R = Äthylpropionat 4,88. W. Büttner. 321□

Über zwei gemischte Vanadate vom Spinelltyp. Jean-Claude Bernier, Paul Poix und André Michel. (C. R. hebd. Séances Acad. Sci. **253.** 1578. 9/10. 1961.) (Franz.)

Vff. gelang durch Rk. von $LiVO_3$ mit NiO bzw. CoO im festen Zustand bei 450° die Darst. der beiden gemischten Orthovanadate (5–2–1-Spinelle) *CoLiVO₄* (a = 8,276 ± 0,001 Å) u. *NiLiVO₄* (a = 8,215 ± 0,001 Å), in denen V in der Oxydationsstufe + 5 auftritt. H. Fries. 330□

Darstellung der Kaliumtantalate auf wässerigem Wege; Eigenschaften; Isotherme bei 25° des Systems Ta_2O_5–K_2O–H_2O. Raymond Rohmer, Jean Dehand und Yveline Hiss. (C. R. hebd. Séances Acad. Sci. **253.** 1460—62. 2/10. 1961. Strasbourg, Fac. des Sci., Labor. de Chim. minérale.) (Franz.)

Um die Zahl der möglichen hydratisierten K-Tantalate (**I**), ihre Bldg.-Bedingungen u. ihre Stabilitätsbereiche zu ermitteln, wurde die Isotherme des Syst. Ta_2O_5–K_2O–H_2O bei 25° aufgestellt u. die gefundenen Tantalate wurden mit denen, die durch Auflösung u. Rekristallisation der Schmelz-Prodd. dargestellt wurden, verglichen sowie durch Röntgen-Unterss. bestimmt. Es wurden 7 neue Tantalate gefunden: *3 K₂O·Ta₂O₅·H₂O*; *4 K₂O·3 Ta₂O₅·9 H₂O*; *13 K₂O·10 Ta₂O₅·40 H₂O*; *7 K₂O·5 Ta₂O₅·32 H₂O*; *2 K₂O·3 Ta₂O₅*, *K₂O·Ta₂O₅·aq.* u. *Phase d* (Verhältnis $K_2O : Ta_2O_5$ beträgt 4 : 3 oder 7 : 5). Alle **I** konnten im Gegensatz zu den entsprechenden Niobaten, mit denen sie bis auf $7\,K_2O \cdot 6\,Nb_2O_5 \cdot 25\,H_2O$ isomorph sind, aus $Ta_2O_5 \cdot$aq. u. KOH dargestellt werden. Die Eigg. werden kurz erwähnt. Die angegebenen Formeln sind noch mit Vorbehalten angegeben, da die Rest-Meth. nicht u. die Thermogravimetrie nur schwer anzuwenden sind.

H. Fries. 332□

Über die Phasen, die sich im System Chrom–Bor im borreichen Gebiet bilden. W. A. Epelbaum, N. G. Ssewasstjanow, M. A. Gurewitsch und G. Ss. Shdanow. (Журнал Структурной Химии [J. Strukturchem.] **1**. 64—65. Mai/Juni 1960. Phys.-Chem. Karpow-Forschungsinst.) (Russ.)

Im Syst. Cr–B wurde durch Röntgenanalyse im Konz.-Bereich CrB_5 bis CrB_{24} eine neue Phase gefunden, die der Zus. CrB_6 entspricht. CrB_6 entsteht beim Erhitzen einer bei einem Druck von 500 kg/cm² hergestellten Pille aus einem Gemisch von Cr u. B auf 1150° (10 Std.) u. weiterem Erhitzen auf 1300—1350° (48—60 Std.) in Ar-Atmosphäre. CrB_6 zerfällt bei 1900—2200° in CrB_2 u. elementares *B*. CrB_6 ist tetragonal mit $a = 5,458 \pm 0,001$ kX, $c = 7,138 \pm 0,001$ kX, $Z = 4$; $D_{\text{röntg.}}$ 3,63, $D_{\text{pykn.}}$ 3,35 g/cm³.
U.-L. RAU. 335 □

Reinigung von Molybdän durch Schmelzen unter Elektronenbeschuß. Jean-Louis Verot und Hubert Forestier. (C. R. hebd. Séances Acad. Sci. **253**. 662—63. 24/7. 1961.) (Franz.)

Mo wird durch Elektronenbeschuß in einem wassergekühlten Cu-Tiegel geschmolzen u. 1—30 Min. bei 2700° gehalten. O_2, N_2, C, Si, P, Fe, Cu, Ni, Mn u. Co werden sehr rasch durch Verdampfen bei 10^{-5} Torr entfernt, bereits nach 15 Min. wird 99,99%ig. Mo erhalten. Unter den Vers.-Bedingungen liegt für die Verunreinigungen eine ideale Lsg. vor u. die Entfernung durch Verdampfen kann mit dem HENRYschen Gesetz beschrieben werden.
HERBERT MÜLLER. 336 □

Wolframat- und Molybdatkomplexe mit Glykol- und Mandelsäure. D. H. Brown. (J. chem. Soc. [London] **1961**. 4732—36. Nov. Glasgow, Roy. Coll. of Sci. and Technol.) (Engl.)

Durch Unters. der opt. Drehung in Abhängigkeit vom pH-Wert stellt Vf. fest, daß Wolframat- u. Molybdationen mit Glykol- u. Mandelsäure 1 : 2-Komplexe über den pH-Bereich von 8,18 (Wolframat) bzw. 7,6 (Molybdat) bis 3—5 bilden. Die stöchiometr. Zus. der Komplexe wurde durch konduktometr. u. polarimetr. Meth. bestätigt. Die Ag-Salze der vier Komplexe $Ag_2MO_4X_2$ ($M = W$, Mo; $X = C_2H_4O_3$, $C_8H_8O_3$) wurden dargestellt, analysiert u. ihre IR-Spektren aufgenommen. Mit Essigsäure u. Phenylessigsäure sowie mit den Äthylestern von Glykol- u. Mandelsäure geben Wolframat u. Molybdat keine Komplexe. Die mögliche Struktur des Wolframat–Glykolsäure-Komplexes s. nebenstehend.

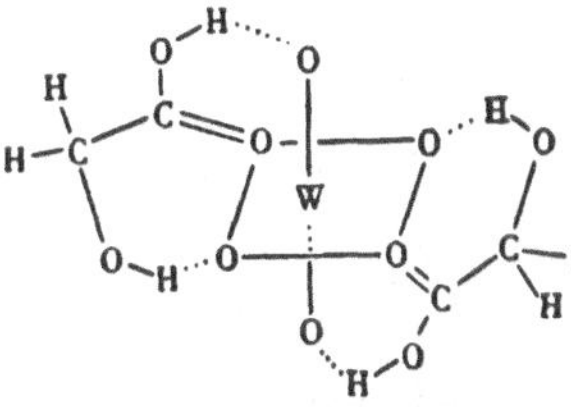

G. HELLER. 336 □

Spektralphotometrische Untersuchungen über Verbindungen der Molybdänsäure mit komplexen Cyaniden. 3. Mitt. Komplexverbindung mit $K_4[W(CN)_8]$. Stanislawa Witekowa. (Chem. Techn. **11**. 583—86. Nov. 1959. Lodz). (Dt.) — 2. vgl. C. **1960**. 16374.

$(NH_4)_2MoO_4$ bildet mit komplexen Cyaniden nur Verbb., die innere Oxydations-Red.-Syst. bilden. $(NH_4)_2MoO_4$ bildet mit $K_4[W(CN)_8]$ in saurer Lsg. einen ziemlich stabilen rotbraunen Komplex (I) mit dem Mol-Verhältnis 1 : 1. I bildet sich vorwiegend bei pH 2,4—4, also unter Mitwirkung von $[Mo_6O_{21}]^{6-}$-Ionen. Das Absorptionsmaximum liegt bei 466 mμ. Der Extinktions-Koeff. beträgt dort 66,9.
H. PLUSKAL. 337 □

Die Bis-[π-cyclopentadienyl]-hydride von Tantal, Molybdän und Wolfram. M. L. H. Green, J. A. McCleverty, L. Pratt und G. Wilkinson. (J. chem. Soc. [London] **1961**. 4854—59. Nov. London, Imp. Coll. of Sci. and Technol., Inorg. Chem. Res. Labor.) (Engl.)

Durch Umsetzung von $TaCl_5$, $MoCl_5$ u. WCl_6 mit Cyclopentadienylnatrium wurden die komplexen Hydride $(\pi\text{-}C_5H_5)_2TaH_3$ (I), $(\pi\text{-}C_5H_5)_2MoH_2$ (II) u. $(\pi\text{-}C_5H_5)_2WH_2$ (III) hergestellt. I ist sehr luftempfindlich; kaum lösl. in Leichtbenzin, mäßig in Bzl.; **III** kann kurz an der Luft gehandhabt werden. Alle Lsgg. der Hydride zersetzen sich an der Luft. Die Hydride sind in Cl-haltigen Lsgm. u. in CS_2 lösl., reagieren jedoch sehr schnell mit ihnen. **II** u. **III** verhalten sich als Basen, sind lösl. in wss. Säuren u. in CF_3COOH unter Bldg. des Kations $[(\pi\text{-}C_5H_5)_2MH_3]^+$; mit gasförmigen HCl oder HBr bilden sich weiße Halogensalze, mit großen Anionen schwerlösl. Ndd.; Alkalien setzen die Dihydride wieder quant. in Freiheit. Die Ergebnisse der kernmagnet. Resonanzspektren u. die IR-Spektren zeigen bei **II** u. **III** das Vorhandensein einer sehr starken Metall–H-Bindung. Die Protonen des Kations $[(\pi\text{-}C_5H_5)_2MoH_3]^+$ werden mit denen von W. nur sehr langsam ausgetauscht. Die Resonanzspektren von I u. dem Kation $[(\pi\text{-}C_5H_5)_2WH_3]^+$ zeigen eine A_2B-Gruppierung mit zwei äquivalenten H-Atomen. Die Strukturmöglichkeiten der Verbb. werden erörtert.

Versuche: *Bis-[π-cyclopentadienyl]-tantaltrihydrid* (I), $C_{10}H_{13}Ta$; F. 187—189° (Zers.), aus 36 g $TaCl_5$ u. 0,7—0,8 Mol Cyclopentadienylnatrium in 250 ml Tetrahydrofuran mit 10 g Natriumtetrahydridoborat durch 4std. Kochen am Rückfluß u. Vakuumsublimation bei 120°/10^{-2} mm; weiße Kristalle bei Resublimation; 60% (Ausbeute). — *Bis-[π-cyclopentadienyl]-molybdändihydrid* (II), $C_{10}H_{12}Mo$; F. 183—185°, analog I, Vakuumsublimation u. Kristallisation aus Ae./Leichtbenzin bei —78° oder Behandlung mit 3n HCl, Filtration, Neutralisation mit 2n NaOH, Extraktion mit Ae. u. Vakuumsublimation; gelbe Kristalle; 50%. — *Bis-[π-cyclopentadienyl]-wolframdihydrid* (III), $C_{10}H_{12}W$; F. 163—165°, analog II, sublimiert im Vakuum bei 80°; gelbe Kristalle; 65%.

G. HELLER. 337 □

Schnelle und wirksame Reinigung von Americium. T. K. Keenan. (J. inorg. Nuclear Chem. **20.** 185—88. Dez. 1961. Los Alamos, N. Mex., Univ. of California, Los Alamos Sci. Labor.) (Engl.)

Vf. gibt ein Verf. an, nach dem ca. 200 mg Am-241 auf > 99,8%ig. Reinheit gebracht wurden. 98,5%ig. Am in 1m HCl wurde auf eine Dowex-Kationenaustauschersäule in der NH_4^+-Form gegeben; Nachwaschen mit 1m HCl entfernte die Alkali- u. Erdalkalimetalle; mit 1m NH_4SCN wurden Fe u. andere SCN-Komplexbildner eluiert. Nach dem Eluieren des Am mit 8m NH_4SCN wurde diese Lsg. auf eine Dowex-Anionenaustauschersäule in der SCN^--Form gegeben; Nachwaschen mit 8m NH_4SCN entfernte die Lanthaniden. Da sich das Gleichgewicht zwischen dem SCN^- u. den Lanthaniden langsam einstellt, mußte hierbei eine kleinere Durchflußrate als sonst eingestellt werden. Mn u. Al wurden durch Eluieren mit 2m NH_4SCN entfernt, wobei ca. 1,5% des Am verlorengingen. Eluieren des Am mit 1m HCl, Versetzen mit NaOH bis zur endgültigen Konz. von 0,1m u. Erhitzen führte zu einer weiteren Abtrennung von Al. Der ausgewaschene $Am(OH)_3$-Nd. wurde in 1m HCl gelöst u. das aus dem SCN^- durch die α-Strahlen entstandene elementare S abfiltriert. Das Endprod. enthielt 99,83% Am. Es wird eine Tabelle für die Spektralanalysen der von verschiedenen Stufen des Analysenganges genommenen Proben angegeben. Ein Vers., diese Meth. auf 22 mg Cm-244 mit ca. 10% Lanthaniden u. 5% anderen metall. Verunreinigungen anzuwenden, mißlang, da die ca. 26mal höhere spezif. Aktivität des Cm-244 gegenüber dem Am-241 zu beträchtlicher Blasen-Bldg., verbunden mit erhöhter Zers. des SCN^- im Anionenaustauscher führte. Hierdurch wurde die Gleichgewichtseinstellung im Austauscher unterbunden. Beim Cm-242 müßte die Zers. des SCN^- in noch größerem Maße erfolgen.

E. SCHIEWER. 344 □

Zur Bildung des ferromagnetischen Fe_3S_4. Shigeto Yamaguchi und Tominosuke Katsurai. (Kolloid-Z. **170.** 147—48. Juni 1960. Hongo, Tokyo, Inst. of Phys. and Chem. Res.; Hiratsuka-Kanagawa, Pilot-Labor.) (Dt.)

Vff. untersuchten die magnet. Eigg. u. die Struktur von Fe(II)-Sulfid, das aus einer 0,1m wss. Lsg. von MOHRschem Salz mit Na_2S frisch niedergeschlagen u. im Autoklaven behandelt wurde. Es zeigte sich, daß das Sulfid durch 1std. Erhitzen auf 190° im Autoklaven im Kontakt mit der Mutterlauge ferromagnet. Eigg. annahm, wobei das Sedimentations-Vol. des Nd. sich um die Hälfte verringerte u. das Sulfid an Luft beständig wurde. Wie Elektroneninterferenz-Unterss. erwiesen, gehört das Sulfid zum Spinelltyp. Das Beugungsbild u. die Netzebenenabstände wurden angegeben. Die Gitter-Konst. (9,84 Å) entspricht der des Linneits, des Co_3S_4 u. Ni_2FeS_4; bei der Substanz dürfte es sich daher um Fe_3S_4 handeln.

H. FRIES. 354 □

Die Eisen(III)- und Aluminium-Citratkomplexe bei niedrigem pH. M. Bobtelsky und J. M. E. Goldschmidt. (Bull. Res. Council Israel, Sect. A **7A.** 121—28. Juni 1958. Jerusalem, Hebrew Univ., Dep. of Inorg. and Analyt. Chem.) (Engl.)

Vff. untersuchten die Zus. u. das chem. Verh. von Fe(III)- u. Al-Citratkomplexen in neutraler u. schwach saurer Lösung. Nach der Meth. der heterometr. Titration von BOBTELSKY (C. **1956.** 8712) wurde der Geh. an „freiem", d. h. nicht komplex gebundenem Citrat durch Fällung mit Pb-Salz bestimmt. Aus der Gesamt-Citratmenge wird der im Komplex vorliegende Citratanteil gefunden. Im pH-Bereich von 2,6—4 liegt nur ein Fe(III)-Citratkomplex der Zus. 2 Fe(III)/3 Ci^{3-} (Ci = Citrat) vor. Dieser sehr stabile Komplex wird in Lsg. quant. gebildet. Der im gleichen pH-Bereich beständige Al-Citratkomplex hat eine 1 : 1-Zusammensetzung. Strukturformeln für diese Komplexe werden vorgeschlagen.

H. SCHROEDER. 354 □

Über isomere 1:2-Chrom- und Kobaltkomplexe der o-Hydroxy-o'-carboxyazoreihe. Guido Schetty und Werner Kuster. (Helv. chim. Acta **44.** 2193—2204. 1/12. 1961. Basel, I. R. Geigy AG., Wiss. Labor., Farbstoffabt.) (Dt.)

Bei Unterss. am *1:2-Cr-Komplex* (I) des Monoazofarbstoffs *Anthranilsäure → β-Naphthol* (II) wurden chromatograph. (an Alox-Säule) 4 Rk.-Prodd. A, B, C u. D (in der Folge sinkender Wanderungs-Geschw.) gefunden, deren Analysen mit der Formel I übereinstimmen, womit erstmals bewiesen werden konnte, daß 1:2-Metallkomplexfarbstoffe in isomeren Formen vorkommen können. Die 4 Isomeren unterscheiden sich durch ihre Lsg.-Farbe u. ihr Absorptionsspektrum. In Lsg. isomerisieren sie sich sehr leicht, I A—D stehen offenbar miteinander im vom Lsgm. abhängigen Gleichgewicht; daneben bildet sich auch der metallfreie Farbstoff zurück, bes. aus D, was darauf schließen läßt, daß nur D mit dem freien Farbstoff im Gleichgewicht steht. Die Stabilität der Isomeren hängt vom pH ab; mit steigendem pH sinkt die Beständigkeit von A, B u. C, während die von D anzusteigen scheint. Im Gesamt-Rk.-Prod. waren 3,5% A, 48% B u. je 25% C u. D vorhanden; die Mengen haben jedoch nur für die bei der Darst. herrschenden Bedingungen Geltung. Auch beim zu I analogen Co-Komplex konnten 4 Isomere nachgewiesen werden. Substituenten im Benzol- oder Naphthalinkern verändern die Verhältnisse nicht; bei den 1:2-Cr-Komplexen von *4-Nitro-2-aminobenzoesäure → β-Naphthol* (**III**) u. *Anthranilsäure → 2.6-Naphtholsulfäthanolamid* (**IV**) konnten chromatograph. 4 bzw. 3 Zonen beobachtet werden, von denen Zone A mengenmäßig überwiegt u. eine gegen B stark erhöhte Wanderungs-Geschw. besitzt, so daß es sauber abgetrennt werden konnte.

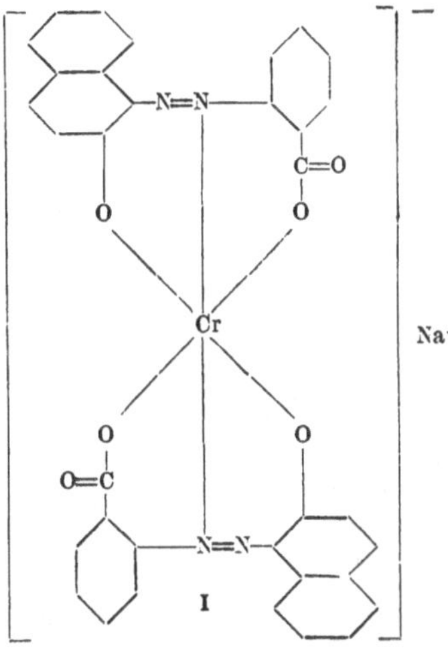

I

Bei den isolierten Isomeren handelt es sich um koordinativ gesätt. Verbb., die als Stereomere nach den Anschauungen von Pfeiffer u. Saure (Ber. dtsch. chem. Ges. **74.** [1941]. 935) gedeutet werden. Danach liegen die beiden an das 6bindige Metallatom koordinierten Azofarbstoffe in zwei Ebenen (Sandwich-Formeln). Die Stereomere lassen sich in 2 Gruppen einteilen: In der einen stehen die beiden komplexgebundenen N-Atome in cis-, in der anderen in trans-Stellung. Als Ursache für die unterschiedliche Wanderungs-Geschw. an Alox wird angenommen, daß das Wesen der Asymmetrie der annellierten Ringe in den beiden chromatograph. sich stark unterschiedlich verhaltenden, metallisierten, sauren Gruppen R—O— u. R—COO— zu suchen ist, u. daß der Abstandsunterschied der R—COO-Gruppen infolge cis- u. trans-Stellung sich durch verschiedene Geschw. äußert. Bei Ersatz einer oder beider Carboxygruppen durch die OH-Gruppe verbleibt für die die chromatograph. Trennung ermöglichende Ursache nur die N-cis–trans-Isomerie. Übereinstimmend damit konnten bei der chromatograph. Unters. des 1:2-Cr-Komplexes von *o-Aminophenol → β-Naphthol* (**V**) u. des Cr-Mischkomplexes von *4-Chlor-2-aminobenzoesäure → β-Naphthol* (**VI**) u. **V** nur je eine Zone beobachtet werden. Eine Entscheidung, ob alle 6 theoret. voraussehbaren Stereomeren tatsächlich gebildet werden, ist noch nicht möglich. Bisher konnte keinem der Isomeren eine bestimmte ster. Anordnung gegeben werden, doch muß die Annahme aufgegeben werden, daß die beiden an das Metallatom koordinierten Azofarbstoffreste ausschließlich senkrecht zueinander stehen.

Versuche: Die *Monoazofarbstoffe* wurden durch sodaalkal. Kupplung bei 0—3° dargestellt, als Na-Salze isoliert u. durch HCl in die Farbsäuren übergeführt. — *1:2-Cr-Komplex* des *Azofarbstoffs Anthranilsäure → β-Naphthol* (**I**), Isomerengemisch, $C_{34}H_{20}\cdot CrN_4NaO_6\cdot 2{,}5\,H_2O$, 14,2 g **II** in 75 ml Formamid (**VIII**) mit 5,5 ml 10n NaOH verrührt, nach Zugabe von 0,03 Mol Cr-Acetat 20 Std. auf 105—108° erhitzt, Ausgießen der Lsg. in 1 Liter 80° warme 25%ig. NaCl-Lsg., Waschen mit W., Lösen in 100 ml **VII** u. Chromatographieren an Alox unter Verw. von Methanol; dunkelbraunes Pulver; 77% (Ausbeute). — Trennung in 4 Isomere A, B, C u. D durch wiederholte Chromatographie wie vorst.; Fraktion B dunkelbraunes, C braunes u. D rotbraunes Pulver. Isomerisierung von I B, C oder D durch 15std. Kochen von 10 mg in 5 ml Wasser. — *1:2-Co-Komplex* von **II**, 8,8 g **II** in 70 ml **VIII** mit 3,3 ml 10n NaOH verrührt u. nach Versetzen mit 0,018 Mol Co(II)-Acetat u. 3,4 ml 30%ig. H_2O_2 1½ Std. auf 95—100° erhitzt, Gießen in 0,5 Liter 20%ig. NaCl-Lsg., Filtration in der Wärme u. Waschen mit je 0,5 Liter 10-, 5- u. 2%ig. NaCl-Lsg. u. 100 ml W., schwarzes Pulver; 9,2 g. Durch Chromatographie Auftrennung in 3 Fraktionen. — *1:2-Cr-Komplex* von **III**, wie **I** aus 16,8 g **III**, 135 ml **VIII**, 5,5 ml 10n NaOH, 0,03 Cr-Acetat nach 16 Std. bei 100—105° u. Gießen in 2 Liter heiße, 10%ig. NaCl-Lsg.; dunkelviolettes Pulver; 16,8 g. Dünnschichtchromatographie gibt 4 bordeauxrote bzw. braune Zonen. Daneben *3-Nitroanilin → β-Naphthol.* — *1:2-Cr-Komplex* von **IV**, wie vorst. in **VIII** (18 Std., 100—105°); im

Dünnschichtchromatogramm 3 Zonen. — *1:2-Cr-Komplex* von **V**, $C_{32}H_{20}CrN_4NaO_4 \cdot H_2O$, durch Versetzen einer Suspension von 13,2 g **V** in 200 ml W. mit 8 ml 10n NaOH, 0,027 Mol Na-Disalicylatochromat(III) in wss. Lsg. u. 24std. Kochen; bronzierende Kriställchen; 11,2 g. — *1:1-Cr-Komplex* von **V**, 26,4 g **V** in 800 ml A., 20 ml Ameisensäure (95%), 0,3 Mol Cr-Acetat in 800 ml W. 12 Std. im rotierenden Emailautoklaven auf 120—125° erhitzt; dunkles Pulver; 33 g. — Gemischter *Cr-Komplex* von **V** u. **VI**, $C_{33}H_{19}ClCrN_4NaO_5 \cdot H_2O$, aus 9,0 g vorst. Verb. u. 0,02 Mol **VI** in 100 ml 0,2n NaOH u. 10 ml A. nach 5std. Erhitzen unter Regulierung des pH auf 7,5—8,0 durch Zutropfen von 12 ml 1n NaOH, Ausgießen in 500 ml 20%ig. NaCl-Lsg.; dunkles Pulver; 14,2 g. Im Chromatogramm nach blauvioletter Zone von 1:2-Cr-Komplex **V** rotviolette Zone. — Bei längerem Erhitzen in W. Disproportionierung in 1:2-Cr-Komplexe von **V** u. **VI**.

P. SCHARNER. 355□

Zur Kenntnis der Chemie der Metallcarbonyle in flüssigem Ammoniak. 9. Mitt. **Über die Reaktionen von Nickelcarbonyl mit flüssigem Ammoniak und mit Natriumtetrahydridoborat in flüssigem Ammoniak.** Helmut Behrens und Hans Zizlsperger. (J. prakt. Chem. [4] **14 (286)**. 249—60. 1961.) (Dt.) — 8. vgl. C. **1962**. 3756; 5. vgl. C. **1962**. 7445.

$Ni(CO)_4$ reagiert im Einschlußrohr mit fl. NH_3 erst $> -25^0$ unter CO-Entw. zu gelben Lsgg., die nach Abdampfen des Lsgm. bei -60^0 ein kristallines, gelbes Gemisch von $Ni(CO)_{4-x}(NH_3)_x$ (**I**) mit x = 1—2,2 ergeben. Dieses zersetzt sich bereits $> -50^0$, im wesentlichen gemäß $10\,Ni(CO)_3NH_3 \rightarrow 5\,Ni(CO)_4 + [Ni(NH_3)_4][Ni_4(CO)_9]$ (**II**) + CO + 6 NH_3 sowie $5\,Ni(CO)_2(NH_3)_2 \rightarrow$ **II** + 6 NH_3 + CO. Die gelben Lsgg. werden von $NaBH_4$ erst $> +60^0$ red., dabei entstehen in Abhängigkeit von x 2- oder 4kernige Niccolate: $2\,Ni(CO)_3NH_3 + 2\,e^- \rightarrow H_2Ni_2(CO)_6 + 2\,NH_2^-$; $Ni(CO)_2(NH_3)_2 \rightarrow$ hauptsächlich $[Ni_4(CO)_9]^{2-}$. **I** ist lösl. in PAe.; aus seinen gelben Lsgg. lassen sich keine schwerlösl. Salze ausfällen. Beim Kondensieren der Lsgg. von $Ni(CO)_4$ in fl. NH_3 bei -78^0 tritt eine sprunghafte Zunahme der Leitfähigkeit auf, die sich bei -25^0 sowie beim vollständigen Durchreagieren bei $+23^0$ wiederholt.

Versuche: *Tetramminnickel(II)-nonacarbonyltetraniccolat* (**II**), ockerbrauner Rückstand bei der Zers. von **I**, lösl. in Aceton u. in fl. NH_3 mit dunkelroter Farbe, besitzt in NH_3-Lsg. die Leitfähigkeit eines starken Elektrolyten mit $\varkappa\ (-78^0) = 2{,}51 \cdot 10^{-3}\Omega^{-1} \cdot cm^{-1}$; v = 95,1 Liter/Mol; $\mu\ (-78^0) = 238{,}7\ \Omega^{-1} \cdot Mol^{-1} \cdot cm^2$. Aus der aceton. Lsg. fällt mit $N(CH_3)_4J$, in W./CH_3COOH gelöst, rotes $[N(CH_3)_4][Ni_4(CO)_9H]$.

U. WANNAGAT. 356□

Komplexverbindungen der Übergangsmetalle mit Dimethylsulfoxid. H. L. Schläfer und H. P. Opitz. (Z. anorg. allg. Chem. **313**. 178—86. Nov. 1961. Frankfurt/M., Univ., Inst. für phys. Chem.) (Dt.) — Vgl. C. **1961**. 2543.

Dimethylsulfoxid (DMSO) bildet mit den Halogeniden, Nitraten u. Perchloraten von Cr^{3+}, Fe^{3+}, Mn^{2+}, Co^{2+}, Ni^{2+} u. Cu^{2+} gut krist. Komplexverbindungen. Die von COTTON u. FRANCIS (C. **1961**. 1852) angegebenen Verbb. mit z. T. geringerem DMSO-Geh. können durch therm. Abbau von Prodd. mit höherem DMSO-Geh. erhalten werden. Die DMSO-Übergangsmetallkomplexe werden an feuchter Luft verschieden schnell zersetzt, Verbb. mit geringerem DMSO-Geh. sind vergleichsweise beständiger; $Cr(ClO_4)_3 \cdot 6\,DMSO$ erweist sich für längere Zeit als luftbeständig. Die DMSO-Komplexe sind in Dimethylformamid, Methanol u. Acetonitril leicht lösl., prakt. unlösl. in Chlf., Ae., Dioxan u. Bzl.; in W. lösen sie sich unter Abspaltung von DMSO u. Bldg. der entsprechenden Aquokomplexe. Die DMSO-Metallhalogenidkomplexe (**I**) zeigen in einigen Lsgm. je nach Konz. u. Temp. verschiedene Farben; es handelt sich um reversible Solvatgleichgewichte. Zur Erklärung der Struktur der DMSO-Verbb. wird angenommen, daß die Koordination der DMSO-Moll. über O erfolgt. Die DMSO-Metallperchlorate enthalten die Hexadimethylsulfoxidmetallkationen $[Me(DMSO)_6]^{n+}$ (n = 2 u. 3), bei **I** dürften in der Mehrzahl DMSO-Halogenokomplexe $[Me(DMSO)_{6-q}X_q]^{(n-q)+}$ (X = Cl, Br u. J) in DMSO-Lsg. vorliegen. Bei Co^{2+} u. Ni^{2+} kann auch tetraedr. Koordination vorkommen. Die Löslichkeiten von Cr^{3+}- u. Ni^{2+}-DMSO-Komplexen wurden als Funktion der Temp. bestimmt. Für $NiCl_2$ findet man bei 48,5° einen Umwandlungspunkt, bei $<48{,}5^0$ liegt $NiCl_2 \cdot 8\,DMSO$ als Bodenkörper vor, bei $>48{,}5^0$ $NiCl_2 \cdot 3\,DMSO$. Unterhalb 48,5° ist $NiCl_2 \cdot 3\,DMSO$ metastabil. Für $Cr(NO_3)_3 \cdot 6\,DMSO$, der am schwersten lösl. Verb., erhält man für die letzte Lsg.-Wärme 5300 ± 800 cal, für die anderen Verbb. liegen die Werte bei ca. 5000—9000 cal, für $Cr(ClO_4)_3 \cdot 6\,DMSO$ bei 1000 cal.

Versuche: Darst. der DMSO-Komplexe: Durch Lösen des Metallsalzes in DMSO in der Wärme, Verkochen evtl. eingebrachten Kristallwassers unter vermindertem Druck, Druckfiltration unter N_2 u. Kristallisation nach Abkühlung, evtl. nach Animpfen. Zur Darst. der DMSO-Perchlorate wurden auch konz., wss. Lsgg. verwendet. $CrCl_3 \cdot$

5 DMSO, grauviolette Kristalle. — *$CrBr_3 \cdot 6$ DMSO*, grünes Pulver. — *$Cr(NO_3)_3 \cdot 6$ DMSO*, grüne Kristalle. — *$Cr(ClO_4)_3 \cdot 6$ DMSO*, dunkelgrüne Kristalle. — *$FeCl_3 \cdot 4$ DMSO*, gelbes Kristallpulver. — *$Fe(NO_3)_3 \cdot 6$ DMSO*, gelbe Kristalle. — *$Fe(ClO_4)_3 \cdot 6$ DMSO*, braune Kristalle. — *$MnCl_2 \cdot 3$ DMSO*, farblos—schwachgrüne Kristalle. — *$MnBr_2 \cdot 6$ DMSO*, rosafarbene Kristalle. — *$MnJ_2 \cdot 6$ DMSO*, schwachbraune Kristalle. — *$Mn(NO_3)_2 \cdot 6$ DMSO*, schwachbraune Kristalle. — *$Mn(ClO_4)_2 \cdot 6$ DMSO*, schwach rosafarbene Kristalle. — *$CoCl_2 \cdot 3$ DMSO*, tiefblaues Kristallpulver. — *$CoBr_2 \cdot 8$ DMSO*, hellrote Kristalle. — *$CoJ_2 \cdot 6$ DMSO*, rote Nadeln. — *$Co(NO_3)_2 \cdot 8$ DMSO*, rote Kristalle. — *$Co(ClO_4)_2 \cdot 8$ DMSO*, rote Nadeln. — *$NiCl_2 \cdot 3$ DMSO*, blaugrüne Kristalle. — *$NiBr_2 \cdot 8$ DMSO*, grüne Kristalle. — *$NiJ_2 \cdot 6$ DMSO*, grüne Kristalle. — *$Ni(NO_3)_2 \cdot 8$ DMSO*, grüne Kristalle. — *$Ni(ClO_4)_2 \cdot 8$ DMSO*, grüne Kristalle. — *$CuCl_2 \cdot 2$ DMSO*, hellgrünes Pulver. — *$CuBr_2 \cdot 3$ DMSO*, grün—schwachgelbe Kristalle. — *$Cu(ClO_4)_2 \cdot 9$ DMSO*, grünblaue Kristalle. P. SCHARNER. 358□

Mitteilung über eine Silberperchloratexplosion. Franz Hein. (Chem. Techn. **9.** 97. Febr. 1957. Jena, Friedrich-Schiller-Univ., Inst. für anorg. Chem.) (Dt.)

Beim Zerdrücken von 17 g $AgClO_4$, das unter Verw. reinster Materialien durch Lösen von frischgefälltem Ag_2O in $HClO_4$, Abdampfen der Säure u. Umkristallisieren aus Ae. hergestellt u. abs. frei von Ae.-Resten u. Spuren organ. Materials war, in der Reibschale, ereignete sich eine Explosion, die zu schweren Verletzungen u. Knochenbrüchen des arbeitenden Studenten führte. W. BETCKE. 359□

Robert C. Brasted, ed., Comprehensive inorganic chemistry. Vol. 8. Princeton (New Jersey): Van Nostrand. 1961. (306 S. m. Abb.) $ 10.—.

H. J. Emeleus and **A. G. Sharpe**, eds., Advances in inorganic chemistry and radiochemistry. Vol. 3. New York: Academic. 1961. (463 S. m. Abb.) $ 12.50.

Gerhard Albert Cook, ed., Argon, helium and the rare gases: the elements of the helium group. Vol. 1: History, occurrence, and properties. New York, London: Interscience. 1961. (XXII + 394; 33 S. m. Abb., Tab. u. Diagr.) 6 £. 12 s.

Stanley Kirschner, ed., Advances in the chemistry of the coordination compounds, proceedings. International Conference on Coordination Chemistry. 6th Detroit, 1961. New York: Macmillan. 1961. (XII + 682 S. m. Abb.) $ 15.—.

A. E. Martell und **M. Calvin**, Die Chemie der Metallchelat-Verbindungen. Weinheim/Bergstr.: Verl. Chemie. 1958. (VIII + 576 S. m. 140 Abb. u. 81 Tab.) DM 47,—.

A₉. Mineralogische und geologische Chemie

Absolutes Alter eines Brannerits von Bou-Azzer (Südmarokko). Dolly Ledent. (C. R. hebd. Séances Acad. Sci. **250.** 1309—11. 15/2. 1960. Bruxelles, Univ., Labor. de Minér. et de Phys. nucléaire.) (Franz.)

Die chem. Analyse des Brannerits ergab die Zus.: CaO 2,7(%); TiO_2 37,8; seltene Erden 7,8; U_3O_8 45,87; ThO_2 0,965. Röntgenograph. erwies sich das Mineral als vollkommen metamikt. Das Alter wurde nach der Pb-Meth. bestimmt. Aus den Verhältnissen $^{207}Pb/^{206}Pb$, $^{206}Pb/^{238}U$, $^{207}Pb/^{235}U$ u. $^{208}Pb/^{232}Th$ ergab es sich zu 240 ± 10 Millionen Jahren. Das Mineral hat sich demnach im Perm gebildet. C. GOTTFRIED. 378

Messung des absoluten Alters des Granits von Huelgoat (Finistère). Sarah Deutsch und Louis Chauris. (C. R. hebd. Séances Acad. Sci. **250.** 1298—1300. 15/2. 1960. Bruxelles, Univ. Libre, Labor. de phys. nucléaire; Paris, Inst. Cath., Labor. de Minér.) (Franz.)

In dem obigen Granit lassen sich 2 Hauptfazies unterscheiden: ein pinithaltiger hellgrauer Granit mit viel porphyroiden Feldspaten u. ein graublauer Granit, der weniger Feldspate enthält. Beide Granite enthalten Biotit mit zahlreichen Einschlüssen u. pleochroit. Höfen. Das Alter der beiden Granite wurde am Biotit nach der Ar/K- u. Sr/Rb-Meth. bestimmt. Dabei wurde der Biotit aus den pulverisierten Graniten durch schwere Fll. u. magnet. Meth. isoliert. Das abs. Alter der Biotite wurde mit 285 bzw. 315 Millionen Jahren ermittelt. Daraus folgt, daß er dem mittleren Karbon zuzurechnen ist. C. GOTTFRIED. 378

Relative und absolute Datierungen quartärer Ablagerungen. Herbert Straka. (Naturwissenschaften **48.** 324—32. 1. Mai-H. 1961. Kiel, Univ., Botan. Inst.) (Dt.)

Überblick der in den letzten Jahrzehnten erzielten Fortschritte auf den Gebieten Pollenanalyse, Bänderton-, Tephro- u. Radiocarbonchronologie. Beispiele aus dem Spätquartär: Relative Zeitskalen. H. MOENKE. 378□

Eine Betrachtung über die Entstehung einiger Salzmineralien. 1. Mitt. **(Ein Entwurf für die astronomische Geologie.)** Keiichi Omori. (Sci. Rep. Tohoku Univ., Ser. III **6.** 405—07. März 1960.) (Engl.)

Gelangten Sterne oder Stern-Syst. in die Nähe des Sonnen-Syst., so würde die Eigenbewegung der Erde plötzlich u. stark geändert. Die daraus folgende Variation der Temp. u. anderer physikal. Bedingungen bewirkte die Ausscheidung großer Mineralienmengen aus dem Meerwasser. Vf. gibt für 7 Sterne die Zeit ihrer Annäherung an das Sonnen-Syst. (10000—757000 a) u. ihren Abstand von der Erde an. Die Zeiten stimmen ungefähr mit den für die Bldg. einiger Salzlager bekannten Werten überein.

F. Ensslin. 378□

Eine Bemerkung zum Vorkommen und zur möglichen Genesis des Chalcopyrits der Goldongri-Mangan-Mine im Panchmahal Bezirk im Staate Gujrat. V. K. Nayak. (Sci. and Cult. [Calcutta] **27.** 99—100. Febr. 1961. Sangar, Univ. of Sangar, Dep. of Appl. Geol.) (Engl.)

Kupferkies kommt neben Wollastonit u. Mn-Mineralien in einem Epidot–Quarzit-Gestein vor. Er ist vermutlich prim. entstanden; als Erzbringer gilt ein porphyr. Biotitgranit.

H. Moenke. 380□

Cyrtolith aus einem Pegmatit in Bhunas, Indien. G. V. Umamaheswara Rao, R. Krishnaswamy und Y. V. Nagabhushana Rao. (J. sci. ind. Res. [New Delhi], Sect. A **19.** 385—89. Aug. 1960. Trombay, Bombay, Atomic-Energy Establ. Metallurg. Div.) (Engl.)

In dem Pegmatit mit Rauchquarz, Orthoklas, Mikroklin, Albit, Muskovit, Magnetit, Apatit u. Turmalin kommen kleinere Mengen metamikten Cyrtoliths vor, die eng mit kleinen Bändern von später entstandenem Uraninit verbunden sind. Der U-Geh. verteilt sich mit 0,0256% auf die Gangart, 0,0372% im Cyrtolith u. 0,2772% in Uraninit. Neben 1,86% U_3O_8 enthält das Mineral 2,21% ThO_2 u. 3,96% seltene Erden.

F. Ensslin. 380□

Identität von „Comuccit" und Jamesonit. Carlo Garavelli. (Periodico Mineralog. **27.** Nr. 1. 207—10. 1958. Firenze, Univ., Ist. di Miner., C. N. R., Centro di Studio per la Geochim. e la Miner.) (Ital.)

Neuere mkr. u. röntgenograph. Unterss. ergaben, daß das S-reiche Pb–Sb-Mineral „Comuccit" mit dem „Jamesonit" ident. ist. R. G. Kaiser. 380□

Anwesenheit von Eisenchloridhexahydrat in Mineralien einer Neubildung der Lagerstätte am Rio Marina auf Elba. Carlo Garavelli. (Periodico Mineralog. **27.** Nr. 1. 211—14. 1958. Firenze, Univ., Ist. di Miner., Petrograf. e Geochim., C. N. R., Centro di Studio per la Geochim. e la Miner.) (Ital.)

Bei einer Sturmflut, welche die Pyritaufbereitungsanlage an der Ostküste Elbas überschwemmt hatte, wurde die Bldg. interessanter Mineralgesellschaften in den Absitzbecken der Anlage beobachtet. Mkr. u. chem. wurden gelbliche, unter dem Mikroskop farblose Gebilde mit n = 1,54 als kristalline Gemenge von rohem Seesalz mit $FeCl_3 \cdot 6\,H_2O$ identifiziert. R. G. Kaiser. 380□

Über die Natur des sogenannten „Selenschwefels" der Insel Vulcano. Carlo Garavelli. (Periodico Mineralog. **27.** Nr. 1. 159—78. 1958. Firenze, Univ., Ist. di Miner., Petrogr. e Geochim., C. N. R., Centro di Studio per la Miner.) (Ital.)

Die Analyse von 5 untersuchten Proben „Selenschwefel" aus einer S-Fumarole der Insel Vulcano ergab 60,12—76,11% S neben 20,98—38,5% *As* u. nur sehr geringen Mengen Se, 0,07—0,18%; dagegen bis 0,82 *Te* u. bis 1,69% in HNO_3 Unlösliches. Als Spurenelemente wurden spektrograph. nachgewiesen: *Ag, Bi, Cu, Al, Fe, Ca, Mg, Na* in Mengen über 1000 ppm. Das Mineral entspricht also dem von Rinne [1902] beschriebenen „Arsenosulfurit", ein natürliches Glas, das auch aus Auripigment synthetisiert werden konnte, auf den es häufig aufgewachsen anzutreffen ist. R. G. Kaiser. 380□

Elementbeimengungen in Gipskonkretionen aus den Sedimenten des mittleren Oberquartär der ariden Zone. W. W. Dobrowolski. (Геохимия [Geochemie] **1960.** Nr. 7. 644—45.) (Russ.)

Das untersuchte Material stammt aus den Steppenzonen des Zwischenstromlandes Irtysch-Ischim. Die Gipskonkretionen, die sich als Ergebnis hypergener Prozesse unter ariden Bedingungen bildeten, besitzen Ausmaße von 1—2 mm bis 5—7 cm. Sie enthalten gewöhnlich kleine Mengen eingeschlossener Teile. Die chem. Analyse der Beimengungen ergab: freies SiO_2 0,21—0,79%, Al_2O_3 0—0,21%, MgO 0—0,39%, Fe_2O_3 0,09—0,45%, wobei eine Tendenz der Zunahme des Fe_2O_3-Betrages in S—N-Richtung festgestellt wurde. In Spuren werden spektralanalyt. nachgewiesen: Sr, Ti, Mn, V, Zr, Ga, Cu u. andere.

M. Hähnert. 380□

Ein neues Vorkommen von Iberger Kalk im Oberharz südwestlich Goslar. (Notizen zur Harzgeologie I.) W. Pleßmann und H. G. Wunderlich. (Neues Jb. Geol. Paläontol. Mh. **1959.** 433—36. Okt. 1959.) (Dt.)

12 km von dem bekannten Iberg-Winterbergmassiv entfernt, das aus oberdevon. Korallenkalken besteht, wurde ein weiteres Vork. entdeckt, das darauf schließen läßt, daß die devon. Riffkalke weiter verbreitet sind, als bis heute angenommen wurde.
F. ENSSLIN. 380 □

Neue Diagramme zur optischen Orientierung von Kali-Natronfeldspaten. A. Ss. Marfunin. (Доклады Академии Наук СССР [Ber. Akad. Wiss. UdSSR] **133.** 939—42. 1/8. 1960. Inst. für Geol. der Erzlagerstätten, Petrographie, Miner. u. Geochem. der Akad. der Wiss. der UdSSR.) (Russ.)

Aus dem neuen Diagramm, das die Abhängigkeit der opt. Orientierung der K–Na-Feldspate von der Zus., dem Ordnungsgrad Al–Si u. der submkr. Verzwilligung zeigt, ist zu entnehmen, daß die Schwankungen der opt. Eigg. bei den Feldspaten gesetzmäßig von 3 opt. Typen abhängen, die ausführlich beschrieben werden. H. NOACK. 380

Über Böhmit-Funde in den Kaolinittonen des Stalinogorsk-Horizonts des unteren Karbon Tatariens. N. P. Betelew. (Доклады Академии Наук СССР [Ber. Akad. Wiss. UdSSR] **133.** 928—30. 1/8. 1960. Geolog. Inst. der Akad. der Wiss. der UdSSR.) (Russ.)

In den weißen oder hellgrauen, unplast., steinähnlichen Tonen kaolinartiger Zus. des oberen Teils des Stalinogorsk-Horizontes wurde durch die Röntgenstrukturanalyse Böhmit nachgewiesen. Der Geh. an organ. Stoffen (im Mittel 0,67% C) ist in diesen Tonen geringer als in den anderen Tonarten des Stalinogorsk-Horizontes, wobei der niedrige Geh. als Folge von Zerstörung u. Abtransport der organ. Substanzen zu erklären ist. Quarz u. Glimmer wurden ebenfalls aufgelöst. Durch die gleichzeitige Anreicherung von Al_2O_3 wurden die Bedingungen für die Bldg. von Böhmit geschaffen.
H. NOACK. 380

Paratellurit, ein neues Mineral aus Mexiko. George Switzer und Howard E. Swanson. (Amer. Mineralogist **45.** 1272—74. Nov./Dez. 1960. Washington, D.C., US. Nat. Mus. and Bur. of Stand.) (Engl.)

Neben Tellurit, dem rhomb. krist. TeO_2 u. gediegenem Te wurde in Erzstufen aus Cananea (Sonora, Mex.) erstmalig das tetragonale TeO_2 bestimmt. Angabe der Röntgendaten ($a_0 = 4{,}810$, $c_0 = 7{,}613$ Å, D. [berechnet] 6,077 g/cm³) u. der Ergebnisse einer quant. spektrochem. Analyse. H. MOENKE. 380 □

Spontane Brucherscheinungen beim Erhitzen von Thorianit. R. S. Barnes und D. J. Mazey. (J. nuclear Energy **5.** 1—3. 1957. Harwell, Berks., AERE.) (Engl.)

Thorianitproben wurden in einer evakuierbaren Kieselgurretorte langsam auf 1200° erhitzt u. die dabei frei werdenden Gase massenspektrometr. untersucht. An der Außenwand der Retorte war ein Tonabnehmerkristall aufgesetzt, der die durch Zerstörungen an der Probe entstehenden Geräusche aufnahm u. über Lautsprecher wiedergab. Die Verss. ergaben, daß es bei wachsender Temp. infolge Diffusion zu einer Akkumulation der okkludierten Gase in den vorhandenen Hohlräumen kommt, die schließlich dem Druck nachgeben u. die Gase freigeben. Es wurden folgende relative Vol. festgestellt: H_2 0,43; He 189; H_2O 87; O_2 0,05; CO_2 111. W. REUSSE. 380 □

Vorkommen von Vermiculit im Auranga-Koel-Tal, Palamau (Bihar). Raghuji Verma. (Sci. and Cult. [Calcutta] **23.** 655. Juni 1958. Rauchi, Rauchi Coll., Dep. of Geol.) (Engl.)

Vermiculit wurde in der Kontaktzone zwischen Noriten, Pyroxeniten u. Glimmer-Peridotiten einerseits u. Graniten u. Granitgneisen andererseits gefunden. Angabe techn. Verw.-Möglichkeiten (Isolationsmaterial). H. MOENKE. 380 □

Zur Kenntnis der Sulfiderze und der zonenbildenden Zinkblenden in den Gemeinden Boda und Sölleron, Regierungsbezirk Kopparberg. Eric Welin. (Geol. Fören. Stockholm Förh. **81.** 495—513. Mai/Okt. 1959. Stockholm, AB Atomenergi.) (Schwed.)

Das untersuchte Erz-Vork. enthält neben *Kalkstein, Schwer-* u. *Flußspat* (Gangart) *Zinkblende, Bleiglanz, Eisen-* u. *Magnetkies.* Seine Entstehung u. die Bedeutung des Fe-Geh. u. des Verhältnisses Fe/Zn wird erörtert. R. K. MÜLLER. 380 □

Farbvarietäten von Zirkonen aus dem archaischen Komplex des Staates Mysore. A. Achutharao. (Sci. and Cult. [Calcutta] **27.** 98—99. Febr. 1961. New-Delhi, Nat. Council of Appl. Econ. Res.) (Engl.)

Reflexionsfarbe, Stratigraphie u. Gesteinstyp werden in Beziehung gebracht. Es konnte gefolgert werden, daß die jungen Granite durch Granitisation älterer Gneise u. anderer Metamorphite entstanden sind. H. MOENKE. 380 □

Über die Verhältnisse zwischen Wasser und magmatischer Schmelze. N. I. Chitarow. (Геохимия [Geochemie] **1960.** 586—89. Moskau, Vernadsky-Inst. für Geochem. u. analyt. Chem. der Akad. der Wiss. der UdSSR.) (Russ.; Auszug: Engl.)

Auf der Basis experimenteller Daten der Wasserlöslichkeit in basalt. u. granit. Schmelzen wird die Trennung des W. von der magmat. Schmelze sowie der Eintritt in das Magma geprüft. Die basalt. Schmelzen neigen in tieferen Horizonten zur Abgabe der Hauptteile des gelösten Wassers. Bei sauren Schmelzen dagegen tritt diese Trennung in oberen strukturellen Horizonten auf. Sind die Magmen nicht mit W. gesättigt, so gelten für eine Wasserassimilation die inversen Beziehungen. M. HÄHNERT. 382□

Aufschmelzung von Torridon-Sandstein durch einen Pikrit-Sill in Soay (Hebriden). P. J. Wyllie. (J. Petrology **2.** 1—37. 2 Tafeln. Febr. 1961. Leeds, Univ., Dep. of Geol.) (Engl.)

Die Aufschmelzung erfolgte in einem Wasserdampfüberschuß. Eine obere Grenze für den Druck gibt die Quarz–Tridymit–PT-Kurve an. Die Schmelze krist. zwischen 935° u. 1025° aus bei einem Wasserdampfdruck von 430 kg/cm². Maximale Aufschmelzung war erreicht, als der Pikrit bereits auskristallisiert war. Als Intrusionstemp. des Pikrits wird etwa 1175° angegeben. H. MOENKE. 382□

Hydrothermale Schmelze von Schiefertonen. P. J. Wyllie und O. F. Tuttle. (Geol. Mag. **98.** 56—66. Jan./Febr. 1961.) (Engl.)

Der Beginn des Schmelzens der Schiefertone in Ggw. von W. u. unter Druck liegt 20—40° höher als der der entsprechenden Granite. Etwa 150° über dem Erweichungspunkt, also bei einer Temp., die über der Liquiduslinie der Granite liegt, sind die Schiefertone halb geschmolzen. Es entsteht eine granit. oder granodiorit. Schmelze. In dem halbgeschmolzenen Material treten Quarz, Cordierit, Mullit, Hypersthen, Anorthit u. andere Mineralien auf. Durch teilweises Aufschmelzen des Schiefertons durch ein granit. Magma, auch wenn dieses überhitzt ist, entsteht eine Schmelze, die nie basischer als ein Granodiorit ist, keinesfalls aber ein basalt. Magma. F. ENSSLIN. 382□

Die Entstehung der Albitporphyroblasten in den Gesteinen des Ben More-Am-Binnein-Gebiets, West-Perthshire, Schottland. K. A. Jones. (Geol. Mag. **98.** 41—55. Jan./Febr. 1961. Belfast, Queen's Univ., Dep. of Geol.) (Engl.)

In den Albit-Glimmerschiefern kommt der Albit in bis 23 mm großen Porphyroblasten vor. Diese haben sich in der letzten Hauptphase der Deformation unter dem Einfl. einer starken Regionalmetasomatose gebildet. Der Albit bildet mehr als 30% des Gesteins neben Quarz, Muskovit, Biotit, Chlorit u. gelegentlich Granat.
F. ENSSLIN. 385□

Magmatische Nephelin-haltige Gesteine der Haliburton-Bancroft-Provinz von Ontario. C. E. Tilley und J. Gittins (unter Mitarbeit von J. H. Scoon). (J. Petrology **2.** 38—48. 2 Tafeln. Febr. 1961. Cambridge, Dep. of Miner. and Petrolog.; Pennsylvania State Univ., Coll. of Min. Ind., Div. of Earth Sci.) (Engl.)

Magmat. gebildete Nephelin-Syenite, Theralithe u. Canadite zwischen Monmouth u. Glamorgan werden beschrieben. H. MOENKE. 385□

Mittlere Zusammensetzung von Graniten; die Genese von Tektiten und Petrogenese. E. H. Timothy Whitten. (Nature [London] **187.** 867—68. 3/9. 1960. Evanston, Ill., Northwestern Univ., Dep. of Geol.) (Engl.)

Vf. behandelt die Problematik der Angabe einer mittleren chem. u. mineralog. Zus. von Gesteinskörpern u. die Gültigkeit einer solchen Angabe für gleichartige Gesteinskörper. CH. WEISKE. 385□

Ultramafische Breccien aus dem Musa Valley, östliches Papua. D. H. Green. (Geol. Mag. **98.** 1—26. Jan./Febr. 1961.) (Engl.)

Die Gesteine sind ein Teil der gefalteten Mg-Dunite u. Peridotite bis zum Olivin- u. Bytownit-Gabbro. Die Breccien bestehen aus diesen Gesteinen in verschiedenen Grundmassen u. sind durch vulkan. Gase aus einem Olivinalkalibasalt gebildet worden. Chem. wurde bei dem Prozeß H_2O, SiO_2, Al_2O_3 u. O_2 zugeführt u. Fe u. Mg entfernt. Die Grundmasse besteht aus Chalcedon, Chrysotil, Magnesit, Quarz, Andradit u. Garnierit.
F. ENSSLIN. 385□

Identifizierung von Chlorit in indischen Tonen durch Röntgenuntersuchungen ihrer orientierten Aggregate. R. P. Mitra und M. V. R. Rao. (Proc. nat. Inst. Sci. India **26.** 81—85. 26/1. 1960. Delhi, Univ., Dep. of Chem.) (Engl.)

In den Tonfraktionen von Bodenproben aus Arkisolan, Nilokheri, Pisanganj u. Boya wurde stets Chlorit neben Illit u. Kaolinit röntgenograph. nachgewiesen.
H. MOENKE. 385□

Leukodiabas und damit verknüpfte Gesteine in der karelidischen Zone von Fennoskandia. Peter Padget. (Geol. Fören. Stockholm Förh. **81.** 316—32. März/April 1959. Stockholm, Sveriges Geol. Undersökning.) (Engl.)

Nach einleitender histor. Bemerkung werden Leukodiabas (**I**)-Vork. in der Nordnorweg. Provinz Finnmark beschrieben. Die Gesteine sind Prodd. intensiver Metasomatose. Eine entsprechende Deutung wird auch für die schwed., finn. u. sowjet. **I**-Vork.

gegeben. Bei der Metasomatose sollen wss. Restlsgg. (reich an CO_2 u. Na) wirksam gewesen sein, die mit bas. Vulkanismus verknüpft sind. Dieser erreichte ein Maximum an Intensität im späten Stadium der Kareliden-Orogenese. Die Skapolithisierung mancher Schiefer wird als ein anderer Ausdruck der gleichen Metasomatose bezeichnet. Diskussion wirtschaftlicher Gesichtspunkte der in I-haltigen Gesteinen vorhandenen Erze. H. MOENKE. 385□

Das zusammengesetzte Massiv von Rudh' a' Chromain, Carsaig, Mull. D. S. Buist. (Geol. Mag. **98.** 67—76. Jan./Febr. 1961. Whitley Bay, Northumberland.) (Engl.)

Das Massiv ist ein Intrusionskörper u. besteht abwechselnd aus bas., sauren u. bas. Gesteinen. Das bas. Gestein ist ein Tholeiit u. das saure ein Rhyolith. Die aus Hypersthen u. bas. Plagioklas bestehenden normalen Xenolithe u. die zufälligen, aus verwittertem Tonstein u. Schieferton bestehenden Xenolithe in dem Tholeiit werden eingehend beschrieben. Bei den letzteren unterscheidet man noch Al_2O_3-reiche mit Mullit-Buchit u. an bas. Plagioklas, Saphir, Spinell u. SiO_2 reiche mit Quarz, Calcit, hellem Glimmer u. Biotit. F. ENSSLIN. 385□

Intrusionen der Perowskit-Pyroxen-Erze in Ost-Sajan. A. A. Konew. (Доклады Академии Наук СССР [Ber. Akad. Wiss. UdSSR] **133.** 935—38. 1/8. 1960. Labor. für Petrographie des ostsibir. geolog. Inst., Sibir. Abt. der Akad. der Wiss. der UdSSR.) (Russ.)

1959 wurde im Ost-Sajan inmitten präkambr. Biotit- u. Pyroxen–Biotit-Gneise ein Massiv von Erzpyroxeniten (spätes Untertrias) entdeckt. Die Pyroxenitintrusionen nehmen ca. 90% des Massivs ein; sie werden von Ijolith-, Nephelinsyenit- u. Karbonatit-Adern durchzogen. Da das Eindringen der Ijolithe u. Karbonatide von intensiven metasomat. Prozessen begleitet war, fand an aderreichen Stellen eine Nephelinisierung u. Verglimmerung der Pyroxenite statt, teilweise auch die Bldg. von Nephelin–Apatit-, Sphen–Apatit-, Perowskit- u. Perowskit–Titanomagnetit-Gesteinen. Die Pyroxenite, klein- u. mittelkörnige dunkle Gesteine, setzen sich aus Pyroxen (60,7%), Titanomagnetit (24,9), Perowskit (6,3), Apatit (5,8), Hornblende u. Biotit (1,7), Sphen (0,6) zusammen. Die beschriebene Intrusion gehört zum Typ der bas.-ultrabas. Komplexe, die auch auf der Kola-Halbinsel u. im Norden der Sibir. Plattform vorkommen. H. NOACK. 385

Coesit-Entdeckung erweist kryptovulkanische Bildungen als fossile Meteoriten-Krater. Alvin J. Cohen, Ted E. Bunch und Arch. M. Reid. (Science [Washington] **134.** 1624—25. 17/11. 1961. Pittsburgh, Pa., Mellon Inst.) (Engl.)

Die Entdeckung von Coesit im St. Peter-Sandstein der Zentralerhebung der Kentland-Struktur, Newton Country, Ind., u. im Trümmerkegel des Lilley-Dolomits der Zentralerhebung der Serpent-Mound-Struktur nahe Sinking Springs, Ohio, beweist, daß der Trümmerkegel Meteoriteneinwirkung unterlag. ERNST SCHULTE. 386□

^{3}H und ^{39}Ar in Eisenmeteoriten. L. K. Lewski. (Радиохимия [Radiochemie] 2. 491—94. 1960.) (Russ.)

An dem Eisenmeteoriten *Sichote-Alin*, der am 27/2. 1947 gefallen war, wurde mittels eines mit Ar u. Äthylen gefüllten Zählers, bei dem der Background durch Antikoinzidenzschaltung erniedrigt war, der Geh. an ^{3}H zu $2,4 \cdot 10^{-2}$ Impulsen/g min u. der an ^{39}Ar zu $5,7 \cdot 10^{-3}$ Impulsen/g min bestimmt. Die Probe wurde im Hochfrequenzofen auf 1600^0 erhitzt u. die Gase ausgetrieben u. gereinigt. Aus der Aktivität an ^{39}Ar u. dem Geh. an ^{38}Ar ergibt sich eine Dauer der Bestrahlung des Meteoriten von $430 \cdot 10^6$ Jahren. M. WIEDEMANN. 388□

Isotopenzusammensetzung von atmosphärischem Wasserstoff und Methan. A. E. Bainbridge, H. E. Suess und Irving Friedman. (Nature [London] **192.** 648—49. 18/11. 1961. San Diego, La Jolla, Calif., Univ. of California, Scripps Inst. of Oceanography; Washington, D.C., US Geol. Survey.) (Engl.) — Vgl. C. **1961.** 15330.

Vff. bestimmen in atmosphär. H_2 aus „Roh-Ne" von 1948 das Verhältnis T/H = $(3,5 \pm 0,1) \cdot 10^{-14}$ u. in atmosphär. Methan von 1960 T/H = $(1,94 \pm 0,1) \cdot 10^{-14}$, die Konz. von ^{14}C zu $(75,2 \pm 0,5)$% des C eines Holzstandards bzw. $\delta^{13}C = (-39 \pm 0,1)$% bezogen auf einen Belemniten-Standard. Da infolge künstlicher T- u. ^{14}C-Quellen die Meßwerte starke örtliche Schwankungen zeigen, sind in den folgenden Jahren weitere Messungen beabsichtigt. HERBERT MÜLLER. 396□

Isotopenzusammensetzung von atmosphärischem Wasserstoff und Methan. K. F. Bishop, B. T. Taylor und A. E. J. Eggleton. (Nature [London] **192.** 649. 18/11. 1961. Harwell, AERE, Health Phys. Div.) (Engl.)

Erwiderung auf vorst. referierte Arbeit. HERBERT MÜLLER. 396□

B. Allgemeine und theoretische organische Chemie

Theorie der Intensität der Infrarotspektren der Methylhalogenide CH_3Cl, CH_3Br, CH_3J und ihrer deuterosubstituierten Verbindungen. L. M. Swerdlow. (Оптика и Спектроскопия [Optik u. Spektroskopie] **6.** 729—44. Juni 1959.) (Russ.) — Vgl. C. **1962.** 5231.

Für CH_3X bzw. CD_3X (X = *Cl, Br, J*) werden die Intensitäten der IR-Banden u. die elektroopt. Parameter der Moll. in erster Näherung des valenz-opt. Schemas berechnet u. die Differentiale des Dipolmoments nach den Symmetriekoordinaten abgeleitet (Tabellen). Es wird gezeigt, daß sich bei dem Dipol μ_{CH} das negative Ende am C-Atom befindet, das positive Ende am H-Atom. Bei Zunahme der Länge der C—H- u. C—X-Bindungen nehmen ihre Dipolmomente ab. Es ergibt sich für μ_{CH} (in D-Einheiten) bzw. für μ_{CX} (Werte in Klammern): für CH_3Cl u. CD_3Cl —0,4882 (1,4333), für CH_3Br u. CD_3Br —0,4908 (1,3679), für CH_3J u. CD_3J —0,477 (1,2096). R. K. MÜLLER. B 114□

Schwingungsspektren von Oktadeuterotoluol. M. A. Kowner und G. W. Peregudow. (Оптика и Спектроскопия [Optik u. Spektroskopie] **5.** 134—40. Aug. 1958. Saratow, Akad. der Wiss. der UdSSR, Univ., Phys. Lebedew-Inst.) (Russ.)

Unters. des RAMAN- u. IR-Spektrums von D_8-*Toluol*, Berechnung der Mol.-Schwingungsfrequenzen u. Zuordnung des Spektrums. CH. WEISKE. B 114□

Berechnung und Deutung der Schwingungsspektren von Methylcyclohexan und Äthylcyclohexan. G. A. Alexandrow. (Оптика и Спектроскопия [Optik u. Spektroskopie] **5.** 128—33. Aug. 1958. Murom, Pädag. Inst.) (Russ.) — Vgl. C. **1958.** 12927.

Theoret. Berechnung der Frequenzen der Schwingungsspektren von *Methyl-* u. *Äthylcyclohexan* nach der Meth. von JELJASCHEWITSCH u. STEPANOW (Доклады Академии Наук СССР [Ber. Akad. Wiss. UdSSR] [N.S.] **32.** [1941.] 481) u. Vgl. mit den beobachteten IR- u. RAMAN-Spektren. Es wird festgestellt, daß die schon bekannten Kraft-Konst. von Cyclohexan zur Berechnung der Frequenzen von Normalschwingungen von Cyclohexan-Derivv. benutzt werden können. CH. WEISKE. B 114□

Elektronenabsorptionsspektren von Jod- und Brommethanen. Mitsuo Ito, Pih-Kuei C. Huang und Edward M. Kosower. (Trans. Faraday Soc. **57.** 1662—73. Okt. 1961. Madison, Wis., Univ., Dep. of Chem.) (Engl.)

Vff. untersuchten die Absorptionsspektren von CH_3J (Kp. 41°), CH_2J_2 (Kp.$_{16}$ 69,5°), CHJ_3 (F. 118,5°, Zers., hellgelbe Kristalle aus CH_3OH), CJ_4 (Zers. > 100°, aus A.), CH_2Br_2 (Kp. 98°), $CHBr_3$ u. CBr_4 (F. 91,0°, aus A.) im Bereich von 1900···5000 Å in Isooctan, CH_3CN, Isopropanol u. Methanol, die Jod-Verbb. soweit möglich auch in W., 2.2.3.3-Tetrafluorpropanol u. in der Dampfphase. In Übereinstimmung mit den Lsgm.-Einfl. ließen sich alle Banden mit „niedriger Intensität“ zu $n \rightarrow \sigma^*$-Übergängen zuordnen. Die Absorptionskurven von CH_2J_2, CHJ_3 u. CJ_4 konnten in GAUSS-Komponenten aufgelöst werden; eine Symmetriebehandlung lieferte Ergebnisse, die mit den Experimenten befriedigend übereinstimmten. J. ROTHE. B 118□

Über die Elektronenspektren aromatischer Kohlenwasserstoffe und ihrer deuterierten Derivate bei 20° K. W. L. Broude, Je. A. Israilewitsch, A. L. Liberman, M. I. Onoprijenko, O. Ss. Pachomowa, A. F. Prichotko und A. I. Schatenstein. (Оптика и Спектроскопия [Optik u. Spektroskopie] **5.** 113—22. Aug. 1958. Akad. der Wiss. der UdSSR, Inst. für Phys., Phys.-chem. Karpow-Inst.) (Russ.)

Nach der Isotopenaustausch-Meth. wurden in fl. ND_3 mit KND_2 folgende vollständig deuterierten KW-Stoffe erhalten (in Klammern Rk.-Temp. u. Rk.-Dauer): *p-Xylol* (30°, 30 Std.), $D._{25}^{25}$ 0,93281, n_D^{20} 1,4929; *Mesitylen* (30°, 30 Std.), $D._{25}^{25}$ 0,9466, n_D^{20} 1,4950; *Durol* (110°, 120 Std.), F. 80,2°; *Pentamethylbenzol* (100°, 200 Std.); *Hexamethylbenzol* (100°, 200 Std.), F. 165,5°; *Bzl.* (—); *Toluol* (—), $D._{25}^{25}$ 0,93176, n_D^{20} 1,4942; *m-Xylol* (—), $D._{25}^{25}$ 0,93874, n_D^{20} 1,4940; *Naphthalin* (—), F. 82,5°; *Phenanthren* (—), F. 100°, *Diphenyl* (—), F. 70,5°. Bei 20° K wurden im polarisierten Licht die Elektronenspektren der krist. deuterierten u. nicht deuterierten KW-Stoffe erhalten. Bei den deuterierten Verbb. wurde im Vgl. zu den nichtdeuterierten eine Änderung des Energiezustands der Moll. (Verschiebung der Spektren um 100—200 cm^{-1} ins kurzwellige Gebiet u. Verringerung der Mol.-Schwingungsfrequenzen um das 1,04- bis 1,15fache) u. eine Kristallstrukturänderung beobachtet. CH. WEISKE. B 118□

Absorptionsspektren der Disubstitutionsprodukte des Benzols mit gleichartig dirigierenden funktionellen Gruppen. 3. Mitt. **Nitrobenzoesäuren und Äthylnitrobenzoate.** A. Je. Lutzki und W. T. Alexejewa. (Журнал Общей Химии [J. allg. Chem.] **30 (92).** 2737—42. Aug. 1960.) (Russ.) — **2.** vgl. C. **1962.** 1166.

Die UV-Absorptionsspektren der *o-* (I), *m-* u. *p-Nitrobenzoesäure* u. ihrer *Äthylester* wurden in Bzl., Dioxan, Ae., Butanol, 98%ig. u. 9,8%ig. H_2SO_4, die Spektren der Säuren ferner in 2n NaOH, die der Ester auch in Hexan aufgenommen u. mit den Spektren von *Nitrobenzol* (II) u. *Benzoesäure* (III) bzw. *Äthylbenzoat* (IV) verglichen. Die Spektren der obigen Verbb. ergeben sich im wesentlichen durch Überlagerung der Spektren von II u. III bzw. IV, wobei in bestimmten Bereichen des Spektrums die Absorption der Nitrogruppe, in anderen die der Carboxyl- bzw. Carbäthoxygruppe überwiegt. Die Absorption von Verbb. des Typs AC_6H_4B (A u. B = Elektronenacceptoren) wird also durch dieselben Elektronenübergänge wie die der Verbb. C_6H_5A u. C_6H_5B bestimmt. Der ster. Einfl. der Carboxyl- oder Carbäthoxygruppe bei I u. I-Äthylester macht sich durch eine hypsochrome Verschiebung der B-Bande gegenüber II bemerkbar. Bei den p-Isomeren dagegen wird diese Bande bathochrom verschoben u. ihre Intensität beim Übergang zu polaren Lsgm. stark erhöht. Zur Erklärung dieses Effekts wird angenommen, daß die Carboxyl- bzw. Carbäthoxygruppe der p-Isomeren im angeregten Zustand ihre Elektronenacceptorfunktion nicht beibehalten, sondern positiv polarisiert werden.

O. DOLD. B 118□

Vergleich der Färbungen, Emissions- und Absorptionsspektren von Arylamiden der 3.5- und 2.4-Dinitrobenzoesäure. Je. A. Smirnow. (Журнал Общей Химии [J. allg. Chem.] **29** (**91**). 287—97. Jan. 1959. Moskau, Erdöl-Gubkin-Inst.) (Russ.)

Es wird die Änderung der Färbung von substituierten *Arylamiden* der *3.5-Dinitrobenzoesäure* (I; 3.5-$[NO_2]_2C_6H_3CONHC_6H_4R$) untereinander u. hinsichtlich der Färbung von entsprechenden *2.4-Dinitrobenzoesäure*(II)-*Derivv.* verglichen. Dabei bewirken die Substituenten $R = m\text{-}OCH_3$, $p\text{-}OH$ oder $m\text{-}N(CH_3)_2$ eine stärkere Färbung der I-Verbb. u. die Substituenten $R = p\text{-}OCH_3$, $m\text{-}OH$ oder $p\text{-}N(CH_3)_2$ eine stärkere Färbung der II-Verbindungen. Die visuelle Best. der Färbung wird durch die Messung der Emissionsspektren an Pulverproben der I- u. II-Verbb. gesichert. Die Absorptionsspektren zeigen dagegen, daß im gelösten Zustand die I-Derivv. allg. weniger tief gefärbt sind als die II-Derivate. Dieses unterschiedliche Verh. im festen u. gelösten Zustand wird mit der Wrkg. von zwischenmol. Kräften auf den elektrophoben (Arylamid-) u. den elektrophilen (Dinitrobenzoyl)-Teil im Mol. erklärt. Beweisend für das Vorhandensein zwischenmol. Kräfte, die nur in der festen Phase ungestört auftreten, sind die Emissionsspektren pulverförmiger Komplex-Verbb., die aus Komponenten bestehen, welche den untersuchten I-Verbb. entsprechen (z. B. 3.5-Dinitrobenzamid + Acet-p-hydroxyanilid). Im Gegensatz zu den Emissionsspektren dieser Komplexe sind die Absorptionsspektren, die durch Addition der Spektren beider Komponenten einer Komplex-Verb. erhalten werden, von denen der untersuchten I-Verbb. deutlich verschieden. Aus diesem Verh. wird geschlossen, daß neben den zwischenmol. auch innermol. Wechselwrkg. zwischen dem elektrophoben u. elektrophilen Teil des Mol. bestehen. Hierzu ist die Tautomerie der Amidgruppe zu rechnen. Zur Unters. des Einfl. der zweiten Nitrogruppe im Mol. werden auch die entsprechenden Amide der *4-Nitro-* u. *3-Nitrobenzoesäure* spektroskop. untersucht.

H. KÜHNE. B 118

Die Wirkung von Aluminium auf die Absorptionsspektren des Anthocyanins und der Flavonole aus den Kelchblättern von Hydrangea macrophylla var. Merveille. Sam Asen und H. W. Siegelman. (Proc. Amer. Soc. horticult. Sci. **70.** 478—81. Dez. 1957. Beltsville, Md., U. S. Dep. of Agric.) (Engl.) — Vgl. C. **1962.** 7575.

Die Absorptionsspektren des aus den Kelchblättern von *H. macrophylla var. Merveille* isolierten *Delphinidindiglykosids* (I), *Kämpferols* (II) u. II-*Triglykosids* (III) wurden allein u. nach Zusatz von $AlCl_3$ (0,2% in 0,01 molal HCl in 95%ig. A.) bestimmt. $AlCl_3$ rief eine deutliche längerwellige Verschiebung der Maxima hervor mit einer Farbänderung von Rot nach Blau für I u. von Hell- nach Brillantgelb für II u. III. Die spektralen Verschiebungen beruhen wahrscheinlich auf Bldg. 5gliedriger Ringe infolge Chelatbindung zwischen Al u. benachbarten OH- oder OH- u. CO-Gruppen. Die Absorptionsmaxima einer Mischung von I u. II oder III sind additiv.

K. MAIER. B 118□

Protonen-Anlagerungs-Wirkungen auf das Elektronenspektrum des Pyrazins. Shizuyo Mataga und Noboru Mataga. (Bull. chem. Soc. Japan **32.** 511—13. Mai 1959. Osaka, Kita-ku, Osaka City Univ., Inst. of Polytechn.) (Engl.) — Vgl. nachst. Referat.

Vff. berechnen die Protonenanlagerungs-Wrkg. auf das Spektrum des *Pyrazins* (I) mit Hilfe einer halbempir. HARTREE-FOCK-SCF-MO-Meth. auf Grund zweier verschiedener Modelle: 1. Das elektrostat. Protonenpotential wird im Gesamt-Hamilton-Operator zu den Kernpotentialen addiert u. die Kern-Wechselwrkg.-Integrale mit Hilfe von SLATER-2pπ-Atomorbitals der C- u. N-Atome berechnet. 2. Das doppelt protonierte I wird durch das doppelt geladene Pyraziniumion ersetzt u. die MO-Integrale werden mit Hilfe der Valenzzustandsionisierungspotentiale u. der Elektronenaffinität des N^+ berechnet. — Die Ergebnisse werden mit den beobachteten Spektren verglichen. Das Modell 1 ergibt weit bessere Übereinstimmung als Modell 2. W. Haberditzl. B 118□

Protonen-Anlagerungs-Wirkungen auf Elektronenstruktur und Spektren von Stickstoff-Heterocyclen. Shizuyo Mataga und Noboru Mataga. (Bull. chem. Soc. Japan **32**. 521—25. Mai 1959.) (Engl.) — Vgl. vorst. Ref.; vgl. auch C. **1959**. 16265 u. Z. physik. Chem. [Frankfurt/M.] [N.F.] **19**. [1959.] 231.

Die Meth. 2 des vorst. Ref. wird mit Hilfe der „self-consistent-Elektronegativitäts-Meth." von Brown u. Heffernan (Trans. Faraday Soc. **54**. [1958.] 757) verbessert, um bessere Übereinstimmung von berechneten u. beobachteten Spektren von N-Heterocyclen–Proton-Addukten zu erhalten. Die Ergebnisse sind noch unbefriedigend. Es werden Formeln vorgeschlagen, die die Stärke von Induktivitätseffekten auf jedes Atom in Abhängigkeit von Distanz bzw. Bindungsordnung angeben. W. Haberditzl. B 118□

Spektroskopische Untersuchung der Wasserstoffbindung in Mercaptanen. M. O. Bulanin, G. Ss. Denissow und P. A. Puschkina. (Оптика и Спектроскопия [Optik u. Spektroskopie] **6**. 754—59. Juni 1959.) (Russ.)

Die IR-Absorptionsspektren von fl. *Äthyl-* u. *n-Propylmercaptan* (Kp. 67,9°, n_D^{20} 1,4384) u. ihren Lsgg. in CCl_4 werden im Gebiet 2400—2700 cm^{-1} aufgenommen. Die Änderung der Frequenz u. der Intensität der SH-Valenzschwingungsbande deutet auf das Vorliegen von Mol.-Assoziationen über H-Bindungen vom Typ —S—H ··· S bzw. H ··· S(R)—H hin; die Bande 2584 (cm^{-1}) gehört den Schwingungen der SH-Gruppen der monomeren Moll. zu, die Bande 2564 denjenigen der durch H-Bindung assoziierten SH-Gruppen. Aus einem Vgl. der IR-Spektren von C_3H_7SH in Chlf. u. in $(C_3H_7)_2S$ (Kp. 141,5—141,6°, n_D^{20} 1,4513) ergibt sich, daß $(C_3H_7)_2S$ gegenüber C_3H_7SH die Rolle eines Protonenacceptors übernimmt, wobei eine H-Bindung vom Typ R—S—H ··· $S(R)_2$ entsteht. Die SH-Bande von C_3H_7SH ist in der $(C_3H_7)_2S$-Lsg. an Intensität unverändert, aber nach niedrigeren Frequenzen verschoben. Auch Lsgg. von C_3H_7SH in Aceton, Dioxan u. Triäthylamin zeigen Frequenzänderungen. R. K. Müller. B 120□

Messung des Infrarotdichroismus für Laurinsäure im CsBr-Gebiet. Takehiko Shimanouchi und Michio Kawano. (Bull. chem. Soc. Japan **32**. 890. Aug. 1959. Hongo Tokyo, Univ. of Tokyo, Fac. of Sci., Chem. Labor.; Minato-ku, Tokyo, Raihway Techn. Res. Inst.) (Engl.)

Für Messungen des IR-Dichroismus verwendet man gewöhnlich AgCl-Polarisatoren. Da deren Leistung im Gebiet unter 20 μ wegen ihrer schlechten Durchlässigkeit nicht zufriedenstellend ist, verwendeten Vff. versuchsweise bei ihren Unterss. zur Messung des IR-Dichroismus der *C-Form* der *Laurinsäure* als Polarisatoren 6 Polyäthylenfilme mit Dicken von 0,02 mm, die angenähert 60° geneigt waren. Graph. sind die erhaltenen Spektren für entlang der a- u. b-Achse einfallendes polarisiertes Licht angegeben. Vergleichsweise ist das Diagramm des IR-Dichroismus der orientierten Kristalle in dem NaCl-Gebiet angegeben. Es wird darauf hingewiesen, daß die zwischen 350 u. 500 cm^{-1} auftretenden 4 Linien den entgegengesetzten Dichroismus haben wie die zwischen 1180 u. 1350 cm^{-1} auftretenden Banden. C. Gottfried. B 120

Infrarotspektren von organischen hydroxyaromatischen Verbindungen. W. Beckering und W. W. Fowkes. (U. S. Dep. Interior, Bur. Mines, Rep. Invest. **1961**. Nr. 5806. 1—34.) (Engl.) — Vgl. C. **1961**. 11269.

Die Spektren (als Diagramme) von 2—15 μ folgender Phenole werden angegeben: *3-n-Propyl-*, *2-* u. *4-Isopropyl-*, *2-* u. *4-sek.-Butyl-*, *2-tert.-Butyl-*, *2-Cyclohexyl-*, *4-Äthyl-3-methyl-*, *3-Äthyl-4-methyl-*, *3-Methyl-6-äthyl-*, *2.6-*, *3.5-*, *3.4-* u. *2.5-Diäthyl-*, *3.5-Diisopropyl-*, *2-Methyl-4-* u. *-6-tert.-butyl-*, *2-Methyl-4-tert.-octyl-*, *2.4-Di-sek.-butyl-*, *2.4-Di-tert.-butyl-*, *2.3-Dimethyl-6-äthyl-* u. *2-Äthyl-4-methylphenol*, *3.5-* u. *4.6-Dimethylguajacol*, *3.4-*, *3.5-* u. *4.5-Dimethylbrenzcatechin*; *2-Hydroxy-4'-brom-* u. *-4'-chlordiphenyl*; *2-Hydroxy-3.4-dimethylacetophenon*; *1-[2-Hydroxyphenyl]-naphthalin*; *2.6-Di-tert-butyl-α-methoxy-p-kresol.* U.-L. Rau. B 120□

Chemische Reaktionsfähigkeit und Hydroxylvalenzfrequenz im Infrarot einiger mit Lignin verwandter Methoxyphenole. J. Johan Lindberg. (Finska Kemistsamfundets Medd. **69**. 11—16. 1960. Helsingfors, Finland, Univ. of Chem.) (Engl.)

Die OH-Valenzfrequenz, deren Halbwertsbreite, Intensität u. 1. Oberschwingung sowie die Gleichgewichtsfrequenz w_e u. die Anharmonizitäts-Konst. von *Phenol*, *p-Methoxyphenol*, *p-Kresol* (**I**), *Guajacol*, *Di-[guajacyl-(4)]-methan*, *Isoeugenol*, *Dehydrodiisoeugenol*, *Dieugenolylmethan* (*Bis-[2-hydroxy-3-methoxy-5-allylphenyl]-methan*), *2.6-Dimethoxyphenol* (**II**), *Vanillonitril* (**III**), *Acetoguajacon*, *Syringasäuremethylester*, *Vanillin*, *p-Nitroguajacol* (**IV**) u. *Brenzcatechin* werden mitgeteilt. Bei keinem der o-substituierten Phenole wird ein der freien OH-Gruppe entsprechender νOH-Wert beobachtet. νOH aufgetragen über p_K (bzw. über HAMMETTS σ-Konst.) ergibt für die o-Methoxyphenole eine ansteigende Gerade. Mitgeteilte σ-Werte zeigen, daß die untersuchten Verbb. hinsichtlich ihrer HAMMETT-Konst. u. νOH-Werte in 2 Gruppen einzuteilen sind (**I–II**, **III–IV**), was im Verh. phenol. Gruppen des Lignins mit u. ohne Chromophor seine Parallele findet. H. WAGNER. B 120□

Intramolekulare Wechselwirkung zwischen Hydroxylgruppe und π-Elektronen. 3. Mitt. **Die ν_{O-H}-Absorption von Cholesterin und Epicholesterin.** Michinori Ōki und Hiizu Iwamura. (Bull. chem. Soc. Japan **32.** 306–08. März 1959. Tokyo, Hongo, Univ. of Tokyo, Fac. of Sci., Dep. of Chem.) (Engl.) — 2. vgl. Bull. chem. Soc. Japan **32.** [1959.] 567; 1. vgl. C. **1962.** 2680.

Vff. zeigen, daß sich die OH-Absorption von *Cholesterin* (**I**) u. *Epicholesterin* (**II**) in ähnlich charakterist. Weise wie die entsprechenden Konformationen von *Buten-(3)-ol-(1)* unterscheiden. Während **I** eine normale Absorptionsbande für sek. Alkohole aufweist, erscheint die OH-Absorption von **II** als Doppelbande. Dies wird auf eine Wechselwrkg. zwischen der OH-Gruppe u. den π-Elektronen der Doppelbindung zurückgeführt, die bei **I** aus ster. Gründen entfällt. W. HABERDITZL. B 120□

Paramagnetische Resonanz im freien Hydroxyl-Radikal. H. E. Radford. (Nuovo Cimento [10] **14.** 245–47. 1/10. 1959. Washington, D. C., Nat. Bureau of Standards.) (Engl.)

In Wasserdampf wurde bei elektr. Entladung (2450 MHz) paramagnet. Resonanz beobachtet. Die Entladungs-Prodd. wurden in das Meßgefäß gepumpt. Es wurden Liniengruppen um 5520, 8065 u. 9965 Gauß beobachtet, sie werden als ED-Übergänge im Niveau $\pi_{3/2}$ u. $J = 3/2$ bzw. im letzten Fall $J = 7/2$ gedeutet. M. WIEDEMANN. B 121□

Inhibitoreigenschaften von Oximen. 1. Mitt. **Einfluß von Oximen auf die Chemoluminescenz von Luminol.** Jelka Matković, K. Weber, D. Fleš und Nevenka Paulić. (Arhiv Hig. Rada Toksikol. **11.** 177–202. 1960. Zagreb, Jugoslav. akad. znan. i Umjetn., Inst. za med. istraživanja i med. rada.) (Serbokroat.; Auszug: Engl.)

Durch Zugabe von *Aceton-*, *Formald-*, *Acetald-*, *Brenztraubensäure-*, *Pyridin-4-aldoxim*, *Isonitrosoaceton*, *Diacetylmono-*, *Diacetyldioxim* (als Di-Na-Salz), *β-[4-Oximinomethylpyridinio]-propionsäuremethylesterbromid*, *Pyridin-2-* u. *-4-aldoximmethojodid*, *[4-Oximinomethylpyridinio]-essigsäureäthylesterbromid*, *Pyridin-3-aldoximmethojodid*, *1-[4-Oximinomethylpyridinio]-5-[pyridinio]-pentandibromid*, *1.5-Bis-[4-oximinomethylpyridinio]-pentandibromid* u. *1.4-Bis-[4-oximinomethylpyridinio]-butandibromid* wird die Chemoluminescenz des *Luminols* ($4 \cdot 10^{-4}$ m, H_2O_2 $1{,}76 \cdot 10^{-2}$ m, NaOH $4 \cdot 10^{-2}$ m), die durch Hämoglobin oder $K_3[Fe(CN)_6]$ katalysiert wird, geschwächt. Die Wrkg. der Oxime ist bei $K_3[Fe(CN)_6]$ schwächer als bei Hämoglobin. Die Inhibitor-Konzz., bei der die Rk.-Geschw. auf die Hälfte gesunken ist, liegen zwischen $6{,}5 \cdot 10^{-4}$ u. $6{,}1 \cdot 10^{-2}$ m u. nehmen in der obigen Reihenfolge der Oxime ab. Einige Oxime sind in alkal. Lsg. gelb (Anion) u. wirken als innere Filter. Durch kinet. Analyse wurde festgestellt, daß es sich um eine Konkurrenzinhibition handelt. H. CNOBLOCH. B 125□

Über die Hertzschen Orientierungsspektren einiger Glykole. Claude Moriamez-Boullet. (C. R. hebd. Séances Acad. Sci. **246.** 2364–66. 21/4. 1958.) (Franz.) — Vgl. C. **1961.** 15705.

Messung der komplexen DK $\varepsilon^x = \varepsilon' - j\,\varepsilon''$, der drei Glykole *Äthandiol*, *Propandiol-(1.2)* u. *Pentandiol-(1.5)* bei Temp. zwischen −40 u. +25° im Frequenzgebiet von 100 kHz bis 25 GHz. Für alle drei Verbb. ergeben sich jeweils zwei getrennte Relaxationszeiten τ_1 u. τ_2. Die dazugehörigen reellen DK ε_0 u. ε_∞ sowie die Platzwechselenergien werden mitgeteilt. E. GERDES. B 132□

Untersuchung der Anisotropie der Polarisierbarkeit von Dihydroxybenzolen und Nitrophenolen aus der Lichtstreuung in Lösungen. M. G. Panow. (Вестник Ленинградского Университета, Серия Физики и Химии [Nachr. Leningrader Univ.] **14.** Nr. 22. [Ser. Physik Chem.] Nr. 4. 56–63. 1959.) (Russ.; Auszug: Engl.)

Für die Messung der polarisierten Komponenten des gestreuten Lichts wird eine App. entwickelt, bei der die die Na-Lampe speisende Spannung nicht stabilisiert werden muß. Die mittlere Polarisierbarkeit a, die opt. Anisotropie γ, die Tensorkomponenten der Polarisierbarkeit u. die Zeit der Orientierungsrelaxation der Moll. von *Hydrochinon*, *Resorcin*, *Brenzcatechin* u. *o-*, *m-* u. *p-Nitrophenol* werden gemessen u. mit den additiv berechneten Werten verglichen. Die Abweichungen werden mit dem Einfl. der π- u. σ-Bindungen u. der Änderung der Mol.-Größe erklärt. Für die nichtaxiale C—NO_2-Bindung ergibt sich $\bar{a} = 32{,}6 \cdot 10^{-25}$ cm^3 u. $\gamma^2 = 13{,}2 \cdot 10^{-48}$ cm^6. R. K. MÜLLER. B 132□

Die Dipolmomente einiger Phosphitester und ihrer Derivate. Theodore L. Brown, J. G. Verkade und T. S. Piper. (J. physic. Chem. **65.** 2051–53. Nov. 1961. Urbana, Ill., Univ. of Illinois, Noyes Chem. Labor.) (Engl.)

Vff. bestimmen die Dipolmomente μ von *1-Methyl-4-phospha-3.5.8-trioxabicyclo-[2.2.2]-octan* [**I**; μ 4,15 (D)], *1-Methyl-4-phospha-3.5.8-trioxabicyclo-[2.2.2]-octan-P-oxid* (**II**; μ 7,10), *1-Methyl-4-phospha-3.5.8-trioxabicyclo-[2.2.2]-octan-P-sulfid* (**III**; μ 6,77), *Triäthylphosphit* (**IV**; $Kp._{12,5}$ 48°, μ 1,82), *1-Methyl-4-arsa-3.5.8-trioxabicyclo-[2.2.2]-octan* (μ 2,36) u. *1-Phospha-2.8.9-trioxaadamantan* (μ 4,7) in Dioxan bei 25° u. von **I** (μ 3,91) u. **IV** (μ 1,71) in Cyclohexan bei 25°. Da in den Strukturen **I, II** u. **III** freie Rotation der Alkoxygruppen um die P–O-Bindung nicht möglich ist, werden die Gruppenmomente der P=O-Bindung (μ 2,95) u. der P=S-Bindung (μ 2,62) durch Differenz-Bldg. $\mu_{II}-\mu_{I}$ bzw. $\mu_{III}-\mu_{I}$ errechnet.

Versuche: *1-Phospha-2.8.9-trioxaadamantan*, $C_6H_9O_3P$, F. 208–209°, aus Phloroglucin durch katalyt. Hydrierung bei 10 atm zu cis-1.3.5-Trihydroxycyclohexan, Zugabe von Trimethylphosphit im Überschuß, 10 Tage langes Stehen bei 50° unter N_2, Reinigung durch Sublimation bei 100° u. 0,05 mm Hg; 70% (Ausbeute). A. Trede. B 132 □

Ladungsverteilung in N-heteroaromatischen Verbindungen und Konfiguration von Phenylpyridinen. Lucjan Sobczyk. (Trans. Faraday Soc. **57.** 1041–43. Juli **1961.** Wroclaw, Poland, Univ. of Wroclaw, Dep. of Phys. Chem.) (Engl.)

Die Dipolmomente μ in Bzl. bei 25° werden gemessen von *4-Phenyl-* (μ 2,50 [D]), *3-Phenyl-* (2,45), *2-Phenyl-* (1,77), *2.6-Diphenyl-* (1,37), *2.4.6-Triphenylpyridin* (1,69), *4-Phenyl-* (F. 61°, μ 2,33), *3-Phenyl-* (F. 51°, 2,22) u. *2-Phenylchinolin* (F. 84°, 1,76). Durch Vgl. der gemessenen mit den nach Littlejohn u. Smith (vgl. C. **1954.** 3896) berechneten μ-Werten ergibt sich, daß die Dipolmomente in N-heteroaromat. Verbb. hauptsächlich durch N-Hybridisierung, daneben zusätzlich durch mesomere Effekte erklärt werden können. Der Benzol- u. der Pyridinring sind in den untersuchten Verbb. nahezu koplanar angeordnet. A. Trede. B 132 □

Untersuchung heterocyclischer N-Oxide. 7. Mitt. **Dipolmomente und chemische Besonderheiten einiger Derivate von N-Oxiden des Phenazins und Acridins.** S. W. Puschkarewa und O. N. Netschajewa. (Журнал Общей Химии [J. allg. Chem.] **28** **(90).** 2702–05. Okt. 1958.) (Russ.) – 6. vgl. C. **1962.** 7836.

Die an Phenazin- u. Acridin-Derivv. in Bzl.-Lsg. gemessenen Dipolmomente ($\mu_{exp.} \cdot 10^{18}$) sind: *2-Chlorphenazin* 2,46 u. *-5-oxid* 2,69 u. *-5.10-dioxid* 3,16; *2-Nitrophenazin* 6,61 u. *-5-oxid* 5,85; *2-Aminophenazin* 6,72; *9-Phenoxyacridin* 2,40 u. *-N-oxid* 4,67; *2-Methoxy-9-phenoxyacridin-N-oxid* 5,33; *2-Methoxy-6-chlor-9-phenoxyacridin-N-oxid* 6,60; *9-Hydrazinoacridin* 5,99 u. *-10-oxid* 6,32; *2-Methoxy-6-chlor-9-hydrazinoacridin* 7,45 u. *-10-oxid* 8,23. Durch Substituenten in 2-Stellung des Phenazin-Mol. wird μ erhöht (infolge Asymmetrie). Die Acridin-N-oxide haben durchweg höheres μ als die Acridine selbst. In Tabellen wird ein Vgl. mit berechneten Werten gegeben; es bestehen z. T. erhebliche Differenzen zwischen $\mu_{exp.}$ u. $\mu_{ber.}$ R. K. Müller. B 132

Untersuchung von bei der Bestrahlung mit schnellen Elektronen entstehenden freien Radikalen nach der Methode der paramagnetischen Elektronenresonanz. N. Ja. Buben, W. W. Wojewodski, A. T. Koritzki, Ju. N. Molin, I. I. Tschcheidse und W. N. Schamschew. (Оптика и Спектроскопия [Optik u. Spektroskopie] **6.** 806–07. Juni 1959.) (Russ.)

Bei –180 bis +150° mit schnellen Elektronen (10^6–10^7 rad/s) bestrahlte Polymere, feste organ. Säuren u. deren Salze u. aromat. Verbb. bilden freie Radikale, deren Bldg.- u. Zers.-Bedingungen mittels der paramagnet. Elektronenresonanz untersucht werden. Das bei *Oxalsäure* beobachtete Signal rührt offenbar von einem Radikal $R-COO^{\cdot}$ her, dessen Verschwinden der Gleichung $dn/dt = -Kn^2$ entspricht mit $K = 10^{-21}$ cm^3/s bei 25°. Zwischen der stationären Radikalmenge n u. der Dosis W besteht die Beziehung $n_{stat.} \sim \sqrt{W}$. Bei *Polyäthylen* wird bei Raum-Temp. das Radikal $CH_2-\dot{C}H-CH_2$ registriert, ebenso bei bestrahltem Paraffin; die Lebensdauer der Radikale ist aber in beiden Fällen verschieden. R. K. Müller. B 137 □

Protonenmagnetische Resonanz hoher Auflösung von Fluorbenzol. Shizuo Fujiwara, Mikio Katayama und Hiroshi Shimizu. (Bull. chem. Soc. Japan **32.** 102–03. Jan. 1959. Tokyo, Univ. of Electro-Communicat.) (Engl.)

Vff. finden mit einer Kernresonanz-App. hoher Auflösung eine Feinstruktur der Protonenresonanz von *Fluorbenzol*, die auf einer durch Elektronen vermittelten Wechselwrkg. mit dem F-Atom beruht. W. Haberditzl. B 137 □

Paramagnetische Resonanzabsorption von Lösungen des Natrium-Adduktes von Styrol und 1.1-Diphenyläthylen. Kozo Hirota, Keiji Kuwata und Kazuo Morigaki. (Bull. chem. Soc. Japan **32.** 99–101. Jan. 1959. Osaka, Kita-ku, Osaka Univ., Fac. of Sci.) (Engl.) – Vgl. C. **1962.** 744.

Vff. geben die paramagnet. Resonanzspektren der Radikale an, die in den Lsgg. von Na-Addukten des *Styrols* (**I**) bzw. des *1.1-Diphenyläthylens* (**II**) in Tetrahydrofuran vorliegen. In beiden Fällen zeigt sich je nach dem Polymerisationsgrad des Addukts eine Feinstruktur, die bei I 4—23 Linien, bei II bis zu 33 Linien aufweist. Das 4 Linien zeigende Spektrum von I ergab weder bei ca. -100^0, noch in Dioxan u. auch nicht bei Verw. von K an Stelle Na eine Aufspaltung in weitere Linien. Die Struktur der polymerisierten Radikale wird diskutiert. W. HABERDITZL. B 137 □

Das kernmagnetische Resonanzspektrum von Dibromthiophen. Shizuo Fujiwara, Mikio Katayama, Shôichi Hayashi, Hiroshi Shimitsu und Shôji Nishimura. (Bull. chem. Soc. Japan **32.** 201. Febr. 1959. Tokyo, Univ. of Electro-Communicat.) (Engl.)

Vff. untersuchen die Kernresonanzspektren von *2.5-* (**I**), *3.4-* (**II**) u. *2.3-Dibromthiophen* (**III**) u. geben die Verschiebungen relativ zum Cyclohexan an. Sie nehmen in der Reihenfolge **II/III/I** ab infolge der zunehmenden diamagnet. Abschirmung der Protonen. W. HABERDITZL. B 137 □

Eine Mitteilung über das protonenmagnetische Resonanzspektrum einiger Thiophenderivate. Kensuke Takahashi, Yasuo Matsuki, Tatsuo Mashiko und Genjiro Hazato. (Bull. chem. Soc. Japan **32.** 156—61. Febr. 1959. Katakira-cho, Sendai, Tohoku Univ., Chem. Res. Inst. of Non-aqueous Solut.) (Engl.)

Vff. untersuchen die Protonenresonanzspektren von *2-Methyl-* (Kp. 107—112°), *3-Methyl-* (Kp. 114—115°), *2.4-Dimethyl-* (Kp. 139—142°), *2.3-Dimethyl-* (Kp. 139—140°), *2-Chlor-*, *2-Brom-* (Kp. 148—151°), *2-Jod-* ($Kp._{15}$ 72—74°), *2.5-Dibrom-*, *2.5-Dijod-*, *2-Brom-3-methyl-* ($Kp._{4,8}$ 34,5—35,0°), *2-Acetyl-* ($Kp._8$ 88°), *2-Nitro-* (F. 45—46°), *2-Formyl-* ($Kp._{12}$ 76°), *2-Chlorsulfonyl-* (F. 32—33°), *2.4-Bis-chlorsulfonyl-* (F. 76—77°), *2.5-Bis-chlorsulfonyl-* (F. 44—45°), *2.5-Dinitro-*, *2-Chlorsulfonyl-3-methyl-* ($Kp._3$ 98—100°), *2-Chlorsulfonyl-5-methyl-*, *2.4-Bis-chlorsulfonyl-3-methyl-* (F. 96°) u. *2.5-Bis-chlorsulfonyl-3-methylthiophen.* Es werden die chem. Verschiebungen u. die Kopplungs-Konst. der verschiedenen Ringprotonen angegeben. Die Kopplungs-Konst. zwischen den Protonen verschiedener Ringstellung (2–5) zeigen dem Betrag nach folgende Reihenfolge: $J_{45} \simeq J_{23} > J_{34} > J_{25} > J_{24} \simeq J_{35}$. Außerdem wird die Abhängigkeit der Verschiebung von der Art der Substituenten diskutiert. W. HABERDITZL. B 137 □

Die Abhängigkeit der Ionenbeweglichkeit von der Dielektrizitätskonstanten des Lösungsmittels. Donald S. Berns und Raymond M. Fuoss. (J. Amer. chem. Soc. **83.** 1321—23. 20/3. 1961. New Haven, Conn., Yale Univ., Sterling Chem. Labor.) (Engl.)

Die Leitfähigkeit von *Tetrabutylammonium-* (F. 119°; aus dem Bromid u. $AgNO_3$) u. *Tetramethylammoniumnitrat* (aus dem Bromid durch Austausch an einem Ionenaustauscher) in Acetonitril–CCl_4-Mischungen wurden über den DK-Bereich von 11—36 bei 25° gemessen. Diese Ergebnisse u. früher erhaltene Werte der entsprechenden Tetraphenylborate wurden mit theoret. berechneten Werten verglichen u. eine Übereinstimmung bis auf 1% festgestellt. E. WIEHR. B 138 □

Kinetische Parameter und der elektrochemische Mechanismus für die polarographische Reduktion von Nitromethan. M. Suzuki und P. J. Elving. (Collect. czechoslov. chem. Commun. **25.** 3202—12. Dez. 1960. Ann Arbor, Mich., Univ. of Michigan.) (Engl.)

Die kinet. Parameter $\alpha \cdot n$ u. k^0 für die Red. von CH_3NO_2 (Kp. 102 ± 0,5°) wurden bestimmt mit Hilfe der Gleichung von KOUTECKÝ (C. **1956.** 13325). Der Einfl. des pH, der A.-Konz., der Tropfzeit, der Konz. an CH_3NO_2 u. der Temp. auf die irreversible Vierelektronenstufe wurde untersucht. Die kinet. Parameter sind von CH_3NO_2-Konz. u. Tropfzeit unabhängig, jedoch pH-abhängig. In sauren Lsgg. besteht der potentialbestimmende Schritt aus zwei aufeinanderfolgenden irreversiblen Vorgängen. Der adsorbierte Film von A. verursacht eine Behinderung des Elektrodenvorganges. P. ZUMAN/Prag. B 142

Korrelation zwischen den polarographischen Halbstufenpotentialen und den chemischen Verschiebungen bei der kernmagnetischen Resonanz. C. E. Bennett und P. J. Elving. (Collect. czechoslov. chem. Commun. **25.** 3213—24. Dez. 1960. Wright-Patterson Air Force Base, Ohio, Wright Air Dev. Center; Ann Arbor, Mich., Univ. of Michigan.) (Engl.)

Die chem. Verschiebungen in der kernmagnet. Resonanz, die ein Maß der Elektronendichte in organ. Moll. darstellen, wurden mit polarograph. Halbstufenpotentialen $E_1/_2$ verglichen. Für aliphat. *Aldehyde, 2-Bromfettsäureäthylester, m-* u. *p-substituierte Benzaldehyde, Jodbenzole* u. *Nitrobenzole* (vgl. GERGELY u. IREDALE, C. **1954.** 4816 u. GUTOWSKY u. Mitarbeiter, C. **1953.** 6644) wurde eine lineare Abhängigkeit gefunden; Abweichungen für einige o-Derivv. u. keine linearen Beziehungen bestehen bei aliphat. Nitroverbindungen. Polare u. ster. Effekte auf die $E_1/_2$-Werte werden diskutiert u. die Korrelation mit den

Substituenten-Konst. nach Hammett u. Taft besprochen. Danach sind die Änderungen der $E_1/_2$-Werte sowohl elektron. als auch ster. Effekten, in einigen Fällen auch Adsorptionseffekten, zuzuschreiben. Neue Daten der kernmagnet. Resonanz wurden bestimmt für *Nitromethan, -äthan, 1-Nitropropan* u. *-butan, α-Bromessig-, -propion-* u. *-n-buttersäureäthylester, Chloressigsäure* u. *-methyl-, -äthyl-* u. *-n-butylester*. P. Zuman/Prag. B 142

Polarographische Untersuchung der Kinetik der Wechselwirkung des Dianions der Maleinsäure mit Protondonatoren. Ss. G. Mairanowski und L. I. Lischtscheta. (Collect. czechoslov. chem. Commun. **25**. 3025—35. Dez. 1960. Moskau, Akad. der Wiss. der UdSSR, Zelinski-Inst. für Organ. Chem.) (Russ.; Auszug: Dt.)

Polarograph. Grenzströme, die durch die Geschw. einer vorgelagerten Rk. begrenzt sind, können sowohl durch eine „homogene" chem. als auch durch eine heterogene Rk. beeinflußt werden. Die heterogene Komponente spielt dann eine bedeutende Rolle, wenn einer der Rk.-Partner adsorbiert wird. *Maleinsäure* (**I**) sowie ihr Monoanion werden an der Hg-Tropfelektrode adsorbiert u. die Grenzströme der ersten u. der zweiten Stufe von **I** enthalten heterogene Komponenten. Die Adsorption wird durch Änderung des Kapazitätsstromes vor dem Stufenanstieg, durch die Unterdrückung der kinet. Stufe durch Tetraäthylammoniumbenzolsulfonat (**II**) sowie durch die Abnahme der Stufenhöhe mit steigenden negativen Potentialen bewiesen. Die dritte Stufe von **I**, die durch die Rk. des **I**-Dianions begrenzt ist, wird von Isobutylalkohol nicht beeinflußt. Die Dianionen von **I** werden also bei den negativen Potentialen, bei denen Red. erfolgt, nicht adsorbiert. Die Erhöhung des Grenzstromes durch **II** wird mit der Erhöhung der Oberflächen-Konz. der Anionen von **I** unter Einfl. von $N(C_2H_5)_4^+$ erklärt. Aus der Abhängigkeit der Höhe der dritten Stufe von der Konz. der Pufferkomponenten (Veronal, NH_4^+, $H_2PO_4^-$, HPO_4^{2-}, H_3BO_3, Glycin, H_3O^+, H_2O) wurden die spezif. Geschw.-Konst. für die Rk. des Dianions von **I** mit verschiedenen Protondonatoren berechnet. Die so berechneten Geschw.-Konst. stehen im Einklang mit der Beziehung von Brønsted. Bei der zweiten kinet. Stufe von **I** führt schon eine 0,1%ig. Besetzung der Elektrodenoberfläche mit adsorbierten Anionen zu einer Erhöhung der Geschw.-Konst. um mehr als 2 Größenordnungen. P. Zuman/Prag. B 142

Quantitative Behandlung der Substituenteneffekte in der Polarographie. 1. Mitt. **Allgemeine Gleichung für die Beziehung zwischen den polarographischen Halbstufenpotentialen und dem Substituenteneffekt.** P. Zuman. (Collect. czechoslov. chem. Commun. **25**. 3225—44. Dez. 1960. Prague, Czechoslov. Acad. of Sci., Polarograph. Inst.) (Engl.)

Der Substituenten-Einfl. auf die Halbstufenpotentiale $E_1/_2$ irreversibler Elektrodenvorgänge ist durch die relative Änderung der freien Aktivierungsenergie zwischen dem Ausgangs- u. Übergangszustand gegeben. Die Verschiebung von $E_1/_2$ durch Einführung eines Substituenten kann durch polare, ster. u. mesomere Effekte der Substituenten verursacht werden. In Verb.-Klassen können diese 3 Effekte als prinzipiell additiv betrachtet u. auf der Grundlage der Taftschen Behandlung durch eine allg. Gleichung ausgedrückt werden: $\Delta E_{1/2} = \varrho_{\pi, R} \cdot \Sigma \sigma_X$. Spezielle Fälle dieser Gleichung für folgende Verb.-Klassen werden angegeben u. diskutiert: *Benzaldehyde, Aceto-* u. *Benzophenone* u. ihre *Oxime, Thiobenzophenone, Methylstyrylketone, Benzoesäuremethylester, Nitro-, Nitrosobenzole, Azobenzole, Stilbene, Jod-, Chlorbenzole, Arylarsonsäuren, Diaryljodoniumsalze, Phenole, Arylsulfonsäure-Derivv., Dialkylsulfide, Phthalsäurediester, Äthylalkylketon-*Girárd*-Derivv., Alkylbromide*. Auf die Möglichkeit zur Anwendung für heterocycl., polycycl. u. chinoide Verbb. wird hingewiesen. Experimentelle Bedingungen für die Gewinnung vergleichbarer Werte werden angegeben. Eine lineare Beziehung zwischen der Rk.-Konst. u. $E_1/_2$ der unsubstituierten Stamm-Verb. wurde gefunden. Die Möglichkeiten der Anwendung solcher Beziehungen für die Unterss. des Mechanismus des Elektrodenvorganges, für die Vorhersage der $E_1/_2$ sowie für die Wahl neuer Verss. werden diskutiert. L. Matoušek/Prag. B 142

Polarographie und Reduktion von Thiobenzamiden. H. Lund. (Collect. czechoslov. chem. Commun. **25**. 3313—20. Dez. 1960. Aarhus, Denmark, Aarhus Univ., Kem. Inst.) (Engl.)

Die Höhe der polarograph. Red.-Stufe von *Thiobenzamid* (**I**) entspricht bei pH 0 einer Zweielektronen-Red., bei pH 2—3 steigt sie bis auf eine vierelektronige. Bei höheren pH-Werten nimmt die Höhe dieser Stufe mit steigendem pH-Wert in der Form einer Dissoziationskurve ab, wobei auf ihre Kosten eine negativere Vierelektronen-Red.-Stufe entsteht. Bei pH > 9 nimmt auch die Höhe dieser Stufe ab, dabei wächst eine anod. Stufe der Thiolform an, die der Hg-Salz-Bldg. entspricht. Analoges Verh. wurde auch bei *Thiobenzanilid* (**II**) u. *Thiobenzmorpholid* (**III**) gefunden, doch wurde bei **III** keine anod. Stufe der Thiolform beobachtet. Das Fehlen der anod. Stufe bei **III** wird darauf zurückgeführt, daß hier eine Bldg. eines Anions unmöglich ist; so zeigt *Isothiobenzanilid-S-methyläther* aus gleichen Gründen diese Stufe auch nicht. Hauptprod. der Red. von **II** im alkal. Medium ist Benzalanilin (F. 48—53°). Die Elektrodenprozesse wurden auf Grund der Polarographie u. der Prodd. der Elektro-Red. u. -oxydation an der Hg-Makroelektrode gedeutet. P. ZUMAN/Prag. B 142

Polarographisches Verhalten einiger Phenylhydrazine. Y. Nagata, I. Tachi und K. Kitao. (Collect. czechoslov. chem. Commun. **25.** 3271—76. Dez. 1960. Kyoto, Kyoto Univ., Coll. of Agric., Dep. of Agric. Chem.) (Engl.)

Die anod. polarograph. Stufen von *Phenyl-*, *p-Methyl-*, *p-Brom-*, *p-Chlor-* u. *p-Nitrophenylhydrazin* (als Hydrochloride) wurden untersucht. Die Stufen, die der Bldg. einer Hg-Verb. entsprechen, verschieben sich mit steigendem pH-Wert zu negativeren Potentialen. Die Halbstufenpotentiale bei pH 0 u. 13 sind eine lineare Funktion der HAMMETTschen Substituentenkonstanten. Bei negativeren Potentialen sind Adsorptionsvorstufen ersichtlich. P. ZUMAN/Prag. B 142

Polarographie von 5-Nitrophenyl- und 5-Aminophenylazosalicylsäure. E. Ss. Lewin und S. I. Fodiman. (Заводская Лаборатория [Betriebs-Lab.] **26.** 1090—93. 1960.) (Russ.)

5-p-Aminophenylazosalicylsäure (**I**) wird erhalten durch Red. von *5-p-Nitrophenylazosalicylsäure* (**II**) mit Na_2S. Im Polarogramm von **I** in Acetat-, Phosphat- oder Boratpuffer tritt nur eine Stufe auf, während bei **II** zwei Stufen erscheinen. Ihre Höhen verhalten sich bei pH 9,2 wie 1 : 3. Die Halbstufenpotentiale betragen für die Red. der N_2-Gruppe von **I** 0,32 (pH 4,3); 0,56 (7,2); 0,83 (9,2); von **II** 0,17 (4,3); 0,28 (7,2); 0,44 (9,2), für die Red. der NO_2-Gruppe von **II** 0,54 (4,3); 0,68 (7,2); 0,93 (9,2). Bei pH 4,3 u. pH 9,2 ist im Gemisch eine Best. möglich bis zu Minimal-Konzz. von 10^{-5} Mol an **II**.
R. MAYER-MADER. B 142□

Polarographische Oxydation von Benzpinakon. W. Kemula, Z. R. Grabowski und M. K. Kalinowski. (Collect. czechoslov. chem. Commun. **25.** 3306—12. Dez. 1960. Warsaw, Univ., Dep. of Inorg. Chem.) (Engl.)

Die anod. polarograph. Stufen von *Benzpinakon* (**I**), das durch Bestrahlung von Benzophenon (**II**, F. 187—188°) bereitet wurde, wurden beschrieben. Die Höhe u. das Halbstufenpotential der anod. Stufe sind Funktionen des pH-Wertes. Auf Grund der Verss. mit prolongierter Elektro-Red. wird die anod. Stufe der Oxydation von **I** u. **II** zugeschrieben. Das elektroakt. Agens ist das **I**-Anion. Die Irreversibilität des Elektrodenvorganges wird einer langsamen Elektronenaustausch-Rk. zugeschrieben. Die Bldg. eines Komplexes zwischen **I** u. H_3BO_3 wurde beobachtet. P. ZUMAN/Prag. B 142

Einige Experimente über den Einfluß von Protonendonatoren in der Polarographie aromatischer Verbindungen in Dimethylformamid. P. H. Given und M. E. Peover. (Collect. czechoslov. chem. Commun. **25.** 3195—3201. Dez. 1960. Leatherhead, Surrey, Brit. Coal Utilisat. Res. Assoc.) (Engl.) — Vgl. C. **1960.** 10526.

3.5.3'.5'-Tetra-tert.-butyl- u. *-tetramethylstilbenchinon* geben in Dimethylformamid (DMF) in 0,1 mol. $(CH_3)_4NJ$-Lsg. zwei polarograph. Stufen. Die Höhe der positiveren steigt mit steigender Protonendonator-Konz., Benzoesäure, 2.4.6-Tribromphenol, auf Kosten der negativeren, bis bei genügender Protonendonator-Konz. beide Verbb. in einer einzigen positiven Zweielektronenstufe red. werden. Mit Phenol als Protonendonator wird eine geringere Abnahme der negativeren Stufe, Verschiebung der negativeren Stufe zu positiveren Potentialen u. Bldg. einer neuen Stufe bei —2,0 V beobachtet. Keine ster. Hinderung der Red. oder Protonierung konnte bei beiden Verbb. beobachtet werden. — *Azulen* wird in zwei Stufen in DMF reduziert. Die Höhe der ersten ist von Konz. an, C_6H_5OH u. CH_3COOH unabhängig, die der zweiten steigt mit steigender C_6H_5OH-Konz., bei —2,1 V wird wieder eine dritte Stufe gefunden. Zugabe von kleinen Mengen von $CH_3 \cdot COOH$ zu einer *Benzophenon*-Lsg. in DMF verursacht das Verschwinden der Stufen bei —1,24 u. —1,51 unter Bldg. einer neuen Stufe bei —1,08 V. In 2,85 mol. CH_3COOH u. bei höheren Konzz. entstehen wieder zwei Stufen bei —0,69 u. —0,77 V. Bei *Anthracen* verursacht Zusatz von Säuren das Zusammenfallen seiner beiden Stufen zu einer einzigen. Der Red.-Mechanismus wird diskutiert. P. ZUMAN/Prag. B 142

Über das polarographische Verhalten einiger heterocyclischer Aldehyde und Chalkone. J. Tirouflet, E. Laviron, J. Metzger und J. Boichard. (Collect. czechoslov. chem. Commun. **25.** 3277—85. Dez. 1960. Dijon, Fac. des Sci.) (Franz.)

Die pH-Abhängigkeit der polarograph. Reduktionsstufe von *Thiazol-2-aldehyd* u. *Imidazol-4-aldehyd* (durch Oxydation von 4-Hydroxymethylimidazolhydrochlorid) wird durch Dehydratations- u. Protonisierungsgleichgewichte erklärt. Die polarograph. Kurven von *3-Acetylpyridin-DPN* (Ersatz der NH_2–CO-Gruppe in Coenzym I durch die CH_3CO-Gruppe) ähneln denen des 3-Acetylpyridins, diejenigen von *Pyridin-3-aldehyd-*

DPN (Ersatz von NH_2CO- durch CHO- in Coenzym I) zeugen von starker Hydratation der Aldehydgruppe zwischen pH 2 u. 6. Chalkone, welche durch Kondensation von Acetylferrocen mit Benzaldehyd, Thiophen-2-aldehyd, Furfurol u. Pyrrol-2-aldehyd entstehen, wie *1-Ferrocenyl-3-phenyl-* (F. 137°), *1-Ferrocenyl-3-[thienyl-(2)]-* (F. 149°), *1-Ferrocenyl-3-[furyl-(2)]-* u. *1-Ferrocenyl-3-[pyrryl-(2)]-propen-(2)-on-(1)* (F. 209), verhalten sich ähnlich den Benzalacetophenonen u. geben in sauren Lsgg. eine einelektron., im mittleren pH-Bereich zwei einelektron. Stufen. Die Prodd. der Kondensation mit Pyridinaldehyden, wie *1-Ferrocenyl-3-[pyridyl-(2)]-* (F. 152—153°), *-[pyridyl-(3)]-* (F. 172 bis 173°) u. *-[pyridyl-(4)]-propen-(2)-on-(1)-* (F. 195—196°), geben dagegen zweielektron. Reduktionsstufen im gesamten pH-Bereich. Die Radikale werden hier nicht stabilisiert. — *Thiazol-2-aldehyd* [*Thiazolyl-(2)-methanal*], $Kp._3$ 37°, durch Zutropfen einer Lsg. von 0,1 Mol Thiazol in Ae. zu einer Lsg. von 0,1 Mol Butyl-Li in Ae. bei —60°, 30 Min. langes Rühren bei dieser Temp., langsame Zugabe einer Lsg. von 0,1 Mol N-Methylformanilid in Ae., dann Erwärmenlassen auf —10° u. Hydrolyse mit HCl/Eis; 3,4 g (Ausbeute). P. ZUMAN/Prag. B 142

Oscillographische Reduktion von α-Pyrrolaldehyd in Dimethylformamid und in Wasser. F. Cappellina und L. Pederzini. (Collect. czechoslov. chem. Commun. **25.** 3344—47. Dez. 1960. Bologna, Univ. di Bologna, Ist. Chimico „G. Ciamician".) (Engl.)

Die Strom–Spannungs-Kurven von *α-Pyrrolaldehyd* (I) wurden mit dem AMEL-Impulspolarographen in wss. sowie in Dimethylformamid-Lsgg. verfolgt. Mit steigender Wasser-Konz. wächst auf Kosten der Stromspitze eine neue Stromspitze bei negativeren Potentialen. Red.-Prozesse in W. u. DMF werden angenommen, die auf unterschiedliche Solvatation von I in W. oder DMF zurückgeführt werden. P. ZUMAN/Prag. B 142

Polarographie nichtbenzoider aromatischer und verwandter Verbindungen. 2. Mitt. **Der Verlauf der Reduktion von Sydnonen an der Quecksilbertropfelektrode.** P. Zuman. (Collect. czechoslov. chem. Commun. **25.** 3245—51. Dez. 1960. Prague, Czechoslov. Acad. Sci., Polarograph. Inst.) (Engl.) — 1. vgl. Z. physikal. Chem., Sonderheft **1958. 243.**

Sydnone (**A**) zeigen im Polarogramm eine Sechselektronen-Red.-Stufe in sauren Lsgg., deren Höhe mit steigendem pH-Wert abnimmt, als Rk.-Prodd. treten NH_4^+ u. $RNH_2^{(+)}CHR'CO_2H$ auf. Bei höheren pH-Werten als etwa 7 verläuft die polarograph. Red. in einer Vierelektronen-Stufe (bei *3-Methyl-* u. *3-Benzylsydnon* die einzig sichtbare). Durch Polarisation mit rechteckiger Wechselspannung, durch Elektrolyse mit kontrolliertem Potential, durch Impulspolarographie sowie mit Hilfe oscillograph. dE/dt = f(E)-Kurven an *3-Phenyl-4-methyl-*, *3-Phenylsydnon* u. *3'.4'-Dihydrochinolo-[1'.2':c]-sydnon* wurde die Bldg. der entsprechenden Hydrazin-Deriv., $RN(NH_2)$-$CHR'CO_2^{(-)}$ in der vierelektron. Stufe nachgewiesen. L. MATOUŠEK/Prag. B 142

Polarographie nichtbenzoider aromatischer und verwandter Verbindungen. 3. Mitt. **Der Verlauf der Reduktion von N.N'-Polymethylen-bis-sydnonen.** P. Zuman. (Collect. czechoslov. chem. Commun. **25.** 3252—64. Dez. 1960.) (Engl.) — 2. vgl. vorst. Referat.

N.N'-Äthylen- (F. 169°, Zers.), *-Tetramethylen-* (F. 168—170°, Zers.) u. *-Hexamethylen-bis-sydnon* (F. 163°, Zers.) werden in sauren Lsgg. in protonierter Form unter Aufnahme von 12 Elektronen red., wobei die Red. beide Ringe angreift. Bei höheren pH-Werten werden die beiden Sydnonringe der Sydnone nacheinander in zwei Red.-Stufen unter Bldg. der Mono- u. dann Dihydrazin-Derivv. reduziert. Die Red. des 1. Rings wird unter dem Einfl. des 2. Ringes nach positiveren Potentialen verschoben; das Halbstufenpotential der Red. des 2. Rings ist ident. mit dem der 3-Alkylsydnone (l. c.), der Einfl. des in der 1. Stufe gebildeten Monohydrazinrest wird also durch die $(CH_2)_n$-Gruppe abgeschirmt. Die Wechselwrkg. zwischen beiden Sydnonringen ist viel größer, als sie durch den statist. Faktor verursacht sein könnte; dies wird auf polare, dynam. u. Orientierungseffekte zurückgeführt. *C.C'-Dimethyl-* (F. 182—183°, Zers.) u. *C.C'-Dichlor-N.N'-äthylen-bis-sydnon* werden nach demselben Mechanismus red., nur sind die Halbstufenpotentiale infolge der polaren Effekte der Substituenten verschoben. In *C.C'-Dibrom-N.N'-äthylen-* (F. 163°, Zers.) u. *C.C'-Dibrom-N.N'-hexamethylen-bis-sydnon* (F. 120—122°, Zers.) verläuft die Red. der C—Br-Bindung bei wesentlich positiveren Potentialen als die Red. des Sydnonringes. L. MATOUŠEK/Prag. B 142

Polarographie nichtbenzoider aromatischer und verwandter Verbindungen. 4. Mitt. **Polare Substituenteneffekte in Phenylsydnonen; Anwendung der modifizierten Hammettschen Gleichung.** P. Zuman. (Collect. czechoslov. chem. Commun. **25.** 3265—70. Dez. 1960.) (Engl.) — 3. vgl. vorst. Referat.

Die Halbstufenpotentiale $E_{1/2}$ der in m- u. p-Stellung substituierten 3-[X-Phenyl]-(**A**) u. 3-[X-Phenyl]-4-[Y-phenyl]-sydnone (**B**) können durch die modifizierte

HAMMETsche Gleichung $\Delta E_{1/2} = \varrho \cdot \sigma$ in Beziehung gesetzt werden. Folgende $E_{1/2}$-Werte wurden gefunden: **A**: *X*=*p-OH* $-1{,}36_3$ (V); *p-OCH*$_3$ $-1{,}26_8$; *p-CH*$_3$ $-1{,}26$; *m-CH*$_3$ $-1{,}23$; *H* $-1{,}23_3$; *p-COO*$^-$ $-1{,}21$; *m-OCH*$_3$ $-1{,}19_1$; *p-CH*$_3$*COO* $-1{,}16_2$; *p-Cl* $-1{,}15_7$; *m-Cl* $-1{,}12_6$; *p-Br* $-1{,}12_2$; *m-Br* $-1{,}09_7$; *m.p-Di-Cl* $-1{,}05_7$ (alle gegen gesätt. Kalomelelektrode im wss. Boratpuffer bei pH 9,3 mit 0,005% Gelatine). **B**: X=*H*, *Y*=*H* $-1{,}29_5$; *p-Cl*, *H* $-1{,}24_7$; *H*, *p-Cl* $-1{,}25_6$; *p-Cl*, *p-Cl* $-1{,}21_0$ *p-CH*$_3$, *H* $-1{,}31_0$; *H*, *p-CH*$_3$ $-1{,}31_0$; *p-CH*$_3$, *p-CH*$_3$ $-1{,}33_7$ (alle in 0,05 m NaOH, 50% A.); *3-Phenyl-4-methyl-* ($-1{,}36_5$) u. *3-p-Tolyl-4-methylsydnon* ($-1{,}38$). Die Einfl. der Substituenten in den **B** auf die Reduzierbarkeit der N—O-Bindung ist additiv. L. MATOUŠEK/Prag. B 142

Polarographie nichtbenzoider aromatischer und verwandter Verbindungen. 7. Mitt. **Eine polarographische Untersuchung der Säure–Basen-Eigenschaften des Tropyliumions.** P. Zuman, J. Chodkowski und F. Šantavý. (Collect. czechoslov. chem. Commun. **26.** 380—91. Febr. 1961.) (Engl.) — 6. vgl. Tetrahedron [London] **16.** [1961.] 130; 4. vgl. vorst. Referat.

In sauren < $1{,}5 \cdot 10^{-4}$ m *Tropyliumion* (**I**, als Bromid)-Lsgg. wird eine polarograph. Einelektronen-Red.-Stufe bei $-0{,}3$ V beobachtet, deren Höhe mit steigendem pH-Wert in Form einer Dissoziationskurve abnimmt. Die Rk. ist reversibel. Wenn die Stufenhöhe weniger als 10% der ursprünglichen Höhe der Diffusionsstufe beträgt, besitzt die Stufe einen kinet. Charakter. Der Grenzstrom ist bedingt durch die Rk.-Geschw. der Bldg. von **I** aus *Tropylalkohol* (**II**). **II** wird bei sehr negativen Potentialen reduziert. Mit Hilfe der Gleichung von KOUTECKÝ (C. **1956.** 13325) wurde für die Rk.-Geschw.-Konst. der Bldg. von **I** der Wert $k_2 = 2 \cdot 10^{36}$ (Liter·Mol^{-1} s^{-1}), für die Bldg. von **II** unter Gleichgewichts-Bedingungen der Wert $k_1 = 5 \cdot 10^{-1}$ s^{-1} gefunden. **I** ist also eine LEWIS-Säure die mit H_2O, jedoch nicht mit OH^- unter Bldg. der LEWIS-Base **II** reagiert. Die Pufferkomponenten nehmen an dem Säure–Basen-Gleichgewicht nicht teil. Die Abhängigkeit sowohl der Stufenhöhe als auch des Halbstufenpotentials vom pH lassen auf folgenden Mechanismus schließen: **II** + $H_3O^+ \rightleftarrows$ **I** + 2 H_2O; **I** + e → Tropylradikal, das sich zum Ditropyl dimerisiert. L. MATOUŠEK/Prag. B 142

Katalytische Wasserstoffabscheidung an der Quecksilbertropfelektrode durch Derivate des Chromons und Pyridins. E. Knobloch. (Collect. czechoslov. chem. Commun. **25.** 3330—37. Dez. 1960. Prag, Forschungsinst. für Pharm. Biochem.) (Dt.)

Der Einfl. der Ionenstärke, des pH-Wertes, von oberflächenakt. Stoffen u. der Puffer-Konz. auf die katalyt. Stufen der H-Abscheidung an der Hg-Tropfelektrode durch *Chromon* (**I**) u. *Nicotinsäureamid* (**II**) wird beschrieben. Mit wachsender Puffer-Konz. wächst die katalyt. Stufe von **II**, jedoch nicht die von **I**. Keine wesentliche Elektrolytbewegung in der Elektrodenumgebung im Potentialgebiet der Bldg. des katalyt. Stromes wurde beobachtet. P. ZUMAN/Prag. B 142

Polarographie aromatischer heterocyclischer Verbindungen. 9. Mitt. **Polarographische Reduzierbarkeit isomerer Nitropyridine.** J. Holubek und J. Volke. (Collect. czechoslov. chem. Commun. **25.** 3286—91. Dez. 1960. Prague, Czechoslov. Acad. of Sci., Polarograph. Inst.) (Engl.) — 8. vgl. C. **1961.** 9729.

2- (F. 71°, verd. A), *3-* (F. 40°, PAe.) u. *4-Nitropyridin* (F. 47°, PAe.) werden in einer Vierelektronen-Stufe an der Hg-Tropfelektrode reduziert. In einer zweiten Stufe bei negativeren Potentialen, deren Höhe mit steigendem pH sinkt, wird das gebildete protonierte Hydroxylamin-Deriv. zum Amin red., ähnlich wie bei Nitrobenzolen. Die oscillograph. dE/dt=f(E)-Kurven stimmen mit diesem Mechanismus überein.
P. ZUMAN/Prag. B 142

Polarographie aromatischer heterocyclischer Verbindungen. 10. Mitt. **Polarographische Untersuchung des Systems 2.2'-Pyridoin und 2.2'-Pyridil.** J. Holubek und J. Volke. (Collect. czechoslov. chem. Commun. **25.** 3292—3305. Dez. 1960. Prag, Tschechoslow. Akad. der Wiss., Polarograph. Inst.) (Dt.) — 9. vgl. vorst. Referat.

2.2'-Pyridoin (**I**) wird an der Hg-Tropfelektrode in einer Zweielektronen-Stufe red., die durch Rekombination kompliziert ist, u. in einer anod. Stufe zu *2.2'-Pyridil* (**II**) oxydiert. **II** wird in 2 Stufen red., in der positiveren zu **I**; die negativere stimmt mit der von **I** überein. Bei pH 6—7 sind beide Redd. von katalyt. H-Abscheidung begleitet. Der Übergang **II** → **I** ist irreversibel, da **I** eine anod. Oxydationsstufe bei wesentlich positiveren Potentialen aufweist, die der Oxydation der Endiolform von **I** entspricht. Ähnlich wird auch die Endiolform von *2.2'-Pyridoin-bis-N-oxid* (**III**) oxydiert. In **III** sowie in *1.2-Bis-[pyridyl-(2)]-glykol-bis-N-oxid* (**IV**) werden die N → O-Gruppen red., die Red.-Stufe der N → O-Gruppen in **III** fällt in sauren Lsgg. mit der Stufe der protonierten Form von **I** zusammen. Das Verh. von **I**, **II** u. **III** in sauren Lsgg. wird diskutiert u. verglichen. Aus **I** durch Einw. von O_2 entsteht **II**, das weiter zu Picolinsäure gespalten wird. **II** bildet mit H_3BO_3 Komplexe. Das Verh. von **I** u. **II** wird mit demjenigen des

Benzoins u. Benzils verglichen. Der wesentliche Unterschied liegt darin, daß **I** in der Endiolform oxydiert u. red. wird. P. ZUMAN/Prag. B 142

Polarographie aromatischer heterocyclischer Verbindungen. 11. Mitt. **Eine Bemerkung über die Reduzierbarkeit der isomeren Acetylpyridine.** J. Volke. (Collect. czechoslov. chem. Commun. **25.** 3397—3400. Dez. 1960.) (Engl.) — 10. vgl. vorst. Referat.

2- ($Kp._{12}$ 78°), *3-* (Kp. 222°) u. *4-Acetylpyridin* ($Kp._{15}$ 98°) werden in sauren u. neutralen Lsgg. in einer Zweielektronen-Stufe irreversibel zum entsprechenden Alkohol reduziert. Das Verh. bei höheren pH-Werten, das sich bei einzelnen Isomeren unterscheidet, wird beschrieben. Bei der 3- u. 4-Verb. verläuft die Red. in alkal. Lsgg. unter Aufnahme von 1 Elektron zum entsprechenden Pinakon. P. ZUMAN/Prag. B 142

Untersuchung heterocyclischer N-Oxide. 6. Mitt. **Polarographische Reduktion einiger N-Oxide der Phenazin- und Acridinreihe.** O. N. Netschajewa und S. W. Puschkarewa. (Журнал Общей Химии [J. allg. Chem.] **28** (**90**). 2693—2701. Okt. 1958. Polytechn. Inst. des Urals.) (Russ.) — 5. vgl. Труды Уралский Политехнического Института [Arb. Ural. polytechn. Inst.] **1958.** 81; 3. vgl. C. **1957.** 13003.

Die polarograph. Red. von Phenazin- u. Acridin-Derivv. u. deren N-Oxiden wird untersucht. Die Halbstufenpotentiale der N—O-Bindung von *Phenazin-N-Oxid* (F. 224°; —0,218; —0,382 V) u. *Acridin-N-oxid* (F. 169°, Zers.; —0,854) u. des Heterocyclus selbst werden durch Elektronenacceptorgruppen (NO_2) nach positiven, durch die Elektronendonatorgruppen (NH_2 u. OH) nach negativen Werten verschoben. Die Polarogramme werden garph. dargestellt. In einer Tabelle sind das Halbstufenpotential (V) u. Diffusionsgrenzstrom für folgende Verbb. in $1 \cdot 10^{-3}$ m Lsgg. in A.-Acetat-Puffer mitgeteilt: *Phenazin* (F. 171°, —3,64 V) u. *-N.N'-dioxid* (F. 190—191°; —0,218; —0,364), *2-Chlor-* (F. 139°; —0,42) u. *-5-oxid* (F. 174—175°; —0,22; —0,42) u. *-5.10-dioxid* (F. 190—191°; —0,27; —0,47), *2-Nitro-* (F. 217°; —0,25; —0,69) u. *-5-oxid* (F. 203°; —0,24; —0,72), *2-Hydroxy-* (F. 252°; —0,45) u. *-5.10-dioxid* (F. 280°; —0,30; —0,45), *2-Aminophenazin* (F. 287°; —0,54), *Acridin* (F. 107°; —0,618), *9-Phenoxy-* (F. 131°; —0,74; —1,57) u. *-N-oxid* (F. 152°; —0,82; —1,60), *2-Methoxy-9-phenoxyacridin-N-oxid* (F. 175°; —0,80; —1,54), *2-Methoxy-6-chlor-9-phenoxyacridin-N-oxid* (F. 175°; —0,80; —1,54), *9-Amino-* (F. 236°; —1,21; —1,51°;) u. *-10-oxid* (F. 223°; —0,98; —1,54), *2-Methoxy-6-chlor-9-amino-* (F. 250°; —1,20; —1,50) u. *-10-oxid* (F. 237°; —0,98; —1,25; —1,51), *9-Hydrazino-* (F. 169°; —0,96; —1,30) u. *-10-oxid* (F. 168°; —0,98; —1,24), *2-Methoxy-6-chlor-9-hydrazinoacridin* (F. 161°; —0,70; —1,27) u. *-10-oxid* (F. 171°; —0,66; —1,44). R. K. MÜLLER. B 142

Polarographische Reduktion von Phenanthrolin. 1. Mitt. **o-Phenanthrolin.** Maria Teresa Falqui. (Ann. Chimica **48.** 1135—43. Nov. 1958. Cagliari, Univ., Ist. di chim. gen.) (Ital.)

Vff. untersuchte das polarograph. Verh. von *o-Phenanthrolin* (**I**) bei pH-Werten zwischen 2 u. 12,5. Ganz allg. wurde beobachtet, daß je nach dem pH-Wert u. der Konz. Bldg. des Semichinons, der vollkommen reduzierten Verb. oder der dimeren Verb. eintritt. Semichinon-Bldg. wurde bei pH-Werten < 4 beobachtet; die Bldg.-Konst. des Semichinons ergab sich zu 3,6. Bei pH-Werten zwischen 4 u. 9 u. bei kleinsten Konzz. von **I** wurde nur eine Red.-Stufe gefunden, die der Bldg. des Semichinons zugeschrieben wird. Bei Erhöhung der Konz. tritt zunächst eine zweite u. hierauf eine dritte Red.-Stufe auf. Es wird angenommen, daß die zweite Stufe eine Adsorptionserscheinung ist, während die dritte Stufe der vollständigen Red. der Verb. zugeschrieben wird. Das Verh. schließlich bei pH-Werten > 9 deutet auf die Bldg. einer dimeren Verb. hin.

C. GOTTFRIED. B 142

Polarographische Reduktion von Phenanthrolin. 2. Mitt. **m-Phenanthrolin.** Maria Teresa Falqui. (Ann. Chimica **48.** 1144—53. Nov. 1958.) (Ital.) — 1. vgl. vorst. Referat.

Vf. versuchte, *m-Phenanthrolin* in HCl, NaOH u. in verschiedenen Puffer-Lsgg. zu reduzieren. Polarograph. konnten jedoch keinerlei Red.-Stufen festgestellt werden. Bis pH ca. 10 traten 2 Stufen auf, von denen die erste Adsorptionserscheinungen zugeschrieben wird, während die zweite der katalyt. Entladung des Wasserstoffs entspricht. Bei noch höheren pH-Werten verschwinden die Adsorptionserscheinungen u. es verbleibt nur noch eine Stufe, die der katalyt. Entladung des H-Ions zugeteilt wird.

C. GOTTFRIED. B 142

Über die Polarographie von Derivaten des Harnstoffs und des Thioharnstoffs. 11. Mitt. **Bemerkungen zur Polarographie einiger Mercaptopurine.** G. Horn und P. Zuman. (Collect. czechoslov. chem. Commun. **25.** 3401—03. Dez. 1960. Prag, Tschechoslow. Akad. der Wiss., Polarograph. Inst.) (Dt.) — 10. vgl. C. **1958.** 8289.

6-Mercaptopurinhydrat, *2-Mercapto-6-hydroxy-*, *6-Mercapto-2-hydroxy-* u. *2.6-Dimercaptopurin* geben in ammoniakal. Co-Lsg. u. in Puffer-Lsg. ohne Schwermetallzusatz keine ausgeprägte katalyt. Stufe der H-Abscheidung im Gegensatz zu Mercaptopyrimidinen (vgl. ZUMAN u. KUIK; C. **1961.** 75). Die zwei anod. Stufen der Hg-Salz-Bldg. wurden mit den entsprechenden Stufen von *5.5-Diphenylhydantoin, -2-thio-* (**I**) u. *-dithiohydantoin, 5-Mercaptouracil, Uracil, 2-Thiouracil, -cytosin, -thymin* u. *2.4-Dithiothymin* verglichen. Derivv., die kein S-Atom besitzen, äußern sich durch eine einzige Adsorptionsstufe; Thiopyrimidin-Derivv. ergeben bei höheren pH-Werten eine der Konz. proportionale Stufe. Die Mercaptopurine u. **I** zeigen weitgehend analoges Verhalten. Die Unterschiede können mit einem Überwiegen verschiedener tautomerer Formen erklärt werden. L. MATOUŠEK/Prag. B 142

Polarographie der Alkaloide. 25. Mitt. **Polarographie einiger Papaverinderivate.** M. Maturová, Tschu Shun, J. Čtvrtník und F. Šantavý. (Collect. czechoslov. chem. Commun. **25.** 3321—29. Dez. 1960. Olomouc, Palacký-Univ., Medizin. Fak., Chem. Inst.) (Dt.) — 24. vgl. Acta Univ. Palackianae Olomucensis **20.** [1960.] 21; 22. vgl. C. **1959. 7411.**

In *Papaverin* (**I**, F. 147°), *Papaverinol* (**II**, F. 139°, durch Red. nachst. Verb.) u. *Papaveraldin* (**III**, F. 210°) in $N(CH_3)_4OH$ wird der Isochinolinkern bei —1,95 V unter Aufnahme von 4 Elektronen zu 1.2.3.4-Tetrahydroisochinolin (Hydrojodid, F. 159°) red., in **III** auch die CO-Gruppe zu C–OH. In *3.4-Dihydropapaverin* (**IV**, *Hydrochlorid*, F. 122,5 bis 124,5°; *Oxalat*, F. 178—180°) u. *3.4-Dihydropapaveraldin* (**V**, F. 193—194°) wird die C—N-Bindung durch Aufnahme von 2 Elektronen bei —0,9 V (pH 0) red., in **V** bei —0,1 V noch die CO-Gruppe zu C–OH. Die oscillograph. dE/dt-f(E)-Kurven werden durch Adsorption beeinflußt. Bei pH 6 kann in techn. **IV** die Ggw. von **III** u. **V**, im techn. **III** die Ggw. von **V** nachgewiesen werden, was bei industriellen Synth. von **I** von Bedeutung ist. P. ZUMAN/Prag. B 142

Wechselstrompolarographie von Riboflavin. B. Breyer und T. Biegler. (Collect. czechoslov. chem. Commun. **25.** 3348—55. Dez. 1960. Sydney, Univ. of Sydney, Dep. of Agricult.; Sect. of Agricult. Chem.) (Engl.)

Wechselstrompolarograph. Unterss. zeigen, daß *Lactoflavin* (**I**) u. die Leukoform von **I** an der Hg-Tropfelektrode stark adsorbiert werden. Eine positive Stufe, die einer Hg-Salz-Bldg. entspricht, wurde beobachtet. P. ZUMAN/Prag. B 142

Elektrocapillare Adsorptionsmessungen mit einigen organischen Inhibitoren. Zbigniew Ostrowski. (Werkstoffe u. Korrosion **11.** 552—54. Sept. 1960. Gliwice, Polen, TH.) (Dt.)

Die Unterss. ergaben, daß bei allen geprüften organ. Verbb. mit S oder N im Mol. eine Übereinstimmung zwischen dem Grad der Herabsetzung des Maximums ihrer Elektrocapillarkurven mit der Inhibitions-Wrkg. bei Verbb. mit derselben aktiven Gruppe besteht. Je niedriger das Kurvenmaximum liegt, umso besser sind die Inhibitions-Eigg. der Verbindung. Untersucht wurden *Dibenzylsulfoxid, Octylbenzylsulfoxid, Äthyldodecylsulfoxid, Thioharnstoff, Diphenylthioharnstoff, Octylamin, Dodecylamin, Octadecylamin, Dioctylamin, Nonylbenzylamin* u. *Trihexylamin.* F. VIER. B 143□

Zustandsgleichung und thermodynamische Eigenschaften von Propylen. Ja. S. Kasawtschinski und W. A. Sagorutschenko. (Журнал Физической Химии [J. physik. Chem.] **33.** 662—64. März 1959. Odessa, Inst. für Marineingenieure.) (Russ.; Auszug: Engl.)

Die erhaltene Zustandsgleichung für *Propylen* (**I**) gilt für alle prakt. wichtigen Temp. (für die Gasphase im Gebiet der reduzierten Dichte v_k/v = 0—3,13, für die fl. Phase für v_k/v = 0—2,5). Die Gleichung beschreibt mit hoher Genauigkeit die therm. u. calor. Eigg. von **I** u. erlaubt die Aufstellung ausführlicher Tabellen der thermodynam. Eigg. von **I.** H.-J. LUNK. B 149□

Phasen- und Volumenverhältnisse im System Äthylen–Butan. G. D. Jefremowa und G. A. Ssorina. (Химическая Промышленность [Chem. Ind.] **1960.** 503—10. Sept.) (Russ.) — Vgl. C. **1957.** 10291; C. **1960.** 3491.

Bei 0,15° (in °K) sind fl. *Butan* u. *Äthylen* in allen Verhältnissen mischbar, vermutlich bis zur krit. Temp. von C_2H_4 (9,5°). In Tabellen werden die Phasengleichgewichte (Molanteil C_2H_4 = N) u. Molvol. v (cm³/Mol) der fl. u. gasförmigen C_2H_4–C_4H_{10}-Gemische bei 0,15—125° u. Drucken bis 62,5 at, die v-Werte für N = 0,2572, 0,5265, 0,6905 u. 0,8186 bei verschiedenen Temp. (t) u. Drucken (p), die Flüchtigkeit von C_4H_{10} im Gemisch mit C_2H_4 an der Grenzgleichgewichtskurve Fl.–Gas u. die Aktivitäten von C_2H_4 in C_4H_{10}-Lsgg. bei t = 25, 50, 75° u. p = 2,5—66,5 at mitgeteilt. Bei Temp. > 9,5° treten krit. Erscheinungen auf; die krit. Kurve ist bis zur krit. Temp. von C_4H_{10} (53,0°) kontinuierlich mit p-Maximum. Bei N = 0—0,45 ist v für C_2H_4 von der Zus. der Lsg. unabhängig u. entspricht für C_4H_{10} dem v von reinem C_4H_{10}. Für die Berechnung der Flüchtigkeiten an der Grenzkurve des Fl.–Gas-Gleichgewichts wird eine Meth. entwickelt.

R. K. MÜLLER. B 150□

Phasengleichgewichte im System Äthanol–Äthylen–Wasser bei hohen Drücken und Temperaturen. D. Ss. Zikliss, A. I. Kulikowa und L. I. Schenderei (unter Mitarbeit von W. I. Alissowa.) (Химическая Промышленность [Chem. Ind.] **1960.** 401–06. Juli/Aug.) (Russ.)

Nach der stat. Meth. wird das Phasengleichgewicht im bin. Syst. *A.–W.* bei 300° u. 90–134 at u. im tern. Syst. *A.–W.–C_2H_4* bei 200° (30–170 at), 250° (50–160 at) u. 300° (100–170 at) untersucht u. in einer Tabelle u. 13 Dreieckdiagrammen wiedergegeben. Eine Tabelle gibt die Löslichkeit von C_2H_4 in W., wss. A. (2,3, 6,1, 10,5, 21,5% A.) u. abs. A. (200°, 40–100 at) wieder. Im tern. Syst. treten krit. Erscheinungen auf. Aus Literaturangaben über die Gleichgewichte bei Temp. < 100° ist zu schließen, daß bei Herabsetzung der Temp. u. bei Kondens. der fl. Prodd. unter Druck sich 2 fl. Phasen bilden können, von denen die eine bis 70% A. (u. mehr) enthalten kann; dadurch wäre ein Weg zur Gewinnung von konz. A. bei der Hydratation von C_2H_4 gegeben.
R. K. Müller. B 150□

Elektronenbeugungsuntersuchungen zur Molekularstruktur von 1.1.2-Trifluor-1.2.2-trichloräthan. Machio Iwasaki. (Bull. chem. Soc. Japan **32.** 194–200. Febr. 1959. Nagoya, Kita-ku, Nagoya, Government Ind. Res. Inst.) (Engl.) – Vgl. nachst. Referat.

Vf. führt Elektronenbeugungs-Unterss. (Sektor-Mikrophotometer-Meth.) zum Zwecke der Konformationsanalyse von *1.1.2-Trifluor-1.2.2-trichloräthan* durch. Die Auswertung erfolgt mit Hilfe von Parameterkarten. Es werden 2 Konformationen identifiziert: eine symm. (C_s) u. eine stabilere asymm. (gauche). Der Anteil letzterer beträgt 76 ± 7% bei 20°, was einer Energiedifferenz von 270 ± 250 cal/Mol entspricht. Folgende Atomabstände werden angegeben: C–F_1 $1{,}37_9 \pm 0{,}02_1$ Å, C–F_2 $1{,}32_9 \pm 0{,}01_4$ Å, C–Cl_1 $1{,}74_7 \pm 0{,}02$ Å, C–Cl_2 $1{,}75_8 \pm 0{,}02_0$ Å. Der Gleichgewichtswinkel der gauche-Form beträgt 59,5 ± 3,5°. Der C–C-Abstand u. die Bindungswinkel entsprechen den Werten von CF_2Cl–CF_2Cl u. $CFCl_2$–$CFCl_2$. W. Haberditzl. B 182

Molekularstruktur und Rotationsisomerie einiger Fluorchloräthane. Machio Iwasaki. (Bull. chem. Soc. Japan **32.** 205–14. März 1959.) (Engl.) – Vgl. vorst. Referat; vgl. auch C. **1959.** **7073.**

Es wird eine Elektronenbeugungskamera mit einem rotierenden Sektor beschrieben, die sich bes. für Konformationsanalysen von Fluorchloräthanen eignet. Mit ihrer Hilfe werden die Mol.-Parameter u. Energieabstände der Rotationsisomeren von *CF_2Cl–CF_2Cl, $CFCl_2$–CF_2Cl* u. *$CFCl_2$–$CFCl_2$* ermittelt. Sowohl bei halogenierten Äthanen als auch Methanen ergibt sich eine Verkleinerung des C–X-Abstandes (X = F bzw. Cl), wenn am gleichen C-Atom weitere X-Substitutionen stattfinden. (Im Fall X = Cl noch unsicher). Im Dampfzustand liegen 2 Rotationsisomere, gauche- u. trans-(C_s-)-Konformation, vor. Die Energiedifferenzen zwischen den Isomeren u. die Azimutal-Winkel werden berechnet. Die Energieunterschiede zwischen C_s- u. gauche-Form sind im Fall der Fluorchloräthane klein u. angenähert gleich, während sie bei den Chloräthanen beträchtlich größer u. verschieden sind. W. Haberditzl. B 182□

Molekularstruktur von Acrylnitril durch Elektronenbeugung. Takahide Saito und Takeshi Ukaji. (Bull. chem. Soc. Japan **33.** 174–77. Febr. 1960. Tokyo, Univ. of Educat., Fac. of Sci., Dep. of Chem.) (Engl.)

Folgende Atomabstände werden aus Elektronenbeugungs-Unterss. für *Acrylnitril* ermittelt: C≡N: 1,16 ± 0,01 [Å], C=C: 1,34 ± 0,02, C–C: 1,44 ± 0,02 u. $C_1 \cdots C_3$: 2,43 ± 0,02 Å. Zum Vgl. werden die C≡N-, C–C-, C=C- u. C≡C-Abstände von HCN Acetonitril, Dicyan, Butadien, Butin-(2), Butadiin, Acetylencarbonsäurenitril u. Penten-(1)-in-(3) mitgeteilt. Der experimentell erhaltenen Intensitätskurve werden mehrere, unter leichter Variierung der Bindungsabstände rechner. erhaltene Kurven gegenübergestellt u. Gründe für das Abweichen von ersterer erörtert. H. Wagner. B 182□

Anwendung eines direkten Verfahrens zur Wiedergabe einer „self-consistent"-Beschreibung eines Molekülfeldes auf Azulen. Elio Sparatore. (Gazz. chim. ital. **88.** 671–83. Aug./Sept. 1958. Genova, Univ., Ist. di Chim. farmaceutica e tossicologica e di Chim.-Organ.) (Ital.)

Vf. beschreibt die Anwendung eines von ihm früher (vgl. Atti Accad. Ligure Sci. Lettere **13.** [1956.] 18) beschriebenen Störungs-Verf. erster Ordnung auf eine „self-consistent"-Beschreibung des Mol.-Feldes von *Azulen.* Es wurde gefunden, daß es nicht möglich ist, das experimentell gefundene Dipolmoment des Mol. zu erklären, wenn man nicht den außergewöhnlichen Charakter der Bindung zwischen den beiden Ringen berücksichtigt. Berechnet wurden die Koeff. der gegenseitigen Polarisierbarkeit zwischen den Atomen, den Atomen u. den Bindungen u. zwischen den Bindungen. Anwendung auch auf *Butadien* u. *Fulven.* C. Gottfried. B 182

Die Kristallstruktur und die Atomschwingungen von 1.2-Diphenyltetrafluoräthan. D. W. J. Cruickshank, G. A. Jeffrey und S. C. Nyburg. (Z. Kristallogr., Kristallgeometrie, Kristallphysik, Kristallchem. **112.** 385—400. 9/10. 1959. Leeds, Univ., School of Chem.) (Engl.)

1.2-Diphenyltetrafluoräthan (F. 120°) krist. aus A. in monoklinen Nadeln mit der b-Achse als Nadelachse. Die Zelle hat die Abmessungen a = 15,08 (Å); b = 5,776; c = 7,705; β = 120°16'. Raumgruppe ist P 2/a; mit D. 1,43 ist Z = 2. Die Struktur wurde mit Hilfe einer dreidimensionalen FOURIER-Synth. u. anschließender mehrfacher Parameterverfeinerung durch Differenz-Synth. unter Berücksichtigung anisotroper Wärmebewegung bestimmt. Es wurden die folgenden Parameter festgelegt: $F_{(1)}$ (x=) 0,0165; (y=) —0,0704; (z=) —0,2042; $F_{(2)}$ ebenfalls am $C_{(1)}$: —0,0048; 0,2692; —0,1091; $C_{(1)}$: 0,0329; 0,0510; —0,0406; Phenyl-C-Atome: $C_{(2)}$: 0,1474; 0,0700; 0,1122; $C_{(3)}$: 0,1829; 0,2629; 0,2375; $C_{(4)}$: 0,2871; 0,2727; 0,3782; $C_{(5)}$: 0,3523; 0,0937; 0,3931; $C_{(6)}$: 0,3157; —0,0944; 0,2665; $C_{(7)}$: 0,2120; —0,1117; $H_{(3)}$: 0,1364; 0,3905; 0,2274; $H_{(4)}$: 0,3148; 0,4101; 0,4679; $H_{(5)}$: 0,4273; 0,1006; 0,4940; $H_{(6)}$: 0,3624; —0,2290; 0,2775; $H_{(7)}$: 0,1854; —0,2486; 0,0371. Die Kristalle sind isostrukturell mit denen des Diphenyls (vgl. C. **1950.** I. **395**). Die 7 C-Atome der einen Hälfte des Mol. liegen in der Ebene 0,1633 x' + 0,4633 y' — 0,8694 z' — 0,706 = 0, wo α' = x sin β, y' = y u. z' = z + x cos β ist. Diese Ringebene bildet einen Winkel von 85°19' mit der Ebene 0,1438 x' — 0,9175 y' — 0,3711 z' = 0 durch die zentralen C-Atome $C'_{(2)}$, $C'_{(1)}$, $C_{(1)}$, $C_{(2)}$. Die Länge der zentralen C–C-Bindung ist 1,539 ± 0,015 Å, u. der mittlere C–F-Abstand beträgt 1,374 Å. Die Moll. vollziehen bei Zimmer-Temp. eine Drehschwingung mit einer Amplitude von 7° um die Richtung des Trägheitsminimums. In dem Gitter wird jedes Mol. in einer pseudorhomb., raumzentrierten Anordnung von 12 anderen Moll. umgeben, mit denen es durch VAN DER WAALSsche Kräfte verbunden ist. C. GOTTFRIED. B 195

Kristall- und Molekularstruktur von 3.3'-Dibrombenzophenon. S. Ramaseshan und K. Venkatesan. (Experientia [Basel] **14.** 237—38. 15/7. 1958. Bangalore, Indian Inst. of Sci., Dep. of Phys.) (Engl.)

3.3'-Dibrombenzophenon kristallisiert rhomb. mit den Zellendimensionen a = 3,99 (Å); b = 11,70; c = 25,69; Raumgruppe ist P b c n; Z = 4. Die C=O-Bindung des Mol. fällt mit der zweizähligen Symmetrieachse in dem Kristall zusammen. Die Struktur wurde mit Hilfe von PATTERSON- u. FOURIER-Projektionen bestimmt. Die folgenden Parameter wurden gefunden: $C_{(1)}$ (x=) 0,025; (y=) 0,075: (z=) 0,196; $C_{(2)}$: —0,100; —0,038; 0,194; $C_{(3)}$: —0,081; —0,092; 0,142; $C_{(4)}$: 0,055; —0,029; 0,098; $C_{(5)}$: 0,174; 0,079; 0,102; $C_{(6)}$: 0,158; 0,138; 0,151; $C_{(7)}$: 0,00; 0,133; 0,250; O: 0,00; 0,240; 0,250; Br: 0,3400; 0,1573; 0,0448. Der Winkel zwischen den 1.4-Achsen der Phenylgruppen ist 126,2°. Der Winkel zwischen den Ebenen der Benzolringe beträgt 39,9°; jeder der Phenylringe ist jedoch aus der gemeinsamen Ebene, d. h. der Ebene, die $C_{(1)}$–C(=O)–$C_{(1')}$ enthält, um 22,4° herausgedreht. C. GOTTFRIED. B 195

Eine Untersuchung der Wärmebewegung in wasserstoffgebundenen Kristallen. J. Monteath Robertson. (Z. Kristallogr., Kristallgeometrie, Kristallphysik, Kristallchem. **112.** 68—79. 9/10. 1959. Glasgow, Univ., Chem. Dep.) (Engl.)

Vf. berechnete aus dem Intensitätsabfall der Interferenzen von *Anthracen* (**I**) u. *Ovalen* die Parameter der Wärmebewegung in den Kristallen u. verglich sie mit denen von *Oxalsäure* u. *β-Bernsteinsäure* (**II**), wobei speziell die Ergebnisse an **I** u. **II** diskutiert werden. Die Moll. selbst können als nahezu starre Körper angesehen werden. In den **II**-Kristallen ist die Wärmeübertragung in Richtung der durch H-Brücken verbundenen Mol.-Reihen stark reduziert. Dagegen besteht ein erhebliches Drehschwingen um eine Achse, die dieser Richtung sehr angenähert parallel liegt u. ganz in der Nähe der C-Atome der COOH-Gruppen verläuft. C. GOTTFRIED. B 195

Die Kristallstruktur von Aureomycinhydrochlorid. S. Hirokawa, Y. Ikaya, F. M. Lovell und R. Pepinsky. (Z. Kristallogr., Kristallgeometrie, Kristallphysik, Kristallchem. **112.** 439—64. 9/10. 1959. University Park, Pa., Pennsylvania State Univ., Dep. of Phys. Crystal Res. Labor.) (Engl.)

Ausführliche Wiedergabe der C. **1961.** 434 referierten Mitt.; nachzutragen sind die Strukturparameter von *Aureomycinhydrochlorid* (*4-Dimethylamino-1.4.4a.5.5a.6.11.12a-oktahydro-3.6.10.12.12a-pentahydroxy-6-methyl-1.11-dioxo-7-chlornaphthacen-2-carbonsäureamid·HCl*, $C_{22}H_{23}ClN_2O_8 \cdot HCl$). $C_{(1)}$ (x=) 0,0385; (y=) 0,6575; (z=) 0,1793; $C_{(2)}$: 0,9437; 0,6876; 0,1272; $C_{(3)}$: 0,8504; 0,6188; 0,1104; $C_{(4)}$: 0,8645; 0,5014; 0,1296; $C_{(4a)}$: 0,9751; 0,4730; 0,1900; $C_{(5)}$: 0,0778; 0,4317; 0,1290; $C_{(5a)}$: 0,1738; 0,3850; 0,1904; $C_{(6)}$: 0,2959; 6,3621; 0,1423; $C_{(6a)}$: 0,3718; 0,3071; 0,2103; $C_{(7)}$: 0,4465; 0,2212; 0,1921; $C_{(8)}$: 0,5270; 0,1829; 0,2598; $C_{(9)}$: 0,5468; 0,2299; 0,3342; $C_{(10)}$: 0,4643; 0,3147; 0,3585; $C_{(10a)}$: 0,3857; 0,3522; 0,2894; $C_{(11)}$: 0,3021; 0,4316; 0,3170; $C_{(11a)}$: 0,1974;

0,4532; 0,2651; $C_{(12)}$: 0,1259; 0,5295; 0,2918; $C_{(12a)}$: 0,0175; 0,5642; 0,2397; Amidgruppe: C: 0,9437; 0,7871; 0,0783; N: 0,0282; 0,8497; 0,0759; O: 0,8439; 0,8135; 0,0362; Dimethylaminogruppe: N: 0,7531; 0,4528; 0,1482; CH_3: 0,6883; 0,4830; 0,2220; CH_3: 0,7644; 0,3344; 0,1409; andere Substituenten $O_{(1)}$: 0,1331; 0,7079; 0,1896; $O_{(3)}$: 0,7494; 0,6423; 0,0701; $O_{(6)}$: 0,3420; 0,4633; 0,1290; $O_{(16)}$: 0,4829; 0,3570; 0,4296; $O_{(11)}$: 0,3275; 0,4893; 0,3896; $O_{(12)}$: 0,1465; 0,5995; 0,3572; $O_{(12a)}$: 0,9239; 0,6009; 0,2981; $CH_{3(6)}$: 0,2739; 0,3134; 0,0615; $Cl_{(7)}$: 0,4493; 0,1469; 0,0985; $Cl^{(-)}$: 0,0660; 0,0701; 0,9968. Die Unters. bestätigt die von Stephens u. Mitarbeitern (vgl. J. Amer. chem. Soc. **76.** [1954.] 3568.) auf chem. Wege erhaltene Struktur. Das gefundene Mol. hat Ionencharakter u. enthält pro chem. Einheit ein Cl^--Ion u. ein Aureomyciniumion. Das Zentrum der positiven Ladung auf dem organ. Ion ist das N-Atom der Dimethylaminogruppe. Direkte Kontakte zwischen den organ. Ionen haben nur van der Waalsschen Charakter. H-Bindungen zu den organ. Ionen existieren um die Cl^--Ionen herum u. innerhalb der organ. Kationen, aber nicht direkt zwischen zwei Kationen. Die Atomabstände u. die Valenzwinkel sind tabellar. angegeben. Die Gleichung der Ebene, in der die 6 C-Atome des Ringes IV u. $Cl_{(7)}$ u. $O_{(10)}$ liegen, lautet $x + 1{,}011_8 \cdot y - 0{,}723_2 \cdot z - 0{,}530_0 = 0$. Der Ring ist ein verzerrtes Sechseck mit Abständen von 1,32—1,48 Å u. Valenzwinkeln von 116 bis 126°. Die Tatsache, daß die beiden Abstände $C_{(8)}$–$C_{(9)}$ u. $C_{(6a)}$–$C_{(10a)}$ kürzer sind als die anderen 4 Abstände im Ring, läßt sich mit dem Einfl. von $Cl_{(7)}$ u. $O_{(10)}$ auf den Resonanzzustand des Ringes erklären. Der $C_{(11)}$–$O_{(11)}$-Abstand mit 1,38 Å ist sehr viel größer als der normale für die C=O-Bindung (1,21 Å) u. erreicht nahezu den C–OH-Abstand von etwa 1,42 Å. Die $C_{(11)}$–$O_{(11)}$-Gruppe liegt danach als Enolgruppe vor. Der Ring II ist im Bindungscharakter dem Ring III sehr ähnlich. Genauer besprochen wird noch die Konfiguration des Ringes I mit den beiden funktionellen Gruppen. Das Cl^--Ion ist von 6 Atomen in Form eines verzerrten Oktaeders umgeben: diese Atome sind $N_{(4)}$, $O_{(6)}$ u. $CH_{3(6)}$ eines Aureomycinions, $O_{(12)}$ u. $O_{(12a)}$ eines zweiten Ions u. dem N-Amid-Atom eines weiteren Ions. Der Resonanzzustand des Mol. wird diskutiert.

C. Gottfried. B 195

Untersuchung von Additionsverbindungen von Lewis-Säuren. 14. Mitt. **Infrarotabsorptionsspektren der Verbindungen CH_3COCl–$TiCl_4$ und C_2H_5COCl–$TiCl_4$.** D. Cassimatis und B. P. Susz. (Helv. chim. Acta **44.** 943—55. 15/6. 1961. Geneve, Univ., Labor. de Chim. phys.) (Franz.) — 13. vgl. C. **1962.** 4126.

Vff. untersuchten die IR-Absorptionsspektren von fl. *CH_3COCl*, festem *$CH_3COCl \cdot TiCl_4$* (I) sowie I in Nujol bei —20°, im fl. Zustand sowie in Lsgg. von Bzl., CS_2 u. Chloroform. Die charakterist. C=O-Frequenz von I ist gegenüber CH_3COCl beträchtlich erniedrigt ist, u. zwar infolge Fixierung des Elektronenacceptors an das O-Atom der Carbonylgruppe. Das ebenfalls beobachtete Auftreten von 2 IR-Absorptionsbanden in dem Gebiet der gestörten Carbonylgruppe ist möglicherweise damit zu erklären, daß eine doppelte Möglichkeit für die Fixierung des Acceptors an das O-Atom besteht. Die Kraft-Konst. wurden nach der Wilsonschen Meth. berechnet. Auf Grund dieser Berechnungen nehmen die Vff. an, daß der Doppelbindungscharakter der C=O-Bindung durch das Hinzufügen der Lewis-Säure stark vermindert wird. Dargestellt wurde noch die Komplex-Verb. *$C_2H_5COCl \cdot TiCl_4$*, um festzustellen, ob die Ggw. einer nucleophilen CH_3-Gruppe eine Wrkg. auf das Hinzufügen von $TiCl_4$ ausübt. Weiter wurden die äquimol. fl. Gemische *$CH_2ClCOCl + TiCl_4$* u. *$CHCl_2COCl + TiCl_4$* dargestellt, um den Einfl. eines elektrophilen Substituenten zu untersuchen. Unterschiede in den Spektren gegenüber den Ausgangschloriden konnten nicht festgestellt werden. C. Gottfried. B 223

Ladungsübertragungskomplexe Tropyliumion–aromatischer Kohlenwasserstoff. Martin Feldman und S. Winstein. (J. Amer. chem. Soc. **83.** 3338—39. 15/8. 1961. Los Angeles, Calif., Univ. of California, Dep. of Chem.) (Engl.)

Vff. beobachteten beim Zugeben aromat. KW-Stoffe [*Bzl.*, *Toluol*, *m-* bzw. *p-Xylol*, *Mesitylen* (I), *Naphthalin* (II), *2-Methylnaphthalin*, *Phenanthren*, *Anthracen* (III) u. *Pyren*] zu Lsgg. von *Tropyliumperchlorat-* bzw. *-tetrafluoroborat* das Auftreten neuer Absorptionsbanden im UV- u. sichtbaren Gebiet des Spektrums (in Dichloräthan bzw. Acetonitril; Tabellen). Sie diskutieren diese als Ladungsübertragungs-Absorptionsbanden (CTA). Vff. vergleichen die CTA der Tropyliumion–KW-Stoff-Komplexe (**A**) mit den bekannten CTA genannter KW-Stoffe mit Trinitrobenzol, Jod u. Tetracyanäthylen als Acceptoren. Aus der LCAO-MO-Berechnung (1. Näherung) ergibt sich nach theoret. Überlegungen $h\nu$ für die Donatoren Bzl., **II** u. **III** zu 1,445 β, 1,063 β u. 0,859 β. Auf der Grundlage dieser Berechnungen ließen sich die λ der CTA der **A** mit Bzl., **II** u. **III** bei 322 mμ (Best. 305 mμ), 438 mμ (Best. 430 mμ) u. 540 mμ (Best. 530 mμ) in guter Übereinstimmung voraussagen. Für die Bldg. des Tropyliumion–I-Komplexes in Acetonitril wurde die Gleichgewichts-Konst. K zu 0,67 Liter/Mol^{-1} bei 25° u. der Extinktions-Koeff. ε zu 1850 bestimmt.

Die **A** scheinen die ersten direkt beobachteten Ladungsübertragungskomplexe (CTK) mit Carboniumionen als Acceptor zu sein. Bzgl. des vorst. bestimmten K-Wertes eignet sich das Tropyliumion bes. günstig als Acceptor im Vgl. mit anderen π-Säuren. Die **A** werden als Modell für mögliche, intermediäre Rkk., die $\pi \rightarrow \pi$-Wechselwrkg. zwischen KW-Stoffen u. Carboniumionen-tragende Verbb. darstellen, vorgeschlagen. Austausch der Aromaten in **A** durch Olefine erscheint prinzipiell möglich. Verfärbungen bei der Addition von Tropyliumionen zu Lsgg. von trans-Stilben, Isopren u. Tropyliden weisen auf CTK-Bldg. hin. Bei der Bldg. von CTK von Tropyliumionen mit einfachen Donatoren, wie Halogen-Ionen, scheinen tiefergehende Prozesse stattzufinden. Vff. erhielten beim Zugeben von Tetrabutylammoniumbromid zur Tropyliumsalzen in Äthylendichlorid eine sofortige Bldg. des Tribromids. Auch oxydierende Wrkg. gegenüber Isocyanationen wurde festgestellt. G. PLÖTNER. B 223□

Die Löslichkeit von Propylen in Methanol bei tiefen Temperaturen. I. P. Ussjukin und W. M. Schleinikow. (Газовая Промышленность [Gas-Ind.] **6.** Nr. 12. 40—42. 1961.) (Russ.)

Durch Unters. der Löslichkeit von *Propylen* (**I**) in *Methanol* (**II**) im Temp.-Bereich 20 bis —47° bei einem I-Druck von 1 atü wird festgestellt, daß die **I**-Löslichkeit in **II** nicht den Gesetzen von RAOUL-DALTON u. von HENRI gehorcht. Diese gehorcht der nachst. Gleichung: $Py = \nu P_g x = Ex$, wobei P = Gesamtdruck in atü, y = Molanteil von I am Gas, ν = Aktivitäts-Koeff., P_g = Druck des gesätt. I-Dampfes, E = HENRI-Koeff. in atü, x = Molanteil von I in der Lösung. O. LEBTAG. B 224□

Einfluß der Kohlenwasserstoffkette auf die Löslichkeit homologer Reihen organischer Verbindungen in Lösungsmitteln. 2. Mitt. Elena Spaccamela Marchetti und Giovanni Saracco. (Ann. Chimica **48.** 1371—94. Dez. 1958. Torino, Politecnico, Ist. di Chim. ind.) (Ital.) — 1. vgl. C. **1962.** 439.

An Hand von Zahlenangaben aus der Literatur untersuchten Vff. die Löslichkeit von *Fettsäuren*, prim. aliphat. *Alkoholen*, symm. *Ketonen*, prim. u. sek. aliphat. *Aminen*, *Amiden* u. *Nitrilen* in polaren u. nicht polaren Lösungsmitteln. In halblogarithm. Weise sind die Löslichkeiten in Mol/Liter Lsgm. gegen die Anzahl der C-Atome bei den verschiedenen Temp. aufgetragen. Es wurde gefunden, daß sich die Löslichkeit jeden Gliedes der Reihe in einem gegebenen Lsgm. u. für Werte <10 Mol/Liter nach l. c. angegebenen Beziehung $S = S_0 \exp(-Kn)$ berechnen läßt; in dieser Gleichung bedeuten S die Löslichkeit in Mol/Liter Lsgm., S_0 eine Konst. entsprechend der charakterist. Gruppe der Reihe, K eine Integrations-Konst. u. n die Anzahl von C-Atomen der KW-Stoffkette. C. GOTTFRIED. B 224

Kinetik der Oxydation von d-Glucose durch zweiwertiges Kupfer in alkalischer Lösung in Gegenwart von Glycerin. 11. Mitt. Mathura Pd. Singh. (Z. physik. Chem. **216.** 13—16. 1961. Allahabad, India, Univ. of Allahabad, Chem. Dep.) (Engl.) — 7. vgl. C. **1959.** 8831.

Die Geschw. der Red. von Cu(II)-Salz durch *d-Glucose* in alkal. Medium steigt etwas mit steigendem Glycerinzusatz, was auf eine Änderung der DK des Lsgm. zurückgeführt werden kann u. vielleicht anzeigt, daß es sich um eine Rk. zwischen entgegengesetzt geladenen Ionen handelt. J. WINKLER. B 225□

Kinetik der Oxydation von d-Galaktose und d-Glucose durch zweiwertiges Kupfer in alkalischer Lösung. 12. Mitt. Mathura Pd. Singh. (Z. physik. Chem. **216.** 17—20. 1961.) (Engl.) — 11. vgl. vorst. Referat.

Die l. c. für d-Glucose mitgeteilten Ergebnisse wurden auch mit *d-Galaktose* erhalten. J. WINKLER. B 225□

Untersuchungen über organische Peroxide. 5. Mitt. **Zersetzung von Dibenzoylperoxid durch Eisen(II).** Shigeo Hasegawa und Norio Nishimura. (Bull. chem. Soc. Japan **33.** 775—79. Juni 1960. Tsushima, Okayama, Okayama Univ., Fac. of Sci., Dep. of Chem.) (Engl.) — 4. vgl. C. **1962.** 5687.

Durch Best. des zeitlichen Verlaufs der Zers. von *Dibenzoylperoxid* (**I**; Umsatz jodometr. bestimmt) durch Fe^{2+} (Umsatz zu Fe^{3+} colorimetr. mittels α,α'-Dipyridyl bestimmt) in A. ergibt sich, daß die Rk.-Geschw. linear proportional der Konz. an **I** u. an Fe^{2+} (als $FeCl_2 \cdot 5\,H_2O$) ist, in Übereinstimmung mit dem Einelektronenübertragungs-Mechanismus nach HABER-WEISS [1934]. Die scheinbare Zers.-Geschw. ist jedoch I. Ordnung. Die ARRHENIUS-Gleichung lautet $k_1 = 2{,}2 \cdot 10^{11} \exp(-14{,}210 \cdot 10^3/RT)$ Mol^{-1}/s^{-1}. L. SCHULER. B 225□

Kinetik der Reaktion von $n\text{-}C_3H_7J + KJ^*$ in nichtwässerigen Lösungsmitteln bei Drücken von 3000 kg/cm². Ju. A. Jerschow, W. B. Miller, M. B. Neiman und M. G. Gonikberg. (Известия Академии Наук СССР, Отделение Химических Наук [Nachr. Akad. Wiss. UdSSR, Abt. chem. Wiss.] **1960.** 2103—06. Akad. der Wiss. der UdSSR, Inst. für chem. Physik u. Zelinsky-Inst. für organ. Chem.) (Russ.)

Nach der bereits beschriebenen Meth. (vgl. GONIKBERG u. Mitarbeiter, C. **1958.** 2364) wurde der Isotopenaustausch $n\text{-}C_3H_7J + KJ^*$ in Methyläthylketon (I) bei 20° u. Cyclohexanon (II) bei 0° unter Drücken bis 3000 kg/cm² untersucht. Bei Druckerhöhung wird die Rk. in **I** ($k \cdot 10^3 = 75$ Liter/Mol·s bei 1 kg/cm²; 54 bei 2000; 46 bei 3200; $\Delta V^{\neq}$ + 2 cm³/Mol) gebremst, während sie in **II** ($k \cdot 10^3 = 23$ bei 1; 33 bei 1300; 36 bei 1800; $\Delta V^{\neq}$ — 9) schneller verläuft. Der Rk.-Mechanismus wird diskutiert. H. JÄGER. B 225□

Über α-substituierte Aldehyde. 18. Mitt. Die nucleophilen Substitutionen bei α-halogenierten Aldehyden. Albert Kirrmann. (Bull. Soc. chim. France **1961.** 657 bis 662. April. Paris, École Norm. Sup., Labor. de chim.) (Franz.) — 17. vgl. RIEHL, C. R. hebd. Séances Acad. Sci. **250.** [1960.] 4174; 13. vgl. C. **1959. 14692.**

Auf Grund der Ergebnisse eigener u. fremder Arbeiten bespricht Vf. die Rk.-Typen, die bei nucleophilen Substitutions-Rkk. von α-halogenierten Aldehyden auftreten: Doppelte Austausch-Rkk., Angriff des nucleophilen Reagenses am Carbonyl-C-Atom (Hydratisierung u. Halbacetal-Bldg.), unter Eliminierung von Halogenwasserstoff verlaufende Rkk., Umlagerungen nach Art der FAWORSKI-Rk., die Bldg. von Epoxiden, die alkal. Hydrolyse sowie die Einw. von Aminen, Acetationen u. Organometallverbindungen. Nach MUTHS (Thesis, Strasbourg, 1955) findet sich eine Bestätigung der Annahme von WINSTEIN (C. **1953.** 5316), daß die alkal. Hydrolyse α-halogenierter Aldehyde unter Beteiligung der benachbarten Carbonylgruppe bzw. des Hydrats unter spezif. Beschleunigung abläuft, bei der Unters. der entsprechenden Acetale. Cycl. Acetale, die infolge ihrer starren Struktur dem Assistance-Effekt wenig unterliegen, fallen der Hydrolyse viel langsamer anheim als einfache, offene Acetale. — Beim Vers. der direkten Darst. von Acetoxyepoxiden durch Oxydation eines Enolacetats mit Perbenzoesäure erhielt RIEHL (unveröffentlicht) ein komplexes Gemisch, das wohl Acetoxyepoxid enthielt, doch konnte diese Verb. noch nicht rein isoliert werden. Daneben trat der isomere Acetoxyaldehyd auf, woraus hervorzugehen scheint, daß durch die Ggw. eines α-ständigen H-Atoms diese Epoxide durch anion. Wanderung dieses Atoms sich umlagern können, wie dies bei einfachen Epoxiden der Fall ist. Die Acetoxyepoxide sind demnach zwei unterschiedlichen Isomerisierungen zugänglich, wobei entweder die Acetoxygruppe wandert (Bldg. von α-Acetoxyaldehyden) oder das α-H-Atom (Bldg. von Estern von β-Ketoalkoholen). Die erste Umlagerung ist nur mit α-verzweigten Aldehyden möglich, unverzweigte Verbb. lagern sich je nach den ster. Umständen nach dem einen oder anderen Weg um. Vf. schließt, daß der Angriff eines nucleophilen Agens auf einen α-halogenierten Aldehyd nicht immer direkt am Halogenatom erfolgt, sondern es reagiert prim. fast immer die Carbonylgruppe unter Bldg. eines Additionsprodukts. Der unterschiedliche Ablauf der Rk. kann von den spezif. Eigg. des Agens (bes. Ladungszustand u. nucleophile Eigg.) sowie von der Struktur des Substrats bzw. auch von der Art des Lsgm. abhängen. Die Bldg. von isolierbaren oder instabilen Epoxiden spielt dabei eine wichtige Rolle, wobei die Rk. nach dem „Assistance"-Mechanismus abläuft unter Abspaltung von Halogen. Diese Wrkg. der Carbonylgruppe scheint stärker bei den Aldehyden als bei den Ketonen aufzutreten. — 35 Literaturhinweise. B. GNAUCK. B 225□

Über die Protonenbeweglichkeit der Wasserstoffatome in Acetylchlorid. D. N. Kurssanow und W. N. Ssetkina. (Доклады Академии Наук СССР [Ber. Akad. Wiss. UdSSR] **137.** 96—98. 1/3. 1961. Akad. der Wiss. der UdSSR, Inst. für elementorg. Verbb.) (Russ.)

Die H-Atome in *Acetylchlorid* (**I**; Kp. 50—51°) besitzen eine Protonenbeweglichkeit u. tauschen mit DCl in Nitrobenzol D aus. In Ggw. von aprot. Säuren wird der Austausch stark beschleunigt. Bei einem Verhältnis **I**:Nitrobenzol:DCl:aprot. Säure von 1:5:0,3:0,1 erhöht sich $k^{25°} \cdot 10^6$ (s^{-1}) von 1 in Abwesenheit einer aprot. Säure auf 7, 17, 25, 25, 26, 44 in Ggw. von $HgCl_2$, $SnCl_4$, $AlCl_3$, BF_3, $SbCl_5$, $FeCl_3$. Der Protonenaustausch ist durch die Bldg. von Acyliumionen möglich, die in Ggw. von aprot. Säure, z. B. in der Form $[CH_3 \cdot CO][SbCl_6]$, stabilisiert werden. HELMUT SCHÄFER. B 225□

Substitution an einem olefinischen Kohlenstoffatom. Reaktionen der β-Chlorcrotonsäureäthylester mit nucleophilen Agentien. D. Emyr Jones, R. O. Morris, C. A. Vernon und R. F. M. White. (J. chem. Soc. [London] **1960.** 2349—66. Mai. London, W. Ramsay and R. Forster Labor.) (Engl.)

Vff. untersuchen die nucleophile Substitution am olefin. C-Atom u. bestimmen titrimetr. die Geschw.-Konst. k u. die Aktivierungsenergie E_A der Rk. von *β-Chlor-cis-crotonsäureäthylester* [*cis*-**I**; $k_2^{0°}$ $4{,}11 \cdot 10^{-3}$ (Liter·Mol^{-1}·sec^{-1}), $k_2^{20°}$ $3{,}52 \cdot 10^{-2}$, E_A 17,6 (kcal/Mol)], *trans*-**I** ($k_2^{0°}$ $9{,}15 \cdot 10^{-4}$, $k_2^{20°}$ $1{,}02 \cdot 10^{-2}$, E_A 19,2); *β-Chlor-α-methyl-crotonsäureäthylester* (**II**; $k_2^{34,9°}$ $7{,}1 \cdot 10^{-4}$, $k_2^{63,4°}$ $1{,}2 \cdot 10^{-2}$, E_A 20,5), *cis-1-Chlorpropen* (*cis*-**III**; $k_2^{129°}$ $3{,}35 \cdot 10^{-4}$), *trans*-**III** ($k_2^{129°}$ $2{,}6 \cdot 10^{-6}$) mit Na-Äthylat in A., von *cis*-**I** ($k_2^{0°}$ $2{,}43 \cdot 10^{-3}$, $k_2^{20°}$ $1{,}51 \cdot 10^{-2}$, E_A 14,1), *trans*-**I** ($k_2^{0°}$ $5{,}6 \cdot 10^{-3}$, $k_2^{20°}$ $3{,}24 \cdot 10^{-2}$, E_A 14,5), **II** ($k_2^{34,9°}$ $4{,}47 \cdot 10^{-4}$, $k_2^{60°}$ $3{,}45 \cdot 10^{-3}$, E_A 16,7), *cis*-**III** ($k_2^{129°}$ $4{,}6 \cdot 10^{-5}$), *trans*-**III** ($k_2^{129°}$ 1,92·

10^{-6}) mit Na-Thioäthylat in A. u. von *cis*-**I** ($k_2^{0°}$ 5,5·10^{-5}, $k_0^{20°}$ 3,85·10^{-4}, E_A 15,3), *trans*-**I** ($k_2^{0°}$ 2,23·10^{-5}, $k_2^{20°}$ 1,78·10^{-3}, E_A 16,0) mit Na-Thiophenolat in Alkohol. *cis*- u. *trans-1-Brom-2-p-chlorphenyl-1.2-diphenyläthylen* ($C_{20}H_{14}ClBr$, FF. 104 u. 158°) sind sowohl gegenüber Äthylat als auch Thioäthylat bei 160° in A. beständig. Für den Cl-Austausch von *cis*-**I** mit $Li^{36}Cl$ wird $k^{150°}$ 6·10^{-5} (Liter·Mol^{-1}·s^{-1}) bestimmt. Während bei der Rk. von cis- u. trans-**I** mit Äthylat bzw. Phenolat nur ein einheitliches Prod., *β-Äthoxy-* (**V**) bzw. *β-Phenoxycrotonsäureäthylester* (**VI**; wahrscheinlich mit cis-Konfiguration) entsteht, werden mit Thioäthylat bzw. Thiophenolat die beiden Stereoisomeren von *β-Äthylmercapto-* (**VIII**) bzw. *β-Phenylmercaptocrotonsäureäthylester* (**X**) nebeneinander gebildet. Der Beweis der Konfiguration von **I**, **VIII** u. **X** sowie der ihrer freien Säuren (**IV**, **IX** u. **XI**) erfolgt: a) IR-spektroskop.: Die cis-Formen besitzen eine starke Bande bei 920 (cm^{-1}), die trans-Formen 2 schwache Banden bei 950. Die nichtebene Deformationsschwingung des olefin. H-Atoms (810—860) liegt außerdem bei der cis-Anordnung bei geringeren Frequenzen als bei der trans-Anordnung. b) Durch Kernresonanzspektroskopie: Die chem. Verschiebung der $=C-CH_3$-Protonen ist bei den cis- kleiner als bei den trans-Formen. Die NMR-Spektren von cis- u. trans-**I** werden abgebildet. — Als Mechanismus der Rk. 2. Ordnung wird eine reine Substitution über eine prim. nucleophile Addition an das *β*-C-Atom angenommen, an die sich die Abspaltung eines $Cl^{\ominus}$ anschließt. Der Übergangszustand wird durch die $-COOC_2H_5$-Gruppe resonanzstabilisiert. Die Annäherung des Nucleophilen erfolgt senkrecht zur Ebene des Olefins, in gleicher oder entgegengesetzter Richtung die Abspaltung des $Cl^{\ominus}$. Im Übergangszustand verbleiben die am *α*-C-Atom haftenden Substituenten in ihrer ursprünglichen Ebene. Der ster. Verlauf ist abhängig von rotationsisomeren Übergangszuständen mit unterschiedlicher Energie. Bei Rkk. mit dem $C_2H_5S^-$- bzw. $C_6H_5S^-$-Ion entsteht als Haupt-Prod. dasjenige mit unveränderter Konfiguaration. Durch die $COOC_2H_5$-Gruppe wird die Vinylsubstitution stark erleichtert, durch die *α*-CH_3-Gruppe erschwert. Ein Mechanismus über eine prim. Eliminierung u. nachfolgende Addition scheidet aus, da bei der Rk. in C_2H_5OD kein H-D-Austausch eintritt.

Versuche: *β-Chlor-cis-crotonsäure* (*cis*-**IV**), F. 60,3—60,6°), aus Acetessigester u. PCl_5 in Bzl., 24 Std. lang bei 0°, Trennung von trans-**IV** durch Wasserdampfdestillation. *Äthylester* (*cis*-**I**), $C_6H_9ClO_2$, Kp.$_{10}$ 48,4—48,5°, n_D^{25} 1,4512. *trans*-**IV**, F. 93,8—94,0° (PAe.), neben cis-**IV**. *trans*-**I**, Kp.$_{10}$ 69,5—69,7°, n_D^{25} 1,4562. — *β-Chlor-α-methylcrotonsäureäthylester* (**II**), $C_7H_{11}ClO_2$, Kp.$_{10}$ 61,1°, aus Methylacetessigester u. PCl_5 analog cis-**IV** [→ *β-Chlor-α-methylcrotonsäure*, 52% (Ausbeute)] u. Veresterung mit A.; n_D^{25} 1,4551. — *cis-1-Chlorpropen* (*cis*-**III**), Kp.$_{760}$ 32,1—32,8°, aus 1.1-Dichlorpropan u. Na-Äthylat in A., 2 Std. lang unter Rückfluß; n_D^{25} 1,4028. *trans*-**III**, Kp.$_{760}$ 37,2—38,0°, analog cis-**III**; n_D^{25} 1,4022. — *β-Äthoxycrotonsäureäthylester* (**V**), $C_8H_{14}O_3$, F. 30,2°, Kp.$_{13}$ 81°, a) aus cis-**I** u. Na-Äthylat in A., 24 Std. lang bei 0°; 88%; b) aus trans-**I** analog; 87%. — *β-Äthoxycrotonsäure*, F. 135°, aus **V** durch alkal. Hydrolyse. — *Acetessigester-2.4-dinitrophenylhydrazon*, F. 90°, aus **V** u. 2.4-Dinitrophenylhydrazin (DNPH) in warmer wss. HCl. — *β-Phenoxycrotonsäureäthylester* (**VI**), Kp.$_{14}$ 144°, aus cis- oder trans-**I** u. Na-Phenolat in A., 7 Std. lang bei 78°; n_D^{25} 1,5159. — *β-p-Nitrophenoxycrotonsäureäthylester*, F. 86°, aus cis- oder trans-**I** u. Na-p-Nitrophenolat analog **VI**. — *β-Äthoxy-α-methylcrotonsäureäthylester*, F. —5°, Kp.$_{10}$ 82°, aus **II** u. Na-Äthylat in A., 2 Std. lang bei 78°; n_D^{25} 1,4161; 82%. — *β-Äthylmercapto-cis-crotonsäureäthylester* (*cis*-**VIII**), $C_8H_{14}O_2S$, Kp.$_{10}$ 108—109°, Kp.$_{17}$ 113°, n_D^{25} 1,5079, aus cis-**I** u. Na-Thioäthylat in A., 24 Std. lang bei 0°; 90% cis- u. trans-**VIII**; davon 85% cis-**VIII**. *trans*-**VIII**, Kp.$_{10}$ 131 bis 132°, Kp.$_{17}$ 136°, n_D^{25} 1,5190, aus trans-**I** analog; 90% trans- u. cis-**VIII**; davon 92% trans-**VIII**. Isomerisiert sich langsam zu cis-**VIII**. — *β-Äthylmercapto-cis-crotonsäure* (*cis*-**IX**), $C_6H_{10}O_2S$, F. 90,5°, aus cis-**VIII** u. alkohol. KOH, 5 Std. lang unter Rückfluß. *trans*-**IX**, F. 114—114,3°, aus trans-**VIII** analog. — *β.β-Bis-[äthylmercapto]-buttersäureäthylester*, $C_{10}H_{20}O_2S_2$, Kp.$_3$ 104—105°, a) aus cis- oder trans-**I**, Na-Thioäthylat, A. u. C_2H_5SH, 5 Tage lang bei 0°; b) aus Acetessigester, C_2H_5SH u. HCl; n_D^{25} 1,4930. — *β-Phenylmercapto-cis-crotonsäureäthylester* (*cis*-**X**), $C_{12}H_{14}O_2S$, Kp.$_{1,5}$ 127—129°, Kp.$_3$ 133°, aus cis-**I** u. Na-Thiophenolat in A., 60 Std. lang bei 0°; 85% cis- u. trans-**X**; davon 88% cis-**X**. *trans*-**X**, Kp.$_{1,5}$ 134—136°, Kp.$_3$ 143°, n_D^{25} 1,5760, aus trans-**I** analog; 89% trans- u. cis-**X**; davon 64% trans-**X**. — *β-Phenylmercapto-cis-crotonsäure* (*cis*-**XI**), $C_{10}H_{10}O_2S$, F. 172—174°, aus cis-**X** mit alkohol. KOH. *trans*-**XI**, F. 135—136°, aus trans-**X** analog. — *β.β-Bis-[phenylmercapto]-buttersäureäthylester*, Kp.$_3$ 142°, aus cis- oder trans-**I**, Na-Thiophenolat, A. u. Thiophenol; n_D^{25} 1,6000. — *β-Äthylmercapto-α-methylcrotonsäureäthylester*, $C_9H_{10}O_2S$, Kp.$_9$ 112—113°, aus **II** u. Na-Thioäthylat in A., 20 Min. lang bei 60°; n_D^{25} 1,5088; 73%. — *Methylacetylen*, aus cis-**III** u. Na-Äthylat in A. bei 129°. — *1-Äthylmercaptopropen-(1)*, Kp.$_{760}$ 113—114°, aus cis-**III** u. Na-Thioäthylat in A.; n_D^{25} 1,4723; 73%. A. TREDE. B 225□

Aminosäuren und Peptide. 30. Mitt. **Alkalische Hydrolyse der Phthalimidogruppe in Phthalylaminosäuren und ihren Derivaten; eine polarographische Untersuchung.** J. Rudinger, J. Krupička, M. Zaoral und V. Černík. (Collect. czechoslov. chem. Commun. **25.** 3338—43. Dez. 1960. Prague, Czechoslov. Acad. of Sci., Inst. Chem., Dep. of Org. Synth.) (Engl.) — 29. vgl. Collect. czechoslov. chem. Commun. **25.** [1960.] 2022.

Die Abnahme der polarograph. Red.-Stufe der Phthalimidocarbonsäuren (**A**) u. ihrer Derivv. mit der Zeit wurde zur Unters. der alkal. Hydrolyse an der Phthalimidogruppe angewandt. Die Rk. ist erster Ordnung an **A** u. erster an OH^-. Folgende Werte der Geschw.-Konst. ($k_2^{25^\circ}$, Liter·Mol^{-1}·s^{-1}) wurden gefunden: *Phthalylglycin* (**II**) 5,76; *β-Phthalimidopropionsäure* 6,00; *γ-Phthalimidobuttersäure* (**III**) 6,08; *δ-Phthalimidovaleriansäure* 6,18; *ε-Phthalimidocapronsäure* (**IV**) 5,86; *Phthalyl-DL-alanin* 1,98; *DL-α-Phthalimidovaleriansäure* 0,77; *DL-α-Phthalimidocapronsäure* 0,69; *Phthalyl-DL-leucin* (**V**) 0,55; *Phthalyl-DL-valin* 0,60; *α-Phthalimidoisobuttersäure* 0,56; *Phthalyl-DL-glutaminsäure* 0,51; *Phthalyl-DL-glutamin* 0,88; **II**-*Methylester* 27,8; **II**-*Äthylester* 23,7; **V**-*Methylester* 6,0; **III**-*Methylester* 10,0; **IV**-*Methylester* (F. 51°) 5,88; *Phthalylglycylglycin* u. *-methylester* 20,6 bzw. 29,8; *Phthalyl-L-leucyl-L-leucin* u. *-methylester* 19,7 bzw. 25,6. Phthalimidoester reagieren schneller als die entsprechenden Säuren. Die Phthalimidogruppe unterliegt in wss. alkal. Lsgg. der Hydrolyse leichter als die Estergruppe.

P. Zuman/Prag. B 225

Der Mechanismus der Solvolyse von Kohlenstoff–Kohlenstoff-Bindungen in α-Nitrocarbonylverbindungen. L. P. Salukajew. (Известия Академии Наук Латвийской ССР [Nachr. Akad. Wiss. LettSSR] **1957.** Nr. 5. 97—105. Chem. Inst. der Akad. der Wiss. der LettSSR.) (Russ.)

Die leichte Hydrolysierbarkeit von α-Nitro-α-phenylacetophenon-o-carbonsäure (**I**) zu *Phthalsäureanhydrid* (**II**) u. *Phenylnitromethan* (**III**) wird durch eine stufenweise innermol. Acidolyse der C—C-Bindung erklärt. In der 1. Stufe wird **I** in die entsprechende *Enolform* (**IV**) umgelagert, deren Bldg. spektroskop. durch Vgl. mit α-Nitroacetophenon-o-carbonsäure u. ihren Methylestern (Keto- u. Enolform) nachgewiesen wird. **IV** bildet in der 2. Stufe durch Protonabspaltung ein Anion, das in der 3. Stufe **II** u. **III** liefert. Dieser Mechanismus wird durch folgende Rkk. bestätigt: **I** gibt mit Acetanhydrid (**V**) nach 24std. Stehen geringe Mengen *α-Nitrobenzylidenphthalid* (**VI**), bei 40—45 Min. langem Erhitzen beträgt die Ausbeute an **VI** 33%. Daneben entsteht **III**. Beim Erhitzen von **I** in Toluol entsteht nur **VI**, in W. dagegen nur **III** (75%). Auch in Ggw. bas. Katalysatoren, wie Pyridin (Zimmer-Temp.), äquimol. Mengen NaOH oder Ni-Acetat (**VII**) tritt sofortige Solvolyse unter Bldg. von **II** u. **III** ein. Dagegen bildet **I** mit zwei Äquivalenten NaOH das stabile **I**-*Dinatriumsalz*. Letzteres reagiert mit einem Überschuß an H_2SO_4 oder einer anderen starken Mineralsäure wieder zu **I**, mit einem Äquivalent Säure dagegen zu **II** u. **III**. Analog verläuft auch die Solvolyse von Nitrodiketonen. 2-Nitro-1.3-diphenylpropandion-(1.3) bleibt beim Erhitzen in Eisessig unverändert, wird aber in Ggw. geringer Mengen **VII** leicht in *Benzoesäure* (**VIII**) u. wenig *α-Nitroacetophenon* (**IX**) umgewandelt, das weiter in **VIII** u. *Nitromethan* zerfällt. 2-Nitro-2-phenylindandion-(1.3) (**X**) wird in Ggw. von Pyridin, Acetaten, NaOH u. Alkoholaten ebenfalls solvolyt. zerlegt, wobei im letzteren Fall **I**-*Alkylester* entstehen. Bei 1std. Erhitzen von **X** in Methanol in Ggw. von absol. Pyridin entstehen z. B. 25% **I**-*Methylester.*

W. Kurtzmann. B 225

Cyclische Diacylperoxide. 5. Mitt. **Reaktion von Phthaloylperoxid mit Norbornylen.** Frederick D. Greene und William W. Rees. (J. Amer. chem. Soc. **82.** 890—93. 20/2. 1960. Cambridge, Mass., MIT, Dep. of Chem.) (Engl.) — 4. vgl. C. **1960.** 1129.

Die Rk. von cycl. Phthaloylperoxid (**II**) mit Norbornylen (**I**) in sd. CCl_4 liefert in 20%ig. Ausbeute das *cycl. Phthalat* (**III**) des *cis-exo-Bicyclo-*[*2.2.1*]*-heptandiols-(2.3)*, 10% *cycl. Phthalat* (**IV**) des *Bicyclo-*[*2.2.1*]*-heptandiols-(2-exo-7-syn)*, 10% Phthalsäureanhydrid, ein 1:1-Addukt von CCl_4 an **I** u. vermutlich einen lacton. Orthoester. Die bimol. Rk. ist 1. Ordnung in bezug auf Peroxid u. Olefin. Der Rk.-Mechanismus wird diskutiert. Angenommen wird ein elektrophiler Angriff des Peroxids auf das Olefin. Im Übergangszustand tritt eine positive Teilladung an einem C-Atom der ursprünglichen Doppelbindung auf.

Versuche: *Cycl. cis-exo-Bicyclo-*[*2.2.1*]*-heptandiol-(2.3)-phthalat* (**III**), $C_{15}H_{14}O_4$, F. 205—206°, durch 19std. Kochen von **I** u. **II** in CCl_4, Einengen u. Ae.-Zusatz; Nadeln aus CCl_4; 20%. *Freies Diol*, F. 137—139°, a) durch 12std. Kochen von **III** mit alkohol. NaOH; b) durch $KMnO_4$-Oxydation von **I**. — Neben **III**: *cycl. Bicyclo-*[*2.2.1*]*-heptandiol-(2-exo-7-syn)-phthalat* (**IV**), F. 141,5—143°, chromatograph. abgetrennt; 10%. *Freies Diol*, F. 172—174°, aus **IV** u. alkohol. NaOH; 73%. — *CCl_4-Norbornylen-Addukt*, C_8H_{10}·

Cl_4, Kp.$_9$ 132—135°, a) neben III; 35%; b) durch 19std. Kochen von I u. CCl_4 in Ggw. von Dibenzoylperoxid; n_D^{30} 1,5298; 56%. E. Schmitz. B 225□

Cyclische Diacylperoxide. 6. Mitt. Reaktion von Phthaloylperoxid mit Diarylacetylenen. Frederick D. Greene und William W. Rees. (J. Amer. chem. Soc. **82.** 893—96. 20/2. 1960.) (Engl.) — 5. vgl. vorst. Referat.

Cycl. Phthaloylperoxid (I, Darst. nach Russell, C. **1956. 7492**) wird mit *Diphenylacetylen* (*Tolan*, F. 63,5—65°, aus Stilbendibromid) u. mit *Bis-[p-methoxyphenyl]-acetylen* (II; F. 141,5—143°; aus 4.4'-Dimethoxystilbendibromid u. KOH in A.; Umkristallisation aus Essigsäure/W.; 40% Ausbeute) in CCl_4 bei 80° umgesetzt. 1 Mol II verbraucht 2 Mol I. Unter Verfärbung werden in wenig definierter Rk. cycl. Phthalate des Anisils (III) gebildet. Die IR-Absorption bei 1780 cm^{-1} deutet auf eine lacton. Orthoestergruppierung. III (F. 129,5—131°) wird aus dem Rk.-Gemisch durch saure Hydrolyse mit 32% (Ausbeute) neben Phthalsäure (IV) mit 76% erhalten. Die kinet. Unters. zeigte, daß II langsam im geschwindigkeitsbestimmenden Rk.-Schritt mit 1 Mol I reagiert u. daß das gebildete Zwischen-Prod. schnell ein weiteres Mol I verbraucht. Als Neben-Rk. wird ein Angriff von I auf die Anisylreste vermutet. Vergleichsweise reagierte *Resorcindimethyläther* schnell mit I. Ferner können aktivierte H-Atome I verbrauchen, wie durch Rk. mit Dibenzyläther, Fluoren u. Triäthylorthoformiat in CCl_4 bei 80° gezeigt wird. Auch 1-Jodpentan, Cyclohexen, Dihydropyran, Cyclohexenylhydrogenphthalat-(2) sowie trans-Stilben-α.β-dioldiacetat reagieren mehr oder weniger schnell mit I, was auf die Möglichkeit von weiteren Neben-Rk. bei Rk. von I u. II hinweist. Schließlich können nach Absättigung der Mehrfachbindung in II durch homolyt. C—C-Spaltung Radikale entstehen, die I angreifen. Als Vgl.-Substanz wurde 1 Mol *Tetraphenyläthylen* (V, F. 225—226°; Darst. nach Bachmann [1934]) mit I in sd. CCl_4 umgesetzt u. ein Verbrauch an I von mehr als 1 Mol pro Mol V festgestellt. Nach saurer Hydrolyse des Rk.-Gemisches konnte Benzpinakolin (F. 180—181°), IV u. V isoliert werden. E. Schmitz. B 225□

Kinetische Untersuchung des Glucoseabbaus in saurer Lösung. Kenneth R. Heimlich und Alfred N. Martin. (J. Amer. pharmac. Assoc., sci. Edit. **49.** 592—97. Sept. 1960. Lafayette, Ind., Purdue Univ., School of Pharm.) (Engl.)

Es wurde der Abbau von *Glucose* (I) in saurer Lsg. bei verschiedenen Temp. untersucht. Die Geschw.-Konst. (GK) 1. Ordnung für die Zers.-Rk., erhalten aus der Anfangs-Bldg.-Geschw. von 5-Hydroxymethylfurfurol (II), waren durchweg höher als diejenigen, die aus der Abnahme von I während des Abbaues über längere Zeit bei über 100° berechnet worden waren. Bei 100° wächst die Bldg.-Geschw. von II mit der Zeit im ersten Abschnitt der Zersetzung. Die GK fällt bei höheren Temp. nicht mit der Arrheniusschen Kurve zusammen, was auf die Möglichkeit einer Änderung des Mechanismus bei niedrigeren Temp. hinweist. Die Werte der Rk.-Geschw. wurden auf eine Folge-Rk. 1. Ordnung bezogen. Die Übereinstimmung zwischen berechneten u. experimentell ermittelten Werten zeigt, daß die Rk. nach einem stufenweisen Mechanismus verläuft. Die Geschw.-Werte der Zers. bei Änderung der Säure-Konzz. beweisen, daß sich die GK nicht linear mit der Normalität ändert. Die Zers. in Dioxan—W.-Gemischen ergab, daß sich der Logarithmus der GK linear mit der reziproken DK ändert.
Claus Fischer. B 225□

Die photochemische Reduktion von Bromtrichlormethan durch Derivate des 1.4-Dihydropyridins. Joseph L. Kurz, Robert Hutton und F. H. Westheimer. (J. Amer. chem. Soc. **83.** 584—88. 5/2. 1961. Cambridge, Mass., Harvard Univ., James Bryant and Malinckrodt Labor.) (Engl.)

1.2.6-Trimethyl-3.5-dicarbomethoxy-1.4-dihydropyridin [I; $C_{12}H_{17}NO_4$, F. 105—106° (CH_3OH—W.; evakuierte Capillare), durch Oxydation von II zu 2.6-Dimethyl-3.5-dicarbomethoxypyridin ($C_{11}H_{13}NO_4$, F. 101—102°, A.—W.) mit HNO_3, Darst. des Methoperchlorats ($C_{12}H_{16}ClNO_8$, F. 143—144°, W., evakuierte Capillare) u. dessen Red. mit $Na_2S_2O_4$] u. *2.6-Dimethyl-3.5-dicarbomethoxy-1.4-dihydropyridin* (II, F. 231—233°, aus CH_3OH) reduzieren CCl_3Br (III) zu $CHCl_3$. Die Rk. verläuft über eine Radikalkette mit einer Kettenlänge von 10—100, sie kann therm. oder photochem. gestartet werden. Die Dunkel-Rk. ist eine Rk. 1. Ordnung mit $k_1 = (1-6)\cdot10^{-4}\ s^{-1}$ für [I] bzw. [II] zwischen $0,2\cdot10^{-3}$ u. $60\cdot10^{-3}$ m, [III] = 0,16 — 4,9 m bei 30° in CH_3OH-Lösung. 9.10-Dihydroanthracen (IV; F. 104—106°) red. die Rk.-Geschw. um den Faktor 20—100; die Ergebnisse sind schlecht reproduzierbar. Die Quantenausbeute der Photo-Rk. beträgt je nach den Rk.-Bedingungen 7—80, sie ist bei 366 mμ annähernd proportional $[I]^{1/2}$ u. bei allen untersuchten Wellenlängen (313, 366, 405 mμ) unabhängig von [III] > 1,7 m. Die Geschw. der Photo-Rk. ist annähernd proportional $(Intensität)^{1/2}$ u. wird durch IV deutlich verringert; Hydrochinon oder Pyrogallol beeinflussen die Rk. nicht. Bei Ersatz von **III** durch CCl_4 fällt die Quantenausbeute auf ca. 0,2. Verss. mit deuteriertem **I** bzw. **II** ergeben, daß das H des $CHCl_3$ aus dem 1.4-Dihydropyridinring stammt. Kettenträger der sehr unübersichtlichen Rk. ist vermutlich das ungeladene **I**-Radikal. *1-Benzyl-1.4-dihydronicotinsäureamid* (F. 123—125°, evakuierte Capillare) verschwindet bei Dunkel-Rk. mit **III** viel schneller als **I** oder **II**, die Chemie der Rk. konnte nicht geklärt werden. M. SCHENK. B 226□

Bestimmung der Bindungsenergie von H, D, C, O und N an Zinkoxid nach der kinetischen Methode. A. A. Balandin und I. D. Roshdesstwenskaja. (Журнал Физической Химии [J. physik. Chem.] **34.** 872—79. April 1960. Moskau, Organ.-Chem. Zelinsky-Inst. der Akad. der Wiss. der UdSSR.) (Russ.; Auszug: Engl.)

Es wurden experimentell die Aktivierungsenergien der Dehydrierung folgender Verbb. an ZnO bestimmt (in kcal/Mol): *α-Butylen* 28,1; *Isopropylalkohol* 14,3; *Piperidin* 24,5. Unter Verw. der hier gefundenen u. in der Literatur angegebenen Aktivierungsenergien wird mittels der kinet. Meth. die Bindungsenergie von H, D, C, O u. N an ZnO berechnet. Es wurden folgende Werte in kcal/Mol erhalten: H 48,6; D 51,1; C 23,1; O 61,7 u. N 21,8. E. KORDES. B 227□

Katalytische Hydrokondensation von Kohlenoxid mit Olefinen. 24. Mitt. **Über die Hydrokondensation von Kohlenoxid mit Äthylen an Kobalt-Nickel- und anderen gemischten Kobalt-Katalysatoren.** Ja. T. Eiduss und N. I. Jerschow. (Известия Академии Наук СССР, Отделение Химических Наук [Nachr. Akad. Wiss. UdSSR, Abt. chem. Wiss.] **1959.** 1649—54. Sept. Zelinsky-Inst. für org. Chemie der Akad. der Wiss. der UdSSR.) (Russ.) — 23. vgl. C. **1961. 8990.**

Es werden 3 Katalysatoren auf ihre Wrkg. bei der Rk. von Äthylen (**I**) mit H_2 oder $H_2 + CO$ untersucht: **A**) 50 Co + 50 Ni + 10 Mn + 9 ThO_2 + 5 Al_2O_3 + 100 Diatomit; **B**) Co + Fe (1:1); **C**) Co + Cu (1:1). Temp. in allen Verss. 198°. **I** reagiert an **A** mit H_2 unter Hydrierung zu *Äthan* ohne Polymerisation oder Hydropolymerisation. Die Hydro-Kondens. von **I** mit CO verläuft an **A** mit erheblich geringerer Ausbeute als an einem reinen Co-Katalysator. Bei Zusatz geringer Mengen CO zum **I**-H_2-Gemisch wird der Hydropolymerisationsgrad des **I** etwas erhöht. **B** u. **C** zeigen bei **I**–H_2-Gemischen gute Hydrier-Wrkg., sind aber für die Hydrokondens. von **I** mit CO inaktiv.

R. K. MÜLLER. B 227□

Katalytische Hydrokondensation von Kohlenoxid mit Olefinen. 25. Mitt. **Einfluß des Trägerstoffes auf die Aktivität des Kobalt-Thorium-Kontaktes bei der Hydrokondensation von Kohlenoxid mit Äthylen.** Ja. T. Eiduss, K. W. Pusitzki und I. W. Gussewa. (Известия Академии Наук СССР, Отделение Химических Наук [Nachr. Akad. Wiss. UdSSR, Abt. chem. Wiss.] **1959.** 2213—18. Dez.) (Russ.) — 24. vgl. vorst. Referat.

Die Gemische Co–ThO_2–Silicagel (1:0,18:2) u. Co–ThO_2–akt. Birkenholzkohle (ebenso) eignen sich nicht für die Synth. von *KW-Stoffen* aus CO, Äthylen u. H_2. Gute Ausbeuten werden dagegen mit Co–ThO_2–Al_2O_3 (1:0,18:5) u. Co–ThO_2–Mussljumow-Ton (**I**, 1:0,18:2) erzielt. Die Katalysatoren mit Al_2O_3, **I** oder Al_2O_3–**I**-Gemischen (2:1) als Träger lassen sich auch gut regenerieren (Erhitzen mit Luft auf 450°) u. können sogar nach der Regeneration wirksamer sein als zuvor, bes. bzgl. der Ausbeute an leichten KW-Stoffen (Gasolin). R. K. MÜLLER. B 227□

Katalytische Hydrokondensation von Kohlenoxid mit Olefinen. 26. Mitt. **Einfluß des Zusatzes von Metalloxiden auf die Aktivität des Kobalt-Kieselgur(Kissatibi)-Kontaktes während der Hydrokondensation von Kohlenoxid mit Äthylen und Hydropolymerisation des letzteren unter der Einwirkung von Kohlenoxid.** Ja. T. Eiduss und N. I. Jerschow. (Известия Академии Наук СССР, Отделение Химических Наук [Nachr. Akad. Wiss. UdSSR, Abt. chem. Wiss.] **1960.** 120—24. Jan.) (Russ.) — 25. vgl. vorst. Referat.

Ein durch Tränken von Kissatibi-Kieselgur (**I**) mit $Co(NO_3)_2$, Fällen mit K_2CO_3 u. Red. von CoO mit H_2 bei 400—450° erhaltener Co-**I**-Katalysator ist für die Hydrokondens. von CO mit Äthylen u. Hydropolymerisation des C_2H_4 akt., zeigt aber hohe Hydrierwirkung. Zusatz von MgO ändert die Aktivität wenig, Zusatz von MnO + Al_2O_3 setzt die Aktivität u. bes. auch die Stabilität herab. Dagegen erweist sich V_2O_5 bei einem Verhältnis Co:V_2O_5:**I** = 1:0,06:1 als Aktivator, der die Kondens.-Wrkg. des Katalysators erhöht, aber seine Hydrier-Wrkg. herabsetzt. Ähnlich wirkt ThO_2.

R. K. MÜLLER. B 227□

Katalytische Hydrokondensation von Kohlenoxid mit Olefinen. 27. Mitt. **Aktivität nichtaktivierter Kobalt-Kontakte auf verschiedenen Trägern bei der Synthese von Kohlenwasserstoffen aus Kohlenoxid, Wasserstoff und Äthylen.** Ja. T. Eiduss,

K. W. Pusitzki und N. I. Jerschow. (Известия Академии Наук СССР, Отделение Химических Наук [Nachr. Akad. Wiss. UdSSR, Abt. chem. Wiss.] **1960.** 331—36. Febr.) (Russ.) — 26. vgl. vorst. Referat.

Für die Hydrokondens. von CO mit Äthylen (I) u. die Hydropolymerisation von I wird Co aus $Co(NO_3)_2$ mit K_2CO_3 auf verschiedenen Trägern niedergeschlagen u. 5 Std. mit H_2 bei 450° reduziert. Als unwirksam erweisen sich Katalysatoren mit $Ca(OH)_2$, $CaCO_3$, $BaCO_3$, MgO, Cr_2O_3 u. Silicagel (**II**) als Träger, wirksam sind dagegen solche mit Al_2O_3, **II** + MnO, Al_2O_3 + **II** u. bes. solche mit Mussljumow-Ton (im Luftstrom auf 450° erhitzt) als Träger. Mit letzteren Katalysatoren werden hohe KW-Stoffausbeuten, bes. an den leichteren Fraktionen erzielt. R. K. Müller. B 227 □

Katalytische Hydrokondensation von Kohlenoxid mit Olefinen. 28. Mitt. **Aktivität des Kobalt–Ton-Katalysators bei der Hydrokondensation von Kohlenoxid mit Äthylen und Hydropolymerisation von Äthylen unter Kohlenoxideinwirkung.** Ja. T. Eiduss, N. I. Jerschow, K. W. Pusitzki und I. W. Gussewa. (Известия Академии Наук СССР, Отделение Химических Наук [Nachr. Akad. Wiss. UdSSR, Abt. chem. Wiss.] **1960.** 913—19. Mai.) (Russ.) — 27. vgl. vorst. Referat.

CoO-Ton-Katalysatoren (1:1—1:4), hergestellt durch Fällung aus $Co(NO_3)_2$-Lsg. (in einem Falle aus Co-Formiat) mit K_2CO_3 u. in verschiedener Weise vorbehandelt (Erhitzen mit Luft auf 450° oder HNO_3-Behandlung) sind bei der Kondens. u. Polymerisation von Äthylen mit CO u. H_2 im Strömungssyst. bei 190° u. 1 at wirksam; am besten ist der Katalysator mit CoO:Ton = 1:2. Die Ausbeute an CH_4 u. C_2H_6 wird dabei von 51,2% bei C_2H_4:H_2 = 1,1:1 auf 17,4% bei C_2H_4:H_2 = 2,8:1 zurückgedrängt. Zusätze von ZnO, CaO u. MgO wirken schwach, Al_2O_3 stärker aktivierend, wobei bes. die Gasolinausbeute steigt. Durch Tränken erhaltene CoO–Al_2O_3-Gemische sind unwirksam. R. K. Müller. B 227 □

Über die Eigenschaften der Sulfidkatalysatoren. 10. Mitt. **Darstellung von Isoparaffinen durch Hydrierung von Aldolen.** S. Landa, J. Mostecký und O. Weisser. (Collect. czechoslov. chem. Commun. **25.** 1165—73. April 1960. Prag, TH für Chem., Inst. für synth. Treibstoffe.) (Dt.) — 9. vgl. Collect. czechoslov. chem. Commun. **25.** [1960.] 766; 7. vgl. C. **1961. 4308.**

Die Hydrierung der rohen Aldole an MoS_2 u. WS_2 unter Druck wurde untersucht. Aus Äthanal (Kp. 20—21°), Propanal (Kp. 48—49,5°, n_D^{20} 1,3645), Pentanal (Kp. 100 bis 102°, n_D^{20} 1,3957), Heptanal (Kp. 151—153°, n_D^{20} 1,4148), Octanal (Kp.$_{20}$ 70—72°, n_D^{20} 1,4240), Nonanal (Kp.$_{17}$ 83—85°, n_D^{20} 1,4375), Decanal (Kp.$_{13}$ 96°, n_D^{20} 1,4288) u. Undecanal (Kp.$_{10}$ 110—112°, n_D^{20} 1,4407) wurden durch alkal. Kondens. die entsprechenden *Aldole* hergestellt, es entstehen die betreffenden *x-Methylparaffine* mit dem C-Skelett der Aldole. Die Ausbeute ist niedrig, denn die Aldole dealdolisieren teilweise u. werden zu *n-Paraffinen* mit halber C-Zahl hydriert. Teilweise entstehen hochsd. KW-Stoffe u. niedrigere Alkane durch destruktive Hydrierung. Die Hydrierung der Aldole verläuft wahrscheinlich zweistufig; zuerst werden *1.3-Diole* gebildet, die zum KW-Stoff weiterhydriert werden. In einigen Fällen konnte die Ausbeute an KW-Stoff durch zweistufige Hydrierung zuerst bei 220°, dann bei 320° gesteigert werden. Reine 1.3-Diole ergeben denselben KW-Stoff wie das betreffende Aldol in weit besserer Ausbeute. Gasförmige KW-Stoffe wurden gaschromatograph. analysiert, die fl. KW-Stoffe in Widmer-Kolonne mit 48 theoret. Böden rektifiziert (Details s. Original); die Identifizierung einiger Prodd. erfolgte mit Hilfe der IR-Spektren. — 7 Spektralkurven angegeben. — Ergebnisse der Hydrierung (40—50 Min. lang) an MoS_2 bei 320—340° u. 120 at: Acetaldol → *Butan* (24,8%), daneben CH_4, C_2H_6 (Haupt-Prod.) u. C_3H_8. — Butandiol-(1.3) → *Butan* (77,6%), daneben CH_4, C_2H_6 u. C_3H_8. — Diacetonalkohol → ***2-Methylpentan*** (**I**; Kp. 59,5—60°, n_D^{20} 1,3720; 38,0%), daneben C_3H_8 u. Spuren C_2H_6 u. iso-C_4H_{10}. — 2-Methylpentandiol-(2.4) → **I** (63,2%), daneben **C_2H_6, iso-C_4H_{10} u. wenig C_3H_8. — Propanalaldol → I (40,9%),** daneben C_3H_8 u. wenig C_2H_6 u. iso-C_4H_{10}. — Pentanalaldol → *4-Methylnonan* ($C_{10}H_{22}$, Kp.$_{37}$ 78,5—80,2°, n_D^{20} 1,4119, D.$_4^{20}$ 0,7322; 19,7%); daneben n-C_5H_{12}. — Heptanalaldol → *6-Methyltridecan* ($C_{14}H_{30}$, Kp.$_{18}$ 124—125°, n_D^{20} 1,4302; 39,8%; bei 20 Min. langer Rk. 47,8%), daneben n-C_7H_{16}. — Octanalaldol → *7-Methylpentadecan* ($C_{16}H_{34}$, Kp.$_{37}$ 166,7—167,2°, n_D^{20} 1,4341, D.$_4^{20}$ 0,7754; 37,4%), daneben n-C_8H_{18}. — Nonanalaldol → *8-Methylheptadecan* ($C_{18}H_{38}$, Kp.$_{12}$ 164—165°, n_D^{20} 1,4415, D.$_4^{20}$ 0,7904; 27,1%), daneben n-C_9H_{20}. — Decanalaldol → *9-Methylnonadecan* ($C_{20}H_{42}$, Kp.$_{12}$ 179—180°, n_D^{20} 1,4430, D.$_4^{20}$ 0,7920; 19,5%), daneben n-$C_{10}H_{22}$. — *Undecanalaldol* → *10-Methylheneikosan* ($C_{22}H_{46}$, Kp.$_{10}$ 210—211°, n_D^{20} 1,4418, D.$_4^{20}$ 0,7941; 19,5%. J. Plešek/Prag. B 227

Untersuchung der katalytischen Umwandlungen von Isopropylalkohol und cyclischen Kohlenwasserstoffen am Titandioxid (Anatas) mit Hilfe eines Differentialthermoelementes. A. A. Balandin, A. A. Tolstopjatowa und I. R. Konenko.

(Известия Академии Наук СССР, Отделение Химических Наук [Nachr. Akad. Wiss. UdSSR, Abt. chem. Wiss.] **1960.** 2096—2102. Akad. der Wiss. der UdSSR., Zelinsky-Inst. für organ. Chem.) (Russ.)

Vff. untersuchten die katalyt. Dehydrierung u. Dehydratation von *Isopropanol* (I; Kp.$_{747}$ 82,2°, D.$_4^{20}$ 0,7856, n_D^{20} 1,3777), die Dehydrierung von *Cyclohexan* (II; Kp.$_{751}$ 80,0°, D.$_4^{20}$ 0,7782, n_D^{20} 1,4266), *Cyclohexen* (III; Kp.$_{756}$ 82,5°, D.$_4^{20}$ 0,8093, n_D^{20} 1,4455) u. *Cyclohexadien-(1.4)* (IV; Kp.$_{751,5}$ 86,5—88°, D.$_4^{20}$ 0,8480, n_D^{20} 1,4728) über TiO_2 (synthet. Anatas) mittels chem. u. Differentialthermoanalyse. Beim Überleiten von I-Gas (300°) über den unbenutzten Katalysator tritt nach dem anfänglichen exothermen Adsorptionseffekt ein während der ersten 5—20 Min. stetig zunehmender endothermer Effekt bei gleichbleibender Aktivität des Katalysators in Erscheinung, während bei Verw. von bereits oberflächlich verkohltem TiO_2 die Rk.-Wärme von Anfang an konst. bleibt. Die gasanalyt. Unters. der Rk.-Prodd. ergab ein anfängliches Überwiegen der Dehydrierung u. Übergang zur Dehydratation mit zunehmender Verkohlung der Katalysatoroberfläche. Ebenso wird durch Verkohlung des Katalysators die irreversible katalyt. Umwandlung von **II, III** u. **IV** zurückgedrängt u. die Dehydrierung begünstigt. H. Jäger. B 227□

C. Präparative organische Chemie. Naturstoffe

Über die Reaktion von Trimethylammoniummethylid mit Säurechloriden. Friedrich Weygand und Helmut Daniel. (Chem. Ber. **94.** 3147—50. 16/11. 1961. München, TH, Organ.-Chem. Inst.) (Dt.)

Bei der Umsetzung des Trimethylammoniummethylid–LiBr-Komplexes (**I**) mit Benzoylchlorid (**II**) in Tetrahydrofuran (THF) oder THF/Ae. entstehen *Trimethylphenacylammoniumbromid* (**III**) u. dessen *Enol-O-Benzoyl-Verb.* (**IV**), die auch aus **II** u. **III** erhältlich ist u. zu **III** verseift werden kann. Verwendet man $^{14}C_{(CO)}$-**II** u. **I**, so entsteht $^{14}C_{(CO)}$-**IV**, das bei der Verseifung nichtradioakt. **III** liefert; dadurch wird die Struktur von **IV** bewiesen. Analog verläuft die Rk. von **I** mit Acetylchlorid.

Versuche: Zugabe einer aus 25mMol Tetramethylammoniumbromid (**V**) bereiteten Lsg. von **I** in THF (vgl. Wittig u. Wetterling, Liebigs Ann. Chem. **557.** [1947.] 193) zu **II** in Ae. bei —20° unter N_2 liefert 2,4 g eines aus **V** (R_F 0,62 mit n-Butanol–Eisessig–W. 52:14:35), **III** (R_F 0,83) u. **IV** (R_F 0,92) bestehenden Gemischs. — 30 Min. langes Stehen von 3 g dieses Gemischs mit 2n NaOH, Abtrennen von gebildeter *Benzoesäure* u. Extraktion mit Chlf. gibt 40 mg **III**. *Tetraphenylborat*, F. 185—187° (Aceton–W.); auch aus ω-Bromacetophenon u. Trimethylamin in A., dann mit Ae. fällen. — *Trimethylacetonylammoniumtetraphenylborat*, F. 180—182° (Zers.; Aceton–W.), ähnlich wie vorst. oder aus Bromaceton u. Trimethylamin. J. Rothe. 480□

Polyenverbindungen. 8. Mitt. **Reaktionen einiger Acetale mit ungesättigten Äthern.** B. M. Michailow und L. Ss. Powarow. (Журнал Общей Химии [J. allg. Chem.] **29** (**91**). 2079—83. Juni 1959. Inst. für organ. Chem. der Akad. der Wiss. der UdSSR.) (Russ.) — 7. vgl. C. **1962. 4893.**

Das aus Vinyläthyläther (**I**) u. Acetondiäthylketal (**II**) in Ggw. von BF_3 dargestellte 1.1.3-Triäthoxy-3-methylbutan (**III**) geht mit weiterem **I** Kondens. zu *1.1.3.5-Tetraäthoxy-5-methylhexan* (**IV**) u. *1.1.3.5.7-Pentaäthoxy-7-methyloctan* (**V**) ein. **III** wird beim Erhitzen mit katalyt. Mengen p-Toluolsulfonsäure u. Chinolin in *1-Äthoxy-3-methylbutadien-(1.3)* (**VI**) umgewandelt, dessen Kondens. mit Citraldiäthylacetal nebeneinander *1.1.5-Triäthoxy-3.7.11-trimethyldodecatrien-(2.6.10)* u. wenig *1.1.5.9-Tetraäthoxy-3.7.-11.15-tetramethylhexadecatetraen-(2.6.10.14)* liefert. 3-Methylcrotonaldehyddiäthylacetal (**VII**) reagiert mit Isopropenyläthyläther unter Bldg. von *2.2.4-Triäthoxy-6-methylhepten-(5)*, das mit **I** weiter zu *1.1.3.5-Tetraäthoxy-3.7-dimethylocten-(6)* kondens. wird.

Versuche: *1.1.3-Triäthoxy-3-methylbutan* (**III**), Kp.$_{760}$ 202—204°, durch Zutropfen von **I** zu **II** in Ggw. von BF_3-Ätherat bei 50°, 1/4std. Rühren, Zugeben von wasserfreiem Na_2CO_3 u. 3std. Rühren; n_D^{20} 1,4164; D.$_4^{20}$ 0,8824; 67,4% (Ausbeute); daneben **IV** u. **V**. — *3-Äthoxy-3-methylbutyraldehyd*, $C_7H_{14}O_2$, Kp.$_{760}$ 147—148°, durch Verseifen von **III** mit 2%ig. HCl; n_D^{20} 1,4192; D.$_4^{20}$ 0,8980; 73,5%. — *1.1.3.5-Tetraäthoxy-5-methylhexan* (**IV**), $C_{15}H_{32}O_4$, Kp.$_{13}$ 133—134°, analog **III** aus **III** u. **I**; n_D^{20} 1,4268; D.$_4^{20}$ 0,9047; 28,9%; daneben *1.1.3.5.7-Pentaäthoxy-7-methyloctan* (**V**), $C_{19}H_{40}O_5$, Kp.$_2$ 121 bis 123°, n_D^{20} 1,4330; D.$_4^{20}$ 0,9169; 27%. — *1-Äthoxy-3-methylbutadien-(1.3)* (**VI**), Kp.$_{760}$ 135—137°, Kp.$_{116}$ 78—79°, durch Zutropfen von **III** zu p-Toluolsulfonsäure u. Chinolin bei 220—240° unter Abdest.; n_D^{20} 1,4636; D.$_4^{20}$ 0,8338; 53,4%. — *1-Äthoxybutadien-(1.3)*, Kp. 112—115°, analog **VI** aus 1.1.3-Triäthoxybutan; n_D^{20} 1,4602;

66%. — *Citraldiäthylacetal*, $C_{14}H_{26}O_2$, Kp.$_{2,5}$ 84—85°, durch Zugeben von wenig mit HCl gesätt. A. zu Citral u. Orthoameisensäuretriäthylester in abs. A. u. 5tägiges Stehen; n_D^{20} 1,4508; $D._4^{20}$ 0,8732; 84,4%. — *1.1.5-Triäthoxy-3.7.11-trimethyldodecatrien-(2.6.10)*, $C_{21}H_{38}O_3$, Kp.$_2$ 139—140°, durch Zutropfen von **VI** zu vorst. Acetal u. $ZnCl_2$ in Essigsäure bei 20—23°, 10 Min. langes Rühren, Neutralisieren mit 4%ig. NaOH u. Ausäthern; n_D^{20} 1,4667; $D._4^{20}$ 0,9019; 47,3%; daneben *1.1.5.9-Tetraäthoxy-3.7.11.15-tetramethylhexadecatetraen-(2.6.10.14)*, $C_{28}H_{50}O_4$, Kp.$_2$ 179—181°, n_D^{20} 1,4780; $D._4^{20}$ 0,9147; 17,8%. — *Isopropenyläthyläther*, Kp. 61—62°, analog **VI** aus **II**; n_D^{20} 1,3941; 89%. — *2.2.4-Triäthoxy-6-methylhepten-(5)*, $C_{14}H_{28}O_3$, Kp.$_3$ 83—84°, durch Zutropfen vorst. Verb. zu **VII** u. $ZnCl_2$ in Ae. bei 40° u. 1std. Rühren; n_D^{20} 1,4355; $D._4^{20}$ 0,8893; 60%. — *1.1.3.5-Tetraäthoxy-3.7-dimethylocten-(6)*, $C_{18}H_{36}O_4$, Kp.$_2$ 124—127°, durch Zutropfen von **I** zu vorst. Verb. u. BF_3-Ätherat in Ae. bei 40—45° u. ¼std. Rühren; n_D^{20} 1,4530.
H.-E. TOUSSAINT. 580□

Synthese von ungesättigten Estern der Dithiophosphorsäure und ihrer Acyl- und Alkylderivate. Ss. P. Olifirenko und N. I. Semljanski (unter Mitarbeit von Ja. M. Borbulewitsch, N. Je. Shukowa und L. P. Piliptschuk). (Журнал Общей Химии [J. allg. Chem.] **30** (**92**). 3487. Okt. 1960. Lwow, Univ.) (Russ.)

Durch Zutropfen von Allylalkohol zu einer Suspension von P_2S_5 in Bzl. unter Wasserausschluß, Erwärmen auf 50° u. Reinigung des Öls durch Dest. bei 10^{-4} mm wird *Dithiophosphorsäure-O.O-diallylester* dargestellt u. mit Essig-, Isobutter-, Isovalerian- u. Benzoesäurechlorid sowie mit Oxal-, Malon-, Bernstein- u. Glutarsäuredichlorid u. mit Isobutyl- u. Isoamylbromid umgesetzt.

Versuche: *Dithiophosphorsäure-O.O-diallylester*, $C_6H_{11}O_2PS_2$; n_D^{20} 1,5330; $D._4^{20}$ 1,1656; 94,3% (Ausbeute). — S-Acyl-O.O-diallyldithiophosphate: *S-Acetyl-*, $C_8H_{13}O_3PS_2$; n_D^{20} 1,5470; $D._4^{20}$ 1,2039; 85,0%. — *S-Isobutyryl-*, $C_{10}H_{17}O_3PS_2$; n_D^{20} 1,5565; $D._4^{20}$ 1,1877; 80,5%. — *S-Isovaleryl-*, $C_{11}H_{19}O_3PS_2$; n_D^{20} 1,5342; $D._4^{20}$ 1,1519; 68,1%. — *S-Benzoyl-*, $C_{13}H_{15}O_3PS_2$; n_D^{20} 1,5780; $D._4^{20}$ 1,2121; 64,2%. — *S.S'-Oxalyl-bis-[O.O-diallyldithiophosphat]*, $C_{14}H_{20}O_6P_2S_4$; n_D^{20} 1,5450; $D._4^{20}$ 1,2454; 45,4%. — *S.S'-Malonyl-bis-[O.O-diallyldithiophosphat]*, $C_{15}H_{22}O_6P_2S_4$; n_D^{20} 1,5445; $D._4^{20}$ 1,2205; 80%. — *S.S'-Succinyl-bis-[O.O-diallyldithiophosphat]*, $C_{16}H_{24}O_6P_2S_4$; n_D^{20} 1,5440; $D._4^{20}$ 1,2235; 50%. — *S.S'-Glutaryl-bis-[O.O-diallyldithiophosphat]*, $C_{17}H_{26}O_6P_2S_4$; n_D^{20} 1,5432; $D._4^{20}$ 1,2123; 60,0%. — *O.O-Diallyl-S-isobutyldithiophosphat*, $C_{10}H_{19}O_2PS_2$; n_D^{20} 1,5254; $D._4^{20}$ 1,1037; 74,1%. — *O.O-Diallyl-S-isoamyldithiophosphat*, $C_{11}H_{21}O_2PS_2$; n_D^{20} 1,5238; $D._4^{20}$ 1,0878; 69,0%. H. FRÖHLICH. 590□

Imidoester. 5. Mitt. Die Umlagerung von Trichloracetimidaten zu N-substituierten Säureamiden. Friedrich Cramer und Norbert Hennrich. (Chem. Ber. **94.** 976—89. 21/4. 1961. Heidelberg, Univ., Chem. Inst.) (Dt.) — 4. vgl. C. **1960.** 13985.

In Ggw. von BF_3 lassen sich Trichloracetimidate (T), $Cl_3C—C(=NH)OR$, in Bzl. zu *N-substituierten Säureamiden* umlagern. Diese Rk. verläuft über einen ion. Mechanismus. Methyl- (**II**) u. Äthyl-T (**III**) gehen so vollständig in *N-Methyl* bzw. *N-Äthyltrichloracetamid* über. Neben dieser Umlagerung kann Eliminierung eintreten; aus n-Propyl-T (**IV**) werden 30% *Trichloracetamid* (**V**; F. 138°) u. 9% *Propen* (**VI**) neben 22% *N-n-Propyltrichloracetamid* gewonnen. Bei den T sek. u. tert. aliphat. Alkohole, bei denen die Rk. schneller als bei den T prim. Alkohole verläuft, tritt die Eliminierung in den Vordergrund, so bei Isopropyl-, sek.-, tert.- u. Isobutyl-T. Benzyl-T ergibt mit BF_3 neben 90% **V** 25% durch Benzylierung von Bzl. entstandenes *Diphenylmethan*, während in Cyclohexan oder Ae. 15% *N-Benzylamid* entstehen. Bei der Rk. der α- u. β-Methylallyl-T (α- bzw. β-**VII**) werden teilweise Allylverschiebungen beobachtet. Aus dem Isomerengemisch lassen sich Rückschlüsse auf mögliche Rk.-Mechanismen ziehen. In Ggw. von Bzl. entstehen *Methylallylbenzole* (**VIII**). Als Angriffsort für das BF_3 wurde der N sichergestellt: Von Dodecyl-T konnte ein *Imidsäureester-BF_3-Addukt* isoliert werden, dessen Hydrolyse *Dodecyltrichloracetat*, *NH_4BF_4* u. nur Spuren von **V** ergab. Die Umlagerung von D(+)-α-Phenäthyl-T verläuft mit der für Carboniumzwischenstufen typ. Racemisierung. Schließlich spricht auch die Beobachtung, daß bei Umlagerungen in Ggw. von Isobutylen (**IX**) stets *N-tert.-Butylamid* auftritt oder sich dessen Anteil erhöht, für eine $N—BF_3$-Bindung.

Versuche: *Allyltrichloracetimidat* (**X**), $C_5H_6Cl_3NO$, Kp.$_{13}$ 78°, Kp.$_{11}$ 74°, a) durch 1½std. Kochen von 15 g Allylalkohol (Kp. 96—97°, n_D^{20} 1,4130) mit 1,8 g Na-Methylat, Einengen u. Kondens. mit 20 ml Trichloracetonitril (**XI**) unter Kühlung; 35 g (Ausbeute); b) analog a) mit Na als Katalysator; n_D^{25} 1,4826—1,4832. — *[α-Methylallyl]-trichloracetimidat* (α-**VII**), $C_6H_8Cl_3NO$, Kp.$_{11}$ 77°, aus α-Methylallylalkohol (Kp. 96—97°, n_D^{20} 1,4131) u. **XI** in Ggw. von Na analog **X**; n_D^{25} 1,4733; 85,5%. — *[β-Methylallyl]-trichloracetimidat* (β-**VII**), Kp.$_{11}$ 86—87°, analog **X** aus β-Methylallylalkohol (Kp. 112

bis 114°, n_D^{20} 1,4259); n_D^{25} 1,4812; 77,5%. — [*γ-Methylallyl*]-*trichloracetimidat* (γ-**VII**), Kp.$_{11}$ 90—92°, analog **X** aus γ-Methylallylalkohol (Kp. 120—122°, n_D^{20} 1,4256); n_D^{25} 1,4829; 88%. — *N-Methyltrichloracetamid*, F. 104—105° (Methanol–W.), durch 4std. Kochen von 8,8 g **II** mit 1,5 ml BF_3-Ätherat (**XII**) in 5 ml Bzl. (Meth. **A**); 91%. — *N-Äthyltrichloracetamid*, F. 73—74°, aus **III** nach **A**; 96%. — *N-n-Propyltrichloracetamid*, $C_5H_8Cl_3NO$, Kp.$_{11}$ 123—124°, F. 46—47° (60—80%ig. Methanol), a) durch Rk. von Trichloressigsäureäthylester u. n-Propylamin u. Zugabe von W. (Meth. **B**); 79%; b) aus **IV** nach **A**; 22% [daneben 9% **VI** (isoliert als *1.2-Dibrompropan*, Kp. 140°) u. 30% **V**]. — *N-Isopropyltrichloracetamid*, F. 86°, nach **B**; 38%. — *N-n-Butyltrichloracetamid*, F. 30—31°, Kp.$_{11-12}$ 134—135°, a) nach **B**; 60%; b) nach **A** aus n-Butyl-T; 16,5% [daneben 14% vermutliches *Buten-(1)* u. 38% **V**]. — *N-Isobutyltrichloracetamid*, F. 59—60°, nach **B**; 89%. — *N-sek.-Butyltrichloracetamid*, F. 54—55°, nach **B**; 70%. — *N-tert.-Butyltrichloracetamid*, F. 110—111°, a) nach **B**; 7%; b) aus Isobutyl-T nach **A**; 18% [daneben 35% **IX** (isoliert als *1.2-Dibrom-2-methylpropan*, Kp.$_{11}$ 44—46°, u. *1.2.3-Tribrom-2-methylpropan*, Kp.$_{11}$ 103°), 1% *Triisobutylen* (**XIII**) (Kp.$_{11}$ 70°) u. 64% **V**]; c) analog b) aus tert.-Butyl-T; 12% (daneben 17,5% **IX**, 10% **XIII** u. 71% **V**). — *N-n-Dodecyltrichloracetamid*, $C_{14}H_{26}Cl_3NO$, F. 49—50°, a) nach **B**; 100%; b) aus n-Dodecyl-T nach **A**; 6,5% [daneben 20% **V** u. 12% *Dodecen* (n_D^{20} 1,4321)]. — *N-Benzyltrichloracetamid*, $C_9H_8Cl_3NO$, F. 91—92° (80%ig. Methanol), a) aus Benzyl-T nach **A** in Cyclohexan; 15% (daneben 84% **V**); b) analog a) in Ae.; 8% (daneben 58% **V**). — *Diphenylmethan*, Kp.$_{11}$ 129°, aus Benzyl-T nach **A**; 24% (daneben 90% **V**). — *N-Benzhydryltrichloracetamid*, $C_{15}H_{12}Cl_3NO$, F. 121°, a) nach **B**; b) aus Benzhydryl-T nach **A**; 100%. 2std. Verseifen mit 20%ig. KOH u. Rk. mit alkohol. Pikrinsäure (PS)-Lsg. → *Benzhydrylaminpikrat*, F. 202—203°. — *N-α-Phenäthyltrichloracetamid*, $C_{10}H_{10}Cl_3NO$, F. 120°, a) nach **B**; 48%; b) aus DL-α-Phenäthyl-T nach **A**; 85%; c) aus D(+)-α-Phenäthyl-T [Kp.$_{0,01}$ 78°, F. 35—37°, $[\alpha]_D^{25}$ + 60,0° (c = 2; Bzl.)] nach **A**; 75%. ½std. Kochen in wss.-methanol. KOH → *α-Phenäthylamin* (Kp.$_{17}$ 82°; *Pikrat*, F. 189—190°). — *N-β-Phenyläthyltrichloracetamid*, F. 118° (Methanol), a) nach **B**; 100%; b) nach **A** aus β-Phenäthyl-T; 73%. Verseifung u. Rk. mit PS → *β-Phenäthylaminpikrat*, F. 167—168°. — *N-Allyltrichloracetamid*, F. 31—32°, Kp.$_{16}$ 132°, nach **B**; 74%. — *Allylbenzol*, Kp.$_{11}$ 52 bis 53°, durch ½std. Rk. von **X** mit **XII** in Bzl.; n_D^{20} 1,5125; 64% (daneben 85% **V**). — *β-Methylallylbenzol* (β-**VIII**), Kp.$_{11}$ 64—66°, aus β-**VII** analog vorst. Verb.; n_D^{20} 1,5062; 48,5% (daneben 75% **V**). — *N-γ-Methylallyltrichloracetamid* (*N-Crotyltrichloracetamid*; **I**), $C_6H_8Cl_3NO$, F. 37—38°, Kp.$_{11}$ 130—135°, nach **B**. — *N-Methylallyltrichloracetamid* (α- u. γ-Gemisch), Kp.$_{11}$ 120—130°, a) aus γ-**VII** nach **A**; 13,5% [1:2.5; daneben 66% **V**, 19% (4,3:1) γ- u. *α-Methylallylbenzol* (γ- u. α-**VIII**, $C_{10}H_{12}$, Kp.$_{11}$ 70—80°) u. wenig **I**]; b) aus α-**VII** nach **A**; 15% [1:1,2; daneben 60% **V**, 18% γ- u. α-**VIII** (2,0:1) u. etwas **I**]. — *Dodecyltrichloracetimidat-BF_3-Addukt*, $C_{14}H_{26}Cl_3NO \cdot BF_3$, durch Schütteln von Dodecyl-T (n_D^{25} 1,4661) mit **XII** in abs. Ae. u. Einengen. Schütteln mit W. → *Dodecyltrichloracetat* (Kp.$_{0,03}$ 110—112°, n_D^{25} 1,4589) u. *NH_4BF_4*.

S. Dittmann-Mitzscherlich. 810□

Imidoester. 6. Mitt. Katalytische Wirkung von Dimethylformamid bei Reaktionen von Phosphorsäureesterchloriden. Friedrich Cramer und Manfred Winter. (Chem. Ber. **94.** 989—96. 21/4. 1961. Darmstadt, TH, Inst. für Organ. Chem.) (Dt.) — 5. vgl. vorst. Referat.

Dimethylformamid (DMF) bildet in inertem Lsgm. mit Phosphorsäureesterdichloriden (**B**) bzw. Phosphorsäurediesterchloriden (**C**) krist., unter Wasserausschluß längere Zeit haltbare *Anlagerungs-Verbb.* (**A**), die sehr wirksame Phosphorylierungsmittel darstellen: **A** reagiert, ohne vorher isoliert zu werden, mit Phosphorsäuren (**D**) zu *Pyrophosphaten*, mit Alkoholen zu *Phosphorsäureestern*, mit Aminen zu *Phosphorsäureamiden* u. mit Carbonsäuren zu *Phosphorsäure–Carbonsäure-Anhydriden* (**E**). Bei Verw. von **B** wird das noch vorhandene Cl vom rückgebildeten DMF erneut „aktiviert" u. während der Aufarbeitung rasch hydrolysiert. Fast ausschließlich *unsymm. Pyrophosphate*, als *Bis-[cyclohexylammonium]-salze* isoliert, entstehen, wenn man DMF u. eine **D** vorlegt u. entsprechendes **B** oder **C** zutropft. Da die **E** schwierig zu isolierende Verbb. sind, werden sie durch die *Anilide* der Carbonsäurehälfte charakterisiert.

Versuche: *Bis-[4-chlorphenyl]-pyrophosphat-bis-[cyclohexylammonium]-salz*, $C_{24}H_{36}Cl_2N_2O_7P_2$, F. 271°, durch Mischen von DMF u. Dichlorphosphorsäure-4-chlorphenylester, Zusatz von p-Chlorphenylphosphat (**I**) u. Triäthylamin (**II**) in Acetonitril (**III**) zu der citronengelben Masse, 2std. Stehen, Zugabe von Cyclohexylamin (**IV**) u. Umkristallisieren des Nd. aus Pyridin–W.; 62% (Ausbeute). — Analog: *Bis-[p-tolyl]-pyrophosphat-bis-[cyclohexylammonium]-salz*, $C_{26}H_{42}N_2O_7P_2$, F. 270°, aus Dichlorphosphorsäure-4-methylphenylester (**V**) u. p-Methylphenylphosphat; 93%. — *Diphenylpyro-*

phosphat-bis-[cyclohexylammonium]-salz, $C_{24}H_{38}N_2O_7P_2$, F. 253°, aus Dichlorphosphorsäurephenylester (**VI**) u. Phenylphosphat; 87%. — *P-Phenyl-P'-[4-chlorphenyl]-pyrophosphat-bis-[cyclohexylammonium]-salz*, $C_{24}H_{37}ClN_2O_7P_2$, F. 265° (Pyridin–W.), durch 1std. Zutropfen von **VI** zu **I, II, III** u. DMF bei 0° u. Zusatz von wenig W. u. **IV**; 65,4%. — Analog: *P-Phenyl-P'-naphthylpyrophosphat-bis-[cyclohexylammonium]-salz*, $C_{28}H_{40}N_2 \cdot O_7P_2$, F. 253°, aus **VI** u. Phosphorsäurenaphthylester; 47,8%. — *P-Äthyl-P'-[4-chlorphenyl]-pyrophosphat-bis-[cyclohexylammonium]-salz*, $C_{20}H_{37}ClN_2O_7P_2$, F. 239°, aus Dichlorphosphorsäureäthylester u. **I**; 39,5%. — *Phenylpyrophosphat-tris-[cyclohexylammonium]-salz*, $C_{24}H_{47}N_3O_7P_2$, F. 215° (Zers.), aus **VI** u. H_3PO_4; 3,9%. — *Phosphorsäure-bis-[4-chlorphenylester]-cyclohexylamid*, $C_{18}H_{20}Cl_2NO_3P$, F. 119°, durch 12std. Stehen von Chlorphosphorsäure-bis-[4-chlorphenyl]-ester (**VII**) u. DMF in **III** u. sehr wenig W., Zugabe von **II** in Ae., Abfiltrieren des **II**-*Hydrochlorids* u. Zusatz von **IV** zur äther. Lsg. des entstandenen *Pyrophosphorsäuretetrakis-[4-chlorphenyl]-esters*; 80%. — *Pyrophosphorsäuretetraäthylester*, $C_8H_{20}O_7P_2$, Kp.$_{0,1}$ 117—119°, analog vorst. Verb. bis zum Filtrieren, dann durch Schütteln der äther. Lsg. mit 2n $NaHCO_3$, Trocknen u. Dest.; 67,5%. — *Phosphorsäure-bis-[4-chlorphenyl]-ester*, F. 130°, durch Zusatz von W. zum **A** aus **VII** u. DMF; 92%. — *Butylphenylphosphat*, durch Zutropfen von **VI** zur Mischung aus DMF, n-Butanol, **II** u. **III** unter Kühlen, nach 1 Std. Filtrieren, Zusatz von **IV** u. W., Abfiltrieren von 15,5% *Phosphorsäuremonophenylester-bis-[cyclohexylammonium]-salz* u. Aufarbeitung des Filtrats; 84,5%. — *Isopropylphenylphosphat*, analog vorst. Verb. aus Isopropanol; 95%. — *Bis-[4-chlorphenyl]-phosphobenzoat* (benzol. Lsg.), durch Zutropfen von **VII** zu Benzoesäure (**VIII**), **II**, **III** u. DMF unter Kühlen, Zusatz von Bzl. u. Filtrieren. 2std. Stehen mit Anilin u. Einengen → 86,3% *Benzanilid* (**IX**; F. 161°). — *Diäthylphosphobenzoat*, Kp.$_{0,4}$ 147°, analog vorst. Verb. aus Chlorphosphorsäurediäthylester; 54,2%. Alkal. Verseifung → **VIII**. Rk. mit Anilin in Ae. → **IX**. — *Mono-[4-methylphenyl]-phosphobenzoat* (in Lsg.), analog vorst. Verb. aus **V**. Rk. mit Anilin → 58,8% **IX**. S. DITTMANN-MITZSCHERLICH. 810□

Imidoester. 7. Mitt. **Trichloracetonitril, ein Reagens zur selektiven Veresterung von Phosphorsäuren.** Friedrich Cramer und Günter Weimann. (Chem. Ber. **94**. 996—1007. 21/4. 1961. Heidelberg, Univ., Chem. Inst.) (Dt.) — 6. vgl. vorst. Referat.

Die aus Trichloracetonitril (**I**) u. Monoesterphosphat (M) bzw. Orthophosphat als Zwischenprodd. (Z) entstehenden *Imidoylphosphate* eignen sich zu Phosphorylierungen. Die Rk. mit M führt in Pyridin (**II**) sehr rasch mit ca. 80% Ausbeute zu *Pyrophosphaten* (P), während Diesterphosphorsäuren wegen der wenig nucleophilen ersten Dissoziationsstufe der H_3PO_4 nicht mit **I** reagieren. In Ggw. von Triäthylamin (**III**) wird die Bldg. von P stark gehemmt, vermutlich wegen der Reversibilität der Bldg. von Z. Die Rk.-Geschw. in Ggw. von **II**, Dimethylanilin u. **III** verhalten sich wie 6:5:1. Durch unterschiedliche Dosierung der **III**-Menge läßt sich daher die Veresterung der H_3PO_4 mit **I** u. Alkohol so lenken, daß nur *Mono-* oder nur *Diester* entsteht. Als Beispiel der Verw. der Rk. zur Dinucleotid-Synth. wird die Darst. des *Adenosinmonophosphatmonophenylesters* beschrieben. Als Ursachen für die Phosphatübertragung durch Z werden der Elektronenzug von der Seite des Trichloracetimidoylrestes u. der Elektronendruck von der des Phosphatanions angesehen.

Versuche: *Diphenylpyrophosphat* (**IV**), *Dilithiumsalz*, durch 2tägiges Erwärmen auf 40° u. 3std. Kochen von 1,75 g Monophenylphosphat (**V**), 1,44 g **I** u. 1,1 g **III** in Bzl.–Dimethylformamid (DMF), Einengen, Zusatz von W., Abfiltrieren des *Trichloracetamids* (**X**), Zusatz von LiCl-Lsg., 12std. Stehen mit Acetonitril bei 0° u. Absaugen; 41,2% (Ausbeute). — *Bis-[p-chlorphenyl]-pyrophosphat* (**VI**), *Dilithiumsalz*, analog **IV** aus p-Chlorphenylphosphat (**VII**); 44,5%. *Bis-[cyclohexylammonium]-salz* (**VIa**), $(C_6H_{11} \cdot NH_2)_2 \cdot C_{12}H_{10}Cl_2O_7P_2$, F. 272—276°, durch 3std. Erwärmen von **VII** in **II** auf 75°, Einengen, Filtrieren u. Zusatz von W. u. Cyclohexylamin (**VIII**); aus W.–**II** Nadeln; 88%. — *Pyrophosphorsäuredi-p-tolylester-bis-[cyclohexylammonium]-salz*, $(C_6H_{11}NH_2)_2 \cdot C_{14}H_{16}O_7P_2$, F. 269—272°, analog **VIa** aus p-Tolylphosphat; 83,5%. — *P-Phenyl-P'-[p-chlorphenyl]-pyrophosphat*, analog **VIa** aus **V** u. **VII**. Daneben papierchromatograph. **IV** u. **VI**. — *Cyclohexylammoniummethylphenylphosphat* (**XI**), $C_6H_{11}NH_2 \cdot C_7H_9O_4P$, F. 150—152°, a) durch 2½std. Erhitzen von **I**, **V**, Methanol u. **II**, Einengen u. Zusatz von W. u. **VIII**; 67,5% (daneben **IV**); b) analog a) mit überschüssigem **I**; 92,5% (daneben 4,8% **IV**). — *Cyclohexylammoniumäthylphenylphosphat*, $C_6H_{11}NH_2 \cdot C_8H_{11}O_4P$, F. 114—116°, analog **XI** nach b) mit A.; aus Chlf. u. Aceton–PAe. bei 0° Nadeln; 92%. Daneben 85,5% **X** u. wenig **IV**. — *Cyclohexylammoniumbutylphenylphosphat*, $C_6H_{11}NH_2 \cdot C_{10}H_{15}O_4P$, F. 109 bis 111°, a) analog **XI** nach a) mit n-Butanol; 73,9% (daneben 23% **IV**); b) analog **XI** nach b); 60,5% (daneben 33,6% **IV**); c) analog **XI** in Ggw. von **III** u. großem Butanolüberschuß; 23%; aus Chlf.–Aceton–PAe. fächerförmige Kristalle. — *Cyclohexylammo-*

niumphenylbenzylphosphat, $C_6H_{11}NH_2 \cdot C_{13}H_{13}O_4P$, F. 146—148°, analog **XI** mit überschüssigem Benzylalkohol (**XII**); Nadeln aus Chlf.–PAe.; 74,1%. Daneben 19,8% **IV**. — *Cyclohexylammoniumphenyl-p-nitrobenzylphosphat*, $C_6H_{11}NH_2 \cdot C_{13}H_{12}NO_6P$, F. 188 bis 190°, analog **XI** mit überschüssigem p-Nitrobenzylalkohol; aus Chlf.–PAe. oder A.–Cyclohexan blaßgelbe Nadeln; 63,1%. Daneben 36% **IV**. — *Ba-Monomethylphenylphosphonat*, $C_7H_8Ba_{0,5}O_3P \cdot 1\ H_2O$, analog **XI** aus Phenylphosphonsäure u. Methanol u. Fällung aus wss. Lsg. mit $Ba(OH)_2$; aus W.–Aceton feine Nadeln; 86%. — *Ba-Monoäthylphenylphosphonat*, analog vorst. Verb. mit A.; 74,6%. — *Phosphorsäuremonobenzylester*, $C_7H_9O_4P$, F. 104—105°, a) durch 4std. Erwärmen von H_3PO_4, **I**, **XII** u. 2 Val **III** auf 75° u. chromatograph. Aufarbeitung; b) analog a) u. alkal. Aufarbeitung; 76,5%; c) analog a) u. saure Aufarbeitung; 56%. *Bis-[cyclohexylammonium]-salz*, $C_{19}H_{35}N_2O_4 \cdot 1\ H_2O$, F. 230—232°. — *Phosphorsäuredibenzylester*, $C_{14}H_{15}O_4P$, F. 79—80°, a) durch 4std. Erwärmen von H_3PO_4, **XII**, **I**, DMF u. **II** auf 75°, Einengen, Zusatz von W., Ansäuern u. Ausäthern; 34,6%; b) analog vorst. Verb. mit 1 Val **III**; 64,5%; Nadeln aus W.–Methanol–HCl. — *Isopropylidenadenosin*, F. 221—222°, a) durch 8std. Kochen von Adenosin (**IX**) in Aceton in Ggw. von $ZnCl_2$, Einengen, Schütteln mit 5%ig. NaOH, Extraktion des Nd. mit Chlf. u. Eindampfen; 55%; b) durch 2std. Rühren von **IX** u. p-Toluolsulfonsäure in Aceton, Eingießen in $NaHCO_3$-Lsg., Einengen u. Chlf.-Extraktion; 65,5%; aus W. lange Nadeln. — *2'.3'-Isopropylidenadenosin-5'-monophenylphosphat*, Cyclohexylammoniumsalz (?), $C_{25}H_{35}N_6O_7P$, F. 212—213°, durch 3std. Rk. von vorst. Verb. mit **I** u. **V** in **II** bei 75° u. Aufarbeitung; aus Aceton–Methanol–PAe. Nadeln; 63% (daneben 88% **X** u. 89% **IV**). 2tägiges Stehen in 2n H_2SO_4 bei Raum-Temp. → *Adenosin-5-monophenylphosphat*. — *Monophenylphosphorsäureessigsäureanhydrid* (nicht isoliert), durch 3std. Rk. von **V** mit **I** u. Eisessig in **II** bei 75° u. Einengen. Spaltung mit Anilin → 62% *Acetanilid*, F. 115° (W.). — *Monophenylphosphorsäurezimtsäureanhydrid* (nicht isoliert), analog vorst. Verb. aus Zimtsäure. Spaltung mit Anilin → 79,8% *Zimtsäureanilid*, F. 150° (W.). — *Phosphorsäuremonophenylestermonoanilid, Cyclohexylammoniumsalz*, $C_6H_{11}NH_2 \cdot C_{12}H_{12}NO_3P$, F. 200—203°, durch 5std. Erwärmen von **V**, **I**, Anilin u. **II** auf 75° u. Aufarbeitung; Nadeln aus Aceton–Chlf.–Methanol; 43,7%. Daneben 37,2% **IV**. — *Phosphorsäuremonophenylestermono-p-nitranilid, Cyclohexylammoniumsalz*, $C_6H_{11}NH_2 \cdot C_{12}H_{11}N_2O_5P$, F. 168—170°, analog vorst. Verb.; gelbe Nadeln aus Methanol–Aceton–PAe.; 30,2%. Daneben 60,5% **IV**. — Die R_F-Werte aller aufgeführten P-Verbb. sind angegeben, außerdem die von *Adenosin-5'-phosphat*, *Tribenzylphosphat*, *Phosphorsäuremonophenylestermonoamid*, *Phosphorsäurediphenylestermonoamid* u. *Phenylphosphonsäurecyclohexylamid*.

S. Dittmann-Mitzscherlich. 810 □

Synthetische Untersuchungen auf dem Gebiet der aliphatischen Polyacetylensäuren. M. G. Pleschakow, I. K. Ssarytschewa und N. A. Preobrashenski. (Журнал Общей Химии [J. allg. Chem.] **30** (**92**). 2983—85. Sept. 1960. Moskau, Inst. für chem. Feintechnol.) (Russ.)

Es wird die Darst. einiger Polyacetylenverbb. beschrieben.

Versuche: *1-Chlorundecadiin-(2.5)* (**I**), $C_{11}H_{15}Cl$, Kp.$_{0,3}$ 70—72°, durch Zugabe von 15,5 g Heptin-(1) zu Äthylmagnesiumbromid (**II**; aus 3 g Mg u. 13,6 g C_2H_5Br in 250 ml Ae.) innerhalb von 15 Min., 3std. Kochen, Versetzen mit 1 g Cu_2Cl_2 u. 60 g 1.4-Dichlorbutin-(2) (**III**), 8std. Kochen, Abkühlen, Ansäuern mit 50 ml 2n HCl, Extrahieren mit Ae. u. Aufarbeiten; $D._4^{20}$ 0,9868; n_D^{20} 1,4913; 42,1% (Ausbeute). — *2-[Octadiin-(4.7)-yl-(1)]-1.3-dioxolan*, $C_{11}H_{14}O_2$, Kp.$_{0,5}$ 79—80°, aus 4,1 g 2-[Pentin-(4)-yl-(1)]-1.3-dioxolan, **II** (aus 0,608 g Mg u. 2,8 g C_2H_5Br in 100 ml Ae.), 0,5 g Cu_2Cl_2 u. 3,2 g Propargylbromid analog vorst. Verb.; $D._4^{20}$ 0,9908; n_D^{20} 1,4730; 24,6%. — *Tridecatriin-(1.4.7)* (**IV**), $C_{13}H_{16}$, Kp.$_{0,5}$ 56—57°, durch Zugabe von 8,6 g **I** zu Acetylen–Na (aus 1,3 g Na in 300 ml fl. NH_3 u. einem Überschuß an C_2H_2) innerhalb von 10 Min., 5std. Rühren, 12std. Halten bei 18—20°, Zufügen von 100 ml Ae. u. 30 ml W. u. Aufarbeiten; $D._4^{20}$ 0,8411; n_D^{20} 1,5310; 51,2%. — *7-Chlorheptin-(5)-säureäthylester*, $C_9H_{13}ClO_2$, Kp.$_{0,4}$ 70—72°, durch 4std. Kochen von 6,8 g β-Brompropionsäureäthylester, 10,5 g **III** u. 4 g aktiviertem Zn in 100 ml trockenem Bzl., Abkühlen u. Ansäuern mit 20 ml 1n HCl; $D._4^{20}$ 1,2042; n_D^{20} 1,5262; 5,75%. — *Eikosatetrain-(5.8.11.14)-säureäthylester*, $C_{22}H_{28}O_2$, Kp.$_{0,5}$ 138 bis 140°, durch 2std. Kochen von 1,3 g **IV** u. 0,148 g Na in 100 ml Ae., Zugabe von 1,26 g vorst. Verb. u. 2std. Kochen.

H. Fröhlich. 810 □

Elektrochemische Synthese der Sebacinsäure und ihrer Diester. M. Ja. Fioschin und A. I. Kamnewa. (Химическая Промышленность [Chem. Ind.] **1960**. 359—62. Juli/Aug.) (Russ.) — Vgl. C. **1960**. 10908.

Statt in methanol. Lsg. nach Brown u. Walker [1891] kann man *Sebacinsäurediester* (*Methyl-*, *Äthyl-*) elektrolyt. auch in wss. Lsg. aus dem entsprechenden Adipinsäuremonoester erhalten. Am zweckmäßigsten geht man von Adipinsäuremono-2-äthylhexylester (I) aus. Lsgg. von 200—400 g I u. 20—30 g K_2CO_3 auf 600—800 ml W. werden mit einer Stromdichte von 1000—6000 A/m² an der Pt-Anode bei 20—30° elektrolysiert; man erhält in 50—55%ig. Ausbeute *Sebacinsäure-bis-[2-äthylhexyl]-ester*, n_D^{20} 1,4525, SZ. 0, EZ. 259,0, daneben Ester von Valeriansäure, Hydroxyvaleriansäure u. Pentensäure, die sich wegen ihres niedrigeren Kp. leicht abtrennen lassen. Die Darst. von *Sebacinsäure* kann elektrochem. auch aus Butadien in Ggw. von K-Äthyloxalat oder K-Äthylmaleat in methanol. Lsg. erfolgen. Analog können auch andere Dicarbonsäuren aus Dienen u. Monoestern erhalten werden. R. K. MÜLLER. 820□

Zersetzung von 11-Cyantrikosanon-(12). C. C. Cochrane und H. J. Harwood. (J. org. Chemistry **26.** 2601. Juli 1961. Chicago, Ill., Armour Ind. Chem. Co.) (Engl.)

Krist. 11-Cyantrikosanon-(12) entwickelt an feuchter Luft allmählich HCH. Es verbleibt ein fl. Rückstand, der gemäß gaschromatograph. Analyse aus gleichen Teilen *Undecan-* u. *Dodecansäure* besteht. In trockenem N_2 findet keine Zers. des Ketonitrils statt.

Versuche: *Dimeres Lauronitril*, $Kp._{0,1}$ 208—212°, durch Einrühren von 45 g Lauronitril (I) in 9,2 g eine 50%ig. Suspension von Na in Xylol u. 200 ml abs. Ae., 24std. Kochen, Abdekantieren von Na, Zers. von Na mit CH_3OH, Waschen der vereinigten organ. Lsgg. mit W. u. Dest.; 22,9 g (Ausbeute); daneben 2,1 g I, $Kp._{0,25}$ 88 bis 89°. — *11-Cyantrikosanon-(12)*, F. 46—47°, durch Erwärmen von 5 g vorst. Dinitril, 100 ml 95%ig. A. u. 2 ml konz. HCl bis zur vollständigen Lsg., Aufbewahren im Kühlschrank, Abfiltrieren des Nd. u. Trocknen im Vakuum. M. WOLFF. 870□

Guanylalkylharnstoffe und ihre Metallkomplexe. 1. Mitt. **Synthese von Guanylalkylharnstoffen.** R. L. Dutta und Priyadaranjan Rây. (J. Indian chem. Soc. **36.** 499—504. Juli 1959. Calcutta, Adavpur, Indian Assoc. for Cultivation of Sci., Inorgan. Chem. Labor.) (Engl.) — 2. vgl. C. **1962.** 5966; **3.** vgl. C. **1962. 6333.**

Dicyandiamid (I) reagiert mit Alkoholen in Ggw. von Cu-Acetat unter Bldg. von komplexen *Cu-N-Alkyl-N'-guanylharnstoffacetaten*, aus denen über die entsprechenden *Sulfate* mit H_2S die *N-Alkyl-N'-guanylharnstoffe* (G) erhalten werden. In Abwesenheit von Cu-Acetat erfolgt keine Rk., Ni-Acetat besitzt infolge zu geringer Stabilität des entstehenden Komplexes keine Wirksamkeit. $CuCl_2$ ist schwächer wirksam als Cu-Acetat. Die G bilden mit Cu-Salzen rosagefärbte, mit Ni-Salzen gelbe Ndd. im alkal. Medium.

Versuche: N-Alkyl-N'-guanylharnstoffe (G): *Methyl-*, *Hemisulfatmonohydrat* (II), $(C_3H_8N_4O)_2 \cdot H_2SO_4 \cdot 2\,H_2O$, durch 3std. Kochen von 25 g I u. $CuSO_4$ in Methanol, mehrstd. Stehen in der Kälte, Lösen des *Guanylmethylharnstoff-Cu-Acetat-Komplexes* in W., Zugabe von $(NH_4)_2SO_4$ u. Einleiten von H_2S in die wss. Lsg. des *$CuSO_4$-Komplexes*; 25 g. *Hydrochlorid*, $C_3H_8N_4O \cdot HCl$, F. 157—158°, durch 20—30 Min. langes Erhitzen des Sulfats mit $BaCl_2 \cdot 2\,H_2O$ in W. auf 100°. — *Äthyl-*, *Hemisulfat*, $(C_4H_{10}N_4O)_2 \cdot H_2SO_4$, F. 137—138°, aus 25 g I u. Cu-Acetat in A. analog **II**; 25 g. *Hydrochlorid*, $C_4H_{10}N_4O \cdot HCl$, F. 166—167°. — *n-Butyl-*, *Hemisulfat*, $(C_6H_{14}N_4O)_2 \cdot H_2SO_4$, F. 135 bis 137°, aus 25 g I u. Cu-Acetat in n-Butanol analog **II**; 20,24 g. — *Isobutyl-*, *Hemisulfatmonohydrat*, $(C_6H_{14}N_4O)_2 \cdot H_2SO_4 \cdot 2\,H_2O$, F. 143—145°, aus I u. Cu-Acetat nach **II**. *Hydrochlorid*, $C_6H_{14}N_4O \cdot HCl$, F. 167—168°, aus dem Sulfat mit $BaCl_2 \cdot 2\,H_2O$. — *Isoamyl-*, *Hemisulfat*, $(C_7H_{16}N_4O)_2 \cdot H_2SO_4$, F. 150—151°. — *n-Hexyl-*, *Hemisulfat*, $(C_8H_{18}N_4O)_2 \cdot H_2SO_4$, F. 133—135°. W. LIEBSCHER. 880□

Gewinnung von Schwefelkohlenstoff. N. P. Galenko, A. A. Proschkin, T. A. Tschemeriss, N. A. Kowalenko und I. T. Golubenko. (Газовая Промышленность [Gas-Ind.] **5.** Nr. 12. 46—49. Dez. 1960.) (Russ.)

Die Verss. über die optimalen Bedingungen der *CS_2*-Bldg. aus CH_4 u. SO_2 in einer Labor.-App. ergaben, daß hierfür eine Temp. von 850°, eine Vol.-Geschw. des Gasgemisches von 250—450 Liter/h u. ein CH_4/SO_2-Verhältnis 3—4 erforderlich sind. Als Katalysator wurde Bimsstein der Körnung 1—4 mm in folgenden Variationen angewandt: unbehandelt, getränkt mit $Pb(CH_3COO)_2 \cdot 3\,H_2O$ (I), aktiviert mit HCl (1:1), aktiviert u. getränkt mit I bzw. $(NH_4)_2MoO_4$. Als bester Katalysator erwies sich mit HCl aktivierter u. mit I getränkter Bimsstein, mit welchem die CS_2-Ausbeute 84% vom S des Ausgangs-SO_2 erreicht. Das ungereinigte CS_2-Prod. enthält 98,5% CS_2, 0,2% Trockenrückstand u. 1,3% Polysulfide. O. LEBTAG. 890□

N.N'-Dinitroso-N.N'-dimethyloxamid als Ausgangsprodukt für Diazomethan. Hans Reimlinger. (Chem. Ber. **94.** 2547—50. 22/9. 1961. Brüssel, Europ. Res. Assoc.) (Dt.)

N.N'-Dinitroso-N.N'-dimethyloxamid (I), dargestellt aus dem leicht zugänglichen N.N'-Dimethyloxamid mit nitrosen Gasen oder N_2O_4 in CCl_4, ist stabil, kristallin u. zur Darst. von CH_2N_2 als Gas, in Lsg. oder „in situ" geeignet. Die höheren Homologen von I, nämlich das *Äthyl-*, *n-Propyl-* u. *n-Butyl-Deriv.*, sind rote Fll., die relativ gute Ausbeuten an *Diazoäthan* (51%), *Diazo-n-propan* (50%) u. *Diazo-n-butan* (29%) liefern.

Versuche: *N.N'-Dinitroso-N.N'-dimethyloxamid* (I), $C_4H_6N_4O_4$, F. 68° (PAe.), a) durch Zugabe einer Lsg. von N_2O_4 in CCl_4 bei −40° zu einer Suspension von abs. Na-Acetat in CCl_4, Zugabe einer Suspension von N.N'-Dimethyloxamid in CCl_4 bei −5°, 2std. Stehen bei 0°, Absaugen u. Eindampfen im Vakuum; 75% (Ausbeute); b) durch Einleiten von N_2O_3 in eine Suspension von N.N'-Dimethyloxamid in CCl_4 bei 0°; 75%; c) wie b) in Acetanhydrid/Eisessig; 32%. — *Diazomethan*, a) durch Zugabe einer äther. Lsg. von I zu einer Lsg. von Na in Butanol bei 60° u. Abdestillieren des Ae./CH_2N_2-Gemisches; 76%; b) durch Zugabe von I in Anisol zu einem Gemisch von KOH, W. u. Cellosolve bei 55—60° im N_2-Strom; 70%. — *Cycloheptanon*, Kp. 64—65°, durch Zugabe von I in Methanol zu einem Gemisch aus K_2CO_3, Na_2SO_4, Cyclohexanon u. Methanol in der Kälte, nach 1 Std. Zugabe von Na_2SO_3 in W., 10std. Schütteln unter N_2, Absaugen, Zers. mit Soda-Lsg. u. Extrahieren mit Ae.; 71,5%. — *3-Äthylpyrazol*, $Kp._{13}$ 105°, durch Einpressen von techn. C_2H_2 in äther. Diazo-n-propan-Lsg.; 94%. — *3-n-Propylpyrazol*, $Kp._{15}$ 115°, analog vorst. Verb.; 96%. W. HAMPEL. 910□

Chemie des Vinylacetylens. 11. Mitt. **Synthese und Umwandlungen von 1.3-Dichlorpenten-(2)-ol-(5).** Ss. A. Wartanjan und A. O. Tossunjan. (Известия Академии Наук АрмянскойССР, Химические Науки [Nachr. Akad. Wiss. ArmenSSR, chem. Wiss.] **11.** 263—71. 1958. Inst. für org. Chemie der Akad. der Wiss. der ArmenSSR.) (Russ.; Auszug: Armen.) — 10. vgl. C. **1962.** 2702.

Das aus 2-Chlorbutadien-(1.3), Formaldehyd u. HCl in Ggw. von $ZnCl_2$ leicht zugängliche *1.3-Dichlorpenten-(2)-ol-(5)* (I) reagiert mit wss. Lsgg. sek. Amine unter Bldg. der entsprechenden *1-Dialkylamino-3-chlorpenten-(2)-ole-(5)*, aus denen durch HCl-Abspaltung *1-Dialkylaminopentin-(2)-ole-(5)* erhalten werden. Letztere geben bei der Hydrierung an Pt *1-Dialkylaminopentanole-(5)*. Aus 1.3-Dichlor-5-alkoxypentenen-(2) werden durch Rk. mit sek. Aminen *1-Dialkylamino-3-chlor-5-alkoxypentene-(2)* erhalten, die beim Erwärmen mit alkohol. KOH unter Dehydrochlorierung *1-Dialkylamino-5-alkoxypentine-(2)* liefern. Aus diesen werden durch Hydratisierung in Ggw. von $HgSO_4$ *1-Dialkylamino-5-alkoxypentanone-(3)* erhalten, deren Struktur am Beispiel des 1-Dimethylamino-5-methoxyhexanons-(3) durch Überführung in das bekannte *1.5-Bis-[dimethylamino]-hexanon-(3)* bewiesen wird. Durch Hydrierung von 1-Dimethylaminopentin-(2)-ol-(5) wird *1-Dimethylaminopentanol-(5)* erhalten. Beim Erhitzen der 1.3-Dichlor-5-alkoxypentene-(2) mit NaCN in wss. Aceton entstehen die entsprechenden *1-Cyan-3-chlor-5-alkoxypentene-(2)*, 1.3-Dichlor-5-methoxypenten-(2) gibt bei 12std. Erhitzen mit Thioharnstoff in A. *S-[5-Methoxy-3-chlorpenten-(2)-yl-(1)]-isothiuroniumchlorid.*

Versuche: *1.3-Dichlorpenten-(2)-ol-(5)* (I), $C_5H_8Cl_2O$, $Kp._{20}$ 107—109°, durch Sättigen von 500 ml 45%ig. Formalin mit HCl, Zugabe von 10 g $ZnCl_2$ u. 88,5 g 2-Chlorbutadien-(1.3), 2std. Rühren bei Zimmer-Temp. u. Dest. der unteren Schicht; $D._4^{20}$ 1,3401; n_D^{20} 1,5030; 98 g (Ausbeute). — 3-Chlorpentene-(2), durch 4—5std. Rühren von I oder des entsprechenden 1.3-Dichlor-5-alkoxypentens-(2) mit 25%ig. Dialkylamin-Lsg. bei Zimmer-Temp., Ansäuern, Extrahieren mit Ae., Aussalzen der Amine aus der wss. Lsg. mit K_2CO_3 u. Ae.-Extraktion: *1-Dimethylamino-5-methoxy-* (II), $C_8H_{16}ClNO$, $Kp._{15}$ 87—88°; $D._4^{20}$ 0,9909; n_D^{20} 1,4570; 82,5%. *Pikrat*, F. 94—95°. — *1-Diäthylamino-5-methoxy-*, $C_{10}H_{20}ClNO$, $Kp._{15}$ 109—110°; $D._4^{20}$ 1,0102; n_D^{20} 1,4648; 81,1%. *Pikrat*, F. 58—59°. — *1-Anilino-5-methoxy-*, $C_{12}H_{16}ClNO$, $Kp._3$ 160—162°; $D._4^{20}$ 1,1254; n_D^{20} 1,5563; 75,7%. — *1-Dimethylamino-5-äthoxy-*, $C_9H_{18}ClNO$, $Kp._{16}$ 103—104°; $D._4^{20}$ 0,9737; n_D^{20} 1,4565; 73,7%. *Pikrat*, F. 68—69°. — *1-Anilino-5-äthoxy-*, $C_{13}H_{18}ClNO$, $Kp._3$ 165 bis 166°; $D._4^{20}$ 1,0998; n_D^{20} 1,5461; 64,9%. — *1-Dimethylamino-5-n-propoxy-*, $C_{10}H_{20}$·ClNO, $Kp._{13}$ 109—110°; $D._4^{20}$ 0,9604; n_D^{20} 1,4560; 83,9%. *Pikrat*, F. 75—76°. — *1-Dimethylamino-5-hydroxy-*, $C_7H_{14}ClNO$, $Kp._{18}$ 102—104°; $D._4^{20}$ 1,0810; n_D^{20} 1,4860; 62,5%. *Pikrat*, F. 138—139°. — *1-Diäthylamino-5-hydroxy-*, $C_9H_{18}ClNO$, $Kp._{18}$ 118—120°; $D._4^{20}$ 0,9762; n_D^{20} 1,4840; 64,9%. *Pikrat*, F. 110—111°. — *1-Dimethylamino-3-chlor-5-methoxyhexen-(2)*, $C_9H_{18}ClNO$, $Kp._{15}$ 97—99°; $D._4^{20}$ 0,9684; n_D^{20} 1,4570; 69,5%. *Pikrat*, F. 72—73°. — *1-Dimethylamino-3-chlor-5-äthoxyhexen-(2)*, $C_{10}H_{20}ClNO$, $Kp._{16}$ 105 bis 107°; $D._4^{20}$ 0,9541; n_D^{20} 1,4555; 67,1%. — *1-Dimethylamino-5-methoxypentin-(2)* (III), $C_8H_{15}NO$, $Kp._7$ 66—67°, durch tropfenweise Zugabe von II zu KOH in abs. A., 4—5std. Erhitzen auf dem Wasserbad u. Ae.-Extraktion; $D._4^{20}$ 0,8886; n_D^{20} 1,4501; 71,4%. — *1-Dimethylamino-5-äthoxypentin-(2)*, $C_9H_{17}NO$, $Kp._{13}$ 89—90°, analog vorst. Verb.; $D._4^{20}$ 0,8928; n_D^{20} 1,4520; 63,2%. — *1-Dimethylamino-5-methoxyhexin-(2)*, $C_9H_{17}NO$, $Kp._{16}$ 90—91°, analog; $D._4^{20}$ 0,8979; n_D^{20} 1,4512; 66%. — *1-Dimethylamino-5-hydroxyhexin-(2)*, $C_8H_{15}NO$, $Kp._{12}$ 83—85°; $D._4^{20}$ 0,9870; n_D^{20} 1,4810; 58,1%. — *1-Dimethylamino-5-methoxypentanon-(3)*, $C_8H_{17}NO_2$, $Kp._{13}$ 84—85°, durch 5—6std. Kochen von III in 85%ig. Methanol in Ggw. von wenig H_2SO_4 + $HgSO_4$, Abdestillieren des Methanols,

Neutralisieren mit K_2CO_3 u. Ae.-Extraktion; $D._4^{20}$ 0,9505; n_D^{20} 1,4516; 62,8%. — *1-Dimethylamino-5-äthoxypentanon-(3)*, $C_9H_{19}NO_2$, $Kp._{13}$ 96—98°, analog vorst. Verb.; $D._4^{20}$ 0,9404; n_D^{20} 1,4490; 60,3%. — *1-Dimethylamino-5-methoxyhexanon-(3)*, $C_9H_{19}NO_2$, $Kp._{13}$ 92—94°; $D._4^{20}$ 0,9404; n_D^{20} 1,4528; 61,8%. — *1-Dimethylaminopentanol-(5)*, $Kp._{25}$ 113—115°, durch Hydrierung von 4 g 1-Dimethylaminopentin-(2)-ol-(5) in 20 ml abs. A. an Pt; 1,2 g. *Jodmethylat*, F. 131—132°. — *1-Dimethylamino-5-methoxypentan*, $Kp._{34}$ 86—88°, durch Hydrierung von 8 g 1-Dimethylamino-5-methoxypentin-(2) in abs. A. an Pt; n_D^{20} 1,4350; 4,5 g. *Pikrat*, F. 77—78° (A.). — *1.5-Bis-[dimethylamino]-hexanon-(3)*, $Kp._{12}$ 96—98°, durch 4std. Erhitzen von 4 g 1-Dimethylamino-5-methoxyhexanon-(3) u. 15 ml 25%ig. Dimethylamin-Lsg. in zugeschmolzener Ampulle auf 60—65°; n_D^{20} 1,4571; 1,5 g. *Pikrat*, F. 144,5°. — *1-Cyan-3-chlor-5-methoxypenten-(2)*, $C_7H_{10}ClNO$, $Kp._{13}$ 116—119°, durch 50std. Kochen von 60 g 1.3-Dichlor-5-methoxypenten-(2) in 75 ml Aceton + 75 ml W. mit 5 g NaJ + 20 g NaCN u. Extraktion mit Ae.; $D._4^{20}$ 1,1314; n_D^{20} 1,4702; 58%. — *1-Cyan-3-chlor-5-äthoxypenten-(2)*, $C_8H_{12}ClNO$, $Kp._3$ 94—96°, analog vorst. Verb. aus 1.3-Dichlor-5-äthoxypenten-(2); $D._4^{20}$ 1,0750; n_D^{20} 1,4680; 57,2%. — *S-[2-Methoxy-3-chlorpenten-(2)-yl-(1)]-isothiuroniumchlorid*, $C_7H_{14}Cl_2N_2OS$, F. 79—80° (Aceton), durch 12std. Kochen von 18 g Thioharnstoff mit 50 g 1.3-Dichlor-5-methoxypenten-(2) in 50 ml A. u. Eindampfen; 72,3%.

G. FROELICH. 920□

Chemie des Vinylacetylens. 12. Mitt. **Anlagerung von Dimethylamin an Divinylacetylenkohlenwasserstoffe.** Ss. A. Wartanjan und Sch. O. Badanjan. (Известия Академии Наук АрмянскойССР, Химические Науки [Nachr. Akad. Wiss. Armen-SSR, chem. Wiss.] **11.** 343—50. 1958.) (Russ.; Auszug: Armen.) — 11. vgl. vorst. Referat.

Divinylacetylen (**I**) reagiert mit Dimethylamin (**IX**) bei längerem Erhitzen im zugeschmolzenen Rohr prim. zu *1-Dimethylaminohexatrien-(2.3.5)*, das unter Einw. des Amins während der Rk. zu *1-Dimethylaminohexen-(5)-in-(3)* (**III**) u. *1-Dimethylaminohexen-(5)-in-(2)* (**IV**) isomerisiert wird. Analog reagiert Vinylisopropenylacetylen (**II**) mit **IX**, wobei das Dimethylamin an die Vinylgruppe angelagert wird. Bei der Hydrochlorierung von **I** werden *1.3-Dichlorhexadien-(2.4)* u. *3.5-Dichlorhexadien-(1.3)* erhalten, aus denen durch Rk. mit **IX** *1-Dimethylamino-3-chlorhexadien-(2.4)* bzw. *5-Dimethylamino-3-chlorhexadien-(1.3)* dargestellt werden. Durch HCl-Abspaltung gehen die letzteren Verbb. in *1-Dimethylaminohexen-(4)-in-(2)* (**V**) bzw. *5-Dimethylaminohexen-(1)-in-(3)* (**VI**) über. Auf analogem Wege werden aus **II** u. HCl entsprechend *1-Dimethylamino-5-methylhexen-(4)-in-(2)* (**VII**) bzw. *5-Dimethylamino-5-methylhexen-(1)-in-(3)* (**VIII**) erhalten. Die Struktur von **VIII** wird durch Vgl. mit einem aus Dimethyl-[vinyläthinyl]-chlormethan u. **IX** erhaltenen Präp. bewiesen, wodurch auch die Struktur von **VI** u. der Zwischenprodd. gesichert ist. **V** u. **VI** konnten in den Prodd. der Rk. von **I** mit **IX** nicht nachgewiesen werden, desgleichen nicht **VII** u. **VIII** in den Rk.-Prodd. von **II** mit **IX**. Bei der Hydratisierung von **III** oder **IV** in Ggw. von Hg^{2+} entsteht *1-Dimethylaminohexen-(5)-on-(3)*, das sich durch Rk. mit **IX** in das bekannte *1.5-Bis-[dimethylamino]-hexanon-(3)* überführen läßt. Bei der Hydrierung von **V** oder **VII** entstehen die entsprechenden gesätt. Amine.

Versuche: *1-Dimethylaminohexen-(5)-in-(3)* (**III**), $C_8H_{13}N$, $Kp._{11}$ 56—57°, man erhitzt 0,25 Mol **I** u. 0,75 Mol **IX** (in Form einer 33%ig. wss. Lsg.) 30—40 Std. im zugeschmolzenen Rohr auf dem Wasserbad, entfernt den **IX**-Überschuß im Vakuum, säuert an, extrahiert mit Ae., versetzt die wss. Phase mit K_2CO_3, extrahiert mit Ae. u. dest. fraktioniert; $D._4^{20}$ 0,8410; n_D^{20} 1,4710 [*Pikrat*, F. 82—84°], neben *1-Dimethylaminohexen-(5)-in-(2)* (**IV**), $C_8H_{13}N$, $Kp._{11}$ 45—46°; $D._4^{20}$ 0,8427; n_D^{20} 1,4510; 45% (Gesamtausbeute, Verhältnis **III**:**IV** = 4:1; *Pikrat*, F. 108—109°). — *1-Dimethylamino-5-methylhexen-(5)-in-(3)*, $C_9H_{15}N$, $Kp._{10}$ 64—65°; $D._4^{20}$ 0,8331; n_D^{20} 1,4750 [*Pikrat*, F. 93 bis 94°], u. *1-Dimethylamino-5-methylhexen-(5)-in-(2)*, $C_9H_{15}N$, $Kp._{10}$ 54—55°; $D._4^{20}$ 0,8397; n_D^{20} 1,4540 [*Pikrat*, F. 97—98°], durch Rk. von **II** mit **IX** analog vorst. Verbb.; 50% (Gesamtausbeute, Verhältnis 9:1). — *Dimethyl-n-hexylamin*, Kp. 128°, durch Hydrierung von 3—5 g **III** oder **IV** in 20—25 ml A. an Pt; n_D^{16} 1,416. *Pikrat*, F. 100°. — *1-Dimethylamino-5-methylhexan*, Kp. 159°, analog vorst. Verb.; n_D^{20} 1,4210. *Pikrat*, F. 76 bis 77°. — *1.3-Dichlorhexadien-(2.4)*, $Kp._{11}$ 73—75°; n_D^{20} 1,5270, u. *3.5-Dichlorhexadien-(1.3)*, $Kp._{12}$ 66—68°; n_D^{20} 1,5170, durch Hydrochlorierung von 120 g **I**; 90 bzw. 42 g. — *1.3-Dichlor-5-methylhexadien-(2.4)*, $Kp._{11}$ 79—80°; n_D^{20} 1,5110, u. *3.5-Dichlor-5-methylhexadien-(1.3)*, $Kp._{14}$ 72—73°; n_D^{20} 1,4945, durch Hydrochlorierung von **II**. — *5-Dimethylaminohexen-(1)-in-(3)* (**VI**), $C_8H_{13}N$, $Kp._9$ 62—63°, durch 3std. Kochen von 5-Dimethylamino-3-chlorhexadien-(1.3) mit alkohol. KOH u. Extraktion mit Ae.; $D._4^{20}$ 0,8375; n_D^{20} 1,4750; 20%. — *5-Dimethylamino-5-methylhexen-(1)-in-(3)* (**VIII**), $C_9H_{15}N$, $Kp._{12}$ 69—70°, a) analog vorst. Verb.; $D._4^{20}$ 0,8460; n_D^{20} 1,4810; 47%; *Pikrat*,

F. 116—117°; b) aus Dimethyl-[vinyläthinyl]-chlormethan u. **IX** (10 Std. lang erhitzen). — *1-Dimethylaminohexen-(4)-in-(2)* (**V**), $C_8H_{13}N$, Kp.$_{11}$ 56—58°, aus 1-Dimethylamino-3-chlorhexadien-(2.4); $D._4^{20}$ 0,8492; n_D^{20} 1,4810; 24%. *Pikrat*, F. 125—126°. — *1-Dimethylamino-5-methylhexen-(4)-in-(2)* (**VII**), $C_9H_{15}N$, Kp.$_{11}$ 68—69°; $D._4^{20}$ 0,8416; n_D^{20} 1,4820; 60%. *Pikrat*, F. 67—68°. — *1-Dimethylaminohexen-(5)-on-(3)*, Kp.$_6$ 80 bis 105°, durch 6std. Rühren von 8 g **III** in 45 ml W., 12 g H_2SO_4 u. 0,5 g $HgSO_4$ bei 65—70° bei portionsweiser Zugabe von weiteren 1,2 g $HgSO_4$ u. Ae.-Extraktion; n_D^{20} 1,4634; 5,2 g. — *1.5-Bis-[dimethylamino]-hexanon-(3)*, Kp.$_4$ 90—94°, durch 5std. Erhitzen von 5 g vorst. Verb. mit 8 ml 25%ig. **IX**-Lsg. auf 60°; n_D^{20} 1,4570; 3,2 g. *Pikrat*, F. 146—147° (A.). — *1-Dimethylamino-5-methylhexen-(5)-on-(3)*, $C_9H_{17}NO$, Kp.$_4$ 70 bis 72°, durch Hydratisierung von 13 g 1-Dimethylamino-5-methylhexen-(5)-in-(3) analog vorvorst. Verb.; $D._4^{20}$ 0,8965; n_D^{20} 1,4562; 7,8 g. — *1-Dimethylamino-5-methylhexanon-(3)*, Kp.$_{12}$ 79—80°, durch Hydrierung vorst. Verb. an Pt; n_D^{20} 1,4322. *Pikrat*, F. 100°

G. Froelich. 920□

Chemie des Vinylacetylens. 13. Mitt. Synthese und Umwandlungen von 1.3-Dichlor-5-methyl-7-methoxyheptadien-(2.4). Ss. A. Wartanjan und A. O. Tossunjan. (Известия Академии Наук АрмянскойССР, Химические Науки [Nachr. Akad. Wiss. ArmenSSR, chem. Wiss.] **11.** 415—20. 1958.) (Russ.; Auszug: Armen.) — 12. vgl. vorst. Referat.

Methyl-β-methoxyäthylvinyläthinylcarbinol (**I**), Methyl-β-methoxyäthylvinyläthinylcarbinolmethyläther (**II**) u. Methyl-β-methoxyäthylvinyläthinylchlormethan (**III**) geben alle beim Schütteln mit konz. HCl ein Gemisch von *1.3-Dichlor-5-methyl-7-methoxyheptadien-(2.4)* (**IV**) u. *3.5-Dichlor-5-methyl-7-methoxyheptadien-(1.3)* (**V**), wobei **I** u. **II** prim. in **III** übergehen. **V** läßt sich durch Erhitzen in HCl in Ggw. von $CuCl_2$ vollständig in **IV** umwandeln. Beim Einleiten von Dimethylamin in die äther. Lsgg. von **IV** u. **V** entstehen *1-Dimethylamino-3-chlor-5-methyl-7-methoxyheptadien-(2.4)* bzw. *3-Chlor-5-dimethylamino-5-methyl-7-methoxyheptadien-(1.3)*, aus denen durch Dehydrochlorierung *1-Dimethylamino-5-methyl-7-methoxyhepten-(4)-in-(2)* bzw. *5-Dimethylamino-5-methyl-7-methoxyhepten-(1)-in-(3)* (**VI**) erhalten werden. Die Struktur der Verbb. wurde am Beispiel von **VI** durch Vgl. mit einem Präp. bewiesen, das durch Rk. von **III** mit Dimethylamin erhalten wurde. Beide Präpp. erwiesen sich als identisch.

Versuche: *Methyl-β-methoxyäthylvinyläthinylcarbinolmethyläther* (**II**), $C_{10}H_{16}O_2$, Kp.$_6$ 70—72°, durch 5std. Kochen von 20 g **I** in 25 ml Methanol + 3 ml konz. H_2SO_4; $D._4^{20}$ 0,9090; n_D^{20} 1,4763; 14 g (Ausbeute). — *Methyl-β-methoxyäthylvinyläthinylchlormethan* (**III**), $C_9H_{13}ClO$, Kp.$_3$ 62—64°, durch Einleiten von 18 g HCl in 76 g **I**, Stehen über Nacht u. Dest. der oberen Schicht; $D._4^{20}$ 0,9901; n_D^{20} 1,4910; 70,5%. — *1.3-Dichlor-5-methyl-7-methoxyheptadien-(2.4)* (**IV**), $C_9H_{14}Cl_2O$, Kp.$_8$ 86—89°, durch 3std. Schütteln von 60 g **I** mit 250 ml konz. HCl u. 5 g Cu_2Cl_2 bei Zimmer-Temp.; $D._4^{20}$ 1,1573; n_D^{20} 1,5350; 31 g (Rohausbeute), neben *3.5-Dichlor-5-methyl-7-methoxyheptadien-(1.3)* (**V**), $C_9H_{14}Cl_2O$, Kp.$_6$ 105—108°; $D._4^{20}$ 1,1203; n_D^{20} 1,5113; 27 g. Analog werden bei der Hydrochlorierung von 25 g **III** 12 g **IV** (Kp.$_{12}$ 101—104°; n_D^{20} 1,5359) u. 9,5 g **V** (Kp.$_{12}$ 121 bis 125°; n_D^{20} 1,5132) erhalten. Aus 27 g **II** werden bei Hydrochlorierung 13 g **IV** (Kp.$_6$ 82 bis 84°) u. 11 g **V** (Kp.$_5$ 105—108°) erhalten. — *1-Dimethylamino-3-chlor-5-methyl-7-methoxyheptadien-(2.4)*, $C_{11}H_{20}ClNO$, Kp.$_5$ 80—82°, aus 0,07 Mol **IV** u. 0,15 Mol Dimethylamin in 100 ml Ae. durch 20 Std. langes Stehen; $D._4^{20}$ 1,0257; n_D^{20} 1,5098; 67,7%. *Pikrat*, F. 136—137°. — *3-Chlor-5-dimethylamino-5-methyl-7-methoxyheptadien-(1.3)*, $C_{11}H_{20}ClNO$, Kp.$_6$ 101—103°, analog vorst. Verb. aus **V**; $D._4^{20}$ 0,9900; n_D^{20} 1,4972; 74,5%. *Pikrat*, F. 124—125°. — *1-Dimethylamino-5-methyl-7-methoxyhepten-(4)-in-(2)*, $C_{11}H_{19}NO$, Kp.$_4$ 96—98°, durch tropfenweise Zugabe von 4 g KOH in 20 ml A. zu 8 g vorvorst. Verb., 1std. Kochen, Verdünnen mit W. u. Ausäthern; $D._4^{20}$ 0,9601; n_D^{20} 1,5048; 4 g. *Oxalat*, F. 109—110° (Ae.). — *5-Dimethylamino-5-methyl-7-methoxyhepten-(1)-in-(3)* (**VI**), $C_{11}H_{19}NO$, a) Kp.$_7$ 90—92°, analog vorst. Verb. durch Dehydrochlorierung von 6 g vorvorst. Verb.; n_D^{20} 1,4913; 3,1 g; b) Kp.$_5$ 88—90°, durch 32std. Erhitzen von 35 g **III** in 50 ml mit Dimethylamin gesätt. A. auf 65—70° im zugeschmolzenen Rohr; $D._4^{20}$ 0,9031; n_D^{20} 1,4920; 55,1%. *Oxalat*, F. 95—96° (Ae.).

G. Froelich. 920□

α-Aminosäuren und α-Ketosäureoxime aus α-Hydroxyaminosäuren: Eine neue Disproportionierungsreaktion. Ian D. Spenser und A. Ahmad. (Proc. chem. Soc. London] **1961.** 375—76. Okt. Hamilton, Ontario, Canada, Univ., Dep. of Chem.) (Engl.)

Vff. zeigen, daß bei der Darst. von *α-[Hydroxyamino]-carbonsäuren* (**A**) außer den erwarteten Verbb. die entsprechenden *α-Aminosäuren* (**B**) u. in den meisten Fällen entweder das entsprechende *α-Ketosäureoxim* oder das um ein C-Atom ärmere *Nitril* entstehen. Vff. extrahierten die ätherlösl. Prodd. u. trennten die **A** von den **B** durch

Ionenaustausch an Dowex 50. Potentiometr. Titration zeigte, daß die **A** amphotere Elektrolyte mit einem I.P. bei pH 3,9—4,1 sind. Ihre pK_1-Werte (2,1—2,3) werden nicht durch Formaldehyd beeinflußt; eine Erniedrigung ihrer pK_2-Werte (5,7—5,9) um 2—3 pK-Einheiten in Ggw. von Formaldehyd beweist den zwitterion. Charakter dieser Verbb. 6 analyt. reine **A** konnten vor der chromatograph. Entw. mittels $AgNO_3$ auf dem Papier sichtbar gemacht werden. Nach Entw. mit n-Butanol/Essigsäure/W. gaben nur α-[Hydroxyamino]-propionsäure u. α-[Hydroxyamino]-isobuttersäure $AgNO_3$-positive Flecke. Ninhydrinpositive Flecke zeigen in dem Fall die Anwesenheit der entsprechenden **B** an. Wie Vff. nachweisen, entstehen bei der Rk. äquimol. Mengen an **B** u. *α-[Hydroxyimino]-carbonsäuren* (**C**) oder unterhalb pH 7 die entsprechenden Nitrile u. CO_2. Bei der Darst. von *α-Hydroxyamino-β-phenylpropionsäure* konnten Vff. das den **C** entsprechende Oxim der Phenylbrenztraubensäure erhalten. Die den **C** tautomere Nitroso-Verb. konnte bei der Darst. von *α-[Hydroxyamino]-isobuttersäure* nachgewiesen werden. Vff. halten diese Disproportionierung für eine allg. Rk. des NH_2OH u. seiner N-substituierten Derivv., da sich die Bldg. der Zers.-Prodd. des NH_2OH, des N-Methyl- u. des N-Phenylhydroxylamins so erklären läßt. Auch die Bldg. der **C** aus α-Halogensäuren u. überschüssigem NH_2OH könnte durch eine analoge Rk. zwischen prim. entstandenen **A** u. NH_2OH erklärt werden. GOTTFRIED SCHREIBER. 950□

Einführen von γ-Amino- und α-Hydroxygruppen in α-Aminobuttersäure über γ-reaktive verwandte Verbindungen. Max Frankel, Y. Knobler und T. Sheradsky. (Bull. Res. Council Israel, Sect. A **7A.** 173—78. Sept. 1958. Jerusalem, Hebrew Univ., Dep. of Org. Chem.) (Engl.)

γ-Halogen-Derivv. von α-Halogen- u. α-Aminobuttersäure, γ-Butyrolacton (I), α-Halogen-γ-butyrolacton u. N-substituiertes α-Amino-γ-butyrolacton werden mit K-Phthalimid (**II**) u. mit wss. NH_4OH behandelt. Die Rk. mit **II** führt zur γ-Aminierung, die mit NH_4OH als Folge einer zwischendurch auftretenden intramol. Cyclisierung zu γ-Hydroxyverbindungen. Auf der Grundlage dieser Rkk. werden bequeme Synth. von *α.γ-Diaminobuttersäure, Piperidinsäure* u. *Homoserin* beschrieben.

Versuche: Buttersäuren: *α.γ-Dibrom-, Äthylester* (**III**), $C_6H_{10}Br_2O_2$, $Kp._{46}$ 136 bis 140°, durch 3std. Kochen von α.γ-Dibrombuttersäurebromid (**IV**) in A., Entfernen des A. u. Vakuum-Dest.; 65% (Ausbeute). — *α.γ-Diphthalimido-* (**V**), $C_{20}H_{14}N_2O_6$, F. 202° (Bzl./PAe)., durch 6std. Kochen von α-Brom-γ-butyrolacton (**XI**) u. **II** in Dimethylformamid (Di) unter Rühren, Abdestillieren des Lsgm. aus der filtrierten Lsg. im Vakuum, Lösen in W. u. Füllen mit 12%ig. HCl; 65%. *Äthylester* (**VI**), $C_{22}H_{18}N_2O_6$, F. 147° (Bzl./PAe.), durch 4std. Erhitzen von **III** u. **II** in Di auf 100°, Abfiltrieren des Salzes, Lösen des Rückstandes in Chlf., Konz. der Chlf.-Lsg. u. Fällen mit PAe.; 67%. — *α-Benzamido-γ-phthalimido-* (**VII**), $C_{19}H_{16}N_2O_5$, F. 186° (A.), durch 10std. Kochen von α-Benzamido-γ-butyrolacton (**X**) u. **II** in Di, Abdestillieren des Lsgm. aus der filtrierten Lsg. im Vakuum, Lösen in W. u. Fällen mit 12%ig. HCl; 90%. *Äthylester* (**VIII**), $C_{21}H_{20}N_2O_5$, F. 127° (A./W.), durch 5std. Erhitzen von α-Benzamido-γ-jodbuttersäureäthylester (**IX**) u. **II** in Di auf 100° u. Abdestillieren des Lsgm. aus der filtrierten Lsg. im Vakuum; 60%. — *α.γ-Diamino-, Dihydrobromid,* $C_4H_{12}Br_2N_2O_2$, F. 200—205°, durch a) 5std. Kochen von **VI** in 48%ig. HBr, Abfiltrieren der *Phthalsäure* (**XII**), Einengen der Lsg. im Vakuum u. Zugabe von wenig W. u. Ae.; 95%; b) Verseifen von **VIII** in 48%ig. HBr analog a); 96%; c) Verseifen von **VII** in 48%ig. HBr analog a); 93%; d) Verseifen von **V** in 48%ig. HBr analog a); 96%. *Dipikrat,* F. 190° (W.). *Monohydrobromid,* $C_4H_{11}BrN_2O_2$, F. 255—260° (Zers.; verd. A. u. Ae.), durch Waschen des Dihydrobromids mit A. u. Trocknen über P_2O_5 im Vakuum. — *γ-Phthalimido-*, $C_{12}H_{11}NO_4$, F. 115° (Bzl./PAe.), durch 3std. Erhitzen von **I** u. **II** auf 200°, Abdestillieren von überschüssigem **I** im Vakuum, Lösen in W., Ansäuern mit 12%ig. HCl u. Abkühlen auf 0°; 65%. — *γ-Amino- (Piperidinsäure), Hydrobromid,* $C_4H_{10}BrNO_2$, F. 120°, durch Kochen vorst. Verb. in 48%ig. HBr, Verdünnen, Abfiltrieren von **XII**, Ae.-Extraktion u. Abdestillieren der HBr im Vakuum; hygroskop.; 90%. — *α-Amino-γ-hydroxy- (Homoserin),* $C_4H_9NO_3$, F. 184° (wenig W./viel A./Ae.), durch a) 4—5tägige Rk. von **IV** mit 24%ig. NH_4OH, Konz. bei 100°, Erhitzen mit Ag_2O unter Rühren, Behandeln mit H_2S u. Einengen im Vakuum; 38%; b) Lösen von **III** in wss. A. unter Schütteln analog a), c) Aminieren von γ-Chlor-, -Brom- u. -Jod-α-aminobuttersäurehydrohalogenid u. Einw. von Ag_2O u. H_2S; 50%. — *α-Benzamido-γ-hydroxy-, Amid,* $C_{11}H_{14}N_2O_3$, F. 180° (W. oder A./W.), durch a) 7tägiges Schütteln von **IX** mit 24%ig. NH_4OH; 70%; b) Aminieren von α-Benzamido-γ-brom- u. -γ-chlorbuttersäureäthylester (**XIII**) analog a); c) 24std. Rk. von **X** mit 24%ig. NH_4OH bei Raum-Temp.; 90%; d) 2tägige Rk. von α-Benzamido-γ-jodbuttersäure mit 24%ig. NH_4OH bei Raum-Temp.; 95%; gibt beim 3std. Einleiten von HCl in die äther. Lsg. **XIII** neben NH_4Cl. — *α-Phthalimido-γ-hydroxy-*,

Lacton, $C_{12}H_9NO_4$, F. 170° (Bzl. u. PAe.), durch 4std. Erhitzen von **XI** u. **II** in Di auf 100°, Konz. im Vakuum, Zugabe von Chlf., Konz. u. Fällen mit PAe.; 78%. — *α-Phthalimido-γ-jod-*, $C_{12}H_{10}JNO_4$, F. 80—90°, durch Suspendieren vorst. Verb. in 55%ig. HJ, 1std. Einleiten von HJ bei 40°, Entfernen der HJ im Vakuum u. Waschen des Rückstandes mit 1%ig. H_2SO_3; aus Bzl./PAe. hellgelbe Kristalle; 80%.

G. REISNER. 950□

Katalytische Dehydrokondensation von Trialkylsilanen mit Ketonen. N. P. Charitonow, B. N. Dolgow und Ju. I. Chudobin. (Химия и Практическое Применение Кремнеорганических Соединений, Труды Конференции Ленинград **1958** [Chem. prakt. Anwend. siliciumorg. Verbind., Konferenzber. Leningrad **1958.**] Nr. 1. 217—20. Leningrad, Inst. für Silicatchem. der Akad. der Wiss. der UdSSR.) (Russ.)

Triäthylsilan (**I**) reagiert mit Aceton in Ggw. von Alkalimetall unter Bldg. von *2-[Triäthylsiloxy]-propen-(1)*. Die Rk. ist bei Verw. von K nach 6—7 Std., bei Verw. von Na nach 10—12 Std. beendet. Analog wird aus **I** u. Methyläthylketon in Ggw. von K *2-[Triäthylsiloxy]-buten-(2)* erhalten. Die Struktur der Rk.-Prodd. wird spektroskop. bestätigt. — *2-[Triäthylsiloxy]-propen-(1)*, $C_9H_{20}OSi$, Kp.$_1$ 80—81°, durch 7½std. Kochen von 23,2 g **I** mit 23,2 g abs. Aceton + 0,2 g K u. Fraktionierung; D.$_4^{20}$ 0,8456; n_D^{20}1,4359; 87% (Ausbeute). — *2-[Triäthylsiloxy]-buten-(2)*, $C_{10}H_{22}OSi$, Kp.$_1$ 90,5—91,5°, analog vorst. Verb. in 2½ Std.; D.$_4^{20}$ 0,8536; n_D^{20} 1,4393; 80—90°. G. FROELICH. 980□

Komplexe von Phosphorpentachlorid mit α.α-Dichloralkylphosphortetrachloriden. O. W. Kirssanow und G. K. Fedorowa. (Доповіді Академії Наук Української РСР [Ber. Akad. Wiss. UkrainSSR] **1960.** 1086—89. Inst. für org. Chem. der Akad. der Wiss. der UkrainSSR.) (Ukrain.; Auszug: Engl.)

Bei der Rk. von Äthyl-, n-Propyl- u. n-Butylphosphonsäuredichlorid mit PCl_5 (Kochen in Bzl.) werden unter Chlorierung des α-C-Atoms *Komplexe von α.α-Dichloräthyl-* (**I**), *α.α-Dichlor-n-propyl-* (**II**) u. *α.α-Dichlor-n-butylphosphortetrachlorid* (**III**) *mit* PCl_5 erhalten, die in der Form $R \cdot CCl_2PCl_3^+ \cdot PCl_6^-$ vorliegen. Beim Kochen mit W. spaltet der **I**-Komplex 10 Cl-Atome ab, der **II**- u. **III**-Komplex 11 Cl-Atome. Bei der Einw. von SO_2 auf **I**-, **II**- u. **III**-PCl_5-Komplex werden entsprechend *α.α-Dichloräthyl-*, *α.α-Dichlor-n-propyl-* (**IV**) u. *α.α-Dichlor-n-butylphosphonsäuredichlorid* (**V**) erhalten. Die vollständige Hydrolyse von **III**·PCl_5 oder **V** liefert *n-Butyrylphosphonsäure*, deren Darst. u. Eigg. im einzelnen nicht beschrieben werden. Die Einw. von Methanol, A., Isopropanol u. n-Butanol in Ggw. von Pyridin oder Triäthylamin auf **IV** gibt die entsprechenden *Monoalkylester* des *α.α-Dichloräthylphosphonsäurechlorids*. Diese besitzen insekticide Eigenschaften. **I**-*PCl_5-Komplex*, $C_2H_3Cl_{11}P_2$, Zers. bei 100°; 70% (Ausbeute). — **II**-*PCl_5-Komplex*, $C_3H_5Cl_{11}P_2$, Zers. bei 115°; 19%. — **III**-*PCl_5-Komplex*, $C_4H_7Cl_{11}P_2$, Zers. bei 140°; 16%. — *α.α-Dichloräthylphosphonsäurechlorid, Methylester*, $C_3H_6Cl_3O_2P$, Kp.$_3$ 65—66°, F. 40—41°; 14%. *Äthylester*, $C_4H_8Cl_3O_2P$, Kp.$_4$ 82—83°; D.$^{20}_4$ 1,3850; n_D^{20} 1,4698; 61%. *Isopropylester*, $C_5H_{10}Cl_3O_2P$, Kp.$_{2,5}$ 68—70°; D.$_4^{20}$ 1,3070; n_D^{20} 1,4600; 33%. *Butylester*, $C_6H_{12}Cl_3O_2P$, Kp.$_4$ 104—105°; D.$_4^{20}$ 1,3020; n_D^{20} 1,4690; 25%. HELMUT SCHÄFER. 980□

Aromatische Fluorderivate. 4. Mitt. **Austausch der Nitrogruppe in Nitrohalogenderivaten gegen Chlor.** N. N. Woroshzow jun., G. G. Jakobsson, N. I. Krishetschkowskaja, A. I. Djatschenko und I. W. Schikanowa. (Журнал Общей Химии [J. allg. Chem.] **31(93)**. 1222—26. April 1961. Moskau, Chem.-Technol. Mendelejew-Inst.) (Russ.) — 3. vgl. Научные Доклады Высшей Школы (Москва) [Wiss. Hochschulber. (Moskau)] **1958.** 346.

2.4-Dinitrofluorbenzol (**I**) wird durch Cl_2 bei 180—220° hauptsächlich in *2.4-Dichlorfluorbenzol* u. *3-Chlor-4-fluornitrobenzol* übergeführt; daneben fällt sehr wenig *2-Fluor-5-chlornitrobenzol* an. 2.4-Dinitrochlorbenzol (**II**) liefert analog *1.2.4-Trichlorbenzol* (**III**), *3.4-* u. *2.5-Dichlornitrobenzol*. **III** fällt auch bei der Hochtemp.-Chlorierung von 2.4-Dinitrobrombenzol (**IV**) an. 4-Fluor-6-chlor-1.3-dinitrobenzol (**V**) wird zu *2.4.5-Trichlorfluorbenzol* chloriert, das ferner aus 2.4-Dichlor-5-fluornitrobenzol (**VI**) erhalten wird. 4.6-Difluor-1.3-dinitrobenzol (**VII**) liefert *4.6-Dichlor-1.3-difluorbenzol*. 2.4.5-Trifluorchlorbenzol ließ sich dagegen aus 2.4.5-Trifluornitrobenzol nicht gewinnen. Die Substitution der Nitrogruppe durch Cl, die in der Gasphase in der Hitze erfolgt, verläuft vermutlich über Radikale.

Versuche: *2.4-Dichlorfluorbenzol*, $C_6H_3Cl_2F$, Kp.$_{745}$ 169°, Ep. —23°, durch Einleiten von Cl_2 in **I** bei 220—230° unter Abdestillieren der gebildeten Chlor-Derivv. über eine auf 180—190° erhitzte Kolonne; n_D^{20} 1,5242; D.$_4^{20}$ 1,4092; 66—75% (Ausbeute); daneben 15—18% eines *Gemisches* aus *3-Chlor-4-fluor-* [F. 41,5° (A.), läßt sich durch Ausfrieren teilweise abtrennen] u. *2-Fluor-5-chlornitrobenzol*, Kp.$_{25}$ 112—114° [liefert durch 12std. Kochen mit 5%ig. NaOH u. Ansäuern *4-Chlor-2-nitrophenol*, F. 85—86°, u. *2-Chlor-4-nitrophenol*, F. 110° (Bzl.)]. — *1.2.4-Trichlorbenzol* (**III**), Kp.$_{80}$ 134—136°,

$Kp._{747}$ 209°, Ep. 16°, a) analog Vorst. aus **II**; 59—63%; daneben 22—23,5% eines *Gemisches* aus *2.5-* u. *3.4-Dichlornitrobenzol*, $Kp._{11}$ 128—132°; b) aus **IV** bei 200°; 80 bis 82%. — *2.4.5-Trichlorfluorbenzol*, $C_6H_2Cl_3F$, $Kp._{35}$ 104—106°, $Kp._{750}$ 203—204, F. 64°, a) aus **V** u. Cl_2 bei 200—220°; aus PAe. Nadeln; 72—79%; b) aus **VI** 64—70%. — *4.6-Dichlor-1.3-difluorbenzol*, $C_6H_2Cl_2F_2$, $Kp._{750}$ 167—168°, Ep. 5°, aus **VII** bei 210—215°; n_D^{20} 1,5080; $D._4^{20}$ 1,5088; 77—82%. — *Chlorbenzol*, $Kp._{741}$ 129°, durch Chlorieren von Nitrobenzol bei 190—200°; n_D^{16} 1,5258; 48%. — *o-Dichlorbenzol*, $Kp._{750}$ 180—185°, aus o-Chlornitrobenzol bei 220—230°; $n_D^{16,5}$ 1,5539; 85%. — *m-Dichlorbenzol*, Kp. 172°, analog aus m-Dinitrobenzol; n_D^{18} 1,5460; 73%; daneben 7% *m-Chlornitrobenzol*, $Kp._{50}$ 115 bis 120°, F. 43° (A.). H.-E. Toussaint. 1010□

Aromatische Fluorderivate. 5. Mitt. **Nitrierung von Fluorchlorbenzolen.** N. N. Woroshzow jun., G. G. Jakobsson und N. I. Krishetschkowskaja. (Журнал Общей Химии [J. allg. Chem.] **31 (93)**. 1227—29. April 1961.) (Russ.) — 4. vgl. vorst. Referat.

2.4.5-Trichlorfluorbenzol (**I**) wird durch HNO_3 zu *2.3.6-Trichlor-5-fluornitrobenzol* (**II**) nitriert, das mit Cl_2 bei 200—220° die Nitrogruppe gegen Cl unter Bldg. von *2.3.4.5-Tetrachlorfluorbenzol* austauscht. Letzteres wird auch durch Hochtemp.-Chlorierung des aus 2.4-Dichlorfluorbenzol (**III**) zugänglichen 2.4-Dichlor-3.5-dinitrofluorbenzols (**IV**) erhalten. Das Prod. der Nitrierung von 4.6-Dichlor-1.3-difluorbenzol (**V**) stellt *2.6-Dichlor-3.5-difluornitrobenzol* dar.

Versuche: *2.4-Dichlor-5-fluornitrobenzol*, $C_6H_2Cl_2FNO_2$, $Kp._{17}$ 127°, Ep. 5,5°, durch Zutropfen von 95%ig. HNO_3/H_2SO_4 zu **III** bei 25°, Zugeben von 15%ig. Oleum u. 3std. Erwärmen auf 50—60°; $n_D^{18,5}$ 1,5674; $D._4^{16,5}$ 1,6028; 88—94% (**Ausbeute**); daneben 5—7% **IV**. — *2.4-Dichlor-3.5-dinitrofluorbenzol* (**IV**), $C_6HCl_2FN_2O_4$, F. 74—74,5°, durch Zutropfen von HNO_3/H_2SO_4 zu **III** u. 4std. Erhitzen auf dem Wasserbad; aus A. hellgelbe Nadeln; 87—93%. — *2.3.6-Trichlor-5-fluornitrobenzol* (**II**), $C_6HCl_3FNO_2$, F. 64 bis 64,5°, durch Zugeben von **I** zu 99%ig. HNO_3 u. 6std. Erwärmen auf 60—70°; aus PAe. Nadeln; 81—83%. — *2.6-Dichlor-3.5-difluornitrobenzol*, $C_6HCl_2F_2NO_2$, F. 42°, analog **II** aus **V**; aus PAe. Nadeln; 52—53%. — *2.3.4.5-Tetrachlorfluorbenzol*, C_6HCl_4F, $Kp._{46}$ 140 bis 143°, F. 66,5°, aus A. Nadeln, a) aus **IV** u. Cl_2 bei 200—220°; 92%; b) analog aus **II**; 92%. H.-E. Toussaint. 1010□

Aromatische Fluorderivate. 6. Mitt. **Katalytische Reduktion aromatischer Fluornitroverbindungen.** N. N. Woroshzow jun., G. G. Jakobsson und L. I. Denissowa. (Журнал Общей Химии [J. allg. Chem.] **31 (93)**. 1229—32. April 1961.) (Russ.) — 5. vgl. vorst. Referat.

Fluorierte u. chlorierte Aniline u. Phenylendiamine lassen sich in hoher Ausbeute durch Hydrieren der entsprechenden Nitro-Verbb. über Raney-Ni oder Pt-Schwarz darstellen.

Versuche: Die Nitro-Verbb. wurden in A. bei 16—20° über Raney-Ni (50% des Gew. der Nitro-Verb.) oder Pt-Schwarz (5%) bei normalem Druck hydriert. *o-Fluoranilin*, C_6H_6FN, $Kp._{750}$ 174—175°; 92—95% (Ausbeute). *Acetyl-Deriv.*, C_8H_8FNO, F. 70°. *m-Fluoranilin*, C_6H_6FN, $Kp._{755}$ 186—188°; 92—94%. *Acetyl-Deriv.*, C_8H_8FNO, F. 84°. — *p-Fluoranilin*, C_6H_6FN, $Kp._{760}$ 186—187°; 95—96%. *Acetyl-Deriv.*, C_8H_8FNO, F. 150°. — *3-Chlor-4-fluoranilin*, C_6H_5ClFN, F. 46°; 95—97%. *Acetyl-Deriv.*, C_8H_7ClFNO, F. 115°. — *2.4.5-Trifluoranilin*, $C_6H_4F_3N$, F. 60°; 90—92%. *Acetyl-Deriv.*, $C_8H_6F_3NO$, F. 130°. — *2.4-Difluor-5-chloranilin*, $C_6H_4ClF_2N$, F. 50°; 91—95%. *Acetyl-Deriv.*, $C_8H_6ClF_2NO$, F. 141°. — *2.4-Dichlor-5-fluoranilin*, $C_6H_4Cl_2FN$, F. 70°; 92—96%. *Acetyl-Deriv.*, $C_8H_6Cl_2FNO$, F. 127°. — *2.3.5.6-Tetrachloranilin*, $C_6H_3Cl_4N$, F. 108°; 98—99%. *Diacetyl-Deriv.*, $C_{10}H_7Cl_4NO_2$, F. 176°. — *2.3.6-Trichlor-5-fluoranilin*, $C_6H_3Cl_3FN$, F. 64°; 96—99%. *Diacetyl-Deriv.*, $C_{10}H_7Cl_3FNO_2$, F. 104°. — *2.6-Dichlor-3.5-difluoranilin*, $C_6H_3Cl_2F_2N$, F. 73°; 90—93%. *Diacetyl-Deriv.*, $C_{10}H_7Cl_2F_2NO_2$, F. 118°. — *4-Fluor-1.3-diaminobenzol*, *Dihydrochlorid*, $C_6H_7FN_2 \cdot 2\,HCl$, 86—93%. *Dibenzoyl-Deriv.*, $C_{20}H_{15}FN_2O_2$, F. 204 bis 204,5°, aus wss. A. Plättchen. — *4.6-Difluor-1.3-diaminobenzol*, 79—84%. *Dibenzoyl-Deriv.*, $C_{20}H_{14}F_2N_2O_2$, F. 205°, aus A. Plättchen. — *4-Fluor-6-chlor-1.3-diaminobenzol*, $C_6H_6ClFN_2$, F. 124—125° (Bzl.-PAe.); 91—95%. *Diacetyl-Deriv.*, $C_{10}H_{10}ClFN_2O_2$, F. 254 bis 255° (A.). H.-E. Toussaint. 1010□

Acetoxylierung und Nitrierung mit Salpetersäure-Acetanhydrid-Gemischen. A. Fischer, J. Packer, J. Vaughan und G. J. Wright. (Proc. chem. Soc. [London] **1961**. 369—70. Okt. Christchurch, New Zealand, Univ. of Canterbury.) (Engl.)

Bei Nitrierung von 2 Mol o-Xylol mit 1 Mol HNO_3 in 4 Mol Acetanhydrid bei 0° wurden nach gaschromatograph. Trennung folgende Prodd. isoliert: 16% *3-Nitro-o-xylol*, 33% *4-Nitro-o-xylol* u. 51% *3.4-Dimethylphenylessigsäuremethylester*. Unter ähnlichen Bedingungen ergibt Toluol nur 2% acetoxyliertes Produkt. Aus Hemimellitol erhielten Vff. 55% *4-Nitro-*, 9% *5-Nitro-*, 9% *4-Acetoxy-* u. 27% *5-Acetoxyhemimellitol*. Weder

Änderung der HNO_3-Menge (0,006 : 1 Mol) noch Zugabe von 1 Mol Essigsäure veränderte die Prod.-Zus. bei Nitrierung von o-Xylol. Bei Zugabe von 0,01 Mol H_2SO_4 stieg die Ausbeute an acetoxyliertem Prod. auf 54%, bei 0,02 Mol H_2SO_4 auf 58%, während das Verhältnis der Nitroisomeren unverändert blieb. Bei Verw. der äquivalenten Menge H_2SO_4 an Stelle von HNO_3 trat keine Acetoxylierung ein. Anw. von modifiziertem GRIESS-ILOSVAY-Reagens zeigt, daß acetoxyliert wird u. daß eine nahezu äquivalente Menge Nitrit entsteht. Vff. nehmen als acetoxylierendes Agens das $Ac \cdot \overset{+}{O}H \cdot NO_2$-Ion an.

GOTTFRIED SCHREIBER. 1010□

Über die Einwirkung von Brom auf Benzochinolacetate. E. Zbiral. (Mh. Chem. **91**. 280—88. 1960. Wien, Univ., Organ.-Chem. Inst.) (Dt.)

Bei der Einw. von Brom in Chlf. auf 2-Methyl-o-benzochinolacetat (**I**) entstehen unter Aufnahme von 1 Mol Br_2/Mol **I** *2-Methyl-6-bromphenol* (**II**, gaschromatograph. identifiziert), *2-Methyl-5.6-dibromphenol* (**III**) u. als dritte Komponente ein nicht kristallisierendes Phenolgemisch (**A**). Durch katalyt. Hydrierung von **A** in A. an Pd/$CaCO_3$ u. Pd/Kohle–Bimsstein entsteht fast quant. *o-Kresol* neben einer geringen Menge *2.6-Dihydroxytoluol*. Ferner wurde **A** methyliert u. das Gemisch der Methyläther mit Cu(I)-Cyanid umgesetzt. Unter den energischen Rk.-Bedingungen tritt Entmethylierung ein u. es wurde in geringer Ausbeute ein Gemisch aus zwei Methyldicyanphenolen erhalten, das durch alkal. Verseifung *3-Hydroxy-4-methylphthalsäure* (**IV**) u. *4-Hydroxy-5-methylisophthalsäure* (**V**) ergab. **IV** geht bei der Sublimation in das *Anhydrid* über. **V** sublimiert bei sehr viel höherer Temp. als **IV**, ohne daß Anhydrid-Bldg. erfolgt. Die Entstehung von **V** bei vorst. Verseifung zeigt, daß in **A** neben **III** noch *2-Methyl-4.6-dibromphenol* (**VI**) enthalten ist. Zur Bestätigung der Konstit. wurde 2-Methyl-4.6-dibromanisol unter denselben Bedingungen wie das aus **A** erhaltene Methyläthergemisch mit Cu(I)-Cyanid umgesetzt, wobei unter Entmethylierung das **V**-*Dinitril* entsteht, das zu **V** verseift wurde. Bei der Einw. von Brom auf **I** erfolgt demnach keine Substitution, sondern Addition des Broms u. anschließende Aromatisierung zu bromierten Phenolen unter Abspaltung von Essigsäure, womit die Entstehung von **III** erklärt ist. Läßt man statt Br_2 HBr unter analogen Rk.-Bedingungen auf **I** einwirken, so entsteht das von einer 1.4-Addition herrührende *2-Methyl-5-bromphenol*. Die Umsetzung von Brom mit 4-Methyl-p-benzochinolacetat (**VII**) verläuft bei Raum-Temp. sehr rasch, wobei unter Aufnahme von 2 Mol Brom zunächst das *Tetrabrom-Deriv.* von **VII** entsteht, das unter Br_2-Entw. in *2.6-Dibrom-4-brommethyl-*, *2.5.6-Tribrom-4-methyl-* u. *2.6-Dibrom-4-methylphenol* übergeht. Der Bldg.-Mechanismus der drei Verbb. wird eingehend diskutiert.

Versuche: *2-Methyl-6-bromphenol* (**II**), neben **III** u. **VI** durch allmähliche Zugabe einer 0,5m Lsg. von Brom in Chlf. zu 18 g **I** in Chlf. bei Siede-Temp. in ca. 1 Std. (gegen Ende starke HBr-Entw.), Ausschütteln mit 10%ig. Na_2CO_3-Lsg. (→ ca. 45% *Essigsäure*) u. anschließend mit W., Abdampfen des Chlf., Dest. des öligen Rückstandes bei 0,15Torr (Kp. 110—120°, hellgelbes Öl; 16,5 g sowie Kp. 120—150°, zähflüssiges gelbes Öl; 8,5 g), Lösen beider Fraktionen in n-NaOH, Einleiten von CO_2 bis pH 9, Ausäthern u. Dest. (Fraktion vom $Kp._{0,15}$ 50—70°); 4 g (Ausbeute). — *Gemisch* (**A**) aus *2-Methyl-4.6-dibromphenol* (**VI**) u. **III**, neben **II** als 2. Fraktion vom $Kp._{0,15}$ 75—90°; 6,5 g. — *2-Methyl-5.6-dibromphenol* (**III**), $C_7H_6Br_2O$, F. 92—93,5°, neben **II** als 3. Fraktion vom $Kp._{0,15}$ 100—105°; aus Ae./PAe. derbe Nadeln; 4,5 g (roh). — *2-Methyl-5-bromphenol*, F. 77—78°, durch $^3/_4$std. Durchleiten von trockenem HBr durch eine Lsg. von **I** in Chlf.; aus PAe. lange Nadeln; 85%. — *4-Hydroxy-5-methylisophthalsäure* (**V**), $C_9H_8O_5$, Zers. bei 290—294° (nach Sublimation bei 230—240°/0,01 Torr), neben nachst. Verb. durch Methylierung des **A**-Gemisches mit Dimethylsulfat, 3 Min. langes Erhitzen von 4 g des Methylierungs-Prod. mit Chinolin, NH_4-Molybdat u. der doppelten Menge $Cu_2(CN)_2$, mehrfache Extraktion mit sd. A., Versetzen des öligen Rückstandes mit 10%ig. HCl, Ausschütteln mit Ae. u. Dest., Erhitzen des Sublimats ($C_9H_6N_2O$, aus Essigester/PAe. Nadeln; 0,2 g) aus dem **IV**- u. **V**-*Dinitril* mit 60%ig. NaOH zum Sieden, Zugeben von W., Ansäuern mit 10%ig. H_2SO_4 u. Stehen über Nacht. — *3-Hydroxy-4-methylphthalsäureanhydrid*, $C_9H_6O_4$, F. 159—161° (nach Sublimation bei 190—200°/0,01 Torr), neben vorst. Verb. aus dem Filtrat durch Extrahieren mit Ae.; mit $FeCl_3$ intensive Violettfärbung. — *2.6-Dibrom-4-brommethylphenol*, $C_7H_5Br_3O$, F. 146—148° (Ae./PAe.), durch Zugabe von Brom in Chlf. zu **VII** in Chlf. innerhalb 20 Min., 1std. Stehen, Abdampfen des Chlf. im Vakuum u. Erwärmen des zähen Öls (Br_2-Entw.); 20,6%. — *2.6-Dibrom-4-methylphenol*, F. 44—45° (PAe.), neben vorst. Verb. durch Dest. des restlichen Öls im Hochvakuum, Behandeln der Fraktion vom Kp. 100—110° mit 10%ig. NaOH, Einleiten von CO_2 u. Dest. bei 85—100°/0,1 Torr; 24,4%. — *2.5.6-Tribrom-4-methylphenol*, $C_7H_5Br_3O$, F. 96 bis 99° (nach Sublimation im Hochvakuum bei 90—100°), neben vorst. Verb. durch analoge Behandlung der Fraktion vom Kp. 140—150°; 9%. D. HOLZNER. 1060□

Herbicide und Pflanzenwachstumsregulatoren. 33. Mitt. **Synthese einiger Halogenphenoxyalkylcarbonsäuren und ihrer Derivate.** N. N. Melnikow und Ss. Ss. Kukalenko. (Журнал Общей Химии [J. allg. Chem.] **29** (**91**). 3708—10. Nov. 1959. Inst. für Pflanzenphysiol. der Akad. der Wiss. der UdSSR.) (Russ.) — Vgl. C. **1954.** **349**; C. **1960.** 3531.

p-Fluorphenoxyessigsäure u. die aus p-Fluorphenol über γ-[p-Fluorphenoxy]-propylchlorid synthetisierte *γ-[p-Fluorphenoxy]-buttersäure* liefern bei der Bromierung ein *o-Bromderivat.* Die neuen Verbb. zeigten keine stärkere herbicide Wrkg. als analoge Chlorphenoxyalkancarbonsäuren.

Versuche: *p-Fluorphenol*, C_6H_5FO, Kp.$_{16}$ 86—87°, durch 8std. Kochen von p-Fluoranisol mit 40%ig. HBr in Essigsäureanhydrid; 66% (Ausbeute). — *γ-[p-Fluorphenoxy]-propylchlorid*, $C_9H_{10}ClFO$, Kp.$_{15}$ 130—133°, durch 4std. Kochen vorst. Verb. mit 1-Chlor-3-brompropan in A. in Ggw. von $NaOC_2H_5$; n_D^{20} 1,5125; $D._4^{20}$ 1,2519; 38%. — *γ-[p-Fluorphenoxy]-buttersäure*, F. 106—107°, durch 4std. Kochen vorst. Verb. mit NaCN in A., Verdünnen mit W., Ausziehen mit Bzl., Eindampfen u. Kochen des Rückstandes mit wss.-alkohol. KOH; 50%. — *γ-[2-Brom-4-fluorphenoxy]-buttersäure*, F. 102—104°, durch Bromieren vorst. Verb. in sd. CCl_4; 54%. — *p-Fluorphenoxyessigsäure*, F. 103—104°; 65%. *Äthylester*, Kp.$_{22}$ 147—148°; n_D^{20} 1,4870; $D._4^{20}$ 1,1783; 75%. *n-Butylester*, Kp.$_{12}$ 150 bis 151°; n_D^{20} 1,4840; $D._4^{20}$ 1,1243; 89%. *n-Octylester*, Kp.$_9$ 172—173°; n_D^{20} 1,4830; $D._4^{20}$ 1,0776; 89%. — *2-Chlor-4-fluorphenoxyessigsäure*, F. 132—134°, durch Chlorieren vorst. Säure in CCl_4 bei 20—30°; 67%. — *2-Brom-4-fluorphenoxyessigsäure*, F. 134—135°, durch Bromieren in sd. CCl_4; 53%. H.-E. TOUSSAINT. 1060 □

Herbicide und Pflanzenwachstumsregulatoren. 34. Mitt. **Eine neue Methode zur Darstellung von γ-Aryloxybuttersäuren.** N. N. Melnikow und Ss. Ss. Kukalenko. (Журнал Общей Химии [J. allg. Chem.] **29** (**91**). 3744—46. Nov. 1959.) (Russ.) — 33. vgl. vorst. Referat.

γ-Aryloxybuttersäuren lassen sich leicht durch Umsetzen von γ-Butyrolacton (I) mit Alkaliphenolaten bei erhöhter Temp. darstellen. Die Verbb. sind als mögliche Pflanzenschutzmittel von Interesse.

Versuche: γ-Aryloxybuttersäuren, a) durch Zugeben des Phenolats zu geschmolzenem **I** bei 120—140°, 20—40 Min. langes Rühren, Lösen in W. u. Ansäuern mit verd. H_2SO_4; b) durch Erhitzen eines Gemisches aus **I** u. dem Phenolat auf 198—208° u. Aufarbeiten wie vorst.: *γ-Phenoxy-*, F. 60—61°, bei 130—200°; 75% (Ausbeute). — *γ-[o-Tolyloxy]-*, F. 76—77°, bei 130°; 70%. — *γ-[p-Fluorphenoxy]-*, F. 107°, bei 130°; 71%. — *γ-[2.4-Dichlorphenoxy]-*, F. 116—117°, bei 205—208°; 64%. — *γ-[α-Naphthoxy]-*, F. 112—113°, bei 130°; 44%. H.-E. TOUSSAINT. 1060 □

Kondensation von Methylbernsteinsäureanhydrid mit Chlorbenzol. D. K. Genge und J. J. Trivedi. (J. Indian chem. Soc. **36.** 598. Aug. 1959. Ahmedabad, M. G. Sci. Inst., Chem. Dep.) (Engl.)

Bei der Rk. von Methylbernsteinsäureanhydrid (I) mit überschüssigem Chlorbenzol (II) wird nur *β-[p-Chlorbenzoyl]-α-methylpropionsäure* erhalten, die mit der aus p-Chlor-ω-bromacetophenon (III) u. Na-Methylmalonsäurediäthylester dargestelllten ident. ist.

Versuche: *p-Chlor-ω-bromacetophenon* (**III**), F. 96°, durch Zutropfen von Br_2 in Chlf. zu p-Chloracetophenon in Chlf., 3std. Rk. bei Raum-Temp., 1std. Durchleiten von Luft u. Einengen. — *β-[p-Chlorbenzoyl]-α-methylpropionsäure*, $C_{11}H_{11}ClO_3$, F. 118° (W.), a) durch 5std. Erhitzen von 120 g **II** u. 11,4 g **I** mit 15 g Al_2O_3 auf 100°, Abtreiben von **II** mit Wasserdampf u. Reinigung über das Semicarbazon; b) durch Zugabe von Methylmalonsäurediäthylester zu einer kalten Suspension von Na in abs. Bzl., 4std. Kochen, Zugabe von **III** in Bzl., 4std. Kochen, Eindampfen, 3std. Kochen mit 10%ig. methanol. KOH, Eindampfen, Ansäuern mit HCl, Ausäthern u. ½std. Erhitzen der erhaltenen *Dicarbonsäure* auf 180°. *Semicarbazon*, $C_{12}H_{14}ClN_3O_3$, F. 165° (Zers.; verd. A.). W. LIEBSCHER. 1270 □

Verhalten von Chlornitrobenzolen gegenüber Hydrazin und Hydrazinderivaten. 7. Mitt. **Nitrophenylsemicarbazide.** R. S. Kapil und S. S. Joshi. (J. Indian chem. Soc. **36.** 505—06. Juli 1959. Meerut, Meerut Coll., Chem. Labor.) (Engl.) — 6. vgl. J. Indian chem. Soc. **35.** [1958.] 681; 5. vgl. C. **1960.** 2156.

Durch Rk. von halogenierten Polynitrobenzolen mit Semicarbazidhydrochlorid (I) werden die entsprechenden *Nitrophenylsemicarbazide* dargestellt, die, ausgenommen 2.6-substituierte Verbb., durch 80%ig. H_2SO_4 zu *Phenylhydrazinen* verseift werden. Aus 2.4-Dinitrophenylsemicarbazid (III) wird mit Cl_2 in CCl_4 *2.4-Dinitrochlor-*, mit Br_2 in Eisessig *2.4-Dinitrobrombenzol* (II) erhalten.

Versuche: Phenylsemicarbazide: *2.4-Dinitro-* (III), $C_7H_7N_5O_5$, F. 207°, durch 3std. Erhitzen von II in A. mit I in W. in Ggw. von überschüssigem Na-Acetat auf 100°; aus Eisessig gelbe Nädelchen; 70% (Ausbeute). — *3-Chlor-4.6-dinitro-*, $C_7H_6ClN_5O_5$, F. 218°; gelbe Nadeln. — *3-Brom-4.6-dinitro-*, $C_7H_6BrN_5O_5$, F. 260° (Zers.); gelbe Nadeln. — *3-Methyl-4.6-dinitro-*, $C_8H_9N_5O_5$, F. 237°; gelbe Nadeln. — *4-Chlor-2.6-dinitro-*, $C_7H_6ClN_5O_5$, F. 217°; orangefarbene Schuppen. — *4-Brom-2.6-dinitro-*, $C_7H_6BrN_5O_5$, F. 226° (Zers.); gelbe Nadeln. — *2-Chlor-4.6-dinitro-*, $C_7H_6ClN_5O_5$, F. 218°; gelbe Nadeln. — *2.3-Dichlor-4.6-dinitro-*, $C_7H_5Cl_2N_5O_5$, F. 233° (Zers.); hellgelbe Nadeln. — *2.4.6-Trinitro-*, $C_7H_6N_6O_7$, F. 220°; gelbe Nadeln. — Phenylhydrazine: *2.4-Dinitro-*, $C_6H_6N_4O_4$, F. 198°, durch 1std. Kochen von 1 g III mit 80%ig. H_2SO_4, Verdünnen u. Zugabe von Na_2CO_3; aus Essigsäure rote Nadeln; 0,5 g. — *3-Chlor-4.6-dinitro-*, F. 192°; orangegelbe Nadeln. — *3-Brom-4.6-dinitro-*, F. 204°; orangegelbe Nadeln. — *3-Methyl-4.6-dinitro-*, F. 193°; orangegelbe Nadeln. — *2.4-Dinitrochlorbenzol*, F. 53°, durch 2tägige Rk. von 0,5 g III mit Cl_2 in CCl_4; aus A. hellgelbe Prismen; 0,25 g. — *2.4-Dinitrobrombenzol* (II), F. 72°, durch 1std. Erhitzen von 0,5 g III mit Br_2 in Eisessig; aus A. hellgelbe Würfel; 0,3 g. W. Liebscher. 1280□

Chemie der Arylisocyanate. Der Einfluß von carbonsauren Metallen auf die Reaktion zwischen Arylisocyanaten und Carbanilsäureäthylester. I. C. Kogon. (J. org. Chemistry **26.** 3004—05. Aug. 1961. Wilmington, Del., E. I. du Pont de Nemours & Co., Inc., Elastomer Chem. Dep.) (Engl.)

Metallsalze von Carbonsäuren katalysieren die Rk. zwischen Arylisocyanaten u. substituierten Carbanilsäureäthylestern u. liefern bei Raum-Temp. gute Ausbeuten an *α.γ-Diarylallophansäureäthylestern.* Dabei erwiesen sich Pb- u. Co-Salze als besonders wirksam. Die Rk. läßt sich auch auf substituierte Arylisocyanate, nicht aber auf Äthylisocyanat oder Äthylcarbamat, übertragen. Die mit der Allophansäure-Bldg. konkurrierende Trimerisierung von Phenylisocyanat (I) erfolgt unter den Rk.-Bedingungen wesentlich langsamer. Werte der IR-Spektren sind angegeben.

Versuche: *α.γ-Diphenylallophansäureäthylester* (III), F. 92—94° (A.), a) durch Zugabe von 0,15 g 2-äthylhexansaurem Co in Mineralöl zu der Lsg. von 0,1 Mol I u. 0,1 Mol Carbanilsäureäthylester (II), Versetzen des nach 6 Std. erstarrten roten Rk.-Gemisches mit 100 ml heißem PAe., Abfiltrieren von ausgeschiedener *Triphenylisocyanursäure* [F. 277—288°; 0,84% (Ausbeute)] u. Einengen des Filtrats; 95,5%; b) analog a) aus 0,009 Mol I, 0,009 Mol II in Ggw. von 7,7 (Mol/Liter·10^{-5}) naphthensaurem Pb in 4 Std.; 96%; c) mit 6,1 naphthensaurem Co in 6 Std.; 96%; d) mit 11,2 naphthensaurem Sn in 88 Std.; 69%; e) mit 6,0 naphthensaurem Mn in 88 Std.; 69%; f) mit 6,9 naphthensaurem Fe in 88 Std.; 36%; g) mit 6,0 naphthensaurem Cd in 88 Std.; 10%; h) mit 5,5 naphthensaurem V in 88 Std.; 10%; i) mit 5,2 2-äthylhexansaurem Pb in 5 Std.; 95%; j) mit 5,2 2-äthylhexansaurem Zn in 5 Std.; 95%; k) mit 7,1 2-äthylhexansaurem Mn in 88 Std.; 10%; l) mit 6,2 2-äthylhexansaurem Co in 7 Std.; 97%; m) mit 5,4 linoresinolsaurem Pb in 5 Std.; 96%; n) mit 6,1 linoresinolsaurem Co in 7 Std.; 96%; o) mit 7,3 linoresinolsaurem Mn in 88 Std.; 45%; p) mit 10,1 linoresinolsaurem Zn in 88 Std.; 12%; q) mit 12,2 linoresinolsaurem Cu in 88 Std.; 50%; r) mit 5,2 linoresinolsaurem Fe in 90 Std.; 42%. — *α-[o-Methoxyphenyl]-γ-phenylallophansäureäthylester*, $C_{17}H_{18}N_2O_4$, F. 95°, analog III nach a); 51%. — *α-[p-Chlorphenyl]-γ-[p-tolyl]-allophansäureäthylester*, $C_{17}H_{17}ClN_2O_3$, F. 96°, analog III nach a); 66%. — *α-[o-Chlorphenyl]-γ-[m-methoxyphenyl]-allophansäureäthylester*, $C_{17}H_{17}ClN_2O_4$, F. 106°; 75%. — *α.γ-Bis-[p-tolyl]-allophansäureäthylester*, $C_{18}H_{20}N_2O_3$, F. 104—106°; 76,6%. — *α.γ-Diphenylallophansäurephenylester*, $C_{20}H_{16}N_2O_3$, F. 139—141°, analog III nach a) aus I u. Carbanilsäurephenylester; 75%. M. Wolff. 1280□

Synthese von Phenyltrichlorsilan aus Trichlorsilan und Benzol. N. N. Tischina, K. A. Andrianow, Ss. A. Golubzow, M. I. Kafyrow, R. L. Daraschkewitsch, W. K. Bjalko und W. W. Wawilow. (Химия и Практическое Применение Кремнеорганических Соединений, Труды Конференции Ленинград 1958 [Chem. prakt. Anwend. siliciumorg. Verbind., Konferenzber. Leningrad **1958**.] Nr. 1. 91—94.) (Russ.)

Phenyltrichlorsilan (I) läßt sich aus Bzl. u. $HSiCl_3$ ohne Katalysator bei $>400°$ darstellen. Eine optimale Ausbeute an I (40%, bezogen auf $HSiCl_3$) wird bei 3—4std. Erhitzen auf 420—440° bei einem Mol-Verhältnis Bzl. : $HSiCl_3$ = 2 : 1 erzielt. $B(OH)_3$ u. $AlCl_3$ sind nach Feststellungen der Vff. keine guten Katalysatoren. Dagegen wird die Ausbeute durch Verw. von $H_2[PtCl_6]$ etwas gesteigert. Als Nebenprodd. treten hauptsächlich Siliciumchloride auf. G. Froelich. 1380□

Die Bildung von Dodekaphenylcyclohexasilan bei der Reaktion von Dichlordiphenylsilan mit Natrium und Lithium. H. Gilman, D. J. Peterson, A. W. Jarvie und H. J. S. Winkler. (Tetrahedron Letters [London] **1960.** Nr. 23. 5—7. Okt. Ames, Iowa, State Univ., Chem. Dep.) (Engl.)

Bei der Rk. von Dichlordiphenylsilan (I) mit Na oder Li entsteht u. a. *Dodekaphenylcyclohexasilan* (II). Die Struktur von II wurde durch seine Umwandlung in *1.6-Dimethyldodekaphenylhexasilan* bewiesen.

Versuche: *Dodekaphenylcyclohexasilan* (II), $C_{72}H_{60}Si_6$, aus I u. Na oder Li. — *1.6-Dibromdodekaphenylhexasilan* (III), F. 204—206°, aus II u. Brom in Benzol. — *1.6-Dimethyldodekaphenylhexasilan*, $C_{74}H_{66}Si_6$, F. 183—184°, a) aus II u. Li in Tetrahydrofuran u. Zugabe von Trimethylphosphat; b) aus III u. Methyl-Li. K. RÜHLMANN. 1380□

Reaktion von p-Nitrophenylacetylen mit niederen gesättigten einbasigen Säuren. A. I. Bolschuchin und A. N. Orlowa. (Журнал Общей Химии [J. allg. Chem.] **30** (**92**). 2986—88. Sept. 1960. Leningrad, Staatl. pädagog. Herzen-Inst.) (Russ.) — Vgl. C. **1956.** 14334.

In Fortsetzung der Unterss. über die Rk. von Acetylen-KW-Stoffen mit Essig- (I), Propion- (II) u. Buttersäure (III) wird der Einfl. der Nitrogruppe auf die Addition von Carbonsäuren an die Dreifachbindung untersucht. Bei der Rk. von p-Nitrophenylacetylen (IV) mit I, II u. III werden *p-Nitroacetophenon* (V) u. sein Dimeres — *p.p'-Dinitrodypnon* — erhalten. Die Rk. verläuft wahrscheinlich über *1-[p-Nitrophenyl]-1-acyloxyäthene*, die infolge ihrer Zersetzlichkeit nicht isoliert werden konnten.

Versuche: *p-Nitroacetophenon* (V), F. 80—81°, a) durch Zugabe von 5 g IV (F. 153°) u. 1 ml $BF_3 \cdot (C_2H_5)_2O$ zu einer gekühlten Lsg. von 1 g HgO in 12 g Eisessig u. 10 g Acetanhydrid, 10std. Kochen, Abkühlen, Verdünnen mit Ae., Versetzen mit Soda bis zur schwach alkal. Rk., Abdampfen des Ae. u. Umkristallisieren aus A.; 16% (Ausbeute) (*Semicarbazon*, $C_9H_{10}N_4O_3$, F. 234—235°; *Oxim*, F. 169—170°; *Phenylhydrazon*, F. 131 bis 132°). Daneben *p.p'-Dinitrodypnon*, $C_{16}H_{12}N_2O_5$, F. 151—152°; 3,5% (*Semicarbazon*, $C_{17}H_{15}N_5O_5$, F. 223—224°); b) durch Zugabe von 1 ml $BF_3 \cdot (C_2H_5)_2O$ zu 1 g HgO in 30 g II u. portionsweises Zufügen von 5 g IV unter Erwärmen; 13 u. 2,5%; c) analog aus III; 17,8 u. 2,2%. H. FRÖHLICH. 1410□

Darstellung einiger acetylenischer Diole. R. Golse und P. Guigue. (Bull. Soc. Pharmacie Bordeaux **96.** 97—99. 1957.) (Franz.)

Vff. synthetisieren *1.5-Diphenylpentin-(3)-diol-(1.5)* (vgl. HENBEST, JONES u. WALLS, C. **1950.** II. 878) durch Zusatz von *1-Phenylbutin-(3)-ol-(1)* (I) (vgl. ZEILE u. MEYER, Ber. dtsch. chem. Ges. **75.** [1942.] 356) in Ae. zu C_2H_5MgBr in Ae., 30 Min. langes Kochen, portionsweisen Zusatz von ½ Val Benzaldehyd in Ae. bei —5 bis 0°, 24std. Stehen u. Zers. mit NH_4Cl–Eis. Analog aus I, C_2H_5MgBr u. entsprechenden Aldehyden oder Ketonen: *1-Phenylhexin-(3)-diol-(1.5)*, F. 73° (Ae. + PAe.), Kp.$_1$ 160°, aus Acetaldehyd. — *1-Phenylhepten-(6)-in-(3)-diol-(1.5)*, F. 61° (Ae. + PAe.), Kp.$_1$ 170°, aus Acrolein. — *1-Phenyl-5-methylhexin-(3)-diol-(1.5)*, F. 57° (A.), Kp.$_{0,6}$ 146°, aus Aceton. — *1-Phenyl-4-[1-hydroxycyclohexyl-(1)]-butin-(3)-ol-(1)*, F. 125° (A.), aus Cyclohexanon. H.-J. KÖTZSCH. 1470□

Die Chemie von Ferrocen und verwandten Verbindungen. S. Swaminathan und S. Ranganathan. (Current Sci. **25.** 6—8. Jan. 1956. Madras, Univ., Dep. of Organ. Chem.) (Engl.)

Übersicht. — 31 Literaturangaben. B. MEHLIS. 1810

Neue Kohlenwasserstoffe der Cyclopropanreihe. R. Ja. Lewina, W. N. Kosstin, P. A. Gembitzki und Ss. M. Schosstakowski. (Журнал Общей Химии [J. allg. Chem.] **30** (**92**). 3502—03. Okt. 1960. Moskau, Univ.) (Russ.)

Durch partielle Red. von Phenyl- bzw. p-Tolylcyclopropan mit Na in fl. NH_3 u. CH_3OH werden *1-Cyclopropylcyclohexadien-(1.4)* [I, Kp.$_{732}$ 179°; n_D^{20} 1,5035; $D._4^{20}$ 0,9170] u. *1-Methyl-4-cyclopropylcyclohexadien-(1.4)* [Kp.$_{750}$ 197°; n_D^{20} 1,5000; $D._4^{20}$ 0,9079] erhalten. Katalyt. Hydrierung von I liefert über *1-Cyclopropylcyclohexen-(1)* [Kp.$_{747}$ 168,3°; n_D^{20} 1,4865; $D._4^{20}$ 0,8845] *Cyclopropylcyclohexan* [II, Kp.$_{747}$ 157,5—158°; n_D^{20} 1,4560; $D._4^{20}$ 0,8368]. II kann auch aus Vinylcyclohexan nach SIMMONS u. SMITH (C. **1959.** 12834) dargestellt werden. *p-Cyclopropylstyrol* [III, Kp.$_{12}$ 105—106°; n_D^{20} 1,5632; $D._4^{20}$ 0,9628] u. *p-Cyclopropylisopropenylbenzol* [Kp.$_{14}$ 123°; n_D^{20} 1,5630; $D._4^{20}$ 0,9515] werden durch Dehydratation von Methyl- bzw. Dimethyl-p-cyclopropylphenylcarbinol [aus p-Cyclopropylacetophenon (IV)] erhalten. *p-Dicyclopropylbenzol* [Kp.$_{755}$ 211°, Kp.$_2$ 82 bis 83°; n_D^{20} 1,5340; $D._4^{20}$ 0,9472] kann sowohl aus III nach SIMMONS (l. c.) als auch aus IV nach KOSST u. JERSCHOW (C. **1958.** 1003) dargestellt werden. H. FRÖHLICH. 1810□

Alkylierung von Ketonen über das Zwischenprodukt des Natrium-tert.-amylats. 8. Mitt. **Ungesättigte Ketone.** 5. Mitt. **Über die besondere Orientierung bei der Mono- und Polyalkylierung einiger 3-substituierter Cyclohexen-(2)-one.** Jean-Marie Conia und Andrée Le Craz. (Bull. Soc. chim. France **1960.** 1929—34. Nov./Dez. Caen, Calvados,

Fac. des Sci.) (Franz.) — 7. vgl. Bull. Soc. chim. France **1959.** 1511; 4. vgl. Bull. Soc. chim. France **1959.** 493; 5. bzw. 3. vgl. C. **1959.** 14372.

Dialkylierung (-allylierung, -methylierung) von 3-Methylcyclohexen-(2)-on (**I**) bzw. Isophoron (**II**) erfolgt zunächst in 2-Stellung u. dann an der 3-Methylgruppe, also in α- u. γ'-Stellung. Die Konstit. der erhaltenen *2-Allyl-3-[buten-(3)-yl]-cyclohexen-(2)-one* wird chem. u. spektroskop. bewiesen.

Versuche (FF. KOFLER-Mikroskop): *2-Allyl-3.5.5-trimethylcyclohexen-(2)-on* (**IV**), $C_{12}H_{18}O$, Kp.$_{15}$ 115—118°, aus 89 g **II** u. Allylbromid (**III**) in Ggw. von Na-tert.-Amylat in Bzl. in sd. Ae. (1 Std.); n_D^{19} 1,4915; 42% (Ausbeute); daneben 33% **V** u. 33 g **II** (Kp.$_{15}$ 92°; n_D^{19} 1,4785) zurück. — *2-Allyl-3-[buten-(3)-yl]-5.5-dimethylcyclohexen-(2)-on* (**V**), $C_{15}H_{22}O$, Kp.$_9$ 142—144°, aus 24 g **IV** u. **III** wie vorst.; n_D^{20} 1,5002; 41%; daneben 10 g **IV** zurück. *2.4-Dinitrophenylhydrazon* (*DNP*), F. 82°, rot. — *3-Butyl-5.5-dimethylcyclohexen-(2)-on*, $C_{12}H_{20}O$, Kp.$_{15}$ 128°, aus 3-Äthoxy-5.5-dimethylcyclohexen-(2)-on u. C_4H_9MgBr in sd. Ae.; n_D^{21} 1,4800; 64%. *DNP*, $C_{18}H_{24}N_4O_4$, F. 126,5°, orangerot. — *2-Allyl-3-butyl-5.5-dimethylcyclohexen-(2)-on*, $C_{15}H_{24}O$, Kp.$_8$ 140—142°, aus 21 g vorst. Verb. u. **III** analog **IV**; n_D^{20} 1,4910; 6 g. *DNP*, $C_{21}H_{28}N_4O_4$, F. 73°, rot. — *3-Butyl-5.5-dimethyl-2-propylcyclohexen-(2)-on*, $C_{15}H_{26}O$, Kp.$_{16,5}$ 132°, a) aus **V** u. H_2 an Pt in Ae.; 100%; b) ebenso aus vorst. Verb.; n_D^{21} 1,4783. *DNP*, $C_{21}H_{30}N_4O_4$, F. 97—98°, rot. — *2-Allyl-3-methylcyclohexen-(2)-on*, $C_{10}H_{14}O$, Kp.$_{14}$ 108—109°, aus **I** (Kp.$_{17}$ 84—85°; $n_D^{20,5}$ 1,4935) u. **III** analog **IV**; $n_D^{22,5}$ 1,5045; 30%. *Semicarbazon*, F. 172°. *DNP*, $C_{16}H_{18}$·N_4O_4, F. 204°, rot; daneben *2-Allyl-3-[buten-(3)-yl]-cyclohexen-(2)-on* (**VI**), $C_{13}H_{18}O$, Kp.$_{12-13}$ 133°; 34%; entsteht auch aus vorst. Verb. u. **III**; $n_D^{21,5}$ 1,5090; 18%. *DNP*, $C_{19}H_{22}N_4O_4$, F. 126°, rot. — *3-Butylcyclohexen-(2)-on*, $C_{10}H_{16}O$, Kp.$_{12}$ 119—120°, aus 3-Äthoxycyclohexen-(2)-on u. C_4H_9MgBr in sd. Ae. (30 Min.); $n_D^{19,5}$ 1,4885; 69%. *DNP*, $C_{16}H_{20}N_4O_4$, F. 117—118°, orangerot. — *2-Allyl-3-butylcyclohexen-(2)-on*, $C_{13}H_{20}O$, Kp.$_{12}$ 135—137°, aus vorst. Verb. u. **III**; n_D^{22} 1,4943; 34%. *DNP*, $C_{19}H_{24}N_4O_4$, F. 124 bis 125°, rot. — *3-Butyl-2-propylcyclohexen-(2)-on*, $C_{13}H_{22}O$, Kp.$_{12}$ 135—138°, a) aus **VI** u. H_2 an Pt in Ae.; 100%; b) ebenso aus vorst. Verb.; 95%; n_D^{23} 1,4790. *DNP*, $C_{19}H_{26}$·N_4O_4, F. 115°, rot. — *2.3.5.5-Tetramethylcyclohexen-(2)-on*, Kp.$_{10}$ 92°, aus 30 g **II** u. CH_3J analog **IV**; $n_D^{23,5}$ 1,4772; 8,4 g; daneben 6 g **II** zurück u. 8 g *3-Äthyl-2.5.5-trimethylcyclohexen-(2)-on* (**VII**), $C_{11}H_{18}O$, Kp.$_{12}$ 108°; $n_D^{23,5}$ 1,4790. *DNP*, $C_{17}H_{22}N_4O_4$, F. 170°, rot. — *3-Isobutoxy-2.5.5-trimethylcyclohexen-(2)-on*, $C_{13}H_{22}O_2$, F. 66°, Kp.$_{0,09}$ 114—116°, aus 2.5.5-Trimethylcyclohexandion-(1.3) u. Isobutanol in sd. Bzl. in Ggw. von p-Toluolsulfonsäure (15 Std., Wasserabscheider); 83%; liefert mit C_2H_5MgBr in sd. Ae. (15 Std.) **VII**; 67%. J. ROTHE. 1960□

Alkylierung von Ketonen über das Zwischenprodukt des Natrium-tert.-amylats. 9. Mitt. **Ungesättigte Ketone.** 6. Mitt. **Über die Orientierung bei der Alkylierung einiger 3-unsubstituierter Cyclohexen-(2)-one.** Jean-Marie Conia und Andrée Le Craz. (Bull. Soc. chim. France **1960.** 1934—37. Nov./Dez.) (Franz.) — 8. bzw. 5. vgl. vorst. Ref.; vorl. Mitt. vgl. C. **1960.** 13343.

Allylierung von Cyclohexen-(2)-on (**I**) liefert der Reihe nach *2-Allyl-* (**II**), u. *2.6.6-Triallylcyclohexen-(2)-on* (**III**) bzw. *2.2.6.6-Tetraallylcyclohexen-(3)-on.* Eine einfache Darst. des nicht tautomerisierbaren *4.4-Dimethylcyclohexen-(2)-ons* (**VII**) wird beschrieben; **VII** wird in 6-Stellung alkyliert. Die Strukturen der Alkylierungs-Prodd. werden chem. u. spektroskop. bewiesen.

Versuche (FF. KOFLER-Mikroskop): *2-Allylcyclohexen-(2)-on* (**II**), $C_9H_{12}O$, Kp.$_{15}$ 98 bis 103°, aus 48 g **I** u. Allylbromid (**IV**; 2 Mol) in Ggw. von benzol. Na-tert.-Amylat (Am; 2 Mol) in Ae. u. 24std. Rühren; n_D^{23} 1,4930; 3 g (Ausbeute). *2.4-Dinitrophenylhydrazon* (*DNP*), $C_{15}H_{16}N_4O_4$, F. 171°, rot; daneben 7 g *2.6.6-Triallylcyclohexen-(2)-on* (**III**), $C_{15}H_{20}O$, Kp.$_{13}$ 150°; **III** entsteht auch aus 85 g **I** u. **IV** (3 Mol) in Ggw. von Am (3 Mol) in Ae.; $n_D^{21,5}$ 1,5050; 10%; daneben 1 g **II** u. einige g eines Gemisches (G) aus 35% **III** u. 65% *2.2.6.6-Tetraallylcyclohexen-(3)-on*, $C_{18}H_{24}O$, Kp.$_{0,5}$ 95—100°. — *2.2.6-Triallylcyclohexanon* (**V**), $C_{15}H_{22}O$, Kp.$_{0,5}$ 82°, aus 29,4 g Cyclohexanon u. **IV** (4 Mol) in Ggw. von Am (3 Std. langes Kochen); n_D^{19} 1,4932; 10 g; daneben *2.2.6.6-Tetraallylcyclohexanon* (**VI**), $C_{18}H_{26}O$, Kp.$_{0,8}$ 110°; n_D^{19} 1,5050; 41 g. — *2.2.6-Tripropylcyclohexanon*, $C_{15}H_{28}O$, Kp.$_{12}$ 141—146°, a) aus 3,3 g **III** u. H_2 an Pt in CH_3COOH; 3 g; b) aus **V** u. H_2 an Pt in Ae.; 100%; n_D^{22} 1,4620. — *2.2.6.6-Tetrapropylcyclohexanon*, $C_{18}H_{34}O$, F. 43° (A.), a) aus 2 g G u. H_2 an Pt in CH_3COOH; 0,7 g; daneben 1,2 g vorst. Verb.; b) aus **VI** u. H_2 an Pt in Äther. — *4.4-Dimethylcyclohexen-(2)-on* (**VII**), $C_8H_{12}O$, Kp.$_{15}$ 72°, aus Methylvinylketon u. Isobutanal in CH_3OH in Ggw. von CH_3ONa (exotherm, 1 Std. langes Stehen); $n_D^{21,5}$ 1,4690; 35%. *DNP*, F. 143—144°. *Semicarbazon*, $C_9H_{15}N_3O$, F. 209°. — *4.4-Dimethyl-6.6-dibenzylcyclohexen-(2)-on*, $C_{22}H_{24}O$, F. 96—97° (abs. A.), Kp.$_1$ 180°, aus **VII** u. Benzylbromid in Ae. in Ggw. von Am (3 Std. langes Kochen u.

Rühren); 20%. — *4.4-Dimethylcyclohexanon*, $C_8H_{14}O$, F. 40—42° (Nadeln; Ae.), aus **VII** u. H_2 an Pt in abs. Ae.; 80%. — *4.4-Dimethyl-2.2-dibenzylcyclohexanon*, $C_{22}H_{26}O$, F. 70° (abs. A.), a) aus vorst. Verb. u. Benzylbromid wie oben; 27%; b) aus vorvorst. Verb. u. H_2 an Raney-Ni in abs. Äther. J. Rothe. 1960 □

Jodoniumderivate von β-Diketonen. 2. Mitt. **Thermische Spaltung von Phenyldimedonyljodon.** O. Ja. Neiland, G. Ja. Wanag und E. Ju. Gudrinijetze. (Журнал Общей Химии [J. allg. Chem.] **28** (**90**). 1201—05. Mai 1958. Lett. Univ.) (Russ.) — 1. vgl. Журнал Общей Химии [J. allg. Chem.] **27** (**89**). [1957.] 2737.

Dimedon (I) reagiert mit Jodosobenzol zu *Phenyldimedonyl-(2)-jodon* (**II**), das sich beim Erhitzen in *2-Joddimedonphenyläther* (**III**) zersetzt; daneben entsteht *Jodbenzol* u. ein Öl unbekannter Zusammensetzung. **III** liefert beim Behandeln mit Säure *Phenol*, bei Red. mit Zn *Dimedonphenyläther* (**IV**). Bei der Spaltung von **II** in Ggw. von Pyridin u. $AgNO_3$ entsteht *2-Joddimedon* (**V**), das auch aus **I** mit JCl erhalten wird. Bei der Rk. von **I** mit Diphenyljodoniumbromid bilden sich **IV**, *2-Phenyldimedon* (**VI**), *2.2-Diphenyldimedon* (**VII**) u. *2-Phenyldimedonphenyläther* (**VIII**). Die Struktur von **VII** wird durch Umwandlung in *Diphenylmethan* u. *β.β-Dimethylglutarsäure* durch NaOH-Schmelze bewiesen. **VIII** geht beim Behandeln mit HCl in **VI** u. Phenol über. **VI** gibt mit HNO_3 bzw. JCl *2-Nitro-* bzw. *2-Jod-2-phenyldimedon.*

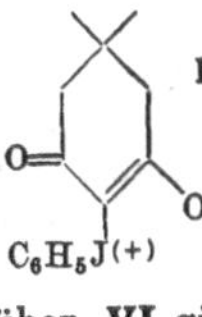

II

Versuche: *2-Joddimedonphenyläther* (**III**; *1-Phenoxy-2-jod-5.5-dimethylcyclohexen-(1)-on-(3)*], $C_{14}H_{15}JO_2$, F. 165—166°, man kocht 34,2 g **II** in 300 ml Toluol 1 Std., dest. Jodbenzol ab [Kp.$_8$ 63—64°; 40% (Ausbeute)] u. krist. den Rückstand aus Eisessig um; gelbliche Prismen; 47%. *Oxim*, $C_{14}H_{16}JNO_2$, F. 210° (Zers.); aus A. Nadeln. Liefert beim Kochen in A. in Ggw. von H_2SO_4 *Phenol* [**IX**; 91%; *Tribromphenol*]. — *Dimedonphenyläther* (**IV**), $C_{14}H_{16}O_2$, Kp.$_7$ 154—156°, F. 80—82°, man kocht 3,42 g **III** 2 Std. in 35 ml Eisessig unter Zusatz von 15 g Zn, verd. mit der 5fachen Menge W. u. dest.; 65%. — *Formaldodimedon* (*Methylen-bis-dimedon*), F. 188° (A.), man kocht 0,108 g **IV**, 1 ml A., 2 ml W. u. 0,3 ml konz. HCl 45 Min., verd. mit W., setzt einige Tropfen Formalin zu u. erhitzt zum Sieden; 60%. Daneben 90% **IX**. — *2-Joddimedon* (**V**), F. 165° (Zers.), man löst 0,9 g **II** in 10 ml sd. W., gibt 1,7 g $AgNO_3$ u. 1 ml Pyridin zu u. kocht 15 Min.; nach dem Abkühlen filtriert man ab, behandelt den Nd. mit Alkali, trennt Ag_2O ab u. säuert an; 75%. Daneben **IX**. — Phenylierung von **I**: Man gibt zu der sd. Lsg. von 7 g **I** in 30 ml W., 30 ml Dioxan u. 2 g NaOH allmählich 18 g Diphenyljodoniumbromid, kocht 2 Std., entfernt Jodbenzol aus der wss.-alkal. Lsg. (**A**) mit Wasserdampf u. extrahiert den Rückstand mit Ae.; die äther. Lsg. trennt man durch Dest. u. Fraktion **B** (Kp.$_7$ 150—160°) u. **C** (Kp.$_7$ 160—210°). Man erhält aus **A** mit verd. HCl *2-Phenyldimedon* (**VI**), $C_{14}H_{16}O_2$, F. 192—193°; aus A.-W. (1 : 2) glänzende Blättchen; 8,5%. Aus **B** erhält man wenig **IV** [F. 70—75°; aus verd. Essigsäure Prismen]. **C** behandelt man mit 6 ml A., wäscht mit A. u. krist. den Rückstand aus A. um: *2.2-Diphenyldimedon* (**VII**), $C_{20}H_{20}O_2$, F. 175—176°; Nadeln; 8,2%. Die beim Umkristallisieren von **VII** erhaltene alkohol. Mutterlauge dampft man ein u. erhält *2-Phenyldimedonphenyläther* (**VIII**), $C_{20}H_{20}O_2$, F. 85—87° (verd. Essigsäure); Prismen; 17,8%. Liefert beim Kochen mit HCl **VI** (F. 188—190°) u. **IX**. — *2-Nitro-2-phenyldimedon*, $C_{14}H_{15}NO_4$, F. 163—164° (Zers.), man gibt zur Suspension von **VI** in Ae. einige Tropfen rauchende HNO_3, bis sich alles gelöst hat; aus A. Blättchen. — *2-Jod-2-phenyldimedon*, $C_{14}H_{15}JO_2$, F. 89—91°, man löst 0,11 g **VI** u. 0,2 g JCl-Dioxan-Komplex in 2 ml Eisessig u. verd. mit W.; aus A. gelbe Nadeln; 40%. — Zers. von **VII**: Man verschmilzt **VII** mit NaOH u. extrahiert mit wss. NaOH: *Diphenylmethan* (CrO_3-Oxydation → *Benzophenon*; *Semicarbazon*, F. 163—164°); aus der alkal. Lsg. erhält man durch Neutralisieren mit HCl, Eindampfen u. Extrahieren mit heißem Bzl. *β.β-Dimethylglutarsäure*, F. 100—102°. Helmut Schäfer. 1970

Jodoniumderivate von β-Diketonen. 3. Mitt. **Acylierung und Alkylierung von Phenyldimedonyljodon.** O. Ja. Neiland und G. Ja. Wanag. (Журнал Общей Химии [J. allg. Chem.] **30** (**92**). 510—18. Febr. 1960. Riga, Polytechn. Inst.) (Russ.) — 2. vgl. vorst. Referat.

Die Rk. von Dimedon (I) mit Phenyljodosoacetat (**II**) u. -benzoat (**III**) liefert *Phenyldimedonyl-(2)-jodon* (**IV**). **IV** reagiert mit Acetylchlorid (**V**) u. Benzoylchlorid (**VI**) zu *O-Acetyl-* (**VII**) bzw. *O-Benzoyl-J-phenyldimedonyl-(2)-jodonium* (**VIII**)-*chlorid*. **VII** läßt sich nicht isolieren, da es sich schnell zu *2-Chlordimedon* zersetzt. Aus **VIII**-Chlorid werden durch doppelte Umsetzung **VIII**-*Bromid* u. -*Jodid* dargestellt. Aus **IV** u. Triäthyloxoniumtetrafluoborat (**IX**) oder Diäthylsulfat (**X**) in Ggw. von Fluoborat wird *J-Phenyl-O-äthyldimedonyl-(2)-jodonium* (**XI**)-*tetrafluoborat* erhalten, das mit KBr zu **XI**-*Bromid* umgesetzt wird. Analog werden aus **IV** u. Dimethylsulfat (**XII**) *J-Phenyl-O-methyl-*

dimedonyl-(2)-jodonium (**XIII**)*-tetrafluoborat*, *-bromid* u. *-jodid* erhalten. Die Struktur der J-Phenyl-O-acyl(alkyl)dimedonyl-(2)-jodoniumsalze wird auch durch UV- u. IR-Analyse bestätigt. Die Rk. von **IV** mit Äthyl- (**XIV**) u. Methylsulfat (**XV**) (bzw. von **IV** mit **X** oder **XII** in alkohol. Lsg.) liefert *Addukte aus je 1 Mol* **IV** *u.* **XIV** (**XV**), die sich in W. schnell hydrolyt. zersetzen u. in Ggw. von KBr oder KJ dabei *2-Brom-* (**XVI**) bzw. *2-Joddimedon* (**XVII**) geben. Es werden ferner *Diphenyljodoniumacetat*, *O-Benzoyl-2-joddimedon* u. *O-Äthyl-2-joddimedon* synthetisiert.

Versuche: *Phenyldimedonyl-(2)-jodon* (**IV**), F. 136° (Zers.), a) man suspendiert 14 g **I** in 50 ml Chlf., rührt 32,2 g **II** ein, dampft im Vakuum ein u. wäscht mit Ae.; 88% (Ausbeute); b) aus 0,47 g **I** u. 1,5 g **III**; 82%. — *Rk. von* **IV** *mit* **V**: Man gibt zu 3 g **V** unter Eis–NaCl-Kühlung 3 g **IV**, verd. mit Ae., fällt aus Chlf. mit Ae. um u. erhält ein Öl, das sich langsam in Chlf. löst; aus der Lsg. krist. *2-Chlordimedon* (F. 161°; Rhomben; 50%) aus. — *O-Benzoyl-J-phenyldimedonyl-(2)-jodonium* **VIII**)*-chlorid*, $C_{21}H_{20}ClJO_3$, F. 121—122° (Zers.; Chlf.–Ae.), man vermischt 5,1 g **IV** u. 10 ml **VI**; Prismen; 90%. *Bromid*, $C_{21}H_{20}BrJO_3$, F. 138° (Zers.; Chlf.–Methanol–Ae.), man löst 0,24 g **VIII**-Chlorid in 2 ml Methanol u. versetzt mit 5 ml gesätt. wss. KBr-Lösung. *Jodid*, $C_{21}H_{20}J_2O_3$, F. 102—103° (Zers.; Methanol), aus 0,24 g **VIII**-Chlorid in 5 ml Methanol u. 20 ml 0,1n wss. KJ-Lsg.; gelbe Blättchen; 66,5%. — *J-Phenyl-O-äthyldimedonyl-(2)-jodonium* (**XI**)*-tetrafluoborat*, $C_{16}H_{20}BF_4JO_2$, F. 164° (Zers.; A.–Ae.), a) man erhitzt 10,3 g **IV** u. 6 g **IX** in 20 ml Chlf. zum Sieden u. läßt 24 Std. stehen; lange, glänzende Prismen; 65,5%; b) man erhitzt 1,7 g **IV** u. 2 ml **X** 2 Std. auf 60°, schüttelt mit 20 ml Ae., löst das Öl in 1,5 ml Methanol u. gießt 15 ml gesätt. wss. Ammoniumtetrafluoborat-Lsg. zu; 7,5%. *Bromid*, $C_{16}H_{20}BrJO_2$, F. 156—157° (Zers.), a) aus 1 g **XI**-Tetrafluoborat in 5 ml Methanol u. 40 ml 2n wss. NaBr-Lsg.; 60,5%; b) aus **IX** u. **X** u. Behandeln mit wss. NaBr; 11%. *Jodid*, $C_{16}H_{20}J_2O_2$, F. 131—133° (Zers.; A.), aus 1 g **XI**-Tetrafluoborat in 5 ml Methanol u. 50 ml 0,1n wss. KJ; gelbe, glänzende Blättchen; 91%. — *Addukt aus* **IV** *u.* **XIV**, $C_{16}H_{21}JO_6S$, F. 118—119° (Zers.; abs. A.–Ae.), man gibt zu 3,4 g **IV** in 4 ml A. 4 ml **XIV**-haltiges **X**, dampft nach 24 Std. ein u. verd. mit 50 ml Ae.; 83%. Die methanol. Lsg. liefert mit wss. KBr bzw. KJ *2-Bromdimedon* (**XVI**, F. 175°; 73%) bzw. *2-Joddimedon* [**XVII**, F. 165—166° (Zers.); 77%]. — *J-Phenyl-O-methyldimedonyl-(2)-jodonium* (**XIII**)*-tetrafluoborat*, $C_{15}H_{18}BF_4JO_2$, F. 153—155° (Zers.; Methanol–Ae.), man erhitzt 1,7 g **IV** u. 2 ml **XII** 10 Min. auf 70—75°, schüttelt mit 20 ml Ae., löst das Öl in 7 ml W. u. gibt 2 g Ammoniumtetrafluoborat zu; 41%. *Bromid*, $C_{15}H_{18}BrJO_2$, F. 132—134° (Zers.; Methanol–Ae.), aus **IV**, **XII** u. NaBr; 23%. *Jodid*, $C_{15}H_{18}J_2O_2$, F. 123—124° (Zers.; Methanol–Ae.), aus 0,4 g **XIII**-Tetrafluoborat u. KJ in 30 ml W.; 0,4 g. — *Addukt aus* **IV** *u.* **XV**, $C_{15}H_{19}JO_6S$, F. 120—121° (Zers.; Methanol–Ae.), man läßt 0,85 g **IV** u. 1 ml **XII** in 1 ml Methanol 24 Std. stehen u. schüttelt mit Ae.; 70,5%. Liefert mit W. **IV**-*Hydrat*, F. 123—124° (Zers.); 82%. Die Hydrolyse in Ggw. von KBr oder KJ liefert **XVI** bzw. **XVII**. — *Diphenyljodoniumacetat*, $C_{14}H_{13}JO_2$, F. 149—151° (Chlf.–Ae.), man verreibt 3,6 g Diphenyljodoniumbromid mit 2 ml W. u. Ag_2O (aus 3 g $AgNO_3$), gibt zum Filtrat 0,5 ml Essigsäure u. dampft ein; glänzende Blättchen; 44%. — *O-Benzoyl-2-joddimedon*, $C_{15}H_{15}JO_3$, F. 81—85° (A.), man kocht 7,4 g **XVII**-Na-Salz, 20 ml Dioxan u. 3 ml **VI** ½ Std. u. verd. mit 60 ml W.; gelbe Kristalle; 87%. — *O-Äthyl-2-joddimedon*, $C_{10}H_{15}JO_2$, F. 130—131° (Methanol), man gibt zu 2,4 g O-Äthyldimedon in 10 ml Essigsäure 1,4 g Na-Acetat u. 2,9 g JCl–Dioxan-Komplex u. verd. nach $^1/_4$ Std. mit W.; glänzende Plättchen; 6,5%. Helmut Schäfer. 1970□

Synthese von Calythron. M. Elliott und K. A. Jeffs. (Proc. chem. Soc. [London] **1961**. 374. Okt. Harpenden, Herts., Rothamsted Exp. Stat., Dep. of Insecticides and Fungicides.) (Engl.)

Vff. fanden, daß *Calythron* (**I**; Kp.$_{12}$ 148°, n_D^{20} 1,5216) als Nebenprod. bei der Rk. von Isobutylmethylketon mit Dimethylmaleinsäure in Ggw. von NaH entsteht. **I** wurde durch Fraktionierung isoliert u. als *Cu-Deriv.* (F. 212—216°) gereinigt. Das UV-Spektrum des *Dioxims* (F. 131°) u. des *hydratisierten Na-Salzes* (F. 115°) sowie die IR-Banden stimmen mit früher veröffentlichten Ergebnissen überein. **I** zeigt insekticide Aktivität. Als Hauptprod. bei obiger Rk. entsteht *2.3.8-Trimethyl-4.6-dioxononen-(2)-säuremethylester* (Kp.$_{0,1}$ 150°; n_D^{20} 1,4840. *Cu-Deriv.*, F. 155°). Gottfried Schreiber. 1970□

Die Synthese von mit Cyclohexan-1.2-diamin-N.N.N'.N'-tetraessigsäure verwandten Chelatbildnern. R. Belcher, W. Hoyle und T. S. West. (J. chem. Soc. [London] **1961**. 667—70. Febr. Birmingham, Univ., Chem. Dep.) (Engl.)

Das nach Jaeger u. Blumendal [1928] durch Red. von Cyclopentandion-(1.2)-dioxim (**I**) mit Na in A. dargestellte *trans-1.2-Diaminocyclopentan* (**II**) wird mit Chloressigsäure (**III**) zum *N.N.N'.N'-Tetraessigsäure-Deriv.* umgesetzt, das in allen gebräuchlichen Lsgm. außer Formamid unlösl. ist. — Analog werden *4-Methyl-1.2-diaminocyclohexan-* (**IV**) u. *1.2-Diaminocycloheptan-N.N.N'.N'-tetraessigsäure* (**V**) dargestellt. Wegen der schwierigen Isolierung u. schlechten Ausbeute bei der Rk. von 4-Methyl-1.2-diaminocyclohexan (**VI**) mit **III** wird **VI** besser mit CH_2O u. HCN zum *Tetranitril* von **IV** umgesetzt, das mit $Ba(OH)_2$ verseift wird. NaOH bzw. H_2SO_4 eignen sich nicht so gut zur Hydrolyse. — Von **V** wurde ein *Mono-K-Salz* erhalten. Den Aminogruppen von **IV** u. **V** wird wegen der gleichartigen Rk.-Folge eine „trans"-Anordnung analog **II** zugeschrieben. **IV** u. **V** halten Co- u. Mn-Ionen in Sulfid-Lsg. in Ggw. von Ca-Ionen in Lösung.

Versuche: *trans-1.2-Diaminocyclopentan* (**II**), *Dihydrochlorid*, $C_5H_{14}Cl_2N_2$, F. 315 bis 320° (Zers.), durch Red. von rohem **I** nach JAEGER u. BLUMENDAL (l. c.), Isolierung der Base durch Dampf-Dest., Ansäuern des Destillats mit HCl, Eindampfen im Vakuum u. Waschen mit A.; Pulver; 70% (Ausbeute). *N.N.N'.N'-Tetraessigsäure*, $C_{13}H_{20}N_2O_8$, Zers. bei ca. 250°, durch Neutralisieren von **III** in W. mit NaOH $<20°$, Zugabe von **II**-Dihydrochlorid, Freisetzen von **II** mit NaOH, Zugabe von weiterer NaOH bei 40° u. bei 60° innerhalb von je 2½ Std., 1std. Erhitzen auf 90—100°, Filtrieren, Ansäuern bei 0° auf pH 2 mit konz. HCl, Abfiltrieren u. mehrmaliges Umfällen mit HCl aus Lsgg. des Na-Salzes nach Filtrieren mit Kohle; 63%. — *4-Methyl-trans-1.2-diaminocyclohexan* (**VI**), durch analoge Red. von 4-Methylcyclohexandion-(1.2)-dioxim mit Na in A., Reinigen durch Dampf-Dest. u. Isolierung als *Bis-hydrogensulfat* durch Eindampfen u. Waschen mit A.; 78%. *Dibenzoyl-Deriv.*, $C_{21}H_{24}N_2O_2$, F. 315—316° (A.). *Dipikrat*, $C_{19}H_{22}N_8O_{14}$, F. 221° (Zers.; W.). *N.N.N'.N'-Tetraacetonitril*, $C_{15}H_{20}N_6$, F. 133—134° (CH_3OH), durch Zugabe von konz. H_2SO_4 zu **VI** in W., Kühlen auf $<20°$, Zugabe von 36%ig. CH_2O-Lsg., Zutropfen von 30%ig. NaCN-Lsg. unter Rühren bei 20—30°, 1std. Erwärmen auf 35°, ³/₄std. Erwärmen auf 50°, 15std. Stehen bei Raum-Temp., Erwärmen auf 40° u. Abfiltrieren; 32%. *N.N.N'.N'-Tetraessigsäure* (**IV**), F. 177° (Zers.; wss. A.), durch Zugabe des Tetranitrils zu $Ba(OH)_2$-Lsg., 4½std. Kochen, Fällen des Ba mit 10%ig. H_2SO_4, Filtrieren u. Einengen; 20%. — *trans-1.2-Diaminocycloheptan, Dihydrochlorid*, $C_7H_{18}Cl_2N_2$, F. 245—246° (Zers.), analog **VI** durch Red. von Cycloheptandion-(1.2)-dioxim; hellbraune, hygroskop. Flocken durch Umfällen mit Ae. aus A.; 68%. *Dibenzoyl-Deriv.*, $C_{21}H_{24}N_2O_2$, F. 340—341° (Zers.; geschlossene Capillare; Pyridin). *N.N.N'.N'-Tetraessigsäure* (**V**), $C_{15}H_{24}N_2O_8$, F. 181—182° (Zers.; W.), analog der Rk. von **II** aus dem Diamin u. **III** durch Zugabe von NaOH bei 40° u. dann bei 60° in je 3 Std.; Pulver; 31%; *K-Salz*, $C_{15}H_{23}KN_2O_8$, F. 264—266° (W.), durch Lösen von **V** in KOH u. vorsichtiges Ansäuern mit konz. HCl auf pH 2. H. PAGEL. 2110□

Reduktion von Resorcinderivaten. 4. Mitt. **Synthese von 2-Carbamoyl-4-dimethylaminocyclohexandion-(1.3) und verwandten Verbindungen.** Koichi Tomino. (Chem. pharmac. Bull. [Tokyo] **6**. 648—52. Dez. 1958. Tanabe Seiyaku Co. Ltd., Osaka Res. Labor.) (Engl.) — 3. vgl. C. **1960.** 115.

Unter der Annahme, daß der Ring **A** in den Tetracyclinen (**A**) für die antibakterielle Aktivität (aA) verantwortlich ist, werden zur Unters. der Beziehungen zwischen chem. Struktur u. aA Synth. des Ringes A u. verwandter Verbb. diskutiert. Den Synth. von 4-Benzamido-, 4-Dimethylamino-, 2-Carbamoylcyclohexandion-(1.3) u. deren Derivv. folgend, wird der Ring A von **A**, *2-Carbamoyl-4-dimethylaminocyclohexandion-(1.3)*, u. seine Derivv. dargestellt.

Versuche: 2.6-Dihydroxybenzamide: *3-Benzolazo-* (**I**), $C_{13}H_{11}N_3O_3$, F. 234° (Zers.), durch Zutropfen einer mit $NaHCO_3$ neutralisierten, in HCl mit $NaNO_2$ bei 0—2° diazotierten Anilin- (**II**)-Lsg. zu 2.6-Dihydroxybenzamid in CH_3OH; aus Aceton (Ac) oder A. orangefarbene Nadeln; 87% (Ausbeute). — *3-Amino-*, *Acetat*, $C_7H_8N_2O_3 \cdot C_2H_4O_2$, F. 151° (Zers.), durch 5 Min. langes Hydrieren von **I** in Eisessig (Eg) an 5%ig. Pd/Kohle; aus Eg Mikronadeln; 59%. *3-N-Acetyl-Deriv.* (*Hydrat*), $C_9H_{10}N_2O_4 \cdot H_2O$, F. 207° (sintert etwas bei 135°), durch 2tägiges Schütteln des Acetats mit $(CH_3CO)_2O$ in Eg; aus 50%ig. CH_3COOH Nadeln; 80%. — 2-Carbamoylcyclohexandione-(1.3): *4-Amino-*, *Hydrochlorid* (**III**), $C_7H_{11}ClN_2O_3$, nicht bis 280° schm. (wird bei 280° dunkel), durch 7—8std. Hydrieren von 1 g vorst. Acetats in NaOH bei pH 7,4—7,6 an 10%ig. Pd/Kohle bei 40—50° u. Ansäuern mit HCl; aus 90%ig. HCl enthaltender CH_3COOH Mikronadeln; 0,3 g. *Pikrat*, $C_7H_{10}N_2O_3 \cdot C_6H_3N_3O_7$, F. 206° ($CH_3OH$). — *4-Dimethylamino-*, *Hydrochlorid*, $C_9H_{15}ClN_2O_3$, F. 215—218° (Zers.), durch 5std. Einrühren von $(CH_3O)_2SO_2$ in Essigester zu **III** in wss. $NaHCO_3$-Lsg. unter N_2 bei 25—30° u. Ansäuern mit HCl; aus A. Nadeln; 57,5%. — 2-Methylcarbamoylresorcine: *4-Benzolazo-*, $C_{14}H_{13}N_3O_3$, F. 154—157°, analog **I** aus N-Methyl-2.6-dihydroxybenzamid u. diazotiertem **II**; aus Ac orangefarbene Nadeln; 83,5%. — *4-Amino-*, *Hydrochlorid*, $C_8H_{11}Cl \cdot N_2O_3$, F. 263° (Zers.), durch Hydrieren vorst. Verb. in Eg an 5%ig. Pd/Kohle u. Behandeln mit 10%ig. HCl; aus A./Ae. Nadeln; 75%. — *2-Methylcarbamoyl-4-aminocyclohexandion-(1.3)-hydrochlorid*, $C_8H_{13}ClN_2O_3$, F. 216° (Zers.), durch 6—7std. Hydrieren vorst. Verb. analog III u. Ansäuern mit HCl; aus A. Nadeln; 70%. G. REISNER. 2140 □

Die Synthese von 4-Aminotropon. Kozo Doi. (Bull. chem. Soc. Japan **33.** 887—88. Juli 1960. Katahira-cho, Sendai, Tohoku Univ., Chem. Res. Inst. of Non-Aqueous Solutions.) (Engl.)

Durch Einw. von p-Toluolsulfochlorid (I) auf 4-Aminotropolonsulfat (II) in Pyridin entstehen *4-Amino-2-[p-toluolsulfonoxy]-tropon* (III) u. *4-[p-Toluolsulfonamido]-2-[p-toluolsulfonoxy]-tropon* nebeneinander. Durch Hydrogenolyse von **III** an 5%ig Pd-Kohle erhält man *4-Aminotropon*, dessen UV- u. IR-Spektrum angegeben sind.

Versuche: *4-Amino-2-[p-toluolsulfonoxy]-tropon* (**III**), $C_{14}H_{13}NO_4S$, F. 194° (Zers.), neben nachst. Verb. durch Zugeben von 1,9 g **I** innerhalb von 3 Min. zu 2 g **II** in Pyridin unter Rühren bei Raum-Temp., Verdünnen mit W. nach 30 Min., Filtrieren des hellgelben Nd. (F. 199—200° unter Zers.; 2,6 g) u. fraktionierte Kristallisation aus Methanol, in dem **III** leichter lösl. ist; gelbe Nadeln; 120 mg (Ausbeute). — *4-[p-Toluolsulfonamido]-2-[p-toulolsulfonoxy]-tropon*, $C_{21}H_{19}NO_6S_2$, F. 213° (Zers.; Methanol), neben **III** als in Methanol schwerer lösl. Verb.; 1,8 g. — *4-Aminotropon*, C_7H_7NO, F. 218° (Zers.), durch Schütteln von 0,3 g **III**, 0,15 g Na-Acetat-Trihydrat u. 5%ig. Pd-Kohle in Methanol unter H_2; aus Essigester gelbe Prismen; 20 mg. D. HOLZNER. 2140 □

Zur Kenntnis des Triphenylbenzols und seiner Derivate. 2. Mitt. H. Hopff und A. Heer. (Chimia [Zürich] **13.** 105—07. 10/4. 1959. ETH, Techn.-Chem. Labor.) (Dt.) — 1. vgl. Chimia [Zürich] **12.** [1958.] 143.

Es werden Acetophenon (**I**), 2-Acetylnaphthalin (**II**), 2-Acetylanthracen (**III**) u. 2-Acetylfluoren (**IV**) mit $K_2S_2O_7$ u. H_2SO_4 zu *1.3.5-Triphenyl-*, *1.3.5-Tris-[naphthyl-(2)]-*, *1.3.5-Tris-[anthryl-(2)]-* bzw. *1.3.5-Tris-[fluorenyl-(2)]-benzol* kondensiert. Aus p-Bromacetophenon (**V**) entsteht *1.3.5-Tris-[p-bromphenyl]-benzol*, von dem aus eine Reihe weiterer Triphenylbenzol-Derivv. mit guten Ausbeuten zugänglich sind. Zum Vgl. werden einige Verbb. der Triphenylpyridinreihe dargestellt.

Versuche: *1.3.5-Triphenylbenzol*, $C_{24}H_{18}$, F. 173°, durch Kondens. von **I** a) mit trockenem HCl in Lsgm.; b) mit $K_2S_2O_7$ u. H_2SO_4 bei 80°; 35—40% (Ausbeute) neben *Dypnon* u. wenig *2.4.6-Triphenylpyryliumsalz*. — *1.3.5-Tris-[naphthyl-(2)]-benzol*, $C_{36}H_{24}$, F. 268°, durch Kondens. von **II** mit $K_2S_2O_7$ u. H_2SO_4 bei 125°; 40—45%. — *1.3.5-Tris-[anthryl-(2)]-benzol*, $C_{48}H_{30}$, F. >350°, analog aus **III**; 50—55%. — *1.5-Tris-[fluorenyl-(2)]-benzol*, $C_{45}H_{30}$, F. 291°, analog aus **IV**; 60—65%. — *1.3.5-Tris-[p-bromphenyl]-benzol*, $C_{24}H_{15}Br_3$, F. 259°, aus **V** mit $K_2S_2O_7/H_2SO_4$ oder HCl. — *1.3.5-Tris-[p-hydroxyphenyl]-benzol* (**VI**), $C_{24}H_{18}O_3$, F. 238°, aus vorst. Verb. oder 1.3.5-Tris-[p-chlorphenyl]-benzol mit 15%ig. NaOH bei 315°; 100%. *Triacetat*, $C_{30}H_{30}O_6$, F. 154°. — *1.3.5-Tris-[4-brom-3-nitrophenyl]-benzol*, $C_{24}H_{12}Br_3N_3O_6$, F. 359°, durch Kondens. von 4-Brom-3-nitroacetophenon mit $K_2S_2O_7/H_2SO_4$ bei 125°; 62%. — *1.3.5-Tris-[4-hydroxy-3-nitrophenyl]-benzol* (**VII**), $C_{24}H_{15}N_3O_9$, F. 306° (Zers.), a) durch Verseifung vorst. Verb. mit 10%ig. NaOH bei 280°; 12%; b) durch Einw. von konz. HNO_3 auf **VI** bei 0—5°; 97%. *Triacetat*, $C_{30}H_{21}N_3O_{12}$, F. 142°. *Trimethyläther*, $C_{27}H_{21}N_3O_9$, F. 282°, a) durch Methylierung von **VII** mit Diazomethan (**VIII**); 100%; b) durch Kondens. von 4-Methoxy-3-nitroacetophenon mit $K_2S_2O_7/H_2SO_4$ bei 125°; 28%. — *1.3-Bis-[4-methoxy-3-nitrophenyl]-5-[4-hydroxy-3-nitrophenyl]-benzol*, $C_{26}H_{19}N_3O_9$, F. 271°, durch Verätherung von **VII** mit Dimethylsulfat (**IX**), 92%. — *1.3.5-Tris-[4-hydroxy-3-aminophenyl]-benzol*, $C_{24}H_{21}N_3O_3$, F. >200° (Zers.), durch katalyt. Red. von **VII**; 78—89%. *Hydrochlorid*, F. >350°. — *1.3.5-Tris-[4-hydroxy-3-carboxyphenyl]-benzol*, $C_{27}H_{18}O_9$, F. >350°, aus **VI** nach KOLBE-SCHMITT mit K_2CO_3/CO_2 bei 230°; 30—45%. *Triacetat*, $C_{33}H_{24}O_{12}$; 96%. *Trimethylester*, $C_{30}H_{24}O_9$, F. 226°; aus dem Phenol mit **VIII**. — *2.4.6-Tris-[p-bromphenyl]-pyryliumhydrogensulfat*, $C_{23}H_{14}Br_3O \cdot HSO_4$, F. >350°, durch Kondens. von **V** $K_2S_2O_7/H_2SO_4$ bei 150°; 12—25%. — *2.4.6-Tris-[p-bromphenyl]-pyridin*, $C_{23}H_{14}Br_3N$, F. 282°, aus vorst. Verb. mit NH_3. — *2.4.6-Tris-[p-hydroxyphenyl]-pyridin* (**X**), $C_{23}H_{17}NO_3$, F. 279°, aus vorst. Verb. mit 15%ig. NaOH bei 310°; 98%. — *2.4.6-Tris-[p-methoxyphenyl]-pyryliumhydrogensulfat*, $C_{26}H_{23}O_4 \cdot HSO_4$, F. 257° (Zers.), durch Kondens. ven p-Methoxyacetophenon mit $K_2S_2O_7/H_2SO_4$ bei 100°; 30—50%. — *2.4.6-Tris-[p-methoxyphenyl]-pyridin*, $C_{26}H_{23}NO_3$, F. 135°, a) aus vorst. Verb. mit NH_3; 89%; b) aus **X** mit **IX**. W. EISENMANN. 2210 □

Besonderheiten der Bromierung von 1.1-Diphenyl-2-brompropanol-(1) und 1.1-Diphenyl-2-brompropen-(1). W. I. Panssewitsch-Koljada. (Журнал Общей Химии [J. allg. Chem.] **30 (92).** Nr. 12. 3898—3901. Dez. 1960. Beloruss. polytechn. Inst.) (Russ.)

Die Bromierung von 1.1-Diphenylpropanol-(1) in wasserfreien Lsgm. ($CHCl_3$, CCl_4, CH_3COOH) führt zu *1.1-Diphenyl-2-brompropen-(1)* (**I**), während in 80%ig. Essigsäure das Primär-Prod. der Rk. — *1.1-Diphenyl-2-brompropanol-(1)* (II) — erhalten wird. Bei der Bromierung von II im Sonnenlicht oder bei der Bestrahlung mit UV-Licht entsteht unter HBr-Entwicklung ein unbeständiges, grünliches Prod., das beim Stehen an der Luft bei Zimmer-Temp. langsam HBr abgibt u. in *1.1-Diphenyl-2.3-dibrompropen-(1)* (III) übergeht. III liefert bei der Behandlung mit alkohol. Lauge unter HBr-Abspaltung *1.1-Diphenyl-3-brompropadien* (IV). Sowohl III als auch IV geben bei der Oxydation mit HNO_3 bzw. $KMnO_4$ *Benzophenon.* Verss., III mit Mg in Ae. umzusetzen, lieferten ein dunkelrotes Öl, das sich bei der Dest. zersetzte. Bei der Einw. von alkohol. Lauge auf I konnte neben viel dunkelrotem Öl, das nicht identifiziert werden konnte, nur etwas *dimeres 1.1-Diphenylpropadien* isoliert werden.

Versuche: *1.1-Diphenyl-2.3-dibrompropen-(1)* (III), $C_{15}H_{12}Br_2$, F. 88—89°, a) durch Zugabe von 4 g Br_2 zu 6 g II in Chlf., 24std. Stehen, Bestrahlen mit Sonnenlicht, Waschen mit W., Trocknen mit $MgSO_4$, Abdampfen des Chlf., 48std. Stehen des braungrünen, kristallinen Prod. bis zur Beendigung der HBr-Entwicklung u. Umkristallisieren der entstandenen gelblichen Kristalle aus A. + Aceton; b) durch Bromieren von 4,5 g I in Chlf. mit Br_2 unter Bestrahlung mit Sonnenlicht, Abdampfen von Chlf. u. nach Aufhören der HBr-Entwicklung Umkristallisieren aus A. + Aceton; 3,1 g (Ausbeute). 3std. Kochen von 10 g III mit HNO_3 (25 ml HNO_3[d 1,38] u. 25 ml W.) gibt *Benzophenon* (*Semicarbazon,* F. 164—165°). — *1.1-Diphenyl-3-brompropadien* (IV), $C_{15}H_{11}Br$, F. 60—61° (A.), Kp.$_{3}$ 169—171°, durch Zugabe von 20 g KOH in 40 g A. zu 20 g III in A., Erwärmen auf dem Wasserbad, Verdünnen mit W., Extrahieren des dunkelroten Öls mit Ae., Trocknen mit $MgSO_4$ u. Vakuum-Dest.; riecht nach Pilzen; 14,8 g. 7tägige Oxydation mit $KMnO_4$ in Aceton gibt *Benzophenon.* — *Dimeres 1.1-Diphenylpropadien* (*1.2-Bis-[benzhydryliden]-cyclobutan?*), $C_{30}H_{24}$, F. 189—190°, durch Einw. von 40 g alkohol. KOH auf 20 g I in 40 g A., 12std. Erwärmen auf dem Wasserbad, Verdünnen mit W. u. Abtrennen der Kristalle; 2,2 g. Daneben ein dunkelrotes Öl, das nicht identifiziert werden konnte. — *Verb.* $C_{30}H_{22}Br_2$ (*1.2-Bis-[benzhydryliden]-3.4-dibromcyclobutan?*), F. 140—141° (A.), durch Bromieren von 4,7 g vorst. Verb. in Chlf. mit 4 g Br_2, Waschen mit Pottasche-Lsg., W., Filtrieren u. Abdampfen von $CHCl_3$.

H. FRÖHLICH. 2210□

Suche nach neuen antibakteriellen Verbindungen. 1. Mitt. S. S. Tiwari und Akhileshwar Singh. (J. Indian chem. Soc. **36.** 496—98. Juli 1959. Lucknow, Lucknow Univ., Chem. Dep.) (Engl.) — 2. vgl. C. **1960.** 7210.

Die aus γ-Cyclohexylbutyrylchlorid (I) u. den entsprechenden Phenolen erhaltenen *γ-Cyclohexylbuttersäurephenylester* werden durch FRIESsche Umlagerung in die entsprechenden *Hydroxyketone* u. anschließende CLEMMENSEN-Red. in die *4-Cyclohexylbutylphenole* übergeführt.

Versuche: γ-Cyclohexylbuttersäurearylester: *-phenyl-*, (II), $C_{16}H_{22}O_2$, Kp.$_{3}$ 175°, durch 4std. Kochen von 5 g Phenol mit I u. Mg in abs. Bzl.; 10,5 g (Ausbeute). — *-o-chlorphenyl-*, $C_{16}H_{21}ClO_2$, Kp.$_{8}$ 210°, aus I u. o-Chlorphenol; 10,0 g. — *-p-chlorphenyl-*, $C_{16}H_{21}ClO_2$, Kp.$_{1}$ 195°, aus 10 g I u. 5 g p-Chlorphenol; 10,1 g. — *-p-bromphenyl-*, $C_{16}H_{21}BrO_2$, F. 64°, aus 10 g I u. 5 g p-Bromphenol; 9,0 g. — *-o-kresyl-*, $C_{17}H_{24}O_2$, Kp.$_{3}$ 170°, aus 9 g I u. 5 g o-Kresol; 10,0 g. — *-m-kresyl-*, $C_{17}H_{24}O_2$, Kp.$_{2}$ 185—186°, aus 9 g I u. 5 g m-Kresol; 11,0 g. — *-p-kresyl-*, $C_{17}H_{24}O_2$, Kp.$_{10}$ 206°, aus 9 g I u. 5 g p-Kresol; 11,8 g. — *-m-äthylphenyl-*, $C_{18}H_{26}O_2$, Kp.$_{4}$ 210°, aus 10 g I u. 5 g m-Äthylphenol; 10,0 g. — ω-Cyclohexylbutyrophenone: *p-Hydroxy-* (III), F. 137°, durch Erhitzen von II mit $AlCl_3$ auf 110°; 60%. *2.4-Dinitrophenylhydrazon,* $C_{22}H_{26}N_4O_5$, F. 110° (abs. A.). — *3-Chlor-4-hydroxy-*, Kp.$_{5}$ 230°; 50%. *2.4-Dinitrophenylhydrazon,* $C_{22}H_{25}ClN_4O_5$, F. 135° (abs. A.). — *2-Hydroxy-5-chlor-*, Kp.$_{1}$ 195°; 52%. — *2-Hydroxy-5-brom-*, Kp.$_{1}$ 160°; 59%. — *3-Methyl-4-hydroxy-*, F. 145°; 45%. *2.4-Dinitrophenylhydrazon,* $C_{23}H_{28}N_4O_5$, F. 201° (abs. A.). — *2-Methyl-4-hydroxy-*, Kp.$_{2}$ 196—197°; 55%. *2.4-Dinitrophenylhydrazon,* $C_{23}H_{28}N_4O_5$, F. 160° (abs. A.). — *2-Hydroxy-5-methyl-*, Kp.$_{3}$ 193°; 64%. — *2.4-Dinitrophenylhydrazon,* $C_{23}H_{28}N_4O_5$, F. 180° (abs. A.). — *2-Äthyl-4-hydroxy-*, Kp.$_{7}$ 220°; 50%. *2.4-Dinitrophenylhydrazon,* $C_{24}H_{30}N_4O_5$, F. 155° (abs. A.) — 4-[4-Cyclohexylbutyl]-phenole: *Unsubstituiert,* $C_{16}H_{24}O$, Kp.$_{1}$ 178°, durch 7std. Kochen von III in A. mit amalgamiertem Zn u. konz. HCl; 59%. — *2-Chlor-*, $C_{16}H_{23}ClO$, Kp.$_{4}$ 185°; 65%. — *2-Methyl-*, $C_{17}H_{26}O$, Kp.$_{4}$ 110°; 54%. — *3-Methyl-*, $C_{17}H_{26}O$, Kp.$_{3}$ 195°; 50%. — *3-Äthyl-*, $C_{18}H_{28}O$, Kp.$_{4}$ 89—90°; 52%. — 2-[4-Cyclohexylbutyl]-phenole: *4-Chlor-*, $C_{16}H_{23}ClO$, Kp.$_{3}$ 115°; 50%. — *4-Brom-*, $C_{16}H_{23}BrO$, Kp.$_{3}$ 130°; 51%. — *4-Methyl-*, $C_{17}H_{26}O$, Kp.$_{2}$ 210°; 75%.

W. LIEBSCHER. 2260□

Darstellung und Eigenschaften von 2-[2-Methylpropen-(1)-yl]-3-isopropyl-1.5-diphenylpentandiol-(1.5). Kurt Kulka, James A. Rogers jun., Odd Hansen und Robert J. Eiserle. (J. org. Chemistry **26.** 3559—60. 12/9. 1961. New York, N.Y., Fritzsche Brothers, Inc., Res. Labor.) (Engl.)

Die Darst. von *2-[2-Methylpropen-(1)-yl]-3-isopropyl-1.5-diphenylpentandiol-(1.5)* (I) erfolgt durch Red. der entsprechenden Diketo-Verb. (II) mit KBH_4, während die katalyt. Hydrierung von II nicht gelingt. Die Reinigung von I erfolgt über das *Diacetat*, das durch 8std. Kochen in wss.-methanol. KOH mit 98%ig. Ausbeute zu I verseift wird. Das Kernresonanz- u. das IR-Spektrum von I sind angegeben.

Versuche: *2-[2-Methylpropen-(1)-yl]-3-isopropyl-1.5-diphenylpentandiol-(1.5)* (I), $C_{24}H_{32}O_2$, $Kp._{1,1}$ 204—206°, aus II (F. 144,5—145°) u. KBH_4 in verd. KOH u. Methanol durch 7,75std. Kochen u. Rühren, Ansäuern bei 15°, Zugabe von W., wiederholte Bzl.-Extraktion u. Eindampfen der mit $NaHCO_3$-Lsg. u. W. gewaschenen Lsg.; n_D^{20} 1,550; 90% (Ausbeute). *Diacetat*, $C_{28}H_{36}O_4$, $Kp._{0,6}$ 186—189°, aus I u. Acetanhydrid durch azeotrope Dest. mit Xylol; n_D^{20} 1,5230; 90%. H. GLEINIG. 2270□

Über die Reaktion von Resorcin mit Cyclohexandionen-(1.3). Vorl. Mitt. Salli Eskola (unter Mitarbeit von Kalevi Säde, Eera-Liisa Niemi und Leena Toivakka). (Suomen Kemistilehti B **34.** 162—64. 1961. Helsinki, Univ., Chem. Inst.) (Dt.)

Bei der Einw. von Resorcin (I) auf 5.5-Dimethylcyclohexandion-(1.3) (IV) in Ggw. saurer Katalysatoren entsteht *4-[5.5-Dimethylcyclohexen-(1)-on-(3)-yl]-resorcin* (II). In gleicher Weise erhält man durch Umsetzung von I mit 5-Phenylcyclohexandion-(1.3) (V) *4-[5-Phenylcyclohexen-(1)-on-(3)-yl]-resorcin* (III). II liefert bei der Acetylierung eine *Monoacetyl-Verb.*, aus III werden eine *Mono-* u. eine *Diacetyl-Verb.* erhalten. Es wurden die IR-Spektren von II u. III aufgenommen u. analysiert.

Versuche: *4-[5.5-Dimethylcyclohexen-(1)-on-(3)-yl]-resorcin* (II), $C_{14}H_{16}O_3$, F. 242 bis 242,5°, a) aus IV u. I durch 4,5std. Kochen bzw. 12std. Erhitzen auf dem Wasserbad mit konz. HCl, Versetzen mit W., Filtration u. Entfernung des sodalösl. Anteils des Rk.-Prod.; hellgelbe Kristalle aus Eisessig oder benzolhaltigem A.; 75% (Ausbeute); b) durch 12 bzw. 19std. trockenes Erhitzen von 14 g IV mit 11 g I u. 0,5 g p-Toluolsulfonsäure (VI) auf 90—100° bzw. 110—120°; 6 bzw. 10 g; c) durch 12 (20, 6)std. Erhitzen von 14 g IV mit 11 g I u. 0,15 g 5-Sulfosalicylsäure in Xylol auf 90—100° (90—100, 140°); 3,9 g (6,1; 6,4 g). *Monoacetat*, $C_{16}H_{18}O_4$, F. 152—154° (Essigester), durch 5—6std. Kochen von II in Dimethylanilin u. trockenem Bzl. mit Acetylchlorid, Versetzen mit W., Abtrennen u. Ausschütteln der Bzl.-Schicht mit 2n H_2SO_4 u. Abdest. des Benzols. — *4-[5-Phenylcyclohexen-(1)-on-(3)-yl]-resorcin* (III), $C_{18}H_{16}O_3$, F. 237—237,5°, a) durch 10std. trockenes Erhitzen von V mit I u. VI auf dem Wasserbad, Behandeln mit Soda-Lsg., Lösen des Rückstandes in 2n NaOH u. Ansäuern mit HCl; hellgelbe, dünne Prismen aus Eisessig, A.-W. (1:4) oder n-Butanol; 80%; b) durch 6std. Erhitzen von V mit I u. Phosphorsäure im Ölbad auf 110—120°, Versetzen mit W., Lösen in NaOH u. Fällen mit CO_2; 90%; c) aus V u. I mit P_2O_5 in Eisessig; geringe Ausbeute. *Monoacetat*, $C_{20}H_{18}O_4$, F. 148,5—150,5° (Bzl., Ae.-PAe., Ae.), analog dem Monoacetat von II. *Diacetat*, $C_{22}H_{20}O_5$, F. 95,5—96,5° (Bzl.-PAe.), durch 10std. Kochen von 1,8 g III mit Acetanhydrid u. Abdest. des überschüssigen Anhydrids im Vakuum; 1,8 g.

J. SICKFELD. 2380□

Untersuchungen über schwefelhaltige chelatbildende Agentien. 1. Mitt. **Synthesen von β-Mercaptoketonen und ihren Kupferchelaten.** 1. Mitt. Hisashi Tanaka und Akira Yokoyama. (Chem. pharmac. Bull. [Tokyo] **8.** 275—79. April 1960. Kyoto, Univ., Fac. of Pharmac.) (Engl.)

Als neuer Typ chelatbildender Agentien werden β-Mercaptoketone dargestellt, in denen die Mercapto- u. die Ketogruppe an der Chelat-Bldg. beteiligt sind. *β-Mercapto-β-phenylpropiophenon* wird durch Addition von H_2S an α-Benzylidenacetophenon unter Druck dargestellt. Diese Meth. wird auch zur Synth. von *β-Mercapto-β-[p-methoxyphenyl]-*, *α-Methyl-β-mercapto-β-phenyl-* u. *α.β-Diphenyl-β-mercaptopropiophenon* benutzt. In den meisten Fällen entstehen als Nebenprodd. die entsprechenden *Disulfide*. Die Mercaptoketone bilden orangefarbene bis gelbe Chelate mit Cu, das Verhältnis Cu:Ligand ist 1:1. Die Chelat-Bldg. mit anderen Metallen wurde durch Tüpfel-Rkk. geprüft; auch hier entstehen braun, orange oder gelb gefärbte Komplexe.

Versuche: *α-Benzylidenacetophenon*, F. 55°, a) durch Zutropfen von 4 g K-Äthylxanthogenat in Dimethylformamid (DMF) zu β-Chlor-β-phenylpropiophenon (I) in DMF bei Raum-Temp., 10std. Rühren, Gießen in W., Ausäthern, Eindampfen, 4std. Erhitzen des Rückstandes der Ae.-Lsg. mit 10%ig. NaOH auf 100° u. Extrahieren mit Ae.; 4 g (Ausbeute); daneben *Bis-[1.3-diphenyl-3-oxopropyl]-disulfid* (II), $C_{30}H_{26}O_2S_2$, F. 156°; aus Chlf./A. Nadeln; b) durch 12std. Kochen von 6,1 g I u. 1,8 g Thioharnstoff in A., Zugabe von 10%ig. NaOH, 4std. Kochen, Eindampfen im Vakuum, Gießen in W. u. Ausäthern; 5 g. — *β-Mercapto-β-phenylpropiophenon*, $C_{15}H_{14}OS$, F. 102—103°, a) durch Einleiten von H_2S in eine Lsg. von 7 g vorst. Verb. in abs. A. unter Eis/Kochsalz-Kühlung bis zur Sättigung, Zugabe von 50%ig. KOH, weiteres 2std. Einleiten von H_2S u. Fil-

trieren; aus A./Chlf. Platten; 7 g; b) durch Einleiten von trockenem H_2S in eine Lsg. von 10 g vorst. Verb. u. Triäthylamin in abs. A. in einer Druckflasche, Kühlen auf −70 bis −80°, Verschließen der Flasche, mehrstd. Stehen, 2std. Erhitzen auf 40—50°, Filtrieren u. Eindampfen; roter RHEINBOLDT-Test; 10 g; daneben 1 g **II**. *Cu-Chelat*, $C_{15}H_{13}CuOS$, F. 111° (A./Chlf.), durch mehrere Min. langes Erwärmen der vereinigten äquimol. Lsgg. von 100 mg des Mercaptoketons in A. mit $Cu(NO_3)_2$ oder Cu-Acetat in W., Stehen u. Dekantieren; 50—60 mg. — *β-Mercapto-β-[p-methoxyphenyl]-propiophenon*, $C_{16}H_{16}O_2S$, F. 59—60°, analog vorst. Verb. aus 3g α-[p-Methoxybenzyliden]-acetophenon u. Triäthylamin mit H_2S in abs. Ae.; aus A. Platten; 0,5 g; roter RHEINBOLDT-Test; daneben *Bis-[1-(p-methoxyphenyl)-3-phenyl-3-oxopropyl]-disulfid* ($C_{32}H_{30}O_4S_2$, F. 125 bis 126°; aus Chlf. Nadeln; 0,5 g). *Cu-Chelat*, $C_{16}H_{15}CuO_2S$, F. 116° (A./Chlf.). — *α-Methyl-β-mercapto-β-phenylpropiophenon*, $C_{16}H_{16}OS$, F. 29—30°, Kp.$_{4}$ 180°, analog vorst. Verb. aus 11,5 g α-Methyl-α-benzylidenacetophenon u. Triäthylamin mit H_2S in abs. Ae. (6std. Erhitzen auf 40—50° unter Druck) u. Dest.; 11 g; roter RHEINBOLDT-Test. *Cu-Chelat*, $C_{16}H_{15}CuOS$, F. 69—70° (A.). — *α.β-Diphenyl-β-mercaptopropiophenon*, $C_{21}H_{18}OS$, F. 126°, analog vorst. Verb. aus 3 g α-Phenyl-α-benzylidenacetophenon u. Triäthylamin mit H_2S in abs. Ae. (2std. Erhitzen auf 40—60° unter Druck); aus Chlf./A. Platten; 0,5 g; rosafarbener RHEINBOLDT-Test. *Cu-Chelat*, $C_{21}H_{17}CuSO$, F. 135° (A./Chlf.).
P. GOLINSKE. 2380 □

Untersuchungen über schwefelhaltige chelatbildende Agentien. 2. Mitt. **Synthesen von β-Mercaptoketonen und ihren Kupferchelaten.** 2. Mitt. Hisashi Tanaka und Akira Yokoyama. (Chem. pharmac. Bull. [Tokyo] **8**. 280—83. April 1960.) (Engl.) — 1. vgl. vorst. Referat.

β-Mercapto-β-[m-tolyl]- u. *β-Mercapto-β-[p-chlorphenyl]-propiophenon*, *β-Mercapto-β-phenyl-p-chlorpropiophenon*, *β-Mercapto-β-phenyl-p-methoxypropiophenon* u. *β-Mercapto-β-[naphthyl-(1)]-propiophenon* werden durch Addition von H_2S an die entsprechenden ungesätt. Acetophenone dargestellt. Diese Mercaptoketone bilden Chelate mit Cu, in denen das Verhältnis Cu : Ligand 1:1 ist.

Versuche: *α-[m-Methylbenzyliden]-acetophenon*, $C_{16}H_{14}O$, F. 62—62,5°, durch Zutropfen von 10%ig. NaOH zu 5 g m-Tolualdehyd u. 5 g Acetophenon in A. bei Raum-Temp., 2tägiges Stehen u. Filtrieren; aus A. blaßgelbe Nadeln; 4 g (Ausbeute). — *β-Mercapto-β-[m-tolyl]-propiophenon*, $C_{16}H_{16}OS$, F. 73°, durch Einleiten von trockenem H_2S in eine Lsg. von 2 g vorst. Verb. u. 2 g Triäthylamin in abs. Ae. in einer Druckflasche bei −70 bis −80°, mehrstd. Stehen bei Raum-Temp. im verschlossenen Gefäß, 7std. Erhitzen auf 40—50° (unter Druck) u. Eindampfen; aus A. Platten; 2,5 g; roter RHEINBOLDT-Test. *Cu-Chelat*, $C_{16}H_{15}CuOS$, F. 90—91°. — *β-Mercapto-β-[p-chlorphenyl]-propiophenon*, $C_{15}H_{13}ClOS$, F. 68°, analog vorst. Verb. aus 3 g α-[p-Chlorbenzyliden]-acetophenon (**I**) (4std. Erhitzen auf 50° unter Druck); aus A. Platten; 0,2 g; daneben *Bis-[1-(p-chlorphenyl)-3-phenyl-3-oxopropyl]-disulfid* (**II**), $C_{30}H_{24}Cl_2O_2S_2$, F. 197°; aus Chlf. Nadeln; 1 g. *Cu-Chelat*, $C_{15}H_{12}ClCuOS$, F. 120°. — *Bis-[1-(p-chlorphenyl)-3-phenyl-3-oxopropyl]-sulfid*, $C_{30}H_{24}Cl_2O_2S$, F. 98—99°, analog vorst. Verb. aus 5 g **I** (4std. Erhitzen auf 40° unter Druck); aus A. Nadeln; daneben 3 g **II**. — *β-Mercapto-β-phenyl-p-chlorpropiophenon*, F. 81° (A.), analog vorvorst. Verb. aus 4 g α-Benzyliden-p-chloracetophenon (**IV**) (4std. Erhitzen auf 40° unter Druck u. 4tägiges Stehen bei Raum-Temp.); daneben *Bis-[1-phenyl-3-(p-chlorphenyl)-3-oxopropyl]-disulfid* (**III**; $C_{30}H_{24}\cdot Cl_2O_2S_2$, F. 160°; aus Chlf. Nadeln). *Cu-Chelat*, $C_{15}H_{13}CuOS$, F. 115°, bildet sich unter Dechlorierung. — *Bis-[1-phenyl-3-(p-chlorphenyl)-3-oxopropyl]-sulfid*, $C_{30}H_{24}Cl_2O_2S$, F. 30°, Kp.$_{4}$ 191°, analog vorst. Verb. aus 3 g **IV** (4std. Erhitzen auf 70—80° unter Druck); orangegelbes Öl; 0,5 g; daneben 0,5 g **III**. — *β-Mercapto-β-phenyl-p-methoxypropiophenon* (**V**), $C_{16}H_{16}O_2S$, F. 87°, analog vorvorst. Verb. aus 5 g α-Benzyliden-p-methoxyacetophenon (**VI**) (3std. Erhitzen auf 30—40° unter Druck); aus A. Platten; roter RHEINBOLDT-Test; 0,1 g. *Cu-Chelat*, $C_{16}H_{15}CuO_2S$, F. 128°. — *Bis-[1-phenyl-3-(p-methoxyphenyl)-3-oxopropyl]-disulfid*, $C_{32}H_{30}O_4S_2$, F. 167—168°, a) analog vorst. Verb. aus 3 g **VI** (4std. Erhitzen auf 70—80° unter Druck); aus Chlf. Nadeln; 3 g; b) neben vorst. Verb.; 4 g. — *α-[Menaphthyliden-(1)]-acetophenon*, $C_{19}H_{14}O$, F. 69—70°, durch Zugabe von 10%ig. NaOH zu 5 g 1-Naphthaldehyd u. 4 g Acetophenon in A. bei Raum-Temp.; aus A. gelbe Nadeln; 9 g. — *β-Mercapto-β-[naphthyl-(1)]-propiophenon*, $C_{19}H_{16}OS$, F. 92—93° (A.), durch Rk. von 3 g vorst. Verb. in abs. Ae. mit H_2S in Ggw. von Piperidin analog **V** (2std. Erhitzen auf 40—50°); orangeroter RHEINBOLDT-Test; 0,1 g. *Cu-Chelat*, $C_{19}H_{15}CuOS$, F. 116—117°. — *Bis-[1-(p-nitrophenyl)-3-phenyl-3-oxopropyl]-sulfid*, $C_{30}H_{24}N_2O_6S$, F. 158°, analog **V** aus 4 g α-[p-Nitrobenzyliden]-acetophenon (**VII**) in Toluol (5std. Erhitzen unter Druck auf 80° u. 2tägiges Stehen); aus Chlf./A. Nadeln; 1 g. — *p-Methoxyphenylmethanthiol*, $C_8H_{10}OS$, Kp.$_{23}$ 126—128°, durch 5std. Kochen von 17 g p-Methoxybenzoylchlorid u. 8,3 g Thioharnstoff in A., Zugabe von 10%ig. NaOH, 2std. Kochen, Ansäuern mit verd. H_2SO_4 u. Extrahieren mit Ae.; 12 g. — *β-[p-Nitrophenyl]-β-[p-methoxybenzylmercapto]-propiophenon*, $C_{23}H_{21}NO_4S$, F. 101°, durch Erhitzen von 2 g **VII** u. vorst. Verb. in Toluol in Ggw. von Piperidin auf 100° u. 4tägiges Stehen; aus A. Nadeln; 2 g. P. Golinske. 2380□

Einige neue Benzilsäurederivate. Francis L. Chubb, Gerassimos Frangatos und Jacqueline Nissenbaum. (Canad. J. Chem. **38.** 1231—33. Juli 1960. Montreal, Quebec, Frank W. Horner Ltd., Res. Labor.) (Engl.)

Vff. stellen eine Anzahl von *Benzilsäure-Derivv.* der allg. Formel $(C_6H_5)_2C(R)\cdot COOCH_2CH_2R'$ dar, in denen R OH, Cl oder β-Pyrrolidinoäthoxy bedeutet u. R′ ein bas. Rest ist. Die Verbb. mit R = Cl lassen sich mit in β-Stellung substituierten Äthanolen in *Benzilsäure-Derivv.* der allg. Formel $(C_6H_5)_2(COCH_2CH_2R'')COOCH_2CH_2R'$ umwandeln. Bei dem Vers., *2.2-Diphenyl-2-[β-hydroxyäthoxy]-essigsäure-[β-dimethylaminoäthylester]-hydrochlorid* aus 2.2-Diphenyl-2-chloressigsäure-[β-dimethylaminoäthylester]-hydrochlorid (**I**) u. Glykol zu gewinnen, tritt Ringschluß ein unter Bldg. von *2.2-Diphenyl-3-keto-1.4-dioxan*, das durch Hydrolyse in *2.2-Diphenyl-2-[β-hydroxyäthoxy]-essigsäure* übergeht.

Versuche: In Anlehnung an die Meth. von Horenstein u. Palicke [1938] werden hergestellt: *Benzilsäure-[β-dimethylaminoäthylester]-hydrochlorid*, F. 150—160°; 57% (Ausbeute). — *Benzilsäure-[β-pyrrolidinoäthylester]-hydrochlorid*, F. 174—175°; 78%. — *Benzilsäure-[β-morpholinoäthylester]-hydrochlorid*, F. 178—180°; 61%. — *2.2-Diphenyl-2-chloressigsäure-[β-dimethylaminoäthylester]-hydrochlorid* (**I**), F. 184—186°; 83%. — *2.2-Diphenyl-2-chloressigsäure-[β-pyrrolidinoäthylester]-hydrochlorid*, $C_{20}H_{23}Cl_2NO_2$, F. 165 bis 167°; 88%. — *2.2-Diphenyl-2-chloressigsäure-[β-morpholinoäthylester]-hydrochlorid*, F. 139—140°; 81%. — *2.2-Diphenyl-2-[β-pyrrolidinoäthoxy]-essigsäure, Äthylester*, $C_{22}H_{27}NO_3$, Kp.$_1$ 195—197; 58%. *Na-Salz*, $C_{20}H_{23}NNaO_3$, F. 291—292°; 81%. — *2.2-Diphenyl-2-[β-chloräthoxy]-essigsäure-[β-dimethylaminoäthylester]-hydrochlorid*, $C_{20}H_{25}\cdot Cl_2NO_3$, F. 145—148° (Isoamylalkohol + Ae.), durch 24std. Kochen u. Rühren von **I**, $CaCO_3$ u. β-Chloräthanol, Eindampfen der filtrierten Lsg. im Vakuum, Extraktion des Rückstandes mit Aceton, Eindampfen, Behandeln des Rückstandes mit 10%ig. NaOH, Ae.-Extraktion u. Einleiten von HCl in die Ae.-Lsg.; 51%. — Analog: *2.2-Diphenyl-2-äthoxyessigsäure-[β-pyrrolidinoäthylester]-hydrochlorid*, $C_{22}H_{28}ClNO_3$, F. 166—168°; 64%. — *2.2-Diphenyl-2-äthoxyessigsäure-[β-morpholinoäthylester]-hydrochlorid*, $C_{22}H_{28}ClNO_4$, F. 172—174°; 80%. — *2.2-Diphenyl-2-[β-pyrrolidinoäthoxy]-essigsäure-[β-diäthylaminoäthylester]*, $C_{26}H_{36}N_2O_3$, Kp.$_1$ 195—197°, aus Benzilsäureäthylester nach Morrison, Königstein u. Cohen (vgl. C. **1951. II.** 670). — *2.2-Diphenyl-3-keto-1.4-dioxan*, $C_{16}H_{14}O_3$, F. 98—99° (wss. A.), durch 24std. Erhitzen von **I**, $CaCO_3$ u. Glykol auf 90—100° u. Ausfällen durch Alkalisieren mit NaOH; 59%. — *2.2-Diphenyl-2-[β-hydroxyäthoxy]-essigsäure*, $C_{16}H_{16}O_4$, F. 122—123° (wss. A.), durch 2std. Kochen vorst. Verb. mit 10%ig. NaOH, Verdünnen u. Ansäuern. M. Wolf. 2450□

Reaktion von arylsubstituierten Indonen mit Ammoniak unter erhöhtem Druck. Tsch. Iwanow und Al. Draganow. (Годишник на Химико-Технологическия Институт [София] [Annu. Inst. chim.-technol. (Sofia)] **2.** Nr. 1. 151—59. 1955, herausgeg. 1956.) (Bulgar.; Auszug: Engl.; Russ.)

Bei der Rk. von 2.3-Diphenylindanon (**I**) mit NH_3 unter erhöhtem Druck wird eine *Verb.* $C_{33}H_{24}N_2$, F. 214—215°, erhalten, die gegenüber Acetylchlorid, alkohol. KOH u. alkohol. HCl beständig ist. In konz. H_2SO_4 ist sie lösl. u. wird aus der Lsg. durch W. wieder unverändert ausgefällt. Molgew. (442) u. Bruttoformel zeigen, daß bei der Bldg. der Verb. das Mol. des **I** weitgehend verändert wird. Analog entsteht aus 2-Phenyl-3-p-tolylindanon u. NH_3 eine *Verb.* vom F. 318—320° mit ähnlichen Eigenschaften. Werden die Rkk. in Ggw. von anorgan. Salzen durchgeführt, so entstehen hochschm. metallhaltige Verbindungen. G. Froelich. 2650□

Untersuchungen auf dem Gebiet der Stereochemie cyclischer Verbindungen. 32. Mitt. **syn-cis-Δ^7-Hydrinden-4.5-dicarbonsäure und ihre stereospezifischen Umwandlungen.** W. F. Kutscherow und E. P. Sserebrjakow. (Известия Академии Наук СССР, Отделение Химических Наук [Nachr. Akad. Wiss. UdSSR, Abt. chem. Wiss.] **1960.** 1057—65. Juni. Zelinsky-Inst. für org. Chemie der Akad. der Wiss. der UdSSR.) (Russ.) — 31. vgl. C. **1962.** 7503.

Die Dien-Rk. von 1-Vinylcyclopenten-(1) (**IV**) mit Maleinsäureanhydrid (**V**) verläuft stereospezif. unter Bldg. des *Anhydrids von syn–cis-Δ^7-Tetrahydroindan-4.5-dicarbonsäure* (*syn–cis*-**I**), das sich in neutraler Lsg. zur freien *syn–cis*-**I** verseifen läßt. Diese geht bereits in schwach saurer Lsg. leicht in *syn–cis-8-Hydroxyhydrindan-4.5-dicarbonsäure-γ-lacton-(8 → 4)* (**II**) über, das auch beim Verseifen von syn–cis-**I**-Anhydrid in Ggw. geringer Restmengen **V** entsteht. Der mit CH_2N_2 erhaltene **II**-Methylester bildet beim

Verseifen mit $NaOCH_3$ **II** zurück, was das Vorliegen einer stabilen äquatorialen COOH-Gruppe am $C_{(5)}$ u. damit die syn–cis-Konfiguration des Adduktes aus **IV** u. **V** bestätigt. Durch Behandeln mit HCl in Eisessig wird syn–cis-**I** in ein Gemisch aus **II** u. *cis-Δ⁸-Tetrahydroindan-4.5-dicarbonsäure* (*cis*-**III**) übergeführt; letztere entsteht in geringer Menge auch bei der Einw. von HCl auf **II**. $NaOCH_3$ lagert syn–cis-**I**-Dimethylester unter gleichzeitiger Verseifung in *anti-trans*-**I** um, die sich durch Erhitzen mit Acetylchlorid nicht in ein Anhydrid überführen ließ. Ebenso wird aus cis-**III**-Dimethylester mit $NaOCH_3$ *trans*-**III** erhalten, deren Anhydrid beim Erhitzen auf 220° cis-**III**-Anhydrid gibt. syn–cis-**I** u. cis-**III** liefern bei der katalyt. Hydrierung die gleiche cis–syn–cis-Hydrindan-4.5-dicarbonsäure. Einzelheiten der räumlichen Konfiguration der untersuchten Verbb. werden ausführlich diskutiert.

Versuche: *1-Vinylcyclopentanol-(1)*, $Kp._{30}$ 68—70°, durch Hydrieren von 1-Äthinylcyclopentanol-(1) über Pd; n_D^{20} 1,4660; 94% (Ausbeute). — *1-Vinylcyclopenten-(1)* (**IV**), Kp. 113—114°, durch Erhitzen vorst. Verb. unter N_2 mit $KHSO_4$ in Ggw. von wenig Pyrogallol auf 180°; 48%. — *syn–cis-Δ⁷-Tetrahydroindan-4.5-dicarbonsäure* (*syn–cis*-**I**), $C_{11}H_{14}O_4$, F. 177—178° (Aceton), durch Erhitzen des Anhydrids mit wss. Aceton. *Anhydrid*, $C_{11}H_{12}O_3$, F. 61—62° (Ae.–PAe.), durch 2std. Erhitzen von 7 g **V** mit 7,5 g **IV** in Ggw. von 0,1 g Pyrogallol auf dem Wasserbad; 13,65 g. *Dimethylester*, $C_{13}H_{18}O_4$, Kp. 150—151°, n_D^{20} 1,4950; $D._4^{20}$ 1,162. — *anti–trans*-**I**, $C_{11}H_{14}O_4$, F. 161—162° (Zers.; W.), durch 18std. Kochen von 3,35 g syn–cis-**I**-Dimethylester mit Na in Methanol; 2,15 g. — *syn–cis-8-Hydroxyhydrindan-4.5-dicarbonsäure-γ-lacton-(8 → 4)* (**II**), $C_{11}H_{14}O_4$, F. 197—198° (W.), a) durch Kochen von syn–cis-**I** mit **V** in W.; b) durch 5 Min. langes Einleiten von HCl in die Lsg. von 1 g syn–cis-**I** in Dioxan; 0,95 g. *Methylester*, $C_{12}H_{16}O_4$, F. 98—99° (Ae.–PAe.). — *cis-Δ⁸-Tetrahydroindan-4.5-dicarbonsäure* (*cis*-**III**), $C_{11}H_{14}O_4$, Zers. bei 182—183°, a) durch 4std. Erwärmen von syn–cis-**I** in mit HCl gesätt. Eisessig auf 65°; 27%; b) durch 3std. Kochen von 0,35 g trans-**III** mit Acetylchlorid, Eindampfen, 40 Min. langes Erhitzen des Rückstandes auf 215—220° u. Kochen mit W.; 0,16 g. *Anhydrid*, $C_{11}H_{12}O_3$, F. 44—45° (Ae.–PAe.), aus der Säure mit sd. Acetylchlorid. *Dimethylester*, $C_{13}H_{18}O_4$, $Kp._4$ 151—153°, n_D^{20} 1,4720, $D._4^{20}$ 1,153, a) aus cis-**III** u. CH_2N_2; b) durch 1std. Erwärmen von syn–cis-**I**-Dimethylester in mit HCl gesätt. Eisessig auf 65°; 53,5%. — *trans*-**III**, $C_{11}H_{14}O_4$, Zers. bei 164—165°, a) durch 15std. Kochen von 0,5 g cis-**III**-Dimethylester mit Na in Methanol; 0,37 g; b) durch 2std. Erwärmen von anti-trans-**I** in mit HCl gesätt. Eisessig auf 90°; 60%. — *cis–syn–cis-Hydrindan-4.5-dicarbonsäure*, $C_{11}H_{16}O_4$, F. 176—177° (W.), a) durch Hydrieren von syn–cis-**I** in Methanol über PtO_2; 82%; b) ebenso aus cis-**III**; 75,5%. *Anhydrid*, $C_{11}H_{14}O_3$, F. 48—49° (Ae.–PAe.), a) aus der Säure mit sd. Acetylchlorid; b) durch Hydrieren von syn–cis-**I**-Anhydrid oder cis-**III**-Anhydrid. H.-E. Toussaint. 2650□

Synthesen in Beziehung zu Ätiojervan. 1. Mitt. Synthesen von 1.8-Dimethyl-7-methoxy-1.2.3.4.4a.9a-hexahydrofluorenon-2-carbonsäure. Roderick A. Barnes und Nancy N. Gerber. (J. org. Chemistry **26**. 4540—43. Nov. 1961. New Brunswick, N.J., Rutgers State Univ., School of Chem.) (Engl.)

Es wurde die Diels-Alder-Rk. von Styrylacrylsäure u. *4-Methoxy-3-methylstyrylacrylsäure* (**IV**) mit Crotonsäure untersucht. Die Darst. von **IV**-*Methylester* (**III**) erfolgte aus 4-Methoxy-3-methylbenzaldehyd (**I**) u. γ-Bromcrotonsäureester nach Reformatski. **I** wurde aus o-Methylanisol durch Rk. mit N.N-Dimethylformamid u. $POCl_3$ gewonnen. Die Rk. von Crotonsäure in Ggw. von Hydrochinon in Tetralin gibt mit Styrylacrylsäure *2-Methyl-4-phenyl-1.2.3.4-tetrahydroisophthalsäure* (**V**), mit **IV** *4-[4-Methoxy-3-methylphenyl]-2-methyl-1.2.3.4-tetrahydroisophthalsäure* (**VI**). Hydrierung von **VI** zu *4-[4-Methoxy-3-methylphenyl]-2-methylhexahydroisophthalsäure* (**II**), Bromierung (damit die Cyclisierung in o-Stellung zur Methylgruppe erfolgt), Cyclisierung u. Entfernung des Br-Atoms lieferten *1.8-Dimethyl-7-methoxy-1.2.3.4.4a.9a-hexahydrofluorenon-2-carbonsäure.*

Versuche: *4-Methoxy-3-methylbenzaldehyd* (**I**), $Kp._{24}$ 128—132°, a) aus o-Methylanisol, Dimethylformamid u. $POCl_3$ nach Buu Hoi u. Mitarbeitern (C. **1956**. 6366); n_D^{31} 1,5621; 44% (Ausbeute); b) durch Reimer-Tiemann-Synth. aus o-Kresol, Abtrennung des wasserdampfflüchtigen o-Aldehyds (23%) u. Methylierung des festen p-Aldehyds (19%) in CH_3OH mit KOH u. $(CH_3)_2SO_4$; 46%. *2.4-Dinitrophenylhydrazon*, $C_{15}H_{14}N_4O_5$, F. 235—237° ($CH_3COOC_2H_5$). — *2-Methoxy-3-methylbenzaldehyd, 2.4-Dinitrophenylhydrazon*, F. 224—226° ($CH_3COOC_2H_5$). — *4-Methoxy-3-methylstyrylacrylsäuremethylester* (**III**), $C_{14}H_{16}O_3$, $Kp._{0,5}$ 160°, F. 91—93° (Bzl./Isooctan), durch Zugabe von 5 g **I** u. 9 g γ-Bromcrotonsäuremethylester zu 3 g Zn in Streifen in abs. Bzl., 15 Min. langes Erhitzen auf dem Dampfbad, Zugabe von verd. Säure, Abtrennen der organ. Phase, Eindampfen, Dest. u. Chromatographie an Al_2O_3; 3,7 g; daneben 1,5 g **I** zurück. — *4-Methoxy-3-methylstyrylacrylsäure* (**IV**), $C_{13}H_{14}O_3$, F. 202—203° (Toluol), a) analog **III** mit γ-Bromcrotonsäureäthylester u. Verseifung des *Äthylesters* ($Kp._{0,6}$ 140—160°; 27%) mit wss.-alkohol. KOH; 90%; b) durch Verseifung von **III**; 47%; c) aus **I** u. Äthylidenmalonsäurediäthylester in Ggw. von konz. H_2SO_4 u. alkal. Verseifung; sehr wenig. — *2-Methyl-4-phenyl-1.2.3.4-tetrahydroisophthalsäure* (**V**), $C_{15}H_{16}O_4$, F. 235—240° (verd. CH_3COOH u. Trocknen bei 100°), durch 3std. Erhitzen von Styrylacrylsäure u. Crotonsäure mit etwas Hydrochinon in Tetralin, Kühlen, Verdünnen mit Ae., Extraktion mit 5%ig. $NaHCO_3$-Lsg. u. Ansäuern; 27%. — *4-[4-Methoxy-3-methylphenyl]-2-methyl-1.2.3.4-tetrahydroisophthalsäure* (**VI**), $C_{17}H_{20}O_5$, F. 221—224° (verd. CH_3COOH), aus **IV** analog **V** in 24 Std.; 26%. — **V**-*Dimethylester*, $C_{17}H_{20}O_4$, F. 81—83° (Isooctan), aus 0,2 g **V** in Bzl. mit äther. CH_2N_2; 60 mg. — **VI**-*Diphenacylester*, $C_{33}H_{32}O_7$, F. 138—139,5° (Bzl.-Isooctan; A.-W.). — **V**-*Anhydrid*, $C_{15}H_{14}O_3$, F. 181—183° (Bzl./Hexan), durch 2std. Kochen von **V** in Propionsäureanhydrid, Abdestillieren des Lsgm. u. Sublimation bei 190°/0,2 mm; 15%. — *4-[4-Methoxy-3-methylphenyl]-2-methylhexahydroisophthalsäure* (**II**), *Dianilid*, $C_{29}H_{32}N_2O_3$, F. 345—355° (Methyläthylketon), durch Hydrieren von **VI** in Acetanhydrid an PtO_2 bei Raum-Temp. u. Atmosphärendruck in 15—60 Min., Filtration, Eindampfen u. Überführen der öligen **II** in das Anilid. — *4-[5-Brom-4-methoxy-3-methylphenyl)-2-methylhexahydroisophthalsäure*, F. 265—270°, durch Zugabe von Br_2 in CH_3COOH zu **II** in CH_3COOH, 3std. Stehen bei Raum-Temp. u. 21 Std. bei 50° u. Gießen in W.; 86%. *Dimethylester*, $C_{19}H_{25}BrO_5$, F. 95—97° (Isooctan). — *6-Brom-1.8-dimethyl-7-methoxy-1.2.3.4.4a.9a-hexahydrofluorenon-2-carbonsäure*, $C_{17}H_{19}BrO_4$, F. 180—185° (wss. CH_3·COOH; Bzl./Isooctan), durch 1std. Stehen vorst. Säure mit PCl_5, Abdestillieren des $POCl_3$ mit Bzl., Lösen des Rückstandes in Nitrobenzol, Kühlen auf 0°, Zugeben zu $AlCl_3$ in Nitrobenzol, 4std. Stehen unter Kühlung u. 15 Std. bei Raum-Temp., Eindampfen, Extraktion mit Ae., Eindampfen u. Chromatographie an Kieselgel; 74%. — *1.8-Dimethyl-7-methoxy-1.2.3.4.4a.9a-hexahydrofluorenon-2-carbonsäure*, $C_{17}H_{20}O_4$, F. 170—175° (Bzl./Isooctan), durch 1std. Rühren vorst. Verb. in 3%ig. KOH u. A. mit Pd/$BaSO_4$ unter H_2, Filtrieren, Eindampfen u. Ansäuern; 79%. R. Mayer-Mader. 2750□

Synthesen in Beziehung zu Ätiojervan. 2. Mitt Synthesen einiger substituierter Fluorene. Roderick A. Barnes und Robert W. Faessinger. (J. org. Chemistry **26.** 4544—48. Nov. 1961.) (Engl.) — 1. vgl. vorst. Referat.

6-Brom-3-methoxy-2-methylbenzoesäure (**I**) wurde dargestellt u. ihr Methylester durch Ullmann-Rk. in *4.4'-Dimethoxy-3.3'-dimethyldiphensäure* (**II**) umgewandelt. **II** wurde über das *Anhydrid* in *2.7-Dimethoxy-1.8-dimethylfluorenon* (**III**) oder durch H_2SO_4 mit anschließender Decarboxylierung in *2.7-Dimethoxy-1.6-dimethylfluorenon* (**IV**) übergeführt. Analog wurde aus 6-Brom-3-methoxybenzoesäure *2.7-Dimethoxyfluorenon* erhalten. Die Fluorenone wurden zu den *Fluorenen* red., deren Ätherbindungen zu den *Hydroxyfluorenen* gespalten wurden. Verss., nur einen Benzolring von *2.7-Dihydroxy-1.8-dimethylfluorenon* zu red., waren erfolglos.

Versuche: *2-Hydroxybenzyltrimethylammoniumjodid*, $C_{10}H_{16}JNO$, F. 174—176°, aus 51,7 g Phenol, 16,5 g Paraformaldehyd u. 100 ml 25%ig. wss. Dimethylamin nach Decombe [1933] u. Umsetzung der Fraktion vom $Kp._{17}$ 104—108° [n_D^{22} 1,522; 30 g (Ausbeute); *Pikrat*, F. 154—155°] in Ae. mit CH_3J. Verss. zur Umlagerung mit $NaNH_2$ in fl. NH_3 geben *o-Kresol* (Kp. 186—189°, F. 30°, n_D^{30} 1,540; *Pikrat*, F. 87—88°). — *2-Methoxybenzyltrimethylammoniumchlorid*, $C_{11}H_{18}ClNO \cdot H_2O$, F. 194,4—195° (Aceton), durch Sättigen von 2-Methoxybenzylalkohol in Bzl. + $CaCl_2$ mit HCl, Stehen über Nacht im verschlossenen Gefäß, Abgießen der Benzol-Lsg., Erwärmen, Kühlen, Behandeln mit Trimethylamin in Bzl. u. 48std. Stehen; 70%. Verss. zur Umlagerung wie vorst. gaben *o-Kresylmethyläther* ($Kp._{23}$ 78—83°, $n_D^{28,5}$ 1,5138; Oxydation → *2-Methoxybenzoesäure*, F. 100°), eine *Fraktion vom* $Kp._4$ *76—79°* ($KMnO_4$-Oxydation → *3-Methoxy-2-methylbenzoesäure*, F. 148—149°) u. *2.2'-Dimethoxydibenzyl* ($C_{16}H_{18}O_2$, F. 82—83°; $KMnO_4$-Oxydation → *2.2'-Dimethoxybenzil*, F. 130—131°). — *3-Methoxy-2-methylbenzoesäure*, F. 148—149°, aus 3-Hydroxy-2-methylbenzoesäure u. Dimethylsulfat in wss.-alkohol. KOH. — *6-Brom-3-methoxy-2-methylbenzoesäure* (**I**), $C_9H_9BrO_3$, F. 104—105° (Hexan–CCl_4), aus dem Ag-Salz vorst. Säure in sd. CCl_4 durch Zutropfen von Br_2 in CCl_4 unter Rühren, $^1/_2$std. Rühren, Heißfiltration, Einengen u. Verdünnen mit PAe.; 50%. — *3-Brom-6-methoxyphthalsäureanhydrid*, $C_9H_5BrO_4$, F. 211—212°, a) durch 12std. Kochen von 4-Brom-7-methoxyhydrinden mit alkal. $KMnO_4$-Lsg., Ansäuern, 24std. Ae.-Extraktion u. Sublimation der Säure bei 130°/1 mm; b) analog a) aus **I**. — *4.4'-Dimethoxy-3.3'-dimethyldiphensäure* (**II**), $C_{18}H_{18}O_6$, F. 137—138° (W.), durch 24std. Kochen des Dimethylesters mit wss.-alkal. KOH, Verdünnen mit W., Abdestillieren von A. u. Ansäuern mit HCl gegen Kongorot; 90%. *Dimethylester*, $C_{20}H_{22}O_6$, F. 157—158° (wss. Aceton), durch Überführen von **I** mit CH_3OH in Ggw. von p-Toluolsulfonsäure in den *Methylester* ($Kp._3$ 153—155°, n_D^{26} 1,5458; 70%), 4std. Rühren mit Cu-Pulver u. 2.4-Dimethylsulfolan bei 250°, Pulverisieren der erhaltenen Masse u. Ae.-Extraktion; 85%. *Anhydrid*, $C_{18}H_{16}O_5$, F. 241—242°, durch ³/₄std. Kochen von **II** mit Acetanhydrid; 85%. — *2.7-Dimethoxy-1.8-dimethylfluorenon* (**III**), $C_{17}H_{16}O_3$, F. 251—252° (Dioxan), durch 4std. Erhitzen vorst. Anhydrids mit 2.4-Dimethylsulfolan auf 300° unter Feuchtigkeitsausschluß, Aufnehmen in Dioxan, 6std. Erhitzen mit wss. KOH auf dem Dampfbad, Einengen u. Verdünnen mit W.; 85% (6% wurden durch Ansäuern des alkal. Filtrats zurückgewonnen). — *2.7-Dimethoxy-1.6-dimethylfluorenon-5-carbonsäure*, $C_{18}H_{16}O_5$, F. 283—284°, neben **III** (50—60%) beim Arbeiten ohne Feuchtigkeitsausschluß; aus Dioxan orangefarbene Blättchen eines Dioxansolvats; 20—30%. — *2.7-Dimethoxy-1.6-dimethylfluorenon* (**IV**), $C_{17}H_{16}O_3$, F. 199—200° (Bzl.-Ligroin), a) durch 4std. Kochen vorst. Verb. in Chinolin mit Cu-Pulver; 74%; b) durch Cyclisierung von **II** nach HUNTRESS u. CLIFF [1933] u. Decarboxylierung wie bei a). — *4.4'-Dimethoxydiphensäureanhydrid*, $C_{16}H_{12}O_5$, F. 200—203° (Zers.), aus 6 Brom-3-methoxybenzoesäure analog **II** über die *freie Säure* (F. 242—245°; 40%) u. weiter wie **II**-Anhydrid; 89%. — *2.7-Dimethoxyfluorenon*, F. 123—125° (Aceton–Hexan), durch Erhitzen vorst. Verb. auf 310 bis 320° bis zur Beendigung der Gas-Entw., Aufnehmen in Aceton, Filtrieren, Verdünnen mit W. u. Verseifung des Nd. mit wss.-alkohol. KOH; 24%. — *2.7-Dimethoxyfluoren*, $C_{15}H_{14}O_2$, F. 170—171° (wss. A.), c) durch Red. vorst. Verb. nach WOLFF-KISHNER; 74%; b) aus 1 g vorst. Verb. mit 2%ig. Na-Amalgam in heißem A.; 0,8 g. — *2.7-Dihydroxyfluoren*, $C_{13}H_{10}O_2$, F. 249—250° (wss. A.), durch 6std. Kochen vorst. Verb. mit 48%ig. HBr u. Eisessig; 68%. — *2.7-Dimethoxy-1.6-dimethylfluoren*, $C_{17}H_{18}O_2$, F. 217 bis 218° (A.), aus **IV** in Amylalkohol durch Zufügen von Na bei 90°, Rühren, Zers. des überschüssigen Na mit A. u. Gießen in W.; 84%. — *2.7-Dimethoxy-1.8-dimethylfluoren-ol-(9)*, $C_{17}H_{18}O_3$, F. 224—225° (A.), durch Red. von **III** mit Na-Amalgam in A. u. Bzl. bei 60°; 79%. — *2.7-Dimethoxy-1.8-dimethylfluoren*, $C_{17}H_{18}O_2$, F. 235—238° (A.), durch Hydrierung von **III** in Dioxan bei 200° an Cu–Cr-Oxid unter 1450 lbs./sq.in.; 63%. — *2.7-Dihydroxy-1.8-dimethylfluorenon*, $C_{15}H_{12}O_3 \cdot 0{,}5\,CH_3OH$, F. 262—265° (aus CH_3OH–Bzl. rotorangefarbene Platten), durch Entmethylierung von **III** mit HBr. — *Semicarbazon* $C_{16}H_{27}N_3O$, F. 261—262°, durch 8std. Hydrierung vorst. Verb. in Dioxan an Cu–Cr-Oxid im Schüttelautoklaven unter 1500 lbs./sq.in. (25°) bei 210—215°, Aufnehmen des Prod. in Bzl. u. tert.-Butanol, Oxydation mit tert.-Butylchromat u. Behandlung des keton. Prod. mit Semicarbazidacetat; daneben eine *stereoisomere Form*, F. 189 bis 194°. — *2.4-Dinitrophenylhydrazon* $C_{21}H_{28}N_4O_5$, F. 114—115°, durch Hydrierung wie vorst. ohne so weitgehende Hydrogenolyse. R. MAYER-MADER. 2750□

Azomethinimine, eine neue Klasse zwitterionischer Verbindungen. Rolf Huisgen, Rudolf Fleischmann und Albrecht Eckell. (Tetrahedron Letters [London] **1960**. Nr. 12. 1—4. Juni. München, Univ., Inst. für Organ. Chem.) (Dt.)

Durch äquimol. Mengen anti-p-Chlorbenzoldiazocyanid (**III**) u. Diazofluoren in Äthylenchlorid oder Aceton bei 20° entsteht unter N_2-Entw. **I** [$C_{20}H_{12}ClN_3$, F. 192—193°; orangerote Kristalle; 93% (Ausbeute)]. **I** analoge Verbb. entstehen aus p-Brombenzoldiazocyanid [**IV**; F. 195—197° (Zers.); 90%] u. p-Nitrobenzoldiazocyanid [**V**; F. 209° (Zers.); 85%]. Aus **I** entsteht in 100%ig. Ausbeute durch Rk. mit 2.4-Dinitrophenylhydrazin in Methylglykol/HCl *Fluorenon-2.4-dinitrophenylhydrazon*.

I

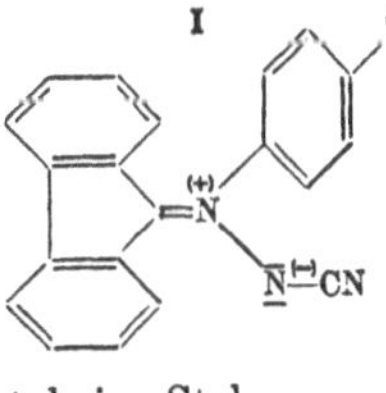

II

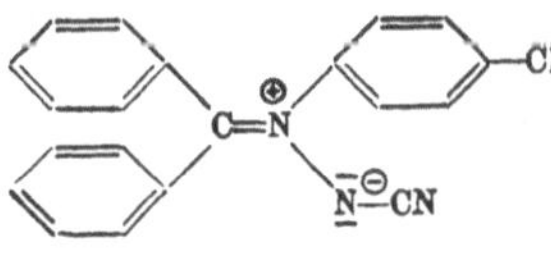

Fluorenon entsteht beim Stehen von **I** in Eisessig/HCl (10 : 1) bei 25° in 88%ig. Ausbeute. **I** ergibt beim Hydrieren in Essigester in Ggw. von Pt *N-Fluorenyl-p-chloranilin* [87%] u. bei der Red. mit $NaBH_4$ in A. *N-Fluorenyliden-p-chloranilin* [54%]. Mit Diphenyldiazomethan liefern **III**, **IV** u. **V** entsprechende Azomethinimine der Benzophenonreihe in 81—89%ig. Ausbeute. Das Prod. aus **III** u. Diphenyldiazomethan hat wahrscheinlich die Konstit. **II**. Die Maxima der IR-Spektren werden angegeben. W. HAMPEL. 2750□

Untersuchung auf dem Gebiet der Stereochemie cyclischer Verbindungen. 33. Mitt. Stereochemie und einige Umwandlungen des Adduktes von 1-Vinyl-6-methoxy-3.4-dihydronaphthalin mit Maleinsäureanhydrid. W. F. Kutscherow, W. M. Andrejew und L. K. Lyssantschuk. (Известия Академии Наук СССР, Отделение Химических Наук [Nachr. Akad. Wiss. UdSSR, Abt. chem. Wiss.] **1960**. 1796—1803. Okt. Zelinsky-Inst. für organ. Chem. der Akad. der Wiss. der UdSSR.) (Russ.) — 32. vgl. C. **1962**. 7872.

Die Dien-Kondens. von 1-Vinyl-6-methoxy-3.4-dihydronaphthalin (**III**) mit Maleinsäureanhydrid (**IV**) führt bei Raum-Temp. zum *Anhydrid* der *cis-syn-7-Methoxy-*

1.2.3.9.10.10a-hexahydrophenanthren-1.2-dicarbonsäure (*cis-syn*-**I**), die keine Tendenz zur Lactonisierung aufweist, sondern beim Behandeln mit gasförmigem HCl in Eisessig zu *cis-7-Methoxy-1.2.3.4.9.10-hexahydrophenanthren-1.2-dicarbonsäure* (*cis*-**II**) isomerisiert wird. Auch beim Erhitzen von cis-syn-**I** mit Acetylchlorid sowie bei der Durchführung der Dien-Rk. von **III** mit **IV** bei erhöhter Temp. fällt *cis*-**II**-*Anhydrid* an. cis-syn-**I** läßt sich über Pt zu *cis-syn-cis-7-Methoxy-1.2.3.4.4a.9.10.10a-oktahydrophenanthren-1.2-dicarbonsäure* hydrieren, während die Hydrierung von cis-**II** zur gleichen Verb. erst mit Pd/$SrCO_3$ als Katalysator gelingt. cis-syn-**I**-Dimethylester wird durch $NaOCH_3$ in der Hitze unter Verseifung zu *trans-anti*-**I** umgelagert, deren Anhydrid sich wiederum bei der Einw. von HCl in Eisessig/Essigsäureanhydrid zu *cis*-**II**-*Anhydrid* umlagert. cis-**II**-Dimethylester gibt analog mit $NaOCH_3$ *trans*-**II**, die mit sd. Acetylchlorid nicht ihr Anhydrid, sondern unter Verschiebung der Doppelbindung *trans-anti*-**I**-*Anhydrid* liefert.

Versuche: *cis-syn-7-Methoxy-1.2.3.9.10.10a-hexahydrophenanthren-1.2-dicarbonsäure* (*cis-syn*-**I**), $C_{17}H_{18}O_5$, F. 224—225° (Dioxan), aus dem Anhydrid mit sd. Wasser. *Anhydrid*, $C_{17}H_{16}O_4$, F. 202—204° (Dioxan), durch Zugeben von **IV** zu dem aus Vinyl-MgBr u. 6-Methoxytetralon-(1) bei anschließender Dehydratisierung erhaltenen **III** in Bzl.; 65% (Ausbeute); daneben wenig cis-**II**-Anhydrid. *Dimethylester*, F. 117—118° (Methanol), aus der Säure mit CH_2N_2. — *trans-anti*-**I**, $C_{17}H_{18}O_5$, F. 222—223° (Zers.; Dioxan), durch 20std. Kochen von 1 g cis-syn-**I**-Dimethylester mit Na in Methanol; 0,8 g. *Anhydrid*, $C_{17}H_{16}O_4$, F. 218—219° (Bzl.), a) durch 7std. Kochen von trans-anti-**I** mit Acetylchlorid; b) ebenso aus trans-**II**. *Dimethylester*, $C_{19}H_{22}O_5$, F. 120—121° (Methanol). — *cis-7-Methoxy-1.2.3.4.9.10-hexahydrophenanthren-1.2-dicarbonsäure* (*cis*-**II**), $C_{17}H_{18}O_5$, F. 209—210° (Zers.; Dioxan), durch ¼std. Erhitzen von 1 g cis-syn-**I** in mit HCl gesätt. Eisessig auf 60°; 0,7 g. *Anhydrid*, F. 138—139° (Aceton–Ae.), a) aus cis-**II** mit sd. Acetylchlorid; b) ebenso aus syn-cis-**I** (12 Std.); c) durch 20 Min. langes Erhitzen von 2 g syn-cis-**I** unter N_2 auf 220—230°; 0,8 g; d) durch 8std. Erwärmen von 0,5 g trans-anti-**I**-Anhydrid in mit HCl gesätt. Eisessig/Essigsäureanhydrid auf 60°; 0,1 g. *Dimethylester*, $C_{19}H_{22}O_5$, F. 78—79° (Methanol), a) aus cis-**II** mit CH_2N_2; b) aus syn–cis-**I**-Dimethylester u. mit HCl gesätt. Eisessig bei Raumtemperatur. — *trans*-**II**, $C_{17}H_{18}O_5$, F. 206—207° (wss. Aceton), a) durch 18std. Kochen von 1,18 g cis-**II**-Dimethylester mit Na in Methanol; 0,65 g; b) durch 7std. Erwärmen von 0,32 g trans-anti-**I**-Anhydrid in mit HCl gesätt. Eisessig auf 60°; 0,24 g. *Dimethylester*, $C_{19}H_{22}O_5$, F. 82—83° (Ae.–PAe.), a) aus trans-**II** u. CH_2N_2; b) aus trans-anti-**I**-Dimethylester u. mit HCl gesätt. Eisessig bei Raumtemperatur. — *cis-syn-cis-7-Methoxy-1.2.3.4.4a.9.10.10a-oktahydrophenanthren-1.2-dicarbonsäure*, $C_{17}H_{20}O_5$, F. 215,5—216,5° (wss. Dioxan), durch Hydrieren von 1 g cis-syn-**I** in wss. NaOH über Pd/$SrCO_3$; 0,98 g. *Anhydrid*, $C_{17}H_{18}O_4$, F. 164—165° (Bzl.). *Dimethylester*, $C_{19}H_{24}O_5$, F. 102—103° (Methanol), a) aus der Säure mit CH_2N_2; b) durch Hydrieren von cis-syn-**I**-Dimethylester oder cis-**II**-Dimethylester über Pd/$SrCO_3$.

H.-E. Toussaint. 2850□

Untersuchung auf dem Gebiet der Stereochemie cyclischer Verbindungen. 34. Mitt. **Umwandlung von Halbestern tricyclischer Dicarbonsäuren und Konformation von cis-syn-7-Methoxy-1.2.3.9.10.10a-hexahydrophenanthren-1.2-dicarbonsäure.** W. M. Andrejew, L. K. Lyssantschuk und W. F. Kutscherow. (Известия Академии Наук СССР, Отделение Химических Наук [Nachr. Akad. Wiss. UdSSR, Abt. chem. Wiss.] **1960.** 1804—09. Okt.) (Russ.) — 33. vgl. vorst. Referat.

Das Anhydrid der cis-syn-7-Methoxy-1.2.3.9.10.10a-hexahydrophenanthren-1.2-dicarbonsäure (cis-syn-**I**) gibt mit $NaOCH_3$ den *2-Methylester*, während der *1-Methylester* durch partielles Verseifen des Dimethylesters zugänglich ist. Die katalyt. Hydrierung der beiden cis-syn-**I**-Halbester führt unter stereospezif. Addition von H_2 zu den entsprechenden *Estern* der *cis-syn-cis-7-Methoxy-1.2.3.4.4a.9.10.10a-oktahydrophenanthren-1.2-dicarbonsäure* (**II**). **II**-2-Methylester gibt mit Oxalylchlorid das *2-Methylester-1-säurechlorid*, aus dem man mit n-Butylmercaptan den *2-Methylester-1-n-butylthioester* gewinnt; über Raney-Ni desulfuriert man diesen zu *cis-syn-cis-7-Methoxy-1-hydroxymethyl-1.2.3.4.4a.9.10.10a-oktahydrophrenanthren-2-carbonsäuremethylester*, der beim Behandeln mit Al_2O_3 zum entsprechenden *γ-Lacton* cyclisiert wird. Durch Se-Dehydrierung liefert dieses *1-Methyl-7-methoxyphenanthren*, wodurch sichergestellt ist, daß im Ausgangs-Prod. die 2-ständige COOH-Gruppe verestert war. cis-syn-**I**-1-Methylester wird durch $NaOCH_3$ in der Hitze zu *trans-anti*-**I** isomerisiert, während der 2-Methylester lediglich verseift wird, ohne daß eine Umlagerung eintritt. Die räumlichen Konfigurationen der Verbb. werden ausführlich diskutiert.

Versuche: *cis-syn-7-Methoxy-1.2.3.9.10.10a-hexahydrophenanthren-1.2-dicarbonsäure* (*cis-syn*-**I**), *1-Methylester*, $C_{18}H_{20}O_5$, F. 195—196° (Aceton), durch 4std. Kochen des Dimethylesters mit methanol. KOH; 55% (Ausbeute). *2-Methylester*, $C_{18}H_{20}O_5$, F. 195

bis 196° (Zers.; Isopropanol), durch kurzes Behandeln des Anhydrids mit $NaOCH_3$ in Methanol; 80%. — *trans-anti*-I, F. 221—222° (Dioxan), durch 15std. Kochen von 0,35 g cis-syn-I-1-Methylester mit Na in Methanol; 0,27 g. — *cis-syn-cis-7-Methoxy-1.2.3.4.4a-9.10.10a-oktahydrophenanthren-1.2-dicarbonsäure* (II), *1-Methylester*, $C_{18}H_{22}O_5$, F. 177 bis 178° (Methanol), durch Hydrieren von cis-syn-I-1-Methylester in abs. Dioxan über $Pd/SrCO_3$; 75%. *2-Methylester*, $C_{18}H_{22}O_5$, F. 215—216° (Aceton), analog aus cis-syn-I-2-Methylester. *Dimethylester*, F. 102—103°, aus den vorst. Halbestern mit CH_2N_2. — *cis-syn-cis-7-Methoxy-1-hydroxymethyl-1.2.3.4.4a.9.10.10a-oktahydrophenanthren-2-carbonsäure-γ-lacton*, $C_{17}H_{20}O_3$, F. 161—162° (Methanol), durch 1std. Kochen von II-2-Methylester mit Oxalylchlorid in Bzl., Eindampfen, Behandeln des erhaltenen öligen *2-Methylester-1-säurechlorids* in Bzl./Pyridin mit n-Butylmercaptan (48 Std. in geschlossener Ampulle), Versetzen mit W., Chromatographieren in Bzl.-PAe., 1std. Rühren des erhaltenen *2-Methylester-1-n-butylthioesters* mit RANEY-Ni in A. u. Chromatographieren in Bzl. an Al_2O_3. — *1-Methyl-7-methoxyphenanthren*, $C_{16}H_{14}O$, F. 131—132° (Methanol), durch 20std. Erhitzen vorst. Verb. mit Se auf 320—330°; liefert durch 1std. Kochen mit HBr/Eisessig unter N_2 *1-Methyl-7-hydroxyphenanthren*, F. 189—190° (Bzl.) [*Acetat*, F. 136—137°, aus Methanol Nadeln]. H.-E. TOUSSAINT. 2850 □

Untersuchung auf dem Gebiet der Stereochemie cyclischer Verbindungen. 35. Mitt. **Synthese und Konfiguration der Isomeren von 7-Methoxy-1.2.3.4.4a.9.10.10a-oktahydrophenanthren-1.2-dicarbonsäure mit cis-Verknüpfung.** W. F. Kutscherow, L. K. Lyssantschuk und W. M. Andrejew. (Известия Академии Наук СССР, Отделение Химических Наук [Nachr. Akad. Wiss. UdSSR, Abt. chem. Wiss.] **1960.** 2003—08. Nov.) (Russ.) — **34.** vgl. vorst. Referat.

Der 1-Methylester der cis-syn-cis-7-Methoxy-1.2.3.4.4a.9.10.10a-oktahydrophenanthren-1.2-dicarbonsäure (cis-syn-cis-I) wird beim Erhitzen mit $NaOCH_3$ zu *trans-syn–cis*-I isomerisiert, während der 2-Methylester unter gleichen Bedingungen *trans-anti-cis*-I liefert. Die Anhydride von trans-syn-cis-I, trans-anti-cis-I u. cis-syn-cis-I lassen sich durch Erhitzen mit Essigsäureanhydrid zu *cis-anti-cis*-I-*Anhydrid* umlagern. Damit sind die 4 theoret. denkbaren Isomeren der I mit cis-Verknüpfung der Ringe beschrieben.

Versuche: *trans-syn-cis-7-Methoxy-1.2.3.4.4a.9.10.10a-oktahydrophenanthren-1.2-dicarbonsäure* (*trans-syn–cis*-I), $C_{17}H_{20}O_5$, F. 214—216° (Aceton), durch 15std. Kochen von cis-syn-cis-I-1-Methylester mit $NaOCH_3$ in Methanol, Eindampfen u. Erhitzen des Rückstandes mit Wasser. *Anhydrid*, $C_{17}H_{18}O_4$, F. 172—173° (Aceton–Ae.), durch Erhitzen der Säure mit Acetylchlorid. *Dimethylester*, $C_{19}H_{24}O_5$, F. 133—134° (Methanol), aus der Säure mit CH_2N_2. — *trans-anti-cis*-I, *Hydrat*, $C_{17}H_{20}O_5 \cdot H_2O$, F. 118—128°, analog trans-syn-cis-I aus cis-syn-cis-I-2-Methylester; Umkristallisation aus Bzl. führt zum *Benzol-Addukt*, $C_{17}H_{20}O_5 \cdot C_6H_6$, F. 120—125°. *Anhydrid*, $C_{17}H_{18}O_4$, F. 145—146° (Bzl.–Ae.). *Dimethylester*, $C_{19}H_{24}O_5$, F. 105—106° (Ae.), a) aus der Säure mit CH_2N_2; b) durch 20std. Kochen von cis-syn-cis-I-Dimethylester mit $NaOCH_3$ u. anschließendes Umsetzen mit CH_2N_2; c) analog aus cis-anti-cis-I-1-Methylester. — *cis-anti-cis*-I, $C_{17}H_{20}O_5$, F. 237—238°, durch Verseifen des nachst. Anhydrids mit wss. NaOH. *Anhydrid*, $C_{17}H_{18}O_4$, F. 205—206° (Aceton), a) durch 4std. Erhitzen von trans-syn-cis-I-Anhydrid unter N_2 auf 200—210°; b) durch 3std. Kochen von trans-syn-cis-I-Anhydrid mit Essigsäureanhydrid; c) analog aus trans-syn-cis-I, trans-anti-cis-I oder cis-syn-cis-I. *Dimethylester*, $C_{19}H_{24}O_5$, F. 85—87° (Ae.-PAe.), aus der Säure mit CH_2N_2. *1-Methylester*, $C_{18}H_{22}O_5$, F. 171,5—172,5° (Methanol), durch 4std. Erhitzen des Anhydrids mit abs. Methanol. H.-E. TOUSSAINT. 2850 □

Aminomethylierung von Bicyclo-[2.2.1]-hepten. Vorl. Mitt. Hans Krieger. (Suomen Kemistilehti B **34.** 160—61. 1961. Turku, Lääke Oy, Med. Forsch.-Labor.) (Dt.)

Bei der fraktionierten Dest. des durch Umsetzung von Bicyclo-[2.2.1]-hepten mit wss. Dimethylamin (I) u. Paraformaldehyd (II) in Eisessig in Ggw. von H_2SO_4 erhaltenen Rk.-Prodd. wird als Haupt-Prod. u. am niedrigsten sd. Fraktion *exo-2-Dimethylaminomethylbicyclo-*[*2.2.1*]*-heptan* erhalten. Die nächsthöher sd. Fraktion stellt ein Gemisch eines *Aminoacetats* u. *Aminoalkohols* dar, das sich durch Red. mit $LiAlH_4$ in ein *Dimethylaminomethylbicyclo-*[*2.2.1*]*-heptanol* überführen läßt, während die folgende Fraktion in der Hauptsache aus *Bis-*[*bicyclo-*[*2.2.1*]*-heptylmethyl*]*-methylamin* besteht, was aus der Verbrennungsanalyse des *Methojodids* hervorgeht. Der stickstofffreie Rückstand besteht aus einem *Dihydroxymethyl-bicyclo-*[*2.2.1*]*-heptan*, worauf aus der Verbrennungsanalyse u. der Best. nach ZEREWITINOFF zu schließen ist.

Versuche: *exo-2-Dimethylaminomethyl-bicyclo-*[*2.2.1*]*-heptan*, $C_{10}H_{19}N$, $Kp._{12}$ 75,5°, durch Zutropfen von 30%ig. I zu einem Gemisch von Eisessig u. konz. H_2SO_4 unter Kühlung, 20std. Kochen dieser Lsg. mit 100 g Bicyclo-[2.2.1]-hepten u. 110 g II, Ausschütteln des Rk.-Prod. mit wss. NaOH, Ae.-Extraktion u. fraktionierte Dest.; n_D^{20} 1,4680, $D._4^{20}$ 0,8868; 48% (Ausbeute). *Methojodid*, F. 265,5—266,0° (Äthylacetat-A.). Daneben Gemisch aus *Aminoacetat* u. *Aminoalkohol* [$Kp._6$ 101—103°; n_D^{20} 1,4888; 18 g. *Methojodid*, F. 178,5—179° (Äthylacetat-A.); Red. mit $LiAlH_4$ in Ae. u. Zers. des Komplexes mit 30%ig. KOH → *Dimethylaminomethyl-bicyclo-[2.2.1]-heptanol*, $Kp._{0,04}$ 75—80°, n_D^{20} 1,4919, $D._4^{20}$ 0,9933], mit *Bis-[bicyclo-[2.2.1]-heptylmethyl]-methylamin* [$C_{17}H_{29}N$, $Kp._6$ 120—155°; 16,8 g; *Methojodid*, $C_{18}H_{32}JN$, F. 219,5—220,5° (Äthylacetat-A.)] u. *Dihydroxymethyl-bicyclo-[2.2.1]-heptan*, $C_9H_{16}O_2$, F. 100,5—101,0° (Cyclohexan).

J. SICKFELD. 2950□

Organische Reaktionen mit Polyphosphorsäure. 6. Mitt. **Intramolekulare Acylierung mit Lactonen. Cyclopentenone aus δ-Lactonen.** T. M. Jacob und Sukh Dev. (J. Indian chem. Soc. **36.** 429—33. Juni 1959. Bangalore, Indian Inst. of Sci., Dep. of organ. Chem.) (Engl.) — 5. vgl. C. **1961.** 7206.

Durch MICHAEL-Addition von Crotonsäureäthylester (**II**) an Cyclopentanon-2-carbonsäureäthylester (**I**) in Ggw. von K-tert.-Butylat → *β-[2-Carbäthoxycyclopentanonyl-(2)]-buttersäureäthylester*, Hydrolyse → *β-[2-Oxocyclopentyl]-buttersäure*, Red. mit $NaBH_4$ oder RANEY-Leg./NaOH → *β-[2-Hydroxycyclopentyl]-buttersäurelacton* u. Behandeln mit Polyphosphorsäure (**P**) wird *4-Methylbicyclo-[3.3.0]-$Δ^{1,5}$-octenon-(2)* in 66%ig. Gesamtausbeute dargestellt. Analog wird aus Cyclohexanon-2-carbonsäureäthylester (**III**) u. **II** über *β-[2-Carbäthoxycyclohexanonyl-(2)]-buttersäureäthylester* *β-[2-Oxocyclohexyl]-buttersäure* (**IV**) dargestellt, die bei Dest. immer eine niedriger sd. Fraktion, wahrscheinlich das *Enollacton* (**V**), gibt. **V** wird durch Behandlung mit NaOH in **IV** umgewandelt; **IV** gibt durch Red. *β-[2-Hydroxycyclohexyl]-buttersäurelacton* u. durch anschließende Behandlung mit **P** *7-Methylbicyclo-[4.3.0]-$Δ^{1,6}$-nonenon-(9)*, das nur schwierig von nicht umgesetztem Lacton getrennt werden kann.

Versuche: *β-[2-Carbäthoxycyclopentanonyl-(2)]-buttersäureäthylester*, $Kp._{1,5}$ 145 bis 147°, durch Zugabe von **I** u. **II** zu K-tert.-Butylat in tert.-Butanol in der Kälte, 16std. Stehen bei 23°, 12std. Kochen, Zugabe von Essigsäure u. W. u. Ausäthern; n_D^{27} 1,4560; 73,5% (Ausbeute). — *β-[2-Oxocyclopentyl]-buttersäure*, $Kp._{1,9}$ 154—155°, durch 16std. Kochen vorst. Verb. in verd. HCl u. Eindampfen im Vakuum; $n_D^{25,5}$ 1,4790; 99,5%. *Äthylester*, $Kp._{2,5}$ 124°, aus der Säure mit A./H_2SO_4; n_D^{23} 1,4560; 90%. — *β-[2-Hydroxycyclopentyl]-buttersäurelacton*, $C_9H_{14}O_2$, $Kp._{2,5}$ 124—125°, a) durch Zugabe von $NaBH_4$ zu vorst. Säure in kalter wss. $NaHCO_3$, 2std. Stehen in der Kälte, 16std. Rk. bei Raum-Temp., Einstellen mit konz. HCl auf pH 2, $^1/_2$std. Erhitzen auf 100°, Sättigen mit NaCl u. Ausäthern; $n_D^{25,5}$ 1,4775; 62%; b) durch 20std. Red. vorst. Esters mit $NaBH_4$ bei Raum-Temp. u. $4^1/_2$std. Hydrolyse des erhaltenen *Hydroxyesters* mit alkohol. KOH; 74%; c) durch $1^1/_2$std. Zugabe von RANEY-Leg. zu vorst. Säure in wss. NaOH, 7std. Stehen bei Raum-Temp., Ansäuern des Filtrats mit warmer H_2SO_4, mehrstd. Stehen u. Ausäthern; 98,9%. — *4-Methylbicyclo-[3.3.0]-$Δ^{1,5}$-octenon-(2)*, $C_9H_{12}O$, $Kp._{18}$ 117°, durch Zugabe vorst. Lactons zu **P** bei 60 ± 2°, $5^1/_2$std. Erwärmen auf 60° unter Feuchtigkeitsausschluß, Gießen auf Eis, Sättigen mit $(NH_4)_2SO_4$ u. 48std. Extraktion mit PAe.; n_D^{24} 1,5060; 95,5%. *2.4-Dinitrophenylhydrazon*, F. 214—215°; aus Eisessig/A. dunkelrote Nadeln. — *β-[2-Carbäthoxycyclohexanonyl-(2)]-buttersäureäthylester*, $C_{15}H_{24}O_5$, $Kp._2$ 158 bis 159°, durch Zugabe von **III** u. **I** zu K-tert.-Butylat in kaltem tert.-Butanol, 16std. Stehen bei 25° u. 8std. Kochen; $n_D^{29,5}$ 1,4630; $D._4^{29,5}$ 1,800; 58%; gibt beim Verseifen mit HCl/W. *β-[2-Carbäthoxycyclohexanonyl-(2)]-buttersäure* ($Kp._{0,05}$ 185—200°). — *β-[2-Oxocyclohexyl]-buttersäure* (**IV**), $C_{10}H_{16}O_3$, $Kp._{1,5}$ 156—157°, durch 48std. Kochen vorst. Esters mit HCl/Eisessig, Eindampfen im Vakuum u. Ausäthern; n_D^{24} 1,4818; 78%; daneben das *Enollacton* (**V**; $C_{10}H_{14}O_2$, $Kp._3$ 123°; $n_D^{26,5}$ 1,4930; gibt durch Lösen in NaOH u. Ansäuern **IV**). *2.4-Dinitrophenylhydrazon*, $C_{16}H_{20}N_4O_6$, F. 98—100°, aus verd. A. gelbe Flitter. — *β-[2-Hydroxycyclohexyl]-buttersäurelacton*, $C_{10}H_{16}O_2$, $Kp._{2,5}$ 135°, a) durch Red. vorst. Säure in wss. $NaHCO_3$ mit $NaBH_4$; n_D^{21} 1,4870; $D._4^{21}$ 1,0710; 90,5%; b) durch Red. vorst. Säure mit RANEY-Leg.; 91%. — *7-Methylbicyclo-[4.3.0]-$Δ^{1,6}$-nonenon-(9)*, $Kp._{12}$ 122°, durch Behandeln vorst. Lactons mit **P** bei 60 oder 80° (3—9 Std.), Lösen des rohen Ketons (2,75 g) in PAe. u. $1^1/_2$std. Rühren mit wss. KOH bei Raum-Temp.; n_D^{24} 1,5130; $D._4^{24}$ 1,019; 1,5 g. *2.4-Dinitrophenylhydrazon*, $C_{16}H_{18}N_4O_4$, F. 238° (Zers.); aus Bzl. dunkelrote Nadeln.

W. LIEBSCHER. 2950□

Polycyclische Verbindungen mit Brücken. 11. Mitt. **Epoxydierung von Norbornen und exo-Dihydrodicycloheptadien.** S. B. Soloway und Stanley J. Cristol. (J. org. Chemistry **25.** 327—29. März 1960. Boulder, Colo., Shell Dev. Co., Agricult. Res. Div.; Univ. of Colorado, Dep. of Chem.) (Engl.) — 10. vgl. C. **1961.** 18304.

Norbornen (**I**) wird mit Perbenzoesäure (**II**) ohne Umlagerung u. durch exo-Addition an den Bicycloheptenring zu *exo-2.3-Epoxynorbornan* (**V**) epoxydiert. **V** wird durch $LiAlH_4$ in Tetrahydrofuran (THF) zu *Norborneol-(exo-2)* reduziert. Analog führt die Epoxydierung von exo-5.6-Cyclopentanonorbornen-(2) (**IV**) mit **II** in Chlf. zu *exo-2.3-Epoxy-exo-5.6-cyclopentanonorbornan*, das sich mit $LiAlH_4$ in sd. THF zu *exo-5.6-Cyclopentanonorborneol-(exo-2)* (**III**) reduzieren läßt. **III** wird in das *p-Nitrobenzoat* u. in das *saure Phthalat* übergeführt. Die Epoxid-Bldg. wird durch Auswertung der IR-Spektren bestätigt.

Versuche: *exo-2.3-Epoxynorbornan* (**V**), $C_7H_{10}O$, F. 125,5—126,5°, $Kp._{630}$ 146 bis 148°, durch Zusetzen einer **II**-Lsg. in Chlf. zu festem **I** unter Kühlen u. 4tägige Rk. bei 0°; aus Hexan Nadeln; 80% (Ausbeute); gibt beim Kochen in THF mit $LiAlH_4$ *Norborneol-(exo-2)*. — *exo-2-syn-7-Norbornandiol*, $C_7H_{12}O_2$, F. 191—192°, aus dem Diacetat in abs. Ae. durch 24std. Rk. mit $LiAlH_4$; aus Nitromethan farnkrautähnliche Kristalle; 37%. *Diacetat*, $C_{11}H_{16}O_4$, $Kp._{15}$ 134—135°, durch 48std. Kochen von **V** mit CH_3COOK in CH_3COOH, Verdünnen mit W. u. Extrahieren mit Pentan; 49%. — *exo-2.3-Epoxy-exo-5.6-cyclopentanonorbornan*, $C_{10}H_{14}O$, $Kp._{0,7}$ 50—51,5°, durch Zusetzen von **II** in Chlf. zu **IV** unter Kühlen, mehrstd. Stehen bei 0°, Zusetzen von **II** in Chlf. u. 4std. Stehen bei Raum-Temp.; n_D^{28} 1,5031; 80%. — *exo-5.6-Cyclopentanonorborneol-(exo-2)* (**III**), $Kp._{0,7}$ 75 bis 79°, F. 37—46° (unrein), durch 5tägiges Kochen vorst. Verb. mit $LiAlH_4$ in THF unter Rühren; 62%. *Saures Phthalat*, F. 157,5—158° (Aceton), aus 1,0 g **III** mit 1,27 g Phthalsäureanhydrid in Pyridin bei 100°; 0,81 g. *p-Nitrobenzoat*, F. 91,5—93° (Hexan), aus 0,5 g **III** mit 0,73 g p-Nitrobenzoylchlorid in Pyridin; 0,25 g. G. MARQUARD. 2950 □

Polycyclische Verbindungen mit Brücken. 13. Mitt. **Einige Umlagerungen des Dibenzobicyclo-[2.2.2]-octadien-Systems.** Stanley J. Cristol und Ruta K. Bly. (J. Amer. chem. Soc. **82.** 6155—62. 5/12. 1960.) (Engl.) — 12. vgl. C. **1961.** 18305; 11. vgl. vorst. Referat.

Die Peroxyameisensäureoxydation von Dibenzobicyclo-[2.2.2]-octatrien (**I**) liefert nach Hydrolyse an Stelle des erwarteten Dibenzobicyclo-[2.2.2]-octadien-trans-2.3-diols (**X**) infolge WAGNER-MEERWEIN-Umlagerung *Dibenzobicyclo-[3.2.1]-octadien-exo-4-syn-8-diol* (**IV**), das ebenfalls aus Dibenzobicyclo-[2.2.2]-octadien-2.3-epoxid (**II**) mit Ameisensäure (**III**) u. durch anschließende Hydrolyse erhalten werden kann. Die exo-4-syn-8-Konfiguration von **IV** wird durch das IR-Spektrum gesichert. **II** wurde mit NaOH in *1.2;5.6-Dibenzocycloheptatrien* (**VII**) übergeführt. Die Struktur des durch Epoxydation von **I** mit Peroxybenzoesäure (**XIV**) erhältlichen **II** wurde durch $LiAlH_4$-Red. zu *Dibenzobicyclo-[2.2.2]-octadien-2-ol* (**III**) bewiesen. **IV** zeigt einen negativen Perjodsäuretest, bildet aber ein *Diacetat* u. wird mit $KMnO_4$ unter Umlagerung zu *Anthrachinon* (**XVI**), *3-[o-Carboxyphenyl]-phthalid* (**XV**) u. *3.3'-Spirodiphthalid* (**V**) oxydiert. Die $KMnO_4$-Oxydation von Dibenzobicyclo-[2.2.2]-octadien-cis-2.3-diol (**VIII**) führte zu **XVI**. Dagegen entstanden bei der $KMnO_4$-Oxydation von **VII** 52% **XVI** u. 35% **V**. Mit $COCl_2$ wird aus **IV** das *Carbonat* (**XVIII**) erhalten. Beim Vers., das cycl. Acetal von **IV** mit p-Nitrobenzaldehyd (**XIX**) in Ggw. von p-Toluolsulfonsäure (**XX**) darzustellen, entstand *1.2;5.6-Dibenzocycloheptatrien-7-aldehyd* (**VI**). Die Struktur von **VI** ergibt sich aus der $LiAlH_4$-Red. zu *1.2;5.6-Dibenzocycloheptatrienyl-(7)-methanol* (**XII**), anschließende Überführung in das *p-Brombenzolsulfonat* mit p-Brombenzolsulfonylchlorid (**XVII**) u. dessen Alkalispaltung zu *7-Methylen-1.2;5.6-dibenzocycloheptatrien*. **VI** wurde mit Ag_2O zu *1.2;5.6-Dibenzocycloheptatrien-7-carbonsäure* (**XXII**) oxydiert. **VI** wurde bei Chromatographie von **II** in Chlf. oder CCl_4 an FISHER-Al_2O_3 infolge Umlagerung, bedingt durch die elektrophile Natur des Al, erhalten; bei Anwendung von Äthylacetat wurde **II** zurückgewonnen. Der Umlagerungsmechanismus von **IV** in **VI** in Ggw. von **XX** wird diskutiert. Bei der Rk. von **II** mit 3n NaOH u. Äthylenglykol (**IX**) entstanden 46% **VII** u. eine nicht identifizierte Säure **XIII**, mit 1n NaOH u. 50%ig A. 45% **VII** neben 6% **II**. **VIII**, das cis-Isomere von **X**, wurde durch $KMnO_4$-Oxydation von **I** bei niedriger Temp. gewonnen u. mit Alkali in **IX** in *9.10-Dihydroanthracen* übergeführt. 2-Ketodibenzobicyclo-[2.2.2]-octadien (**XI**) lieferte mit Alkali in **IX** *9.10-Dihydroanthracyl-(9)-essigsäure*. Es wird angenommen, daß die Alkalispaltung von **XI** u. **II** durch eine Umlagerung des C-Gerüstes eingeleitet wird. 3 Rk.-Mechanismen für den Übergang von **II** in **VII** werden diskutiert, von denen der über **VI** verlaufende am wahrscheinlichsten ist. **X** u. **XI** sind keine Zwischenprodukte. Beim Erhitzen von **II** in wss. Suspension entsteht **VI**, bei Erwärmen in **IX** **VI**-*Acetal*. Die Rk. von **VI** bzw. dessen Acetal mit Alkali in **IX** liefert **VII** bzw. **XIII**. IR-Absorptionsmaxima von **II**, **IV**, **VI**, **XIII**, **XV** u. **XVIII** sowie UV-Maximum u. -minimum von **VII** s. Original.

Versuche: *cis-2.3-Dichlordibenzobicyclo-[2.2.2]-octadien*, aus cis-Acetylendichlorid u. Anthracen (**XXI**). — *Dibenzobicyclo-[2.2.2]-octatrien* (**I**), F. 119—120,5° (A.), durch Zusetzen von Na zu vorst. Verb. in sd. n-Amylalkohol; 88% (Ausbeute). — *Dibenzobicyclo-[3.2.1]-octadien-exo-4-syn-8-diol* (**IV**), $C_{16}H_{14}O_2$, F. 145—146° (Bzl.), a) durch Zugabe von

H_2O_2 zu I in III/Ae., 4std. Kochen, Eindampfen, Lösen in 1n alkohol. KOH, 4std. Kochen, Verdünnen mit W., Ausäthern, Eindampfen u. Chromatographie in CCl_4 an Al_2O_3; 59%; daneben 22% **I** u. wenig **XVI**; b) nach Hydrolyse von **I** durch Ausäthern, Einengen u. Zusetzen von Skellysolve B; 62%; c) durch 5std. Rk. von **II** mit **III** in Ae. bei Raum-Temp., Eindampfen u. 5std. Kochen mit 1n alkohol. KOH; 89%. *Carbonat* (**XVIII**), $C_{17}H_{12}O_3$, F. 232—234° (CCl_4–Chlf.), durch Zusetzen von **IV** in Dioxan zu $COCl_2$ in Pyridin–Dioxan, 5std. Einleiten von $COCl_2$ bei Raum-Temp. u. Zutropfen von W.; 11%. *Diacetat*, $C_{20}H_{18}O_4$, F. 168—170°, durch 3std. Erhitzen von **IV** mit Acetanhydrid u. geschmolzenem CH_3COONa auf 100°; 91%. — *Anthrachinon* (**XVI**), F. 283—285° (Chlf.), a) durch 2std. Zugabe von $KMnO_4$ zu **IV** in W., 3std. Rühren bei Raum-Temp., Erwärmen auf 60°, Filtrieren (Filtrat **A**) u. Extrahieren des Nd. mit Chlf.; 10%; daneben eine *Verb. vom F. >360°* (durch Ausäthern von **A**), 22% **XV** (durch Ansäuern der wss. Lsg. mit 3n HCl, 24std. Stehen bei 50—60° u. Extrahieren des Nd. mit Alkali) u. 41% *3.3'-Spirobiphthalid* [**V**; F. 210—212° (A.); aus dem in Alkali schwerlösl. Nd.]; b) durch Oxydation von **VIII** mit $KMnO_4$; 74%; c) durch Oxydation von **VII** mit $KMnO_4$; 52%; daneben 35% **V**. — *Dibenzobicyclo-[2.2.2]-octadien-2.3-epoxid* (**II**), $C_{16}H_{12}O$, F. 160 bis 170° (sintert bei 154°; Chlf.), durch Zusetzen von **XIV** in Chlf. zu **I** u. 5tägiges Stehen bei 5—10°; 52%. — *Dibenzobicyclo-[2.2.2]-octadien-2-ol*, F. 139—141° (Methanol-W.), durch 5tägiges Kochen von **II** in Tetrahydrofuran mit $LiAlH_4$, Zers. mit Äthylacetat, Gießen in 15%ig. NaOH, Chromatographie in CCl_4 an Al_2O_3 u. Eluieren aus Äthylacetat; 65%. — *3-[o-Carboxyphenyl]-phthalid* (**XV**), $C_{15}H_{10}O_4$, F. 202,5—203,5° (Chlf.-Skellysolve), durch Verseifen von **V**. *Methylester*, $C_{16}H_{12}O_4$, F. 155—156,5°. *Äthylester*, F. 100—101°. — *1.2;5.6-Dibenzocycloheptatrien-7-aldehyd* (**VI**), $C_{16}H_{12}O$, F. 112—114° (Skellysolve B), a) aus 920 mg **IV** mit **XIX** in Ggw. von **XX**; 0,25 g; b) durch 12std. Erhitzen von **II** in W. auf 140° im CARIUS-Rohr u. Behandeln mit CCl_4; 40%; c) 8 bis 10std. Chromatographie von 600 mg **II** in CCl_4 an Al_2O_3 u. Eluieren mit 10% Äthylacetat in CCl_4 u. mit Äthylacetat; 52,5%. *2.4-Dinitrophenylhydrazon*, $C_{22}H_{16}N_4O_4$ F. 221 bis 223°. *Äthylenacetal*, $C_{18}H_{16}O_2$, F. 191—193° (A.), a) durch 4std. Kochen von **II** in **IX**; b) durch mehrstd. Kochen von **VI** in **IX**; 52%. — *1.2;5.6-Dibenzocycloheptatrien* (**VII**), $C_{15}H_{12}$, F. 132—134° (A.), a) aus **II** mit 7n NaOH durch 16std. Erhitzen im CARIUS-Rohr auf 140—150°, Waschen mit W. u. Extrahieren mit sd. CCl_4; 38%; b) aus 750 mg **II** in NaOH u. **IX** durch langsames Erhitzen zum Sieden, 12std. Kochen u. Aufarbeiten des Sublimats; 46%; daneben 120 mg der *Säure vom F. 200—201°* (**XIII**; Chlf.-CCl_4 oder Bzl.-Skellysolve); c) durch 85std. Kochen von **II** in 1n NaOH in 50%ig. A.; 45%; d) durch 10std. Kochen von 100 mg **VI** mit NaOH u. **IX**; 69%; daneben 12 mg **XIII**. — *1.2;5.6-Dibenzocycloheptadien*, F. 74—75° (A.), durch Hydrieren von **VII** über Pd-Kohle in CH_3COOH; 81%. *3.4-Dibrom-Deriv.*, F. 155—163°, aus **VII** analog TREIBS u. KLINKHAMMER (Chem. Ber. **84**. [1951.] 671); 44%. — *Dibenzobicyclo-[2.2.2]-octadien-cis-2.3-diol* (**VIII**), F. 201—202° (Bzl.), a) aus 7,5 g **I** in Aceton u. W. durch Rk. mit $KMnO_4$ $<-10°$; 24%; neben 0,5 g **XVI** u. 44% **I**; b) durch Hydrolyse des DIELS-ALDER-Additions-Prod. von **XXI** u. Vinylencarbonat. *Diacetat*, $C_{20}H_{18}O_4$, F. 158—160°; 94%. — *9.10-Dihydroanthracen*, F. 105—107° (A.), durch 10std. Kochen von **VIII** mit Alkali in **IX**; 80%. — *9.10-Dihydroanthracyl-(9)-essigsäure*, F. 170—171° (Methanol–W.), aus **XI** mit NaOH u. **IX**; 93%. — *9.10-Dihydroanthracyl-(9)-N.N-dimethylacetamid*, F. 135,5 bis 136,5°, aus vorst. Verb. mit Dimethylamin u. $SOCl_2$. — *1.2;5.6-Dibenzocycloheptatrienyl-(7)-methanol* (**XII**), $C_{16}H_{14}O$, F. 86—87° (Skellysolve B), durch 3std. Kochen von **VI** mit $LiAlH_4$ in Ae.; 73%. *p-Brombenzolsulfonat*, $C_{22}H_{17}BrO_3S$, F. 168° (A.), aus **XII** mit **XVII**; 43%. — *7-Methylen-1.2;5.6-dibenzocycloheptatrien*, F. 118—120° (A.), aus 62 mg vorst. Esters durch 12std. Erhitzen mit 1n alkohol. NaOH; 16 mg. — *1.2;5.6-Dibenzocycloheptatrien-7-carbonsäure* (**XXII**), $C_{16}H_{12}O_2$, F. 234—237° (Chlf.-Skellysolve B), durch kurze Rk. von 100 mg **VI** mit $AgNO_3$ in A.-W. mit NaOH bei 70°, Verdünnen mit W., Filtrieren, Ansäuern des Filtrats mit HNO_3 u. 2std. Stehen bei 60°; 37% neben 52 mg einer unbekannten Substanz. G. MARQUARD. 2950 □

Polycyclische Verbindungen mit Brücken. 14. Mitt. **Freie-Radikal-Addition von p-Toluolsulfonylchlorid an einige Norbornene.** Stanley J. Cristol und James A. Reeder. (J. org. Chemistry **26**. 2182—85. Juli 1961.) (Engl.) — 13. vgl. vorst. Referat.

Norbornen (**V**) lieferte mit p-Toluolsulfonylchlorid (**I**) in Ggw. von Benzoylperoxid (**VIII**) oder bei UV-Bestrahlung *exo-2-p-Toluolsulfonyl-endo-3-chlornorbornan* (**II**). Aldrin (**VI**) reagierte mit **I** in Ggw. von Di-tert.-butylperoxid (**X**) unter Bldg. von *endo-3.5.6.7.8.9.9-Heptachlor-1.2.3.4.4a.5.8.8a-oktahydro-exo-2-[p-toluolsulfonyl]-1.4.5.8-exo-endo-dimethanonaphthalin* (**III**). Die Bldg. von **II** u. **III** erfolgt durch trans-1.2-Addition ohne Umlagerung oder durch cis-exo-Addition. Die Addition von **I** an Norbornadien (**VII**) führte zu *exo-3-[p-Toluolsulfonyl]-exo-5-chlortricyclo-[2.2.1.0^{2.6}]-heptan* (**IV**), das gegen verd. $KMnO_4$-Lsg. in Aceton oder gegen Br_2 in CCl_4 beständig ist. Aus einem Gemisch aus **V** u. **I**, **V**, **I** u. **VIII** sowie **V**, **I** u. Dinitrobenzol wurden nach 17std. Erwärmen auf 75—80° 39, 11 bzw. 73% **V** zurückgewonnen. Aus einem Gemisch aus **VI**, **I** u. **VIII** in Chlorbenzol wurde nach 24std. Kochen 95% **VI** zurückgewonnen. Die Ergebnisse der Radikaladditionen werden diskutiert. Die IR-Maxima von **IV** sind angegeben.

Versuche: *exo-2-[p-Toluolsulfonyl]-endo-3-chlornorbornan* (**II**), F. 114—115° (Methanol), a) aus **V**, **I** u. **VIII** durch Erhitzen auf 100°, 8std. Rühren bei 85—90°, Chromatographie in Äthylacetat (**IX**) an Al_2O_3 u. Eluieren mit 10%ig. **IX** in PAe; 64% (Ausbeute); b) aus **V** u. **I** durch 1std. UV-Bestrahlung bei 120—130° u. 12std. Stehen bei Raum-Temp.; 49,5% neben 27% **V**. — *endo-3.5.6.7.8.9.9-Heptachlor-1.2.3.4.4a.5.-8.8a-oktahydro-exo-2-[p-toluolsulfonyl]-1.4.5.8-exo-endo-dimethanonaphthalin* (**III**), F. 265 bis 268° (CCl_4), aus einem Gemisch aus **VI**, **I** u. **X** durch 24std. Erhitzen im CARIUS-Rohr auf 152—155°; 13%. — *exo-3-[p-Toluolsulfonyl]-exo-5-chlortricyclo-[2.2.1.0$^{2.6}$]-heptan* (**IV**), $C_{14}H_{15}ClO_2S$, F. 154—155° (Methanol), a) aus **VII**, **I** u. **VIII** durch 24std. Rk. bei 75—82°; 42%; b) aus **VII** u. **I** in Cyclohexan durch 24std. UV-Bestrahlung; 53,2%.

G. MARQUARD. 2950

Synthese polycyclischer Ketone. 3.4-Benzpyrenchinon. N. Ss. Dokunichin und S. S. Moissejewa. (Журнал Всесоюзного Химического Общества им. Д. И. Менделеева [J. chem. Allunions-Mendelejew-Ges.] **6**. 235—36. 1961. Woroschilow-Forschungsinst. für org. Zwischenprodd. u. Farbstoffe.) (Russ.)

Aus Phthalidylidenacetylchlorid (**I**) u. Naphthalin wird in Ggw. von $AlCl_3$ ein *Kondens.-Prod.* (**II**) erhalten, daß mit H_2SO_4 zu *3.4-Benzpyrenchinon-(1.5)* cyclisiert wird. In **II** liegt vermutlich *α-[Phthalidylidenacetyl]-naphthalin* vor.

Versuche: *Phthalidylidenacetylchlorid* (**I**), F. 158°, man kocht 20 g Phthalidylidenessigsäure u. 40 ml $SOCl_2$ 4 Std.; 94,6% (Ausbeute). — *α-[Phthalidylidenacetyl]-naphthalin* (?) (**II**), $C_{20}H_{12}O_3$, F. 214—215° (Bzl.-Bzn.), man gibt zu 11,4 g Naphthalin u. 20 g $AlCl_3$ in 100 ml Chlorbenzol in 2 Std. bei 10° 18,3 g **I** in 900 ml Chlorbenzol u. rührt 2 Std.; 79,2%. — *3.4-Benzpyrenchinon-(1.5)*, $C_{20}H_{10}O_2$, F. 314—316° (Trichlorbenzol), man rührt 6 g **II** u. 60 ml konz. H_2SO_4 ½ Std. u. gießt auf Eis; 66%.

HELMUT SCHÄFER. 2950□

Studien in der Perylen- und Coronenreihe. H. Hopff und H. R. Schweizer. (Chimia [Zürich] **13**. 102—05. 10/4. 1959. ETH, Techn.-Chem. Labor.) (Dt.)

Inhaltlich ident. mit der C. **1960**. 9891 referierten Arbeit. Zu ergänzen ist: Bisanthen (pD 1,86 β) reagiert in sd. Nitrobenzol mit 1 oder 2 Mol. Maleinsäureanhydrid (**I**) glatt zu *Benzbisanthendicarbonsäureanhydrid* bzw. *Ovalentetracarbonsäureanhydrid*. Auch 1.14-Benzbisanthen (pD 2,40 β), 2.3; 10.11-Dibenzperylen (pD 2,44 β) u. 1.2-Benz-6'.12-oxidoperylen (pD 2,47 β) reagieren noch sehr rasch, während das Perylen (pD 2,88 β) eine längere Rk.-Zeit benötigt u. beim 1.12-Benzperylen (pD 3,24 β) keine Anlagerung mehr eintritt. Die Anlagerung an Perylen erfolgt wesentlich rascher u. quant., wenn in überschüssigem, geschmolzenem **I** gearbeitet u. Chloranil als Dehydrierungsmittel verwendet wird.

W. EISENMANN. 2950□

Über bi- und polycyclische Azulene. 48. Mitt. **Einige Reaktionen von Azulenaldehyden, -nitrilen und -carbonsäuren.** Wilhelm Treibs, Christa Vollrad und Manfred Reimann. (Liebigs Ann. Chem. **648**. 164—84. 11/12. 1961. Leipzig, Univ., Inst. für Organ. Chem.; Miltitz, Chem. Fabrik, Forschungslabor.) (Dt.) — **47. u. weitere 48.** vgl. C. **1962**. 117; 49. vgl. C. **1962**. 1985.

Azulen-1 (bzw. 3)-aldehyde sowie die entsprechenden Nitrile u. Carbonsäuren geben als Pseudoaromaten unter geeigneten Bedingungen Rkk. der analogen benzoiden Verbb., wobei in einigen Fällen die funktionelle Gruppe abgespalten wird. Die Azulenaldehyde entsprechen z. B. in ihrem Rk.-Vermögen weitgehend dem 4-Dimethylaminobenzaldehyd. Das spektroskop. Verh. der neuen Azulen-Derivv. wird geprüft.

Versuche: *Azulen-1-carbonsäure*, $C_{11}H_8O_2$, F. 189—190°, a) durch Oxydation von Azulen-1-aldehyd (**I**) in Pyridin mit $KMnO_4$ in W. (40 Std.); aus Bzl. dunkelrote Blättchen; 29,5% (Ausbeute); b) durch 2½std. Erhitzen von 1-Cyanazulen mit KOH in wss. Glycerin auf 160—170°; 32%. — *Isoguajazulen-1-carbonsäure*, $C_{16}H_{18}O_2$, F. 197—199°, analog vorst. Verb.; aus Bzl. rotviolette Nadeln; 47%. — *Azulen-1-aldehyd*, *$NaHSO_3$-Verb.*, $C_{11}H_9NaO_4S$, durch Schütteln von **I** mit 38%ig. $NaHSO_3$-Lsg.; blaue Blättchen; 99%. *Diäthylacetal*, durch 25 Min. langes Kochen von **I** u. Orthoameisensäuretriäthylester in abs. A. u. Reinigen durch Chromatographie an Al_2O_3; nur in Lsg. beständig; violettes Öl; 7,5%. — *Guajazulen-3-aldehyddiäthylacetal*, durch 1std. Kochen von Guajazulen-3-aldehyd (**II**) u. Orthoameisensäuretriäthylester in Ggw. von NH_4Cl in abs. A.; schwarzviolettes Öl; 8,3%. — *Isoguajazulen-1-aldehyddiäthylacetal*, analog vorst. Verb.; braunes unbeständiges Öl; 22%. — *Guajazulenyl-(3)-methylenanilin*, $C_{22}H_{23}N$, F. 122 bis 122,5°, durch 1½std. Erhitzen von **II** u. Anilin auf 100°; aus A. blauschwarze Kristalle; 96%. — *Isoguajazulenyl-(1)-methylenanilin*, $C_{22}H_{23}N$, F. 78—79°, analog vorst. Verb.;

aus A. schwarze Nadeln; 92,5%. — *3-[β-Cyan-β-carbäthoxyvinyl]-guajazulen*, $C_{21}H_{23}NO_2$, F. 121—122°, durch 16std. Stehen von **II** u. Cyanessigsäureäthylester in Ggw. von Diäthylamin in abs. A.; aus A. braunviolette Kristalle; 93%. — *1-[β-Cyan-β-carbäthoxy-vinyl]-azulen*, $C_{16}H_{13}NO_2$, F. 116—117°, aus **I** analog vorst. Verb.; aus A. blauschwarze Nadeln; 96%. — *1-[β-Cyan-β-carbäthoxyvinyl]-isoguajazulen* (**IV**), $C_{21}H_{23}NO_2$, F. 112 bis 112,5°, analog vorvorst. Verb. (16tägiges Stehen bei Raum-Temp.); aus A. dunkelrote Nadeln; 84,5%. — *3-[β.β-Dicarbäthoxyvinyl]-guajazulen*, $C_{23}H_{28}O_4$, F. 91—92°, durch 8tägiges Stehen von **II** u. Malonsäurediäthylester in Ggw. von Piperidin in abs. A.; aus A. blauschwarze Kristalle; 63%. — *1-[β.β-Dicarboxyvinyl]-isoguajazulen*, $C_{19}H_{20}O_4$, F. 151—162°, durch 4 Monate langes Stehen von Isoguajazulen-1-aldehyd (**III**) u. Malonsäurediäthylester in Ggw. von Piperidin in abs. A. u. 2std. Kochen mit 10%ig. äthanol. KOH; aus Essigester braune Kristalle; 22,5%. — *3-[β-Carboxyvinyl]-guajazulen*, $C_{18}H_{20}O_2$, F. 191—193°, a) durch 14tägiges Stehen von **II** u. Malonsäure in Ggw. von Diäthylamin in A.; aus Essigester grüne Nadeln; 71%; b) durch 3std. Erhitzen von **II** u. Malonsäure in Pyridin in Ggw. von Piperidin auf 100°; 31,5%; daneben *Guajazulen* (*Trinitrobenzolat*, F. 150—151°). — *1-[β-Carboxyvinyl]-isoguajazulen*, $C_{18}H_{20}O_2$, F. 152—154°, analog vorst. Verb. nach a) (9 Wochen langes Stehen; 8%) u. b) (32%); aus Essigester braune Kristalle. — *3-[β-Acetyl-β-carbäthoxyvinyl]-guajazulen*, $C_{22}H_{26}O_3$, durch 14tägiges Stehen von **II** u. Acetessigsäureäthylester in abs. A. in Ggw. von Piperidin u. Chromatographie; grünbraunes Öl; 54%. — *3-[β-Cyan-β-phenylvinyl]-guajazulen*, $C_{24}H_{23}N$, F. 83,5—84,5°, durch 14tägiges Stehen von **II** u. Benzylcyanid in abs. A. in Ggw. von Piperidin; aus A. schwarzbraune Nadeln; 78%. — *1-[Guajazulenyl-(3)]-buten-(1)-on-(3)*, $C_{19}H_{22}O$, F. 81—82°, durch mehrstd. Stehen von **II** u. Aceton mit Na in abs. A.; aus Essigester grüne Kristalle; 67,1%. — *1-[Isoguajazulenyl-(1)]-buten-(1)-on-(3)*, $C_{19}H_{22}O$, F. 90,5—91,5°, analog vorst. Verb. aus **III** (14tägiges Stehen); aus A. blauviolette Kristalle; 71%. — *3-[β-Carbäthoxy-vinyl]-guajazulen*, $C_{20}H_{24}O_2$, durch 1std. Schütteln von **II** u. Na-Acetessigsäureäthylester u. mehrstd. Stehen; grünes Öl; 14%. — *3-[β-Carbomethoxyvinyl]-guajazulen*, $C_{19}H_{22}O_2$, F. 64—65°, durch Zugabe von Zn zu **II** u. Bromessigsäuremethylester in Bzl., 1std. Kochen u. 12std. Stehen bei Raum-Temp., aus A. grüne Kristalle; 70%. — *1-[β-Carbo-methoxyvinyl]-isoguajazulen*, $C_{19}H_{22}O_2$, F. 92—93°, aus **III** analog vorst. Verb.; aus A. blauschwarze Nadeln; 68,5%. — *1-[α-Methyl-β-cyan-β-carbäthoxyäthyl]-isoguajazulen*, $C_{22}H_{27}NO_2$, aus **IV** in CH_3MgJ in abs. Ae.; blauviolettes Öl; 46%. — *Isoguajazulen-1-carbonsäureamid*, $C_{16}H_{19}NO$, F. 196—197°, durch 1,2std. Erhitzen von 1-Cyanisoguajazulen (**V**) mit konz. H_2SO_4 auf 115—120°; aus Bzl. violette Nadeln; 82%. — *Guajazulen-3-carbonsäureamid*, $C_{16}H_{19}NO$, F. 240—242° (Bzl.), analog vorst. Verb.; 66,5%; daneben *Guajazulen*. — *1-Acetylisoguajazulen*, $C_{17}H_{20}O$, a) durch 42std. Kochen von **V** u. CH_3MgJ in abs. Ae. u. Reinigen durch Chromatographie; rotes Öl; 8,5%; b) durch 3std. Kochen von Isoguajazulen-1-carbonsäurechlorid u. CH_3MgJ in abs. Ae. u. 12std. Stehen; 29%. — *Guajazulen-3-carbonsäure*, $C_{16}H_{18}O_2$, F. 118—120°, a) durch 2std. Stehen von Guajazulen in Toluol u. einer 20%ig. Lsg. von $COCl_2$ in Toluol bei 20°; aus Cyclohexan violette Kristalle; 26%; b) durch Verseifung des Methylesters. *Methylester*, $C_{17}H_{20}O_2$, mit CH_2N_2; blauviolettes Öl; 88,2%. — *Diguajazulenyl-(3)-keton* (**VI**), $C_{31}H_{34}O$, F. 189—190°, neben vorst. Verb.; aus A. grüne Kristalle; 33%. — *Azulen-1-carbonsäureäthylester*, $C_{13}H_{12}O_2$, durch 2std. Kochen der Säure in abs. A. in Ggw. von konz. H_2SO_4; rotviolettes Öl; 17%. — *Isoguajazulen-1-carbonsäure, Methylester*, $C_{17}H_{20}O_2$, a) aus der Säure mit CH_2N_2 in abs. Ae.; rotes Öl; 95,5%; b) durch 2std. Kochen des Na-Salzes der Säure mit $(CH_3)_2 \cdot SO_4$; 66%. *Freie Säure*, $C_{16}H_{18}O_2$, F. 198—199° (Bzl.), durch 3std. Kochen des Methylesters mit 0,5n äthanol. KOH; 36,5%. *n-Butylester*, $C_{20}H_{26}O_2$, F. 42,5—44,5°, durch 4std. Erhitzen des Ag-Salzes der Säure mit n-Butylbromid auf 100°; rote Kristalle; 39%. *Chlorid* (**VII**), durch 1/4std. Stehen der Säure mit PCl_5; gibt beim Verseifen die Säure (72%) u. eine *Monochlorisoguajazulen-1-carbonsäure*, $C_{16}H_{17}ClO_2$, F. 163—164°; aus Bzl. rotviolette Kristalle; 14%. *Phenylester*, $C_{22}H_{22}O_2$, F. 92—93° (A.), durch 1½std. Schütteln von **VII** mit Phenol in abs. Ae.; 63%. *Diphenylamid*, $C_{28}H_{27}NO$, F. 96,5—97,5°, durch 2std. Schütteln von **VII** mit Diphenylamin in abs. Ae.; aus A. blaue Nadeln; 64%. — *Guajazulen-3-carbonsäure, Phenylester*, $C_{22}H_{22}O_2$, F. 69—70,5°, analog vorst. Verb. aus dem entsprechenden Säurechlorid u. Phenol; aus A. blaue Kristalle; 47,2%; daneben 9,5% **VI**. *Diphenylamid*, $C_{28}H_{27}NO$, F. 153—154°, aus dem Säurechlorid u. Diphenylamin; aus PAe. blaue Nadeln; 43%. — *1-Benzoylisoguajazulen*, $C_{22}H_{22}O$, F. 99—100°, durch 2std. Stehen von **VII** u. abs. Bzl. in Ggw. von $AlCl_3$ bei 50°; aus PAe. rotviolette Kristalle; 37%. — *1-Cyanisoguajazulen*, $C_{16}H_{17}N$, F. 148,5—149°, durch 3std. Erhitzen von Isoguajazulen-1-carbonsäureamid mit $POCl_3$/NaCl in CH_2Cl_2; aus PAe. rote Nadeln; 57%. — *3-Cyanguajazulen*, $C_{16}H_{17}N$, F. 72—73,5°, analog vorst. Verb. aus dem entsprechenden Säureamid; aus Bzl. blauviolette Nadeln; 50%.

P. GOLINSKE. 2950□

Benzonorcaradiencarbonsäure und Benzocycloheptatriencarbonsäure. Rolf Huisgen und Gottfried Juppe. (Chem. Ber. **94.** 2332—49. 18/8. 1961. München, Univ., Inst. für Organ. Chem.) (Dt.)

Der Zerfall des Diazoessigesters in 5 Val Naphthalin führt zu 52% *2.3-Benzonorcaradien-(2.4)-carbonsäure-(7)-äthylester* (**I**) u. 14—17% *trans-* (**IIa**) u. *cis-1.2; 3.4-Bis-[carbäthoxymethylen]-1.2.3.4-tetrahydronaphthalin* (**IIb**). Neben Hydrierung, Bromierung u. Oxydation mit $NaMnO_4$ bzw. O_3 beweisen die UV-, IR- u. Kernresonanzspektren die Norcaradienstruktur von **I**. Bei 260° erleidet **I** eine Ringerweiterung zu *1.2-Benzocycloheptatrien-(1.3.5)-carbonsäure-(6)* (**III**)*-Äthylester*. Mit Acetanhydrid/H_2SO_4 erfährt die *freie Säure* von **I** (**IV**) eine Ringöffnung zu *α-Naphthylessigsäure*. Bei der Zweitanlagerung von Diazoessigester entstehen **IIa** u. **IIb** im Verhältnis 63 : 24. Die Zuordnung der Konfigurationen der Diaddukte wurde durch die opt. Aktivität von **IIa** ermöglicht. Chemismus u. konfigurativer Ablauf der Anlagerung des Carbäthoxycarbens an die aromat. Bindung werden diskutiert.

Versuche (mit K. Marsden): *2.3-Benzonorcaradien-(2.4)-carbonsäure-(7)-äthylester* (**I**), $C_{14}H_{14}O_2$, $Kp._{0,004}$ 97—98°, durch 8std. Zutropfen von 0,246 Mol Diazoessigsäureäthylester zu 1,25 Mol Naphthalin bei 140—145° u. Dest. bei 96—120°/0,01 mm; 59% (Ausbeute, roh), an **I** (IR-Analyse) 88%. Reines **I** wurde durch Veresterung von **IV** mit sd. A. in Ggw. von H_2SO_4 erhalten. Der Nachlauf der Dest. ($Kp._{0,01}$ 120—165°) liefert 4,2 g **IIa** u. **IIb**. — *2.3-Benzonorcaradien-(2.4)-carbonsäure-(7)* (**IV**), $C_{12}H_{10}O_2$, F. 166—167° (Stäbchen aus Methanol), durch 5std. Kochen von 12,7 g rohem **I** in Methanol mit KOH; 91%. *Chlorid*, $Kp._{0,2}$ 110—112°, F. 78—79° (Nadeln aus Cyclohexan), aus **IV** mit $SOCl_2$. *N-Methylanilid*, $C_{19}H_{17}NO$, F. 105—106° (Stäbchen aus Cyclohexan). — *2.3-Benzonorcaren-(2)-carbonsäure-(7)* (**V**), $C_{12}H_{12}O_2$, F. 161—162° (Methanol), a) durch 3std. Hydrierung von **IV** in Methanol bei 20°; 97%; b) durch 8std. Zutropfen eines Gemisches von Diazoessigsäureäthylester u. 1.2-Dihydronaphthalin zu einer Suspension von $CuSO_4$ in 1.2-Dihydronaphthalin bei 40°, Dest. nach 2 Std. u. Verseifung der Fraktion vom $Kp._{0,005}$ 105—115° mit methanol. KOH; die gleiche Rk. läuft bei 140—145° ohne Katalysator ab; als Nebenprod. entsteht *3.4-Dihydronaphthyl-(2)-essigsäure*, $C_{12}H_{12}O_2$, F. 89—90° (PAe.). **V**-*Äthylester*, $Kp._{0,001}$ 102—108°. **V**-*Phenylhydrazid*, F. 153 bis 154° (Bzl.). **V**-*S-Benzylisothiuroniumsalz*, F. 163—164°. — *2.3-Benzonorcaren-(2)-carbinol-(7)*, $Kp._{0,005}$ 114°, durch Red. von **V**-Äthylester mit $LiAlH_4$. *p-Nitrobenzoat*, $C_{19}H_{17}NO_4$, F. 96—97° (Methanol). — *2.3-Benzo-4.5-dibromnorcaren-(2)-carbonsäure-(7)* (**VI**), $C_{12}H_{10}Br_2O_2$, F. 161—162° (Nadeln aus Cyclohexan), aus **IV** in Chlf. durch tropfenweise Zugabe von 20%ig. Br_2-Lsg. in Chlf. u. 2std. Stehen bei 20°; 94%. — *2.3-Benzo-5-bromnorcaradien-(2.4)-carbonsäure-(7)* (**VII**), $C_{12}H_9BrO_2$, F. 183—184° (Nadeln aus Cyclohexan/Essigester), durch langsames Erwärmen von **VI** unter 12 Torr (bei 140° setzen Schmelzen u. Gas-Entw. ein). **VII** nimmt Br_2 in Chlf. nicht auf; Hydrierung in Ggw. von PtO_2 → 89% **V**. — *1-[o-Carboxyphenyl]-cyclopropandicarbonsäure-(2.3)*, $C_{12}H_{10}O_6$, F. 278 bis 279° (Essigester), a) durch Aufkochen von **IV** in Aceton u. W., Eintragen von $NaMnO_4$ unter Rühren in 30 Min. u. Aufarbeiten nach weiteren 30 Min.; 65%; b) durch Ozonisieren von **I** in Essigester bei —70° u. Aufarbeitung mit H_2O_2/NaOH; 72%. *Trimethylester*, $C_{15}H_{16}O_6$, $Kp._{0,3}$ 153—155°, F. 68—69° (Nadeln aus Cyclohexan), aus 5,6 g Säure in Ae. mit Diazomethan; 6,4 g. — *trans-Cyclopropantricarbonsäure-(1.2.3)*, F. 208—210°, durch 15std. Ozonisieren von 2,0 g **IV** in Eisessig ohne Kühlung u. mehrmaliges Eindunsten mit 8%ig. H_2O_2 auf dem Wasserbad; 0,91 g. — *α-Naphthylessigsäure*, $C_{12}H_{10}O_2$, F. 130—131° (Methanol/W.), durch 4std. Kochen von **IV** in Acetanhydrid mit etwas H_2SO_4; 72%. — *2.3-Benzonorcaradien-(2.4)-carbinol-(7)* (**VIII**), $Kp._{0,01}$ 109—111°, durch Red. von **I** in Ae. mit 10% Überschuß einer 0,6m $LiAlH_4$-Lsg. u. Aufarbeitung unter Säureausschluß; 91%. *p-Nitrobenzoat*, $C_{19}H_{15}NO_4$, F. 89—90°, aus A. blaßgelbe Drusen; 85%. Schütteln von **VIII** mit 2n HCl bei Raum-Temp. → *1-Vinylnaphthalin* (**IX**), $C_{12}H_{10}$, $Kp._{0,008}$ 70—71°. Oxydation von **IX** mit $KMnO_4$ in Aceton unter Eiskühlung → *α-Naphthoesäure* (F. 155—156°), Hydrierung in Ggw. von Pt → *1-Äthylnaphthalin* ($C_{12}H_{12}$, $Kp._{0,003}$ 63—63,5°). **IX** bildet mit Maleinsäureanhydrid bei 90° ein *Addukt* $C_{16}H_{12}O_3$, F. 182—183°, Nadeln (Dioxan). — *1.2-Benzocycloheptatrien-(1.3.5)-carbonsäure-(6)* (**III**), $C_{12}H_{10}O_2$, F. 160—161,5° (Nadeln aus wss. A. oder Cyclohexan), durch 4std. Erhitzen von **I** unter N_2 auf 260—265° u. 8std. Kochen mit 10%ig. methanol. KOH; 59%. *Äthylester*, $C_{14}H_{14}O_2$, $Kp._{0,005}$ 103—104°. — *1.2-Benzocyclohepten-(1)-carbonsäure-(6)*, $C_{12}H_{14}O_2$, F. 115—116° (Nadeln aus Cyclohexan), aus **III** durch Hydrierung in Methanol in Ggw. von Pt. — *1.2-Benzocycloheptadien-(1.3)-carbonsäure-(6)*, $C_{12}H_{12}O_2$, F. 101—102° (Nadeln aus PAe.), durch Schütteln von 0,5 g **III** in W. u. 2n NaOH mit 4%ig. Natriumamalgam; 0,34 g. — *1.2-Benzocycloheptatrien-(1.3.5)-carbinol-(6)*, $C_{12}H_{12}O$, $Kp._{0,001}$ 97—98°, durch Red. von 1,50 g **III**-Äthylester mit $LiAlH_4$ in Ae.; 1,15 g. — *1.2-Benzocycloheptatrien-(1.3.5)*, $C_{11}H_{10}$, $Kp._9$ 140°, durch Erhitzen von **III** mit Gattermann-Cu auf 200°. — *trans-1.2; 3.4-Bis-[carbäthoxymethylen]-1.2.3.4-tetra-*

hydronaphthalin (**IIa**), $C_{18}H_{20}O_4$, F. 87—87,5° (Nadeln aus PAe.), aus der hochsd. Fraktion der Umsetzung von Naphthalin mit Diazoessigester. — *trans-1.2; 3.4-Bis-[carboxymethylen]-1.2.3.4-tetrahydronaphthalin* (**Xa**), $C_{14}H_{12}O_4$, Zers. bei 279—280° (Essigester oder Bzl./Methanol), aus **IIa** mit KOH in Methanol. Durch Racematspaltung von **Xa** mit Cinchonin wurde eine *rechtsdrehende Säure* isoliert [Zers. bei 299—300°; $[\alpha]_D^{26}$ + 35,4° (c = 1,2 in A.)]. — *trans-1.2; 3.4-Bis-[carbomethoxymethylen]-1.2.3.4-tetrahydronaphthalin* (**XI**), $C_{16}H_{16}O_4$, F. 96—97° (PAe.), durch Veresterung von **Xa** mit Diazomethan. — *Bicyclopropyltetracarbonsäure-(2.3.2'.3')-dimethylester*, $C_{12}H_{14}O_8$, F. 221—222° (Stäbchen aus Essigester/Cyclohexan), durch 20std. Ozonisierung von 2,32 g **XI** in Essigester bei Raum-Temp. u. Aufarbeitung mit H_2O_2; 255 mg. — *trans-1.2; 3.4-Bis-[hydroxymethylmethylen]-1.2.3.4-tetrahydronaphthalin*, $C_{14}H_{16}O_2$, F. 124—125° (Nadeln aus Bzl.), durch Red. von **IIa** mit $LiAlH_4$; 95%. — *cis-1.2; 3.4-Bis-[carboxymethylen]-1.2.3.4-tetrahydronaphthalin* (**Xb**), $C_{14}H_{12}O_4$, F. 270—271°, aus der hochsd. Fraktion der Umsetzung von Naphthalin mit Diazoessigester nach Entfernen von **IIa** durch alkal. Verseifung u. fraktionierte Kristallisation aus Essigester. — *cis-1.2; 3.4-Bis-[carbäthoxymethylen]-1.2.3.4-tetrahydronaphthalin* (**IIb**), $Kp._{0,01}$ 135—136°, F. 59—60° (Nadeln aus PAe.), durch Veresterung von **Xb**. GERHARD SCHULZ. 2950□

2.4-Dimethyldibenzofuran. William E. Parham und Roger W. Strassburg. (J. org. Chemistry **26**. 4749—53. Nov. 1961. Minneapolis, Minn., Univ., School of Chem.) (Engl.)

Bei der Rk. des Diazoniumsalzes des 2-Aminophenyl-2.4-xylyläthers mit heißer H_2SO_4 entstehen 8,3% *2.4-Dimethyldibenzofuran* (**I**) u. 24,6% *2-Hydroxyphenyl-2.4-xylyläther*. Analog wird **I** in 46%ig. Ausbeute aus 6-Amino-2.4-xylylphenyläther neben 8,5% *6-Hydroxy-2.4-xylylphenyläther* erhalten. *Dibenzofuran-2.4-dicarbonsäure* wird aus **I** durch Oxydation mit $K_2Cr_2O_7$ in H_2SO_4 oder mit $KMnO_4$ in verd. NaOH, Aceton oder W. nur in Spuren gewonnen. 6-Acetamido-2.4-xylylphenyläther (**VI**) wird zu *6-Acetamido-3-nitro-2.4-xylylphenyläther* (**II**) nitriert, der durch Verseifung, Diazotieren u. Verkochen in heißer H_2SO_4 *3-Nitro-2.4-dimethyldibenzofuran* (**III**) gibt. Analog entsteht *3.8-Dinitro-2.4-dimethyldibenzofuran* (**IV**) aus *6-Acetamido-3-nitro-2.4-xylyl-4-nitrophenyläther* (**VII**), der durch Nitrierung aus **VI** erhalten wird. **IV** entsteht auch neben einem Isomeren bei der Nitrierung von **III** bei Zimmer-Temp. mit konz. HNO_3. Die Nitrierung von **III** mit rauchender HNO_3 gibt bei Zimmer-Temp. *1.3.8-Trinitro-2.4-dimethyldibenzofuran* (**V**), das auch aus **IV** erhalten wird. Die Nitrierung von **I** mit rauchender HNO_3 bei 0—25° gibt **V**, mit konz. HNO_3 entsteht eine Mononitro-Verb. neben wenig Dinitroverbindung.

Versuche (FF. korr.): *6-Nitro-2.4-xylidin*, F. 72—74° (A.), durch Lösen von unreinem Aceto-6-nitro-2.4-xylidid [F. 148—170° (A.), aus Aceto-2.4-xylidid; 75% (Ausbeute)] in konz. H_2SO_4, 3std. Kochen, Gießen auf Eis u. Wasserdampf-Dest.; 69%. — *4-Brom-5-nitro-m-xylol*, F. 53—56°, durch Diazotieren vorst. Verb. in HBr, Versetzen mit CuBr bei 0°, Stehen über Nacht bei 25° u. Wasserdampf-Dest.; hellgelbe Kristalle. — *6-Nitro-2.4-xylylphenyläther*, $C_{14}H_{13}NO_3$, F. 54—55° (A.), durch Zugabe vorst. Verb. zu einer Na-Phenolat-Lsg. u. 3std. Kochen; hellbraune Kristalle; 88%. — *6-Acetamido-2.4-xylylphenyläther* (**VI**), $C_{16}H_{17}NO_2$, F. 107—108° (A.), durch Hydrierung vorst. Verb. in Methanol an PtO_2 u. Stehen über Nacht mit Bzl. u. Acetanhydrid; 88%. — *2.4-Dimethyldibenzofuran* (**I**), $C_{14}H_{12}O$, F. 42—43° (A.), a) durch Kochen von **VI** mit konz. H_2SO_4–W. (1 : 1), Diazotieren unter Eiskühlung, Eintropfen in konz. H_2SO_4–W. (1 : 1), Wasserdampf-Dest., Ausäthern, Wasserdampf-Dest. aus 5%ig. NaOH, Lösen in PAe. u. Extrahieren mit 5%ig. NaOH; 46%; b) durch Diazotieren von 2-Aminophenyl-2.4-xylyläther in 30%ig. H_2SO_4 bei 0° u. Eintropfen in sd. halbkonz. H_2SO_4; 8,3%. — *6-Hydroxy-2.4-xylylphenyläther*, $C_{14}H_{14}O_2$, F. 83—85° (Sublimation), neben **I** nach a) durch Ansäuern der bas. Extrakte; 8,5%. — *2.4-Xylyl-2-nitrophenyläther*, F. 61—62° (A.), aus K-2.4-Xylenolat u. o-Chlornitrobenzol bei 200—210°, Wasserdampf-Dest. u. Extraktion des Rückstandes mit Bzl.; hellgelbe Platten; 64%. — *2.4-Xylyl-2-aminophenyläther*, durch Hydrierung vorst. Verb. an PtO_2 in Methanol; rotes Öl. *Hydrochlorid*, F. 177 bis 179°. — *2-Hydroxyphenyl-2.4-xylyläther*, $C_{14}H_{14}O_2$, F. 66—67° (PAe.), neben **I** nach b) aus den alkal. Wasch-Fll.; 24,6%. — *6-Acetamido-3-nitro-2.4-xylylphenyläther* (**II**), $C_{16}H_{16}N_2O_4$, F. 144—145° (A.), durch Zutropfen von rauchender HNO_3 zu **VI** in Eisessig, 2std. Rühren bei 60° u. Gießen in W.; organgefarbene Kristalle; 84%. *Isomeres*, $C_{16}H_{16}N_2O_4$, F. 203—203,5° (A.), aus den Mutterlaugen von **II** bei der Chromatographie an Al_2O_3; 4%. — *3-Nitro-2.4-xylylphenyläther*, $C_{14}H_{13}NO_3$, F. 60—61° (A.), a) durch 1std. Kochen von **II** mit 7%ig. HCl u. A., Versetzen mit Na-Acetat, Lösen des Amins in konz. HCl, Diazotieren bei 0°, 30 Min. langes Rühren, Zugabe von H_3PO_2, konz. HCl–W. (1 : 1) u. 24std. Stehen bei 10°; gelbe Kristalle; b) durch Zugabe von 4-Brom-2-nitro-m-xylol zu einer durch Dest. entwässerten Mischung von Phenol, KOH u. Cu-Acetat, 1std.

Kochen, 3 Tage langes Stehen bei 25°, Zugabe von NaOH, Wasserdampf-Dest. u. Ausäthern des Rückstandes; 70%. — *3-Nitro-2.4-dimethyldibenzofuran* (**III**), $C_{14}H_{11}NO_3$, F. 107—108° (A.), aus **II** analog **I**; gelbe Nadeln; 37%. — *6-Acetamido-3-nitro-2.4-xylyl-4-nitrophenyläther* (**VII**), $C_{16}H_{15}N_3O_6$, F. 177—180° (A.), durch portionsweises Eintragen von **VI** in ein Gemisch aus Eis, rauchender HNO_3 u. konz. HNO_3, 1std. Stehen u. Zugabe von Eis; hellgelbe Kristalle; 47%; daneben ein *Isomeres*, F. 179—180°. — *3-Nitro-2.4-xylidin*, F. 80—81° (A.), durch 1std. Kochen von 2.4-Dinitro-m-xylol in Methanol mit $NaHSO_3$; gelbe Kristalle; 53%. *Acetat*, F. 147—148°. — *3-Nitro-2.4-xylenol*, $C_8H_9NO_3$, F. 108—109° (Bzl.), durch Diazotieren vorst. Verb. in halbkonz. H_2SO_4 u. Eintropfen in sd. halbkonz. H_2SO_4, 1std. Kochen, Versetzen des abgeschiedenen Teeres mit NaOH u. Ansäuern; hellgelb; 44%. *p-Nitrobenzoat*, $C_{15}H_{12}N_2O_6$, F. 147—148° (Bzl.), Nadeln. — *3-Nitro-2.4-xylyl-4-nitrophenyläther*, $C_{14}H_{12}N_2O_5$, F. 90—91° (Bzl. oder A.), a) durch Zugabe von p-Chlornitrobenzol zu einer bei 160° entwässerten Mischung von vorst. Verb., KOH u. Cu-Acetat, 1std. Rk. bei 190—200°, Wasserdampf-Dest. u. Extraktion des Rückstandes mit Bzl.; 14%; b) durch Hydrolyse von **VII** mit heißer H_2SO_4 (1 : 1), Diazotieren u. Versetzen mit H_3PO_2; gelbe monokline Kristalle; 80%. — *3.8-Dinitro-2.4-dimethyldibenzofuran* (**IV**), $C_{14}H_{10}N_2O_5$, F. 231—232° (Bzl.), a) durch Zugabe von **III** zu konz. HNO_3 bei 0—5°, 20std. Stehen bei 25° u. Gießen in H_2O; 25%; b) durch Nitrierung von unreinem **I** mit rauchender HNO_3 bei 0°. *Isomeres*, $C_{14}H_{10}N_2O_5$, F. 245—246°, aus den Mutterlaugen. — *1.3.8-Trinitro-2.4-dimethyldibenzofuran* (**V**), $C_{14}H_9N_3O_7$, F. 254 bis 255° (Bzl.), a) durch portionsweise Zugabe von **III** zu rauchender HNO_3 bei 0°, 1std. Stehen bei Zimmer-Temp. u. Gießen in W.; tetragonale Platten; 60%; b) analog a) aus **IV**; 62%; c) ähnlich a) aus **I** u. rauchender HNO_3, 5 Min. langes Stehen u. Gießen in Eiswasser; 25%. — *Dinitro-Deriv. von* **I**, $C_{14}H_{10}N_2O_5$, F. 251° (Bzl.), durch Nitrieren von **I** mit konz. HNO_3 bei 0° u. 12std. Stehen bei 25°; Nadeln; 6%. E. KOSSMEHL. 3061 □

5-Hydroxyskatol. R. M. Acheson und A. R. Hands. (J. chem. Soc. [London] **1961**. 746. Febr. Oxford, Univ., Dep. of Biochem.) (Engl.)

5-Hydroxyskatol wird durch Hydrogenolyse von 5-Benzyloxygramin (**I**) bzw. von 5-Benzyloxyskatol, das aus **I** durch Red. mit Zn in NaOH erhältlich ist, dargestellt.

Versuche: *5-Benzyloxyskatol*, $C_{16}H_{15}NO$, F. 118°, durch Zugabe von NaOH zu **I** in CH_3OH, Zugabe von Zn-Staub zur sd. Lsg. innerhalb von 2 Std. unter Rühren, 12std. Kochen u. Rühren, Abdampfen des CH_3OH auf dem Wasserbad, Kühlen, Extraktion mit Ae., Trocknen mit Na_2SO_4, Eindampfen u. Chromatographie an Al_2O_3 aus Bzl.; Nadeln aus PAe.; 64% (Ausbeute). *Pikrat*, $C_{22}H_{18}N_4O_8$, F. 164°, rote Nadeln. — *5-Hydroxyskatol*, C_9H_9NO, F. 116° (Ae.-PAe.; 1 : 3), a) durch 5std. Schütteln von **I** u. ADAMS-Katalysator in CH_3OH mit H_2 bei 5 atm, Filtrieren u. Eindampfen; 72%; b) durch 24std. Schütteln vorst. Verb. mit Pd-Kohle u. H_2 in A. bei 5 atm, Filtrieren u. Eindampfen; 13%. H. PAGEL. 3081 □

Nitroäthylen und einige Indolylmagnesiumjodide. R. M. Acheson und A. R. Hands. (J. chem. Soc. [London] **1961**. 744—45. Febr. Oxford, Univ., Dep. of Biochem.) (Engl.)

5.6-Dimethoxy- (**I**), 3-Methyl- (**II**) bzw. 5-Benzyloxyindolyl-(1)-MgJ (**III**) reagieren mit Nitroäthylen (**IV**) zu *5.6-Dimethoxy-3-[2-nitroäthyl]-* (**V**), *3-Methyl-1-[2-nitroäthyl]-* bzw. *5-Benzyloxy-1.3-bis-[2-nitroäthyl]-indol*, deren Strukturen durch die UV-Spektren gestützt werden. **V** wird außerdem zu *5.6-Dimethoxytryptamin* reduziert.

Versuche: *3-Methyl-1-[2-nitroäthyl]-indol*, $C_{11}H_{12}N_2O_2$, F. 85°, durch Zutropfen von **IV** in Ae. zu einer nach BAKER (J. chem. Soc. [London] **1946**. 461) aus Skatol (**VI**), Äthyljodid (**VII**) u. Mg dargestellten äther. Lsg. von **II** unter Eiskühlung u. Rühren, 1std. Rühren bei Raum-Temp., 1std. Kochen, Kühlen auf 0°, Gießen in CH_3COOH unter Rühren, Trennen der Schichten, Alkalisieren der wss. Phase mit Na_2CO_3, Vereinigen mit einem durch Schütteln der äther. Phase mit gesätt. Soda-Lsg. erhaltenen Extrakt, Extraktion der alkal. Lsg. mit Ae., Vereinigen dieses Extrakts mit der äther. Phase, Waschen mit W., Trocknen mit $MgSO_4$, Eindampfen auf dem Wasserbad u. Chromatographie an Al_2O_3 aus Bzl.; hellgelbe Prismen aus Ae.; λ_{max} 224, 277 u. 285 mμ (log ε = 4,77, 3,98 u. 3,99), Schulter bei 295 mμ (log ε = 3,91); 8% (Ausbeute); daneben 17% **VI** (F. 95°). *Pikrat*, $C_{17}H_{15}N_5O_9$, F. 105°, aus A. dunkelrote Nadeln. — *1-[2-Aminoäthyl]-3-methylindol*, $C_{11}H_{14}N_2$, $Kp._{0,3}$ 130—133°, durch 2std. Schütteln vorst. Verb. in abs. A. mit H_2 bei 2 atm in Ggw. von 5%ig. Pd-Kohle, Filtrieren u. Dest.; $n_D^{15,5}$ 1,6010; 77%. *Pikrat*, $C_{17}H_{17}N_5O_7$, F. 222° (Zers.), aus A. scharlachfarbene Prismen. — *5-Benzyloxy-1.3-bis-[2-nitroäthyl]-indol*, $C_{19}H_{19}N_3O_5$, F. 153°, durch Zutropfen von **IV** in Ae. zu einer aus 5-Benzyloxyindol (**VIII**), **VII** u. Mg erhaltenen äther. Lsg. von **III** unter Eiskühlung u. Rühren, 1std. Rühren bei Raum-Temp., 1std. Kochen, 1std. Kühlen, Gießen in CH_3COOH, Aufarbeiten wie vorvorst. Verb. u. Chromatographie an

Al_2O_3 (Ae.); Nadeln aus A.; λ_{max} 220, 276 u. 302 mμ (log ε = 4,55, 3,91, 3,74), Schulter bei 317 mμ (log ε = 3,66) 2,3%; daneben 52% **VIII**. — *5.6-Dimethoxy-3-[2-nitroäthyl]-indol* (**V**), $C_{12}H_{14}N_2O_4$, F. 133°, durch Zugabe von **IV** in Ae. zu **I** [aus 10,27 g 5.6-Dimethoxyindol (**IX**), **VII** u. Mg] in Ae. unter Rühren u. Eiskühlung, Aufarbeiten wie bei vorst. Verb. u. Chromatographie an Al_2O_3 (Bzl.); orangefarbene Prismen aus Bzl.; λ_{max} 220, 296 u. 301 mμ (log ε = 3,75—4,50), Schultern bei 279 u. 306 mμ; 10%; daneben 33% **IX** (F. 156°) u. 0,34 g einer *Verb. vom F. 129—146°*. *Pikrat*, $C_{18}H_{17}N_5O_{11}$, F. 127—128° (Zers.), aus A. purpurfarbene Nadeln. — *5.6-Dimethoxytryptamin*, Kp.$_{0,05}$ 190—200°, durch 1std. Schütteln von **V** in A. mit H_2 bei 5 atm in Ggw. von Pd-Kohle, Filtrieren u. Dest.; 72%. *Pikrat*, F. 223—224° (Zers.). H. PAGEL. 3081 □

Herstellung monosulfonierter Naphthisatine. E. Cerutti. (Ann. sci. Univ. Besançon, Chim. [2] **1957**. Nr. 3. 13—25. Inst. de Chim.) (Franz.)

Vf. synthetisiert verschiedene *4.5-* bzw. *6.7-Benzoisatinmonosulfonsäure-Na-Salze* durch Umsetzung von β- bzw. α-Naphthylamin-Na-sulfonaten mit Mesoxalsäurediäthylester (**I**) in sd. Na-Acetat–CH_3COOH-Lsg. unter Kondens. u. decarboxylierender Verseifung. Die Na-Salze werden zur weiteren Identifizierung in *Benzoylguanidiniumsalze* übergeführt. Die Na- bzw. die Benzoylguanidinium-Salze lösen sich in Alkali bzw. in konz. H_2SO_4 mit roter bis braunroter Farbe u. geben die Indopheninreaktion.

Versuche: 4.5-Benzoisatine: *2'-Sulfonyl-*, *Na-Salz* (**II**), $C_{12}H_6NNaO_5S$, aus W. leuchtend rote Kristalle, aus 12,25 g β-Naphthylamin-7-Na-sulfonat u. 50 g Na-Acetat·3 H_2O in 110 cm³ Eisessig a) durch Zutropfen von 10 g **I**, 1std. Kochen, Stehen über Nacht u. Abfiltrieren; 28—30% (Ausbeute); b) analog a) mit 20 g **I**; 40—42%. *Benzoylguanidiniumsalz*, $C_{20}H_{16}N_4O_6S$, F. 326—328° (W.; rote, feine Nadeln), aus der wss. Lsg. von **II**. — *3'-Sulfonyl-*, *Na-Salz*, $C_{12}H_6NNaO_5S$, aus W. dunkelrote Blättchen, analog **II** aus β-Naphthylamin-6-Na-sulfonat a) mit 1 Mol **I** u. Ausfällen mit W.; 30—32%; b) mit 2 Mol **I**; 50%. *Benzoylguanidiniumsalz*, $C_{20}H_{16}N_4O_6S$, F. 305—306° (W.; dunkelrote Blättchen). — *4'-Sulfonyl-*, *Na-Salz*, $C_{12}H_6NNaO_5S$, aus W. rote Kristalle, analog **II** aus β-Naphthylamin-5-Na-sulfonat a) durch 2std. Zutropfen von 1 Mol **I**; 33%; b) Zugießen von 2 Mol **I**; 50%. *Benzoylguanidiniumsalz*, $C_{20}H_{16}N_4O_6S$, F. 322—324° (rote Nadeln). — 6.7-Benzoisatine: *5-Sulfonyl-*, *Na-Salz*, $C_{12}H_6NNaO_5S$, braunviolette Nadeln, aus 1 Mol α-Naphthylamin-4-Na-sulfonat, Na-Acetat–CH_3COOH-Lsg. u. 1 Mol **I**, Zugabe eines weiteren Mols **I** nach 15 Min., 1std. Kochen, Abkühlen u. Filtrieren; aus der Mutterlauge mit HCl 2. Fraktion; insgesamt 50—52%. *Benzoylguanidiniumsalz*, $C_{20}H_{16}N_4O_6S \cdot H_2O$, F. 243—244° u. 310° (rote Nadeln). — *1'-Sulfonyl-*, *Na-Salz*, $C_{12}H_6 \cdot NNaO_5S$, aus W. dunkelrot, wie vorst. aus α-Naphthylamin-5-Na-sulfonat, 1,5 std. Kochen, Wasserzusatz u. Abfiltrieren nach 24 Std.; 30—32%. *Benzoylguanidiniumsalz*, $C_{20}H_{16}N_4O_6S$, F. 345—348° (Zers.; braunrote Blättchen). — *2'-Sulfonyl-*, *Na-Salz*, $C_{12}H_6 \cdot NNaO_5S$, rote Nadeln aus W., aus α-Naphthylamin-6-Na-sulfonat durch 2std. Kochen; 25—30%. *Benzoylguanidiniumsalz*, $C_{20}H_{16}N_4O_6S$, F. 328—332° (Zers.). — *3'-Sulfonyl-*, *Na-Salz*, $C_{12}H_6NNaO_5S$ (W.), aus α-Naphthylamin-7-Na-sulfonat a) mit 1 Mol **I**; 26%; b) mit 2 Mol **I**; 35%. *Benzoylguanidiniumsalz*, $C_{20}H_{16}N_4O_6S$, F. 341—344° (Zers.; hellrote Nadeln). — *4'-Sulfonyl-*, *Na-Salz*, $C_{12}H_6NNaO_5S$, aus W. dunkelrote Blättchen, aus α-Naphthylamin-8-Na-sulfonat, 1,5std. Kochen u. Wasserzusatz; 12—15%. *Benzoylguanidiniumsalz*, $C_{20}H_{16}N_4O_6S$, F. 238—239° (Zers.; braunrote Nadeln). H.-J. KÖTZSCH. 3081 □

Isomerisierung von N.N-Äthylen-N'-arylharnstoffen. Henry Najer, René Giudicelli, Jacques Menin und Claude Morel. (C. R. hebd. Séances Acad. Sci. **253**. 2369—71. 20/11. 1961. Paris, Labor. Dausse, Serv. de Rech.) (Franz.)

Die aus Äthylenimin u. Arylisocyanaten in fast quant. Ausbeute hergestellten *N.N-Äthylen-N'-arylharnstoffe* ergeben durch 25—30std. Kochen in Aceton mit überschüssigem NaJ *1-Arylimidazolidinone-(2)*; mit KSCN entstehen durch 30std. Kochen in Aceton *N-Δ²-Thiazolinyl-(2)-N'-arylharnstoffe*. N.N-Äthylen-N'-phenylharnstoff liefert mit sd. konz. HCl unreines *2-Phenylaminooxazolin* in 25%ig. Ausbeute.

Versuche: N.N-Äthylenharnstoffe: *N'-Phenyl-*, F. 82—83°. — *N'-m-Tolyl-*, F. 70°. — *N'-p-Tolyl-*, F. 99°. — *N'-o-Chlorphenyl-*, Öl. — *N'-m-Chlorphenyl-*, F. 94,5°. — *N'-p-Chlorphenyl-*, F. 137—138°. — *N'-p-Methoxyphenyl-*, F. 115—116°. — *N'-p-Nitrophenyl-*, F. 175—176°. — *N'-2.5-Dichlorphenyl-*, F. 86—87°. — *N'-3.4-Dichlorphenyl-*, F. 103°. — *N'-α-Naphthyl-*, F. 108—109°. — Imidazolidinone-(2): *1-Phenyl-*, F. 162,5°. — *1-m-Tolyl-*, F. 138—139°. — *1-p-Tolyl-*, F. 194—195°. — *1-o-Chlorphenyl-*, F. 181 bis 182°. — *1-m-Chlorphenyl-*, F. 121°. — *1-p-Chlorphenyl-*, F. 178—179°. — *1-p-Methoxyphenyl-*, F. 210°. — *1-p-Nitrophenyl-*, F. 245°. — *1-[2.5-Dichlorphenyl]-*, F. 176°. — *1-[3.4-Dichlorphenyl]-*, F. 187°. — *1-α-Naphthyl-*, F. 166—167°. — N-Δ²-Thiazolinyl-(2)-harnstoffe: *N'-Phenyl-*, F. 157—159°. — *N'-m-Tolyl-*, F. 144—145°. — *N'-p-*

Tolyl-, F. 170—171°. — *N'-o-Chlorphenyl-*, F. 175—176°. — *N'-m-Chlorphenyl-*, F. 182°. — *N'-p-Chlorphenyl-*, F. 189—190°. — *N'-p-Methoxyphenyl-*, F. 153—155°. — *N'-p-Nitrophenyl-*, F. 225°. — *N'-2.5-Dichlorphenyl-*, F. 160°. — *N'-3.4-Dichlorphenyl-*, F. 171°. — *N'-α-Naphthyl-*, F. 185—186°. Gisela Schreiber. 3100□

Stereochemische Untersuchungen. 20. Mitt. **dl-Phenylserinole: Eine neue Synthese und ihre stereochemischen Ergebnisse.** 7. Mitt. **Eine Isomerisierung von dl-threo-2-Phenyl-4-[α-hydroxybenzyl]-Δ^2-oxazolin zu dl-threo-4-Hydroxymethyl-2.5-diphenyl-Δ^2-oxazolin im basischen Medium: Die Berichtigung der früher vorgeschlagenen Struktur für das Isomerisierungsprodukt.** M. Tomoeda. (Chem. pharmac. Bull. [Tokyo] **6.** 624—32. Dez. 1958. Univ. of Kyushu, Med. Fac., Pharm. Inst.) (Engl.) — 16. vgl. C. **1959.** 12837; 21. vgl. C. **1960.** 10916; 5. vgl. C. **1961. 17179**; 6. vgl. Chem. pharmac. Bull. [Tokyo] **5.** [1957.] 335.

Beim Isomerisieren von dl-threo-2-Phenyl-4-[α-hydroxybenzyl]-Δ^2-oxazolin im bas. Milieu entsteht nicht dl-2-Benzamido-3-phenylpropen-(2)-ol-(1) oder dl-2-Benzimido-3-phenylpropanol, sondern *dl-threo-2.5-Diphenyl-4-hydroxymethyl-Δ^2-oxazolin* (**I**). Die Struktur folgt aus den chem. Eigg. u. der Synthese. Ein weiterer Strukturbeweis wird durch die analoge Isomerisierung der opt.-akt. p-Nitroanaloga gegeben. Ein möglicher Isomerisierungsmechanismus, bei dem keine Waldensche Umkehrung (WU) angenommen wird, wird vorgeschlagen. dl-threo-2.5-Diphenyl-4-benzoyloxymethyl-Δ^2-oxazolin (**II**) addiert Benzoylchlorid (**III**) unter Ringöffnung u. WU zu *Benzoesäure-dl-erythro-2-dibenzoylamino-3-chlor-3-phenylpropylester* (**IV**).

Versuche: *dl-threo-2.5-Diphenyl-4-hydroxymethyl-Δ^2-oxazolin* (**I**), $C_{16}H_{15}NO_2$, F. 159 bis 160°, durch a) 2std. Kochen von 29 mg **II** [aus dl-threo-1-Phenyl-2-amino-3-benzoyloxypropanolhydrochlorid (**V**) u. Benziminoäthyläther (**VI**)] in methanol. NaOH; aus Bzl. Nadeln; 19,8 mg (Ausbeute); b) 2std. Kochen von dl-threo-2-Amino-3-chlor-3-phenylpropanolhydrochlorid in W., Konz. u. Trocknen über NaOH im Vakuum, Lösen des entstehenden *dl-threo-1-Phenyl-2-aminopropandiols-(1.3)* (Öl) in A., Zugabe von **VI**, 1tägiges Rühren bei Raum-Temp., Konz. im Vakuum, Extrahieren mit Essigester (E) u. Konz.; 290 mg. — *dl-threo-2-Phenyl-4-[α-hydroxybenzyl]-Δ^2-oxazolin(?)*, F. 100 bis 120°, durch Konz. der äther. Mutterlauge von **I** nach b); Prismen; 25 mg. — *dl-threo-2-Amino-3-benzoyloxy-3-phenylpropanol, Hydrochlorid* (**VII**), $C_{16}H_{17}NO_3 \cdot HCl$, F. 190 bis 193° (Zers.), durch a) Sättigen von 300 mg **I** in abs. A. mit trocknem HCl bei 0°, 2tägiges Stehen in der Kälte, Konz. im Vakuum, Behandeln mit E/W. (Konz. der E-Schicht im Vakuum u. Zugabe von Ae. → 145 mg **I**), Konz. der wss. Schicht im Vakuum u. Zugabe von Aceton (Ac)/Ae.; aus CH_3OH/Ac Nadeln; 105 mg; b) 2std. Kochen von 600 mg **I** in 1%ig. HCl u. Konz. im Vakuum; 480 mg. *Pikrat*, F. 177—179°; aus 50%ig. A. gelbe Prismen. — *dl-threo-2.5-Diphenyl-4-benzoyloxymethyl-Δ^2-oxazolin* (**II**), $C_{23}H_{19}NO_3$, F. 94 bis 98°, durch a) mehrstd. Rk. von 1,5 g **I** in Pyridin (Py) mit **III** in der Kälte u. Gießen in Eis/W.; aus PAe. Nadeln; 1,59 mg; b) Zugabe von **VI** in A. zu 305 mg **V** in A., 2tägiges Rühren bei Raum-Temp., Konz. im Vakuum u. Zugabe von W.; 145 mg. — *Benzoesäure-dl-2-benzamido-3-phenylpropylester*, $C_{23}H_{21}NO_3$, F. 150—151°, durch 2 Min. langes Hydrieren von **II** in CH_3OH bei 1 at an 1%ig. $PdCl_2$/Kohle u. Konz. der filtrierten Lsg. im Vakuum; aus A. Nadeln. — *dl-threo-1-Phenyl-2-aminopropandiol-(1.3)-dibenzoat-hydrochlorid*, $C_{23}H_{21}NO_4 \cdot HCl$, F. 187—189°, durch 2std. Kochen von 200 mg **II** in 10%ig. HCl/50%ig. A. u. Konz. im Vakuum; aus Ac Nadeln; 210 mg. — *dl-threo-1-Phenyl-2-benzamido-3-benzoyloxypropanol*, F. 146—148°, durch Alkalisieren von 210 mg vorst. Verb. in 50%ig. A. mit gesätt. $NaHCO_3$-Lsg. u. 2tägiges Stehen; aus E Nadeln; 145 mg. — *dl-threo-1-Phenyl-2-benzamidopropandiol-(1.3)*, $C_{16}H_{17}NO_3$, F. 162 bis 164°, durch Alkalisieren von 60 mg **VII** in W. mit 10%ig. NaOH; aus E Nadeln; 50 mg. — *dl-threo-1-Phenyl-2-benzamidopropandiol-(1.3)-dibenzoat*, $C_{30}H_{25}NO_5$, F. 193 bis 195°, durch a) Zugabe von **III** zu 450 mg **I** in Py in der Kälte, mehrstd. Rk. bei Raum-Temp., Gießen in Eiswasser, Behandeln von 500 mg der entstehenden Kristalle (700 mg) mit PAe.; aus A. Nadeln; 40 mg; b) 1std. Kochen von 26,2 mg **IV** in 95%ig. A.; 22,7 mg. — *Benzoesäure-dl-erythro-2-dibenzoylamino-3-chlor-3-phenylpropylester* (**IV**), $C_{30}H_{24}ClNO_4$, F. 129—131°, durch a) Konz. der PAe.-Mutterlauge vorst. Verb. nach a); aus PAe. Prismen; 165 mg (neben 250 mg **II** u. 10 mg einer *Verb. vom F. 140—160°*); b) 3tägiges Behandeln von 1 g **II** in Py mit **III** bei Raum-Temp., Gießen in Eiswasser, E-Extraktion, Konz. der filtrierten Lsg. im Vakuum u. Zugabe von Ae./PAe.; 630 mg (neben 155 mg **II**, durch Konz. der äther. Mutterlauge). — *Benzoesäure-dl-2-dibenzoylamino-3-phenylpropylester*, $C_{30}H_{25}NO_4$, F. 151—153°, durch Hydrieren von 50 mg **IV** in E bei 1 at an 1%ig. $PdCl_2$/Kohle bei 14°, Konz. der filtrierten Lsg. im Vakuum u. Zugabe von Ae.; aus Ae. Nadeln; 30 mg. — *dl-2-Benzamido-3-phenylpropanol*, F. 148 bis 150°, durch 1std. Kochen von 50 mg vorst. Verb. in methanol. NaOH u. Konz. im

Vakuum; aus E Nadeln; 25 mg. — *L-threo-2-Phenyl-4-[p-nitro-α-hydroxybenzyl]-Δ²-oxazolin* (**VIII**), $C_{16}H_{14}N_2O_4$, F. 165—167°, durch Zugabe von p-Toluolsulfonylchlorid zu 500 mg **IX** (s. unten) in Py in der Kälte, mehrstd. Stehen bei Raum-Temp. u. Gießen in Eiswasser; aus E blaßgelbe Nadeln; 370 mg. — *L-threo-1-[p-Nitrophenyl]-2-amino-3-benzoyloxypropanolhydrochlorid*, $C_{16}H_{16}N_2O_5 \cdot HCl$, F. 203—205°, durch kurzes Kochen von 600 mg **VIII** in wss.-methanol. HCl, mehrstd. Stehen bei Raum-Temp., Konz. im Vakuum u. Zugabe von Ae.; aus CH_3OH/Ae. Prismen; 690 mg. — *L-threo-1-[p-Nitrophenyl]-2-benzamidopropandiol-(1.3)* (**IX**), $C_{16}H_{16}N_2O_5$, F. 170—172°, durch a) Alkalisieren vorst. Verb. mit NaOH; aus E blaßgelbe Nadeln; $[\alpha]_D^{18}$ +102,3° (c = 0,316; CH_3OH); b) Alkalisieren einer heißen Lsg. von 280 mg **XI** (s. unten) in W. mit K_2CO_3; 235 mg; c) 3 std. Erhitzen von **X** in 50%ig. A. unter Druck, 11 std. Erhitzen auf 160° unter Druck u. Konz. der filtrierten Lsg. im Vakuum; 40 mg; d) Alkalisieren von 200 mg **XI** (s. unten) in W. mit K_2CO_3; 150 mg. — *L-threo-2-Phenyl-4-benzoyloxymethyl-5-[p-nitrophenyl]-Δ²-oxazolin*, $C_{23}H_{18}N_2O_5$, F. 154—156,5°, durch a) anteilweise Zugabe von 200 mg L-erythro-1-[p-Nitrophenyl]-2-benzamido-3-benzoyloxypropanol zu $SOCl_2$, 3 std. Stehen in der Kälte, Zugabe von Chlf./E u. Konz. im Vakuum; aus CH_3OH blaßgelbe Blättchen; 145 mg; b) Zugabe von **III** zu 500 mg **X** (s. nachst.) in Py in der Kälte, mehrstd. Stehen bei Raum-Temp. u. Gießen in Eiswasser; 380 mg. — *L-threo-2-Phenyl-4-hydroxymethyl-5-[p-nitrophenyl]-Δ²-oxazolin* (**X**), $C_{16}H_{14}N_2O_4$, F. 223—225°, durch a) 20 std. Kochen von 200 mg **VIII** u. CH_3COOK in 90%ig. A., Konz. im Vakuum u. Zugabe von W.; aus CH_3OH blaßgelbe Nadeln; 185 mg; b) Zugabe von wss. NaOH zu 100 mg vorst. Verb. in A. bei Raum-Temp. u. 3 std. Stehen; 70 mg. — *L-threo-2-Amino-3-benzoyloxy-3-[p-nitrophenyl]-propanolhydrochlorid* (**XI**), $C_{16}H_{16}N_2O_5 \cdot HCl$, F. 202—205° (Zers.), durch a) mehrstd. Rk. von 1 g **IX** in wss.-methanol. HCl bei Raum-Temp. u. Konz. im Vakuum; aus abs. A. Prismen; 700 mg; b) 2 std. Kochen von 1 g vorst. Verb. in wss.-methanol. HCl u. Konz. im Vakuum; 760 mg. G. REISNER. 3132□

Über einige 2-Aralkyl- oder -Arylamino-4-alkyl- oder -5-alkyloxazoline. Henry Najer, Pierre Chabrier und René Giudicelli. (Bull. Soc. chim. France **1959**. 1611—17. Okt.) (Franz.)

Durch Einw. von Chlorameisensäureäthylester (**II**) auf substituierte Aminoäthanole, Rk. der erhaltenen *N-[Hydroxyalkyl]-carbaminsäureäthylester* mit $SOCl_2$ u. Behandlung der *N-[Chloralkyl]-carbaminsäureäthylester* (**A**) mit PCl_5 werden *substituierte 2-Chloräthylisocyanate* (**B**) synthetisiert. Neben den **A** entstehen durch teilweise Cyclisierung *4-Alkyl-* bzw. *5-Alkyloxazolidone-(2)*. Die **B** liefern mit prim. Aralkylaminen bzw. Arylaminen in Ae. *N-Aralkyl-* bzw. *N-Aryl-N'-chloralkylharnstoffe*, die sich beim Kochen in W. zu den *2-Aralkylamino-* bzw. *2-Arylamino-4-* oder *-5-alkyloxazolinhydrochloriden* cyclisieren lassen. Daraus werden die *freien Basen* dargestellt. Als Nebenprodd. der Cyclisierung entstehen *N-Aralkyl-* bzw. *N-Aryl-N'-hydroxyalkylharnstoffe*. *N-[Naphthyl-(1)]-N'-[2-hydroxy-1-äthyläthyl]-harnstoff* wird zum Konstit.-Beweis aus Naphthyl-(1)-isocyanat (**XIV**) u. 2-Aminobutanol-(1) (**III**) dargestellt. Die N'-[2-Chlorpropyl]-Verbb. erleiden diese Hydrolyse nicht. *2-Benzylamino-5-methyloxazolin* konnte in besserer Ausbeute durch Einw. von HCl auf N-Benzyl-N'-allylharnstoff erhalten werden, der seinerseits aus Benzylamin (**XI**) u. Allylisocyanat (**X**) zugänglich ist. Nach der gleichen Meth. wurden zum Vgl. auch andere *Oxazoline* dargestellt. *2-Aminopropanol-(1)* (**I**) wurde durch Red. von dl-α-Alanin mit $LiAlH_4$ gewonnen.

Versuche: Carbaminsäureäthylester: *N-[2-Hydroxy-1-methyläthyl]-* (**IV**), $C_6H_{13}NO_3$, Kp.$_5$ 128°, durch ½ std. Zutropfen von **II** in Ae. zu **I** in abs. Ae. unter Sieden u. 3—4 std. Rühren; $n_D^{19,4}$ 1,4525; 78% (Ausbeute). — *N-[2-Hydroxy-1-äthyläthyl]-*, $C_7H_{15}NO_3$, F. 54°, Kp.$_{3-4}$ 132°, aus **III**; 89,5%. — *N-[2-Hydroxypropyl]-*, $C_6H_{13}NO_3$, Kp.$_3$ 129°, aus 1-Aminopropanol-(2); $n_D^{21,6}$ 1,4490; 93%. — *N-[2-Chlor-1-methyläthyl]-* (**V**), $C_6H_{12}ClNO_2$, Kp.$_2$ 83—84°, durch Zugeben von $SOCl_2$ zu **IV** < 45° u. ¾ std. Erwärmen auf dem Wasserbad; gelb; n_D^{19} 1,4548; 67,5%. — *4-Methyloxazolidon-(2)*, $C_4H_7NO_2$, Kp.$_2$ 109—111°, neben vorst. Verb.; $n_D^{18,4}$ 1,4580. — *N-[2-Chlor-1-äthyläthyl]-*, $C_7H_{14}ClNO_2$, Kp.$_{2-3}$ 89—90°, gelb; 63%. — *4-Äthyloxazolidon-(2)*, Kp.$_2$ 131 bis 132°; n_D^{20} 1,4631; 21,5%. — *N-[2-Chlorpropyl]-*, $C_6H_{12}ClNO_2$, Kp.$_{11}$ 107—108°, gelb; $n_D^{20,8}$ 1,4517; 34%. — *5-Methyloxazolidon-(2)*, $C_4H_7NO_2$, Kp.$_{11}$ 155—160°, Kp.$_{0,4}$ 123 bis 124°; $n_D^{20,8}$ 1,4600; 43%. — Isocyanate (**B**): *2-Chlor-1-methyläthyl-* (**VI**), Kp.$_{760}$ 141 bis 142°, durch Zutropfen von **V** zu PCl_5 in 15 Min., 1 std. Erwärmen auf dem Wasserbad u. Stehen über Nacht; $n_D^{18,2}$ 1,4472; 52%. — *2-Chlor-1-äthyläthyl-*, C_5H_8ClNO, Kp.$_{760}$ 152—154°; $n_D^{17,6}$ 1,4469; 68,5%. — *2-Chlorpropyl-*, Kp.$_{760}$ 131—132°; $n_D^{20,6}$ 1,4496; 68%. — Harnstoffe: *N-[Naphthyl-(1)]-N'-[2-chlor-1-methyläthyl]-*, $C_{14}H_{15}ClN_2O$, F. 176° (80%ig. A. u. Bzl.), durch 24 std. Stehen von **VI** u. α-Naphthylamin in Ae. bei Raum-Temp.; 85%. — *N-[2.6-Dimethylphenyl]-N'-[2-chlor-1-äthyläthyl]-*, $C_{13}H_{19}ClN_2O$, F. 190° (Essigester), mit 2.6-Xylidin; 94%. — *N-[Naphthyl-(1)]-N'-[2-chlorpropyl]-*, $C_{14}H_{15}ClN_2O$,

F. 144—145° (60%ig. A.); 58%. — *N-Phenyl-N'-[2-chlor-1-methyläthyl]-* (**VII**), F. 132° (50%ig. A.); 23%. — *N-Benzyl-N'-[2-chlor-1-äthyläthyl]-*, F. 106° (Essigester); 58%. — *N-Benzhydryl-N'-[2-chlor-1-äthyläthyl]-*, F. 168° (Essigester); 51%. — *N-Phenyl-N'-[2-chlor-1-äthyläthyl]-*, F. 128° (Isopropylalkohol); 51%. — *N-[o-Tolyl]-N'-[2-chlor-1-äthyläthyl]-*, F. 147° (Essigester); 62%. — *N-[Naphthyl-(1)]-N'-[2-chlor-1-äthyläthyl]-*, F. 175° (abs. A.); 87%. — *N-Benzyl-N'-[2-chlorpropyl]-* (**IX**), unrein. — *N-Benzhydryl-N'-[2-chlorpropyl]-*, F. 214—215° (abs. A.); 42%. — *N-Phenyl-N'-[2-chlorpropyl]-* (**XII**), F. 143° (50%ig. A.); 42%. — *N-[o-Tolyl]-N'-[2-chlorpropyl]-* (**XIII**), F. 124—125° (50%ig. A.); 13%. — *N-[2.6-Dimethylphenyl]-N'-[2-chlorpropyl]-*, F. 172° (Essigester); 40%. — Oxazoline: *2-Anilino-4-methyl-*, $C_{10}H_{12}N_2O$, F. 111° (Hexan), durch Kochen (5 Min.) von **VII** in W., Filtrieren, Stehen bei 0° u. Alkalisieren mit verd. NH_4OH; 68%. — *2-[Naphthyl-(1)-amino]-4-methyl-* (**VIII**), $C_{14}H_{14}N_2O$, F. 144—145° (Hexan–Essigester 3 : 2), $4^1/_2$ Std. (Rk.-Zeit); 75%. — *2-Benzylamino-4-äthyl-*, $C_{12}H_{16}N_2O$, F. 66° (Hexan), 10 Min.; 80%. — *2-Benzhydrylamino-4-äthyl-*, $C_{18}H_{20}N_2O$, F. 102° (Hexan), 6 Std.; 70%. — *2-Anilino-4-äthyl-*, $C_{11}H_{14}N_2O$, F. 102,5° (Hexan), 15 Min.; 83%. — *2-[2-Methylanilino]-4-äthyl-*, $C_{12}H_{16}N_2O$, F. 91° (Hexan), 1 Std.; 84%. — *2-[2.6-Dimethylanilino]-4-äthyl-*, $C_{13}H_{18}N_2O$, F. 108° (Hexan), 70 Min.; 88%. — *2-[Naphthyl-(1)-amino]-4-äthyl-*, $C_{15}H_{16}N_2O$, F. 111° (Hexan), 4 Std.; 61%. — *2-Benzylamino-5-methyl-*, $C_{11}H_{14}N_2O$, F. 76° (PAe. oder Hexan), a) durch $^1/_4$std. Kochen von **IX** mit W., Heißfiltration, Stehen über Nacht bei 0°, Alkalisieren mit NH_4OH, Ausäthern, Chromatographie aus Essigester an Al_2O_3 u. Eluieren mit Bzl.–Essigester; b) durch 6std. Erhitzen nachst. Verb. mit HCl (D. 1,19) auf 100—101° im Rohr u. Gießen in W.; 50%. — *N-Benzyl-N'-allylharnstoff*, $C_{11}H_{14}N_2O$, F. 90° (Isopropylalkohol), durch Zutropfen von **XI** in Ae. zu **X** in Ae. unter Sieden in 15 Min., 1std. Rühren u. 24std. Stehen; 87%. — *2-Benzhydrylamino-5-methyloxazolin*, $C_{17}H_{18}N_2O$, F. 163° (Cyclohexan u. 60%ig. A.), 10 Min.; 51%. — *2-Anilino-5-methyloxazolin*, $C_{10}H_{12}N_2O$, F. 141° (Essigester), a) aus dem 2-Chlorpropylharnstoff (**XII**) in 10 Min.; 85%; b) aus nachst. Verb. u. HCl bei 100—105° in 5 Std. im Rohr neben **XII**; 75%. — *N-Phenyl-N'-allylharnstoff*, F. 115°, aus **X** u. Anilin in Ae.; 85%. — *2-[2-Methylanilino]-5-methyloxazolin*, $C_{11}H_{14}N_2O$, F. 85—87° (Cyclohexan), a) aus dem 2-Chlorpropylharnstoff (**XIII**) in 30 Min.; 64%; b) aus nachst. Verb. mit HCl neben **XIII** nach Chromatographie; 22%. — *N-[o-Tolyl]-N'-allylharnstoff*, F. 151°, aus **X** u. o-Toluidin; 97%. — *2-[2.6-Dimethylanilino]-5-methyloxazolin*, *Pikrat*, $C_{18}H_{19}N_5O_8$, F. 213—214° (A.), 1 Std. (Chromatographie); gelbe Kristalle. — *2-[Naphthyl-(1)-amino]-5-methyl-*, $C_{14}H_{14}N_2O$, F. 157—158° (Essigester), $5^1/_2$ Std.; 77%. — *N-[Naphthyl-(1)]-N'-[2-hydroxy-1-methyläthyl]-harnstoff*, $C_{14}H_{16}N_2O_2$, F. 213° (Essigester), neben **VIII**. — *N-Benzhydryl-N'-[2-hydroxy-1-äthyläthyl]-harnstoff*, $C_{18}H_{22}N_2O_2$, F. 156° (Essigester), analog. — *N-[Naphthyl-(1)]-N'-[2-hydroxy-1-äthyläthyl]-harnstoff*, $C_{15}H_{18}N_2O_2$, F. 169° (Essigester), a) analog vorvorst. Verb. als Nebenprod.; b) aus **XIV** u. **III** in Äther. R. Pasedag. 3132 □

N-substituierte 2-Aminothiazole und ihre Acetoxymercuriderivate. P. N. Bhargava und M. Nagabhushanam. (J. Indian chem. Soc. **36**. 434—36. Juni 1959. Varanasi, Benaras Hindu Univ., Coll. of Sci., Organ. Chem. Labor.) (Engl.)

Durch Kondens. von Arylthioharnstoff-Derivv. mit Ketonen werden die entsprechenden 4-substituierten *2-Arylaminothiazole* dargestellt, die durch Rk. mit Hg-Acetat die entsprechenden *2-[4-Acetoxymercuriarylamino]-* oder, falls die p-Stellung besetzt ist, *2-[2-Acetoxymercuriarylamino]-thiazole* geben.

Versuche: Thiazole: *4-Phenyl-2-[o-äthoxyphenylamino]-*, F. 75°, durch 8std. Kochen von o-Äthoxyphenylthioharnstoff mit Acetophenon u. J_2, 12—16std. Kochen ohne Kühler, Waschen mit Ae. u. $Na_2S_2O_3$, Auskochen mit W., Freimachen der Base mit konz. NH_4OH u. Kristallisation aus 30—60%ig. A.; 89% (Ausbeute). *p-Acetoxymercuri-Deriv.*, F. 172°, durch Behandeln des Thiazols in A./verd. Essigsäure mit wss. Hg-Acetat, Ansäuern mit Essigsäure u. mehrstd. Stehen; 79%. — *4-Phenyl-2-[p-äthoxyphenylamino]-*, F. 102°; 86%. *o-Acetoxymercuri-Deriv.*, F. 193°; 74%. — *4-Phenyl-2-[o-methoxyphenylamino]-*, F. 85°; 84%. *p-Acetoxymercuri-Deriv.*, F. 186°; 80%. — *4-Methyl-2-[o-äthoxyphenylamino]-*, F. 67°; 61%. *p-Acetoxymercuri-Deriv.*, F. 176°; 73%. — *4-Methyl-2-[p-äthoxyphenylamino]-*, F. 137°; 64%. *o-Acetoxymercuri-Deriv.*, F. > 280°; 75%. — *4-Methyl-2-[p-methoxyphenylamino]-*, F. 104°; 56%. *o-Acetoxymercuri-Deriv.*, F. 214°; 83%. — *4-Methyl-2-[o-methoxyphenylamino]-*, F. > 280°; 58%. *p-Acetoxymercuri-Deriv.*, F. 138°; 78%. — *4-Methyl-5-carbäthoxy-2-[o-äthoxyphenylamino]-*, F. 80°; 59%. *p-Acetoxymercuri-Deriv.*, F. 192°; 79%. — *4-Methyl-5-carbäthoxy-2-[p-äthoxyphenylamino]-*, F. 94°; 56%. *o-Acetoxymercuri-Deriv.*, F. 236°; 76%. — *4-Methyl-5-carbäthoxy-2-[o-methoxyphenylamino]-*, F. 157°; 61%. *p-Acetoxymercuri-Deriv.*, F. > 280°; 74%. — *4-Methyl-5-carbäthoxy-2-[p-methoxyphenylamino]-*, F. 133°; 57%. *o-Acetoxymercuri-Deriv.*, F. 182°; 81%. — *4.5-Dimethyl-2-[o-äthoxyphenylamino]-*, F. 64°;

52%. *p-Acetoxymercuri-Deriv.*, F. 132°; 63%. — *4.5-Dimethyl-2-[p-äthoxyphenylamino]-*, F. 76°; 54%. *o-Acetoxymercuri-Deriv.*, F. 158°; 66%. — *4.5-Dimethyl-2-[o-methoxyphenylamino]-*, F. 125°; 49%. *p-Acetoxymercuri-Deriv.*, F. 181°; 64%. — *4.5-Dimethyl-2-[p-methoxyphenylamino]-*, F. 91°; 56%. *o-Acetoxymercuri-Deriv.*, F. 193°; 69%.

W. LIEBSCHER. 3142

Unsymmetrische Methincyanine, dargestellt aus 4-Methyl-3-aryl-2.3-dihydrothiazolthion-(2). Pranabandhu Tripathy und M. K. Rout. (J. Indian chem. Soc. **36**. 590—92. Aug. 1959. Cuttack, Ravenshaw Coll., Mayur-Chanja chem. Labor.) (Engl.)

Durch Kondens. von 3-Aryl-4-methyl-Δ^4-thiazolinthionen-(2) mit 2-Methylbenzoxazol (**III**), Lepidin, 4-Phenyl-2-methylthiazol, 2-Methylbenzimidazol u. Chinaldin in Ggw. von p-Toluolsulfonsäuremethylester (**II**) werden die entsprechenden unsymm. *Methincyanine* dargestellt. Die Absorptionsmaxima werden angegeben.

Versuche: 3-Aryl-4-methyl-Δ^4-thiazolinthione-(2): *Phenyl-* (**I**), $C_{10}H_9NS_2$, F. 149°, durch Zugabe von Monochloraceton zu Ammoniumphenyldithiocarbamat in A. unter Kühlung, 40 Min. langes Kochen u. Verdünnen mit W.; aus A. bräunliche Nadeln; 82% (Ausbeute). — *p-Bromphenyl-*, F. 98°; 67%. — *p-Tolyl-*, F. 135°; 81%. — *o-Tolyl-*, F. 105°; 82%. — 2-[3-Aryl-4-methyl-Δ^4-thiazolinyliden-(2)-methyl]-benzoxazolmethojodide: *Phenyl-*, F. 243° (Zers.), a) durch 4std. Erhitzen von **I** mit **II** u. **III** mit **II** auf 130°, 40 Min. langes Kochen der erhaltenen Verbb. in Pyridin u. Gießen in heiße KJ-Lsg.; b) durch 4std. Erhitzen von äquimol. Mengen **I** u. **III** mit **II** auf 140°, 40 Min. langes Kochen in Pyridin u. Gießen in heiße KJ-Lsg.; 50%. — *p-Bromphenyl-*, F. 170° (Zers.); 60%. — *p-Tolyl-*, F. 239°; 68%. — *o-Tolyl-*, F. 247°; 73%. — 4-[3-Aryl-4-methyl-Δ^4-thiazolinyliden-(2)-methyl]-chinolinmethojodide: *Phenyl-*, F. 258° (Zers.); 62%. — *p-Bromphenyl-*, F. 275° (Zers.); 72%. — *o-Tolyl-*, F. 188°; 62%. — *p-Tolyl-*, F. 195°; 60%. — 2-[3-Aryl-4-methyl-Δ^4-thiazolinyliden-(2)-methyl]-4-phenylthiazolmethojodide: *Phenyl-*, F. 220°; 55%. — *p-Bromphenyl-*, F. 220° (Zers.); 65%. — *p-Tolyl-*, F. 215—216°; 52%. — *o-Tolyl-*, F. 243°; 59%. — *2-[3-Phenyl-4-methyl-Δ^4-thiazolinyliden-(2)-methyl]-benzimidazolmethojodid*, F. 240° (Zers.); 78%. — 2-[3-Aryl-4-methyl-Δ^4-thiazolinyliden-(2)-methyl]-chinolinmethojodide: *p-Bromphenyl-*, F. 292° (Zers.); 70%. — *o-Tolyl-*, F. 249°; 68%. — *p-Tolyl-*, F. 201°; 63%.

W. LIEBSCHER. 3142□

Synthese einiger funktioneller Derivate des 2.5-Diphenyl-1.3.4-oxadiazols. A. P. Grekow und O. P. Schwaika. (Журнал Общей Химии [J. allg. Chem.] **30 (92)**. 3802—06. Nov. 1960. Charkow, Allunions-Forschungsinst. für chem. Reagentien.) (Russ.)

Aus entsprechend substituierten N.N'-Diaroylhydrazinen werden durch Behandeln mit $POCl_3$ u. darauffolgende Cyclisierung mit W. zahlreiche im Benzolkern substituierte *2.5-Diphenyl-1.3.4-oxadiazole* dargestellt. Die alkal. Verseifung von 2-[p-Carbäthoxyphenyl]-5-phenyl-1.3.4-oxadiazol (**I**) ergibt unter Ringöffnung *1-[p-Carboxybenzoyl]-2-benzoylhydrazin* (**II**), das mit $POCl_3$ über $C_6H_5CCl{=}N{-}N{=}CCl{-}C_6H_4COCl$ in *2-[p-Carboxyphenyl]-5-phenyl-1.3.4-oxadiazol* (**III**) übergeht.

Versuche (unter Mitarbeit von L. N. Kulakowa u. L. M. Jegupowa): Dibenzoylhydrazine: Zu 0,1 Mol Aroylhydrazin in 0,8 Mol abs. Pyridin gibt man portionsweise bei <60° 0,1 Mol Benzoylchlorid (bei schlechter Löslichkeit der Aroylhydrazine in Pyridin umgekehrte Reihenfolge des Zusammengebens), gießt in 500 ml W. u. filtriert nach ½ Std. (in Klammern Bruttoformel, F., Ausbeute in %, umkrist. aus): *p-Dimethylamino-* (**V**; $C_{16}H_{17}N_3O_2$, 236°, 92, Eisessig). — *p-Carbäthoxy-* ($C_{17}H_{16}N_2O_4$, 152°, 83, A.). — *p-Carboxy-* (**II**; $C_{15}H_{12}N_2O_4$, 282°, 94, A.). — *p-Fluor-* ($C_{14}H_{11}FN_2O_2$, 210°, 99, A.). — *p-Methyl-* ($C_{15}H_{14}N_2O_2$, 220°, 66, A.). — *p-Methylmercapto-* ($C_{15}H_{14}\cdot N_2O_2S$, 185°, 76, A.). — *p-Isopropoxy-* ($C_{17}H_{18}N_2O_3$, 202°, 80, A.). — *m-Nitro-* ($C_{14}H_{11}\cdot N_3O_4$, 216°, 60, Eisessig). — *m-Methyl-* ($C_{15}H_{14}N_2O_2$, 210°, 98, A.). — *m-Methoxy-* ($C_{15}H_{14}\cdot N_2O_3$, 213°, 77, A.). — *o-Chlor-* ($C_{14}H_{11}ClN_2O_2$, 179°, 87, A. u. Toluol). — *o-Nitro-* ($C_{14}H_{11}\cdot N_3O_4$, 214°, 67, A. u. Toluol). — *o-Methoxy-* ($C_{15}H_{14}N_2O_3$, 145°, 73, A. u. Toluol). — 5-Phenyl-1.3.4-oxadiazole: man löst 0,1 Mol vorst. Hydrazine in 1 Mol $POCl_3$ unter Erwärmen, gibt 600 ml W. zu (Temp. soll 50—60° nicht übersteigen) u. saugt ab; Reinigung erfolgt mittels Säulenchromatographie (Al-Gel; Bzl. oder Toluol als Lsgm.): *2-[p-Carbäthoxyphenyl]-* (**I**; $C_{17}H_{14}N_2O_3$, 140°, 99, Dioxan u. Toluol). — *2-[p-Carboxyphenyl]-* (**III**; $C_{15}H_{10}N_2O_3$, 220—230°, unter Sublimation, 97, —). — *2-[p-Fluorphenyl]-*, $C_{14}H_9FN_2O$, 147°, 59, A.). — *2-[p-Tolyl]-* ($C_{15}H_{12}N_2O$, 117°, 65, A.). — *2-[p-Methylmercaptophenyl]-* ($C_{15}H_{12}N_2OS$, 185°, 82, Bzl.). — *2-[p-Isopropoxyphenyl]-* ($C_{17}H_{16}N_2O_2$, 80°, 70, A.). — *2-[m-Nitrophenyl]-* (**IV**; $C_{14}H_9N_3O_3$, 147°, 99, Bzl.). — *2-[m-Tolyl]-* ($C_{15}H_{12}N_2O$, 96°, 99, A.). — *2-[m-Methoxyphenyl]-* ($C_{15}H_{12}N_2O_2$, 72°, 97, A.). — *2-[o-Chlorphenyl]-* ($C_{14}H_9ClN_2O$, 105°, 90, Bzl.). — *2-[o-Nitrophenyl]-* ($C_{14}H_9N_3O_3$, 121°, 86, Bzl.). —

2-[o-Methoxyphenyl]- ($C_{15}H_{12}N_2O_2$, 94°, 99, Bzl.). — *2-[m-Aminophenyl]-5-phenyl-1.3.4-oxadiazol*, $C_{14}H_{11}N_3O$, F. 162° (A.), man erwärmt 0,02 Mol **IV** u. 0,12 Mol Phenylhydrazin bis zur Auflösung, steigert die Temp. vorsichtig auf 110—120° u. bei Nachlassen der N_2-Entw. auf 150—160°, läßt auf 120° abkühlen, gießt in 200 ml Bzl. u. läßt 1 Std. stehen; 68% (Ausbeute). — *2-[o-Aminophenyl]-5-phenyl-1.3.4-oxadiazol*, $C_{14}H_{11}N_3O$, F. 176° (Bzl.); 76%. — *2-[p-Dimethylaminophenyl]-5-phenyl-1.3.4-oxadiazol*, $C_{16}H_{15}N_3O$, F. 143° (A.), man erhitzt **V** in $POCl_3$ bis zur Auflösung, gießt nach Abkühlung in W., neutralisiert mit NH_4OH u. filtriert; 99%. — *2-[p-Cyanphenyl]-5-phenyl-1.3.4-oxadiazol*, $C_{15}H_9N_3O$, F. 183° (Dioxan–W. + A.), 2-[p-Aminophenyl]-5-phenyl-1.3.4-oxadiazol (F. 187°) wird unter Erhitzen in 18%ig. HCl gelöst u. die nach Abkühlen gebildete Suspension mit $NaNO_2$-Lsg. diazotiert; es wird abgesaugt, mit Soda bis pH 5—6 neutralisiert u. das Gemisch allmählich unter Rühren in eine $KCu(CN)_2$-Lsg. eingetragen; nach 12 Std. wird filtriert. — *2-[p-Aminocarbonylphenyl]-5-phenyl-1.3.4-oxadiazol*, $C_{15}H_{11}N_3O_2$, F. 221° (Zers.), vorst. Verb. wird in A. gelöst u. 2n KOH sowie etwas 30%ig. H_2O_2 zugefügt; es wird 15 Min. erwärmt, dann neutralisiert; 75%. — *1-[p-Carboxybenzoyl]-2-benzoylhydrazin* (**II**), $C_{15}H_{12}N_2O_4$, F. 280—285° unter Sublimation (Pyridin), man erhitzt **I** bis zur vollständigen Auflösung in 2%ig. NaOH, neutralisiert u. filtriert; 94%. O. DOLD. 3163 □

Polyphosphorsäure als Kondensationsmittel bei der Pechmann-Kondensation. R. S. Kapil und Shiam Sunder Joshi. (J. Indian chem. Soc. **36.** 596. Aug. 1959. Meerut, Meerut Coll., Chem. Labor.) (Engl.)

Bei der Kondens. von Acetessigsäureäthylester (**I**) mit Phenolen zu den entsprechenden *Cumarinen* erweist sich Polyphosphorsäure (P) als besseres Kondens.-Mittel als konz. H_2SO_4. Durch ½ std. Erhitzen von **I** mit P u. dem entsprechenden Phenol im Verhältnis 15:1 auf 100° werden folgende Cumarine dargestellt: *4.7-Dimethyl-*, F. 132°, aus m-Kresol; 35% (Ausbeute). — *4.6-Dimethyl-*, F. 152°, aus p-Kresol; 40%. — *4-Methyl-7.8-benzo-*, F. 172°, aus α-Naphthol; 85%. — *7-Hydroxy-4-methyl-*, F. 185°, aus Resorcin; 96%. — *7-Hydroxy-6-chlor-4-methyl-*, F. 280°, aus 4-Chlorresorcin; 66%. — *5-Hydroxy-4.7-dimethyl-*, F. 250°, aus Orcin; 90%. — *7.8-Dihydroxy-4-methyl-*, F. 235°, aus Pyrogallol; 50%. — *5.7-Dihydroxy-4-methyl-*, F. 285°, aus Phloroglucin; 62%. W. LIEBSCHER. 3211 □

Beitrag zur Untersuchung des Diäthylaminoäthylesters der Xanthen-9-carbonsäure. Luis Nestor Crudo Arias. (An. Fac. Farmac. Bioquím. **7.** 524—30. 1956.) (Span.)

Vf. beschreibt die Darst. des *Xanthen-9-carbonsäurediäthylaminoäthylesters* (**III**) aus Xanthen-9-carbonsäure (**I**) u. Diäthylaminoäthylchlorid (**II**). **I** wird aus Salicylsäurephenylester durch Ringschluß zu *Xanthon*, Red. zu *Xanthen* u. dessen Behandlung mit Na/K-Leg. u. CO_2 gewonnen. **III** bildet mit CH_3Br ein *Methobromid*, das sich zur quant. Best. von **III** eignet.

Versuche: *Xanthon*, F. 172° (gelbliche Nadeln; CH_3OH), Kp. 355°, durch 6—8std. Erhitzen von 100 g Salicylsäurephenylester auf 275—350°; 30 g (Ausbeute). — *Xanthen*, F. 99,5° (Blättchen), durch Red. vorst. Verb. mit Na in sd. A., Zugabe von W., Rühren, Filtrieren, Ansäuern u. Ausäthern. — *Xanthen-9-carbonsäure* (**I**), F. 222° (Nadeln; 50%ig. A.), durch Rühren einer Lsg. vorst. Verb. in Ae. mit Na/K-Leg., Einleiten von CO_2, Zugabe von W., Ansäuern, Aufnehmen des Nd. in Ae. u. Eindampfen. — *2-Diäthylaminoäthylchlorid* (**II**), gelbliches Öl. *Hydrochlorid*, F. 199° (Nadeln; A.), durch Einrühren von $SOCl_2$ in Bzl. in Diäthylaminoäthanol in Bzl., 6—8std. Kochen u. Abdestillieren von Bzl. u. $SOCl_2$. — *Xanthen-9-carbonsäurediäthylaminoäthylester* (**III**). *Hydrochlorid*, F. 158°, durch 2std. Kochen von **I** u. **II** in Isopropanol, Aufnehmen des Rückstandes in W., Zugabe von NaOH, Ae.-Extraktion u. Ausfällen mit der berechneten Menge HCl als in der Kälte erstarrendes Öl. *Methobromid*, aus **III** u. CH_3Br in Äther. W. CLAUSS. 3211 □

Die Synthese stickstoffhaltiger Ketone. 9. Mitt. **Die Acylierung von [1-Pyridyl-(2)]-3-dimethylaminopropan und 1-[Pyridyl-(2)]-1-phenyl-3-dimethylaminopropan.** Stuart Raynolds und Robert Levine. (J. Amer. chem. Soc. **82.** 1152—55. 5/3. 1960. Pittsburgh, Pa., Univ., Dep. of Chem.) (Engl.) — 8. vgl. C. **1961.** 3998.

Ketone der allg. Formel $(2\text{-}C_5H_4N)C(R')(CH_2CH_2NR_2)(COR'')$ gewinnt man durch Acylierung von *1-[Pyridyl-(2)]-3-dimethylaminopropan* (**I**) u. *1-[Pyridyl-(2)]-1-phenyl-3-dimethylaminopropan* (**II**) mit Carbonsäureestern, wobei als Kondens.-Mittel Phenyl-Na (**IV**) in Bzl. u./oder Phenyl-Li (**III**) in Ae. verwendet werden. **I** bzw. **II** erhält man aus β-Dimethylaminoäthylchlorid (**VI**) u. 2-Picolin in Ggw. von **IV** bzw. 2-Benzylpyridin in Ggw. von **III**. Enthält das gebildete Keton noch ein enolisierbares H-Atom, so ist ein Überschuß an **I** bzw. **II** u. an Kondens.-Mittel zur Erzielung maximaler Ausbeuten zweckmäßig. *1-[Pyridyl-(2)]-1-phenyl-3-pyrrolidinopropan* (**V**) wird aus 2-Benzylpyridin u. N-[2-Chloräthyl]-pyrrolidin mit **III** als Kondens.-Mittel dargestellt. **V** läßt sich als Li-Deriv. mit Propionsäureäthylester zu *1-Pyrrolidino-3-phenyl-3-[pyridyl-(2)]-hexanon-(4)* kondensieren.

Versuche: *1-[Pyridyl-(2)]-3-dimethylaminopropan* (**I**), $Kp._6$ 97—99°, aus 2-Picolin u. **VI** wie l. c. beschrieben, jedoch mit **IV** als Kondens.-Mittel; 64% (Ausbeute). — *1-[Pyridyl-(2)]-1-phenyl-3-dimethylaminopropan* (**II**), $Kp._{0,85}$ 128—129°, entsprechend aus 2-Benzylpyridin u. **VI** in Ggw. von **III**; 79%. *Pikrat*, F. 201—202° (A.). — *1-[Pyridyl-(2)]-1-phenyl-3-pyrrolidinopropan* (**V**), $C_{18}H_{22}N_2$, $Kp._{0,18}$ 136—138°, entsprechend aus 2-Benzylpyridin u. N-[2-Chloräthyl]-pyrrolidin in Ggw. von **III**; 68%. *Dipikrat*, $C_{30}H_{28}N_8O_{14}$, F. 170—171° (A.). — *1-Pyrrolidino-3-phenyl-3-[pyridyl-(2)]-hexanon-(4)*, $Kp._1$ 190—195°, aus **V**, Propionsäureäthylester u. **III**; 57%. *Succinat*, F. 149,0—149,8° (Essigester). — Nach l. c. beschriebenen Meth. werden durch Acylierung von **I** mit entsprechenden Estern u. **III** bzw. **IV** als Kondens.-Mittel [Mol-Verhältnis **I**:Ester:Kondens.-Mittel meist 2:1:2, in einigen Fällen (**A**) 1:1:1] folgende 1-[Pyridyl-(2)]-3-dimethylaminopropyl-(1)-ketone dargestellt: *Phenyl-*, $Kp._{0,28}$ 132—133°, a) nach **A** 30% mit **III** als Kondens.-Mittel; b) 66% mit **III**; c) 85% mit **IV**. *Dipikrat*, F. 179,2 bis 179,8° (A.). — *Methyl-*, $C_{12}H_{18}N_2O$, $Kp._{0,33}$ 86—87°, a) 35% mit **III**; b) 84% mit **IV**. *Dipikrat*, $C_{24}H_{24}N_8O_{15}$, F. 179,7—180,4° (A.). — *Äthyl-*, $C_{13}H_{20}N_2O$, $Kp._{0,29}$ 90—91°; 49% mit **III**. *Dipikrat*, $C_{25}H_{26}N_8O_{15}$, F. 169,0—170,0° (A.). — *n-Propyl-*, $C_{14}H_{22}N_2O$, $Kp._{0,26}$ 95—96°; 44% mit **III**. *Dipikrat*, $C_{26}H_{28}N_8O_{15}$, F. 149,6—150,6° (A.). — *Isopropyl-*, $C_{14}H_{22}N_2O$, $Kp._{0,28}$ 89—90°, a) 48% mit **III**; b) 85% mit **IV**. *Dipikrat*, $C_{26}H_{28}N_8O_{15}$, F. 155,8—156,7° (A.). — *tert.-Butyl-*, $C_{15}H_{24}N_2O$, $Kp._{0,29}$ 90—91°; 50% mit **III**. *Dipikrat*, $C_{27}H_{30}N_8O_{15}$, F. 171,3—172,5° (A.). — Durch 30 Min. langes Kochen des aus **II** u. **III** dargestellten **II**-Li-Deriv. in Ae., Zugabe des entsprechenden Esters, 1 std. Kochen u. nachfolgende Hydrolyse werden folgende 1-[Pyridyl-(2)]-1-phenyl-3-dimethylaminopropyl-(1)-ketone dargestellt: *Methyl-*, $C_{18}H_{22}N_2O$, $Kp._{0,62}$ 151—152°, a) 67%; b) 30% (**A**). *Dipikrat*, $C_{30}H_{28}N_8O_{15}$, F. 159,2—160,4° (A.). — *Äthyl-*, $Kp._{0,27}$ 144 bis 145°, a) 75%; b) 32% (**A**). *Maleat*, F. 144,2—145,3° (Essigester). — *n-Propyl-*, $C_{20}H_{26}N_2O$, $Kp._{0,29}$ 152—153°, a) 69%; b) 40% (**A**). *Dipikrat*, $C_{32}H_{32}N_8O_{15}$, F. 150,5 bis 151,4° (A.). — *Isopropyl-*, $C_{20}H_{26}N_2O$, $Kp._{0,29}$ 145—146°, a) 69%; b) 42% (**A**). *Dipikrat*, $C_{32}H_{32}N_8O_{15}$, F. 159,0—160,0° (A.). — *Phenyl-*, $C_{23}H_{24}N_2O$, F. 86,0—87,4° (PAe.), $Kp._{1,0}$ 200—205°, a) 64%; b) 68% (**A**). *Tripikrat*, $C_{41}H_{33}N_{11}O_{22}$, F. 199,0—200,5° (A.). — *tert.-Butyl-*, $C_{21}H_{28}N_2O$, F. 65—67° (PAe.), $Kp._{0,25}$ 156—158°, a) 10%; b) 63% durch 28 std. Kochen; c) 32% durch 28 std. Kochen (**A**). *Dipikrat*, $C_{33}H_{34}N_8O_{15}$, F. 156,6 bis 157,4° (A.). — *n-Heptyl-(3)-*, $C_{24}H_{34}N_2O$, $Kp._{0,28}$ 176—177°, a) 82%; b) 70% (**A**).

D. FRANK. 3231 □

Die Synthese stickstoffhaltiger Ketone. 10. Mitt. **Der Mechanismus der Acylierung von Pyridin-Derivaten.** Robert Levine und Stuart Raynolds. (J. org. Chemistry **25**. 530—37. April 1960.) (Engl.) — **9.** vgl. vorst. Referat.

Vff. stellen eine Reihe von *Ketonen* (**K**) der Formel $(2\text{-}C_5H_4N)\text{—}CH(R)\text{—}CO\text{—}R'$ sowie *Alkoholen* (**A**) der Formel $[2\text{-}C_5H_4N\text{—}CH(R)]_2\text{—}C(R')OH$ durch Rk. von 2-Picolin (**VI**) bzw. 2-Benzylpyridin (**V**) mit Carbonsäureestern [Essigsäure-, Propionsäure (**IX**)-, Benzoesäure (**XI**)- u. Isobuttersäureäthylester] unter Verw. von Phenyl-Na (**I**), Phenyl-Li (**II**), Na-Diisopropylamid (**III**) oder Li-Diisopropylamid (**IV**) als Kondens.-Mittel dar. Der Rk.-Mechanismus wird folgendermaßen gedeutet: Das aus dem Metall des Kondens.-Mittels u. dem Pyridin-Deriv. gebildete salzartige Prod. $[2\text{-}C_5H_4\cdot NCHR]^{\ominus}Me^{\oplus}$ (**C**) liefert mit dem eingesetzten Ester zunächst ein *Chelat* (**D**), das in Ggw. von **C**-Anion entweder unter Abspaltung von **A**. **E** liefert, das bei der Hydrolyse in **K** übergeht, oder aber unter Austausch der Äthoxygruppe gegen ein weiteres **C**-Anion in **F** umgewandelt wird, das bei der Hydrolyse **A** bildet.

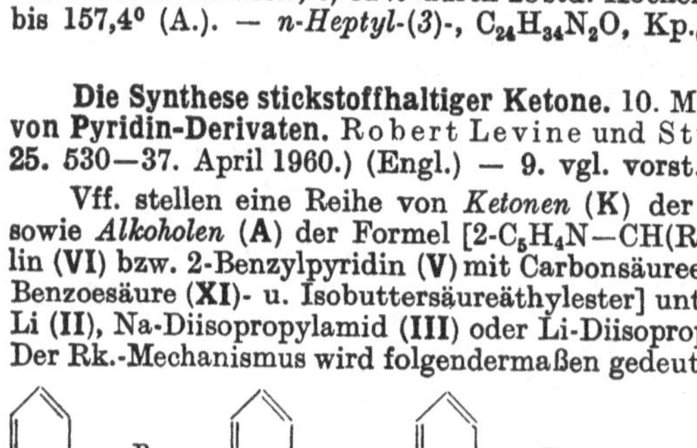

Die Ausbldg. von **D** ist nur bei in 2-Stellung substituierten Pyridinen möglich. An Hand der Formeln **D**, **E** u. **F** läßt sich voraussehen, daß das **K**:**A**-Verhältnis dann zugunsten von **K** verschoben wird, wenn R′ sperrig ist, weil dann eine Bldg. von **F**, die später zu **A** führen würde, wenig wahrscheinlich ist. Jedoch wird auch ein gegenteiliges Verh. beobachtet, wofür Gründe diskutiert werden. Das **K**:**A**-Verhältnis ist ferner abhängig vom Lsgm., vom angewandten Kondens.-

Mittel, von der Stabilität des intermediären Chelates **D**, vom Mol-Verhältnis zwischen Alkylpyridin, Kondens.-Mittel u. Ester, wobei dasjenige mit 2:2:1 bes. günstig zu sein scheint, u. von der Basizität des $[2\text{-}C_6H_4NCH(R)]^{\ominus}$-Anions. Verbb. des Typs **K** sind in ihren Eigg. den β-Diketonen sehr ähnlich u. geben Chelate mit Cu^{2+}-Ionen.

Versuche: *1.3-Diphenyl-2-äthylpropanol-(2)*, F. 146—147°, aus **II**, **V** u. 1-Phenyl-1-[pyridyl-(2)]-butanon-(2) (**VII**; 2:2:1) in Ae.; 3% (Ausbeute); daneben unverändertes **V** u. **VII**. — Durch Kondens. von **V** bzw. **VI** mit entsprechenden Äthylestern werden unter Verw. von **I**, **II**, **III** oder **IV** als Kondens.-Mittel (Mol-Verhältnis 2:1:2) folgende **K** u. **A** dargestellt: *α-[Pyridyl-(2)]-aceton*, $Kp._2$ 75—78°, aus **VI**, Essigsäureäthylester u. **I** in Bzl. bei 5°; 59% [*Pikrat*, $C_{14}H_{12}N_4O_8$, F. 134—135° (A.)]; daneben *1.3-Bis-[pyridyl-(2)]-2-methylpropanol-(2)*, $Kp._2$ 148—152°; 28% [*Dipikrat*, F. 213—214°]. — *1-[Pyridyl-(2)]-butanon-(2)*, $Kp._2$ 83—86°, a) aus **VI**, **IX** u. **I** in Bzl. bei 5°; 55% [*Pikrat*, F. 143,2—143,6°]; daneben *1.3-Bis-[pyridyl-(2)]-2-äthylpropanol-(2)* (**VIII**), $Kp._1$ 153 bis 156°; 33% [*Dipikrat*, F. 193,5—195°]; b) analog mit **III**; 48%; daneben **VIII**; 22%; c) aus **VI**, **IX** u. **II** in Ae. bei 35°; 62%; daneben **VIII**; 12%; d) analog c) mit **IV**; 62%; daneben **VIII**; 2%; e) mit **II** in Bzl. bei 5°; 64%; daneben **VIII**; 4%; f) mit **I** in Ae. bei 35°; 34%; daneben **VIII**; 24%. — *α-[Pyridyl-(2)]-acetophenon*, $Kp._2$ 148—155°, a) aus **VI**, **XI** u. **I** in Bzl. bei 5°; 80%; b) analog a) mit **II** in Ae. bei 35°; 80%. — *α-Phenyl-α-[pyridyl-(2)]-aceton*, $C_{14}H_{13}NO$, $Kp._{2,74}$ 145—150°, aus **V**, Essigsäureäthylester u. **II** in Ae. bei 35°; 93%. — *1-Phenyl-1-[pyridyl-(2)]-butanon-(2)* (**VII**), $C_{15}H_{15}NO$, F. 76 bis 78° (A.), $Kp._{0,28}$ 128—132°, a) aus **V**, **IX** u. **I** in Ae.; 68%; daneben unverändertes **V** zurück; b) aus **V**, **IX** u. **II** in Ae. bei 35°; 22% [*Pikrat*, $C_{21}H_{18}N_4O_8$, F. 117,5—119,2° (Bzl./PAe.)]; daneben *1.3-Bis-[phenyl]-1.3-bis-[pyridyl-(2)]-2-äthylpropanol-(2)* (**X**), $C_{27}H_{26}N_2O$, F. 146—147° (A.); 60% [*Dipikrat*, $C_{39}H_{32}N_8O_{15}$, F. 133,0—133,5° (A.)]; c) analog b) mit **III** in Bzl. bei 5°; 82%; d) mit **I** in Bzl. bei 5°; 81%; d) analog a) mit **IV**; 54%; daneben **X**; 37%; e) analog b) mit **II** in Bzl. bei 5°; 64%. — *1-Phenyl-1-[pyridyl-(2)]-3-methylbutanon-(2)*, $C_{16}H_{17}NO$, $Kp._{0,30}$ 133—135°, aus **V**, Isobuttersäureäthylester u. **II** in Ae. bei 35°; 81%. — *α-Phenyl-α-[pyridyl-(2)]-acetophenon*, $C_{19}H_{15}NO$, F. 125,0—125,7° (PAe.), $Kp._{0,5}$ 190—195°, a) aus **V**, **XI** u. **II** in Ae. bei 35°; 60% [*Pikrat*, $C_{25}H_{18}N_4O_8$, F. 139,2 bis 139,9° (A.)]; daneben *1.3-Bis-[pyridyl-(2)]-1.2.3-triphenylpropanol-(2)*, $C_{31}H_{26}N_2O$, F. 137,8—138,8° (PAe.); 16%; b) aus **V**, **XI** u. **I** in Bzl. bei 5°; 62%; c) analog b) mit **III**; 82%. D. FRANK. 3231 □

Polarisation der heterocyclischen Ringe mit aromatischem Charakter. 139. Mitt. **Über eine neue Nitrierung des Chinolin-1-oxides.** 4. Mitt. Eiji Ochiai und Chikara Kaneko. (Chem. pharmac. Bull. [Tokyo] **8.** 284—86. April 1960. Tokyo, Univ., Pharmac. Fak.; Itsuu Labor.) (Dt.) — 138. vgl. Chem. pharmac. Bull. [Tokyo] **8.** [1960.] 126; 3. vgl. Chem. pharmac. Bull. [Tokyo] **7.** [1959.] 267; vgl. auch C. **1960. 3541.**

4-Chlor- u. 4-Bromchinolin-1-oxid ergaben nach der Nitrierung mit Benzoylchlorid u. $AgNO_3$ in einer Chlf.-Lsg. das entsprechende 3-Halogen-Deriv. von 4-Hydroxy-1-benzoyloxychinolinbetain. 2-Äthoxychinolin-1-oxid ergab bei der Einw. von Benzoylnitrat *1-Benzoyloxycarbostyril* (**I**). Die Entstehung von *1-Benzoyloxy-4-hydroxy-3-chlor-* u. *-3-bromchinolinbetain* u. **I** bestätigt den von den Vff. kürzlich (3. Mitt. l. c.) vorgeschlagenen Rk.-Mechanismus für die Nitrierung von Chinolin-1-oxid mit Acylnitraten.

Versuche: *3-Chlor-4-hydroxy-1-benzoyloxychinolinbetain*, $C_{16}H_{10}ClNO_3$, F. 194 bis 196° (Zers.), durch Zugabe von Benzoylchlorid zu 0,6 g 4-Chlorchinolin-1-oxid in Chlf. unter Eiskühlung, portionsweise Zugabe von $AgNO_3$, 3—5std. Rühren unter Eiskühlung, 5std. Rühren bei Raum-Temp., 1tägiges Stehen, Filtrieren, Eindampfen u. Chromatographie in Chlf. an Florisil; aus Aceton Nadeln; 335 mg (Ausbeute). — *3-Brom-4-hydroxy-1-benzoyloxychinolinbetain*, $C_{16}H_{10}BrNO_3$, F. 203—205° (Zers.), a) analog vorst. Verb. aus 0,6 g 4-Bromchinolin-1-oxid; aus Aceton Nadeln; 75 mg; b) durch 1tägiges Stehen von 0,24 g 3-Brom-4-hydroxychinolin-1-oxid mit Benzoylchlorid in Pyridin bei Raum-Temp., Gießen in W. u. Filtrieren; 0,3 g. — *1-Benzoyloxycarbostyril* (**I**), F. 128 bis 130°, durch 2tägiges Stehen von 0,5 g 2-Äthoxychinolin-1-oxid in Chlf. mit Benzoylnitrat, Abtrennen der Chlf.-Lsg. u. Eindampfen; aus Diisopropyläther Prismen; 0,52 g. P. GOLINSKE. 3231 □

Polarisation der heterocyclischen Ringe mit aromatischem Charakter. 140. Mitt. **Über eine modifizierte Reissertsche Reaktion in der Chinolin-1-oxid-Reihe.** Chikara Kaneko. (Chem. pharmac. Bull. [Tokyo] **8.** 286—89. April 1960.) (Dt.) — 139. vgl. vorst. Referat.

Eine modifizierte REISSERT-Rk. wurde mit Chinolin-1-oxid (**I**) bzw. seinen Derivv. u. Benzoylchlorid/AgCN in Chlf. durchgeführt. Dabei entstehen aus den 4-Halogen- u. 3- u. 6-Nitro-Derivv. von **I** u. aus **I** selbst die entsprechenden *2-Cyan-Derivv.*, daneben werden im Falle von **I** u. den Halogen-Derivv. die entsprechenden *Carbostyrile* gebildet. *2-Äthoxychinolin-1-oxid* (**II**) liefert nur *1-Benzoyloxycarbostyril.*

Versuche: Chinoline: *2-Cyan-* (**III**), $C_{10}H_6N_2$, F. 91—93°, durch Versetzen von **I** in Chlf. mit Benzoylchlorid, Zugabe von AgCN unter Eiskühlung, mehrstd. Rühren bei Eiskühlung u. dann bei Raum-Temp., 2tägiges Stehen bei Raum-Temp., Filtrieren, Eindampfen, Chromatographie in Chlf. an Al_2O_3 u. Eluieren mit Chlf. u. Aceton; aus Ligroin Nadeln; 56,9% (Ausbeute); daneben *Carbostyril* (F. 192—195°; aus Aceton Nadeln; 8,2%). — *2-Cyan-4-chlor-*, $C_{10}H_5ClN_2$, F. 108—110°, a) analog **III** aus 4-Chlorchinolin-1-oxid, Trennung durch Chromatographie an Al_2O_3 u. Eluieren mit Ae., Chlf. u. Chlf./Methanol (8:1); aus Ligroin Nadeln; 29,9%; daneben *4-Chlorcarbostyril* (**IV**; C_9H_6ClNO, F. 253—255°; aus Aceton Nadeln; 23,3%) u. 35,4% Ausgangssubstanz; b) analog **III** aus 4-Bromchinolin-1-oxid u. Eluieren mit CH_2Cl_2 u. CH_2Cl_2/Methanol (8:1); 66%; daneben 33% **IV**. — *2-Cyan-3-nitro-*, $C_{10}H_5N_3O_2$, F. 162—164°, a) analog **III** aus 3-Nitrochinolin-1-oxid; aus Methanol schwachgelbliche Prismen; 81%; b) durch 2std. Rühren von 0,33 g 3-Nitrochinolin-1-oxid in W. mit KCN u. Benzoylchlorid bei Raum-Temp., mehrstd. Stehen, Alkalisieren mit $NaHCO_3$, Extrahieren mit Chlf., Chromatographie an Al_2O_3 u. Eluieren mit Bzl./Chlf. (3:1); 70 mg. — *2-Cyan-6-nitro-*, $C_{10}H_5N_3O_2$, F. 189—191°, analog **III** aus 6-Nitrochinolin-1-oxid; aus Methanol Nadeln; 89%. — *Cyan-3-nitropyridin*, $C_6H_3N_3O_2$, F. 78—80°, durch Rk. von 180 mg 3-Nitropyridin-1-oxid u. Benzoylchlorid/AgCN in Chlf. analog **III**; aus Bzl./Aceton Nadeln; 50 mg; daneben *Prismen vom F. 100—103°* (PAe./Bzl.) u. *Prismen vom F. 244—247°*. — *1-Benzoyloxycarbostyril*, F. 128—131°, a) durch 3std. Kochen von 0,4 g **II** u. Benzoylchlorid in Chlf. u. Eindampfen der Chlf.-Lsg.; aus Diisopropyläther Prismen; 460 mg; b) analog **III** aus **II** durch 3std. Kochen u. Eindampfen der Chlf.-Lsg.; 71,5%.

P. Golinske. 3231 □

Synthese einiger neuer Derivate von 1-Phenylisochinolin. R. Delaby, G. Tsatsas und M. C. Jendrot. (Bull. Soc. chim. France **1960**. 231—39. Febr. Paris, Fac. de Pharm.) (Franz.)

β-[Alkoxyphenyl]-äthylamine werden entweder durch Hydrierung der Alkoxybenzaldehyde über Raney-Ni, Überführung der *Alkoxybenzylalkohole* mit HCl oder $SOCl_2$ in die *Alkoxybenzylchloride*, Überführung in die *Alkoxybenzylcyanide* u. katalyt. Hydrierung über Raney-Ni oder durch Kondens. der Alkoxybenzaldehyde mit Nitromethan u. Red. der *β-Nitroalkoxystyrole* mit Zn-Amalgam im sauren Medium synthetisiert. Die Umsetzung mit *Alkoxybenzoesäuren*, die durch Oxydation der Aldehyde mit $KMnO_4$ erhalten wurden, nach Schotten-Baumann in Form ihrer *Chloride* führt zu den entsprechenden *N-[β-Phenyläthyl]-benzamiden.* Durch Cyclisierung mit $POCl_3$ in sd. Xylol werden *1-Phenyl-3.4-dihydroisochinoline* erhalten u. als *Hydrochloride* charakterisiert. Die Dehydrierung mit Pd in Tetralin führt zu den *alkoxysubstituierten 1-Phenylisochinolinen.*

Versuche (FF. korr.): *2-Propoxy-3-methoxybenzoesäure*, $C_{11}H_{14}O_4$, F. 50° (Bzl.–PAe.), durch Zutropfen von wss. $KMnO_4$ zu 2-Propoxy-3-methoxybenzaldehyd in W. u. 1std. Erhitzen; 82% (Ausbeute). — *2-Isopropoxy-3-methoxybenzoesäure*, F. 46—47° (PAe.–Bzl.), aus 2-Isopropoxy-3-methoxybenzaldehyd bei 60—70°; 79%. — *2-Äthoxy-3-methoxybenzoesäure*; 84%. — *2.3-Dimethoxybenzoesäure* (**I**). — *3.4-Methylendioxybenzoesäure.* — *3.4-Dimethoxybenzoesäure.* — *2-Äthoxy-3-methoxy-ω-nitrostyrol*, $C_{11}H_{13}\cdot NO_4$, F. 51° (A.), durch 10std. Erwärmen von 2-Äthoxy-3-methoxybenzaldehyd mit NO_2CH_3 in A. in Ggw. von Benzylamin u. Eisessig auf 50°; 70%. — *β-[2-Äthoxy-3-methoxyphenyl]-äthylamin*, $C_{11}H_{17}NO_2$, Kp.$_{15}$ 152—154°, durch 6std. Rühren vorst. Verb. in wss. HCl in Ggw. von $HgCl_2$ mit Zn-Amalgam $<35°$; 60%. — *2-Propoxy-3-methoxy-ω-nitrostyrol*, $C_{12}H_{15}NO_4$, F. 51° (A.), in 14 Std. bei 50°; 78%. — *β-[2-Propoxy-3-methoxyphenyl]-äthylamin* (**II**), $C_{12}H_{19}NO_2$, Kp.$_{13}$ 156°; 52%. — *Homopiperonylnitril* (*3.4-Methylendioxybenzylcyanid*), Kp.$_{15}$ 155—165°, durch 6std. Kochen von 3.4-Methylendioxybenzylchlorid (aus 3.4-Methylendioxybenzylalkohol mit HCl) in Trichloräthylen mit wss. KCN; 66%. — *β-[3.4-Methylendioxyphenyl]-äthylamin* (*Homopiperonylamin*), Kp.$_{13}$ 144—146°, durch Hydrieren vorst. Verb. in A. über Raney-Ni in Ggw. von 20%ig. NH_4OH bei 40° u. normalem Druck; 58%. — *β-[2.3-Dimethoxyphenyl]-äthylamin.* — *β-[3.4-Dimethoxyphenyl]-äthylamin.* — Benzamide: *N-[β-(2-Propoxy-3-methoxyphenyl)-äthyl]-2.3-dimethoxy-*, $C_{21}H_{27}NO_5$, durch $^1/_2$std. Kochen von **I** mit $SOCl_2$, Lösen in abs. Ae., Zutropfen zu einer Lsg. von **II** in 1n KOH unter Eiskühlung, 30 Min. langes Rühren u. Ausäthern; Öl; 98%. — *N-[β-(2-Äthoxy-3-methoxyphenyl)-äthyl]-3.4-dimethoxy-*, $C_{20}H_{25}NO_5$, F. 99—100° (PAe.–Bzl.); 100%. — *N-[β-(2-Äthoxy-3-methoxyphenyl)-äthyl]-2.3-dimethoxy-*, Öl; 99%. — *N-[β-(3.4-Methylendioxyphenyl)-äthyl]-2.3-dimethoxy-*, $C_{18}H_{19}NO_5$, F. 81—82° (Bzl.–PAe.); 95%. — *N-[β-(2.3-Dimethoxyphenyl)-*

äthyl]-2-äthoxy-3-methoxy- (**III**), $C_{20}H_{25}NO_5$, Öl; 90%. — *N-[β-(2-Äthoxy-3-methoxyphenyl)-äthyl]-2-äthoxy-3-methoxy-*, $C_{21}H_{27}NO_5$, Öl; 97%. — *N-[β-(2-Propoxy-3-methoxyphenyl)-äthyl]-2-äthoxy-3-methoxy-*, $C_{22}H_{29}NO_5$, Öl; 97%. — *N-[β-(2.3-Dimethoxyphenyl)-äthyl]-2-propoxy-3-methoxy-*, $C_{21}H_{27}NO_5$, Öl; 100%. — *N-[β-(2.3-Dimethoxyphenyl)-äthyl]-2-isopropoxy-3-methoxy-*, $C_{21}H_{27}NO_5$, Öl; 99%. — *N-[β-(2.3-Dimethoxyphenyl)-äthyl]-3.4-methylendioxy-*, $C_{18}H_{19}NO_5$, F. 91° (A.); 95%. — *N-[β-(2.3-Dimethoxyphenyl)-äthyl]-3.4.5-trimethoxy-*, $C_{20}H_{25}NO_6$, F. 97—98° (A.); 86%. — 3.4-Dihydroisochinoline: *1-[2-Äthoxy-3-methoxyphenyl]-5.6-dimethoxy-*, $C_{20}H_{23}NO_4$, F. 86—87° (Bzl.–PAe.), durch Kochen (20 Min.) von **III** mit $POCl_3$ in abs. Xylol, Einengen, Lösen in sd. W., Ausäthern u. Alkalisieren der wss. Phase; 96%. *Hydrobromid*, $C_{20}H_{24}BrNO_4$, F. 157° (CH_3OH–Ae.). — *1-[2-Propoxy-3-methoxyphenyl]-5.6-dimethoxy-* (**IV**), $C_{21}H_{25}NO_4$, F. 94—95° (bei 100° im Vakuum sublimiert); 89%. *Hydrochlorid*, $C_{21}H_{26}ClNO_4$, F. 181° (Aceton–Ae.). — *1-[2-Isopropoxy-3-methoxyphenyl]-5.6-dimethoxy-*, F. 92—93° (Bzl.–PAe.; sublimiert); 85%. *Hydrobromid*, $C_{21}H_{26}BrNO_4$, F. 168—169° (Aceton–Ae.). — *1-[3.4-Methylendioxyphenyl]-5.6-dimethoxy-*, $C_{18}H_{17}NO_4$, F. 119—120° (Bzl.–PAe.); 99%. *Hydrochlorid*, $C_{18}H_{18}ClNO_4$, F. 195° (Aceton–A.). — *1-[3.4.5-Trimethoxyphenyl]-5.6-dimethoxy-*, $C_{20}H_{23}NO_5$, F. 136—137° (Ae.-PAe.); 89%. *Hydrobromidmethanolsolvat*, $C_{21}H_{28}BrNO_6$, F. 218—220° (abs. CH_3OH). — *1-[2.3-Dimethoxyphenyl]-5-äthoxy-6-methoxy-*, $C_{20}H_{23}NO_4$, F. 84° (Ae.–PAe.; sublimiert); 90%. *Hydrochlorid*, $C_{20}H_{24}ClNO_4$, F. 153—154° (Aceton–Ae.). — *1-[2-Äthoxy-3-methoxyphenyl]-5-äthoxy-6-methoxy-*, $C_{21}H_{25}NO_4$, F. 93—94° (Bzl.–PAe.; sublimiert); 85%. *Hydrobromid*, $C_{21}H_{26}BrNO_4$, F. 164 bis 165° (Aceton–Ae.). — *1-[3.4-Dimethoxyphenyl]-5-äthoxy-6-methoxy-*, $C_{20}H_{23}NO_4$, F. 86—87° (Bzl.–PAe.); 94%. *Hydrobromid*, $C_{20}H_{24}BrNO_4$, F. 196° (A.–Ae.). — *1-[2.3-Dimethoxyphenyl]-5-propoxy-6-methoxy-*, $C_{21}H_{25}NO_4$, F. 89° (Bzl.–PAe.); 86%. *Hydrobromid*, $C_{21}H_{26}BrNO_4$, F. 160—164° (Aceton–CH_3OH). — *1-[2-Äthoxy-3-methoxyphenyl]-5-propoxy-6-methoxy-*, $C_{22}H_{27}NO_4$, F. 82—83° (Ae.; sublimiert); 95%. *Hydrobromid*, $C_{22}H_{28}BrNO_4$, F. 192—195° (Aceton–Ae.). — *1-[2.3-Dimethoxyphenyl]-6.7-methylendioxy-*, $C_{18}H_{17}NO_4$, F. 127—128° (Bzl.–PAe.); 87%. *Hydrobromid*, $C_{18}H_{18}BrNO_4$, F. 140 bis 142° (Aceton–A.). — Isochinoline: *1-[2-Propoxy-3-methoxyphenyl]-5.6-dimethoxy-*, $C_{21}H_{23}NO_4$, F. 71—72° (Ae.-PAe.), durch 2std. Kochen von **IV** mit Pd in Tetralin. *Hydrobromid*, $C_{21}H_{24}BrNO_4$, F. 154—156° (Aceton–Ae.). — *1-[3.4.5-Trimethoxyphenyl]-5.6-dimethoxy-*, $C_{20}H_{21}NO_5$, Doppel-F. 104—105° u. 139—140° (Bzl.–PAe.), Nadeln. *Hydrochlorid*, F. 210—212°, Nadeln. *Hydrobromid*, $C_{20}H_{22}BrNO_5$, F. 184—185° (CH_3OH). — *1-[2-Äthoxy-3-methoxyphenyl]-5.6-dimethoxy-*, $C_{20}H_{21}NO_4$, F. 74—75° (Bzl.–PAe.). *Hydrobromid*, $C_{20}H_{22}BrNO_4$, F. 168—169° (Aceton–Ae.). — *1-[2-Isopropoxy-3-methoxyphenyl]-5.6-dimethoxy-*, $C_{21}H_{23}NO_4$, F. 92—93° (Bzl.–PAe.). *Hydrobromid*, $C_{21}H_{24}BrNO_4$, F. 195° (Aceton–A.–Ae.). — *1-[3.4-Methylendioxyphenyl]-5.6-dimethoxy-*, $C_{18}H_{15}NO_4$, F. 128—129° (Bzl.–PAe.). *Hydrochlorid*, $C_{18}H_{16}ClNO_4$, F. 185—186°. — *1-[2.3-Dimethoxyphenyl]-5-äthoxy-6-methoxy-*, $C_{20}H_{21}NO_4$, Öl. *Hydrobromid*, $C_{20}H_{22}BrNO_4$, F. 140° (Aceton–CH_3OH–Ae.). — *1-[2-Äthoxy-3-methoxyphenyl]-5-äthoxy-6-methoxy-*, $C_{21}H_{23}NO_4$, Öl. *Pikrat*, $C_{27}H_{26}N_4O_{11}$, F. 105° (CH_3OH–Ae.). *Hydrobromid*, $C_{21}H_{24}BrNO_4$, F. 140° (Aceton–A.–Ae.). — *1-[3.4-Dimethoxyphenyl]-5-äthoxy-6-methoxy-*, $C_{20}H_{21}NO_4$, F. 108° (Bzl.–PAe.; sublimiert). *Hydrochlorid*, $C_{20}H_{22}ClNO_4$, F. 168—169° (CH_3OH–Ae.). — *1-[2.3-Dimethoxyphenyl]-5-propoxy-6-methoxy-*, $C_{21}H_{23}NO_4$, Öl. *Hydrobromid*, $C_{21}H_{24}BrNO_4$, F. 180—181° (Aceton–A.–Ae.). — *1-[2-Äthoxy-3-methoxyphenyl]-5-propoxy-6-methoxy-*, $C_{22}H_{25}NO_4$, F. 59—60° (A.–PAe.). *Hydrobromid*, $C_{22}H_{26}BrNO_4$, F. 177—178° (Aceton–A.). — *1-[2.3-Dimethoxyphenyl]-6.7-methylendioxy-*, $C_{18}H_{15}NO_4$, F. 218—219° (A.). *Hydrobromid*, $C_{18}H_{16}BrNO_4$, F. 150—152° (Aceton). R. Pasedag. 3231 □

Darstellung von Methylderivaten des 3.4-Benzoacridins. A. Martinet. (Ann. sci. Univ. Besançon, Chim. [2] **1957**. Nr. 3. 27—33. Inst. de Chim.) (Franz.)

Vf. kondensiert N-Aryl-β-naphthylamine u. Mesoxalsäurediäthylester (**I**) in sd. CH_3COOH zu *N-Aryl-3-carbäthoxy-4.5-benzodioxindolen*, die durch Alkali verseift, decarboxyliert u. danach durch Säure in *N-Aryl-4.5-benzoisatine* umgewandelt werden. Aus diesen gewinnt man durch Kochen mit Alkali die *3.4-Benzo-5-carboxyacridine*, die schließlich zu den entsprechenden *3.4-Benzoacridinen* decarboxyliert werden.

Versuche: 3-Carbäthoxy-4.5-benzodioxindole: *N-p-Tolyl-* (**II**), F. 177°, durch 1std. Kochen äquimol. Mengen von N-p-Tolyl-β-naphthylamin (**VII**) mit **I** in Eisessig, Abkühlen, Absaugen u. Kristallisation aus A.; 84% [Ausbeute]. — *N-m-Tolyl-* (**III**), F. 131°, analog aus N-m-Tolyl-β-naphthylamin (**IX**); 32%. — *N-o-Tolyl-* (**IV**), F. 142°; 72%. — *N-m-Xylyl-* (**V**), F. 110°; 40%. — *N-p-Xylyl-* (**VI**), rötliches Öl. 4.5-Benzoisatine: *N-p-Tolyl-*, F. 224,5° (A.; granatrote Nadeln), durch Eingießen der äthanol. Lsg. von **II** in 2%ig. NaOH, Rühren in der Wärme unter Luftzutritt, Abkühlen, Zugabe von HCl, Erwärmen auf dem Wasserbad u. Abkühlen; 95%. — *N-m-To-*

lyl-, F. 182—183° (A.; rote Nadeln), wie vorst. aus **III**; 95%. — *N-o-Tolyl-*, F. 199° (A.; rote Blättchen), aus **IV**; 95%. — *N-m-Xylyl-*, F. 188,5° (A.; rote Nadeln), aus **V**; 95%. — *N-p-Xylyl-*, F. 215—217° (A.; rote Blättchen), aus **VI**. — 3.4-Benzo-5-carboxyacridine: *7-Methyl-*, F. >355° (Zers.; CH_3COOH), aus N-p-Tolyl-4.5-benzoisatin durch 2std. Kochen mit 10%ig. NaOH, Ansäuern, Absaugen u. Kristallisieren aus Essigsäure; 90%. — *6* (oder *8*)*-Methyl-*, F. >355° (Zers.), wie vorst. aus N-m-Tolyl-4.5-benzoisatin; 65%. — *9-Methyl-*, F. 330—335° (Zers.), aus N-o-Tolyl-4.5-benzoisatin; 90%. — *7.9-Dimethyl-*, F. 315—320° (Zers.), aus N-m-Xylyl-4.5-benzoisatin; 80%. — *6.9-Dimethyl-*, F. 210—215° (Zers.), aus N-p-Xylol-4.5-benzoisatin; 30%. — 3.4-Benzoacridine: *7-Methyl-* (**VIII**), F. 158° (A.; hellgelb), a) durch Erhitzen von 7-Methyl-3.4-benzoacridin-5-carbonsäure; in A. violettblaue Fluorescenz; b) durch 1½std. Kochen von äquimol. Mengen **I** u. **VII** in Essigsäure, Eingießen der Lsg. in warme 10%ig. NaOH, Rühren in der Wärme bei Luftzutritt, 2std. Kochen, Fällen der entsprechenden Benzoacridin-5-carbonsäure mit HCl, Aufnehmen in NaOH, 2std. Kochen, Zusatz von HCl u. therm. Zers.; 75%. — *6* (oder *8*)*-Methyl-*, F. 146° (A.; hellgelbe Nadeln), a) aus dem entsprechenden Benzoacridin-5-carbonsäure-Deriv. in der Wärme; in A. violettblaue Fluorescenz; b) analog **VIII** a) in einer Stufe aus **IX**; 60%. — *9-Methyl-*, F. 153° (A.-Ligroin; hellgelbe Nadeln), aus den entsprechenden Vorstufen analog **VIII** a) oder b); in A. blauviolette Fluorescenz; 80%. — *7.9-Dimethyl-*, F. 156° (A.-Ligroin; gelbe Nadeln), analog; in A. violettblaue Fluorescenz; 75%. — *6.9-Dimethyl-*, F. 151° (A.; ockergelbe Nadeln); in A. blauviolette Fluorescenz.

H.-J. KÖTZSCH. 3231 □

Die Anwendung der Nitriliumsalze bei der Synthese heterocyclischer Verbindungen. 2. Mitt. 3.4-Dihydropapaverin und verwandte Verbindungen. Manuel Lora-Tamayo, Ramon Madroñero, Guillermo García Muñoz, Jose Martinez Marzal und Manfred Stud. (Chem. Ber. **94**. 199—207. 20/1. 1961. Madrid, Inst. de Quím. „Alonso Barba" [CSIC].) (Dt.) — 1. vgl. C. **1960**. 9213.

Neben den bisher eingesetzten Verbb. werden zur Darst. von 35 weiteren *3.4-Dihydroisochinolin* (**I**)*-Derivv.* aus *β*-Halogenäthylbenzol-Derivv. u. Nitrilen das aus Eugenol + HBr darstellbare *2-Brom-1-[3.4-dimethoxyphenyl]-propan* (**II**), das aus Safrol + HBr erhältliche *2-Brom-1-[3.4-methylendioxyphenyl]-propan* (**III**) sowie Homoveratrumsäurenitril (**IV**), n-(**V**) u. Isobutyronitril (**VI**), Methoxyacetonitril (**VII**), p-Chlorphenylacetonitril (**VIII**) u. 3.4-Methylendioxybenzonitril (**IX**) verwendet. Die früheren Beobachtungen über die Rk.-Fähigkeit der Komponenten werden allg. bestätigt. *α*-Chlor-*β*-[3.4-dimethoxyphenyl]-äthan (**X**) wird mit **IV** zu *3.4-Dihydropapaverin* (**XI**) umgesetzt. Die Br-Derivv. **II** u. **III**, die allg. reaktionsfähiger als die Cl-Verbb. sind, liefern pharmakolog. interessante *3-Methylhomologe* von **XI** u. **I**.

Versuche: 6.7-Dimethoxy-3.4-dihydroisochinoline: *1-Methyl-*, $C_{12}H_{15}NO_2$, F. 105—106° (PAe.), aus **X** u. CH_3CN; 58% (Ausbeute). *Pikrat*, $C_{12}H_{15}NO_2 \cdot C_6H_3N_3O_7$, F. 212—213,5° (A.). — *1-Phenyl-*, $C_{17}H_{17}NO_2$, F. 122—123° (A.-W.), aus **X** u. Benzonitril (**XII**); 82%. *Pikrat*, $C_{17}H_{17}NO_2 \cdot C_6H_3N_3O_7$, F. 195—196,5° (A.-$CH_3COOH$). — *1-Benzyl-*, aus **X** u. Phenylacetonitril (**XIII**); 80%. *Pikrat*, $C_{18}H_{19}NO_2 \cdot C_6H_3N_3O_7$, F. 181 bis 182° (A.-$CH_3COOH$). — *1-[3.4-Dimethoxybenzyl]-* (**XI**; *3.4-Dihydropapaverin*), aus **X** u. **IV**; 21%. *Pikrat*, $C_{20}H_{23}NO_4 \cdot C_6H_3N_3O_7$, F. 159—160° ($CH_3OH$-$CH_3COOH$). — *1.3-Dimethyl-*, aus **II** u. CH_3CN; 91%. *Pikrat*, $C_{13}H_{17}NO_2 \cdot C_6H_3N_3O_7$, F. 180—181° (A.). — *1-Äthyl-3-methyl-*, aus **II** u. Propionitril (**XIV**); 92%. *Pikrat*, $C_{14}H_{19}NO_2 \cdot C_6H_3N_3O_7$, F. 171—172° (A.). *Perchlorat*, $C_{14}H_{19}NO_2 \cdot HClO_4$, F. 195—196° ($CH_3OH$). — *1-Methoxymethyl-3-methyl-*, aus **II** u. **VII**; 60%. *Pikrat*, $C_{14}H_{19}NO_3 \cdot C_6H_3N_3O_7$, F. 112—113° (A.). — *3-Methyl-1-phenyl-*, $C_{18}H_{19}NO_2$, F. 101—103° (n-Hexan), aus **II** u. **XII**; 69%. *Pikrat*, $C_{18}H_{19}NO_2 \cdot C_6H_3N_3O_7$, F. 198° (A.). — *1-Benzyl-3-methyl-*, aus **II** u. **XIII**; 64%. *Pikrat*, $C_{19}H_{21}NO_2 \cdot C_6H_3N_3O_7$, F. 165—167° (A.). — *1-[p-Methoxyphenyl]-3-methyl-*, $C_{19}H_{21}NO_3$, F. 103—104° (CH_3OH-W.), aus **II** u. p-Methoxybenzonitril (**XV**); 32%. *Pikrat*, $C_{19}H_{21}NO_3 \cdot C_6H_3N_3O_7$, F. 187—188° (A.). — *1-[3.4-Dimethoxyphenyl]-3-methyl-*, aus **II** u. 3.4-Dimethoxybenzonitril (**XVI**); 17%. *Perchlorat*, $C_{20}H_{23}NO_4 \cdot HClO_4$, F. 203 bis 204,5° ($CH_3OH$). — *3-Methyl-1-[3.4-methylendioxyphenyl]-*, aus **II** u. **IX**; 12%. *Pikrat*, $C_{19}H_{19}NO_4 \cdot C_6H_3N_3O_7$, F. 166—168° (A.). — *1-[3.4-Dimethoxybenzyl]-3-methyl-*, aus **II** u. **IV**; 30%. *Perchlorat*, $C_{21}H_{25}NO_4 \cdot HClO_4$, F. 192—193° ($CH_3OH$). — *3-Methyl-1-[o-nitrophenyl]-*, $C_{18}H_{18}N_2O_4$, F. 146—148°, aus **II** u. o-Nitrobenzonitril; gelbe Schuppen aus A.; 6%. *Pikrat*, $C_{18}H_{18}N_2O_4 \cdot C_6H_3N_3O_7$, F. 194—196° (A.). — *3-Methyl-1-[m-nitrophenyl]-*, aus **II** u. m-Nitrobenzonitril (**XVII**); 50%. *Pikrat*, F. 222—223° (Zers.; A.-CH_3COOH). — 5.8-Dimethoxy-3.4-dihydroisochinoline: *1-Methyl-*, aus *α*-Chlor-*β*-[2.5-dimethoxyphenyl]-äthan (**XVIII**) u. CH_3CN; 82%. *Pikrat*, $C_{12}H_{15}NO_2 \cdot C_6H_3N_3O_7$, F. 184—186° (A.). — *1-Äthyl-*, aus **XVIII** u. **XIV**; 65%. *Pikrat*, $C_{13}H_{17}NO_2 \cdot C_6H_3N_3O_7$,

F. 145—146,5° (A.). — *1-n-Propyl-*, aus **XVIII** u. **V**; 60%. *Pikrat*, $C_{14}H_{19}NO_2 \cdot C_6H_3N_3O_7$, F. 155—156,5° (A.). — *1-Isopropyl-*, aus **XVIII** u. **VI**; 100%. *Pikrat*, $C_{14}H_{19}NO_2 \cdot C_6H_3 \cdot N_3O_7$, F. 146—147° (A.). — *1-Methoxymethyl-*, $C_{13}H_{17}NO_3$, Kp.$_{0,2}$ 165—168°, aus **XVIII** u. **VII**; 51%. *Pikrat*, $C_{13}H_{17}NO_3 \cdot C_6H_3N_3O_7$, F. 145—146,5° (A.). — *1-Phenyl-*, aus **XVIII** u. **XII**; 83%. *Pikrat*, $C_{17}H_{17}NO_2 \cdot C_6H_3N_3O_7$, F. 202—203° (A.). — *1-[m-Nitrophenyl]-*, $C_{17}H_{16}N_2O_4$, F. 156,5°, aus **XVIII** u. **XVII**; gelbe Kristalle aus A.; 50%. *Pikrat*, $C_{17}H_{16}N_2O_4 \cdot C_6H_3N_3O_7$, F. 210—211,5° (A.-$CH_3COOH$). — *1-[p-Methoxyphenyl]-*, aus **XVIII** u. **XV**; 37%. *Pikrat*, $C_{18}H_{19}NO_3 \cdot C_6H_3N_3O_7$, F. 175—176° (A.). — *1-[3.4-Dimethoxyphenyl]-*, aus **XVIII** u. **XVI**; 30%. *Pikrat*, $C_{19}H_{21}NO_4 \cdot C_6H_3N_3O_7$, F. 83° (A.). — *1-Benzyl-*, $C_{18}H_{19}NO_2$, Kp.$_{0,3}$ 175°, aus **XVIII** u. **XIII**; 55%. *Pikrat*, $C_{18}H_{19}NO_2 \cdot C_6H_3N_3O_7$, F. 174 bis 175° (A.). — *1-[p-Chlorbenzyl]-*, aus **XVIII** u. **VIII**; 54%. *Pikrat*, $C_{18}H_{18}ClNO_2 \cdot C_6H_3N_3O_7$, F. 187—187,5° ($CH_3COOH$). — 3-Methyl-6.7-methylendioxy-3.4-dihydroisochinoline: *1-Methyl-*, aus **III** u. CH_3CN; 75%. *Pikrat*, $C_{12}H_{13}NO_2 \cdot C_6H_3N_3O_7$, F. 165—166° (A.). — *1-Äthyl-*, aus **III** u. **XIV**; 63%. *Pikrat*, $C_{13}H_{15}NO_2 \cdot C_6H_3N_3O_7$, F. 206—207° ($CH_3COOH$). — *1-Methoxymethyl-*, aus **III** u. **VII**; 64%. *Pikrat*, $C_{13}H_{15}NO_3 \cdot C_6H_3N_3O_7$, F. 136—137° (A.). — *1-Phenyl-*, $C_{17}H_{15}NO_2$, F. 94—94,5° (A.-W.), aus **III** u. **XII**; 53%. *Pikrat*, $C_{17}H_{15}NO_2 \cdot C_6H_3N_3O_7$, F. 217—218° ($CH_3COOH$). — *1-Benzyl-*, aus **III** u. **XIII**; 79%. *Pikrat*, $C_{18}H_{17}NO_2 \cdot C_6H_3N_3O_7$, F. 141—142,5° (A.). *Perchlorat*, $C_{18}H_{17}NO_2 \cdot HClO_4$, F. 166—167° (A.). — *1-[p-Methoxyphenyl]-*, $C_{18}H_{17}NO_3$, F. 118 bis 119° (A.), aus **III** u. **XV**; 30%. *Pikrat*, $C_{18}H_{17}NO_3 \cdot C_6H_3N_3O_7$, F. 159,5—161° (A.). — *1-[3.4-Dimethoxyphenyl]-*, aus **III** u. **XVI**; 52%. *Perchlorat*, $C_{19}H_{19}NO_4 \cdot HClO_4$, F. 238 bis 239,5° (A.). *Pikrat*, $C_{19}H_{19}NO_4 \cdot C_6H_3N_3O_7$, F. 194—195° ($CH_3COOH$). — *1-[3.4-Methylendioxyphenyl]-*, $C_{18}H_{15}NO_4$, F. 121—122,5° (A.-W.), aus **III** u. **IX**; 45%. *Pikrat*, $C_{18}H_{15}NO_4 \cdot C_6H_3N_3O_7$, F. 199—200° ($CH_3COOH$). — *1-[3.4-Dimethoxybenzyl]-*, aus **III** u. **IV**; 23%. *Pikrat*, $C_{20}H_{21}NO_4 \cdot C_6H_2N_2O_7$, F. 163—164,5° (A.). *Perchlorat*, $C_{20}H_{21}NO_4 \cdot HClO_4$, F. 225—226° (A.). H. Pagel. 3231 □

Die Anwendung der Nitriliumsalze bei der Synthese heterocyclischer Verbindungen. 3. Mitt. Derivate des 3.4-Dihydrochinazolins. Manuel Lora-Tamayo, Ramon Madroñero und Guillermo García Muñoz. (Chem. Ber. **94**. 208—16. 20/1. 1961.) (Dt.) — 2. vgl. vorst. Referat.

Durch Erhitzen von o-Chlormethylanilinhydrochlorid (**I**) mit Nitrilen in Nitrobenzol auf 150—160° in Ggw. von $SnCl_4$ werden *3.4-Dihydrochinazolin* (**II**)-Derivv. synthetisiert. Die Struktur der Verbb. wird aus den IR-Spektren, der Oxydierbarkeit zu den entsprechenden *Chinazolinen* u. der Übereinstimmung der FF. des *2-Methyl-*, des *2-Äthyl-* u. des *2-Phenyl-Deriv.* von **II** mit den von Bischler [1893] u. von Ried u. Stahlhofen (C. **1956**. 5556) beschriebenen gefolgert. Auch diese Rk. verläuft offenbar über die entsprechenden Nitriliumsalze, da in Abwesenheit von $SnCl_4$ keine **II**-Derivv. auftreten, sondern eine schwierig zu reinigende heterocycl. Base gebildet wird; die Möglichkeit der prim. Addition des Nitrils an die Aminogruppe von **I** unter Bldg. eines Amidins kann somit ausgeschlossen werden. Die analoge Rk. mit dem N-Methyl-Deriv. (**III**) von **I** führt zu *1-Methyl-1.4-dihydrochinazolin-Derivv.*, deren Struktur aus den IR-Spektren gefolgert wird. CH_3CN reagiert allerdings mit **III** zu einem Öl, dessen IR-Spektrum eine NH-Bande zeigt u. das deshalb als *1-Methyl-2-methylen-1.2.3.4-tetrahydrochinazolin* formuliert wird. Die Verb. ist instabil u. geht an der Luft in das aus dem Amid der N-Methylanthranilsäure (**IV**) darstellbare *1.2-Dimethyl-4-oxo-1.4-dihydrochinazolin* bzw. dessen Methylentautomeres über (NH-Bande).

Versuche: *o-Chlormethylanilinhydrochlorid* (**I**), $C_7H_8ClN \cdot HCl$, F. 250° (Zers.; CH_3COOH), nach Gabriel u. Posner [1894]. *N-Methyl-Deriv.* (**III**), $C_8H_{10}ClN \cdot HCl$, F. 268—269° (Zers.), durch Red. von **IV** mit $LiAlH_4$ in abs. Ae. (Soxhlet-Meth.) zu *o-Methylaminobenzylalkohol* [Kp.$_{0,3}$ 83—85°, dickfl. Sirup; 80% (Ausbeute)] u. dessen Rk. mit konz. HCl analog **I**; Nadeln aus konz. HCl. — 3.4-Dihydrochinazoline, durch Zugabe von 1 Val $SnCl_4$ zum Nitril in $C_6H_5NO_2$, Zugabe von 1 Val **I** nach dem Ende der exothermen Rk., 3—4std. Erhitzen auf 150—160°, Dest. mit Dampf, Waschen des Rückstandes mit Ae., Alkalisieren mit NaOH, Extraktion mit Ae., Trocknen mit KOH u. Eindampfen: *2-Methyl-*, $C_9H_{10}N_2$, Kp.$_{0,5}$ 125—128°, aus **I** u. CH_3CN; dickfl. Öl; 68%. *Pikrat*, $C_9H_{10}NO_2 \cdot C_6H_3N_3O_7$, F. 194—195° (A.). — *2-Äthyl-*, aus **I** u. Propionitril; 92%. *Pikrat*, $C_{10}H_{12}N_2 \cdot C_6H_3N_3O_7$, F. 175—176° (A.). — *2-n-Propyl-*, $C_{11}H_{14}N_2$, Kp.$_{0,3}$ 122—123°, aus **I** u. n-Butyronitril; hellgelbe Fl.; 91%. *Pikrat*, $C_{11}H_{14}N_2 \cdot C_6H_3N_3O_7$, F. 178—179° (A.). — *2-Methoxymethyl-*, $C_{10}H_{12}N_2O$, Kp.$_1$ 131—132°, aus **I** u. Methoxyacetonitril; 68%. *Pikrat*, $C_{10}H_{12}N_2O \cdot C_6H_3N_3O_7$, F. 187—188° (A.). *Perchlorat*, $C_{10}H_{12}N_2O \cdot HClO_4$, F. 195—196° (A.). — *2-Phenyl-*, $C_{14}H_{12}N_2$, F. 142—143°, aus **I** u. C_6H_5CN; 86%. *Pikrat*, $C_{14}H_{12}N_2 \cdot C_6H_3N_3O_7$, F. 182—183° (A.). *Hydrobromid*, $C_{14}H_{12}N_2 \cdot HBr$, F. 242—243° (A.). — *2-[p-Methoxyphenyl]-*, $C_{15}H_{14}N_2O$, F. 178—179° (A.), aus **I** u.

p-Methoxybenzonitril; 75%. *Pikrat*, $C_{15}H_{14}N_2O \cdot C_6H_3N_3O_7$, F. 222—223° (A.-Eisessig). — *2-[o-Nitrophenyl]-*, $C_{14}H_{11}N_3O_2$, F. 94—95°, aus **I** u. o-Nitrobenzonitril (**V**); gelbe Kristalle aus CH_3OH; 71%. *Pikrat*, $C_{14}H_{11}N_3O_2 \cdot C_6H_3N_3O_7$, F. 234—235° (Zers.; A.). — *2-[m-Nitrophenyl]-*, F. 124—125°, aus **I** u. m-Nitrobenzonitril; gelbe krist. Masse aus Bzl.; 96%. *Pikrat*, F. 186—187° (Zers.; A.-W.). — *2-[o-Chlorphenyl]-*, $C_{14}H_{11}ClN_2$, F. 108—109,5° (Cyclohexan), aus **I** u. o-Chlorbenzonitril; 40%. *Pikrat*, $C_{14}H_{11}ClN_2 \cdot C_6H_3N_3O_7$, F. 200—202° (A.). — *2-Benzyl-*, $C_{15}H_{14}N_2$, F. 130—131° (Xylol), aus **I** u. Phenylacetonitril; 100%. *Pikrat*, $C_{15}H_{14}N_2 \cdot C_6H_3N_3O_7$, F. 168—169° (A.). — *2-[p-Chlorbenzyl]-*, $C_{15}H_{13}ClN_2$, F. 125—126°, aus **I** u. p-Chlorphenylacetonitril; Schuppen aus Bzl.; 93%. *Pikrat*, $C_{15}H_{13}ClN_2 \cdot C_6H_3N_3O_7$, F. 208—209,5° (Eisessig). — *2-α-Naphthyl-*, $C_{18}H_{14}N_2$, F. 152—153° (Bzl.), aus **I** u. α-Naphthonitril; 90%. *Pikrat*, $C_{18}H_{14}N_2 \cdot C_6H_3N_3O_7$, F. 239—240° (Zers.; A.). — Chinazoline, durch Oxydation der entsprechenden **II**-Derivv. mit $K_3Fe(CN)_6$ in alkal. Lsg. nach RIED u. STAHLHOFEN (l. c.): *2-Methyl-*, *Pikrat*, $C_9H_8N_2 \cdot C_6H_3N_3O_7$, F. 97—98° (A.). — *2-Phenyl-*, $C_{14}H_{10}N_2$, F. 103—104° (A.). *Pikrat*, $C_{14}H_{10}N_2 \cdot C_6H_3N_3O_7$, F. 162—163° (A.). — *2-[p-Methoxyphenyl]-*, $C_{15}H_{12}N_2O$, F. 95—96° (A.). *Pikrat*, $C_{15}H_{12}N_2O \cdot C_6H_3N_3O_7$, F. 161—162° (Bzl.). — *2-[o-Nitrophenyl]-*, $C_{14}H_9N_3O_2$, F. 108—109°, gelbe Kristalle aus CH_3OH. *Pikrat*, $C_{14}H_9N_3O_2 \cdot C_6H_3N_3O_7$, F. 114—115° (Bzl.). — *2-[p-Chlorbenzyl]-*, *Pikrat*, $C_{15}H_{11}ClN_2 \cdot C_6H_3N_3O_7$, F. 208—209° (A.). — *2-α-Naphthyl-*, $C_{18}H_{12}N_2$, F. 127—128° (A.). *Pikrat*, $C_{18}H_{12}N_2 \cdot C_6H_3N_3O_7$, F. 149 bis 150° (A.). — *1-Methyl-2-methylen-1.2.3.4-tetrahydro-*, $C_{10}H_{12}N_2$, Kp.$_{0,2}$ 80—81°, analog den **II**-Derivv. aus **III** u. CH_3CN; hellgelbe Fl.; 85%. *Pikrat*, $C_{10}H_{12}N_2 \cdot C_6H_3N_3O_7$, F. 196—197° (Eisessig). *Perchlorat*, $C_{10}H_{12}N_2 \cdot HClO_4$, F. 213—214° (A.). *Hydrobromid*, $C_{10}H_{12}N_2 \cdot HBr$, F. 273—274° (A.). — *1.2-Dimethyl-4-oxo-1.4-dihydro-*, $C_{10}H_{10}N_2O$, F. 205—206° (A.), a) durch 2tägiges Stehen vorst. Verb. auf einem Uhrglas an der Luft; b) nach HEILBRON u. Mitarbeitern [1925]. *Pikrat*, $C_{10}H_{10}N_2O \cdot C_6H_3N_3O_7$, F. 236—237° ($CH_3COOH$). *Perchlorat*, $C_{10}H_{10}N_2O \cdot C_6H_3N_3O_7$, F. 260—261° (A.-W.). — *1-Methyl-2-phenyl-1.4-dihydro-*, $C_{15}H_{14}N_2$, F. 113—114° (W.), analog den **II**-Derivv. aus **III** u. C_6H_5CN; 83%. *Pikrat*, $C_{15}H_{14}N_2 \cdot C_6H_3N_3O_7$, F. 163—164° (A.). *Perchlorat*, $C_{15}H_{14}N_2 \cdot HClO_4$, F. 207—208,5° (A.). — *1-Methyl-2-[o-nitrophenyl]-1.4-dihydro-*, $C_{15}H_{13}N_3O_2$, F. 131—132° (Aceton-W.), analog den **II**-Derivv. aus **III** u. **V**; 75%. *Pikrat*, $C_{15}H_{13}N_3O_2 \cdot C_6H_3N_3O_7$, F. 174—175° (Eisessig). H. PAGEL. 3272□

Untersuchungen in der Reihe der 3-Hydroxypiperidine. Synthese der beiden 4.5-Dihydroxy-11.14-diazaperhydrophenanthrene und einiger ihrer Derivate. Raymond Paul und Paul Buisson. (Bull. Soc. chim. France **1961**. 2135—38. Nov. Vitry-sur-Seine, Soc. des Usines Chim. Rhône-Poulenc, Labor. de Rech.) (Franz.)

Kondens. von Furil (**I**) u. Äthylendiamin (**II**) führt zu *2.3-Bis-[α-furyl]-5.6-dihydropyrazin*, das katalyt. zu *2.3-Bis-[α-tetrahydrofuryl]-piperazin* (**VI**) hydriert wird. **VI**, von dem sich mehrere räumliche Isomere isolieren lassen, gibt mit HBr/Eisessig *2-[4-Brom-1-hydroxybutyl]-3-[α-tetrahydrofuryl]-piperazin* u. *2.3-Bis-[4-brom-1-hydroxybutyl]-piperazin*, welche, ohne isoliert zu werden, mit Alkali *8-[α-Tetrahydrofuryl]-1-hydroxy-7.10-diazaperhydronaphthalin* (**III**) bzw. *4.5-Dihydroxy-11.14-diazaperhydrophenanthren* (**IV**) liefern. **III** kann durch Einw. von HBr u. KOH in **IV** übergeführt werden. Über das *Dihydrochlorid* des **IV**-*Bis-[diphenylacetats]* gelingt es, 2 (α- u. β-Form) der 8 möglichen Stereoisomeren von **IV** zu isolieren.

Versuche: *Furil* (**I**), F. 165° (CH_3OH), durch portionsweises Eintragen von Furoin in ein Gemisch von Pyridin, W. u. $CuSO_4$ bei 80°, 2std. Rühren u. Gießen in Eiswasser; 89% (Ausbeute). — *2.3-Bis-[α-furyl]-5.6-dihydropyrazin*, $C_{12}H_{10}N_2O_2$, F. 128° (50%ig. A.), durch Mischen von 2 Mol **I** u. 1 Mol **II**-Hydrat unterhalb von 40° u. 12std. Aufbewahren bei 0°; 69%. — *2.3-Bis-[α-tetrahydrofuryl]-piperazin* (**VI**), $C_{12}H_{22}N_2O_2$, *α-Form*, Kp.$_{0,3}$ 129—131°, durch ½std. Hydrieren von 753 g vorst. Verb. an 30 g RANEY-Ni bei 120° u. 100 at in A.; n_D^{20} 1,515; 517 g; daneben 138 g *γ-Form* [Kp.$_{0,7}$ 173—177°; n_D^{20} 1,520; *Dipikrat*, F. 220—221° (gelbe Nadeln; Methanol)]. *Dipikrat*, $C_{24}H_{28}N_8O_{16}$, F. 178—179° (gelbe Plättchen). *β-Form*, F. 79° (Prismen; Ligroin), wie vorst. u. 15tägiges Stehenlassen der rohen α-Form. *Dipikrat*, F. 196° (gelbe Prismen; Methanol). — *8-[α-Tetrahydrofuryl]-1-hydroxy-7.10-diazaperhydronaphthalin* (**III**), $C_{12}H_{22}N_2O_2$, Kp.$_{0,7}$ 143 bis 144°, durch Einleiten von HBr in die Lsg. von 505 g **VI** in Eisessig bei 90—95°, 1std. Erhitzen auf 95—100°, Verdünnen mit W., Versetzen mit NH_4OH u. K_2CO_3, Benzolextraktion, Einw. von KOH auf die Benzolextrakte, Dest. u. Entfernung von nicht umgesetztem **VI** mit CS_2 (*2.3-Bis-[α-tetrahydrofuryl]-piperazin-N.N'-bis-dithiocarbonsäure*, F. 150°); n_D^{20} 1,524; 18 g; daneben 270 g Roh-**IV**. *Dipikrat*, $C_{24}H_{28}N_8O_{16}$, F. 240° (Zers.; gelbe Prismen; A.). — *8-[α-Tetrahydrofuryl]-1-hydroxy-7-diphenylacetyl-7.10-diazaperhydronaphthalindiphenylacetat, Hydrochlorid*, $C_{40}H_{43}ClN_2O_4$, F. 138—140° (Prismen; Isopropanol), durch 1std. Erhitzen **III**, von Diphenylacetylchlorid (**V**) u. Pyridin auf dem

Wasserbad, Eingießen in W. u. Einleiten von HCl in den Ae.-Extrakt. — *8-[α-Tetrahydrofuryl]-1-hydroxy-7-diphenylacetyl-7.10-diazaperhydronaphthalin*, $C_{26}H_{32}N_2O_3$, F. 189° (Nadeln; Bzl.), a) durch 4std. Kochen von 1 g vorst. Verb. mit 0,7 g KOH in 10 ml A.; 0,55 g; b) durch 12std. Stehenlassen von **V** u. **III** in Bzl. bei 20°. — *4.5-Dihydroxy-11.14-diazaperhydrophenanthren* (**IV**), $C_{12}H_{22}N_2O_2$, *α-Form*, F. 171° (Tafeln; Bzl.), $Kp._{1,2}$ 177—178°, a) durch wiederholte fraktionierte Dest. des neben **III** erhaltenen Roh-**IV** u. 15std. Stehen der angeimpften Lsg. in Bzl.; 19 g; b) durch Verseifen des in Methanol schwer lösl. *Bis-[diphenylacetat]-dihydrochlorids*. *Dipikrat*, $C_{24}H_{28}N_8O_{16}$, F. 266 bis 268° (Zers.; gelbe Prismen). *Dibenzoat*, $C_{26}H_{30}N_2O_4$, F. 154° (Tafeln; A.) [*Hydrochlorid*, $C_{26}H_{31}ClN_2O_4$, F. 224—225°]. *Bis-[diphenylacetat]*, $C_{40}H_{42}N_2O_4$, F. 169° (Prismen; A.), aus **IV**, **V** u. Pyridin [*Dihydrochlorid*, $C_{40}H_{44}Cl_2N_2O_4$, F. 236—238°, schwer lösl. in Methanol]. *β-Form*, F. 149° (Nadeln; Bzl.), $Kp._{0,5}$ 183—184°, a) durch wiederholte fraktionierte Dest. des neben **III** erhaltenen Roh-**IV** u. Animpfen der Lsg. in Bzl.; 29 g; b) durch Verseifen des in Methanol leichtlösl. *Bis-[diphenylacetat]-dihydrochlorids*; c) durch 1std. Einw. von HBr/Eisessig auf 30 g **III** bei 100° u. fraktionierte Dest.; 20 g. *Dipikrat*, F. 252—254° (Zers.; Methanol). *Dibenzoat*, F. 134° (A.) [*Hydrochlorid*, F. 153—155°]. *Bis-[diphenylacetat]*, F. 157° (A.), analog dem α-Deriv. [*Dihydrochlorid*, F. 177—180° (Nadeln), leicht lösl. in Methanol]. GISELA SCHREIBER. 3272□

Über Pyrazino-[d; d']-ditropon und seine Derivate. Toyonobu Asao. (Bull. chem. Soc. Japan **34**. 151—53. Febr. 1961. Sendai, Tohoku Univ., Fac. of Sci., Dep. of Chem.) (Engl.)

Durch Rk. von 5-Nitrosotropolon (**I**) mit 2.5-Diaminotroponimindihydrochlorid (**II**) in Methanol entsteht *Pyrazino-[d; d']-ditroponmonoximmonoimin* (**III**). Die $KMnO_4$-Oxydation von **III** liefert *Tetracarboxypyrazin*.

IV
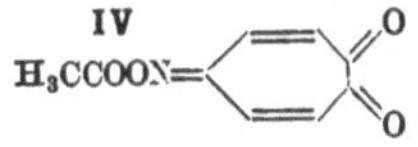

V
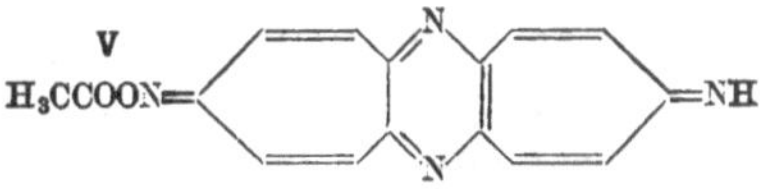

Durch Rk. von **IV** mit **II** entsteht *Verb.* **V**. **III** u. **V** ergeben mit wss. Alkalien *Pyrazino-[d; d']-ditroponmonoxim*, das beim Erhitzen mit HCOOH in Ggw. von Cu-Carbonat *Pyrazino-[d; d']-ditropon* (**VI**) liefert. **VI** entsteht in analoger Weise auch aus **III** direkt. Die Maxima der IR-Spektren u. UV-Spektren sind angegeben.

Versuche: *Pyrazino-[d; d']-ditroponmonoximmonoimin* (**III**), $C_{14}H_{10}N_4O$, F. > 300°, durch 20 Min. langes Kochen von 900 mg **I** u. 1,1 g **II** in Methanol u. Reinigen über das Hydrochlorid; braunes Pulver; 1,3 g (Ausbeute). *Hydrochlorid*, $C_{14}H_{10}N_4O \cdot HCl$. *Pikrat*, $C_{20}H_{13}N_7O_8$, F. > 300° (Schwarzfärbung ab 225°); rote Nadeln. — *Tetracarboxypyrazin*, $C_8H_4N_2O_8$, F. 205° (Zers.), durch 6std. Oxydation von 500 mg **III** in wss. KOH mit $KMnO_4$ bei 80°; aus HCl Platten; 230 mg. — *Tetracarbomethoxypyrazin*, $C_{12}H_{12}N_2O_8$, F. 181—182°, aus vorst. Verb. u. CH_2N_2; aus Methanol/Bzl. Nadeln. — *Verb.* **V**, $C_{16}H_{12}N_4O_2$, F. > 300°, durch 10 Min. langes Kochen von 200 mg **IV** u. 200 mg **II** in Methanol u. Neutralisieren des Hydrochlorids; braunes Pulver. *Hydrochlorid*, $C_{16}H_{12}N_4O_2 \cdot HCl$, Schwarzfärbung ab 250°; rote Nadeln; 300 mg. — *Pyrazino-[d; d']-ditroponmonoxim*, $C_{14}H_9N_3O_2$, F. 266° (Zers.), durch 3 Min. langes Kochen von 100 mg des Hydrochlorids von **III** in 3 n NaOH u. ½std. Stehen bei Raum-Temp.; aus Pyridin orangefarbene Nadeln; 70 mg. *Oxim-*, $C_{14}H_{10}N_4O_2$, F. > 300°; aus Pyridin rote Kristalle. *2.4-Dinitrophenylhydrazon*, $C_{20}H_{13}N_7O_5$, F. 265° (Zers.); violette Kristalle. — *Pyrazino-[d; d']-ditropon* (**VI**), $C_{14}H_8N_2O_2$, F. 244—245° (Zers.), a) durch 70std. Erhitzen von 150 mg des Hydrochlorids von **III** u. Cu-Carbonat in 80%ig. HCOOH auf 80°, aus Pyridin goldene Nadeln; 20 mg; b) durch 120std. Erhitzen von 300 mg vorst. Verb. mit Cu-Carbonat in 80%ig. HCOOH auf 75°; 70 mg. P. GOLINSKE. 3272□

Die Reaktion von Nitrilen mit o-Aminonitrilen: Eine bequeme Synthese kondensierter 4-Aminopyrimidine. Edward C. Taylor und Alan I. Borror. (J. org. Chemistry **26**. 4967—74. Dez. 1961. Princeton, N.J., Univ., Frick Chem. Labor.) (Engl.)

Durch Kondens. verschiedener aromat. u. heterocycl. o-Aminonitrile (**A**) mit Nitrilen (**B**) in methanol. Ammoniak im Rohr bei 200° wird eine Reihe von *4-Aminochinazolinen*, *4-Aminopyrazolo-[3.4:d]-pyrimidinen*, *4-Aminopyrido-[2.3:d]-pyrimidinen* u. *6-Aminopurinen* erhalten. Der Verlauf der Kondens. hängt ab von der Reaktivität der teilnehmenden **B** gegenüber dem nucleophilen Angriff der **A**. Elektronenabziehende Substituenten (**S**) an **B** begünstigen die gemischte Kondens. während **S** an **A** eine Dimerisation fördern. Wenn eine Dimerisation nicht eintritt, wird die gemischte Kondens. auch durch **S** an **A** begünstigt. Große Substituenten an **B** können eine Rk. verhindern.

Versuche: *5-Brom-2-nitrobenzamid*, $C_7H_5BrN_2O_3$, F. 185—186°, durch Zutropfen von 3-Brombenzamid zu einer gekühlten Lsg. von KNO_3 in konz. H_2SO_4, 1½std. Rühren bei Raum-Temp. u. Gießen auf Eis, cremefarbene Nadeln aus A.; 52% (Ausbeute). —

5-Brom-2-nitrobenzonitril, $C_7H_3BrNO_2$, F. 117—119°, durch Zutropfen von $POCl_3$ zu einer gekühlten Lsg. vorst. Verb. in Pyridin, weiteres 15 Min. langes Rühren u. Gießen auf Eis; blaßgelbe Kristalle aus A.; 70%. — *2-Amino-5-brombenzonitril* (I), $C_7H_5BrN_2$, F. 95—96°, durch 5std. Red. vorst. Verb. mit moosigem Sn in 25%ig. HCl unterhalb 35°, Verdünnen mit W., Abdekantieren vom unverbrauchten Sn u. Extraktion der mit 15%ig. NaOH alkal. gemachten Suspension mit Ae.; Nadeln durch Sublimation bei 90°/0,5 mm; 60%. — Durch Erhitzen von **A** u. **B** mit methanol. Ammoniak im Rohr u. Filtration wurden erhalten: *2-Phenyl-4-amino-6-bromchinazolin*, $C_{14}H_{10}BrN_3$, F. 224 bis 226° (wss. A.), aus **I** u. Benzonitril (**II**) durch 20std. Rk. bei 190°; 31%. — *2-[4-Nitrophenyl]-4-amino-6-bromchinazolin*, $C_{14}H_9BrN_4O_2$, F. 283—285° (Äthylglykol), aus **I** u. 4-Nitrobenzonitril (**VII**) in 4 Std. bei 190°; 44%. — *2-Phenyl-4-aminochinazolin*, $C_{14}H_{11}N_3$, F. 145,5—146,5° (wss. A.), aus 2-Aminobenzonitril (**III**) u. **II** in 20 Std. bei 200°; 39%. — *2-Methyl-4-aminochinazolin*, $C_9H_9N_3$, F. 228—229° (W.), aus **III** u. Acetonitril (**X**) in 24 Std. bei 210°; 26%. — *2-[Pyridyl-(3)]-4-aminopyrido-(2.3:d)-pyrimidin* (**IV**), $C_{12}H_9N_5$, F. 312—314° (Sublimation), aus 2-Aminonicotinonitril u. Nicotinonitril (**VI**), a) durch 5std. Erhitzen mit methanol. NH_3 auf 200°; 56%; b) durch 6std. Kochen in A. mit C_2H_5ONa; 50%. — *4-Amino-6-[3-aminopyrazyl-(4)]-pyrazolo-[3.4:d]-pyrimidin*, $C_8H_8N_8$, F. 334—338° (wss. Dimethylsulfoxid), aus 3-Amino-4-cyanpyrazol (**V**) durch 20std. Dimerisation bei 200°; 63,6%. — *1-Methyl-4-amino-6-[1-methyl-5-aminopyrazyl-(4)]-pyrazolo-[3.4:d]-pyrimidin*, $C_{10}H_{12}N_8$, F. 255—257° (Sublimation), aus 1-Methyl-4-cyan-5-aminopyrazol (**IX**) durch 20std. Dimerisation bei 200°; 41,5%. — *1-Phenyl-4-amino-6-[1-phenyl-5-aminopyrazyl-(4)]-pyrazolo-[3.4:d]-pyrimidin*, $C_{20}H_{16}N_8$, F. 225—257° (wss. A.), durch 20std. Dimerisation von 1-Phenyl-4-cyan-5-aminopyrazol (**XI**) bei 200°; 43%. — *2-Phenyl-7-methyladenin*, $C_{12}H_{11}N_5$, F. 328—329° [Dimethylformamid (DMF)], durch 20std. Rk. von 1-Methyl-4-amino-5-cyanimidazol mit **I** bei 200°; 50%. — *2-[4-Nitrophenyl]-4-amino-6-nitrochinazolin*, F. 298—301°, aus 0,71 g **III**, 0,98 g 2-Amino-5-nitrobenzonitril u. 0,89 g **VII** durch 2std. Rk. bei 185°; schwach verunreinigt; 1,03 g. — *4-Amino-6-[pyridyl-(3)]-pyrazolo-[3.4:d]-pyrimidin*, $C_{10}H_8N_6$, F. 338—339° (Zers.; DMF), durch 20std. Rk. von **V** mit **VI** bei 200°; 83%. — *4-Amino-6-[4-nitrophenyl]-pyrazolo-[3.4:d]-pyrimidin*, $C_{11}H_8N_6O_2$, F. 360° (DMF), wie vorst. aus **V** u. **VII**; 83%. — *4-Amino-6-benzylpyrazolo-[3.4:d]-pyrimidin*, $C_{12}H_{11}N_5$, F. 196—198° (DMF), aus **V** u. Benzylcyanid (**VIII**) wie vorst.; 61,5%. — *4-Amino-6-phenylpyrazolo-[3.4:d]-pyrimidin*, $C_{11}H_9N_5$, F. 275—277° (wss. DMF), aus **V** u. **I** wie vorst.; 69%. — *4-Amino-6-methylpyrazolo-[3.4:d]-pyrimidin*, $C_6H_7N_5$, F. 300° (wss. DMF), durch 24std. Rk. von **V** mit **X** bei 200°; 77,5%. — *1-Methyl-4-amino-6-[pyridyl-(3)]-pyrazolo-[3.4:d]-pyrimidin*, $C_{11}H_{10}N_6$, F. 262—263° (DMF), a) durch 20std. Rk. von **IX** mit **VI** bei 200°; 71%; b) analog **IV** nach b) durch 3std. Kochen in A. mit C_2H_5ONa; 80%. — *1-Methyl-4-amino-6-[4-nitrophenyl]-pyrazolo-[3.4:d]-pyrimidin*, $C_{12}H_{10}N_6O_2$, F. 297—298° (DMF), aus **IX** u. **VI** in 20 Std. bei 200°; 51%. — *1-Methyl-4-amino-6-benzylpyrazolo-[3.4:d]-pyrimidin*, $C_{13}H_{13}N_5$, F. 206—207° (A.), aus **IX** u. **VIII** wie vorst.; 71,5%. — *1-Methyl-4-amino-6-phenylpyrazolo-[3.4:d]-pyrimidin*, $C_{12}H_{11}N_5$, F. 199—200° (A.), aus **IX** u. **II**, a) wie vorst.; 59,5%; b) analog **IV** nach b) durch 5std. Kochen in A. mit C_2H_5ONa; 64%. — *1.6-Dimethyl-4-aminopyrazolo-[3.4:d]-pyrimidin*, $C_7H_9N_5$, F. 260—261° (wss. Methanol), aus **IX** u. **X** durch 48std. Rk. bei 200°; 65,5%. — *1-Phenyl-4-amino-6-[pyridyl-(3)]-pyrazolo-[3.4:d]-pyrimidin*, $C_{16}H_{12}N_6$, F. 239—240° (wss. DMF), aus **XI** u. **VI**, a) durch 20std. Rk. bei 200°; 71,5%; b) durch 3std. Kochen analog **IV** nach b); 91,5%. — *1-Phenyl-4-amino-6-[4-nitrophenyl]-pyrazolo-[3.4:d]-pyrimidin*, $C_{17}H_{12}N_6O_2$, F. 300—301° (DMF), aus **XI** u. **VII** durch 20std. Rk. bei 200°; 67%. — *1-Phenyl-4-amino-6-benzylpyrazolo-[3.4:d]-pyrimidin*, $C_{18}H_{15}N_5$, F. 220—221° (wss. DMF), aus **XI** u. **VIII** wie vorst.; 57%. — *1.6-Diphenyl-4-aminopyrazolo-[3.4:d]-pyrimidin*, $C_{17}N_{13}H_5$, F. 224—225° (wss. DMF), aus **II** u. **XI**, a) wie vorst.; 71%; b) analog **IV** nach b) durch 5std. Kochen; 72%. — *1-Phenyl-4-amino-6-methylpyrazolo-[3.4:d]-pyrimidin*, $C_{12}H_{11}N_5$, F. 246—248° (wss. A.), aus **XI** u. **X** durch 48std. Rk. bei 200°; 73,5%. J. Sickfeld. 3272□

Untersuchungen auf dem Puringebiet. 10. Mitt. **Einige Derivate des 9-Aminopurins.** Edward C. Taylor, John W. Barton und William W. Paudler. (J. org. Chemistry **26.** 4961—67. Dez. 1961. Princeton, N.J., Univ., Frick Chem. Labor.) (Engl.)— 9. vgl. C. **1962.** 2736.

Durch Red. von 2-Mercapto-4-hydroxy-5-phenylazo-6-methylpyrimidin mit $Na_2S_2O_4$ wird *2-Mercapto-4-hydroxy-5-amino-6-methylpyrimidin* erhalten, welches durch Desulfurierung mit Raney-Ni u. Rk. mit P_2S_5 in *4-Mercapto-5-amino-6-methylpyrimidin* umgewandelt wird. Letzteres wird zu *4-Methylmercapto-5-amino-6-methylpyrimidin* methyliert, das mit Hydrazin *4-Hydrazino-5-amino-6-methylpyrimidin* (**III**) gibt. Durch Rk. mit Ameisensäure wird **III** in *6-Methyl-9-N-formylaminopurin*(**IX**) u. durch Kondens.

mit p-Nitrobenzaldehyd in *4-[p-Nitrobenzalhydrazino]-5-amino-6-methylpyrimidin* (**IV**) umgewandelt, welches durch Cyclisierung mit Orthoameisensäuretriäthylester (**XVIII**) *6-Methyl-9-[p-nitrobenzalamino]-purin* (**V**) gibt, das katalyt. zur *p-Aminoverb.* (**VII**) red. wird. Säurehydrolyse von **VII** u. **IX** führt unter Ringerweiterung zu *5-Methyl-1.2-dihydropyrimido-[5.4:e]-asymm.-triazin* (**X**). Weitere Behandlung von **X** mit Säure ergibt unter Ringverengung *6-Methyl-9-aminopurin*, welches jedoch sehr schnell zu **III** weiterhydrolysiert wird. — Red. von 4.6-Dichlor-5-nitropyrimidin (**XI**) nach der Meth. von ROBINS, DILLE u. CHRISTENSEN (C. **1955**. 1048) zu *4.6-Dichlor-5-aminopyrimidin* u. Umsetzung mit KHS führten zu *4-Mercapto-5-amino-6-chlorpyrimidin*, welches durch Rk. mit Hydrazin *4-Hydrazino-5-amino-6-mercaptopyrimidin* ergibt. Diese in alkal. Lsg. instabile Verb. wird durch Kondens. mit Benzaldehyd zu *4-[Benzalhydrazino]-5-amino-6-mercaptopyrimidin* stabilisiert u. nach Methylierung der Mercaptogruppe durch Rk. mit **XVIII** in *6-Methylmercapto-9-[benzalamino]-purin* (**XV**) verwandelt.

Versuche (FF. korr.): *2-Mercapto-4-hydroxy-5-phenylazo-6-methylpyrimidin*, nach der Meth. von POLONOVSKI u. PESSON (Bull. Soc. chim. France, Mém. [5] **15**. [1948.] 688) mit CH_3ONa als Kondens.-Mittel. — *2-Mercapto-4-hydroxy-5-amino-6-methylpyrimidin*, $C_5H_7N_3OS$, F. 230—322° (Zers.), durch Red. vorst. Verb. in verd. NaOH-Lsg. mit $Na_2S_2O_4$; kleine gelbe Nadeln aus W.; 79% (Ausbeute). — *4-Hydroxy-5-amino-6-methylpyrimidin* (**I**), $C_5H_7N_3O$, F. 221—222,5°, durch 1½ std. Kochen vorst. Verb. in ammoniakal. Lsg. mit RANEY-Ni; flockige Nadeln aus A.; 73%. — *4-Chlor-5-amino-6-methylpyrimidin* (**II**), $C_5H_6N_3Cl$, F. 98—99° (sublimiert bei 70°/0,05 mm), durch Rk. vorst. Verb. mit $POCl_3$ u. Dimethylanilin u. Extraktion mit Methylenchlorid; Nadeln; 13%. — *4-Mercapto-5-amino-6-methylpyrimidin*, $C_5H_7N_3S$, F. 305—306° (Zers.), durch 1 std. Kochen von **I** mit P_2S_5 u. Pyridin, Gießen auf Eis, Behandlung der alkal. gemachten Lsg. mit Aktivkohle, Filtration u. Ansäuern mit Eisessig; strohgelbe Nadeln aus A.; 51%. — *4-Methylmercapto-5-amino-6-methylpyrimidin*, $C_6H_9N_3S$, F. 85—86°, durch Methylierung vorst. Verb. in verd. NaOH mit CH_3J; blaßgelbe Nadeln aus PAe.; 72%. — *4-Hydrazino-5-amino-6-methylpyrimidin* (**III**), $C_5H_9N_5$, F. 214—215°, a) durch 3 std. Erhitzen vorst. Verb. mit Hydrazinhydrat (**XVI**); 74%; b) durch 2 std. Kochen von **II** mit **XVI** in abs. A., Eindampfen u. Sublimation; glänzende Nadeln aus A.; 85%. — *4-[p-Nitrobenzalhydrazino]-5-amino-6-methylpyrimidin* (**IV**), $C_{12}H_{12}N_6O_2$, F. 243—244° (Zers.), aus **III** in sd. A. durch vorsichtiges Zufügen von p-Nitrobenzaldehyd in A. u. 20 Min. langes Erhitzen auf dem Wasserbad; tiefrote Nadeln aus A.; 95%. — *6-Methyl-9-[p-nitrobenzalamino]-purin* (**V**), $C_{13}H_{10}N_6O_2$, F. 243—244°, durch 1 std. Kochen von **IV** mit **XVIII** u. Acetanhydrid (**XVII**), Kühlen, Verdünnen mit Ae. u. Sublimation des Nd.; fast farblose Nadeln aus A.; 68%. — *6.8-Dimethyl-9-[p-nitrobenzalamino]-purin* (**VI**), $C_{14}H_{12}N_6O_2$, F. 224—225°, a) durch 1 std. Kochen von **IV** mit **XVII**; Nadeln aus A.; 35%, b) aus **IV** mit Orthoessigsäuretriäthylester (**XIX**) analog **V**; 90,5%. — *6-Methyl-9-[p-aminobenzalamino]-purin* (**VII**), $C_{13}H_{12}N_6$, F. 258—260°, durch 12 std. Hydrierung von **V** in Äthylacetat in Ggw. von Pd/Aktivkohle bei 40°; blaßgelbe Nadeln durch Sublimation bei 200°/0,05 mm; 86%. — *6.8-Dimethyl-9-[p-aminobenzalamino]-purin*, $C_{14}H_{14}N_6$, F. 271—273°, a) durch Red. von **VI** analog **VII**; 81%; b) durch 4 std. Kochen von **VI** mit RANEY-Ni in abs. A., Filtration, Eindampfen u. Verreiben des Rückstandes mit Bzl.; gelbe Flocken durch Sublimation bei 230°/0,1 mm; 89%. — *4-[p-Nitrobenzalhydrazino]-6-methyl-5-pyrimidyl-(5)-urethan*, $C_{15}H_{16}N_6O_4$, erweicht bei 200—203° u. zers. sich bei 318—319°, durch Rk. von **IV** in trockenem Pyridin mit Chlorameisensäureäthylester, 10 Min. langes Stehen bei Raum-Temp., Zutropfen von W. u. Kühlung; gelb; 79%. — *6-Methyl-8-hydroxy-9-[p-nitrobenzalamino]-purin* (**VIII**), $C_{13}H_{10}N_6O_3$, F. 319 bis 321° (Zers.), durch a) Zufügen vorst. Verb. zu 5%ig. NaOH-Lsg. bei 50—60°, Filtration der roten Lsg. u. Ansäuern des Filtrates mit Essigsäure; Nadeln aus A.; 99%; b) durch ½ std. Einleiten von Phosgen in eine Lsg. von Pyridin in trockenem Bzl., Entfernung überschüssigen Phosgens durch 10 Min. langes Kochen, Zufügen von **IV** u. 3 std. Kochen, Zufügen von W., Einstellung von pH 6 mit Ammoniak u. Essigsäure, Filtration, Lösen des Nd. in verd. NaOH, Behandlung mit Aktivkohle u. Ansäuern mit Essigsäure; 72%. — *6-Methyl-9-N-formylaminopurin* (**IX**), $C_7H_7N_5O$, F. 199—200° (A), durch 90 Min. langes Erhitzen, von **III** mit Ameisensäure auf 90—95°, Eindampfen, Extraktion des orangefarbenen Festkörpers mit sd. A. Filtration u. Eindampfen des Filtrats; 22%. — *5-Methyl 1.2-dihydropyrimido-[5.4:e]-asymm.-triazin* (**X**), *Hydrochlorid*, $C_6H_7N_5 \cdot HCl$, F. 308—309° (Zers.), a) durch Umkristallisation der in A. unlösl. Substanz (44% = 5,8 g) aus vorst. Rk. aus wss. A., [orangefarbene Würfel des *Formiats*, $C_6H_7N_5 \cdot HCOOH$, F. 185—187° (Zers.)], Lösen von 0,1 g in W. u. Ansäuern mit HCl; dunkelorange aus 50%ig. A.; 0,105 g [Zugabe von Na_2CO_3-Lsg. zu der wss. Lsg. des **X**-Formiats ergibt ein gelbes Prod., $C_6H_7N_5 \cdot ½ H_2O$, F. 153—154°; 0,125 g]; b) durch 1 std. Erhitzen von 1 g **IX** mit 10 %ig. wss. HCl auf 80°; 0,7 g; c) durch

3tägige Rk. von 0,1 g **VII** in A. mit konz. HCl bei Raum-Temp.; 46 mg. — *4-Methoxy-5-nitro-6-chlorpyrimidin,* $C_5H_4ClN_3O_3$, F. 65—66°, durch Zutropfen einer Lsg. von CH_3ONa in Methanol zu einer Lsg. von **XI** in abs. Methanol bei 0°, 1std. Rühren, Filtration u. Eindampfen des Filtrats; blaßgelbe Nadeln aus PAe.; 93%. — *4-Methoxy-5-nitro-6-mercaptopyrimidin* (**XII**), $C_5H_5N_3O_3S$, F. 165—166°, durch 20 Min. lange Rk. einer methanol. Lsg. von KHS mit 13,5 g vorst. Verb., Filtration, Eindampfen, Behandlung des Rückstandes mit verd. Essigsäure, Einstellung von pH 9 mit 10%ig. NaOH, Abfiltrieren des Nd. (0,15 g), Neutralisation des Filtrats mit Eisessig u. Kühlung; gelbe Blättchen aus W.; 95%. — *Bis-[4-methoxy-5-nitropyrimidyl-(6)-sulfid,* $C_{10}H_8N_6O_6S$, F. 189—190°, durch Umkristallisation der in Alkali unlösl. Substanz bei vorst. Rk.; aus A. blaßgelbe Nadeln. — *4-Methoxy-5-amino-6-mercaptopyrimidin* (**XIII**), $C_5H_7N_3OS$, F. 214—215°, durch Red. von **XII** mit $Na_2S_2O_4$ in verd. NaOH; lange Nadeln oder Blättchen mit grünlichem Glanz aus A.; 76%. — *4.6-Dichlor-5-aminopyrimidin,* F. 146—147°, durch 90 Min. lange Hydrierung von **XI** in A. in Ggw. von Raney-Ni bei Raum-Temp.; Nadeln aus Cyclohexan; 87%. — *4-Chlor-5-amino-6-mercaptopyrimidin,* F. 196—200°, durch 2½std. Kochen vorst. Verb. mit einer methanol. KHS-Lsg., Eindampfen, Lösen des Rückstandes in verd. NaOH, Behandlung mit Aktivkohle, Filtration u. Neutralisation mit Essigsäure; gelbbraun; 74%. — *4-Hydrazino-5-amino-6-mercaptopyrimidin,* $C_4H_7N_5S$ F. 222—224° (Zers.), a) durch 1std. Kochen vorst. Verb. mit **XVI** (85%ig.), Eindampfen u. Verreiben des Rückstandes mit sehr verd. Essigsäure; 77%; b) aus **XIII** u. 95%ig. **XVI** wie a); grünliche, metall. Nadeln aus W.; 89%. — *4-[Benzalhydrazino]-5-amino-6-mercaptopyrimidin,* $C_{11}H_{11}N_5S$, F. 240—241° (Zers.), durch Rk. vorst. Verb. in A. mit Benzaldehyd u. wenig Essigsäure u. 1std. Erhitzen auf dem Wasserbad; gelblich aus A.; 92%. — *4-[Benzalhydrazino]-5-amino-6-methylmercaptopyrimidin* (**XIV**), $C_{12}H_{13}N_5S$, F. 181—182°, durch 15 Min. lange Rk. vorst. Verb. in wss.-alkal., $Na_2S_2O_4$ enthaltender Lsg. mit CH_3J; flockige gelbe Nadeln aus A.; 91%. — *6-Methylmercapto-9-[benzalamino]-purin* (**XV**), $C_{13}H_{11}N_5S$, F. 202—203°, durch 1std. Kochen von **XIV** mit **XVIII** u. **XVII** analog **V**; Nadeln aus A.; 82%. — *6-Methylmercapto-8-methyl-9-benzalaminopurin,* $C_{14}H_{13}N_5S$, F. 183—184°, wie **XV** mit **XIX**; Nadeln aus A.; 48%. — **XIV**, *Hydrochlorid,* $C_{12}H_{14}ClN_5S \cdot H_2O$, F. 243—245° (Zers.), durch 10 Min. langes Kochen von **XV** mit HCl; gelbe Nadeln aus A.; 96%. — *p-Nitrobenzalazin,* $C_{14}H_{10}N_4O_4$, F. 307 bis 308°, durch 4std. Kochen von 1,5 g **VIII** mit halbkonz. HCl, Eindampfen, Verreiben des Rückstandes mit 5%ig. NaOH, Filtration u. Sublimation bei 210°/0,05 mm; goldene Plättchen aus Cellosolve; 0,12 g. — *6-Methyl-8-hydroxy-9-[p-äthylaminobenzylamino]-purin,* $C_{15}H_{18}N_6O$, F. 225—226°, durch 4std. Kochen von **VIII** mit Raney-Ni in abs. A.; blaßgelbe Nadeln aus verd. A.; 73%. — *1-[p-Nitrobenzalamino]-4-methyl-vic.-triazolo-[d]-pyrimidin,* $C_{12}H_9N_7O_2$, F. 231—233° (Zers., durch 80 Min. lange Rk. einer Lsg. von **IV** in verd. HCl mit einer wss. Lsg. von $NaNO_2$ bei Raum-Temp. u. 15 Min. lang bei 60°, Kühlung auf 0°, Filtration u. Waschen des Nd. mit 5%ig. Na-Acetat-Lsg. u. mit W.; gelbe mikrokrist. Substanz aus A.; 53%. — *1-Benzalamino-4-methylmercapto-vic.-triazolo-[d]-pyrimidin,* $C_{12}H_{10}N_6S$, F. 176—177°, wie vorst. Verb. durch Nitrosierung von **XIV**; Nadeln aus A.; 79%. — Das nach 30 Min. langer Wasserdampf-Dest. vorst. Verb. in 6 n HCl, Eindampfen zur Trockene, Aufnehmen mit 5%ig. Na-Acetat-Lsg., Eindampfen zur Trockene u. Sublimation erhaltene Sublimat besteht in der Hauptsache aus *NH_4Cl.* J. Sickfeld. 3272□

Einwirkung von 3.4.5.6-Tetrahydro-1.3-oxazinon-(2) auf primäre Amine: N-Alkyl- oder -Aralkyl-N'-[3-hydroxypropyl]-harnstoffe. Henry Najer, Pierre Chabrier, René Giudecelli und Jacques Sette. (Bull. Soc. chim. France **1959.** 1609—11. Okt.) (Franz.)

Das aus 1-Aminopropanol-(3) (**II**) u. Glykolcarbonat (**III**) zugängliche *3.4 5.6-Tetrahydro-1.3-oxazinon-(2)* (**I**) liefert mit prim. aliphat. oder araliphat. Aminen bei 50° *N-Alkyl-* bzw. *N-Aralkyl-N'-[3-hydroxypropyl]-harnstoffe. N-Phenäthyl-N'-[3-hydroxypropyl]-harnstoff* (**IV**) wird mit $SOCl_2$ in ein Gemisch von *N-Phenäthyl-N'-[3-chlorpropyl]-harnstoff* u. *2-Phenäthylamino-5.6-dihydro-1.3-oxazin* übergeführt. Die Rk. von **I** mit den Aminen bei 150—200° liefert zusätzlich die entsprechenden symm. disubstituierten Harnstoffe.

Versuche: *3.4.5.6-Tetrahydro-1.3-oxazinon-(2)* (**I**), F. 83° (Methyläthylketon), $Kp._{2-3}$ 163—165°, durch 4std. Stehen von **II** u. **III** bei Raum-Temp.; 52% (Ausbeute). — *N-[n-Heptyl]-N'-[3-hydroxypropyl]-harnstoff,* $C_{11}H_{24}N_2O_2$, F. 88° (Methyläthylketon), a) durch 77std. Erwärmen von **I** u. n-Heptylamin auf 50°; 28%; b) analog durch 2std. Kochen; 41%. — *symm.-Di-n-heptylharnstoff,* F. 91° (CH_3OH), neben vorst. Verb. nach b). — *N-[n-Octyl]-N'-[3-hydroxypropyl]-harnstoff,* $C_{12}H_{26}N_2O_2$, F. 87—88° (Methyläthylketon), a) mit n-Octylamin in 89 Std. bei 50°; 32%; b) durch 2std. Kochen; 4%.— *symm.-Di-n-octylharnstoff,* F. 90°. — *N-Benzyl-N'-[3-hydroxypropyl]-harnstoff,* $C_{11}H_{16}$-

N_2O_2, F. 94° (Essigester u. 1.2-Dichloräthern), a) mit Benzylamin bei 50° in 89 Std.; b) durch 2std. Kochen; 12%. — *symm.-Dibenzylharnstoff*, F. 171° (CH_3OH). — *N-Phenäthyl-N'-[3-hydroxypropyl]-harnstoff* (IV), $C_{12}H_{18}N_2O_2$, F. 90° (Methylisobutylketon), a) mit Phenäthylamin bei 50° in 89 Std.; 17%; b) durch 2std. Kochen; 9%. — *symm.-Diphenäthylharnstoff*, F. 139° (CH_3OH). — *symm.-Di-n-hexylharnstoff*, F. u. Misch-F. 77° (CH_3OH), durch 2std. Kochen von I mit n-Hexylamin. — *N-[n-Hexyl]-N'-[3-hydroxypropyl]-harnstoff*, $C_{10}H_{22}N_2O_2$, F. 76° (Toluol u. Methyläthylketon), neben vorst. Verb.; 5,5%. — *symm.-Dibenzhydrylharnstoff*, F. 276° (Eisessig), aus I u. Benzhydrylamin bei 180—200° (2 Std.). — *N-Benzhydryl-N'-[3-hydroxypropyl]—harnstoff*, F. 151° (Essigester); 39%. — *N-Phenäthyl-N'-[3-chlorpropyl]-harnstoff*, F. 70—71° (50%ig. CH_3OH), durch 24std. Stehen von **IV** mit $SOCl_2$ bei Raum-Temp.; 67%. — *2-Phenäthylamino-5.6-dihydro-1.3-oxazin, Pikrat*, F. 166° (A), neben vorst. Verbindung. — *N-[n-Heptyl]-N'-[3-chlorpropyl]-harnstoff*, $C_{11}H_{23}ClN_2O$, F. 57—58° (50%ig. A. u. 80%ig. CH_3OH); 64%. — *2-[n-Heptylamino]-5.6-dihydro-1.3-oxazin, Pikrat*, $C_{17}H_{25}N_5O_8$, F. 108—109° (A.).

R. PASEDAG. 3282□

Synthese von 2.5-disubstituierten 1.3.4-Thiadiazolen. N. N. Wereschtschagina und I. Ja. Posstowski. (Журнал Общей Химии [J. allg. Chem.] **30 (92)**. Nr. 12. 4024—26. Dez. 1960. Ural, polytechn. Inst.) (Russ.)

Durch Umsetzung von Thiohydraziden mit Säurechloriden werden *2.5-disubstituierte 1.3.4-Thiadiozole* dargestellt.

Versuche: *α-Naphthalinthiocarbonsäurehydrazid*, $C_{11}H_{10}N_2S$, F. 96—98° (aus Bzl. oder viel W.), durch Zugabe von α-Naphthylmagnesiumbromid (aus 2,5 g Mg, 20 g α-Bromnaphthalin u. 50 ml Ae.) unter Kühlen zu 6,6 ml CS_2 in 30 ml Ae., 10—12std. Stehen, Zugabe von Eis, Filtrieren, Abtrennen der wss. Schicht (enthält α-Naphthalindithiocarbonsäure), Versetzen mit 12,5 g Monochloressigsäure u. 17 g Soda in 45 ml W., 10—12 std. Stehen, Ansäuern mit 8 ml konz. H_2SO_4 in 25 ml W., Lösen des roten Nd. (α-Thionaphthoylthioglykolsäure) in 30 ml 1 n Lauge, Filtrieren, Versetzen mit Hydrazinhydrat, Erwärmen auf dem Wasserbad, Ansäuern mit Essigsäure, Abtrennen u. Lösen des Öls in A., Filtrieren mit Kohle u. Eindampfen; 2,8 g (Ausbeute). — *Thiobenzoesäurehydrazid*, F. 78—79°, analog. — 1.3.4-Thiadiazole: durch Zugabe des entsprechenden Thiohydrazids zu einem Überschuß des Säurechlorids in wasserfreiem Pyridin, $^1/_2$std. Kochen, Abkühlen, Eingießen in W. u. Umkristallisieren aus verd. A.; glänzende Plättchen oder Prismen. *2-Phenyl-5-methyl-*, $C_9H_8N_2S$, F. 109—110°; (Fluorescenz der Kristalle:) hellgelb; 62% (Ausbeute). — *2-Phenyl-5-heptadecyl-*, $C_{25}H_{40}N_2S$, F. 78—79°; keine; 40%. — *2.5-Diphenyl-*, $C_{14}H_{10}N_2S$, F. 141—142°; hellviolett; 74%. — *2-Phenyl-5-styryl-*, $C_{16}H_{12}N_2S$, F. 136—138°; hell blauviolett; 90%. — *2-Phenyl-5-furyl-*, $C_{12}H_8N_2OS$, F. 108—109°; hellviolett; 87%. — *2-Phenyl-5-[pyridyl-(4)]-*, $C_{13}H_9 \cdot N_3S$, F. 181—183°; violett; 62%. — *2-[Naphthyl-(1)]-5-phenyl-*, $C_{18}H_{12}N_2S$, F. 112—113°; hell blauviolett; 50%. — *2-[Naphthyl-(1)]-5-[p-nitrophenyl]-*, $C_{18}H_{11}N_3O_2S$, F. 209—212°; keine; 71%. — *2-[Naphthyl-(1)]-5-styryl-*, $C_{20}H_{14}N_2S$, F. 97—98°; hellblau; 87%. — *2-[Naphthyl-(1)]-5-[pyridyl-(4)]-*, $C_{17}H_{11}N_3S$, F. 139—140°; hellblau; 93%.

H. FRÖHLICH. 3333□

Synthese von 5-Amino-1-β-D-ribofuranosylimidazol-4-carbonsäure-5'-O-phosphat. G. Shaw und D. V. Wilson. (Proc. chem. Soc. [London] **1961**. 381—82. Bradford, Inst. of Technol., Chem. Dep.) (Engl.)

Vff. beschreiben eine Synth. von 5-Amino-1-β-D-ribofuranosylimidazol-4-carbonsäure-5'-O-phosphat (I), die die Struktur der Verb. eindeutig bestätigt. Aus α-Amino-α-cyanessigsäuremethylester u. Äthylformimidathydrochlorid erhielten Vff. *α-Cyan-α-äthoxymethylenaminoessigsäuremethylester*, das nach Rk. mit 2.3.5-Tri-O-benzoylribofuranosylamin das *Tribenzoat* **III** [F. 223—225° (Zers.)] bildet. **III** liefert nach Behandlung mit methanol. $NaOCH_3$ das *Nucleosid* **III a** [F. 148—150°]. **III a** gab mit Aceton u. p-Toluolsulfonsäure das entsprechende *Isopropyliden-Deriv.* [F. 161 bis 162°], das durch Rk. mit 2-Cyanäthylphosphat u. Dicyclohexylcarbodiimid in Pyridin phosphoryliert u. dann durch Behandlung mit wss. Essigsäure u. 0,5 n $Ba(OH)_2$-Lsg. in das *Ba-Salz von* **I** übergeführt wurde. Die Eigg. von synthetisiertem **I** stimmten mit denen natürlichen Materials überein. Mikroanalyse ergab, daß **I** als Pentahydrat vorliegt.

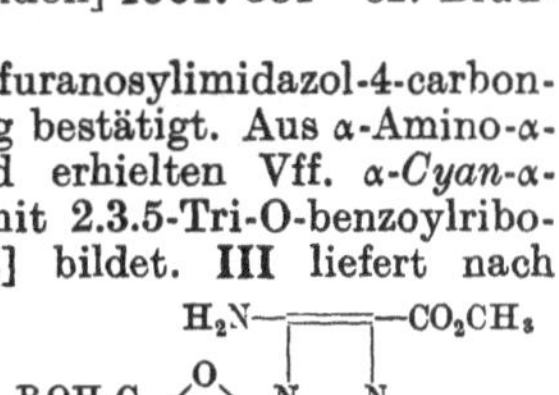

III R = Benzoyl-

IIIa R = H

GOTTFRIED SCHREIBER. 3400□

β-Phenyläthanolamine. 1. Mitt. **Neue Synthese von Aegelin und Papaverin.** N. Adityachaudhury und A. Chatterjee. (J. Indian chem. Soc. **36.** 585—89. Aug. 1959. Calcutta, Univ. Coll. of Sci. and Techn., Dep. of Chem.) (Engl.)

Durch Kondens. von β-Hydroxy-β-[3.4-dimethoxyphenyl]-äthylaminhydrochlorid (**VI**) mit Homoveratroylchlorid zu Homoveratroyloxyhomoveratrylamin u. Ringschluß mit P_2O_5 in Xylol, wird *Papaverin* in guter Ausbeute erhalten. *dl-Aegelin* wird durch Red. von Anisaldehydcyanhydrin (**I**) mit $LiAlH_4$ u. Kondens. mit trans-Cinnamoylchlorid (**VII**) dargestellt. Analog werden *β-Hydroxy-β-aryläthylamine* aus den entsprechenden Aldehyden sowie *β-Hydroxy-β-aryläthylmethylamine* durch Hydrolyse der Methojodide von SCHIFFschen Basen aus Piperonal (**III**) u. den β-Hydroxy-β-aryläthylaminen nach RAY u. Mitarbeitern [1937.] synthetisiert.

Versuche: *Anisaldehydcyanhydrin* (**I**), $C_9H_9NO_2$, F. 67°, nach McCOMBIE u. PARRY [1909.]; aus Bzl./PAe. dicke Stäbchen; 70% (Ausbeute). — *Veratrumaldehydcyanhydrin* (**II**), $C_{10}H_{11}NO_3$, F. 110—112°, durch Schütteln von Veratrumaldehyd-$NaHSO_3$-Verb. (aus 50 g Aldehyd) mit 60 g NaCN in W. in der Kälte u. Ausäthern; aus Aceton glänzende Nadeln; 50—52 g. — β-Hydroxyäthylamine: *β-[p-Methoxyphenyl]-* (**IV**), $C_9H_{13}NO_2$, F. 70° (Bzl./PAe.; verschlossene Kapillare), durch Zutropfen von **I** in abs. Ae. zu $LiAlH_4$ in abs. Ae. bei 0°, 5—6 std. Rühren bei Raum-Temp., 4—5 std. Kochen, Zers. der Additions-Verb. mit W. u. 20%ig. NaOH u. $^1/_2$ std. Kochen; hydroskop.; 80%. *Hydrochlorid*, $C_9H_{13}NO_2 \cdot HCl$, F. 173°, durch Sättigen des Amins in Ae. mit HCl; aus Aceton/wenig W. Schuppen. — *β-[3.4-Dimethoxyphenyl]-*, $C_{10}H_{15}NO_3$, Kp.$_4$ 180 bis 182°, analog aus **II** in Tetrahydrofuran; hellgelbes viskoses Öl; 72%. *Hydrochlorid*, $C_{10}H_{15}NO_3 \cdot HCl$, F. 163°, aus Aceton Flitter. — *β-[3.4-Methylendioxyphenyl]-*, $C_9H_{11}NO_3$, viskoses Öl; 80%. *Hydrochlorid*, $C_9H_{11}NO_3 \cdot HCl$, F. 181—182°; aus Aceton Schuppen. — Piperonyliden-β-hydroxyäthylamine: *β-[p-Methoxyphenyl]-* (**V**), $C_{17}H_{17}NO_4$, F. 115—116°, durch 1 std. Kochen von **IV** mit der äquimol. Menge **III** in A. u. Eindampfen; aus Bzl./PAe. Nadeln; 90—95%. — *β-[3.4-Dimethoxyphenyl]-*, $C_{18}H_{19}NO_5$, F. 129—130°, aus Bzl./PAe. glänzende Nadeln; 90—95%. — *β-[3.4-Methylendioxyphenyl]-*, $C_{17}H_{15}NO_5$, F. 155—156°, aus A. Nadeln; 90—95%. — β-Hydroxyäthylmethylamine: *β-[p-Methoxyphenyl]-*, $C_{10}H_{15}NO_2$, durch 5—6 std. Kochen von **V** in abs. Bzl. mit Methyljodid, Lösen des Addukts in heißem W., Behandeln mit konz. HCl, 1 std. Erwärmen, Entfernung von **III** mit Ae., Alkalisieren der sauren Lsg. mit 30%ig. NaOH u. Extrahieren mit Ae. u. Chlf.; 50%. *Hydrochlorid*, $C_{10}H_{15}NO_2 \cdot HCl$, F. 101°; aus Aceton/Essigester (1 : 1) Nadeln. — *β-[3.4-Dimethoxyphenyl]-*, $C_{11}H_{17}NO_3$; 46%. *Hydrochlorid*, $C_{11}H_{17}NO_3 \cdot HCl$, F. 143—145° (Zers.); aus Aceton hygroskop. Schuppen. — *β-[3.4-Methylendioxyphenyl]-*, $C_{10}H_{13}NO_3$; 50%. *Hydrochlorid*, $C_{10}H_{13}NO_3 \cdot HCl$, F. 163—165° (Zers.), aus Aceton glänzende Nadeln. — *Homoveratroyloxyhomoveratrylamin*, $C_{20}H_{25}NO_6$, F. 127—128°, durch 2 std. Kochen von 5 g Homoveratrumsäure in wenig Chlf. mit $SOCl_2$, Eindampfen, Zugabe des *Homoveratroylchlorids* (3 g) zu **VI** in wenig W., 2 std. Rühren mit überschüssiger KOH, u. mehrtägiges Stehen des gelben Harzes mit verd. alkohol. NaOH; aus Bzl. glänzende Stäbchen; 2 g. — *Papaverin*, $C_{20}H_{21}NO_4$, F. 147°, durch 5 Min. langes Kochen von 2 g vorst. Verb. mit P_2O_5 in abs. Xylol, Dekantieren des Xylols vom hellgelben Nd., Lösen in Eiswasser, Waschen mit Ae., Alkalisieren der sauren Lsg. mit konz. NaOH u. 24 std. Stehen der erhaltenen Emulsion; aus Chlf./PAe. glänzende sternchenförmige Nadeln; 0,51 g. — *dl-trans-Zimtsäure-β-hydroxy-β-[p-methoxyphenyl]-äthylamid (dl-Aegelin)*, $C_{18}H_{19}NO_3$, F. 177—178°, durch Zutropfen von 3 g **VII** in abs. Ae. zu 2 g **IV** in abs. Ae. unter Rühren u. Alkalisieren mit verd. NaOH; aus Essigester glänzende Nadeln; 1,2 g. W. LIEBSCHER. 3500 □

Alkaloiduntersuchungen. 20. Mitt. **Isolierung und Struktur der zwei neuen Kaktusalkaloide Pilocerediin und Lophocerin.** Carl Djerassi, T. Nakano und J. M. Bobbitt. (Tetrahedron [London] **2.** 58—63. 1958. Detroit, Mich., Wayne State Univ., Dep. of Chem.) (Engl.) — 19. vgl. C. **1960.** 5173.

Aus der aus Kaktus *Lophocereus Schottii* gewonnenen Alkaloidfraktion werden neben Pilocerein (**I a**) 2 neue Alkaloide isoliert, für die die Namen *Piloceredin* (**I b**) u. *Lophocerin* (**II**) vorgeschlagen werden. Quatern. Alkaloide werden nicht gefunden. **I b** wird aus der nichtphenol. Alkaloidfraktion durch Chromatographie von **I a** getrennt u. stellt das Diastereomere von **I a** dar, wie durch Misch-FF. der reinen Alkaloide u. deren Derivv., Kristallisations-Verss. in gleichen Lsgm. durch Animpfen mit Kristallen des anderen Isomeren bewiesen wird. Durch Ätherspaltung des **I b**-Methyläthers mit K/fl.NH_3 wird aus der nichtphenol. Fraktion *1-Isobutyl-2-methyl-6-methoxy-*, *1-Isobutyl-2-methyl-6.7-dimethoxy-* (**III**) u. *1-Isobutyl-2-methyl-6.7-dimethoxy-8-hydroxy-1.2.3.4-tetrahydroisochinolin* u. aus der phenol. Fraktion nach Methylierung **III** u. *1-Isobutyl-2-methyl-6.7.8-trimethoxy-1.2.3.4-tetrahydroisochinolin* erhalten. Die gleichen Spalt-Prodd. entstehen bei der Ätherspaltung des **I a**-Methyläthers. Die Stellung der freien phenol. OH-Gruppe in **I b** wird durch Ätherspaltung des **I b**-Äthyläthers zu *1-Isobutyl-2-methyl-6-methoxy-7-äthoxy-1.2.3.4-tetrahydroisochinolin* bestimmt. Die Racematspaltung von **I a** u. **I b** mittels D-Weinsäure, L-Dibenzoylweinsäure, D-Camphersäure, D-10-Camphersulfonsäure, D-Chininsäure, L-Äpfelsäure, N-Acetyl-L-leucin u. (+)-N-Acetyl-threo-β-phenyl-l-serin gelang nicht. Aus der phenol. Alkaloidfraktion wird **II** nach Methylieren durch Chromatographie als *Methyläther* isoliert, der mit **III** ident. ist. **II** stellt somit *1-Isobutyl-2-methyl-6-methoxy-7-hydroxy-1.2.3.4-tetrahydroisochinolin* dar u. ist als biosynthet. Vorstufe von **I a** u. **I b** anzusehen.

Versuche: *Piloceredin* (**I b**), $C_{30}H_{44}N_2O_4$, F. 165—166° (Aceton), durch Extrahieren von 5,5 kg trockenem, aus 3,6 kg trockenem *Lophocereus Schottii* erhaltenen alkohol. Extrakt in Ae. mit 10%ig. HCl, Alkalisieren der sauren Lsg. mit NH_4OH (pH 9), Ausäthern, Extrahieren mit 5%ig. NaOH (Lsg. **A**), Einengen der äther. Lsg., mehrtägiges Stehen in der Kälte, Abfiltrieren von 220 g *Pilocerein* [**I a**; F. 175—176° (Aceton/Hexan)] u. Chromatographie in Bzl. an Al_2O_3; 80,1 g (Ausbeute); daneben 5% *Lophocerin* [**II**; Kp.$_{0,05}$ 150—225°. *Methyläther* (**III**), *Pikrat*, F. 185—186° (A.), durch 3tägiges Methylieren von **A** in Methanol/Ae. mit Diazomethan (**IV**), Chromatographie an Al_2O_3, Eluieren mit Hexan/Bzl. (1 : 2) u. Rk. mit Pikrinsäure]. *Diperchlorat*, $C_{30}H_{44}N_2O_4 \cdot 2\, HClO_4$, F. 221—222° (Methanol), durch Rk. von **I b** in verd. HCl mit wss. NH_4ClO_4. *Acetat*, $C_{32}H_{46}N_2O_5$, F. 133—134° (PAe.), durch Rk. von **I b** mit Acetanhydrid/Pyridin, Eindampfen im Vakuum, Aufnehmen in Ae., Eindampfen, Chromatographie an Al_2O_3 u. Eluieren mit Benzol. *Methyläther*, $C_{31}H_{46}N_2O_4$, F. 141—142° (Hexan), durch 10tägige Rk. von **I b** in Methanol mit **IV** in Ae. bei 0°; 2,5 g geben durch 7 std. Rk. mit K in fl. NH_3, Zugabe von NH_4Cl, Eindunsten, Extrahieren in Ae. mit 3%ig. NaOH (Lsg. **B**), Extrahieren der äther. Lsg. mit verd. HCl, Alkalisieren mit NH_4OH, Ausäthern u. Chromatographie an Al_2O_3 0,51 g *1-Isobutyl-2-methyl-6-methoxy-1.2.3.4-tetrahydroisochinolin* (*Pikrat*, F. 152—153°), 0,5 g *1-Isobutyl-2-methyl-6.7-dimethoxy-1.2.3.4-tetrahydroisochinolin* (**III**; *Pikrat*, F. 183—184°), 0,14 g *1-Isobutyl-2-methyl-6.7-dimethoxy-8-hydroxy-1.2.3.4-tetrahydroisochinolin* (*Pikrat*, F. 152—153°) u. aus **B** durch Ansäuern mit HCl, Ausäthern, Alkalisieren mit NH_4OH, Ausäthern, 8tägiges Methylieren in Ae./Methanol bei 0° u. Chromatographie 0,46 g **III** u. 0,18 g *1-Isobutyl-2-methyl-6.7.8-trimethoxy-1.2.3.4-tetrahydroisochinolin* (*Pikrat*, F. 132 bis 134°). *Äthyläther*, $C_{32}H_{48}N_2O_4$, F. 150—152° (Hexan), durch Rk. von 6,0 g **I b** in abs. A./Ae. mit Diazoäthan; 6,06 g; 2,5 g geben durch Ätherspaltung *1-Isobutyl-2-methyl-6-methoxy-7-äthoxy-1.2.3.4-tetrahydroisochinolin* (*Pikrat*, F. 149—150°).

W. Liebscher. 3500

Synthese in der Erythrinangruppe. 1. Mitt. **Synthese von dl-15.16-Dimethoxyerythrinan.** Shigehiko Sugasawa und Hiroshi Yoshikawa. (Chem. pharmac. Bull. [Tokyo] **8.** 290—93. April 1960. Tokyo, Osaka, Tanabe Seiyaku Co. Ltd., Res. Labor.) (Engl.)

Eine neue Synth. von *15.16-Dimethoxyerythrinan* (**I**) wird beschrieben. 3.4-Dimethoxyphenäthylamin u. Cyclohexandion-(1.2) werden in Ggw. von H_3PO_4 zu *Spiro-[6.7-dimethoxy-1.2.3.4-tetrahydroisochinolin-1.1'-cyclohexanon-(2')]* (**IV**) kondensiert, das in das *N-Carbäthoxyacetyl-Deriv.* (**II**) übergeführt wird. **II** wird mit NaH in sd. A. zu *8-Oxo-15.16-dimethoxy-Δ^5-erythrinen-7-carbonsäure* cyclisiert, das durch Decarboxylierung in *8-Oxo-15.16-dimethoxy-Δ^6-erythrinen* (**III**) übergeht. **III** läßt sich katalyt. zu *8-Oxo-15.16-dimethoxyerythrinan* hydrieren, das bei der Red. mit $LiAlH_4$ in **I** übergeht.

Versuche: *Spiro-[6.7-dimethoxy-1.2.3.4-tetrahydroisochinolin-1.1'-cyclohexanon-(2')]* (**IV**), durch 20 std. Erhitzen von 40 g 3.4-Dimethoxyphenäthylamin, Cyclohexandion-(1.2) u. 85%ig. H_3PO_4 auf 100°, Gießen auf Eis, Filtrieren, Ausäthern, Alkalisieren mit Soda, Extrahieren mit Bzl., Versetzen der Bzl.-Lsg. mit W., Sättigen mit CO_2, Filtrieren der Bzl.-Lsg. durch Al_2O_3 u. Eindampfen; gelber Sirup; 21 g (Ausbeute). *Pikrat*, $C_{22}H_{24}N_4O_{10}$, F. 174—175°; aus A. gelbe Säulen. — *Spiro-[6.7-dimethoxy-1.2.3.4-tetrahydroisochinolin-1.1'-cyclohexan]*, *Pikrat*, $C_{22}H_{26}N_4O_9$, F. 177°, durch Lösen von 0,3 g **IV** in Äthylenglykol, Zugabe von $N_2H_4 \cdot H_2O$ u. KOH, 1$^1/_2$std. Erhitzen auf 155—160°, 1 std. Erhitzen auf 220°, Gießen in kaltes W., Extrahieren mit Ae., Ausziehen der Ae.-Lsg. mit verd. HCl, Alkalisieren mit Soda, Ausäthern u. Überführen der öligen Base (0,1 g) in das Pikrat; aus A. grünlichgelbe Säulen. — *Spiro-[2-acetyl-6.7-dimethoxy-1.2.3.4-tetrahydroisochinolin-1.1'-cyclohexanon-(2')]*, $C_{18}H_{23}NO_4$, F. 146—147°, durch 6 std. Erhitzen von 21 g **IV** in Pyridin mit Acetanhydrid auf 100°, Einengen im Vakuum, Lösen in Bzl., Filtrieren über Al_2O_3 u. Eindampfen; aus Bzl. Säulen; 6,8 g. — *6-Hydroxy-8-oxo-15.16-dimethoxyerythrinan*, $C_{18}H_{23}NO_4$, F. 143—144°, durch 4$^1/_2$std. Kochen von 0,5 g vorst. Verb. mit NaH in abs. A., Abdest. des A., Versetzen mit W. u. Extrahieren mit Bzl.; aus Bzl./Ae. Prismen; 60 mg; beim 14 std. Kochen entstehen aus 3 g vorst. Verb. 1,9 g der *Verb.* **V**. — *Spiro-[2-carbäthoxyacetyl-6.7-dimethoxy-1.2.3.4-tetrahydroisochinolin-1.1'-cyclohexanon-(2')]* (**II**), $C_{21}H_{27}NO_6$, F. 128°, durch 3 std. Rühren

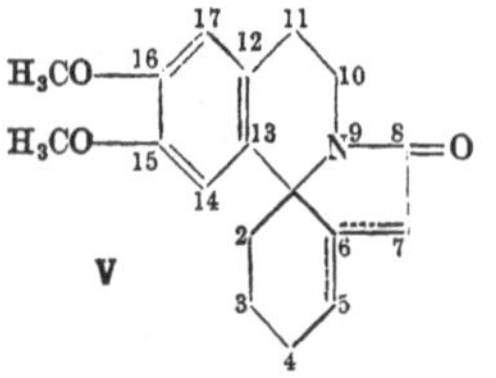

V

von 3,2 g **IV** in alkoholfreiem Ae. mit äther. Carbäthoxyacetylchlorid in Ggw. von Na_2CO_3, Filtrieren u. Eindampfen der organ. Lsg.; aus A. Prismen; 9,1 g. — *8-Oxo-15.16-dimethoxy-Δ^5-erythrinen-7-carbonsäure,* $C_{19}H_{21}NO_5$, F. 167° (Zers.), durch 8std. Kochen vorst. Verb. mit NaH in abs. A., Eindampfen, Lösen in W., Ansäuern mit 10%ig. HCl, Extrahieren mit Bzl. u. Eindampfen; aus A. orangegelbe Säulen; 66%. — *8-Oxo-15.16-dimethoxy-Δ^6-erythrinen* (**III**), $C_{18}H_{21}NO_3$, F. 138—139°, durch 15std. Kochen vorst. Verb. in Xylol bis zum Ende der CO_2-Entw. u. Eindampfen; aus A. Säulen; 65%. — *8-Oxo-15.16-dimethoxy-erythrinan,* $C_{18}H_{23}NO_3$, F. 117—118°, durch Hydrieren von **III** in A. (angesäuert mit Essigsäure) an ADAMS-Kontakt bis zur Aufnahme von 1-Mol H_2, Aufnehmen des entstehenden Sirups in Bzl. u. Fällen mit PAe.; aus A. Säulen; 91,7%. — *15.16-Dimethoxy-erythrinan* (**I**), durch Zutropfen vorst. Verb. in Ae. zu $LiAlH_4$ in Ae. (1/2 Std.) unter Eiskühlung u. 1std. Kochen; 97,4%. *Pikrat,* $C_{24}H_{28}N_4O_9$, F. 177—179°; aus A. gelbe Prismen.

P. GOLINSKE. 3500□

Synthese und Eigenschaften von 6-Äthinylkodein. Giuseppina Leonardi und **Maria Luisa Stein.** (Ricerca sci. **30.** 1719—22. Nov. 1960. Roma, Univ., Ist. di Chim. farm. e tossicol.) (Ital.)

Zur Synth. von *6-Äthinylkodein* (**II**) wird Kodeinon (**I**) mit Na-Acetylid in fl. NH_3 umgesetzt. Die Unters. seiner physikal. Eigg. zeigt, daß die Äthinylgruppe am $C_{(6)}$ in *trans*-Stellung zur $C_{(5)}$–O-Brücke vorliegt, so daß die OH-Gruppe am $C_{(6)}$ sich tatsächlich in derselben Stellung wie im Kodein befindet, d. h. in *cis*-Stellung zur $C_{(5)}$—O-Bindung. Die Struktur von **II** wird durch Messung der UV- u. IR-Spektren bestätigt.

Versuche: *6-Äthinylkodein* (**II**), $C_{20}H_{21}NO_3$, F. 208—209° (Zers.; A.; Prismen), durch portionsweise Zugabe von 150 mg Na zu 100 ml fl. NH_3 bei —35° unter Rühren, 1std. Einleiten von C_2H_2, Zugabe von 1 g in 15 ml Ae. u. 10 ml Dioxan gelöstem **I**, weiteres 1std. Einleiten von C_2H_2, Zugabe von 0,5 g NH_4Cl, Verdampfenlassen des NH_3, Filtrieren u. Umkristallisieren des Nd. aus A.; $[\alpha]_D^{20}$ —187° (c = 0,35; Dioxan). *Ag-Deriv.,* durch Behandeln von **II** mit ammoniakal. $AgNO_3$ in Äthanol. *Hydrochlorid,* F. 254—255° (A.), $[\alpha]_D^{20}$ —214° (c = 1; A.). *Hydrobromid,* F. 183°. G. PLATZER. 3500□

Charakterisierung der Hydroxylgruppen und das Ergebnis der Dehydrierung von Pseudokobusin. Mitsutaka Natsume. (Chem. pharmac. Bull. [Tokyo] **8.** 374—75. April 1960. Tokyo, Univ., Fac. of Pharmac. Sci.) (Engl.)

Die aus Aconit-Rhizom isolierte tert. Base *Pseudokobusin* (**I**) liefert ein *Methojodid* [$C_{21}H_{30}JNO_3$, F. 274° (Zers.)] u. ein *Äthojodid* [$C_{22}H_{32}JNO_3$, F. >290° (Braunfärbung). Bei der Hydrierung von **I** wird in 1 Mol H_2, entsprechend einer Doppelbindung aufgenommen. Auf Grund von IR-spektroskop. Unterss. gehört die Doppelbindung einer exoständigen Methylengruppe an. Nach KUHN-ROTH läßt sich eine C–CH_3-Gruppe nachweisen. Beim Versetzen von **I** mit Benzoylchlorid in Pyridin entsteht *Tribenzoylpseudokobusin* (*Hydrat,* $C_{41}H_{39}NO_6 \cdot H_2O$, F. 131—136°). Die Oxydation von **I** mit CrO_3/Pyridin oder mit MnO_2 liefert *Pseudokobusinon* (**II**; *Hemihydrat,* $C_{20}H_{25}NO_3 \cdot \frac{1}{2} H_2O$, F. 268°), dem auf Grund seines IR-Spektrums die Struktur eines α,β-ungesätt. Ketons zukommt. Beim Hydrieren von **I** in A. an Pd/Kohle werden *Dihydropseudokobusinon* (**III**; *Hemihydrat,* $C_{20}H_{27}NO_3 \cdot \frac{1}{2} H_2O$, F. 277—279°) u. *Dihydropseudokobusin* (**IV**; *Hemihydrat,* $C_{20}H_{29}NO_3 \cdot \frac{1}{2} H_2O$, F. 260—261°) gebildet. **IV** entsteht auch aus **I** an Pt in Essigsäure. **II** läßt sich in A. an Pd/Kohle zu **III** hydrieren. Durch Versetzen von **III** oder **IV** mit CrO_3 in Essigsäure wird *Oxodihydropseudokobusinon* (**V**; $C_{20}H_{25}NO_3$, F. 276—278°) gebildet. Daraus u. auf Grund des IR-Spektrums wird geschlossen, daß die zweite OH-Gruppe in **I** sek. ist u. in einem 6gliedrigen Ring steht. Die dritte OH-Gruppe scheint tert. zu sein, denn **V** wird durch KILIANIS Reagens nicht verändert u. liefert mit Acetanhydrid/Pyridin *Acetyloxodihydropseudokobusinon* ($C_{22}H_{27}NO_4$, F. 217—219°). Durch Se-Dehydrierung von **I** entstehen *1.7-Dimethyl-6-propylphenanthren* (F. 84—88°), eine *aromat. Base vom F. 141—143°* u. *eine aromat. Base vom F. 115—115,5°*; die letzten drei Verbb. werden in analoger Weise auch aus Kobusin (**VI**) erhalten. **I** unterscheidet sich von **VI** wahrscheinlich nur dadurch, daß es eine tert. OH-Gruppe mehr hat.

P. GOLINSKE. 3500□

Wechselbeziehung zwischen chemischer Konstitution und reserpinähnlicher Aktivität. 2. Mitt. Synthese des Rescinnamin-Analogons aus Rauwolscin. S. K. Talapatra und A. Chatterjee. (Sci. and Cult. [Calcutta] **24.** 245—46. Nov. 1958. Calcutta, Univ., Coll. of Sci., Dep. of Chem.) (Engl.) — 1. vgl. C. **1957.** 11594.

Während die ROSENMUND-Red. von 3.4.5-Trimethoxybenzoylchlorid nicht reproduzierbar verläuft, kann 3.4.5-Trimethoxybenzoesäureanilid nach der Meth. von SONN u. MÜLLER [1927] in 65%ig. Ausbeute in *3.4.5-Trimethoxybenzaldehyd* übergeführt werden, der durch DOEBNER-Kondens. mit Malonsäure *3.4.5-Trimethoxyzimtsäure* (80%) liefert. Ihr Chlorid kondensiert mit Rauwolscin zu *3.4.5-Trimethoxycinnamoylrauwolscin* [I; $C_{33}H_{38}N_2O_7$, F. 252° (Zers.); aus Methanol Nadeln]. **I** besitzt starke hypotensive Eigenschaften. K. ZIELOFF. 3500

6-Alkylreserpine. Léon Velluz, Georges Muller und André Allais. (C. R. hebd. Séances Acad. Sci. **247.** 1746—48. 17/11. 1958.) (Franz.)

6-Methyl- u. *-Äthylreserpin* wird ausgehend von den entsprechenden Tryptaminen dargestellt. Die Alkylierung an $C_{(6)}$ verstärkt oder verlängert die depressive Wrkg. von Reserpin fühlbar.

Versuche: *1-Nitro-2-[6-methoxyindolyl-(3)]-äthen*, F. 202°, durch Kondens. von 3-Formyl-6-methoxyindol mit CH_3NO_2. — DL-6-Methoxytryptamine: *3¹-Methyl-*, durch Alkylieren vorst. Verb. mit CH_3MgJ u. Red. mit $LiAlH_4$. *Pikrat*, $C_{18}H_{19}N_5O_8$, F. 242°. — *3¹-Äthyl-* (**I**), analog vorst. Verb. aus vorvorst. Verb. u. C_2H_5MgJ. *Pikrat*, $C_{19}H_{21}N_5O_8$, F. 223°. — *Lactam* **II**, F. 208° (Essigester), durch Kondens. vorvorst. Verb. mit (+)-1β-Carboxymethyl-2β-methoxycarbonyl-3α-methoxy-4β-acetoxy-6β-formylcyclohexan {F. 160°; $[\alpha]_D$ + 42° [c = 1; Pyridin (Py)]}, Red. mit KBH_4, Cyclisieren (unter partieller Verseifung) u. Reacetylieren; $[\alpha]_D$ + 31° (c = 0,25; Py). — Reserpine: *6ξ-Methyl-*, $C_{34}H_{42}N_2O_9$, F. 223°, durch Erhitzen vorst. Verb. mit $POCl_3$, Red. mit Zn/$HClO_4$ u. Verestern mit 3.4.5-Trimethoxybenzoylchlorid; $[\alpha]_D$ —85° (c = 0,25; Chlf.). — *6ξ-Äthyl-*, $C_{35}H_{44}N_2O_9$, F. 130°, aus **I** analog vorst. Verb. über eine zu **II** analoge Verb.; $[\alpha]_D$ —82° (c = 0,5; Chlf.). G. REISNER. 3500□

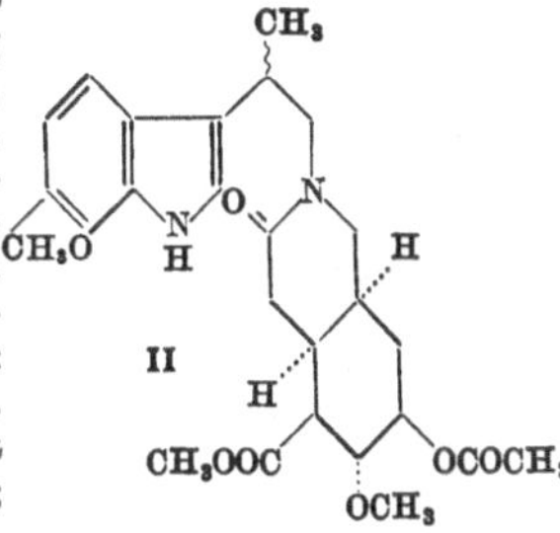

II

Die absolute Konfiguration in der Citronellreihe. Rudolf Lukeš, Alena Zobáčová und Jaromír Plešek. (Croat. chem. Acta **29.** 201—05. 30/12. 1957. Praha, TH, Lehrstuhl der organ. Chem.) (Dt.)

Auf Grund der bekannten abs. Konfiguration des (*R*)-(+)-*Pulegons* werden die abs. Konfigurationen von (+)-*Citronellsäure* (**I**), (+)-*Citronellsäuremethylester*, (+)-*Citronellsäureamid*, (—)-*Citronellonitril*, (+)-*Citronellol* u. (—)-*Citronellylbromid* durch eindeutige gegenseitige Ineinanderführung als (R) im Sinne von CAHN, INGOLD u. PRELOG (C. **1957.** 6986) bestimmt. Danach muß auch (+)-Citronellal (R)-Konfiguration besitzen. Angaben von HERSCHMANN (C. **1950.** II. 416) werden als irrtümlich erkannt.

Versuche: (*R*)-(+)-*Pulegon*, $Kp._{10}$ 93°, durch 2tägiges Stehen von Poleiöl in mit SO_2 gesätt. A.-W. (10:1), Abtrennen der öligen Menthonschicht, Neutralisieren der wss. Lsg. mit NaOH, Einengen, Alkalisieren mit NaOH u. Wasserdampf-Dest.; $D._4^{20}$ 0,9384, n_D^{20} 1,4870, $[\alpha]_D^{20}$ + 24,24°. — (*R*)-(+)-*Citronellsäure* (**I**), $Kp._{0,6}$ 112—113°, aus vorst. Verb.; $D._4^{20}$ 0,9256, n_D^{20} 1,4540, $[\alpha]_D^{20}$ + 8,40°. (*R*)-(+)-*Methylester*, $Kp._9$ 78°, mit CH_2N_2 in Ae.; $D._4^{20}$ 0,8973, n_D^{20} 1,4415, $[\alpha]_D^{20}$ + 5,45°. (*R*)-*Chlorid*, $Kp._2$ 75—76°, durch 2std. Kochen von **I** mit $SOCl_2$ in PAe.; 50% (Ausbeute). (*R*)-(+)-*Amid*, F. 82—83° (PAe.), a) aus dem Chlorid mit NH_3 in Ae., $[\alpha]_D^{20}$ + 9,2° (c = 0,5; A.); 31%; b) durch alkal. Hydrolyse des Nitrils. — (*R*)-(+)-*2.6-Dimethyl-2-chlorheptancarbonamid-(7)*, $C_{10}H_{20}ClNO$, F. 109—110° (PAe.), durch Kochen von **I** mit $SOCl_2$ ohne Lsgm., Einengen u. Zugeben von NH_3 in Ae.; Blättchen; $[\alpha]_D^{20}$ + 7,6° (c = 0,5; A.). — (*R*)-(—)-*Citronellonitril*, $Kp._{15}$ 107°, durch exotherme Rk. von **I**-Amid mit PCl_5 in Tetrachlormethan, 1std. Kochen, Einengen, , Dest., Emulgieren in 10%ig. wss. NaOH u. Wasserdampf-Dest.; $D._4^{20}$ 0,8483, n_D^{20} 1,4491, $[\alpha]_D^{20}$ —9,78°; 62%. — (*R*)-(+)-*Citronellol*, $Kp._{10}$ 110°, durch 5std. Rühren von **I** mit $LiAlH_4$ in Ae. bei Raum-Temp.; $D._4^{20}$ 0,8558, n_D^{20} 1,4558, $[\alpha]_D^{20}$ + 5,37°; 94%. — (*R*)-(—)-*Citronellylbromid*, $C_{10}H_{19}Br$, $Kp._{12}$ 111°, durch Zutropfen von PBr_3 in PAe. zu vorst. Verb. in PAe.-Pyridin unter Eiskühlung, 2std. Stehen bei Raum-Temp. u. Verdünnen mit Eiswasser; $D._4^{20}$ 1,1105, n_D^{20} 1,4756, $[\alpha]_D^{20}$ —6,93°; 43%. — (*S*)-(+)-*2.6-Dimethylocten-(2)*, $C_{10}H_{20}$, $Kp._{12}$ 59°, durch Rk. vorst. Verb. in Ae. mit Mg u. Zers. mit verd. H_2SO_4; $D._4^{20}$ 0,7551, n_D^{20} 1,4330, $[\alpha]_D^{20}$ + 12,1°; 75%. R. PASEDAG. 3600□

Extrakte von australischen Hölzern. 2. Mitt. Emmolsäure, eine neue Triterpensäure aus Emmenospermum alphitonioides F. Muell. J. P. Boyer, R. A. Eade, H. Locksley und J. J. H. Simes. (Austral. J. Chem. **2.** 236—45. Mai 1958. Sydney, Univ. of Technol., School of Chem.) (Engl.) — 1. vgl. C. **1951.** I. 2733.

Der alkohol. Extrakt des Holzes von *Emmenospermum alphitonioides* F. Muell. (E) enthält ein Saponin, ein essentielles Öl u. eine *Triterpensäure*, für die der Name *Emmolsäure* (**I**) vorgeschlagen wird. **I** hat 2 ster. gehinderte Carboxylgruppen, eine Doppelbindung in einer Isopropenylgruppe u. eine sek. Hydroxylgruppe, die an einem 5-Ring in β-Stellung zu einer Carboxylgruppe lokalisiert ist. Emmolsäuredimethylester (**III**) u. Acetylemmolsäuredimethylester (**IV**) bilden *Lactone*. UV- u. IR-Spektren s. Original.

Versuche: *Emmolsäure* (**I**), $C_{30}H_{46}O_5$, F. 344—346° (Zers.), aus dem alkohol. Extrakt von 100 kg E nach Fällung von 1,3 kg Saponin mit Ae. u. Extraktion eines essentiellen Öls (39 g) mit sd. PAe.; $[\alpha]_D^{28}$ % 38° (c = 1,98; A.); aus Methanol Nadeln; 30 g (Ausbeute). *Acetyl-Deriv.* (**II**), $C_{32}H_{48}O_6$, F. 293—295° (Zers.; sintert bei 288°, durch 3std. Erhitzen von 0,5 g **I** mit Acetanhydrid/Pyridin auf 100° u. 24std. Rk. bei Raum-Temp.; $[\alpha]_D^{25}$ + 8,5° (c = 0,21; Chlf.-A.); amorph; 0,2 g; wird durch 10%ig. methanol. KOH zu **I** hydrolysiert. *Dimethylester* (**III**), $C_{32}H_{50}O_5$, F. 223—224°, a) aus 2 g **I** u. CH_2N_2; 1,8 g; b) durch 1std. Sättigen von 0,2 g **I** in Methanol mit HCl u. 4std. Kochen; $[\alpha]_D^{28}$ + 44,5° (c = 2,25; Chlf.); aus Methanol Prismen bzw. Nadeln; 0,05 g. **III**-*Acetyl-Deriv.* (**IV**), $C_{34}H_{52}O_6$, FF. 158—159,5° (Platten) u. 167—168° (Nadeln), durch 2std. Rk. von 1,3 g **III** mit Acetanhydrid/Pyridin bei 100°; $[\alpha]_D^{23}$ + 28° (c = 2,88; Chlf.); aus Methanol Nadeln bzw. Tafeln; 1,1 g; liefert durch Ozonolyse bei — 10 bis — 15° in CH_2Cl_2 u. anschließende Einw. von Essigsäure u. Zn-Staub *Formaldehyd* (*Dimedon-Deriv.*, $C_{17}H_{24}O_4$, F. 186,5—187,5°. *2.4-Dinitrophenylhydrazon*, $C_7H_6N_4O_4$, F. 166°) u. das *Norketon* $C_{33}H_{50}O_7$ [F. 240—243°; $[\alpha]_D^{23}$ + 0,5° (c = 0,74; Chlf.), $[\alpha]_D^{20}$ — 2° (c = 1,31; Chlf.); aus Methanol Prismen]. — *Dihydroemmolsäure* (**V**), $C_{30}H_{48}O_5$, F. 337—340° (Zers.), durch Hydrierung von **I** in Eisessig in Ggw. von ADAMS-Katalysator bei Zimmer-Temp.; $[\alpha]_D^{20}$ + 12° (c = 1,24; A.); aus Methanol Nadeln. *Acetyl-Deriv.*, $C_{32}H_{50}O_6$, F. 301—303° (Zers.; sintert bei 298°), a) durch katalyt. Hydrierung von **II**; b) durch Acetylierung von **V**; $[\alpha]_D^{25}$ — 0,5° (c = 2,6; Chlf.-A.); amorph. *Dimethylester* (**VI**), $C_{32}H_{52}O_5$, F. 258—260°, durch katalyt. Hydrierung von **III**; $[\alpha]_D^{22}$ + 22,5° (c = 1,8; Chlf.); aus Eisessig u. Methanol Nadeln; *Acetyl-Deriv.*, $C_{34}H_{54}O_6$, F. 155—156°, durch Acetylierung von **VI**; $[\alpha]_D^{25}$ + 6,5° (c = 2,3; Chlf.); aus Methanol Nadeln. — *Emmonsäuredimethylester*, $C_{32}H_{48}O_5$, F. 161—163°, durch Oxydation von 0,27 g **III** mit CrO_3 in Pyridin bei 0° u. anschließend bei Zimmer-Temp.; $[\alpha]_D^{23}$ + 120° (c = 0,99; Chlf.); aus Methanol Nadeln; 0,2 g. — *Dihydroemmonsäuredimethylester*, $C_{32}H_{50}O_5$, F. 191—193°, a) durch ½std. Zugabe von CrO_3 in Eisessig-W. zu 0,5 g **VI** in Eisessig bei 60—65° u. 1std. Stehen; 0,4 g; b) durch Oxydation von 1,12 g **VI** mit CrO_3 in Pyridin bei 0°; $[\alpha]_D^{25}$ + 91° (c = 1,22; Chlf.); aus Methanol Nadeln; 0,7 g. — *Descarboxyemmonsäure*, $C_{29}H_{44}O_3$, F. 252—254° (sintert bei 240°), durch Einw. von CrO_3 in Pyridin auf 1 g **I** bei 0°; $[\alpha]_D^{25}$ + 92° (c = 0,93; Chlf.); aus Methanol Nadeln; 0,5 g *Methylester*, $C_{30}H_{46}O_3$, F. 122—124°, aus der Säure u. CH_2N_2; $[\alpha]_D^{23}$ + 95° (c = 0,52; Chlf.); aus Methanol Nadeln. — *Triol* $C_{30}H_{52}O_3$, FF. 178 bis 180° (Prismen) u. 239—241° (nach Trocknen), durch 8std. Kochen von 0,7 g **VI** mit $LiAlH_4$ in Ae.; $[\alpha]_D^{30}$ + 21,5° (c = 1,21; Chlf.-A.); aus Methanol Prismen; 0,55 g. *Triacetyl-Deriv.*, $C_{36}H_{58}O_6$, F. 142—143°; $[\alpha]_D^{30}$ + 3,5° (c = 1,98; Chlf.); aus Methanol Prismen; 80%. — *Acetoxylacton* $C_{33}H_{50}O_6$ (**VII**), F. 211,5—212,5°, durch 6tägige Rk. von 0,5 g **IV** in Bzl. mit Eisessig-konz. H_2SO_4; $[\alpha]_D^{23}$ + 69,5° (c = 0,86; Chlf.); aus Methanol Prismen. — *Hydroxylacton* $C_{31}H_{48}O_5$, F. 258—260°, durch ½std. Kochen von **VII** in Bzl. mit methanol. Na-Methylat-Lsg., Neutralisation mit HCl, Eindampfen der benzol. Lsg. u. Chromatographie in PAe./Bzl. (2:1) an Al_2O_3; $[\alpha]_D^{23}$ + 92° (c = 0,58; Chlf.); aus PAe.-Bzl. Nadeln. — *Ketolacton* $C_{31}H_{46}O_5$, F. 220—222° (Zers.), a) aus 0,11 g **III** analog **VII**; 0,065 g; b) aus 0,08 g vorst. Verb. u. CrO_3 in Eisessig-W. bei 40° u. 14std. Erhitzen auf 60°; $[\alpha]_D^{24}$ + 168° (c = 0,61; Chlf.); aus Methanol Nadeln; 0,06 g; gibt beim Schmelzen ein *Sublimat vom F. 320—325° (Zers.)*. K. ZIELOFF. 3600

Photochemische Umwandlungen. 10. Mitt. **Die Photoisomerisierung von 3β-Acetoxy-$\Delta^{5.8}$-lanostadien-7-on.** D. H. R. Barton, J. F. McGhie und M. Rosenberger. (J. chem. Soc. [London] **1961**. 1215—23. März. London, Imp. Coll.; Chelsea Coll. of Sci. and Technol.) (Engl.) — **9.** vgl. J. chem. Soc. [London] **1960. 4596.**

3β-Acetoxy-Δ^8-lanosten-7-on (**Ia**) wird durch Bromierung in Essigsäure u. Debromierung in *3β-Acetoxy-$\Delta^{5.8}$-lanostadien-7-on* (**I**) übergeführt. Bestrahlung von **I** mit einer Hg-Lampe in sd. A. gibt ein *Umbellulon* **II**. Verseifung von **II** mit methanol. KOH liefert die entsprechende *Hydroxy-Verb.* (**III**), die durch Acetylierung wieder in **II** überzuführen ist. Oxydation von **III** mit KILIANI-CrO_3 in Bzl.-Essigsäure gibt die entsprechende *2-Oxo-Verb.* (**IV**), von der ein *Dioxim* u. mit Benzaldehyd (**XXI**) das entsprechende *Benzyliden-Deriv.* (**V**) dargestellt werden. **IV** wird mit HCl in Chlf. zum *ungesätt. Diketon* **VI** isomerisiert. Rk. von **VI** mit **XXI** liefert ein *Benzyliden-Deriv.* (**VII**). **VII** wird auch aus **V** mit HCl in Chlf. bzw. mit alkohol. KOH

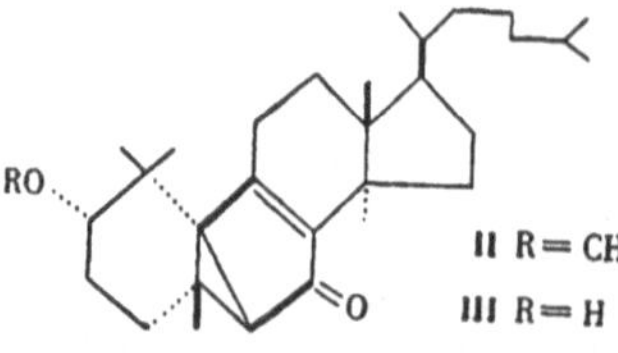

II R = CH_3CO
III R = H

erhalten. Ozonolyse von **VII** in Äthylacetat gibt ein *α-Diketon*. **VI** liefert mit OsO_4 in Pyridin ein *Hydroxymethylentriketon* **VIII**, das mit CrO_3 in Essigsäure in die *Pseudosäure* **IX** übergeführt wird. **IX**-*Acetat* (**IXa**) gibt beim Erhitzen auf 280—300° unter N_2 ein *Methylenlacton* **X**. Durch Ozonolyse von **X** bei —70° wird neben CH_2O das entsprechende *Anhydrid* erhalten.

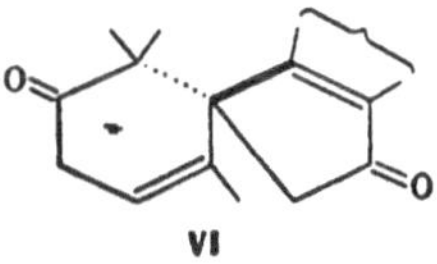
VI

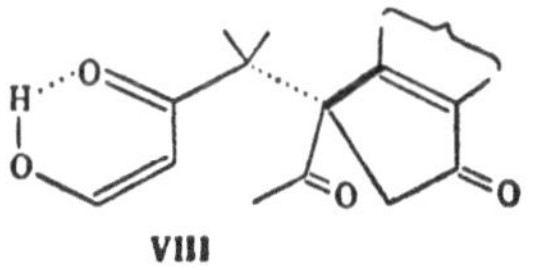
VIII

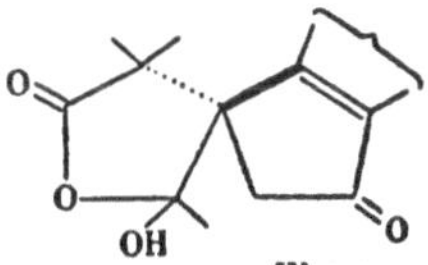
IX

Rk. von **II** mit HCl in Chlf. gibt ein *Chlorid* **XI**, das mit $CrCl_2$ bzw. akt. Zn-Staub nicht zu reduzieren ist. **XI** liefert mit KOH in sd. Bzl. ein *Oxid* **XII**, das durch HCl in Chlf., Acetanhydrid (AC) u. Pyridin bzw. KILIANI-CrO_3 nicht angegriffen wird. **XII** wird auch aus **III** u. HCl in Chlf. erhalten. Red. von **XII** mit Li in fl. NH_3 u. Tetrahydrofuran (THF) führt zu dem entsprechenden *Dihydrooxid* (**XIII**), das mit Na in sd. A. die entsprechende *Dihydrohydroxy-Verb.* (**XIV**) liefert. **XIII** gibt beim Kochen mit methanol. KOH oder mit AC in Ggw. von Na-Acetat ein *Epidihydrooxid* (**XV**). Red. von **XV** mit Na u. A. gibt **XIV**, das durch CrO_3-Oxydation wieder in **XV** übergeht. Kochen von

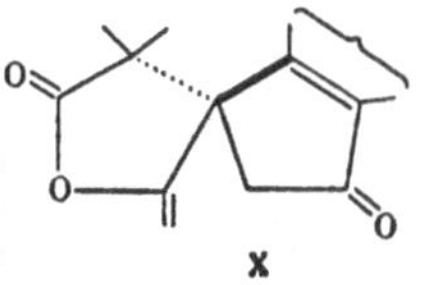
X

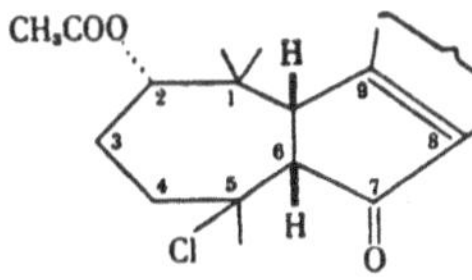
XI

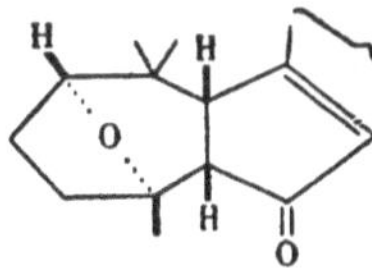
XII

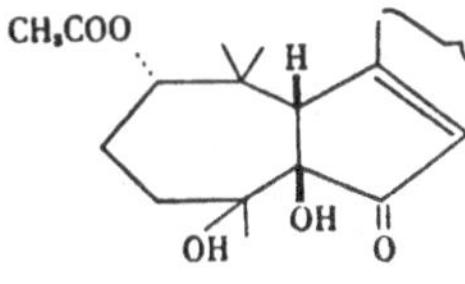
XVII

XI in Essigsäure liefert das entsprechende $\Delta^{5,8}$-*Dien-7-on* (**XVI**), das mit alkohol. KOH in **XII** übergeführt wird. Rk. von **XVI** mit OsO_4 in Pyridin gibt ein *5.6-Diol* **XVII**, das nicht acetylisierbar ist, ebenso wie das aus **XVI** mit Peressigsäure dargestellte *Hydroxyoxid* (**XVIII**). Red. von **XVIII** mit Li in fl.NH_3–THF ergibt **XIII**. Von 3-β-Hydroxy-Δ^8-lanosten-7-on, -$\Delta^{5,8}$-lanostadien-7-on u. **III** werden die *p-Toluol-* (*p-TS*) u. *Methansulfonate* (*MS*) dargestellt. Tetrahydrophotodehydroergosterylacetat (**XX**) liefert mit CrO_3 in Pyridin ein *Umbellulon* **XIX**. Die Rotationsdispersionskurven von **XIX** u. **II** ähneln sich stark.

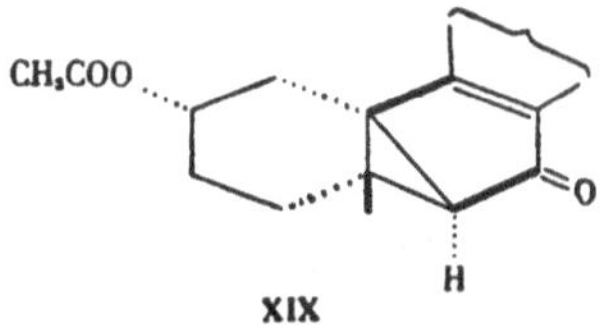
XIX

Versuche [opt. Messungen in Chlf.; einige UV- u. IR-Spektren sind angegeben (UV, IR)]: *3β-Hydroxy-Δ^8-lanosten-7-on, p-TS*, $C_{37}H_{56}O_4S$, F. 188° (Zers.; Bzl.–PAe.), mit p-Toluolsulfochlorid in Pyridin; $[\alpha]_D + 12°$ (c = 0,99), UV. *MS*, $C_{31}H_{52}O_4S$, F. 178—179° (Zers.; Bzl.–PAe.), mit Methansulfochlorid in Pyridin; $[\alpha]_D + 16°$ (c = 1,01), UV. — *3β-Hydroxy-$\Delta^{5,8}$-lanostadien-7-on, 3-Acetat* (**I**), F. 186—188° (Chlf.–Methanol), aus 67 g **Ia** durch 6std. Rk. mit Br_2 in Ggw. von HBr in Essigsäure unter Durchleiten von N_2 u. Eingießen in 5%ig. wss. Na_2SO_3-Lsg.; $[\alpha]_D$ —13° (c = 1,05); 53,5 g (Ausbeute). *p-TS*, $C_{37}H_{54}O_4S$, F. 167—168° (Zers.), $[\alpha]_D + 10°$ (c = 0,94); aus Chlf.–Methanol Blöcke. *MS*, $C_{31}H_{50}O_4S$, F. 151—153° (Zers.; PAe.), $[\alpha]_D + 14°$ (c = 0,98). — *Umbellulon* **II**, $C_{32}H_{50}O_3$, F. 158—159°, aus 10 g **I** durch ³/₄std. Bestrahlen mit einer 125 W-Hg-Lampe in abs. A. unter N_2; $[\alpha]_D + 189°$ (c = 1,59, l = 0,5), aus Methanol Plättchen, UV, IR. — *2-Desacetylumbellulon* **III**, $C_{30}H_{48}O_2$, F. 163—165°, aus 0,5 g **II** durch 2std. Kochen mit methanol. KOH; $[\alpha]_D + 162°$ (c = 0,73), aus wss. Methanol Nadeln, UV, IR; 442 mg. Gibt mit Acetanhydrid in Pyridin **II**. *MS*, $C_{31}H_{50}O_4S$, F. 111—112° (Zers.), $[\alpha]_D + 177°$ (c = 0,83), aus PAe. Nadeln, UV. — *2-Oxo-Verb.* $C_{30}H_{46}O_2$ (**IV**), F. 204—206°, aus **III** durch 1std. Rk. mit CrO_3 in Bzl.–Essigsäure; $[\alpha]_D + 152°$ (c = 0,88), aus Chlf.–Methanol Nadeln UV, IR; ca. 100%. *Dioxim*, $C_{30}H_{48}N_2O_2$, F. 265—266° (Zers.), durch 3std Rk. mit Hydroxylaminhydrochlorid in Pyridin bei 100°; $[\alpha]_D + 200°$ (c = 0,51), aus Bzl. Würfel, UV, IR. *3-Benzyliden-Deriv.* (**V**), $C_{37}H_{50}O_2$, F. 196—197°, aus 300 mg **IV** durch 10std. Stehen mit **XXI** in 0,1n alkohol. KOH unter N_2 u. Lichtausschluß; $[\alpha]_D + 77°$ (c = 0,81), aus Äthylacetat–Methanol Nadeln, UV; 280 mg. — *Ungesätt. Diketon* **VI**, $C_{30}H_{46}O_2$, F. 141—143°, aus 2 g **IV** durch 2tägiges Stehen in mit HCl gesätt. Chlf. im Dunkeln u. 10 Min. Kochen des Rk.-Prod. in Essigsäure; $[\alpha]_D + 202°$ (c = 0,25), aus Methanol Platten, UV, IR; 1,55 g. *3-Benzyliden-Deriv.* (**VII**), $C_{37}H_{50}O_2$, F. 145—147°,

a) aus 1,5 g **VI** analog **V**; 1,41 g; b) aus 20 mg **V** durch Rk. mit HCl in Chlf.; 15 mg; c) aus 150 mg **V** durch ¹/₄std. Kochen in 2,5% ig. alkohol. KOH unter N_2; 70 mg; $[\alpha]_D + 245^0$ (c = 1,02), aus Äthylacetat–Methanol Nadeln, UV. — *α-Diketon* $C_{30}H_{44}O_3$, F. 201—204⁰, aus **VII** u. O_3 in Äthylacetat bei —70⁰; $[\alpha]_D + 436^0$ (c = 0,35), aus Methanol gelbe Nadeln, UV, IR. — *Hydroxymethylen-Verb.* **VIII**, $C_{30}H_{46}O_4$, F. 178—180⁰, aus 5 g **VI** durch 4tägige Rk. mit OsO_4 in Pyridin im Dunkeln; $[\alpha]_D + 28^0$ (c = 0,27), aus wss. Methanol Nadeln, UV, IR; 38 mg. — *Pseudosäure* **IX**, $C_{28}H_{44}O_4$, F. 193—195⁰ (wss. Methanol), aus 256 mg **VIII** durch 1std. Stehen mit CrO_3 in Essigsäure bei Zimmer-Temp.; $[\alpha]_D + 39^0$ (c = 0,297). *Acetat* (**IXa**), $C_{30}H_{46}O_5$, F. 199—200⁰, durch 3tägiges Stehen mit AC in Pyridin; $[\alpha]_D + 31^0$ (c = 0,338), aus PAe. Nadeln, UV, IR). — *Methylenlacton* **X**, $C_{28}\cdot H_{42}O_3$, F. 108—109⁰, aus 213 mg **IXa** durch 5 Min. langes Erhitzen auf 280—300⁰ unter N_2 u. Chromatographie an Al_2O_3 mit Bzl.–PAe.; $[\alpha]_D + 140^0$ (c = 0,489), aus wss. Methanol Nadeln; UV, IR; 88 mg. — *Anhydrid* $C_{27}H_{40}O_4$, F. 132—132,5⁰ (PAe.), aus 70 mg **X** u. O_3 in Äthylacetat bei —70⁰; $[\alpha]_D + 154^0$ (c = 0,153). Daneben *Formaldehyd* (25 mg *Dimedon-Deriv.*). — *Chlorid* **XI**, $C_{32}H_{51}ClO_3$, F. 179—181⁰, durch 20std. Stehen von 3 g **II** in mit HCl gesätt. Chlf. im Dunkeln; $[\alpha]_D + 3^0$ (c = 4,15); aus Methanol Nadeln; UV, IR; 1,87 g. — *Oxid* **XII**, $C_{30}H_{48}O_2$, F. 177—178⁰, a) durch 16std. Rk. von **XI** u. KOH in A.–Bzl. im Dunkeln unter N_2; b) aus 28 mg **III** durch 2std. Stehen in mit HCl gesätt. Chlf.; 15 mg; c) aus 140 mg **XVI** durch Kochen mit alkohol. KOH unter N_2; 82 mg; $[\alpha]_D + 94^0$ (c = 1,64, l = 0,5); aus Methanol Nadeln; UV, IR. — *Dihydrooxid* $C_{30}H_{50}O_2$ (**XIII**), F. 202—204⁰, a) aus 1 g **XII** durch Rk. mit Li in THF/fl. NH_3; 250 mg; b) aus 100 mg **XVIII** analog a); 10 mg; $[\alpha]_D + 121^0$ (c = 0,46); aus Methanol Nadeln; IR. — *Dihydrohydroxy-Verb.* $C_{30}H_{52}O_2$ (**XIV**), F. 206—208⁰, a) aus 50 mg **XIII** mit Na in sd. A.; 25 mg; b) analog a) aus **XV**; $[\alpha]_D + 60^0$ (c = 0,092); aus wss. Methanol Nadeln. — *Epidihydrooxid* $C_{30}H_{50}O_2$ (**XV**), F. 78—80⁰ u. F. 109—110⁰, a) aus 19,4 g **XIII** in sd. 5% ig. methanol. KOH unter N_2 in 1 Std.; 12 mg; b) aus **XIII** durch Kochen mit Acetanhydrid in Ggw. von Na-Acetat; $[\alpha]_D + 168^0$ (c = 0,158); aus Methanol Nadeln. — *$\Delta^{5.8}$-Dien-7-on* $C_{32}H_{50}O_3$ (**XVI**), F. 127—128⁰, aus 1,25 g **XI** durch 2std. Kochen in Essigsäure; $[\alpha]_D + 99^0$ (c = 1,29); aus wss. Methanol Nadeln; UV, IR; 1,02 g. — *5.6-Diol* **XVII**, $C_{32}H_{52}O_5$, F. 132—134⁰, durch 5tägiges Stehen von **XVI** u. OsO_4 in Ae. in Ggw. von Pyridin im Dunkeln u. Chromatographie über Al_2O_3; $[\alpha]_D + 210^0$ (c = 1,00, l = 0,5); aus wss. Methanol Nadeln; UV, IR. — *Hydroxyoxid* $C_{30}H_{48}O_3$ (**XVIII**), F. 223—224⁰, durch 5tägige Rk. von 320 mg **XVI** u. Peressigsäure im Dunkeln bei 5⁰; $[\alpha]_D + 111^0$ (c = 0,63); aus Aceton–Methanol Nadeln; UV, IR; 271 mg. — *Umbellulon* **XIX**, $C_{30}H_{44}O_3$, F. 160—162⁰, aus 1 g **XX** durch 6tägiges Stehen mit CrO_3 in Pyridin im Dunkeln unter N_2 u. Chromatographie an Al_2O_3 mit Bzl.–PAe.; $[\alpha]_D + 112^0$ (c = 0,302); aus Methanol Nadeln; UV, IR; 60 mg. H. GLEINIG. 3600□

Einige Reaktionen von 3α-Hydroxy-12α-methoxy-$\Delta^{9,11}$-cholensäuremethylester. Robert T. Blickenstaff und Emerson L. Foster. (J. org. Chemistry **26**. 2883—86. Aug. 1961. Indianapolis, Ind., Veterans Administr. Hosp., Dep. of Med., Med. Res. Labor.; Indiana Univ., School of Med., Dep. of Biochem.) (Engl.)

3α-Tosyloxy-12α-methoxy-$\Delta^{9,11}$-cholensäuremethylester (**I**) reagiert mit $Cl^{(-)}$-Ionen, Collidin, Dimethylformamid u. Na-Methylat unter Bldg. des entsprechenden *3β-Chlor-* (**II**), *Δ^3-* (**III**), *3β-Formoxy-* (**IV**) u. *3β-Methoxy-Derivats*. **I**, **II** u. **III** werden mit HCl leicht in 12-Stellung chloriert. **IV** spaltet unter den gleichen Bedingungen die Formylgruppe ab. 3α-Tosyloxy-12α-acetoxy-$\Delta^{9,11}$-cholensäuremethylester (**V**) läßt sich analog in das entsprechende *3β-Chlor-*, *Δ^3-* bzw. *3β-Formoxy-Deriv.* überführen.

Versuche (Drehungen in 1% ig. Chlf.-Lsgg. bei ca. 25⁰): 12α-Methoxy-$\Delta^{9,11}$-cholensäuremethylester: *3α-Hydroxy-* (**VI**), F. 161,5—163,5⁰, durch Umkristallisieren einer käuflichen Probe; aus Methanol/W. Platten; $[\alpha]_D + 136^0$. — *3α-Tosyloxy-* (**I**), $C_{33}H_{48}O_6S$, durch 19std. Stehen von 4 g **VI** mit p-Toluolsulfonylchlorid in abs. Pyridin bei Raum-Temp.; $[\alpha]_D + 98^0$; 4,7 g (Ausbeute). — *3β-Chlor-* (**II**), $C_{26}H_{41}ClO_3$, F. 85,8 bis 88⁰, durch 24std. Erhitzen von 1 g **I** u. Pyridiniumchlorid in Pyridin auf 80—85⁰; aus Methanol/Aceton (4 : 1) Plättchen; $[\alpha]_D + 117^0$; 0,30 g. — *12α-Methoxy-$\Delta^{3.9.11}$-choladiensäuremethylester* (**III**), $C_{26}H_{40}O_3$, durch 2std. Erhitzen von 0,70 g **I** in Collidin; $[\alpha]_D + 96^0$; Öl; 0,31 g. — *3α-Tosyloxy-12α-chlor-$\Delta^{9,11}$-cholensäuremethylester*, $C_{32}H_{45}ClO_5S$, F. 119 bis 120,2⁰, durch ¹/₂std. Einleiten von HCl in eine Lsg. von 1 g **I** in Chlf.; aus Ae./Ligroin Plättchen; $[\alpha]_D + 108^0$; 0,67 g. — *3β.12α-Dichlor-$\Delta^{9,11}$-cholensäuremethylester*, $C_{25}H_{38}\cdot Cl_2O_2$, F. 112—115⁰, analog vorst. Verb. aus 0,63 g **II**; aus Aceton Platten; $[\alpha]_D + 140^0$; 0,46 g. — *12α-Chlor-$\Delta^{3.9.11}$-choladiensäuremethylester*, $C_{25}H_{37}ClO_2$, F. 89,6—91,2⁰ (Ligroin), analog vorvorst. Verb. aus 0,60 g **III**; $[\alpha]_D + 137^0$; 0,31 g. — *3α-Hydroxy-12α-acetoxy-$\Delta^{9,11}$-cholensäuremethylester*, F. 106,5—109⁰, nach TURNER u. Mitarbeitern (J. biol. Chemistry **162**. [1946.] 571) aus **VI**; $[\alpha]_D + 195^0$ (Methanol). — *3α-Tosyloxy-12α-acetoxy-*

$\Delta^{9,11}$-cholensäuremethylester (**V**), $C_{34}H_{48}O_7S$, aus vorst. Verb. analog **I**; Öl; $[\alpha]_D$ + 145° — *3β-Chlor-12α-acetoxy-$\Delta^{9,11}$-cholensäuremethylester*, $C_{27}H_{41}ClO_4$, aus 1 g **V** analog **II**; Öl; $[\alpha]_D$ + 171°; 0,8 g. — *12α-Acetoxy-$\Delta^{3,9,11}$-choladiensäuremethylester*, $C_{27}H_{40}O_4$, analog **III** aus 1 g **V**; Öl; $[\alpha]_D$ + 103°; 0,8 g. — *3β-Formoxy-12α-acetoxy-$\Delta^{9,11}$-cholensäuremethylester*, $C_{28}H_{42}O_6$, durch 40std. Erhitzen von 0,5 g **V** in Dimethylformamid auf 75—85°; Öl; $[\alpha]_D$ + 134°; 0,23 g. — *3α-Acetoxy-12α-methoxy-$\Delta^{9,11}$-cholensäuremethylester*, F. 79,8 bis 81,4°, nach TURNER u. Mitarbeitern (l. c.) aus **VI**; aus Methanol/W. Nadeln u. Platten; $[\alpha]_D$ + 136°. — *3α-Acetoxy-12α-chlor-$\Delta^{9,11}$-cholensäuremethylester*, F. 138,6—142,2°, aus vorst. Verb. nach TURNER u. Mitarbeitern (l. c.); Platten; $[\alpha]_D$ + 149°. — *3β-Formoxy-12α-methoxy-$\Delta^{9,11}$-cholensäuremethylester* (**IV**), $C_{27}H_{42}O_5$, durch Versetzen von 2 g **I** mit Dimethylformamid; Öl; $[\alpha]_D$ + 116°; 1,45 g. — *3β-Hydroxy-12α-chlor-$\Delta^{9,11}$-cholensäuremethylester*, $C_{25}H_{39}ClO_3$, F. 131—135,2°, aus 0,4 g **IV** mit HCl in Chlf.; aus Chlf./Ligroin Stäbchen; $[\alpha]_D$ + 154°; 0,13 g. — *3α-Hydroxy-12α-chlor-$\Delta^{9,11}$-cholensäuremethylester*, F. 113—126° (Ligroin/Ae.), aus **VI** nach MATTOX u. Mitarbeitern (J. biol. Chemistry **164.** 1946.] 569). — *3β.12α-Diformoxy-$\Delta^{9,11}$-cholensäuremethylester*, $C_{27}H_{40}O_6$, a) durch 48std. Kochen von 1 g **I** in Dimethylformamid; Öl; $[\alpha]_D$ + 16° (c = 0,77); 0,35 g; b) durch 4std. Stehen von 0,26 g vorvorst. Verb. in 88%ig. HCOOH in Ggw. von etwas konz. H_2SO_4; 0,18 g. — *3α.12α-Dimethoxy-$\Delta^{9,11}$-cholensäuremethylester*, $C_{27}H_{44}O_4$, F. 190—195° (Zers.; Aceton), durch 2std. Kochen von 2 g **VI** mit K in Bzl., Zugabe von CH_3J u. 3std. Kochen; $[\alpha]_D$ + 142°; 1,77 g. — *3β.12α-Dimethoxy-$\Delta^{9,11}$-cholensäuremethylester*, $C_{27}H_{44}O_4$, durch 60std. Kochen von 2,2 g **I** mit Na-Methylat in Methanol; Öl; $[\alpha]_D$ + 113°; 0,94 g. P. GOLINSKE. 3700□

Dehydrierung von Steroiden. 2. Mitt. **Ring-A-benzoide Steroide.** Vorl. Mitt. Heinz Dannenberg und Charles H. Doering. (Hoppe-Seyler's Z. physiol. Chem. **311.** 84—86. 11/6. 1958. München, Max-Planck-Inst. für Biochem.) (Dt.) — 1. vgl. C. **1956.** 14040.

Steroide (S) mit *$\Delta^{1,4}$-3-Ketodien*-Gruppierung sind durch $LiAlH_4$-Red. in Ae. u. darauffolgende Behandlung mit Säuren in *ring-A-benzoide* S überführbar. Als Beispiele werden *$\Delta^{1,3,5,10}$-1(4)-Methyl-19-norcholestatrien* u. *-östratrien-17β-ol* dargestellt, deren Struktur durch Messung der UV- u. IR-Spektren wahrscheinlich gemacht wird.

Versuche: *$\Delta^{1,3,5,10}$-1(4)-Methyl-19-norcholestatrien*, $C_{27}H_{42}$, F. 49°, aus $\Delta^{1,4}$-Cholestadien-3-on u. $LiAlH_4$ in Ae.; $[\alpha]_D^{21}$ + 64,3° (Chlf.). — *$\Delta^{1,3,5,10}$-1(4)-Methylöstratrien-17β-ol*, $C_{19}H_{26}O$, F. 114—116°, aus $\Delta^{1,4}$-Androstadien-3.17-dion; $[\alpha]_D^{22}$ + 66° (Chlf.); 52% (Ausbeute); [daneben *ungesätt. Keton* (Testosteron?)]. *Acetat*, $C_{21}H_{28}O_2$, F. 174—176°. K. MAIER. 3700

Folsäure-Coenzyme und aktive 1-Kohlenstoff-Einheiten. 9. Mitt. **Die Struktur von „aktivem Formaldehyd" ($N^5.N^{10}$-Methylentetrahydrofolsäure).** M. J. Osborn, P. T. Talbert und F. M. Huennekens. (J. Amer. chem. Soc. **82.** 4921—27. 20/9. 1960. Seattle, Wash., Univ., Dep. of Biochem.) (Engl.) — 8. vgl. C. **1961.** 7985.

Der durch ¼std. Rk. von DL-Tetrahydrofolsäure mit Formaldehyd bei pH 5 u. Zimmer-Temp. u. nachfolgendes Alkalisieren bis pH 9,5 erhaltene „*akt. Formaldehyd*" besitzt die Struktur *$N^5.N^{10}$-Methylentetrahydrofolsäure* (**I**). Durch Hydroxymethyl-Tetrahydrofolsäure-Dehydrogenase (HTD) in Ggw. von TPN u. 2-Mercaptoäthanol im Bicarbonat-Puffer (pH 9,5) wird **I** zu „akt. Ameisensäure" (**II**) oxydiert. Die Beständigkeit von **I** ist stark abhängig vom pH-Wert u. von Zusätzen: **I** dissoziiert schnell bei pH ≦ 7 u. sofort in Ggw. von NH_2OH bei pH ≦ 7; auch überschüssiger CH_2O fördert den Zerfall. **I** entsteht auch bei der Red. von $N^5.N^{10}$-Methenyltetrahydrofolat (**III**) mittels $NaBH_4$ in alkal. Lösung. **III** entsteht auf biolog. Weg als 1. Oxydationsstufe von **I** u. läßt sich mit HTD u. TPN unter Bldg. einer äquivalenten Menge TPNH zu **II** oxydieren. R. STRUFE. 3850

Chemische Untersuchung der japanischen Eibenblätter. 7. Mitt. **Über Taxinin.** 5. Mitt. Torizo Takahashi, Kan-Ichi Ueda, Yoshifumi Maki und Katsumaro Minamoto. (Chem. pharmac. Bull. [Tokyo] **8.** 372—73. April 1960. Kyoto, Univ., Phamac. Fak.) (Dt.) — 6. bzw. 4. vgl. C. **1961.** 13933.

Bei der Unters. der $LiAlH_4$-Red.-Prodd. von Taxinin (**I**) konnten *Äthanol* (aus einem Acetylrest), *3-Phenylpropanol* (aus einem Cinnamoylrest in **I**), ein *KW-Stoff vom* $Kp._{0,03}$ *215°*, *Taxinol* [**II**; $C_{16}H_{26}O_4$, F. 263° (sintert ab 250°)] u. *1.1-Dimethyläthylenglykol* identifiziert werden. Die Oxydation der wasserlösl. Red.-Prodd., ausgenommen Äthanol, mit $Pb(OOCCH_3)_4$ oder HJO_4 liefert *Formaldehyd* u. *Aceton*. Vff. vermuten daher, daß in **I** ein α-Methylglycidsäurerest enthalten ist. Bei der Einw. von KJ in Essigsäure auf **I** entsteht unter J_2-Ausscheidung *Desoxytaxinin* ($C_{31}H_{38}O_7$, F. 262°), wodurch das Vorhandensein einer Epoxidstruktur noch wahrscheinlicher wird. **II** enthält 3 OH-Gruppen, wie sich durch Best. des akt. H_2 u. durch Acetylierung mit Acetanhydrid u. Pyridin, die zu *Triacetyltaxinol* ($C_{22}H_{32}O_7$, F. 188—189°) führt, beweisen läßt. Obwohl die IR-Spektren von I u. II die Anwesenheit einer Carbonylgruppe bestätigen, konnten mit Carbonylreagentien keine Derivv. erhalten werden. II red. schnell Rottetrazonium-Reagens, Tollenssche u. Fehlingsche Lsg., während I diese Rkk. nur langsam gibt. Ferner liefert II mit HJO_4 oder $Pb(OOCCH_3)_4$ *Ameisensäure* u. reagiert mit Dische-Reagens für Desoxyzucker positiv. Die Vff. schließen daraus, daß in II eine α-Ketolgruppe existiert u. überdies eine den Zuckern ähnliche Struktur, in der alle OH-Gruppen benachbart sind. I enthält, wie die Hydrierung an Pd-Schwarz ergibt, 2 Doppelbindungen, die nicht konjugiert sind (IR-Spektrum); eine davon befindet sich im Cinnamoylrest. Aus den Ergebnissen läßt sich für I nebenst. Teilstrukturformel ableiten.

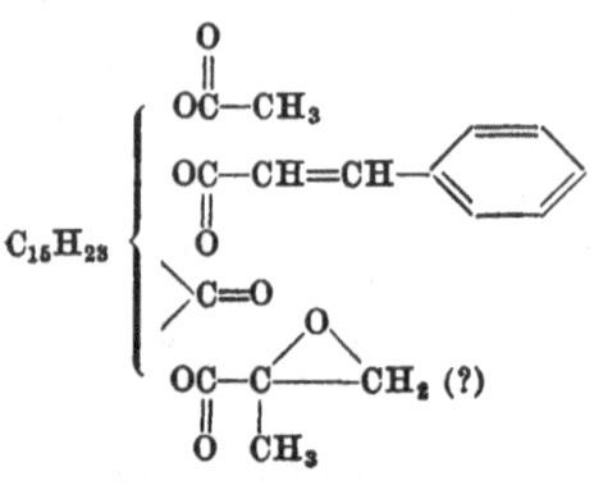

P. Golinske. 3950 □

D. Makromolekulare Chemie

Theorie und Anwendung zweier zusätzlicher Methoden zur Herstellung von Dichtegradientensäulen. J. M. H. Fortuin. (J. Polymer Sci. **44**. 505—15. Juni 1960. Geelen, Netherland, Staatsmijnen in Limburg, Centraal Labor.) (Engl.)

Zwei zusätzliche Meth. zur Herst. von Dichtegradientensäulen für Hochpolymere werden angegeben. Es werden Formeln abgeleitet, nach denen sich die Dichte als Funktion der Säulenhöhe vorausberechnen läßt, so daß die Meth. auch dann angewendet werden kann, wenn keine oder nur wenige geeichte Schwimmkörper zur Verfügung stehen. Die Stabilität von Dichtegradientensäulen hängt von der Säulenlänge sowie von den Diffusions-Koeff. ab u. läßt sich angenähert nach dem zweiten Fickschen Gesetz berechnen. H. Leugering. 4000 □

Intrinsicviscosität starrer Ketten. Robert Ullman und A. Muzyka. (J. chem. Physics **34**. 1461—62. April 1961. Brooklyn, N.Y., Polytechnic Inst. of Brooklyn, Dep. of Mathemat.; Inst. for Polymer Res., Dep. of Chem.) (Engl.)

Kettenstatist. Berechnungen, ähnlich denen von Kirkwood u. Riseman (J. chem. Physics **16**. [1948.] 565), ergeben für die Intrinsicviscosität $[\eta]$ teilweise geknäuelter, starrer Polymerketten den Wert $(\zeta \cdot N/1200\, M_0 \eta_0 \lambda^2) \cdot F(\lambda n)$, wobei η_0 = Viscosität des Lsgm., ζ = Reibungs-Konst. pro Längeneinheit, M_0 = Molgew. pro Längeneinheit, λ = Steifheitsparameter u. n = Kettenlänge. Im Lösungsgang wird die Integration einer Fredholmschen Gleichung näherungsweise (Annahme einer Konst.) numer. durchgeführt. Die Lösung ähnelt für $\lambda \to 0$ bzw. große λ den bekannten Formen für $[\eta]$ stabförmiger bzw. statist. geknäuelter Moleküle. Renate Junge. 4000 □

Der Einfluß der Struktur auf die physikalischen Eigenschaften makromolekularer Stoffe. W. Holzmüller. (Plaste u. Kautschuk **8**. 296—300. Juni 1961. Leipzig, Dtsch. Akad. der Wiss. zu Berlin, Inst. für Plastforschung, Bereich Physik.) (Dt.)

Der amorphe, orientierte bzw. teilweise kristalline Zustand sowie der Zusammenhang zwischen physikal. Eigg. u. Struktur werden erörtert u. experimentelle Ergebnisse von Unterss. über die Änderungen einiger strukturempfindlicher Eigg. (Wärmeleitfähigkeit, Schall-Geschw., Röntgenstreuung) bei Orientierung u. Kristallisation mitgeteilt. R. Schäff. 4000 □

Durchfluß von Gasen durch Polyäthylen. Alan S. Michaels und Harris J. Bixler. (J. Polymer Sci. **50**. 413—39. April 1961. Cambridge, Mass., MIT, Dep. of Chem. Engng.) (Engl.) — Vgl. C. **1961**. 13936.

Nach der von Barrer (Trans. Faraday Soc. **35**. [1939.] 628) u. van Amerongen (J. appl. Physics **17**. [1946.] 978) beschriebenen Meth. werden die Diffusions- u. Permeations-Konst. D u. $\overline{P}$ für He, O_2, Ar, CO_2, CO, N_2, CH_4, C_2H_6, C_3H_8, Propylen, Allen u. SF_6 jeweils an *unverzweigtem* (Phillips-) *Polyäthylen* (I), *verzweigtem Polyäthylen* (II), *hydriertem Polybutadien* (III) u. unvulkanisiertem *Naturkautschuk* (IV) bei Temp. zwischen 5 u. 55° gemessen. Die Temp.-Abhängigkeit der Werte folgt den Beziehungen $D = D_0 e^{-E_D/RT}$ bzw. $\overline{P} = \overline{P}_0 e^{-E_{\overline{P}}/RT}$, wobei E_D die scheinbare Aktivierungswärme der Diffusion u. $E_{\overline{P}} = E_D + \Delta H$ (ΔH = Lösungswärme) ist. D nimmt für jedes Gas beim Übergang vom völlig amorphen IV zu den in steigendem Maße kristallinen Substanzen III, II u. I stark ab. Im Anschluß an frühere Arbeiten (vgl. l. c.) wird D nach der Gleichung $D = D^*/\tau\beta$ in Beziehung zum Kristallinitätszustand des Polymeren gebracht. D* ist die Diffusions-Konst. in völlig amorphem Polyäthylen, die als ident. mit dem für IV gemessenen Wert angenommen wird. Der geometr. Impedanzfaktor τ u. der Kettenimmobilisierungsfaktor β, die beide getrennt experimentell bestimmt werden können, sind aus Modellvorstellungen über den Diffusionsmechanismus in teilweise kristallinen Hochpolymeren hergeleitet. τ ist unabhängig von der Größe der diffundierenden Moll. u. nach $\tau = \alpha^{-n}$ eine Funktion des (aus Dichtemessungen ermittelten) amorphen Vol.-Anteils α des Polymeren, wobei n = 1,88 für ZIEGLER- u. Hochdruck-Polyäthylene, 1,25 für PHILLIPS-Polyäthylene u. hydrierte Polybutadiene ist. β ist nach $\ln \beta = \gamma[d - (\Phi^{1/2}/2)]^2$ abhängig vom Mol.-Durchmesser d des diffundierenden Gases; Φ = freies Vol. pro $-CH_2$-Einheit der Polymerkette, γ ist eine von der Verteilung der interkristallinen Zwischenräume im Polymeren abhängige, aber noch nicht quant. interpretierte Konstante. Die angegebenen Beziehungen erlauben die Vorausberechnung der Gasdiffusion durch verschiedene Typen des Polyäthylens sowie Rückschlüsse auf den morpholog. Zustand. So ergibt die Analyse des geometr. Impedanzfaktors die Anwesenheit von dünnen, stark anisometr. kristallinen Schichten, wobei die Anisometrie mit steigender Kristallinität zunimmt. J. VOIGT. 4010□

Thermodynamik von kristallinen linearen Hochpolymeren. 1. Mitt. **Vergleich der Schmelzbereiche von aus der Lösung und aus der Schmelze kristallisiertem Polyäthylen.** Bernhard Wunderlich und W. H. Kashdan. (J. Polymer Sci. **50.** 71—78. März 1961. Ithaca, N.Y., Cornell Univ., Dep. of Chem.) (Engl.)

Der Schmelzbereich von aus der Schmelze durch Abkühlen auskristallisiertem *Niederduck-Polyäthylen* (*Marlex 50*) wurde mittels der Thermodifferentialanalyse untersucht. Der Schmelzbereich der aus der Lsg. auskristallisierten Probe ist um 3,7° niedriger als derjenige der aus der Schmelze kristallisierten. Die Kristallinität der aus der Schmelze krist. Probe wurde um den Faktor 1,08 höher gefunden als die der aus der Lsg. krist. Probe. H. LEUGERING. 4010□

Molekülkettenfaltung in linearem Polyäthylen. R. D. Burbank. (J. Polymer Sci. **46.** 256—57. Sept. 1960. Murray Hill, N.J., Bell Telephone Labor.) (Engl.)

Elektronenmkr. Unterss. an Kristallaggregaten, die aus verd. Lsgg. von linearem *Polyäthylen* in Xylol erhalten wurden, zeigen, daß Zwillings-Bldg. quer durch die (5 3 0)- u. möglicherweise (1 2 0)-Ebene auftritt. Kristallmorphologien mit äußeren (5 3 0)- u. (5 4 0)-Ebenen werden beobachtet. Die Ergebnisse werden vom Standpunkt der Kettenfaltungstheorie diskutiert. H. LEUGERING. 4010□

Messung von Schmelzpunkten und Kristallisationsgeschwindigkeiten von Polymeren durch Registrierung von Änderungen der Doppelbrechung. Charles W. Hock und Joseph F. Arbogast. (Analytic. Chem. **33.** 462—65. März 1961. Wilmington, Del., Hercules Powder Co., Res. Center.) (Engl.)

Da kristalline Polymere bei der Beobachtung unter dem Polarisationsmikroskop Doppelbrechung zeigen, die beim Schmelzen verschwindet, liefert dieser Effekt die Möglichkeit zur Best. der FF. u. Kristallisations-Geschw., wenn die opt. Durchlässigkeit eines Polymerfilms als Funktion der Temp. registriert wird. Vff. beschreiben eine App., mit der Erhitzungs-Geschw. von 10°/Min. bzw. Abkühlungs-Geschw. von 3°/Min. u. damit in Abhängigkeit von der Homogenität der Polymeren FF. u. Kristallisations-Temp. mit einem Fehler von ± 1° erhalten werden. Werden die Werte der Temp.-Änderung auf 0,4 bzw. 0,3° vermindert, so steigt die Reproduzierbarkeit auf ±0,5°. Die Anwendung des Verf. auf *Polyäthylen* bzw. *Polypropylen* ist beschrieben.

HERBERT MÜLLER. 4010□

Anwendung der Infrarotspektroskopie zur Untersuchung der Polymerisation von Polyisobutylenen. M. Ss. Kosyrewa. (Оптика и Спектроскопия [Optik u. Spektroskopie] **6.** 478—83. April 1959.) (Russ.)

Beim Übergang vom dimeren Isobutylen zu *Polyisobutylen* (**I**) vom Molgew. 2000 nimmt mit der Menge der Vinylgruppen in der Vol.-Einheit auch die Intensität der Absorptionsbanden (AB) 3075, 1640 u. 888 (cm^{-1}) ab. Der Übergang vom Pentameren zu **I** höheren Polymerisationsgrades bewirkt eine Aufspaltung der AB 924 in AB 909 u. 940. Bei Zunahme des PG der I nehmen die AB 2980, 940, 909, 848 u. 1225 an Intensität zu. Die AB 940, 909, 848 u. 1225 beruhen auf Schwingungen in den I-Gruppen $C-C(C)_2-R$, deren Menge in der Vol.-Einheit mit dem PG zunimmt. Mit steigendem Molgew. der **I** nimmt der Absorptions-Koeff. in der AB 1225 zu, u. zwar zwischen Molgew. 100 u. 1000 linear. R. K. MÜLLER. 4010□

Isophasige und kristalline Umwandlungen erster Ordnung in trans-Poly-1.4-butadien. M. Baccaredda und E. Butta. (J. Polymer Sci. **51.** S39—S42. Juni 1961. Pisa, Italy, Univ., Inst. of Ind. and Appl. Chem.) (Engl.)

Von *Poly-trans-1.4-butadien* (enthält noch 7% *Poly-cis-1.4-butadien* u. 2% *Poly-1.2-butadien*) wurden zwischen t = —160 u. 90° die Schall-Geschw. v u. der Faktor Q^{-1} der mechan. Dämpfung (Frequenzbereich f = 1,5—20 kHz) gemessen. Im (v, t)-Diagramm treten Knickpunkte bei —48° (vermutlich durch isophasige Umwandlung im Amorphen

bedingt), -6^0 (F. des Amorphen, entsprechend dem Maximum bei -14^0 für Q^{-1}, Verschiebung nach höherem t mit wachsendem f), $+36^0$ (Beginn der Kristallisation) u. $+60^0$ (Schrauben-Bldg., entsprechend dem Maximum bei $+54^0$ für Q^{-1}) auf.
O. Fuchs. 4010 □

Untersuchung der Reaktivität von Makroradikalen nach der Methode der paramagnetischen Elektronenresonanz. Ss. Je. Bressler, E. N. Kasbekow und Je. M. Ssaminski. (J. Polymer Sci. **52.** 119—22. Juli 1961. Leningrad, USSR, Inst. for Macromol. Chem.) (Engl.)

Übersicht über die von Bressler u. Mitarbeitern früher mitgeteilten Ergebnisse; vgl. C. **1960.** 7534 u. Высокомолекулярные Соединения [Hochmol. Verbind.] **1.** [1959.] 136.
O. Fuchs. 4010 □

Eine Methode zur Bestimmung der komplexen Durchlässigkeit von Dielektrika bei sehr tiefen Frequenzen. Henri Martinot. (C. R. hebd. Séances Acad. Sci. **249.** 2734—36. 21/12. 1959.) (Franz.)

Eine für den Frequenzbereich von $1-10^{-5}$ Hz verwendbare Meth. zur Best. der DK ε' u. des Verlustfaktors ε'' der komplexen Durchlässigkeit $\bar{\varepsilon}$ eines Dielektrikums, die auf der gleichzeitigen Registrierung der an der zu untersuchenden Probe angelegten Spannung u. des durch sie hindurchgehenden Stromes beruht. Die Vers.-Anordnung wird beschrieben. Mit Hilfe dieser Meth. wurden ε' u. ε'' eines mit 25 Gew.-% Dibutylphthalat plastifizierten *Polyvinylchlorids* in dem Frequenzbereich von 10^{-2} bis 10^{-3} Hz gemessen.
C. Gottfried. 4010

Die Polymerisation von mit p-Methoxyphenol stabilisierten Vinylmonomeren. C. W. Baker und D. J. Shields. (J. Polymer Sci. **47.** 498. Nov. 1960. Kingsport, Tenn., Tennessee Eastman Comp., Res. Labor.) (Engl.)

Bei der durch Persulfat–Bisulfit katalysierten Emulsionscopolymerisation von *Vinylidenchlorid* u. *Acrylonitril* stört ein Geh. von 200—500 ppm p-Methoxyphenol (I) den Polymerisationsverlauf nicht, obgleich I als wirksamer Stabilisator für Halogen enthaltende Vinylmonomere bekannt ist. Aus dem Vinylmonomeren braucht daher I nicht entfernt zu werden.
H. Leugering. 4010 □

Stereospezifische Polymerisation von Styrol. A. Ss. Schewljakow, W. Ss. Etliss, K. Ss. Minsker, L. M. Degtjarewa, G. T. Fedossejewa und M. M. Kutscherenko. (Химическая Промышленность [Chem. Ind.] **1960.** 362—67. Juli/Aug.) (Russ.) — Vgl. C. **1959.** 12255.

Aus einer Unters. über den Einfl. verschiedener Faktoren auf die Ausbeute an isotakt. Polymeren bei der Polymerisation von *Styrol* (I) ergeben sich als optimale Bedingungen: Konz. des $Al(C_2H_5)_3$ (II) in der Lsg. 5—7%, Mengenverhältnis II : α-$TiCl_3$ 1 : 1 Mol, Gew.-Verhältnis I : $TiCl_3$ 12—20 : 1, Temp. 90—150°, Rk.-Zeit 3—5 Std.; unter diesen Bedingungen kann auch I mit stabilisierendem Zusatz von Hydrochinon u. dgl. ohne Nachteil verwendet werden. Die Eigg. von krist. u. amorphem *Polystyrol* werden tabellar. verglichen u. ihre Anwendungsbereiche erörtert. — 27 Literaturhinweise.
R. K. Müller. 4010 □

Synthese und Eigenschaften von Polymeren mit einem System konjugierter Doppelbindungen. A. A. Berlin. (Химическая Промышленность [Chem. Ind.] **1960.** 375—82. Juli/Aug. (Russ.); Gummi-Asbest-Kunststoffe **14.** 1106. 1108. 1112. 1114. 1116. 1118. 1120. Dez. 1961.) (Dt.)

Die besonderen Eigg. der Polymeren mit konjugierten Doppelbindungen beruhen nicht auf der Energiebarriere des Elektronenübergangs von Mol. zu Mol., ihr Halbleitercharakter wird durch die Energiedifferenz (Δw) zwischen dem oberen u. dem unteren freien Elektronenniveau bestimmt. Die Meth. der Herst. von Polymeren mit einem acycl. Doppelbindungs-Syst. in der Hauptkette u. ihre Eigg. werden am Beispiel der therm. Polymerisation von *Phenylacetylen* u. seiner katalyt. Copolymerisation mit *p-Diäthylbenzol, Hexin* usw. erläutert. Dabei werden bes. die Elektronenresonanzspektren u. die magnet. Eigg. erörtert. Einen neuen Typ von gefärbten Polymeren erhält man aus halogenhaltigen Monomeren, z. B. bei Umwandlung von Polyvinylidenchlorid bzw. dessen Copolymeren in Polyvinylene. — 40 Literaturhinweise.
R. K. Müller. 4010 □

Synthese und Eigenschaften von Polymeren mit einem System konjugierter Doppelbindungen. A. A. Berlin. (Химическая Промышленность [Chem. Ind.] **1960.** 444—52. Sept. (Russ.); Gummi-Asbest-Kunststoffe **15.** 130. 132. 136—38. 140. 142. Febr. 1962.) (Dt.) — Vgl. vorst. Referat.

Übersicht über Darst. u. Eigg. von Polymeren mit aromat. Ringen u. mit Hetero- u. Metallcyclen in der konjugierten Kette. — 48 Literaturhinweise.
R. K. Müller. 4010 □

Lichtstreuung von Copolymeren. 1. Mitt. **Die Verteilung der Zusammensetzung eines Styrol–Methylmethacrylat-Blockpolymeren.** Sonja Krause. (J. physic. Chem. **65.** 1618—22. Sept. 1961. Bristol, Pa., Rohm & Haas Co., Res. Div.) (Engl.)

An *Styrol* (I)-*Methylmethacrylat* (II)-*Blockpolymeren* (hergestellt durch Zusatz von II zu dem mit Na-Naphthalin initiierten I-Vorpolymerisat) wurden die Viscosität (CANNON-UBBELOHDE-Viscosimeter), der osmot. Druck (modifiziertes SCHULZ-WAGNER-Osmometer) der Lsgg. in Butanon (III), die Lichtstreuung (436 u. 546 mμ, Streuwinkel 30—135°) u. der Brechungsindex (436 u. 546 mμ) der Lsgg. in III, 1.2-Dichloräthan, Toluol, o-Dichlorbenzol, Bromoform u. α-Chlornaphthalin gemessen. Die gleichen Messungen wurden an Fraktionen von verschiedenem Molgew., die aus III-Lsgg. mit Diisopropyläther bei 30° erhalten worden waren, durchgeführt. Die nach Extrapolation auf den Streuwinkel 0° u. unendliche Verdünnung mit Hilfe der Gleichung von STOCKMAYER u. Mitarbeitern [1955] für die Lichtstreuung bin. Copolymerer erhaltenen Mol.-Parameter stimmen für das fraktionierte u. das nicht fraktionierte Polymere überein, ebenso die Parameter aus den 3 möglichen Kombinationen der 6 Lsgm. untereinander. Dies beweist die qual. u. quant. Gültigkeit der STOCKMAYERschen Gleichung. Für eindeutige Best. erscheint wegen möglicher Meßfehler die Messung der Lichtstreuung in 4 statt 3 Lsgm. angebracht. R. JUNGE. 4010 □

Das Viscositätsverhalten der verdünnten Lösungen eines starken Polyelektrolyten (Polystyrolsulfonat). J. A. V. Butler, A. B. Robins und K. V. Shooter. (Proc. Roy. Soc. [London], Ser. A **241.** 299—310. 20/8. 1957. London, Chester Beatty Res. Inst.) (Engl.)

Von den wss. Lsgg. von *Polystyrolsulfonsäure* (I) u. *Na-Polystyrolsulfonat* (II) wurde die Abhängigkeit der red. Viscosität $\eta_{red.} = \eta_{spez.}/c$ von der Konz. c unterhalb c = 0,02% gemessen (Verw. von fraktionierten u. nichtfraktionierten Proben). $\eta_{red.}$ von I u. II geht bei ca. c = 0,002% durch ein Maximum, dessen Höhe stark von der Reinheit des W. abhängt. Bei Zusatz von NaCl zu der Lsg. von II fällt $\eta_{red.}$ ab; an Stelle eines Maximums liegt nun ein schwacher Anstieg von $\eta_{red.}$ mit wachsendem c vor. Die Äquivalentleitfähigkeit Λ von I u. II fällt mit zunehmendem c schwach ab; Λ von I ist ca. 3mal größer als Λ von II (bei gleichem c). Aus Sedimentationsmessungen an den Lsgg. von II wurden die Molgew. u. die mittleren Kettenendenabstände R bestimmt. Bei dem Maximum der $\eta_{red.}$, c-Kurve ist R etwa halb so groß wie die Gesamt-Mol.-Länge; durch Elektrolytzusatz wird R stark erniedrigt. Vff. schließen daraus, daß am Maximum eine starke Wechselwrkg. zwischen den Makromoll. vorliegt; bei stärkerer Erniedrigung von R liegt prakt. keine Wechselwrkg. vor, auch nicht oberhalb des Maximums. O. FUCHS. 4010 □

Normalschwingungen der Polymermoleküle mit Schraubenkonfiguration. 2. Mitt. **Eine einfache Methode zur Lösung der Säkulargleichung.** Hiroyuki Tadokoro. (J. chem. Physics **35.** 1050—54. Sept. 1961. Nakanoshima, Kitaku, Osaka, Japan, Osaka Univ., Fac. of Sci., Dep. of Polymer Sci.) (Engl.) — 1. vgl. C. **1961.** 9808.

Auswertung der l. c. abgeleiteten mathemat. Gleichungen. Anwendung auf *Polyoxymethylen* (ohne Zahlenwerte). O. FUCHS. 4010 □

Methylglucoside als Übertragungsagentien bei der Polymerisation von Acrylonitril und Styrol. G. Machell und G. N. Richards. (J. chem. Soc. [London] **1961.** 3308—12. Aug. Wythenshawe, Manchester, Brit. Rayon Res. Assoc., Healt Green Labor.) (Engl.)

Es wurde die Wirksamkeit von Methyl-6-desoxy-6-dipropylamino-β-D-glucopyranosid (I), Methyl-6-desoxy-6-phthalimido-α-D-glucopyranosid (II), Methyl-6-desoxy-6-mercapto-α-D-glucopyranosid (III), ferner Methyl-6-O-p-tosyl- (VI), -2.3.4.6-tetra-O-acetyl-, -6-desoxy-6-jod-, -6-O-trityl-, -2.3-di-O-benzyl-α-D-glucosid sowie Methyl-α- u. -β-D-glucosid (VII) als Übertragungsmittel bei der Polymerisation von *Acrylonitril* (IV) in Dimethylformamid bei 60° (Azodiisobutyronitril als Katalysator) u. bei der Polymerisation von *Styrol* (V) in Substanz bei 100° bestimmt. Die nach der Gleichung von MAYO [1943] errechneten Übertragungs-Konst. stehen mit bekannten Daten über tert. Amine u. Thiole im Einklang. Gegenüber **IV** zeigen **I** u. **III** mindestens die 10fache, gegenüber **V** zeigt **III** mindestens die 1000fache Wirksamkeit im Vgl. zu den anderen untersuchten Verbb., so daß sie als Übertragungsmittel bei entsprechenden Pfropfpolymerisationen von Cellulose Erfolg versprechen müßten. **II** ist gegenüber **IV** nur wenig wirksam. Zwischen **IV** bzw. **V** u. Cellulose oder den üblichen hydroxylhaltigen Polymeren wird keine wirkliche Übertragung zu erwarten sein.

Versuche: *Methyl-2.3.4-tri-O-acetyl-6-O-p-tosyl-β-D-glucopyranosid*, $C_{20}H_{26}O_{11}S$, F. 167—168°, aus **VII** nach COMPTON [1938]; $[\alpha]_D^{20}$ +6,5° (c = 4; Chlf.), $[\alpha]_D^{20}$ +3° (c = 2; Pyridin). — *Methyl-6-O-p-toluolsulfonyl-β-D-glucosid*, $C_{14}H_{20}O_8S$, aus vorst. Verb., in CH_3OH u. $NaOCH_3$; Sirup; $[\alpha]_D^{21}$ —11° (c = 2; A.). — *Methyl-6-desoxy-6-dipropylamino-β-D-glucopyranosid* (I), $C_{13}H_{27}NO_5$, F. 117—118°, aus vorst. Verb. u. Dipropylamin bei 100° in 18 Std., Lösen des Verdampfungsrückstandes in W., Eindampfen des Eluats von Amberlite IRA-400 (OH) u. Kristallisation aus Äthylacetat; $[\alpha]_D^{26}$ —49,5° (c = 2; A.). — *Methyl-6-desoxy-6-phthalimido-α-D-glucopyranosid* (II), $C_{15}H_{17}NO_7$, F. 171

bis 173°, aus **VI** u. Phthalimid-K in Dimethylformamid, 24 Std. bei 100° u. 4 Std. bei 110—115°, Eingießen in W., Deionisieren mit Amberlite IR-120 (H) u. IRA-400 (Carbonat), Eindampfen u. Umkristallisieren aus CH_3OH-Aceton, Äthylacetat-A. u. A.; $[\alpha]_D^{22}$ +86,5° (c = 2; W.); 30% (Ausbeute). — *Methyl-2.3.4-tri-O-acetyl-6-acetylmercapto-6-desoxy-α-D-glucopyranosid*, $C_{15}H_{22}O_9S$, Kp.$_{0,02}$ 165—170°, aus **VI** u. K-Mercaptoacetat in Aceton in 7 Std. unter Rückfluß, Eindampfen, Behandeln des Rückstandes mit Acetanhydrid in Pyridin (20 Std. bei Raum-Temp.), Eingießen der Lsg. in W., Extraktion mit Chlf. u. Dest.; schwach gelbes Glas; n_D^{20} 1,4792; $[\alpha]_D^{20}$ +118° (c = 1; $CHCl_3$). — *Methyl-6-desoxy-6-mercapto-α-D-glucopyranosid* (**III**), $C_7H_{14}O_5S$, aus vorst. Verb. in trockenem CH_3OH u. $NaOCH_3$ (20 Std. bei Raum-Temp.), Eindampfen, Lösen in W., Deionisieren mit Amberlite IR-120 (H) u. IRA-400 (Carbonat), Eindampfen u. Trocknen bei 40°/0,02 mm über P_2O_5; Sirup; $[\alpha]_D^{20}$ +181° (c = 0,5; A.).

R. Junge. 4010□

Synthese und einige Eigenschaften von Polyesteracrylaten. A. A. Berlin. (Химическая Промышленность [Chem. Ind.] **1960**. 102—08. März.) (Russ.) — Vgl. C. **1960**. 7188.

Die Darst. u. die Eigg. der *Dimethacrylsäureester*, *Allylmethacrylsäureester* u. *Dicarboxyallylester* von *Mono-*, *Di-* u. *Triäthylenglykol* werden beschrieben. Die Doppelbindungen der Methacrylsäureester sind sehr stark polarisiert, was als Einfl. der konjugierten elektrophilen Carbonyle der Carboxylgruppen gedeutet wird. Die dadurch bedingte intramol. Assoziation setzt die Rotationsfreiheit herab u. führt zu einer „Starrheit" des Monomeren-Mol., die die Reaktionsfähigkeit beeinflußt. Die Unters. der dreidimensionalen Polymerisation in Lsgm. bestätigt diese Annahmen. Der Polymerisationsgrad (PG) der Polyesteracrylate (PEA) beeinflußt stark den Übergang in den Gel- u. festen Zustand. Die PEA mit PG 1—10 sind nicht schmelzbar, solche mit PG 20 werden nicht mehr glasartig. Bei zunehmendem Abstand der Acrylatgruppen im PEA (bei PG 1) nimmt die Schlagfestigkeit u. Härte, aber auch das Adhäsionsvermögen des vernetzten Polymeren zu. Vf. erörtert auch das Verh. der Copolymeren mit Phthalsäure.

R. K. Müller. 4010□

Die dielektrischen Größen als Indicatoren für den Verlauf chemischer Reaktionen. Heinz Viehweg, Klaus Rose und Walter Görner. (Chem. Techn. **13**. 536—40. Sept. 1961. Leipzig.) (Dt.)

Die im Zusammenhang mit theoret. Betrachtungen durchgeführten Verss. haben ergeben, daß der dielektr. Verlustfaktor eine starke Abhängigkeit von dem Polykondens.-Verlauf des *Diäthylenglykolterephthalats* zeigt. Die Empfindlichkeit des tangδ-Wertes wächst bei niedrigen Meßfrequenzen. Die DK zeigte keine durch den Rk.-Verlauf bedingte verwertbare Änderung. Die Auswertung der Meßergebnisse für Steuerungsprobleme bereitet außer durch rein meßtechn. Erwägungen auch in verfahrenstechn. Hinsicht Schwierigkeiten, doch kann das Problem der Temp.-Schwankungen nach genügender Eichung durchaus gelöst werden. Schwieriger ist die Ausschaltung der Wrkg. von Verunreinigungen, doch werden auch hier Lösungsmöglichkeiten angedeutet. Aus den Verss. ergab sich, daß außerhalb der Resonanzbereiche der dielektr. Verlustfaktor gegenüber der DK der empfindlichere Indicator ist. F. Rosendahl. 4010□

Mikrostruktur von Kaltbruchflächen als Zeichen für Eigenschaftsänderungen von spritzgußverformten Nylonpolymeren. E. G. Bobalek, J. Lacson und W. R. Dawson. (J. appl. Polymer Sci. **3**. 113—17. Jan./Febr. 1960. Cleveland, Ohio, Case Inst. of Technol.) (Engl.)

Nach dem Spritzguß-Verf. hergestellte Probekörper aus *Nylon 66*, *Nylon 610* u. *Nylon 6* werden der Temperung bei Temp. zwischen 100 u. 250° sowie einer Behandlung mit Wasserdampf bei 120° für die Dauer von 17 Std. unterworfen. Alle Proben werden bis zu 12 Wochen bei 23° u. 50% relativer Feuchtigkeit gelagert. Es werden dynam.-elast. Messungen mit dem Torsionspendel nach Nielsen zwischen —40 u. + 120° durchgeführt; außerdem werden die Bruchflächen der bei —40° gebrochenen Proben elektronenmkr. untersucht. Durch die Behandlung werden die mechan. Eigg. merklich geändert, obgleich die Dichteänderungen gering sind. Der bleibende Einfl. der therm. sowie der Dampfbehandlung auf die mechan. Eigg. ist um so größer, je größer die Änderung der Mikrostruktur ist. Während die rein therm. Behandlung bes. eine Versprödung bei tiefer Temp. hervorruft, bewirkt die Dampfbehandlung eine Versprödung bei —40 u. 100°; bei Raum-Temp. tritt dagegen eine Weichmachung auf. Nylon 66 ist gegen trockene Temperung, Nylon 6 gegen Dampfbehandlung am beständigsten.

H. J. Leugering. 4010□

Die katalytische Wirkung einiger Metallverbindungen bei der Herstellung von Polyurethanen. A. A. Blagonrawowa, G. A. Lewkowitsch und I. A. Pronina. (J. Polymer Sci. **52**. 303—08. Juli 1961. USSR.) (Engl.)

Vff. bestimmten den Einfl. mehrerer Metall-Verbb. auf die Rk.-Geschw. v (zeitliche Änderung des NCO-Geh.) zwischen *Toluylen-2.4-diisocyanat* (**I**) u. *Adipinsäure-bis-[β-hydroxyäthyl]-ester* (**II**) bzw. zwischen **I** u. *Äthylenglykol* (**III**) in Cyclohexanonlösung. Für einen wirksamen katalyt. Effekt von z. B. ZnO ist es notwendig, daß ZnO einige Zeit vor der **I**-Zugabe mit **II** bzw. **III** in Kontakt war. **II** bzw. **III** reagieren nach dem Kontakt mit ZnO allein ebenso rasch mit **I** wie in Ggw. von ZnO. v wird durch die Ggw. von Anthranil- (**IV**), Phthal- u. Essigsäure erniedrigt; bes. stark wirkt **IV**. Zn-Acetat (**V**) ist wirksamer als ZnO; der Einfl. der Kontaktdauer zwischen **V** u. **II** bzw. **III** auf v ist nicht so stark wie bei ZnO. Die relative Katalysatoraktivität für einige Acetate beträgt: K 3,45, Na 2,49, Co 1,20, Zn 1,00, Cu 0,90, Ca 0,64, Mg 0,53. Auch Pyridin wirkt katalyt. für die Polyurethan-Bldg., aber nicht so stark wie ZnO. Ferner wird in der Zusammenfassung (nicht im Text) noch angegeben, daß Wege zur Stabilisierung pigmentierter Polyurethan-Syst. gefunden wurden, wodurch die Verwendungsmöglichkeiten von Polyurethananstrichen stark erhöht wird. O. Fuchs. 4010□

Der Gelbildungsmechanismus bei der Reaktion zwischen Diisocyanaten und Polyäthylenäthern. R. W. Pearson. (J. Polymer Sci. **50.** 323—38. April 1961. Birmingham, England, Dunlop Res. Centre.) (Engl.)

Vf. untersucht die Rk. zwischen Naphthylen-1.5-disocyanat (**I**) bzw. p-Phenylendiisocyanat (**II**) u. *Polyäthylenäther* (*Dow E 1000*) (**III**) in Monochlorbenzol bei 70°, wobei außer linearen *Polyurethanen* auch vernetzte *Allophanat*-Strukturen gebildet werden, durch laufende Best. der Isocyanat-Konz. zwischen Start der Rk. u. Zeitpunkt der Gelbildung. Für die kinet. Behandlung wird ein Folge-Rk.-Mechanismus postuliert. Der gefundene Isocyanat-Umsatz am Gelpunkt stimmt gut mit den aus der Floryschen statist. Theorie für die Gel-Bldg. hergeleiteten Beziehungen überein. Die Erhöhung der Gel-Bldg.-Geschw. bei der Rk. zwischen **II** u. **III** auf Zusatz von NaOH sowie die Beeinflussung der Rk. zwischen n-Butanol u. **I** in Monochlorbenzol bei 60° durch Na wird untersucht, um den katalyt. Einfl. von Alkoholatresten in **III**, die von dessen Herst. herrühren, zu klären. J. Voigt. 4010□

Kettenmodell für Polyelektrolyte. 5. Mitt. **Eine Untersuchung der Einflüsse örtlicher Ladungsdichte.** Mitsuru Nagasawa und Stuart A. Rice. (J. Amer. chem. Soc. **82.** 5070—76. 5/10. 1960. Chicago, Ill., Univ. of Chicago, Inst. for Study of Metals, Dep. of Chem.) (Engl.) — **4.** vgl. C. **1957.** 13362.

Bei 70—80° wurden in benzol. Lsg. *Copolymere* aus *Maleinsäureanhydrid* (**I**) u. *N-Vinylpyrrolidon-(2)* in Ggw. von 0,2% Dibenzoylperoxid sowie aus **I** u. *Vinylacetat* (**II**) in Ggw. von α.α'-Azodiisobutyronitril (nachträgliche Verseifung mit NaOH) jeweils im verschiedenen Verhältnis hergestellt. Auch aus ***Diäthylmaleat*** u. **II** wurden unter Bestrahlung bei 60° *Copolymere* erhalten. Die Form der mit NaOH an den Polymeren erhaltenen potentiometr. Titrationskurven wird mit abnehmendem **I**-Geh. der von Maleinsäure immer unähnlicher. Die empir. Beziehung von Kern [1938] zwischen pK u. pH polymonobasiger Säuren wird erfüllt. Die aus Diffusionsmessungen mit ^{22}Na für verschiedenen Neutralisationsgrad erhaltenen Gegenionenbeweglichkeiten zeigen, daß zwischen der Wrkg. prim. u. sek. COOH-Gruppen kein wesentlicher Unterschied besteht. Aus den Meßergebnissen folgt, daß die lokale Ladungsdichte das Verh. der dissoziierenden COOH-Gruppen beherrscht, daß aber die Gesamtladungsdichte für die Bindung der Gegenionen von größerer Bedeutung ist. Das auf eine feste Ladung wirkende mittlere elektrostat. Feld wird in gleichem Maße sowohl durch die Gesamtladungsdichte als auch durch die Ladung des nächsten Nachbarn bestimmt. Die Kernsche Gleichung wird ohne Annahme einheitlicher Ladungsverteilung abgeleitet. R. Junge. 4010□

Polymere mit anorganischen primären Molekülketten. K. A. Andrianow. (J. Polymer Sci. **52.** 257—76. Juli 1961. Moscow, USSR, Acad. of Sci., Inst. of Organoelement Compounds.) (Engl.)

Ausführliche Literaturübersicht, in der die Darst. u. die Eigg. (Kp., F., Zers., n_D, $D._4$, Löslichkeit) zahlreicher Polymerer, die Si, P, Al oder Ti in der Kette enthalten, zusammengestellt sind. — 34 Literaturangaben. O. Fuchs. 4010□

Untersuchung der Vulkanisation von Polychloroprenlatices. 2. Mitt. **Sulfidierung.** D. M. Ssandomirski und E. M. Spektor. (Высокомолекулярные Соединения [Hochmolekulare Verbind.] **3.** 255—61. Febr. 1961. Moskau, Inst. für chem. Feintechnol., Fabrik „Roter Kämpfer") (Russ.; Auszug: Engl.) 1. vgl. C. **1961.** 14311.

Bei der Rk. von Kaliumpolysulfiden mit *Polychloroprenlatex* wird das gesamte Allyl-Cl durch S ersetzt. Die Sulfidierung stabilisiert den Latex (Bldg. von Brücken, bestehend aus 5 S-Atomen), verhindert die Abgabe von HCl beim Lagern u. erhöht die Frostbeständigkeit der Filme. Durch Sulfidierung geht auch bei Zimmer-Temp. eine

Vulkanisation vor sich. Die Rk. mit Thiosulfat erhöht die Frostbeständigkeit der thermovulkanisierten Filme ohne Änderung der anderen Eigenschaften.
J. v. Schroeder. 4030□

Einfluß der Temperatur auf die Beständigkeit von Gummi bei korrosivem Reißen. Ju. Ss. Sujew, A. S. Borschtschewskaja, Ss. I. Prawednikowa und Jue-zin U. (Высокомолекулярные Соединения [Hochmolekulare Verbind.] **3.** 164—73. Febr. 1961. Forsch.-Inst. der Gummi-Ind.) (Russ.; Auszug: Engl.)

Die Geschw. der Rk. von nichtdeformiertem Gummi mit aggresiven Reagentien (HCl, CH_3COOH) wird durch die Diffusion der Reagentien in das Polymere, von deformiertem Gummi durch die chem. Rk. mit dem Reagens bestimmt. Die scheinbare Aktivierungsenergie des Zerreißens von Gummi in aggressivem Medium wird im Gebiet der Deformation von 30—80% nicht merklich geändert, sie erhöht sich aber beim Übergang zu Deformationen von 500—800%. Der Temp.-Koeff. des Zerreißens hängt von Typus der Bindungen, die zerstört werden, u. der Fähigkeit des aggressiven Mediums, adsorbiert zu werden, ab. Beim Zerreißen in der Gasatmosphäre (HCl) hat die Energie kleinere Werte als in der Lsg. des gleichen Stoffes. Die Zeit bis zum Zerreißen des Gummis ist in weitem Bereich einer komplizierten Abhängigkeit unterworfen, bei der krit. Deformation geht sie durch ein Minimum. Diese Deformation hängt von der Temp., dem Typ des aggressiven Agens u. dem physikal. Zustand ab. Infolge von Verschiebung der krit. Deformation bei Temp.-Änderungen ist das Auftreten anomaler Beziehungen für einige Deformationen möglich. Die Zeiten bis zum Zerreißen können bei niedriger Temp. kleiner sein als bei höheren Temp. unter gleichen Bedingungen.
J. v. Schroeder. 4030□

Hochtemperaturinfrarotzellen für Untersuchungen von Reaktionen fester Hochpolymerer. W. A. Bishop. (Analytic. Chem. **33.** 456—59. März 1961. Baton Rouge, La., Copolymer Rubber & Chem. Corp.) (Engl.)

Für Unterss. von durch Oxydation mit atmosphär. O_2 bedingten Abbau-Rkk. u. des Einfl. der Vulkanisierung auf die Mikrostruktur der Polymeren bei hohen Temp. werden thermostatierte IR-Absorptionszellen mit Fenstern aus gepreßtem KBr beschrieben; die Polymeren werden entweder als Filme auf die Fenster gebracht oder zwischen KBr-Scheiben gepreßt. Die Unters. der Kinetik u. des Mechanismus der Oxydation von *Styrol-Butadien-Kautschuk* u. der Einfl. der Waschverff. auf die Entfernung von Verunreinigungen aus *cis-1.4-Polybutadien,* die die Oxydation katalysieren, wird beschrieben.
Herbert Müller. 4030□

Untersuchung des Gleichgewichtes im System Stärke/Alkohol/Wasser-Gemisch. O. D. Kurilenko und Je. A. Jakowkina. (Коллоидный Журнал [Kolloid-J.] **22.** 282—87. Mai/Juni 1960. Kiew, Technol. Inst. der Lebensmittel-Ind.) (Russ.; Auszug: Engl.)

Vff. geben eine Gleichung an, die es ermöglicht, die Adsorption von *W.* u. *A.* an *Stärke* (I) aus wss. A.-Lsgg. aus Daten der Benetzungswärme von I durch diese Lsgg. u. aus den Änderungen ihrer A.-Konz. zu berechnen. Auf Grund dieser Berechnungen wurde die Sorption von W. u. A. in Abhängigkeit von der Gleichgewichts-Konz. der Lsg. graph. dargestellt. Während mit steigender A.-Konz. der Lsg. die von I adsorbierte Wassermenge kontinuierlich abnimmt, nimmt die Menge an adsorbiertem A. zuerst zu, erreicht bei einer Gleichgewichts-Konz. von ca. 75—80% A. ein Maximum u. fällt dann ab. Vff. folgern aus den Verss., daß A. nur an zumindest teilweise hydratisierter I adsorbiert wird, bzw. daß an trockener I lediglich A.-Hydrate adsorbiert werden. Trockener A. wird durch trockene I gar nicht oder nur in sehr geringfügiger Menge adsorbiert. Bei niedrigen A.-Konzz. adsorbiert I vorzugsweise W., bei hohen vorzugsweise Alkohol. Bei ca. 55% A. in der Lsg. werden etwa gleiche Mengen W. u. A. adsorbiert, wobei eine Wärmemenge von 4,2 cal/g frei wird. S. Augustat. 4050□

Starrheitsfaktor von Gelatinegelen. Audrey Todd. (Nature [London] **191.** 567—69. 5/8. 1961. London, Brit. Gelatine and Glue Res. Assoc.) (Engl.)

An *3 Gelatinen* gleichen Molgew., gleicher Vorgeschichte, gleicher Dichte, ähnlicher chem. Zus., aber unterschiedlicher Festigkeit wurde bei 0, 10, 20, 30 u. 40° der scheinbare Starrheitsmodul G (korrigiert auf konst. Konz.) u. die spezif. opt. Drehung $[\alpha]_D$ gemessen. Die Temp.-Abhängigkeit von $[\alpha]_D$ ist bei allen 3 Proben ähnlich, die Werte von $[\alpha]_D$ bei 40° unterscheiden sich nur wenig. Trägt man $-[\alpha]_D$ gegen $\sqrt{G}$ auf, so liegen die Punkte für alle Gele auf einer steigenden Geraden. Es wird angenommen, daß die unterschiedliche Starrheit der 3 Proben durch die unterschiedliche Fähigkeit der Gele zur Faltung bedingt ist. Diese kann ihre Ursachen in Strukturunterschieden, d. h. entweder kleinen Unterschieden im Geh. an verschiedenen Aminosäuren oder — wahrscheinlicher — in verschiedener Sequenz der Aminosäuren haben. R. Junge. 4070□

Die Reaktion von Gelatine mit Hypobromit. Jake Bello. (Trans. Faraday Soc. **55.** 2130—31. Dez. 1959. Brooklyn, N.Y., Polytechnic Inst. of Brooklyn, Protein Struct. Project.) (Engl.)

Gelatine aus Schweine- u. aus Kalbshaut wurde 30 Sek. lang bei 39° einer Lsg. (I) von 0,5 Mol KOBr, 0,5 Mol KBr u. 0,8 Mol KOH ausgesetzt u. eine Vgl.-Probe einer Lsg. (II) von 1,0 g KBr u. 0,8 g KOH. Die nach Neutralisation mit Essigsäure u. Verdünnen auf 2,5% Gelatine-Geh. durchgeführten Gelierungsproben (15 u. 0°) verliefen nach der I-Behandlung negativ. Die Abnahme der Intrinsicviscosität (OSTWALD-Viscosimeter, 38,6°) beträgt nach I-Behandlung etwa das Doppelte der Abnahme von [η] durch II-Behandlung. Alkal. Hypobromit-Lsg. kann daher entgegen bekannten Veröffentlichungen nicht verwendet werden, um die Guanidino-Gruppen allein zu zerstören. Diese Rk. u. der Abbau von Gelatine sind wahrscheinlich Konkurrenzreaktionen. R. JUNGE. 4070□

Die Wirkung alkylierender Agentien auf Desoxyribonucleinsäure und Guanylsäure. P. D. Lawley und C. A. Wallick. (Chem. and Ind. **1957.** 633. 18/5. London, Inst. of Cancer Res., Chester Beatty Res. Inst.) (Engl.)

Die Einw. von N.N-Bis-[2-chloräthyl]-methylamin auf *Desoxyribonucleinsäure* aus Kalbsthymus ändert die Absorptionskurve, wahrscheinlich durch Alkylierung des Guanylspaltstücks, denn durch Säurehydrolyse läßt sich eine Verb. isolieren, die dieselben Absorptionsbanden wie *7-Methylguanin* hat. Die Alkylierung verläuft wahrscheinlich über ein quaternäres Salz. Diese Annahme wird dadurch gestützt, daß bei der Methylierung von Guanylsäure mit Dimethylsulfat bei pH 7 u. 37° eine Verb. (I) entsteht, die ein ähnliches Absorptionsspektrum hat wie *1.7-Dimethylguaninmethojodid*, aber noch *Ribose* enthält. In alkal. Lsg. bei 23° ändert sich das Spektrum irreversibel, u. es wird ein Verb. (II) erhalten, die den Rk.-Prodd. von *Guanosin* u. *Äthylen-* bzw. *Propylenoxid* ähnelt. Durch die Ergebnisse der Säurehydrolyse von I wird nahegelegt, daß es sich hierbei um *7-Methylguanin-9-ribotid* handelt, während II ein *Ribotid* oder *Ribosid* unbekannter Natur ist. G. ZIEBARTH. 4090□

Die Nucleotidfolge in Desoxyribonucleinsäuren. 5. Mitt. **Der alkalische Abbau von Apurinsäuren.** C. R. Bayley, K. W. Brammer und A. S. Jones. (J. chem. Soc. [London] **1961.** 1903—07. Mai. Birmingham, Univ., Chem. Dep.) (Engl.) — 4. vgl. C. **1958.** 1029.

Der Abbau von *Apurinsäuren* (I), erhalten durch milde Säurehydrolyse von Kalbsthymus u. Heringssperma-*Desoxyribonucleinsäure* (II), mit n-KOH (18 Std.) bei 37° oder bei 56° u. pH 12 gab neben *Oligonucleotiden* ein *α,β-ungesätt. Aldehydphosphat*, das möglicherweise durch eine β-Eliminierung entsteht. Ca. 45% des Abbaus verläuft nach diesem Mechanismus. 20% I-P wurden wahrscheinlich durch gleichzeitige oder aufeinanderfolgende Cyclisierung u. β-Eliminierung in anorgan. Phosphat umgewandelt. Der I- u. II-Abbau mit Diphenylamin–HCOOH (66,7%ig.; 19 Std., 29°) gab eine P-Umwandlung in 16,5 bzw. 26,3% anorgan. Phosphat. K. MAIER. 4090□

E. Biologische Chemie. Physiologie. Medizin

E_1. Allgemeine Biologie und Biochemie

Ein Registriermikrospektrophotometer. E. Laurila, J. Marttinen, R. Nihtilä und U. Uotila. (Exp. Cell Res. **16.** 343—47. Febr. 1959. Helsinki, Univ., Inst. of For. Med.) (Engl.)

Beschreibung eines Mikrospektrophotometers, dessen Objekt- u. Referenzstrahl von der Lichtquelle (Hg-Dampflampe, 60—150 W) alternierend (50 c/s) auf die Photokathode des Photoverstärkers gelangen. Bei unterschiedlichen Strahlenintensitäten erscheint ein AC-Signal der letzteren, mit dem der Servomechanismus gespeist wird. Letzterer bewegt kontinuierlich den Graukeil im Strahlengang des Referenzstrahls in eine Stellung, wo die Differenzunterschiede verschwinden. K. MAIER. 4100□

Untersuchungen an Biokolloiden durch elektrische Doppelbrechung. 1. Mitt. **Apparatur und Versuche mit Bentonit und Tabakmosaikviren.** Toshizô Isemura und Yasuo Mukôhata. (Nippon Kagaku Zassi [J. chem. Soc. Japan, pure Chem. Sect.] **80.** 657—61. Juni 1959. Osaka, Univ., Naturwiss. Fak.) (Jap.; Auszug: Engl.)

Ein App. zum Messen elektr. Doppelbrechung wurde konstruiert mit veränderlichem Elektrodenabstand. Durch diesen App. werden die Koeff. der Rotationsdiffusion von Bentonit sowie von Tabakmosaikviren gemessen. Der Durchmesser von Bentonitteilchen stimmt mit dem elektronenmkr. bestimmten gut überein. Tabakmosaikviren existieren nach dieser Best. als Di- u. Trimere; die Schwanz–Schwanz-Assoziation hat wahrscheinlich bei der therm. Behandlung vor der Messung stattgefunden. Der App. scheint sowohl zur Best. der Konz. gewisser Makromoll. in den Lsgg. u. zu den Unterss. ihrer elektr. u. opt. Eigg. als auch zur Best. des Koeff. der Rotationsdiffusion, der Größe u. der Form der Makromoll. geeignet. E. MAEKAWA. 4100□

Über Prinzipien primärer Proteinstrukturen. Heinz Gibian. (Z. Naturforsch. **16 b.** 18—28. Jan. 1961.) (Dt.)

Beim Vgl. der Primärstrukturen nahe verwandter Polypeptide scheinen manche Aminosäuren bevorzugt untereinander austauschbar zu sein. Berücksichtigt man diese sog. „Kongruenzen", so findet man, auch bei anderen Verbindungen, überraschende strukturelle Regularitäten. H. GIBIAN. 4100□

Neue Biologie. E. Ernst. (Acta physiol. Acad. Sci. hung. **19.** 51—55. 1961. Pécs, Med. Univ., Inst. of Biophys.) (Engl.)

Zusammenfassender Überblick. M. METZE. 4100□

Die molekulare Grundlage des Lebens. M. F. Perutz. (Proc. Roy. Instn. Great Britain **37.** 566—78. 1959. London, Davy Faraday Res. Labor.) (Engl.)

Vortrag. K. MAIER. 4100□

Über die den Menschen treibenden Faktoren. P. Gegesi Kiss. (Acta physiol. Acad. Sci. hung. **19.** 67—77. 1961. Budapest.) (Dt.)

Gedanken über die Bewertung physiolog. Einzelergebnisse. M. METZE. 4100□

Molekulare Grundlagen der Vererbung. R. B. Drysdale und A. R. Peacocke. (Biol. Rev. Cambridge philos. Soc. **36.** 537—98. Nov. 1961. Birmingham, Univ., Dep. of Microbiol.; Oxford, Univ., Dep. of Biochem.) (Engl.)

Übersicht. — Direkter u. indirekter Beweis der Bedeutung der *Nucleinsäuren* für die Vererbung, chem. u. makromolekulare Struktur der Desoxyribonucleinsäure u. Ribonucleinsäure, Nucleoproteine, biolog. Tragweite der chem. Struktur, Wechselwrkg. zwischen Nucleinsäuren u. Proteinsynthesen. — 300 Literaturangaben.

P. GREGORZEWSKI. 4130□

Untersuchungen über die Beziehung der Bildung von α-Glucosidase zur genotypischen Zusammensetzung bei Saccharomyces. 1. Mitt. Gyōzō Terui, Hirosuke Okada und Yasuji Oshima. (Technol. Rep. Osaka Univ. **9.** 237—59. März 1959. Osaka, Univ., Dep. of Fermentation Technol.) (Engl.)

Genet. Analyse einer diploiden Hybriden (D-346) von *Saccharomyces* zeigte, daß zwei oder mehr dominante Gene für *Maltose* (**I**) u. 3 Gene (X_1, Y_1, Y_2) für *α-Methylglucosid* (**II**) in dem Genotyp enthalten sind; das Gen X ermöglicht in Kombination mit Y_1 oder mit Y_2 die Fermentation von **II**. — Unters. von 4 haploiden Klonen (A, B, C, D) aus einem Ascus dieses Stammes zeigten in Extrakten aus mit **I** oder **II** induzierten Zellen die Multiplizität der *Maltase* (**III**) u. das Vork. einer sog. „*α-Methylglucosidase*" (**IV**), welche auch *Isomaltose* (**V**) u. *α-Phenylglucosid* (**VI**) hydrolysiert. — Die mittels einer verbesserten *Inulin*-Meth. geprüfte Permeabilität der Zellen für **I** u. **II** ist bei allen 4 Klonen vorhanden, mit Ausnahme der Zellen von 2 Klonen, die für **II** impermeabel sind, obwohl die Extrakte dieser (**II** nicht fermentierenden) Klone **II** zu spalten vermögen. — Ein Vgl. dieser Befunde mit der genotyp. Zus. dieser Klone führt zu dem Schluß, daß die Permeabilität für **II** von Gen X kontrolliert ist, während die Gene Y_1 u. Y_2 die Enzym-Bldg. kontrollieren; jedoch scheint noch ein anderer bisher, nicht ermittelter Faktor vorhanden zu sein, der die Induzierbarkeit der sog. **IV** steuert. — Gereinigte **III**-Präpp. (aus Zellen von Saccharomyces cerivisiae), die frei von sog. **IV** sind, weisen (nach Befunden mittels Zonenelektrophorese) 2 Fraktionen („Maltase 1", „Maltase 2") auf, die im Verhältnis der Spaltungsfähigkeiten für **I**, **II** u. **VI** gleich sind, sich jedoch auch hinsichtlich der relativen Spezifität voneinander unterscheiden. — Hochgereinigte Präpp. der sog. **IV** weisen keine **III**-Wrkg. auf, scheinen jedoch eine einzige *α-Glucosidase* zu enthalten, welche **V** zu Glucose sowie *Panose* zu Glucose + Maltose optimal bei pH ca. 6,8 spaltet. Vff. empfehlen, die sog. **IV** als „*Isomaltase*" (**VII**) zu bezeichnen, da **II** stets ein Substrat der **III** ist u. **V** das natürliche, nicht von **III** spaltbare Substrat der **VII** ist. A. HESSE. 4130□

Die Aufnahme von ^{3}H-Uridin durch normale und filamentöse Formen von Escherichia coli, infiziert mit T-2-Bakteriophagen. Lucien G. Caro und Phyllis Kahn. (Biochim. biophysica Acta [Amsterdam] **42.** 351. 12/8. 1960. New Haven, Conn., Yale Univ., Dep. of Biophysics.) (Engl.)

Mit Hilfe des mit ^{3}H markierten Nucleosids u. einer radioautograph. Meth. wurde die Rolle des *Uridin* bei der Ribonucleinsäure-Synth. durch T-2-phageninfizierte *Escherichia coli* untersucht. Es wurde experimentell gezeigt, daß sich die ^{3}H-Uridinaufnahme als Indikation der Ribonucleinsäure-Synth. oder -umwandlung verwenden läßt. T-2-

phageninfizierte Escherichia coli B u. filamentöse Formen bauen ^{3}H-Uridin in einer kurzen Zeitspanne mit abnehmendem Maße ein. Dabei ist die Menge der aufgenommenen markierten Substanz der Zellänge, aber nicht dem Grad der Infektion proportional.

ST. TANNEBERGER. 4130

Transduktionsuntersuchungen an Thiamin- und Nicotinsäure-benötigenden, streptomycinresistenten Mutanten von Salmonella typhimurium. T. Watanabe. (J. gen. Microbiol. **22.** 102—12. Febr. 1960. New York City, N.Y., Columbia Univ., Dep. of Zool. u. Tokyo, Japan, Keio Univ., School of Med., Dep. of Bact.) (Engl.)

Durch Selektion mit Konzz. von *Streptomycin* von 25—250 μg/ml wurden auxotrophe Mutanten von *Salmonella typhimurium* erhalten. Alle benötigten *Thiamin* (**I**) u. *Nicotinsäure* (**II**) zum Wachstum. Der Bedarf an **I** kann durch *4-Methyl-5-hydroxyäthylthiazol, Cystin* oder *Cystein* befriedigt werden, nicht aber durch *Methionin.* **II** kann ersetzt werden durch *Nicotinamid.* Keine andere Aminosäure, kein Vitamin, Purin oder Pyrimidin können diese Vitamine ersetzen. Alle Mutanten zeigten langsames Wachstum. Diese Eigg. wurden in einer einzigen Passage umgewandelt zu einem Wildtypus durch Transduktion mit dem Phagen *PLT-22.* Besprechung der Ergebnisse u. mögliche Ursachen der Mutationen. H. AMAN. 4130

Die Induktion vererblicher Atmungsunfähigkeit bei Saccharomyces durch Allylglycin und ihre Umkehrung durch schwefelhaltige Aminosäuren. Alvin Sarachek und Gregory L. Fowler. (Canad. J. Microbiol. **5.** 583—88. Dez. 1959. Wichita, Kans., Univ., Dep. of Biol.) (Engl.)

Der Cysteinantagonist *Allylglycin* (**I**) vermag in *Saccharomyces*-Populationen atmungsunfähige Mutanten zu induzieren. Die Mutationen treten jedoch nur bei anaerob kultivierten Zellen auf, die nicht an aerobe Atmung vor dem Zusatz des Antagonisten adaptiert wurden. Die mutationsfördernde Wrkg. des **I** wird durch *Cystein* u., in geringerem Maße, durch *Homocystein, Methionin* oder *α-Amino-n-buttersäure* aufgehoben. Sie wird verstärkt durch *Homoserin.* Es wird nachgewiesen, daß die mutationsfördernde Wrkg. des **I** von seinen wachstumshemmenden Eigg. verschieden ist. Es wird angenommen, daß die Erhaltung der genet. Determinante der Respiration in *Saccharomyces* von einer speziellen Stoffwechselfunktion abhängig ist, an der *Cystein* teilnimmt. Bei anaerobem Wachstum ist diese Funktion gestört u. durch **I** vollständig inaktivierbar.

H.-G. TRÜPER. 4130

Chromatoklastische Wirkung des Glyoxals. André Thomas und Guy Deysson. (C. R. hebd. Séances Acad. Sci. **245.** 735—37. 5/8. 1957.) (Franz.)

An weißen Ratten, Zwiebeln von *Allium sativum L.* u. Keimlingen von *Pisum sativum L.* wird gezeigt, daß das Bactericid *Glyoxal* Chromosomenverklumpungen u. -zertrümmerungen u. ähnliche radiomimet. Erscheinungen auslösen kann. *Methylglyoxal* ist weniger wirksam aber giftiger. M. HAGEDORN. 4130

Über die Bedingungen der Mitochondrienabtrennung aus der Pflanzenzelle. I. M. Mossolowa und N. M. Ssissakjan. (**Биохимия** [Biochemie] **26.** 549—55. Mai/Juni 1961. Moskau, Bach-Inst. für Biochemie der Akad. der Wiss. der UdSSR.) (Russ.; Auszug: Engl.)

Vff. untersuchten die Bedingungen für die Erzielung von reinen Mitochondrien aus den Homogenaten von *Pisum sativum* ohne Verunreinigung durch Plastiden. Es wird festgestellt, daß die Teilchen von Mitochondriengröße schon bei der Zentrifugierung mit 3800·*g* innerhalb 5 Min. in beträchtlichen Mengen in den Nd. übergehen. Hieraus erklären sich die einander widersprechenden Literaturangaben über die Verteilung der Di- u. Tricarbonsäuren in den Zellstrukturen der Pflanze. Die der Mitochondrienabscheidung in der Regel vorausgehende Zentrifugierung von etiolierten Pflanzen bei 500 u. 1000·*g* reicht nicht aus, um eine vollständige Entfernung der Leukoplasten aus den Mitochondrien zu gewährleisten. O. LEBTAG. 4150

Die metabolische Aktivität der Komponenten von Kernsaft. G. P. Georgijew und O. P. Ssamarina. (**Биохимия** [Biochemie] **26.** 454—61. Mai/Juni 1961. Moskau, Ssewertzow-Inst. für Morphol. der Tiere der Akad. der Wiss. der UdSSR.) (Russ.; Auszug: Engl.)

Vff. beschreiben einhehend die Gewinnung der bereits früher von SSAMARINA u. GEORGIJEW (**Доклады Академии Наук СССР** [Ber. Akad. Wiss. UdSSR] **133.** [1960.] 694.) kurz beschriebenen Ribonucleoproteidteilchen, der „*Mikrosomen*" (M) u. „*Ultramikrosomen*" (UM) aus dem Kernsaft der Rattenleber. Mit Hilfe der Phenol- u. Salzfraktionierung sowie der Ultrazentrifugierung auf Stärke wird gezeigt, daß die Ribonucleoproteidteilchen des Kernsaftes eine hochpolymere *Ribonucleinsäure* (**I**) enthalten, die überstehende Fraktion dagegen eine niedermol. **I**. Die letztere kann innerhalb der pH 5-Fraktion gefällt werden. Nach dem Salztest ist die **I** des sauren Kernproteins ebenfalls hochpolymer. Der Einbau von ^{32}P in die I erfolgt in den Frühstadien am intensivsten beim Chromosom-Nucleus-App. (I des sauren Proteins), weniger intensiv in die UM, dann in die M. Der Einbau von ^{32}P in die cytoplasmat. hochpolymere I erfolgt in den Frühstadien um einige hundertmal weniger intensiv. Die Radioaktivität der niederpolymeren I des Kernsaftes ist 20 mal größer als die der niederpolymeren I des Cytoplasmas. Sowohl die Synth. der hochpolymeren I der Ribosomen wie auch die Synth. der niederpolymeren I hängen mit dem Chromosom–Nucleolus-App. zusammen; ihr Übergang in das Cytoplasma erfolgt über den Kernsaft. Die markierten Aminosäuren werden in den Frühstadien am intensivsten in die Proteine von M eingebaut, in den Spätstadien in die Proteine der überstehenden Flüssigkeit. Vff. diskutieren die Haupttypen der Biosynth. von Proteinen u. Nucleoproteiden im Zellkern u. die Rolle des Kernsaftes bei diesen Prozessen. O. LEBTAG. 4150□

„Temperatureffekt" und makromolekulare Struktur der hochpolymeren Ribonucleinsäuren verschiedenen Ursprunges. A. Ss. Spirin. (Биохимия [Biochemie] **26.** 511—22. Mai/Juni 1961. Moskau, Bach-Inst. für Biochem. der Akad. der Wiss. der UdSSR.) (Russ.; Auszug: Engl.)

Die vergleichende Unters. der aus den Zellen von E. coli, Erbsenkeimlingen u. Knochenmark des Kaninchens sowie aus Tabakmosaikvirus gewonnenen hochpolymeren *Ribonucleinsäure* (I) durch Sedimentation in der Ultrazentrifuge ergab, daß die Zell-I im Gegensatz zur Virus-I nach dem Molgew. aus 2 Komponenten besteht. Die kleine Komponente ist, je nach der Zellart, 2,0—3,5 mal geringer als die große Komponente. Das Molgew. der gleichartigen Komponenten u. das Verhältnis der Molgew. der beiden Komponenten zeigen eine geringe Abhängigkeit von der Art der Zellen. Die Summe der Molgew. der beiden Komponenten ist jedoch bei allen 3 untersuchten Zellarten die gleiche u. entspricht einem Molgew. von $1{,}7 \cdot 10^6$. Beim Erhitzen der gelösten I erfolgt in einem bestimmten Temp.-Bereich eine sprunghafte Zunahme der spezif. Viscosität („Temp.-Effekt"). Das gleichartige Verh. der hochpolymeren I beim Erwärmen beweist, daß die Strukturumwandlungen bei den verschiedenen I den gleichen Charakter haben, daß demnach die Konfiguration der sek. u. tert. Strukturen eine Analogie aufweist. Die Vervielfachung der spezif. Viscosität bei der Erwärmung berechtigt zu der Annahme, daß alle untersuchten I kontinuierliche Polynucleotide sind u. nicht aus Subeinheiten bestehen, die durch sek. Bindungen festgehalten werden. Die mittlere Temp. der Strukturumwandlung (Temp. der mol. Schmelzung) der hochpolymeren gelösten I weist Verschiedenheiten auf u. ist abhängig von der Nucleotidzusammensetzung. Es besteht eine direkte lineare Beziehung zwischen der „Schmelz-Temp." u. dem relativen I-Geh. an Guanin u. Cytosin. Die Nucleotid-Zus. ist demnach der einzige Faktor, welcher diese Temp. beeinflußt. Es besteht eine prinzipielle Identität der Hauptmerkmale der sek. u. tert. Strukturen bei den hochpolymeren I verschiedenen Ursprungs. O. LEBTAG. 4150□

Nichtwässerige Lösungen von Desoxyribonucleinsäure. Denaturierung in Methanol und Äthanol. Theodore T. Herskovits, S. J. Singer und E. Peter Geiduschek. (Arch. Biochem. Biophysics **94.** 99—114. Juli 1961. New Haven, Conn.; Yale Univ., Sterling Chem. Labor.; Chicago, Ill., Univ. of Chicago, Committee on Biophysics.) (Engl.)

Durch Dialyse in Abwesenheit von Elektrolyten können Lsgg. von *Desoxyribonucleinsäure* (DNS) in nicht-wss. Lsgm. hergestellt werden. Die Eigg. der Lsg. von DNS in Methanol u. A. wurden genauer untersucht: In Methanol u. auch in A. scheint DNS molekular verteilt zu sein. Diese Lsgg. sind völlig stabil. Aus der erhöhten Sedimentations-Geschw., der verringerten Viscosität, dem verringerten Windungsradius u. der erhöhten UV-Absorption wird gefolgert, daß DNS in diesen Lsgg. denaturiert ist. Durch Dialyse zurück in ein salzhaltiges, wss. Lsgm. kann die Denaturierung weitgehend umgekehrt werden. Methanol u. A. erniedrigen auch die Temp. der therm. Denaturierung in Ggw. von Elektrolyten. S. DITTMANN-MITZSCHERLICH. 4150□

Die säurelöslichen Nucleotide von Vicia faba. 2. Mitt. M. F. Abdel-Wahab und S. A. El-Kinawi. (Acta chem. scand. **14.** 1667—68. 1960. Cairo, Dokki, A.E.E., Radioisotope Centre.) (Engl.) — 1. vgl. C. **1961.** 163.

Aus den Keimen von *Vicia faba* wurden während verschiedener Stadien der Keimung die säurelösl. *Nucleotide* (I) durch Extraktion mit $HClO_4$ gewonnen. Durch Anionenaustauscherchromatographie an Dowex-1 im Formiat-Syst. wurde in allen 5 untersuchten Stadien der Keimung eine Auftrennung in *Cytidinmonophosphat* (II), *Diphosphopyridinnucleotid* (III), *Adenosinmonophosphat, Guanosinmonophosphat, Uridinmonophosphat, Adenosindiphosphat* (IV), ein Zucker-Deriv. von *Uridindiphosphat* (V), *Adenosintriphosphat* (VI), *Uridintriphosphat* (VII) u. *Guanosintriphosphat* erhalten. Der II-Geh. ist am größten, nimmt aber während der ersten 4 Wochen der Keimung ab. Nahezu 30% der säurelösl. **I** sind Cytosin- u. Adeninderivate. **II, III, V, VI** u **VII** erreichen in der 2. Woche ein Maximum, der **IV**-Geh. bleibt nahezu konstant. Die anderen **I** wurden in unterschiedlicher Menge gefunden. L. LASCHET. 4150□

Desoxyribonucleinsäureteilchen. Charles Sadron. (Ind. chim. belge **26.** 1245—56. 1961. Strasbourg, Fac. des Sci., Centre de Rech. sur les Macromolécules.) (Franz.)

Zusammenfassende Darst.; besprochen werden die Nucleotide, Polynucleotidketten, Wasserstoffbrücken, Helixstruktur, Gewinnung, Best. des Molgew., Faltung, enzymat. Abtrennung geradliniger Bruchstücke durch Angriff an den Faltstellen, biolog. Funktionen. P. LOCH. 4150□

Untersuchung der Resynthese der Desoxyribonucleinsäure in isolierten Zellkernen. R. I. Ssalganik, T. M. Morosowa und W. F. Drewitsch. (Биохимия [Biochemie] **26.** 399—407. Mai/Juni 1961. Nowosibirsk, Sibir. Abt. der Akad. der Wiss. der UdSSR, Inst. für Cytol. u. Genetik.) (Russ.; Auszug: Engl.)

Die Verss. ergaben, daß unter der Einw. von *Desoxyribonuclease* (**I**) auf die isolierten Zellkerne der Thymusdrüse des Kalbes der Geh. an *Desoxyribonucleinsäure* (**II**) um 50—80% abnimmt. Bei Zusatz einer homologen oder heterologen **II** zu diesen Zellkernen wird diese zu 80—100% in säurelösl. Oligonucleotide gespalten; der Geh. an **II** nimmt im Mittel um 15% gegenüber der alleinigen Einw. von **I** zu. Hierbei ist die Wrkg. der **II** aus der Thymusdrüse des Kaninchens gleich der Wrkg. von **II** vom Kalb. Die nicht mit **I** behandelten Zellkerne sind nicht fähig, **II** zu spalten. Vff. nehmen an, daß die zugesetzte homologe oder heterologe **II** vor dem Eintritt in die **I**-Kerne in Mono- u. Oligonucleotide gespalten wird, die ihrerseits das Material für die Resynth. von **II** abgeben. Dies wird dadurch bestätigt, daß auch das Dialysat allein in der Lage ist, die **II**-Resynth. zu bewerkstelligen. Bei Zusatz von *Ribonucleinsäure* (**III**) zu den **I**-Kernen erfolgt ebenfalls eine **II**-Zunahme. Zusatz von *Chondroitinsulfat* (**IV**) zu den **I**-Kernen bewirkt eine zwar sehr geringe, jedoch eindeutige **II**-Zunahme. In diesem Fall erfolgt die **II**-Resynth. auf Kosten der Desoxyribonucleotide des Kerns. Vff. nehmen an, daß die in der Literatur beschriebene Fähigkeit der Kerne, Eiweiß zu synthetisieren, bei Zusatz von **II, III** oder **IV** zu den **I**-Kernen eine Folge der Resynth. der eigenen **II** ist. O. LEBTAG. 4150□

Modifizierte Celluloseionenaustauscher und ihre Verwendung bei Ribonucleinsäurefraktionierung. L. Bosch, G. van der Wende und H. Bloemendal. (Nature [London] **191.** 349—52. 22/7. 1961. Amsterdam, The Netherlands Cancer Inst., Antoni van Leeuwenhoek-Huis, Dep. of Biochem.) (Engl.)

Käufliche *Ecteola-Cellulose* (E), die durch Rk. von Triäthanolamin (**I**) u. Epichlorhydrin (**II**) mit Cellulose (**III**) erhalten wird, ist nur in beschränktem Umfang zur Reinigung u. Fraktionierung von *Ribonucleinsäure* (RNS) verwendbar, da hochmol. RNS auf E so fest gebunden wird, daß sie erst durch Elution mit Lsgg. hoher pH-Werte abgelöst werden kann, wobei die RNS weitgehend zerstört wird. Vff. haben daher E mit geringerem N-Geh. synthetisiert u. die Eigg. dieser Ionenaustauscher untersucht. Dazu werden 30 g **III** (WHATMAN, aschefrei, gepulvert, Korndurchmesser < 0,05 mm) zusammen mit 30 ml **II** u. 1,75—17,5 ml **I** nach PETERSON u. SOBER (vgl. C. **1956.** 10565) umgesetzt. Außerdem wird eine neue Klasse von E synthetisiert, die an Stelle von **I** *Adenosin, Guanosin, Cytidin* oder *Uridin* enthalten. Hierzu werden 1 g **III**, 1,9 mm Nucleosid, 1 g NaOH, 1 ml **II** u. 2,5 ml W. gemischt u. zu Nucleosid-E umgesetzt. Wird mikrosomale RNS, die man aus Rattenleber durch Phenolextraktion erhalten u. gegen 0,01 m Phosphat-Lsg., pH 5,0, dialysiert hat, chromatographiert, so verschiebt sich bei steigendem N-Geh. des Austauschers die RNS-Fraktion in den alkal. Bereich. Vff. beschreiben die Trennung mikrosomaler RNS von lösl. RNS auf E mit hohem N-Gehalt. Dabei werden hauptsächlich 2 Gradienten zur Elution angewandt: entweder ansteigende Konzz. von $MgCl_2$ in 0,01 m Phosphatpuffer, pH 5,0, oder ansteigender Phosphat-Geh. bei konst. pH 5,0. Durchschnittlich 10% der aufgebrachten RNS können so eluiert werden. Wird dagegen *Adenosin*-E verwendet, so erhält man bei Chromatographie mit NaCl-Gradienten ca. 50% der zu reinigenden RNS wieder. Ähnlich verhält sich *Guanosin*-E. Dagegen binden *Uridin*-E u. *Cytidin*-E die aufgebrachten RNS sehr fest, so daß das Material erst im stark alkal. Bereich desorbiert. L. TRÄGER. 4150□

Untersuchungen über die Isolierung und Natur von Ribonucleinsäure aus Spinatblättern. 2. Mitt. **Viscosität und Phosphorgehalt.** Iwao Iwamura, Akira Kuboyama, Toshiro Hidaka, Motohiko Sato und Yoshihiro Sakai. (Bull. Fac. Agric., Univ. Miyazaki **6.** 1—6. Dez. 1960.) (Jap.; Auszug: Engl.) — 1. vgl. C. **1961.** 7604.

Die mit dem OSTWALDschen Capillarviscosimeter bei 30° bestimmte u. daraus berechnete reduzierte Viscosität η_{sp}/C (C = Konz. der Lsg.) von *Ribonucleinsäure* (I) aus Spinatblättern bei Konzz. von 0—0,28% in 10%ig. NaCl-Lsg. ist jener von I aus Hefe sehr ähnlich, weicht aber bei niedrigen Konzz. etwas von jener von *Na-Nucleat* (II) aus Hefe ab, was durch Einfl. der verschiedenen Löslichkeiten von I erklärt wird. — Für die P-Best. in I wird die Lsg. in Proberöhren mit 60%ig. $HClO_4$ durch leichtes Kochen bei 190—200° (1 Std.) behandelt u. die Menge an anorgan. Orthophosphat nach dem Verf. von ALLEN, modifiziert nach NAKAMURA, spektrophotometr. bestimmt. Die mittleren P-Geh. sind für I aus Spinat 7,98, aus Hefe 7,54 u. für II 7,14%.

L. SCHULER. 4150□

Eliminierung von Desoxyribonucleinsäure aus somatischen Zellen. Theophilus S. Painter. (Proc. nat. Acad. Sci. USA **45.** 897—902. Juni 1959. Texas, Univ.) (Engl.)

Vf. diskutiert auf Grund von eigenen Unterss. sowie von Literaturdaten die möglichen Gründe für die, sowohl im Tier-, als auch im Pflanzenreich beobachtete Eliminierung von Chromosomenteilen sowie ganzen Chromosomen aus somat. Zellen u. deren Anreicherung in den Oocyten. Ein Hauptgrund scheint die damit verknüpfte Übertragung der *Desoxyribonucleinsäure* zu sein, die von den Eizellen für die schnelle Synth. von Kernproteinen benötigt wird u. die in den „Extra"-Chromosomen offenbar nicht als Gen-Träger fungiert. P. SCHWERDTFEGER. 4150□

Über die Veränderungen in den Nucleoproteiden bei den durch Benzpyren induzierten Hauttumoren. Roumen Tsanev und Georgi G. Markov. (Z. Krebsforsch. **63.** 511—18. Okt. 1960. Sofia, Bulgar. Akad. der Wiss., Inst. für Biol. „Methodi Popoff", Cytolog. u. Cytochem. Abt.) (Dt.)

Mit Hilfe einer spektrophotometr. Meth. wird an *Benzpyren*-induzierten Tumoren bei Mäusen festgestellt, daß im Tumor der Geh. an *Ribo-* (I) u. *Desoxyribonucleinsäure* (II) wesentlich höher liegt als in den entsprechenden Hautkontrollen. Demgegenüber liegt der I-Geh. in der normalen Epidermis auf der gleichen Höhe wie im Tumor u. der II-Geh. im Tumor sogar niedriger als in der Epidermis. Bei einfacher Bzl.-Tropfung ist der Nucleinsäure-Geh. der entsprechenden Hautpartie gegenüber der Norm erniedrigt. Das Verhältnis I:II ist im Tumor stark erhöht. Die I-Fähigkeit, *Pyronin* zu binden, ist im Tumor gegenüber normaler Haut erhöht, was auf einen höheren nicht eiweißgebundenen I-Anteil im Tumor schließen läßt. R. REISS. 4160□

Cancerogene Substanzen in Wasser und Boden. 2. Mitt. **Das Verhalten von 3.4-Benzpyren unter Lichteinwirkung.** J. Borneff und R. Knerr. (Arch. Hyg. Bakteriol. **143.** 405—15. Sept. 1959. Erlangen, Univ., Hyg.-Bakt. Inst.) (Dt.) — 1. vgl. C. **1961.** **6525.**

Im Hinblick auf seine cancerogene Wrkg. wurde *3.4-Benzpyren* (I) auf seine Lichtempfindlichkeit geprüft. Eine wss., micellare Lsg. zeigte die größte Empfindlichkeit, eine ölige Lsg. wurde weniger gut u. Kristalle am wenigsten zerstört. Die aus Abgasen stammende I-Menge wird zu 20—50% durch das Tageslicht zerstört.

P. GREGORZEWSKI. 4160□

Untersuchungen über die Fixierung der polybenzolischen Kohlenwasserstoffe des Typs 3.4-Benzpyren durch Mikroorganismen und deren Rolle als Zwischenträger cancerogener Substanzen. Lucien Mallet und Marguerite Héros. (C. R. hebd. Séances Acad. Sci. **253.** 587—89. 17/7. 1961.) (Franz.)

Vff. untersuchten die Fixierung von *3.4-Benzpyren* (I) durch die wachsartige Hülle Alkohol-Säure-resistenter Bakterien. Gewaschene u. lyophilisierte B.C.G.-Bakterien sowie gleiche Mengen Bienenwachs (II) u. Paraffin (III) wurden einer sehr verd. I-Lsg. in PAe. ausgesetzt, das Lsgm. entfernt u. nach Feststellung der Abwesenheit von krist. I einer Fluorescenzanalyse unterworfen. Dabei wurde beim Übergang von III zu II u. B. C. G. eine Verschiebung der Fluorescenzmaxima nach größeren λ-Werten festgestellt, wie es auch beim Übergang von I-PAe.- zu I-Bzl.-Lsgg. beobachtet wird. Das an menschliche Haut adsorbierte I zeigt demgegenüber eine stärkere Verschiebung sowie vollständiges Verschwinden der Feinstruktur, was auf intensiverer Adsorption zu beruhen scheint. Nach 10 maliger Behandlung der I-haltigen Bakterienhüllen mit heißem PAe. oder A. enthielt die Lsg. noch I. Vff. schließen aus den Verss., daß am Staub (bes. Ruß) haftende Bakterien dazu beitragen können, die cancerogenen KW-Stoffe ins Innere der Gewebe eindringen zu lassen. H. LOHSCHELDER. 4160□

Neue chemische Carcinogene. E. Boyland. (Abh. dtsch. Akad. Wiss. Berlin, Kl. Med. **1960.** Nr. 3. 3—8. London, Royal Cancer Hosp., Inst. of Cancer Res., Chester Beatty Res. Inst.) (Dt.)

Vortragsübersicht über die speziell durch Metalle, Polymere, aliphat. Verbb. (z. B. Dimethylnitrosoamin), Alkylierungsmittel u. einige Alkaloide (z. B. Retrosin) ver-

ursachte Carcinogenese. Vf. unterteilt die Reizmittel in prim. carcinogene Stoffe, wie z. B. *9.10-Dimethyl-1.2-benzanthracen*, u. cocarcinogene Stoffe (A), wie z. B. *Crotonöl*, deren Ggw. bei der Carcinogenese erforderlich ist. A sind vorwiegend Hautreizmittel u. meist auch Mutagene. Bei Chromosomenschäden durch z. B. *Urethan* tritt eine Wrkg.-Abschwächung bei gleichzeitiger Verabreichung von *Thymin* oder besser *Thymidin* ein. Während der Einleitungsprozeß der Carcinogenese mit einer Mutation verbunden ist, ist der Förderungsprozeß der Cocarcinogenese scheinbar von Gewebeschäden begleitet. Einzelheiten über Entstehung, Wrkg. u. Verlauf von As-Krebs, Nierentumoren, Carcinogenese durch Fe-Derivv. u. Makro-Moll. u. verschiedene Lebercarcinogene werden diskutiert. Viele Substanzen bzw. Strahlen, die eine initiale carcinogene Wrkg. haben, zeigen auch eine schwach realisierende carcinogene Aktivität. — 38 Literaturhinweise.
G. KIRSTEN. 4160 □

Neuere chemische Carcinogene und deren möglicher Wirkungsmechanismus. A. L. Walpole. (Abh. dtsch. Akad. Wiss. Berlin, Kl. Med. **1960.** Nr. 3. 9—11. Diskussion. 12—17. Macclesfield, Imperial Chem. Industries Ltd., Pharmaceut. Div.) (Dt.)

Vortrag. Wiederholte subkutane Injektion von *4-Aminodiphenyl* (**I**) oder einigen seiner *Derivv.* (A) in Erdnußöl erzeugt bei ♂ Ratten (Stamm Wistar) Tumoren, u. zwar am häufigsten in Darmepithel (B), Leber (C), Gehörgang (D), Harnblase (E) oder Niere (F). Folgende A werden untersucht (Gesamtdosis in g/kg Körper-Gew. u. befallene Organe in abnehmender Häufigkeit in Klammern): *3.2'-Dimethyl-* (**II**; ca. 3; B, Speicheldrüse, D); *3-Methyl-* (1,2; B, D); *3.3'-Dimethyl-* (1,2 bzw. 2,4; B, D); *3.2'.5'-Trimethyl-* (1,4; B, C); *3.2'.4'.6'-Tetramethyl-* (1,4; B, D); *2-Methyl-* (2,4; C); *4'-Methyl-* (10,1; D, B); *3-Methoxy-* (**III**; 4,4; E); *4'-Fluor-* (**IV**; 2,0; C, F, B). Bei Anwendung von A mit einer CH_3-Gruppe in o-Stellung zur NH_2-Gruppe herrschen B-Tumoren vor, jedoch treten auch welche in C u. D auf. Bei anderer CH_3-Stellung oder anderen Gruppen im Mol. treten Tumoren verschiedener Lokalisation auf. **III** erzeugt fast ausschließlich Papillome u. Carcinome in E, **IV** in C u. F. Das *4'-Brom-Derivv.* von **I** ist wirkungslos. Mit der Nahrung zugeführte A zeigen das gleiche Ergebnis, jedoch können bei Änderung der Diät oder bei anderen Rattenstämmen die Tumorenbilder stark verschoben werden. Wird z. B. der Diät 2% *Tryptophan* zugesetzt, erzeugt **II** neben „normalen" B- auch E-Tumoren. Die Ergebnisse ähneln früheren Resultaten mit *3-Acetylaminofluoren-Derivv.*, deren Beziehung zur A-Reihe erläutert wird. G. KIRSTEN. 4160 □

Gerbsäure, ein neuer carcinogener Stoff (Beiträge zum Wirkungsmechanismus derselben). B. Korpássy. (Abh. dtsch. Akad. Wiss. Berlin, Kl. Med. **1960.** Nr. 3. 18—23. Szeged, Med. Univ., Inst. für Patholog. Anatomie u. Pathohistologie.) (Dt.)

Vortrag. Vf. beschreibt eigene Unterss. über die hepatotox., cirrhogenen u. hepatocarcinogenen Eigg. von *Gerbsäure* (**I**). Subkutane Gaben von 10—70 mg **I** in wss. Lsg. führen bei weißen Ratten zu einem Umbau der Leberstruktur, deren anatom. Einzelheiten beschrieben werden. Im Gegensatz zur Cirrhose hängt die hepatocarcinogene Aktivität von **I** von diätet. Faktoren ab u. wird durch eiweißreiche, fettarme Kost (25% Casein, 5% Öl) gehemmt, durch 3% Protein u. 20% Sonnenblumenöl gefördert. Vitamin B_{12} ist ohne Einfl. auf die **I**-Wirkung. **I** verstärkt die carcinogene Wrkg. von *3-Acetylaminofluoren* (**II**), wobei nach **I** + **II**-Gaben auch Metastasen auftreten. Bei subcutaner Injektion von **I** treten erste Leberstörungen nach 12 Std. auf, die nach 48 Std. ihr größtes Ausmaß erreichen u. nach 1 Woche durch Regeneration abgeklungen sind .**I** erhöht nach 24—48 Std. den Geh. an freien Aminosäuren in der Leber, wobei auch *Norvalin. Methionin, Leucin, Tyrosin* u. gelegentlich *Asparaginsäure* auftreten. Dabei verringert sich der Geh. an *Albuminen*, während sich der der α_1-*Globuline* (**III**) verdoppelt, der der α_2-**III** vervierfacht u. der der β- u. γ-**III** unverändert bleibt. Die chem. Eigg. von **I** werden hinsichtlich der histolog. Befunde diskutiert. G. KIRSTEN. 4160 □

Schädigungstumoren bei Ratten durch Behandlung einer Vorfahrengeneration mit Malachitgrün. G. Werth. (Abh. dtsch. Akad. Wiss. Berlin, Kl. Med. **1960.** Nr. 3. 24—28. Diskussion 29—31. Homburg/Saar, Univ., Physiolog.-Chem. Inst.) (Dt.)

Vortrag. Die Symptome bei Verabfolgung tox. Gaben von *Malachitgrün* (**I**) an Ratten u. die Normalisierung der Herztätigkeit u. -funktion nach Zufuhr von *Cytochrom c* (**II**) werden elektrocardiograph. verfolgt u. beschrieben. Erfolgt die **I**-Zufuhr in Höhe von $^1/_3$—$^1/_5$ der DL_{50} von ca. 3 mg/kg Körper-Gew. über längere Zeiträume, so tritt eine bis zu 20% betragende Verarmung an **II** im Herzmuskel auf. **I** + **II** dagegen führen nicht zu **II**-Verarmung. Vers.-Reihen mit chron. **I**-Behandlung (Tabellen) zur Schädigung des Atmungsfermentsyst. führen in den unbehandelten nachfolgenden Generationen zu Mißbldg. der Kopfform, Knochen u. zu sog. „Traubenlungen". Von der 2. Generation an treten auch in steigendem Maße Tumoren an Lunge, Ovarium, Nieren, Bauchfell, Mamma u. Myocard, jedoch niemals an Magen oder Darm auf. Die größte Tumorhäufigkeit (ca. 20%) tritt in der 6.—8. Generation auf; I + II-behandelte bzw. Kontrolltiere sind hingegen tumorfrei. Die Vers.-Ergebnisse zeigen, daß das Ausmaß des II-Defizits in I-behandelten Tieren deutliche Beziehungen zur Tumorhäufigkeit aufweist (Tabelle), das II-Defizit vererbt wird, was auf bleibende Zellschädigungen schließen läßt u. die vererbte Schädigung der Zellatmung zu phänotyp. Symptomen führt, die denen bei O_2-Mangel ähnlich sind. — 18 photograph. Abbildungen.

G. KIRSTEN. 4160□

Einige neu festgestellte tumorauslösende Substanzen. F. J. C. Roe. (Abh. dtsch. Akad. Wiss. Berlin, Kl. Med. **1960.** Nr. 3. 36—40. London, Univ. of London, London Hospital Med. Coll. and London Hospital Res. Labor., Dep. of Cancer Res.) (Engl.)

Vortrag. Vf. prüft verschiedene Stoffe pflanzlichen Ursprungs auf ihre Realisierungs-Wrkg. bei der Epithelvermehrung u. Tumorauslösung an Mäusen (Inzuchtstamm „101"). Die Tiere erhalten eine einmalige Gabe von 300 μg *9.10-Dimethyl-1.2-benzanthracen* (I) in 0,2 ml Aceton u. nach 3 Wochen einmal wöchentlich die Testsubstanz. Gepreßte Citrusöle aus Apfelsinen, Citronen, Pampelmusen u. Limonen zeigen starke geschwulstauslösende Wrkg., wobei die wirksame Substanz wahrscheinlich ein KW-Stoff, *d-Limonen* ($C_{10}H_{16}$), aus der Terpenfraktion des Öls ist. *Apfelsinenöl* führt zu Tumoren in der Harnröhrenöffnung ♀ Mäuse, u. zwar ohne Vorbehandlung mit I. Eine *Phenolfraktion* (A) aus Zigarettenrauch erweist sich bei Bepinseln auf Hautstellen als stark cancerogen, wobei der Initialvorgang wahrscheinlich durch eine kleine, als solche unzureichende Menge an *3.4-Benzpyren* eingeleitet u. die volle Wrkg. danach durch die A ausgeübt wird. Ein 1%ig. Acetonextrakt der Stengel-Fl. von Euphorbia ingens, der etwa mit *Crotonöl* (B) vergleichbar ist, zeigt ebenfalls starke Realisierungs-Wrkg., obwohl das akt. Prinzip noch ebenso unbekannt ist wie das von B. — 5 photograph. Abbildungen.

G. KIRSTEN. 4160□

Dosis-Wirkungsbeziehungen bei resorptiv wirkenden Cancerogenen. H. Druckrey. (Abh. dtsch. Akad. Wiss. Berlin, Kl. Med. **1960.** Nr. 3. 57—62. Freiburg i. Br., Labor. der Chirurg. Univ.-Klinik.) (Dt.)

Vortrag. Zur Unters. der cancerogenen Wrkg. kleinster Dosen von *4-Dimethylaminostilben* (I) werden Ratten des Inzuchtstamms BD II (cPah, Albino) oral mit in Brot verbackenen I-Zusätzen im Konz.-Bereich von 3,4—0,1 mg/kg Körper-Gew. u. Tag behandelt, bis die Vers.-Tiere Carcinome des Gehörgangs entwickeln. Im Bereich der mittleren Konzz. an I, die ohne Gift-Wrkg. vertragen werden, liegt die Tumorausbeute prakt. bei 100%. Selbst mit 0,1 mg/kg (entsprechend einer I-Konz. von 0,0001% im Brot) werden bis zum Berichtsdatum ebenfalls fast 50% Tumoren erreicht. Die I-Wrkg. beträgt im Vgl. zu *4-Dimethylaminoazobenzol* (II) bei vergleichbarer Dauerbehandlung fast das 50fache. Eine statist. Auswertung der Verss. (Abb.) zeigt, daß für I strenge Linearität der Dosis-Wrkg.-Beziehung besteht u. eine echte Summations-Wrkg. existiert. Die erforderliche Gesamtdosis zur Erzeugung eines Carcinoms sinkt mit abnehmender Tagesdosis, u. zwar von 950 mg/kg (bei täglich 3,4 mg/kg) auf 85 mg/kg (bei täglich 0,1 mg/kg). Ein „Erholungsfaktor" ist mit Sicherheit ausgeschlossen. Die cancerogene Primär-Wrkg. aller Einzeldosen ist irreversibel u. nur durch die mittlere Lebenserwartung nach unten begrenzt. Vf. leitet aus den Vers.-Ergebnissen die Beziehung $d^n t_k$ = konst. ab (d = Tagesdosis; t_k = mittlere Behandlungsdauer), wobei für I bzw. II die Werte n = 0,3 bzw. 0,9 bis 1 ermittelt werden. Der Wert des charakterist. Parameters n hängt entweder von der Natur der cancerogenen Substanz oder der Art des Erfolgsorgans (für II Leber) ab. — 4 photograph. Abb. im Diskussionsbeitrag.

G. KIRSTEN. 4160□

Elektronenaspekte über die Beziehungen der Struktur organischer Verbindungen, ihre cancerogene Aktivität und ihre eventuellen Wechselwirkungen mit Zellbestandteilen. B. Pullman. (Abh. dtsch. Akad. Wiss. Berlin, Kl. Med. **1960.** Nr. 3. 69—77. Paris, Univ. de Paris, Inst. de Biol. Physico-Chem.) (Franz.)

Vortrag. Übersicht über den gegenwärtigen Stand der Anwendung der Elektronentheorie auf Probleme der Carcinogenese. Besonders behandelt werden Natur u. Ort der Rk.-Zentren cancerogener Verbb. sowie die Wechselwrkg. zwischen den Zellelementen u. *aromat. KW-Stoffen* u. ihren *Derivv.*, *Azofarbstoffen*, *aromat. Aminen* bzw. den daraus abgeleiteten *o-Hydroxyaminen* oder *o-Chinoniminen*. Die Möglichkeit von Zwischen-Verbb. zwischen Zellelementen u. cancerogenen Agentien wird untersucht. — 30 Literaturangaben.

G. KIRSTEN. 4160□

Zur cancerogenen Wirkung radioaktiver Isotope. G. Schubert und G. Uhlmann. (Abh. dtsch. Akad. Wiss. Berlin, Kl. Med. **1960.** Nr. 3. 120—26. Hamburg-Eppendorf, Univ.-Frauenklinik.) (Dt.)

Vortrag. Die Beziehungen zwischen Größe u. Art der Strahlenschädigung u. Häufigkeit (A) bzw. Latenzzeit (B) beim Auftreten strahleninduzierter Carcinome werden durch Bestrahlung kleiner Gewebs-Vol. mit ^{90}Sr untersucht. Nach subcutaner Implantation $^{90}SrCO_3$-haltiger Glasperlen werden bei chron. β-Bestahlungsintensität von 0,5—2 bzw. 30—85 μc je Tier A von 58 bzw. 89% u. B von 585 bzw. 310 Tagen gefunden. Der Anteil an epithelialen bzw. mesenchymalen Tumoren ist u. a. von der Eindringtiefe der Strahlen abhängig u. beträgt bei der niedrigeren Intensität 25 bzw. 75%, bei der höheren 75 bzw. 28%. Vff. diskutieren die durch β-Bestrahlung im Bereich carcinogener Intensitäten auftretenden morpholog. Veränderungen u. die dabei ablaufenden Gewebs-Rkk. bes. hinsichtlich des gesteigerten Nucleinsäure- u. des Kohlenhydratstoffwechsels. G. KIRSTEN. 4160□

Endogene Carcinogene. H. Dannenberg. (Abh. dtsch. Akad. Wiss. Berlin, Kl. Med. **1960.** Nr. 3. 157—64. München, Max-Planck-Inst. für Biochem.) (Dt.)

Vortrag. Übersicht über experimentelle Befunde, die eine Hypothese der Krebsentstehung durch endogene krebserzeugende Verbb. unterstützen, u. zwar durch Prüfung körpereigener Verbb. auf krebserzeugende Wrkg. (Gruppe A), Nachw. u. Isolierung endogener Carcinogene aus Organen oder Körper-Fll. krebskranker Personen (Gruppe B) bzw. durch strukturelle Beziehungen zwischen körpereigenen u. krebserzeugenden Verbindungen. Unter A fallen die Tryptophanstoffwechsel-Prodd. *3-Hydroxykynurenin* u. *-anthranilsäure* als spezif. Blasenkrebscarcinogene sowie *Indol* u. *Xanthin* als sek. Stoffwechselprodukte. Zu B gehören vor allem *Cholesterin* (I) u. gewisse Oxydations-Prodd. desselben, wie z. B. *Δ^4-Cholestendion-(3.6)* (II), *5α.6α-Epoxycholestan-3β-ol* (III) u. *6β-Hydroxyperoxy-Δ^4-cholesten-3-on* (IV), die als Lsgg. in Pflanzenölen oder Schmalz injiziert bei Mäusen 16 (I), 34 (II), 48 (III) u. 66% (IV) Tumoren hervorrufen, in wss.-koll. Lsg. hingegen unwirksam sind. Strukturelle Beziehungen zu cancerogenen KW-Stoffen bestehen bes. bei *Steroidhormonen* der Keimdrüsen u. Nebennierenrinde, *Gallensäuren* u. Verbb. mit *Provitamin-D*-Struktur, wobei letztere über *Anthrasteroide* zu KW-Stoffen führen können. Die endogene Aromatisierung von Steroidringen wird diskutiert. — 27 Literaturhinweise. G. KIRSTEN. 4160□

Aromatische Amine als endogene Carcinogene. E. Boyland. (Abh. dtsch. Akad. Wiss. Berlin, Kl. Med. **1960.** Nr. 3. 165—66. London, Royal Cancer Hosp., Inst. of Cancer Res., Chester Beatty Res. Inst.) (Dt.)

Vortrag. Blasenkrebs wird durch aromat. Amine (A), wie z. B. *2-Naphthylamin* (I), *Benzidin* u. *4-Aminodiphenyl*, bzw. Stoffwechsel-Prodd. (B) derselben, nicht aber durch Anilin, hervorgerufen. Vf. diskutiert Abbaumöglichkeiten von A → B durch im Urin vorkommende Enzym-Syst. u. weist nach, daß das cancerogene Prinzip von I *2-Aminonaphthol-(1)* bzw. dessen *Glucuronsäure*-Deriv. ist. G. KIRSTEN. 4160□

Die Bedeutung der Hormone für die Entstehung des Mammacarcinoms. O. Mühlbock. (Abh. dtsch. Akad. Wiss. Berlin, Kl. Med. **1960.** Nr. 3. 167—68. Amsterdam, Nederlands Kankerinst.) (Dt.) — Vgl. C. **1962.** 4194.

Vortrag. Vf. diskutiert 4 Faktoren, die maßgeblich an der Entstehung von Mammacarcinomen beteiligt sind, u. zwar die genet. Konstit., Hormone, wie z. B. *Östrogene*, *Progesteron* u. *Prolactin* (I), den BITTNER-Faktor u. Milieufaktoren, deren Bedeutung gegeneinander abgewogen werden. Durch subkutane Implantation einer 2. Hypophyse bei Mäusen wird eine fortwährende I-Produktion erzielt, deren mammotroper u. luteotroper Effekt nach längerer Induktionszeit in den meisten Fällen zu einer fast 100%ig. Tumorrate führt. G. KIRSTEN. 4160□

Mögliche cancerogene Wirkung von Lebensmittelzusätzen und Methoden ihrer Testung. I. Nir-Grosfeld. (Abh. dtsch. Akad. Wiss. Berlin, Kl. Med. **1960.** Nr. 3. 198—201. Genf, World Health Organizat.) (Engl.)

Vortrag. Übersicht über die in Nahrungsmitteln vorkommenden Fremdstoffe, die injiziert oder auf der Haut meist cancerogen wirken, bei oraler Zufuhr hingegen geringe oder keine Wrkg. zeigen, wobei noch Unterschiede zwischen der Wrkg. auf Vers.-Tiere u. auf den Menschen zu machen sind. — 27 Literaturhinweise. G. KIRSTEN. 4160□

Nachweis und Bestimmung von Spurenmengen des 3.4-Benzpyren in biologischem Material. J. Pavlů und J. Šula. (Abh. dtsch. Akad. Wiss. Berlin, Kl. Med. **1960.** Nr. 3. 205—07. Prag, Karls-Univ., II. Inst. für medizin. Chem.) (Dt.)

Inhaltlich ident. mit der C. **1962.** 970 referierten Arbeit. G. KIRSTEN. 4160□

Geschwulsterzeugende Wirkung von Arzneimitteln. J. Baló. (Abh. dtsch. Akad. Wiss. Berlin, Kl. Med. **1960.** Nr. 3. 208—10. Budapest, Medizin. Univ., I. Inst. für Pathol., Anat. u. exp. Krebsforsch.) (Dt.)

Lungenadenome u. Leukämien (in Klammern Tumorenrate in %) lassen sich bei weißen Mäusen nach intraperitonealer Verabreichung von *Äthylurethan* (42), *Phenyläthyl-* (35), *Diallyl-* (53) u. *Isoamyläthylbarbitursäure* (*Na-Salz*; 25—30), *Isonicotinsäure-*

hydrazid (ca. 30), *Testosteronacetat* (26) u. *Follikulin* erzeugen. Einzelheiten der Vers.-Methodik werden kurz angegeben. G. KIRSTEN. 4160 □

Calciumaustausch zwischen Zellen und Umgebung. 1. Mitt. **Ehrlich-Ascites-Tumorzellen von Mäusen, in vivo.** Doreen Thomason und R. Schofield. (Exp. Cell Res. **16.** 324—34. Febr. 1959. Withington, Manchester, Christie Hosp. and Holt Radium Inst.) (Engl.)

Der mittlere *Ca*-Geh. (23 Tumoren) von EHRLICH-Ascitestumorzellen u. Ascites-Fl. betrug 9 Tage nach der Impfung 73 ± 9 μg/g Frischgewicht. $^{45}CaCl_2$ wurde in die Bauchhöhle tumortragender Mäuse injiziert u. dessen Verteilung zwischen Zellen u. Fl. in gewissen Zeitabständen bestimmt. Wenige Min. nach Injektion entsprachen die spezif. Aktivitäten von Zell- u. Fl.-*Ca* einander weitgehend. Beide Aktivitäten gingen mit gleicher Geschw. auf den Körper der Maus über. K. MAIER. 4160 □

Über die Phosphatkapazität der Gärung und ihr Modell als Ursachen des Crabtree-Effekts der Krebszellen. (Mit einer experimentellen Entgegnung auf eine Arbeit von K. Letnansky und F. Seelich.) Lutz Kiesow. (Z. Naturforsch. **16b.** 567—75. Sept. 1961. Berlin-Dahlem, FU, Physiolog.-chem. Inst.) (Dt.)

Die Inkubation von Zellsuspensionen von Mäuseascitescarcinomen mit inaktiviertem Serum (A), mit *Glucose* (**I**; Syst. B) u. mit *Desoxy-D-glucose* (**II**; Syst. C) bei 38° u. Best. des *Orthophosphat* (**III**)-Geh. ergab in B u. C gegenüber A einen um etwa ein Drittel herabgesetzten **III**-Gehalt. Die Atmung wurde um etwa den gleichen Betrag herabgesetzt, so daß ein gleichgroßer CRABTREE-Effekt entstand. In B wurde **III** infolge aerober Gärung zur Bldg. phosphorylierter Verbb. des EMBDEN-MEYERHOF-Weges verbraucht, während in C nur ein Hexosephosphat, *2-Desoxyglucose-6-phosphat*, entstand, das nicht weiter abgebaut wurde. Die von LETNANSKY u. SEELICH (vgl. C. **1961.** 13577) gefundene *Citrat* (**IV**)-Anhäufung durch **II** konnte nicht mit Kulturhefe u. bei Asciteszellen nur in geringem Maße erhalten werden, wobei im letzten Falle die **IV**-Akkumulation der **III**-Abnahme u. der Atmungshemmung parallel ging. J. BOELTER. 4160 □

Vergleichende enzymhistochemische Beobachtungen zum Phosphatasenachweis an einigen Carcinomzellstämmen in vitro sowie über milieubedingte Veränderungen der Enzymaktivität. A. Gropp. (Z. Krebsforsch. **63.** 156—67. 1959. Bonn, Univ., Patholog. Inst.) (Dt.)

In Unterss. an HeLa-Carcinomzellen (3 verschiedene Linien: stark positive, schwach positive u. negative *alkal. Phosphatase*-Aktivität) sowie an Zellen des Af (H. Ep. Nr. 2)-Carcinoms wird gezeigt, daß eine Veränderung des Milieus (Übergang von plasmafreien zu plasmahaltigen Kulturen) zu einem nach einigen Passagen reversiblen Verlust an nachweisbarer alkal. Phosphatase führt. Demgegenüber war die Aktivität der *sauren Phosphatase* sowie die der *ATP-ase* von Milieu u. Zeit unabhängig. Es wird angenommen, daß der Umfang dieser Veränderungen genet. bedingt ist. R. REISS. 4160 □

Die Verwendung von 3-Amino-1.2.4-triazol zur Verminderung der Körperkatalaseaktivität bei Krebsuntersuchungen. Robert N. Feinstein und Julia L. Dainko. (Cancer Res. **19.** 612—17. Juli 1959. Lemont, Ill., Argonne Nat. Labor., Div. of Biol. and Med. Res.) (Engl.)

Injiziertes (intraperitoneal, i.v.) oder verfüttertes *3-Amino-1.2.4-triazol* (**I**) verminderte bei Ratten die Katalaseaktivität der festen Gewebe, nicht aber die der Erythrocyten. **I** vermag nicht in letztere einzudringen, während es offenbar ungehindert in die Leberzellen eintritt. Durch **I**-Verfütterung, wobei der **I**-Geschmack maskiert werden mußte, damit das Futter nicht verweigert wurde, gelang es, längere Zeit einen niedrigen Leberkatalasespiegel aufrechtzuerhalten. Bei einem tumorbefallenen Tier auf **I**-haltiger Diät, das entweder 0,5% H_2O_2 im Trinkwasser oder eine einzelne 400-r-Ganzkörperröntgenbestrahlung erhielt, war keine Wrkg. auf Tumor oder Wirt zu beobachten. K. MAIER. 4160 □

Über die Hemmung der Leberkatalase-Aktivität. 2. Mitt. **Der Einfluß von zellfreier Ascitesflüssigkeit auf die Leberkatalase-Aktivität bei Mäusen.** A. Jakubovič, H. Keilová und F. Šorm. (Neoplasma [Bratislava] **8.** 45—51. 1961. Prague, Czechoslovakia, Czechoslovak Acad. of Sci., Inst. of Organ. Chem. and Biochem.) (Engl.) — 1. vgl. Neoplasma [Bratislava] **7.** [1960.] 257.

3—7 Std. dialysierter zellfreier EHRLICH-Ascites wurde He-Mäusen intraperitoneal injiziert (pro Maus 1 ml). Die Best. der Leber-*Katalase* (**I**)-Aktivität erfolgte 24—96 Std. nach Applikation. Vff. fanden, daß sowohl die nieder- als auch die hochmol. Fraktion des Ascites hemmend auf **I** wirkt. Der wirksame Faktor geht beim Ausschütteln zwischen Phenol u. W. auch in die Phenolphase. W. GUTSCHE. 4160 □

Die Bedeutung von Strahlenschutzsubstanzen für die cytostatische Tumorbehandlung. Erwin Haas. (Strahlentherapie **114.** 468—71. März 1961. Mainz, Univ., Hals-Nasen-Ohren-Klinik.) (Dt.)

Während im Tierexperiment ein Schutzeffekt verschiedener Strahlenschutzsubstanzen gegenüber *Stickstofflost* ohne Beeinträchtigung der Tumorwirksamkeit gefunden wurde, kommt es bei Applikation von einer dicht an der Verträglichkeitsgrenze liegenden Dosis von *β-Aminoäthylisothiuronium* (I) u. *Cysteamin* (II) sowie nachfolgender Gabe des cycl. N-Lost-Phosphamidesters *Endoxan* (III) anstatt zu einer Schutz-Wrkg. durch I bzw. II zu einer deutlichen Zunahme der III-Toxizität. R. SAUERBREY. 4160□

F. B. Straub, Biochemie. Praha: Nakladatelství Ceskoslovenské akademie véd. 1961. (674 S.) Kčs 70,—.

E$_2$. Enzymologie. Gärung

Die medizinische Bedeutung der Enzyme. R. Richterich. (Helv. med. Acta **26.** 887—931. Dez. 1959. Basel, Medizin. Univ.-Klinik.) (Dt.)

Übersicht. Enzymopathologie, Enzymstruktur u. Enzympathologie, biolog. Variabilität des Enzymprofils, Enzymdiagnose, Enzymtherapie. — 175 Literaturangaben. K. MAIER. 4210□

Die Aktivität einiger Oxydationsfermente bei der mit Hilfe von Ultraviolettstrahlen erhaltenen Variante von Aspergillus nidulans. L. G. Loginowa. (Микробиология [Mikrobiologie] **29.** 839—42. Nov./Dez. 1960. Moskau, Inst. für Mikrobiol. der Akad. der Wiss. der UdSSR.) (Russ.; Auszug: Engl.)

Bei allen untersuchten Stämmen (Asp. nidulans, Asp. oryzae u. Variante n/7 von Asp. nidulans) ist die Aktivität von *Katalase* hoch, die von *Peroxydase, Polyphenoloxydase* u. *Ascorbinoxydase* niedrig. In allen Fällen ist die Aktivität der Atmungsfermente bei der Variante n/7 geringer als beim Ausgangsstamm. K. SATTLER. 4210□

Anwendung spezifischer Fermente und Substrate zur histochemischen Differenzierung von Atmungsfermenten. H. H. Schumacher. (Acta histochem. [Jena], Suppl. Nr. **2.** 157. 1961. Hamburg, Tropen-Inst.) (Dt.)

Übersichtsvortrag mit Diskussion. — 8 Literaturangaben. A. HESSE. 4210□

Beobachtungen an der Hydrogenase. Emanuel Riklis und D. Rittenberg. (J. biol. Chemistry **236.** 2526—29. Sept. 1961. New York, N.Y., Columbia Univ., Dep. of Biochem., Coll. of Physic. and Surg.) (Engl.)

Es wird eine Meth. zur Anreicherung von *Hydrogenase* (I) aus *Desulfovibrio desulfuricans* beschrieben. Die spezif. Aktivität kann um das 300fache auf $Q_{H2}^{Exchange} = 54 \cdot 10^6$ μl H_2/Std./mg *N* erhöht werden. Die hohe Anreicherung wird durch Säulenchromatographie an DEAE-Cellulose erreicht. Hierdurch gelingt es, grüne u. blaßrote Pigmente sowie *Cytochrom* c_3 abzutrennen. Im Absorptionsspektrum findet sich zwischen 220 u. 800 mμ keine Bande, die in Beziehung zur Fermentaktivität steht. Es zeigt sich, daß ein Anteil I in 1m *Glycin*-Lsg. nicht lösl. ist. Die Auflösung gelingt nach Zusatz von *Trypsin*. An Hand von Sedimentations-Verss. in der Ultrazentrifuge wird das Molgew. zu ca. 9000 bestimmt. Die Diffusions-Geschw. ergibt ein Molgew. von 15000 (Vgl.-Substanz: menschliches Hämoglobin). Durch Fluorescenzspektroskopie wird *Fe* als einziges Metall in den aktivsten Fraktionen nachgewiesen. K. KOSSMANN. 4210□

Kritisches zur histochemischen Darstellung Pyridinnucleotid-gebundener Dehydrogenasen. H. Zimmermann. (Acta histochem. [Jena], Suppl. Nr. **2.** 164—76. 1961. Gießen, Univ., Patholog. Inst.) (Dt.)

Vortrag mit Diskussion. — Bei Autolyse von Lebergeweben (♂ u. ♀ Albinoratten) wurde nach 9 Std. keine Verminderung der Wrkg. von *Glucose-6-phosphatdehydrogenase, 6-Phosphogluconatdehydrogenase, β-Hydroxybuttersäuredehydrogenase, Diphosphopyridinnucleotiddiaphorase* u. *Triphosphopyridinnucleotiddiaphorase* gefunden; nach 24std. Autolyse ist die Aktivität erheblich herabgesetzt, nach 36—48 Std. aufgehoben. Der Aktivitätsverlust der Pyridinnucleotid (I)-gebundenen Enzyme geht also parallel mit den Veränderungen der Zellstruktur. — Auch bei histochem. Arbeiten erfolgt die aus der Biochemie bekannte Red. exogener I durch SH-Gruppen, was sich an positiven Rkk. zeigt, wenn frische Gewebeschnitte im alkal. Bereich mit oxydierten I u. Tetrazoliumsalzen ohne Substratzusatz inkubiert werden. Der Effekt ist pH-abhängig u. wird von pH 7,0 an sichtbar. Er wird aufgehoben durch Zusatz geringer Mengen von SH-Inhibitoren oder durch langes Erhitzen des Gewebes. Die spezif. Diaphorasen werden durch SH-Inhibitoren nicht beeinflußt. — Die Entw. histochem. Meth. zur Darst. I-gebundener Dehydrogenasen wird durch diese Aktivität der SH-Gruppen gestört. Meth., welche I-gebundene Dehydrogenasen im alkal. Milieu histochem. zur Darst. bringen, erscheinen hinsichtlich ihrer Spezifität zweifelhaft. A. HESSE. 4210□

Eine intramolekulare Oxydoreduktion, die ein Cobamidcoenzym erfordert. Robert H. Abeles und Howard A. Lee jun. (J. biol. Chemistry **236.** 2347—50. Aug. 1961. Columbus, Ohio, Ohio State Univ., Dep. of Chem.) (Engl.)

Zellfreie Extrakte von anaerob gewachsenen Kulturen von *Aerobacter aerogens* katalysieren die Umwandlung von *Äthylenglykol* in *Acetaldehyd* u. von *Propandiol-(1.2)* in *Propionaldehyd*. Durch Behandlung der Extrakte mit Aktivkohle läßt sich das wirksame *Coenzym* entfernen; die Extrakte werden inaktiv. Als Coenzym dieser Rk. fungieren *Cobamide*, wobei sich *Adenylcobamid* (I), *Benzimidazolylcobamid* u. *Dimethylbenzimidazolylcobamid* als gleich wirksam erweisen, während Cyanocobalamin inaktiv ist. Das natürlich vorkommende Coenzym ist ein Purincobamid, wahrscheinlich I.

P. SCHWERDTFEGER. 4210□

Die Katalase- und Succindehydraseaktivität der Leber bei Schlafhemmung. I. Ss. Roisman. (Український Біохімічний Журнал [Ukrain. biochem. J.] **33.** 64—71. 1961. Winniza, Medizin. Inst., Lehrstuhl für Biochem.) (Ukrain.; Auszug: Engl.)

Im Kaninchen-Vers. wird festgestellt, daß bei Zufuhr von Ae., Chloralhydrat (**I**), Urethan (**II**) oder Pentothal (**III**) die *Katalase* (**IV**)-Zahl der Leber erhöht wird. Nach der Einw. auf **IV** ergibt sich die folgende Reihe: **II** $>$ **I** $>$ Ae. $>$ **III**. Die Aktivität der *Succindehydrase* (**V**) der Leber wird durch Ae., **I** u. **III** erhöht, durch **II**, noch stärker durch Ae. + Chlf. gesenkt. Die Wrkg. von Ae. u. **I** auf die **V**-Aktivität ist stärker als die von **III**. Der Leber-Geh. an Lipiden wird durch die medikamentöse Hemmung erhöht: 1,98 (%) mit Ae., 4,16 mit Ae. + Chlf., 1,91 mit **I**, 1,60 mit **II**, 1,77 mit **III**. Die starke Senkung der **V**-Aktivität durch Ae. + Chlf. beruht auf der starken Anreicherung u. geringen Denaturierung der Lipide. Durch den medikamentösen Schlaf wird die an der Entfärbung von Methylenblau gemessene restliche Red.-Fähigkeit der Leber so verändert, daß mit **II** u. **III** der Koeff. der Veränderung mehr als 3, mit Ae., Ae. + Chlf. u. **I** weniger als 3 beträgt.

O. LEBTAG. 4210□

Katalaseaktivität in pathogener Leptospira. S. Faine. (J. gen. Microbiol. **22.** 1—9. Febr. 1960. Dunedin, New Zealand, Otago Univ., Med. School, Microbiol. Dep.) (Engl.)

Katalase (I)-Aktivität, vergleichbar mit der aerober Bakterien, wurde in vielen Stämmen pathogener *Leptospira* nachgewiesen. I war intracellulär; ihre Aktivität nahm zu bei Lyse der Leptospiren mit Gallensalzen oder bei Einfrieren u. Auftauen u. wurde gehemmt durch 0,001 m KCN oder Erhitzen. pH-Optimum 7,0; optimale Temp. 37°. Alternde Kulturen zeigten erhöhte I-Aktivität, umgekehrt proportional zu der Anzahl von Leptospira-Organismen, herrührend von Autolyse. Qual. Peroxydase-Best. waren negativ. Positiv waren qual. Best. von Oxydasen bei I-akt. u. I-inakt. Leptospiren in gewaschenen Suspensionen u. bei Wachstum auf festem Medium.

H. AMAN. 4210□

Untersuchungen über den Stoffwechsel von Acetobacter peroxydans. 3. Mitt. **Eigenschaften und Lokalisierung von Peroxydasen.** J. de Ley und V. Vervloet. (Biochim. biophysica Acta [Amsterdam] **50.** 1—16. 10/6. 1961. Gent, Belgium, State Univ., Fac. of Sci., Labor. for Microbiol.) (Engl.) — 2. vgl. C. **1960. 17483.**

Intakte Ruhezellen von *Acetobacter peroxydans* zeigen ausgeprägte *Peroxydase* (I)-Aktivität gegenüber *A.*, *n-Propanol*, *n-Butanol*, *D-Lactat* (II), *Acetaldehyd*, *o-*, *p-Phenylendiamin* (III) u. *Dimethyl-p-phenylendiamin*. Isopropanol, sek.-Butanol, Isobutanol, n-Amylalkohol, L-Lactat, Orcin u. Cytochrom c sind schwache H-Donatoren; 34 andere Verbb. wurden nicht angegriffen. Das Temp.-Optimum der A.-I liegt bei 30°, das pH-Optimum bei 5,5—6. Die I-Aktivität wird unter Vers.-Bedingungen durch H_2O_2 zerstört, u. es wurde daher nie stöchiometr. Umsetzung erzielt. Die I scheint bei der II-Respiration keine physiolog. Funktion zu haben. Die III–I wird gehemmt durch 2-n-Nonyl-4-hydroxychinolin-N-oxid, Sulfid, Hydrazin, Hydroxylamin, CN^- u. Semicarbazid. II–I wird außer durch die meisten der vorst. Inhibitoren u. durch Azid gehemmt, jedoch in anderer Weise; II–I u. III–I sind also voneinander verschiedene Enzyme. CO ist ohne Wirkung. Beide Enzyme sind hauptsächlich in der Cytoplasmamembran lokalisiert. III-I wurde auch nachgewiesen in *A. paradoxus*, *A. ascendens*, *A. rancens*, *A. kützingianus*, *A. estunensis*, *A. aceti*, *A. mobilis*, *A. acetosus*, *A. xylinum*, *Gl. liquefaciens*, *Gl. melanogenus* u. *Gl. suboxydans*. Ca. $^1/_4$ der gesamten *Katalase*-Aktivität ist bei A. aceti u. ascendens in der festen Zellhülle lokalisiert.

H. GOEBEL. 4210□

Physikalisch-chemische Betrachtungen über die Hitzeschädigung und Regeneration der Lactoperoxydase. F. Woerner. (Z. Lebensmittel-Unters. u. Forsch. **114.** 106—10. 6/2. 1961. Hohenheim, Landwirtsch. Hochsch., Inst. für Milchwirtsch. u. Gärungswesen.) (Dt.)

Auf Grund von kinet. Meßwerten wurden die Energie- u. Entropieänderungen bei der Denaturierung von *Lactoperoxydase* (I) u. als Vgl. hierzu *Meerrettichperoxydase* berechnet. Daraus ergibt sich, daß bei der originären I der Grad der Ordnung im Mol. gegenüber dem denaturierten Zustand am größten ist. Die Entropieänderung nimmt bei der Denaturierung von I am meisten zu u. somit auch die Wahrscheinlichkeit, in diesen Zustand überzugehen. Gleichzeitig wird die ster. Umwandlung der eiweißhaltigen Enzymkomponente bei der Hitzedenaturierung gedeutet. K. RICHTER. 4210□

Durch Peroxydase katalysierte Indoloxydation. A. G. Holmes-Siedle und B. C. Saunders. (Chem. and Ind. **1957.** 265–66. 2/3. Cambridge, Univ., Chem. Labor.) (Engl.)

Das Hauptprod. der *Peroxydase*-katalysierten *Indol*-Oxydation ist *2.2-Bis-[indolyl-(3)]-indoxyl* (I). — Vff. gaben zu einer gesätt. Indolpuffer-Lsg. 20 Vol. H_2O_2 u. Meerrettichperoxydase bei Raumtemperatur. I wurde durch Chromatographie des Ae.-Extrakts des Nd. der Enzym-Lsg. als gelbe, gut kristallisierende Substanz erhalten. I bildet ein Pikrat, F. 266° (Zers.; rote Nadeln), u. gibt mit H_2SO_4 purpurrote Färbung. P. GREGORZEWSKI. 4210□

Eine vergleichende Untersuchung von Hydroxyindoloxydasen. H. Blaschko und W. G. Levine. (Brit. J. Pharmacol. Chemotherapy **15.** 625–33. Dez. 1960. Oxford, Univ., Dep. of Pharmacol.) (Engl.)

Eine vergleichende Unters. der Oxydation von *5-Hydroxytryptamin* u. verwandten Verbb. durch die in den Kiemenplatten von ***Mytilus edulis*** vorkommende ***Oxydase*** **(I)** u. durch die Cu-haltige Oxydase des Säugerplasmas *Caeruloplasmin* **(II)** (Schweineplasma) ergab mit beiden Enzymen Oxydation von Indol-Derivv. mit einer OH-Gruppe in 4-, 5-, 6- oder 7-Stellung. *Bufotenin* **(III)** u. sein 6-OH-Analoges wurden von **I** u. **II** zu braunen Farbstoffen oxydiert, das 4-OH-Analoge, *Psilocin* **(IV)**, ein natürlich vorkommendes Hallucinogen, rasch unter Bldg. einer Blaufärbung. 4-Hydroxy- u. 7-Hydroxytryptamin erlitten gleichfalls Oxydation, ersteres unter Bldg. einer blauen Verbindung. Die $N_{(1)}$-Methyl-Derivv. von **III** u. **IV** wurden ebenfalls oxydiert. **I** oxydierte ferner 5-Hydroxyindolylessigsäure. p-Phenylendiamin war ein ausgezeichnetes Substrat für **II**, ein schlechtes für **I**. Anscheinend katalysieren beide Enzyme die gleichen Rkk., wobei die Substratspezifität von **II** etwas beschränkter ist. **I** u. **II** sind nicht nur für 5-Hydroxyindole allein spezif. „Hydroxyindoloxydasen". Unter den **I**-Inhibitoren befanden sich Inhibitoren von Cu-Enzymen, jedoch nicht CO oder Edetat. Die Wrkg. von Schweineserum auf 5-Hydroxytryptamin beruht auf **II**, nicht auf Aminoxydase. K. MAIER. 4210□

Kristallisiertes Cytochrom c. 1. Mitt. **Kristallisiertes Cytochrom c aus Säugetierherz.** Bunji Hagihara, Ichiro Morikawa, Ichiro Sekuzu und Kazuo Okunuki. (J. Biochemistry [Tokyo] **45.** 551–63. Aug. 1958. Osaka, Univ. of Osaka, Fac. of Sci., Dep. of Biol.) (Engl.) — 4. vgl. C. **1960.** 8212.

Die Gewinnung von krist. *Cytochrom c* (I) aus Rinderherz umfaßt folgende Stufen: Extraktion des 1 Std. bei 2–5° mit 1n Essigsäure behandelten Herzbreies mit schwach alkal., hochkonz. Lsg. von $(NH_4)_2SO_4$; Entfernen fremder Proteine mittels $(NH_4)_2SO_4$ bei pH 7,0; Fällen von I mit Trichloressigsäure; Dialyse; Adsorption des mit Ferricyanid oxydierten **I** an dem Kationenaustauscherharz Amberlite XE-64 u. Elution mit 0,5n Puffer pH 7,0; Chromatographie an der gleichen, mit Ammoniumphosphatpuffer pH 7 (eine kleine Menge Ferricyanid enthaltend) im Gleichgewicht befindlichen Kationenaustauschersäule; Dialyse; Wiederholung der Chromatographie; Kristallisation u. Umkristallisation aus konz. $(NH_4)_2SO_4$-Lösung. — Die Meth. kann auch für **I** aus Schweineherz, Pferdeherz oder Pferdemuskel angewendet werden. A. HESSE. 4210□

Kristallisiertes Cytochrom c. 2. Mitt. **Kristallisation von Cytochrom c und a der Taube. Vergleich von zwei Kristallisationsmethoden.** Bunji Hagihara, Masahiko Yoneda, Kunio Tagawa, Ichiro Morikawa und Kazuo Okunuki. (J. Biochemistry [Tokyo] **45.** 565–74. Aug. 1958.) (Engl.) — 1. vgl. vorst. Referat.

Gegenüber der l. c. beschriebenen „Meth. I" zur Kristallisation von *Cytochrom c* (I) wird eine „Meth. II" beschrieben, bei welcher **I** unmittelbar an Amberlite XE-64 bei pH 4,5–4,7 in Ggw. von viel $(NH_4)_2SO_4$ adsorbiert wird u. die Behandlung mit Trichloressigsäure vermieden wird; die Elution erfolgt mit 0,125n Puffer (pH 7,0). Mit dieser Meth. werden 120–180 mg **I** aus 1 kg Taubenbrustmuskel erhalten (gegenüber 100 bis 150 mg nach Meth. I). A. HESSE. 4210□

Untersuchung der verschiedenen Cytochromspektren von Bacillus subtilis. P. Chaix und J. F. Petit. (Biochim. biophysica Acta [Amsterdam] **22.** 66–71. Okt. 1956. Paris, Fac. de Sci., Labor. de Chim. biol.) (Franz.)

Vff. untersuchen die Spektren (bei Raum-Temp. u. bei der Temp. des fl. N_2) von Suspensionen von ***Bacillus subtilis*** (Stämme N.C.T.C. 85 u. 3610, gezüchtet auf Fleischbrühenmedium). Die Spektren ändern sich mit der Inkubationszeit. Bei kurzer Inkubation entspricht das Raum-Temp.-Spektrum mit den α-Banden a u. b_1 dem Tieftemp.-Spektrum mit den α-Banden a, b, γ, z u. c. Die α–z-Bande (553 mμ) ist wahrscheinlich mit der α–c_1-Bande identisch. Die α–γ-Bande (556–557 mμ) scheint noch nicht beschrieben worden zu sein. Die α–a-, α–b-, α–c-, α–γ- u. α–z-Banden sind gegen Sauerstoff im Medium empfindlich. Bei längerer Inkubation entspricht dem Raum-Temp.-Spektrum

(α–a, α–b, α–c) ein bis auf die fehlende α–c_1-Bande ident., aber kräftigeres Tieftemp.-Spektrum. W. HABERDITZL. 4210 □

Cytochrom h aus Aplysia depilans L. Luisa Tosi und F. Ghiretti. (Experientia [Basel] **15.** 18—19. 15/1. 1959. Haples, Staz. Zool., Dep. of Physiol.) (Engl.)

Aus dem Hepatopankreas der Meeresgastropoden *A. depilans* u. *A. limacina* wurde ein Hämochromogen isoliert, das *Cytochrom h* von *Helix pomatia* außerordentlich ähnlich ist. Aus *Aplysia*-Muskeln ließ sich eine Substanz mit dem Spektrum von Säuger-Cytochrom c extrahieren. K. MAIER. 4210 □

Veränderungen des Cytochrom-c-Spiegels bei Kaninchen im Hungerzustand. Th. Béraud und A. Vannotti. (Schweiz. med. Wschr. **85.** 174—78. 19/2. 1955. Lausanne, Clin. méd. universitaire.) (Franz.)

Der *Cytochrom-c* (I)-Geh. in der Leber von normal ernährten Kaninchen beträgt durchschnittlich 2,65 ± 0,57 mg% u. bei 48 Std. hungernden Tieren 5,51 ± 0,30 mg%. Bei der *Hg*-Vergiftung, die eine Veränderung der Hämoglobin-Synth. verursacht, u. bei der Intoxikation mit *Allylisopropylacetylcarbamid* zeigt sich, daß die Biosynth. von I unabhängig von der Biosynth. des Hämoglobins ist. — 34 Literaturangaben. G. KIMMERLE. 4210

Die Cytochromoxydaseaktivität in den Mitochondrien unbefruchteter und befruchteter Seeigeleier. Rachele Maggio. (Exp. Cell Res. **16.** 272—78. Febr. 1959. Palermo, Univ., Labor. of Comparative Anat.) (Engl.) — Vgl. C. **1958.** 13528; C. **1960.** 3901; C. **1961.** 522. 13585.

Die Unters. der *Cytochromoxydase* (I)-Aktivität isolierter Mitochondrien unbefruchteter u. befruchteter *Paracentrotus lividus*-Eier ergab maximale I-Aktivität bei einer Cytochrom-c-Konz. von $3{,}28\cdot10^{-5}$- bzw. $5{,}74\cdot10^{-5}$m. Bei der Befruchtung steigt die I-Aktivität um ca. 30% an u. bleibt dann bis zum Blastulastadium unverändert. K. MAIER. 4210 □

Reinigung und Eigenschaften der Thymidylatsynthetase aus Kalbsthymus. David M. Greenberg, Ravindra Nath und Gladys K. Humphreys. (J. biol. Chemistry **236.** 2271—76. Aug. 1961. San Francisco, Calif., Univ. of California, School of Med., Dep. of Biochem.) (Engl.)

Thymidylatsynthetase (I) katalysiert die Methylierung von *Desoxyuridinmonophosphat* zu *Thymidylsäure* in Ggw. von *Tetrahydrofolsäure* (II) u. *Formaldehyd* als Methyldonator. I wird aus Thymusdrüsenhomogenaten ca. 200fach angereichert. Nach Ansicht der Vff. ist II der H-Donator zur Red. von Formaldehyd. Verss., II katalyt. in Ggw. von Dihydrofolsäurereduktase u. red. Pyridinnucleotid anzuwenden, schlugen fehl. Durch rohes Thymushomogenat konnte die Red. des aus II bei der enzymat. Rk. gebildeten Prod. durch *red. Diphosphopyridinnucleotid* (jedoch nicht durch red. Triphosphopyridinnucleotid) in Ggw. von Leber-*Dihydrofolsäurereduktase* (III) induziert werden. Die Thymusextrakte enthalten wahrscheinlich eine *Isomerase*, die das Oxydations-Prod. von II in *7.8-Dihydrofolsäure* umwandelt, wonach III wirksam werden kann. P. SCHWERDTFEGER. 4210 □

Die enzymatische Synthese von Aminoacylderivaten der Ribonucleinsäure. 1. Mitt. **Der Mechanismus der Leucyl-, Valyl-, Isoleucyl- und Methionylribonucleinsäurebildung.** Paul Berg, Fred H. Bergmann, E. J. Ofengand und M. Dieckmann. (J. biol. Chemistry **236.** 1726—34. Juni 1961. St. Louis, Mo., Washington Univ., School of Med., Dep. of Microbiol.) (Engl.)

Es wurde festgestellt, daß Enzyme aus *Escherichia coli*, die die Bldg. von *L-Leucyl-*, *L-Valyl-*, *L-Isoleucyl-* u. *L-Methionyladenylaten* bewirken, auch bei der Bldg. der entsprechenden *Aminoacyl-RNS* wirksam sind. Hierbei erfolgt die Verknüpfung zwischen Carboxylgruppe der Aminosäure u. der 2'- oder 3'-ständigen Hydroxylendgruppe. Zwischen Amino- u. Aminoacyl-RNS besteht ein Gleichgewicht. E. LODEMANN. 4210 □

Die enzymatische Synthese von Aminoacylderivaten der Ribonucleinsäure. 2. Mitt. **Die Gewinnung der Leucyl-, Valyl-, Isoleucyl- und Methionylribonucleinsäuresynthetasen aus Escherichia coli.** Fred H. Bergmann, Paul Berg und M. Dieckmann. (J. biol. Chemistry **236.** 1735—40. Juni 1961. Erratum: **237.** 1. Jan. 1962.) (Engl.) — 1. vgl. vorst. Referat.

Die Gewinnung der *L-Valin* (I)-, *L-Leucin* (II)-, *L-Isoleucin* (III)- u. *L-Methionin* (IV)-spezif. *Aminoacylribonucleinsäuresynthetasen* (AS) aus *Escherichia coli* wird beschrieben. Die I-, II- u. III-AS sind im Gegensatz zur IV-AS in Abwesenheit von *Sulfhydrylgruppen*-haltigen Verbb. instabil. Während II- u. IV-AS hochspezif. sind, katalysieren I- u. III-AS z. T. auch die Rk. mit anderen Aminosäuren. Die MICHAELIS-Konst. für die enzymkatalysierten Rkk. sind: 10^{-4}m (I), $5{,}6\cdot10^{-5}$m (II), $5\cdot10^{-5}$m (III) u. $2{,}4\cdot10^{-6}$m (IV). E. LODEMANN. 4210 □

Die enzymatische Synthese von Aminoacylderivaten der Ribonucleinsäure. 3. Mitt. **Isolierung der Aminosäureacceptorribonucleinsäuren aus Escherichia coli.** E. J. Ofengand, M. Dieckmann und Paul Berg. (J. biol. Chemistry **236.** 1741—47. Juni 1961.) (Engl.) — 2. vgl. vorst. Referat.

Durch Extraktion getrockneter *E. coli*-Zellen mit *Na-Laurylsulfat*, Fraktionierung mit *NaCl*, Fällung mit A. u. ECTEOLA-Cellulose-Chromatographie wurden die *Aminosäureacceptor-RNS* gewonnen. An Hand der durch alkal. Hydrolyse erhaltenen Bausteine *Adenosin* u. etwa jeweils gleichen Mengen *Adenyl-* u. *Uridyl-* bzw. *Guanyl-* u. *Cytidylsäure* wurde ein ungefähres Molgew. der RNS von 31000 berechnet. Die Trennung der *Leucin-* u. *Valin*-spezif. RNS gelang teilweise, ohne jedoch gleichzeitig die Trennung von den *Isoleucin-* u. *Methionin*-spezif. RNS zu erreichen. E. LODEMANN. 4210□

Die enzymatische Synthese von Aminoacylderivaten der Ribonucleinsäure. 4. Mitt. **Die Bildung der 3'-Hydroxyl-endständigen Trinucleotidsequenz der Aminosäureacceptorribonucleinsäure.** J. Preiss, M. Dieckmann und Paul Berg. (J. biol. Chemistry **236.** 1748—57. Juni 1961.) (Engl.) — 3. vgl. vorst. Referat.

Durch partiellen Abbau mit *Schlangengiftphosphodiesterase* gelang es, aus *Aminosäureacceptor(AA)-RNS* von *E. coli* eine Acceptor(A)-RNS für *Adenosin* (**I**)*-monophosphat* (*AMP*) u. *Cytosin* (**II**)*-monophosphat* (*CMP*) zu gewinnen. Die Rk. zwischen der A-RNS u. den Triphosphaten von **I** (*ATP*) u. **II** (*CTP*) unter dem Einfl. eines aus *E. coli* gewonnenen Enzyms ist reversibel. Abbau der so gewonnenen RNS ergab, daß zwei CMP u. ein AMP eingebaut werden, wobei die beiden CMP zusammenhängen u. AMP die *3'-Hydroxyl-endständige* Gruppe bildet. Die endständige Trinucleotidsequenz der AA-RNS von *E. coli* ist also: *Adenylyl-(5' → 3')-cytidylyl-(5' → 3')-cytidylyl-(5' → 3')-RNS.* E. LODEMANN. 4210□

Acetoacetatbildung aus Acetoacetylcoenzym A in Rattenlebermitochondrien: Einfluß des endokrinen Status und Natur des Systems. Harold L. Segal und Govind K. K. Menon. (J. biol. Chemistry **236.** 2872—78. Nov. 1961. St. Louis, Mo., St. Louis Univ., School of Med., Dep. of Pharmacol.) (Engl.)

Vff. untersuchten die Bldg. von *Acetoacetat* (**I**) aus *Acetoacetylcoenzym A* (**II**) in Leber-Präpp. normaler u. mit Hormon behandelter ♂ HOLTZMAN-Ratten (SPRAGUE-DAWLEY-Stamm). — Die höhere Aktivität findet sich in der Mitochondrien (M)-Fraktion; jedoch ist nur ein vergleichsweise geringer Teil der Aktivität in intakten **M** nachweisbar. Erst nach Behandlung der **M** mit Detergentien (*Triton X-100*; **III**) oder durch Einfrieren bei —20° ist die Aktivität erhöht. Durch Einfrieren u. Auftauen aktivierte M-Präpp. von diabet. Tieren zeigen etwa die doppelte Aktivität wie die normalen Ratten; Rückkehr zu normaler Aktivität macht sich nach *Insulin*-Behandlung oder nach Adrenalektomie der diabet. Tiere bemerkbar. Diese Unterschiede wurden bei **III**-behandelten M-Präpp. mit offensichtlich maximaler Aktivität nicht festgestellt. M-Präpp. von mit *Prednisolon* (**IV**) behandelten Ratten weisen merklich höhere Aktivität auf als die von normalen Ratten durch Einfrieren oder **III**-Behandlung aktivierten M-Suspensionen. **M** von diabet. oder von mit **IV** behandelten Ratten spalten *β-Hydroxy-β-methylglutarylcoenzym A* (**V**) enzymat. in stärkerem Maße als die **M** normaler Tiere. Es konnte bewiesen werden, daß **V** kein Intermediär-Prod. bei der **I**-Bldg. aus **II** in **M** darstellt. — Die mögliche Beziehung dieser Ergebnisse zum Mechanismus der diabet. Ketosis wird ausführlich diskutiert. H. KOCKERT. 4210□

Beitrag zur Frage der biologischen Aktivität des Cocarboxylasedisulfides. C. v. Holt, K. U. Blum und W.-D. Heinrich. (Hoppe-Seyler's Z. physiol. Chem. **302.** 68 bis 72. 1955. Hamburg, Univ., Physiol.-Chem. Inst.) (Dt.)

Die in Leberhomogenaten mittels Neopyrithiamin B_1-avitaminot. gemachter Ratten verringerte Brenztraubensäureoxydation ist durch *Cocarboxylase* (**I**) u. **I**-*Disulfid* (**II**) wieder normalisierbar, wobei das Aktivitätsverhältnis ca. 7 : 1 ist. Es ist noch unklar, ob **II** als solches oder erst nach Umwandlung in **I** oder eine andere akt. Form (Thiol ?) wirksam wird. K. MAIER. 4210□

Intracelluläre Verteilung der Carboanhydrase. R. Karler und D. M. Woodbury. (Biochem. J. **75.** 538—43. Juni 1960. Salt Lake City, Utah, USA, Univ. of Utah, Coll. of Med., Dep. of Pharmacol.) (Engl.)

Verschiedene Gewebe von ♂ SPRAGUE-DAWLEY-Ratten wurden in 0,25 m Saccharose (**I**)-Lsg. homogenisiert u. durch Zentrifugieren bei 100000 *g* (30 Min.) in eine lösl. u. eine Partikelfraktion getrennt. Homogenate von Hirnrinde wurden weiter fraktioniert, indem bei 600 *g* (10 Min.) eine Kern-, bei 10000 *g* (25 Min.) eine Mitochondrien- u. bei 100000 *g* (30 Min.) eine Mikrosomenfraktion abgetrennt wurde. Aus Nierenhomogenaten wurden die Mitochondrien bei 20000 *g* (10 Min.) abzentrifugiert. Die *Carboanhydrase* (**II**) wurde manometr. nach ROUGHTON u. CLARK [1951] bestimmt. Der Anteil der **II**-Aktivität in der lösl. Fraktion betrug bei Unterkieferdrüse, Niere, Hirnrinde u. Leber 75—85%, bei der Schilddrüse 100%. Wenn das Homogenisieren u. Zentrifugieren in 0,88 m **I** oder 0,25 m **I**/7,3%ig. Polyvinylpyrrolidon erfolgte, blieb die Aktivitätsverteilung unverändert. Für die prozentuale Verteilung in der Hirnrinde (bzw. Niere) ergaben sich folgende Werte: Kerne 5 (5), Mitochondrien 20 (10), Mikrosomen — (5), lösl. Fraktion 75 (80). Behandlung der Mitochondrien mit Lsgm. zeigte, daß **II** mit der Membran fest verbunden ist. H. LOHSCHELDER. 4210□

Die Rolle des Pentosephosphatcyclus in Pasteurella multocida. Inda M. De Issaly, A. Issaly und A. O. M. Stoppani. (Nature [London] **191**. 727—28. 12/8. 1961. Buenos Aires, Univ., School of Med., Inst. of Biochem.) (Engl.)

Pasteurella multocida wurde 4 Std. (A, wachsende Zellen) bzw. 24 Std. (B, ruhende Zellen) aerob bei 37° u. pH 7,2 in einem Nährmedium inkubiert. B oxydierte *Glucose* (**I**), *Fructose* (**II**), *Gluconat* (**III**) u. *Ribose* (**IV**), wobei die Q_{O_2}-Werte für **I** u. **II** bei 24, für **III** bei 18 u. für **IV** bei 12 lagen. Die spezif. Aktivität des gebildeten CO_2 aus $^{14}C_{(1)}$-**I** durch B lag erheblich höher als die aus $^{14}C_{(6)}$-**I**, so daß nach Berechnungen über 85% von **I** über den Pentosephosphatcyclus (PPC) abgebaut wurden. Ähnliches galt für A. Nach Oxydation von in 1- oder 6-Stellung bzw. allg. markierter **I** durch B oder proliferierende Zellen konnten papierchromatograph. u. radioautograph. Aktivität in **I**, *Glucose-6-phosphat* (**V**), *Fructose-1.6-diphosphat* (**VI**), *6-Phosphogluconat* (**VII**), *Ribose-5-phosphat* (**VIII**), *Sedoheptulose-7-phosphat* (**IX**), *Milch-*, *Bernstein-*, *Fumar-* u. *Maleinsäure*, *Glutamin-* u. *Asparaginsäure*, *Alanin*, *Threonin*, *Leucin*, *Tyrosin* u. *Valin-Tryptophan* nachgewiesen werden. Die Kinetik der Verteilung von ^{14}C in den Zuckerphosphaten nach Inkubation mit $^{14}C_{(6)}$-**I** entsprach der des PPC, wobei ^{14}C zuerst in **V**, dann in **VII**, **VIII**, **IX** u. **VI** erschien u. die **I**-Aktivität nahezu konst. blieb. Bei Verw. von $^{14}C_{(1)}$-**I** blieb die Reihenfolge der Markierung unverändert, doch fiel die **I**-Aktivität rasch ab. In Ggw. von $NaH^{14}CO_3$ förderte die Gluconatoxydation die $^{14}CO_2$-Fixierung, wobei ^{14}C-**V** gebildet wurde. B oxydierte *Pyruvat* (**X**) u. andere Zwischenprodd. des Citronensäurecyclus, wobei die Q_{O_2}-Werte **X** zu 24, *Citrat* 3,7; *Isocitrat* 6,2; *α-Ketoglutarat* 19; *Succinat* 26; *Fumarat* 13 u. *L-Malat* zu 5 gefunden wurden. Die Oxydation von $^{14}C_{(2)}$-**X** ergab neben Bldg. von $^{14}CO_2$ Markierung von Zwischenprodd. des Citronensäurecyclus u. von Aminosäuren. A baute mehr ^{14}C in die Aminosäuren ein als B.

J. BOELTER. 4210□

Das Schicksal von einheitlich markierter ^{14}C-Fructose in verschiedenen Teilen von Hirn und Hypophyse bei der Ziege. Stig Larsson. (Acta physiol. scand. **52**. 171—77. Juni 1961. Stockholm, Kungl. Veterinärkogskolan, Dep. of Physiol. and Clin. Biochem.) (Engl.)

Schnitte verschiedener Abschnitte von Hirn u. Hypophyse der Ziege wurden bei 37° mit *^{14}C-Fructose* (**I**) bzw. *^{14}C-Glucose* (**II**) inkubiert. Im allg. war der **I**-Stoffwechsel geringer als der von **II**. Im Hypophysenvorderlappen (HVL) war die **I**-Verwertung bes. niedrig. **I** beeinflußte die O_2-Aufnahme nur wenig, erhöhte jedoch die Verwertung endogener Substanzen stark (beim Vgl. mit **II**). Die **I**-Umwandlung in verschiedene Aminosäuren war in Hypothalamusteilen u. HVL niedriger als die von **II**. Die beobachteten Unterschiede wurden in bezug auf die Bedeutung des Pentose-„shunt" diskutiert.

M. METZE. 4210□

Einige Aspekte des Galaktosestoffwechsels bei Mikroorganismen und beim Menschen. H. M. Kalckar und H. de Robichon-Szulmajster. (Bull. Soc. Chim. biol. **41**. 1309—28. 17/12. 1959. Bethesda, Md., Nat. Inst. of Health; Baltimore, Md., Johns Hopkins Univ., Mac Collum Pratt Inst.; Gif-sur-Yvette (Seine-et-Oise), France, Labor. de génét. Physiol. du C.N.R.S.) (Franz.)

Vortrag. Enzymologie des *Galaktose* (**I**)-Stoffwechsels, Meth., induzierte Biosynth. von Enzymen des **I**-Stoffwechsels, Permeabilität u. akt. Transport von **I**, Unters. **I**-negativer *E. coli*-Mutanten, erhebliche Anomalie des **I**-Stoffwechsels beim Menschen. — 48 Literaturangaben. K. MAIER. 4210□.

Kohlenhydratstoffwechsel in Rhodopseudomonas spheroides. M. Szymona und M. Doudoroff. (J. gen. Microbiol. **22**. 167—83. Febr. 1960. Berkeley, Calif., Univ. of California, Dep. of Bact.) (Engl.)

Der Wildtypstamm von *Rhodopseudomonas spheroides* 2.4.1 nützt kein exogenes *Gluconat* (**V**) u. wächst spärlich mit *Glucose* (**I**), *Fructose* oder *Mannose* (**II**) als Substrate unter Anhäufung von *Aldonsäuren* u. *2-Keto-3-desoxygluconsäure* (**IV**) im Medium. Mutanten mit gutem Wachstumsvermögen mit **I** ohne Anreicherung von Säuren erwerben das Enzym *Phosphogluconsäuredehydrase* (**III**) u. oxydieren Hexosen hauptsächlich auf dem früher (Mac Gee u. Doudoroff [1954]) bei *Pseudomonas saccharophila* beschriebenen Weg. Der Embden-Meyerhof-Weg. ist wesentlich bei Wildtyp u. Mutanten von *Rh. sph.*, scheint aber infolge der sehr geringen *Aldolase*-Aktivität nur eine begrenzte Aufgabe zu haben. Entweder fehlt **III** oder ihre Aktivität ist zu schwach, um die Benützung des Pentosephosphatoxydationsweges zuzulassen. Ein neuer Typus eines allen Stämmen eigenen *Aldosedehydrogenase*-Syst. ist an der Oxydation von **I** u. **II** zu den entsprechenden Aldonsäurelactonen beteiligt. *Glucon-* u. *Mannonsäure* werden durch zwei verschiedene *Dehydrasen* zu **IV** umgewandelt. Eine Mutation, welche zur Nutzung von Gluconsäure führt, ist mit dem Erwerb eines hohen Geh. an **IV**-, nicht aber an Phosphogluconsäurekinase verbunden. Auch ein Permeabilitätsfaktor kann bei der Adaption von **V** mit beteiligt sein. H. Aman. 4210□

Anaerobe Glykolyse in normalen und denervierten Speicheldrüsen. B. C. R. Strömblad. (Exp. Cell Res. **23**. 9—13. Febr. 1961. Lund, Sweden, Univ. of Lund, Inst. of Physiol.) (Engl.)

Vf. untersuchte die *Glykolyse* in normalen u. vorher denervierten Speicheldrüsen in vitro. Die Ergebnisse weisen darauf hin, daß Glykolyse die Energie liefern kann für die Sekretion bei der Speicheldrüse der Katze. Bei der Katze aber nicht beim Kaninchen bewirkt parasympath. Denervierung eine Verminderung der Glykolysegeschwindigkeit. Sympath. Denervierung bewirkt Erhöhung der Glykolysegeschwindigkeit. H. Goebel. 4210□

Wirkung von Isooctan auf die Enzyme der anaeroben Glykolyse. A. L. Luzzati. (Arch. Scienze biol. **45**. 134—40. April/Juni 1961. Torino, Univ., Ist. di Chim. biol.; Osped. Maggiore di S. Giovanni Battista, Ist. di Oncol., Labor. di Chim. Biol.) (Ital.)

Durch einfache u. bes. durch wiederholte Extraktion mit *Isooctan* (**I**) werden *Hexokinase* (aus Hefe, **II**) sowie *Aldolase* u. *Milchsäuredehydrogenase* (aus Muskel) weitgehend inaktiviert; dagegen schützt Albumin u. bei den beiden letzten auch KCl. Gefriertrocknung u. Zentrifugierung besitzt keinen Einfl. auf die durch **I** inaktivierte **II**. K. Zingraf. 4210□

Erniedrigte Glykolyse der Erythrocyten von Ratten im Magnesium-Mangel. I. Syllm-Rapoport, I. Strassburger und S. Rapoport. (Acta biol. med. german. [Berlin] **5**. 596—99. 1960. Berlin, Humboldt Univ., Physiolog. chem. Inst. u. Kinderklinik der Charité.) (Dt.)

Die Glykolyse der Erythrocyten von Mg^{2+}-Mangelratten ist um mehr als die Hälfte erniedrigt. Der *Mg^{2+}*-Mangel beeinflußt vermutlich die *Hexokinase* als Schrittmacher-Rk. der Glykolyse. L. Lachhein. 4210□

Beobachtungen in vitro über die Konjugatbildung von Bilirubin in Leberhomogenaten bei neugeborenen Meerschweinchen. P. Careddu, T. Apollonio und N. Cabassa. (Boll. Soc. ital. Biol. sperim. **36**. 130—33. 15/2. 1960. Ferrara, Univ., Ist. di Clin. Pediatr.) (Ital.)

In Leberhomogenaten neugeborener Meerschweinchen wird die Aktivität des Enzym-Syst., welches die Glykuronid-Bldg. von o-Aminophenol bzw. von Bilirubin katalysiert, untersucht. Es wird festgestellt, daß die Lebern der neugeborenen Vers.-Tiere in dieser Hinsicht unterentwickelt sind, die volle Aktivität jedoch schon im Alter von 3 Wochen erreicht wird. Die vorangehende Behandlung der Vers.-Tiere mit *Orotsäure* per os, womit die Aktivierung von Uridindiphosphatglucose u. -galaktose beabsichtigt wird, läßt die Glykuronid-Bldg. unbeeinflußt. Dagegen führt die Vorbehandlung mit *Cortison* zu erhöhter Glykuronidbildung. Dieses steht im Einklang mit klin. Beobachtungen über die gute Wrkg. von Cortison beim Icterus neonatorum. F. Kren. 4210□

Über die Spaltung gemischter O.S-Bis-glykoside der isomeren Thiolhydroxybenzole mit Süßmandelemulsin. Günther Wagner und Peter Pflegel. (Naturwissenschaften **48**. 432. 1. Juni-H. 1961. Leipzig, Univ., Pharmaz. Inst.) (Dt.)

Früher (C. **1960**. 2233) war gezeigt worden, daß von den 3 isomeren Thiolhydroxybenzol-O.S-bis-β-D-glucopyranosiden die O-glucosid. Bindung der o-Isomeren durch *β-Glucosidase* (**V**) des Süßmandelemulsins wenig langsamer als Phenyl-β-D-glucosid gespalten wird; die O-glucosid. Bindung des p-Isomeren wird dagegen extrem langsam gespalten. Dies wird mit einer stärkeren Anlagerung von **V** an den p-ständigen, fermentativ nicht abspaltbaren Thioglucoserest gedeutet. Um die Richtigkeit dieser Hypothese zu überprüfen, wird die Spaltbarkeit folgender neu synthetisierter Verbb. geprüft: *2-Thiol-1-hydroxybenzol-O.S-bis-β-D-glucosid*, *3-Thiol-1-hydroxybenzol-O.S-bis-β-D-glucosid*, *4-Thiol-1-hydroxybenzol-O.S-bis-β-D-glucosid* (**I**), *2-Thiol-1-hydroxybenzol-O-β-D-glucosid-S-β-D-galaktosid*, *3-Thiol-1-hydroxybenzol-O-β-D-glucosid-S-β-D-galaktosid*, *4-Thiol-1-hydroxybenzol-O-β-D-glucosid-S-β-D-galaktosid* (**II**), *2-Thiol-1-hydroxybenzol-O-β-D-glucosid-S-β-D-xylosid*, *4-Thiol-1-hydroxybenzol-O-β-D-glucosid-S-β-D-xylosid* (**III**), *2-Thiol-1-hydroxy-*

benzol-O-β-D-glucosid-S-α-L-arabinosid, *4-Thiol-1-hydroxybenzol-O-β-D-glucosid-S-α-L-arabinosid* (**IV**). Bei allen untersuchten Verbb. wird die O-glucosid. Bindung der p-Isomeren am langsamsten, die der o-Isomeren am schnellsten gespalten. Bei den o-Isomeren werden bes. die Substrate mit solchen S-glykosid. gebundenen Zuckerresten schneller gespalten, die sich von der Glucose durch andere Konfiguration am $C_{(4)}$ unterscheiden; bei diesen Substraten besteht die Möglichkeit, daß sich **V** schlechter an diese Thioglykosylreste anlagert u. sich bevorzugt der für die Spaltung notwendige „richtige" Adsorptionskomplex bildet. — Bei den p-Isomeren bestehen zwischen den beiden S-Hexosid-Derivv. **I** u. **II** ebenso wie zwischen den beiden S-Pentosid-Derivv. **III** u. **IV** nur unbedeutende Unterschiede. Dagegen werden die S-Pentosid-Derivv. **III** u. **IV** deutlich schneller als die S-Hexosid-Derivv. **I** u. **II** gespalten. Dies spricht gegen eine die Spaltung der O-glucosid. Bindung störende Anlagerung von **V** an den Glucosylrest bei **I**. Es erscheint aber möglich, daß bei sämtlichen p-Isomeren **V** von beiden Zuckerresten adsorptiv gebunden wird. A. HESSE. 4210□

Physiologische Untersuchungen über den Ernährungstrakt der Seidenraupe, Bombyx mori. 2. Mitt. Carbohydrasen des Verdauungssafts und des Mitteldarmgewebes. Yasuhiro Horie. (Bull. sericult. Exp. Stat. [Tokyo] **15.** 381—82. Sept. 1959.) (Jap.; Auszug: Engl.) — Vgl. C. **1959. 16405.**

Durch elektr. Schock aus nüchternen Maulbeerspinnerlarven (5. Instarstadium) gewonnene, nach Dialyse lyophil getrocknete Verdauungs-Fl. u. Acetonpulver aus Mitteldarmgewebe dienten als Enzym-Präpp., deren Geh. an *Carbohydrasen* (**I**) durch papierchromatograph. Best. aus Substraten der nach 24 Std.-Inkubation freigesetzten Monosaccharide ermittelt wurde. In der Verdauungs-Fl. fand sich nur eine sehr kräftige *Amylase*-Wrkg., dagegen keine anderen **I**. Mitteldarmgewebe-**I** hydrolysierten *Trehalose, Maltose, Phenyl-β-glucosid* (**II**), *Salicin* (**III**), *Cellobiose* (**IV**), *Melibiose* (**V**), *Lactose* (**VI**), *o-Nitrophenyl-β-galaktosid* (**VII**), *Saccharose, Raffinose, Stärke* u. *Inulin*; *Methyl-α-glucosid, Methyl-α-mannosid* u. *o-Kresyl-β-xylosid* dagegen nicht. Der relative **I**-Titer ergab die Reihenfolge: *β-Fructosidase* (Saccharose) > *Trehalase* > *α-Galaktosidase* (**V**), *β-Galaktosidase* (**VII**) > *Maltase* > *β-Glucosidase* (**III**) > *β-Galaktosidase* (**VI**), *β-Glucosidase* (**IV**) > *β-Glucosidase* (**II**). K. MAIER. 4210□

Einfluß von Wachstumssubstanzen auf den Gehalt an die Glyoxylatbildung umgehenden Enzymen in einem Glutaminat bildenden Bacterium, Brevibacterium flavum Nr. 2247. Isamu Shiio, Shin-Ichiro Otsuka und Masahiro Takahashi. (J. Biochemistry [Tokyo] **49.** 262—63. März 1961. Kawasaki, Ajinomoto Co., Inc., Central Res. Labor.) (Engl.)

Bei den in früher (SHIIO, OTSUKA, TSUNODA, J. Biochemistry [Tokyo] **48.** [1960.] 110) beschriebener Weise aus lyophilisiertem *Brevibacterium flavum Nr. 2247* erhaltenen zellfreien Extrakten wurden die spezif. Aktivitäten der *Isocitratase* (**I**) u. der *Malatsynthetase* (**II**) zu 8,8 bzw. 1,3 μMol/mg Protein/Std. für auf Glucose gewachsene Zellen u. zu 4,8 bzw. 3,1 μMol/mg Protein/Std. für auf Acetat gewachsene Zellen gefunden. Hieraus wird geschlossen, daß **I** u. **II** von Br. flavum konstitutive Enzyme sind, wogegen andere Autoren **I** für adoptativ gebildet halten. — Die *Glyoxylat*-Umgehung in dem auf Glucose gewachsenen Br. flavum sowie auch die Fixierung von CO_2 an C_3-Verbb. scheinen eine Bedeutung bei der Lieferung von C_4-Verbb., die für Bldg. von *Glutaminat* benötigt werden, zu haben. A. HESSE. 4210□

Zur Frage der Biosynthese von Glutamin in tierischen Geweben. N. N. Lesstrowaja. (БИОХИМИЯ [Biochemie] **26.** 505—10. Moskau, Inst. für biol. u. med. Chem. der Akad. der med. Wiss. der UdSSR.) (Russ.; Auszug; Engl.)

Durch Unterss. über den Mechanismus der Bldg. von *Glutamin* (**I**) in der Leber von Taube u. Ratte wird gezeigt, daß die **I**-Bldg. in den Syst. Glutaminsäure (**II**) + Asparagin u. **II** + NH_3 mit der gleichen Geschw. erfolgt. Die Unters. der **I**-Synth. an den bei der Reinigung von *Glutaminsynthetase* (**III**) nach SPECK (J. biol. Chemistry **179.** [1949.] 1405) erhaltenen Fraktionen ergab, daß die erhaltenen Ferment-Präpp. manchmal keine Asparaginase (**IV**) enthalten. Die in Ggw. dieser Präpp. u. der **II** vor sich gehende **I**-Synth. ist durch die Ggw. von NH_3 in den angewandten Reagenzien bedingt. In einem Präp. mit **IV**-Aktivität wird bei Zugabe von DL-Methylaspartat, das **IV**, teilweise auch **III** inaktiviert, die Synth. von **I** völlig unterdrückt. In der Taubenleber wird demnach die Rk. der Umamidierung durch die Ggw. von **III** u. **IV** imitiert. O. LEBTAG. 4210□

Die durch Proteasen aus Eialbumin freigesetzten Glykoproteide. Je. D. Kawersnewa und Zi De-fan. (БИОХИМИЯ [Biochemie] **26.** 420—25. Mai/Juni 1961. Moskau, Zelinsky-Inst. für organ. Chem. der Akad. der Wiss. der UdSSR.) (Russ.; Auszug: Engl.)

Es wird gezeigt, daß die Bindung Kohlenhydrat–Eiweiß im *Eialbumin* (**I**) bei der Einw. von *Pepsin* (**II**), *Trypsin* (**III**), *Pankreatin* (**IV**) oder *Chymotrypsin* (**V**) nicht gesprengt wird. Bei der Einw. von **II, III IV** oder **V** u. deren Kombinationen entstehen im I-Hydrolysat Glykoproteide, die im Polysaccharidteil einander gleich, nach Länge u. Zus. der Peptidkette verschieden sind. Auf Grund eines Vgl. der Zus. der verschiedenen *Glykoproteide* wird die wahrscheinliche Anordnung der Aminosäuren in der Polypeptidkette des I diskutiert. O. LEBTAG. 4210□

Weitere Untersuchungen über die Verteilung der Glutamin–Brenztraubensäure-Transaminasen in Rattengeweben. M. R. Alioto, G. Napoleone, M. Ayala und G. Rinaldi. (Giorn. Biochim. **9.** 282—93. Sept./Okt. 1960. Napoli, Univ., Ist. di Chimica Biol.) (Ital.) — Vgl. Giorn. Biochim. **9.** [1960.] 199.

Die Transaminierung zwischen *L-Alanin* u. *α-Ketoglutarsäure* wurde in Homogenaten von Rattengeweben bestimmt durch Messung der neu gebildeten *Brenztraubensäure*. Danach sind die *Glutamin–Brenztraubensäure-Transaminasen* in den Geweben in folgender Reihenfolge mit abnehmender Häufigkeit vorhanden: Leber, Darmschleimhaut, Muskel, Herz, Niere, Gehirn u. Milz. M. WIEDEMANN. 4210□

Einige physiologische Aspekte der Glutamat–Aspartat-Transaminierung bei Insekten. J. W. McAllan und W. Chefurka. (Comparat. Biochem. Physiol. **2.** 290—99. April 1961. London, Ontario, Canada, Univ. of Western Ontario, Dep. of Zool., u. Canada Dep. of Agric., Pesticide Res. Inst.) (Engl.)

Vff. berichten über die quant. Verteilung der *Glutamat–Aspartat-Transaminase* (I) in Geweben von *Periplaneta americana.* Fraktionierung der Schabenmuskeln mit der Ultrazentrifuge ergab, daß der Hauptanteil der I-Aktivität in der lösl. Fraktion des Sarcoplasmas lokalisiert ist. Bei *Musca domestica* wurde die I-Aktivität während des Lebenscyclus bestimmt; sie steigt im Laufe der Larven-Entw., fällt im Puppenstadium ab u. steigt dann nach dem Schlüpfen wieder stark an. Ähnliche Ergebnisse wurden bei *Hyalophora cecropia* erhalten. H. GOEBEL. 4210□

Über einige Eigenschaften der gereinigten Asparagintransaminase. Tin-ssen Sjui. (Биохимия [Biochemie] **26.** 556—61. Mai/Juni 1961. Moskau, Inst. für biol. u. med. Chem. der Akad. der med. Wiss. der UdSSR, Labor. für Umsatz der Aminosäuren u. Stickstoffbasen.) (Russ.; Auszug: Engl.)

In der TISELIUS-App. wurde die elektrophoret. Beweglichkeit der teilweise gereinigten Präpp. von *Asparagintransaminase* (I) untersucht. u. festgestellt, daß im Veronalpuffer vom pH 8,4 die I-Aktivität an der aufsteigenden Grenze $-2{,}62-2{,}94 \cdot 10^{-5}$, an der absteigenden Grenze $+2{,}61-2{,}95 \cdot 10^{-5}$ cm/V·s beträgt. Die I-Aktivität ist hauptsächlich in der Eiweißspitze mit ca. 70% Gesamteiweiß konzentriert. Die Umaminierung des Asparagins (II) mit α-Ketosäuren verläuft in den ersten 3 Std. prakt. linear. I ist relativ stark thermostabil: bei 5 Min. langem Erwärmen auf 80° bleiben ca. 37% der Anfangsaktivität erhalten. Das pH-Optimum für die Wrkg. der gereinigten I ist abhängig von der Art des Acceptors der Aminogruppe. In Verss. mit Pyruvat liegt es bei pH 8,3, mit Phenylpyruvat bei pH 8,4, mit α-Ketoisocapronat bei pH 8,1. Der Koeff. K_s der scheinbaren Dissoziation des Komplexes I/II beträgt $3{,}33 \cdot 10^{-3}$ m u. deckt sich mit dem Koeff. des Komplexes von Glutamin u. Glutamintransaminase (III). Die Aktivität von I wird bei der Inkubation mit Thiolgiften stark vermindert: um 50% mit $1 \cdot 10^{-4}$ m p-Chlormercuribenzoat, um 31% mit $5 \cdot 10^{-3}$ m Jodacetamid. Die Hemmung durch diese Gifte kann mit Hilfe von SH-enthaltenden Stoffen (Cystein, SH-Glutathion, Unithiol) beseitigt werden. O. LEBTAG. 4210□

Die tageszeitliche Änderung der Transaminaseaktivität in der Kaktuspflanze. S. K. Mukerji, G. G. Sanwal und P. S. Krishnan. (Nature [London] **191.** 516—17. 29/7. 1961. Lucknow, U. P., Univ. of Lucknow, Div. of Biochem.) (Engl.)

Phyllocladen von *Nopalea dejecta* wurden von morgens 8 Uhr beginnend bis morgens 4 Uhr des folgenden Tages in 4-Std.-Intervallen gesammelt u. nach Homogenisieren nach der Meth. von TONHAZY u. Mitarbeitern (vgl. Arch. Biochem. **28.** [1950.] 36) colorimetr. auf ihren Geh. an *Glutaminoxalessigsäuretransaminase* (I) untersucht. Die I-Aktivität besaß ihr Maximum um 16 Uhr, fiel danach ab u. hatte um 8 Uhr ihr Minimum. Mischungen des um 8 u. 16 Uhr geernteten Materials ergab nahezu das arithmet. Mittel der I-Aktivität beider Proben, so daß eine Änderung des Geh. an freiem Enzym angenommen u. die Teilnahme eines Aktivators oder Hemmstoffes ausgeschlossen werden kann. Eine wenn auch schwächere Änderung des Protein-Geh., der am Tage hoch war u. nachts abfiel, wurde gefunden. Die nachts extrem niedrige I-Aktivität wurde möglicherweise durch die im Dunkeln vor allem stattfindende Carbonsäuresynth. während der CO_2-Fixierung durch die Pflanze u. eine geringe Umwandlung der α-Ketosäuren in Aminosäuren (AS) bewirkt, während am Tage die AS-Synth. vorherrschte. J. BOELTER. 4210□

Histidindecarboxylase und Wachstum. D. Mackay, Joan D. Reid und D. M. Shepherd. (Nature [London] **191.** 1311—12. 23/9. 1961. Dundee, Univ. of St. Andrews, Queen's Coll., Dep. of Pharmacol. and Therapeut.) (Engl.)

NaCl-Extrakte der Leber u. Nieren von fötalen (A), jungen (B) u. ausgewachsenen Meerschweinchen (C) wurden auf ihren Geh. an *Histidindecarboxylase* (**I**) durch Best. des gebildeten *Histidins* (**II**) am isolierten Meerschweinchenileum untersucht. Der **I**-Geh. in A war gering, stieg dann aber über B nach C an. Inkubation von A-Leberextrakt in Ggw. von Bzl. erhöhte die **II**-Bldg. um das 2—4fache. Das Wrkg.-Optimum von **I** der Leber wurde bei pH 9 gefunden. In Extrakten von sich neu bildenden Strahlen von Seesternen (*Asterias rubens*) wurde kein **I** gefunden, ebensowenig in Hühnerembryonen sowie in Leber u. Niere von Hühnern einen Tag nach dem Ausschlüpfen. J. BOELTER. 4210□

Über den Stoffwechsel des Schwefelwasserstoffes. Zerlegung von Dithiocarbaminocarbonsäuren durch Cysteindesulfhydrase. Zd. Mádlo und B. Soucek. (Bull. Soc. Chim. biol. **39.** 989—94. 27/7. 1957. Prague, Inst. de l'hygiène du travail et des maladies professionnelles.) (Franz.; Auszug: Engl., Dt.)

Vff. fanden früher (C. **1957.** 6816) als Zwischenprodd. des H_2S-Stoffwechsels *Dithiocarbaminocarbonsäuren.* Jetzt wird gezeigt, daß diese Säuren, nämlich *α-Aminodithiopropionsäure* (**II**), *α-Aminodithioisovaleriansäure* (**III**), *α-Aminodithio-n-capronsäure* (**IV**), *α-Amino-γ-methylmercaptodithiobuttersäure* (**V**), *α-Amino-β-hydroxydithiopropionsäure* (**VI**) u. *α-Aminodithiosuccinamidsäure* (**VII**) von *Cysteindesulfhydrase* (**I**) der Rattenleber unter Abgabe von H_2S gespalten werden. Die Spaltung ist nicht so spezif. wie die von *L-Cystein* (**VIII**). Die Wrkg.-Weise der **I** hängt von Länge u. Konfiguration der C-Kette ab; die Spaltbarkeit (120 Min., 37°, pH 6,9) nimmt in folgender Reihenfolge ab: **VIII** (als 100% angesehen) > **VII** (45,02%) > **II** (42,44) > **IV** (30,01) > **III** (24,97) > **V** (22,04) > **VI** (20,04). — Der Rk.-Mechanismus ist noch unbekannt. Offenbar wird H_2S in SO_4^{2-} übergeführt, was die Ggw. von anorgan. SO_4^{2-} in Harn von Vers.-Tieren u. von Arbeitern (z. B. der Viscoseindustrie), die einer H_2S-Atmosphäre ausgesetzt werden, erklärt. A. HESSE. 4210□

Peptidsynthese durch subcelluläre Fraktionen der Rattenleber. Jean-Pierre Zalta und Mirko Beljanski. (C. R. hebd. Séances Acad. Sci. **253.** 567—69. 17/7. 1961.) (Franz.)

Vff. isolieren aus Rattenleberhomogenaten die „*pH-5-Enzyme*" sowie die Mikrosomenfraktion u. untersuchen die Freisetzung von *Orthophosphat* aus *Adenosintriphosphat* (**I**), *Cytosintriphosphat, Guanosintriphosphat* (**II**) bzw. *Uridintriphosphat* in Ggw. der pH 5-Enzyme sowie verschiedener *Aminosäuren* [*Phenylalanin* (**III**), *Histidin* (**IV**), *Asparaginsäure* (**V**), *Leucin, Valin, Tryptophan, Tyrosin*] bzw. aus **I** oder **II** in Ggw. von Mikrosomen u. **III**, **IV** oder. **V**. *Chloramphenicol* vermindert bei Verw. von **III** u. **V** die Menge an freigesetztem Phosphat. Bei den Mikrosomen-Präpp. erfolgte teilweise eine Phosphatabspaltung auch in Abwesenheit von Aminosäuren. Bei Ggw. von ^{14}C-markiertem **III**, **IV** u. **V** u. **II** als Energiequelle zeigen Radioautogramme nur **III**, **IV** oder **V**. Erfolgt jedoch die Inkubation in Ggw. aller 18 Aminosäuren, so treten auch eine Reihe von ^{14}*C-Peptiden* auf. Hierbei erwiesen sich Mikrosomen-Präpp. bzw. pH 5-Enzyme als prakt. gleich wirksam; beide enthalten also *Polypeptidsynthetasen.*

P. SCHWERDTFEGER. 4210□

Existenz einer histochemisch bestimmbaren peptidasischen Aktivität bei Octopus vulgaris Lamarck. Lucie Arvy. (C. R. Séances Soc. Biol. Filiales **154.** 2025—27. 1960. Jouy-en-Josas, C.N.R.Z.; Dinard, Labor. du Muséum d'Histoire natur.) (Franz.)

Unter Verw. von *Leucyl-β-naphthylamid* als Substrat wurde im Verdauungskanal von *Octopus vulgaris Lamarck* eine *Peptidase*-Aktivität bestimmt. Nachw. des gebildeten *β-Naphthols* durch Kupplung mit diazotiertem *o-Diaminoanisol.* E. LODEMANN. 4210□

Die Reihe der chemischen Prozesse bei der Entstehung pankreatischer Enzyme im Ergastoplasma und in den Golgi-Körpern. G. C. Hirsch. (Acta histochem. [Jena], Suppl. Nr. **2.** 260—64. 1961. Göttingen, Univ., Zoolog. Inst.) (Dt.)

Übersicht über die Entstehung der pankreat. Enzyme. — 10 Literaturangaben. A. HESSE. 4210□

Wirkung von Chymotrypsin auf synthetische Substrate. 5. Mitt. **Wirkung von α-Chymotrypsin auf Glycyl-L-aminoacyl-L-tyrosinamide.** Takeshi Yamashita. (J. Biochemistry [Tokyo] **48.** 846—52. Dez. 1960. Fukuoka, Kyushu Univ., Fac. of Sci., Labor. of Biochem.) (Engl.) — 4. vgl. J. Biochemistry [Tokyo] **48.** [1960.] 651.

Die Spaltbarkeit von neu synthetisierten *Glycyl-L-aminoacyl-L-tyrosinamiden* durch *α-Chymotrypsin* (bei 30° u. pH 7,7) war 6—7mal größer als die Spaltbarkeit der entsprechenden (früher untersuchten) L-Aminoacyl-L-tyrosinamide. K_m-Werte u. R_F-Vgl.-Werte werden mitgeteilt.

Versuche: *Carbobenzoxyglycylglycyl-L-tyrosinäthylester*, $C_{23}H_{27}N_3O_7$, F. 136—137° (Äthylacetat + Ae.), $[\alpha]_D^{20}$ +5,7° [c = 2; Dimethylformamid (DMF)], nach der Meth. der gemischten Anhydride (vgl. C. **1960.** 8224) hergestellt aus Carbobenzoxyglycylglycin, Isobutylchlorcarbonat u. Triäthylamin in Tetrahydrofuran u. Kupplung mit L-Tyrosinäthylesterhydrochlorid; 77% (Ausbeute). — *Carbobenzoxyglycylglycyl-L-tyrosinamid*, $C_{21}H_{24}N_4O_6$, F. 222—225° (CH_3OH + Ae.), $[\alpha]_D^{20}$ —4,2° (c = 2; DMF), aus vorst. Verb. durch Sättigen der methanol. Lsg. mit trockenem NH_3 bei 0° u. 2tägigem Stehenlassen bei Raum-Temp.; 80%. — *Glycylglycyl-L-tyrosinamidhydrochlorid*, $C_{13}H_{19}\cdot ClN_4O_4$, F. 221—223° ($CH_3OH$-Äthylacetat), $[\alpha]_D^{20}$ +55,8° (c = 2; W.), aus vorst. Verb. durch Behandlung mit trockenem H_2 in Ggw. von Pd-Schwarz in methanol. Lsg.; 95%. — *L-Alanyl-L-tyrosinäthylesterhydrobromid*, $C_{14}H_{21}BrN_2O_4$, F. 138—142° (A. + Ae.), $[\alpha]_D^{20}$ +11° (c = 2; W.), hergestellt durch Erwärmen von Carbobenzoxy-L-alanyl-L-tyrosinäthylester mit HBr in Eisessig auf dem Wasserbad (60°; 2 Min.); 97%. — *Carbobenzoxyglycyl-L-alanyl-L-tyrosinäthylester*, $C_{24}H_{29}N_3O_7$, F. 188—192°; $[\alpha]_D^{20}$ +7,6° (c = 2; DMF), aus vorst. Ester u. Carbobenzoxyglycin nach der Meth. der gemischten Anhydride; 80%. — *Carbobenzoxyglycyl-L-alanyl-L-tyrosinamid*, $C_{22}H_{26}N_4O_6$, F. 229°, $[\alpha]_D^{20}$ —28,4° (c = DMF), aus dem vorst. Ester in üblicher Weise; 94%. — *Glycyl-L-alanyl-L-tyrosinamidhydrochlorid*, $C_{14}H_{21}ClN_4O_4$, aus vorst. Amid durch Hydrogenolyse; 89%. — *Carbobenzoxy-L-norleucyl-L-tyrosinäthylester*, $C_{25}H_{32}N_2O_6$, das nach der 1. Mitt. (C. **1960.** 8223) bisher nur als Öl erhalten wurde, konnte krist. dargestellt werden; F. 113—115°, $[\alpha]_D^{20}$ —4,5° (c = 2; DMF); 77%. — *Carbobenzoxyglycyl-L-norleucyl-L-tyrosinäthylester*, $C_{27}H_{35}N_3O_7$, F. 165—169°, $[\alpha]_D^{20}$ —4,7° (c = 2; DMF); bei Decarbobenzoxylierung des vorigen Esters wurde ein Öl erhalten, das mit Carbobenzoxyglycin zu diesem Ester kondensierte; Gesamtausbeute 45%. — *Carbobenzoxyglycyl-L-norleucyl-L-tyrosinamid*, $C_{25}H_{32}N_4O_6$, F. 185—188°, $[\alpha]_D^{20}$ —26,4° (c = 2; DMF), aus dem vorigen Ester in üblicher Weise erhalten; 80%. — *Glycyl-L-norleucyl-L-tyrosinamidhydrochlorid*, $C_{17}H_{27}ClN_4O_4$, F. 234—236°, $[\alpha]_D^{20}$ —28,4° (c = 2; W.), aus vorst. Verb. durch Hydrogenolyse in methanol. HCl hergestellt; 97%. — *L-Valyl-L-tyrosinäthylester*, Öl, aus Carbobenzoxy-L-valyl-L-tyrosinäthylester (vgl. 1. Mitt., l. c.), durch Decarbobenzoxylierung erhalten. — *Carbobenzoxyglycyl-L-valyl-L-tyrosinäthylester*, $C_{26}H_{33}N_3O_7$, F. 120—124°, $[\alpha]_D^{20}$ —0,5° (c = 2; DMF), aus vorst. Hydrobromid durch Kondens. mit Carbobenzoxyglycin; 65% — *Carbobenzoxyglycyl-L-valyl-L-tyrosinamid*, $C_{24}H_{30}N_4O_6$, F. 187—195°, $[\alpha]_D^{20}$ —22,5° (c = 2; DMF), aus vorst. Ester in üblicher Weise erhalten; 85%. — *Glycyl-L-valyl-L-tyrosinamidhydrochlorid*, $C_{16}H_{25}ClN_4O_5$, F. 244—245°, $[\alpha]_D^{20}$ —28,6° (c = 2; W.), aus vorst. Amid durch Hydrogenolyse in methanol. HCl hergestellt; 94%. — *Carbobenzoxyglycyl-L-leucyl-L-tyrosinäthylester*, $C_{27}H_{35}N_3O_7$, F. 135—136°, $[\alpha]_D^{20}$ —12,2° (c = 2; DMF), durch Decarbobenzoxylierung von Carbobenzoxy-L-leucyl-L-tyrosinäthylester u. nachfolgende Kupplung mit Carbobenzoxyglycin; Gesamtausbeute 52%. — *Carbobenzoxyglycyl-L-leucyl-L-tyrosinamid*, $C_{25}H_{32}N_4O_6$, F. 197—198°, $[\alpha]_D^{20}$ —32,4° (c = 2; DMF), aus vorst. Ester in üblicher Weise erhalten; 85%. — *Glycyl-L-leucyl-L-tyrosinamidhydrochlorid*, $C_{17}H_{27}Cl\cdot N_4O_4$, F. 235—236°, $[\alpha]_D^{20}$ —37,6° (c = 2; W.), durch Hydrogenolyse vorst. Amids in methanol. HCl; 96%. A. HESSE. 4210□

Die Wirkung von α-Chymotrypsin auf Tyrosinäthylester. John Graae und B. O. Hansen. (Acta chem. scand. **15.** 760—68. 1961. Copenhagen, Kommunehospitalet, Centrallab.) (Engl.)

Die Spaltung von *Tyrosinäthylester* (I) durch *α-Chymotrypsin* wurde durch kontinuierliche Titration im pH-Stat. Die Rk. wurde bis ca. 99% Hydrolyse verfolgt. Zur Deutung der Befunde ist die gleichzeitige oder aufeinanderfolgende Aufnahme von 3 I-Moll. vor Einsetzen der Rk. anzunehmen. Anscheinend besteht der 1. Schritt der I-Spaltung in einer Transpeptidierung (Bldg. von Tyrosyltyrosinäthylester). K. MAIER. 4210□

Gewinnung von kristallinem Trypsin für die parenterale Zufuhr und Untersuchung einiger seiner Eigenschaften. K. M. Weremijenko und O. Ss. Ziperowitsch. (Український Біохімічний Журнал [Ukrain. biochem. J.] **33.** 32—36. 1961. Kiew, Med. Inst., Lehrstuhl für Biochemie; Inst. für Biochemie der Akad. der Wiss. der UkrainSSR.) (Ukrain.; Auszug: Engl.)

Vff. beschreiben die Gewinnung von sterilem krist. *Trypsin* (I) in einer Modifikation des Verf. von NORTROP u. KUNITZ. Die Erprobung des I an weißen Mäusen ergab eine geringe I-Toxizität: DL_{50} 330 mg/kg. In Verss. mit weißen Ratten zeigt I eine Antiödemwirkung. Die Latenzperiode des Eindringens von Medinal in das Hirngewebe wird durch I auf etwa die Hälfte herabgesetzt. O. LEBTAG. 4210□

Bestimmung des Plasminogenaktivators und des Trypsininhibitors in tierischen und menschlichen Geweben. Tage Astrup und O. K. Albrechtsen. (Scand. J. clin. Lab. Invest. **9.** 233—43. 1957. Copenhagen, Biol. Inst. of Carlsberg Found.) (Engl.)

Die von den Vff. eingehend beschriebene Meth. für die Best. des *Plasminogenaktivators* geht von der Extraktion des Gewebes mit KSCN aus, wobei zur Abtrennung des vorhandenen Proteaseinhibitors in saurem Milieu gearbeitet wird. Eine quant. Extraktion wird durch 3malige Behandlung des zerkleinerten Gewebes (1000 mg) mit je 10 ml 2m KSCN erreicht, anschließend mit 1n HCl auf pH 1 eingestellt, danach der Nd. erneut mit 2m KSCN gelöst, neutralisiert u. die Aktivität bestimmt. Fehlerrechnung ergab Abweichungen zwischen 4 u. 7% der Hauptkonzentration. Der Proteaseinhibitor, der in der Lunge des Rindes u. im Urin vorkommt, beeinflußt die Plasminogenaktivität nicht u. wird in der auf pH 1 eingestellten Lsg. getrennt bestimmt. Der aus Sojabohnen gewonnene Trypsininhibitor stört jedoch die Bestimmung. Die Best. wird auch in Ggw. von Blutplasma durchgeführt. Es wird festgestellt, daß fibrinolyt. Bestandteile keinen störenden Einfl. aufweisen. A. TÄUFEL. 4210□

Über den enzymatischen Cutin-Abbau. 2. Mitt. Eigenschaften eines cutinolytischen Enzyms aus Penicillium spinulosum Thom. Wolfgang Heinen. (Acta bot. neerl. **10.** 171—89. 1961. Nymwegen, Niederl., Bot. Inst. der R. K. Univ.) (Dt.) — 1. vgl. C. **1961.** 4395.

Aus dem Mycel von *Penicillium spinulosum* wurde eine Enzym-Lsg. gewonnen, die aus *Cutin* von Blättern, Früchten u. Stempeln freie Fettsäure abzuspalten vermag. Der Nachw. geschah durch titrimetr. Best. der Rk.-Produkte. Das Enzym in der Lsg. konnte durch Vorreinigung mit Protaminsulfat u. Ammonsulfatfällung ca. 10fach angereichert werden. Die optimalen Rk.-Bedingungen wurden ermittelt. Die beste Substrat-Konz. beträgt 1,0—1,5 mg Substrat pro ml Enzymlösung. Die Aktivität ist im Bereich von 15—35° temperaturunabhängig, optimales pH von 6,0, Enzym-Konz. 7,5—22,5 mg Enzymtrocken-Gew. pro Ansatz. Recht beständig erwies sich das Enzym gegenüber H-Ionen-Konzz. im Bereich von pH 5—10, gegen Temp. zwischen 0 u. 57°, Alterung u. Dialyse. Das Enzym (Cutinase) ist nicht ident. mit Katalase oder Pektinase. Es ist im Cytoplasma u. nicht in den Mitochondrien lokalisiert. Angaben über den Wrkg.-Mechanismus sind noch nicht möglich. W. WERGIN. 4210□

Bestimmung der Pankreaslipase im menschlichen Dünndarminhalt. B. Borgström. (Scand. J. clin. Lab. Invest. **9.** 226—28. 1957. Lund, Sweden, Univ., Med. Res. Council.) (Engl.)

Es wird eine Meth. zur Best. der *Pankreaslipase*-Aktivität erläutert, nach der der störende Einfl. von Konstituenten der Galle durch vorhergehende Fällung mit A. ausgeschaltet wird. 0,5—1,0 ml des Darminhalts, mit 2 mg Trypsininhibitor versetzt u. auf pH 8 eingestellt, werden in 10 ml A. bei —10° 30 Min. gehalten u. zentrifugiert. 1 ml des nochmals mit A. behandelten u. in Trispuffer (9,5 ml 0,05 m) gelösten Nd. wird mit einer zubereiteten Trioleinemulsion (2 ml) versetzt u. der Grad der Klärung spektrophotometr. (650 mμ) durch Best. der für die Abnahme der opt. Dichte von 0,90 auf 0,80 erforderlichen Zeit gemessen. A. TÄUFEL. 4210□

Untersuchungen über die Triglyceridbiosynthese in Bindegewebehomogenaten. Daniel Steinberg, Martha Vaughan und Simeon Margolis. (J. biol. Chemistry **236.** 1631—37. Juni 1961. Bethesda, Md., U.S. Public Health Serv., Nat. Inst. of Health, Nat. Heart Inst.) (Engl.)

Homogenat aus dem Epididymisfettpolster von ♂ SPRAGUE-DAWLEY-Ratten mit $^{14}C_{(1)}$-*Palmitat* u. mit *α-Glycerophosphat* (**I**) inkubiert, ergab keinen Aktivitätseinbau in die *neutralen Lipide* (**II**) ohne Zusatz bestimmter Cofaktoren, von denen *ATP* u. *CoA* auf jeden Fall notwendig waren. *Kreatinphosphat* + *ADP* konnten ATP ersetzen, so daß ein akt. Transphosphorylase-Syst. vorhanden zu sein scheint. Das Fehlen von *Cystein* oder *Fluorid* hemmten die **II**-Synthese. **II** konnte nicht durch *Glycerin* ersetzt werden. *Rinderserumalbumin* hemmte den Einbau erheblich. Der innerhalb der ersten 10 Min. lineare Einbau in **II** war mit einem Aktivitätsabfall in den freien Fettsäuren (FFS) verbunden. Der Zusatz von FFS war von verschiedener Wirkung. In Abwesenheit der Cofaktoren fand statt der Glycerid-Synth. eine Synth. von FFS statt. **II** chromatograph. aufgetrennt, ergab 43% der Aktivität in den Tri- u. 53% in den Diglyceriden. Die Inkubation von einem aus dem Homogenat durch Zentrifugieren erhaltenen „entfetteten" Überstand mit ^{14}C-**I** führte in den ersten Min. zu einem bevorzugten Einbau der Aktivität in die *Phospholipide*, später (nach 30 Min.) in **II**. Vff. sehen durch ihre Verss. den Mechanismus der Glycerid-Synth. bestätigt, dessen Verlauf *CoA*-Derivv. u. **I** als Zwischenstufen vorsieht. J. BOELTER. 4210□

D-Glycerat-Dehydrogenase aus Leber. Vorl. Mitt. **Beitrag zum Serin-Stoffwechsel.** Fritz Heinz und Walther Lamprecht. (Hoppe Seyler's Z. physiol. Chem. **325.** 280—82. 20/9. 1961. München, TH, Organ.-Chem. Inst.; Univ., I. Med. Klin.) (Dt.; Auszug: Engl.)

D-Glyceratdehydrogenase (I), welche bisher nur in Pflanzen gefunden wurde, konnte in der Leber nachgewiesen u. in Leberextrakten spektrophotometr. bestimmt werden. I katalysiert die von Pyridinnucleotiden abhängige Oxydation von *D-Glycerat* (II) zu *Hydroxypyruvat* (III). Abbau u. Synth. von *Serin* könnten über III ⇌ II ⇌ 2-Phospho-D-glycerat verlaufen. A. HESSE. 4210□

Die Umwandlung von ^{14}C-Zymosterin und ^{3}H-Zymostenol in Cholesterin durch Rattenleberhomogenate und lebende Ratten. George J. Schroepfer jun. (J. biol. Chemistry **236.** 1668—73. Juni 1961. Minneapolis, Minn., Univ. of Minnesota, Med. School, Dep. of Physiol. Chem. and Med.) (Engl.)

Die Inkubation von Rattenleberhomogenat (♀ SPRAGUE-DAWLEY) mit *^{14}C-Zymosterin* (I; aus FLEISCHMANNS Bäckerhefe durch Inkubation mit *$^{14}C_{(1)}$-Acetat,* Extraktion mit PAe. u. Reinigung an Kieselsäuresupercel erhalten) ergab einen höheren Aktivitätseinbau in *Cholesterin* (II) als mit *$^{3}H_{(24.25)}$-Zymostenol* (III; aus I durch Hydrierung mit ^{3}H). *Nicotinamid, Diphosphopyridinnucleotid* oder *Mg^{2+}* waren für den Einbau nicht erforderlich. Bei etwa gleicher Aufnahme von I u. II nach intraportaler Injektion in III wurde nach subkutaner Injektion von *Triparanol* (täglich 5 mg über 11 Tage) nur II, nicht dagegen I in III eingebaut. Es wird angenommen, daß I oder andere Δ^{24}-Sterine keine wichtigen Zwischenprodd. der Umwandlung von II in III sind. J. BOELTER. 4210□

Geschlechtsunterschied im Steroidstoffwechsel von Rattenlebercytoplasma. K. Leybold und H. J. Staudinger. (Med. exp. [Basel] **2.** 46—53. 1960. Gießen, Univ., Physiol.-Chem. Inst.) (Dt.)

Aus homogenisierten Rattenlebern von ♂ u. ♀ Ratten wurde ein mikrosomenfreier Überstand gewonnen, mit $(NH_4)_2SO_4$ die Proteinfraktion gefällt, in 0,1 m Trispuffer pH 7,4 aufgenommen u. durch Spektrophotometrie von TPNH bei 336 mμ in Ggw. von Steroid die Enzymaktivität gemessen. Das Lebercytoplasma der ♂ Ratten zeigt eine signifikant höhere *TPNH-Δ^4-3-Ketosteroidtranshydrogenase*-Aktivität als das Cytoplasma ♀ Ratten. Bei beiden ist die Aktivität geringer als in den Mikrosomen. Cortison wird am schnellsten hydriert. P. GREGORZEWSKI. 4210□

Dünnschichtchromatographische Schnellanalyse bei enzymatischen Steroid-Umsetzungen. Harald Metz. (Naturwissenschaften **48.** 569—70. 1. Sept.-H. 1961. Darmstadt, E. Merck AG., Forsch.-Labor.) (Dt.)

Zur Verfolgung von Steroidfermentationen eignet sich vorteilhaft die Dünnschichtchromatographie, die relativ schnell Ergebnisse liefert (30—80 Min.) u. keine weitgehende Vorreinigung erfordert. Materialien: Kieselgelplatten, Chlf.-Extrakte in Aceton, Chlf.-Aceton-Gemische als Elutionsmittel, Vanillin–Phosphorsäure, Anisaldehyd–H_2SO_4–Eisessig, $SbCl_3$–Chlf., Phosphorsäure, 2%ig. $HClO_4$, 2.3.5-Triphenyltetrazoliumchlorid–CH_3OH als Sprühreagentien. K. MAIER. 4210□

Über die Fermentaktivität von Giften einiger Schlangen. I. I. Nikolskaja. (Биохимия [Biochemie] **26.** 530—34. Mai/Juni 1961. Moskau, Inst. für Chem. der natürlichen Verbb. der Akad. der Wiss. der UdSSR, Labor. für Kohlenhydrate u. Nucleotide.) (Russ.; Auszug: Engl.)

Das Gift der 4 untersuchten Schlangenarten weist in allen Fällen eine *5'-Nucleotidase* (I)- u. eine *Phosphodiesterase* (II)-Aktivität auf. Das Aktivitätsverhältnis I/II beträgt bei *Vipera lebetina* 270, bei *Echis carinatus* 200, bei *Naja oxiana* 220, bei *Crotalus horridus* 240. Die Best. der I-Aktivität erfolgte mit dem Ca-Salz von Di-(p-nitrophenyl)-phosphorsäure, die Best. der II-Aktivität nach der Spaltung von Adenosin-5-phosphat. Die Ausbeute an II bei der Acetonfraktionierung beträgt für Vipera, Echis u. Crotalus 8—11%. Eine Trennung von I u. II durch Acetonfraktionierung gelingt nur beim Gift von Echis. O. LEBTAG. 4210□

Über den Abbau des Nicotins durch Bakterienenzyme. 2. Mitt. Isolierung und Charakterisierung eines nicotinabbauenden Bodenbacteriums. Horst Eberwein, F. Arnold Gries und Karl Decker. (Hoppe-Seyler's Z. physiol. Chem. **323.** 236—48. 1961. München, Chem. Univ.-Labor., Inst. für Biochem.; Max-Planck-Inst. für Zellchem.) (Dt.) — 1. vgl. (vorl. Mitt.) C. **1961.** 2670.

Aus Bodenproben wurde ein Mikroorganismus, sehr wahrscheinlich eine zur Nitrat-Red. u. zur Säure-Bldg. aus Fructose u. Saccharose unfähige Variante von *Arthrobacter oxydans,* isoliert, der in Ggw. von Spurenelementen auf *L-Nicotin* (I) als einziger C- u. N-Quelle zu wachsen vermag. Bei der Züchtung auf I werden charakterist. blaue bis blauviolette Farbstoffe (II) gebildet, denen im Hinblick auf die Lage der Absorptionsmaxima sehr ähnliche Struktur zukommen dürfte, u. die sich wahrscheinlich nur durch die Anzahl der aggregierten Grundeinheiten unterscheiden. Bei der Elektrophorese zeigen sie einheitlich saure Eigenschaften. Wachsende Zellen scheiden 25—30% des eingesetzten I als Farbstoff aus, Ruhezellen deutlich mehr u. lyophilisierte Trockenzellen ca. 70%. Vermutlich verzweigt sich der **I**-Abbauweg in eine zu **II** u. eine in die Endoxydation führende Rk.-Folge. Zusatz von Glucose oder NH_4-Salzen steigert Zellvermehrung u. **II**-Bldg. erheblich. Bei den Verss. mit Trockenzellen waren bei der **II**-Bldg. opt. 3 verschiedene Zwischenprodd. nachweisbar. In der logarithm. Wachstumsphase trat vorübergehend ferner häufig eine Verb. mit λ_{max} 230 u. 295 mμ auf. Ruhezellen u. lyophil getrocknete Zellen oxydierten außer L-**I** auch 6-Hydroxynicotin (gleichfalls als einziger Nährstoff ausreichend), Prolin u. γ-Methylaminobuttersäure, während bei Inkubation mit 2-Hydroxynicotin, Nicotinsäure, 6-Hydroxynicotinsäure, Pyridin, Hygrin u. α-Pyridon keine O_2-Aufnahme erfolgte. K. Maier. 4210□

Über den Abbau des Nicotins durch Bakterienenzyme. 3. Mitt. **Stoffwechselstudien an zellfreien Extrakten.** Karl Decker, F. Arnold Gries und Margarete Brühmüller. (Hoppe-Seyler's Z. physiol. Chem. **323**. 249—63. 1961. München, Chem. Univ.-Labor., Inst. für Biochem.; Max-Planck-Inst. für Zellchem.) (Dt.) — 2. vgl. vorst. Referat.

Lösl. Enzymextrakte aus *Arthrobacter oxydans* bauten *L-Nicotin* (**I**) unter Verbrauch von 1,5 μMol O_2/μMol **I** in 3 oxydativen Stufen ab, wobei mehrere Zwischenstufen spektrograph. u. papierchromatograph. nachweisbar waren: Verb. *I*, λ_{max} 230 u. 297 mμ, dunkelblaue Zone; Verb. *II*, s. spätere Unters.; Verb. *III*, 288 mμ, rotviolette Zone; Verb. *IV*, 340 mμ; Verb. *V*, 358 mμ. Bei Verw. von $^{14}C_{(CH_3)}$-L-**I** fand sich nach der Rk. ^{14}C nur in *V*. Bei Verss. mit Extrakten mußten Elektronenacceptoren, wie Methylenblau, Triphenyltetrazoliumchlorid, 2.6-Dichlorphenolindophenol (**II**), K-Hexacyanoferrat(III) + Chinon, zugesetzt werden. Nornicotin, N-Methylmyosmin, Myosmin u. Anabasin (**III**) wurden im opt. Test (mit **II**) annähernd so rasch wie **I** oxydiert, jedoch bestanden deutliche Unterschiede in den Oxydationsprodukten. Beim DL-**I**-Abbau waren vorwiegend das *I*-Spektr. u. untergeordnet das von *V* zu beobachten. **III**-Abbau gab eine wie *I* absorbierende, aber papierchromatograph. deutlich verschiedene Substanz, die wahrscheinlich mit *6-Hydroxyanabasin* ident. ist. D-**I** hemmt beim DL-**I**-Abbau die Rk.-Folge, die im wesentlichen offenbar nur bis zur Stufe *I* geht. Dialysierte oder kohlebehandelte Extrakte bleiben voll wirksam, d. h. eine Beteiligung dissoziabler Cofaktoren, damit auch Phosphorylierungen, Dehydrierungen u. Oxygenierungen durch Pyridinnucleotide, entfällt. Aus Enzymansätzen wurde *L-6-Hydroxynicotin* isoliert, so daß die 1. Stufe des **I**-Abbaus eine Hydroxylierung darstellen dürfte. K. Maier. 4210□

Die Sulfhydrylgruppen einiger Mono- und Dimercaptane und der Alkoholdehydrogenase aus Hefe. Frederic L. Hoch und Bert L. Vallee. (Arch. Biochem. Biophysics **91**. 1—5. Nov. 1960. Boston, Mass., Harvard Med. School, Dep. of Med., Biophysics Res. Labor; Peter Brigham Hosp.) (Engl.)

Da bei der Best. der SH-Gruppen mit verschiedenen Meth. Unterschiede zu beobachten sind, wurden zwei Best.-Meth. — Titration der SH-Gruppen mit Ag^+ oder *p-Chlormercuribenzoat* — bei pH 7,5 auf Genauigkeit u. Vergleichbarkeit untersucht. Die geprüften Monomercaptane waren *Glutathion* (**I**), *L-Cystein* u. *2-Mercaptoäthanol* (**II**), als Dimercaptane wurden *Dithiotartrat*, *2.3-Dimercaptopropanol-(1)* u. *1.3-Dimercaptopropan*, u. als Beispiel eines Eiweißpolymercaptans doppelt krist. *Alkoholdehydrogenase* gewählt. — Es zeigte sich, daß zwischen den beiden Meth. Übereinstimmung nur bei **I** u. **II** zu erzielen war. Die Temp. ist bei der Best. von großer Wichtigkeit. Bei der Diskussion der Ergebnisse werden mögliche Ursachen der Diskrepanz zwischen den beiden Meth. erwähnt, doch lassen sich vorläufig keine bindenden Schlüsse ziehen. Vgl. hinsichtlich des Sulfhydryl-Geh. sind jedenfalls nur bei gleicher Methodik möglich. Wolfgang Albrecht. 4270□

Enzymologia biologica et clinica. Vol. 1, No. 1. Basel, New York: S. Karger. 1961. Vier Hefte = 1 Bd. sfr 56,—.

J. E. Falk, R. Lemberg and **R. K. Morton**, eds., Haematin enzymes. Part 1—2. Oxford, London: Pergamon. 1961. 1: (XXII + 362 S. m. Taf., Tab. u. Diagr.) 2: (XVIII + 304 S. m. Taf., Tab. u. Diagr.) 8 £.

J. B. Neilands e **P. K. Stumpf**, Uvod do enzymologie. Praha: NČSAV. 1961. (392 S.) Kčs 26,50.

—, Enzymes in Clinical Chemistry. London: Butterworths. 1962. (132 S. m. Abb.) 60 s.

E$_3$. Mikrobiologie. Bakteriologie. Immunologie

Die Verwendung von Kohleabdrucken bei der elektronenmikroskopischen Untersuchung von Hefe-Keimnarben. D. E. Bradley. (Res. Corresp. Suppl. zu: Research **8**. Nr. 12. S 62—S 63. Dez. 1955. Aldermaston, Berkshire, Assoc. Electr. Ind. Ltd.) (Engl.)

Es wird die Herst. von Hefekeimnarben (*Saccharomyces cerevisiae*) zur elektronenmkr. Unters. beschrieben. Die Kohleabdrücke geben zwar ein klares Bild des einzelnen

Objektes. Da sie aber nur die Oberseite zeigen, läßt sich die Anzahl der Riefen u. damit das relative Alter nicht feststellen. Die Resultate werden als Hinweis auf die Eignung der Kohleabdrucktechnik für die Unters. von Bakterien u. ähnlichen Organismen gewertet. C. REUBER. 4300□

Bewertung verschiedener Substrate und antimikrobieller Agentien zur Isolierung von Pilzen. George C. Papavizas und Charles B. Davey. (Soil Sci. **88.** 112—17. Aug. 1959. Beltsville, Md., U.S. Dep. of Agric., Plant Ind. Stat., Agric. Res. Serv., Crops Res. Div.) (Engl.)

Von ca. 40 geprüften Nährmedien zur Isolierung u. Best. von Bodenpilzen werden nur 4 als genügend brauchbar angesehen: a) ein Dextrose–Pepton–Hefeextrakt-Agar, b) ein V-8-Saft–Dextrose–Hefeextrakt-Agar (V-8 = handelsüblicher Gemüsesaft), c) eine Variante von b, d) ein modifiziertes WARCUP-Substrat. Allen diesen Substraten waren die Antibiotica *Chlortetracyclin* u. *Streptomycin* sowie Ochsengalle, *Natrium-desoxycholat* u. *Na-Propionat* zugesetzt. Ochsengalle in Konzz. von 0,25—0,5% war bes. wirksam gegenüber schnellwachsenden Pilzen u. ermöglichte daher die Entw. zahlreicher Kolonien. Ähnlich wirkten *Na-Desoxycholat* u. *Na-Propionat.*

WILFRIED WERNER. 4310□

Über den Einfluß von Thiamin auf die Ausbeute an Bäckerhefe. Tetsuo Matsuda. (Vitamins [Kyoto] **23.** 177—82. 1961. Ohito, Toyo Jozo Co.) (Jap.; Auszug: Engl.)

Wird *Bäckerhefe* unter anaeroben Bedingungen in Ggw. von *Thiamin* (**I**) kultiviert, so sinkt die gebildete Hefemenge bei zunehmendem **I**-Angebot ab. Wird **I** aus dem Nährmedium an saure Tonerde adsorbiert, so steigt der Hefeertrag an. Ebenfalls kann durch Zusatz von KCN die Hefeausbeute angehoben werden. Dagegen ist der **I**-Abbau mittels Na-Sulfit im Medium ohne Einfluß. L. TRÄGER. 4310□

Untersuchungen über den Stoffwechsel von Leptospiren. 1. Mitt. **Vitamin B_1 als Wachstumsfaktor.** Brenno Babudieri und Oreste Zardi. (Z. Vitamin-Hormon- u. Fermentforsch. [Wien] **11.** 299—309. 1960/61. Rom, Ist. Sup. di Sanità Labor. di Microbiol.) (Engl.)

Die Bedeutung des *Vitamins* B_{12} als Wachstumsfaktor für die Leptospiren wird bestätigt. Mit Hilfe von Vitamin B_{12} lassen sich Wasserleptospiren in einem synthet. Medium, ohne Serum- oder Peptonzusatz, züchten. Bei der Kultur von pathogenen Leptospiren kann Vitamin B_{12} das Serum nicht ersetzen; sein Zusatz bewirkt jedoch ein besseres Wachstum der Leptospiren auf den üblichen Nährböden u. erlaubt die Menge des für das Wachstum notwendigen Kaninchenserums herabzusetzen.

K. F. MÜLLER. 4310□

Über die keimungsfördernde Wirkung verschiedener Acetaldehyd-Präparate. H. Rudolph. (Z. Naturforsch. **16 b.** 611—14. Sept. 1961. Kiel, Christian-Albrechts-Univ., Bot. Inst.) (Dt.)

In Keimverss. mit nichtvorbehandelten Sporen von *Phykomyces blakesleeanus* bewirkten Zusätze von *Acetaldehyd* (**I**) eine Keimungsförderung, wobei eine **I**-Konz. von $9{,}08 \cdot 10^{-3}$m ein Wrkg.-Optimum in bezug auf die Vakuolen-Bldg. erzielte, während Konzz. von $3{,}4 \cdot 10^{-3}$m u. weniger die Keimschlauch-Bldg. förderten. Keimung wie auch Keimschlauchwachstum konnten auch durch das von wärmevorbehandelten Sporen gebildete **I** gefördert werden. Mehrere Stoffwechselmechanismen werden diskutiert.

J. BOELTER. 4310□

Über die Regenerierung von Kulturmedien, die zur Entwicklung eines Mikroorganismus gedient haben. 2. Mitt. **Die Geschwindigkeit des Zuckerverbrauchs in Streptokokkenkulturen in Gegenwart eines Vitamin-Faktors (p-Aminobenzoesäure).** E. Angelescu, A. Dîmboviceanu, H. Roth und C. Nicolau. (Rev. Chim. [Bucarest] **3.** 87—99. 1958. Bucarest, Rumänien, Univ. „C. I. Parhon", Labor. de Chim. organ.; Inst. de Sérologie „Dr. I. Cantacuzino".) (Franz.) — 1. vgl. Bull. Sect. Sci. Acad. roum. **28.** [1945.] 95.

Vff. untersuchen das Wachstum eines Streptokokkenstammes in aufeinanderfolgenden Kulturen auf dem gleichen Nährboden (TRUCHE), der durch Zugabe von *Glucose* (**I**) u. Neueinstellung des pH regeneriert wurde, in Ggw. verschiedener Mengen von *p-Aminobenzoesäure* (**II**) an Hand des **I**-Verbrauchs. Auf dem frischen Nährboden erreicht der **I**-Verbrauch der Kultur in Ggw. von 0,01‰ **II** ein Maximum. Auf einem regenerierten Nährboden erreicht die Kultur ein Maximum des **I**-Verbrauchs in Ggw. von 0,1‰ **II**. Kulturen auf einem Nährboden mit einer Anfangskonz. von 1‰ **II**, die nur durch **I**-Zusatz u. pH-Einstellung regeneriert wurden, zeigen folgenden Verlauf des **I**-Verbrauchs: von der 1. bis zur 4. Kultur steigert sich die Geschw. des **I**-Verbrauchs zu einem Maximum (das etwa einer Kultur mit 0,1‰ **II** entspricht) u. sinkt dann wieder ab, bis die Geschw. des **I**-Verbrauchs der 9. Kultur einer Kultur ohne **II** gleicht. Daraus folgern

Vff., daß **II** im Verlauf des Streptokokkenwachstums in den Stoffwechsel des Mikroorganismus einbezogen wird, es wird um so mehr **II** verbraucht, je höher deren Konz. im Nährboden ist. A. GUDE. 4310□

Die Struktur des Mannans aus Diphtheriebakterien. O. K. Orlowa. (Биохимия [Biochemie] **26.** 439—43. Mai/Juni 1961. Rostow/Don, Med. Inst., Lehrstuhl für Biochem.) (Russ.; Auszug: Engl.)

Durch Unters. der Menge der ausgeschiedenen Ameisensäure u. des verbrauchten $NaJO_4$ bei der Oxydation des *Mannans* (**I**) aus Diphtheriebakterien wird festgestellt, daß im **I**-Mol. keine 1.3-Bindungen vorkommen. Unter den Hydrolyse-Prodd. des oxydierten **I** läßt sich keine intakte **I** nachweisen. Die Mannosereste des **I**-Mol. sind durch 1.6-, 1.2- u./oder 1.4-Bindungen miteinander verknüpft. Vorherrschend sind die 1.6-Bindungen. O. LEBTAG. 4315□

Untersuchungen über Citronensäuregärung. 4. Mitt. Bildung von Oxalsäure bei der Citronensäuregärung. Shoji Usami und Noboru Taketomi. (J. chem. Soc. Japan, ind. Chem. Sect. [Kôgyô Kagaku Zassi] **63.** 848—51. Mai 1960. Tôkyô-Sinzyukuku, Waseda-Daigaku, Rikôgakubu.) (Jap.; Auszug: Engl. S. A **44.**) — 3. vgl. C. **1961.** 883.

Die Ausbeute an *Oxalsäure* (**I**) bei der *Citronensäure* (**II**)-Gärung aus Saccharose mit *Asp. niger* WU-163 hängt viel mehr von der verwendeten N-Quelle als vom Anfangs-pH-Wert des Kulturbodens ab: Bei Verwendung von NH_4NO_3 oder NH_4Cl bildet sich **I** gar nicht, während die Ausbeute an **I** bei den Verss. unter Verwendung von $(NH_4)_2CO_3$ u. bes. von $NaNO_3$ relativ hoch ist. Sowohl NH_4NO_3 als auch NH_4Cl lassen den pH-Wert des Kulturbodens beim Beginn der Gärung stark abnehmen, was auf die Bldg. von **I** eine stark inhibierende Wrkg. ausübt. Die Ausbeute an **I** nimmt mit steigender Dosis an Phosphat zu; sie beträgt mehr auch in Ggw. von Zn^{2+} u. in Abwesenheit von Mn-Ionen. Bei mechan. Reizung der Schimmelkörper während der Gärung wird die Bldg. von **I** auch bei den Verss. mit NH_4NO_3 beobachtet. E. MAEKAWA. 4320□

Wege der Bildung und Umwandlung der organischen Säuren bei Actinomyces violaceus. M. N. Bechterewa. (Микробиология [Mikrobiologie] **29.** 329—35. Mai/Juni 1960. Moskau, Inst. für Mikrobiol. der Akad. der Wiss. der UdSSR.) (Russ.; Auszug: Engl.) — Vgl. C. **1960.** 17156.

In Unterss. auf CAPEK-Medium, dem 0,25—0,5% *Brenztraubensäure* (**I**), *Äpfelsäure* (**II**), *Bernsteinsäure* (**III**) oder *Citronensäure* (**IV**) als Na-Salze statt Glucose zugesetzt wurden, waren Wachstum, Antibiotica-Bldg. u. oxydative Aktivität von *Actinomyces violaceus* am besten mit **III**, was auf eine Abhängigkeit der Antibiotica-Bldg. von der Intensität der Redox-Rkk. hinweist. Die Säuren wurden bei der Fermentation in folgender Weise umgewandelt: **I** in **III**, Fumarsäure (**V**), **II**, Milchsäure (**VI**), Glykolsäure (**VII**) u. 2 nicht identifizierte Säuren; **II** in **III**, **V**, **VI**, **VII** u. 3 nicht identifizierte Säuren; **III** in **V** u. eine unbekannte Säure, **IV** in α-Ketoglutarsäure, **III**, **V**, **VI**, **VII** u. 2 nicht identifizierte Säuren. Die Zahl der gebildeten Säuren änderte sich im Laufe der Fermentation dadurch, daß neugebildete weiterverbraucht u. aus ihnen wieder neue gebildet werden (3 u. 6 Tage). Die Dynamik des Säureumbaus bei Act. violaceus weist auf Ferment-Syst. hin, die an den Redox-Prozessen beteiligt sind. K. SATTLER. 4320□

Der Purin- und Pyrimidinstoffwechsel in Rhodospirillum. T. W. Goodwin und P. N. A. Passorn. (Nature [London] **191.** 276—77. 15/7. 1961. Aberystwyth, Univ. Coll. of Wales, Dep. of Agric. Biochem.) (Engl.)

Gewaschene Zellsuspensionen von *Rhodospirillum rubrum* in 0,001 m Phosphatpuffer desaminierten schnell *Cytosin* (**I**), *Methylcytosin* (**II**) u. *Adenin* (**III**) zu *Uracil* (**IV**), *Thymin* u. *Hypoxanthin* (**V**). Das desaminierende Enzym konnte nicht aus dem zellfreien Extrakt durch Zentrifugieren bei 100000 g sedimentiert werden u. besaß ein scharfes pH-Optimum bei 7,0 für Purin- u. Pyrimidinsubstrate. **I** wurde einige 10 mal schneller als **III** u. mehr als doppelt so schnell wie **II** desaminiert. *Guanin* u. *Isoguanin* wurden möglicherweise, *Azaadenin*, *Isocytosin*, *2-Aminopyrimidin* u. *2.5-Diamino-4.6-dihydroxypyrimidin* nicht desaminiert, so daß nur eine NH_2-Gruppe in 6-Stellung desaminiert wird. *Adenosin*, mit R. rubrum inkubiert, wurde schnell in toto in das Zellmaterial eingebaut, *Inosin* wurde nicht, **V** nur nach längerer Inkubation in Spuren gefunden. *Desoxyadenosin* (**VI**) wurde hauptsächlich in *Desoxyuridin* umgewandelt, während *Cytidin* nicht angegriffen wurde. Eine *Desoxynucleosidtransferase* entsprechend der Rk.: **VI** + **IV** → **III** + *Uracildesoxyribosid* konnte nicht nachgewiesen werden. Die Inkubation von R. rubrum mit *α-Ketoglutarat* u. $(NH_4)_2SO_4$ ergab *Glutamat*.

J. BOELTER. 4320□

Untersuchungen über die Biosynthese des Pyocyanins. 1. Mitt. Über die Kulturbedingungen der Pyocyaninbildung. Mamoru Kurachi. (Bull. Inst. chem. Res., Kyoto Univ. **36.** 163—73. Nov. 1958. Katagiri Labor.) (Engl.)

Unterss. mit einem aus Kuhmilch neu isolierten *Pseudomonas aeruginosa*-Stamm zeigten, daß keine *Pyocyanin* (I)-Bldg. in organ., aus natürlichem Material, wie Bouillon, Hefeextrakt, Malz- oder Kojiextrakt, gewissen Peptonhandels-Präpp., hergestelltem Nährmedium möglich war. Auch ein Überschuß von Komponenten verhinderte die I-Synth., z. B. > 0,1% K_2HPO_4, vollständig. Die ausbleibende I-Bldg. in Glucose (II)-Medium war ein pH-Effekt. An sich ist II eine ebenso gute C-Quelle für die I-Synth. wie Glycerin, wenn $CaCO_3$ zugesetzt wird. Pepton ist wahrscheinlich nicht nur für das Bakterienwachstum, sondern auch für die I-Biosynth. als Aminosäurequelle unentbehrlich. Die I-Bldg. setzt nach der logarithm. Wachstumsphase ein. K. MAIER. 4320 □

Untersuchungen über die Biosynthese des Pyocyanins. 3. Mitt. **Über die Wirkung von Eisen und anderen Schwermetallen.** Mamoru Kurachi. (Bull. Inst. chem. Res., Kyoto Univ. **36.** 188—96. Nov. 1958, Katagiri Labor.) (Engl.) — 1. vgl. vorst. Referat, 2. vgl. Bull. Inst. chem. Res., Kyoto Univ. **36.** [1958] 174; 6., 7. u. 8. Mitt. vgl. C. **1962. 6454.**

Pepton-Lsg. oder deren Hydrolysat verliert bei Behandlung mit Aktivkohle infolge Adsorption von Fe die Fähigkeit zur Steigerung der *Pyocyanin* (I)-Bldg. von *Pseudomonas aeruginosa*-Kulturen. Der Fe-Geh. von Peptonhandelspräpp. betrug ca. 0,6 bis 0,9 mg $Fe_2(SO_4)_3$/g. Fe ist ein essentieller Faktor für I-Bldg. u. Bakterienwachstum (Fe-Grenzkonzz. 10^{-4} bis 10^{-5}m bzw. $5 \cdot 10^{-7}$m). Für I-Bldg. wie Wachstum eignen sich Fe(II)-, Fe(III)-Verbb., ferner K-Ferro- u. -Ferricyanid; Cu kann Fe teilweise ersetzen. In KCN-haltiger Nährlsg. fanden Wachstum u. I-Bldg. statt, wenn auch die Latenzphasen verlängert waren, wobei eine kleine Menge eines fluorescierenden gelben Farbstoffes, offenbar ein Flavin-Deriv., entstand. K. MAIER. 4320 □

Bildung von Aromatisierungs- und Hydrierungsprodukten aus Progesteron durch Mycobacterium smegmatis. Kurt Schubert, Karl-Heinz Böhme und Cläre Hörhold. (Z. Naturforsch. **16 b.** 595—98. Sept. 1961. Berlin, Dt. Akad. der Wiss.; Jena, Inst. für Mikrobiol. u. exp. Ther.) (Dt.)

Mycobacterium smegmatis SG 98 wurde mit *Progesteron* (I) in einer Nährsalz-Lsg. nach TURFITT inkubiert (vgl. C. **1961.** 7265). Als Hydrierungs-Prodd. von I konnten chromatograph. u. durch IR-Spektren *Allopregnan-3.20-dion* u. *Allopregnan-3α-ol-20-on* identifiziert werden. Als Dehydrierungs-Prodd. von I wurden *Dehydroprogesteron* (II) sowie *$\Delta^{1.4}$-Androstadien-3.17-dion* gefunden. Daneben wurden an Hand der IR-Spektren *9.10-seko-$\Delta^{1.3.5(10)}$-Pregnatrien-3-ol-9.20-dion* u. *9.10-seko-$\Delta^{1.3.5(10)}$-Pregnatrien-3.9-diol-20-on* nachgewiesen, die bei längerer Inkubation verschwanden, während *9.10-seko-$\Delta^{1.3.5(10)}$-Androstatrien-3-ol-9.17-dion* u. *9.10-seko-$\Delta^{1.3.5(10)}$-Androstatrien-3.9-diol-17-on* weiter nachweisbar blieben. Nach den reinen Hydrierungs- u. Dehydrierungs-Rkk. setzte der eigentliche Abbau von II durch direkte Aromatisierung des Ringes A unter Öffnung des Ringes B ein, oder es trat vor der Ringöffnung Abspaltung der Seitenkette ein. J. BOELTER. 4320 □

Antibiotica. F. A. Robinson. (Rep. Progr. appl. Chem. **44.** 183—96. 1959. Ware, Herts., Allen & Hanburys Ltd.) (Engl.)

Übersicht. *Antibiotica* (I) in Landwirtschaft u. Nahrung; Schimmelpilz-I: Penicillin, Cephalosporine, Griseofulvin, Actinomyces-I: Actinomycine, Chloramphenicol, Cycloserin, Kanamycin, Makrolide, Neomycin, Novobiocin, Streptomycin, Tetracyclin; bakterielle I; neue I. — 139 Literaturangaben. K. MAIER. 4340 □

Untersuchung über den Mechanismus der Penicillinempfindlichkeit von Staphylokokken. Maria Rolicka. (Zeszyty naukowe Uniw. Łódźkiego, Ser. II **1960.** 3—39. Łódź, Uniw., Kat. Mikrobiol. szczegółowej.) (Pol.)

Nucleinsäuren (NS), die aus penicillinempfindlichen Staphylokokken (SK) isoliert werden, sensibilisieren resistente SK-Stämme 2—8fach. Nach 6 Monaten beträgt die Empfindlichkeit der sensibilisierten Stämme das 32fache des Anfangswertes. Die NS resistenter SK-Stämme, sowie anderer Bakterien (Streptokokken, Pneumokokken) u. von Hefe haben keine sensibilisierende Wirkung. Die wirksame Substanz der aus empfindlichen SK isolierten NS ist nicht an niedrigmol. Verunreinigungen der Präpp. gebunden. Da Ribonuclease die Wrkg. der Präpp. aufhebt, Desoxyribonuclease aber unwirksam ist, folgert Vf., daß für die sensibilisierende Wrkg. u. auch für die Resistenz nur Ribonucleinsäuren verantwortlich sind. Lebende u. abgetötete empfindliche SK-Stämme sowie Autolysate haben keine Wrkg. auf resistente Stämme. F. URBAN. 4340 □

Der Einfluß von Salzen auf die Streptomycinaufnahme durch Escherichia coli. Paul H. Plotz, Donald T. Dubin und Bernard D. Davis. (Nature [London] **191.** 1324—25. 23/9. 1961. Boston, Mass., Harvard Med. School, Dep. of Bacteriol. and Immunol.) (Engl.)

Die Aufnahme von ^{14}*C-Streptomycin* (I) durch Kulturen von *Escherichia coli* in einem Mineral–Citrat–Glucose-Medium (A) wurde durch Verdünnen mit dest. W. unmittelbar vor der Filtration innerhalb 15 Sek. erheblich erhöht (prim. Aufnahme), der sich eine allmähliche weiter ansteigende I-Aufnahme (sek. Phase) anschloß. Ein durch das Waschen der direkt filtrierten Zellen auftretender osmot. Schock u. damit ein I-Verlust konnte ausgeschlossen werden, ebenso ein umgekehrter osmot. Schock durch die Vorverdünnung (Schädigung der Permeabilitätsbarriere), da Rohrzucker-Lsg. den gleichen Effekt auslöste u. durch Zusatz von A vollständig rückgängig gemacht werden konnte. Als effektive Komponenten der langsamen I-Aufnahme durch A wurden *Phosphat, Citrat* u. Mg^{2+} ermittelt. Die in der sek. Phase auftretende Erhöhung der I-Aufnahme wurde auf eine Vermehrung freier Bindungsstellen u. nicht als Folge einer Membranschädigung angesehen. J. BOELTER. 4340□

Der Wirkungsmechanismus des Aureomycins. Hemmung des Stoffwechsels von Glucose und der Säuren des Citronensäurecyclus bei Proteus mirabilis. Jean Guillaume und Roger Osteux. (C. R. hebd. Séances Acad. Sci. **249.** 2643—45. 9/12. 1959.) (Franz.)

Niedrige Konzz. von *Aureomycin* hemmen die Oxydation von Glucose, Pyruvat u. Acetat, höhere diejenige der Substrate des Citronensäurecyclus in *P. mirabilis*-Kulturen, d. h. das Antibioticum hemmt mindestens 2 verschiedene Enzymsysteme.
K. MAIER. 4340□

Der Wirkungsmechanismus von Lävomycetin (Chloramphenicol). 4. Mitt. **Einfluß des Lävomycetins auf den Brenztraubensäureumsatz bei Bacterium coli und Flexner-Bacillus in Abhängigkeit vom Grad der Belüftung des Nährbodens.** A. I. Korotjajew. (Микробиология [Mikrobiologie] **28.** 851—57. Nov./Dez. 1959. Krassnodar, Kuban. med. Inst.) (Russ.) — 3. vgl. C. **1960.** 12042.

Der unterschiedliche Einfl. von *Lävomycetin* (I) auf die Spaltung des *Pyruvats* (II) der toten Zellen von *Bacterium coli* (Bc) bei verschiedener Aeration ist durch die Veränderung des Stoffwechsels bedingt. I hat keinen Einfl. auf die aerobe Oxydation des II von Bc, während es unter anaeroben Bedingungen den II-Verbrauch stark hemmt. I hemmt die II-Oxydation von *Bacterium Dysenterie Flexner C* unter aeroben Bedingungen noch stärker bei begrenzter Versorgung des Nährbodens mit O_2.
I. v. KLOCH-KORNITZ. 4340□

Resistenz von Staphylococcus aureus gegen einige Antibiotica nach eigenen Untersuchungen in den Jahren 1955—1957. M. Rudnicka, K. Suszko und M. Wojciechowska. (Poznańskie Towarzystwo Przyjaciół Nauk, Wydzial lekarski, Prace Komisji Med. doświadczalnej **17.** Nr. 7. 1—29. 1959. Poznań, Akad. Med., Zakł. Mikrobiol. lekarskiej.) (Pol.)

Die Resistenz von *Staphylococcus aureus*-Stämmen gegen *Penicillin* (I), *Streptomycin* (II), *Aureomycin* (III), *Chloramphenicol* (IV) u. *Terramycin* (V) wurde nach der Rundfilter-Meth. u. mit der Verdünnungs-Meth. in den Jahren *1955, 1956* u. *1957* untersucht. Der %-Anteil der empfindlichen, mittelempfindlichen u. resistenten Stämme gegen I war *1955*: 19, 0, 81; *1956*: 13, 6, 81; *1957*: 13, 22, 65. Gegen II *1955*: 39, 8, 53; *1956*: 22, 6, 72; *1957*: 16, 14, 70. Gegen III *1955*: 50, 0, 50; *1956*: 11, 7, 82; *1957*: 2, 15, 83. Gegen IV *1955*: 48, 0, 52; *1956*: 16, 30, 54; *1957*: 4,5, 45,5, 50. Gegen V *1955*: nicht untersucht; *1956*: 7,5, 8,5, 84; *1957*: 4,5, 13,5, 82. Die Gruppe der Stämme mit gleichzeitiger Resistenz gegen I—V erhöhte sich von *1955—1957* von 6,6 auf 31%. Der Anteil der Stämme mit gleichzeitiger Empfindlichkeit gegen I—V nahm in diesem Zeitraum von 7,5 auf 4,8% ab. Bei Stämmen, die nur gegen 1—4 Antibiotica gleichzeitig resistent sind, tritt meist eine schwache Empfindlichkeit gegen II oder IV auf.
F. URBAN. 4340□

Vergleich der Fermenthydrolysate der unspezifischen γ-Globuline und Antikörper des Kaninchens. A. Je. Gurwitsch, L. M. Gubernijewa und K. N. Mjassojedowa. (Биохимия [Biochemie] **26.** 468—76. Mai/Juni 1961. Moskau, Inst. für biolog. u. med. Chem. der Akad. der med. Wiss. der UdSSR, Labor. für Pathol. des Eiweißumsatzes u. Immunochem.) (Russ.; Auszug: Engl.)

Bei der Einw. eines Gemisches von *Trypsin* (I) u. *Chymotrypsin* (II) auf die Antikörper des Kaninchens (gegen Serumalbumin des Pferdes u. des Menschens) zerfallen die Antikörper in 5—6 Peptide. Die unspezif. *γ-Globuline* (III) zerfallen hierbei in 11—13 Peptide. Bei der Einw. von I u. II auf die Antikörper u. III, die zuvor durch Trichloressigsäure denaturiert wurden, entstehen ca. 40 Peptide, die zum großen Teil in den Hydrolysaten der Antikörper u. in denen von III einander gleich sind. Eines der Peptide fehlt im Antikörper gegen Serumalbumin des Pferdes, kommt im anderen Antikörper nur in Spuren vor, ist jedoch im Hydrolysat von III in größeren Mengen vorhanden. Ein anderes Peptid ist in den Hydrolysaten der Antikörper weit schwächer vertreten als im Hydrolysat von **III**. O. LEBTAG. 4370 □

Die Empfindlichkeit von Mäusen gegenüber bakteriellen Lipopolysacchariden nach Aktivitätsänderung des reticulo-endothelialen Systems. G. N. Cooper und A. E. Stuart. (Nature [London] **191.** 294—95. 15/7. 1961. Edinburgh, Univ., Dep. of Bacteriol. and Pathol.) (Engl.)

♂ Mäuse erhielten *Endotoxin* (**I**; DIFCO, *Escherichia coli* „0" 111 B_4 *Lipopolysaccharid*) i.v. injiziert. Die DL_{50} betrug bei normalen Tieren 325 µg **I**, nach vorheriger Injektion (24 Std. zuvor) von 11,5 mg *Triolein* (**II**) 175 µg, nach solcher von 20 mg *Äthylstearat* (**III**) 445 u. nach Injektion von 20 µg *Lipopolysaccharid* (**IV**) 630 µg. Die Injektion von 400 µg **I** führte nach Behandlung mit **II**—**IV** zu einer entsprechend erhöhten Überlebensrate. Der Phagocytenindex K sowie der korrigierte Wert α wurden bei gesunden Tieren nach **I**-Behandlung zu 0,037 bzw. 5,4, nach vorheriger **II**-Behandlung zu 0,105 bzw. 7,7, bei der mit **III** zu 0,0125 u. 3,4 u. bei **IV**-Behandlung zu 0,096 u. 7,0 gefunden. Die **I**-Wrkg. ist wahrscheinlich von der Aufnahme-Geschw. durch gewisse Zellen, bes. der des reticulo-endothelialen Syst. abhängig. Möglicherweise bewirkte die **IV**-Behandlung nicht nur eine Erhöhung der Phagocytenzahl, sondern auch eine Stimulierung des intracellulären Detoxifikationsmechanismus. J. BOELTER. 4370 □

Der Einfluß der Verabfolgung von Streptomycin und Isonicotinsäurehydrazid auf den Titer spezifischer Hämagglutinine bei mit gegen Streptomycin und Hydrazid resistenten BCG-Stämmen geimpften Meerschweinchen. Anatoliusz Kuzniecow und Krystyna Sitek. (Med. doświadczalna Mikrobiol. **11.** 345—52. 1959. Warszawa, Państw. Zakł. Higieny.) (Pol.)

BCG-Stämme verschiedener Herkunft wurden durch wiederholte Passagen auf Nährböden mit steigendem Geh. an *Streptomycin* (**I**) u./oder *Isonicotinsäurehydrazid* (**II**) gegen **I** u. **II** völlig resistent. Lyophilisierte Vaccine aus resistenten (A) u. nichtresistenten (B) BCG-Stämmen immunisierten (4 mal 0,2 mg intrakutan im Abstand von 6—7 Wochen) in Gruppen eingeteilte Meerschweinchen (Gesamtzahl 170) gleich stark, der Hämagglutinationstiter betrug bei mit PPD-Tuberculin sensibilisierten Hühnererythrocyten nach 28 Wochen durchschnittlich 1 : 32 bis 1 : 64. 6 Wochen nach der letzten Impfung erhielten einige Meerschweinchengruppen 25 Tage hindurch **I** oder **II** u. andere **I** u. **II** (200 mcg). Der Hämagglutinationstiter begann von der zweiten Woche ab nach Beendigung der Injektionen bei den mit B-Vaccine geimpften Meerschweinchen bis auf 1 : 2 bis 1 : 4 abzufallen, während er bei den mit A-Vaccine geimpften unverändert blieb. E. FISCHOEDER. 4370 □

Über die Ursachen der Titerabnahme bei der Aufbewahrung des antitoxischen Serums „Diaferm-3". M. A. Torban. (Український Біохімічний Журнал [Ukrain. biochem. J.] **33.** 175—80. 1961. Stawropol, Inst. für Vaccine u. Seren.) (Russ.; Auszug: Engl.)

Das Serum „*Diaferm-3*" wird durch pept. Lysis u. anschließende Salzfraktionierung von antitox. Pferdeserum erhalten u. enthält solche Eiweiße, die elektrophoret. den β- u. γ-Globulinen nahestehen. Im Laufe der Gewinnung des Serums tritt eine geringe Denaturierung des Immuneiweißes ein. Aus den Unterss. über die Abhängigkeit der Bindung von Methylviolett von der Aufbewahrungsdauer von Diaferm-3 (2—3½ Jahre) im Eisschrank u. über die Denaturierung von Diaferm-3 bei 10—20 Tage langer Aufbewahrung bei 37° geht hervor, daß die Abnahme des Titers der antitox. Seren, bes. der Antitetanusseren, in der Hauptsache durch die Eiweißdenaturierung bedingt ist. Die Denaturierung ist um so stärker, je weniger Ballasteiweiß das Präp. enthält. Bei der Aufbewahrung bei 37° ist an der Senkung des Titers auch die Eiweißproteolyse beteiligt. Bei der üblichen Aufbewahrung ist die Autolyse nicht beteiligt. O. LEBTAG. 4370 □

Neue Ergebnisse über die Bedeutung des löslichen, thermostabilen Toxins von Bacillus thuringiensis Berliner. Albertus Burgerjon und Huguette de Barjac. (C. R. hebd. Séances Acad. Sci. **251.** 911—12. 8/8. 1960. Paris, I.N.R.A. Labor. de Lutte Biol. de la Minière et Inst. Pasteur.) (Franz.)

Es wird gezeigt, daß ein in der Kultur-Lsg. von *Bacillus thuringiensis Berliner* vorkommendes *Toxin* eine tox. Wrkg. gegen Insektenraupen hat. In Filtraten anderer Bacillus-Arten wurde keine tox. Aktivität festgestellt. F. RADLER. 4370 □

Veränderungen in der Resistenz gegenüber Endotoxinen bei mit Tridymit (intravenös verabfolgt) behandelten Mäusen. B. Pernis, M. Magistretti und L. Bolis. (Med. del Lavoro **50.** 412—16. Juni/Juli 1959. Milano, Univ., Clin. del Lavoro „Luigi Devoto"; Labor. Ricerche Ist. Ganassini.) (Ital.; Auszug: Engl.)

Nach einmaliger i.v. Injektion von 5 mg *Tridymit* (I) in Mäuse macht sich ein Abfall der Resistenz der Tiere gegenüber dem *Typhusendotoxin 0* bemerkbar. Dieser Abfall hält 15—30 Tage nach der I-Injektion an. Die Ursache dieses Phänomens wird gedeutet u. ausführlich diskutiert. H. KOCKERT. 4370 □

Anwendung der Komplementbindungsreaktion bei der quantitativen Bestimmung von Botulinustoxin des Typs A. T. A. Kalitina. (Вопросы Питания [Fragen d. Ernähr.] **20.** Nr. 2. 62—64. März/April 1961. Inst. für Ernährung der Akad. der med. Wiss. der UdSSR, Labor. für Mikrobiol.) (Russ.; Auszug: Engl.)

Die Komplementbindungs-Rk. wurde während 18 Std. bei 2° durchgeführt; eine Rk. von 1 Std. bei 37° erwies sich als ungeeignet. Die vom Vf. empfohlene Variante kann zur quant. Best. von *Botulinustoxin* des Typs A im wss. Medium angewandt werden. Die Genauigkeit der Best. beträgt 5—10 DL_m. S. BARYSCHNIKOW. 4370

Das giftigste Gift. Was wissen wir über das Gift des Botulismus? Welche Fragen sind zu lösen? Carl Lamanna. (Science [Washington] **130.** 763—72. 25/9. 1959. Berkeley, Calif., Univ. of California, School of Public Health, Naval Biol. Labor.) (Engl.)

Übersicht. Chem. Natur der *Botulinustoxine* (I), Botulinushämagglutine, Größe der tox. Einheit, tox. Wirksamkeit von I, Toxin als orales Gift, Vergiftungsmechanismus, Prophylaxe. — Zahlreiche Literaturangaben. K. MAIER. 4370 □

Die Natur der Viren. Kenneth M. Smith. (Practitioner **183.** 557—66. Nov. 1959. Cambridge, Agric. Res. Council Virus Res. Unit.) (Engl.)

Übersicht über Vielseitigkeit, Gestalt u. Struktur, chem. Zusammensetzung u. Vermehrung. — 37 Literaturangaben. P. GREGORZEWSKI. 4374 □

Die Lipoidbestandteile vom Influenzavirus, der Allantoismembran vom Küken und dem sedimentierbaren Allantoisprotein. L. H. Frommhagen, N. K. Freeman und C. A. Knight. (Virology **5.** 173—75. Febr. 1958. Berkeley, Calif., Univ. of California, Donner Labor. of Med. Physics; Virus Labor.) (Engl.)

Gefriergetrocknete Präpp. von den Influenzastämmen PR 8, DSP u. Lee, sedimentierbares Protein (SP) aus normaler u. infektiöser Allantois-Fl. u. unversehrte Allantoismembran vom Küken wurden mit Chlf./Methanol (2 : 1) extrahiert, mit Ae. gewaschen, der eingedampfte Extrakt mit PAe. reextrahiert u. an SiO_2 chromatographiert. Die Auswertung ergab, daß der Phospholipoid-Geh. (PL) der 3 Virusstämme 11,5 ± 1% ist, davon 50% *Kephalin*, 30% *Sphingomyelin* (I) u. 15% *Lecithin*, 6,5 ± 0,6% unverestertes *Cholesterin*, 5% glykolipoidartige Substanz u. weniger als 0,3% Triglyceride. Die in PAe. unlösl. Fraktion vom Chlf./Methanolextrakt enthielt einen Teil des I u. proteinartige Substanz. Das SP (normal u. infektiös) enthielt nur ca. 7% PL u. ca. 4% Cholesterin u. ähnelte im übrigen dem Virusmaterial. Das Verhältnis der PL u. das von PL : Cholesterin : Triglycerid ist bei der Substanz aus der Allantoismembran analog den Viruspräparaten. W. WILLENBERG. 4374 □

Radioaktive Indicatoren in der Erforschung phytopathogener Viren. Lydia Sverak. (Atompraxis **6.** 43—50. 1960. Wien, Univ., I. Chem. Labor.) (Dt.)

Nach einer allg. Darst. der Natur der *Viren* u. ihres Stoffwechsels wird die Markierung des Tabakmosaikvirus mit Radiokohlenstoff durch Radiophotosynth. u. mit Radiophosphor durch Stoffaustausch mit Wirtspflanzen beschrieben. ^{32}P findet sich danach in der *Nucleinsäure* (I), ^{14}C im *Protein* u. in I. Doppelmarkierung erhält man durch Auflegen von Blättern auf Watte, die mit ^{32}P-haltiger Lsg. getränkt ist, in $^{14}CO_2$-haltiger Atmosphäre. In zusammenfassender Form wird dann über Verss. zur Biogenese der Viren u. zur Virushemmung unter Verw. von Antagonisten der Nucleinsäure-Synth. berichtet. — 60 Literaturangaben. W. REUSSE. 4374 □

Die Infektion des apicalen Meristems von Tomatenwurzeln mit Tabakmosaikvirus nach Behandlung mit Äthylendiamintetraessigsäure. N. C. Crowley und J. B. Hanson. (Virology **12.** 603—06. Dez. 1960. Adelaide, South Australia, Univ. of Adelaide, Waite Agric. Res. Inst., Dep. of Plant Pathol., Dep. of Agric. Chem.)(Engl.)

Gekeimte Tomaten wurden auf *Äthylendiamintetraessigsäure* (EDTA)-haltiger Nährlsg. kultiviert u. die ersten beiden Blätter mit *Tabakmosaikvirus* (TMV) beimpft. 7—14 Tage nach Inoculation wurden die Wurzeln in Segmente geteilt, die getrennt auf Virus-Geh. durch Best. der Infektiosität ausgewertet wurden. Bei $3,2-6,4 \cdot 10^{-4}$ m EDTA in der Nährlsg. — ein Tag vor Infektion zugesetzt — erhöhte sich der TMV-Geh. in der Meristemzone auf das 100fache u. war höher als in anderen Wurzelteilen. Durch Erhöhung der K^+- u. Senkung der Ca^{2+}-Konz. war auch ohne EDTA-Zusatz eine Steigerung des TMV-Geh. in Wurzeln festzustellen. Vff. nehmen an, daß die Ribonucleinsäure in den Mikrosomen erst zugänglich für die TMV-Synth. wird, wenn die Granula von endogenen Enzymen, deren Wrkg. vom Verhältnis $Ca^{2+} + Mg^{2+} : K^+$ abhängt, abgebaut werden. B. v. KERÉKÁRTÓ. 4374 □

Vergleich der Aminosäurenzusammensetzung der Proteine des Echten Ackerbohnenmosaik-Virus, des broad bean mottle-Virus und des Tabakmosaikvirus. H. G. Wittmann und H. L. Paul. (Phytopathol. Z. **41.** 74—78. März 1961. Tübingen, MPI für Biol.; Braunschweig, Biol. Bundesforschungsanst., Inst. für landw. Virusforsch.) (Dt.)

Die *Proteine* (I) des echten *Ackerbohnenmosaikvirus* (EAMV), des *broad bean mottle-Virus* (BBMV) u. im Vgl. dazu des *Tabakmosaikvirus* (TMV) werden hydrolysiert u. auf ihre chem. Zus. untersucht. Vff. geben in Diagrammen u. Tabellen die relativen Mol-Verhältnisse der *Aminosäuren* (**II**) für die **I** der 3 Viren nach 18- bzw. 40std. Hydrolyse an. Danach bestehen zwischen den 3 **I** beträchtliche Unterschiede. Das EAMV u. das BBMV enthalten *Methionin* u. *Histidin*, das dem TMV fehlt. Von den für die UV-Lichtabsorption wesentlichen **II** (*Tyrosin, Tryptophan* u. *Phenylalanin*) finden sich jeweils die größten Mengen im EAMV, die geringsten im BBMV. Die sehr deutlichen Unterschiede in der I-Zus. stützen nicht nur den schon früher erhobenen Befund, daß zwischen dem EAMV u. dem BBMV keine näheren Beziehungen bestehen (Wetter u. Mitarbeiter, Z. Naturforsch. **15 b.** [1960.] 444), sondern lassen auch eine zwanglose Deutung der Verhältnisse bei der UV-Lichtabsorption zu. M. Hagedorn. 4374 □

Synthese von Pflanzenviren und die abnormen Protein-Konstituenten infizierter Blätter. C. van Rysselberge und R. Jeener. (Biochim. biophysica Acta [Amsterdam] **23.** 18—23. Jan. 1957. Bruxelles, Univ., Labor. of Animal Physiol.) (Engl.)

Blätter von *Nicotiana tabacum* wurden mit Tabakmosaikvirus (TMV) infiziert u. $^{14}CO_2$ ausgesetzt. Das Virus wurde durch Ultrazentrifugierung abgetrennt, die abnormen Proteine, denen die *Ribonucleinsäure* (RNS) fehlt, sie werden „lösl. Antigene" genannt, durch Kaninchenantiserum gefällt. Diese Antigene inkorporieren $^{14}CO_2$ mit höherer Geschw. als TMV. Die spezif. Radioaktivität des TMV kann korrekt berechnet werden unter der Annahme, daß die lösl. Antigene die unmittelbaren Vorläufer des Proteinanteils des Virus sind, TMV also in der Endphase der Biosynth. aus Protein u. RNS zusammengebaut wird. M. Wiedemann. 4374 □

Untersuchungen über den Stoffwechsel viruskranker Pflanzen. 2. Mitt. **Aktivitätsbestimmungen einiger Enzyme in Kotyledonen viruskranker Gurkenpflanzen.** H. Opel, H. Wolffgang und H. Kegler. (Phytopathol. Z. **42.** 62—72. Juli 1961. Aschersleben, Biol. Zentralanst. der Dtsch. Akad. der Landwirtschaftswiss. zu Berlin, Inst. für Phytopathol.) (Dt.) — 1. vgl. Phytopathol. Z. **34.** [1958.] 57—65.

Vff. haben an Kotyledonen der Gurke (*Cucumis sativus L.*), die mit dem Virus der Stecklenberger Krankheit oder mit dem Virus der Pfeffinger Krankheit infiziert waren, die Abhängigkeit der Aktivitäten von *Ribonuclease* (**I**), *Phosphatase* (**II**) *Polyphenoloxydase* (**III**) u. *Peroxydase* (**IV**) vom Krankheitsverlauf gemessen. Die **I** u. **II**, wiesen keine wesentlichen Unterschiede der Aktivität zwischen gesunden u. kranken Kotyledonen auf. Die Aktivitäten der **III** u. **IV** stiegen parallel mit der Stärke u. Ausbildung der äußeren Krankheitssymptome. H. W. Liebisch. 4374 □

Zur Chemotherapie pflanzlicher Virosen. R. Braun und F. Kradolfer. (Phytopathol. Z. **41.** 257—64. Mai 1961. Basel, Ciba Akt.-Ges., Pharmazeut. Abt.; Zürich, Eidgenöss. Hochsch., Inst. für spez. Bot.) (Dt.)

Vff. untersuchen den Einfl. von *Hämatoporphyrin* (**I**), *Chlorophyllin* (**II**), *Eosin* gelblich (**III**), *Acridinorange* (**IV**), *Methylenblau* (**V**), *Hydrazinsulfat* (**VI**), *Benzochinon* (**VII**), *Diazoalkansäureester* (**VIII**), *Bispyrimidindiphenylaminosulfon* (**IX**) u. *Actidion* (**X**) auf die Infektiosität von *Tabakmosaik*- (a) u. *Solanumvirus* X (b) an *Nicotiana glutinosa* u. *N. tabacum*. Die Wirksamkeit vorst. Verbb. wird nach der Halbblatt-Meth. durch Auszählen der Lokalläsionen im UV- u. sichtbaren Licht beurteilt. Ferner wird die Adsorption von a an mehreren schwerlösl. Substanzen in vitro untersucht. Es zeigt sich, daß **I** in einer Konz. von 0,3 mg/ml gegen a u. b die stärkste Antivirusaktivität besitzt. Es folgen mit abnehmender Wirksamkeit **X, V, IX, VII, VIII, VI** gegen a bzw. **III, IV** u. **II** gegen b. *Phthalocyanin* (**XI**), verschiedene *Aminolävulinsäureester, Fluorescein, Riboflavin, Quercetin, Thiouracil*-Derivv. u. *Triäthylenmelamin* sind unwirksam. Ein länger andauernder Kontakt (bis zu 24 Std.) zwischen Virus u. Hemmstoff ergibt keine Wrkg.-Steigerung. Bei systemat. Applikation vermindern **V** (1 mg/ml) u. weniger deutlich **I** (0,3) die Bldg. von Lokalläsionen nach Infektion mit a. Ein triterpenartiger Extraktstoff adsorbiert a quantitativ aus wss. Suspension; Dowex I (OH^-), Al_2O_3, *Hexadecylamin* u. *Cholesterin* vermindern die Infektiosität von a wenig, während **XI** u. Aktivkohle keine Wrkg. besitzen. P. Fahrnlaender. 4374 □

Die Mechanismen beim Parasitenbefall und bei der Parasitenwanderung im Wirtsorganismus. Zbigniew Kozar. (Wiadomości parazytol. **7.** 541—59. 1961. Wroclaw, Kat. parasytol. i chorab inwazyjnych WSR.) (Pol.)

Parasiten bilden Enzyme, die ihnen den Durchtritt durch die Haut u. die Wanderung im Gewebe des Wirts ermöglichen. Bei Protozoen wie *Entamoeba histolytica* u. bei *Schistosomen-Cercarien* wurden vorwiegend *Caseinase*, *Gelatinase* u. *Hyaluronidase* (I) gefunden, bei Würmern *Kollagenase*, *Lipase* u. I. Vf. hat dies in eigenen Verss. nur bei *Balantidium coli* einwandfrei nachgewiesen, bei *E. histolytica* u. *moshkowskii*, *Trichomonas vaginalis* u. *Toxoplasma Gondii* entweder nicht mit Sicherheit oder gar nicht. Die Schwierigkeiten derartiger Unterss. beruhen auf der Gewinnung eines für biochem. Meth. ausreichenden Materials u. auf der bisher nicht befriedigenden Technik, Parasiten in vitro lebend aufzubewahren. — 51 Literaturangaben. E. FISCHOEDER. 4380□

Einfluß von Röntgenstrahlen und Scheroson auf Trichomonas foetus. Christo Petroff. (Naturwissenschaften **48.** 533—34. 1. Aug.-H. 1961. Pleven, Bulgarien, Bezirkshautklinik.) (Dt.)

Die Wrkg. von Röntgenstrahlen (250—5000 r) auf die Lebensdauer von *Trichromonas foetus* bzw. *T. vaginalis*-Kulturen (1000 ml W., 10 g Pepton, 3 g NaCl, 20 g Glucose, 2 g Na-Phosphat, 200 ml inaktiviertes Pferdeserum, 200000 I.E. Penicillin u. 5 g Streptomycin) wird bei nachträglichem Zusatz von 0,15% *Scheroson* (SCHERING AG, 1% *Hydrocortisonacetat*) untersucht (Abb.). Bis zu 6 Std. nach der Bestrahlung sind alle Zellen lebensfähig, nach 20 Std. treten gewöhnlich morpholog. Veränderungen auf (photograph. Abb.), die auf eine heterogene Summations-Wrkg. zurückgeführt werden. G. KIRSTEN. 4380□

Alfred J. Crowle, Immunodiffusion. New York, London: Academic P. 1961. (X + 333 S. m. Abb., Tab. u. Diagr.) 80 s.

E₄. Pflanzenchemie. Pflanzenphysiologie. Pflanzenpathologie

Einfluß des Lichtes auf die Bildung von intranuclearen Kristalloiden in den Wurzeln von Galtonia candicans. Pierrette Arnaud-Lamardelle. (C. R. hebd. Séances Acad. Sci. **246.** 1079—81. 17/2. 1958. Paris, Sorbonne, Labor. de la Chaire de Biol. vég.) (Franz.) — Vgl. GAVANDAN u. Mitarbeiter, Trav. Lab. Biol. vég. Poitiers, Art IX. [1957.] 1.

Die Bldg. der Kristalloide in den Wurzeln von *Galtonia candicans* wird bei normaler Belichtung u. bei Dunkelheit verfolgt. In den ersten 48 Std. ist die Entw. ähnlich. Nach 8 Tagen sind sie bei Dunkelheit kleiner u. beschränken sich auf die meristemat. u. submeristemat. Zonen des Dermatogen u. später finden sich extranucleare Makrokristalloide. Wenn die Wurzeln erst 8 Tage unter Belichtung gezogen wurden, waren die Kristalloide nach 8tägiger Dunkelheit ausschließlich im Dermatogen lokalisiert. H. LOHSCHELDER. 4404□

Photoperiodische Reaktionen bei Holzpflanzen. Jean P. Nitsch. (Bull. Soc. bot. France **106.** 259—87. Mai/Juni 1959.) (Franz.)

Übersicht. Verschiedene photoperiod. physiol. Mechanismen; äußere (Licht, Temp.) u. innere Faktoren; unterschiedliches photoperiod. Verh. von Holzpflanzen. — 19 Literaturangaben. K. MAIER. 4404□

Der Einfluß der Kalium- und Natriumgehalte auf die Verteilung des Natriums in einigen Pflanzenarten. R. C. Huffaker und A. Wallace. (Soil Sci. **88.** 80—82. Aug. 1959. Los Angeles, Calif., Univ. of California.) (Engl.)

Nährstofffrei angezogene Sämlinge von Mais (*Zea mays*), Sojabohne (*Glycine max*), *Citrus jambhiri* u. *Persea americana* wurden für 2—7 Tage in Nährlsgg. unterschiedlichen *Na*- u. *K*-Gehh. überführt, anschließend in kleine Abschnitte zerlegt (nach Waschen der Wurzeln) u. radiochem. (^{22}Na) auf ihre Na-Verteilung untersucht. Bei allen Pflanzenarten waren Na-Aufnahme u. -Verteilung unterschiedlich. Bei niedriger Na-Konz. war im Falle von Soja u. Mais der Na-Geh. der Wurzel–Sproß-Übergangszone außerordentlich gering; bei Citrus u. Persea war es eine Zone innerhalb der Wurzel. Bei hohem Na-Angebot wird Na weiter in den Sproß translokiert als bei niedriger Na-Zufuhr. Bei Soja, Mais u. Persea waren die Blätter stets extrem Na-arm. Im Vgl. zu K-freien Lsgg. wurde bei geringer K-Konz. mehr Na aus der Lsg. aufgenommen. Bei steigender K-Konz. wurde die Na-Aufnahme jedoch zunehmend vermindert. Die Na-Verteilung in der Pflanze wurde durch gleichzeitige K-Zufuhr gleichmäßiger. — Die Beobachtung, daß Na-Schäden wohl durch Beregnung, aber nicht durch Bewässerung mit Na-haltigem W. verursacht werden, scheint dadurch erklärt werden zu können, daß Na kaum in die Blätter translokiert wird. WILFRIED WERNER. 4410□

Chemische Untersuchungen über die See. 78. Mitt. **Chemische Untersuchungen über Seepflanzen.** 6. Teil. **Über den Gehalt an Calcium, Magnesium und Phosphor.** Toshio Yamamoto. (J. chem. Soc. Japan, pure Chem. Sect. [Nippon Kagaku Zasshi]

81. 381—84. März 1960.) (Jap.; Auszug Engl.) — 77. vgl. ISHIBASHI u. Mitarbeiter, Kyôto-Gakugei-Daigaku **79.** [1958.] 1496; 5. vgl. ISHIBASHI u. Mitarbeiter, Kyoto-Gakugei-Daigaku **79.** [1958.] 1187.

Die an der Küste der Stadt Wakayama in verschiedenen Jahreszeiten gesammelten Seepflanzen (30 Arten, 42 Proben) werden auf den Geh. an *Ca, Mg* u. *P* geprüft. Die Phaeophyceae enthalten reichlich Ca. Die Mg-Geh. der Seepflanzen betragen im allg. mehr als die der Landpflanzen; Ulva sp. enthält z. B. 4,43% Mg bezogen auf den getrockneten Körper. Die P-Geh. der meisten Seepflanzen betragen ca. 0,1%.

E. MAEKAWA. 4410 □

Chemische Untersuchungen über die See. 79. Mitt. **Chemische Untersuchungen über Seepflanzen.** 7. Teil. **Über den Gehalt an Eisen.** Toshio Yamamoto. (J. chem. Soc. Japan, pure Chem. Sect. [Nippon Kagaku Zasshi] **81.** 384—88. März 1960.) (Jap.; Auszug: Engl. S. A27.) — 78. bzw. 6. vgl. vorst. Referat.

Die an der Küste der Stadt Wakayama in verschiedenen Jahrezeiten gesammelten Seepflanzen (41 Arten, 72 Proben) werden auf den *Fe*-Geh. geprüft: 3,410—0,070 mg in 1 g getrockneter Körper. E. MAEKAWA. 4410 □

Chemische Untersuchungen über die See. 80. Mitt. **Chemische Untersuchungen über Seepflanzen.** 8. Teil. **Quantitative Bestimmung von Chrom.** Toshio Yamamoto. (J. chem. Soc. Japan, pure Chem. Sect. [Nippon Kagaku Zasshi] **81.** 388—91. März 1960.) (Jap.; Auszug: Engl. S. A27.) — 79. bzw. 7. vgl. vorst. Referat.

Kleine Mengen *Cr(III)* werden mit $NaBiO_3$ in Ggw. von $AgNO_3$ als Katalysator zu Cr(IV) oxydiert, welches mit Diphenylcarbazid spektrometr. (bei 530 mμ) bestimmt wird. Auf diese Weise wird Cr in den verschiedenen Seepflanzen, die an der Küste der Stadt Wakayama gesammelt wurden, bestimmt: 2,53—0,47 μg/g getrockneter Körper.

E. MAEKAWA. 4410 □

Polysaccharide aus Chlorella pyrenoidosa. S. A. Olaitan und D. H. Northcote. (Biochem. J. **81.** 7P—8P. Okt. 1961. Cambridge, Univ., Dep. of Biochem.) (Engl.)

Es wurden 3 elektrophoret. reine Polysaccharide aus *Chlorella pyrenoidosa* erhalten: *Hemicellulose A* (**I**), *Hemicellulose B* (**II**) u. Chlorella-*Stärke* (**III**) im Verhältnis 9 : 2 : 1. **I** ist ein verzweigtes, β-verknüpftes Galaktorhamnan, $[\alpha]_D$ +11°, Molgew. 32000, u. enthält 7 Mol *Galaktose* (**IV**), 5 Mol *Rhamnose* (**V**), 3 Mol *Arabinose* (**VI**), 3 Mol *Xylose* (**VII**), 2 Mol *Mannose* (**VIII**) u. 1 Mol *Glucose* (**IX**). **II**, $[\alpha]_D$ +75°, Molgew. 18000, ebenfalls verzweigt, enthält 13 Mol **IV**, 25 Mol **IX**, 2 Mol **VIII**, 1 Mol **VI**, 1 Mol **VII**, 12 Mol **V** u. 20 Mol eines unbekannten Zuckers, dessen Benzoylhydrazon einen F. 146° aufweist. **III** besteht aus **IX**-Einheiten, Kettenlänge wahrscheinlich 9 Einheiten, u. enthält 7% *Amylose*, $[\alpha]_D$ = +135°. K. KOSSMANN. 4420 □

Ultramikroskopische Untersuchung der Struktur der Reservenährstoffe der Gerste. G. Obolensky. (Qualitas Plantarum Mater. vegetabiles [Den Haag] **7.** 1—15. 14/5. 1960.) (Franz.)

Das konzentr. aufgebaute Gerstenstärkekorn enthält radial angeordnete Proteinmembranen u. die für die *Hordeae* charakterist. „Medianspalte“. Der Zellwandfeinbau u. Ggw. einer Pektinschicht im Innern der Zellmembranen wurden durch Fixierung mit OsO_4-Phosphorwolframsäure nachgewiesen. Ferner konnten mittels dieser Methodik Intercellularbrücken u. Desmosomen identifiziert werden. Als Einbettungsmittel diente Methacrylat, das im Unterschied zu Araldit u. Plexiglas durch Elektronenstrahlen verdampfbar ist. K. MAIER. 4420 □

Enzymatischer Abbau von Lichenin. W. L. Cunningham und D. J. Manners. (Biochem. J. **80.** 42P—43P. Sept. 1961. Edinburgh, Univ., Dep. of Chem.) (Engl.)

Der mit Hilfe eines Extraktes von Gerstenmalz in Ggw. von 10 mm Glucono-1.4-lacton vollzogene enzymat. Abbau von *Lichenin* führt zur Bldg. eines *Trisaccharids* (**I**) u. geringer Mengen an Glucose, Laminaribiose sowie einem Tetrasaccharid. Die Verw. eines Extraktes aus *Rhizopus arrhizus* ergibt dieselben Abbauprodukte. **I**: 3-O-β-Cellobiosyl-D-glucose ergibt bei partieller Hydrolyse Glucose, Laminaribiose u. Cellobiose, bei Oxydation mit Hypojodit Glucose, Gluconsäure u. Cellobiose sowie bei Einw. von Emulsin Glucose u. Laminaribiose, $[\alpha]_D$ +12,3°. Die Spezifität der Laminarinase läßt erkennen, daß die im Lichenin vorliegende β-D-Glucopyranose über 1 → 3- u. benachbart über 1 → 3- oder 1 → 4-Bindungen miteinander verknüpft ist. A. TÄUFEL. 4420 □

Konstitution von Cellulosemikrofibrillen. D. T. Dennis und R. D. Preston. (Nature [London] **191.** 667—68. 12/8. 1961. Leeds, Univ., Bot. Dep.) (Engl.)

Aus Ulmen- u. Fichtenholz, Rhodymenia, Ulva u. Laminaria wurden die *Holocellulosen* (**I**) nach JERMYN u. ISHERWOOD (C. **1958.** 13273) isoliert u. bei 20° 4 Std. mit 4%ig. KOH behandelt. In einem Teil des Rückstandes wurden die *Zucker* (**II**) nach CRONSHAW u. Mitarbeitern (C. **1957.** 6793) identifiziert. Der Rest wurde bei 100° 24 Std. mit 2,5n H_2SO_4 behandelt u. bis zur Bldg. einer koll. Lsg. gewaschen. Mit einigen Tropfen

0,1n HCl wurde ein Nd. ausgefällt, der durch Zentrifugieren in Aceton gewaschen u. im Vakuum getrocknet wurde. Nach Hydrolyse wurden im sauren Extrakt sowie im Hydrolysat die II bestimmt. In jeder Stufe wurde das Material mittels Elektronenmikroskop u. Röntgendiagramm untersucht. Die koll. *Cellulosen* (III) enthielten im Gegensatz zu den I außer *Glucose* nur Spuren anderer II. Beim Abbau zu Stäbchen bleibt die ursprüngliche Struktur des Kerns der Mikrofibrillen weitgehend erhalten, der demnach aus echter III (Eucellulose) besteht. H. LOHSCHELDER. 4420 □

Carotinisomere in einigen Rotalgen. Bjørn Larsen und Arne Haug. (Acta chem. scand. **10.** 470—72. 1956. Trondheim, Norwegian Inst. of Seaweed Res.) (Engl.)

Das Vork. von α- u. *β-Carotin* (I, II) u. deren Gesamtgeh. (mg% in Trockensubstanz), in einigen Fällen auch das I/II-Verhältnis, wurden in Rotalgen bestimmt. *Ahnfeltia plicata* (*Huds.*) *Fries*, I +, II +, 69 mg%, I/II —; *Ceranrium rubrum* (*Huds.*) *Ag.*, +, +, 326, 0,5; *Chondrus crispus Stackh.*, +, +, 84; *Delesseria sanguinea* (*L.*) *Lamour*, +, +, 270, 3,1; *Dumontia incrassata* (*Müll.*) *Lamour*, +, +, 222, 0,4; *Furcellaria fastigiata* (*Husd.*) *Lamour*, +, +, 135, 1,3; *Gigartina stellata* (*Stackh.*) *Batt.*, +, +, 86, 0,5; *Membranoptera alata* (*Huds.*) *Stackh.*, +, +, 67, —; *Ptilota plumosa* (*L.*) *Ag.*, +, +, 64, —; *Phycodrys sinuosa* (*Good.* et *Woodw.*) *Kütz.*, +, D, —, —; *Rhodymenia palmata* (*L.*) *Grev.*, +, +, 360, 1,4; *Callithamnion arbuscula* (*Dillw.*) *Lyngh.*, —, +, 200, —; *Corallina officinalis L.*, —, +, —, —; *Polysiphonia fastigiata* (*Roth.*) *Grev.*, —, +, 245, —; *P. urceolata* (*Dillw.*) *Grev.*, —, +, —, —; *Porphyra* sp., —, +, 85, —. K. MAIER. 4420 □

Der Carotinabbau in Rhodymenia palmata (L.) Grev. Arne Haug und Bjørn Larsen. (Acta chem. scand. **10.** 472—74. 1956. Trondheim, Norwegian Inst. of Seaweed Res.) (Engl.) — Vgl. vorst. Referat.

Der *Carotin* (I)-Abbau in der Rotalge *R. palmata* erfolgte beim Trocknen unter Lichtausschluß, in diffusem Licht oder in UV-Licht annähernd gleich rasch, während bei im Freien im direkten Sonnenlicht getrockneten R. palmata die Zerstörung von I rascher verlief. Bei 80° bzw. nach Blanchieren mit Dampf über Nacht getrocknete Proben wiesen geringen bzw. keinen I-Verlust auf. Der I-Abbau ist offensichtlich enzymat. bedingt. Zusätze von KCN oder Na_2S hemmten diesen. K. MAIER. 4420 □

Beiträge zur Kenntnis des Gehaltes an Vitamin A in den Hauptpflanzenassoziationen des Bucegigebirges. Dumitru Puşcaru und Valeria A. Creţu. (Comun. Acad. Republ. Populare romîne **5.** 103—08. Jan. 1955.) (Rum.)

Für die Best. von *Vitamin A* (I) bzw. *Carotin* in Futtermitteln wird die chem. Meth. von POPANDOPULO u. DOBRYNINA [1938] als einfach, schnell u. zeitsparend empfohlen. Bei den untersuchten Pflanzenassoziationen des Bucegigebirges nimmt der I-Geh. ab in der Reihenfolge: *Carex sempervirens, Carex curvula, Festuca rubra, Deschampsia caespitosa, Poa violacea, Festuca supina, Festuca saxatilis, Agrostis rupestris, Nardus stricta.* Die I-Best. muß sofort nach der Ernte der Pflanzen ausgeführt werden, da sonst der I-Geh. auf $^1/_3$—$^1/_4$ abnehmen kann. Da die jungen Pflanzen am meisten I enthalten, sollte bei der Weide darauf geachtet werden, die Gräser nicht altern zu lassen, z. B. durch rationellen Weidewechsel. R. K. MÜLLER. 4425 □

Das Kohlenhydrat: Eiweiß-Verhältnis bei der Entwicklung der Getreidepflanze. J. Carles. (Getreide u. Mehl **11.** 109—13. Okt. 1961; Beilage zu: Mühle. Toulouse, Inst. Cathol., Labor. de Biol.) (Dt.)

Zusammenfassung; es wird auf die Bedeutung der Monoglucopolyfructoholoside im Kohlenhydratstoffwechsel der Getreidepflanze hingewiesen u. das Verhältnis *lösl. Kohlenhydrate/organ. gebundener N* in den verschiedenen Entw.-Stadien untersucht. Die sich hieraus ergebenden Maßnahmen zur „Gesunderhaltung" des Getreides werden besprochen. — 16 Literaturangaben. P. LOCH. 4450 □

Die Wirkungen der Lichtqualität auf die Entwicklung von Wurzeln am Hypokotyl von Buschbohnen in Gegenwart und Abwesenheit von Bor. E. C. Humphries. (Nature [London] **190.** 701—03. 20/5. 1961. Harpenden, Herts., Rothamsted Exp. Stat.) (Engl.) — Vgl. C. **1961.** 12144.

Glühlampenlicht, vor oder nach dem Herausschneiden des Hypokotyls gegeben, verringert die Bewurzelung bei Bor-Mangelpflanzen. Bei größeren Borgaben war kein Lichteinfluß festzustellen. Borgaben erhöhen die Zahl der Wurzeln, das Frischgewicht der einzelnen Wurzel ist jedoch sowohl im Langtag als auch im Kurztag geringer. Die ersten Blätter der Bohnenpflanzen waren bei Bormangel größer. Das Wachstum des Hypokotyls nahm bei Bormangel durch Glühlampenlicht nur ab, wenn es vor der Abtrennung gegeben wurde. Bei größeren Borgaben erfolgte nur Abnahme bei Belichtung nach dem Abtrennen. Bor hat geringen Einfl. auf die Wurzel-Bldg. unter Luminescenzlicht. W. HILLER. 4450 □

Die Bewegung organischer Substanzen in Bäumen. Die Photosyntheseprodukte werden in einer Rindenschicht transportiert, die nur die Stärke eines Bruchteiles eines Millimeters besitzt. Martin H. Zimmermann. (Science [Washington] **133.** 73—79. 13/1. 1961. Petersham, Mass., Harvard Forest.) (Engl.)

Siebröhrensaft enthält 10—25% Trockensubstanz, davon sind 90% Zucker. Analysenwerte von Säften werden gegeben. Entblätterung einer Kronenhälfte ließ in dem betreffenden Siebröhrenteil den Geh. an *Saccharose* u. *D-Mannit* ansteigen, den Geh. an *Raffinose* + *Stachyose* abnehmen. W. HILLER. 4450□

Biosynthese und Stoffwechsel von Polyalkoholen. Sorbit in Pflaumenblättern. J. D. Anderson, P. Andrews und L. Hough. (Biochem. J. **81.** 149—54. Okt. 1961. Bristol, Univ., Dep. of Organ. Chem.) (Engl.)

Es wird die Aufnahme von ^{14}C in die alkohollösl. Fraktion von Pflaumenblättern bei der Photosynth. mit $^{14}CO_2$ untersucht. Dabei ergibt sich, daß mehr $^{14}CO_2$ zur *Sorbit* (**I**)-Synth. als zur *Stärke*-Synth. verwendet wird. Es zeigt sich, daß sich die absol. Menge an **I** während der Photosynth. nicht verändert, daß aber der Geh. an ^{14}C im **I** in diesem Zeitraum wächst. In 3 Std. werden 15% **I** aus ^{14}C-markierten Vorstufen neu synthetisiert. Der **I**-Spiegel steht also in einem Gleichgew. mit den Primärprodd. der Photosynthese. — Die quant. Best. von **I** wird nach einer modifizierten Meth. nach ADCOCK (vgl. C. **1960.** 16880) unter Verw. eines Ionenaustauschergemisches aus *Amberlite IR-120 (H)* u. *IR-400 (OH)* durchgeführt. K. KOSSMANN. 4460□

Zum Säurestoffwechsel von Datura stramonium L. var. Stramonium. R. Pohloudek-Fabini und H. Wollmann. (Planta med. [Stuttgart] **6.** 428—29. Dez. 1958. Greifswald, Pharmac. Inst.) (Dt.) P. GOLINSKE. 4460□

Über den Stoffwechsel bestimmter Säuren, Amide und Nitrile im Pflanzengewebe. C. H. Fawcett, H. F. Taylor, R. L. Wain und F. Wightman. (Proc. Roy. Soc. [London], Ser. B **148.** 543—70. 8/4. 1958. London, Univ., Wye Coll., Agricult. Res. Council Unit on Plant Growth Substances and Systemic Fungicides.) (Engl.)

2.4-Dichlorphenoxyessigsäure (**I**), *2.4-Dichlorphenol* (**II**), *β-[2.4-Dichlorphenoxy]-propionsäure* (**III**), *γ-[2.4-Dichlorphenoxy]-buttersäure*, *δ-[2.4-Dichlorphenoxy]-valeriansäure*, *ε-[2.4-Dichlorphenoxy]-capronsäure*, *ζ-[2.4-Dichlorphenoxy]-heptansäure*; *2.4-Dichlorphenoxy-acetamid*, *-acetonitril*; *β-[2.4-Dichlorphenoxy]-propionamid*, *-propionitril*; *γ-[2.4-Dichlorphenoxy]-butyramid*, *-butyronitril*; *δ-[2.4-Dichlorphenoxy]-valeramid*, *-valeronitril*; *ε-[2.4-Dichlorphenoxy]-capronamid*, *-capronitril*; *ζ-[2.4-Dichlorphenoxy]-heptansäureamid*, *-heptansäurenitril*; *Indolyl-(3)-essigsäure* (**IV**), *-acetamid*, *-acetonitril* (**V**); *Indolaldehyd-(3)*, *Indolcarbonsäure-(3)* wurden mit verschiedenen biolog. Meth. (Weizenzylinder-, Erbsenkrümmungs- u. Erbsensegmenttest sowie Epinastietest an Tomatenblättern) auf ihre, das Pflanzenwachstum regulierende Wrkg. untersucht. Ferner wurde der Stoffwechselabbau der meisten dieser Verbb. in Weizenkoleoptilen u. in Erbsenstengeln geprüft. Es konnte gezeigt werden, daß von alternierenden Gliedern der Carbonsäurereihe **I** bzw. **II** bei den Stoffwechsel-Unterss. gebildet wird. Während Säuren mit gerader Methylengruppenzahl **I** nicht, jedoch größere Mengen an **II** bilden, entstehen aus den Säuren mit ungerader CH_2-Gruppenzahl keine oder nur sehr geringe Mengen **II.** Dies beweist, daß auch diese substituierten Fettsäuren der β-Oxydation unterworfen werden. Das Verh. der Amide war dem der Säuren ähnlich. Sie werden offensichtlich im Gewebe ebenfalls durch β-Oxydation zur um 2 C ärmeren Carbonsäure abgebaut. Bei den Nitrilen bildeten alle Glieder der Reihe im Weizengewebe sowohl **II** u. — mit Ausnahme von **III** — auch **I.** Es wird angenommen, daß die Nitrile entweder zur korrespondierenden Säure hydrolysiert werden können oder in einer Art α-Oxydation zur nächstniederen Carbonsäure abgebaut werden. Die aus beiden Schritten resultierenden Säuren werden dann weiter durch β-Oxydation abgebaut. Das Auftreten von α-Oxydation von substituierten Nitrilen im Pflanzengewebe wurde auch bei Stoffwechsel-Unterss. mit **V** gefunden. Als Abbau-Prod. wurde **IV** nachgewiesen. Der Mechanismus der α-Oxydation der Nitrile wird diskutiert. W. FIEDLER. 4460□

Über Vorkommen und Veränderungen einiger Bestandteile der Birnen während der Entwicklung (Xylose, Chinasäure, Prolin). Roger Ulrich und Odile Thaler. (C. R. hebd. Séances Acad. Sci. **240.** 1625—26. 13/4. 1955.) (Franz.)

In der Birnensorte „Williams" (A) war in allen Entw.-Stufen papierchromatograph. *Xylose* (**I**) nachweisbar. Die Sorte „Passe Crassane" (B) enthält bei der Ernte keine oder nur spurenweise **I.** Diese tritt jedoch bei Lagerung der Früchte unter Reifebedingungen (4°, 18° nach 5 Wochen Kaltlagerung, 18° + Äthylen) auf, während bei 0° **I**-Bldg. verzögert nach 5 Monaten erfolgt. Bei A überwiegt *Äpfelsäure*, während *Chinasäure* untergeordnet vorkommt u. stetig abnimmt. Das Vork. von *Citronensäure*

u. *Bernsteinsäure* ist wahrscheinlich. A enthielt vom Frühstadium bis zur Reife an freien Aminosäuren vorwiegend *Asparaginsäure* u. *Asparagin* sowie wenig *Alanin*, ferner *Glutaminsäure* (**II**), *Serin, Valin, Leucin* (**IV**), *Threonin, Phenylalanin* (**V**) u. am Ende der Entw. *Lysin* (**VI**). *Prolin* (**III**) nimmt während Wachstum u. Reifung deutlich zu. Bei B beobachtet man die gleichen Aminosäuren sowie einen **III**-Anstieg bei gleichzeitiger **II**-Abnahme. Nach Hydrolyse der Proteine werden größere Mengen **IV**, **V** u. **VI** gefunden. K. MAIER. 4460 □

Aminosäuren in Nopalea cochinellifera. R. W. P. Master. (Experientia [Basel] **15.** 29—30. 15/1. 1959. Bombay, Parel, Haffkine Inst.) (Engl.) — Vgl. C. **1957.** 158; C. **1959.** 17244 u. C. **1960.** 1889.

Im A.-Extrakt aus dem frischen Kaktus *N. cochinellifera* wurden papierchromatograph. *Leucin*, 1,23 (g/100 g Trockengewicht), *Phenylalanin*, 0,41, *Tyrosin* (Spur), *Alanin*, 0,67, *Arginin*, 1,09, *Threonin*, 0,220, *Glycin*, 0,680, *Serin*, 0,230, *Glutaminsäure*, 1,010, *Asparaginsäure*, 0,670, *Methionin*, 0,068, *Valin* (Spur), ferner spurenweise *Histidin*, *Lysin* u. *Cystin* nachgewiesen. Der Gesamt-N-Geh. betrug 1,56%, Aminosäure-N 0,98% des Trockengewichts. K. MAIER. 4460 □

Stoffwechsel der organischen Säuren und Kohlenhydrate in Nopalea cochinellifera. R. W. P. Master. (Experientia [Basel] **15.** 30—31. 15/1. 1959. Bombay, Parel, Haffkine Inst.) (Engl.) — Vgl. vorst. Referat.

Die Änderungen der Menge der organ. Säuren (*Äpfelsäure, Citronensäure*, Spuren *Oxalsäure*) u. der Kohlenhydrate (*Fructose, Glucose, Saccharose, Maltose*, Spuren *Raffinose*) während 24 Std. verlaufen einander entgegengesetzt, wobei die Temp. anscheinend eine gewisse Rolle spielt. K. MAIER. 4460 □

Gegenstromverteilung der Sojafettsäuremethylester, die biosynthetisch mit ^3H und mit ^{14}C markiert sind. H. J. Dutton, E. P. Jones, C. R. Scholfield, W. Chorney und N. J. Scully. (J. Lipid Res. **2.** 63—67. Jan. 1961. Peoria, Ill., US. Dep. of Agriculture, Agricultural Res. Service, Northern Regional Res. Labor; Lemont, Ill., Argonne Nat. Labor.) (Engl.)

Unter Hinweis auf bisher veröffentlichte Verss. über die Kultur von Soja, *Chlorella pyrenoidosa* u. *Phykomyces blakesleeanus* mit ^3HOH u. $^{14}CO_2$ werden analoge Unterss. mit Soja angestellt, um die biosynthetisierten Fettsäuren zu studieren. Die Durchführung der Kultur wird in Isotopenkammern bis zu verschiedenen Reifegraden der Sojabohne vorgenommen; Extraktion der getrockneten Bohnen mit Pentan/Hexan; Überführung des Öles in die Methylester der Fettsäuren; es werden durch Gegenstromverteilung 16 g der ^{14}C-Ester u. 5 g der mit Tritium markierten Ester erhalten; Unters. derselben auf gaschromatograph. Wege. Ermittlung der Radioaktivität der Fraktion nach dem Flüssig–Scintillations-Verf.; Gegenstromverteilung mit Acetonitril/Pentan/Hexan (40 + 10 ml). Die Methyloleatfraktion wird verseift u. die freie Fettsäure wird mit Perjodat/Permanganat oxydiert u. liefert bei der Flüssig–Flüssig-Chromatographie an Silicagel Mono- u. Dicarbonsäuren, wonach die Lückenbindung zwischen C-Atom 9 u. 10 liegt, also nicht verschoben ist. Nach den graph. u. tabellar. mitgeteilten Ergebnissen sind ^{14}C u. ^3H statist. über die Fettsäuren verteilt; die geringen Abweichungen hinsichtlich ^3H bei den Ölsäure-Spaltprodd. werden auf ^3H-Wanderung in labiler Position bei Verseifung u. oxydativer Spaltung zurückgeführt. Bei der Gegenstromverteilung werden 7 g ^{14}C-*Methyllinolat* mit der Aktivität von 469 μc erhalten, ferner 97% des *Linolenats*, ein Gemisch von *Oleat/Palmitat* (2:1), 83% des *Stearats* sowie Konzentrate von C_{20}- u. höheren Estern; die Gegenstromverteilung läßt im ganzen über 90% der Konstituenten erfassen. K. TÄUFEL. 4460 □

Laboratoriums-Chlorella-Kultur in großem Maßstabe unter Spurenelement-Mangelbedingungen. Gerald S. Reisner und John F. Thompson. (Plant Physiol. **31.** 181—85. Mai 1956. Ithaca, N.Y., Agricult. Res. Serv., Soil and Nutrit. Labor.) (Engl.)

Vff. entwickelten eine App., mit deren Hilfe der Einfluß des Spurenelementmangels auf den Stoffwechsel von *Chlorella* untersucht werden kann. Die Vorteile der App. bestehen in der Lieferung großer Mengen Zellmaterials, in der Gewährleistung genügend großen Chlorellawachstums, um Wachstumsdifferenzen als Folge verschiedener Behandlung innerhalb 2 Wochen aufzeigen zu können, in der Möglichkeit der sterilen Probeentnahme oder des sterilen Zusatzes von Material während des Versuches. Außerdem wurde die Erniedrigung des Chlorellawachstums durch *Mn*- bzw. *Fe*-Mangel an Hand einer Kurve aufgezeigt. L. LEICHTER. 4470 □

Über die Koeffizienten der Radioisotopenanreicherung durch Süßwasseralgen. E. A. Gilewa. (Доклады Академии Наук СССР [Ber. Akad. Wiss. UdSSR] **132.** 948—49. 1/6. 1960. Uraler Zweigstelle der Akad. der Wiss. der UdSSR, Inst. für Biol.) (Russ.)

In Verss. mit *Scenedesmus quadricauda* Breb., *Cladophora glomerata* Kütz. u. *Spirogyra* sp. wurde die Aufnahme von ^{35}S, ^{45}Ca, ^{59}Fe, ^{60}Co, ^{65}Zn, ^{86}Rb u. ^{95}Zr aus filtriertem Seewasser untersucht u. festgestellt, daß S u. Ca den geringsten Anreicherungskoeff. aufweisen. Wesentlich größer ist er bei Co u. Rb, noch viel größer bei Fe, Zn u. bes. Zr. Die mittleren Anreicherungskoeff. sind bei Scenedesmus 4mal geringer als bei Cladophora u. 7,5mal geringer als bei Spirogyra. Die untersuchten Algen, bes. Cladophora u. Spirogyra, eignen sich demnach für die biolog. Reinigung von radioakt. verseuchten Gewässern. O. LEBTAG. 4470 □

Einige Wirkungen von stereoisomeren Tartraten auf das Wachstum von Kressewurzeln. Torbjørn Aasheim. (Physiol. Plantarum [Copenhagen] **12.** 767—75. 1959. Bergen, Univ., Bot. Lab.) (Engl.)

Das Längenwachstum von Kressewurzeln wird durch *DL-Tartrat* gehemmt, wahrscheinlich durch Ausfällen von Ca oder anderen Metallen in der Wurzel. Die Hemmung durch L(—)-Tartrat kann durch Zugabe von *Malat* teilweise aufgehoben werden. L(—)-Malat ist dabei wirksamer als D(+)-Malat. Die Hemmung durch Mesotartrat kann weder durch Malat noch durch Fumarat, Malonat oder Succinat aufgehoben werden. Nur bei DL-Tartrat war ein Wrkg.-Unterschied zwischen den *K*- u. *Na*-Salzen zu beobachten, wobei K-DL-Tartrat stärker hemmend wirkte als das Na-Salz. D. MUNSCHE. 4480 □

Untersuchungen über die Ernährung normaler, in vitro gezüchteter Gewebe des Weißdorns. Denise Paris. (C. R. hebd. Séances Acad. Sci. **246.** 449—51. 20/1. 1958.) (Franz.) — Vgl. MOREL, Ann. des Épiphyties **14.** [1948.] 64.

Gewebekulturen von *Crataegus monogyna* Jacq. wurden in Medien verschiedener Zus. gezüchtet, wobei sich erwies, daß nur *Thiamin* als Wachstumsfaktor neben *Naphthylessigsäure* benötigt wird. H. LOHSCHELDER. 4480 □

Die Auxinbildung durch Arthrobacterarten. H. Katznelson und J. C. Sirois. (Nature [London] **191.** 1323—24. 23/9. 1961. Ottawa, Canada Dep. of Agricult., Res. Branch, Microbiol. Res. Inst. and Plant Res. Inst.) (Engl.)

Die Erdbakterien *Arthrobacter globiformis, A. pascens, A. aurescens, A. tumenscens, A. citreus* u. *A. atrocyaneous* wurden nach Züchtung auf einem Nährmedium abzentrifugiert. Der Überstand wurde bei pH 3 mit Ae. extrahiert u. der Extrakt mit Koleoptilenschnitten von *Avena* auf Auxinaktivität geprüft. Sämtliche A.-Arten sowie der verwandte Stamm *Nocardia sp.* zeigten Aktivität. Eine durch *Tryptophan* (I)-Zusatz erhöhte *Auxin*-Bldg. wurde im *A. globiformis* gefunden. Die akt. Substanz erwies sich chromatograph. als mit *Indolyl-(3)-essigsäure* identisch. Es wird eine Freisetzung von Aminosäuren durch die Wurzeln der Wirtspflanzen u. eine I-Synth. an der Oberfläche der Mikroorganismen u. nachfolgend eine direkte Resorption durch die Wurzeln als möglich angesehen. J. BOELTER. 4485 □

Einfluß von Gibberellsäure auf das Wachstum und die Indolylessigsäureoxydase-Aktivität von Lupinus albus L. während verschiedener Belichtungszeiten. F. Sági und A. S. Garay. (Nature [London] **191.** 824—25. 19/8. 1961. Fertöd, Ungarn, Inst. of Plant Breeding) (Engl.)

Das Wachstum von Sämlingen von *Lupinus albus* L. wird unter Kurz- u. Langtagsbedingungen durch Behandlung mit *Gibberellsäure* (I) gefördert. Die Konz. an Phenolen u. die Aktivität der *Indolylessigsäureoxydase* (II) wird durch I nicht verändert. Verss. zeigen, daß I weder als direkter Inhibitor von II gelten kann, noch durch Stimulierung des Phenolanteils indirekt inhibierend wirkt. K. KOSSMANN. 4485 □

Die Wirkung von Gibberellsäure auf das Embryonenwachstum von Capsella bursa-pastoris. H. Veen. (Proc., Kon. nederl. Akad. Wetensch., Ser. C. **64.** 79—85. 1961. Utrecht, State Univ., Botanical Laboratory) (Engl.)

Aus den Samen von *Capsella bursa-pastoris* herauspräparierte Embryonen wurden in einer Nährlsg. mit hohem *Saccharose* (II)-Geh. (12—18%) u. *Glutamin*-Zusatz kultiviert. Die Wrkg. von zugesetzter *Gibberellsäure* (I) wurde untersucht. Die Länge der kultivierbaren Embryonen muß bei 12% II mindestens 180 μ, bei 18% II mindestens 70 μ betragen. Diese kritische Länge wird durch I nicht beeinflußt. Sehr junge Embryonen („herzförmig", 70—200 μ) reagieren fast gar nicht auf I. In späteren Stadien („Torpedos", 200—600 μ) wird das Wachstum durch I stark gefördert. I erhöht die Aktivität des Wurzelmeristems u. stimuliert die Zellvergrößerung. Eine Stimulation der Zellelongation konnte dagegen nur bei reifen, keimenden Embryonen festgestellt werden. I wurde in Konzz. von 10^{-7} bis 10^{-5} g/ml verwendet. U. MOTHES. 4485 □

Anwendung von Gibberellin bei Hanfsaaten. M. Ss. Shukow. (Лён и Конопля [Flachs u. Hanf] **6** (**23**). Nr. 5. 25—27. Mai 1961. Allunions Forschungsinst. für Bastkulturen.) (Russ.)

Topf-Verss. mit *Gibberellin* (I; Gibberellsäure) mit 50 u. 100 mg I je Liter, davon 25 ml je Topf, ergaben ein erheblich höheres Wachstum der Hanfstengel: bei 3maligem

Spritzen mit 0,01% ig. I betrugen Höhe u. Ertrag der Stengel das 2,2fache der Kontrollpflanzen. Einmaliges Spritzen war weniger wirksam, jedoch stieg der Stengelertrag um 61%. In Feld-Verss. mit 0,01% ig. I u. 800 Liter/ha lagen die Mehrerträge, da wetterabhängig, nicht so hoch, der Faserertrag stieg jedoch um das 1,7—2,3fache. In den Topf-Verss. stieg die Faserfestigkeit von 22,6 auf 27,6 kg u. deren Gütenummer von 6,1 auf 6,9. I hemmt allerdings die Vermehrung erheblich: statt 7,1 u. 8,9 dz Saat wurden nur 2,9 u. 1,6, nach 2maliger Behandlung nur noch 1,2 u. 0,23 dz Samen/ha erhalten.

A. V. WILPERT. 4485□

Vergleich der Wirkung von Allyltrimethylammoniumbromid und von Gibberellsäure auf die Entwicklung von Pflanzen der Gattung Beta. Jacques Margara. (C. R. hebd. Séances Acad. Sci. **253.** 1606—08. 9/10. 1961. Versailles, Centre Nationale de Rech. agronom.) (Franz.)

Vf. stellte fest, daß *Gibberellsäure* (I) die Stammelongation bei *Beta vulgaris* L. (var. Klein Wanzleben E) steigert, wogegen *Allyltrimethylammoniumbromid* (II) die Ausdehnung der Internodien hemmt. Bei *Beta patellaris* Moq. u. *Beta procumbens* Chr. Sm. verursacht II eine ähnliche Wirkung. I hebt den Hemmeffekt von II auf.

H. KOCKERT. 4485□

Untersuchung von Marasmius perniciosus Stahel-Kulturfiltraten auf gibberellinähnliche Substanzen. W. F. Dudman und R. Nichols. (Rep. Cacao Res. **1959.** 48. Sept. Port-of-Spain, Colonial Microbiol. Res.) (Engl.)

Teste an Kakao- u. Reiskeimlingen zeigten, daß *M. perniciosus* keine wachstumsaktivierende Substanz ähnlich Gibberellsäure unter Bedingungen bildet, unter denen dies bei *Fusarium moniliforme* der Fall ist. K. MAIER. 4485□

Über Wirkungsweise und Umwandlungen der Fusarsäure. Richard Braun. (Phytopathol. Z. **39.** 197—241. Sept. 1960. Zürich, ETH, Inst. für spez. Bot.) (Dt.)

Fusarsäure (I) mit ^{14}C-Markierung im Ring sowie in der Carboxylgruppe wurde an Tomatensprosse gegeben. Aus dem Extrakt konnten radiochromatograph. 4 Substanzen als Abbau-Prodd. von I nachgewiesen werden, 2 davon in größerer Konzentration. Es handelt sich aber dabei nicht um das erwartete 5-Butylpyridin. Die Pflanzen geben nach Gabe von carboxylmarkierter sowie ringmarkierter I prozentual gleiche Anteile der Radioaktivität im CO_2 ab. In Homogenaten von Tomatensprossen konnte keine I-Umwandlung festgestellt werden. Weiterhin wurde der I-Abbau durch in Nährlsg. gewachsene Pilze untersucht. Bei den I-bildenden Pilzen ist die Umwandlungsgeschw. größer als bei anderen. Durch Extraktion u. Reinigung an einem Dowex-1-Ionentauscher konnte ein „Hauptumwandlungs-Prod." isoliert werden. Nach dem UV-Absorptionsspektrum u. den Löslichkeitsverhältnissen dürfte es sich um ein Deriv. der *α-Picolinsäure* handeln. Dieses Prod. zeigt geringere tox. Wrkg. als I. In Extrakten aus Pilzkulturen u. Tomatensprossen wurden nach Zugabe von I Chelate von I papierchromatograph. nachgewiesen. Die Toxizität von I wird durch einige Schwermetallsalze kompetitiv aufgehoben. Am wirksamsten erwiesen sich *Fe*-Verbb., bes. *Ferrioxamin B*. Daraus wurde geschlossen, daß I in den Eisenstoffwechsel eingreift.

D. MUNSCHE. 4490□

Beziehung zwischen der Resistenz gegen Kronenrost und der Aktivität einiger Enzyme in der Halmoberfläche von Hafer. Aketsuna Kôno. (Bull. Fac. Agric., Univ. Miyazaki **6.** 125—29. Dez. 1960.) (Jap.; Auszug: Engl.)

Angeschnittene Halmstücke von 9 Varietäten von *Hafer*, die resistent gegen *Puccinia coronata* sind, sowie von 10 Varietäten mittlerer Resistenz u. von 12 anfälligen Varietäten werden auf *Katalase* (I)-, *Peroxydase* (II)- u. *Cytochromoxydase* (III)-Aktivität geprüft. Die durchschnittliche I-Aktivität der resistenten Sorten ist etwa das 1,5fache jener der anfälligen; bei diesen zeigt sich aber kein Aktivitätsunterschied zwischen gesunden u. erkrankten Blättern. Die II- u. III-Aktivität der anfälligen Sorten ist das 1,45 bzw. 1,46fache der resistenten; dabei treten größere Unterschiede zwischen den einzelnen Sorten auf, deren Tendenz aber nicht eindeutig ist. L. SCHULER. 4490□

Die Wirkung von Hexachlorophen auf Pflanzenwurzeln. A. G. Norman. (Antibiotics and Chemotherapy **10.** 675—81. Nov. 1960. Ann Arbor, Mich., Univ. of Michigan, Dep. of Bot.) (Engl.)

Verd. Lsgg. von *Hexachlorophen, 2.2'-Methylen-bis-[3.4.6-trichlorphenol]* (I) hemmen das Wurzelwachstum junger Gersten- oder Gurkenkeimlinge, höhere Konzz. (50 μg/ml) unterdrücken es völlig. I, das rasch irreversibel an die Wurzeloberfläche gebunden wird, eignet sich deshalb nicht zur Hemmung der mikrobiellen Oberflächenflora. Nach I-Behandlung treten in der Lsg. lösl. Zellinhaltsstoffe auf. Das Verh. der Wurzeln bei I-Einw. ähnelt in mehrfacher Hinsicht dem in Ggw. von Polymyxin. Die antibakterielle

I-Wrkg. beruht vermutlich auf einer Bindung an bestimmte Gruppen der Zelloberfläche, was Veränderung der Zellwand-Eigg. u. Verlust von Zellinhaltsstoffen bedingt.
K. MAIER. 4490□

Das Schicksal von Antibioticis in Tomatenpflanzen. 2. Mitt. Aufnahme, Transport und Stabilität von Antibioticis in Pflanzen. W. Krüger. (Phytopathol. Z. **42.** 362—74. Okt. 1961. Potchefstroom, Südafrika, Coll. of Agricult. and Res. Inst.) (Dt.) — 1. vgl. C. **1962.** 3516.

Tomatenpflanzen wurden mit den Wurzeln in wss. *Antibiotica*-Lsgg. gestellt u. nach 6 Std. biolog. mit der Loch-Meth. der Antibiotica (I)-Geh. in den verschiedenen Pflanzenteilen bestimmt. Der Grad der Resorption der I konnte mit deren Acidität oder Molgew. nicht korreliert werden. Die Weiterleitung u. Stabilität variiert von I zu I. Für die meisten I bestand kein Konz.-Gefälle von den Wurzeln über die Stengel in die Blätter, vielmehr zeigten die Stengel oft einen niedrigeren I-Spiegel als Wurzeln u. Blätter.
P. GREGORZEWSKI. 4490□

Phytotoxizität der Herbicide. Verringerung der 3-Amino-1.2.4-triazol-Phytotoxizität. Kenneth A. Sund, Eugene C. Putala und Henry N. Little. (J. agric. Food Chem. **8.** 210—12. Mai/Juni 1960. Amherst, Mass., Univ. of Massachusetts, Dep. of Chem. and Botany.) (Engl.)

Verss. an Tomatenpflanzen zeigen, daß die Phytotoxizität von *3-Amino-1.2.4-triazol* (10^{-4}m) durch gleichzeitige Verabreichung verschiedener Purin-Derivv. (*Adenin, Guanin, Hypoxanthin*; 10^{-4}m) signifikant verringert wird; Gaben von $5 \cdot 10^{-4}$m Purin-Deriv. waren wirkungslos. Ebenfalls wirkten die *Riboside* der genannten Purine, die Vorläufer der biochem. Purin-Synth. *4-Aminoimidazol* u. *4-Amino-5-imidazolcarbonsäureamid* bei 10^{-4}m Gaben u. *Riboflavin, Flavinmononucleotid* u. *Flavinadeninnucleotid* ($5 \cdot 10^{-4}$m) dämpfend auf die Wachstumshemmung u. die Chlorophylltoxizität. Glycin, Histidin, Asparaginsäure u. Glutamin zeigten keine ähnlichen Effekte.
P. GREGORZEWSKI. 4495□

Die synergische Wirkung von Simazin und von Erkrankungen der Pflanzen durch Viren als Methode für die Detektionsmöglichkeit von Viruserkrankungen. M. Ulrychová und C. Blattný. (Biol. Plantarum [Praha] **3.** 122—25. 1961. Praha, Biol. Inst. Tschech. Akad. Wiss., Phytopathol. Abt.) (Franz.)

Simazin (*2-Chlor-4.6-bis-[äthylamino]-triazin* wirkt beim Begießen in der Konz. 0,33 oder 0,50 mg pro Pflanze tödlich auf viruskranke Pflanzen von *Nicotiana tabacum, Stellaria media, Solanum tuberosum* u. *Humulus lupulus*, wogegen bei gesunden Pflanzen keine schädliche Wrkg. bemerkt wird.
Z. ŠESTÁK. 4495□

E₅. Tierchemie. Tierphysiologie. Tierpathologie

Messung der Viscosität biologischer Flüssigkeiten mit Hilfe eines Konus-Platten-Viscosimeters. Roe E. Wells jun., Robert Denton und Edward W. Merrill. (J. Lab. clin. Med. **57.** 646—56. April 1961. Boston, Mass., Peter Bent Brigham Hosp., Dep. of Med.; Harvard Med. School, Dep. of Med.; Cambridge, Mass., Massachusetts Inst. of Technol., Dep. of Chem. Engng.) (Engl.)

Mit Hilfe eines Gerätes, bei welchem eine flache kon. Scheibe waagerecht auf einer planen Scheibe mit verschiedenen Geschw. gedreht werden kann (Brookfield Synchro-electric Viscosimeter, BROOKFIELD ENGNG. LABOR., Stoughton, Mass.) lassen sich rasche Viscositäts-Best. mit kleinen Fl.-Mengen durchführen. Blut zeigt dabei ein pseudoplast. Verh., ebenso Schleim aus dem Atemtrakt bei höheren Viscositäten.
U. TAUSENDFREUND. 4500□

Eine einfache UV-spektralphotometrische Methode zur Proteinbestimmung. William J. Waddell. (J. Lab. clin. Med. **48.** 311—14. Aug. 1956. Chapel Hill, N. C., Univ. of North Carolina, School of Med., Dep. of Pharmacol.) (Engl.)

Zur Best. der *Protein* (I)-Konz. in biol. Fll. wird die Differenz der Absorption bei 215 u. 225 mμ benutzt. Die Absorption von I-Lsgg. bei 215 mμ folgt bis zu Extinktionen von 2,0 dem BEERschen Gesetz u. ist zwischen pH 4 u. 8 prakt. vom pH-Wert unabhängig. — Die I-Lsg. wird mit 0,9%ig. NaCl-Lsg. auf die erforderliche Konz. verd. (normales Plasma ca. 1:1000; normale Cerebrospinal-Fl. ca. 1:10) u. die Absorption bei 215 u. 225 mμ unter Verw. von NaCl-Lsg. als Vgl.-Wert gemessen. Die Extinktion soll bei 215 mμ 1,5 nicht überschreiten. Das Prod. $(E_{215}-E_{225}) \cdot 144$ ergibt die I-Konz. in μg/ml. Plasma-*Albumin* (II) kann nach Fällung der Globuline nach KINGSLEY (J. biol. Chemistry **133.** [1940.] 731) bzw. mit $(NH_4)_2SO_4$ im Überstand bestimmt werden. Die Anwendung der Meth. auf die Best. von Gesamt-I u. II in Plasma u. Pleural-Fl. sowie von Gesamt-I in Cerebrospinal-Fl. wird angeführt. Die Meth. eignet sich nicht zur I-Best. im Harn.
P. SCHWERDTFEGER. 4500□

Neue niedrig substituierte Cellulosederivate für Eiweißkörperchromatographie: Amino-Cellulosen und Guanido-Cellulosen. G. Semenza. (Helv. physiol. pharmacol. Acta **17.** Nr. 3. C 39. Okt. 1959. Zürich, Univ., Physiol.-chem. Inst.) (Dt.)

Im Vgl. mit den bekannten Anionenaustauschern für die Chromatographie von Polyelektrolyten haben sich 4 neue Cellulose (**I**)-Derivv. bei der Proteintrennung gut bewährt: *Aminocellulose*, aus Roh-I durch Tosylierung, Austausch der Tosylgruppen gegen J u. Ersatz des letzteren durch NH_3; *Aminoäthylcellulose*, modifiziert nach Guthrie u. Mitarbeitern (Textile Res. J. **23.** [1953.] 522); *Guanido-* u. *Guanidoäthylcellulose*, durch Guanidierung der entsprechenden Aminocellulosen mittels O-Methylisoharnstoffs. K. Maier. 4500□

Die Schätzung des totalen Körperfetts durch den Kalium-40-Gehalt. Gilbert B. Forbes, James Gallup und John B. Hursh. (Science [Washington] **133.** 101—02. 13/1. 1961. Rochester, N.Y.; Univ. of Rochester, School of Med. and Dent.) (Engl.)

Wird angenommen, daß der *K*-Geh. der fettlosen Körpermasse konstant ist, so kann der Fett-Geh. lebender Menschen durch Messung der ^{40}K-Aktivität mit einem den gesamten Körper erfassenden Scintillationszähler geschätzt werden. Der Korrektions-Koeff. der neuen Meth. mit der Hautfalten-Meth. betrug 0,80 u. mit dem Gewicht/Höhen-Verhältnis 0,56 als Indices für Fettleibigkeit. W. Hiller. 4500□

Anreicherung und Abgabe des radioaktiven Phosphors durch Meeresorganismen und seine Verteilung in den Fischgeweben. N. Ss. Stroganow und W. G. Chobotjew. (Вестник Московского Университета, Серия VI, Биология, Почвоведение [Nachr. Moskauer Univ., Ser. VI Biol., Bodenkunde] **15.** Nr. 4. 3—12. Juli/Aug. 1960. Lehrstuhl für Hydrobiologie.) (Russ.).

In Lsgg. gelangt ^{32}P in den Körper der im W. lebenden Tiere, u. schon nach 5—7 Min. sammelt er sich in diesen in Mengen an, die analyt. ermittelt werden können. Das Eindringen von ^{32}P in den Tierkörper geht um so rascher vor sich, je höher seine Konz. im W. ist. Jedoch verteilt sich ^{32}P in verschied. Geweben u. Organen der Wassertiere ungleichmäßig; in Kiemen, Leber u. Darm der Fische sammelt er sich in größeren Mengen an als in Muskeln, Haut usw. Eine Erhöhung der Konz. auf 220 Impulse/Min. (pro 1 ml Na_2HPO_4-Lsg.) bewirkte bei *Daphnia magna* eine wesentliche Verkürzung der Lebensdauer, eine Erhöhung auf 3865 Impulse/Min. verkürzte ihre Lebensdauer auf eine Stunde bei völligem Ausbleiben der Vermehrung. Auch eine Verminderung der Konz. kürzte die Lebensdauer der 1. Generation wesentlich. M. Wroblewski. 4510□

Silicium in der Kuhmilch. J. G. Archibald und H. Fenner. (J. Dairy Sci. **40.** 703—06. Juni 1957. Amherst, Massachusetts Agric. Exper. Stat.) (Engl.)

Kühe erhielten normales Futter u. einen Zusatz von *Na-Silicat*, Na_2SiO_3. Die Milch der Kühe mit normalem Futter enthielt 1,43 mg Si/Liter u. die der mit Silikat gefütterten Kühe 1,39 mg Si/Liter. Die Differenz ist somit nicht signifikant. G. Kimmerle. 4510

Dissoziationskonstanten von Strontium und Yttrium mit biologisch wichtigen Anionen. J. Olivard. (Arch. Biochem. Biophysics **88.** 382—83. Juni 1960. Richland, Wash., Gen. Electric Comp., Hanford Labor., Biol. Operation.) (Engl.)

Zur Herst. von Phosphorkomplexen trennt Vf. ^{90}Y von ^{90}Sr durch wiederholte Fällung mit NH_4OH als $^{90}Y(OH)_3$ u. anschließendem Lösen in HCl. $^{90}YCl_3$ wird 24 Std. mit einer Suspension von IR-120-Harz in 0,15m NaCl mit der zu testenden Phosphatkomponenten geschüttelt. Die pK-Werte der entstehenden Yttriumkomplexe sind erheblich niedriger als diejenigen für die entsprechend aus $^{90}SrCl_2$ hergestellten, da 1 Mol Y mit 2 Mol Anion im Gegensatz zu 1 Mol Sr mit 1 Mol Anion einen Komplex bildet. Der ^{90}Y-Überschuß in der Kaninchenretina wird durch die starke Affinität von ^{90}Y zu Phosphat- u. polyphosphathaltigen Liganden erklärt, so daß in phosphatreichen Geweben eine Abweichung von dem sonst herrschenden Verhältnis Sr:Y beobachtet werden kann. R. Lenschau. 4510□

Die Eigenviscosität von Myosin und die Interpretation seiner hydrodynamischen Eigenschaften. P. Johnson und A. J. Rowe. (Biochem. J. **79.** 524—30. Juni 1961. Cambridge, Univ., Dep. of Colloid Sci.) (Engl.) — Vgl. C. **1961.** **2681.**

Mittels eines modifizierten Capillarviscosimeters, bei dem einige Fehlerquellen, z. B. Adsorption, ausgeschaltet waren, wurde die Eigenviscosität von *Myosin* bestimmt: $[\eta] = 2{,}35 \pm 0{,}03$ dl/g. Hieraus u. aus folgenden Werten für die Sedimentations- u. Diffusions-Konst. sowie das Molvol. $S^0_{20} = 6{,}43$ S, $D^0_{20} = 1{,}05 \cdot 10^{-7}$ cm²/sec, V = 0,725 wird für das hydrodynam. äquivalente Ellipsoid ein effektives Vol. von 2,52 ml/g u. ein Achsenverhältnis von 34,5 berechnet. Das Molgew. würde sich zu 540000 ± 15000 ergeben, die Archibald-Meth. gibt demgegenüber zu geringe Werte. Das große effektive Vol. könnte durch einen Hohlzylinder als Modell erklärt werden. M. Wiedemann. 4520□

Das Harnsäureribosid von Sphingidae-Motten. J. Heller und Monika M. Jezewska. (Acta biochim. polon. **7.** 469—73. 1960. Warszawa, Zaklad Biochemii Ewolucyjnej, Inst. Biochem. i Biofizyki PAN.) (Engl.)

Puppen von *Sphinx pinastri* u. *Celerio euphorbiae* in der Diapause enthalten im Fettkörper ein *Harnsäureribosid* (I), das mit Boratpuffer pH 10 extrahiert wurde. I wurde chromatograph. getrennt u. mit Farbtesten für Harnsäure u. Ribose nachgewiesen. Vgl. des gefundenen I mit solchem aus Rinderblut. H. GOEBEL. 4520□

Bestimmung von Mannose in einem Protein durch eine radioisotope Verdünnungsmethode. C. François, R. D. Marshall und A. Neuberger. (Biochem. J. **80.** 42 P. Sept. 1961. London, St. Mary's Hosp. Med. School, Dep. of Chem. Pathol.) (Engl.)

Unter Heranziehung einer radioisotopen Verdünnungsmeth. wird der *Mannose*-Geh. des Eieralbumins der Hühner bestimmt. Albumin wird mit u. ohne Zusatz von ^{14}*C-D-Mannose* (I) hydrolysiert (2n HCl, 100°), die Mannose in Zeitintervallen als Phenylhydrazon isoliert u. als freie Mannose berechnet. Es werden bei Ggw. von I 2% (2 Std.), 2,07% (3 Std.), 2,06% (4 Std.) u. 2,01% (5 Std.), bei Abwesenheit von I 1,55% (2 Std.), 1,77% (3 Std.), 1,40% ($4^1/_4$ Std.) u. 0,68% (6 Std.) gefunden (Angaben als aschefreies Trockenprotein). Es wird festgestellt, daß Eieralbumin 1,77 — 2,0% Mannose enthalten kann. A. TÄUFEL. 4520□

Das Vorkommen von Adenin- und Adenylbernsteinsäure in Säugerleber. W. K. Joklik. (Biochim. biophysica Acta [Amsterdam] **22.** 211—12. Okt. 1956. Canberra, Australian Nat. Univ., John Curtin School of Med. Res., Dep. of Microbiol.) (Engl.)

Bei der Unters. bislang nichtidentifizierter UV-absorbierender Substanzen in sauren Extrakten aus Säugerlebern wurden durch Chromatographie der $HClO_4$-Extrakte (0,6n) an Dowex-1-Formiat, Gradientenelution (HCOOH-Syst.), Rechromatographie der Adenin-Verbb. enthaltenden Fraktion mit steigenden Konzz. von NH_4-Formiat (pH 5,5), Noxitabsorption der Adenosindiphosphat folgenden Fraktion, A.-W.-NH_4OH-Elution u. Papierelektrophorese (pH 3,3, 10 V/cm, 3 Std.) 2 Verbb. abgetrennt, die sich als *Adeninbernsteinsäure* u. *Adenylbernsteinsäure* erwiesen. Letztere gibt keine Rk. mit HUNTERS Reagens (Biochem. J. **30.** [1936.] 745). K. MAIER. 4520□

Das Phenylacetylglutamin und der Mechanismus seiner Biosynthese im menschlichen Organismus. A. I. Ssilakowa. (Украïнський Біохімічний Журнал [Ukrain. biochem. J.] **33.** 114—38. 1961. Kiew, Inst. für Biochemie der Akad. der Wiss. der UkrainSSR) (Russ.)

Übersicht an Hand der Literatur. — 76 Literaturangaben. O. LEBTAG. 4520□

Peroxidähnliche Substanz bei einem Stress ausgesetzten Mäusen. V. J. Horgan und J. St. L. Philpot. (Nature [London] **192.** 662—63. 18/11. 1961. Harwell, Didcot, Berks, Med. Res. Council, Radiobiol. Res. Unit.) (Engl.)

Vff. stellten fest, daß am Schwanz mit der gummibehandschuhten Hand hochgehobene Mäuse eine höhere Konz. an *peroxidähnlicher Substanz* (I) aufweisen als Kontrolltiere; der Anstieg ist statist. signifikant. Das Anheben des Kopfes der Tiere mit polyäthylenbedeckten Zangen führt zu einem noch ausgeprägteren Anstieg des I-Geh. im Körper der Tiere. — Offenbar erhöht sich also der I-Geh. der Tiere bei Alarm-Rkk., wobei Vff. an eine mögliche Autoxydation von ungesätt. Substanzen (z. B. *Linolsäure*) unter Bldg. der entsprechenden *Peroxide* im Organismus denken. H. KOCKERT. 4550□

Einfluß der Denervierung der Milchdrüse auf die Aminosäurezusammensetzung des Milchcaseins bei Ziegen. A. G. Taranenko. (Физиологический Журнал СССР имени И. М. Сеченова [Ssetschenow J. Physiol. UdSSR] **47.** 454—58. April 1961. Leningrad, Physiol. Pawlow Inst. der Akad. der Wiss. der UdSSR, Labor. für Physiol. der Haustiere.) (Russ.)

Die Unters. der Milch von 5 lactierenden Ziegen ergab den folgenden Aminosäure-Geh. (in g auf 100 g *Casein*): *Lysin* (I) 13,4 ± 1,176, *Histidin* 4,65 ± 0,632; *Arginin* (II) 7,08 ± 0,841; *Asparaginsäure* (III) 7,95 ± 1,687; *Serin* (IV) 6,90 ± 0,424; *Glycin* (V) 5,47 ± 0,272; *Glutaminsäure* + *Threonin* (VI) 35,6 ± 1,432; *Alanin* 4,05 ± 0,378; *Prolin* 2,45 ± 0,090; *Tyrosin*; 8,82 ± 0,517; *Valin* + *Methionin* 5,62 ± 0,729; *Phenylalanin* 10,7 ± 2,037; *Isoleucin* 7,60 ± 1,582. Die Denervierung einer Drüse hatte keinen merklichen Einfl. auf die Milchmenge, deren Geh. an Fett u. Casein sowie auf den Geh. der Aminosäuren im Casein im Vgl. zur intakten Drüse. Es kommt jedoch infolge des operativen Eingriffes sowohl im Casein der denervierten, als auch der intakten Drüse zu einer etwa gleichmäßigen Abnahme von **I, II, III, IV, V** u. **VI.** Aus den Verss. wird geschlossen, daß die Milch-Bldg. nicht neural, sondern hormonal reguliert wird. E. RENTZ. 4555□

Analyse von Caseinfraktionen durch Zonenelektrophorese in konzentriertem Harnstoff. R. G. Wake und R. L. Baldwin. (Biochim. biophysica Acta [Amsterdam] **47.** 225—39. 18/2. 1961. Palo Alto, Calif., Stanford Univ., Dep. of Biochem.; Wisconsin, Wis., Univ. of Wisconsin, Dep. of Biochem. and Dairy and Food Ind.) (Engl.)

Durch Stärkegelelektrophorese von *Casein* (I) in konz. *Harnstoff*-Lsg. (7m) lassen sich bis zu 20 Komponenten nachweisen. Durch Rechromatographie einzelner Komponenten wird gezeigt, daß es sich nicht um Artefakte handelt. I-Proben, die durch Säurefällung, Na_2SO_4-Fällung bzw. durch Sedimentation der I-Micellen erhalten wurden, liefern ident. Pherogramme. Die meisten der neuen Komponenten entstammen dem α-I, während β-I relativ homogen zu sein scheint. α-I-Proben, die nach verschiedenen Meth. erhalten wurden, scheinen sich voneinander zu unterscheiden. In den „lösl." I-Fraktionen nach Waugh u. von Hippel (C. **1957**. 2757) erfolgt eine Anreicherung des κ-I in der Fraktion S. Die Einw. von *Rennin* auf I wurde mit Hilfe der Stärkegelelektrophorese untersucht. Danach ist κ-I die einzige I-Komponente, die in der prim. Rk. angegriffen wird. P. Schwerdtfeger. 4555□

Die Zusammensetzung der Fettsäuren der Milchphosphatide. (Vorl. Mitt.) H. Th. Badings und J. Koops. (Fette, Seifen, Anstrichmittel **62.** 302—03. April 1960. Ede, Holland, Inst. f. Milchwirtschaftsforschung.) (Dt.)

Vff. stellten auf Grund ihrer gaschromatograph. Analysen fest, daß es keinen Unterschied in der Fettsäure-Zus. der *Phosphatide* in Milch, Sauerrahmbutter u. Buttermilch gibt. Ihre Ergebnisse stimmen nicht mit denen von Kaufmann u. Mohr (vgl. Fette, Seifen, Anstrichmittel **61.** [1959.] 285) überein. Der *Ölsäure*-Geh. betrug ca. 45% bezogen auf die Gesamtfettsäuren, der Wert von Kaufmann u. Mohr betrug nur 3%. Die gefundene JZ. der Milchphosphatide betrug 50—60. W. Lock. 4555□

Stellungnahme zu dem vorstehenden Aufsatz: „Die Zusammensetzung der Fettsäuren der Milchphosphatide". H. P. Kaufmann und E. Mohr. (Fette, Seifen, Anstrichmittel **62.** 303—04. April 1960.) (Dt.) — Vgl. vorst. Referat.

Vff. weisen darauf hin, daß die *Phosphatide* Zwischenprodd. des Fettstoffwechsels sind u. ihre Zusammensetzung in hohem Maße von der Tierrasse Nahrung u. Jahreszeit abhängig ist. Eine Verallgemeinerung analyt. Ergebnisse unter Zugrundelegung eines beschränkten Unters.-Materials, wie es Badings u. Koops taten, ist deshalb nicht möglich. W. Lock. 4585□

Untersuchung über Mucoproteine. 4. Mitt. Die Bindung der prosthetischen Gruppe an den Proteinkern im submaxillaren Drüsen-Mucoprotein von Schafen. A. Gottschalk und W. H. Murphy. (Biochim. biophysica Acta [Amsterdam] **46.** 81—90. 1/1. 1961. Canberra, Australian Nat. Univ., Dep. of Microbiol.) (Engl.) — **3.** vgl. C. **1961. 12894.**

Die Haupt-, wenn nicht einzige prosthet. Gruppe (p.G.) im submaxillaren Mucoprotein von Schafen (SM) ist das Disaccharid *α-D-N-Acetylneuraminyl-(2 → 6)-N-acetylgalaktosamin* (I). Vff. untersuchten die Art der Bindung von I an SM. Durch pH-Einstellung einer ungepufferten Lsg. von SM auf 10,4 u. Erhitzen für mehrere Std. auf 80° wird I in Freiheit gesetzt; zur gleichen Zeit werden COOH-Gruppen am Rest-SM frei. Auf Grund dieser Beobachtungen glauben Vff., daß die p.G. durch eine Esterbindung mit der Polypeptidkette verbunden ist. Hierzu wurde SM in Tetrahydrofuran (II) gelöst, mit $LiBH_4$ behandelt, zur Erhöhung der Löslichkeit von SM in II das Mol. durch Trypsin partiell abgebaut, der dipolare Ionencharakter durch Umwandlung der freien NH_2-Gruppen in deren Phenylthiocarbamyl-Derivv. vermindert. Nach der $LiBH_4$-Behandlung wurden nur 12% der Gesamtdicarbonsäuren wiedergefunden. Etwa 80% der p.G. liegen in einer glykosid. Esterbindung an die freien COOH-Gruppen der Asparaginyl- u. Glutaminylreste gebunden vor. Die bei reduktiver Spaltung der Esterbindung in Freiheit gesetzten p.G. wurden isoliert. Etwa 18% der Gesamt-N-Acetylneuraminsäure bleiben sogar nach 4 Std. langem Erhitzen in 0,01n NaOH gebunden am SM zurück. Wahrscheinlich liegt eine alkalistabile O-glykosid. Bindung von etwa 18% der p.G. an Serin u./oder Threoninresten vor. G. Bratfisch. 4555□

Untersuchungen über Mucoproteine. 5. Mitt. Die Bedeutung der N-Acetylneuraminsäure für die Viscosität von submaxillarem Drüsen-Mucoprotein von Schafen. A. Gottschalk und M. A. W. Thomas. (Biochim. biophysica Acta [Amsterdam] **46.** 91—98. 1/1. 1961.) (Engl.) — **4.** vgl. vorst. **Referat.**

Submaxillares Mucoprotein von Schafen (SM) bildet hochviscose Lösungen. Vff. untersuchten Veränderungen der Viscosität in Abhängigkeit von pH, Zeit, Konz. u. enzymat. Abspaltung der End-Neuraminsäurereste der prosthet. Gruppe. Nach Abspaltung der *N-Acetylneuraminsäure* (I) durch krist. Neuraminidase wurde die Viscosität stark vermindert. Ein starkes Absinken wurde auch unmittelbar nach Senken des pH von 7,8 auf 1,7 beobachtet. Vff. zeigten, daß $^3/_4$ des Abfalls der Viscosität reversibel sind u. durch Senkung von pH 4,4 auf pH 1,7 erreicht wird. Vff. erklären diese Beobachtungen auf Grund der Abspaltung oder Deionisierung der stark geladenen COOH-Gruppen der I (pK_a 2,6) als eine Faltung des Mol. in eine kompaktere Konfiguration. Bei allen pH-Werten beobachteten Vff. unabhängig von dem starken Abfall ein langsames Absinken der Viscosität, das wahrscheinlich einer Aggregation zuzuschreiben ist. Vff. diskutieren eine mögliche Konfiguration des SM-Moleküls. S. BRATFISCH. 4555□

Untersuchungen über Mucoproteine. 6. Mitt. Die Übereinstimmung der physikalischen Werte mit einer angenommenen α-Helix-Struktur von submaxillarem Drüsen-Mucoprotein von Schafen. S. Fazekas de St. Groth. (Biochim. biophysica Acta [Amsterdam] **46.** 98—99. 1/1. 1961.) (Engl.) — 5. vgl. vorst. Referat.

Die Viscosität von submaxillarem Drüsen-Mucoprotein von Schafen, die auf Grund des Molgew., Protein- u. Kohlenhydrat-Geh. u. der Annahme einer α-Helix-Struktur für den Polypeptidkern erwartet werden konnte, stimmt gut mit den experimentell gefundenen Werten überein. Vf. unterstützt wegen der guten Übereinstimmung der physikal. Werte das von GOTTSCHALK u. THOMAS vorgeschlagene Strukturmodell.
G. BRATFISCH. 4555□

Hormonderivate mit langer Wirkungsdauer. 1. Mitt. Östradiolester. B. Gauthier, L. le Dreff und R. Aubry. (Ann. pharmac. franç. **16.** 757—66. Dez. 1958. Paris, Rue des Batignolles.) (Franz.)

Von mehreren synthetisierten *Östradiol* (I)-*Estern* besaß das *Diundecylat* (II) gleichzeitig die sofort einsetzende Wrkg. von I-*Benzoat* (III) u. die verzögerte der C_{17}-*Ester*. Die therapeut. Ausgiebigkeit von II beträgt das 2—3fache der von III. Die Wrkg. von 25 mg II hält. ca. 3 Wochen an.

Versuche: *Heptansäurechlorid*, $Kp._{20}$ 71—72°; 93,5% (Ausbeute). — *Undecansäurechlorid*, $Kp._{20}$ 135—136°, 90,4%. — *17β-Heptanoyl-3-benzoylöstradiol*, $C_{32}H_{40}O_4$, F. 95—98°, aus III u. Heptanoylchlorid in trockenem Pyridin (1 Std., 50—60°); $[\alpha]_D^{24}$ + 30,8° (Isopropyläther); 88,4%. — Folgende Östradiole wurden hergestellt: *17β-Heptanoylöstradiol*, $C_{25}H_{36}O_3$, F. 87—88°, aus 10 g vorst. Verb. mit 0,1n methanol. KOH unter Acetonzusatz; $[\alpha]_D^{24}$ + 41,3° (Isopropyläther); 7,9 g. — *3.17β-Diundecanoyl-*, $C_{40}H_{64}O_4$, F. 48—49° (CH_3OH–Ae.), aus 5 g I u. Undecanoylchlorid in Pyridin; Blättchen (Aceton–CH_3OH), $[\alpha]_D^{24}$ + 25,4° (Äthyloleat); 10,7 g. — *17β-Valeryl-*, $C_{23}H_{32}O_3$, F. 145—146°, aus rohem Diester, F. 32—35°, mit methanol. NaOH (Einleiten von N_2 3 Std.); $[\alpha]_D^{24}$ + (45—47°) [Isopropyläther]; 56%. — *3-Valeryl-*, $C_{23}H_{32}O_3$, F. 79—80°, $[\alpha]_D^{24}$ + 56,8° (Isopropyläther). — *17β-Undecanoyl-*, $C_{29}H_{44}O_3$, F. 108,5—109°, $[\alpha]_D^{24}$ + 41,2° (Isopropyläther). — *3-Benzoyl-17β-undecanoyl-*, $C_{36}H_{48}O_4$, F. 97—98°. — *3.17β-Divaleryl-*, $C_{28}H_{40}O_4$, F. 39—41°, $[\alpha]_D^{24}$ + 34,3° (Isopropyläther). K. MAIER. 4559□

Beiträge zur Frühdiagnose der Schwangerschaft auf chemischem Wege. G. Ghimicescu, A. Kapri und L. Popovici. (Studii Cercetări Biochim. **1.** 123—26. 1958. Iaşi, I. M. F., Labor. de chim. gen. med.) (Rum.)

In einer Modifizierung der chem. Schwangerschaftsdiagnose nach KAPELLER-ADLER [1936] werden 5 ml Nüchternurin im Scheidetrichter mit 1—1,5 ml einer Lsg. von 0,5 ml Br_2 in 100 ml Eisessig + 100 ml dest. W. einige Min. stehengelassen, dann mit 3—5 ml CCl_4 oder CS_2 stark geschüttelt, die organ. Schicht abgetrennt u. diese 2—3mal wiederholt, bis keine Rk. auf Br_2 mit KJ + Stärke mehr eintritt. Die wss. Schicht wird filtriert, 5 ml Filtrat mit 0,5—1 ml eines Gemisches von 100 ml NH_4OH (Dichte: 0,88) u. 200 ml 10%ig. $(NH_4)_2CO_3$-Lsg. auf dem Wasserbad 5 Min. erhitzt. Bei positiver Rk. tritt rötlich-violette Färbung ein. Alkal. Urin wird mit 10%ig. H_2SO_4 bis zu 1 Min. beständiger Orangefärbung mit 0,1n $KMnO_4$-Lsg. versetzt, ca. 5 Min. bis zur Klärung u. fast völligen Entfärbung stehengelassen u. weiter wie oben behandelt. Der Fehler beträgt nur 11% (Original-Meth. 42%). R. K. MÜLLER. 4559□

Progesteron und Prostigmin in der Geburtshilfe. I. Ja. Bekkerman. (Педіатрія, Акушерство і Гінекологія (Київ) [Pädiatrie, Geburtshilfe Gynäkol. (Kiew)] **23.** Nr. 5. 56—58. 1961. Stalino, Städt. Entbindungsheim Nr. 3.) (Ukrain.)

Auf Grund der Tier-Verss. u. der klin. Beobachtung ist zu schließen, daß das *Progesteron* (I) die motor. Funktion der Gebärmutter unterdrückt. Bei Anwendung von I bleiben Pituitrin u. Acetyletrolin unwirksam. *Prostigmin* (II) beseitigt die Wrkg. von I. Die gleichzeitige Zufuhr von I u. II im Tier-Vers. (Kaninchen) zeigt, daß II die Wrkg. des I auf die Schleimhaut der Gebärmutter völlig aufhebt. Bei gleichzeitiger Zufuhr mit Ae. ist die I-Lsg. in Öl sehr rasch wirksam. Unliebsame Nebenwrkg. treten hierbei nicht auf. O. LEBTAG. 4559□

Beobachtungen über die Verwendung von 6α.21-Dimethylethisteron bei sekundärer Amenorrhoe. G. Douglas Matthew. (J. Obstetr. Gynaecol. Brit. Empire **66.** 914—16. Dez. 1959. Edinburgh, Edinburgh Univ., Dep. of Obstet. and Gyn.) (Engl.) — Vgl. C. **1962.** 7583.

Bei sek. Amenorrhoe erwies sich *6α.21-Dimethylethisteron* (*Dimethisteron, Secrosteron*) als akt. perorale Progestations-Verb., die in Dosen von 180 mg innerhalb 12 Tagen keine unerwünschten Nebenwrkg. entfaltet. U. TAUSENDFREUND. 4559 □

Östrogentherapie unreifer weiblicher Ratten mit Schäden des hinteren Hypothalamus. Alan Corbin und B. A. Schottelius. (Proc. Soc. exp. Biol. Med. **106.** 841—44. April 1961. Iowa City, Iowa, State Univ. of Iowa, Coll. of Med., Dep. of Physiol.) (Engl.)

Bei ♀ Albinoratten (21 Tage alt) wurden Schäden des hinteren Hypothalamus gesetzt u. die Wrkg. von *Östradiolvalerianat* (**I**; 0,5 μg) auf die Entw. der Fortpflanzungsorgane untersucht. Durch **I** wurde die Vaginaleröffnung sowie ein nachfolgender konst. Östrus u. Wachstum der Fortpflanzungsorgane ausgelöst. Im Gegensatz dazu zeigten die unbehandelten Tiere eine verzögerte Pubertät u. ein Zurückbleiben der Fortpflanzungsorgane. Die Ergebnisse zeigen, daß der präpuberale Hypothalamus nicht in der Lage ist, die für die Funktion der Sexualorgane des Säugetieres erforderlichen neurosekretor. Substanzen zu erzeugen oder abzugeben; die *Östrogen*-Sekretion erfordert einen intakten Hypothalamus. P. SCHWERDTFEGER. 4559 □

Adrenocorticotropin (ACTH). 23. Mitt. **Eine Sedimentationsuntersuchung über den Aggregationszustand von Schafshypophysen-ACTH in sauren und basischen Lösungen.** Phil G. Squire und Choh Hao Li. (J. Amer. chem. Soc. **83.** 3521—28. 20/8. 1961. Berkeley, Calif., Univ. of California, Hormone Res. Labor.) (Engl.) — 22. vgl. C. **1961.** 14349.

In HCl–KCl-Puffer, pH 1,3 wurde nur geringe Abhängigkeit des Sedimentations- u. Diffusions-Koeff. u. des Molgew. von der *ACTH*-Konz. beobachtet u. alle 3 Parameter entsprachen dem Monomeren (Molgew. 4540). In Ameisensäure–Formiat–NaCl-Lsg., pH 3,5, wurde eine reversible Zusammenlagerung unter Bldg. von Tetrameren (u. höheren Polymeren) nachgewiesen. In Carbonat–Bicarbonat, pH 10,1, wurden lösl. Aggregate (Tetramere) festgestellt, die sich nicht mit dem Monomeren im Gleichgewicht befanden. Es scheint, daß ACTH in einem bas. Medium irreversible Zusammenlagerung erfährt. K. ZINGRAF. 4560 □

Über die Wirkung von Cortison, Adrenocorticotropem Hormon und der Kombination beider Hormone auf die Nebennierenrinde und den Thymus der Ratte. U. Laschet, W. Hohlweg und Ch. Czeczatka. (Endokrinologie **37.** 293—301. Mai 1959. Berlin, Charité, Inst. f. exp. Endokrinol. d. Humboldt-Univ.) (Dt.)

Es wurden quant. Unterss. über die zur Hemmung der corticoidbedingten Nebennierenrindenatrophie notwendigen Menge an *Adrenocorticotropem Hormon* (ACTH) bei infantilen u. erwachsenen ♂ Ratten (219 bzw. 88 Tiere) durchgeführt. Es wurde *Cortison* (**I**), ACTH u. eine Kombination von **I** u. ACTH verabreicht. Die durch 10tägige Verabfolgung von 1 mg **I** täglich hervorgerufene Nebennierenrindenatrophie läßt sich durch simultane Gabe von 1,8 IE. Depot-ACTH unterdrücken (Histologie der Nebenniere ähnelt der bei Kontrollen). Der *Ascorbinsäure*-Geh. der Nebennieren: nach **I** (1 mg, erwachsene Tiere) 437 (mg%); nach 1 mg **I** + 2 IE. ACTH, 410; nach 2 IE. ACTH, 358; Kontrollen 496,5 (keine signifikanten Differenzen). Das Thymusgewicht sinkt nach **I** stärker als nach ACTH, am stärksten nach kombinierter Gabe. M. METZE. 4561 □

Die Rolle der Nebennieren bei Mastzellen der Mucosa und Gewebe-Eosinophilen in der Darmwand der Ratte. Toimi Räsänen. (Acta physiol. scand. **52.** 162—66. Juni 1961. Helsinki, Univ., Dep. of Physiol. Sect. II.) (Engl.)

Adrenocorticotropes Hormon (ACTH) ruft bei intakten Ratten fast vollständige Degranulation der Mastzellen der Mucosa u. signifikante Senkung der Gewebe-Eosinophilen-Zahl hervor. Nach Adrenalektomie wurden beide Effekte inhibiert. Die Bedeutung der Mastzellen als *Histamin*-Depot der Mucosa u. ihre mögliche Primäraufgabe als Sekretionsstimulans auf das Parenchym u. Sekundäraufgabe als Verminderer der Gewebe-Eosinophilen wird diskutiert. — 30 Literaturangaben. M. METZE. 4561 □

Steroidhormone. V. Petrow. (Rep. Progr. appl. Chem. **44.** 104—16. 1959. The British Drug Houses, Ltd.) (Engl.)

Übersicht. 123 Literaturangaben. K. MAIER. 4561 □

Die teilweise Charakterisierung der Stoffwechselprodukte von $^{14}C_{(4)}$-Cortisol im Hund. 1. Mitt. **Der unversehrte Hund.** Norman I. Gold. (J. biol. Chemistry **236.** 1924—29. Juli 1961. Boston, Mass., Harvard Med. School, Labor. for Surgical Res.; Children's Hosp. Med. Center, Dep. of Pediatrics.) (Engl.)

Hunde erhielten eine Infusion von 2,5 mg *Cortisol* (**I**)/kg/24 Stunden. Einige Std. nach Beginn der Infusion wurde den Tieren 1 μc $^{14}C_{(4)}$-**I** (225 μg) i. v. injiziert, die Stoffwechsel-Prodd. von **I** durch Extraktion mit Äthylacetat–$CHCl_3$ (freie Sterine) extrahiert, durch nachfolgende Behandlung des Urins mit *β-Glucuronidase* die möglicherweise mit

Glucuronsäure konjugierten Steroide freigesetzt u. ebenfalls extrahiert. Die Struktur der Steroide wurde durch Isotopenverdünnung u. Vgl.-Papierchromatographie sowie durch Abbau mit Perjodsäure u. Na-Bismutat ermittelt. Folgende Stoffwechsel-Prodd. von I konnten nachgewiesen werden: *3α.11β.17α.20ξ.21-Pentahydroxy-5β-pregnan*, *3β.11β.17α.20ξ.21-Pentahydroxy-5α-pregnan*, *3α.17α.20ξ.21-Tetrahydroxy-5β-pregnan-11-on*, *3β.11β.17α.21-Tetrahydroxy-5α-pregnan-20-on* u. *3α.11β.17α.21-Tetrahydroxy-5β-pregnan-20-on*, die im Ring A hydriert u. sämtlich erst nach Behandlung mit Glucuronidase aus dem Urin extrahierbar waren. Daneben fanden sich die „nichtkonjugierten" *11β.17α.20β.21-Tetrahydroxy-4-pregnen-3-on* u. *17α.20ξ.21-Trihydroxy-4-pregnen-3.11-dion.* J. BOELTER. 4561 □

Die teilweise Charakterisierung der Stoffwechselprodukte von $^{14}C_{(4)}$-Cortisol im Hund. 2. Mitt. Der vollständig hepatektomierte Hund. Norman I. Gold. (J. biol. Chemistry **236.** 1930—33. Juli 1961.) (Engl.) — 1. vgl. vorst. Referat.

♂ u. ♀ Hunde wurden einer vollständigen Hepatektomie u. Splenektomie unterworfen u. erhielten unmittelbar nach der Operation eine Infusion von 2,5 mg *Cortisol* (I)/kg/24 Std. bis zum Tod der Tiere. 4 Std. nach der Operation erhielten die Tiere 1 μc $^{14}C_{(4)}$-I (225 μg) i.v. injiziert. Der Urin sowie nach dem Tode das Plasma wurden auf freie oder an Glucuronsäure gebundene Stoffwechsel-Prodd. von I durch Isotopenverdünnung, Vgl.-Papierchromatographie sowie durch Abbau mit Perjodsäure u. Na-Bismutat untersucht. In freier Form wurden im Plasma sowie im Urin *11β.17α.20β.21-Tetrahydroxy-4-pregnen-3-on* u. *17α.20ξ.21-Trihydroxy-4-pregnen-3.11-dion* gefunden, während im Urin keine I-Stoffwechsel-Prodd. in konjugierter Form gefunden werden konnten. Das hepatektomierte Tier scheint nicht mehr in der Lage zu sein, Ring A zu hydrieren sowie Steroidglucuronide zu bilden. J. BOELTER. 4561 □

17-Hydroxycorticosteroidspiegel während der Schwangerschaft. F. E. Bryans und A. Belither. (Amer. J. Obstetr. Gynecol. **82.** 52—55. Juli **1961.** Vancouver, B.C., Canada, Univ. of British Columbia, Dep. of Obstet. and Gyn.) (Engl.)

Während der Schwangerschaft kommt es beim Menschen zu einem progressiven Anstieg des *17-Hydroxycorticosteroid*-Spiegels im Plasma mit noch weiterem Anstieg während der Wehen u. Entbindung u. anschließendem Abfall; bei Primiparen sind die Werte durchschnittlich höher als bei Multiparen. Der Vorgang der Isoimmunisierung gegenüber *Rh-Antigen* ist beim Menschen nicht mit einer Veränderung in der 17-Hydroxycorticosteroid-Bldg. verbunden. Beziehungen zum Antikörperspiegel bestehen nicht. Durch Cortison ist keine Verhütung von Isoimmunisierung oder Verminderung des Antikörpertiters möglich. U. TAUSENDFREUND. 4561 □

O-Methylierung, der Hauptweg des Stoffwechsels von Epinephrin und Norepinephrin bei der Ratte. J. Axelrod, J. K. Inscoe, S. Senoh und B. Witkop. (Biochim. biophysica Acta [Amsterdam] **27.** 210—11. Jan. 1958. Bethesda, Md., US. Dep. of Health, Education and Welfare, Public Health Serv., Nat. Inst. of Health, Nat. Inst. of Mental Health and Nat. Inst. of Arthritis and Metabolic Diseases.) (Engl.)

Nach früheren Befunden (Science [Washington] **126.** [1957.] 400) werden *Epinephrin* (I) u. *Norepinephrin* (II) in vivo u. in vitro an der 3-Hydroxygruppe methyliert. Die Unters., wieweit O-Methylierung in vivo bei der Ratte erfolgt, wird durch Ausarbeitung einer Meth. zur Best. von *Meta-O-methylepinephrin* (*Metanephrin*; vgl. C. **1959.** 10994) [III] u. von *Meta-O-methylnorepinephrin* (*Normetanephrin*) [IV] ermöglicht. III bzw. IV werden aus Harn bei pH 10 durch 20 Min. langes Schütteln mit Äthylendichlorid (2% Isoamylalkohol enthaltend) isoliert; die abgetrennte organ. Phase wird mit $^1/_{10}$ Vol. 0,1 n NaOH geschüttelt, die dabei entstehende untere Schicht abgesaugt u. der saure Extrakt 2 mal mit 10 Vol. Isoamylalkohol zur Entfernung von störenden Substanzen gewaschen. III bzw. IV werden in dieser Lsg. durch Fluorescenzmessung bei 335 mμ nach Aktivierung bei 283 mμ bestimmt. — *Glucuronide* von III u. IV werden zunächst mittels bakterieller *β-Glucuronidase* (3 Std.; 37°) hydrolysiert. — Aus den weiteren Befunden ergibt sich folgendes obenst. Rk.-Schema. A. HESSE. 4561 □

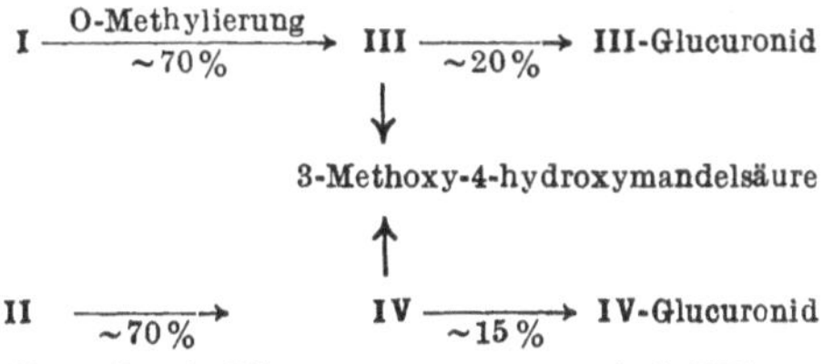

Wirkung von Noradrenalin auf den Harn- und Nierenblutfluß. F. G. W. Marson. (Brit. J. Pharmacol. Chemotherapy **11.** 431—36. Dez. 1956. Leeds, Univ., Dep. of Med.) (Engl.) — Vgl. C. **1957.** 11637.

An anästhetisierten Hunden fand Vf., daß der Harnfluß mit steigender Dosis an *Noradrenalin* (I) abnimmt. Durch eine genügend hohe I-Dosis wurde an Hunden Anurie hervorgerufen; hierbei betrug der systol. Blutdruck 200 mm Hg oder weniger. I rief einen plötzlichen Abfall u. manchmal sogar vollständige Hemmung des Nierenblutflusses hervor. Die Verminderung des Harn- u. Nierenblutflusses hatte eine akute Hämorrhagie zur Folge. Ähnliche Nierenveränderungen können bei Patienten mit Phäochromocytom oder nach I-Injektion bei posthämorrhag. Schock möglich sein. G. BRATFISCH. 4561 □

Die Wirkung von Cholin-2.6-dichlorphenylätherbromid auf den Organgehalt und die Harnausscheidung von Brenzcatechinaminen. S. Schapiro. (Acta physiol. scand. **52.** 146—49. Juni 1961. Stockholm, Karolinska Inst., Dep. of Physiol.) (Engl.)

Tägliche Injektionen von *Cholin-2.6-dichlorphenylätherbromid* (TM-25) verringern bei Ratten die Harnausscheidung von *Noradrenalin* u. etwas weniger die von *Adrenalin.* Nach 5—6 Tagen Behandlung sinkt der *Brenzcatechinamin*-Geh. von Nebenniere, Herz u. Milz beträchtlich. M. METZE. 4561 □

Verschiedene Funktionen isolierter Schilddrüsenzellen. Ira Pastan. (Endocrinology **68.** 924—31. Juni 1961. Bethesda, Md., Nat. Inst. of Health, Nat. Inst. of Arthritis and Metabolic Diseas. Clin. Endocrin. Branch.) (Engl.)

Aus Kalbsschilddrüsen durch Trypsin isolierte Zellen in einem KREBS-RINGER-Bicarbonat-Glucose-Medium (pH 7,4) unter Zusatz von 0,1 μg NaJ bauen inkubiertes ^{131}J, vornehmlich als *Mono-*, sehr gering als *Dijodtyrosin*, in Proteine ein. Thyroxin wurde nicht nachgewiesen, weder durch Verlängerung der Inkubationszeit noch nach Zusatz von Thyreoglobulin, Albumin, Schilddrüsenhomogenat u. *Thyreotropin.* Durch Erhöhung des NaJ-Zusatzes auf 10—100 μg wurde die Bldg. jodierter Proteine gehemmt. Thyreotropin steigert den ^{131}J-Einbau; Propylthiouracil, Thiocyanat, Katalase u. red. Glutathion hemmen oder vermindern ihn. Perchlorat ist ohne Einfluß. 19—52% der jodierten Proteine waren lösl., dieser Prozentsatz konnte durch Thyreoglobulin- u. Albuminzusatz erhöht werden. R. TIMMLER. 4562 □

Die Wirkung der Schilddrüse auf das Wachstum der weißen Ratten. Teruko Kamei. (Folia pharmacol. japon. **55.** 792—802. 20/7. 1959. Tokio, Coll. méd. feminin, Lab. de Pharmacol.) (Jap.; Auszug: Franz.)

Bei jungen ♂ u. ♀ Ratten spielt die Schilddrüse für das Wachstum eine wichtige Rolle. Bei *Tyradine* (I)-Zufuhr verläuft die Gew.-Kurve wie bei der Kastration. Diejenige bei *Methiosil* (Methylthiouracil)-Zufuhr ist der bei I-Behandlung entgegengesetzt. K. MAIER. 4562 □

Einfluß von Serotonin auf die Schilddrüsentätigkeit der Ratte. L. Zizine. (C. R. Séances Soc. Biol. Filiales **153.** 1156—58. 24/11. 1959. Paris, Coll. de France, Labor. de Morphol. expér. et d'Endocrinol.) (Franz.)

Injektion von *Serotonin* (I) erzeugt bei Ratten eine Verringerung der Schilddrüsentätigkeit, wie mit Hilfe von ^{131}J bewiesen wurde. Gleichzeitige Behandlung mit *Isopropylisonicotinsäurehydrazid* (*Marsilid*), das als Aminooxydaseinhibitor wirkt u. dadurch I schützt, vergrößert diesen Effekt noch. G. ZIEBARTH. 4562 □

Die Beeinflussung der Schilddrüsenfunktion durch intraokulare Hypophysentransplantate. Azmi Khazin und Seymour Reichlin. (Endocrinology **68.** 914—23. Juni 1961. St. Louis, Mo., Washington Univ., Dep. of Med., Preventive Med. and Psychiatry.) (Engl.)

Durch Hypophysektomie (H. e.) werden bei Ratten Schilddrüsen-Gew., ^{131}J-Aufnahme u. -Freisetzung u. die Konz. des Plasma-Protein gebundenen J signifikant erniedrigt. Durch Transplantation von Hypophysengewebe in die vordere Augenkammer wird lediglich die J-Aufnahme signifikant erhöht. Nach Hemithyreoidektomie bleiben bei H. e.-Ratten Schilddrüsen-Gew., J-Aufnahme u. -Freisetzung unverändert, steigen aber bei intakten Ratten u. bei solchen nach H. e. u. Transplantation. Bei diesen beiden Gruppen wird auch durch *Thyroxin*-Injektion die J-Freisetzung gesenkt, u. zwar auf Werte, die unter denen bei H. e.-Ratten gemessen wurden. Die maximale Hemmung der Schilddrüsenfunktion setzt also das Vorhandensein von Hypophysengewebe voraus. Die Hypophysentransplantate schieden ACTH aus (Nebennieren-Gew. kleiner als bei normalen, aber höher als bei H. e.), beeinflußten aber das Wachstum der Tiere u. das Testes-Gew. nicht. R. TIMMLER. 4562 □

Einfluß von Nebenschilddrüsenextrakt auf den Ca-Stoffwechsel legender Hennen. H. Nozaki, S. Horii und Y. Hori. (Bull. nat. Inst. agric. Sci. [Chiba, Japan], Ser. G **1958.** 9—15. Nov.) (Jap.; Auszug: Engl.)

Bei hohem *Ca*-Bedarf zur Schalen-Bldg. fördert *Nebenschilddrüsenhormon* die Verwertung des Ca des Futters zur Schalen-Bldg., es verringert die Ca-Ausscheidung in Verbindung mit anderen Hormonen. P. GREGORZEWSKI. 4563 □

Bewertung des Insulins in vitro mit der Methode des isolierten Zwerchfells der Ratte. F. Campagnari und S. C. Rizzo. (Boll. Soc. ital. Biol. sperim. **36.** 111—14. 15/2. 1960. Pavia, Univ., Ist. di Patol. Spec. Med.) (Ital.)

Es wird die Aufnahme von *Glucose* durch das Zwerchfell der Ratte in Ggw. von *Insulin* in Konzz. von 10^{-5} bis 10^{-1} E./ml untersucht. Es zeigt sich, daß der Test so variabel ist, daß er nicht als quant. standardisierte Prüfung für die Best. der Insulin-Konz. im Plasma verwendet werden kann. F. KREN. 4564□

Über die Umwandlung von Insulin in konzentrierten Harnstofflösungen. R. David Cole. (J. biol. Chemistry **236**. 2670—71. Okt. 1961. Berkeley, Calif., Univ. of California, Dep. of Biochem.) (Engl.)

Die in 8m *Harnstoff*-Lsg. (I) bei Raum-Temp. chromatograph. zu beobachtende langsame Umwandlung von krist. Schweine-*Insulin* beruht auf einer Carbamylierung der NH_2-terminalen Aminosäuren Glycin u. Phenylalanin. Dieses Problem der Umwandlung eines Proteins in I wird um so größer, je mehr NH_2-Endgruppen/Mol. vorhanden sind. K. MAIER. 4564□

Papierchromatographische Methoden zur Identifizierung von Insulin in Rattenpankreasextrakten. K. W. Taylor, G. Howard Smith und G. Gardner. (Biochem. J. **82**. 2P. Jan. 1962. Cambridge, Univ., Dep. of Biochem.) (Engl.)

Vff. teilen folgende Meth. zur Identifizierung von *Insulin* (I) in Rattenpankreasextrakten mit: das gefrorene Pankreas mit angesäuertem A. extrahieren, den Extrakt mit Ammoniak neutralisieren, den A.–Ae.-Nd. in 0,03n HCl lösen, die Proteine gegen W. dialysieren, lyophilisieren u. auf Chromatographiepapier auftragen; Entw. nach der aufsteigenden Meth. nach FENTON (C. **1959**. 13882). Beim Anfärben mit Bromkresolgrün wird eine schnell wandernde Bande identifiziert, deren R_F-Wert etwa gleich dem von krist. Rinder-I ist. Das auf dem Chromatogramm nicht angefärbte u. auf gleicher Höhe mit I wandernde Material wird vom Papier eluiert u. biolog. getestet: es erhöht die *Glucose*-Aufnahme u. die *Glykogen*-Synth. des isolierten Rattendiaphragmas. H. KOCKERT. 4564□

Die Anwendung von Microcid (Glucoseoxydase) bei der Bestimmung von Glucose des Blutes in der Norm und bei Diabetes. I. Ss. Lukomskaja und W. K. Gorodetzki. (Биохимия [Biochemie] **26**. 477—82. Mai/Juni 1961. Moskau, Inst. für biolog. u. med. Chem. der Akad. der med. Wiss. der UdSSR, Labor. für klin. Chem.) (Russ.; Auszug: Engl.) — Vgl. C. **1961**. 17322.

Vff. beschreiben die Best. von *Glucose* (I) mit Hilfe des sowjet. *Microcids* (II; *Glucoseoxydase*) unter Anwendung der folgenden Reagentien: 0,9%ig. NaCl-Lsg., 5%ig. $ZnSO_4 \cdot 7\,H_2O$, 0,3n NaOH, 1%ig. o-Toluidin in abs. A., 0,25n Acetatpuffer vom pH 4,8. Die Best. muß 15—17 Min. nach der Anfärbung der Lsg. vorgenommen werden. II wirkt nicht katalyt. auf die Oxydation von Mannose, Galaktose, Fructose, Glucose-6-phosphat u. Maltose, wenn sie in einer Menge von 0,2 mg je Probe vorliegen. Die I-Best. im Blut von 8 Blutspendern ergab einen Mittelwert von 67 mg% gegenüber 106 mg% nach HAGEDORN-JENSEN. Bei Diabetes weichen die mit II bestimmten I-Werte von den I-Werten nach HAGEDORN-JENSEN um 13—104 mg% ab. O. LEBTAG. 4564□

Hinweis auf eine doppelte neurohumorale Rolle von Acetylcholin: seine Funktion an der prä- und postsynaptischen Seite. George B. Koelle. (Nature [London] **190**. 208—11. 15/4. 1961. Philadelphia, Pa., Univ. of Pennsylvania, Dep. of Pharmacol.) (Engl.)

Ausgehend von den Kenntnissen über die Verteilung u. Rolle des *Acetylcholins* (I) als Überträgersubstanz wird die Frage einer möglichen doppelten Rolle von I erörtert: 1. I, an der präsynapt. Seite durch nervöse Impulse freigesetzt, führt zur Freisetzung zusätzlicher weiterer Übertragungssubstanzen oder weiterer Mengen von I an der präsynapt. Seite. — 2. I wirkt als Übertragungssubstanz an der postsynapt. Seite. Diese Doppelrolle von I wird an Hand der physiolog. u. pharmakolog. Verhältnisse am Ganglion cervical superior, afferenten Vagus, an postganglionären adrenerg. Fasern sowie den peripheren Enden der sensor. u. motor. Fasern dargelegt. JOACHIM SCHMIDT. 4569□

Über die Zunahme des Acetylcholingehalts im elektrisch gereizten Nucleus caudatus vom Kaninchen. W. Traczyk und B. Sadowski. (Bull. Acad. polon. Sci., Sér. Sci. biol. **7**. 331—35. 1959. Polish Acad. of Sci., Labor. of Physiol.) (Engl.)

4 Min. lange elektr. Reizung des Caudatus nucleus von Kaninchen steigerte statist. signifikant den durchschnittlichen Gesamt-*Acetylcholin* (I)-Geh. von 6,26 auf 11,11 µg/g. Der elektr. Strom beeinflußt möglicherweise direkt das I-Synth.-Syst., oder die Resynth. von I wird durch eine anfängliche Abnahme des I-Geh. aktiviert. K. MAIER. 4569□

Freisetzen von 5-Hydroxytryptamin aus Ratten-Mastzellen in vitro. G. T. Archer. (Nature [London] **190**. 350. 22/4. 1961. Sydney, New South Wales, Red Cross Blood Transf. Serv.) (Engl.)

Im Blutplasma von Ratten (R) erscheint 5 Min. nach i.v. Injektion von 1 mg *Verb. 48/80* (I)/kg eine Substanz (II), die langsame Kontraktion der isolierten glatten

Muskulatur erzeugt. Der Ursprung von **II** wird in vitro untersucht an einem Syst., bestehend aus **I**-Lsg., R-Plasma, Mastzellen (**MZ**) aus der Peritonealhöhle der R u. einem R-Uteruspräparat. Eine Mischung von je 0,1 ml **I**-Lsg. (10 μg/ml physiolog. NaCl-Lsg.), R-Plasma (enthaltend 5 Einheiten Heparin/ml Blut) u. **MZ**-Suspension (ca. 10^6 **MZ**/ml) bewirkt Kontraktion des isolierten Uterus (U). Diese tritt auch beim Weglassen des Plasmas ein. Dagegen zeigt **I** allein oder zusammen mit Plasma keine Wrkg., ebensowenig wie **MZ** allein oder mit Plasma. Vorbehandlung des U mit den *5-Hydroxytryptamin* (**III**)-Hemmstoffen *Dibenamin* (1 μg/ml), *2-Brom-D-lysergsäurediäthylamid* (1μg/ml), *1-Methyl-D-lysergsäurehydroxybutylamid* (0,2 μg/ml) oder einem Überschuß von **I** (1 mg/ml) verhindern die Kontraktion sowohl in **I–MZ**-Mischung als auch nach Zusatz von Plasma von mit **I** behandelten R. Vff. folgern, daß **II** bei der Zerstörung von **MZ** durch **I** zusammen mit *Histamin* (**IV**) freigesetzt wird. Pro 10^6 **MZ** werden 40 μg **IV** u. 2 μg **III** ausgeschieden. **IV** bewirkt keine U-Kontraktion. Wird **II** in den Verss. durch entsprechende Mengen **III** ersetzt, so ergibt sich vergleichbare U-Kontraktion. Das Stimulans wird wie **IV** aus **MZ** u. a. auf folgende Arten freigesetzt: a) Mechan. Zerstörung, b) durch Extrakt aus Rattenmilzgewebe, c) dest. W., d) durch Zusatz von *Dextran* zum Serum adrenalektomierter R, e) durch Zusatz von menschlichen Erythrocyten zu frischem R-Antiserum bei 37° u. pH 7. Vff. stellen fest, daß **III** zusammen mit **IV** bei der Zerstörung von R-**MZ** freigesetzt wird u. nehmen an, daß **II III** entspricht.

Wolfgang Herrmann. 4569 □

5-Hydroxytryptamin und andere pharmakologisch aktive Substanzen im Zentralnervensystem. R. S. Stacey. (Acta physiol. pharmacol. neerl. **8**. 222–39. Juni **1959**. London, St. Thomas's Hosp. Med. School, Dep. of Pharmacol. and Therapeut.) (Engl.)

Übersicht. *5-Hydroxytryptamin* (**I**)-Synth., Stoffwechsel, Verteilung im Zentralnervensyst.; **I**-Konz. u./oder -Verteilung verändernde Verbb.: **I**, *5-Hydroxytryptophan* (**II**), Aminoxydaseinhibitoren, **II**-Decarboxylaseinhibitoren, **I**-Abspalter (Reserpin, Tetrabenazin), weitere Verbb. (Amphetamin, Antikonvulsantien). — 49 Literaturangaben.

K. Maier. 4569 □

Experimentelle Untersuchung der Wirkung von Serotonin auf einige motorische Funktionen des Organismus. A. D. Nosdratschew. (Физиологический Журнал СССР имени И. М. Сеченова [Ssetschenow-J. Physiol. UdSSR] **47**. 115–20. Jan. 1961. Leningrad, Inst. für exp. Med. der Akad. der med. Wiss. der UdSSR.) (Russ.)

Verss. an 10 Hühnern mit experimenteller opticogener Katalepsie ergaben, daß *Serotonin* (**I**; 3 Tage lang täglich je 1–5 mg/kg i.v.) bei 6 Tieren mit einer kurzen Erregungsphase während der Ausarbeitung der Katalepsie den Zustand der katalept. Hemmung verstärkt, während es bei den restlichen Tieren mit gesteigerter motor. Aktivität die opticogene Katalepsie enthemmt. Weitere Verss. an intakten Tauben, Mäusen, Kaninchen u. Hunden ließen erkennen, daß **I** (in verschiedener Dosierung subkutan, i.m., intracisternal u. in die Hirnventrikel injiziert) wohl die motor. Funktionen abzuändern, nicht jedoch kataleptogen zu wirken vermag.

E. Rentz. 4569 □

Serotonin im Dünndarm normaler und keimfreier Küken. A. W. Phillips, H. R. Newcomb, J. E. Smith und R. Lachapelle. (Nature [London] **192**. 380. 28/10. 1961. Syracuse, N.Y., Syracuse Univ., Biol. Res. Labor., Dep. of Bacteriol. and Bot.) (Engl.)

Vff. stellten fest, daß im Ileum keimfreier Küken ein signifikant höherer *Serotonin* (**I**)-Geh. vorkommt als im Ileum von Kontrollen. Im Duodenum ist der Unterschied im **I**-Geh. nicht so ausgeprägt. Es wird angenommen, daß **I** durch bestimmte Mikrobenstämme der Darmflora oxydiert wird, woraus sich die vorst. genannten Unterschiede im **I**-Geh. erklären würden. Auch andere Gründe für den unterschiedlichen **I**-Geh. des Dünndarms bei mikrobenfreien u. normalen Küken werden diskutiert.

H. Kockert. 4569 □

Der Serotonin-Gehalt während des Krampfes und die Wirkung von Reserpin. E. M. Gal und P. A. Drewes. (Nature [London] **189**. 234. 21/1. 1961. Sepulveda, Calif. Vet. Admin. Hosp.) (Engl.)

Der Geh. an *Serotonin* (**I**) in Hirn, Milz u. Dünndarm von Ratten 1 Std. nach einer Krampfdosis von *Fluoracetat* (**II**) oder *Pentetrazol* (**III**) mit u. ohne *Reserpin* (**IV**)-Vorbehandlung wird untersucht. Weder durch **II** noch **III** hervorgerufene Krämpfe führten zur Änderung des **I**-Gehalts. Krämpfe durch **II** oder **III** waren ohne Einfl. auf die Änderung des **I**-Geh. durch **IV**.

Joachim Schmidt. 4569 □

Beobachtungen über die mehrfach ungesättigten Fettsäuren des Blutes bei unausgeglichenem Fetthaushalt. F. Corsini, G. Manfredi und P. Pintozzi. (Boll. Soc. ital. Biol. sperim. **36**. 387–91. 30/4. 1960. Bologna, Univ., Ist. di Clin. Pediatr.) (Ital.)

Es werden die mehrfach ungesätt. *Fettsäuren* (I) in Erythrocyten u. Plasma von Adipositas-Patienten untersucht u. mit denen bei normalen Personen verglichen. Der I-Geh. im Plasma erscheint gegenüber dem der Kontrollpersonen etwas verringert; hinsichtlich der Gesamtfettsäuren haben I bei beiden Personengruppen denselben Anteil; dagegen ist der *Linol-* u. *Linolensäure*-Geh. im Plasma erhöht, u. die anderen I sind entsprechend verringert; gegenüber den normalen Werten sind die Gesamtfettsäuren in den Erythrocyten erhöht; die I-Werte sind uneinheitlich. F. KREN. 4572 □

Die neutrale Fraktion der niedermolekularen Pepsinpeptide von Pferdehämoglobin. W. W. Oppel. (Биохимия [Biochemie] **26.** 462—67. Mai/Juni 1961. Leningrad, Ssetschenow-Inst. für Evolutionsphysiol. der Akad. der Wiss. der UdSSR.) (Russ.; Auszug: Engl.)

Bei der Spaltung des *Pferdehämoglobins* (I) durch Pepsin werden 25 Peptide erhalten, deren Aminosäure-Zus. untersucht wird. Sie enthalten 3—6 verschiedene Aminosäuren. In der neutralen Fraktion fehlen die Histidinpeptide u. kommt nur je ein Arginin- u. Cysteinpeptid vor. Die neutrale Fraktion ist reich an *Glycin, Serin, Tyrosin, Lysin, Leucin-* u. *Glutaminsäure.* Auf Grund von Vgl. mit den in der Literatur beschriebenen Peptiden wird die Reihenfolge der Aminosäuren erörtert. O. LEBTAG. 4572 □

Die quantitative Bestimmung von Methämoglobin und Methämalbumin im Blut. H. Fleisch. (Helv. physiol. pharmacol. Acta **17.** 318—28. Okt. 1959. Lausanne, Univ., Inst. de Physiol.) (Franz.)

Methämoglobin (I), *Hämatin* (II) u. *Methämalbumin* (III) gehen mit KCN in *Cyan*-I, *Cyan*-II u. *Cyan*-III über. Die diese Umwandlung begleitende Extinktionsabnahme ermöglicht eine quant. Best. von I—III. Geeignete Wahl der Wellenlänge erlaubt die Ausschaltung durch Trübung, pH-Änderung oder inakt. Farbstoffe, wie II u. III, bedingter Fehler, die bei den gebräuchlichen Meth. bisher vernachlässigt worden sind. Mit der angegebenen Meth. wird der Geh. an inakt. Hämoglobin, d. h. I + II + III, erhalten. K. MAIER. 4572 □

Vergleichende Untersuchung über die Bestimmung des Kohlenoxidhämoglobingehalts und über das aus dem Blut extrahierbare CO. Massimo Giubileo und Luigi Parmeggiani. (Med. e Lavoro **50.** 91—107. Febr. 1959. Milano, Univ., Clin. del Lavoro „Luigi Devoto".) (Ital.; Auszug: Engl.)

Vergleichende Unterss. zwischen der spektrophotometr. Meth. (a) von HEILMEYER (Medizin. Spektrophotometrie, G. Fischer, Jena, 1938) u. KURZ u. WALLER (C. **1957.** 2574) u. der gasometr. Meth. (b) von SCHOLANDER u. ROUGHTON (J. ind. Hyg. Toxicol. **24.** [1942.] 218) zur *CO*-Best. im Blut wurden bei 10 Fällen von akuter CO-Vergiftung, bei 20 Fällen von chron. gewerblicher CO-Vergiftung durch Leuchtgas, bei Gewohnheitsrauchern u. bei 20 Fällen mit Prädisposition zu sogenanntem endogenem CO (Pneumocardiopathien mit u. ohne Lungenstauung, Diabetes mellitus) u. bei 7 Kontrollen durchgeführt. Zwischen den Ergebnissen beider Meth. zeigte sich eine Übereinstimmung von r > 0,7. Bei den Fällen mit akuter Vergiftung wurden nach b höhere Werte erhalten als nach a, wogegen bei allen anderen Gruppen die Unterschiede nicht eindeutig waren. H. KOCKERT. 4572 □

Die Hydrolyse der Nucleinsäuren der Blutleukocyten nach längerer Behandlung mit basischem Bleiacetat in alkalischem Medium. Maurice Piette. (Ann. pharmac. franç. **16.** 311—14. Mai 1958. Paris, Fac. de Pharmacie, Lab. d'Hématol.) (Franz.)

Längere Behandlung (3 Wochen) von Blutleukocyten mit *bas. Pb-Acetat* in alkal. Milieu bewirkt Freisetzung von H_3PO_4, die in situ als Nd. von Pb-Phosphat erscheint. Es tritt Depolymerisation der *Nucleinsäuren*, bes. von Desoxyribonucleinsäure, ohne Abspaltung von Purinbasen ein. K. MAIER. 4573 □

Fettsäuren der menschlichen Thrombocytenphosphatide. Aaron J. Marcus, Harris L. Ullman und Harold S. Ballard. (Proc. Soc. exp. Biol. Med. **107.** 483—86. Juli 1961. New York City, N.Y., New York Vet. Admin. Hosp., Hematol. Sect.; Cornell Univ., Med. Coll., Dep. of Med.) (Engl.)

Die Fettsäuren der Thrombocytenphosphatide wurden mit Kieselsäure- u. Gas–Fl.-Chromatographie untersucht. Die Phosphatidyläthanolamin- u. Phosphatidylserinfraktionen enthielten in der Hauptsache *Arachidonsäure, Stearinsäure* (I) u. *Ölsäure* (II), die Lecithin–Sphingomyelin-Eluate *Palmitinsäure,* I u. II. K. ZINGRAF. 4573 □

Über die Vergrößerung des kritischen Hämolysevolumens durch Netzmittel und Emulgatoren. Albert Herz. (Z. Biol. **111.** 139. 1959. München, Univ., Pharmakolog. Inst.) (Dt.)

Das krit. Hämolyse-Vol. (k.H.) von Pferdeerythrocyten kann durch geeignete Netzmittel u. Emulgatoren erhöht werden. *Dodecylalkohol* (I) steigert die osmot. Resistenz sehr rasch. Sie erreicht einen Maximalwert u. ist nur in geringem Umfang reversibel.

Die Wasserpermeation ist nicht meßbar verringert. Die Erythrocyten können auf Grund von Hämatokrit-Best. bei Isotonie bis zum doppelten Ausgangsvol. schwellen ohne zu hämolysieren. Niedrige Alkohole (*Octyl-*, *Decylalkohol*) rufen Hämolyse hervor. Bei Verhinderung der Desorption der Substanz von der Membran tritt auch hier Vergrößerung des k.H. ein, die bei höheren Alkoholen (I, *Tetradecyl-*, *Hexadecylalkohol*) stets besteht. Unter bestimmten Voraussetzungen vergrößern auch die stark hämolysierenden *Alkylsulfate* (*Dodecyl-*, *Hexadecyl-Na-Sulfat*) k.H., während bei den Alkalisalzen höherer Fettsäuren die niedrigeren Vertreter (*Na-Laurat*, *-Myristat*, *-Palmitat*) vorwiegend hämolyt., die höheren (*Na-Stearat*, *-Oleat*) vorwiegend antihämolyt. Wrkg. zeigen. Die Hämolyse-Wrkg. verschwindet beim Verestern der COOH-Gruppe. Bei den Fettsäureestern des Typs der *Tweens* u. *Spans* vergrößert sich k.H. mit wachsendem lipophilem Charakter (*Sorbitanmonolaurat*, *-monooleat*, *Polyoxyäthylen–Sorbitanmonolaurat*, *-monooleat*, *-trioleat*). Die Wrkg. der Verbb. beruht vermutlich auf An- u. Einlagerung an bzw. in Lipoidbereiche der Erythrocytenmembran, wodurch der Hämoglobinaustritt erschwert u. die Membranoberfläche vergrößert wird. K. Maier. 4573 □

Eine modifizierte Methode zur Reinigung von Erythrocuprein. Per Olof Nyman. (Biochim. biophysica Acta [Amsterdam] **45**. 387–89. 4/12. 1960. Uppsala, Inst. for Med. Genetics and Inst. of Biochem.) (Engl.)

Die Reinigung von *Erythrocuprein* (I) aus menschlichen Erythrocyten erfolgte durch die ersten 3 Stufen der Meth. von Markowitz u. Mitarbeitern (C. **1961**. 5870) u. anschließend durch Chromatographie an DEAE-Cellulose (Cl^--Form; Konz.-Gradient: 0,005m Tris-HCl-Puffer, pH 7,4 → 0,05m Tris-HCl, pH 7,4, + 0,166m NaCl), Dialyse gegen ionenfreies W. sowie lyophile Trocknung. Der *Cu*-Geh. von I war 0,376% (berechnetes Molgew. 33800). Verss. zur Reinigung durch Zonenelektrophorese an Cellulosesäulen in Phosphatpuffer, pH 6,5, waren, wahrscheinlich infolge teilweiser Denaturierung des Proteins, ohne Erfolg. K. Maier. 4573 □

Einschlüsse von Mucopolysacchariden in den Lymphocyten von Patienten mit Gargoylismus. Ursula Mittwoch. (Nature [London] **191**. 1315–16. 23/9. **1961**. London, Univ. Coll., Galton Labor.) (Engl.)

Die Lymphocyten (L) von Patienten beiderlei Geschlechts mit Gargoylismus wiesen bei Anfärbung nach May-Grünwald-Giemsa, Toluidinblau oder Alcianblau in H_2SO_4 in 5–50% der L-Einschlüsse in verschiedener Form u. Größe auf, die sämtlich in W. oder Phosphat-Lsg. lösl. waren u. ihrem Verh. nach aus *sauren Mucopolysacchariden* bestanden. Ob die Einschlüsse von den L sekretiert oder in ihnen gespeichert werden, ist noch unbekannt. Die Einschlüsse als Folge eines angeborenen Fehlers im Stoffwechsel der Mucopolysaccharide könnten als einfacher diagnost. Test auf Gargoylismus dienen. J. Boelter. 4573 □

Die oligometallische Fraktion des Blutes bei Pemphiguskranken. U. Silvestri. (Boll. Soc. ital. Biol. sperim. **36**. 347–49. 30/4. 1960. Bologna, Univ., Clin. Dermosifilopat.) (Ital.)

Die Unterss. an Pemphiguskranken werden qual.-spektrograph. durchgeführt. Im Serum treten Metalle mit nicht genau definierter Funktion (Si, Ti, Mn usw.) in gleicher Häufigkeit u. Konz. wie bei normalen Personen auf; die die Enzym-Syst. beeinflussenden Metalle (Zn, Pb, Co, Ni, Ag) sind dagegen verringert oder auch nicht vorhanden; Li, Ba u. Sr sind dagegen erhöht. Die durch Fe erschwerte Unters. in den Erythrocyten zeigt nur bei Cr u. Ni eine einwandfreie geringe Abnahme gegenüber normalen Personen. Der metall. Serumbefund ist laut Vf. ein klares Unterscheidungskriterium gegenüber anderen Dermatosen. F. Kren. 4574 □

Eisenbindung durch Vertebratenblutserum. A. A. Barber und P. Sheeler. (Comparat. Biochem. Physiol. **2**. 233–40. April 1961. Los Angeles, Calif., Univ. of California, Dep. of Zool.; Oak Ridge, Tenn., Oak Ridge Nat. Labor., Biol. Div.) (Engl.)

Durch Anwendung von Stärkegelelektrophorese u. Verw. von ^{59}*Fe* konnten im Serum von Ratte, Hühnchen, Taube, Frosch u. Fisch spezif. *Fe-bindende Komponenten* nachgewiesen werden. Serum der Taube enthält 2 verschiedene Fe-bindende Komponenten, während bei den übrigen Tieren nur eine gefunden wurde. Die Fe-bindenden Komponenten ähneln den schon früher nachgewiesenen Inhibitoren der Lipidperoxid-Bldg. im Serum. H. Goebel. 4574 □

Die Anwendung hoher Zentrifugalkräfte zur Trennung des Plasma-Ca in seinen proteinhaltigen und proteinfreien Anteil. Moira Breen und Smith Freeman. (Clin. chim. Acta [Amsterdam] **6**. 181–87. März 1961. Chicago, Ill., Northwestern Univ., Med. School, Dep. of Biochem.) (Engl.)

Blutplasma wurde in der Ultrazentrifuge 16 Std. bei 17000·g u. 37°, bei konst. pH u. unter einer Mineralölschicht zentrifugiert. Der Geh. des proteingebundenen *Ca* wurde als Differenz aus dem Gesamt-Ca des Plasmas u. dem Ca der proteinfreien Sedimentationszone bestimmt. Die Meßwerte am Plasma von Gesunden werden mit zugehörigen Werten von drei Fällen frühen Hyperparathyroidismus verglichen. K. Heyns. 4574□

Biochemische Untersuchungen über die Eierzeugung bei Geflügel. 3. Mitt. Veränderungen der Phosphorverteilung im Serum im Lebenscyclus des Geflügels. K. Hiroe, J. Masaki, K. Mogi und T. Hosoda. (Bull. nat. Inst. agric. Sci. [Chiba, Japan], Ser. G Nr. **15.** 1–8. Nov. 1958.) (Jap.; Auszug: Engl.) — 2. vgl. Bull. nat. Inst. agric. Sci. [Chiba, Japan], Ser. G Nr. **12.** [1956.] 195.

Der säurelösl. *P* bleibt vom Ausschlüpfen bis zum Alter von 6 Monaten bei ♀ Küken ziemlich konst. (7,2–6,2 mg/100 ml Serum), der *Lipid-P*-Geh. fällt in dem gleichen Zeitraum von 17,9 auf 8,5. ♂ Küken zeigen das gleiche Bild. *Nucleinsäure-* u. *Protein-P* konnte nicht festgestellt werden. 8–12 Tage vor dem ersten Ei steigt der Lipid-P-Geh. des Serums bei ♀ Küken an u. gleichzeitig wird Nucleinsäure- u. Protein-P festgestellt. Während der Legeperiode schwankt der Serum-P-Geh. in weiten Grenzen zwischen 31,4 u. 2,0 mg/100 ml. Innerhalb von 7–14 Tagen nach Aufhören der Legetätigkeit verschwindet der Nucleinsäure- u. Protein-P aus dem Serum u. der Lipid-P nimmt ab. Bei den Verss. war der Anstieg des Serum-P-Geh. ungefähr proportional dem des Serumvitellins. P. Gregorzewski. 4574□

Der Spiegel der Serumproteingebundenen Fucose bei gewissen chronischen Erkrankungen. Ein klinisch-statistischer Beitrag. Abraham Saifer und Sheila K. Weintraub. (Clin. chim. Acta [Amsterdam] **6.** 174–80. März 1961. Brooklyn, N.Y., Isaac Albert Res. Inst. of the Jewish Chronic Disease Hosp., Biochem. Dep.) (Engl.)

Die Seren von Patienten mit chron. Krankheiten [früher u. fortgeschrittener Krebs (a), Herzgefäßerkrankungen, Diabetes mellitus, Tay-Sachs-Krankheit, multiple Sklerose, Parkinsonsche Krankheit u. rheumatoide Arthritis (b)] u. von Gesunden wurden auf ihren Geh. an *proteingebundener Fucose* untersucht. Das Verhältnis *Fucose*-Menge : Menge des Gesamtproteins im Serum der Patienten wurde mit dem der Gesunden verglichen. Nur für a u. b traten größere Abweichungen von dem Verhältnis bei den Gesunden auf. Die Ergebnisse werden mit denen anderer Autoren verglichen.
K. Heyns. 4574□

Die Serumlipide junger Männer während des Militärdienstes. Aarne Konttinen. (Ann. Med. exp. Biol. fenn., Suppl. **37.** Nr. 7. 1–104. 1959. Helsinki, Wihuri Res. Inst.) (Engl.)

Während der ersten 8 Wochen des Militärdienstes sank, unabhängig von schwerem oder leichtem Dienst, das Serumgesamt-*Cholesterin* (I) junger Männer (18–26 Jahre) stark signifikant von 208,8 auf 188,1 mg% ab u. blieb während der Dienstzeit (32 Wochen) auf diesem Niveau. Die Gesamt-*Phospholipide* fielen während der ersten 8 Wochen von 221,1 auf 208,2 mg% ab u. stiegen dann in Richtung auf die Anfangskonz. signifikant wieder an. *α-Cholesterin* u. *α-Phospholipide* nahmen im Laufe von 32 Wochen allmählich von 56,0 auf 46,7 bzw. von 103,1 auf 97,5 mg% ab. Impfung beeinflußte die I-Abnahme nicht. K. Maier. 4574□

Wirkung von Stress und Tranquilierung auf den Plasmaspiegel der freien Fettsäuren bei der Ratte. Samuel Mallov und Peter N. Witt. (J. Pharmacol. exp. Therapeut. **132.** 126–30. April 1961. Syracuse, N.Y., State Univ. of New York, Upstate Med. Center, Dep. of Pharmacol.) (Engl.)

Werden ♀ Albinoratten einem durch unregelmäßige elektr. Schläge hervorgerufenen Stress (Angst) für die Dauer von ½–7 Std. unterworfen, so kommt es bei ihnen in Abhängigkeit von der Dauer des Stresszustandes zu einem Anstieg des Plasma-Geh. an *freien Fettsäuren*. Unter *Chlorpromazin* oder *Meprobamat* ist der Anstieg des Geh. an freien Fettsäuren in Abhängigkeit von Dosis u. Zeitdauer der Verabreichung geringer. Demnach kann der Anstieg der freien Fettsäuren im Stress nicht nur durch Hemmung der peripheren autonomen Stimulierung der Fettdepots, sondern auch durch Einw. auf das Zentralnerven-Syst. verringert werden. U. Tausendfreund. 4574□

Serumlipide in Beziehung zur Aufnahme von Alkohol und Natriumchlorid. Erling Lund, Torben Geill, Henrik Dam und Gunhild Kristensen. (Nature [London] **191.** 1095–97. 9/9. 1961. Copenhagen, Old Peoples Town, Geriatric Unit; Polytechn. Inst., Dep. of Biochem. and Nutrit.) (Engl.)

Eine gesunde Vers.-Person (30 Jahre) u. 5 Patienten (71–86 Jahre), deren Leberfunktionen durch eine Reihe von Testen vor, während u. nach den Verss. normal befunden waren, bekamen nüchtern eine Dosis von 100–150 ml *Branntwein* (45 Vol.-%) u. 4 Scheiben Zwieback verabfolgt. Zu Beginn des Vers. sowie 1, 4 u. 6 Std. nach der A.-Gabe wurde Blut entnommen u. der Geh. des Serums an *Gesamtlipiden, Cholesterin* u. *Phospholipiden* bestimmt. In keinem Falle wurde ein signifikanter Wechsel in den untersuchten Lipidfraktionen nach Gabe der angegebenen A.-Menge gefunden. —

Einer anderen Gruppe von 4 Personen (69—89 Jahre) wurde 2 Wochen eine *NaCl-arme* Nahrung (unter 0,5 g/Tag) u. danach 2 Wochen eine *NaCl-reiche* Kost (8 g/Tag) verabreicht. Auch hier fand sich kein signifikanter Unterschied zwischen den Lipidwerten der ersten u. zweiten Vers.-Periode. — Diese Befunde schließen aber die Möglichkeit der Atherom-Bldg. nach langfristiger Gabe einer NaCl-reichen Diät, wie sie bei Ratten gefunden wurde, nicht aus. H. ZÖLLNER. 4574□

Die einfache Methode zur Abtrennung des ungesättigten Anteils aus kleinen Lipidmengen. F. Leupold und D. Eberhagen. (Fette, Seifen, Anstrichmittel **60.** 809—11. Sept. 1958. Köln, Medizin. Univ.-Klinik.) (Dt.) — Vgl. C. **1961.** 1267.

Auf Grundlage der Harnstoffeinschluß-Verbb. wurde von Vff. ein Verf. zur Trennung geringer Mengen von (10—100 mg) Gemischen von Polyenfettsäuren mit hohem Anteil gesätt. u. schwach ungesätt. Verbb. entwickelt. Die Kristallisations-Temp. beträgt —20°. Die Meth. eignet sich bes. zur Trennung der Fettsäuren des Blutserums, wobei auch die hochungesätt. *Pentaen-* u. *Hexaenfettsäuren* exakt erfaßt werden können.
H. SPOHN. 4574□

Enzymatische Bestimmung von Polyensäuren im Serum. H. Süllmann. (Klin. Wschr. **39.** 386—90. 1/4. 1961. Münster/Westf., Univ., Medizin. Klinik.) (Dt.)

Die *Polyensäuren* des Serums lassen sich enzymat. mit *Lipoxydase* bestimmen. Die von McGEE (C. **1959.** 6906) mitgeteilte Meth. wird auf Blutserum angewandt u. modifiziert. Im normalen menschlichen Blutserum werden 2,85—6,75 mMol Polyensäure/Liter Blutserum gefunden. Der Anteil der Polyensäuren an den veresterten Fettsäuren beträgt 34—46%. H. STRUCK. 4574□

Elektrophoretische Feinfraktionierung von Lipoproteiden des menschlichen Serums mit Hilfe des TEB-Puffers. F. R. Sonnino und P. P. Gazzaniga. (Clin. chim. Acta [Amsterdam] **6.** 295—97. März 1961. Rom, Univ., Inst. of Gen. Pathol.) (Engl.)

Der *TEB*-Puffer (*[Tris-hydroxymethyl]-aminomethan, Borsäure* u. *Äthylendiamintetraessigsäure*) ist sehr gut zur Trennung menschlicher Serumproteine geeignet, da hier die Adsorption an das Papier geringer ist u. somit die einzelnen Zonen schärfer auftreten, was bessere Auswertung ermöglichte. Außerdem konnten dadurch größere Mengen an Serum aufgetragen werden. — Eine weitere Komponente, die den α_2-Globulinen entspricht, konnte durch die scharfe Zonen-Bldg. erfaßt werden. In einigen menschlichen Sera wurde mit zunehmendem β/α-Verhältnis eine Verdoppelung der β-Lipoproteinspitzen beobachtet. K. HEYNS. 4574□

Wirkungsweise von Hyaluronsäure und Heparin auf den Klärfaktor und auf die Blutgerinnung. P. Confortini, G. Galanti und S. B. Curri. (Arch. Stud. Fisiopatol. Clin. Ricambio **22.** 189—94. Jan./April 1958. Padova, Univ., Ist. di Patol. Chir.) (Ital.)

Reine *Hyaluronsäure* übte beim Hund keine heparinähnliche Wrkg. auf den Klärfaktor oder die Blutgerinnung aus. K. ZINGRAF. 4574□

Reinigung und biochemische Eigenschaften von Humanplasminogen. James J. Hagan, F. B. Ablondi und E. C. de Renzo. (J. biol. Chemistry **235.** 1005—10. April 1960. Pearl River, N.Y., Amer. Cyanamid Co., Lederle Labor. Div., Biochem. Res. Sect.) (Engl.)

Nach KLINE hergestelltes menschliches *Plasminogen* (**I**) gab bei der Chromatographie an Carboxymethylcellulose, die hinsichtlich Proaktivator (**II**)-Geh. bis zu 4fach reinere Fraktionen lieferte, 300—400fache Anreicherung gegenüber Plasma. Hochgereinigtes **I** zeigte das gleiche Verhältnis **II**-Aktivität/Streptokinase-aktivierbares **I** wie Roh-**I**. Chromatograph. gereinigtes **I** bestand nach der immunochem. Analyse aus mindestens 2 antigenen Komponenten. Die besten **I**-Präpp. enthielten noch kleine Mengen Plasminaktivität. Die Frage der Identität von **I** u. **II** wird diskutiert. K. MAIER. 4574□

Physikalische Eigenschaften von hochgereinigtem Humanplasminogen. M. C. Davies und Mary E. Englert. (J. biol. Chemistry **235.** 1011—13. April 1960.) (Engl.) — Vgl. vorst. Referat.

Die in der vorst. referierten Arbeit beschriebenen *Humanplasminogen*-Präpp. weisen auf Grund nachst. physikal. Konst. einen hohen Reinheitsgrad auf: Sedimentations-Konst. $S_{20,w}$ 4,30 SVEDBERG-E., Diffusions-Konst. $D_{20,w}$ $4{,}31 \cdot 10^{-7}$ $cm^2 \cdot s^{-1}$, partielles spezif. Vol. 0,71 $cm^3 \cdot g^{-1}$, Grenzviscosität 0,08, elektrophoret. Beweglichkeit bei pH 2,90 6,6 $cm^2 \cdot V^{-1} \cdot s^{-1}$, bei pH 4,95 2,0; berechnetes Molgew. 83800.
K. MAIER. 4574□

Einfluß von Serumfaktoren auf die Artspezifität des Gewebethromboplastins. Christine Hawkey und J. L. Stafford. (Nature [London] **191.** 920—21. 26/8. 1961. Boston, Mass., Massachusetts Gen. Hosp., Blood Bank.) (Engl.)

Es werden Verss. über die Gerinnungszeit von *Citratplasma* der afrikan. Kröte *Xenopus laevis* in Ggw. von *Thromboplastin* aus menschlichem Hirn durchgeführt.

0,2 ml Hirnthromboplastin werden bei 37° 3 Min. mit 0,1 ml 1 : 10 verd. Serum [normales menschliches Serum, menschliches Serum mit kongenitalem Mangel an *Faktor VII* (*Cothromboplastin, Proconvertin*) bzw. an *Faktor X* (*Christmasfactor*) sowie Plasma eines mit *Phenylindandion* (*Phenindion*) behandelten Patienten mit 1% *Faktor VI* u. 3% Faktor X] u. 0,2 ml 0,025m $CaCl_2$-Lsg. inkubiert, 0,2 ml Plasma zugegeben u. die Gerinnungszeit gemessen. Die Ergebnisse zeigen, daß die Artspezifität des Gewebethromboplastins von der Ggw. beider Faktoren, VII u. X, abhängig ist.

P. SCHWERDTFEGER. 4574 □

Eine elektrophoretische Untersuchung der Wechselwirkungen zwischen Rinderplasmaalbumin und geladenen Dextranderivaten. T. E. Thompson und W. M. McKernan. (Biochem. J. **81.** 12—23. Okt. 1961. Birmingham, Univ., Dep. of Exp. Pathol.; Birmingham Accident Hosp., Med. Res. Council Ind. Injuries and Burns Unit.) (Engl.)

Es werden mittels freier Elektrophorese die Wrkg. von Veränderungen des *pH*-Wertes, der Ionenstärke u. der Mol.-Größe auf die Bldg. lösl. Komplexe zwischen Rinderplasma-*Albumin* (**I**) u. synthet. *Dextran* (**II**)-Derivv. untersucht. Als Dextran-Derivv. dienten 2 Sulfatester u. 2 Diäthylaminoäthyläther mit verschiedenem Molekulargewicht. Die pH-Bereiche wurden so gewählt, daß **I** u. die **II**-Derivv. gleichsinnige Ladungen tragen. In den Syst. **I**–**II**–Sulfat ist die Komplex-Bldg. beim I.P. von **I** maximal u. nimmt bei steigendem pH-Wert ab. Im pH-Bereich $>$8,5 konnten keine Komplexe nachgewiesen werden. Die Komplex-Bldg. nimmt bei steigender Ionenstärke ab. Die Gleichgewichts-Konst. der Komplex-Bldg. zwischen **I** u. **II**-Sulfat wird aus den Elektrophoresedaten zu $1{,}91 \cdot 10^4$ Mol^{-1} für pH 7,4 u. Ionenstärke 0,10 berechnet. **II**-*Amin* unterdrückt die Ionisierungs-Rk. von **I** bei pH 4,0; andere Anzeichen einer Komplex-Bldg. konnten nicht beobachtet werden. Die elektrophoret. Beweglichkeit von **I** bei der Ionenstärke 0,10 u. 0° wurde als Funktion des pH-Wertes untersucht u. die Abweichungen vom normalen Verh. diskutiert. P. SCHWERDTFEGER. 4576 □

Gastrointestinal-Exkretion von ^{14}C-Dextran. B. Åberg, W. L. Bloom und E. Hansson. (Acta physiol. scand. **52.** 188—94. Juni 1961. Stockholm, Royal Vet. Coll., Dep. of Pharmacol. and Clin. Biochem.; Atlanta, Ga., Piedmont Hosp., Res. Labor.) (Engl.)

Katzen erhielten i.v. ^{14}*C-Dextran* (**I**), u. während 6 Std. danach wurden Magen- u. Intestinalsaft sowie Galle gesammelt u. ihre Radioaktivität bestimmt. Die Ergebnisse zeigten eine geringe Aktivität via Magen u. Leber. Die cranialen Teile des Intestinums beherbergten größere Anteile der Radioaktivität, die mit A. präcipitierbar waren u. **I** darstellten. Damit ist die Parallele zwischen der **I**- u. Albumineliminierung via Gastrointestinaltrakt aufgezeigt. — 27 Literaturangaben. M. METZE. 4576 □

^{32}P-Akkumulation durch Geflügelspermatozoen. Y. Saeki, T. Katsuragi und Y. Tanabe. (Bull. nat. Inst. agric. Sci. [Chiba, Japan], Ser. G Nr. **15.** 65—68. Nov. 1958.) (Jap.; Auszug: Engl.)

Neunzehn Tage nach intraperitonealer ^{32}*P*-Injektion zeigt der ^{32}P-Geh. der Spermatozoen von Hähnen ein Maximum von nur 0,01%, dagegen nimmt gesammelter Samen bei 37° innerhalb von 10 Min. 9,2% u. nach 80 Min. bis 45,8% des ^{32}P aus der Lsg. auf.

P. GREGORZEWSKI. 4582 □

Ernährungsfaktoren und Fortpflanzung der Ratte. 1. Mitt. G. G. Tedeschi, A. Trentalance und W. Feltrin. (Arch. Scienze biol. **45.** 107—14. April/Juni 1961. Camerino, Univ., Ist. di Fisiol. Gen. e Chim. Biol.) (Ital.)

Das Fortpflanzungs-Verh. der ♀ Ratte wird vom *Protein*-Geh. des Futters beeinflußt; es gibt indessen einen Ernährungsfaktor, der für eine reguläre Entw. der Schwangerschaft u. für das Überleben der Nachkommen erforderlich ist; dieser ist nicht Vitamin E, Vitamin B_{12}, Folsäure oder Orotsäure. K. ZINGRAF. 4583 □

Ernährungsfaktoren und Fortpflanzung der Ratte. 2. Mitt. G. G. Tedeschi, M. T. Mangiantini und A. Trentalance. (Arch. Scienze biol. **45.** 119—26. April/Juni 1961. Camerino, Univ., Ist. di Fisiol. Gen. e Chim. biol.) (Ital.) — 1. vgl. vorst. Referat.

Bei Ratten ist die Zahl der Totgeburten am größten, wenn das Futter des Muttertieres keine Milch enthielt, u. die Überlebensquote der Jungen am kleinsten, wenn es kein Getreide enthielt. K. ZINGRAF. 4583 □

Der Gehalt an Stickstoff-Fraktionen in Blut und Eileiter von Hühnern in verschiedenen Stadien der Eibildung. L. P. Resnitschenko. (Український Біохімічний Журнал [Ukrain. biochem. J.] **33.** 72—79. 1961. Charkow, Veterinärinst., Lehrstuhl für Biochem.) (Ukrain.; Auszug: Engl.)

Durch Unters. des Gesamtblutes, des Blutserums u. des Eileiters auf den Geh. an *Gesamt-N* (**I**), *Rest-N* (**II**), *niedermol. N-Verbb.* (**III**), *Polypeptiden* (**IV**) u. *Eiweiß-N* (**V**) bei 12 Monate alten Hühnern (weißes russ. Huhn, New Hampshire) während der intensiven Legetätigkeit wird festgestellt, daß während der Bldg. der Eihaut im Blutserum der **I**-Geh. als Folge der Zunahme des **V** zunimmt. Im Blut nimmt der **II**-Geh. ab, bedingt durch den verstärkten **IV**-Verbrauch für den Aufbau des Eiproteins. **III** bleibt fast unverändert. Im Eileiter nehmen **I** u. **V** zu. Bei der Rasse New Hampshire sind die Veränderungen während der Legeperiode stärker als beim russ. weißen Huhn.

O. LEBTAG. 4583 □

Variationen der Enzymaktivitäten während der normalen Schwangerschaft. Max M. Friedman, Bernard Lapan und Thomas H. Taylor. (Amer. J. Obstetr. Gynecol. **82.** 132—37. Juli 1961. New York., N.Y., Lebanon Hosp., Chem. Div. and Dep. of Labor., Milton J. Goodfriend Labor.) (Engl.)

Die Serum-Spiegel der Esterasen (*Cholinesterase, Tributyrinase*) sind während der Schwangerschaft beim Menschen erniedrigt. Erhöht sind dagegen die Werte für *Glutaminsäure-Oxalessigsäure-Transaminase, alkal. Phosphatase* u. *Milchsäuredehydrogenase.* Als Ursache werden noch unbekannte Stoffwechselvorgänge während der Gravidität angesehen; keine Folge von Leber- oder Knochenschädigungen.

U. TAUSENDFREUND. 4583 □

Placentarer Proteintransfer während der menschlichen Schwangerschaft. J. Dancis, J. Lind, M. Oratz, J. Smolens und P. Vara. (Amer. J. Obstetr. Gynecol. **82.** 167—71. Juli 1961. New York, N.Y., New York Univ. Med. Center; Stockholm, Wenner-Gren-Cardiovascular Res. Labor.; New York, N.Y., Vet. Admin. Hosp., Radioisotope Serv.; Philadelphia, Pa., Children's Hosp. of Philadelphia; Helsinki, Kvinnokliniken.) (Engl.)

In Unterss. mit ^{131}*J-Serum-Albumin* u. ^{131}*J-γ-Globulin* in frühen Schwangerschaftsstadien (vor Aborteinleitung) u. mit homologem *Tetanusantiserum* in späten Stadien konnte gezeigt werden, daß diese Proteine beim Menschen von der Mutter zum Fötus nicht vorwiegend durch die Amnion-Fl. u. mittels anschließender Resorption durch den Magendarmtrakt des Föten oder durch seine Lungen gelangen. Beim Menschen geht der Transport demnach über Placenta (als rein mesodermales Organ) u. Allantois vor sich. Der Transfer ist zwar gering, jedoch signifikant; für γ-Globulin besteht eine gewisse Selektivität. U. TAUSENDFREUND. 4583 □

Wirkung eines Histaminasehemmstoffes (Aminoguanidinsulfat) auf gravide und nichtgravide Ratten. David B. Hoffman und Evelyn Pollack. (Amer. J. Obstetr. Gynecol. **82.** 144—46. Juli 1961. Newark, N.J., Newark Beth Israel Hosp., Obstet. and Labor. Serv.) (Engl.)

50 mg *Aminoguanidinsulfat* (25%ig. Konz. in W.)/Tag subkutan für 12 Tage bewirkte bei nichtgraviden Ratten keine signifikanten klin. oder patholog. Veränderungen, hat bei graviden Tieren jedoch eher eine Erhöhung des *Histaminase* (**I**)-Spiegels in der Placenta (bes. bei NaCl-Zulage) statt der erwarteten Verringerung des **I**-Geh. zur Folge; trotzdem kommt es zu präeklamptischen Veränderungen von Blutdruck, in Leber u. Niere. Möglicherweise handelt es sich hierbei um verstärkte **I**-Immobilisierung, die doch mit erhöhtem Spiegel an freiem *Histamin* einhergehen kann.

U. TAUSENDFREUND. 4583 □

Experimentelle Untersuchungen über den Vitalfaktor und Nahrungskonserven. Emm. Manoussakis. (Praktika Akad. Athenon **32.** 401—06. 1957, herausgeg. 1958.) (Franz.; Auszug: Griech.)

Vf. beschreibt einen *Vitalfaktor,* der bes. in frischem Fleisch, in Milch, Weinbergschnecken u. Hühnerembryonen reichlich vorkommt. Dieser soll Wachstum u. Langlebigkeit von Fliegenlarven fördern. Er wird durch Kochen sowie durch bakterielle Enzyme zerstört. Konservierte Nahrungsmittel enthalten ihn nicht. D. MÜCKE. 4587 □

Versuche über die Biosynthese von Thiamin. Isotopenverdrängungsversuche mit ^{35}S-Sulfat in Kulturen von Saccharomyces cerevisiae. C. H. S. Hitchcock und J. Walker. (Biochem. J. **80.** 137—48. Juli 1961. London, Mill Hill, Nat. Inst. for Med. Res.) (Engl.)

Isotopenverdrängungs-Verss. mit einer Anzahl ^{32}*S*-Verbb. (A) u. anorgan. ^{35}*S-Sulfat* (**I**) in Kulturen von *Saccharomyces cerevisiae* (Stamm 1062) zur Best. der relativen Wirksamkeit von A, das S-Atom für den Thiazolring bei der Biosynth. von *Thiamin* (**II**) bereitzustellen, werden beschrieben. Bei Hefekulturen, die als einzige S-Quelle bekannte Mengen **I** u. A erhalten, wird die spezif. Aktivität des isolierten ^{35}S-**II** als Maß für die Mitwirkung von A bei der biochem. **II**-Synth. angesehen (Tabelle). Folgende A werden untersucht: *5-[2-Hydroxyäthyl]-4-methylthiazol* (**III**), *S-Adenosylmethionin* (**IV**), Na_2SO_4 (**V**), *Glutathion* (**VI**), *Methionin* (**VII**), *Thiazolidincarbonsäure-(4)* (**VIII**), *5'-Desoxy-5'-methylthioadenosin* (**IX**), *DL-α-Amino-β-[4-methylthiazolyl-(5)]-propion-*

säure (**X**), *Na_2S*, *Thioessigsäure* (**XI**), *L-Cystein* (**XII**), *DL-Homocystein* (**XIII**), *4-Amino-2-methyl-5-thioformamidomethylpyrimidin* (**XIV**), *Methanthiol* (**XV**), *Äthanthiol* (**XVI**), *DL-Homocystin*, *Thioharnstoff*, *DL-Biotin*, *Thioglykolsäure*, *Djenkolsäure*, *S-Methylthiuroniumchlorid*, *4-Methylthiazol*, *[4-Methylthiazolyl-(5)]-essigsäure*, *Benzylpenicillin*, *Taurin*, *1.2-Dimercaptopropanol-(3)*, *1-Mercaptopropandiol-(2.3)*, *1-Acetyl-1-mercaptopropanol-(3)*, *Na-Methyl-* u. *Na-Äthylsulfid*. In Ggw. von **I** wird in bes. starkem Maße **III** zur **II**-Synth. benutzt. Ebenfalls wirksam sind **IV—IX**, wenig wirksam sind **X**, **XI** u. Na_2S u. **XII—XVI** erweisen sich als fast unwirksam. Die restlichen der untersuchten A nehmen in keiner Weise an der **II**-Synth. teil. Von den S-haltigen Aminosäuren ist *L*-**VII** etwa 2 mal aktiver als *DL*-**VII** u. letzteres wesentlich wirksamer als **XIII**. Die Reihenfolge **XIII** $<$ **VII** $<$ **IV** $>$ **IX** scheint anzudeuten, daß **IV** unmittelbarer an der biochem. **II**-Synth. beteiligt ist als die anderen Glieder dieser Reihe. Keine der untersuchten A außer **III** scheint somit eine wesentliche Vorstufe zur Synth. des Thiazolrings in **II** zu sein. Vff. diskutieren mögliche Abläufe der **II**-Synth. im mikrobiellen Stoffwechsel.

Versuche (R_F auf Whatman Nr. 1 mit A.-W.-Essigsäure 65 : 34 : 1): *S-Adenosylmethionin* (**IV**), durch Anreichern von 500 g Brauereihefe mit 15 g *DL*-**VII** u. Extrahieren nach SCHLENK u. DEPALMA; R_F 0,32; 1 mMol (Ausbeute). — *5'-Desoxy-5'-methylthioadenosin* (**IX**), F. 204—205° (W.), durch 8 std. Erhitzen von 0,5 mMol **IV** auf 100° bei pH 4 u. Einengen im Vakuum; R_F 0,75; 0,08 mMol. — *Methanthiol* (**XV**), durch Behandeln von S-Methylthiuroniumsulfat mit NaOH (vgl. WINDUS u. SHILDNECK [1943.]). *Na-Deriv.*, durch Einleiten von überschüssigem **XV** in alkohol. Na-Äthylat u. Fällen mit Äther. — *Äthanthiol* (**XVI**), analog vorst. Methode. — *1-Mercaptopropandiol-(2.3)*, $C_3H_8O_2S$, Kp.$_7$ 110°, durch Zufügen von **XI** zu 2.3-Epoxypropanol-(1) u. Hydrolyse; n_D^{21} 1,5247; 45%. — *Mercaptoaceton*, F. 102—108°, aus Chloraceton u. NaHS nach JACINI, BACCHETTI u. ROSNATI (vgl. C. **1950/54.** 841 S). G. KIRSTEN. 4587 □

Leberketogenese. 4. Mitt. **Ketogenese bei Thiaminmangelratten und Wirkung der Verfütterung von hydrolysiertem Glucosecycloacetoacetat.** J. M. Khanade und M. C. Nath. (Proc. Soc. exp. Biol. Med. **106.** 764—66. April 1961. Nagpur, Nagpur Univ., Dep. of Biochem.) (Engl.) — **3.** vgl. C. **1962.** 2055.

Vitamin B_1-Mangel bewirkt bei Ratten Hyperglykämie, Pyruvatämie u. Verminderung des Glykogen- u. Gesamtlipoid-Geh. in der Leber; es kommt außerdem zu deutlicher Gewebeatrophie, bes. der Nebennieren. Die Acetoacetat-Bldg. durch Leberschnitte ist vermehrt, seine Verwertung durch Nierenschnitte u. das Zwerchfell vermindert. Durch Verfütterung von *hydrolysiertem Glucosecycloacetoacetat* (8%) wird eine normalisierende Wrkg. ausgeübt. U. TAUSENDFREUND. 4587 □

Über Verteilung und Anreicherung der dem Organismus zugeführten Nicotinsäure und des Thiamins. A. O. Ribina und Ju. W. Lachno. (Український Біохімічний Журнал [Ukrain. biochem. J.] **33.** 46—56. 1961. Kiew, Inst. für Biochem. der Akad. der Wiss. der UkrainSSR.) (Ukrain.; Auszug: Engl.)

In Verss. mit Kaninchen, Meerschweinchen, Ratten u. Tauben wurde der Geh. an *^{35}S-Thiamin* (**I**) in Leber, Niere, Herz u. Hoden nach einer i. v. Zufuhr von **I** in der Dosis 6000—7000 Impulse/Min./g untersucht. In Verss. mit Kaninchen wurde der Zerfall der *Pyridinnucleotide* (**II**) in Leber, Skelettmuskel u. Großhirnrinde 1—24 Std. nach subkutaner Zufuhr von 50 mg *Nicotinsäure* (**III**)/kg verfolgt. Es zeigte sich, daß bei der parenteralen Zufuhr von **I** u. **III** ihr stärkster Einbau in der Leber erfolgt. Das Maximum des **I**-Einbaus tritt in den ersten 3 Std., das Maximum für **III** erst nach 3—6 Std. ein. Zu diesem Zeitpunkt sind **I**-Einbau u. Zunahme von **II** in den übrigen Geweben relativ gering. Das in die Gewebe eingebaute **I** wird vorwiegend in *Thiamintriphosphat* (**IV**), weniger in *Thiamindiphosphat* (**V**) umgewandelt. Bei der Taube sind die Radioaktivitäten von **IV** u. **V** einander fast gleich. Bei der pharmakolog. u. physikal. Hypothermie der Kaninchen u. bei der B_1-Avitaminose der Tauben besitzt die **IV**-Fraktion die stärkste Radioaktivität. Vergiftung durch *CCl_4* senkt den **I**-Geh. in der Leber von Kaninchen, vermindert den Einbau von **I** u. senkt die Radioaktivität von **IV** sehr stark. Aus dem Vgl. des autolyt. Zerfalls der **II** aus der Leber von Kaninchen in der Norm u. nach Zufuhr von **III** ergibt sich eine verschiedene Geschw. des **II**-Zerfalls. Hieraus ist zu schliessen, daß die **II** in verschiedenen Formen vorkommen. O. LEBTAG. 4587 □

Die Wirkungsweise von Pyrithiamin als ein Inductor von Thiaminmangel. J. C. Koedam. (Biochim. biophysica Acta [Amsterdam] **29.** 333—44. Aug. 1958. Utrecht, Univ., Labor. for Physiol. Chem.) (Engl.)

Bei Verfütterung des Vitamin-B_1-Antagonisten *Pyrithiamin* (**I**) zusammen mit *Thiamin* (**II**) als Ergänzung einer kohlehydratreichen Diät entwickelte sich bei Tauben ein **II**-Mangel, der mit dem durch **II**-freie Diät hervorgerufenen verglichen wurde. In beiden Fällen erfolgte eine starke Abnahme des **II**-Pyrophosphat (**III**)-Geh. verschiedener

Gewebe u. eine Abnahme der anaeroben Aceton-Bldg. u. des Pyruvatverbrauchs durch Homogenate von Brust- u. Herzmuskel. Als einzige Unterschiede wurden nach **I**-Zufuhr beobachtet: gleich schnelle **III**-Abnahme in Hirn wie in anderen Organen, während bei **II**-Entzug dieses Gewebe **III** langsamer verliert; höhere Häufigkeit eines Opisthotonus bei kohlenhydratreicher Diät als bei **II**-Entzug. **I** hemmt in vitro stark die **II**-Phosphorylierung durch Rattenleberthiaminokinase u. wahrscheinlich wirkt **I** auch in vivo durch Blockierung der **III**-Synthese. K. MAIER. 4587□

Riboflavin und Leber-SH-Spiegel bei Mäusen. G. Calcutt, D. Doxey und Joan Coates. (Nature [London] **192.** 164—65. 14/10. 1961. Northwood, Middlesex, Radium Inst. and Mount Vernon Hosp., Dep. of Cancer Res.) (Engl.)

Vff. stellten fest, daß mit dem Trinkwasser an Mäuse verabreichtes *Riboflavin* (**I**) kein Ansteigen des Geh. der Lebern der Tiere an *SH*-Gruppen (**II**) verursacht; offenbar nehmen die Tiere auf Grund der geringen Löslichkeit von **I** in W. zu geringe Mengen des Vitamins auf. — Gegenüber Kontrollen (die eine **I**-haltige synthet. Diät erhalten) zeigen Mäuse nach 7 tägiger Verfütterung einer **I**-freien Kost einen leichten Anstieg des Leber-**II**-Spiegels. — Nach intraperitonealer Injektion von **I** in Mäuse macht sich zunächst ein Absinken des **II**-Geh. der Lebern unter den Wert der Kontrollen bemerkbar; etwa 6 Tage nach der Injektion wird der Wert der Kontrollen wieder erreicht. — Bei Mäusen, die 10 Tage lang nur eine Reis–W.-Diät u. danach eine Injektion von 0,1 mg **I** in 1,0 ml W. erhalten, wird, wie vorst. beschrieben, 6 Tage nach der **I**-Behandlung ein herabgesetzter Leber-**II**-Spiegel beobachtet; erst danach steigt der **II**-Geh. wieder an. — Die Ergebnisse der Unterss. lassen erkennen, daß **I** eine Funktion in Hinsicht auf den allg. Redoxzustand in den Leberzellen ausübt. Diese Wrkg. scheint unabhängig von dem Ernährungszustand der Tiere zu sein. H. KOCKERT. 4587□

Veränderungen des Flavingehaltes des Hirns nach peripherer Zufuhr von Flavinen. Ikuko Nagatsu-Ishibashi, Toshiharu Nagatsu und Kunio Yagi. (Nature [London] **190.** 728. 20/5. 1961. Nagoya, Univ., School of Med., Dep. of Anatomy; Dep. of Biochem.) (Engl.)

Je 10 Ratten (100 g) erhielten *Flavinadenindinucleotid* (**I**), *Flavinmononucleotid* (**II**) bzw. *Riboflavin* (**III**) intraabdominal injiziert. Nach 1 Std. wurde der Flavin-Geh. im Blut der Carotisarterie sowie im Hirn bestimmt. Als **III** berechnet ist die Erhöhung des Flavin-Geh. des Hirns nach Injektion von **I** im t-Test bei $\alpha = 0,1$, bei Injektion von **II** bei $\alpha = 0,2$ u. bei Injektion von **III** bei $\alpha = 0,01$ signifikant. Werden die Werte für den Blut-Geh. der Hirn-Präpp. korrigiert, so ändern sich die Ergebnisse nicht. Vff. schließen, daß der Flavinanstieg im Hirn auf eine Passage der Bluthirnschranke zurückzuführen ist, wobei **III** diese Schranke leichter als **I** oder **II** zu durchdringen vermag. P. SCHWERDTFEGER. 4587□

Die vergleichende Pharmakologie des Riboflavin-Analogon 6.7-Dimethyl-9-[2′-acetoxyäthyl]-isoalloxazin, U-2112, im Menschen und in der Ratte. Montague Lane, John L. Fahey, Robert D. Sullivan und Charles G. Zubrod. (J. Pharmacol. exp. Therapeut. **122.** 315—26. März 1958. Bethesda, Md., Nat. Inst. of Health, Nat. Cancer Inst.) (Engl.)

Das *Riboflavin*-Analogon *U-2112* (*6.7-Dimethyl-9-*[*2′-acetoxyäthyl*]*-isoalloxazin*) ruft bei Ratten Riboflavin-Mangel hervor, beim Menschen dagegen ist es unwirksam. Dies beruht auf dem unterschiedlichen Metabolismus von U-2112 in der Ratte u. im Menschen. H.-G. FLOSS. 4587□

Untersuchungen über die physiologischen Eigenschaften von Pyridoxal-DL-dihydro-α-liposäuremercaptal und Pyridoxalphosphat-DL-dihydro-α-liposäuremercaptal. Kozo Yamada, Akira Fukumura, Sunji Sawaki, Chuya Yazaki, Masaru Hayashi, Sumihiko Okuyama, Akira Tatematsu und Kohei Kawaguchi. (Vitamins [Kyoto] **23.** 183—86. 1961. Nagoya, Japan, Univ., Fac. of Med., Dep. of Internal Med.) (Jap., Auszug: Engl.)

Pyridoxal-DL-dihydro-α-liposäuremercaptalhydrochlorid (**I**) u. *Pyridoxalphosphat-DL-dihydro-α-liposäuremercaptal* (**II**) werden aus *Pyridoxal* oder *Pyridoxalphosphat* (**III**) u. *Liposäure* (**IV**) synthetisiert u. deren physiolog. Aktivität in der Leber untersucht. **I** u. **II** weisen sowohl *Vitamin* B_6 (**V**)- als auch **IV**-Aktivität auf, die durch saure Hydrolyse noch gesteigert werden kann. Der **III**- u. **V**-Geh. der Leber von **V**-bedürftigen Ratten steigt nach subkutaner Injektion von **I** oder **II**. Die Verbb. weisen einen Schutzeffekt für die histolog. Veränderungen der Leberzellen nach CCl_4-Behandlung auf. L. TRÄGER. 4587□

Wirkung der 4-Aminopteroylglutaminsäure auf die Halbzeitschwangerschaft bei der Ratte. Robert N. Wilcox, Alvan G. Foraker und Genevieve A. Marino. (Amer. J. Obstetr. Gynecol. **82.** 138—43. Juli 1961. Jacksonville, Fla., Baptist Mem. Hosp., Res. Labor.) (Engl.)

4-Aminopteroylglutaminsäure (I; *Aminopterin*, AMER. CYANAMID COMP.) übt vermutlich einen allg. unspezif. Effekt auf rasch wachsendes Embryonalgewebe aus. 1 Tag nach intraperitonealer Verabreichung von 10 mg I/kg an Ratten, am 9. Tage der Schwangerschaft, sind Reste embryonaler Elemente feststellbar mit Nekroseherden im benachbarten placentaren Labyrinth; in andern (nicht zu Unters.-Zwecken entnommenen) Uterushörnern kommt es zur Schwangerschaftsunterbrechung mit Entzündung u. Nekrose am Placentaanheftungsort; 4 Tage nach Verabreichung von 10 mg I/kg, am 9. Tage, ist Zerstörung u. Nekrose der fötalen Elemente u. der anhängenden Placentaabschnitte nachweisbar. U. TAUSENDFREUND. 4587 □

Cyanocobalamin, Ascorbinsäure und Pteroylglutaminsäure im normalen und megaloblastischen Knochenmark. E. V. Cox, D. M. Matthews, M. J. Meynell, W. T. Cooke und R. Gaddie. (Blood **15.** 376—87. März 1960. Birmingham, Univ., Dep. of Physiol.) (Engl.)

Vff. haben bei normalen Personen, in Fällen von perniciöser Anämie, Megaloblastenanämie u. Eisenmangelanämie mit Hilfe des *Lactobacillus leichmanii* die *Vitamin-B_{12}*-Aktivität (a), mit Hilfe des *Streptococcus faecalis* die *Folsäure*-Aktivität (b) u. die *Vitamin-C*-Konz. (c) in Blut u. Knochenmark bestimmt. Wie die graph. u. tabellar. Wiedergabe der Resultate zeigt, besteht eine Korrelation zwischen b u. c im Blut einerseits u. diesen Werten zu denen im Knochenmark andererseits. Die Werte in Blut u. Knochenmark waren bei der perniciösen Anämie u. bei der hypochromen Anämie abnorm niedrig. Bei der perniciösen Anämie ist auch b herabgesetzt, ebenso bei der Megaloblastenanämie. Bei letzterer ist a während der Gravidität nicht erniedrigt, wohl aber bei nichtgraviden. In allen Fällen dieser Krankheit ist c im Knochenmark vermindert.

HEINRICH HERMANN. 4587 □

Über die Korrelationen zwischen vier Vitaminfaktoren beim Meerschweinchen (L-Ascorbinsäure, Aneurin, Nicotinsäureamid, m-Inosit; oder auch L-Ascorbinsäure, p-Aminobenzoesäure, Biotin und Riboflavin). M. Mitolo und D. Ruccia. (Boll. Soc. ital. Biol. sperim. **36.** 97—99. 15/2. 1960. Bari, Univ., Ist. di Fisiol. Umana.) (Ital.)

Meerschweinchen erhalten a) täglich per os 6 mg *Aneurin*, 3 mg *Nicotinsäureamid* u. 300 mg *m-Inosit* u. b) 10 mg *p-Aminobenzoesäure*, 1 mg *Biotin* u. 300 mg *Riboflavin*. In beiden Fällen war das Futter arm an Ascorbinsäure. Es zeigt sich, daß die Überlebenszeit der Tiere nach a) größer ist als nach b) (13 bzw. 8 Tage gegenüber Kontrolltieren); sie ist auch größer, wenn die Vitamine gleichzeitig u. nicht getrennt gegeben werden.

F. KREN. 4587 □

Der Lipidgehalt im Gehirn bei der Zufuhr einiger Vitamine und von Glutathion bei alimentärer Hypercholesterinämie. T. M. Lobowa. (Український Біохімічний Журнал [Ukrain. biochem. J.] **33.** 181—86. 1961. Jaroslawl, Med. Inst., Lehrstuhl für Biochemie.) (Russ., Auszug: Engl.)

In Verss. mit 12 Tage alten Küken wurde der Geh. an *Lipiden* (**I**), *Cholesterin* (**II**), *Lecithin* (**III**), *Cephalin* (**IV**) u. *Sphingomyelin* (**V**) im Gehirn bei Zusatz zur Nahrung oder bei subkutaner Zufuhr von **II**, *Glutathion* (**VI**), *Rutin* (**VII**), *Vitamin B_1* (**VIII**) u. *Vitamin B_{12}* (**IX**) zur Nahrung untersucht. Danach wird durch einen Überschuß an **II** der Geh. an **I**, **III**, **IV**, **V** u. **VI** nicht erhöht. Auch die Zufuhr von **VI**, **VII**, **VIII** oder **IX** verändert den Geh. an **I**, **II**, **III**, **IV** u. **V** im Hirngewebe nicht. O. LEBTAG. 4587 □

Bestimmung von Vitamin D in Lösungen von bestrahltem Ergosterin und 7-Dehydrocholesterin sowie in bestrahlter Hefe. W. N. Bukin, I. N. Garkina und W. Prominski. (Український Біохімічний Журнал [Ukrain. biochem. J.] **33.** 239—47. 1961. Moskau, Bach-Inst. für Biochemie der Akad. der Wiss. der UdSSR.) (Russ., Auszug: Engl.)

Vf. beschreiben ausführlich die quant. Best. von *Vitamin D* (**I**) in Präpp. von bestrahltem *Ergosterin*, *7-Dehydrocholesterin* u. bestrahlter Hefe mit Hilfe der Papierchromatographie. Die **I**-Best. beruht auf der Entfernung der Sterine durch Digitonin, der Abtrennung des **I** von den übrigen Photo-Prodd. durch Papierchromatographie, der Chemoskopie der **I**-Flecken, der **I**-Extraktion u. der **I**-Best. mit $SbCl_3$. Das angewandte Papier ist mit $Al(OH)_3$ getränkt. Als bewegliche Phase wird ein Gemisch aus mit W. gesätt. CCl_4 u. PAe. (4 : 1) oder aus PAe. (Kp. 60—80°) u. Aceton (9 : 1) angewandt.

O. LEBTAG. 4587 □

Analyse von menschlichem Hauttalg mittels Gaschromatographie. E. O. A. Haahti und E. C. Horning. (Acta chem. Scand. **15.** 930—31. 1961. Bethesda, Md. (USA), National Heart Inst., Labor. of Chemistry of Natural Products.) (Engl.)

Kurzmitteilung. Unter Auswertung des Schrifttums werden gemäß den Ergebnissen von Vorverss. gaschromatograph. Analysen an handelsüblichem *Spermacetöl* sowie an *menschlichem Hauttalg* (durch Waschen mit Aceton gewonnen) durchgeführt. Es zeigt sich, daß bei Benutzung eines relativ dünnen Filmes einer thermostabilen fl. Phase in der Säule u. bei abgestufter Temp. eine Differenzierung von gesätt. u. ungesätt. Wachsestern von C_{10}—C_{40} bzw. C_{42} möglich ist; als Füllstoff der Säule dient Kieselsäure, die mit 1%ig. SE-30 (Siliconpolymeres, GENERAL ELECTRIC COMP.) behandelt ist. Als Hauptbestandteil wird ein C_{36}-Monoen- bzw. Dienester nachgewiesen; es treten ferner homologe Ester auf, die sich voneinander um eine Äthylen-Gruppe unterscheiden. Summar. werden die Ester C_{28}, C_{30}, C_{32}, C_{36}, C_{34}, C_{38} u. C_{40} erkannt. Die Einzelfraktionen werden verseift u. die erhaltenen Fettsäuremethylester sowie Alkohole (frei bzw. als Acetate) in üblicher Weise gaschromatograph. differenziert. Als Alkohole treten vor allem *Eikosylalkohol* u. ein monomerer C_{20}-Alkohol auf, ferner gesätt. sowie ungesätt. C_{20}-Alkohole, wie sie im menschlichen Haarfett schon nachgewiesen sind. Unter den Säuren tritt *Palmitoleinsäure* in den Vordergrund. Es wird abgeleitet, daß es sich bei den nachgewiesenen C_{36}-Estern um *Eikosyl-* sowie *Eikosenylpalmitoleat* handelt; Hinweis, daß die angewandte Technik einer breiten Anwendung fähig ist. K. TÄUFEL. 4597 □

Probleme bei Untersuchungen der renalen Zirkulation. P. Gömöri, Z. Nagy, I. Jakab und Vera Vajda. (Acta physiol. Acad. Sci. hung. **19.** 79. 1961. Budapest, Med. Univ., 2nd Dep. of Med.) (Engl.)

25 Literaturangaben. M. METZE. 4597 □

Renale Natriumrückresorption und O_2-Aufnahme bei Hunden während Hypoxie und Hydrochlorothiazidinfusion. Klaus Thurau. (Proc. Soc. exp. Biol. Med. **106.** 714—17. April 1961. Washington, D.C., Walter Reed Army Inst. of Res., Dep. of Cardiorespirator. Dis.) (Engl.)

Bei Nembutal- oder Inactin-narkotisierten Hunden ist während einer *Hypoxie*, die zur arteriellen O_2-Sättigung von 35% führt, die *Na*-Rückresorption in der Niere u. der *O_2*-Verbrauch der Niere verringert. Das Harn-Vol. ist größer mit Abfall von $U/P_{osmolal}$, $U/U_{Kreatinin}$ u. der Wirksamkeit des terminalen Konz.-Mechanismus im Mark der Niere. Unter *Hydrochlorothiazid*-Verabreichung treten die gleichen Veränderungen auf, die Wirksamkeit des terminalen Konz.-Mechanismus bleibt allerdings unverändert u. C_{osm} ist erhöht. Graph. Aufstellung der Koordinatenbeziehung zwischen Na-Rückresorption (in μVal/g/Min.) u. O_2-Verbrauch (in μMol/g/Min.) führt zu einer geraden Linie, die die O_2-Verbrauch-Mittellinie bei 1 μMol/g/Min., dem mit dem basalen O_2-Verbrauch gleichsetzbaren Wert (d. h. ohne Na-Rückresorption), schneidet. Der O_2-Bedarf für die renale Na-Rückresorption wird auf 28,6—32 μVal Na/μMol O_2 geschätzt.

U. TAUSENDFREUND. 4597 □

Über die Aufnahme von unveresterten Fettsäuren, Milchsäure und Sauerstoff durch die Niere. B. Ochwadt, H. Bethge und R. Weber. (Pflügers Arch. ges. Physiol. Menschen Tiere **274.** 66—67. 1961. Göttingen.) (Dt.)

Mittels Katheterisierung der rechten Nierenvene wurde an narkotisierten Hunden die arterino-venöse Differenz von *unveresterten Fettsäuren* (**I**), *Milchsäure* (**II**) u. *O_2* bestimmt. Die Durchblutung der Niere wurde mit Hilfe der Clearance von *p-Aminohippursäure* (**III**) gemessen. Im Mittel betrug die Extraktion für **I** 8%, für **II** 12%, für O_2 13% u. für **III** 80%. Nimmt man an, daß die aufgenommene **II** vollständig verbrannt wird, so würden 62% des O_2 darauf entfallen. Für **I** ergibt die entsprechende Rechnung 99% des O_2-Verbrauchs.

P. GREGORZEWSKI. 4597 □

Über die Beziehungen zwischen der Säurezahl des Unterhautfettgewebes und dem Leichenalter. Franz Schleyer. (Dtsch. Z. ges. gerichtl. Med. **46.** 568—74. 1957. Bonn, Univ., Inst. für Gerichtl. Med.) (Dt.)

Am ausgeschmolzenen Unterhautfettgewebe von 31 Leichen wurde die SZ. bestimmt, z. T. an mehreren Fettproben von verschiedenen Regionen u. wiederholt zu verschiedenen Zeiten. Die postmortale Fettspaltung ist innerhalb eines Zeitraumes von ca. 200 Std. sehr gering, Unterschiede zwischen den verschiedenen Körperstellen wurden nicht gefunden. Für die Todzeit-Best. ist das Verf. nicht brauchbar. K. F. MÜLLER. 4599 □

M. Büchner, Moderne chemische Methoden in der Klinik unter besonderer Berücksichtigung physikalisch-chemischer Analysenverfahren. 2., erw. Aufl. Leipzig: Georg Thieme. 1961. (Etwa 900 S. m. etwa 450 Abb.) 8°. Etwa DM 70,—.

M. Florkin, Introduction biochimique à la chirurgie. Paris: Masson et Cie. 1961. (248 S. m. 103 Abb.) 38 NF.

Henry McIlwain and Richard Rodnight, Practical neurochemistry. London: Churchill. 1962. (VII + 296 S. m. Tab. u. Diagr.) 50 s.

A.-M. Monnier, Actualités neurophysiologiques. 3e série. Paris: Masson et Cie. 1961. (372 S. m. 190 Abb. u. 2 Tab.) 60 NF.

Harry Sobotka and C. P. Stewart, eds., Advances in clinical chemistry. Vol. 4. New York: Academic 1961. (378 S. m. Abb.) $ 12,—.

E₆. Pharmakologie. Therapie. Toxikologie. Hygiene

Experimentelle Beiträge zur Frage der Arzneiresorption. Z. Dirner. (Acta physiol. Acad. Sci. hung. **19.** 33—49. 1961. Szeged, Med. Univ., Inst. f. Pharmacodyn.) (Dt.)

Die Resorption einiger Pharmaca (*Acetylcholin, Pantocain, Phenylisopropylamin, Nitroglycerin, Physostigmin, Pilocarpin, Atropin*) von der Mundschleimhaut u. aus dem Rectum narkotisierter Katzen sowie aus der Vagina, dem Rectum u. nach Oesophagusunterbindung aus der Mundhöhle von Ratten wurde untersucht. Je nach Tierart u. Organ ist die Resorption bei verschiedenen Pharmacis unterschiedlich. — 29 Literaturangaben. M. METZE. 4600 □

Meßvorrichtung der Radioaktivität des menschlichen Körpers. A. Lansiart und L. Jeanmaire. (J. Physique Radium, Physique appl., Suppl. zu: J. Physique Radium **20.** 174 A—176 A. Dez. 1959. Suppl. zu **20.** Nr. 12.) (Franz.)

Vff. beschreiben eine Vorr. zur Messung der Radioaktivität des menschlichen Körpers, die die natürliche Radioaktivität zu bestimmen gestattet. Sie arbeitet mit sehr großen NaJ-Kristallen als Detektor. Als Meßergebnis wurde angegeben, daß die γ-Aktivität des ^{40}K (1,45 MeV) u. des ^{137}*Cs* (0,66 MeV) bei normalen Individuen in der Größenordnung von 10^{-8} c liegt. J.-M. SPAETH. 4601 □

Zur Toxizität cytostatischer Substanzen bei kombinierter Anwendung mit ionisierenden Strahlen. Ewald Fleischmann und Karl Karrer. (Strahlentherapie **114.** 460—67. März 1961. Wien, Univ., Zentr.-Röntgen-Inst. im Allgem. Krhs. u. Österr. Krebsforschungsinst.) (Dt.)

In Tierexperimenten konnte ermittelt werden, daß bei einmaliger Gabe von *E 39* u. in verschiedenen Zeitabständen folgender einmaliger Röntgenganzkörperbestrahlung die Gesamttoxizität bei Mäusen mit Vergrößerung dieser Abstände linear abnimmt. Bei Röntgenbestrahlung u. folgender Gabe von E 39 war die Gesamttoxizität zunächst gering, nach 4 Tagen wesentlich höher u. später wieder geringer als die bei Kontrolltieren bestimmte Toxizität. Nach einem zweiten Gipfel der Gesamttoxizität bei einem Abstand von ca. 30—40 Tagen der E 39-Gabe nach der Röntgenbestrahlung verminderte sie sich später wieder auf das Niveau der Toxizität der Kontrolltiere. R. SAUERBREY. 4601 □

Einfluß der Totalbestrahlung auf den Eiweiß- und Wasserumsatz des Gehirns. O. N. Barmina. (Український Біохімічний Журнал [Ukrain. biochem. J.] **33.** 215—19. 1961. Gorki, Med. Kirow-Inst., Lehrstuhl für Biochemie.) (Russ., Auszug: Engl.)

Im Ratten-Vers. wird festgestellt, daß durch Röntgenbestrahlung in der Dosis von 500 r im Gehirn nach 2 u. 18 Tagen die Intensität des fermentativen Eiweißzerfalls abnimmt. Der Geh. an Eiweiß-N ist nach 18 Tagen erhöht, ebenso der Geh. an Nichteiweiß-N. Der Geh. des Gehirns an Gesamt- u. freiem W. ist 2 Tage nach der Bestrahlung mit 500 r nur wenig erhöht. Die Menge des an die Kolloide gebundenen W. nimmt zu. Aus den Vers.-Ergebnissen u. den Literaturangaben wird geschlossen, daß 2 Tage nach der Bestrahlung mit 500 r die Aktivität der Proteasen unterdrückt, die Fähigkeit der Proteine, W. zu binden, verstärkt wird. O. LEBTAG. 4601 □

Der Blutgehalt an freien Fettsäuren bei Strahlenkrankheit. N. A. Nekowalewa. (Український Біохімічний Журнал [Ukrain. biochem. J.] **33.** 195—200. 1961. Rostow a. Don, Med. Inst., Lehrstuhl für Röntgenol. u. Radiol.; Lehrstuhl für Biochemie.) (Russ.; Auszug: Engl.)

In Verss. mit Hunden (von 3—4 kg u. von 4—7 kg), die mit 300 r bzw. 600 r bestrahlt wurden, zeigte sich, daß nach der Bestrahlung bei beiden Gruppen der Blut-Geh. an freien *Fettsäuren* (I) zunimmt: von 0,82 (mg-Val./Liter) auf 2 bei erwachsenen, von 1,19 auf 1,6 bei jungen Hunden. Erhalten die jungen Hunde 1,5—2 Monate lang je 25 g Sonnenblumenöl mit der Nahrung, so ist der I-Geh. des Blutes höher als bei gewöhnlicher Diät: 2,5 bzw. 1,19. Nach der Bestrahlung beträgt der I-Geh. hier 1,5 bzw. 1,6. O. LEBTAG. 4601 □

Die verminderte urinäre Ausscheidung von 2-Aminoäthanol durch Patienten nach Bestrahlung. Ralph R. Cavalieri, M. T. Van Metre und W. I. Silvertsen. (Nature [London] **191.** 1303—04. 23/9. 1916. Bethesda, Md., Nat. Naval Med. Center, Radiat. Expos. Evaluat. Labor., Med. Branch and U.S. Naval Hosp.) (Engl.)

Patienten mit weit fortgeschrittenen u. gegen konventionelle Therapie resistenten neoplast. Schäden wurden einer Ganzkörperbestrahlung (^{60}*Co*, bis zu 30 r/Min.) unterzogen. Aus dem Urin wurde *2-Aminoäthanol* (I) durch Hochspannungselektrophorese isoliert u. quant. colorimetr. bestimmt. Die bei gesunden u. Patienten mit verschiedenen Krebsformen gefundene urinäre Ausscheidung von mehr als 10 mg I/Tag sank nach

Bestrahlung mit Einzeldosen von 300—900 r (?, d. Referent) innerhalb von 1—6 Tagen auf weniger als 0,4 μg/ml ab (nicht mehr nachweisbar). Dagegen blieb die urinäre Ausscheidung von I bei einmaliger Bestrahlung mit 225 r oder mehrmals 100 r (Gesamtdosis 500 r) noch nachweisbar. Keine Änderungen der I-Ausscheidung wurden bei Patienten nach größeren Operationen oder mit Verbrennungen beobachtet. *Phosphorylaminoäthanol* wurde in keinem Falle im Urin gefunden. J. BOELTER. 4601 □

Einfluß des Radiophosphors auf den Gehalt an Protein, Reststickstoff und Harnstoff im Blut bei medikamentösem Schlaf. I. W. Ssawitzki. (Український Біохімічний Журнал [Ukrain. biochem. J.] **33.** 22—31. 1961. Odessa, Pharm. Inst., Lehrstuhl für Biochemie.) (Ukrain.; Auszug: Engl.)

In Verss. mit Kaninchen wurde der Einfl. des als $Na_2H^{32}PO_4$ zugeführten ^{32}P auf den Geh. des Blutserums an *Gesamteiweiß, Albumin, Globulin, Fibrinogen, Harnstoff* u. *Rest-N* in Abhängigkeit von der Dauer des durch *Barbamyl* (I) bewirkten Schlafes bzw. der Narkose untersucht. I wurde 10 Tage lang 2mal täglich in der Dosis von 50—60 bzw. 80—100 mg/kg zugeführt. Die subkutane ^{32}P-Dosis betrug 0,3 mc/kg. Die Beobachtungen erstreckten sich auf 45 Tage, davon 10 Tage Schlaf oder Narkose. Es zeigte sich, daß in der Narkose die abschwächende Wrkg. auf den Einfl. der ionisierenden Strahlung stärker ist als im medikamentösen Schlaf. Dies steht im Einklang mit Literaturangaben, wonach viele Stoffe (darunter die Narkotica), welche die Oxydationsprozesse abschwächen, die Resistenz des Organismus gegenüber ionisierenden Strahlen erhöhen. O. LEBTAG. 4601 □

Einfluß der Vitamine B_1 und PP auf den Umsatz von Citronen- und Fumarsäure bei Strahlenschädigung. Je. F. Ssopin und W. M. Gaidai. (Український Біохімічний Журнал [Ukrain. biochem. J.] **33.** 57—63. 1961. Kiew, Schewtschenko-Univ.; Ernährungsinst. des Landwirtschaftsminist. der UkrainSSR.) (Ukrain.; Auszug: Engl.)

Durch Unters. des Einfl. von *Vitamin B_1* (I) u. *Vitamin PP* (II) auf den Umsatz von *Citronensäure* (III) u. *Fumarsäure* (IV) bei der Röntgenbestrahlung von Meerschweinchen mit der letalen Dosis von 500 r wird festgestellt, daß durch die tägliche Zufuhr von 5 mg I das Körper-Gew. etwas stabilisiert, die Lebensdauer der Tiere nach der Bestrahlung fast nicht beeinflußt wird. 5 mg II täglich erhöhen beträchtlich die Lebensdauer. Gleichzeitige Zufuhr von je 5 mg I u. II stabilisiert das Körper-Gew. u. erhöht die Lebensdauer. Zufuhr von I + II erhöht den III-Geh. in der Leber von 1,7 (mg%) in der Norm u. 2,0 bei Bestrahlung auf 2,48, in den Muskeln von 4,1 bzw. 5,1 auf 4,4. Der IV-Geh. beträgt in der Leber 1,5 (mg%) in der Norm, 1,9 bei Bestrahlung u. 1,54 bei Bestrahlung u. Zufuhr von I u. II. In den Muskeln beträgt der IV-Geh. entsprechend 4,3; 5,05; 4,0. Der IV-Geh. im Gehirn beträgt 7,38 (mg%) in der Norm, 8,35 bei Bestrahlung u. 7,78 bei gleichzeitiger Bestrahlung u. Zufuhr von I u. II. O. LEBTAG. 4601 □

Einfluß der ionisierenden Strahlen auf den Acetylcholinumsatz bei Macaca rhesus. N. N. Demin, N. W. Kornejewa und W. A. Schaternikow. (Биохимия [Biochemie] **26.** 494—98. Mai/Juni 1961.) (Russ.; Auszug: Engl.)

In Verss. mit Rhesusaffen erwies sich der Geh. an freiem *Acetylcholin* (I) in der Schleimhaut des Dünndarms als höher als der Geh. an gebundenem I, im Gehirn u. in der Leber als gleich. Die Aktivität der Cholinesterase (II), speziell der *Acetylcholinesterase* (III) u. der unspezif. II, ist bei den Kontrollen am höchsten im Gehirn; es folgen Dünndarmschleimhaut u. Leber. Am 1.—3. Tag nach der γ-Bestrahlung mit 600 r nimmt der Geh. an freiem u. gebundenem I in der Dünndarmschleimhaut zu u. bleibt in der Leber unverändert. Die Gesamtaktivität von II nimmt in der Darmschleimhaut in diesem Zeitabschnitt zu, im wesentlichen bedingt durch die Zunahme der Aktivität der unspezif. II. In der Leber erfolgt ebenfalls eine Zunahme der Gesamtaktivität von II als Folge der Aktivierung der unspezif. II; diese Zunahme ist jedoch weniger ausgeprägt u. erfolgt erst am 3. Tag nach der Bestrahlung. Bei Vers.-Tieren, die 2—3 Jahre bestrahlt wurden, erfolgt eine Zunahme des freien I in den Geweben von Gehirn, Leber u. Dünndarmschleimhaut, nicht jedoch eine Zunahme des gebundenen I. Die Gesamtaktivität von II nimmt bei diesen Vers.-Tieren in der Leber als Folge der Zunahme von III u. der unspezif. II zu, in der Dünndarmschleimhaut nur als Folge einer Zunahme von III. Im Gehirn nimmt die II-Gesamtaktivität ab, bedingt durch die Abnahme der III-Aktivität. O. LEBTAG. 4601 □

Form- und Volumenveränderungen von Frosch-Erythrocyten als Folge von ultravioletter Bestrahlung. S. P. Maroney jun. (J. gen. Physiol. **44.** 469—77. Jan. 1961. Charlottesville, Va., Univ. of Virginia, Dep. of Biol.) (Engl.)

Vf. untersuchte die Veränderungen von Form u. Vol. bei Frosch-Erythrocyten in RINGER-Lsg. nach UV-Bestrahlung mit der Camera lucifa. Während der Zeit vor der Hämolyse nahm die Zellstärke zu, wogegen der Zellraum konst. blieb. Die Zellen kürzten sich u. schwellten an den Enden während des mittleren Drittels der prolyt. Periode an, während eine Zone rund um die Zellmitte zusammengeschnürt blieb. Bei Nachgeben der zusammengeschnürten Zone wurde die Zelle sphär. u. hämolysierte. Das Zell-Vol. nahm mit der Zeit von der prolyt. Periode bis zur Hämolyse linear zu. Diese Veränderungen in Form u. Vol. stimmen mit einem koll. osmot. Typ der Hämolyse überein. Die Faktoren aber, die die Begrenzung des Schwellgrades beeinflussen u. die Formen während des Schwellprozesses bestimmen, sind andere. Die Beziehungen zwischen Hämolysezeit u. der der UV-Bestrahlung ausgesetzten Zelloberfläche werden von Vf. besprochen. G. BRATFISCH. 4601 □

Die Verteilung von Radium in menschlichen Knochen. Elizabeth Lloyd. (Brit. J. Radiol. **34.** 521—28. Aug. 1961. Oxford, Churchill Hosp., M. R. C. Boneseeking Isotopes Res. Unit.) (Engl.)

Vf. berichtet über die Verteilung von ^{226}*Ra* in den Knochen von 3 Patienten u. vergleicht diese Daten mit früheren Ergebnissen. H.-G. FLOSS. 4601 □

Anhäufung von radioaktiven Elementen in den Knochen und sich daraus ableitende Gefährdungen. R. Amprino. (Scientia [Asso] [6] **94** (**53**). 13—18. Jan. 1959. Bari, Univ., Ist. di Anatomia umana normale.) (Ital.)

Allg. Ausführungen. C. GOTTFRIED. 4601 □

Die Hemmung des Zuckertransportes durch die Darmwand durch Uranylnitrat. M. Lluch und F. Ponz. (Rev. españ. Fisiol. **16.** 327—35. Dez. 1960. Barcelona, Univ., Fac. de Ciencias, Labor. de Fisiol. Animal.) (Span.)

Vff. haben bei narkotisierten Ratten in eine abgeschnürte Dünndarmschlinge Lsgg. von *d-Glucose* (**I**), *d-Galaktose* (**II**), *d-Fructose* (**III**) oder *l-Arabinose* (**IV**) allein oder mit *Uranylnitrat* (**V**) zusammen eingefüllt u. im abgesaugten Inhalt nach verschiedener Zeit die Menge des Zuckers nach SOMOGY bestimmt u. so das Maß der Resorption gemessen. **V** hindert die Resorption von **I**, **II** oder **III**, hat aber keinen Einfl. auf die Resorption von **IV**. *Äthylendiamintetraessigsäure* hebt die Wrkg. von **V** auf.

HEINRICH HERMANN. 4606

Experimentelle Untersuchung über die Toxizität von einer als Weichmacher dienenden Organozinnverbindung. E. Bartalini. (Med. del Lavoro **50.** 338—50. Mai 1959. Milano, Univ., Clin. del Lavoro „Luigi Devoto", Labor. di Igiene Ind. della Soc. Montecatini.) (Ital.; Auszug: Engl.)

Vf. stellte fest, daß die als Weichmacher von Kunststoffen für Haushaltsartikel dienende Verb. *Dibutylzinnoxyd* (**I**) im Tier-Vers. (Ratte, Kaninchen) stark tox. Wrkg. zeigt. **I** wird durch Körpersäfte (Magensaft, Speichel) aus mit **I** hergestellten Kunststoffstückchen herausgelöst u. führt, Ratten peroral verabfolgt (100 mg/kg/Tag), nach 5 Tagen ad exitum. Die histolog. Unters. zeigt schwere u. diffuse Leberdegenerationen, schwere Degenerationen des Epithels der Nierentubuli u. Veränderungen der Glomeruli. — Vf. rät auf Grund seiner Vers.-Ergebnisse dringend von einer Anwendung von **I** als Weichmacher ab. H. KOCKERT. 4607 □

Die Wirkung induzierter Hyperammonämie auf den Ammoniakstoffwechsel in der Niere. Edward E. Owen, James H. Johnson und Malcolm P. Tyor. (J. clin. Invest. **40.** 215—21. Febr. 1961. Durham, N.C., Duke Univ., Med. Center, Dep. of Med.; Vet. Admin. Hosp.) (Engl.)

Im Verlaufe von Infusionen mit *Ammoniumlactat* (0,115m in einer Geschw. von 0,50 mVal NH_3/Min. für die Dauer von 15 Min.) ließ sich erneut die wichtige Rolle der Niere bei der Regulierung der Blut-NH_3-Konz. zeigen u. zusätzlich beweisen, daß die arterielle NH_3-Konz. einen signifikanten Einfl. auf die NH_3-Ausscheidung ausübt. Während einer mit Hilfe genannter Infusion bei normalen Personen hervorgerufenen Hyperammonämie kommt es zu einer sofortigen Verminderung der sonst in die Nierenvenen abgegebenen NH_3-Menge mit bei der Mehrzahl (8 von 9 Fällen) beobachtbarer NH_3-Aufnahme durch die Niere. 15 Min. nach der Infusion, bei normalisierten oder noch leicht erhöhten Blut-NH_3-Werten, stellen sich die normalen Verhältnisse wieder her. Die Ausscheidung von NH_3 im Harn ist während der Infusion bei leichtem Harn-pH-Anstieg (Hinweis auf vermehrte tubuläre Sekretion) um das 2—3fache vermehrt nachweisbar. U. TAUSENDFREUND. 4607 □

Die Wirkung von Mitochondriensuspensionen auf die Tetrachlorkohlenstoff-Fibrose des Kaninchens. H. Petzold und G. Maurer. (Dtsch. Z. Verdauungs- u. Stoffwechselkrankh. **21.** 145—52. 1961. Leipzig, Med. Univ.-Klin.) (Dt.)

Die Aktivität der *sauren* u. *alkal.* Gewebe-*Phosphatase* im Bindegewebe (BG) der Kaninchenleber unter chron. CCl_4-Schädigung ist hoch, die im Parenchym dagegen niedrig. Gleichzeitige oder anschließende Gabe lyophilisierter Kalbsmitochondrien (KM) kann dieses Verhältnis umkehren; dabei zeigen *Lipase* u. *Succinodehydrase* möglicherweise eine raschere Regeneration an, während die *Cytochromoxydase* nicht sicher beeinflußt wird. KM besitzen keine sichere Schutz-Wrkg. gegen Proliferation von BG in der Leber. K. ZINGRAF. 4607 □

Beeinflussung des intermediären Stoffwechsels durch verschiedene Medikamente und nachfolgende Alkoholgaben. Hans-Joachim Wagner. (Dtsch. Z. ges. gerichtl. Med. **46.** 575—82. 1957. Mainz, Univ., Inst. für gerichtliche Med.) (Dt.) — Vgl. C. **1958.** 6900.

Die abnormen Erscheinungen nach Einverleibung von *A.-Antabus* (**I**) sind wie die nach „gleichzeitiger" Verabreichung von Präpp. der *Pyrazolonreihe*, von *Barbitursäure-* sowie *Isonicotinsäurehydrazid*-haltigen Medikamenten u. A. nur z. T. auf eine Erhöhung des *Acetaldehyd* (**II**)-Spiegels im Blut zurückzuführen. Ein Teil der Symptome dürfte durch eine Steigerung der *Brenztraubensäure* (**III**) im Blut hervorgerufen werden. Im Serum von Ratten fanden sich normalerweise 1,2 ± 0,15 mg-% **III**; nach 1—3tägiger Medikamentbehandlung (**I**; *Irgapyrin, Butazolidin, Rimifon* [**IV**], *Phenacetin* u. *Luminal*) u. nachfolgenden A.-Gaben (1,5 g/kg) fanden sich Erhöhungen der **III** (außer bei **IV** u. A.-Gaben) zwischen 3—5 mg-%, teils noch wesentlich mehr. Der **II**-Spiegel überstieg selbst nach massiven **I**-Gaben u. A.-Verabreichung nicht 0,3 mg-%. Der Nachw. des **II** u. der **III** im Serum erfolgte auf enzymat. Wege. K. F. MÜLLER. 4607 □

Die Toxizität der Phthalsäuren. Fernand Caujolle und Denise Meynier. (C. R. hebd. Séances Acad. Sci. **246.** 851—52. 3/2. 1958.) (Franz.)

Vff. vergleichen die Toxizität der *Benzoesäure* (**I**) mit *Phthalsäure* (**II**), *Isophthalsäure* (**III**) u. *Terephthalsäure* (**IV**) im Mäuse-Vers. durch intraperitoneale Injektion in Serum-Lsg. (pH = 7,5). DL_{50} für **I** 1,46 g/kg, **II** 1,67. **III** 4,20, **IV** 3,7. Beobachtete Vergiftungssymptome sind Hypothermie u. Überreiztheit bei völliger Entkräftung. **II**–**IV** erregen im Gegensatz zu **I** klon. u. ton. Krämpfe, die den Tod herbeiführen.

S. GROITZSCH. 4607 □

Über einige neue Phosphorsäureester des Cholins. Chemische und pharmakologische Untersuchung. Eine neue Methode zur Herstellung von Phosphorylcholin. René Hazard, Jean Cheymol, Pierre Chabrier und Abigaël Carayon-Gentil. (Thérapie **13.** 614—19. 1958. Paris, Fac. de méd., Labor. de pharmacol.) (Franz.) — Vgl. C. **1958.** 2802.

Es wurden *Phenylphosphoryldicholindibromid* u. *Diphenylphosphorylcholinbromid* synthetisiert u. einige ihrer pharmakolog. Wrkg. (Toxizität, Wrkg. auf isolierten Meerschweinchendarm u. Froschrectus, Wrkg. auf den arteriellen Blutdruck des Hundes in Chloralosenarkose) mit denen von *Cholinbromid* u. *Phosphorylcholinbromid* verglichen.

*Versuche: *Diphenylphosphorylcholinbromid*, $C_{17}H_{23}BrNO_4P$, F. 113°, aus Phenylphosphorsäure-bis-[β-bromäthyl]-ester u. $(CH_3)_3N$ in trockenem Bzl. durch mehrtägiges Stehenlassen bei Raum-Temp.; etwas hygroskop. Krist.; 80% (Ausbeute). — *Phosphorylcholin, Ca-Salz*, $C_5H_{13}BrCaNP$, aus vorst. Verb. u. $Ca(OH)_2$ in sd. W. (4 Std.), u. anschließend Einleiten von CO_2 bis zur Entfärbung von Phenolphthalein u. Fällen mit A. bei 99°; 46%. *Ba-Salz*, $C_5H_{13}BaBrNP$, wie vorst. mit $Ba(OH)_2$ (75 Min.); 78%.

K. MAIER. 4607 □

Zur spontanen Reaktivierung der durch Alkylphosphate blockierten Cholinesterase. K. D. Friedberg und W. D. Erdmann. (Naunyn-Schmiedebergs Arch. exp. Pathol. Pharmakol. **238.** 49—50. 1960. Göttingen.) (Dt.)

Paraoxon (**I**)-blockierte Pferdeserum-*Cholinesterase* (**II**) zeigt, bes. bei niedrigen **I**-Konzz., in vitro eine beträchtliche Spontanreaktivierung (50—70% des normalen Werts), während diese bei *Systox* (**III**) oder *Isosystox*-Vergiftung des Serums fehlt. Der Grund ist die schnelle enzymat. Zerstörung von **I** im Serum (unabhängig von **II**), während die beiden anderen *Alkylphosphate* (**IV**) lange erhalten bleiben u. eine dauernde Nachvergiftung der reaktivierten **I**-Moll. bewirken. Freies **III**, d. h. nicht **I**-gebundenes, ist nicht durch Gefriertrocknung u. Chlf.-Extraktion aus Serum entfernbar. Eine spontane Reaktivierung wird nur nach Dialyse gegen unvergiftetes Serum sichtbar. Die Befunde erscheinen für die funktionelle Kumulation von **IV** bei chron. Verabreichung bedeutsam. Diskussion. K. MAIER. 4607 □

Weitere Untersuchungen über die Wirkung von Neuroplegicis auf die experimentelle Vergiftung durch Phosphorsäureester. G. Fradà und G. Gucciardi. (Med. del Lavoro **50.** 83—90. Febr. 1959. Palermo, Univ., Ist. di Med. del Lavoro.) (Ital.; Auszug: Engl.) — Vgl. Med. del Lavoro **48.** [1957.] 301; Med. del Lavoro **49.** [1958.] 2.

Vff. untersuchten den Einfl. von *Promazin* (**I**; *Talofen*, PIERREL) u. *Perphenazin* (**II**; *Trilafon*, SCHERING), allein als auch zusammen mit *ACTH* oder *Atropin* (**III**), auf den Verlauf der experimentellen Vergiftung von Meerschweinchen durch *Malotox P/20* (**IV**; enthält 50% *Malathion* u. 20% *Parathion*). — Die Unterss. zeigen, daß **I** u. **II** [im Gegensatz zu *Chlorpromazin* (**V**); l. c.] die durch **IV** verursachten nicotinähnlichen Symptome nicht beeinflussen. Beide Substanzen zeigen jedoch eine mäßige Hemmwrkg. auf den Bronchospasmus u. verhindern das Auftreten eines akuten Lungenödems, haben aber keinen Einfl. auf die Überlebensdauer der Tiere. Beim Zusammenwirken von **I** bzw. **II** u. ACTH ist die reine Hormon-Wrkg. vermindert, was wiederum im Gegensatz zu den in den früheren Unterss. der Vff. beim Zusammenwirken von **V** u. ACTH gemachten Beobachtungen steht. Auch die Kombination von ACTH u. **III** bzw. von **II**, ACTH u. **III** zeigt eine deutlich geringere Wirksamkeit als die Kombination von **V**, ACTH u. **III**.

H. KOCKERT. 4607 □

Über ein Fibrinhydrolysat mit sympathomimetischer Wirkung. I. Manta und S. Căpîlna. (Studii Cercetări Biochim. **1.** 127–31. 1 Tafel. 1958. Cluj, I.M.F., Cat. de biochim.) (Rum.)

Sympathomimetin (I) ist ein Prod., das durch Hydrolyse von *Fibrin* mit H_2SO_4, Neutralisieren, Filtrieren u. Konzentrieren der Lsg. auf spezif. Gew. 1,17–1,18 (pH 1,2 bis 1,5) erhalten wird. Beim Konzentrieren soll kein Nd. entstehen. Die hypertensive Wrkg. von I wird an Hunden geprüft; sie erreicht nach 2 Wochen ein Maximum. Von den papierchromatograph. nachgewiesenen Aminosäuren sind wahrscheinlich Tryptamin u. Tryptophan die prim. Ursache der sympathomimet. Wrkg., während die übrigen Aminosäuren erst eine Umwandlung in wirksame Prodd. erfahren müssen, wodurch sich der kumulative Charakter der Wrkg. erklärt. R. K. MÜLLER. 4609 □

Chemotherapie. D. A. A. Kidd. (Rep. Progr. appl. Chem. **44.** 94–104. 1959. May & Baker, Ltd.) (Engl.)

Übersicht. Bakterielle Infektionen, Tuberkulose u. Lepra, Viruskrankheiten, Amöbenruhr, Trypanosouriasis, Helminthiasis. — 131 Literaturangaben.

K. MAIER. 4610 □

Steigerung der Hemmung intestinaler Resorption durch Cetrimide-Phlorrhizin-Kombination. Vorl. Mitt. J. A. Nissim. (Nature [London] **191.** 37–39. 1/7. 1961. London. Guy's Hosp. Med. School, Dep. of Pharmacol.) (Engl.)

Es wurde die Wrkg. einer kombinierten Verabreichung von *Cetrimide* (*Trimethylhexadecylammoniumbromid* u. *-stearat*; Hemmung der intestinalen *Glucose* (**I**)-Resorption beim Kaninchen, der **I**-, *Na-Butyrat* u. *Methionin*-Resorption bei der Ratte u. Maus) u. *Phlorrhizin* (Hemmung der **I**-Resorption, geringer auch der Butyrat-Resorption) in einer Halbstunden- u. 5-Min.-Darmperfusionstechnik an der Maus geprüft. Die Konzz. betrugen 0,001, 0,002 oder 0,01%. Bei gleichzeitiger Perfusion mit gleichen Konzz. kam es zu starker Steigerung der Resorptionshemmung für **I** u. Butyrat, die der Ausdruck einer Potenzierung bzw. eines Synergismus ist. Es werden Überlegungen über den möglichen Wrkg.-Mechanismus u. sich daraus ergebende Fragen angestellt.

U. TAUSENDFREUND. 4610 □

Antibiotica und passive Immunität. R. Richou, L. Dhennin und H. Richou. (C. R. Séances Soc. Biol. Filiales **153.** 1542–43. 1959, herausgeg. 12/2. 1960. Alfort, Inst. Nat. d'Hyg. et Labor. de Rech. Vét. d'Alfort.) (Franz.)

Wiederholte Injektionen von *Penicillin* (zusammen $1{,}2 \cdot 10^6$ I. E.) oder *Streptomycin* (1,2 g) haben bei mit Staphylokokken-Antiserum (1250 E.) vorbehandelten Kaninchen keinen Einfl. auf die passive Immunität. H. FRANK. 4611 □

Durch eine subkutane Einzeldosis von Hyaluronidase bewirkte Veränderungen der Mucoproteide, Gesamtpolysaccharide und des Elektrophoresebildes des Serums beim normalen und dem mit DOCA, Cortison und Rutin vorbehandelten Kaninchen. L. Francalancia und A. Testaferrata. (Arch. Stud. Fisiopatol. Clin. Ricambio **22.** 240–42. Jan/April 1958. Firenze, Univ., Clin. Pediatr.) (Ital.)

Hyaluronidase (**I**) bewirkte bei Kaninchen eine Zunahme der Gesamtpolysaccharide u. der Mucoproteide sowie der α- u. γ-Globulin-Fraktion u. eine Abnahme der Albumine im Serum. Cortison oder Rutin, nicht aber Desoxycorticosteronactat, hoben die Wrkg. von **I** auf. K. ZINGRAF. 4614 □

Beziehung zwischen Serum und Natriumsalicylat: Veränderungen bei akuter Infektion und ihr Einfluß auf die pharmakologische Aktivität. Richard C. Reynolds und Leighton E. Cluff. (Bull. Johns Hopkins Hosp. **107.** 278–90. Nov. 1960. Baltimore, Md., Johns Hopkins Univ., School of Med. Dep. of Med. and Hosp.) (Engl.)

Bei Prüfung der *Salicylat-Protein*-Bindungscharakteristica des menschlichen Serums wurde nachgewiesen, daß die Hauptmenge von zugesetztem Salicylat an *Albumin* gebunden wird u. daß die pharmakolog. Aktivität des Salicylat in direkter Beziehung zur Menge Salicylat steht, welche nicht durch Plasmaalbumin gebunden ist; Steigerungen des Albumin-Geh. im Plasma bewirken Verringerung der antipyret. Aktivität von Salicylat. Bei Patienten mit Aspirin-Überempfindlichkeit fand sich gleiche Bindung wie bei nichtempfindlichen Personen, trotzdem wird in einigen Fällen von Idiosynkrasie Protein-Verarmung als Ursache für möglich gehalten. U. TAUSENDFREUND. 4615 □

Pharmakologische Untersuchungen an peripheren Nervenendigungen. H. Matthies und W. Sziegoleit. (Naunyn-Schmiedebergs Arch. exp. Pathol. Pharmakol. **236.** 138—42. 1959. Magdeburg.) (Dt.)

Die *Phenylalkylamine* mit 2 phenol. u. 1 alkohol. OH-Gruppe(n) führen auch an den *Acetylcholin* (I)-empfindlichen Nervenendigungen der Konjunktivalschleimhaut zu einer Sensibilisierung der nervalen Strukturen gegenüber I. Von derartigen OH-Gruppen freie Amine hemmen dagegen die I-Wirkung. Amine, die in der Konstit. zwischen diesen Extremen stehen, geben starke Sensibilisierung bis völlige Hemmung. Auch die N-Substitution beeinflußt die Aminwirkung. K. MAIER. 4620□

Wirkung zweier nicotinähnlicher Phenoxyisopropylamine auf einige isolierte Organe. H. Schmitt. (C. R. Séances Soc. Biol. Filiales **150.** 635—36. 1956. Dakar-Fann, A. O. F., École de Méd. et de Pharm.) (Franz.)

Vf. untersuchte die Wrkg. von *N.N-Dimethyl-β-phenoxyisopropylamin-jodmethylat* (I) u. *-jodäthylat* (II) auf verschiedene Organe. I u. II bewirkten am isolierten Kaninchenherzvorhof Hemmung, gefolgt von Stimulierung. In Ggw. von *Atropin* (III) wurde nur Zunahme der Kontraktion beobachtet. *Hexamethonium* (IV) verminderte u. verzögerte die stimulierende Wrkg. von I u. II ohne sie, selbst in hohen Dosen (50 mg pro 100 cm^3), aufzuheben. IV verhinderte auch nicht die durch I oder II bewirkte Vasoconstriction. Am Meerschweinchendarm bewirkte I u. II Stimulierung, gefolgt von Hemmung. III verhinderte dabei die erste Phase. Der Abfall von Tonus u. Peristaltik durch I u. II wurde durch IV nicht vermindert. Vf. schließt aus der unterschiedlichen Wrkg. nicotinähnlicher Substanzen auf die peripheren sympath. Ganglien auf die Möglichkeit verschiedener neuron. Populationen. H. LOHSCHELDER. 4620□

Die Wirkung der Zufuhr von Lysergsäurediäthylamid auf den Serotoningehalt des Körpers. D. V. Siva Sankar, D. Barbara Sankar, Edward Phipps und Eleanor Gold. (Nature [London] **191.** 499—500. 29/7. 1961. Jamaica, N.Y., Creedmoor State Hosp., Biochem. Res. Labor., Children's Unit.) (Engl.)

Kaninchen erhielten 500 µg *Lysergsäurediäthylamid* (I) i.v. bzw. 0,92 mg (10 µc) $^{14}C_{(3)}$*-5-Hydroxytryptophan* (II) u. 45 Min. später 500 µg I injiziert. 15 Min. nach der I-Applikation wurden die Tiere getötet. Die Zufuhr geringer II-Mengen bewirkte eine geringe Erhöhung des *Serotonin* (III)-Geh. im Gewebe. Während die allg. Aktivität in Niere u. Milz am höchsten war, wurde die höchste spezif. III-Aktivität bei den I-behandelten Tieren in der Leber u. Niere gefunden, wobei der III-Transport vor allem zur Niere durch I gesteigert wurde. Im Cerebrum wurde, wahrscheinlich infolge eines schnellen oxydativen Abbaus, kein erhöhter III-Geh. gefunden, während die spezif. III-Aktivität erhöht war. Im Cerebellum, im Stammhirn u. dem Rest des Gehirnes war der III-Geh. um ca. 40% erhöht, die spezif. III-Aktivität um ca. 350%. J. BOELTER. 4620□

Untersuchungen über die gegenseitige Toleranz gegenüber d-Lysergsäurediäthylamid, 1-Methyl-d-lysergsäurebutanolamid und Benzilsäure-N-methylpiperidyl-(3)-ester. Antonio Balestrieri. (Psychopharmacologia [Berlin] **1.** 257—59. 12/2. 1960. Sassari, Italien, Clin. Neurolog.) (Engl.)

Nach Verss. an 13 Patienten gelangt Vf. zu der Ansicht, daß gegenseitige Toleranz zwischen *Lysergsäure*-Derivv. auch auftritt, wenn die verabreichte Dosis so gering ist, daß die psychotomimet. Aktivität sehr gering ist oder gar nicht in Erscheinung tritt. Unterss. mit *Mescalin* lassen vermuten, daß gegenseitige Toleranz nicht nur auftritt, wenn die Pharmaca chem. ähnlich, sondern auch wenn sie in ihrer pharmakolog. Wrkg. ähnlich sind; sie tritt nicht auf bei Verss. mit *Lysergsäurediäthylamid* u. *Benzilsäure-N-methylpiperidyl-(3)-ester* oder *Psilocybine.* P. GREGORZEWSK₅. 4620□

Störung der Ausführungsgenauigkeit eines Verzögerungs-Alternationstests bei Affen durch Lysergsäurediäthylamid. Murray E. Jarvik und Stephan Chorover. (Psychopharmacologia [Berlin] **1.** 221—30. 12/2. 1960. New York, Albert Einstein Coll. of Med., Dep. of Pharmacol.) (Engl.)

Vff. untersuchten den Einfl. von *Lysergsäurediäthylamid* (I), *Amphetamine, Chlorpromazine* u. *Pentobarbital* auf die Ausführung eines Verzögerungs-Alternationstestes an Affen u. fanden, daß nur I die Ausführungsgenauigkeit beeinflußt, ohne die Geschw. der Ausführung zu ändern. P. GREGORZEWSKI. 4620□

Psychotomimetische Pharmaca. Chemische und pharmakologische Aspekte. A. Hofmann. (Acta physiol. pharmacol. neerl. **8.** 240—58. Juni 1959. Basle, Sandoz Res. Lab.) (Engl.)

Übersicht. Psychotrope Pharmaka: Analgetica, Sedativa u. Tranquillizer, Stimulantien, Hypnotica, Hallucinogen u. Psychotomimetica (natürliche: z. B. Mezcalin, Cannabinol usw., Harmin, Bufotenin, Psilocybin; synthet.: D-Lysergsäurediäthylamid, N-Methylpiperidyl-(3)-benzylat). — 10 Literaturangaben. K. MAIER. 4620□

Homo intranquillus. Einige allgemeine Bemerkungen über Tranquillizer. D. K. de Jongh. (Acta physiol. pharmacol. neerl. **8.** 259—78. Juni 1959. Amsterdam, Nedchem. Inst. for Pharmaco-Therap. Res.) (Engl.)

Vortrag. Entw. u. Bedeutung der Psychopharmakologie. K. MAIER. 4620□

Beziehungen zwischen Struktur und Aktivität von Chlorpromazin und verwandter Phenothiazinderivate auf die Pentobarbiton-Anästhesie bei Mäusen. M. N. Jindal, N. M. Tiwari und P. R. Kherdikar. (Arch. int. Pharmacodynam. Thérap. **129.** 166—71. 1/12. 1960. Nagpur, Med. Coll. Dep. of Pharmacology.) (Engl.)

An Mäusen, die 100 mg *Pentobarbiton* (I)/kg intraperitoneal erhalten hatten, wurde der Einfl. von *Chlorpromazin* (**II**), *10-[3-Aminopropyl]-phenothiazin* (**III**), *10-[3-Dimethylamino-n-propyl]-phenothiazin* (**IV**), *10-[3-Dimethylaminopropyl]-phenoxazin* (**V**), *10-[2-Dimethylamino-2-methyläthyl]-2-chlorphenothiazin* (**VI**), *10-[3-(1-Methylpiperazinyl-(4)-propyl]-2-chlorphenothiazin* (**VII**), *Prochlorpromazin* (**VIII**) u. *10-[3-Diäthylaminopropyl]-phenothiazin* (**IX**) auf den Aufrichtereflex (AR) u. die Zeit bis zur vollständigen Erholung (v. E.) unter bes. Berücksichtigung der Struktur der geprüften Verbb. untersucht. **II** verlängert die **I**-Anästhesie um ca. 50%, **III** wirkt auf den AR wie **II**, während es die v. E. um weitere 25% verlängert. Bei **IV**, **VIII** u. **V** nehmen die Werte für AR u. v. E., verglichen mit denen von **II**, merkbar ab. Der Ersatz der Propylgruppe in 2-Stellung durch eine Methylgruppe wie in **VI** setzt die Dauer der **I**-Anästhesie, verglichen mit der nach **II**, auf $^1/_4$ herab. Ersatz der Methylgruppierung durch Äthyl in 3-Stellung u. Wegnahme von Cl aus der **II**-Struktur wie bei **IX** verringert die Wrkg. auf die **I**-Anästhesie auf Null. Auch **VII** ist prakt. wirkungslos. Die Verbb., die die **I**-Anästhesie potenzieren, wirken auch antidiuret. auf die durch Salz-Lsg. bewirkte Diurese bei Ratten.

K. BÖHM. 4627□

Einfluß der Äthernarkose auf den Kohlenhydratumsatz in der Leber. Je. F. Iwanenko, W. W. Kornijenko und R. K. Makowos. (Український Біохімічний Журнал [Ukrain. biochem. J.] **33.** 80—87. 1961. Charkow, Pharm. Inst., Lehrstuhl für Biochemie.) (Ukrain., Auszug: Engl.)

Vff. untersuchten den Geh. an Gesamt-, gebundenem u. säurelösl. *Glykogen* (**I**, **Ia**, **Ib**), *Zucker* u. *Milchsäure* (**II**) in der Leber weißer Mäuse, den Geh. an **I**, **II**, Zucker u. *Brenztraubensäure* (**III**) im Arterienblut u. die Arterien–Venen-Differenz für Zucker, **II** u. **III** u. stellten fest, daß die Leber 75—80% **Ia** u. 20—25% **Ib** enthält. Durch eine 40 Min. lange Ae.-Narkose wird der Leber-Geh. an **I**, **Ia** u. **Ib** fast nicht verändert. Der Geh. an Zucker u. **II** sinkt fast auf die Hälfte herab. Bei 2std. Ae.-Narkose nehmen **I**, **Ia** u. **Ib** auf die Hälfte, Zucker u. **II** noch stärker ab. Das Verhältnis der Fraktionen **I**, **Ia** u. **Ib** in der Leber bleibt sowohl bei 2std. wie bei 40 Min. langer Ae.-Narkose unverändert. Im Arterienblut nimmt während der Narkose der Geh. an Zucker, **II** u. **III** zu; der Geh. an **I**, **Ia** u. **Ib** nimmt stark ab. Die Arterien–Venen-Differenz wird bei der Narkose dahin verändert, daß eine verstärkte Ausschüttung von Zucker, **II** u. **III** aus der Leber ins Blut stattfindet. O. LEBTAG. 4627□

Der Stoffwechsel des 1.8-Dihydroxyanthrachinons. H. Ippen. (Planta med. [Stuttgart] **7.** 423—26. Dez. 1959. Düsseldorf, Med. Akad., Hautklinik.) (Dt.)

Vortrag. *1.8-Dihydroxyanthranol* (*Cignolin*, **I**) wird, wenn der Haut appliziert, im Gewebe des Organismus zu *1.8-Dihydroxyanthrachinon* (**II**; *Istizin*) oxydiert. Im Harn ist **II**, jedoch kein unverändertes **I**, nachweisbar. Die Red.-Wrkg. des Dickdarms reicht nach peroraler **II**-Gabe zur Red. von **II** zu **I** aus. K. MAIER. 4647□

Reparative Wirkungen eines gesättigten Triglycerids tierischen Ursprungs auf Strahlendermatitiden und dystrophische Wunden. Ettore Guidetti. (Clinica terap. **21.** Nr. 2. 140—43. Aug. 1961. Torino.) (Ital.)

Bericht über die erfolgreiche lokale Anwendung eines gesätt. *Triglycerid*-Pulvers aus den intestinalen u. perirenalen Fettdepots junger Kälber in Kombination mit einem Sulfonamid bei 12 Fällen von Strahlendermatitis, 30 Fällen von Ulcus varicosum u. 11 Fällen mit Decubitalwunden. K. ZINGRAF. 4661□

Die Faktoren des Prothrombinkomplexes bei akuten Intoxikationen nach Inhalation. Giulio Saita. (Med. del Lavoro **50.** 13—24. Jan. 1959. Milano, Univ., Clin. del Lavoro «L. Devoto» u. Centro studi e richerche sulle malattie professionali sotto il Patronato del'INAIL.) (Ital.; Auszug: Engl.)

Bei 7 Fällen von akuter *Trichloräthylen*-Vergiftung, bei je 1 Fall von akuter *Methylchlorid-* u. NH_3-Vergiftung u. bei 2 von 4 akuten *CO*-Vergiftungen, zeigte sich schon wenige Std. nach dem Unfall eine deutliche Herabsetzung der Prothrombin-Aktivität (PA), die in den darauffolgenden Std. noch weiter bis zu Werten von 40—45% absank. Die Wiederherst. erfolgte langsam. Der *Faktor VII* verhielt sich gleichsinnig wie die PA; weniger ausgeprägt war die Schädigung des *Faktors V*. — Ausführliche Kasuistik.

H. KOCKERT. 4675□

Untersuchung des Überlebens der Erythrocyten und ihrer physikalischen Veränderungen bei Hypoosmose bei der Benzol-Haemopathie. V. Prato und L. Fiorina. (Minerva nucleare [Torino] **4.** 86—88. Febr./März 1960. Torino, Univ., Ist. di Patol. Spec. Med. e Metodol. Clin.) (Ital.)

Bei 6 Patienten mit *Benzol*-Vergiftung war die Lebensdauer der Erythrocyten normal; allerdings waren sie stärker kugelförmig als Erythrocyten von Normalpersonen u. nahmen in hypoosmot. Lsgg. weniger W. auf. K. ZINGRAF. 4675□

Weitere Untersuchungen über die Permeabilität von Kieselsäure. Erika Balke und Klaus Krisch. (Hoppe-Seyler's Z. physiol. Chem. **327.** 21—26. 1961. Gießen, Univ., Physiol. Chem. Inst.) (Dt.) — Vgl. auch C. **1961.** 6552.

Schnitte von Skelettmuskel, Herz, Zwerchfell, Lunge u. Milz sowie Erythrocyten (Vers.-Tier Ratte) werden mit 12,5 mg-% Kieselsäure enthaltendem Bicarbonatpuffer inkubiert. Aus dem Wasser-Geh. der Gewebe, dem SiO_2-Verteilungsraum u. dem Inulinverteilungsraum (extracellulärer Raum) läßt sich die Permeierung von SiO_2 in die Zellen berechnen. — Bei den Muskel-Präpp. verteilt sich SiO_2 gleichmäßig auf intra- u. extrazelluläre Fl., bei Zwerchfell u. Herz findet vielleicht eine Anreicherung in den Zellen statt. Bei der Lunge scheint auf Grund des SiO_2-Verteilungsraumes von 83,3% des Gesamtraumes ein Teil der Zellen für oligomere Kieselsäure nicht durchlässig zu sein. Noch geringer (39% SiO_2-Verteilungsraum) ist das Eindringen in Milzzellen. Erythrocyten sind für SiO_2 frei permeabel. — Die Ergebnisse sind eine Stütze für die „Löslichkeitstheorie" der Silicose. P. LOCH. 4681□

Die Serumproteine und Serumglykoproteide bei der Pulmonalsilicose. L. Buscarini und F. Nicrosini. (Med. del Lavoro **50.** 368—78. Mai 1959. Pavia, Univ., Ist. di Clin. Med. Generale e Terapia Med.) (Ital.; Auszug Engl.)

Im Serum von 9 Patienten mit Silicose im Stadium I, von 5 Patienten im Stadium II u. von 15 Patienten im Stadium III werden die grundlegenden Veränderungen im Serumeiweißbild (Vermehrung des *Gesamteiweißes* u. der α_2-*Globulin*-Fraktion, bei Patienten im Stadium III etwas stärker ausgeprägt; Vermehrung des *γ-Globulins* in gleicher Größenordnung bei allen 3 Patientengruppen) u. die Veränderungen der *Glykoproteide* (bei den 3 Patientengruppen stufenweise Zunahme des an das Gesamteiweiß u. an α_2-Globulin gebundenen Kohlenhydratanteils u. a.) festgestellt. Die Best. der Serumglykoproteide ist diagnost. verwertbar u. kann einen Hinweis für das Entw.-Stadium der Silicose liefern. H. KOCKERT. 4681□

Über die Epoxydharzdermatitis und ihre Verhütung. H. J. Sonneck. (Technik **15.** 556—59. Aug. 1960. Karl-Marx-Stadt.) (Dt.)

Klin. Bild u. Verlauf der Hautschädigung; Allergisierung, Sensibilisierung durch Löser, Abhärtung; Schutz- u. Vorbeugungsmaßnahmen. M. HAGEDORN. 4681□

Lloyd B. Tepper and others, Toxicity of beryllium compounds. Amsterdam: Elsevier; London: Van Nostrand. 1961. (VIII + 190 S. m. Abb., Tab. u. Diagr.) 20 s.

F. Pharmazeutische Chemie. Desinfektion

Darstellung von 4-Methoxybrenzcatechin. Arnfinn Paulsen. (Medd. norsk farmac. Selsk. **21.** 157—59. Nov. 1959. Oslo, Univ., framasøyt. inst., avd. for fram. kjemi.) (Norw.)

4-Methoxybrenzcatechin wird nach einem vereinfachten Verf. nach DAKIN [1909] u. SURREY [1946] dargestellt. Man löst 10 g 2-Hydroxy-4-methoxybenzaldehyd in 57,5 ml 1n NaOH, gibt 70 ml 3,2%ig. H_2O_2 zu, wobei sich die Lsg. rotbraun färbt u. die Temp. auf 55° steigt, kühlt auf ca. 10°, sättigt mit $NaHCO_3$, filtriert, extrahiert das Filtrat mehrmals mit Ae., trocknet den Extrakt mit Na_2SO_4, dest. Ae. ab u. fraktioniert das Prod.; $Kp._{10}$ 164°; Ausbeute 70—80%; das fast farblose Öl krist. beim Stehen, F. 49—51° (PAe.); als Nebenprod. wird nach der Oxydation ein brauner Nd. erhalten, der aus verd. HCl farblos ausfällt mit F. 270°, entsprechend der Diphenylverbindung.
R. K. MÜLLER. 4786□

Polyphenoläther. Methyl- und Dimethyläther von Benzyloxyhydrochinon. Arnfinn Paulsen. (Medd. norsk. farmac. Selsk. **21.** 165—71. Dez. 1959. Oslo, Univ., farmasøyt. inst., avd. for farm. kjemi.) (Norw.)

Durch Umsetzung von 4-Methoxy-2-hydroxybenzaldehyd mit Benzylchlorid in alkohol. Lsg. unter Kochen mit KOH u. Methanol (2 Std.) wird 4-Methoxy-2-benzyloxybenzaldehyd, F. 66—67°, in 95% Ausbeute erhalten, daraus in konz. Essigsäure durch

Zusatz von Peressigsäure mit 20% Überschuß *4-Methoxy-2-benzyloxyphenol* (I), $C_{14}H_{14}O_3$, F. 90—91,5°, 68% (Ausbeute). Auf analogem Wege gelangt man von Isovanillin zu *4-Methoxy-3-benzyloxyphenol* (II), F. 85—86°, $Kp._{10}$ 224—226°, 40%. Methylierung von I u. II mit Dimethylsulfat in 2n NaOH führt zu *2-Benzyloxy-1.4-dimethoxybenzol*, F. 40,5 bis 41,5° (A.), fast quant. Ausbeute. Dasselbe Prod. kann auch aus 2.5-Dimethoxybenzaldehyd durch Oxydation mit Peressigsäure zu 2.5-Dimethoxyphenol u. dessen Benzylierung erhalten werden. Verw. als Antioxydantien für Arzneimittel.
R. K. Müller. 4786☐

Neue Arzneimittel. Anonym. (Subsidia med. [Wien] **7.** 191—204. Okt. 1955.) (Dt.)
Elektrocortin: 11β-21-Dihydroxy-3.20-diketo-Δ^4-pregnen-18-al (Aldosteron). Corticosteroid. — *Doriden* (Ciba, Schweiz): Tabletten mit 0,25 g Phenyläthylglutarsäureimid. Hypnoticum. — *Flaxedil* (Lederle, USA): Ampullen mit 20 mg Tris-[diäthylaminoäthoxy]-benzol-tris-äthojodid (Gallamin). Myorelaxans. — *Hydrabamin–Penicillin* (Abbott, USA): Kombination von Penicillin G u. N.N'-Bis-[dehydroabietyl]-äthylendiamin sowie Dihydro- u. Tetrahydroderivate. Antibioticum. — *Aramine* (Sharp & Dohme, USA): Ampullen mit l-1-[m-Hydroxyphenyl]-2-aminopropanol (Metaraminol). Vasokonstrigens. — *Noludar* (Hoffmann-La Roche, Schweiz): Tabletten mit 2.4-Dioxo-3.3-diäthyl-5-methylpiperidin (Methylprylon). Hypnoticum. — *Suavitil* (Medicinalco, Dänemark): Tabletten mit 1 mg Benzilsäurediäthylaminoäthylesterhydrochlorid. Tranquillizer.
K. Gerecke. 4800☐

Neue Arzneimittel. Anonym. (Subsidia med. [Wien] **7.** 230—43. Dez. 1955.) (Dt.)
Acetylgantrisin (Hoffmann-La Roche, Schweiz): N-[Acetyl-3.4-dimethylisoxazolyl-(5)]-sulfanilamid. Chemotherapeuticum. — *Novesin* (Wander, Schweiz): p-Amino-m-butoxybenzoyldiäthylaminoäthanolhydrochlorid (Benoxinathydrochlorid). Lokalanaestheticum. — *Clistin* (McNeil, USA): 2-[p-Chlor-α-(2-dimethylaminoäthoxy)-benzyl]-pyridinmaleat (Carbinoxaminmaleat). Antihistaminicum. — *Cloronaftina* (Simes, Italien): Bis-[2-chloräthyl]-β-naphthylamin. Cytostaticum. — *Cyclogyl* (Schieffelin, USA): Lsg. von 0,5% β-Dimethylaminoäthyl-[hydroxycyclopentyl]-phenylacetat (Cyclopentolat). Mydriaticum. — *Ilotycin Ethylcarbonate* (Lilly, USA): Granulat mit Erythromycinäthylcarbonat. Antibioticum. — *Ilotycin Glucoheptonate* (Lilly, USA): Ampullen 0,25 g Erythromycinglucoheptonat. Antibioticum. — *Erythrocin Lactobionate* (Biochemie, Kundl, Österreich): Erythromycinlaktobionat. Antibioticum. — *Meritin* (Turnhout, Belgien): Dragees mit 100mg α-Dibutylamino-α-[p-methoxyphenyl]-acetamid. Spasmolyticum.
K. Gerecke. 4800☐

Neue Arzneimittel. Anonym. (Subsidia med. [Wien] **8.** 17—27. Febr. 1956.) (Dt.)
Benztropine (Sharp & Dohme, USA): 3-Diphenylmethoxatropanmethansulfonat (Benzotropin). Gegen Parkinson. — *Urografin* (Schering, Berlin-West): Ampullen mit 76% Na-3.5-Diacetamino-2.4.6-trijodbenzoat (Diatrizoat–Natrium). Diagnosticum. — *Furazolidone* (Eaton, USA): Puder mit 0,1% 3-[5-Nitrofurfuryliden-(2)-amino]-oxazolidon-(2). Chemotherapeuticum. — *Glukosulfon–Natrium* (Parke, Davis, USA): p.p'-Diaminodiphenylsulfon-N.N-bis-[dextrosenatriumsulfonat]. Gegen Lepra, Tuberkulose. — *Penthienat Bromid* (Winthrop, USA): 2-Cyclopenthyl-2-[thienyl-(2)]-2-hydroxyessigsäure-2-diäthylaminoäthylestermethobromid. Anticholinergicum. — *Pesomin* (Giulini, BRD): Dragees mit 270 mg 5-Methyl-5-[1.2-dibrom-2-phenyläthyl]-hydantoin. Gegen Adipositas. — *Pramoxine* (Abbott, USA): 4-[3-(p-Butoxyphenoxy)-propyl]-morpholinhydrochlorid. Lokalanaestheticum.
K. Gerecke. 4800☐

Neue Arzneimittel. Anonym. (Subsidia med. [Wien] **8.** 57—74. April 1956.) (Dt.)
Adrenosem Salicylate (Massengill, USA): Ampullen mit 5 mg, Tabletten mit 1 mg u. 2,5 mg, Sirup mit 0,05% Adrenochrommonosemicarbazon–Na-Salicylatkomplex. Haemostaticum. — *Dimethicone* (Arnar-Stone, USA): Polymeres Dimethylsiloxan. Arbeitsschutzöl. — *Dipaxin* (Upjohn, USA): Tabletten mit Diphenadion. Anticoagulans. — *Solu-Cortef* (Upjohn, USA): Hydrocortison–Na-Succinat. Corticosteroid. — *Imferon* (Benger, England): Ampullen mit Dextraneisenkomplex, 50 mg Fe je ml. Antianämicum. — *Megimid*: Ampullen mit β-Methyl-β-äthylglutarimid. Antidot gegen Barbitursäuren. — *Meratran* (Merrel, USA): α.α'-Diphenylpiperidyl-(2)-methanolhydrochlorid (Pipradol). Stimulans. — *Trichomycin*: Stoffwechsel-Prod. aus Streptomyces Hachijoensis. Antibioticum. — *Pathilon Jodide* (Lederle, USA): 3-Diäthylamino-1-phenyl-1-cyclohexylpropanol-(1)-äthyljodid (Tridihexäthyljodid). Anticholinergicum. — *Viadryl* (Pfizer, USA): 21-Hydroxypregnandion–Na-Succinat. Narcoticum. — *Flexin* (McNeil, USA): Tabletten mit 2-Amino-5-chlorbenzoxazol (Zoxazolamin). Myorelaxans.
K. Gerecke. 4800☐

Neue Arzneimittel. Anonym. (Subsidia med. [Wien] **9.** 20—31. Febr. 1957.) (Dt.) *Arfonad* (HOFFMANN-LA ROCHE, Schweiz): Ampullen mit 250 mg d-3.4-[1.3-Dibenzyl-2-ketoimidazolido]-1.2-trimethylenthiophanium-d-camphersulfonat (Trimethaphan-camphersulfonat). Antihypertonicum. — *Chlorambucil* (BURROUGHS WELLCOME, USA): Tabletten mit 2 u. 10 mg p-[Di-(2-chloräthyl)-amino]-phenylbuttersäure. Cytostaticum. — *Paskate* (LILLY, USA): K-Aminosalicylat. Tuberculostaticum. — *Inversine Hydrochloride* (SHARP & DOHME, USA): 3-Methylaminoisocamphanhydrochlorid (Mecylaminhydrochlorid). Antihypertonicum. — *Methylöstrenolon* (ORGANON, Niederlande): 17-Methyl-19-nortestosteron. Gestagen. — *Pyrathiazine Hydrochloride* (UPIOHN, USA): 10-[2-Pyrrolidyl-(1)-äthyl]-phenothiazinhydrochlorid. Antihistaminicum. — *Sulfamethizole* (AYERST, USA): Tabletten mit 500 mg N-[5-Methyl-1.3.4-thiadiazolyl-(2)]-sulfanilamid. Chemotherapeuticum. K. GERECKE. 4800□

Neue Arzneimittel. Anonym. (Subsidia med. [Wien] **9.** 95—106. Juni 1957.) (Dt.) *Andantol* (HOMBURG, BRD): Dimethylaminoisopropylthiophenylpyridylaminhydrochlorid (Isothipendylhydrochlorid). Antihistaminicum. — *Fluothane* (IMPERIAL CHEMICAL INDUSTRIES, England): 2-Brom-2-chlor-1.1.1-trifluoräthan. Inhalationsnarcoticum. — *Hexadistigmin* (STICKSTOFFWERKE LINZ, Österreich): Ampullen mit 0,3 u. Tabletten mit 15 mg Hexamethylen-bis-[N-methylcarbaminoyl-m-trimethylammoniumphenol]. Vagotonicum. — *Isopropheramin* (LILLY, USA): 1-[p-Chlorphenyl]-2-isopropylaminoäthanolhydrochlorid. Bronchodilator. — *Micoren* (GEIGY, Schweiz): Ampullen mit N-Cortonyl-α-äthylaminobuttersäuredimethylamid u. N-Crotonyl-α-propylaminobuttersäuredimethylamid. Analepticum. — *Inhasan* (BENCKISER, BRD): N-Acetyl-D-Glucasaminylisonicotinsäurehydrazid. Tuberculostaticum. — *Oradon* (FERROSAN, Dänemark): 3-Hydroxymercuri-2-methoxy-1-succinimidopropan u. Theophyllin. Diureticum. — *Recordil* (RECORDATI, Italien): Tabletten mit 15 mg Flavon-7-äthoxyacetat. Vasodilatans. — *Viothenat* (CHEMIE GRÜNENTHAL, BRD): Ampullen mit Viomycinpantothenat. Antibioticum. K. GERECKE. 4800□

Neue Arzneimittel. Anonym. (Subsidia med. [Wien] **9.** 228—35. Dez. 1957.) *Actocortin* (FREDERIKSBERG, Dänemark): Natriumsalz des Bis-[17-hydroxycorticosteron-(21)]-phosphat. Corticosteroid. — *Ultran* (LILLY, USA): Tabletten mit 300 mg 2-[p-Chlorphenyl]-3-methylbutandiol-(2.3) (Phenaglycodol). Tranquillizer. — *Tussionex* (STRASENBURGH, USA): Dihydrocodeinon–Phenyltoloxamin-Ionenaustauscherkomplex. Antitussivum. K. GERECKE. 4800□

Neue Arzneimittel. Anonym. (Produits pharmac. **12.** 401. Juni 1957.) (Franz.) *Lispasmol* (SPÉCIA, Frankreich): Ampullen mit 50 (mg) u. Dragees mit 25 **10**-{2.3-bis-[dimethylamino]-propyl}-phenothiazinfumarat. Antispasmodicum. — *Doridène* (CIBA, Schweiz): Tabletten mit 250 mg 3-Phenyl-3-äthyl-2.6-dioxopiperidin. Hypnoticum. K. GERECKE. 4800□

Eine neue Reihe hypoglykämischer Stoffe. Biguanidin-Abkömmlinge. Denise Duval. (Produits pharmac. **16.** 257—65. Juni 1961.) (Franz.)
Übersicht. — 48 Literaturangaben. E. LÜCK. 4806□

Darstellung von Cyclopropan hoher Reinheit. B. A. Kasanski, M. Ju. Lukina, L. A. Nachapetjan, Ss. W. Sotowa, G. W. Losa, G. A. Schatenstein, W. A. Owodowa, O. W. Uwarow, N. M. Ssokolow und W. P. Smolnikow. (Химическая Промышленность [Chem. Ind.] **1960.** 462—65. Sept.) (Russ.)

In eine Suspension von Zn-Staub in 90%ig. A. wird 1.3-Dibrompropan beim Kp. des A. unter Rühren eingetropft; das in 98% Ausbeute (in 2 Std.) erhaltene *Cyclopropan* (I) wird bei -70^0 (Eis + Aceton) kondensiert. Das rohe **I** enthält 8,4% Propylen (**II**). Ähnlich erfolgt die Darst. von **I** aus 1-Chlor-3-brompropan mit 86% Ausbeute mit 6,4% (nach Dest. 4%) **II**. Bei der Vakuum-Dest. beträgt der Trennungs-Koeff. von **I** u. **II** bei -70 bis -50^0 1,8. Die Endausbeute an **I** mit 0,1% **II** beträgt, bezogen auf das als Ausgangsmaterial verwendete Allylbromid, 80%. Das gereinigte Prod. entspricht den Anforderungen der Sowjet-Pharmakopol. R. K. MÜLLER. 4806□

Coulometrische Mikrobestimmungen von Arsen und Antimon in ihren organischen Verbindungen. Anwendung der Methode auf die Medikamentenkontrolle. G. Patriarche. (J. Pharmac. Belgique [N. S.] **15 (42).** 327—43. Sept./Okt. 1960. Bruxelles, Univ. libre.) (Franz.)

Die zu untersuchende, As enthaltende Probe wird in Ggw. von HCl bis zum Auftreten weißer Dämpfe verascht; der Rückstand wird mit 3—4 ml W. versetzt u. in Ggw. von Phenolphthalein mit 2n NaOH neutralisiert. Dann werden 12—15 ml 2n HCl u. 1 g NaJ zugegeben, das Gemisch wird 15 Min. auf dem sd. Wasserbad belassen, abgekühlt u. das in Freiheit gesetzte J durch $Na_2S_2O_3$ reduziert. Die saure Lsg. wird mit festem $NaHCO_3$ neutralisiert u. auf ein bestimmtes Vol. aufgefüllt. In einem aliquoten

Anteil der Lsg. wird dann das As mittels Jodcoulometrie bestimmt. Die Sb-Best. wird in gleicher Weise vorgenommen, nur wird zur Vermeidung der Sb-Hydrolyse bei pH 8 Na–K-Tartrat zugegeben. Beleganalysen zeigen die Brauchbarkeit der Meth. auf.
P. H. FIEDLER. 4880□

Die Untersuchung von Cyclobarbital. E. H. Vogelenzang und A. Goudswaard. (Pharmac. Weekbl. **96.** 761—62. 29/9. 1961. Leiden, Ryks-Inst. voor Pharmacotherapeut. Onderz.) (Holl.)

Bei der Unters. von *Cyclobarbital* (I) bestimmt man das Peroxid in bekannter Weise nach Auflösung in Chlf.-Eisessig jodometrisch. Reproduzierbare Werte erhält man auch mittels nachst. Arbeitsweise: Man versetzt die alkohol. Lsg. der Probe mit einer alkohol. KJ-Lsg., verd. nach 1std. Stehen im Dunkeln mit W. u. titriert mit $Na_2S_2O_3$-Lsg. von gelb auf violett. Wegen der Empfindlichkeit von I gegen eine Oxydation an der Luft wird empfohlen, den Artikel I im Niederländ. Arzneibuch VI durch den Abschnitt I-Ca-Salz der Ergänzung zum Schweizer Arzneibuch V u. des 3. Nachtrags zum Deutschen Arzneibuch VI zu erweitern. W. WESLY. 4880□

Spektrophotometrische Chloramphenicol-Bestimmung in Gegenwart spektraler Verunreinigungen. S. Leclercq. (J. Pharmac. Belgique [N. S.] **15 (42).** 321—26. Sept./Okt. 1960. Serv. de Contrôle des Médicaments Assoc. Pharm. Belge, Labor. de Biol.) (Franz.)

Zur Best. von *Chloramphenicol* (I) in pharmazeut. Zubereitungen wird eine ca. 10 mg I enthaltende Probe in 50 ml W., welches 4% Ammoniak enthält, gelöst. Die Lsg. wird 6mal mit je 50 ml Ae. extrahiert, die Ae.-Extrakte werden mit ammoniakal. W. gewaschen, dabei soll mehrmaliges Waschen vermieden werden, u. dann mit Na_2SO_4 getrocknet. Nach dem Abdestillieren des Ae. wird der Rückstand mit 500 ml W. aufgenommen. Die spektrophotometr. Best. erfolgt bei 278, ferner bei 260, 280, 310 u. 340 mμ, auf welche Weise ggf. vorhandene spektrale Verunreinigungen weitgehend berücksichtigt werden können. H. P. FIEDLER. 4880□

Norman Rosenberg und Eugene Robert Lawrence Gaughran, Middlesex County, N.J., V.St.A., **Herstellung eines kollagenen, tubulären Transplantationsmittels,** dad. gek., daß man die tubulären Blutgefäße von einem Rind mit einem proteolyt. Enzym, bes. Ficin, bei einer Enzym-Konz. von 0,25—5 Gew.-%, einer Temp. von 30—45° u. einem pH der Lsg. von ca. 4—7 ca. 2—8 Std. behandelt bis der Kollagen-Geh. ca. 80 Gew.-% beträgt, das Abbau-Prod. mit W. wäscht, das Enzym inaktiviert, mit CH_2O bei 10—35° härtet u. sterilisiert. (**E. P. 826 577** vom 31/10. 1956, ausg. 13/1. 1960. A. Prior. 1/11. 1955.) W. HEYER. 4797

Farbwerke Hoechst Akt.-Ges., vormals Meister Lucius & Brüning, Frankfurt/M. (Erfinder: Gustav Ehrhart, Bad Soden, Ingeborg Hennig, Kelkheim, Fritz Lindner, Hofheim, und Heinrich Ott, Eppstein), **Narkotisch wirksame β-Acyloxybuttersäureamide** der Formel $H_3C \cdot CH(OR) \cdot CH_2 \cdot CO \cdot NH-CH_2 \cdot C(C_2H_5)_2 \cdot C_6H_5$ (R = niedermol. aliphat. Acylrest) erhält man (a) durch Rk. von β-Hydroxybuttersäureamiden der vorst. Formel, worin R = H ist, mit einem Acylierungsmittel oder dadurch, daß man (b) entsprechende β-Acyloxybuttersäuren bzw. deren funktionelle Derivv. mit 2-Äthyl-2-phenylbutyl-(1)-amin umsetzt oder daß man (c) β-Halogenbuttersäureamide der obenst. Formel, worin an Stelle von OR ein Halogenatom steht, mit niedermol., aliphat. Carbonsäuren oder deren Salzen umsetzt. — So erhält man durch 1std. Erhitzen eines Gemisches aus 50 g β-Hydroxybuttersäure-2-phenyl-2-äthylbutyl-(1)-amid (I) u. 150 ml Essigsäureanhydrid unter Rückfluß, Einengen im Vakuum, Aufnahme des Rückstandes in Ae., Neutralwaschen der Ae.-Lsg. mit Na_2CO_3-Lsg. u. Fraktionieren 50 g *β-Acetoxybuttersäure-[2-phenyl-2)äthylbutyl-(1)]-amid,* $Kp._{0,2}$ 158—160°, als helles, zähes Öl. *β-Succinoxybuttersäure-[2-äthyl-2-phenylbutyl-(1)]-amid* erhält man aus I u. Bernsteinsäureanhydrid. (**D. A. S. 1 114 180** Kl. 12o vom 8/8. 1958, ausg. 28/9. 1961.) A. MOHR. 4807

Farbwerke Hoechst Akt.-Ges., vormals Meister Lucius & Brüning (Erfinder: Gustav Ehrhart, Bad Soden, und Heinrich Ott, Eppstein), **Basisch substituierte Buttersäureanilide,** die bei geringer Toxizität sehr gute *antiphlogist.*, *analget.* u. *antipyret. Eigg.* zeigen, erhält man durch Rk. von Acetessigsäure-p-chloranilid (I) mit NH_3 oder einem niedrigmol. prim. Alkylamin u. anschließende oder vorzugsweise gleichzeitige Behandlung der Rk.-Prodd. mit Red.-Mitteln. — Man hydriert z. B. 53 g I in 500 ml Methanol in Ggw. von 20 g 40%ig. wss. Methylamin-Lsg. bei 60—65° in Ggw. von RANEY-Ni, trennt nach beendeter Rk. den Katalysator ab, engt das Filtrat im Vakuum ein, löst den öligen Rückstand in 2n HCl, filtriert über Kohle, versetzt das Filtrat mit 2n NaOH, extrahiert mit Ae., u. erhält aus dem Ae.-Extrakt

49,5 g eines hellgelben dicken Sirups, aus dem das *β-Methylaminobuttersäure-p-chloranilidhydrochlorid*, F. 200—201°, in üblicher Weise gewonnen werden kann; *freie Base*, F. 53—54°. Analog werden folgende Buttersäure-p-chloranilidhydrochloride hergestellt: *β-Butylamino-*, F. 206°; *β-Amino-*, F. 76—77°; *β-Äthylamino-*, F. 178°; *β-[Butyl-(2)-amino]-*, F. 206—207°; *β-n-Propylamino-*, F. 199—200°; *β-Isobutylamino-*, F. 173—174°. (**D. A. S. 1 088 974** Kl. 12q vom 4/8. 1956, ausg. 15/9. 1960.)

A. Mohr. 4807

Farbwerke Hoechst Akt.-Ges., vormals Meister Lucius & Brüning, Frankfurt/M. (Erfinder: Helmut Nahm, Kelkheim, Walter Siedel, Bad Soden, und Johann König, Frankfurt/M.-Unterliederbach), **Substituierte Thyropropionsäuren** der allg. Formel **I** (R_2 u. R_3 = H oder niedermol. Alkyl; R_4 = J, Br oder Cl), verwendbar als *Arzneimittel*, die auf den Kohlehydratstoffwechsel einwirken u. den Cholesterinspiegel des Blutes beeinflussen, erhält man in guter Ausbeute, wenn man 4-Phenoxyzimtsäuren der allg. Formel **II** (R_1 = H oder CH_3; R_2 u. R_3 wie oben angegeben)

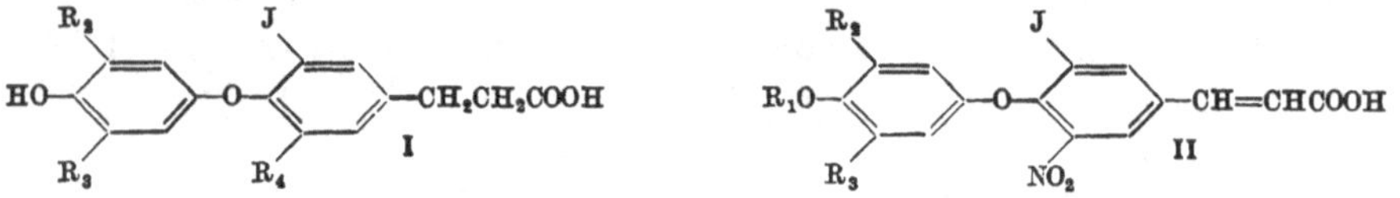

mit einem Gemisch aus rotem P, konz. HJ u. Eisessig erhitzt u. in den so entstandenen 4-Phenoxy-3-jod-5-aminophenylpropionsäuren die NH_2-Gruppe über die Diazogruppe gegen J, Br oder Cl austauscht. — Ein Gemisch aus 60 g 4-[4'-Methoxyphenoxy]-3-jod-5-nitrozimtsäure, 50 g rotem P, 150 ml HJ (D. 2,0) u. 400 ml Eisessig erhitzt man unter Abdestillieren des gebildeten CH_3J 1½ Std. zum Sieden, filtriert vom P ab, dampft das Filtrat im Vakuum ein u. stellt den Rückstand mit Na-Acetat-Lsg. auf pH 6 ein, wobei sich *4-[4'-Hydroxyphenoxy]-3-jod-5-aminophenylpropionsäure* (**III**), F. 182°, kristallin abscheidet; Ausbeute 47 g. Man suspendiert 40 g **III** unter Rühren u. Kühlen in einem Gemisch aus 200 ml Eisessig u. 50 ml konz. HCl, diazotiert mit 10 g $NaNO_2$ in 30 ml W. bei 10—15°, versetzt die dunkelrote Diazo-Lsg. nach 15 Min. mit 10 g Harnstoff, gibt die Lsg. nach ½ Std. unter Schütteln zu einer Lsg. von 25 g J, 25 g KJ, 50 ml W. u. 50 ml Eisessig, verd. nach 1 Std. mit 300 ml W., trennt das abgeschiedene Prod. ab u. reinigt es in üblicher Weise. Man gewinnt 42 g *4-[4'-Hydroxyphenoxy]-3.5-dijodphenylpropionsäure*, F. 250°, *4-[4'-Hydroxyphenoxy]-3-jod-5-bromphenylpropionsäure* (**IV**), F. 231—232°, erhält man über die aus 4-[4'-Methoxyphenoxy]-3-brom-5-nitrobenzaldehyd u. Malonsäure in Pyridin erhältliche *4-[4'-Methoxyphenoxy]-3-brom-5-nitrozimtsäure*, F. 222—223°, die hieraus durch Red. entstehende *4-[4'-Hydroxyphenoxy]-3-brom-5-aminophenylpropionsäure*, F. 193—194°, u. deren Umwandlung zu **IV** mittels Diazotierung u. Einw. von J u. KJ. *4-[4'-Hydroxy-3'-methylphenoxy]-3.5-dijodphenylpropionsäure* (**V**), F. 199—200°, entsteht analog über die aus 4-[4'-Methoxy-3'-methylphenoxy]-3-jod-5-nitrobenzaldehyd u. Malonsäure in Pyridin erhältliche *4-[4'-Methoxy-3'-methylphenoxy]-3-jod-5-nitrozimtsäure*, F. 227°, die hieraus durch Red. entstehende *4-[4'Hydroxy-3'-methylphenoxy]-3-jod-5-aminophenylpropionsäure* (**VI**), F. 181°, u. Überführung von **VI** in **V** durch Diazotieren u. Einw. von J u. KJ. (**D. A. S. 1 078 582** Kl. 12q vom 29/10. 1958, ausg. 31/3. 1960.)

A. Mohr. 4807

Asta-Werke Akt.-Ges., Chemische Fabrik, Brackwede, **Cyclische Thiophosphorsäureesteramide** der allg. Formel **I** erhält man durch Rk. eines Thiophosphorsäurehalogendiamids der allg. Formel **II** mit einer Verb. der allg. Formel **III** in Ggw. eines Lsgm. (Dioxan, Bzl.) u. eines säurebindenden Mittels (Triäthylamin) bei normaler

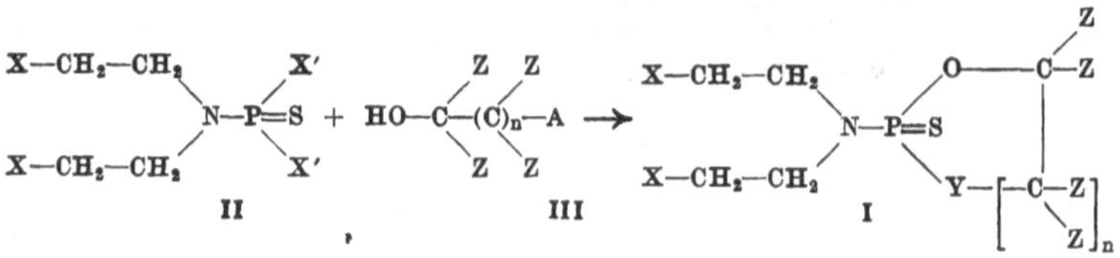

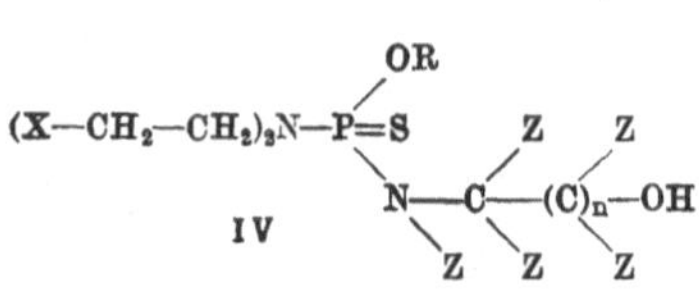

oder erhöhter Temperatur. **III** kann auch im Überschuß angewendet werden. Es kann auch eine Verb. der allg. Formel **IV** mit sich selbst bei höherer Temp. kondensiert. werden. (X = Halogen, bes. Cl; Y = —O—, —NH—, —N(Z)—; Z = H, gerad- oder verzweigtkettiges Alkyl mit 1—6 C-Atomen, das noch

OH, Alkoxy, Carboxy, Carbalkoxy, NH_2, substituiertes NH_2 ein- oder mehrmals enthalten kann; n = 0—5; X' = Halogen, bes. Cl, —OR; R = Alkyl, Aralkyl, Aryl; A = OH, NH_2, —NH—Z). — Aus N.N-Bis-[β-chloräthyl]-aminhydrochlorid u. überschüssigem Phosphorsulfochlorid nach 45std. Erhitzen → N.N-Bis-[β-chloräthyl]-thiophosphoramiddichlorid, aus PAe., F. 34°; daraus in abs. Dioxan mit Aminoäthanol in Ggw. von Triäthylamin bei 21—25° → *N.N-Bis-[β-chloräthyl]-N'.O-äthylenthiophosphorsäurediamid*, aus Methanol, F. 66—67°; unlösl. in W., nicht destillierbar. — Äthylenglykol → *N.N-Bis-[β-chloräthyl]-O.O'-äthylenthiophosphorsäureamid*, nicht destillierbares, wasserunlösl., bräunliches Öl. — 1.3-Aminopropanol → *N.N-Bis-[β-chloräthyl]-N'.O-propylenthiophosphorsäurediamid*, in W. unlösl., nicht destillierbares, schwach gelbliches Öl. — β-Hydroxyäthyl-N-methylamin → *N.N-Bis-[β-chloräthyl]-N'-methyl-N'.O-äthylenthiophosphorsäurediamid*, nicht destillierbares, schwach gelbes Öl. — d-Sorbit → *N.N-Bis-[β-chloräthyl]-thiophosphorsäureamid-O.O'-d-sorbit*, brauner, viscoser, in W. lösl. Sirup. — Die Verbb. sind *cytostat.* wirksam u. *verhindern* das *Wachstum* von *Tumoren*. — Vgl. D. A. SS. 1 057 119; C. **1960.** 3312 u. 1 061 780; C. **1960.** 3960. (**Belg. P. 563 332** vom 18/12. 1957, ausg. 17/6. 1960. D. Prior. 20/12. 1956. **Zusatz zu Belg. P. 554 888; C. 1960. 16 191.**) G. Krauss. 4807

Dr. Karl Thomae G. m. b. H., Deutschland, **Herstellung von tertiären Aminen.** Zu D. A. S. 1 088 962; C. **1961.** 5893 ist zu ergänzen: *1-Phenyl-2-pyrolidinopropan*, $Kp._{15}$ 137—138° (*Hydrochlorid*, F. 151—152°), aus α-Pyrrolidinopropionitril, $Kp._{10}$ 78—80°. (**F. P. 72 717** vom 18/3. 1957, ausg. 28/4. 1960. D. Prior. 26/4. 1956. **Zusatz zu F. P. 1 173 129; C. 1962. 2469.**) S. Böttcher. 4807

Arthur Ernest Wilder Smith, Genf, Schweiz, **Herstellung von substituierten Aniliden** der allg. Formel I, worin R eine ggf. durch 1 oder 2 Cl-Atome substituierte Phenylgruppe, R' eine Alkylgruppe mit 1—5 C-Atomen u. R'' ein Pyrrolinyl-(1)- oder Pyrrolidinyl-(1)-Rest ist, dad. gek., daß man eine Verb. der Formel II mit Pyrrolidin oder Pyrrolin bei 75—150° umsetzt.

R—NH—CO—CH_2—CH(R'')—R' I

R—NH—CO—CH=CH—R' II

— Aus Crotonsäure-2.4-dichloranilid → *β-Pyrrolidinobuttersäure-2.4-dichloranilidhydrochlorid*, F. 111—114°, *freie Base*, F. 45—47°; aus Crotonanilid → *β-Pyrrolidinobuttersäureanilid*, $Kp._{10}$ 190°; *β-Pyrrolidinobuttersäure-p-chloranilid*, F. 95—97°. — *Lokalanästhetica*. (**E. P. 801 405** vom 29/3. 1956, ausg. 10/9. 1958.) W. Heyer. 4807

Haco Gesellschaft Akt.-Ges., Bern, Schweiz, **Herstellung neuer Pyrazolidinderivate** durch Kondens. von freien oder acylierten N.N'-disubstituierten Hydrazinen mit Malonsäureestern in Ggw. eines alkal. Kondens.-Mittels, z. B. Na-Äthylat, in einem wasserfreien Lsgm., wie A. oder Dioxan. — Man löst z. B. 1,6 g Na in 100 ml abs.. A. unter Zusatz von 7,6 g Diäthyl-n-butylmalonat u. 6,5 g N-[Pyridyl-(2)]-N'-phenylhydrazin. Der A. wird im N_2-Strom abdest. u. der Rückstand ca. 10 Std. auf 130—140° erhitzt. Zum Schluß erhitzt man noch 1 Std. im Vakuum auf 140—150° u. löst den Rückstand in wss. NaOH-Lösung. Nach 2maligem Extrahieren mit Ae. erhitzt man die alkal. Lsg., um den Ae. abzutreiben, kühlt u. säuert an → *1-[Pyridyl-(2)]-2-phenyl-4-n-butyl-3.5-dioxopyrazolidin*, F. 87—88°; analog erhält man: *1.2-Bis-[pyridyl-(2)]-4-n-butyl-3.5-dioxopyrazolidin*, F. 209—210° (aus Bzl./Cyclohexan); *1-[Pyridyl-(3)]-2-phenyl-4-n-butyl-3.5-dioxopyrazolidin*, F. 95—96°; weitere Verbindungen. — Verw. als *therapeut. Mittel*. (**Ind. P. 61 628** vom 3/9. 1957, ausg. 10/7. 1959.) H. Nebelsiek. 4807

Ciba Ltd., Basel, Schweiz, **Herstellung neuer Benzimidazole** der allg. Formel I, in der A einen niederen Alkylenrest, bes. Äthylen, R eine niedere tert. Aminogruppe, bes. Diäthylaminogruppe, R_1 ein Halogenatom, bes. Cl, u. R_2 H oder ein Halogenatom bedeuten, durch Rk. eines 2-[p-Alkoxybenzyl]- bzw. 2-[p-Alkylbenzyl]-5-halogen- oder 5.6-Dihalogenbenzimidazol mit einem reaktionsfähigen Ester eine Alkohols der Formel HO—AR, in der A einen niederen Alkylenrest u. R eine niedere tert. Aminogruppe, eine freie oder veresterte OH-Gruppe bedeuten, anschließende Veresterung der freien OH-Gruppe u. Rk. der Estergruppe mit einem niederen sek. Amin. Man kann den Benzimidazolring auch durch andere an sich bekannte Meth. bilden.

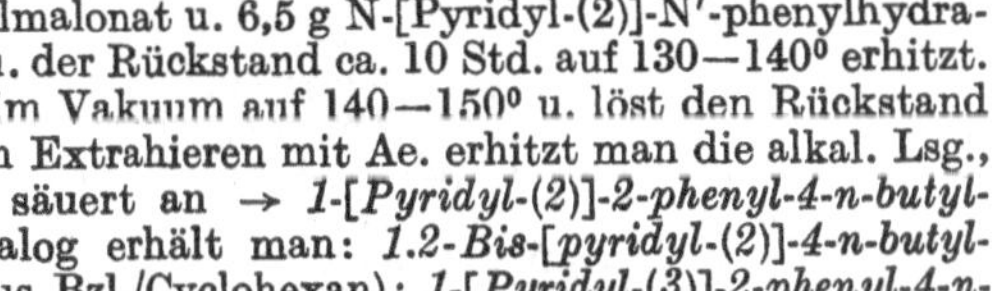

I

— Zum Beispiel fügt man 12 g 2-[β-Diäthylaminoäthylamino]-5-chloranilin zu einer Lsg. des Iminoätherhydrochlorids der p-Äthoxyphenylessigsäure, die aus 8,05 g p-Äthoxybenzylcyanid, 2,9 ml abs. A. u. 50 ml Chlf. durch Einleiten von trockenem HCl-Gas bei —10° erhalten wurde. Man erhält nach dem Eindampfen, Auswaschen, Extrahieren u. Trocknen →

1-[β-Diäthylaminoäthyl]-2-[p-äthoxybenzyl]-5-chlorbenzimidazolhydrochlorid, F. 205 bis 207° bzw. *1-[β-Diäthylaminoäthyl]-2-[p-methylbenzyl]-5-chlorbenzimidazolhydrochlorid*, F. 90—110°; weitere Beispiele. — *Heilmittel.* (**Ind. PP. 61 973** vom 11/10. 1957, ausg. 25/11. 1959 u. **61 974** vom 11/10. 1957, ausg. 11/4. 1960.) H. Nebelsiek. 4807

Günter Hilgetag, Anneliese Martini, Rainer Philippson und Alfred Rieche, Berlin, **Herstellung von 2-Arylsulfonamido-1.3.4-thiadiazol-5-sulfonamiden** durch Acylierung von 2-Amino-1.3.4-thiadiazol-5-aralkylsulfiden mit Arylsulfosäurechloriden, oxydierende Chlorierung der erhaltenen Prodd. bei niedriger Temp. u. Umsetzung der gebildeten 2-Arylsulfonylamino-1.3.4-thiadiazol-5-sulfochloride mit NH_3. — Zu 11,2 (g) 2-Amino-5-benzylmercapto-1.3.4-thiadiazol (I) in 50 W. werden 17,7 Benzolsulfochlorid in 30 ml Aceton gegeben, sodann 8 Na_2CO_3 in 35 Wasser. 35,5 der erhaltenen Disulfonyl-Verb. werden mit 250 10%ig. NaOH 30 Min. zum Sieden erhitzt, das Na-Salz wird in W. gelöst u. die Lsg. angesäuert: *2-Benzolsulfonamido-5-benzylmercapto-1.3.4-thiadiazol* (**II**), F. 122°. In 5 **II** in 50 90%ig. Essigsäure wird 30 Min. bei 5° Cl_2 eingeleitet, der Nd. kurz mit 15 konz. NH_4OH bei 60° behandelt u. angesäuert: 75% *2-Benzolsulfonamido-1.3.4-thiadiazol-5-sulfonamid*, F. 236—238° (A.-W.). — Analog aus **I** u. p-Chlorbenzolsulfochlorid 78% *2-[p-Chlorbenzolsulfonamido]-1.3.4-thiadiazol-5-sulfonamid*, F. 266—268°. — *Diuretica.* (**D. P. [DDR] 21 816** Kl. 12p vom 17/1. 1959, ausg. 22/8. 1961 [Wirtschaftspatent].) L. Grossner. 4807

Solange Charonnat geb. Costes, Anne Marie José Charonnat, Paul Lechat, Paris, Jean Chareton, Noisy-le-Sec, und André Boime, Paris, Frankreich, **Herstellung neuer Salze von 4-Methyl-5-[2′-chlor- oder -bromäthyl]-thiazol** (**I**). Man läßt **I** in Aceton oder einem anderen geeigneten Lsgm. mit Methan- oder Äthandisulfonsäure reagieren. Die erhaltenen Salze (*Methandisulfonat*, F. 120°; *Äthandisulfonat*, F. 124°) sind bei der Lagerung stabiler als die bisher für *pharmazeut. Zwecke* benutzten Salze, wie das Methansulfonat u. α- oder β-Camphersulfonat. (**Holl. P. 97 386** vom 21/2. 1958, ausg. 15/3. 1961. E. Prior. 1/3. 1957.) F. Böhm. 4807

Farbenfabriken Bayer Akt. Ges., Leverkusen (Erfinder: Hans Henecka, Rudolf Lorenz, Wuppertal-Elberfeld, und Rudolf Gösswald, Wuppertal-Vohwinkel), **1-Phenyl-1-[o-chlorphenyl]-3-tert.-aminopropanole-(1) mit hustenreizstillenden Eigenschaften,** die der allg. Formel **I** entsprechen (R u. R′ = Alkylgruppen mit 1—5 C-Atomen, die auch unter Einbeziehung eines Heteroatoms, wie —O—, —S—, =N·Alkyl, ringförmig verknüpft u. im übrigen geradkettig oder verzweigt sein können) erhält man dadurch, daß man (a) β-Halogen-o-chlorpropiophenone mit Phenylanion (**II**) liefernden Substanzen (Phenyl-Mg-Halogenide, Phenyl-Na, Phenyl-Li) umsetzt oder (b) β-Halogenpropiophenone mit o-Chlorphenylanion (**III**) liefernden Stoffen (z. B. o-Chlorphenyl-Mg-Br) zur Rk. bringt oder (c) β-Halogenpropionsäureester nacheinander oder gleichzeitig mit mol. Mengen eines **II** u. **III** liefernden Stoffes umsetzt u. die so erhaltenen 1-Phenyl-1-[o-chlorphenyl]-3-halogenpropanole-(1) durch unmittelbare Einw. von Aminen oder durch Abspaltung von Halogenwasserstoff u. Anlagerung von sek. Aminen an die so entstandene Vinyl-Verb. in die 1-Phenyl-1-[o-chlorphenyl]-3-tert.-aminopropanole-(1) umwandelt. — Eine Lsg. von 17 g β-Chlorpropiophenon in 100 ml abs. Ae. gibt man tropfenweise unter Rühren zu einer äther. Lsg. von o-Chlorphenyl-MgBr (aus 47,9 g o-Chlorbrombenzol u. 6,4 Mg-Spänen), erhitzt das Gemisch 2 Std. zum Sieden, gießt auf Eis, säuert mit HCl an, trennt die Ae.-Lsg. ab, trocknet sie u. dampft den Ae. u. flüchtige Begleitstoffe bei 100° im Vakuum ab. Man erhält öliges rohes 1-Phenyl-1-[o-chlorphenyl]-3-chlorpropanol-(1) (**IV**). 1 (Teil) **IV** erhitzt man mit 0,5 wasserfreiem K-Acetat in der doppelten Menge Methanol zum Sieden, gibt 1 Piperidin zu, kocht über Nacht, löst das Rk.-Prod. in 10%ig. HCl, trennt die nichtbas. Anteile durch Ausäthern ab u. alkalisiert die salzsaure Lsg. mit wss. NaOH. Man erhält zunächst öliges, beim Reiben kristallisierendes *1-Phenyl-1-[o-chlorphenyl]-3-piperidinopropanol-(1)*, F. 107°. Analog entstehen: *1-Phenyl-1-o-chlorphenyl-3-morpholinopropanol-(1)*, F. 142°; *1-Phenyl-1-o-chlorphenyl-3-dimethylaminopropanol-(1)*, F. 117—119°. (**D. A. S. 1 083 277** Kl. 12q vom 19/3. 1958, ausg. 15/6. 1960.) A. Mohr. 4807

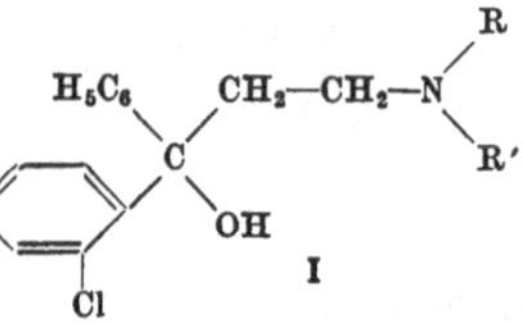

I

Sandoz Akt.-Ges., Basel, Schweiz, **Herstellung neuer Hydrazinderivate** der allg. Formel **I**, worin R eine niedrige Alkylgruppe bedeutet, dad. gek., daß man in der Kälte eine wss. Lsg. von Chloramin (**II**) mit der Lsg. eines 1-Niederalkyl-4-aminopiperidin in W. versetzt u. ggf. eine kleine Menge Gelatine zugibt. Zur Aufarbeitung dampft man die Lsg. ein, löst den Rückstand in W., macht die Lsg. alkal., extrahiert

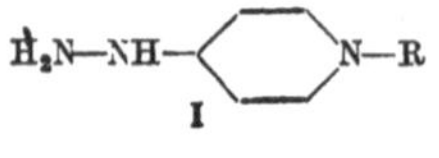

I

das entstandene Hydrazin-Deriv. mit einem mit W. nicht mischbaren Lsgm., z. B. einem halogenierten KW-Stoff, u. reinigt das Rk.-Prod. durch Dest. im Vakuum. — Aus II u. 1-Methyl-4-aminopiperidin → *N-Methylpiperidyl-4-hydrazin*, $Kp._{0,3}$ 66—70°. — Zwischenprodd. zur Herst. von *Analgetica* u. *Antirheumatica*. (**Schwz. P. 350 650** vom 13/12. 1956, ausg. 31/1. 1961.) W. HEYER. 4807

Samuel M. McElvain, Madison, Wis., V.St.A., **Herstellung von 1-Methyl-4-alkyl-4-[m-hydroxyphenyl]-piperidin,** dad. gek., daß man z. B. m-Methoxybutyrophenon mit Äthylcyanoacetat in Eisessig u. in Ggw. von Bzl. unter Rückfluß zum Äthyl-1-[m-methoxyphenyl]-butylidencyanoacetat ($Kp._{0,7}$ 163—168°) kondensiert, das Rk.-Prod. mit Cyanacetamid-Na umsetzt, das entstehende β-[m-Methoxyphenyl]-β-propyl-α.γ-dicyanglutarimid (F. 166,5—168,5°) mit H_2SO_4 u. NaOH unter Rückfluß hydrolysiert u. decarboxyliert, die entstehende β-[m-Methoxyphenyl]-β-propylglutarsäure mit Diazomethan verestert, den gebildeten Diester mit $LiAlH_4$ red., das erhaltene 3-[m-Methoxyphenyl]-3-propylpentandiol-(1.5) mit Methylamin u. anschließend mit H_2 bei einem Druck von 4000 lbs./sq.in. u. 250° behandelt u. das entstehende 1-Methyl-4-propyl-4-[m-methoxyphenyl]-piperidin ($Kp._{0,4}$ 125—129°) mit HBr erhitzt → *1-Methyl-4-propyl-4-[m-hydroxyphenyl]-piperidin*, F. 162—164°; *Hydrochlorid*, F. 177 bis 178°. Analog *1-Methyl-4-äthyl-4-[m-hydroxyphenyl]-piperidin, Hydrochlorid*, F. 206 bis 207°. — *Analgetica*. (**A. P. 2 892 842** vom 17/3. 1958, ausg. 30/6. 1959. **E. P. 853 814** vom 6/3. 1959, ausg. 9/11. 1960. A. Prior. 17/3. 1958.) W. HEYER. 4807

Sterling Drug, Inc., New York, N.Y., übert. von: Bill Elpern, Walnut Creek, Calif., V.St.A., **Herstellung von Äthyl-4-phenylalkylpiperidin-4-carboxylaten,** dad. gek., daß man das Äthyl-4-phenylpiperidin-4-carboxylathydrochlorid mit z. B. n-Octylbromid in n-Butanol in Ggw. von Na_2CO_3 unter Rückfluß erhitzt, das Rk.-Prod. auf Eis gießt, filtriert, im Vakuum zur Trockne bringt, die freie Base des Umsetzungs-Prod. in CH_3OH aufnimmt u. die Lsg. mit konz. HCl versetzt → *Äthyl-4-phenyl-1-n-octyl-piperidin-4-carboxylathydrochlorid*, F. 137—138°. *-äthansulfonat*, F. 86,2—88,2°. Analog [*Äthyl-4-phenyl* = **I**] *-1-n-heptyl-*[*piperidin-4-carboxylat* = **II**] *-hydrochlorid*, F. 146,4 bis 149°; **I**-*1-n-hexyl-***II**-*hydrochlorid*, F. 160—161,4°; **I**-*1-n-nonyl-***II**-*hydrochlorid*, F. 132,4 bis 134,2°; **I**-*1-*[*hexyl-(2)*]-**II**-*methansulfonat*, F. 84,2°, u. **I**-*1-*[*3-heptyl*]-**II**-*hydrochlorid*, F. 145—147°. — *Arzneimittel* mit analget. Eigenschaften. (**A. P. 2 901 487** vom 9/9. 1957, ausg. 25/8. 1959. **E. P. 853 116** vom 26/8. 1958, ausg. 2/11. 1960. A. Prior. 9/9. 1957.) W. HEYER. 4807

Soc. des Usines Chimiques Rhône-Poulenc (Erfinder: Robert Michel Jacob und Nicole Marie Joseph), **Arzneimittel mit analeptischer Wirkung,** gek. durch den Zusatz von Derivv., des Piperidyl-(2)-phenylmethanols der allg. Formel **I**, in der Ar einen substituierten Phenylrest bedeutet, bes. threo-Phenyl-[1-benzylpiperidyl-(2)]-äthoxymethan. (**Aust. P. 227 422** vom 1/8. 1958, ausg. 14/4. 1960. F. Prior. 1/8. 1957, 3/6. u. 3/7. 1958.) C. LÜTTGEN. 4807

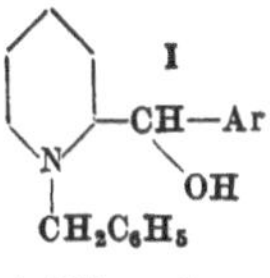

Wolfgang Voigtländer, Ernst Carstens, Radebeul, Helmut Wunderlich, Dresden, und Fritz Hausschild, Leipzig, **Herstellung reiner quaternärer Salze des Bis-[β-piperidinoäthyl]-methylamins** (**I**) durch Umsetzung von **I** mit mehr als 1 u. weniger als 2 Mol Alkylhalogenid in organ. Lsgm., bes. Aceton u. Methanol. — Zu 50,4 (Teilen) **I** in 350 Aceton werden 42,6 CH_3J gegeben: 33 **I**-*Bis-jodmethylat*, F. 223—226° (CH_3OH). Analog **I**-*Tris-jodmethylat*, F. 205—207°. — *Heilmittel*. **D. P. [DDR] 21 823** Kl. 12p vom 25/6. 1958, ausg. 25/8. 1961 [Wirtschaftspatent].) L. GROSSNER. 4807

Chas. Pfizer & Co., Inc., Brooklyn, N.Y., übert. von: Robert E. Carnahan, Groton, Conn., V.St.A., **Herstellung von 1-Isonicotinyl-2-cyanomethylhydrazin,** F. 184,5—190°, dad. gek., daß man das durch Rk. von z. B. CH_2O, $NaHSO_3$ u. Isoniazid bei 90—100° erhaltene Na-1-Isonicotinyl-2-sulfomethylhydrazin (F. 168,5—170,5°) in wss. Lsg. mit NaCN umsetzt. Analog aus CH_2O, $KHSO_3$ u. 1-Isonicotinyl-2-isopropylhydrazin u. Rk. mit KCN→*1-Isonicotinyl-2-isopropyl-2-cyanomethylhydrazin*. Beschrieben wird weiter die Herst. von *1-Benzoyl-2-cyanomethylhydrazin*, F. 154—155°. — *Arzneimittel*. (**A. P. 2 837 527** vom 31/12. 1952, ausg. 3/6. 1958.) W. HEYER. 4807

Soc. des Usines Chimiques Rhône-Poulenc, Paris, Frankreich, **Herstellung von Piperazinderivaten** durch Rk. von Allylalkohol oder Methallylalkohol mit einem Piperazin in stark alkal. Medium. — Man erhitzt z. B. 24 g Allylalkohol, 34,4 g wasserfreies Piperazin u. 16 g NaOH 7 Std. auf 140° u. behandelt anschließend die Mischung mit 40 ml W. u. 100 ml Isoamylalkohol. Aus der organ. Phase erhält man durch Dest. *1-[3-Hydroxypropyl]-piperazin*, $Kp._5$ 128—132,5°; auf analoge Weise erhält man: *1-Methyl-4-[3-hydroxypropyl]-piperazin*, $Kp._3$ 108—110°; *1-Phenyl-4-[3-hydroxy-*

propyl]-piperazin, F. 73°; *1-[2-Hydroxyäthyl]-4-[3-hydroxypropyl]-piperazin*, F. 101°; *1-[2-Tetrahydropyranyloxyäthyl]-4-[3-hydroxypropyl]-piperazin*, $Kp._1$ 162—163°; *1-[2.2-Diäthoxyäthyl]-4-[3-hydroxypropyl]-piperazin*, $Kp._1$ 148—152°; *1-[2-Hydroxyäthoxyäthyl]-4-[3-hydroxypropyl]-piperazin*, $Kp._1$ 160—165°; *1-[2-Tetrahydropyranyloxyäthoxyäthyl]-4-[3-hydroxypropyl]-piperazin*, $Kp._1$ 190—193°; *1-Methyl-4-[3-hydroxy-2-methylpropyl]-piperazin*, $Kp._{20}$ 135—137°; *1-[3-Hydroxy-2-methylpropyl]-piperazin*, $Kp._1$ 120 bis 125°. — *Therapeutica*. (**Ind. P. 60 790** vom 15/6. 1957, ausg. 12/12. 1958.)
H. Nebelsiek. 4807

Stephen Paul Rety und Wilfred Herbert Linnell, **Langsam und gleichmäßig wirkendes Barbitursäurederivat** zur oralen Anwendung, bestehend aus einer harzartigen Verb. einer Barbitursäure mit einem Ionenaustauscher, der durch Vernetzen von Polystyrol mit ca. 2—9% Divinylbenzol erhalten wurde, u. der weiterhin mit aliphat. Estern vernetzt wurde u. quatern. NH_4-Gruppen enthält, bes. „DeAcidite FF“ der Permutit Co. (**Aust. P. 227 954** vom 8/8. 1957, ausg. 26/5. 1960. E. Prior. 14/3. 1957.)
C. Lüttgen. 4807

C. H. Boehringer Sohn, Deutschland, **Herstellung von Hydroxyalkylxanthinen**, dad. gek., daß man Xanthin-Derivv. der allg. Formel I (mindestens einer der Reste R_1, R_2 u. R_3 = Oxoalkyl-, die anderen = Alkylgruppen) in Ggw. von Edelmetallen oder Raney-Ni hydriert. — *7-[β-Hydroxypropyl]-1.3-dimethyl-*, F. 130—131°, *3-[β-Hydroxypropyl]-1.7-dimethyl-*, F. 179°, *1-[β-Hydroxypropyl]-3.7-dimethyl-*, F. 128—131°, *7-[β-Hydroxypropyl]-1.3-diäthyl*, F. 136—137°, u. *3.7-Bis-[β-hydroxypropyl]-xanthin*, F. 217°, aus 7-Acetonyl-1.3-dimethyl-, 3-Acetonyl-1.7-dimethyl-, 1-Acetonyl-3.7-dimethyl-, 7-Acetonyl-1.3-diäthyl- bzw. 3.7-Diacetonylxanthin. — *Therapeutica*. (**F. P. 1 211 333** vom 15/10. 1956, ausg. 15/3. 1960. D. Prior. 19/10. 1955.)

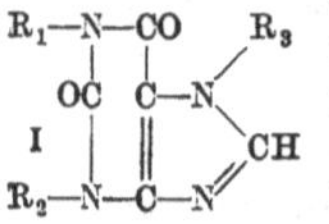

S. Böttcher. 4807

Ernst Carstens und Herbert Goldner, Radebeul, **Herstellung von 2.6.9-trisubstituierten Purinderivaten** der allg. Formel I (R = Alkyl-, Aryl-, Aralkyl- oder Cycloalkylrest; R_1 = Alkylrest; R kann einen weiteren beliebigen organ. Rest tragen), durch Cyclisierung der entsprechenden Pyrimidine mit einer 5ständigen NH_2-Gruppe deren Sulfate oder 5-Formyl-Derivv. in sd. Formamid. — 5 (Teile) 2.4-Bis-[isobutylamino]-5-amino-6-methylpyrimidinsulfat werden in 50 $HCONH_2$ 25 Min. zum Sieden erhitzt, nach Erkalten wird mit W. u. konz. NH_4OH (pH 8—9) versetzt: 91% *2-Isobutylamino-6-methyl-9-isobutylpurin*, F. 125—126° (A.-W.). — Analog aus 2.4-Bis-anilino-5-amino-6-methylpyrimidinsulfat 94% *2-Anilino-6-methyl-9-phenylpurin*, F. 263—264° (Dioxan). — Aus 2.4-Bis-[benzylamino]-5-amino-6-methylpyrimidinsulfat 90% *2-Benzylamino-6-methyl-9-benzylpurin*, F. 138—139° (60%ig. A.). — Aus 2.4-Bis-[p-toluidino]-5-amino-6-methylpyrimidin 84% *2-[p-Toluidino]-6-methyl-9-[p-tolyl]-purin*, F. 214—215° (Dioxan). — Aus 2.4-Bis-[p-phenetidino]-5-amino-6-methylpyrimidin 86% *2-[p-Phenetidino]-6-methyl-9-[p-äthoxyphenyl]-purin*, F. 204—206° (Dioxan). — *Antimykotica*. (**D. P. [DDR] 21 593** Kl. 12p vom 29/5. 1958, ausg. 14/7. 1961 [Wirtschaftspatent].)

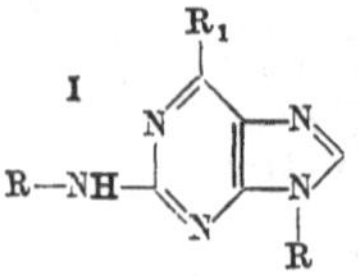

L. Grossner. 4807

Armour & Co., Chicago, Ill. (Erfinder: Ross Robert Herr, Kalamazoo, Mich., Takashi Enkoji und Thomas Joseph Bardos, Chicago, Ill.), V.St.A., **Uracilderivate.** Uracil-5-sulfohalogenide (I) werden erhalten durch Rk. von Uracil (II) mit wenigstens 5 Mol einer Halogensulfonsäure bei Temp. über 60°, bes. 120°. — **II** + Chlorsulfonsäure unter Rühren 8 Std. bei 120° → Uracil-5-sulfochlorid (**III**), F. über 300°. — Analog wird 6-Aminouracil-5-sulfochlorid vom F. über 265° (Zers.) hergestellt. — Durch Hydrolyse mit Alkali werden die **I** in die freien Säuren übergeführt: **III** + 10%ig. Natronlauge → Uracil-5-sulfonsäure, p-Toluidinsalz. — Die **I** können ferner mit Aminen zu den entsprechenden Uracil-5-sulfonamiden (**IV**) umgesetzt werden: **III** + Anilin in alkal. Lsg. → Uracil-5-sulfoanilid, aus W., F. 267—268°. — Analog: Uracil-5-[N.N-dimethyl]-sulfonamid, F. 340—342° (Zers.) u. 6-Aminouracil-5-sulfoanilid, F. 259—260°. — Mit Alkoholen ergeben die **I** die entsprechenden Ester: **III** + Phenol in alkal. Lsg. → Uracil-5-sulfonsäurephenylester, aus W., F. 250—253°. — Die **I** können ferner zu den Mercapto-Verbb. red. werden: **III** im Sulfochlorierungsgemisch + Zn → 5-Mercaptouracil (**V**). **V** kann zum Bis-[uracilyl-(5)]-disulfid oxydiert werden. — *Zwischenprodd.* zur Herst. von *Heilmitteln*. (**Belg. P. 546 401** vom 23/3. 1956, ausg. 23/10. 1959. **Schwz. P. 351 274** vom 22/3. 1956, ausg. 28/2. 1961. **E. P. 831 067** vom 22/3. 1956, ausg. 23/3. 1960. Alle A. Prior. 23/3. 1955.)
H. Bräucker. 4807

Soc. des Usines Chimiques Rhône-Poulenc (Erfinder: Robert Michel Jacob und Gilbert Louis Regnier), **Neue pharmakologisch wirksame Phenthiazinderivate.** Man gibt 0,65 (g) NH_2Na zu einer 120° heißen Lsg. von 4 3-Methansulfonylphenthiazin (II) in 40 wasserfreiem Xylol (I), kocht 45 Min. unter Rückfluß, gibt 1,95 3-Dimethylamino-1-chlorpropan in 7 I langsam zu, kocht 4 Std., behandelt mit 50 W. u. 20 Ae., extrahiert mit verd. H_2SO_4, macht den Extrakt alkal. u. extrahiert mit Ae. das gebildete rohe *3-Methansulfonyl-10-[3-dimethylaminopropyl]-phenthiazin*, das über das *Hydrochlorid*, F. 158—160° (Zers.), gereinigt wird. Analog folgende, in 10-Stellung substituierte **II**: -*[3-pyrrolidino-2-methylpropyl]*-, F. 162—163°, -*{3-[4'-methylpiperazinyl-(1')]-2-methylpropyl}*-, F. 170°, dessen saures Difumarat, F. 177°, -*[3-pyrrolidinopropyl]*-, F. 75—76°, dessen saures Dioxalat, F. 171—172°, -*[2-dimethylaminopropyl]*- F. 238—240°. — Aus 3-Methansulfonylphenthiazin-10-carbonsäure-[1.3-bis-(dimethylamino)-propyl-(2)-ester] durch Kochen mit o-Dichlorbenzol → *3-Methansulfonyl-10 [2.3-bis-(dimethylaminopropyl)]-phenthiazin*, F. 113°. Durch Kondens. von 3-Tetrahydropyranyloxy-1-chlorpropan mit II → 3-Methansulfonyl-10-[3-tetrahydropyranyloxypropyl]-phenthiazin, durch saure Hydrolyse → *3-Methansulfonyl-10-[3-hydroxypropyl]-phenthiazin*, F. 112 bis 113°, durch Kondens. mit p-Toluolsulfonylchlorid → *3-Methansulfonyl-10-[3-(p-toluylsulfonyloxy)-propyl]-phenthiazin*, mit Piperidin → *3-Methansulfonyl-10-[3-piperidinylpropyl]-phenthiazin*, dessen Hydrochlorid, F. 180° (Zers.). Analog: *3-Methansulfonyl-10-{3-[4'-hydroxyäthylpiperazinyl-(1')]-propyl}-phenthiazin* u. dessen Bis-Methansulfonat, F. 158—160° (Zers.), sowie *3-Methansulfonyl-10-{-3-[4'-acetoxyäthylpiperazinyl-(1')]-propyl}-phenthiazin*, dessen saures Dimaleat, F. 173—174°. (**Aust. P. 220 388** vom 8/4. 1957, ausg. 19/3. 1959. F. Prior. 7/4. 1956 u. 30/1. 1957.) C. Lüttgen. 4807

Soc. des Usines Chimiques Rhône-Poulenc, Frankreich, **Herstellung von Phenthiazinderivaten** der allg. Formel I, worin A = 2wertiger aliphat. Rest, R = H oder Acylrest, X = H oder Halogen, Alkyl-, Alkoxy-, Acyl-, Carbalkoxy-, Cyan-, Methylmercapto-, Methansulfonyl- oder Dimethylsulfamidogruppe. — *3-Chlor-10-[3'-(4''-hydroxyäthoxyäthoxyäthylpiperazino)-propyl-* (*Dimaleat*, F. 172—174°), *3-Chlor-* (*Dimaleat*, F. 89°), *3-Methyl-* (*Dimaleat*, F. 190°), *3-Äthyl-* (*Dimaleat*, F. 178—180°) u. *3-Propionyl-10-[3'-(4''-hydroxyäthoxyäthylpiperazino)-propyl]-* (*Dimaleat*, F. 164—166°) u. *3-Acetyl-10-[3'-(4''-hydroxyäthoxyäthoxyäthylpiperazino)-propyl]-phenthiazin* (*Dimaleat*, F. 150°), aus 3-[3'-Chlor- bzw. 3-[3'-Acetylphenthiazinyl-(10')]-propyl-p-toluolsulfonat u. 1-[2'-Hydroxyäthoxyäthoxyäthyl]-piperazin, 3-Chlor-10-[3'-piperazinopropyl]-phenthiazin u. 2-[2'-Chloräthoxy]-äthanol, 3-[3'-Methyl- -[3'-Äthyl- bzw. -[3'-Propoxylphenthiazinyl-(10')]-propyl-p-toluolsulfonat u. 1-[2'-Hydroxyäthoxyäthyl]-piperazin. — *Pharmazeutica*. (**F. P. 71 701** vom 15/3. 1957, ausg. 19/1. 1960. **Zusatz zu F. P. 1 189 122; C. 1962. 4643.**) S. Böttcher. 4807

I 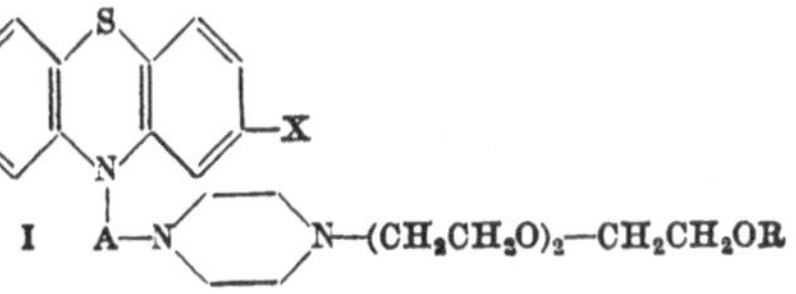

Soc. des Usines Chimiques Rhône-Poulenc, Frankreich, **Herstellung neuer Phenthiazinderivate**, z. B. *3-Chlor-10-[3'-(4''-methoxy-* (*Dimaleat*, F. 181—182°) u. *-acetoxyäthoxyäthylpiperazino]-* (*Dimaleat*, F. 181—182°), *3-Cyan-10-[3'-(4''-hydroxyäthoxyäthoxyäthylpiperazino)-propyl]-* (*Dimaleat*, F. 166—168°) u. *3-Butyryl-10-[3'-(4''-hydroxyäthoxyäthylpiperazino)-propyl]-phenthiazin* (*Dimaleat*, F. 146°), dad. gek., daß man 3 Chlor-10-[3'-piperazinopropyl]-phenthiazin mit 1-[2'-Chloräthoxy]-2-methoxyäthan, 3-Chlor-10-[3'-(4''-hydroxyäthoxyäthylpiperazino)-propyl]-phenthiazin mit Essigsäureanhydrid, 3-[3'-Cyanphenthiazinyl-(10')]-propyl-p-toluolsulfonat mit 1-[2'-Hydroxyäthoxyäthoxyäthyl]-piperazin bzw. 3-[3'-Butyrylphenthiazinyl-(10')]-propyl-p-toluolsulfonat mit 1-[2'-Hydroxyäthoxyäthyl]-piperazin umsetzt. — *Pharmazeutica*. (**F. P. 71 703** vom 26/4. 1957, ausg. 19/1. 1960. **Zusatz zu F. P. 1 189 122; C. 1962. 4643.**) S. Böttcher. 4807

Soc. des Usines Chimiques Rhône-Poulenc, Paris, Frankreich, **Herstellung therapeutisch aktiver, am Stickstoff substituierter 10.11-Dihydro-5-dibenzo-[b.f]-azepinderivate** der Formel I (A = —CH_2—CH—CH_2—, in beliebiger Stellung an N^5 gebunden; R = CH_3 oder C_2H_5). Zum Beispiel kocht man 10.11-Dihydro-5-dibenzo-[b.f]-azepin 1 Std. mit $NaNH_2$ in Toluol, versetzt mit 1.3-Bis-[dimethylamino]-2-chlorpropan u. kocht 10 Std. weiter. Man erhält ein Gemisch aus *10.11-Dihydro-5-[2'.3'-bis-dimethylaminopropyl-(1')]-5-dibenzo-[b.f]-azepin* (**II**) u. 10.11-Dihydro-5-[1'.3'-bis-dimethylaminopropyl-(2')] 5-dibenzo-[b.f]-azepin, woraus II-*Dihydrochlorid*, F. 230—232°, isoliert werden kann; II-*Methyljodid*, F. 182—184°. — Analog: *10.11-Dihydro-5-[2'.3'-bis-diäthylamino-(1')]-5-dibenzo-[b.f]-azepin*, $Kp._{0,17}$ 164—168°. (**Holl. P. 97 315** vom 26/9. 1956, ausg. 15/3. 1961. F. Prior. 26/10. 1955.) F. Böhm. 4807

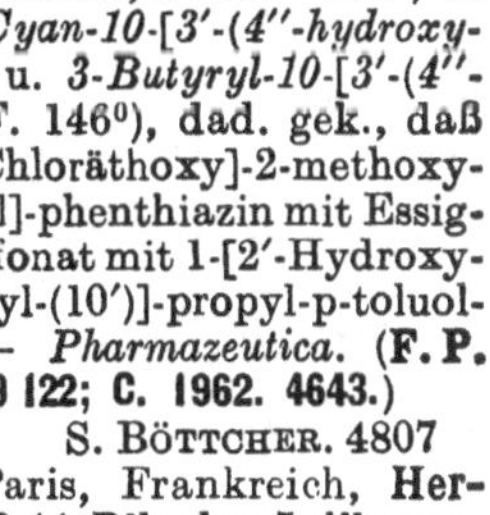
I

Siegfried Mignat und Frank Dittrich, Dresden, **Abtrennung von Lanatosid D aus einem Gemisch von Lanatosid C und Lanatosid D** durch Lösen des Gemisches in Methanol, Ausschütteln mit einem Gemisch von CH_2Cl_2, A. u. W. u. Ausrühren der Oberphase mit CH_2Cl_2–CH_3OH–W., wonach sich D in der Oberphase u. C in der Restphase befindet. (**D. P. [DDR] 21 526** Kl. 12o vom 7/8. 1958, ausg. 28/6. 1961 [Wirtschaftspatent].) L. Grossner. 4807

Gyógyszeripari Kutató Intézet (Erfinder: Johann Kollonitsch und Oskar Fuchs), Budapest, Ungarn, **Herstellung von 2-Methyl-4-amino-5-halogenmethylpyrimidinen.** Verbb. der allg. Formel I werden mit Halogenwasserstoffen, ggf. in Ggw. von 4-Methyl-5-β-hydroxyäthylthiazol oder dessen Salzen, umsetzt. In I bedeuten das Alkyl eine sek. Alkylgruppe wie Isopropyl-, sek.-Isobutyl- oder ähnliche Radikale. — Man erhitzt auf 70° 2-Methyl-4-amino-5-isopropoxymethylpyrimidin-Hydrochlorid in 25%ig. Salzsäure, kühlt, trennt den Nd. ab, wäscht mit wenig abs. A. u. erhält *2-Methyl-4-amino-5-chlormethylpyrimidin, Hydrochlorid,* F. 210—213°. — Erhitzt man 2-Methyl-4-amino-5-isopropyloxymethylhydrochlorid mit 4-Methyl-5-β-hydroxyäthylhydrochlorid bei 110° u. 90 mm Druck 1 Std., erhöht dann die Temp. für weitere 5 Std. auf 130°, kühlt, mischt mit trockenem Aceton, trennt den Nd. ab u. wäscht mit wenig Aceton oder abs. A., löst in W., hellt mit Knochenkohle auf u. setzt dem Filtrat abs. A. oder Aceton zu, so erhält man *B_1-Vitamin* als Hydrochlorid. (**Ung. P. 143 898** vom 7/4. 1955, ausg. 15/1. 1958.) G. König. 4809

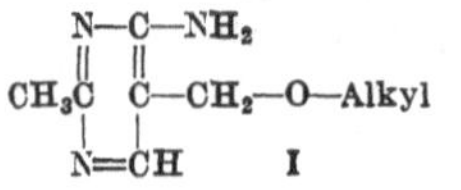

Monsanto Chemical Co., St. Louis, übert. von: Lloyd B. Barkley, Crestwood, Mo., V.St.A., **Synthese von Steroiden.** Inhaltlich ident. mit A. P. 2846446; C. **1960.** 6253. (**A. P. 2 889 320** vom 14/6. 1954, ausg. 2/6. 1959.) U. Sievers. 4809

Organon Laboratories Ltd., London, England, **Herstellung von wasserlöslichen Verbindungen der Pregnanreihe** (Mittel zur Behandlung des Zentralnerven-Syst.). Man läßt eine Pregnan- oder Allopregnan-Verb. der allg. Formel I (Y = eine Oxo- oder β-Hydroxylgruppe) mit einer Polycarbonsäure oder deren Deriv. reagieren u. führt den gebildeten Ester in üblicher Weise in ein wasserlösl. Salz über. — Man löst z. B. 14 g 3α-Hydroxy-11.20-dioxopregnan in 180 ml Pyridin u. fügt zu der Lsg. 20 g Bernsteinsäureanhydrid → *3α-Hydroxy-11.20-dioxopregnan-3-hemisuccinat,* F. 172—173°, $[\alpha]_D$ +119° (Dioxan). (**Ind. P. 58 997** vom 27/11. 1956, ausg. 3/10. 1958.) H. Nebelsiek. 4809

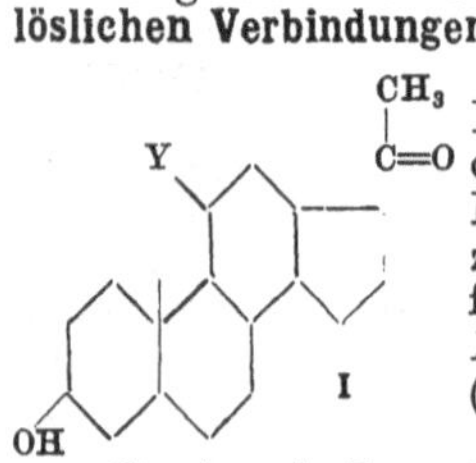

Gerhard Langbein, Brigitte Steinert und Alfred Schubert, Jena, **Oxydation von Hydroxysteroiden.** Die 3ständige Hydroxygruppe in 3.6-Dihydroxysteroiden wird partiell oxydiert durch überschüssige N-Bromimide oder N-Bromamide in einem oxydationsbeständigen Lsgm., wie Methanol oder tert.-Butanol, wobei die Rk. durch Zusatz von Br_2 oder HBr initiiert wird u. mit Methanol als Lsgm. die entstehenden Ketale ggf. isoliert werden. — (Pregnan-11.20-dion = **I**; Pregnan-3.20-dion = **II**; Pregnan-3.11.20-trion = **III**:) 0,427 (g) 21-Brom-3α.17α-dihydroxy-I werden in 13,5 ml Methanol gelöst u. im Dunkeln 3—5 Mol N-Bromacetamid (**IV**) zugegeben; die Rk. wird durch Zusatz von 2 ml 0,1m Br_2-Lsg. gestartet. Nach 200 Min. wird das Rk.-Prod. zu 75 Eiswasser, das 0,85 Na-Acetat enthält, gegeben: 95% *21-Brom-17α-hydroxy-3.3-dimethoxy-***I**, F. 100° u. 216—220° (Zers.); $[\alpha]_D$ + 91° (c = 1; Methanol); $[\alpha]_D$ +79° (c = 1; Dioxan). — Analog aus 21-Acetoxy-3.17α-dihydroxy-I u. **IV** *21-Acetoxy-17α-hydroxy-3.3-dimethoxy-***I**, F. 183—188° u. 204—210° (Aceton); $[\alpha]_D$ +80° (c = 1,5; Chlf.). Aus 3.6.17α-Trihydroxy-21-acetoxypregnan-20-on u. **IV** *3.3-Dimethoxy-6.17α-dihydroxy-21-acetoxypregnan-20-on,* F. 208—215°; $[\alpha]_D$ +34° (c = 1, Methanol); $[\alpha]_D$ +33° (c = 1; Dioxan). — Aus 21-Acetoxy-3β.17α-dihydroxy-5α-I u. N-Bromsuccinimid (**V**), *3.3-Dimethoxy-21-acetoxy-17α-hydroxy-5α-***I**, F. 193—199°. — Ferner aus der entsprechenden Steroid-Verb. u. **V** *6α-Hydroxy-***II**, *Stäbchen,* F. 137—139°, u. 144—146° (Essigester), $[\alpha]_D$ + 69° (c = 1, Dioxan) u. Blätter, F. 146—148°, $[\alpha]_D$ 65° (c = 1; Dioxan). — *6.17α-Dihydroxy-***II**, F. 196—198° (Essigester); $[\alpha]_D$ + 17° (c = 1; Dioxan). — *6α-Hydroxy-17α-acetoxy-***II**, F. 197—199° (Essigester); $[\alpha]_D$ — 13° (c = 1; Dioxan). — *21-Brom-6.17α-dihydroxy-***II**, F. 198—200° (Zers.; A.); $[\alpha]_D$ + 45° (c = 1; Dioxan); $[\alpha]_D$ +57° (c = 1; Methanol). — *21-Acetoxy-6.17α-dihydroxy-***II**, F. 250—254° (Essigester); $[\alpha]_D$ +46° (c = 1; Dioxan); $[\alpha]_D$ +48° (c = 1; Methanol). — *6α-Hydroxy-17α.21-diacetoxy-***II**, F. 234—235° (Essigester); $[\alpha]_D$ — 20° (c = 1; Dioxan). — *6α-Hydroxy-17β-acetoxy-testan-3-on,* F. 159—160°; $[\alpha]_D$ — 7° (c = 1; Dioxan). — **II**, F. 123°, $[\alpha]_D$ + 105° (Chlf.). — *5α-***II**, F. 199°; $[\alpha]_D$ +121° (Chlf.). — **III**, F. 158—160°; $[\alpha]_D$ +121° (Chlf.). — *5α-***III**, F. 216—217°; $[\alpha]_D$ +130° (Chlf.). — *17α-Hydroxy-***II**, F. 215—217°; $[\alpha]_D$ +54° (A.). —

17α-Hydroxy-5α-**II**, F. 251—253°; $[\alpha]_D$ +50° (Dioxan). — *17α-Hydroxy*-**III**, F. 203—204°; $[\alpha]_D$ +41° (Chlf.). — *21-Brom-17α-hydroxy*-**II**, F. 207—209°; $[\alpha]_D$ +81° (A.). — *21-Acetoxy*-**II**, F. 153—154°; $[\alpha]_D$ +108° (Chlf.). — *21-Acetoxy-5α*-**II**, F. 197—199°; $[\alpha]_D$ +115° (Chlf.). — *21-Acetoxy*-**III**, F. 154—156°; $[\alpha]_D$ +107° (Aceton). — *21-Acetoxy-17α-hydroxy*-**II**, F. 198—200°; $[\alpha]_D$ +81° (A). — *21-Acetoxy-17α-hydroxy-5α*-**II**, F. 249—251°; $[\alpha]_D$ +61° (Dioxan). — Aus 21-Brom-3.17α-dihydroxy-**I** u. **IV** *21-Brom-17α-hydroxy*-**III**, F. 222—223° (Zers.); $[\alpha]_D$ +84° (c = 1; Dioxan); $[\alpha]_D$ +96° (c = 0,43; Methanol). — Aus 21-Acetoxy-3β.17α-dihydroxy-**I** u. **IV** *21-Acetoxy-17α-hydroxy-5α*-**III**, F. 232—235°; $\alpha]_D$ +95° (c = 1; Dioxan . (**D. P.** [**DDR**] **21 610** Kl. 12o vom 2/3. 1959, ausg. 27/7. 1961 [Wirtschaftspatent].) L. GROSSNER. 4809

Olin Mathieson Chemical Corp., New York, N.Y., V.St.A., **Herstellung von hydroxylierten Steroiden der 3-Keto-$\Delta^{1.4}$-pregnadien-Reihe** durch enzymat. Einw. von Bacterium cyclooxydans auf hydroxylierte Steroide der 3-Keto-Δ^4-pregnen-Reihe in Ggw. von O_2. — 11α-Hydroxyprogesteron → *$\Delta^{1.4}$-Pregnadien-11α-ol-3.20-dion*, Hydrocortison (**I**) → *$\Delta^{1.4}$-Pregnadien-11β.17α.21-triol-3.20-dion* (**II**), 9α-Fluor-**I** → *9α-Fluor-* **II**. (**Ind. P. 62 484** vom 5/12. 1957, ausg. 13/11. 1959.) C. LÜTTGEN. 4809

Schering Corp. (Erfinder: Fernando Caravajal), **Herstellung von 6-Hydroxy-$\Delta^{1.4}$-pregnadienen** durch Oxydation einer Verb. der allg. Formel **I** (X = O oder H u. OH); R = H oder Acylrest) mit einer Kultur von Chaetomium, z. B. *Chaetomium funicolum*. Hergestellt wurden: *$\Delta^{1.4}$-Pregnadien* (**II**)-*6β.17α.21-triol-3.11.20-trion*; **II**-*6β.11β.17α-21-tetrol-3.20-dion*; **II**-*6β.17α.21-triol-3.11.20-trion-21-acetat*; **II**-*6β.17α.21-triol-3.11.20-trion-6β.21-diacetat*; **II**-*6β.11β.17α.21-tetrol-3.20-dion-21-acetat*; **II**-*6β.11β.17α.21-tetrol-3.20-dion-6β.21-diacetat*; **II**-*6β.17α.21-triol-3.11.20-trion-6β-benzoat-21-acetat*; **II**-*6β.11β-17α.21-tetrol-3.20-dion-6-p-toluolsulfonat-21-acetat*. — *Zwischen-Prodd. zur Herst. physiolog. akt. Corticoide.* (**Aust. P. 223 416** vom 26/11. 1957, ausg. 10/9. 1959.) K. DEMMLER. 4809

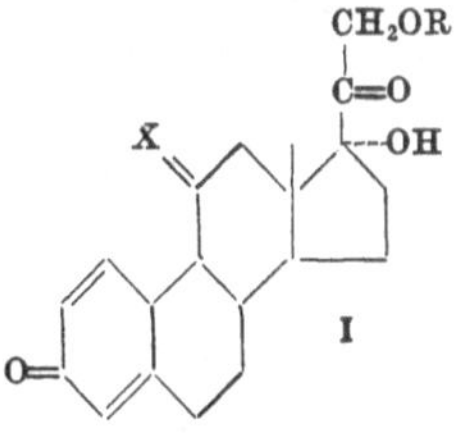

I

Monsanto Chemical Co., St. Louis, Mo., übert. von: Virgil W. Gash und Bernard S. Wildi, Dayton, Ohio, V.St.A., **21-Hydroxy-20-ketosteroide der Pregnanreihe** erhält man durch Rk. eines entsprechenden 17β-Acetylsteroids mit einem aromat. Aldehyd, Ozonisierung des erhaltenen 21-Arylidensteroids, Spaltung des Ozonides unter reduzierenden Bedingungen u. selektive Oxydation des erhaltenen 20.21-Dihydroxysteroids. Man setzt z. B. 3β-Acetoxyallopregnan-20-on mit Benzaldehyd in methanol. Lsg. u. in Ggw. von Na-Methylat um → *3β-Hydroxy-21-benzylidenallopregnan-20-on* (**I**), F. 90—105°, welches sich durch Rk. mit Acetanhydrid in Ggw. von Pyridin überführen läßt in **I**-*3-Acetat*, F. 140—144°; daraus durch Ozonisierung u. Aufarbeitung des Ozonides mit Zn-Essigsäure → *Allopregnan-3β.20.21-triol-3-acetat*, F. 102 bis 110°, das anschließend nach OPPENAUER oder mit CrO_3 in das 20-Keton übergeführt werden kann. — Analog: *21-Benzylidenpregnenolon*, F. 122—125°; *3-Acetat* (**IIa**), F. 169 bis 175°; daraus durch Rk. mit Br_2 bei ca. —80° → *3β-Acetoxy-21-benzyliden-5.6-dibrompregnan-20-on* (**II**), F. 154—155°, welches durch sich Rk. mit O_3 überführen läßt in *Δ^5-Pregnen-3β.20.21-triol-3-acetat*, neben unverändertem **II**. — Ozonisiert man **IIa** direkt, so erhält man *3-Acetoxy-Δ^5-pregnen-20-ol-21-carbonsäure*, F. 232—236°. — *Heilmittel*, sowie Zwischen-Prodd. zu deren Herstellung. (**A. P. 2 883 404** vom 7/3. 1956, ausg. 21/4. 1959.) U. SIEVERS. 4809

Gerhard Langbein und Rosemarie Wesemann, Jena, **Gewinnung von 3.6α-Dihydroxy-Δ^{16}-pregnen-20-on und/oder seiner 3.6-Diacylate** durch Acylierung von 3.6α-Dihydroxypregnan-20-on (**I**) in organ. Lsgm., bes. CCl_4, Bromierung des 3.6-Diesters, ggf. Verseifung oder Umesterung u. Abspaltung von HBr aus dem 17-Monobromid. — 50 g **I**, 150 (ml) CCl_4, 100 Acetanhydrid u. 2,5 g p-Toluolsulfonsäure werden bis zur Lsg. gerührt, darauf mit CCl_4 verd. u. mit W. u. NaOH gewaschen. Die CCl_4-Lsg. wird mit 1,05 Äquivalenten Br_2 bromiert, das Rk.-Prod. mit W. gewaschen, zum Sirup eingeengt, dieser bei 70—100° zu 18,7 g LiCl in 750 ml Dimethylformamid gegeben, die Lsg. auf 1/3 eingeengt, in 5 Liter Eiswasser eingetragen u. der Nd. aus Methanol umkrist.: *3.6-Diacetoxy-Δ^{16}-pregnen-20-on*, F. 196—198°; $[\alpha]_D$ +45° (Dioxan); $[\alpha]_D$ +48° (A.). — Aus **I**, Bzl., HCOOH u. Br_2 *3.6α-Diformoxy-17α-brompregnan-20-on*, F. 178—180°; $[\alpha]_D$ —22° (Dioxan); $[\alpha]_D$ —15° (Chlf.). Daraus durch HBr-Abspaltung u. Methanolyse *3.6α-Dihydroxy-Δ^{16}-pregnen-20-on*, F. 230—231°; $[\alpha]_D$ 47° (Dioxan); $[\alpha]_D$ 42° (A.). Daraus mit p-Toluolsulfosäurechlorid in Pyridin *3.6α-Ditosyloxy-Δ^{16}-pregnen-20-on*, F. 152 bis 155° (Zers.); $[\alpha]_D$ +35° (Dioxan). (**D. P.** [**DDR**] **21 626** Kl. 12o vom 13/3. 1959, ausg. 27/7. 1961 [Wirtschaftspatent].) L. GROSSNER. 4809

Gerhard Langbein und Horst Specht, Jena, **Herstellung von 3.6α-Dihydroxy-17β-acetoxytestan** (I) durch Formylierung von 3.6α-Dihydroxypregnan-20-on (II), Behandlung des erhaltenen 3.6α-Diformoxypregnan-20-ons (III) mit einer Persäure in Ggw. von $HCOOH/H_2SO_4$ u. partielle Hydrolyse des erhaltenen 3.6α-Diformoxy-17β-acetoxytestans (IV). — 20 (g) II werden mit 200 ml HCOOH 2 Std. lang auf 70° erhitzt, danach wird mit W. gefällt: 21,5 III, F. 218—222° (Aceton); $[\alpha]_D^{20}$ + 79° (c = 0,5; Chlf.). Zu 6,2 III in 32 ml 1,6m benzol. Benzopersäure-Lsg. werden 4,1 ml $HCOOH-H_2SO_4$ (9:1) gegeben, das Rk.-Gemisch wird 7 Tage bei 20° im Dunkeln belassen, danach mit Ae. verd., mit $FeSO_4$-Lsg., Soda-Lsg. u. W. gewaschen, die organ. Phase eingedampft u. aus Aceton umkrist.: 4,4 IV, F. 164—168°; $[\alpha]_D^{20}$ + 15° (c = 0,6; A.). 5 IV werden in 45 (ml) Methanol gelöst, die Lsg. wird auf 20° gekühlt, 5n methanol. p-Toluolsulfosäure-Lsg. werden zugesetzt, u. bis zur Lsg. wird geschüttelt. Nach 10 Min. werden 250 W. u. 10n Na-Acetat-Lsg. zugesetzt, u. nach mehrstd. Stehen wird der Nd. aus Aceton umkrist.: 3,71 I, F. 179—180°; $[\alpha]_D^{20}$ —1° (c = 0,5; Chlf.). (**D. P. [DDR] 21 658** Kl. 12o vom 2/3. 1959, ausg. 4/8. 1961 [Wirtschaftspatent].) L. GROSSNER. 4809

Ciba Ltd., Basel, Schweiz, **Anabolisch wirksame Arzneimittel** für enterale, parenterale u. lokale Anwendung, gek. durch einen Geh. an 1-Dehydrotestosteronen, die in der 17α-Stellung einen $—CH_2R$-Rest aufweisen, in dem R einen gesätt. oder ungesätt. $C_1—C_3$-Alkylrest bedeutet, oder deren Estern, bes. 1-Dehydro-17α-äthyltestosteron. (**Ind. P. 62 859** vom 15/1. 1958, ausg. 17/1. 1959.) C. LÜTTGEN. 4809

Karl Heller, Reinhard Hüttenrauch und Alfred Schubert, Jena, und Friedrich Hohensee, Oss, Holland, **Veränderung der Löslichkeit von Steroiden** für deren Reinigung u. Trennung durch Zusatz von Jod zu einem Lsgm.-Syst. mit mindestens einem polaren organ. Lsgm., z. B. A.-Wasser. — Ein Gemisch von 10 (mg) Cholsäure u. 10 Desoxycholsäure wird in 1 ml A. gelöst u. bis zur Trübung mit einer Lsg. von 5 (g) Jod u. 25 KJ in 100 W. versetzt. Es wird dann noch 1 ml dieser Lsg. zugesetzt, der Nd. mit W. gewaschen u. mit Wasserdampf von Jod befreit: *Desoxycholsäure*. — Weitere Beispiele für die Reinigung von *Ergocalciferol, Progesteron* u. *Desoxycorticosteronacetat*. — Diagramme. (**D. P. [DDR] 21 528** Kl. 12o vom 22/8. 1958, ausg. 5/7. 1961 [Wirtschaftspatent].) L. GROSSNER. 4809

Sterling Drug, Inc., New York, übert. von: Raymond O. Clinton, North Greenbush Township, Renselaer County, N.Y., V.St.A., **Herstellung von Verbindungen der Perhydrochrysenreihe.** Man setzt z. B. Ätiocholan-3α-ol-11.17-dion mit KCN in A. um → *17-Cyanoätiocholan-3α.17-diol-11-on*, F. 203,5—204,5° u. 181—183° (Gemisch der Epimeren). Aus der höher schmelzenden Fraktion erhält man durch katalyt. Hydrierung mit H_2 in Ggw. von ADAMS PtO → *17-Aminomethylätiocholan-3α.17-diol-11-on*, das als Acetat mit $NaNO_2$ übergeführt wird in *D-Homoätiocholan-3α-ol-11.17a-dion* (I), F. 193—198°. — Analog: *3α-Acetoxy-17-cyanätiocholan-17-ol-11-on*, F. 217—220 (Zers.). — *3α-Acetoxy-D-homoätiocholan-11.17a-dion* (Ia), F. 171—171,5°; $[\alpha]_D^{25}$ 22,3°; daraus durch Hydrolyse mit methanol. KOH → I, F. 205,5—207,5°; $[\alpha]_D^{25}$ —7,6°. — *3α.17β-Diacetoxy-17α-cyanätiocholan-11-on*, F. 185,5—187,5°; $[\alpha]_D^{25}$ 21° (Chlf.); 23,9° (Aceton), neben *3α-Acetoxy-17β-cyanätiocholan-17α-ol-11-on* (II) F. 224—225°; $[\alpha]_D^{25}$ 85,7° (Aceton); 92,6° (Chlf.), welches aus der Mutterlauge isoliert wird. — II läßt sich mit Acetanhydrid in Pyridin acetylieren zu *3α.17α-Diacetoxy-17β-cyanätiocholan-11-on*, F. 183—188,5°; $[\alpha]_D^{25}$ 68,3°. — I läßt sich mit N-Bromacetamid in tert. Butanol oxydieren zu *D-Homoätiocholan-3.11.17a-trion* (III), F. 161—163°; $[\alpha]_D^{25}$ 0,8°. — IIa + $NaBH_4$ in Dioxan → *3α-Acetoxy-D-homoätiocholan-17aβ-ol-11-on* (IV), F. 185—189°; $[\alpha]_D^{25}$ 73°; daraus durch Hydrolyse mit methanol. KOH → *D-Homoätiocholan-3α.17aβ-diol-11-on* (Va), F. 271,5—280,5°; $[\alpha]_D^{25}$ 58,6°. — Aus der Mutterlauge von IV läßt sich durch chromatograph. Aufarbeitung *3α-Acetoxy-D-homoätiocholan-17aα-ol-11-on* (V), F. 134—135° u. 147—148°; $[\alpha]_D^{27}$ 57,4°, gewinnen, neben *3α-Acetoxy-D-homoätiocholan-11β.17aβ-diol*, F. 217—218,5°; $[\alpha]_D^{25}$ 56,5°. — V + methanol. KOH → *D-Homoätiocholan-3α.17aα-diol-11-on*, F. 181,5—184,5°. — IV + Benzoylchlorid → *3α-Acetoxy-17aβ-benzoyloxy-D-homoätiocholan-11-on*, F. 180—182°; $[\alpha]_D^{25}$ 106°; daraus durch partielle Hydrolyse mit $Na \cdot HCO_3$ → *17aβ-Benzoyloxy-D-homoätiocholan-3α-ol-11-on*, F. 203—205°; $[\alpha]_D^{25}$ 81,8°, welches sich mit CrO_3 in Essigsäure oxydieren läßt zu *17aβ-Benzoyloxy-D-homoätiocholan-3.11-dion*, F. 198,5—202°; $[\alpha]_D^{25}$ 95,2°; daraus durch Hydrolyse mit methanol. K_2CO_3 → *D-Homoätiocholan-17aβ-ol-3.11-dion*, F. 243—245°; $[\alpha]_D^{25}$ 58,4°. — IV läßt sich mit $LiAlH_4$ in Ae.-Bzl. reduzieren → *D-Homoätiocholan-3α.11β.17aβ-triol*, F. 204,5—208°; $[\alpha]_D^{25}$ 38,6°; *3.17-Diacetat*, F. 252—255°; $[\alpha]_D^{25}$ 42,7°. — IIa + β-Mercaptoäthanol in Dioxan → *3α-Acetoxy-D-homoätiocholan-11.17a-dion-17-äthylenhemithioketal*, F. 229—236°; $[\alpha]_D^{25}$ 51,5°; daraus durch Red. mit $LiAlH_4$ → *D-Homoätiocholan-3α.11β-diol-17a-on-17a-äthy-*

lenhemithioketal, F. 207—208°; $[\alpha]_D^{25}$ 32,38°, welches durch Behandlung mit RANEY-Ni entschwefelt wird → *D-Homoätiocholan-3α-11β-diol-17a-on, F. 160—162°; 3-Acetat*, F. 164 bis 165,5°; $[\alpha]_D^{25}$ 14,5°. — **IVa** läßt sich mit Na-Propylat reduzieren zu *D-Homoätiocholan-3α.11α.17aβ-triol*, F. 241,5—243°; $[\alpha]_D^{25}$ —0,54°. — **IIa** + Äthylenglykol in Ggw. von p-Toluolsulfonsäure → **IIa**-*17a-äthylenglykolketal*, F. 208—210° u. 197—200°, welches sich mit Na-Propylat reduzieren u. anschließend reacetylieren läßt → *3α.11α-Diacetoxy-D-homoätiocholan-17a-on-17-äthylenglykolketal*, F. 206—208°; daraus durch Ketalspaltung mit 80%ig. Essigsäure in Ggw. von K_2CO_3 → *3α.11α-Diacetoxy-D-homoätiocholan-17a-on*, F. 171—173°, welches sich mit methanol. K_2CO_3 partiell hydrolysieren läßt → *11α-Acetoxy-D-homoätiocholan-3α-ol-17a-on*, F. 167—168,5°; $[\alpha]_D^{25}$ —70,9°. — **III** + Pyridiniumbromidperbromid in Essigsäure u. in Ggw. von 30%ig. HBr → *4-Brom-D-homoätiocholan-3.11.17a-trion*, F. 204—206°, welches sich mit LiCl in Dimethylformamid dehydrobromieren läßt → *D-Homo-Δ^4-androsten-3.11.17a-trion*, F. 207—209°; $[\alpha]_D^{23,8}$ 140,7°; daraus durch katalyt. Hydrierung mit H_2 in Ggw. von $Pd(OH)_2$–$SrCO_3$ → *D-Homoandrostan-3.11.17a-trion*, F. 219,5—226,5°; $[\alpha]_D^{24}$ 0°. — **IIa** läßt sich durch Rk. mit Acetoncyanhydrin überführen in *3α-Acetoxy-17-cyan-D-homoätiocholan-17a-ol-11-on*, welches durch Red. in die Aminomethyl-Verb. u. durch anschließende Rk. mit $NaNO_2$ übergeführt wird in *3α-Acetoxy-D-bishomoätiocholan-11.17b-dion*, F. 174,5 bis 175,5°; $[\alpha]_D^{25}$ 16.9°. — *Heilmittel* sowie Zwischen-Prodd. zu deren Herstellung. (**A. P. 2 880 233** vom 5/1. 1956, ausg. 31/3. 1959.) U. SIEVERS. 4809

Thomas Ludvig Martin Vermehren, Dragør, Dänemark, **Adrenocorticotropes Hormon mit protrahierter Wirkung.** Adrenocorticotropin A wird mit einem Ae. des Dextrans, Lävulans oder Galactans u. einem Aminoalkohol, wie Äthanolamin, umgesetzt u. auf pH 6,5 eingestellt. (**Dän. P. 84 963** vom 4/4. 1956, ausg. 2/6. 1958.) K. H. KÄHLER. 4809

Nordisk Insulinlaboratorium, Gentofte, Dänemark, **Herstellung von protrahiert wirkenden Protamininsulinpräparaten,** enthaltend Zn, Ni, Co, Cu oder Cd, dad. gek., daß man eine Suspension von Protamininsulinkristallen in einer, z. B. Glycerin, m-Kresol, Phenol u. $ZnCl_2$ enthaltenden Fl. herstellt u. den pH-Wert zwischen 6 u. 8 einstellt. Dabei sollen die Kristalle weitere Mengen an Metallen aufnehmen, wodurch die protrahierte Wrkg. des Protamininsulins gesteigert wird. (**Dän. P. 84 532** vom 1/11. 1954, ausg. 10/3. 1958.) K. H. KÄHLER. 4809

Novo Terapeutisk Laboratorium A/S, Kopenhagen, Dänemark, **Insulinpräparate mit Depot-Wirkung.** Man stellt eine Dispersion her aus Insulinkristallen in scharfkantigen Rhomboedern, indem man eine wss. Lsg. von Insulin (I) in Ggw. von die Kristallisation begünstigenden Metallsalzen kristallisieren läßt u. die entstandene Kristallsuspension mit sterilem W. verdünnt. — Eine Lsg. mit einem Geh. von 1,7 (%) I aus Pankreas, 0,013 Zn in Form von $ZnCl_2$, 0,1m Na-Acetat u. 7 NaCl wird mit HCl auf den pH-Wert 5,5 eingestellt. Das auskristallisierende I enthält ca. 0,7 Zn. Es wird mit der 9fachen Menge W. verd., das 0,11 Methyl-p-hydroxybenzoat enthält, worauf man mit 1nNaOH auf pH 7 einstellt. (**Ind. P. 62 277** vom 13/11. 1957, ausg. 15/9. 1959.) C. LÜTTGEN. 4809

American Cyanamid Co., V.St.A. (Erfinder: Jerry Robert Daniel McCormick und Elmer Raymond Jensen), **Herstellung von 6-Hydroxyhydronaphthacenderivaten,** dad. gek., daß man ein 6-Hydroxyhydronaphthacen aus der Tetracyclinreihe bei 0—100° u. 1—140 at in Ggw. eines Rh-Katalysators in W. u. Dimethylformamid reduziert. Die entstehenden *6-Desoxytetracycline* können zu den *4-Epimeren* isomerisiert werden. — 0,5 g Tetracyclinhydrochlorid werden in 10 cm³ Essigsäure mit 2 g eines 5% Rk. enthaltenden Al_2O_3-Katalysators versetzt u. 3 Std. bei 2,1 at mit H_2 behandelt. Papierchromatographie zeigt *6-Desoxytetracyclin* (**I**) an. — Die gleiche Verb. aus Chlortetracyclin (**II**); Isolierung als *Hydrochlorid.* — Tetracycline: *6-Demethyl-6-desoxy-*, aus 7-Chlor-6-demethyltetracyclin. — *6-Desoxy-4-epi-*, aus 4-Epi-, 4-Epichlor- oder 4-Epibromtetracyclin. — *6-Desoxy-4-epioxy-*, aus 4-Epioxytetracyclin. — **I** auch aus **II**-Hydrochlorid oder Bromtetracyclin. — *6-Demethyl-6-desoxy-4-epi-*, aus 6-Demethyl-4-epi- oder 7-Chlor-6-demethyl-4-epitetracyclin. — *5-Hydroxy-6-desoxy-*, aus 5-Hydroxytetracyclin. — *6-Demethyl-6-desoxy-, Hydrochlorid*, aus 6-Demethyltetracyclin. — *7-Chlor-6-desoxy-*, neben **I** aus 7-Chlortetracyclin. — *7-Brom-6-desoxy-*, aus 7-Bromtetracyclin. — *7-Brom-6-demethyl-6-desoxy-*, aus 7-Brom-6-demethyltetracyclin. — Isomerisierung zu *7-Chlor-6-desoxy-*, *7-Brom-6-desoxy-*, *7-Chlor-6-demethyl-6-desoxy-* u. *7-Brom-6-demethyl-6-desoxy-4-epitetracyclin.* (**F. P. 1 220 026** vom 30/10. 1958, ausg. 20/5. 1960. A. Prior. 5/11. 1957 u. 28/7. 1958.) S. BÖTTCHER. 4811

Dr. Karl Thomae G. m. b. H., übert. von: **Gerhard Ohnacker** und **August Kottler**, Biberach/Riß, *Salicylamidäther und -thioäther*. (**A. P. 2 895 992** vom 28/6. 1955, ausg. 21/7. 1959. D. Prior. 29/6. 1954. — C. **1959.** 2899 [F. P. 1 139 272] u. C. **1960.** 4929 [Schwz. PP. 338 822 u. 338 824].)

Badische Anilin- & Soda-Fabrik Akt.-Ges., Deutschland (Erfinder: **Herbert Friedrich** und **Johanna Bindig**), *Carbaminsäureesterhydrochloride*. (**F. P. 1 228 815** vom 17/6. 1958, ausg. 2/9. 1960. D. Prior. 21/6. 1957. — C. **1961.** 1295 [D. A. S. 1 076 690].)

Imperial Chemical Industries Ltd. (Erfinder: **Stanley Birtwell** und **Roy Frederick Maisey**), *Aminoguanidine*. (**Aust. P. 225 423** vom 18/9. 1957, ausg. 10/12. 1959. E. Prior .1/10. 1956. — C. **1960.** 2620 [D. A. S. 1 057 092].)

Imperial Chemical Industries Ltd. (Erfinder: **Stanley Birtwell, Roy Frederick Maisey** und **Dora Nellie Richardson**), *Aminoguanidine*. (**Aust. P. 225 424** vom 19/9. 1957, ausg. 10/12. 1959. E. Prior. 1/10. 1956. — C. **1960.** 2620 [D. A. S. 1 057 093].)

Dr. Karl Thomae G. m. b. H., Deutschland (Erfinder: **Ernst Seeger** und **August Kottler**), *Tertiäre Amine*. (**F. P. 72 204** vom 14/12. 1956, ausg. 30/3. 1960. A. Prior. 28/12. 1955. Zusatz zu F. P. 1 173 129; C. 1962. 2469. — C. **1960.** 3633 [D. A. S. 1 022 232].)

Dr. Karl Thomae G. m. b. H., Deutschland, *Tertiäre Amine*. (**F. P. 72 716** vom 14/3. 1957, ausg. 28/4. 1960. D. Prior. 26/4. 1956. Zusatz zu F. P. 1 173 129; C. 1962. 2469. — C. **1961.** 940 [Oe. P. 203 495].)

Ciba Soc. An., Schweiz, *1-[tert.-Aminoalkyl]-2-[p-alkylmercaptobenzyl]-5-nitrobenzimidazole*. (**F. P. 1 218 025** vom 24/12. 1958, ausg. 6/5. 1960. Schwz. Prior. 10/1. 1958. — C. **1960.** 11033 [D. A. S. 1 078 579].)

Anne Marie José Charonnat, Solange Charonnat, Paul Lechat, André Boime, Paris, und **Jean Chareton**, Noisy-le-Sec, Seine, Frankreich, *Salze von 4-Methyl-5-[β-halogenäthyl]-thiazolen mit Sulfonsäuren*. (**Oe. P. 204 034** vom 25/2. 1958, ausg. 25/6. 1959. E. Prior. 1/3. 1957. — C. **1961.** 18045 [D. A. S. 1 102 159].)

American Cyanamid Co. (Erfinder: **James Robert Vaughan jun.** und **Joyce Ann Eichler**), *2-Acylamino-1.3.4-thiadiazol-5-sulfonamide*. (**Aust. P. 225 412** vom 11/6. 1957, ausg. 10/12. 1959. — C. **1957.** 12549 [E. P. 769 757].)

Ciba Soc. An., Schweiz (Erfinder: **Charles Ferdinand Huebner**), *2-[4'-Isopentyloxyphenylimino]-3-[4''-isopentyloxyphenyl]-thiazolidin*. (**F. P. 1 224 085** vom 22/12. 1958, ausg. 22/6. 1960. A. Prior. 31/12. 1957. — C. **1960.** 13120 [A. P. 2 877 232].)

Roche Products Ltd. (Erfinder: **John Merryn Osbond**), Welwyn Garden City, England, *Herstellung von substituierten Pyridonessigsäurederivaten*. (**E. P. 808 046** vom 13/12. 1955, ausg. 28/1. 1959. — C. **1961.** 1556 [D. A. S. 1 074 591].)

Merck & Co., Inc., Rahway, N.J., V.St.A., *4-Phenylisonipecotate*. (**E. P. 817 357** vom 26/7. 1956, ausg. 29/7. 1959. A. Prior. 16/8. 1955. — C. **1960.** 15834 [Aust. P. 215 794].)

Soc. des Usines Chimiques Rhône-Poulenc, Frankreich, *Herstellung von Phenothiazinderivaten*. (**F. P. 72 528** vom 28/11. 1957, ausg. 14/4. 1960. Zusatz zu F. P. 1 189 122; C. 1962. 4643. — C. **1961.** 8040 [E. P. 824 598].)

Ciba Soc. An., Schweiz (Erfinder: **George de Stevens** und **Lincoln Harvey Werner**), *6-Chlor-7-sulfamyl-3.4-dihydro-1.2.4-benzothiadiazin*. (**F. P. 1 217 929** vom 16/12. 1958, ausg. 6/5. 1960. A. Prior. 3/3., 9/4., 9/6., 29/7. u. 29/9. 1958. — C. **1959.** 11 995 [Schwz. PP. 337 203, 337 204 u. 337 205].)

J. R. Geigy Soc. An., Schweiz, *3.5-Dioxotetrahydro-1.2.6-thiadiazin-1.1-dioxide*. (**F. P. 1 226 424** vom 3/4 1958, ausg. 11/7. 1960. Schwz. Prior. 4/4. 1957. — C. **1961.** 10293 [Oe. PP. 203 507, 203 508, 203 509] u. C. **1961.** 15125 [Oe. P 206 899].)

J. R. Geigy Soc. An., Schweiz, *Azepine*. (**F. P. 1 226 426** vom 7/5. 1958, ausg. 11/7. 1960. Schwz. Prior. 9/5. 1957. — C. **1961.** 11435 [Oe. P. 205 039].)

Ciba Soc. An., Schweiz, *Reserpin*. (**F. P. 1 159 159** vom 23/7. 1953, ausg. 24/6. 1958. Schwz. Prior. 24/7., 7/8. u. 26/9. 1952 u. 9/6. 1953. — C. **1958.** 2819 [E. P. 734 108].)

Ciba Soc. An., Schweiz, *Reserpin*. (**F. P. 1 161 337** vom 24/2. 1955, ausg. 26/8. 1958. Schwz. Prior. 26/2. u. 17/3. 1954. — C. **1961.** 11 047 [D. A. S. 1 092 924].)

Ciba Soc. An., Schweiz, *Reserpin und Deserpidin*. (**F. P. 1 173 446** vom 1/4. 1957, ausg. 25/2. 1959. Schwz. Prior. 9/4. u. 31/7. 1956. — C. **1961.** 11048 [D. A. S. 1 054 460].)

Sandoz Soc. An., Schweiz, *Nonapeptid*. (**F. P. 1 224 803** vom 10/10. 1956, ausg. 27/6. 1960. Schwz. Prior. 12/10. 1955. — C. **1961.** 4097 [Schwz. P. 339 214].)

Eastman Kodak Co., Rochester, N.Y., V.St.A., *Herstellung von Vitamin A*. (**Holl. P. 98 453** vom 3/4. 1956, ausg. 17/7. 1961. A. Prior. 5/4. 1955. — C. **1959.** 3237 [D. A. S. 1 023 036].)

Farbenfabriken Bayer Akt.-Ges., Deutschland (Erfinder: **Karl Eiter** und **Ernst Truscheit**), *Vitamin-A-Derivate*. (**F. P. 1 228 478** vom 24/4. 1959, ausg. 31/8. 1960. A. Prior. 25/4. 1958. — C. **1961.** 1659 [D. A. S. 1 075 598].)

Sterling Drug, Inc. (Erfinder: **R. O. Clinton** und **R. G. Christiansen**), New York, N.Y., V.St.A., *Herstellung von Verbindungen der Androstanreihe*. (**Belg. P. 546 795** vom 6/4. 1956, ausg. 23/10. 1959. A. Prior. 27/2. 1956. — C. **1962.** 2465 [E. P. 846 920].)

Chas. Pfizer & Co., Inc., V.St.A. (Erfinder: **Gilbert Malcolm Shull, Donald Albert Kita** und **Jacob White Davisson**), *11β.14.17.21-Tetrahydroxyprogesteron*. (**F. P. 1 173 114** vom 28/1. 1955, ausg. 20/2. 1959. A. Prior. 12/3. 1954. — C. **1959.** 898 [D. A. S. 1 002 353].)

Løvens Kemiske Fabrik ved A. Konsted, Kopenhagen, Dänemark, *Gewinnung von Urokinase aus Urin*. (**Belg. P. 549 167** vom 30/6. 1956, ausg. 20/11. 1959. E. Prior. 1/7. 1955. — C. **1960.** 3962 [D. A. S. 1 054 405].)

Løvens Kemiske Fabrik ved A. Kongsted, Kopenhagen, Dänemark, *Gewinnung von Urokinasekonzentraten*. (**Oe. P. 210 992** vom 30/6. 1956, ausg. 10/9. 1960. E. Prior. 1/7. 1955. — C. **1960.** 3967 [D. A. S. 1 054 405].)

Atsuwo Ushiyama und **Komei Miyasaka** (Erfinder: **Atsuwo Ushiyama**), *Herstellung antibiotischer Stoffe*. (**Aust. P. 225 445** vom 24/12. 1957, ausg. 10/12. 1959. — C. **1957.** 13135 [D. A. S. 1 008 450].)

Chas. Pfizer & Co., Inc., V.St.A. (Erfinder: **Fred Wilbur Tanner jun., Billie Kenneth Koe, Louis G. Nickell** und **William Stephen Marsh**), *Antibiotica, besonders für die Landwirtschaft.* (**F. P. 1 177 949** vom 25/6. 1957, ausg. 30/4. 1959. A. Prior. 25/6. 1956. — C. **1958.** 12778 [D. A. S. 1 021 132].)

Boots Pure Drug Co. Ltd., England, *Extraktion von Penicillin.* (**F. P. 1 173 113** vom 12/1. 1955, ausg. 20/2. 1959. E. Prior. 15/1. 1954. — C. **1956.** 10298 [D. B. P. 941 686].)

Farbenfabriken Bayer Akt.-Ges., Leverkusen (Erfinder: **Günter Schmidt-Kastner** und **Christian Hackmann**, Wuppertal-Elberfeld), *Herstellung von Actinomycin F_1 und F_3.* (**Jap. A. S. 797/1960** vom 21/12. 1957, ausg. 9/2. 1960. D. Prior. 22/12. 1956. — C. **1958.** 7211 [D. A. S. 1 021 131].)

Upjohn Co., übert. von: **Alan J. Lemin**, Kalamazoo, Mich., V.St.A., *Cycloheximide.* (**A. P. 2 903 458** vom 22/1. 1957, ausg. 8/9. 1959. — C. **1960.** 4291 [E. P. 799 731].)

Farbenfabriken Bayer Akt.-Ges., Leverkusen (Erfinder: **Werner Meister**, Wuppertal-Vohwinkel), *Herstellung von wässerigen Lösungen von threo-1-[p-Nitrophenyl]-2-azidoacetylaminopropandiolen-(1.3).* (**Oe. P. 208 510** vom 27/11. 1958, ausg. 11/4. 1960. — C. **1960.** 231 [D. A. S. 1 053 735] u. C. **1960.** 6594 [D. A. S. 1 067 979].)

Norwich Pharmacal Co., V.St.A. (Erfinder: **Kenyon J. Hayes**), *3-[N-(5-Nitrofurfuryliden-(2))-amino]-3.4.5.6-tetrahydro-1.3-oxazinon-(2).* (**F. P. 1 225 603** vom 22/7. 1954, ausg. 1/7. 1960. A. Prior. 5/8. 1953. — C. **1956.** 7315 [A. P. 2 702 292].)

Monsanto Chemicals Ltd., England, *Germicide.* (**F. P. 1 169 512** vom 21/2. 1955, ausg. 29/12. 1958. E. Prior. 26/2. 1954 u. 4/2. 1955. — C. **1959.** 10345 [Aust. P. 207 335].)

G. Analyse. Laboratorium

Polyäthylenampullen für den Laboratoriumsgebrauch. J. Herrington und D. G. Vallis. (Chem. and Ind. **1957.** 808. 22/6. Aldermaston, Berks., U.K.A.E.A.) (Engl.)

Beispiele für die vielseitige Verwendbarkeit von Ampullen oder Flaschen aus Polyäthylen im Labor. (Vorrats-, Wäge-, Tropfflaschen u. a.). R. Junge. 5010□

Zwei neue Sicherheitspipetten. Helmut Bastius und H. Förster. (Chem. Techn. **11.** 327. Juni 1959. Freiberg/Sa., Forschungs-Inst. für NE-Metalle.) (Dt.)

Es werden 2 neue Sicherheitspipetten beschrieben. Beides sind Pipetten, die oben durch einen Einweghahn abgeschlossen sind. Im 1. Falle führt der Hahn in ein T-Stück, an dessen waagerechter Öffnung sich ein Saugbällchen befindet. Im 2. Falle führt der Hahn in ein Glasrohr, das mit einem Saugbällchen verschlossen ist. Die Pipetten dienen zum Füllen u. genauen Einstellen stark ätzender Flüssigkeiten. H. Pluskal. 5014□

Eine Mikropipette für ferngesteuerte Handhabung. K. R. Hyde. (Chem. and Ind. **1957.** 1184. 31/8. Harwell, Atomic Energy Res. Establ., Chem. Div.) (Engl.)

Leicht zu reinigende Mikropipetten für kleine, variable Vol. hoher γ-Aktivität werden aus 10—12 cm langen Capillarrohren mit verschiedenen, aber bekannten Durchmessern gefertigt, indem das eine Ende zu einer 7—9 mm langen Spitze geschliffen, das andere zu einer dünnwandigen zylindr. Blase (0,8—1,8 cm lang, wenig größer als der Außendurchmesser des Rohres) geblasen wird. Das Einsaugen u. Ausblasen von Fl. erfolgt durch Kühlen (Luftdüse, Gummiball) u. Heizen (Spule aus steifem Heizdraht, 50 W) der Blase. Beim Einsaugen wird kurz vor Erreichen der Raum-Temp. die Pipette aus der Fl. entfernt, so daß der Fl.-Faden nicht an der Spitze endet. Die Meßgenauigkeit beträgt bei Best. der Fadenlänge durch eine Skala $\pm$ 2%. Die durch das Benetzen des Pipettenendes entstehenden Fehler sind vernachlässigbar: 0,8—0,3% der Standardaktivität einer HNO_3-Lsg. von ^{60}Co befanden sich im Waschwasser. R. Junge. 5014□

Ein Verfahren zur genauen Bestimmung von Relativdrücken im Bereich 20 bis 200 mm Hg. G. A. Bottomley. (J. sci. Instruments **35.** 254—57. Juli 1958. Welwyn, Herts., ICI Ltd., Akers Res. Labor.) (Engl.)

Mit Hilfe einer verfeinerten visuellen Meth., bei der die Hg-Oberfläche auf genau zentrierte Wolfram-Vgl.-Punkte bezogen wird, lassen sich in einem Differentialmanometer-Syst. Relativdrücke mit einer Ungenauigkeit von nicht mehr als $^2/_{100\,000}$ bestimmen. Einzelheiten über App. u. Arbeitsweise sind beschrieben. W. Betcke. 5016□

Eine verbesserte Gleichung für elektrische Widerstandsthermometer. Alexandru Grigoriu. (Comun. Acad. Republ. Populare romîne **7.** 13—19. 1957.) (Rum.)

Bei der Gleichung für das Widerstandsthermometer von Peterson u. Womack [1937] werden die durch das Feld u. die Strahlungsträgheit verursachten Widerstandsänderungen nicht berücksichtigt, u. es wird ein kinet. Trägheits-Koeff. α_c verwendet, der sich mit der zu bestimmenden Temp. ändert. Vf. entwickelt eine Gleichung, die diese Mängel beseitigt. R. K. Müller. 5016□

Eine billige Torsionswaage mit Nullabgleich. Douglas L. Kraus, Americo W. Petrocelli und James C. Price. (Analytic. Chem. **33.** 479—80. März 1961. Kingston, R.I., Univ. of Rhode Island, Dep. of Chem. and Pharm.) (Engl.)

Für Einwaagen im mg- bis g-Bereich wird eine Torsionswaage mit horizontalem Waagebalken für Messungen im Vakuum beschrieben. Der Nullabgleich erfolgt mittels einer durch elektr. Strom u. einen Weicheisenkern erzeugten magnet. Gegenkraft. Das unbekannte Gew. wird einer Eichkurve entnommen. Mit einer Einstellgenauigkeit von 0,2 mg besteht Linearität im Bereich von 1—500 mg. Konstruktive Einzelheiten u. Maße sind angegeben. G. Singer. 5022□

Methode zur genauen Wägung von reinen Alkalimetallen. F. A. Lewis. (Chem. and Ind. **1957.** 1504—05. 16/11. Imp. Coll., Dep. of Chem. Engng.) (Engl.)

Es wird eine App. beschrieben, mit der es gelingt, Alkalimetalle, bes. K, als reines Metall darzustellen u. so zur Wägung zu bringen. Durch Schmelzen u. Vakuum-Dest. vorgereinigtes K wird unter N_2-Strom in die App. gebracht. Nach zweimaligem Schmelzen in der App., erstens im Vakuum, zweitens bei einem N_2-Druck von 10 cm Hg u. Entfernung der Verunreinigungen durch Absaugen wird das Metall im N_2-Milieu in einer mit der App. verbundenen Ampulle aufgefangen u. nach Abschmelzen in dieser zur Wägung gebracht. Mit dieser Meth. gelang es, K-Mengen bis zu 6 g rein darzustellen. W. Graf. 5022□

Die elektrische Widerstandsheizung im Laboratorium. F. W. D. Wolf. (Glas-Instrumenten-Techn. **5.** 146—52. Mai 1961. Wertheim.) (Dt.)

Neben den theoret. u. techn. Grundlagen werden verschiedene Konstruktionen von elektr. Widerstandsheizgeräten behandelt. Die maximalen Betriebs-Temp. für Heizleiter u. die Anwendungs-Temp. für die wichtigsten Heizleiterträger, Heizleiterzemente u. Isolierstoffe sowie Hinweise für deren Verw. werden angegeben. Einige Schalt- u. Regelteile, Tauch- u. Oberflächenheizer werden beschrieben. G. Singer. 5028□

Lösungsextraktionsapparat für das Laboratorium. W. P. Kemp und K. W. Ponting. (Chem. and Ind. **1957.** 1504. 16/11. Ilford, Essex, Thorium Ltd., Res. Labor.) (Engl.)

An Stelle der bisher üblichen U-Rohr-Absetzkammern bei Gegenstrom-Lsgm.-Extraktionsgeräten wird eine Vollglastrennkammer beschrieben. Diese besteht aus 3 konzentr. angeordneten Glasrohren. Die Trennung der leichten von der schweren Phase erfolgt nach dem Überschichtungsverfahren. Eine weitere Neuerung ist ein App. mit konst. Zufluß-Geschw.; hierbei wird das Prinzip der Mariotteschen Flasche angewendet. W. Graf. 5034□

Apparat für Viscositätsbestimmungen. W. Cooper und R. K. Smith. (Chem. and Ind. **1957.** 936—37. 6/7. Birmingham, Dunlop Res. Centre.) (Engl.)

Für Routinemessungen der Viscosität von Polymeren-Lsgg. erhält ein Thermostat eine Deckelplatte, durch die mehrere Duraluminium-Muffen führen. Die Capillarviscosimeter werden durch die in den Muffen festsitzenden Korke geführt u. nach sorgfältiger vertikaler Justierung mit Siegellack fixiert. Diese Anordnung bleibt jahrelang stabil, wenn man die Rohre stets vertikal beläßt, u. ermöglicht mit 6 Viscosimetern Messungen an ca. 18 Lsgg. pro Tag mit je 6—12 Ablesungen u. einer Meßgenauigkeit von $\pm$ 0,2 s pro 200 s. Die Reinigung durch verschiedene Lsgm. erfolgt mit Hilfe einer aus Flaschen u. extrahierten Thiokolrohren hergestellten Apparatur. R. Junge. 5040

Interferometer mit gebogenem Beugungsgitter. F. M. Gerassimow und Ss. Ss. Naumow. (Оптика и Спектроскопия [Optik u. Spektroskopie] **5.** 682—85. Dez. 1958.) (Russ.)

Vff. betrachten die Interferenz zwischen 2 an einem Gitter gebeugten Strahlenbündeln u. beschreiben ein Interferometer mit gebogenem Gitter, das nach diesem Prinzip aufgebaut ist. M.-L. Rau. 5063□

Interferenz-Lichtfilter aus mehrschichtigen Dielektriken. T. N. Krylowa. (Оптика и Спектроскопия [Optik u. Spektroskopie] **6.** 784—87. Juni 1959.) (Russ.) — Vgl. Оптика и Спектроскопия [Optik u. Spektroskopie] **4.** [1958.] 217.

TiO_2 u. SiO_2 aus alkohol. Lsgg. der leicht hydrolysierbaren Ester $Ti(OC_2H_5)_4$ u. $Si(OC_2H_5)_4$ werden in 3—15 abwechselnden Schichten auf eine Glasplatte aufgetragen. Ein aus 15 Schichten bestehendes Lichtfilter läßt im Gebiet 530 mμ bei einer Halbwertsbreite von 10 mμ bis zu 80% des Lichts durch. Aus 7 Schichten bestehende Filter zeigen im Gebiet 380—600 mμ eine schmale Durchlässigkeitsbande. Man kann auch zwischen zwei 6schichtige Überzüge eine Zwischenschicht aus einem Dielektrikum mit hohem Brechungsindex einschalten. Ein Filter für das langwellige IR-Gebiet wird aus 5schichtigen Überzügen mit einer Zwischenschicht von SiO_2 erhalten; es läßt im Gebiet 850 mμ $>$80% des Lichts bei einer Halbwertsbreite von ca. 35 mμ u. 2—5% Untergrund durch. R. K. Müller. 5063□

Interferenzfilter für das ultraviolette Spektralgebiet. R. Ss. Ssokolowa und T. N. Krylowa. (Оптика и Спектроскопия [Optik u. Spektroskopie] **6.** 788—91. Juni 1959.) (Russ.) — Vgl. vorst. Referat.

Aus leicht hydrolysierenden Lsgg. gewonnene Präpp. von ThO_2 mit Brechungsindex (n) 2,0 u. von SiO_2 mit n = 1,45 eignen sich, in abwechselnden Schichten aufgetragen, zur Herst. von Interferenzfiltern mit schmaler Durchlässigkeitsbande im UV-Gebiet 220—400 mμ. Je nachdem, ob man zwischen den abwechselnden Schichten von ThO_2 u. SiO_2 eine SiO_2- oder eine ThO_2-Schicht anordnet, erhält man Filter mit Durchlässigkeitsbande im Bereich 230—300 oder 300—400 mμ. Durch Farbglas u. Interferenzlichttrenner kann man den Untergrund im ganzen sichtbaren Gebiet bis 690 mμ, in einigen Fällen auch bis 1 μ beseitigen. In einer Tabelle werden die Eigg. von UV-Interferenzfiltern mit Durchlässigkeitsmaximum 250, 270, 290, 310, 330 u. 390 mμ bei der Halbwertsbreite 6—14 mμ angegeben. R. K. MÜLLER. 5063□

Bestimmung der Spektrallinienintensitäten als Funktion der Anregungszeit unter Verwendung der Arl-Apparatur mit direkter Ablesung. Vorl. Mitt. N. Kemp und Z. Eeckhaut. (Bull. Soc. chim. belges **67**. 276—77. Mai/Juni 1958.) Ghent, Univ., Labor. of Analyt. Chem.) (Engl.) — Vgl. C. **1961**. 18430.

Vorläufige Mitt. über die Best. der Spektrallinienintensitäten als Funktion der Anregungszeit mit einem direktlesenden ARL-Apparat. Mit dieser Meth. wurden Unterss. an *SiO_2* gemacht. Die emittierte Totalintensität nach Verbrennung einer bestimmten Menge SiO_2 hängt von Elektrodenform u. -abstand ab u. ist zwischen 6 u. 12 A unabhängig von der Stromdichte. J.-M. SPAETH. 5063□

Die EDTA-Titration: Anwendungen. 1. Mitt. H. Flaschka, A. J. Barnard jun. und W. C. Broad. (Chemist-Analyst **46**. 106—12. Dez. 1957. Chapel Hill, N.C., Univ. of North Carolina, Dep. of Chem.; Philipsburg, N.J., Baker Chem. Co.) (Engl.)

Es werden einige Hinweise für die prakt. Anwendung der Äthylendiamintetraessigsäuretitration u. eine Übersicht über die Literatur, betreffend die Best. von Kationen, Anionen, Wasserhärte, organ. Verbb., Pharmazeutica u. biolog. Säften, gegeben. — 454 Literaturangaben. W. BETCKE. 5066□

Die EDTA-Titration: Anwendungen. 2. Mitt. H. Flaschka, A. J. Barnard jun. und W. C. Broad. (Chemist-Analyst **47**. 22—28. März 1958.) (Engl.) — 1. vgl. vorst. Referat.

Es wird eine Übersicht über die Äthylendiamintetraessigsäuretitrations-Verff. von *Al, Sb, As, Ba, Sr, Bi, Cd, Ca, Cr, Co(II), Cu, Ga* u. *Au* gegeben. — 169 Literaturangaben. W. BETCKE. 5066□

Einige o.o'-Dihydroxyazo-Indicatorfarbstoffe für EDTA-Titrationen. R. Belcher, R. A. Close und T. S. West. (Chemist-Analyst **46**. 86—88. Dez. 1957; Birmingham, Univ., Dep. of Chem.) (Engl.)

Es wird eine Übersicht über Indicatoren, günstigstes pH, Farbwechsel u. Endpunktsschärfe bei der Äthylendiamintetraessigsäuretitration von *Ca, Cd, Mg, Mn, Cu, Pb* u. *Zn* gegeben. Die Zus. geeigneter Puffer-Lsgg. wird beschrieben. Die verwendeten Farbstoffe werden einzeln chem. charakterisiert u. die Art ihrer Verw. wird beschrieben. W. BETCKE. 5068□

Weitere o.o'-Dihydroxyazo-Indicatorfarbstoffe für EDTA-Titrationen. R. Belcher, R. A. Close und T. S. West. (Chemist-Analyst **47**. 2—4. März 1958. Birmingham, Univ., Dep. of Chem.) (Engl.) — Vgl. vorst. Referat.

Es wird über die Verw.-Möglichkeiten von 23 o.o'-Dihydroxyazofarbstoffen als Indicatoren in der Äthylendiamintetraessigsäuretitration von *Ca, Sr, Mg, Mn, Fe(II), Fe(III), Cd, Ni, Cu, Zn, In* u. *Th* berichtet. Einzelheiten über Farbumschlag u. pH-Bedingungen u. die Zus. geeigneter Puffer-Lsgg. werden mitgeteilt. W. BETCKE. 5068□

Einige weitere Anwendungen von Xylenolorange als Indicator bei der EDTA-Titration. Jorma Kinnunen und Bertil Wennerstrand. (Chemist-Analyst **46**. 92—93. Dez. 1957. Pori, Finland, Outokumpu Oy Metalworks.) (Engl.)

Es werden Vorschriften für die Äthylendiamintetraessigsäuretitration einer Reihe von Metallen unter Verw. von Xylenolorange (I) als Indicator (Farbwechsel Rot—Gelb) angegeben. Im allgemeinen wird das Verf. der Rücktitration angewendet. — Best. von Tl(III): Die Lsg. von Tl(III) in Königswasser wird verd., mit CH_3COONH_4 auf pH 4—5 gebracht u. Tl direkt oder (bei Abwesenheit von PO_4^{3-} u. F^-) nach Zusatz von überschüssigem EDTA durch Rücktitration gegen $Th(NO_3)_4$-Lsg. (II) bestimmt. — Best. von In: Direkte Titration bei pH 3—4,5 (F^- stört) oder Rücktitration gegen **II** oder $TlCl_3$-Lsg. (**III**) (F^- stört nicht). — Best. von Ga: Rücktitration bei pH 3—5 gegen **II** oder **III**. — Best. von Fe(III): Entweder Rücktitration gegen **II** bei pH 2 in CH_3COONH_4-gepufferter Lsg. (PO_4^{3-}, F^- u. Ascorbinsäure stören), oder gegen **III** (Fremdmetalle können z. T. mit F^- maskiert werden, Al u. Ti stören). — Best. von Ni: Durch Rücktitration entweder gegen **II** bei pH 3—4 oder gegen **III** bei pH 4—5. Cu kann bei der **II**-Titration mit Thioharnstoff, Fe bei der **III**-Titration mit $(NH_4)_2F_2$ maskiert werden. — Best. von Co(III): Rücktitration entweder gegen **II** nach Zusatz von 30%ig. H_2O_2 in HCl- u. acetathaltiger Lsg. bei pH 2 oder gegen **III** bei pH 4—5,5. — Best. von Cu(II): Durch Rücktitration gegen **III** in acetatgepufferter Lsg. bei pH 4—5,5 (die Cu^{2+}-Farbe stört). — Best. von V: Durch

Rücktitration gegen **II** bei pH 2—3 nach Red. von V(V) mit Ascorbinsäure. — Best. von Cr(III): Durch Rücktitration bei pH 4—4,5 gegen **II** (die Cr^{3+}-Farbe begrenzt den Verw.-Bereich). — Best. von Ti: Durch Rücktitration gegen **III** in acetatgepufferter Lsg. bei pH 4—4,5 (PO_4^{3-} u. F^- stören). — Best. von Seltenen Erden, Y u. Sc: Durch direkte Titration nach pH-Einstellung mit Urotropin auf 4,5—6 (Seltene Erden u. Y) bzw. bei pH 3—4 (Sc.). Als Indicator kann auch Eriochromschwarz T verwendet werden. — Best. von Zr u. Hf: Durch Rücktitration entweder bei pH 1—2 gegen $Bi(NO_3)_3$-Lsg. oder bei pH 2—3 gegen **II**. — Best. von Al in Schlacken u. Silicaten: Nach Lösen der Probe in Königswasser u. HF wird mit H_2SO_4 abgeraucht, der Rückstand in W. aufgenommen, filtriert u. das Unlösliche mit Borax verschmolzen. Das Filtrat wird mit der in verd. H_2SO_4 gelösten Schmelze vereinigt, dann wird ein EDTA-Überschuß hinzugefügt, mit CH_3COONH_4 in der Hitze pH 5—6 eingestellt u. die Lsg. mit NaH_2PO_4 (zur Maskierung von Ti) versetzt. Dann wird gegen $Zn(CH_3COO)_2$-Lsg. zurücktitriert, genügend $(NH_4)_2F_2$ zur Spaltung des Zn–EDTA-Komplexes zugefügt u. die in Freiheit gesetzte EDTA gegen $Zn(CH_3COO)_2$ titriert. — Best. von Sn in Bronze: Die Lsg. der Probe in Königswasser wird mit überschüssiger EDTA versetzt u. auf 200 ml verdünnt. Zu der Lsg. wird CH_3COONH_4-Lsg. gegeben, bis sich zugesetztes Dinitrophenol schwach gelb färbt, dann wird **I** hinzugefügt u. gegen **II** zurücktitriert. — Best. von PO_4^{3-}: Das unlösl. $Th_3(PO_4)_4$ ist stabiler als der Th–EDTA-Komplex, so daß sich nach Zusatz von überschüssiger **II** zu einer PO_4^{3-}-haltigen Lsg. durch Titration des überschüssigen Th gegen EDTA nach dem Filtrieren PO_4^{3-} bestimmen läßt. W. BETCKE. 5068 □

Dithizon als Indicator für die direkte EDTA-Titration verschiedener Metalle. A. Celse Costa. (Chemist-Analyst **47.** 1958. 39—40; Escola Politecnica da Univ. da Bahia, Brazil.) (Engl.)

Die direkte Titration von Zn, Cd, Pb, Bi u. Ni mit EDTA in wss. Lsgg. von Aceton, Pyridin oder Alkoholen mit Dithizon als Indicator wird untersucht. W. MUCKE. 5068

Einige Urtiter-Substanzen für EDTA-Lösungen. Peter F. Lott und K. L. Cheng. (Chemist-Analyst **47.** 8—9. März 1958. Rolla, Mo., Univ. of Missouri, School of Mines and Metallurg., Engng. Dep.; Utica, N.Y., Kelsey-Hayes Co., Utica Metal Div.) (Engl.)

Die Eignung von $MgSO_4 \cdot 7\,H_2O$ (**I**), $MgCl_2 \cdot 6\,H_2O$, $Mg(CH_3COO)_2 \cdot 4\,H_2O$ (**II**), $Zn(CH_3COO)_2 \cdot 2\,H_2O$ u. $Zn(NH_4)_2(SO_4)_2 \cdot 6\,H_2O$ (**III**) als Eichsubstanzen für Äthylendiamintetraessigsäure-Lsg. wurde untersucht. Die Substanzen wurden aus Vorratsflaschen entnommen u. 1 Std. lang bei 60, 90, 110 u. 160° sowie 20 Std. lang im Exsikkator über $CaCl_2$ bei Raum-Temp. getrocknet, anschließend wurde ihr Gew.-Verlust durch Rückwägung bestimmt u. eine Kontrolltitration gegen AeDTA-Lsg. durchgeführt. In einem weiteren Vers. wurden **I** u. **III** 15 Tage über ihren niedrigeren Hydraten getrocknet. — **I**, **II** u. **III** erwiesen sich als die am besten geeigneten Substanzen, eine Trocknung bei erhöhter Temp. ist unzweckmäßig. W. BETCKE. 5070 □

Eine abgewandelte Form eines Gasanalysengerätes mit konstantem Volumen. W. J. Gooderham. (Chem. and Ind. **1957.** 1505—07. 16/11. North Thames Gas Board.) (Engl.)

Eine aus 4 Vorschlägen resultierende Konstruktion eines Gasanalysators mit konst. Vol. wird dargestellt u. an zwei schemat. Abb. erläutert. W. GRAF. 5086 □

a) Elemente und anorganische Verbindungen

Anwendung von Selensalzen in der anorganischen Analyse. I. K. Taimni und RamRakshpal. (Analytic. chim. Acta [Amsterdam] **25.** 438—47. Nov. 1961. Allahabad, India, Univ., Chem. Labor.) (Engl.)

Es wird die gravimetr. Best. von As, Sb, Sn, Pt, Ru, Pd, Rh, Re, Hg, Ag, Au als Selenide beschrieben. Die Selenide werden unter Luftabschluß in einer bes. App. mit Na_2·Se-Lsg. gefällt, mit W., A. u. Ae. gewaschen, im Vakuumexsiccator getrocknet u. dann gewogen. Der Luftabschluß verhindert die Oxydation des Na_2Se zu Se, das die Selenide verunreinigen würde. Die Fehler liegen in der Größenordnung von +0,1 bis +0,35% bei Metalleinwaagen von 0,01—0,03 g. P. KURZMANN. 5106 □

Direkte Titration des Ammoniaks bei der Kjeldahl-Methode. Elemér Schulek, Kálmán Burger und Magda Fehér. (Magyar Kémiai Folyóirat [Ung. Z. Chem.] **66.** 250—51. Juli 1960. Budapest, Eötvös Loránd Tud. Egyet. Szervetlen és Anal.-Kém. Intézet.) (Ung.)

Vff. stellten fest, daß bei der KJELDAHL-Dest. statt Säure-Lsgg. ausgekochtes u. abgekühltes W. vorgelegt werden kann. Somit kann das NH_3 direkt mit Säure titriert werden, u. es entfällt die Anwendung u. somit das lästige Einstellen der alkal. Maßlösung,

G. HALMI. G 243 □

Die colorimetrische Bestimmung von Nitrat in Wasser als Orange I. K. R. Middleton. (Chem. and Ind. **1957.** 1147—48. 24/8. Samaru, Zaria, Nigeria, Regional Agric. Res. Station.) (Engl.) — Vgl. C. **1960.** 5621.

Nitrat läßt sich nach Red. zu NO_2^- auf Grund der Sulfanilsäure (I)-α-Naphthylamin (II)-Rk. colorimetr. bestimmen. Zu 50 ml NO_3^--Lsg. (ca. 0,2 ppm N) werden als Puffer 2 ml konz. NH_3 u. 1 ml 1%ig. $MnSO_4$-Lsg. in 5%ig. Essigsäure (der pH soll 10,2 bis 11,2 betragen) gegeben. Die Lsg. wird 5 Min. lang mit 0,2 g Zn-Staub geschüttelt u. filtriert. Ein 20 ml Anteil wird mit 5 ml einer Lsg. von **I** (0,10%) u. **II** (0,08%) in 75%ig. Essigsäure versetzt (pH 4) u. nach 30 Min. die Absorption gemessen. Temp.-Erhöhung vermindert den Red.-Grad u. die Farbintensität. W. BETCKE. G 243 □

Voltametrische, potentiometrische und amperometrische Untersuchungen mit einer rotierenden Aluminiumdrahtelektrode. 5. Mitt. Amperometrische Titration von Fluorid mit Aluminium. I. M. Kolthoff, E. J. Meehan und C. J. Sambucetti. (Analytica chim. Acta [Amsterdam] **22.** 351—63. April 1960. Minneapolis, Minn., Univ. of Minnesota, School of Chem.) (Engl.) — 4. vgl. C. **1961.** 2382.

Die amperometr. Best. von F^- in 10^{-4}—$2 \cdot 10^{-3}$m wss. Lsgg. ist mit einer $1,67 \cdot 10^{-2}$m $Al(NO_3)_3$-Lsg. bei Verw. einer rotierenden Al-Drahtelektrode zur Indikation möglich. Die F^--haltigen Lsgg. werden mit Acetatpuffer auf pH zwischen 3,6 u. 4,6 gebracht. Die Gleichgewichtseinstellung zwischen F^- u. Al^{3+} ist nach 15 Min. erreicht. Als wahrer Titrationsendpunkt wird der Schnittpunkt der Verlängerung des geradlinigen, steilen Teils der Strom–Reagenz-Vol-Kurve mit der Abszisse angesetzt. Die Übereinstimmung zwischen den beobachteten u. den aus den Stabilitäts-Konst. verschiedener Al–F-Komplexe berechneten Titrationskurven ist ausgezeichnet. Erfolgt die Titration in Lsgg. mit Acetatpuffer, KNO_3 oder $NaNO_3$ u. 50 Vol.-% A., so ist der Endpunkt einwandfrei zu erkennen; das Verhältnis F^-/Al^{3+} beträgt unter diesen Bedingungen $5,9 \pm 0,1$ u. ist von der F^--Konz. unabhängig. HERBERT MÜLLER. G 246 □

Bestimmung von Schwefelsäure in Kupfergalvanisierbädern mit dem Natriumcarbonat–Methylorange-Reagens. L. Moore. (Chem. and Ind. **1957.** 951—52. 6/7. Manchester, Manchester Coll. of Sci. and Technol., Dep. of Printing and Photograph. Technol.) (Engl.)

Von galvan. Cu-Bädern mit $CuSO_4 \cdot 5\,H_2O : H_2SO_4 = 2,5$ wird an 10-ml-Proben der Säure-Geh. durch Titration mit einer Lsg. von 67,53 g Na_2CO_3 u. 0,016 g festem Methylorange pro Liter bestimmt. Dieses Verf. hat gegenüber dem mit NaOH ohne Indicator den Vorteil rascherer u. sicherer Endpunkts-Best., da sich $CuCO_3$ in verd. H_2SO_4 rascher löst als $Cu(OH)_2$ u. die Lsg. am Äquivalenzpunkt Grau (= Orange + Blau), Blaugrau oder Braungrau (je nach Mengenverhältnis Cu : Methylorange), vorher fuchsinfarbig, nachher grün gefärbt ist. R. JUNGE. G 253 □

Bestimmung von Schwefelsäure in Kupfergalvanisierbädern. K. A. Wickham. (Chem. and Ind. **1957.** 1154—55. 24/8. Purley, Surrey.) (Engl.) — Vgl. vorst. Referat.

Hinweis auf das Buch von FIELD u. WEIL („Electroplating", 6th ed., 1951, 241—42, London), in dem ein ähnliches Verf. beschrieben ist. Diskussion der in England für prakt. Zwecke am günstigsten Konz. der Maßlösung. R. JUNGE. G 253 □

Bestimmung von Schwefelsäure in Kupfergalvanisierbädern. L. Moore. (Chem. and Ind. **1957.** 1155. 24/8. Manchester, Manchester Coll. of Sci. and Technol., Dep. of Printing and Photograph. Technol.) (Engl.) — Vgl. vorst. Referat.

In dem Buch von FIELD u. WEIL ist der zeitliche Vorteil der Na_2CO_3-Meth. nicht erwähnt, auch nicht die Verw. von Methylorange. Die früher vorgeschlagene Konz. beruht darauf, daß Vf. die Rechnung mit oz./gallion bis zur allg. Verbreitung von g/Liter für am geeignetsten hält. R. JUNGE. G 253 □

Trennung von Bor aus Legierungen und anderem Material durch Pyrohydrolyse. V. R. Wiederkehr und G. W. Goward. (Analytic. Chem. **31.** 2102—03. Dez. 1959. Pittsburgh, Pa., Westinghouse Electr. Corp., Bettis Atomic Power Labor.) (Engl.)

Es wird vorgeschlagen, B vor der Analyse durch Pyrohydrolyse aus B-haltigen Stählen, Carbiden u. anderen Legg. abzutrennen. Man erwärmt die Probe in einem Ni-Tiegel, der in einem Ni-Rohr steht, auf 1100° u. leitet $1^1/_2$ Std. lang Dampf mit einer Geschw. von 1—3 ml Destillat/Min. durch das Rohr. Man sammelt das Destillat in einem Becherglas in 20 ml W. u. genügend Lauge, um die Lsg. ständig alkal. zu halten. Da das Destillat meist frei von störenden Elementen ist, kann jede bekannte colorimetr. Meth. für die Best. des B verwendet werden. H. PLUSKAL. G 258 □

Eine schnelle volumetrische Bestimmung von Carbonat in Mineralien. Eugene Herrin, H. Sterling Hicks und Herbert Robertson. (Field and Lab. **26.** 139—44. Juli/Okt. 1958. Dallas, Tex., Southern Methodist Univ., Dep. of Geol. and Dep. of Chem.) (Engl.)

Es wird genau 1 g der zerkleinerten u. bei 105° 4 Std. getrockneten Probe (10 g) mit 50 ml 0,40n H_2SO_4 20 Min. lang auf 90° erhitzt. Wenn nach dieser Zeit der pH größer als 2 ist, werden weitere 25 ml 0,40n H_2SO_4 zugegeben u. 10 Min. lang bei 90° gehalten. Mit 0,45n NaOH wird der Überschuß an H_2SO_4 zurücktitriert. Die genauesten Werte werden bei potentiometr. Endpunkts-Best. u. Titration bis zum pH 7 erhalten, jedoch kann auch mit Phenolphthalein als Indicator gearbeitet werden. Wesentlich ist, daß die Einstellung der Normal-Lsgg. mit derselben Endpunkt-Best.-Meth. erfolgt, wie sie bei der Durchführung der Analysen benutzt wird. Das Verf. ist schneller u. genauer als die CO_2-Best. mit Hilfe des in HCl unlösl. Rückstandes. Zur chem. Charakterisierung von Kalkgesteinen wird die Angabe ihres CO_2-Geh. empfohlen. R. RISTOW. G 260 □

Spektrophotometrische Bestimmung von Silicium mit Hilfe seines Vanadomolybdatkomplexes. Simcha Harel, Max Tamari und Charles Klein. (Bull. Res. Council Israel, Sect. A **8. A** 69—74. April 1959. Haifa, Fertilizers and Chem., Ltd.) (Engl.)

Zur Best. von Si neutralisiert man die Lsg. mit 0,2n H_2SO_4 gegen Phenolphthalein, versetzt mit 10 ml gemischtem Reagens, füllt auf 100 ml auf u. mißt die Absorption der Lsg. nach 30 Min. bei 390 mμ gegen eine Blindprobe. Die Reagens-Lsg. erzeugt man durch Mischen gleicher Teile einer 0,34%ig. NH_4VO_3-Lsg. in 4n H_2SO_4 u. einer 6,4%ig. $(NH_4)_6Mo_7O_{24} \cdot 4\,H_2O$-Lösung. Die genaue Einhaltung der vorgeschriebenen Acidität ist sehr wichtig. Ein 15facher Überschuß an F^- stört nicht. Bei höherer Acidität ist es auch möglich, PO_4^{3-} neben Si zu bestimmen. H. PLUSKAL. G 261 □

Neue Methode zur Bestimmung von Siliciumdioxid in Wolframkonzentraten. M. W. Merkowa. (Вестник Ленинградского Университета, Серия Геологии и Географии [Nachr. Leningrader Univ.] **14.** Nr. 6. [Ser. Geol. Geogr.] Nr. 1. 157. 1959.) (Russ.)

Es wird eine Präparierung des Materials zur normalen Best. des SiO_2 bei hohen Ca-Geh. u. schwankenden SiO_2-Geh. angegeben. Die eingewogene Probe löst man in einer Mischung von Salz- u. Salpetersäure auf, verdampft bis zur Trockne, behandelt mit Salzsäure, trennt den Rückstand ab u. wiederholt die HCl-Behandlung. Danach laugt man mit H_2O aus u. filtriert den ungelösten Rest ab, der SiO_2 u. Wolframsäure enthält. Letztere wird durch Lösen mit verd. Ammoniak abgetrennt. Der Rückstand mit Filter wird nach dem Veraschen im Pt-Tiegel mit $KHSO_4$ verschmolzen. Man laugt mit $(NH_4)_2CO_3$ aus. Der unlösl. Rest, enthaltend SiO_2 mit etwas Wolfram, wird filtriert, das Filter verascht u. mit Soda verschmolzen. Danach kann die Analyse wie gewöhnlich durchgeführt werden. M. HÄHNERT. G 261 □

Die Bestimmung von Phosphat in Uranerzen, -konzentraten u. -lösungen durch EDTA-Titration. K. F. Sporek. (Chemist-Analyst **47.** 12—13. März 1958. Ottawa, Eldorado Min. & Refining Ltd., Res. and Dev. Div.) (Engl.)

Zur Best. des P-Geh. von Uranerzen, -konzentraten u. -Lsgg. wird die Erzprobe oder Fl. (100—200 mg P_2O_5) mit 20 ml konz. HBr versetzt u. die Lsg. auf 5 ml eingeengt. Nach Zusatz von 20 ml konz. HNO_3 wird Br_2 weggekocht u. die Lsg. zu einem Sirup eingeengt, auf 100 ml verd. u. filtriert. Das Filtrat wird durch chromatograph. Reinigung an Amberlite IR-120 (mit 1 : 2-HCl regeneriert) von Fremdionen befreit u. das Eluat mit 25 ml konz. NH_3 versetzt. Nach Zusatz eines geringen Überschusses $MgCl_2$-Lsg. wird filtriert u. der Mg^{2+}-Überschuß in Ggw. von Eriochromschwarz T gegen 0,1m EDTA-Lsg. zurücktitriert. Statt dessen kann auch PO_4^{3-} aus der mit 15 g NH_4NO_3 u. 5 ml HNO_3 versetzten Probe-Lsg. bei 50° mit $(NH_4)_2MoO_4$ gefällt werden. Der Nd. wird in 25 ml NH_3 (1 : 1) gelöst. Nach Zusatz von Mg^{2+} wird wie oben titriert. W. BETCKE. G 264 □

Ein spezifischer Tüpfelnachweis von Magnesium. D. Goldstein und E. L. bergott. (Mikrochim. Acta [Wien] **1962.** 352—56. Rio de Janeiro, Minist. das Minas e Energia, Labor. da Prod. Mineral.) (Dt.)

Isatin-(3)-p-nitrophenylhydrazon bildet in alkal. Lsg. mit Mg^{2+} einen blauen, in Säure lösl. Niederschlag. Es handelt sich um einen Farblack, an dessen Aufbau die Azi-Form des Reagens beteiligt ist. Die Farblack-Bldg. ermöglicht den Nachw. von 0,25 μg Mg. Es werden Verff. zum Nachw. von Mg in Ggw. von Ca, Fe, Ni, Co, Al, Mn, Cd, Pb, Zn, Cu, Hg(I), Hg(II), Be, Ag, Bi, Ba u. Sr angegeben. Mg läßt sich auch in großer Verdünnung mit Hilfe von $Bi(OH)_3$ als Spurenfänger bestimmen. Die Farb-Rk. ist weiterhin auf den Nachw. von Magnesit in Ggw. von Calcit u. Dolomit anwendbar. F. SARFERT. G 282 □

Die Anwendung der Atomarabsorption auf die Schnellbestimmung von Magnesium in Nickel und Nickellegierungen für elektronische Geräte. T. R. Andrew und P. N. R. Nichols. (Analyst **87.** 25—31. Jan. 1962. New Road, Mitcham Junction, Surrey, Mullard Radio Valve Co., Ltd., Material Res. Labor.) (Engl.)

Die Empfindlichkeit u. Genauigkeit eines handelsüblichen Gerätes zur Atomarabsorptionsspektroskopie wurden durch Abänderungen am Gerät erhöht. Die Störung der Mg-Best. durch Al u. Si (beide anwesend bis zu ca. 0,15%) wurde untersucht. Es zeigte sich, daß die auftretenden Störeinfl. durch Ggw. von Ni beseitigt werden. Eine einfache Meth. zur Best. von Mg-Geh. um 0,05% in Ni mit einer Standardabweichung von $< \pm 0{,}001\%$ wurde ausgearbeitet. — Diskussion. P. Kurzmann. G 282 □

Eine Methode zur Beseitigung der Störung durch Phosphor bei der flammenphotometrischen Bestimmung von Calcium. H. B. Heeney, G. M. Ward und A. F. Willson. (Analyst **87.** 49—52. Jan. 1962. Trenton, Ontario, Canada Dep. of Agric., Smithfield Exp. Farm; Harrow, Ontario, Canada Dep. of Agric., Res. Stat.; Plymouth, Fla., Minute Maid Groves Corp.) (Engl.)

Die Störung der Ca-Best. durch PO_4^{3-} kann in Ggw. von $<$ 20 ppm PO_4^{3-} beseitigt werden, wenn die zu zerstäubende Lsg. 2% Glycerin enthält. Bei Pflanzenanalysen stimmten die nach dieser Meth. erhaltenen Werte gut mit den durch Titration mit EDTA erhaltenen überein. P. Kurzmann. G 283 □

Über die Verwendung eines neuen Indicators zur komplexometrischen und photometrischen Bleibestimmung. H. Junek und H. Wittmann. (Mikrochim. Acta [Wien] **1962.** 114—18. Graz, Univ., Pregl-Labor. u. Med.-chem. Inst.) (Dt.)

Es wird über einen neuen pM- u. pH-Indicator, einem Deriv. des Pentacens (6.13-Dihydro-6.13-dihydroxy-1.4;8.11-pentacenchinon-2.9-disulfonsäure), berichtet. Mit Pb^{2+} sowie in schwächerem Maße auch mit Mn^{2+}, Ca^{2+}, Mg^{2+} u. Ba^{2+} entstehen blaue bis violette Farbtöne. Die Farb-Bldg. ist stark pH-abhängig. Für 0,01- u. 0,001m Lsgg. ist die Einhaltung eines pH-Wertes von 7—8 notwendig; erst bei größeren Metall-Konzz. tritt die Farbe auch noch im schwach sauren Bereich auf. Die Grenz-Konz. zum Nachw. von Pb liegt bei Pufferung mit Na-Acetat bei 2 μg/ml. Zur komplexometr. Titration von Pb^{2+} wird bei Vorliegen einer schwach sauren $Pb(NO_3)_2$-Lsg. mit festem Na-Acetat gepuffert u. nach Zusatz von 2—3 Tropfen einer 0,05%ig. wss. Indicator-Lsg. die blaue Lsg. mit 0,01m oder 0,001m EDTA-Lsg. bis zum Rotton titriert. Für die photometr. Verw. des Indicators wird zur Pb-Best. im μg-Bereich (2—20 μg Pb^{3+}/ml) 1 ml der Probe-Lsg. mit 1 ml 5%ig. Na-Acetat-Lsg., 1 ml W. u. 3 Tropfen Indicator-Lsg. versetzt u. die Extinktion bei 630 nm gegen W. oder eine Blindlsg. gemessen. J. Peters. G 328 □

Die volumetrische Bestimmung von Niob in Gegenwart von Tantal. J. B. Headridge und M. S. Taylor. (Analyst **87.** 43—48. Jan. 1962. Sheffield, Univ., Dep. of Chem.) (Engl.)

Nb(V) wird in 6m HCl-/0,5m HF-Lsg. in einem Jones-Reduktor quant. zu Nb(III) reduziert. Die Lsg. wird in $NH_4Fe(SO_4)_2$-Lsg. aufgefangen. Eine dem Nb äquivalente Menge Fe(III) wird zu Fe(II) red. u. mit 0,1n $K_2Cr_2O_7$-Lsg. gegen Ba-Diphenylaminsulfonat als Indicator titriert. Nb-Mengen von 1—50 mg wurden allein u. in Ggw. verschiedener Mengen Ta bestimmt. Die Meth. wurde zur Best. von Nb in Fe- u. NE-Legg. herangezogen. Nb u. Ta müssen jedoch von anderen reduzierbaren Bestandteilen abgetrennt werden (Hydrolysen-Methode). P. Kurzmann. G 331 □

Fast Grey RA als neues colorimetrisches Reagens für die Mikrobestimmung von Wismut. H. Khalifa. (Analytica chim. Acta [Amsterdam] **17.** 318—21. Sept. 1957. Wien, Univ., Chem. Inst.) (Engl.)

Der Farbstoff **Fast Grey** RA (m-Hydroxy-1-naphthylazo-2-hydroxy-3-nitrobenzol-5-sulfonsäure) (I) wurde als colorimetr. Reagens zur Bi-Best. benutzt. Seltene Erden (außer Zr), Al, Co, Zn, Hg(I), Pb u. U stören in 10fachem Überschuß nicht. Störungen werden verursacht durch Cu, Ni, Cd, V, Zr u. Fe(III). Letzteres kann durch Red. mit Ascorbinsäure maskiert werden. — 1 ml Probe-Lsg. (0,1—1 bzw. 1—7 ppm Bi, 0,01n in HNO_3) wird mit 4,5 ml 0,02n HNO_3, 1 ml 0,01 bzw. 0,1%ig. wss. I-Lsg. versetzt. Die Lsg. wird auf 10 ml aufgefüllt u. die Absorption bei 570 mμ gemessen. Die Farbe ist je nach der Bi-Konz. 20 Min. bis einige Std. beständig. W. Betcke. G 334 □

Die Bestimmung von Wolframat mit Bleimaßlösung durch Anwendung eines neuen Indicators. H. Brantner. (Mikrochim. Acta [Wien] **1962.** 125—27. Graz, Univ., Pregl-Labor. u. Med.-chem. Inst.) (Dt.)

6.13-Dihydro-6.13-dihydroxy-1.4;8.11-pentacenchinon-2.9-disulfonsäure gibt mit Pb^{2+} eine empfindliche Rk. (Umschlag von Rot nach Blau) u. wird als Indicator bei der direkten Best. von WO_4^{2-} mit 0,01 bzw. 0,005m $Pb(NO_3)_2$-Lsg. vorgeschlagen. Der Farbumschlag erfolgt schon in der Kälte außerordentlich scharf. Durch die hohe Selektivität werden Störungen durch andere Kationen mit Ausnahme von Fe^{2+}, Fe^{3+}, Mn^{2+}, Ca^{2+} u. Mg^{2+} ausgeschaltet. Der mittlere Fehler beträgt $\pm 0{,}3\%$. J. Peters. G 337 □

Eine neue schnelle und genaue Methode zur gravimetrischen Uranbestimmung. Tiberiu Năşcuţiu. (Comun. Acad. Republ. Populare romîne **7.** 51—56. 1957. Acad. R. P. R., Inst. de Fiz., Labor. de radiochim) (Rum.)

Uranylsalze (Nitrat, Acetat) bilden mit $[Co(NH_3)_6](NO_3)_3$ (**I**) in Ggw. von $(NH_4)_2 \cdot CO_3$ einen unlösl. Komplex, der zur gravimetr. Best. dienen kann. Eine kalte Lsg. von 5—80 mg UO_2-Salz wird mit $(NH_4)_2CO_3$ in kleinem Überschuß versetzt u. bis zur Auflsg. des Nd. gerührt. Der Zusatz von **I**-Lsg. erfolgt tropfenweise, bis ein Überschuß an **I** durch Orangefärbung angezeigt wird. Der Nd. hat die Zus. $[UO_2(H_2O)_3(CO_3)_2] \cdot 2[Co \cdot (NH_3)_6]NO_3$, Molgew. 950,40. Nach 10 Min. langem Stehen filtriert man durch einen gewogenen GOOCH-Tiegel, wäscht mit 0,2%ig. **I**-Lsg. in 87%ig. A., dann mit 3—4 ml abs. A. u. 6—8mal mit Ae., hält 10—15 Min. im Vakuumexsiccator u. wägt. Umrechnungsfaktor auf U: 0,25049. R. K. MÜLLER. G 339□

Einige Ausblicke auf die spektrochemische Bestimmung von Uran in stark mit anderen seltenen Elementen durchsetzten Silicatmineralien. Sima Held. (Bull. Res. Council Israel, Sect. A **A 8.** 81—86. April 1959. Israel Atomic. Energy Commiss.) (Engl.)

Zur spektrochem. Best. von U in stark mit anderen seltenen Elementen durchsetzten Gesteinen wurde GeO_2 zugesetzt. Dadurch wurde die Untergrundstrahlung während der ersten 60 Sekunden stark zurückgedrängt u. die U-Linie verstärkt. Es wird deshalb eine Belichtung von 20 Sek. zu Beginn der Anregung der Probe im HILGER-Spektrographen mit 0,015 mm Schlitzweite empfohlen. Die Auswertung geschieht mit Hilfe der U 4244,37 Å-Linie nach der Meth. der Einzelzugabe. Dazu dient 0,25% U in Form von U_3O_8. H. PLUSKAL. G 339□

Chelatometrie. 12. Mitt. **Entametrische Manganbestimmungen.** Peter Wehber. (Z. analyt. Chem. **154.** 122—24. 1957. Hamburg-Wilhelmsburg, Metallhütte Mark A. G., Labor.) (Dt.) — 11. vgl. C. **1961.** 9919.

Mn^{2+} läßt sich unter Zusatz von Ascorbinsäure als Red.-Mittel in mit NH_3/NH_4Cl gepufferter Lsg. (pH ~8) mit 0,1m EDTA-Lsg. bei 18° titrieren. Als Indicatoren sind Eriochromschwarz T u. Eriochromrot B (**I**) geeignet. Störungsmöglichkeiten wurden bei Verw. von **I** untersucht. Kleinere Mg^{2+}-Konzz. (10 mg) lassen sich mit NH_4F u. Cu^{2+}-Ionen mit KCN tarnen, Ba^{2+} mit $(NH_4)_2SO_4$ fällen. Die Maskierung von Ca^{2+} (20 mg) mit NH_4F war nicht vollständig. B. SCHOBER. G 350□

Colorimetrische Mikrobestimmung von Eisen(III) durch aktivierte Reaktion. Gy. Almássy und M. Kávai. (Acta chim. Acad. Sci. hung. **12.** 155—60. 1957. Debrecen, Med. Univ., Inst. for Med. Chem.) (Dt.)

Zur photometr. Best. von *Fe(III)* wurde die Absorption des Fe(II)-α.α'-Dipyridyl (**I**)-Komplexes nach Red. des Fe(III) mit Anilin benutzt. Durch die Red. mit Anilin, die durch **I** katalysiert wird, werden Störungen, die bei Benutzung von H_2NOH oder Hydrochinon als Red.-Mittel in Ggw. geringer Mengen von Komplexbildnern auftreten, weitgehend vermieden. Zu 10 ml Probe-Lsg. (0,5—20 μg Fe; 0,1n in Säure) werden 0,5 ml Anilinchlorhydrat-Lsg. (10 ml Anilin, 75 ml 20%ig. HCl u. 15 ml W.) u. 1 Tropfen Bromphenolblau gegeben. Nach Einstellung des pH mit CH_3COONa auf 4,7 wird die Lsg. mit 0,2 ml 0,75%ig. alkohol. **I**-Lsg. versetzt u. 5 Min. auf dem heißen Wasserbad erwärmt. Die Extinktion wurde mit dem PULFRICH-Photometer, Filter S 50, gemessen. Es lassen sich 0,03 μg Fe/ml bestimmen. Ca, Mg, Al u. Mn^{2+} stören auch in 1000fachem Überschuß nicht. Ferner dürfen anwesend sein: bis 50 mg K, Na, NH_4^+, Cl^-, SO_4^{2-}, NO_3^- u. Acetat, bis 10 mg BO_3^{3-}, 5 mg PO_4^{3-}, 2 mg H^+, 1,5 mg Cd^{2+}, 1 mg Zn^{2+}, 0,5 mg F^-, 0,2 mg Cu^{2+} u. Co^{2+} u. 0,1 mg Ni^{2+}. W. BETCKE. G 354□

Analytische Anwendungen der durch Osmiumtetroxid katalysierten Reaktion zwischen Natriumarsenit und Eisen(III)-cyanid. F. Solymosi. (Acta chim. Acad. Sci. hung. **16.** 267—78. 1958. Univ. of Szeged, Inst. of Inorg. and Analyt. Chem.) (Engl.)

Zur Best. von Fe^{3+} versetzt man die Substanz-Lsg. mit 20 ml 4n NaOH, verd. bis zu einer NaOH-Konz. von 2—3n, erwärmt auf 50—55°, fügt 2—3 Tropfen 0,01n OsO_4-Lsg. in 0,1n H_2SO_4 zur Beschleunigung der Rk. hinzu u. titriert gegen 0,1n As_2O_3-Lösung. Der Endpunkt kann potentiometr. oder mit Hilfe der Dead-stop-Meth. erfolgen. Im 2. Falle erfolgt durch weitere Zugabe von As_2O_3 nach dem Endpunkt keine Änderung mehr. Die Meth. arbeitet mit einem Fehler von 0,1—0,2% u. ist gut brauchbar zur Rücktitration der bei Oxydations-Rkk. unverbrauchten $Fe(CN)_3$-Mengen in Ggw. verschied. Rk.-Produkte. Auch zur Best. des $Fe(CN)_3$ in Ndd., die Ni, Zn, Cd, Bi, Cu, Ag u. Co enthalten, kann das Verf. erfolgreich angewendet werden.
H. PLUSKAL. G 354□

Spektralphotometrische Bestimmung von Ruthenium mit 2-Nitroso-1-naphthol. D. L. Manning und Oscar Menis. (Analytic. Chem. **34.** 94—96. Jan. 1962. Oak Ridge, Tenn., Oak Ridge Nat. Labor., Analyt. Chem. Div.) (Engl)

Ru bildet mit 2-Nitroso-1-naphthol in mit SO_2 gesätt. 3m HCl ein farbiges Rk.-Prod., das bei 600 mμ ein Absorptionsmaximum hat. Im Konz.-Bereich von 1—10 μg Ru/ml gilt das BEERsche Gesetz. Die relative Standardabweichung beträgt 5%. Der molare Extinktions-Koeff. liegt bei 6500. Einfache Ru-Salze, wie das Chlorid, können in Ggw. von U ohne vorherige Abtrennung bestimmt werden, doch müssen bei U-Mengen > 50mg besondere Eichkurven aufgenommen werden. J. PETERS. G 363□

Spektralphotometrische Bestimmung von Rhodium nach Oxydation mit Hypobromit. Francesco Pantani. (Talanta [London] 9. 15—21. Jan. 1962. Florence, Univ., Inst. of Analyt. Chem.) (Engl.)

Bei pH 11 gibt Rh in Ggw. von BrO^- eine violette Färbung (Maximum bei 530 nm), die zur Rh-Best. im Bereich von 10—60 ppm geeignet ist. Beim Stehen oder nach Zusatz eines Red.-Mittels schlägt die Farbe in Blau um. Unterhalb pH 10 wird eine grüne Farbe u. bei geringer BrO^--Konz. eine gelbe Farbe erhalten. Offenbar liegt in der violetten Lsg. Rh(VI) u. in der blauen Rh(V) vor. In saurem Medium disproportioniert Rh(V) nach 3 Rh(V) ⇄ 2 Rh(VI) + Rh(III). Die analyt. Best. des Rh wird durch Ir, Os, Pd, Ru u. Pt gestört. Für Pt(IV) darf das Verhältnis Pt:Rh den Wert 10:1 nicht überschreiten. Bestimmt man die Extinktion jedoch bei 540 nm, so kann unter geringem Verlust an Empfindlichkeit das Verhältnis Pt:Rh bis 20:1 betragen.
J. PETERS. G 364□

Spektrophotometrische Bestimmung von Palladium. 2. Mitt. **Bismuthiol II als analytisches Reagens.** A. K. Majumdar und M. M. Chakrabartty. (Analytica chim. Acta [Amsterdam] **19.** 482—87. Nov. 1958. Calcutta, Jadavpur Univ.) (Engl.) — 1. vgl. C. **1959.** 4919; 3. vgl. C. **1961.** 2733.

Bismuthiol II bildet mit Pd einen Komplex der Zus. $Pd(C_8H_5N_2S_3)_2$. Zur Best. von 0,4—8,0 μg Pd/ml fügt man 4 ml 0,25%ig. K-Bismuthiol-Lsg. zu der Substanz-Lsg., stellt pH 3—10 mit HCl oder Ammoniak ein, versetzt mit weiteren 4 ml Reagens-Lsg. u. 2,5 ml Methylcellosolve u. füllt mit W. auf 25 ml auf. Nach dem Vermischen mißt man die opt. Dichte in 1-cm-Küvetten bei 420 mμ u. 20—25° u. subtrahiert den Wert für eine Blindprobe. Die Färbung ist mindestens 24 Std. stabil. Das BEERsche Gesetz ist erfüllt. Komplexon III kann zum Maskieren störender Kationen verwendet werden.
H. PLUSKAL. G 365□

Anwendungen der Röntgenstrahlemissionsspektralanalyse auf Gesteins- und Erzanalysen. G. R. Webber. (Trans. Canad. Inst. Mining Metallurgy Mining Soc. Nova Scotia **60.** 138—**43.** 1957. Montreal, McGill Univ., Dep, of Geol. Sci.) — Vgl. C. **1958.** 5467.

Zur Best. von Nb in Gesteinen durch Röntgenstrahlemissionsspektrometrie diente MoO_3 als innerer Standard. Man vermischt 5 g feingepulverte Substanz bzw. Vgl.-Substanz 5 Min. in einem Mörser mit je 0,05 g MoO_3, mißt die Emissionsstrahlung in einem Röntgenstrahlspektrometer mit einem dicken Glimmerkristall, subtrahiert die Untergrundstrahlung u. vergleicht die Maximalwerte $Nb_{K\alpha}$:$Mo_{K\alpha}$. Mit Hilfe einer Vgl.-Kurve bestimmt man den Nb-Gehalt. In höheren Konzz. stören U, Y, Zr u. Th. Dann kann nach der Additions-Meth. gearbeitet werden. Auch die Verw. des Linienpaares $Nb_{K\beta}$:$Mo_{K\beta}$ ist möglich. Die gefundenen Werte stimmen mit solchen aus chem. Analysen gut überein. Zur Best. von Fe, Ti, Ca u. K vermischt man 0,1 g fein gemahlene Probe 40 Min. automat. im Achatmörser mit 1 g NaCl u. preßt daraus flache Scheiben mit 1 Zoll Durchmesser. Man mißt die Strahlung unter Verw. von LiF als analysierendem Kristall. Die Anregung erfolgt für Fe u. Ti mit 50 kV u. 50 mA u. für Ca u. K mit 35 kV u. 50 mA. Zur Best. von Ti, Ca u. K dient He als Schutzgas. Die Berechnung geschieht aus den für die Untergrundstrahlung korrigierten Werten von $Fe_{K\alpha}$, $Ti_{K\alpha}$, $Ca_{K\alpha}$ u. $K_{K\alpha}$ mit Hilfe einer Eichkurve. Die Differenz mit Werten aus chem. Analysen beträgt für K, Ca u. Fe ca. 5%, für Ti 8%. H. PLUSKAL. 5290□

b) Organische Verbindungen

Beiträge zum Nachweis organischer Verbindungen. L. Rosenthaler. (Pharmac. Acta Helvetiae **35.** 679—86. Dez. 1960. Beil. zu: Schweiz. Apotheker-Ztg. Bern.) (Dt.) — Vgl. C. **1961.** 18810.

Vf. beschreibt Rkk. zum Nachw. von Alkoholen u. Ketonen mit Dinitrobenzoylchlorid, von ungesätt. Verbb. mit Chloranil, von Ketonen mit Nitroprussid-Na, von Vitamin K, Morpholin, aliphat. Aminen, aliphat. Aminosäuren, von Purin-Derivv. sowie von Verbb. mit akt. Methylengruppe. Weiter wird über die Oxydation. von Alkoholen mit $HClO_3$ sowie über Farb-Rkk. zur Unterscheidung von Methanol u. A., Chinolin u. Isochinolin sowie Theobromin u. Theophyllin berichtet. R. REISS. 5350□

Über die unterschiedliche Wirksamkeit oxidischer und metallischer Katalysatoren bei der C–H- und N-Analyse. Gerald Kainz und Heinz Horwatitsch. (Mikrochim. Acta [Wien] **1962.** 7—15. Wien, Univ., Anal. Inst.) (Dt.)

Es werden die Wirksamkeit verschiedener Oxid- u. Metall-Präpp. unter vergleichbaren Bedingungen sowohl in O_2 als auch in CO_2 bestimmt u. Wirksamkeitsskalen für die C—H- u. N-Best. aufgestellt. Die untersuchten Präpp. lassen sich in drei Gruppen einteilen: 1. Präpp., die sowohl in O_2 als auch in CO_2 annähernd dieselbe Wirksamkeit besitzen (MnO_2, CuO). 2. Präpp., die in O_2 eine wesentlich größere Oxydationsleistung aufweisen als in CO_2 (Co_3O_4, NiO, Fe_2O_3, Mn_2O_3). 3. Präpp., die in O_2 oxydierend, in CO_2 dagegen dehydrierend wirken (Pd, Pt, Cr_2O_3, CeO_2, ZnO, WO_3). Die katalyt. Wrkg. dieser Präpp. erklärt sich daraus, daß sie alle die organ. Probe chemisorbieren. Die Präpp. der Gruppe 2 u. 3 chemisorbieren zusätzlich auch O_2 des Spülgases. An der Oberfläche des Präpp. reagiert dann O_2 (bei Gruppe 1 der Gittersauerstoff) mit dem organ. Chemisorbat. Die Verss. zeigen, daß für die C—H- u. N-Best. eine Reihe sehr wirksamer Präpp. zur Verfügung steht, mit denen man die Temp. des Langbrenners ganz erheblich unter 700° senken könnte. Es ist jedoch zweckmäßiger, bei etwa 600—700° zu arbeiten, dafür aber die Strömungs-Geschw. des Spülgases zu erhöhen, was zu einer Verkürzung der Analysenzeit führt. J. PETERS. 5352□

Gesichtspunkte der organischen Analyse. 6. Mitt. Mikrobestimmung des aktiven Wasserstoffs in sehr schwer löslichen Substanzen. G. W. Perold und Johanna M. Snyman, geb. Theron. (Mikrochim. Acta [Wien] **1958.** 225—27. Pretoria, Sect. for Tar Chem., Sci. u. Res. Dep., S. A. Iron and Steel Ind. Corp., Ltd.) (Engl.) — 5. vgl. C. **1955.** 7990.

Da ätherähnliche Lsgm., Dimethylanilin, Pyridin u. Chinolin für die Mikro-Best. des aktiven H nach ZEREWITINOFF in substituierten aromat. Amiden u. terpenartigen Hydroxylsäuren ungeeignet sind, wird *Kairolin, 1-Methyl-1.2.3.4-tetrahydrochinolin* (I), als hochsd. Base u. ausgezeichnetes Lsgm. vorgeschlagen. Bei Verw. von 0,5 ml je Best. werden für *3.4-Xylenol, Phenol, Benzoesäure, 2.4-Dinitrophenylhydrazin* u. *1-Phenyläthanol* sehr gute Werte gefunden. — I-*Hydrojodid*, F. 166—168° (A.), durch 5 Std. lange Hydrierung von Chinolinmethjodidhydrat (F. 72°) in A. in Ggw. von Platinoxid nach ADAMS bei einem Druck von 100 lbs/sq.in. u. Raum-Temp. 74% (Ausbeute). — I, $Kp._{17}$ 129—130°, aus der vorst. Verb. u. KOH-Lsg.; 100%. — Bei der ZEREWITINOFF-Best. nach PREGL (Quant. Organ. Microanalysis, PREGL u. GRANT, London 1951) wird Paraffin, $Kp._{650}$ 340—360° als Manometer-Fl. verwendet, die Probe mit 0,2 ml I im kurzen Arm u. 0,5 ml frisches GRIGNARD-Reagens mit 0,3 ml I im langen Arm untergebracht, dann kontinuierlich geschüttelt, wobei die Bürette bei 36° alle 3 Min. bis zur Konstanz abgelesen wird. E. ROTTER. 5364□

Zum Nachweis von Mikrogramm-Mengen Äthanol. A. Dirscherl. (Mikrochim. Acta [Wien] **1962.** 155—59. Basel, F. Hoffmann-La Roche u. Co. A. G., Chem. Forsch.-Abt.) (Dt.)

Es wird der Nachw. von μg-Mengen A. durch Oxydation zu Acetaldehyd beschrieben. Die Schwierigkeit besteht darin, daß außerdem Essigsäure als Oxydations-Prod. entsteht, wodurch eine geringere Empfindlichkeit des A.-Nachw. bedingt ist. Der entstandene Acetaldehyd muß möglichst rasch aus dem Rk.-Gemisch entfernt werden, um ihn einer Oxydation zur Essigsäure zu entziehen. Man läßt daher in einer geeigneten App. die zu untersuchende Probe unter Durchleiten eines N_2- oder Luftstromes u. erst in der Siedehitze mit 5%ig. Chromsäure-Lsg. reagieren. Der Acetaldehyd wird mit Hilfe einer 5%ig. Natriumnitroprussiat-Lsg. in Ggw. von Morpholin auf Tüpfelpapier nachgewiesen. Die Empfindlichkeit beträgt 1 μg A./ml. Die Anwendung der Meth. zur Prüfung organ. Substanzen auf Verunreinigung mit A. (Kristall- oder anhaftender A.) wird beschrieben. Hierbei wurde zur Prüfung thermolabiler Stoffe die Meth. der Isothermdiffusion nach CONWAY benutzt. F. SARFERT. G 560□

Die analytische Anwendung der Kohlendioxiddestillation. 1. Mitt. Bestimmung von Ameisensäure (Formiat) über das bei der Oxydation mittels Quecksilber(II)-chlorid gebildete Kohlendioxid. L. Maros, M. Pintér-Szakács und E. Schulek. (Analytica chim. Acta [Amsterdam] **25.** 546—50. Dez. 1961. Budapest, L. Eötvös Univ., Inst. für Anorg. u. Analyt. Chem.) (Dt.)

Zur Best. von HCOOH ist als selektive Meth. die Oxydation mit $HgCl_2$ am besten geeignet. Diese Rk. verläuft quant., wenn das dabei gebildete HCl gebunden wird. Die gravimetr. Best. des bei der Oxydation entstandenen Hg_2Cl_2 ist langwierig. Es wurde daher eine einfache u. rasche Dest.-Meth. zur Best. des im Laufe der Rk. gebildeten CO_2 ausgearbeitet. Stoffe, die das $HgCl_2$ reduzieren, jedoch kein CO_2 bilden, stören das Verf. nicht. Die Best. wird in einem modifizierten SCHULEKschen Mikro-Dest.-App. durchgeführt. Die Rk. verläuft bei Siede-Temp. innerhalb 20—30 Min. quantitativ. Während dieser Zeit wird das frei gewordene CO_2 in der als Vorlage verwendeten $Ba(OH)_2$-Lsg. absorbiert. Die störende Wrkg. des CO_2-Geh. der Luft kann durch Überschichten der $Ba(OH)_2$-Lsg. mit Pentan ausgeschaltet werden. Der Überschuß der $Ba(OH)_2$-Lsg. wird in Ggw. von Thymolblau als Indicator mit 0,1 bzw. 0,01n HCl zurücktitriert. Bei Best. im 0,01n Maßstab muß ein Blind-Vers. durchgeführt werden. F. SARFERT. G 810□

Analyse von 2.4-Dichlorphenoxyessigsäure. L. R. Kiley. (Analytic. Chem. **30.** 1709. Okt. 1958. Midland, Mich., Dow Chem. Co.) (Engl.)

Vf. gibt eine IR-spektroskop., quant. Best.-Meth. für *2.4-Dichlorphenoxyessigsäure* (I) ($C_8H_6Cl_2O_3$, Bereich 50—100 ± 1,0%, Analysenbande 13,58 μ), *2.6-Dichlorphenoxyessigsäure* (II) ($C_8H_6Cl_2O_3$, 0—20 ± 0,5%, 13,58 μ), *2.4.6-Trichlorphenoxyessigsäure* (III) ($C_8H_5Cl_3O_3$, 0—20 ± 0,5%, 13,00 μ) und *Di-(2.4-dichlorphenoxy)-essigsäure* (IV) ($C_{14}H_8Cl_4O_4$, 0—20 ± 0,5%, 9,39 μ) an. Die Extinktionen der einzelnen Verbb. sind bei 13,85 μ: **I** 0,426, **II** 0,084, **III** 0,168, **IV** 0,165; bei 13,58 μ: **I** 0,148, **II** 0,254, **III** 0,122, **IV** 0,145; bei 9,39 μ: **I** 0,235, **II** 0,213, **III** 0,215, **IV** 1,240; bei 13,00 μ: **I** 0,149, **II** 0,212, **III** 0,888, **IV** 0,208. Die Konz. (100 mg/ml) u. Schichtdicke (0,1 mm) ist bei allen einheitlich. M. SCHÜLE. G 1600□

Wasserfreies Aluminiumchlorid in organischen Lösungsmitteln als neues Reagens zur quantitativen Analyse organischer Verbindungen. (Vorl. Mitt.) A. Becker und A. Kathriner. (Z. analyt. Chem. **183.** 356—61. 1961. Basel, Ciba A.G., Pharmaabteil.) (Dt.)

Zur qual. Best. von Steroidhormonen u. anderen Verbb. eignen sich ihre Farb-Rkk. mit wasserfreiem $AlCl_3$, die sich durch hohe Spezifität bzgl. der Struktur auszeichnen. Neben Doppelbindungen verursachen auch aromat. Ringe u. OH-Gruppen bei Steroiden, bes. in 3- u. 11-Stellung, Farb-Bldg.; als Lsgm. eignet sich Nitromethan, weniger gut Nitrobenzol. — Zum Nachw. geeignete Färbungen in Nitromethan geben nachst. Verbb.: *Prednisolon* (orange-rötlich), *Hydrocortison* (gelb), *Östradioldipropionat* (orange-rötlich), *Östradiolmonobenzoat* (orange-rötlich), *Östradiol* (orange-rot), *Anhydrohydroxyprogesteron* (orange-rot), *Methylandrostendiol* (rotbraun, grüne Fluorescenz), *Äthinylöstradiol* (dunkelkirschrot), *1-Dehydromethyltestosteron* (gelbbraun), *Dexamethason* (rotbraun), *Fluoxymesteron* (gelbbraun), *Quercetin* (braun), *Cholesterin* (I) (rotbraun), *Digitoxin* (II) (gelb); keine oder nur eine sehr schwache Farb-Rk. geben: *Testosteron, Progesteron, Testosteronpropionat, Cortison, Cortisonacetat, 1-Dehydrocortison, Prednisolontrimethylacetat* (gelbstichig), *Desoxycorticosteronacetat* (Spur rosa), *Desoxycorticosterontrimethylacetat* (Spur rosa), *Desoxycorticosteronglucosid* (gelbstichig), *Aldosteron* (gelbstichig), *Rutin* (*Vitamin P*) (farblos), *Gitoxin* (orange-rosa) (III). — Ausführung der Rk.: 1 mg Substanz wird in 5 ml Nitromethan gelöst u. mit 2 ml Reagens (4 g $AlCl_3$ unter Kühlung in 10 ml Nitromethan gelöst) versetzt u. bei 20° 5 Min. lang stehengelassen. Bei **I, II** u. **III** wird nach Zusatz von 0,5 ml Reagens 30 Sek. lang im Wasserbad erhitzt u. bei 20° mit 10 ml Methylenchlorid verdünnt.
H.-J. SCHÖNHERR. G 3700□

c) Bestandteile von Pflanzen und Tieren

Zur blasenfreien Plexiglas-Einbettung von Pflanzenmaterial. P. Sitte. (Mikroskopie [Wien] **15.** 227—29. Dez. 1960. Heidelberg, Univ., Botan. Inst.) (Dt.)

Objekte, die stark zur Blasen-Bldg. neigen, können ohne Blasen-Bldg. eingebettet werden, wenn während der Polymerisation des Methylacrylats im Inneren der Gelatinekapsel zumindest Atmosphärendruck herrscht. Dieses erreicht Vf. durch Einbrennen einer kleinen Öffnung (∅ 0,5—0,8 mm) in den Kapseldeckel mit einer erhitzten Stahlnadel vor Beginn der Polymerisation. Während des Aushärtens nach Abschluß der Polymerisation tritt keine Schrumpfung der Blöcke auf. A. LEIBBRANDT. 5662□

Anfärbung von Gewebe-Aldehydgruppen mit Eisen(III)-hexacyanoferrat(III) nach Blockierungsreaktionen mit Anilin und Phenylhydrazin. R. D. Lillie und B. Monis. (Stain Technol. **35.** 284—85. Sept. 1960. Bethesda, Md., Nat. Inst. of Health, N.J.A.M.D., Labor of Pathol. and Histochem.) (Engl.)

Wenn eine blaue, metall. Anfärbung der HCO-Gruppen in Geweben erwünscht ist, verfährt man wie folgt: Das Gewebe wird mit H_5JO_6 oder Peressigsäure oxydiert oder mit HCl nach FEULGEN hydrolysiert, nach Waschen entweder 1 Std. mit 1,11 m Lsg. von Anilin (I) in Eisessig oder 4 Std. mit 5%ig. wss. Phenylhydrazin (II)-Lsg. behandelt u. nach dem Waschen 10 Min. in Eisen(III)-hexacyanoferrat(III)-Lsg. (30 ml 1%ig. $FeCl_3$-Lsg. + 4 ml frische 1%ig. KCN-Lsg. + 6 ml W.) angefärbt. Gegenfärbung mit Fuchsin (pH 2) ist möglich. Einbettung mit Polystyrol ist der mit Permount

wegen Rk.-Möglichkeit vorzuziehen. Die Rk. mit **II** kann zwar zusätzlich die Ketogruppen sichtbar machen, ist aber weniger vollständig als die Rk. mit **I**. Allg. sind beide Meth. weniger selektiv u. weniger spezif. als die einfache Schiffsche Reaktion.
R. Junge. 5661 □

Beitrag zur Zinkbestimmung in biologischem Material. H. Spitzy und I. Dosudil. (Mikrochim. Acta [Wien] **1962**. 119—24. Bad Hall, Paracelsus Inst., Chem. Abt.; Graz, Univ., Med.-chem. Inst. u. Pregl.-Labor.) (Dt.)

Vf. berichtet über Unterss. mit ^{65}Zn bei trockener Veraschung biolog. Materials. Bei Verw. von Quarzgefäßen treten Verluste in der Größenordnung von 0,1 μg durch Eindringen des Zn in die Quarzwandung ein. Es wurde der Einfl. von Zeit, Temp. u. vorgelegter Zn-Menge auf die Verluste untersucht. Nach 1 Std. nimmt Quarz bei 700° kein Zn mehr auf. Mit Zunahme der Temp. u. der vorgelegten Zn-Menge nimmt die festgehaltene Zn-Menge zu. Bei Verw. von Pt-Gefäßen traten bis 800° keine Verluste, weder durch Bindung an der Wand noch durch Verflüchtigung, ein. In der Asche wurde das Zn durch extraktive radiometr. Titration bestimmt.
Hansjoachim Thiele. 5664 □

d) Medizinische und toxikologische Analyse

Bestimmung von ^{55}Fe und ^{59}Fe im Blut. Leif Hallberg, Hans Brise, Siv Anderson und Andrija Telc. (Int. J. appl. Radiat. Isotopes **9.** 100—08. Dez. 1960. Göteborg, Univ., Dep. of Med.) (Engl.)

Die Best. der Radionuclide ^{55}Fe u. ^{59}Fe nebeneinander in biolog. Proben wird so vorgenommen, daß das Fe elektrolyt. in einer bes. konstruierten Zelle auf Cu elektroplatiert wird. Die Bedingungen der Elektrolyse für eine optimale Fe-Gewinnung werden erläutert. Der Geh. an ^{55}Fe u. ^{59}Fe wird dann mittels eines Durchfluß-Geiger-Zählers gemessen, wobei durch Messung mit Absorptionsfolien aus Be u. Pt die von den beiden Nucliden stammenden Impulse getrennt werden. Die Meth. wurde bei Unterss. des Fe-Stoffwechsels im Blut mit Erfolg angewandt. W. Reusse. 5727 □

Quantitative Bestimmung der Nucleinsäuren im Menschen- und Tierblut. P. W. Ssimakow. (Вопросы Питания [Fragen d. Ernähr.] **19.** Nr. 6. 69—71. Nov./Dez. 1960. Moskau, Inst. für Ernährung der Akad. der Wiss. der UdSSR, Abt. für Kinderernährung; Labor. für Ernährungsphysiol. des wachsenden Organismus.) (Russ.; Auszug: Engl.)

0,1 ml Blut, 1,4 ml W. u. 13,5 ml 0,6n $HClO_4$ werden 20 Min. auf dem sd. Wasserbad erwärmt. Das abgekühlte Gemisch wird 10—15 Min. bei 1500 U/min zentrifugiert. Das bei 270 u. 220 mμ photometrierte Zentrifugat ergibt Werte, die nach einer Formel den %-Geh. an *Nucleinsäuren* (**I**) im Blut angeben. Eine Best. kann in 1 Std. durchgeführt werden. **I**-Geh. im Blut von Erwachsenen u. Kindern bzw. von Ratten werden erörtert.
S. Baryschnikow. 5727

Eine spezifische Methode zur Bestimmung von freiem Acetat in Blut und Geweben. F. Lundquist, Ulla Fugmann und H. Rasmussen. (Biochem. J. **80.** 393—97. Aug. 1961. Copenhagen, Univ., Inst. für forens. Med.) (Engl.)

Eine spezif., enzymat. Meth. zur Best. von freiem Acetat im Bereich von 1—15 μg in einem Vol. von $\leq$ 3 ml wird beschrieben. Das Verf. umfaßt die Diffusion in Conway-Mikrodiffusionseinheiten u. die Rk. mit Sulfanilamid mittels eines Enzympräparates aus Taubenleber, das bei —20° in Phiolen aufbewahrt 1 Jahr u. länger stabil bleibt. Die Genauigkeit der Meth. beträgt 0,3 μg unabhängig von der Konz. des erfaßten Bereiches. Störmöglichkeiten u. deren Berücksichtigung werden erörtert. Die Best. in Blutplasma, Serum, Urin u. Lebersuspension wird beschrieben. H. Liese. 5727 □

Die Bestimmung von Calcium-45 in Knochenlösungen. Donald E. Pickering, Helen L. Reed und Robert L. Morris. (Analytic. Chem. **32.** 1214—15. Aug. 1960. Portland, Oreg., Univ. of Oregon Med. School, Dep. of Biochem. and Pediatrics.) (Engl.)

Vff. verwenden an Stelle eines fl. Scintillators einen spiralförmigen, capillaren Phosphor aus Scintillatorsubstanzen in Polyvinyltoluol. Das Vol. der Capillare beträgt 0,234 $\pm$ 0,002 ml. Die Proben bestehen aus 0,5 ml salpetersauren Lsgg. von veraschten Knochen. Die Selbstabsorption ist sehr gering, der Nulleffekt beträgt 10—12 Impulse/Minute. Die Gesamtauflsg. beträgt 10,9%. G. Ewald. 5750 □

Hans Fuhrmann, Hamburg, **Analytische Prüfung von Flüssigkeiten durch Zusatz von Indicatoren, Puffern und Komplexonen,** dad. gek., daß man der zu prüfenden Fl. in einer ersten Meßstufe (**I**) mindestens Indicatoren u. einem weitergeleiteten Teil der Fl. in einer zweiten **I** in konst. eingestellter Menge die weiteren Zusätze hinzufügt, wobei die sich in beiden **I** ergebenden Farbtöne nach der Differenz-Meth. vergleichend gemessen werden. Das Verf. dient bes. zur Best. der *Härte von*

Kesselspeisewasser, aber auch des *Zucker-*, *Chlor-* u. *Ozon-Geh. von Flüssigkeiten.* Als Indicator dient im ersten Falle Chromogenschwarz, im zweiten Anthron, im dritten u. vierten Tetramethyl-4.4-diaminodiphenylmethan. (**D. A. S. 1 103 642** Kl. 421 vom 9/11. 1955, ausg. 30/3. 1961.) W. v. HUHN. 5063

Siemens & Halske Akt.-Ges., Berlin und München (Erfinder: Gustav Schulz, Karlsruhe), **Nichtdispersiver Ultrarot-Absorptions-Gasanalysator** mit zwei in einer Richtung verlaufenden parallelen Strahlenbündeln, in denen die mit dem Analysengas (**I**) gefüllte ein- oder zweiteilige Analysenkammer liegt, nach welcher die gasgefüllten, elektr. Berührungsthermometer enthaltenden Empfängerkammern (**II**) angeordnet sind, dad. gek., daß die eine **II** mit dem **I** oder einem Ersatzgas mit gleichem Absorptions-Verh. gefüllt ist u. daß die andere **II** mit einem im gleichen ultraroten Bereich durchlässigen Gas gefüllt ist. (**D. A. S. 1 098 243** Kl. 421 vom 30/7. 1957, ausg. 26/1. 1961.) W. v. HUHN. 5087

Erich Heftmann, ed., Chromatography: adsorption, partition, ion exchange, electrochromatography, column, slab, paper, gas. New York: Reinhold. 1961. (753 S. m. Abb.) $ 17,50.

R. Kaiser, Gas-Chromatographie. 2., unveränderte Aufl. Leipzig: Akademische Verlagsgesellschaft Geest & Portig. 1962. (X + 223 S. m. 125 Abb. u. 17 Tab.) 8°. DM 32.—.

Arnošt Okáč, Analytická chemie kvalitativní. 2. Aufl. (Qualitative analytische Chemie) Prag: Verl. der Tschechoslowakischen Akademie der Wissenschaften. 1961. (552 S. m. 46 Abb.) 8°. Kčs 41,50.

—, Analyse der Metalle. Bd. 2: Betriebsanalysen. 2. neubearb. Aufl. Teil 1. 2. Berlin, Göttingen, Heidelberg: Springer. 1961. 1: (XVI + 726 S. m. Abb.) 2: (IV + 841 S. m. Abb.) Zus. DM 158,—.

H. Angewandte Chemie

I. Allgemeine chemische Technologie

Fließbilder der chemischen Technik. Kutzner. (Chem. Industrie **13.** 295—98. Mai 1961. Frankfurt/M.) (Dt.)

Es werden folgende Darst.-Weisen erörtert: 1. das Mengenfließbild, 2. das schemat. Fließbild, 3. das konstruktive Fließbild u. 4. das Meß- u. Regelfließbild. Als prakt. Beispiel wird die zeichner. Darst. eines chem. Verf. in den verschiedenen Fließbildern gezeigt. G. BAUER. 5800 □

Analogrechner in der chemischen Industrie. Wolfgang Giloi. (Chem. Industrie **13.** 290—94. Mai 1961. Konstanz.) (Dt.)

Die Anwendungsgebiete lassen sich wie folgt gliedern: 1. Anwendung in Forschung u. Entw., 1.1 Chem. Aufgaben, 1.2 Regelungstechn. Aufgaben, 1.3 Verfahrenstechn. Aufgaben. 2. Anwendung zur Prozeßsteuerung u. Prozeßoptimierung. G. BAUER. 5800 □

Strömungstechnische Modellversuche an Ölspaltanlagen. G. Hilgers und R. Wille. (Chemie-Ing.-Techn. **33.** 251—54. April 1961. Berlin, TU.) (Dt.)

Für die Spaltgaserzeugung gibt es zwei Verff., die Spaltung mit Hilfe von Katalysatoren u. die rein therm. Spaltung. Letztere wird an Hand eines neuen Verf. erläutert, wobei in einem Turbovergaser (rotierendes Flügelrad im Innern des Vergasungsraumes) die Strömungs-, Bewegungs- u. Mischvorgänge beeinflußt werden. Die Form des Flügelrades u. der Innenausbau des Generators wurden experimentell ermittelt zwecks Feststellung der optimalen Mischung von Aerosol, Gas u. Luft. Bewährung in der Praxis, sowohl bei der Sauerstoffvergasung von Kohlenstaub als auch bei der Vergasung von fl. u. gasförmigen KW-Stoffen. A. KNICKENBERG. 5800 □

Stand der Normung im chemischen Apparatewesen. Erich Mach. (Chem. Industrie **13.** 280—81. Mai 1961.) (Dt.)

Rückschau auf die 10jährige Arbeit des Fachnormenausschusses Chem. Apparatebau im DNA. Vf. stellt abschließend fest, daß sich der Normung im chem. App.-Bau mehr Schwierigkeiten in den Weg gestellt haben, als ursprünglich erwartet wurde. Auf jeden Fall soll aber eine Normung vollständiger App. wenigstens versucht werden, sobald die Normung der Bauelemente abgeschlossen ist. G. BAUER. 5802 □

Die Berechnung chemischer Reaktoren — eine Hauptaufgabe der chemischen Technik. K. Schoenemann. (Chem. Industrie **13.** 265—71. Mai 1961. Darmstadt.) (Dt.)

Überblick über die wichtigsten Typen chem. Reaktoren u. die grundsätzlichen Gedankengänge bei der Reaktorberechnung. G. BAUER. 5802 □

Optimierungsuntersuchungen. 2. Mitt. **Optimale Temperaturgradienten in Rohrreaktoren.** R. Aris. (Chem. Engng. Sci. **13.** 18—29. Aug. 1960. Minneapolis, Univ. of Minnesota, Dep. of Chem. Engng.) (Engl.) — 1. vgl. C. **1961.** 9925.

Mit Hilfe eines dynam. Berechnungsplans läßt sich der Temp.-Gradient eines Rohrreaktors bestimmen, bei dem die Rk.-Geschw. ein Maximum erreicht. Am Beispiel der Rk. 1. Ordnung A → B → C, die in B zur Höchstausbeute führen soll, erörtert Vf. eingehend Einzelheiten der Reaktion. Die Ergebnisse der Arbeit von AMUNDSON u. BILOUS konnten bestätigt u. erweitert werden. Anknüpfend gibt Vf. die Lösung des allg. Problems an für eine Reihe gleichzeitig verlaufender Rkk. u. behandelt weitere Folgerungen. A. SANDER. 5802 □

Optimierungsuntersuchungen. 3. Mitt. **Die besten Arbeitsbedingungen in reihengeschalteten Rührwerksbehältern.** R. Aris. (Chem. Engng. Sci. **13.** 75—81. Okt. 1960.) (Engl.) — 2. vgl. vorst. Referat.

Mit Hilfe einer durch dynam. Programmierungs-Meth. erhaltenen funktionellen Gleichung lassen sich die zum Erreichen der Rk.-Höchstgeschw. erforderlichen Temp. u. Verweilzeiten in reihenweise geschalteten Rührwerksbehältern vorausberechnen. Zum Lösen solcher sich wiederholenden Rechenoperationen sind neuzeitliche Rechenmaschinen bes. geeignet. Vf. gibt ein allg. Zahlen-Syst. an, das sich sowohl für die Berechnung des Hauptstroms einer Rührwerksstraße in Reihenschaltung als auch der Teilströme parallel geschalteter Rührwerksbehälter eignet. A. SANDER. 5802 □

Optimierungsuntersuchungen. 4. Mitt. **Optimale Bedingungen für eine Einzelreaktion.** R. Aris. (Chem. Engng. Sci. **13.** 197—206. Juni 1961.) (Engl.) — 3. vgl. vorst. Referat.

Vf. erläutert die method. Ermittlung der kleinsten Verweilzeit u. des günstigsten Temp.-Profils für Rohr- u. diskontinuierliche Reaktoren. Nach dieser Meth. lassen sich bei gegebenen kinet. Werten alle Hilfsgrößenparameter berechnen. Vf. teilt die Ergebnisse für eine reversible Rk. 1. Ordnung mit. An einer Rührwerkskesselstraße lassen sich so längste Verweilzeit u. optimale Temp. für jeden einzelnen Kessel mit Hilfe einer einfachen graph. Meth. bestimmen. — 10 Literaturhinweise. A. SANDER. 5802 □

Verfahrenstechnische Anwendungsmöglichkeiten der Dünnschichtreaktoren. Aurél Ujhidy und Barnabás Babos. (Chem. Techn. **13.** 587—90. Okt. 1961. Veszprém, Univ. für chem. Ind., Inst. für organ. Chem.) (Dt.)

Es wird eine Vers.-App. beschrieben, bestehend aus einem senkrechten Rohr aus säurefestem Stahl, das mit einem in zwei Teile geteilten Heiz- bzw. Kühlmantel versehen ist, u. für die Unterss. chem. Rkk. in der fl. Phase geeignet ist. Die App. bewährte sich als Reaktor für exotherme Rkk. (Diazotierung, Nitrierung) u. für die Bearbeitung hochviscoser oder chem. instabiler Rk.-Gemische (Maschinenfett-Herst., Alkylsulfochloridverseifung). — 10 Schrifttumsangaben. F. ROSENDAHL. 5802 □

Werkstoffe im chemischen Apparatebau. W. Wiederholt. (Chem. Industrie **13.** 281—85. Mai 1961. Berlin-Dahlem.) (Dt.)

Überblick über die chem. Eigg. der Werkstoffe u. die speziellen Forderungen bei der Verw. im chem. App.-Bau. — 12 Literaturangaben. G. BAUER. 5804 □

Aluminium im chemischen Apparate- und Behälterbau. L. Bosdorf. (Chem. Industrie **13.** 558—59. Sept. 1961. Düsseldorf.) (Dt.)

Überblick. G. BAUER. 5804 □

Industrielle Wärmeübertragungsmedien für Temperaturen bis 400°. J. Szymkowiak. (Chemie-Ing.-Techn. **33.** 243—45. April 1961. Leverkusen, Farbenfabrik Bayer A.G., Ing. Abt. Angew. Phys.) (Dt.)

Als Wärmeübertragungsmittel wird in großem Umfang Diphyl verwendet. Es ist eine Mischung von 26,5 Gew.-% Diphenyl u. 73,5 Gew.-% Diphenyloxid. Das Mittel kann bis 400° verwendet werden, ohne daß die Rohre durch C-Ablagerungen verkrusten. In einer einzigen Anlage können als Wärmeleistung $10 \cdot 10^6$ kcal/h übertragen werden. Das große Kriechvermögen des Diphyls muß bei den App. u. im Rohrleitungsbau bes. berücksichtigt werden. Anwendungsbeispiele großtechn. Anlagen.

A. KNICKENBERG. 5816 □

Wärmeübergangskoeffizienten von Filmschichten in Gefäßummantelungen. F. R. Whitt. (Brit. chem. Engng. **6.** 533—36. Aug. 1961. Sutton Oak, St. Helens, Lancs.) (Engl.)

Für den Wärmeübergangs-Koeff. ummantelter Gefäße werden experimentelle Ergebnisse mit aus der Literatur bekannten Formelwerten verglichen. Bei ölbeheizten Kesseln z. B. liegen die formelmäßig berechneten Werte 1,23 mal so hoch als die gefundenen Koeff., bezogen auf Temp.-Differenzen von 33—135°. Bei wassergekühlten Rk.-Gefäßen wurde eine bedeutende Abhängigkeit des Koeff. von der Durchfluß-Geschw. des Kühlmittels festgestellt, wenn an der Kesselwandung Dampf kondensierte. Diese Abhängigkeit trat auch bei solegekühlten Gefäßen auf. R. KAISER. 5816 □

Ähnlichkeitskennzahlen für Füllkörpersäulen. Walter Michaelis. (Chem. Techn. **13.** 584—87. Okt. 1961. Dresden.) (Dt.)

Für den Fl.-Transport in Einphasenströmung u. für den Wärmetransport in reiner Gasströmung in Füllkörpersäulen werden dimensionslose Kennzahlen abgeleitet, mit denen es möglich ist, die im Schrifttum bekannt gewordenen Messungen für die Absorption schwer lösl. Gase u. für den Wärmeübergang an Kugelschüttungen darzustellen. — 10 Schrifttumsangaben. F. ROSENDAHL. 5816□

Graphische Methoden zur Berechnung von Zerstäubertürmen. Günter Biess und Heinz Viehweg. (Chem. Techn. **13.** 578—84. Okt. 1961. Leipzig.) (Dt.)

Vff. entwickelten eine graph. Meth. zur Best. der Höhe von Zerstäubertürmen, die jedoch nur dann gilt, wenn das fl. Aufgabegut als Fl. erhalten bleibt. Aber auch beim Erhalt von Trockengut können graph. Meth. zur überschlägigen Dimensionierung verwendet werden. Für die Verdampfung im Turm wird ein einfaches graph. Verf. vorgeschlagen. Ausgangspunkt der Berechnungen ist das MCCABE-THIELE-Diagramm, das für den geschilderten Zweck abgewandelt wurde. F. ROSENDAHL. 5820□

Bestimmung des Mischeffektes mit Hilfe von Turbinenrührern. Henryk Błasiński. (Przemysł chem. **39.** 768—72. Dez. 1960. Łódź, Politechn., Kat. Aparat. Przem. chem.) (Pol.)

Es wird eine Analyse des Mischeffektes J von Turbinenrührern mit u. ohne Strombrechern auf Grund der Beziehung $J = f(N \cdot t/V, n)$, (N/V angewandte Energie/Vol., t = Zeit, n = Drehzahl) durchgeführt. F. URBAN. 5822□

Fortschritte und Entwicklungen bei elektrolytischen Wasserzersetzern. Heinz Dähling. (Chem. Ind. **13.** 560—63. Sept. 1961. Sürth/Rh.) (Dt.)

Überblick über Anwendung u. Vorteile gegenüber anderen industriellen Verff. der H_2-Gewinnung. G. BAUER. 5846□

Analyse der Absorption bei Gastrennungen. Jesse Coates und Bernard S. Pressburg. (Chem. Engng. **67.** Nr. 20. 99—104. 3/10. 1960. Louisiana, State Univ.) (Engl.)

Bestimmend für Absorptionsprobleme sind die Material- u. Energiebilanz, der Verteilungsfaktor u. die Gleichgewichtskonstante. Für folgendes Beispiel werden diese Größen bestimmt u. diskutiert: Aus einem Gemisch von 10% NH_3 u. 90% Luft werden 90% des NH_3 von W. absorbiert. Vgl. des Wasserverbrauchs bei 0, 20, 40° u. Atmosphärendruck sowie bei 20° u. 2,5 at. Gegenüberstellung einer Boden- u. einer Füllkörperkolonne. Zur schnelleren Berechnung wird die EDMINSTER-Meth. angegeben. R. KRÄMER. 5848□

Untersuchungen an Kühler-Kondensoren für Gas-Dampf-Gemische. T. Mizushina, M. Nakajima und T. Oshima. (Chem. Engng. Sci. **13.** 7—17. Aug. 1960. Kyoto, Univ.) (Engl.) — Vgl. C. **1962.** 4666.

Nachprüfung der graph. Meth. zur Berechnung von Kühlerkondensoren nach MIZUSHIMA u. a. an Gemischen von Luft mit Wasserdampf, Bzl., Toluol u. CH_4 mit Hilfe eines vertikalen Einrohrkühlers zeigten gute Übereinstimmung der experimentellen Ergebnisse mit den theoret. Berechnungen. A. SANDER. 5858□

Diffusion innerhalb einer sich entwickelnden Grenzschicht und die mathematische Lösung für eine beliebige Geschwindigkeitsverteilung. F. O. Mixon und J. J. Carberry. (Chem. Engng. Sci. **13.** 30—33. Aug. 1960. Wilmington, Del., E. I. du Pont de Nemours & Co., Inc., Engng. Dep., Engng. Res. Labor.) (Engl.)

Für die Stoff- oder Wärmediffusion innerhalb einer laminaren Grenzschicht wird eine allg. Gleichung entwickelt u. für einige spezielle Fälle gelöst. Der Exponent der Sc- bzw. Pr-Zahl, der von dem Verhältnis von Konz. zur Dicke der hydrodynam. Grenzschicht abhängt, liegt dabei zwischen $^1/_2$ u. $^2/_3$. J. MARTINS. 5862□

Ein Beitrag zur Berechnung von Siebböden. Klaus Blechschmidt. (Chem. Techn. **13.** 567—77. Okt. 1961. Magdeburg.) (Dt.)

Da es keine Meth. gibt, um die Dimensionierung eines Siebbodens einwandfrei zu ermitteln, hat Vf. eine Meth. vorgeschlagen, die ohne langwieriges Probieren eine einfache Best. von Bohrungsfläche, Ablauffläche u. Bodendurchmesser auf Grund von Gas- u. Fl.-Belastungen gestattet. Die maximalen Abweichungen zwischen den berechneten u. dem sich aus dem Entwurf ergebenden Bodendurchmesser unter den genannten Voraussetzungen betragen $\pm 15\%$. Neben der Ermittlung der technolog. erforderlichen Fläche werden auch die Faktoren aufgeführt, die für ein einwandfreies Arbeiten des Bodens erfüllt sein müssen. An einem durchgerechneten Beispiel wird die Brauchbarkeit der entwickelten Meth. dargelegt. — 31 Schrifttumsangaben. F. ROSENDAHL. 5864□

Über den Einfluß von Längsdurchmischung und äußerem Stoffübergangswiderstand bei Festbettprozessen. A. Acrivos. (Chem. Engng. Sci. **13.** 1—6. Aug. 1960. Berkeley, Univ. of Calif., Dep. of Chem. Engng.) (Engl.)

Es wird ein einfacher Weg zur Best. des Einfl. der Längsdurchmischung u. des äußeren Stoffübergangswiderstandes auf den Ablauf von Festbettprozessen mit nichtlinearer Isotherme erörtert. Das Prinzip der linearen Additivität ist für nahezu linearen Verlauf der Isotherme erfüllt, für den nichtlinearen Verlauf jedoch müssen die Abweichungen mit Hilfe der angegebenen Gleichungen in Rechnung gestellt werden.
J. MARTINS. 5864 □

Stromtrocknungsverfahren für feste Stoffe. L. A. Madonna, R. F. Lama und W. L. Brisson. (Brit. chem. Engng. **6.** 524–28. Aug. 1961. Ottawa, Canada, Univ.) (Engl.)

Vff. geben die mathemat. Formulierung der Faktoren für die Stromtrocknungstechnik nach dem A. P. 2 786 280 von GISHLER u. MATHUR. Das Verf. wird bei großen, sich nicht abreibenden Feststoffteilchen, z. B. zur Trocknung von Getreidekörnern, verwendet. Unter solchen Bedingungen läßt sich die Strahlhöhe dem Fassungsvermögen einer normalen Kolonne anpassen u. vorausberechnen. R. G. KAISER. 5874 □

Pumpen für verfahrenstechnische Betriebe. W. Buschhorn. (Chemie-Ing.-Techn. **33.** 237–43. April 1961. Nürnberg, Klein, Schanglin & Becker A.-G.) (Dt.)

Konstruktive Gestaltung von sog. „Chemiepumpen" im Hinblick auf die Betriebssicherheit, die Werkstoffauswahl, die Korrosionsbeständigkeit u. die Wirtschaftlichkeit. Entw. genormter Baureihen zwecks Verminderung der Ersatzteilhaltung.
A. KNICKENBERG. 5880 □

Auswahl der Pumpen und Kompressoren. A. H. Younger und J. L. Ruiter. (Chem. Engng. **68.** Nr. 13. 117–20. 26/6. 1961. Taylor, Brit. Columbia, Phillips Petrol. Co.) (Engl.)

Vff. haben Tabellen aufgestellt, mit deren Hilfe es möglich ist, die für irgendeinen Zweck benötigten Pumpen oder Verdichter zu finden. Um die Leistung von Kompressoren zu bestimmen, werden 3 einfache Schemata angegeben.
F. ROSENDAHL. 5880 □

Auffinden von Lecken in Rohrleitungen mit verschlossenen Millicurie-Schwimmern. Robert E. Black und Walter Kerwick. (Nucleonics **18.** Nr. 8. 106–08. Aug. 1960. Warren, Mich., Gen. Motors Res. Labor.) (Engl.)

Geeignete Mengen von ^{24}Na bzw. ^{60}Co werden in Kapseln aus rostfreiem Stahl eingeschlossen u. mit der Fl. durch die Rohrleitung geschickt, die Lecke aufweist. Mit Hilfe von Detektoren für die γ-Strahlung können auch Lecke in tiefer liegenden Rohrleitungen nachgewiesen werden. Ein Diagramm für die notwendigen Aktivitäten wird angegeben. HERBERT MÜLLER. 5882 □

Ein Verfahren zum Fernhalten korrosiver oder kondensierbarer Gase beziehungsweise Dämpfe von Druckmeßeinrichtungen im Grobvakuum. Klaus G. Müller. (Chemie-Ing.-Techn. **33.** 246–48. April 1961. Hanau, W.C. Heraeus G.m.b.H.) (Dt.)

Unerwünschte Gase oder Dämpfe können vom Meßinstrument ferngehalten werden, wenn zwischen diesem u. dem Rk.-Raum eine Düse oder Blende angebracht wird, wobei der Raum zwischen der Düse u. dem Vakuummeter mit einem Inertgas gespült werden muß. Der Inertgasstrom in der Düse muß dem Diffusionsstrom des Dampfes zum Meßinstrument entgegengerichtet u. größer sein als dieser. Die Bedingungen für die richtige Dimensionierung werden abgeleitet u. experimentell überprüft.
A. KNICKENBERG. 5886 □

Die Programmsteuerung im chemischen Verfahren. Hans Müller. (Chem. Industrie **13.** 286–90. Mai 1961. Männedorf/Zürich.) (Dt.)

Überblick über die wichtigsten Aufgaben der Programmsteuerungen für den Chargenbetrieb sowie für den kontinuierlichen Betrieb mit verschiedenen Anwendungsbeispielen. G. BAUER. 5888 □

Digitale Meßwerterfassung und -verarbeitung. Günter Schüngel. (Chemie-Ing.-Techn. **33.** 266–70. April 1961. Heiligenhaus, Bez. Düsseldorf, Allg. Elektr. Ges., Fabrik Heiligenhaus.) (Dt.)

Benutzung einer Meßwertverarbeitungsanlage zum Auswerten von Meßergebnissen in tabellar. Form oder Lochkarten u. Lochstreifen. Besprechung von Meßproblemen zur Mengenerfassung für die Energiebilanz, zur automat. Berechnung von Führungsgrößen u. zur Erfassung von Meßwerten zur Produktionsbilanz u. -kontrolle.
A. KNICKENBERG. 5888 □

Elektrische Regelgeräte. H. Bürklin. (Chemie-Ing.-Techn. **33.** 255–60. April 1961. Minden/Westf., Schoppe & Faeser G.m.b.H.) (Dt.)

Es werden Regler besprochen, welche zur Lösung verfahrens- u. wärmetechn. Aufgaben dienen. Maßgebend für die Weiterentw. der App. waren der Übergang zur Bausteinbauweise elektron. Geräte mit gedruckten Schaltungen, die Verw. von Halbleitern für kontaktlose Schalteinrichtungen u. die Benutzung von Transistoren als Verstärkerelemente. A. KNICKENBERG. 5888 □

Pneumatische und elektro-pneumatische Regelgeräte. G. Pressler. (Chemie-Ing.-Techn. **33.** 260—66. April 1961. Frankfurt/M., Hartmann & Braun A. G.) (Dt.)

Beschreibung von Regel-Syst., die aus einer Reihe von Meßumformern für die verfahrenstechn. Größen u. einer begrenzten Anzahl von Regelelementen bestehen. Erweiterung der Anwendungsmöglichkeiten durch Hinzufügen von speziellen pneumat. Geräten, wodurch für bestimmte Prozesse einfache Rechenaufgaben mit verschiedenen Meßgrößen durchgeführt werden können. A. KNICKENBERG. 5888 □

Bestimmung der Grenze des laminaren Fließbereichs. Richard LeBaron Bowen jun. (Chem. Engng. **68.** Nr. 13. 127—30. 26/6. 1961. Coated Textile Mills, Inc.) (Engl.)

Bei nicht-NEWTONschen Fll. hat die Turbulenz bei verschiedenen Rohrdurchmessern verschiedene REYNOLDSsche Zahlen. Vf. zeigt eine Meth., mit der es möglich ist, den Beginn der Turbulenz im Rohr zu bestimmen, wobei der Rohrdurchmesser berücksichtigt wird. Bei Anwendung des neuen Kriteriums auf fl. Kalkmörtel u. bei Zement–Stein-Suspensionen konnte seine Brauchbarkeit bewiesen werden. F. ROSENDAHL. 5888 □

Die Klima-Prüftechnik und ihre Voraussetzungen. W. Woerner. (Chem. Ind. **13.** 565—69. Sept. 1961. Darmstadt.) (Dt.)

Vf. gibt Hinweise zur richtigen Beurteilung von Klimaprüfschränken für Klimaerprobungen in den verschiedenen Industriezweigen u. erläutert gleichzeitig die Wrkg.-Weise u. den konstruktiven Aufbau der handelsüblichen Klimaprüfschränke. G. BAUER. 5888 □

Kinetische Kurven zur besseren Planung und Durchführung katalytischer Prozesse. Donald B. Burkhardt. (Chem. Engng. **68.** Nr. 13. 115—16. 26/6. 1961. Newark, Del., von Bree, Inc.) (Engl.)

Die vom Vf. entwickelten Kurven können zur Verbesserung bestehender App. u. zur Vergrößerung der Ausbeute benutzt werden. F. ROSENDAHL. 5904 □

Herstellung eines Kupfer–Nickel-Katalysators durch thermische Bearbeitung von Kupfer–Ammonium-Chromat, das im Gasstrom zerstäubt wurde. W. G. Tscherkajew, A. A. Bag, A. A. Konstantinow und N. W. Blisnjak. (Маслобойно-Жировая Промышленность [Öl- u. Fett-Ind.] **27.** Nr. 1. 27—29. Jan. 1961.) (Russ.)

Durch wiederholte Erwärmung des gepulverten (0,25 mm Maschensieb) Cu–NH_4-Chromats (I) im Luftstrom von 500—550° wird ein Katalysator der relativen Aktivität (RA) 93 dargestellt (RA des durch übliche Erwärmung von I hergestellten Katalysators 86,4). Die RA wurde nach der Formel $RA = (E_a - E_h) \cdot 100/E_a$ berechnet, in welcher mit E_a bzw. E_h die EZ. des Ausgangs- u. des bei festgesetzten Bedingungen hydrierten Undecylensäureäthylesters bezeichnet werden. S. BARYSCHNIKOW. 5904

Ein Beitrag zur Theorie der mehrstufigen Fluidisierung. 1. Mitt. **Auslegung von mehrstufigen Wirbelreaktoren, Zusammenhänge zwischen geforderter Verweilzeit und Reaktordimensionen.** Gerhard Winterstein und Klaus Rose. (Chem. Techn. **13.** 590—94. Okt. 1961. Leipzig.) (Dt.)

Bei Anwendung der einstufigen Fluidisierung bestehen verschiedene Schwierigkeiten, die durch ein zweistufiges Verf. vermieden werden können. Man kann erreichen, daß der Feststoff unterschiedlichen Temp. ausgesetzt wird, indem man das Gegenstromprinzip des Wärmeaustauschers anwendet. Zur Best. der Verweilzeit der Teilchen in der Wirbelschicht wurden von Vff. Berechnungen u. Verss. durchgeführt, die zeigen, daß die Vers.-Ergebnisse mit den theoret. Berechnungen im Einklang stehen. Es wurde eine brauchbare Gleichung u. damit ein Nomogramm entwickelt, mit dessen Hilfe die verschiedenen Größen der Wirbelschicht bestimmt werden können. Mit einem weiteren Nomogramm können die erhaltenen Werte für die Praxis ausgenutzt werden. F. ROSENDAHL. 5904 □

Fortschritte der Wirbelbettverkokung: eine mechanisch gerührte Wirbelschicht. B. V. Molstedt und J. F. Moser jun. (Ind. Engng. Chem. **50.** 21—23. Jan. 1958. Baton Rouge, La., Esso Standard Oil Co., Louisiana Div., Esso Res. Labor.)

Beschreibung von Bau, Arbeitsweise u. Ausbringen einer Verkokungs-Vers.-Anlage (Abb.) mit einer Wirbelschicht, in der die Gas- (Dampf-) Durchströmung durch mechan. Rühren ersetzt wird. Die gewonnenen Ausbeuten an Koks u. KW-Stoffen stimmen gut mit denen überein, die die herkömmlichen Wirbelschichtanlagen liefern (Zahlentafeln). W. WESLY. 5904 □

Deutsche Gold- und Silber-Scheideanstalt vormals Roessler, Frankfurt/M. (Erfinder: Ernst Wagner und Jean Diether, Rheinfelden), **Herstellung stabiler Dispersionen von Mischoxiden** durch therm. Zers. dampfförmiger Gemische leichtflüchtiger Metall- oder Metalloid-Verbb. u. mechan. Verteilung in einem Dispersionsmittel, dad. gek., daß man bei der Herst. untergeordnete Mengen an Alkalimeta- u./oder Alkalipolyphosphaten mitverwendet. (**D. A. S. 1 116 636** Kl. 12g vom 21/7. 1954, ausg. 9/11. 1961.) H. ROOS. 5825

Connecticut Filter Corp., Stafford Springs, Conn., V.St.A. (Erfinder: Christopher John Krogel), **Herstellung von porösen Massen** in perforierten Formen, dad. gek., daß man nach E. P. 849 821 vegetabil. Faserstoffe in einer Fl. aus A. oder Aceton u. ≧30 (%) W. mechan. zu Einzelfasern aufschlägt, die Fl. durch Absaugen durch die Perforierungen entfernt u. das Prod. trocknet. Die Fl. kann ein wärmehärtbares Imprägniermittel enthalten. *Ölfilter* für Autos, Flugzeuge und so weiter. — Zeichnung. Nach E. P. 858 313 schlägt man Papierfasern, z. B. aus Sulfitstoff von Douglastannenholz, bei 2—6 Stoffdichte in einer Fl. aus 15—25 W. u. 75—85 Isobutanol auf, um sie zu fibrillieren, verd. die Masse mit der gleichen Fl. auf 0,3—0,8 Stoffdichte u. bildet daraus eine verfilzte Schicht, die nach dem Trocknen vorteilhaft mit einer (Melamin–CH_2O-) Harz-Lsg. im Vakuum imprägniert wird. *Filter* für Trinkwasser, Getränke, Speiseöle. — Mengenbeispiel, Zeichnung. (**E. PP. 849 821** vom 30/11. 1956, ausg. 28/9. 1960 u. **858 313** [Zusatz-Pat.] vom 26/4. 1957, ausg. 11/1. 1961. A. Prior. 6/7. 1956.) G. VOGEL. 5831

Forschungsgesellschaft der WABAG Wasserreinigungsbau m.b.H., (Erfinder: Alfred Kretzschmar), Kulmbach, **Rückspülbares Wasserfilter.** Der am Filtergehäuse befindliche Heber für die Ableitung des Waschwassers ist in seinem oberen Bogen mit einer abstellbaren Luftabführung und in seinem unteren Ablauf mit einem Wasserverschluß versehen. (**Schwz. P. 354 421** vom 4/11. 1957, ausg. 15/7. 1961. D. Prior. 9/1. 1957.) H. BLACHETZKI. 5831

General Motors Corp. (Erfinder: Holle Christian Luechauer), **Hydraulische Flüssigkeit und Bremsflüssigkeit,** bestehend aus Hexylenglykol (I), Äthylenglykol, Äthylenglykolmonobutyläther (II) u./oder Diäthylenglykolmonomethyläther (III), gek. durch den Zusatz von 20—40° Ricinusöl, z. B. 23,5 (Teile) **I, 30 II, 23 III** u. 23,5 Ricinusöl. (**Aust. P. 229 163** vom 25/11. 1958, ausg. 28/7. 1960. A. Prior. 17/4. 1958.) C. LÜTTGEN. 5893

General Electric Co., Schenectady, N.Y. (Erfinder: Edwin Leopold Zebroski, Los Altos, Calif.), V.St.A., **Überwachung von Kernbrennelementen.** Von der an den Brennelementen vorbeiströmenden Kühl-Fl. werden Proben entnommen. Eine davon abgetrennte Dampfphase, die Edelgas-Spalt-Prodd. enthält, wird mit einem festen Adsorbens zusammengebracht, das mindestens einen Teil der radioakt. Zerfallls-Prodd. adsorbiert. (**D. A. S. 1 106 435** Kl. 21g vom 11/5. 1959, ausg. 10/5. 1961. **F. P. 1 228 525** vom 12/5. 1959, ausg. 31/8. 1960. Beide A. Prior. 13/5. 1958.) H. KESSEL. 5895

Soc. Alsacienne de Constructions Mécaniques, Mülhausen (Erfinder: Jean Louis Aristide Gruel, Aubervilliers, und Maurice Pierre Guy Lechevallier, Le Perreux-sur-Marne), Frankreich, **Vorrichtung zum Abbremsen der Fallbewegung von Regelstäben in Kernreaktoren** mit einer Seilwinde, mit Hubmotoren u. einer Wirbelstrombremse, deren Bremswrkg. dadurch veränderbar ist, daß der Abstand der Seilnut auf der Windentrommel von der waagerechten Windenachse mit fortschreitender Fallbewegung abnimmt. Die Bremswrkg. ist zusätzlich durch Veränderung des Luftspaltes der Wirbelstrombremse veränderbar. (**D. A. S. 1 115 374** Kl. 21g vom 14/7. 1959, ausg. 19/10. 1961. F. Prior. 24/7. 1958.) H. KESSEL. 5895

United Kingdom Atomic Energy Authority (Erfinder: Herbert Chilvers Knights), London, England, **Anordnung zur Temperaturüberwachung von Kernreaktoren,** bei der Brennelementeinheiten in Kanälen in axialer Richtung hintereinander angeordnet u. Thermoelemente an einzelnen Brennelementen befestigt sind. An einem Ende einer jeden Einheit sind koaxial zu ihr ringförmige, voneinander isolierte elektr. Kontakte angeordnet. An dem anderen Ende sind voneinander isolierte elektr. Kontakte so angeordnet, daß sie mit den ringförmigen Kontakten der axial benachbarten Einheit eine elektr. Verb. herstellen. (**D. A. S. 1 115 849** Kl. 21g vom 29/7. 1959, ausg. 26/10. 1961. **F. P. 1 232 668** vom 31/7. 1959, ausg. 11/10. 1960. Beide E. Prior. 1/8. 1958.) H. KESSEL. 5895

Universal Winding Co., Providence, R.I. (Erfinder: Harry C. Lieb, Long Island, und Stanley Wallack, Jackson Heights, N.Y.), V.St.A., **Einrichtung zur unmittelbaren Erzeugung von elektrischer Energie aus Kernenergie** mit einem einen radioakt. Stoff enthaltenden Behälter aus dielektr. Material, das für die von dem radioakt. Stoff emittierten geladenen Teilchen durchlässig ist, der einen die elektr. Verb. zu dem radioakt. Stoff herstellenden Stromzuführungsdraht u. ein den Behälter umschließendes leitendes Gehäuse aufweist. Der radioakt. Stoff ist fl. oder gasförmig. Der Behälter hat eine elektr. leitende Innenfläche, mit der der Stromzuführungsdraht in leitender Verb. steht. (**D. A. S. 1 108 343** Kl. 21g vom 8/12. 1958, ausg. 8/6. 1961. **F. P. 1 211 189** vom 15/12. 1958, ausg. 14/3. 1960. **E. P. 853 930** vom 10/12. 1958, ausg. 9/11. 1960. Alle A. Prior. 16/12. 1957.) H. KESSEL. 5895

Comp. Générale de Télégraphie sans Fil (Erfinder: Jean Michel Dolique), Paris, Frankreich, **Herbeiführung von Kernfusionen** mit Hilfe einer Plasmaeingrenzungs-Vorr. mit einem ringförmigen evakuierten Gefäß, mit Mitteln zur Erzeugung eines Magnetfeldes, dessen Feldlinien parallel zu den Wänden im Innern des Gefäßes verlaufen, mit magnet. Spiegeln, die zur Einschnürung der magnet. Feldlinien in Abständen um das Gefäß verteilt sind, u. mit Mitteln zur Füllung des Gefäßes mit Plasma. Es wird ein Muster stehender transversaler hydromagnet. Schwingungen erzeugt, deren Bäuche in den Einschnürungsebenen der magnet. Spiegel liegen. (**D. A. S. 1 115 845** Kl. 21g vom 1/6. 1960, ausg. 26/10. 1961. F. Prior. 2/6. 1959. **F. P. 1 236 034** vom 2/6. 1959, ausg. 10/11. 1960.) H. KESSEL. 5895

United States Atomic Energy Commission, Washington, D.C. (Erfinder: William Randolph Baker, Orinda, Calif.), V.St.A., **Erzeugung eines Hochtemperaturplasmas,** bes. zur *Herbeiführung von Kernfusionsreaktionen,* mit einer Vorr. zur Erzeugung einer Niederdruckatmosphäre eines Rk.-Gases. Eine ringförmige Rk.-Kammer ist durch eine Mittelelektrode u. eine diese mit Abstand konzentr. umgebende Ringelektrode radial begrenzt. Zur Ionisierung des Rk.-Gases dient eine mit den Elektroden verbundene energiereiche Hochspannungsimpulsquelle. Zur Erzeugung von Teilchenumlaufbahnen um die Mittelelektrode u. zur Erhitzung des Plasmas dient ein Magnet, dessen Kraftlinien die Ringkammer durchsetzen u. unter einem Winkel (bes. senkrecht) zur Ringkammerebene verlaufen. (**D. A. S. 1 117 789** Kl. 21g vom 23/6. 1958, ausg. 23/11. 1961. **E. P. 841 792** vom 6/6. 1958, ausg. 20/7. 1960. Beide A. Prior. 26/6. 1957.) H. KESSEL. 5895

United States Atomic Energy Commission, Washington, D.C. (Erfinder: Lyman Spitzer jun., Princeton, N.J.), V.St.A., **Erzeugung eines Hochtemperaturplasmas,** bes. zur *Herbeiführung von Kernfusionsreaktionen.* Ein gasförmiger Rk.-Teilnehmer wird in einem geschlossenen Rohr auf eine in sich geschlossene Gasbahn eingeengt. Zur OHMschen Erhitzung der Bahn auf eine Zwischentemp. wirkt ein elektr. Strom auf die Bahn. Zur weiteren Erhitzung dient ein axiales Magnetfeld. (**D. A. S. 1 109 277** Kl. 21g vom 12/9. 1958, ausg. 22/6. 1961. **F. P. 1 212 290** vom 2/10. 1958, ausg. 23/3. 1960. **E. P. 866 544** vom 16/9. 1958, ausg. 26/4. 1961. Alle A. Prior. 3/10. 1957.) H. KESSEL. 5895

Erwin Marx (Erfinder: Erwin Marx, Helmut Menke und Werner Koch), Braunschweig, **Erzeugung eines Hochtemperaturplasmas,** bes. zur *Herbeiführung von Kernfusionsreaktionen.* Die Plasma-Temp. wird unter der Wrkg. elektromagnet. schnell bewegter Lichtbögen durch wenigstens teilweise Umwandlung der gerichteten kinet. Energie der Bogenplasmen in therm. Energie bei der Bremsung der Lichtbogenbewegung erhöht. (**D. A. S. 1 097 053** Kl. 21g vom 9/6. 1958, ausg. 12/1. 1961.) H. KESSEL. 5895

VEB Vakutronik, Dresden (Erfinder: Max Steenbeck, Jena), **Erzeugung eines Hochtemperaturplasmas,** bes. zur *Herbeiführung von Kernfusionsreaktionen.* Dipole, bes. Schleifendipole, sind so an der Innenwand des Rk.-Gefäßes angeordnet u. mit energiereichen phasenabgestimmten Hochfrequenzimpulsen gespeist, daß durch die ausgesandten Transversalwellen in einer zentralen Rk.-Zone hohe Leistungsdichten hervorgerufen werden. (**D. A. S. 1 100 830** Kl. 21g vom 2/5. 1958, ausg. 2/3. 1961.) H. KESSEL. 5895

E. W. Becker, Karlsruhe, **Erzeugung eines Hochtemperaturplasmas,** bes. zur *Herbeiführung von Kernfusionsreaktionen.* H- oder He-Isotope werden bei $< -180^0$, bes. bei $< -250^0$, in den evakuierten Rk.-Raum eingeführt, bes. durch Expansionsdüsen. (**D. A. S. 1 107 842** Kl. 21g vom 5/5. 1959, ausg. 31/5. 1961.) H. KESSEL. 5895

Nicholas C. Christofilos, Berkeley, Calif., V.St.A., **Erzeugung eines Hochtemperaturplasmas,** bes. zur *Herbeiführung von Kernfusionsreaktionen.*, unter Verw. eines langen, prakt. zylindr. evakuierten Rk.-Gefäßes, um das zur Bldg. eines koaxialen Magnetfeldes im mittleren Hauptteil eines Wicklung mit konstanter Amperewindungszahl je Längeneinheit u. zur Bldg. eines magnet. Spiegels an den Gefäßenden je eine Wicklung mit größerer Amperewindungszahl je Längeneinheit angeordnet ist. Elektronen werden außerhalb des Rk.-Gefäßes auf relativist. Geschw. gebracht, unter einem kleinen Winkel zu einer zu dem Magnetfeld orthogonalen Ebene tangential in das Gefäß eingeführt u. auf eine Bahn geleitet, die innerhalb des Gefäßes auf einer gedachten koaxialen Zylinderfläche verläuft. Durch Änderung der Magnetfeldstärke an der Einführungsstelle werden die Elektronen eingefangen u. achsenparallel fortgeführt, so daß eine zylindr. Schicht von um die Magnetfeldachse mit relativist. Geschw. umlaufenden Elektronen entsteht. Es werden Atome niederen Atom-Gew. in das Rk.-Gefäß eingeleitet, bes. H-Isotope. (**D. A. S. 1 116 834** Kl. 21g vom 22/8. 1958, ausg. 9/11. 1961. **F. P. 1 209 635** vom 22/8. 1958, ausg. 2/3. 1960.) H. KESSEL. 5895

Comp. Générale de Télégraphie sans Fil (Erfinder: Robert W. Warnecke und Oskar Dohler), Paris, Frankreich, **Erzeugung hoher Plasmatemperaturen** mit Hilfe magnet. Spiegel u. mit Mitteln zur Erhöhung der Teilchenenergie in den Ebenen senkrecht zum magnet. Begrenzungsfeld. Im Innern der Vorr. wird ein 2. Magnetfeld senkrecht zum magnet. Begrenzungsfeld aufgebaut. (**D. A. S. 1 102 302** Kl. 21g vom 5/2. 1960, ausg. 16/3. 1961. F. Prior. 6/2. 1959. **F. P. 1 224 262** vom 6/2. 1959, ausg. 23/6. 1960.) H. KESSEL. 5895

Comp. Générale de Télégraphie sans Fil (Erfinder: Hubert Leboutet und Jean Michel Dolique), Paris, Frankreich, **Erzeugung eines Hochtemperaturplasmas,** bes. zur *Herbeiführung von Kernfusionen.* In ein evakuiertes Ringgefäß, in das ein Plasma eingespritzt wird u. das unter der Wrkg. eines Magnetfeldes steht, werden ultrahochfrequente Wellen eingeführt, die sich in dem Raum zwischen dem eingegrenzten Plasma u. der Gefäßwand ausbreiten. (**D. A. S. 1 110 336** Kl. 21g vom 4/5. 1960, ausg. 6/7. 1961. F. Prior. 14/5. 1959. **F. P. 1 234 271** vom 14/5. 1959, ausg. 17/10. 1960.) H. KESSEL. 5895

United States Atomic Energy Commission, Germantown, Md. (Erfinder: Nicholas Constantine Christofilos, Oakland, Calif.), V.St.A., **Erzeugung eines Hochtemperaturplasmas** mit Vorr. zum Erzeugen eines axialsymm. Magnetfeldes in einem evakuierten Gefäß, Vorr. zum Einschießen von Elektronen, um innerhalb des Magnetfeldes eine sich drehende zylindr. Schicht von relativist. Elektronen zu bilden, die ein Eigenmagnetfeld erzeugen, das zusammen mit dem axialsymm. Magnetfeld ein resultierendes elektromagnet. Feld mit geschlossenem Feldlinienverlauf zum Einschließen des Plasma ergibt, u. Vorr. zum Erzeugen eines Plasmas innerhalb des geschlossenen Feldlinienverlaufs. Außerhalb der Endbereiche des geschlossenen Magnetfeldes sind 2 Magnetspulen koaxial angeordnet, um den axialen Druck des Plasmas zu kompensieren. (**D. A. S. 1 106 434** Kl. 21g vom 19/8. 1959, ausg. 10/5. 1961. **F. P. 1 252 036** vom 14/8. 1959, ausg. 3/5. 1961. Beide A. Prior. 19/8. 1958.) H. KESSEL. 5895

United Kingdom Atomic Energy Authority (Erfinder: Robert Carruthers), London, England, **Plasma-Reaktionskammer zur Erzeugung von Starkstrom-Ringentladungen,** bes. zur *Herbeiführung von Kernfusionsreaktionen.* Voneinander isolierte, eine Wandung bildende Metallbauteile weisen dem Plasma eine Oberfläche zu, die kleiner als die zur Bldg. eines Lichtbogens erforderliche krit. Ausdehnungsfläche ist. (**D. A. S. 1 097 583** Kl. 21g vom 19/6. 1958, ausg. 19/1. 1961. **F. P. 1 210 767** vom 19/6. 1958, ausg. 10/3. 1960. **Belg. P. 568 742** vom 19/6. 1958, ausg. 18/11. 1960. Alle E. Prior. 20/6. 1957. **E. P. 838 551** vom 20/6. 1957, ausg. 22/6. 1960.) H. KESSEL. 5895

LICENTIA Patent-Verwaltungs-G.m.b.H., Frankfurt/M. (Erfinder: Helmut Neu, Frankfurt/M., und Robert Jötten, Berlin), **Erzeugung periodischer, durch das eigene Magnetfeld eingeschlossener Gasentladungen von hoher Stromstärke,** bes. zur *Herbeiführung von Kernfusionsreaktionen.* Die prim. Wicklung eines Transformators wird über 2 antiparallele steuerbare Gleichrichteraggregate u. einen Umpolschalter aus einer ein- oder mehrphasigen Wechselstrommaschine gespeist, so daß eine Ringentladung, die die sek. Wicklung des Transformators bildet, period. in wechselnder Richtung brennt, wobei die Zündung durch die jeweilige Unterbrechung der prim. Ströme erfolgt. (**D. A. S. 1 097 052** Kl. 21g vom 30/8. 1958, ausg. 12/1. 1961.) H. KESSEL. 5895

Engelhard Industries, Inc., Newark, N.J. (Erfinder: Carl D. Keith, Munster, Ind., und Bernard Seligman, East Orange, N.J.), V.St.A., **Herstellung von Katalysatoren, die Katalysatormetall auf einem stückförmigen Al_2O_3-Träger enthalten.** Ein Al_2O_3-Hydratgemisch wird mit ca. 20—25% W. angeteigt u. stranggepreßt; die Stränge werden zerbrochen. (**D. A. S. 1 115 720** Kl. 12g vom 9/8. 1956, ausg. 26/10. 1961. A. Prior. 18/8. 1955.) H. ROOS. 5905

Österreichische Stickstoffwerke Akt.-Ges., Linz, Österreich, **Wiedergewinnung von aus dem Katalysatorbett fortgetragenen Edelmetallen,** indem man dem Katalysatorbett eine gasdurchlässige Schicht aus gekörnten Oxiden oder solche liefernden Substanzen, z. B. Marmor, Dolomit, Magnesit, nachschaltet u. die darauf zurückgehaltenen Edelmetallteilchen dadurch zurückgewinnt, daß man die Oxide in einem Lsgm., in dem die Edelmetalle nicht lösl. sind, z. B. HNO_3, löst u. aus dem Rückstand die Edelmetalle in bekannter Weise isoliert. (**Belg. P. 568 712** vom 18/6. 1958, ausg. 18/11. 1960. It. Prior. 21/6. 1957.) K. DEMMLER. 5905

Victor Mfg. & Gasket Co., Chicago, Ill., V.St.A. (Erfinder: **Stephen Martin Lillis**), *Herstellung von Asbestpapier mit anorganischen Bindemitteln.* (**E. P. 810 894** vom 18/2. 1957, ausg. 25/3. 1959. — C. **1959.** 4266 [A. P. 2 791 159].)

Dow Chemical Co., Midland (Erfinder: **Jacob Eichhorn**, Saginaw), Mich., V.St.A., *Sulfonieren eines benzollöslichen, thermoplastischen Harzes unter Entfernen von Schwermetallionen.* (**D. A. S. 1 094 984** Kl. 39c vom 28/2. 1955, ausg. 15/12. 1960. A. Prior. 1/3. 1954. — C. **1958.** 11337 [E. P. 766 764].)

Gesellschaft für Linde's Eismaschinen Akt.-Ges., Deutschland, *Entfernung von CO_2 bei der Luftfraktionierung.* (**F. P. 1 209 348** vom 31/7. 1958, ausg. 1/3. 1960. D. Prior. 31/7. 1957. — C. **1959.** 12347 [D. A. S. 1 044 127].)

Kurt Peters, Wien, Österreich, *Herstellung von Komplexverbindungen.* (**E. P. 866 718** vom 29/4. 1957, ausg. 26/4. 1961. Oe. Prior. 2/6. 1956. — C. **1961.** 5566 [D. A. S. 1 079 599].)

II. Betriebsschutz. Feuerschutz

Kohlenwasserstoffbeseitigung in Lufttrennanlagen. Ernst Karwat. (Chem. Engng. Progr. **57.** Nr. 4. 41—45. April 1961. Linde Co.) (Engl.)
Zur Verhinderung von Explosionen, die KW-Stoffe, bes. C_3H_8, in Lufttrennanlagen verursachen können, wird empfohlen, die KW-Stoffe am kalten Ende der Regeneratoren durch Gelschichten zu adsorbieren oder sie vor Eintritt in die Trennanlage zu verbrennen. W. WESLY. 5936□

Selbsttätiges Gerät zur Analyse von Kohlenwasserstoffen. L. W. Coleman. (Chem. Engng. Progr. **57.** Nr. 4. 55—58. April 1961. Rohm & Haas Co.) (Engl.)
Zur Best. von KW-Stoffen in Lufttrennungsanlagen wird die Probe in eine H_2-Flamme, die unter 300 V Spannung steht, geleitet, wodurch eine Ionisierung mit Elektronenfluß erfolgt, der mittels eines Verstärkers gemessen wird u. bei Überschreitung eines eingestellten Wertes einen Alarm auslöst. W. WESLY. 5936□

Ein Luftverschmutzungs-Phytotron. Donald F. Adams. (J. Air Pollut. Control Assoc. **11.** 470—76. Okt. 1961. Pullman, Wash., State Univ., Div. of Ind. Res.) (Engl.)
Beschreibung eines ca. 2,50 × 6 m großen, in mehrere Kammern eingeteilten Phytotrons (Abb.), das den Einfl. von Luftverschmutzungen (Fluoride) bei verschiedenen Werten von Temp., Lichtstärke, Belüftung, Feuchtigkeit u. Konz. der luftverschmutzenden Stoffe auf das Wachstum von Pflanzen zu verfolgen gestattet. — 30 Schrifttumshinweise. W. WESLY. 5948□

Pyrene Co. Ltd., Brentford, England, *Feuerschaumlöschmittel.* (**Dän. P. 84 394** vom 21/5. 1952, ausg. 10/2. 1958. — C. **1955.** 7285 [E. P. 705 915].)

III. Elektrotechnik

Die elektrischen Eigenschaften von polymeren Isolierstoffen für Hochspannungskabel. N. Parkman. (Plast. Inst., Trans. and J. **29.** 73—81. Juni 1961.) (Engl.)
Vf. teilt die geforderten elektr. Eigg. von Isolierstoffen mit. Die Differenz zwischen der maximalen Durchschlagsspannung u. den prakt. Werten wird durch therm. Zusammenbruch (dielektr. Erwärmung) u. Fehlstellen im Kunststoff hervorgerufen. Als Anwendungsbeispiele werden vulkanisierter **Kautschuk**, Butylkautschuk, Siliconkautschuk, Polyäthylen-Terephthalat, Polystyrol, Polycarbonate u. Polyvinylchlorid besprochen. H.-J. Taschow. 5956□

Die Silicone in der Elektrotechnik. R. Joly. (Ind. Plast. mod. **13.** Nr. 7. 15—20. Aug./Sept. 1961. Soc. Rhône-Poulenc.) (Franz.)
Die Verw. der Silicone in der Elektrotechnik als Isolierstoffe hoher Qualität beruht auf bes. physikal. Eigg., wie geringe Temp.-Änderung (— 70 bis + 300°), gute Beständigkeit gegen O_2, O_3, Licht u. klimat. Einfl. u. geringe Alterung. Das Wort „Silicone" umfaßt eine Klasse organ. Si-Verbindungen. Die Eigg. der verschiedenen Typen werden aufgeführt. Die Hauptverwendungsgebiete sind Maschinen mit hoher Arbeits-Temp., wie Transformatoren, Läufer, die bes. in den Tropen, in chem. Betrieben, unter Tage unter erschwerten Bedingungen arbeiten. A. KUNZE. 5956□

North American Philips Co., Inc., New York, N.Y., V.St.A., übert. von: Evert Willem Gorter, Eindhoven, Holland, **Ferromagnetische Masse** mit einem Geh. an Ti u. Co, die eine Initialpermeabilität μ' von mindestens 2 u. einen Verlustfaktor tan δ von weniger als 0,6 bei Frequenzen bis 50 **MHz** aufweist. Zur Herst. der Masse nach der allg. Formel $MCo^{a}_{II}Ti_{a}Fe^{III}_{(12-2a)}O_{19}$, in der M für Ba, Sr, Pb oder Ca steht u. a einen Wert von 1,0--1,6 hat, wird ein Gemisch der feinzerteilten Oxide bei 1200 bis 1350° in Ggw. von O_2 gesintert. — Z. B. werden 39,8 (g) $BaCO_3$, 31,8 $CoCO_3$, 19,3 TiO_2 u. 156,8 Fe_2O_3 gemischt, gemahlen, bei 1100° vorgesintert, erneut gemahlen, unter Druck verformt u. bei 1280° gesintert. (**A. P. 2 960 471** vom 23/1. 1957, ausg. 15/11. 1960. Holl. Prior. 24/1. 1956.) G. FRIKELL. 5959

International Telephone & Telegraph Corp. (Erfinder: André Pierrot, Yves Charles Eugene Lescroel, Bogdan Grabowski und Charles Louis Guillaud), **Ferromagnetisches keramisches Material** mit im wesentlichen rechtwinkliger Hysteresis, einem negativen Magnetostriktions-Koeff. u. einer Teilchengröße von 10—100 μ. Man mischt pulveriges Fe_2O_3 mit anderen Metalloxiden in solchem Verhältnis, daß das Gemisch im wesentlichen gleiche Mengen von Oxiden 3wertiger Metalle u. von Oxiden 2wertiger Metalle enthält, preßt das Gemisch mit 0,5—15 t/cm² Druck, erhitzt auf 1150—1350° unter N_2 mit höchstens 2 Vol.-% O_2 2—6 Std. u. kühlt unter N_2 16 Std. ab. Beispiele: 50 (Mol-%) Fe_2O_3 u. 50 MnO; 48 Fe_2O_3, 45,2 MnO u. 6,8 ZnO; 50 Fe_2O_3, 40 MnO, 5 MgO u. 5 ZnO; 45 Fe_2O_3, 50 MnO u. 5 Cr_2O_3; 45 Fe_2O_3, 5 Al_2O_3, 42 MnO, 5 MgO u. 3 ZnO; 45 Fe_2O_3, 5 Cr_2O_3, 42 MnO, 5 MgO u. 3 ZnO; 45 Fe_2O_3, 31,7 MnO, 16,7 MgO u. 6,6 ZnO. (**Aust. P. 209 530** vom 18/1. 1956, ausg. 22/8. 1957. F. Prior. 3/2. u. 3/5. 1955.) W. GRÄGER. 5959

North American Philips Co., Inc., New York, N.Y., V.St.A., übert. von: Gerard Heinrich Jonker, Henricus Petrus Johannes Wijn und Poul Bernard Braun, Eindhoven, Holland, **Ferrite mit verkleinerter Initial-Permeabilität bei hohen Frequenzen.** Ferrite der allg. Formel $Q_{(1-x)}Ca_xFe^{II}_{2(1-y)}R_{2y}Fe^{III}_{16(1-z)}T_{16z}O_{27}$ werden hergestellt durch Erhitzen der entsprechenden Oxide auf 1100—1300° in Luft oder einem an O_2 reicheren Gas. In der Formel bedeutet Q Ba, Sr u./oder Pb(II), R Mg, Co, Ni, Zn, Mn u./oder den Komplex Li(I) + Fe(III)/2, T Al u./oder Cr; $x \leqq 0,4$, y 0,25 bis 1 u. $z \leqq 0,2$. Die Verb. ist hexagonal krist. u. hat eine α-Achse von ca. 5,9 Å. Ihre Initialpermeabilität bei einer Frequenz $\geqq$50 MHz ist $>$2. (**A. P. 2 955 085** vom 9/8. 1956, ausg. 4/10. 1960. Holl. Prior. 10/8. 1955.) G. FRIKELL. 5959

Centre National de la Recherche Scientifique, Paris, übert. von: Charles Guillaud, Bellevue, Frankreich, **Herstellung von Mangan, Magnesium und Zink enthaltenden Ferriten,** die hohe *magnet. Permeabilität* u. einen geringen elektr. Verlustfaktor aufweisen u. hohe Induktion zulassen. Sie werden angewendet z. B. als Umformer beim Bildfunk oder zur Übertragung hoher Impulse. Zur Herst. werden 50—56% Fe_2O_3, 24—38 MnO, 0,4—5 MgO u. als Rest ZnO in Pulverform gemischt, unter Druck verformt u. in inerter Atmosphäre auf 1200—1250° erhitzt. Die Abkühlung erfolgt in dem fast gleichen, jedoch 0,01—1 Vol.-% O_2 enthaltenden Gas. Bei dem Verf. erfolgt eine geringfügige Red., so daß im Fertig-Prod. 0,5—5,5% FeO enthalten ist. Das Prod. hat eine Permeabilität $>$1000, einen Wirbelstrom-Verlust-Koeff. $<$0,5 u. einen Hysterese-Verlust-Koeff. $<$1000. (**A. P. 2 960 472** vom 6/2. 1957, ausg. 15/11. 1960. F. Prior. 1/3. 1951.) G. FRIKELL. 5959

Soc. d'Électronique et d'Automatisme, Courbevoie, Frankreich, **Herstellung eines elektrolumineseierenden Leuchtstoffs.** Man glüht in reinem O_2 ein Gemisch aus wenigstens einem Oxid, dessen Luminescenz durch elektron. Emission eines aktivierenden Stoffes erregt werden kann, z. B. ZnO, CdO, BaO, CaO u. aus wenigstens einem aktivierenden Oxid, z. B. Mn-, Pb-, Cu-, Ag-, Tl-, Se- oder Ge-Oxide, wobei der Anteil des aktivierenden Stoffes nicht mehr als 1 Gew.-% des zu erregenden Oxides beträgt. Man erhält einen Leuchtstoff mit chem. nichtgebundenen O_2-Molekeln im Kristall. (**E. P. 850 592** vom 31/12. 1956, ausg. 5/10. 1960. F. Prior. 30/12. 1955.) K. DEMMLER. 5975

N. V. Curaçaosche Exploitatie Mij. Uto, Willemstad, Curaçao, Niederländische Antillen, **Elektrode, bestehend aus Titan und einem Überzug aus Edelmetall,** dad. gek., daß das Ti an den Stellen, die nicht völlig mit Edelmetall bedeckt sind, mit einer Schicht TiO_2, bes. in Rutilform, versehen ist, die durch Hitzebehandlung der Elektrode, z. B. bei 800°, in oxydierender Atmosphäre erzeugt ist. (**E. P. 869 865** vom 22/10. 1958, ausg. 7/6. 1961. Holl. Prior. 24/10. 1957.) K. DEMMLER. 5993

N. V. Curaçaosche Exploitatie Mij. Uto, Willemstad, Curaçao, Niederländische Antillen, **Anode, bestehend aus Ti und einem Überzug aus Edelmetall.** An den porösen Stellen des Überzugs wird nach dem Aufbringen des Edelmetalls elektrolyt. eine Schutzschicht von TiO_2 erzeugt. (**E. P. 855 107** vom 3/4. 1958, ausg. 30/11. 1960. Holl. Prior. 9/4. 1957.) K. DEMMLER. 5993

Solvay & Cie., Brüssel, Belgien, **Periodische Regulierung des Abstandes zwischen den Anoden und der Kathode einer elektrolytischen Zelle mit horizontal fließender Quecksilberkathode.** Man bewegt jede der Anoden in aufeinanderfolgender Weise gegen die Kathode, bis die Anode die Kathode berührt u. zieht dann die Anode auf den Abstand zurück, bei dem die Elektrolyse mit optimaler Wirksamkeit durchgeführt werden kann. — Vorrichtung. (**E. P. 853 360** vom 31/1. 1958, ausg. 2/11. 1960. Belg. Prior. 9/2. 1957.) K. DEMMLER. 5993

A/B Tudor, Stockholm, Schweden, *Elektrode für galvanische Elemente.* (**Dän. P. 85 636** vom 30/5. 1951, ausg. 8/9. 1958. — C. **1955.** 2505 [Finn. P. 26 808].)

Leonard Fuller und **Edmund William Sudlow** (Erfinder: **Leonard Fuller**), *Separatoren für Akkumulatoren.* (**Aust. P. 222 930** vom 20/12. 1957, ausg. 13/8. 1959. E. Prior. 28/12. 1956. — C. **1961.** 11088 [E. P. 817 079].)

Paul Delahay, ed., Advances in electrochemistry and electrochemical engineering. Vol. 1: Electrochemistry. New York, London: Interscience. 1961. (IX + 326 S. m. Tab. u. Diagr.) 90 s.

IV. Wasser. Abwasser

Versuche einer allgemeinen Theorie über Süßwasser. 1. Mitt. **Bestimmung des Ionengehaltes im Wasser.** R. Girard. (Eau **47.** 66—70. März 1960.)
Behandelt werden Ionenstärke, Gleichgewichts-Konst., die graph. Behandlung der CO_2-Gleichgewichte, der Einfl. des Salz-Geh. auf den pH-Wert u. die Anwendung von Nomogrammen an Stelle der graph. Darstellung. Ein Beispiel der Best. des Ionen-Geh. eines W. wird gegeben. E. BOYE. 6010□

Einige Gesichtspunkte zum Thema Ionenaustausch. C. Chapman. (J. Ramsey Soc. chem. Engr. **7.** 19—26. 1960.) (Engl.)
Allg. Abhandlung über Ionenaustauscher u. Ionenaustauschmembranen unter besonderer Berücksichtigung wirtschaftlicher Gesichtspunkte. Gegenüberstellung der Kosten der Entsalzung des W. durch Dest., mit Ionenaustauschern u. durch Elektrodialyse. R. KRÄMER. 6020□

Über die Auswahl und Anwendung magnetischer Strömungsmesser. Leo Carroll. (Water Sewage Works **108.** 48—54. Febr. 1961. Warmister, Pa., Fischer & Porter Co.) (Engl.)
Prinzip, Bauweise, Merkmale u. Installation der magnet. Strömungsmesser zur Wassermengenmessung, die nach dem FARADAYschen Induktionsgesetz arbeiten, werden beschrieben. Ihre Anzeige ist unabhängig von Viscosität, Schlamm, Dichte, Leitungsquerschnitt, Temp. u. Druck. Eine Mindestschwelle der Leitfähigkeit des W. ist für die Anzeige notwendig. Der Anzeigebereich ist im Verhältnis 3000:1 variabel, die Genauigkeit beträgt $\pm 1\%$. Das Anzeigegerät kann bis zu 2000 ft. vom Meßpunkt entfernt sein. Die Anwendung des Meßgerätes in Abwasserreinigungsanlagen (Tropfkörper, Belebtbecken, Abwasserzulauf) u. zur Trinkwassermessung wird beschrieben. W. SCHÖNBORN. 6034□

Zeta-Potential — eine neue Größe bei der Wasserbehandlung. Thomas M. Riddick. (Chem. Engng. **68.** Nr. 13. 121—26. 26/6. 1961.) (Engl.)
Das Zetapotential (ZP) ist das Maß der elektrostat. Ladung (in Millivolt), die jedes in W. suspendierte Teilchen umgibt. Die Umgebung einer Wassertrübe ist elektronegativ u. stark genug, um eine deutliche gegenseitige Abstoßung zu erwirken. So bleiben Koll. des Rohwassers u. Protein-Koll., wie z. B. bei Magermilch, in der Schwebe. Wird die Ladung solcher Teilchen gleich Null, so hören die Abstoßungen auf. Bei starkem Rühren tritt durch Adhäsion, Kohäsion u. mechan. Zusammenstöße Agglomeration ein. Darauf setzen sich die Teilchen ab. Nach Erörterung der theoret. Grundlagen schildert Vf. die Anwendung der Erscheinungen bei der Aufarbeitung von W. unter ständiger Kontrolle des ZP. F. ROSENDAHL. 6040□

Über die Adsorption von mehrwertigen Phenolen aus Industrieabwässern. A. Dierichs und L. Jaehn. (Bull. Centre belge Étude Doc. Eaux **1958/II.** 142—45. Freiberg/Sa.) (Franz.) — C. **1960.** 10358. G. BAUER. 6040□

Neue Wege zum Reinhalten der Gewässer. Rückgewinnung von Schwefelsäure und Eisenoxid aus Eisensulfat. H. Werth. (Chem. Ind. **13.** 563—64. Sept. 1961. Leverkusen.) (Dt.)
Beim Beizen des Fe zum Ablösen des Zunders u. bei der Produktion von Titanweiß fällt $FeSO_4 \cdot 7\,H_2O$ in beträchtlichen Mengen an. Ausführliche Beschreibung des von den FARBENFABRIKEN BAYER AG. entwickelten Verf. zur Verwertung des sonst in das Grundwasser oder in die Flußläufe geleiteten Fe-Salzes. Hierbei gewinnt man H_2SO_4 u. Fe_2O_3, das als Rohstoff zur Roheisen-Herst. im Hochofen dient. G. BAUER. 6042□

Der Belebtschlammprozeß und seine Zukunft in Südafrika. D. W. Osborn. (J. Proc. Inst. Sewage Purificat. **1959.** 352—60.) (Engl.)

Es werden die biolog. u. chem. Vorgänge bei verschiedenen Belebtschlammprozessen aufgezeigt u. die einzelnen Prozesse auf ihre Anwendbarkeit unter südafrikan. Verhältnissen geprüft. W. Hirte. 6044□

Photosynthetische Oxydation. Harold Wilson. (J. Proc. Inst. Sewage Purificat. **1959.** 335—44.) (Engl.)

Übersicht über die Anwendungsmöglichkeiten der photosynthet. Oxydation durch Algen. Die Reinigung der Abwässer durch Algen wird in Zukunft größere Bedeutung erlangen, wenn das Abwasser nicht zu sehr verschmutzt ist u. damit kein zu niedriges Redoxpotential vorhanden ist u. günstige Lichtverhältnisse herrschen. Weiterhin wird die Perspektive der Produktion von Algen als Nahrungsmittel behandelt. Abwässer können als Nährstoffquelle dienen, da sie alle für die Algen notwendigen Makro- u. Mikronährstoffe sowie Vitamine u. Hormone in ausreichendem Maße enthalten.
W. Hirte. 6044□

Sauerstoffquellen des Gezeitenwassers. John P. Barlow und Richard T. Myren. (Water Sewage Works **108.** 68—71. Febr. 1961. Ithaca, N.Y., Cornell Univ., Dep. of Conservation.) (Engl.)

In der Mündung des Forgeflusses, Long Island, N.Y., wurde an verschiedenen Stellen zwischen Land u. Meer der Geh. an O_2, organ. Substanz ($KMnO_4$-Verbrauch) u. Salz sowie die Lichtdurchlässigkeit des W. gemessen u. aus den Pflanzenpigmenten unter Berücksichtigung der Lichtstärken die pflanzliche O_2-Produktion nach Ryther u. Yentsch bestimmt. Das Verhältnis O_2-Verbrauch zu O_2-Produktion war in den dem Meere näheren Zonen größer als in den landeinwärts gelegenen. Die Ergebnisse werden im Zusammenhang mit der O_2-Aufnahme aus der Luft u. dem Gezeitenwechsel diskutiert. W. Schönborn. 6060□

Membranfiltertechnik. I. J. Benedict. (Water Sewage Works **108.** 74—76. Febr. 1961. San Antonio, Tex., City Water Board.) (Engl.)

Vergleichende Unterss. über den Geh. coliformer Bakterienkeime in neuverlegten Wasserleitungsrohren mit der Membranfilter-Meth., der Standard-Meth. u. der Eosin-Methylenblau-Meth. zeigten übereinstimmende Ergebnisse. Die Zeit bis zum Vorliegen des Ergebnisses betrug bei der Membranfilter-Meth. nur 18 Std. gegenüber 5 Tagen bei den Standardmethoden. W. Schönborn. 6064□

Gebrüder Giulini G. m. b. H., Ludwigshafen/Rh., *Wasserbehandlung mit schwerlöslichen Phosphaten.* (**Dän. P. 84 324 vom 26/1. 1956, ausg. 27/1. 1958. — C. 1959. 6595** [E. P. 785 626].)

V. Anorganische Industrie

Beiträge zur Kenntnis des Gleichgewichts beim Prozeß der Carbonisierung der Ammoniaklauge. C. Calistru und Cornelia Leonte. (Bul. Inst. Politehnic Iaşi [N.S.] **4** (8). Nr. 3—4. 135—40. 2 Tafeln. 1958.) (Rum.)

Aus Literaturdaten wird der bei der Carbonisierung gesätt. u. verd. NH_3-Lsgg. bei verschiedenem Verhältnis $NaCl/NH_3$ erzielbare Carbonisierungsgrad (CG) berechnet u. in quadrat. Diagrammen für CG 200 u. 30° u. in kub. Diagrammen für CG 180 u. 195 u. 15° dargestellt. Die Anwendung der Berechnungen auf Bohr-Lsgg. wird erörtert.
R. K. Müller. H 243□

Der Stickstoff und seine Verbindungen in der modernen chemischen Industrie. G. Génin. (Ind. chimique **43.** 337—41. Nov. 1956. **44.** 166—71. Juni. 209—11. Juli 1957. **45.** 2—7. Jan. 171—76. Juni 1958. **46.** 75—80. März. 145—52. Mai. 345—50. Nov. 1959. **47.** 243—47. Aug. 1960. **48.** 76—81. März. 329—34. Okt. 1961.)

Zusammenfassender Überblick. M. Winiker. H 243

Nutzung von minderwertigem Graphit von Gobag, Purulia. K. K. Majumdar. (Sci. and Cult. [Calcutta] **23.** 658—59. Juni 1958. Indian School of Mines and Appl. Geol. Dhanbad.) (Engl.)

Flotations-Verss. an glimmerhaltigem Graphitschiefer ergaben eine mehr als 94%ig. Ausbeute. H. Moenke. H 260□

Die Möglichkeit neuer Produktionen auf Salzgrundlage. Anonym. (Akad. tekn. Vidensk., Beretn. Nr. **35.** 101—05. Juli 1959.) (Dän.)

Überblick über die Anwendungsmöglichkeiten für Steinsalz u. Hartsalz (*Na_2CO_3, Cl_2, Na-Perborat, Na, Na_2O_2*) u. Aussichten für deren Ausdehnung.
R. K. Müller. H 274□

William John Morris (Erfinder: Charles Athod Pierard), **Vermeiden von Chlorgeruch** beim Arbeiten mit Lsgg., die freies Cl_2, Hypochlorite oder Chloramine enthalten durch Zusetzen von geringen Mengen eines Aldehyds, bes. Paracetaldehyd oder Benzaldehyd. — Beispiel: Zu 1 Liter 4%ig. Cl_2-Lsg. werden 5 cm^3 Paracetaldehyd zugesetzt. Der Chlorgeruch wird dadurch völlig überdeckt. (**Aust. P. 209 080** vom 29/3. 1956, ausg. 25/7. 1957. Neuseel. Prior. 1/4. 1955.) W. GRÄGER. H 247

Phillips Petroleum Co., Bartlesville, Okla., V.St.A., **Herstellung von Ruß.** Man führt einen KW-Stoff, z. B. ein Teeröl, axial u. einen Strom aus einem fl. Brennstoff u. einem O_2 enthaltenden Gas, z. B. ein aromat. Öl u. Luft, tangential in eine Vorverbrennungszone ein u. zersetzt in der sich anschließenden Rk.-Zone den KW-Stoff durch direkten Wärmeaustausch mit den den KW-Stoff-Strom schraubenförmig umgebenden Brenngasen zu Ruß, wobei Brennstoff u. Luft mittels sich kreuzender Sprühkegel vermischt werden. — Vorrichtung. (**E. P. 857 256** vom 27/4. 1959, ausg. 29/12. 1960. A. Prior. 8/5. 1958.) K. DEMMLER. H 260

Ebenseer Solvay-Werke Solvay & Cie. K.G., Wien (Erfinder: Helmut Rainer, Ebensee), Österreich, **Herstellung von stabilem Dicalciumphosphatdihydrat.** Man setzt verd. H_3PO_4 mit einer wss. Suspension von $CaCO_3$ bei ca. 60° um u. behandelt den Nd. anschließend mit einer wss. Alkalipolyphosphat-Lsg., z. B. Na-Tripolyphosphat, in Mengen von 0,3—3%, bezogen auf das Trocken-Gew. des Nd. zwischen 30 u. 100°. — An Stelle von Na-Tripolyphosphat kann auch Na-Hexametaphosphat verwendet werden. (**Oe. PP. 212 803** u. **212 804** vom 9/7. 1959, ausg. 10/1. 1961.) W. WITTHOLZ. H 264

Philips Electrical Industries Ltd., London, England, **Herstellung von Zinkselenid.** H_2 wird auf 900—1200° erhitzt u. fein verteiltes $ZnSeO_3$ so in diesen H_2-Strom eingetragen, daß es rasch die genannte Temp. erreicht. — Vorrichtung. (**E. P. 806 566** vom 25/4. 1957, ausg. 31/12. 1958. Holl. Prior. 28/4. 1956.) E. MIESSGANG. H 288

General Electric Co., New York, N.Y., V.St.A., **Herstellung von polykristallinem Al_2O_3** mit verbesserter Durchlässigkeit für sichtbare u. IR-Strahlung. Feinteiliges Al_2O_3 mit ca. 0,5 Gew.-% MgO wird bei wenigstens 1700°, bes. 1850—1900°, im Vakuum oder in H_2-Atmosphäre gebrannt; zweckmäßig läßt man einen Brand in O_2-Atmosphäre bis zu 1000° 1 Std. vorangehen. — Diagramme. (**Oe. P. 212 280** vom 4/7. 1959, ausg. 12/12. 1960.) W. WITTHOLZ. H 294

Československá Socialistická Republika, Tschechoslowakei (Erfinder: Walter Singer, Dessau-Haidelburg), **Gewinnung von Chlor neben Aluminiumsalzen aus Aluminiumchlorid,** das z. B. durch die Zers. von Al_2O_3-haltigen Rohstoffen mittels HCl erhalten wurde, dad. gek., daß man dem $AlCl_3$ bei 50—125° konz. HNO_3 zusetzt, wobei das entweichende chlorhaltige Gas auf bekannte Weise mittels H_2SO_4 gereinigt wird. — Beispiel: $AlCl_3 \cdot 6\,H_2O$ wird in der wenigstens 60% freie HNO_3 enthaltenden Mutterlauge suspendiert, so daß eine fl., ca. 10% $AlCl_3$ enthaltende Suspension resultiert; diese läßt man bei 120° in einer Füllkörperkolonne herabrieseln, so daß eine sd. Lsg. von $Al(NO_3)_3$, H_2O u. überschüssiger HNO_3 abfließt. Man leitet in diese Lsg. fl. konz. HNO_3 ein, so daß ihre, in der Kolonne aufsteigenden Dämpfe mit dem $AlCl_3$ unter Bldg. von Nitrat unter Freiwerden von Cl_2 u. Nitrosylchlorid reagieren. Die entweichenden Gase werden in einem Turm mit H_2SO_4 gewaschen. Das $Al(NO_3)_3$ wird mit NH_3 zu NH_4NO_3 umgesetzt. (**Tschech. P. 97 914** vom 24/9. 1959, ausg. 15/1. 1961. D. Prior. 16/12. 1958.) L. MACHER. H 294

Biologisch-Chemische Forschungs- und Produktionsgesellschaft Tögel, Hatschek & Co. (Erfinder: Rudolf Hatschek, Rudolf Tögel und Harald Nüring), Wien, Österreich, **Kontinuierliche Herstellung von Aluminiumsulfat.** Eine wss. Al-Oxidhydratsuspension u. H_2SO_4 werden in stöchiometr. Verhältnis durch gesteuerte Dosierpumpen mit erheblicher Strömungs-Geschw. in einem Reaktor unter heftigem Rühren zusammengeführt, wobei die Strömungs-Geschw. der Rk.-Masse in den Mischdüsen des Reaktors nicht unter 1 m/s u. deren Gesamtverweilzeit im Reaktor mindestens 30 Sek. beträgt. Die Masse wird in einem Durchflußkühler unter 100° gekühlt u. durch bes. ausgebildete Düsen oder Schlitze ausgepreßt, wobei ihre kinet. Energie zur Bldg. einer kleinteiligen Handelsform ausgenutzt wird. (**Oe. P. 213 375** vom 5/5. 1959, ausg. 10/2. 1961.) W. WITTHOLZ. H 294

E. I. du Pont de Nemours & Co., Wilmington, Del., V.St.A., **Gewinnung von Wolframverbindungen** aus W-haltigen Erzen. Das zerkleinerte Ausgangsmaterial wird bei 900—1100° mit Wasserdampf behandelt. Dabei dest. WO_3 ab u. wird kondensiert. (**E. P. 845 652** vom 10/3. 1958, ausg. 24/8. 1960. A. Prior. 25/3. 1957 u. 24/1. 1958.) H. NEBELSIEK. H 337

United Kingdom Atomic Energy Authority, London, England, **Trennen von Uran- und Vanadinverbindungen** aus wss., U- u. V-Ionen enthaltenden, sauren Lösungen. Man red. die Lsgg., so daß U als U(IV) u. V als V(III) vorliegt u. setzt eine

Phosphat-Lsg. zu, wobei man den pH-Wert der Lsg. auf 1,0—1,5 einstellt. Es fällt ein U-Nd. an, den man abtrennt. Anschließend setzt man weiteres Phosphat zu u. stellt den pH-Wert auf 2,5—3,1 ein. Den ausgefällten V-Nd. trennt man wiederum ab. (**E. P. 843092** vom 4/5. 1951, ausg. 4/8. 1960. A. Prior. 29/11. 1950.) H. Nebelsiek. H 339

United Kingdom Atomic Energy Authority (Erfinder: Thomas Garfield, Thomas Wilson und Stanley George Wilson), London, England, **Vermeiden von Korrosionen beim Aufarbeiten fluoridhaltiger, uranhaltiger Schlacken** in Behältern aus rostfreiem Stahl durch Auslaugen der Schlacke mit wss. 0,5—5n HNO_3 bei 40—80°. Bei diesem Arbeiten wird das Auftreten korrodierender HF-Dämpfe vermieden. (**D. A. S. 1 110 623** Kl. 12n vom 12/2. 1959, ausg. 13/7. 1961. E. Prior. 17/2. 1958.) H. Nebelsiek. H 339

Permutit Co. Ltd., England, **Wiedergewinnung von Uran durch Ionenaustausch.** Das am Ionenaustauscher als komplexes Carbonat-Anion adsorbierte U wird mit verd. Mineralsäure, wie HCl oder HNO_3, bes. mit n-HNO_3, unter einem Druck von mindestens 1,5 kg/cm² ausgewaschen, damit das frei werdende CO_2 in Lsg. bleibt. (**F. P. 1 195 147** vom 28/4. 1958, ausg. 16/11. 1959. E. Prior. 29/4. 1957.) W. Wittholz. H 339

United Kingdom Atomic Energy Authority, London, England, **Rückgewinnung von Uranverbindungen** aus Calutronablagerungen. Man wäscht diese mit heißem W. ab, stellt das pH der Lsg. auf 1—3 ein, läßt Eiskristalle ausfrieren, trennt diese ab u. versetzt die Lsg. mit H_2O_2. Man kühlt auf 20° ab u. trennt den erhaltenen $UO_4 \cdot 2\,H_2O$-Nd. von der wss. Lsg. ab, in der sich die Verunreinigungen, d. h. die Verbb. des Cu, Ni, Cr u. Fe befinden, ab. Den Nd. führt man durch Calcination bei ca. 325 in UO_3 über. (**E. P. 846 861** vom 4/12. 1945, ausg. 31/8. 1960. A. Prior. 30/11. 1944.) H. Nebelsiek. H 339

Carus Chemical Co., La Salle, Ill., V.St.A., **Elektrode zur elektrolytischen Herstellung von Kaliumpermanganat** bzw. zur Verw. in einer bipolaren elektrolyt. Zelle, enthaltend ein leitendes Metallblech als Anode, eine Anzahl mit diesem Blech verbundener, leitender Metallelemente, ein Drahtnetz darstellend, als Kathode. Zwischen beiden befindet sich eine Isolierschicht, die bes. aus Polystyrol besteht. — Zeichnungen. (**E. P. 860 550** vom 8/11. 1957, ausg. 8/2. 1961. A. Prior. 9/1. 1957.) H. Nebelsiek. H 350

Ethyl Corp., New York, N.Y., übert. von: George G. Ecke, Ferndale, Mich., V.St.A., **Herstellung von Mangancarbonyl** durch Rk. von CO in äther. Lsg. bei 100—200° u. einem Druck von ca. 300—10000 lbs./sq.in. mit einem Zwischenprod., z. B. aus $MnCl_2$ u. $C_6H_5CH_2MgCl$. Die Rk.-Dauer beträgt dabei ½—10 Std., als Lsgm. dient bes. Tetrahydrofuran. (**A. P. 2 963 346** vom 22/11. 1957, ausg. 6/12. 1960.) H. Nebelsiek. H 350

Mond Nickel Co. Ltd. (Erfinder: De Witt Henry West und David Myers Llewelyn), **Herstellung von Eisenoxid Fe_2O_3.** Man oxydiert Fe-Pulver (I) in 60—80° warmem W. mit CO_2-haltiger Luft (**II**; Verhältnis CO_2:**II** = 1:20 bis 1:5), um auf der Oberfläche von **I** eine Haut von Oxidhydraten zu bilden, filtriert u. calciniert den Filterkuchen bei $<$500°. Das gewonnene Oxid eignet sich bes. *zur Herst. von Ferriten.* (**Aust. P. 229173** vom 26/2. 1959, ausg. 28/7. 1960. E. Prior. 14/3. 1958.) C. Lüttgen. H 354

Badische Anilin- & Soda-Fabrik Akt.-Ges. (Erfinder: Leo Schlecht und Georg Trageser), Ludwigshafen/Rh., **Nasser Aufschluß von CoS- und NiS-haltigen Stoffen** zu den entsprechenden Sulfaten durch Oxydation mit O_2 bei Drücken $<$10 at, bes. bei normalem Druck, u. einer den Kp. der Lsg. nicht übersteigenden Temperatur. Man führt diesen Aufschluß in Ggw. von Eisenoxiden ohne Säurezusatz durch u. erreicht dadurch geringere Korrosion u. Einsparung von Säure. (**D. A. S. 1 110 621** Kl. 12n vom 14/4. 1959, ausg. 13/7. 1961.) H. Nebelsiek. H 355

Metallgesellschaft Akt.-Ges., Franfurt/M., *Herstellung von konzentrierter Schwefelsäure und Oleum.* (**E. P. 811 058** vom 22/10. 1957, ausg. 25/3. 1959. **Belg. P. 561 806** vom 21/10. 1957, ausg. 20/5. 1960. Beide D. Prior. 24/12. 1956. — C. **1961.** 5927 [D. A. S. 1 066 556].)

United States Borax & Chemical Corp., Los Angeles, Calif., V.St.A. (Erfinder: **Nelson Perry Nies** und **Godfrey Harold Bowden**), *Herstellung von Calciummetaborat.* (**E. P. 861 331** vom 30/7. 1959, ausg. 15/2. 1961. — C. **1962.** 264 [D. A. S. 1 106 740].)

Montecatini Soc. Gen. per l'Industria Mineraria e Chimica, Italien (Erfinder: **Jayanti Dharma Teja**), *Herstellung von polymerisierten Alkalisilicaten.* (**F. P. 1 205 532** vom 21/4. 1958, ausg. 3/2. 1960. A. Prior. 26/4. 1957. — C. **1961.** 9556 [A. P. 2 919 996].)

Pintsch Bamag Akt.-Ges., übert. von: **Georg von Semel** und **Heinz Lehmann**, Berlin, *Herstellung einer konzentrierten Mischung von Salpetersäure und Phosphorsäure.* (**A. P. 2 901 340** vom 26/12. 1956, ausg. 25/8. 1959. D. Prior. 6/1. 1956. — C. **1957.** 10586 [D. A. S. 1 003 194].)

Kurt Peters, *Trennung von Lithium-Isotopen.* (**Aust. P. 222 836** vom 23/4. 1957, ausg. 13/8. 1959. Oe. Prior. 27/4. 1956. — C. **1960.** 16559 [D. A. S. 1 071 681].)

Pechiney Comp. de Produits Chimiques et Électrométallurgiques, Paris (Erfinder: **René Perieres,** LaTronche, Isère, und **Raymond Bollack,** Chedde, Haute-Savoie), Frankreich, *Herstellung von technisch reinem Aluminiumnitrid.* (**D. A. S. 1 081 868** Kl. 12i vom 30/7. 1957, ausg. 19/5. 1960. F. Prior. 31/7. 1956. — C. **1960.** 14485 [Oe. P. 205 003].)

Kurt Peters, *Trennung und Reindarstellung von unlöslichen oder schwerlöslichen Oxalate bildenden Elementen, insbesondere der Seltenen Erden.* (**Aust. P. 222 948** vom 23/4. 1957, ausg. 20/8. 1959. Oe. Prior. 26/4. 1956. — C. **1959.** 9701 [D. A. S. 1 044 775].)

John Bryant Kasey, *Gewinnung von Oxiden der Seltenen Erden.* (**Aust. P. 222 950** vom 1/5. 1957, ausg. 20/8. 1959. — C. **1959.** 3940 [A. P. 2 805 928].)

National Distillers & Chemical Corp. (Erfinder: **Werner Charles Muller**), *Herstellung metallischer und nichtmetallischer Elemente aus ihren Halogeniden.* (**Aust. P. 226 948** vom 24/1. 1957, ausg. 17/3. 1960. — C. **1960.** 7292 [D. A. S. 1 055 823].)

New Jersey Zinc Co. (Erfinder: **George Thomas Mahler**), *Gewinnung von Titantetrachlorid.* (**Aust. P. 226 729** vom 19/3. 1958, ausg. 3/3. 1960. A. Prior. 18/4. 1957. — C. **1960.** 7972 [D. A. S. 1 069 126].)

Columbia-Southern Chemical Corp., V.St.A. (Erfinder: **Philip Edward Sharr** und **Lester Ernest Bohl**), *Reinigung von mit Vanadin verunreinigtem Titantetrachlorid.* (**F. P. 1 205 300** vom 3/4. 1958, ausg. 2/2. 1960. A. Prior. 30/4. 1957. — C. **1961.** 6638 [D. A. S. 1 087 582].)

Armour Research Foundation of Illinois Institute of Technology (Erfinder: **Frederic Victor Schossberger**), *Trockene Alkalichlorotitanate.* (**Aust. P. 229 932** vom 3/2. 1958, ausg. 15/9. 1960. A. Prior. 8/2. 1957. — C. **1959.** 16449 [A. P. 2 857 243].)

United States Atomic Energy Commission (Erfinder: **Harrison B. Rhodes, William F. Pesold** und **Jack M. Hirshon**), *Gewinnung von Uran.* (**Aust. P. 222 838** vom 8/5. 1957, ausg. 13/8. 1959. A. Prior. 6/6. 1956. — C. **1960.** 16898 [A. P. 2 890 099].)

Armour Research Foundation of Illinois Institute of Technology, Chicago, Ill., V.St.A., *Magnetisches Eisenoxid.* (**Dän. P. 85 926** vom 28/6. 1950, ausg. 27/10. 1958. — C. **1952.** 8030 [E. P. 665 554].)

VI. Silicatchemie. Baustoffe

Beobachtungen über die Widerstandsfähigkeit von Glas gegenüber der korrosiven Wirkung des Wassers. E. Uusitalo und A. Kolehmainen. (Suomen Kemistilehti B **32.** 4—7. 1959. Helsinki, Dep. of Chem., Inst. of Technol.) (Engl.)

Glasproben von Fensterglas, Na–K-Glas u. Pyrex-Glas (Größe der Teilchen 0,3 bis 0,5 mm) wurden mit entionisiertem u. anschließend dest. W. ca. 200 Std. behandelt. Die pH- u. Leitfähigkeitsänderungen der Lsgg. wurden in Abhängigkeit von der Zeit verfolgt. Bei der Messung der Leitfähigkeit werden bei Fensterglas u. Na–K-Glas 2 Phasen unterschieden: 1. Anstieg der Leitfähigkeit infolge einer Erhöhung der Konz. der Alkali- u. Erdalkaliionen im W., 2. Konstanz der Leitfähigkeit. In dieser 2. Phase geht Silicat in Lösung. Bei Pyrex-Glas steigt die Leitfähigkeit wesentlich langsamer an. Der pH-Wert steigt zunächst stark an, überschreitet nach 5 Std. ein Maximum, um dann auf einen Wert, der über dem Ausgangswert liegt, abzufallen. Die pH-Änderung beträgt bei Fensterglas u. Na–K-Glas 1,4, bei Pyrex-Glas 0,6 pH-Einheiten.

H. SCHROEDER. 6200 □

Betrachtungen über den Einfluß der flüssigen Phase auf die Eigenschaften der magnesitischen feuerfesten Stoffe. Serban Solacolu. (Silikattechnik **12.** 17—21. Jan. 1961. Bukarest, Silikatchem. Labor des Polytechn. Inst.) (Dt.)

Der Geh. an fl. Phase in normalen magnesit. feuerfesten Stoffen bei hohen Temp. (1550°) wird hauptsächlich durch den Kalkmodul M_{Ca} u. den Silicatmodul M_{Si} bestimmt. Je kleiner M_{Ca} u. M_{Si} sind, desto geringer ist die Schwindung u. desto größer ist die Porosität. M_{Al} besitzt wenig Einfluß. Der Hauptfaktor für spinellmagnesit. feuerfeste Stoffe ist M_{Si}. Der Geh. an fl. Phase u. die Schwindung nehmen mit geringeren M_{Si}-Werten ab, dagegen steigt die Porosität an. Sowohl M_{Ca} als auch M_{Al} üben keinen wesentlichen Einfl. aus. In forsterit.-magnesit. feuerfestem Material verringert sich der Geh. an fl. Phase u. die Schwindung mit abnehmenden M_{Ca}-Werten. Die Porosität verhält sich umgekehrt. In dolomit.-magnesit. feuerfesten Stoffen nimmt mit steigenden M_{Ca}-, M_{Si}- u. M_{Al}-Werten der Geh. an fl. Phase ab, ebenso die Schwindung; dagegen vergrößert sich die Porosität. Die Brenn-Eigg. der magnesit. feuerfesten Materialien sind nicht nur vom Geh. der fl. Phase abhängig, sondern auch vom Mineralisationsprozeß der sich im Gleichgewicht befindlichen festen Phasen, bes. des Periklases.

H. SCHUMANN. 6218 □

Phasenübergangskinetik schmelzflüssig gegossener feuerfester Steine. Bela Löcsei. (Silikattechnik **12.** 25—28. Jan. 1961. Budapest, Forsch.-Inst. für Baustoffe.) (Dt.)

Für das Gießen von schmelzfl. gegossenen feuerfesten Steinen wird eine neue Gießform vorgeschlagen, die die Herst. von poren- u. glasarmem Material garantiert. Bevor die Kristallisation die Oberfläche von unten her nicht erfaßt hat, muß die Fläche mit Hilfe eines Wärmespiegels (Gas- oder elektr. Heizung) in einem fl. Zustand gehalten werden. Die Kristallisations-Geschw. wird geregelt durch die Differenz zwischen unten abgeführter u. oben zugeführter Wärmemenge, wobei die Wärmeabgabe dominieren muß. Die Seitenwände sind zu isolieren, um die seitliche Wärmeabfuhr zu vermindern u. um die Strahlung von oben nach unten zu begünstigen. Spannungen durch Vol.-Kontraktion werden hierdurch ausgeschlossen, die Bindigkeit erhöht u. die Porosität von 24% auf 4—8% herabgesetzt. Die Lebensdauer der Steine verdoppelt sich auf 24—28 Monate. Zwar erhöht sich die Leitfähigkeit, doch wird die Korrosion stark herabgesetzt. Da die Wärmeleitfähigkeit mit fallender Temp. zunimmt, ist eine Isolierung des Mauerwerkes angebracht. Als Gießmaterial wurde schmelzfl. Al_2O_3 für Korvisitsteine verwendet. H. SCHUMANN. 6218 □

Druckbeständigkeit feuerfester Erzeugnisse bei verschiedenen Temperaturen. V. Bodin. (Ind. céram. **1960.** 203—08. Juni.) (Franz.)

Kieselsäure- u. Kieselsäure–Al_2O_3-haltige, feuerfeste Erzeugnisse besitzen maximale Beständigkeit zwischen 1000—1200°. Wahrscheinlich hat die sich bei dieser Temp. bildende Glasphase zunächst einen verfestigenden Einfluß. Für ein bei 700—800° auftretendes Minimum der Festigkeit ist bisher keine einleuchtende Erklärung gegeben worden. F. REINHART. 6218 □

Die Kalk-Silicatfabrik. Wolf G. Bauer. (Pit and Quarry **53.** Nr. 7. 115—17. Dez. 1960. 151—55. Jan. 105—07. Febr. 122. 125. 127. 129. 130—31. März. 120—21. 124. 151. April 1961.) (Engl.)

Überblick über Art u. Verw. der Stoffklasse der Kalk–Silicat-Prodd., über verfahrenstechn. u. wirtschaftliche Gesichtspunkte, die Verw. natürlicher u. künstlicher glasiger Silicate sowie über die verschiedenen Typen der Anlagen.

H. SCHUMANN. 6226 □

Wärmefortpflanzung durch die äußere Metalloxidschicht bei der Dissoziation von stückigen Carbonaten. G. Balázsovics. (Radex-Rdsch. **1959.** 714—21. Budapest.) (Dt.)

Mathemat. Berechnungen zum Vorgang des Brennens von stückigem Kalkstein. Am Modell einer endlosen, ebenen Platte wird eine vereinfachte Gleichung für die Dauer der Brennzeit entwickelt. GERHARD GÜNTHER. 6226 □

Über die elektrische Leitfähigkeit der Gläser, ihre Messung und Auswertung in der technischen Betriebskontrolle. Wilhelm Rothe. (Silikattechnik **12.** 9—14. Jan. 1961. Ilmenau, Inst. für Glastechnik.) (Dt.)

Der Vf. gibt eine Zusammenfassung über die zur Zeit bestehenden Anschauungen der elektr. Leitfähigkeit von Gläsern u. über die Durchführung von ϱ- bzw. $\varkappa$-Messungen. Die Beeinflussung des spezif. Widerstandes durch Metalloxide u. die Verw. von Gläsern mit unterschiedlicher Leitfähigkeit werden erläutert. Die Arbeit beschreibt neben Betriebskontroll-App. fremder Bauart ein eigenes Gerät zur Gleichstrommessung von spezif. elektr. Widerständen zwischen 10^9 u. 10^6 $\Omega\cdot$cm bei Verw. kleiner Glasproben. — 34 Literaturangaben. H. SCHUMANN. 6242 □

Ernst Leitz G.m.b.H., Wetzlar (Erfinder: Heinz Brömer, Hermannstein, und Norbert Meinert, Wetzlar), **Optisches Glas** aus 16—32 (%) B_2O_3, 10—23 Al_2O_3, 25—50 La_2O_3 sowie 8—50 Oxiden 2wertiger Elemente u. vorzugsweise bis je 10 ZrO_2 u./oder Ta_2O_5, wobei der Anteil von B_2O_3 u. Al_2O_3 zusammen zwischen 29 u. 50 liegt. (**Oe. P. 207 057** vom 1/4. 1958, ausg. 11/1. 1960.) O. KAYSER. 6201

Thomas Marshall & Co. (Loxley) Ltd. (Erfinder: Arthur Herbert Thompson, Fred Wragg Littlewood und Arthur Marshall), **Herstellung von feuerfestem Isoliermaterial.** Man führt tonhaltiges oder anderes Ausgangsmaterial für keram. Gegenstände in Teilchenform in die heiße Zone einer Brennkammer zusammen mit heißem Verbrennungsgas so ein, daß eine Wirbelbewegung entsteht, so daß die Teilchen gegen die heißen Ofenwände prallen u. zu hochporösen Agglomeraten zusammenbacken, bis sie in einer tiefer gelegenen Kühlzone ausgetragen werden. Anzuwendende Temp. 1000—1750°. (**Aust. P. 226 712** vom 28/11. 1957, ausg. 3/3. 1960. E. Prior. 4/12. 1956.) H. NEBELSIEK. 6219

Nalco Chemical Co., übert. von: Harris Thompson, Downers Grove, Ill., V.St.A., **Bekämpfung der Schlackenbildung auf Oberflächen von feuerfesten Materialien.** Zur Vermeidung einer Schlacken-Bldg. auf den feuerfesten Materialien eines Regenerativ-Heiz-Syst. durch die heißen, Schlackenbildner enthaltenden Abgase, z. B. in den Regenerativkammern einer Siemens-Martin-Ofenanlage, werden die Oberflächen der feuerfesten Stoffe mit einem *MgO*-Überzug versehen. (**A. P. 2 946 703** vom 16/4. 1956 ausg. 26/7. 1960.) H. HOCHSTEIN. 6219

F. L. Smith & Co. A/S (Erfinder: Thorbjørn Heilmann), Kopenhagen-Valby, Dänemark, **Herstellung von weißem Zement.** Es wird reduzierend gebrannt

u. die den Ofen verlassenden gefärbten, nicht genügend red. Klinker werden zerkleinert u. in die Brennzone zur nochmaligen Red. zurückgeleitet. (**D. A. S. 1 114 137** Kl. 80b vom 21/5. 1959, ausg. 21/9. 1961. E. Prior 5/6. 1958.) G. FRIKELL. 6223

Soc. Lareprin, Seine, Frankreich, **Leichtbaustoff.** Durch Umsatz von Si mit Na_2SiO_3-Lsg. (wobei die Temp. von 15° auf 115° ansteigt) erhält man einen in W. unlösl., unbrennbaren, wärme- u. schallisolierenden Zellkörper. (**F. P. 1 246 853** vom 13/10. 1959, ausg. 15/2. 1961.) O. KAYSER. 6229

T. Holzer, Zürich, Schweiz, *Herstellung von nicht entflammbaren Artikeln, besonders aus Zellstoffasern.* (**Belg. P. 534 621** vom 3/1. 1955, ausg. 26/9. 1958. Schwz. Prior. 9/1. 1954. — C. **1957.** 11409 [Oe. P. 189 397].)

VII. Agrikulturchemie. Schädlingsbekämpfung

Abbau und Humifikation von mit dem Isotop ^{14}C markiertem Stroh im Boden. J. Szolnoki und É. T. Vágó. (Acta agronom. Acad. Sci. hung. **9.** 407—13. 1959. Budapest, Ungar. Akad. d. Wiss., Inst. für Bodenkunde u. Agrikulturchem., Bodenbiolog. Gruppe.) (Dt.)

Stroh von Wintergerste, das auf dem Assimilationswege mit ^{14}C markiert worden war, wurde in einer Menge von 10% zu 2 Böden (kalkhaltigem Sand bzw. anlehmigem Boden) zugemischt. Die Proben wurden bis zu 45 Tagen bei 28° u. 35% Feuchtigkeit inkubiert. Die CO_2-Freisetzung stieg in diesem Zeitraum relativ gleichmäßig an u. nahm selbst nach 45 Tagen nur wenig ab. Die ^{14}C-Freisetzung stieg dagegen zunächst sehr steil an, um nach 8—11 Tagen nur noch eine langsame Erhöhung aufzuweisen. Dies deutet darauf hin, daß im Boden zunächst die Substanzen im Stroh abgebaut werden, die am aktivsten waren, d. h. die wasserlösl. Substanzen (diese enthielten 78% der Aktivität) sowie die Hemicellulosen (10% der Aktivität). Die Stoffe, in die das ^{14}C nur in geringem Maße eingebaut war (Lignin u. Cellulose mit insgesamt 4,5% der ursprünglichen Aktivität), wurden langsamer zersetzt. Nach 45 Tagen waren je nach dem Boden 82—86% der insgesamt mit dem Stroh zugegebenen Aktivität als $^{14}CO_2$ freigesetzt, 3—8% lagen in der Fulvosäurenfraktion des Bodens, ca. 2,5% in der Huminsäurefraktion u. 7—9% in nicht aus dem Boden extrahierbaren Substanzen vor. WILFRIED WERNER. 6304□

Zur Methodik der Untersuchung der qualitativen Zusammensetzung der organischen Stoffe in Bodenlösungen. I. W. Alexandrowa. (Почвоведение [Bodenkunde] **1960.** Nr. 11. 85—87. Nov. Dokutschajew-Inst. für Bodenkunde der Akad. der Wiss. der UdSSR.) (Russ.; Auszug: Engl.)

In den durch Pressen der Torfmasse (Niederungs-, Hochmoortorf) hergestellten Lsgg. wurden papierchromatograph. niedrigmol. organ. Säuren, aromat. Stoffe (Polyphenole), Amino- u. Uronsäuren, in niedriger Konz. auch Humusstoffe ermittelt. Zur Trennung der organ. Säuren benutzt man n-Butanol, gesätt. Ameisensäure u. W. (18 : 2 : 9). Im Hochmoortorf wurden Oxal-, Äpfel-, Milch-, Bernstein-, Glutar- u. Adipinsäure festgestellt. Die aromat. Stoffe konnten durch n-Butanol, Essigsäure, W. (40 : 12 : 29) getrennt werden. In Niederungsmoortorf ermittelte man Brenzcatechin u. Protocatechusäure; im Hochmoortorf wurden keine aromat. Verbb. gefunden. Die größten Mengen von freien Aminosäuren (Lysin, Histidin, Arginin, Asparaginsäure, in Hypnum-Torf auch Glykokoll, Glutaminsäure, Alanin, Threonin) enthalten Lsgg. von Niederungsmoortorf. In Lsgg. von Hochmoortorf wurden (nach Hydrolyse) insgesamt 9 Aminosäuren festgestellt. Die Meth. werden beschrieben. M. GORDIENKO. 6304□

Zur Untersuchung der Natur der Humusstoffe des Bodens durch Fraktionierung. M. M. Kononowa und N. P. Beltschikowa. (Почвоведение [Bodenkunde] **1960.** Nr. 11. 1—9. Nov. Dokutschajew-Inst. für Bodenkunde der Akad. der Wiss. der UdSSR.) (Russ.; Auszug: Engl.)

Die Rundfilterchromatographie mit einem Gemisch von n-Butylalkohol, Eisessig u. W. (40 : 12 : 28) zeigte, daß Humin- u. Fulvosäuren aus den untersuchten Böden (Tschernosem, Grasnarbe-Podsolboden) verschiedene Fraktionen aufweisen, u. zwar solche, die an der Auftragstelle der Lsg. verbleiben u. solche, die durch schwach saures organ. Gemisch auseinandergetrieben werden. Der C-Geh. (in % von der aufgetragenen C-Menge) betrug bei Huminsäuren aus Tschernosem 88,2, aus Podsolboden 61,9, bei Fulvosäuren aus dem Podsol 47,1. Somit enthalten die Huminsäuren den Fulvosäuren ähnliche Fraktionen. Dies bezieht sich vor allem auf die Huminsäuren der Podsolböden, weniger des Tschernosems. Die Gruppen der Humin- u. Fulvosäuren sind miteinander eng assoziiert. Die Fulvosäuren können als Ausgangsformen der Huminsäuren bzw. als Prodd. ihrer Zers. angesehen werden. M. GORDIENKO. 6304□

Veränderung des Redoxpotentials von dunklen kastanienbraunen Carbonatböden in Abhängigkeit von den Bearbeitungsverfahren. I. I. Jemeljanow und A. N. Iljaletdinow. (Вестник Академии Наук Казахской ССР [Nachr. Akad. Wiss. Kasach-SSR] **16.** Nr. 12. 45—50. Dez. 1960.) (Russ.; Auszug: Kasach.)

Die leicht- bis mittellehmigen dunklen kastanienbraunen Böden Kasachstans (5% Humus, 2,6% Carbonate) wurden verschieden tief (7—35 cm) bearbeitet; danach wurde das Redoxpotential gemessen, wobei zwecks Verhütung der äußerst störenden Polarisation der Pt-Elektrode 3 Kompensations-Verff. mit Erfolg angewandt wurden. Die Messungen mit einem Potentiometer P-6 ergaben, daß das Redoxpotential im Sommer um 415—520 mV schwankt. Im Kulturboden liegt dieser Wert um 60—70 mV niedriger als auf jungfräulichem Boden. Es empfiehlt sich, zunächst die Grasnarbe unterzupflügen u. die Humifizierung vor der Aussaat abzuwarten. Beim Redoxpotential von ca. 500 mV sind keine schädigenden Prozesse zu befürchten. A. v. WILPERT. 6304□

Gehalt und Verteilung von Mangan in Böden von Zentral- und Nordspanien. R. Gallego und C. Bueno. (An. Edafol. Fisiol. vegetal **18.** 347—88. Mai 1959. Madrid, Inst. de Edafol. y Fisiol. veget.) (Span.)

In 162 Bodenproben wird der *Mn*-Geh. durch Extraktion mit $H_2SO_4 + HNO_3$ u. colorimetr. Best. als MnO_4^-, bei den meisten Proben auch der Geh. an essigsäurelösl. Mn ermittelt. 85% der Böden enthalten <400 ppm Gesamt-Mn. Alle gefundenen Werte liegen zwischen 13 u. 12650 ppm. Bei zunehmender Tiefe des Profils wird im allg. eine Verarmung an Mn festgestellt. In einigen Fällen folgt einer Zone der Mn-Auswaschung eine Zone der Mn-Anreicherung. — 37 Literaturangaben. R. K. MÜLLER. 6304□

Vergleichende Untersuchung des Mangangehaltes von Gesteinen, Sanden und Tonmaterialien. R. Gallego und C. Bueno. (An. Edafol. Fisiol. vegetal **18.** 463—71. Juni 1959. Madrid, Inst. de Edafol. y Fisiol. veget.) (Span.) — Vgl. vorst. Referat.

Der *Mn*-Geh. der untersuchten CaO bzw. SiO_2 enthaltenden Gesteine schwankt zwischen 13 u. 1746 ppm mit einem Durchschnittswert von 207 ppm. Bei den Sanden (mit u. ohne Geh. an $CaCO_3$) liegt der Mn-Geh. zwischen 22 u. 414 ppm (Mittel 164). Der in Essigsäure lösl. Mn-Geh. beträgt bei den Sanden mit (ohne) $CaCO_3$ im Mittel 57 (16) ppm. Die untersuchten Tone enthalten 116—517 ppm Mn (Mittel 257), davon 129 (Mittel 47) ppm in Essigsäure löslich. Die untersuchten Proben stammten aus Zentral- u. Nordspanien. R. K. MÜLLER. 6304□

Botanische Zusammensetzung, allgemeine Charakteristiken und Gehalt an Eisen, Mangan, Kupfer und Kobalt in Gras und Böden von Wiesen der Provinz Pontevedra in Zusammenhang mit dem Auftreten gewisser Krankheiten bei den Rindern. Gaspar González, Rafael Gallego, Erundino Alonso und José Campuzano. (An. Edafol. Fisiol. vegetal **18.** 241—73. April 1959. Inst. de Edafol. y Fisiol. veget., Secc. de Bromatol. y Nutr. animal.) (Span.)

Die untersuchten Wiesenböden zeigen normale Geh. an Fe u. Mn, dagegen ist ihr Cu(Co)-Geh. in 44 (6)% der Proben mangelhaft, in 24 (7)% zweifelhaft. Eine Beziehung zwischen der botan. Zus. der Wiesen u. ihrem Geh. an Fe, Mn u. Co ist nicht festzustellen. In früheren Unterss. in derselben Provinz wurden nur 12% Cu-, aber 39%Co-Mangel gefunden. Der Widerspruch kann mit der Wiesennutzung oder der Jahreszeit zusammenhängen. Das Auftreten von Mangelkrankheiten bei den auf diesen Wiesen weidenden oder mit ihrem Heu gefütterten Rindern kann auf Cu- u. Co-Mangel beruhen.
R. K. MÜLLER. 6304□

Beziehungen zwischen dem Jodgehalt und der Zusammensetzung der Böden. R. Gallego und S. Oliver. (An. Edafol. Fisiol. vegetal **18.** 275—88. April 1959. Madrid, Inst. de Edafol. y Fisiol. veget.) (Span.)

Unterss. des J-Geh. an zahlreichen Gesteins-, Sand- u. Tonproben ergeben Schwankungen zwischen 9,40 u. 0,45 ppm. Vff. untersuchen den Zusammenhang zwischen dem J-Geh. u. dem Geh. an organ. Substanz bzw. an Carbonaten. Kalkhaltige Gesteine enthalten meist mehr J als solche aus SiO_2-Grundlage. Organ. Substanz u. Carbonate wirken offenbar jodbindend oder verhindern die J-Auswaschung. R. K. MÜLLER. 6304□

Die Düngung von Pecan-Anlagen. J. H. Hunter. (Proc. annu. Convent. Southeastern Pecan Growers Assoc. **53.** 17—19. 1960. Albany, Ga., U.S. Dep. of Agric., Agric. Res. Serv., Crops Res. Div.) (Engl.)

Vf. gibt einen allg. Überblick über die Düngungsprobleme in den Pecan-Anbaugebieten im Südosten der USA. Ein gezielter Einsatz der Mineraldünger erfordert eine vorherige Bodenanalyse u. Beurteilung von Standort u. Bestand. Eine PK-Düngung in den Anlagen ist nur im Hinblick auf die Versorgung der angebauten Winterleguminosen erforderlich (jährlich 50—60 lbs. verfügbares K_2O u. P_2O_5/acre). Der N-Bedarf von

Pecan-Anlagen liegt bei 50—70 lbs./acre. Diese Menge wird jedoch meist schon durch die Winterleguminosen zur Verfügung gestellt. Auf Böden, auf denen Zn-Mangelsymptome festgestellt werden, wird die Anwendung von 5—10 (leichter Mangel), bzw. 15—20 lbs. $ZnSO_4$/Baum (schwerer Mangel) alle 5—8 Jahre empfohlen. WILFRIED WERNER. 6304□

Einige Faktoren, die die Wurzelentwicklung bei verpflanzten Tabakpflanzen bewirken. C. E. Dean, Heinz Seltmann und W. G. Woltz. (Tobacco Sci. **4**. 19—25. 1960. Raleigh, N.C., N.C. State Coll.) (Engl.)

Der Geh. an *lösl. Kohlenhydraten* (I) war beim verpflanzten Tabak in den Knospen am höchsten, er fiel bis zum untersten Blatt (4-Blattstadium) auf die Hälfte ab. Die Wurzel-Entw. des verpflanzten Tabaks war um so besser, je höher der Geh. an I im Blattgewebe war. Der Geh. an I nahm mit steigender N-Düngung ab, bei der höchsten N-Stufe war somit auch die geringste Wurzel-Bldg. nach dem Verpflanzen zu verzeichnen. Sie konnte durch einen Zuckerspray vor dem Verpflanzen erhöht werden. Junge Pflanzen gedeihen bei NH_4-Ernährung weniger gut als bei NO_3, auch ein Wechsel in der N-Ernährung bei 40 Tage alten Sämlingen von NO_3 zu NH_4 war nachteilig für das weitere Wachstum u. damit auch für die Wurzelentwicklung. W. HILLER. 6304□

Die Futterqualität von Lihoraps und Ölrettich bei gesteigerter Stickstoffdüngung und variiertem Saattermin. E. Primost. (Qualitas Plantarum Mater. vegetabiles [Den Haag] **6**. 97—113. 30/11. 1959. Linz, Österr. Stickstoffwerke, Biol. Forschungsabt., Landw. Versuchsstat. Steyr.) (Dt.)

Die von 1954—58 durchgeführten Verss. mit gesteigerten N-Gaben u. variiertem Saattermin zu Lihoraps zeigten, daß der Futterwert dieser Futterpflanze eindeutig durch die N-Düngung verbessert wurde u. daß die N-Wrkg. vom Anbautermin abhängig war. Der Rohprotein-Geh. wurde mit zunehmender N-Gabe gesteigert, wobei bei der geprüften höchsten N-Gabe von 400 kg/ha das Optimum noch nicht erreicht war. Der Geh. an Rohfaser u. Stärkeeinheiten wurde durch N nicht beeinflußt, war jedoch ebenso wie der abs. Rohprotein-Geh. vom Saattermin u. der jeweiligen Jahreswitterung abhängig. Gesteigerte N-Düngung erhöhte auch den Mineralstoff-Geh. (K, P, Ca) der Pflanzen. Ähnliche Befunde wurden in einem Vers. mit Ölrettich erhalten. Eine Aufteilung der N-Düngung in 2 Gaben war stets wirksamer als eine einmalige Düngung vor der Aussaat. WILFRIED WERNER. 6304□

Wirtschaftliche und dauerhafte Ausnutzung von organischen Düngern in Sandböden. S. Egerszegi. (Acta agronom. Acad. Sci. hung. **9**. 319—40. 1959. Budapest, Ungar. Akad. d. Wiss., Inst. für Bodenkunde u. Agrikulturchem.) (Engl.)

Es wurden fünfjährige Verss. zur Frage der Melioration leichter Sandböden durch organ. Düngung durchgeführt. Zu Beginn der Verss. wurden 650 dz reifer Stallmist/ha entweder oberflächlich oder als Schicht in 60 cm Tiefe eingebracht. Auf einer weiteren Parzelle wurde die doppelte Stallmistmenge in 2 Schichten (60 u. 25 cm) untergebracht. Der in 5 Jahren erzielte Grünmasseertrag an Glatthafer betrug im Vgl. zur oberflächlichen organ. Düngung (100%) bei einschichtiger Unterbringung 176%, bei zweischichtiger 228%. Im Falle der zweischichtigen Düngung waren auch Tiefe u. Umfang der Wurzel-Syst. am größten. Im Vgl. zum Ausgangs-Stallmist (25,8%) enthielt nach 5 Jahren das oberflächlich eingebrachte Material den höchsten Geh. an mit 0,1 n NaOH extrahierbaren Verbb. (61,1%). Dies deutet auf eine beschleunigte Zers. hin. Dagegen reicherten sich bei tiefer Einbringung schwer zersetzbare stabile Fraktionen an.
WILFRIED WERNER. 6304□

Ansprechen auf Bor im Nelson-Distrikt. R. Inch. (New Zealand J. Agric. **98**. 537—38. 15/6. 1959. Nelson, Dep. of Agric.) (Engl.)

Wachstumsdepressionen in Beständen von Luzerne u. Weidegras konnten durch eine *Borax*-Düngung (10—40 kg/ha) beseitigt werden. Die Anwendungsmenge richtet sich nach der Särke des B-Mangels, der Bodenart u. dem pH-Wert. W. HIRTE. 6304□

Artcharakteristik und antibiotische Eigenschaften der aus den Böden des fernöstlichen Küstengebietes isolierten Actinomyceten. R. I. Tumarkin. (Микробиология [Mikrobiologie] **30**. 99—104. Jan./Febr. 1961.) (Russ.; Auszug: Engl.)

Die Böden des fernöstlichen Küstengebietes sind charakterisiert durch ein sehr breites Artenspektrum von antagonist. Actinomyceten. Am häufigsten sind *Act. cylindrosporus*, *Act. chromogenes*, *Act. globisporus* u. *Act. griseus*. Der letzte fehlt in den braunen Waldböden. In Rasen-Podsol u. braunen Waldböden überwiegen in den genet. Horizonten A_1 u. A_2 Act. chromogenes, Act. cylindrosporus u. Act. phaeochromogenes, während im Horizont B vor allem Act. flavus, Act. albidoflavus, Act. flaveolus var. rectus u. Act. flavidovireus vorkommen. K. SATTLER. 6306□

Bekämpfung von Nassella trichotoma. W. F. Leonard. (New Zealand J. Agric. **102**. 425. 427. 429. 15/5. 1961. Christchurch, Dep. of Agric.) (Engl.)

Bericht über Bekämpfungserfolge mit *TCA* u. *Dalapon*. M. WINIKER. 6312□

Untersuchungen über die Wirkung von Herbiciden auf Unkräuter, Ertrag, Strohgütemerkmale und Faserwerte bei Faserlein. G. Feyerabend, K.-Chr. Menzel und A. Wildner. (Nachrichtenbl. dtsch. Pflanzenschutzdienst [Berlin] [N.F.] **15 (41).** 91—102. Mai 1961. Berlin, Biol. Zentralanst. der Dt. Akad. der Landwirtschaftswissenschaften zu Berlin; Dresden, Inst. für Technol. der Fasern der Dt. Akad. der Wissenschaften zu Berlin; Karl-Marx-Stadt, Planzenschutzamt.) (Dt.)

Vierjährige Verss. zur Unkrautbekämpfung im Faserlein mit *NH_4-DNOC* (I), *Na–MCPA* (II) sowie mit Kombinationen beider Mittel ergaben: Die größte Wirksamkeit besaß eine Mischung von 1,35 (kg) **I** mit 0,4 **II**. Für die Praxis ist jedoch eine Mischung von 1,05 **I** mit 0,5 **II** vorzuziehen, da sie für den Lein weniger gefährlich ist. Die Wasseraufwandmenge soll 600 Liter/ha betragen. Die techn. Stengellänge u. die Faserwerte können durch **I** u. **II** verringert werden. M. WINIKER. 6312□

Anwendung und Wirkung verschiedener Herbicide in Saatplatterbsen (Lathyrus sativus). H. Krüger. (Nachrichtenbl. dtsch. Pflanzenschutzdienst [Berlin] [N. F.] **15 (41).** 175—78. Aug. 1961. Bitterfeld.) (Dt.)

In Gefäß- u. Freiland-Verss. konnte bestätigt werden, daß Lathyrus sativus ebenso wie L. pratensis heftig auf *2.4-D-* u. *MCPA*-Mittel reagiert. Weiter wurde festgestellt, daß *Kalkstickstoff* im Vor- u. Nachauflauf-Verf. eine befriedigende herbicide Wrkg. hat. Was die Wirksamkeit von *DNOC* u. *DNBP* betrifft, so zeigte sich, daß im Vorauflauf-Verf. beide Mittel gleich wirkungsvoll sind, während im Nachauflauf-Verf. DNBP milder wirkt. M. WINIKER. 6312□

Die Wirkung von 4.6-Dinitro-o-kresol (DNOC) im Boden. 1. Mitt. Die Keimung von Kressesamen in mit DNOC behandelten Bodenmischungen. J. Bruinsma. (Plant and Soil [The Hague] **12.** 249—58. April 1960. Wageningen, Plant Physiological Research Centre.) (Engl.)

Zu je 200 g Bodenmischung wurden in 30 ml W. gelöste Mengen von 5 bwz. 10 mg *Na-4.6-Dinitro-o-kresolat* (I) zugefügt u. je Topf mit 200 g Boden 100 Kressesamen eingesät. Nach 5 Tagen wurden die Keimprozente bei 25° bestimmt u. Wurzel- u. Sproßlängen gemessen. Der Abbau von **I** im Boden wurde durch Papierchromatographie von alkohol. u. wss. Bodenextrakten mit n-Butanol–Chlf. = 1 : 1 (Lokalisierung der Flecken durch UV-Absorption) verfolgt. **I** wurde auch spektrophotometr. in Methyläthylketon bei 432 mμ nach der Meth. von PARKER bestimmt. Zugabe von 10 mg **I** zu nicht sterilisiertem Boden bewirkte zunächst eine Keimungshemmung, die nach 1 Woche in eine Förderung überging. Die geringere Dosis von 5 mg bewirkte von Anbeginn eine Förderung. **I** verschwindet hauptsächlich durch mikrobiellen Abbau aus dem Boden. 30 Min. lang bei 120° teilsterilisierter Boden bewirkte ebenfalls eine Keimungsförderung. Eine direkte Förderung durch geringe Mengen von **I** oder dessen Abbau-Prodd. konnte durch Kontrollverss. mit Zugabe von alkohol. u. wss. Bodenextrakten aus mit **I** behandelten Vers.-Boden ausgeschlossen werden. Es wird deshalb vermutet, daß die Förderung durch **I** auf dessen teilsterilisierender Wrkg. beruht, die auch nach dessen Abbau noch fortbesteht. Es wird ferner diskutiert, wie sich bei feldmäßiger Anwendung dieses Unkrautbekämpfungsmittels aus der anfänglichen physiolog. Wachstumshemmung Ertragssteigerungen ergeben können. Durch Verlängerung der Differenzierungsperiode wird die Anzahl der Blatt- u. Blütenprimordien vermehrt. G. JAGNOW. 6312□

Beziehungen zwischen der Art der Besprühung, dem Benetzunsggrad sowie der Witterungsbedingungen und der Herbicidwirkung von 2.4-Dinitro-o-kresol. P. Riepma. (Plant and Soil [The Hague] **12.** 223—48. April 1960.) (Engl.)

Vier Arten von Testpflanzen, Brassica napus, Fagopyrum esculentum, Pisum sativum u. Triticum vulgare, wurden mit einer von 0,55—20,0 mm^3/cm^2 variierenden Suspensionsmenge von *2.4-Dinitro-o-kresol* (I) bei verschiedener Düsen- u. Tropfengröße besprüht u. die sich dadurch ergebende Benetzung gemessen. Bis zu einer Sprühmenge von 15 mm^3/cm^2 war bei gegebener Art u. Düsengröße die benetzende Menge der die Blattfläche erreichenden Sprühmenge proportional. Bei konst. Sprühmenge war die benetzende Menge zur Tropfengröße umgekehrt proportional. Dieser Effekt war bei Weizen am stärksten u. bei Erbsen am geringsten. Bei Verringerung der Oberflächenspannung der **I**-Suspension oder Veränderung der Zus. der Wachscuticula bei Erbsen (durch Aufzucht in einem mit 6,25 kg/ha Trichloressigsäure vorbehandeltem Boden) wurde der Benetzungswinkel der Tröpfchen an der Pflanze verringert (von 140 auf 120° im zweiten Fall) u. damit eine höhere Benetzungsrate erzielt. Bei Buchweizen, Erbsen u. Raps blieb die Dosis gleicher Wrkg. (die 50% der Pflanzen tötende Menge) konst. u. die gleich wirksame Konz. damit umgekehrt proportional zur Benetzungsmenge. Die statist. Analyse einer Reihe von Verss. mit Raps zu verschiedenen Jahreszeiten zeigte, daß die Höhe der Dosis gleicher Wrkg. hauptsächlich von der Menge der Sonnenbestrahlung während der ersten Std. nach der Besprühung abhängt. Stärkere Sonnenbestrahlung erfordert höhere Dosen. G. JAGNOW. 6312□

Erste Versuchsergebnisse zur chemischen Bekämpfung der Blauschimmelkrankheit (Peronospora tabacina Adam) an Tabaksetzlingen im Gewächshaus. A. Ramson. (Nachrichtenbl. dtsch. Pflanzenschutzdienst [Berlin] [N.F.] **15** (**41**). 105—09. Juni 1961. Berlin, Dt. Akad. der Landwirtschaftswissenschaften.) (Dt.)

Bei Gewächshaus-Verss. zur Bekämpfung von Peronospora tabacina Adam an Tabaksetzlingen wurden mit *Ferbam* u. *Zineb* gute Erfolge erzielt. *Ziram* u. *Captan* befriedigten nicht. Die Ergebnisse, die mit *Maneb* u. 2 *Thiuram*-Mitteln erzielt wurden, lassen noch keine Einschätzung dieser Präpp. zu. M. WINIKER. 6312□

Der Einfluß der Winterspritzung auf das durch Gloeosporium spp. bedingte Faulen eingelagerter Äpfel. K. L. Edney, W. G. L. Austin, A. T. K. Corke und P. S. Hamer. (Plant Pathol. **10.** 10—13. März 1961. Larkfield, Kent, Ditton Labor.; Barcknell, Berks, Plant Protection Ltd. Jealott's Hill Res. Station; Bristol, Long Ashton Res. Station; W. Sussex, Kirdford Growers Ltd.) (Engl.)

Bäume der Sorte Cox Orange Pippin wurden zur Verhinderung der durch Gloeosporium spp. verursachten Fäulnis mit einer *Phenyl-Hg*-Verb. (0,1% Hg) behandelt. Eine einzige Spritzung dieser Art im Februar bewirkte signifikante Verringerung des Faulens während der gesamten Lagerzeit der Äpfel im folgenden Herbst u. Winter. In einem Falle mußte jedoch zusätzlich im November eine gleichartige Spritzung erfolgen, um die gleiche Wrkg. zu erzielen. 5% *Teeröl*, zum gleichen Zeitpunkt eingesetzt, waren zwar weniger wirksam, jedoch wurde ein geringerer Prozentsatz befallener Äpfel ermittelt als bei den Kontrollen. W. KREIPE. 6312□

Die „Eckige Blattflecken"-Krankheit der Gurke (Pseudomonas lachrymans [Smith et Bryan] Carsner). K. Naumann. (Nachrichtenbl. dtsch. Pflanzenschutzdienst [Berlin] [N.F.] **15** (**41**). 81—91. Mai 1961. Aschersleben, Inst. für Phytopathologie der Dt. Akad. der Landwirtschaftswissenschaften zu Berlin.) (Dt.)

Zusammenfassender Überblick über Symptome, Erreger, Infektionsvorgang, Verbreitung u. Bekämpfung. — 82 Literaturangaben. M. WINIKER. 6312□

Organozinnverbindungen als industrielle Biochemikalien. Robert J. Zedler. (Zinn u. seine Verwendung **1961.** Nr. 53. 7—11.) (Dt.)

Allg. Ausführungen. M. WINIKER. 6312□

Die Fabrikation eines wichtigen Produkts für die Bekämpfung landwirtschaftlicher Schädlinge: Chlorpikrin. I. Minţer und C. Dobrescu. (Rev. Chim. [Bucureşti] **6.** 238—40. Mai 1955.) (Rum.)

Überblick über die physikal., chem. u. physiolog. Eigg. von Chlorpikrin, seine techn. Herst., seine Verw. als Schädlingsbekämpfungsmittel u. deren Entw.-Aussichten. R. K. MÜLLER. 6312□

Auswirkung der Methylbromid- und Blausäurebegasung auf die Keimfähigkeit von Maiskörnern. R. G. Strong und D. L. Lindgren. (J. econ. Entomol. **54.** 764—70. Aug. 1961. Riverside, Calif., Univ. of California Citrus Exp. Stat.) (Engl.)

Ein- oder zweimalige Begasung zweier Maiskornarten mit *Blausäure* (**I**) oder *Methylbromid* (**II**) bei verschiedenen Feuchtigkeiten der Körner, wechselnden Einwirkungszeiten, Gaben u. Temp. zeigten, daß **I** die Keimfähigkeit von Körnern bis 13% Feuchtigkeit kaum schädigte. Die Anwendung von **II** verursachte eine Verzögerung des Auflaufens u. des Wurzel- u. Schoßwachstums verschiedenen Ausmaßes, die mit höherer Gabe, Begasungs-Temp., Feuchtigkeit der Körner u. längerer Einwirkungsdauer zunahm. Zweimalige Begasung schädigte mehr als einmalige. Sortenverschiedenheiten beruhten mehr auf der Qualität des Saatgutes als auf der **II**-Einwirkung. FRITZ MÜLLER/Ludwigshafen. 6312□

Kombinierte Akaricid-Insekticid-Fungicid-Sprühungen zu Freilandrosen. T. J. Henneberry, E. A. Taylor, F. F. Smith, A. L. Boswell und R. V. Travis. (J. econ. Entomol. **54.** 420—22. Juni 1961.) (Engl.)

Wöchentliche Anwendung von *Aramite* (**I**), allein oder mit *Maneb* (**II**) oder *Captan* (**III**), bewirkte eine gute Bekämpfung von Tetranychus telarius L. an Rosen. *Malathion* war ungenügend, *Demeton* (**IV**) oder *Phorate* wirkten nur zum Anfang der Saison. Den höchsten Ertrag nach Anzahl u. Gewicht der Blüten brachten **I** u. **IV**. — Gegen Diplocarpon rosae Wolf wirkte am besten **II**, gefolgt von *Zineb*, *Ferbam* u. **III**. Die Erträge wurden durch die Fungicidanwendung nicht beeinflußt. Die Akaricide u. Fungicide waren miteinander verträglich, Pflanzenschädigungen wurden nicht beobachtet. FRITZ MÜLLER/Ludwigshafen. 6312□

Chemische Nematodenbekämpfung auf den Ananasfeldern in South Queensland. R. C. Colbran. (Queensland J. agric. Sci. **17.** 165—73. Sept. 1960. Queensland Dep. of Agriculture and Stock, Division of Plant Ind.) (Engl.)

Zur Bekämpfung der Nematoden Meloidogyne javanica (Treub) (**a**), Pratylenchus brachyurus (Godfrey) (**b**), Helicotylenchus nannus Steiner u. Criconemoides ornatum Raski wurden in Feld-Verss. die Böden vor oder kurz nach dem Wiederanpflanzen von Ananasgewächsen (Ananas comosus L.) mit *DD*, *EDB* u. *Nemagon* (**I**) begast. In allen Fällen nahmen der Nematodenbefall deutlich ab sowie Größe u. Gewicht (bis zu 27%) der Früchte zu. Bei etwa 7 Monate alten, stark mit **a** u. **b** verseuchten Pflanzen bewirkte nur die Bekämpfung mit **I** eine merkliche Ertragssteigerung (um 9—18%). Als unwirksam erwiesen sich EDB u. *Vapam*. W. KREIPE. 6312□

Beziehungen zwischen Einwirkungszeit, Temperatur und Höhe der Gabe für verschiedene insekticide Begasungsmittel. Eugene E. Kenaga. (J. econ. Entomol. **54.** 537—42. Juni 1961. Midland, Mich., Dow Chemical Company.) (Engl.)

Für Tribolium confusum Jacquelin du Val. wurden die DL_{50}, DL_{95} u. die Sicherheitsgrenzen bestimmt für *Schwefelkohlenstoff*, *Sulfurylfluorid*, *Acrylnitril*, *Methylbromid*, *Äthylendibromid*, *Tetrachlorkohlenstoff*, *Trichloräthan*, *Äthylendichlorid* u. *Chlorpikrin* bei einer Einwirkungszeit von 2,5 u. 16 Std. u. Temp. von 4,44, 15,56 u. 26,67°. Auf Grund der Ergebnisse wurde gefunden, daß im allg. die Höhe der Gabe mit dem Abfall der Temp. oder der Einwirkungszeit ansteigt. Die DL_{50} ergibt auf doppelt logarithm. Papier eine gerade Linie, wenn die Prodd. von Gabe × Zeit, Gabe × Temp. oder Zeit × Temp. als eine u. Zeit, Temp. oder Gabe als die andere Koordinate verwendet werden. Die Neigung dieser Geraden ist ohne Rücksicht auf die chem. Struktur oder die Insektenart von ähnlicher Größenordnung. FRITZ MÜLLER/Ludwigshafen. 6312□

Bekämpfung der Gelbjacke Vespula pennsylvanica in öffentlichen Anlagen. Robert E. Wagner. (J. econ. Entomol. **54.** 628—30. Aug. 1961. Los Angeles, Calif., Univ. of California, Dep. of Entomol.) (Engl.)

Die Belästigung durch Vespula pennsylvanica Sauss. konnte durch wöchentliches Besprühen der Abfallbehälter mit 0,75%ig. *DDVP* (**I**) u. W. fast vollkommen beseitigt werden, Nester wurden durch Einsprühen von 4%ig. **I** in W. zerstört. *Dibrom* war weniger wirksam. FRITZ MÜLLER/Ludwigshafen. 6312□

Melonenlausbekämpfung an Wassermelonen. James A. Harding. (J. econ. Entomol. **54.** 598—99. Juni 1961. Crystal City, Tex., Texas Agric. Exp. Stat.) (Engl.)

Bei Sprühungen gegen Aphis gossypii Glover wurde folgende Wirkungsreihenfolge festgestellt: *Demeton* (**I**) > *Phorate* (**II**) > *Dimethoate* (**III**) > *Phosphamidon* (**IV**) > *Ronnel* > *Diazinon* > *Trithion* > *Parathion* > *Methyltrithion* > *Dylox* > *Ethion* > *Dibrom*. Hippodamia convergens Guér.-Mén. waren 7 Tage nach der Behandlung nicht vorhanden, von da an waren sie in den Parzellen zahlreicher, wo die Läusebekämpfung ungenügend war. **IV**, **II** u. auch **III**, jedoch nicht **I**, wirkten bes. an dem frisch nachwachsenden Laub. FRITZ MÜLLER/Ludwigshafen. 6312□

Bekämpfung des Pfirsichbaumbohrers mit Guthion, Parathion und Thiodan. E. H. Smith. (J. econ. Entomol. **54.** 668—70. Aug. 1961. Geneva, N.Y., New York State Agric. Exp. Stat.) (Engl.)

Einmaliges Sprühen mit *Thiodan* zu der Zeit, wenn 10% der Motten von Sanninoidea exitiosa Say. geschlüpft waren, war wirkungsvoller als mit *Guthion* oder *Parathion* (**I**), bei zweimaliger Anwendung waren alle 3 Insekticide etwa in der Wrkg. gleich. In der eiabtötenden Wrkg. war **I** am besten. FRITZ MÜLLER/Ludwigshafen. 6312□

Widerstandsfähigkeit der Augenmücke Hippelates collusor gegen chlorierte Kohlenwasserstoff-Insekticide. G. P. Georghiou und M. S. Mulla. (J. econ. Entomol. **54.** 695—98. Aug. 1961. Riverside, Calif., Univ. of California Citrus Exp. Stat.) (Engl.)

Hippelates collusor Townsend, die in einem seit Jahren mit chlorierten KW-Stoff-Insekticiden behandeltem Gelände gefangen worden waren, zeigten im Vgl. zu einem in unbehandeltem Gelände gefangenen Stamm eine nahezu vollständige Immunität gegen *Dieldrin* (**I**), während ihre Widerstandsfähigkeit gegen *Lindan* (**II**) 50mal, gegen *DDT* (**III**) 11mal so groß war. Ein Stamm, der 1957 im behandelten Gelände gefangen u. im Labor. ohne Insekticidanwendung weiter gezüchtet worden war, war ebenfalls gegen **I** fast unempfindlich u. hatte gegen **II** eine 15fache, gegen **III** die doppelte Widerstandskraft. Gegen *Parathion* waren alle Stämme etwa gleich empfindlich.
FRITZ MÜLLER/Ludwigshafen. 6312□

DDT-Sprühzubereitungen und Gaben zur Bekämpfung des Maisstengelkäfers Hyperodes humilis und des Herbstheerwurmes Laphygma frugiperda an Süßmais. Emmett D. Harris jun. (J. econ. Entomol. **54.** 546—49. Juni 1961. Belle Glade, Fla., Florida Everglades Exp. Stat.) (Engl.)

5maliges Sprühen mit *DDT* (I) oder *Toxaphen* (II) in 4tägigem Abstande vom Beginn des Auflaufens der Saat an verringerte den Befall mit Hyperodes humilis Gyll. u. erhöhte den Ertrag. 3 (lbs./100 gal.) I wirkten besser als 1. I-Emulsion wirkte besser als I-Netzpulver oder II-Emulsion. Spätere wöchentliche Anwendung von 1,0 bzw. 1,5 I als Emulsion waren in der Wrkg. einander etwa gleich, aber wirksamer als 0,5 I gegen Laphygma frugiperda J. E. Smith. FRITZ MÜLLER/Ludwigshafen. 6312☐

Bekämpfung von Insekten und Milben, die Minze in Central-Washington befallen. Kenneth E. Frick. (J. econ. Entomol. **54.** 644—49. Aug. 1961. Prosser, Wash., Irrigation Exp. Stat.) (Engl.)

Tetranychus telarius L. konnte mit *Kelthane* [0,75 (lb./acre)] 5 Jahre lang, mit *Aramite* (2,0) u. *Tedion* (0,66) 2 Jahre lang mit Erfolg bekämpft werden; *Demeton* (0,5) war weniger wirksam. *Parathion, Diazinon* (I), *Ethion* u. *Trithion* (1,5) zeitigten mäßige Ergebnisse. Organ. P-Insekticide ohne Dauerwirkung, wie *TEPP* (0,75), *Phosdrin* (II, 0,5) u. *Dibrom*(III, 2,0) mußten zur Erzielung eines gutenErfolges mehrfach angewandt werden. Gegen Phorodon mentae Buckton waren *Trithion, Malathion*, I, *Phosphamidon*, II u. III erfolgreich. *DDT* wirkte gut gegen Longitarsus waterhousei Kutschera (**a**), Autographa californica Speyer u. Heliothis phoxiphaga G. et R., *Aldrin* u. *Dieldrin*, in den Boden eingebracht, gegen wurzelfressende Larven (**a**, Brachyrhinus ovatus L., Polyphylla decemlineata Say, Aphodius granarius L. u. Drahtwürmer).
FRITZ MÜLLER/Ludwigshafen. 6312☐

Verbreitung, wirtschaftliche Bedeutung und Bekämpfung von Pegomyia betae Curtis. R. A. Dunning. (Plant Pathol. **10.** 1—9. März 1961. Dunholme, Lincs, Rothamsted Field Stat.) (Engl.)

Das Auftreten von Pegomyia betae in verschiedenen Gegenden Englands während eines Zeitraumes von etwa 30 Jahren wird untersucht. Auf Grund von Feld-Verss. werden als Bekämpfungsmittel (akt. Bestandteil in ounces pro acre) empfohlen: 15 *DDT*, 5—6 *Dieldrin*, 6 *Trichlorphon* (I), 3 *Parathion* (II), 1,2 *Dimethoate* (III), 4 I + 7 *Methyldemeton*, von denen die letzte Kombination sowie 3 II u. 4,8 III gleichzeitig auch eine wirksame Vernichtung der Blattläuse zur Folge haben. Weniger geeignet waren 4 *Phosdrin* u. 15 *Malathion*. Ferner wurden in 2 Verss. mit *FAC/20* (Öl-Lsg., die 20% *N-Monoisopropylamid* der *O.O-Diäthyldithiophosphatoessigsäure* enthält) bei Anwendung von 4 u. 6 ounces/acre gute Ergebnisse erzielt. Da Ertragseinbußen erst bei einem sehr starken Befall von Pegomyia betae zu beobachten waren, schien eine wirtschaftliche Bekämpfung erst für dieses Stadium gegeben. — 12 Literaturangaben. W. KREIPE. 6312☐

Einwirkung von Insekticiden auf Insekten und krankheitserregende Pilze an Wurzeln des Bastardklees. C. M. Leach, E. A. Dickason und A. E. Gross. (J. econ. Entomol. **54.** 543—46. Juni 1961. Corvallis, Oreg., Oregon State College; Klamath Falls, Oreg., Oregon Agric. Exp. Stat.) (Engl.)

Bodenbehandlung im Jahre 1957 mit *Aldrin* (I), *Heptachlor* (II) u. *DDT* (III) bewirkte 1958 keine, 1959 eine gute Erhöhung des Ertrages u. 1958 einen geringeren Befall der Wurzeln mit Larven von Sitona hispidula Fabr., ebenfalls 1959 mit Ausnahme von III. Ein entsprechender Rückgang der Wurzelgefäßerkrankungen wurde 1958 mit I, 1959 mit I u. II beobachtet, dabei zeigten manche erkrankte Pflanzen keine Insektenschäden, dagegen manche gesunde. Als Schadpilze wurde gefunden: Fusarium oxysporum Schl., Verticillium albo-atrum Reinke et Berth. u. eine nicht näher bestimmte Art Phoma.
FRITZ MÜLLER/Ludwigshafen. 6312☐

Mit herbicidem Öl kombinierte Insekticide zur Bekämpfung der Möhrenrostfliege Psila rosae (F.) (Diptera: Psilidae). H. Eldon Scott. (J. Elisha Mitchell Sci. Soc. **75.** 22—24. Mai 1959. Raleigh, N.C., North Carolina State College.) (Engl.)

Um das Auftreten von Psila rosae (F.) zu verhindern, wurden Möhrenkulturen mit *Parathion* (I), *Dieldrin, Aldrin, Lindan* (II), *Chlordan* (III) u. *DDT*, jeweils kombiniert mit herbicidem Öl, behandelt. In allen Fällen konnte bei der Ernte gegenüber den Kontrollen (Öl allein u. unbehandelt) eine signifikante Verringerung der Zahl befallener Möhrenwurzeln festgestellt werden. Bei der Anwendung von DDT traten regelmäßig Blattschäden auf. Innerhalb von 2 Wochen erholten sich die Pflanzen jedoch u. wiesen keine Ertragseinbuße auf. I, II u. III beeinträchtigten gelegentlich den Geschmack der Möhren. Signifikante Ertragsunterschiede zwischen den einzelnen Behandlungen oder Kontrollen bestand nicht. W. KREIPE. 6312☐

Orientierende Untersuchungen mit Bodengiften zur Bekämpfung der Mexikanischen Fruchtfliege. J. G. Shaw und M. Sanchez Riviello. (J. econ. Entomol. **54.** 666—68. Aug. 1961.) (Engl.)

In Labor-Verss. mit Netzpulvern u. Emulsionen von *Aldrin* (I), *BHC, Lindan, Chlordan, DDT, TDE, Dieldrin* (II), *Endrin* (III), *Isodrin* (IV), *Heptachlor* (V), *Methoxy-*

chlor, Toxaphen, Dilan, Perthan, Bayer 16259, Co-Ral, Chlorthion, DDVP, Dipterex, Diazinon, Ronnel, Dow ET-57, Guthion, Malathion, Parathion, Chlorbenside u. *Äthylendibromid* (**VI**) wirkten gegen Anastrepha ludens Loew. mehrere Monate lang am besten **III, IV, II, V** u. **I.** Im Anfang war **VI** gut wirksam, verlor aber schnell an Wirkung. Gekörntes **I** war anfänglich besser als **III, II** oder **V. V** war aber nach 294 Tagen noch wirksam. **III**-Emulsion oder -Netzpulver war bei Trockenheit 1134 Tage lang wirksam, nicht aber bei Regen. In Freiland-Verss. war **II**-Emulsion [12,1 (lb./acre)] 1037 Tage erfolgreich, 5 nur erheblich kürzere Zeit, **V** ließ nach 6 Monaten nach. Die Bodenart u. die Menge der Fl. war ohne Einfl. auf den Erfolg.

FRITZ MÜLLER/Ludwigshafen. 6312 □

Applikation von Malathion-Köder-Spray zur Bekämpfung der Mexikanischen Fruchtfliege vom Flugzeug aus. J. G. Shaw. (J. econ. Entomol. **54**. 600—01. Juni 1961.) (Engl.)

5maliges Sprühen mit einem Gemisch von *Malathion* (**I**) + *Maisproteinhydrolysat* verminderte den Befall von Pampelmusen mit Anastrepha ludens Loew auf 0,5% der Früchte = 95,4% gegenüber 2,0% = 80,7% mit **I** allein u. 10,2% bei der unbehandelten Kontrolle. FRITZ MÜLLER/Ludwigshafen. 6312 □

Vergleich der Empfindlichkeit von Musca autumnalis und Musca domestica gegen Insekticide im Laboratorium. Robert E. Treece. (J. econ. Entomol. **54**. 803—05. Aug. 1961. Wooster, Ohio, Ohio Agric. Exp. Stat.) (Engl.)

Verss. mit örtlicher Anwendung ergaben, daß Musca autumnalis De Geer gegen *DDT* etwas empfindlicher ist als Musca domestica L., während gegenüber *Parathion* kein Unterschied war. FRITZ MÜLLER/Ludwigshafen. 6312 □

Bekämpfung von Musca autumnalis an Schlachtrindern in Indiana. R. C. Dobson und D. A. Huber. (J. econ. Entomol. **54**. 434—36. Juni 1961. Lafayette, Ind., Purdue Univ.) (Engl.)

Bei Anwendung mit dem Gummikabelreiber wurden gegen Musca autumnalis DeGeer mit 5%ig. *DDT*, bes. mit Zusatz von *Tabatrex*, 5%ig. *Methoxychlor*, 5%ig. *Toxaphen* oder 1%ig. *Ronnel* gute Bekämpfungserfolge erzielt. 5%ig. *Crag Fly Repellent*, 1%ig. *DDVP* u. 1%ig. *Dimethoate* waren wirkungslos.

FRITZ MÜLLER/Ludwigshafen. 6312 □

Versuche gegen Musca autumnalis an Vieh in New Jersey im Jahre 1960. Philip Granett und Elton J. Hansens. (J. econ. Entomol. **54**. 562—66. Juni 1961. New Brunswick, N.J., Rutgers-The State Univ., Dep. of Entomol.) (Engl.)

Befeuchten, Bestreichen oder Besprühen der Köpfe des Viehes gegen den Befall mit Musca autumnalis DeGeer mit Abwehrmitteln, nämlich *Crag Fly Repellent* (**I**), *MGK R 1207* (**II**) oder *Tabatrex*, Insekticiden allein oder im Gemisch mit Abwehr- u. Anlockmitteln war in keinem Falle bes. wirksam. Einige Std. Erleichterung erzielte mit *Piperonylbutoxid* verstärktes *Pyrethrum* + **I** oder + **II**. 0,5%ig. *Methoxychlor* + 5% **I** wirkte etwas länger, mußte aber täglich angewandt werden. *Dibrom* hatte einige Wrkg., verursachte aber bei fortgesetztem Gebrauch Reizerscheinungen an Tier u. Mensch. *Co-Ral, Dylox, Diazinon, GC 4072, Dimethoate, DDVP, Sevin, Malathion* u. *Ronnel* waren von zweifelhaftem Werte, auch Zusätze von Lockmitteln, wie Maissirup oder gekörnter Zucker, hatten keine Wrkg., sie verfilzten nur die Haare der Tiere.

FRITZ MÜLLER/Ludwigshafen. 6312 □

Giftigkeit der Abgänge von mit Insekticiden gefüttertem Vieh gegen Fliegenlarven. Gaines W. Eddy und A. R. Roth. (J. econ. Entomol. **54**. 408—11. Juni 1961. Corvallis, Oreg., Entomol. Res. Div.) (Engl.)

Gegen Larven von Musca domestica L. (a) waren die Abgänge von 5 Tage mit Insekticidzusatz gefüttertem Vieh bei den geprüften Gaben nicht voll wirksam mit *Diazinon, Bayer 29493, Dicapthon, Dipterex, Hercules 5727, Ryanex, Sevin, Malathion, Allethrin, Barthrin, Butonate, Hercules 4580, Diphenylamin* u. *Phenothiazin*; gut wirksam waren: *Rotenon, Parathion, Bayer 37342, GC 4072, Dition* (**I**), *Ronnel* (**II**), *Dow ET-15, Potasan, Bayer 21200*, am besten waren *Bayer 22408* (**III**) u. *Co-Ral* (**IV**). **III** u. **IV** waren auch stark wirksam gegen Larven von Siphona irritans L. (b) u. Stomoxys calcitrans L. (c), **I** war weniger wirksam. Bei Zugabe direkt zu den Faeces waren in gleicher Weise wirksam gegen c: **II, III** u. **IV. IV** war am besten wirksam gegen b, **II** am wenigsten gegen a. FRITZ MÜLLER/Ludwigshafen. 6312 □

Über die insekticide und abstoßende Aktivität der Haushaltinsekticide. Kaoru Ohta. (Botyu-Kagaku [Sci. Insect Control] **26**. 66—69. Mai 1961. Kyoto, Women's Univ., Fac. of Domest. Econ.) (Jap.; Auszug: Engl.)

Unterss. über die Kontaktgift-Wrkg. von Naphthalin, Campher u. p-Dichlorbenzol auf Callosobruchus chinensis L. zeigen, daß die sehr geringe Wirksamkeit in der angegebenen Reihenfolge abnimmt. Kleider u. andere Gegenstände werden in geschlossenen Räumen durch die Dämpfe der Insekticide, die als abstoßende Mittel wirken können, geschützt. Im Vgl. mit einem handelsüblichen Mittel ist die abstoßende Wrkg. der genannten Insekticide auf Musca domestica L. ziemlich hoch. Ihre Schutz-Eigg. werden ihrer abstoßenden Wrkg. u. der Wrkg. als Atemgift zugeschrieben. W. WESLY. 6312 □

Beständigkeit von Allethrin und seinen Kerosinlösungen bei der Lagerung, gezeigt am Bioversuch. W. A. Gersdorff, P. G. Piquett und Norman Mitlin. (J. econ. Entomol. **54.** 731—33. Aug. 1961.) (Engl.)

Eine *Allethrin* (I)-Probe u. 1%ig. (Gew./Vol.) I-Lsgg. in *Kerosin* wurden mit Musca domestica L. nach verschieden langen Lagerzeiten auf ihre Giftigkeit geprüft. Die I-Probe zeigte nach 6 Jahren bei 4° keinen, nach 10 Jahren 44% Verlust der Giftigkeit. Die I-Lsg. verlor bei 4° im braunen Glas in 10 Jahren 14%, bei Zimmer-Temp. 30%, im hellen Glase ohne direkte Sonnenbestrahlung 38%, bei unterbrochener Sonnenbestrahlung verlor sie bereits nach 6 Jahren 96% ihrer Giftigkeit. *Hydrochinon*-Zusatz schränkte den Verlust ein, er betrug nach 10 Jahren ca. 16%.

FRITZ MÜLLER/Ludwigshafen. 6312 □

Wirksamkeit von Mischungen von Cubé mit verschiedenen Drogen gegen den Mexikanischen Bohnenkäfer. F. H. Harries. (J. econ. Entomol. **54.** 599—600. Juni 1961.) (Engl.)

Gemische von *Cubé* (I, einem *Rotenon*-Prod.) mit *Pyrophyllit* wirkten gegen Epilachna varivestis Muls. besser in höheren Konzz. u. Gaben. Zusätze von *Physostigmin*, *Benzedrin*, *Phenobarbital*, *Evipal* oder *Metrazol* verminderten die Wrkg. des I auf Larven u. Vollkerfe mehr oder weniger. FRITZ MÜLLER/Ludwigshafen. 6312 □

Wirkung von Sevin auf Honigbienen. Roger A. Morse. (J. econ. Entomol. **54.** 566—68. Juni 1961. Ithaca, N.Y., Cornell Univ.) (Engl.)

Nach Anwendung von *Sevin* (1,25 lbs./acre) auf einem größeren Gelände vom Flugzeug aus wurden bei 21 Apis mellifera L.-Kolonien 19917 tote Bienen festgestellt, bei 5 Kontrollkolonien in unbehandeltem Gelände 2936. Die Sterblichkeit betraf weniger die sammelnden Arbeitsbienen als die junge Brut, sie war bis 3 Wochen nach der Anwendung höher als normal, die Wiederauffüllung ging schnell vor sich. In einer Entfernung von 1,6 Meilen vom Stock traten keine Verluste auf. Einige der geschwächten Kolonien litten unter Faulbrut. FRITZ MÜLLER/Ludwigshafen. 6312 □

Wirksamkeit chemisch behandelter Siebe zum Abtöten der lästigen Gnitzen Culicoides obsoletus. Hugo Jamnback. (J. econ. Entomol. **54.** 578—80. Juni 1961. Albany, N.Y., New York State Museum and Sci. Serv.) (Engl.)

Vollkerfe von Culicoides obsoletus Meigen, die in einer Vers.-Anordnung gezwungen wurden, durch ein Drahtnetz zu schlüpfen, das mit einer 7,7%ig. *Malathion*-Lsg. bestrichen war, waren nach weniger als 1 Std. abgestorben, die Wrkg. hielt 21 Tage an. Mit einer 10%ig. *DDT*-Lsg. wurde erst nach einigen Std. eine wesentliche Sterblichkeit erreicht. FRITZ MÜLLER/Ludwigshafen. 6312 □

Die Änderung der Permeabilität des Bodens in Abhängigkeit von der Einwirkung des Wassers. Béla Szekrényi. (Agrokémia és Talajtan [Agrochem. u. Bodenkunde] **10.** 207—16. Mai 1961. Budapest, Landw. Güteprüfungsinst.) (Ung.)

Die Wasserdurchlässigkeit des Bodens ist nicht konst., daher sind Verss. über einen längeren Zeitraum erforderlich. Zur Ausführung solcher Verss. konstruierte Vf. einen „Perkolographen", mit welchem die Wasserdurchlässigkeit mehrere Wochen geprüft werden kann. Aus solchen Verss. ergab sich, daß im allg. infolge Änderung der Porosität durch Dispersion der Bodenteilchen u. Quellen des Bodens die Durchlässigkeit allmählich abnimmt. G. BIDLÓ. 6324

Über die Brauchbarkeit der von Ed. Hofmann ausgearbeiteten Methoden zur Bestimmung der Enzyme im Boden. D. Claus und Kl. Mechsner. (Plant and Soil [The Hague] **12.** 195—98. März 1960. Göttingen, Univ., Inst. für Mikrobiol.) (Dt.)

Es wurde nachgewiesen, daß die von HOFMANN ausgearbeitete Meth. zur Best. von Enzymen im Boden nicht geeignet ist, da sich trotz Toluolzusatzes eine prakt. ebenso zahlreiche Mikroflora im zur Best. zugesetzten Substrat entwickelt wie ohne Toluolzusatz. Die Meth. erfaßt somit nicht nur die im Boden ursprünglich vorhandenen, sondern vor allem die während der Bebrütung durch nicht abgetötete ruhende u. sich vermehrende Mikroorganismen gebildeten Enzyme. Dies wurde für den Urease-, Saccharase- u. Amylasetest nachgewiesen u. durch vergleichende Gußplattenzählungen belegt.

G. JAGNOW. 6324 □

Verteilung von isotopischem Stickstoff in Stickstoffgas im Verlaufe der Denitrifikation. R. D. Hauck und D. R. Bouldin. (Nature [London] **191.** 871—72. 26/8. 1961. Wilson Dam, Alabama, Tennessee Valley Author., Div. of Agric. Relations.) (Engl.)

Vff. entwickelten ein Gleichungs-Syst., welches es ermöglicht, unter Zugrundelegung der Ergebnisse der nach Zusatz von mit ^{15}N angereichertem Nitrat-N zum Boden u. anschließender Inkubation vorgenommenen massenspektrometr. Analysen der Gasphase den Anteil des von der Denitrifikation im Boden herrührenden N in der N-haltigen Atmosphäre zu berechnen, obgleich die ^{15}N-Menge im Ausgangsmaterial sich infolge der Vermischung mit dem im Boden schon vorhandenen N ändert. Mit dem Gleichungs-Syst. läßt sich sogar eine quant. Berechnung der jeweiligen Anteile des freigesetzten N vornehmen, die aus dem zugesetzten, mit ^{15}N angereicherten Nitrat bzw. den N-haltigen Substanzen des Bodens direkt stammen. WILFRIED WERNER. 6324 □

Ein Schnellverfahren zur Bestimmung des verfügbaren Stickstoffs in Böden. B. V. Subbiah und G. L. Asija. (Current Sci. **25.** 259—60. Aug. 1956. New Delhi, Indien, Indian Agric. Res. Inst., Div. of Soil Sci. and Agric. Chem.) (Engl.)

Zur Best. des pflanzenverfügbaren N in Böden werden 20 g mit 20 ml W. u. je 100 ml einer 0,32%ig. $KMnO_4$-Lsg. u. einer 2,5%ig. wss. NaOH-Lsg. versetzt u. destilliert. Man fängt 30 ml Destillat in einer bestimmten Menge n/50 Säure auf u. titriert zurück. PH. FRESENIUS. 6324 □

Radioaktivität in Böden und radiometrische Bestimmung von ^{40}K. Julio Rodríguez. (An. Edafol. Fisiol. vegetal **18.** 389—405. Mai 1959. Harpenden, Rothamsted Exp. Stat.) (Span.)

Im Zusammenhang mit der Bedeutung des K für das Tier- u. Pflanzenreich ist bes. eine Unters. des K-Geh. von Tonmineralien wichtig. Unter den gravimetr. Verff. der K-Best. zieht Vf. die Fällung mit Na-Tetraphenylboranat vor; es empfiehlt sich aber, statt mit 100 ml mit 250 ml W. zu extrahieren. Bei der K-Best. in Tonmineralien kann man den Gesamt-K-Geh. durch radiometr. Best. von ^{40}K ermitteln. — 60 Literaturangaben. R. K. MÜLLER. 6324 □

Methodik der Vorbereitung von Böden, Fluß-Suspensionen und Meeressedimenten für die mineralogische Analyse. N. I. Gorbunow. (Почвоведение [Bodenkunde] **1960.** Nr. 11. 79—84. Nov. Dokutschajew-Inst. für Bodenkunde der Akad. der Wiss. der UdSSR.) (Russ.; Auszug: Engl.)

Die Vorbereitung der Proben zur mineralog. Analyse bezweckt vor allem die Peptisierung ihrer feindispersen Teilchen u. ermöglicht erst die Trennung der Fraktionen. Es wird eine chem.-mechan. Komplex-Meth. beschrieben. Vorerst müssen die Carbonatsalze u. Gips beseitigt werden, da diese die röntgenograph., therm. u. andere Analysen stören. Bei Rot- u. Gelberden muß Al^{3+} ausgewaschen werden, wonach 2—3maliges Weichkneten erfolgt. Das Weichkneten muß auch bei allen Böden mit fester Struktur, wie Schwarzerde, vorgenommen werden. Bei der therm. Analyse der Schlammfraktionen ist die Ggw. von H oder Ca im Adsorptionskomplex erforderlich. M. GORDIENKO. 6324 □

Imperial Chemical Industries Ltd., London, übert. von: Percy Wragg Brian, Margaret Edith Radley, Philip John Curtis und George Wynne Elson, Welwyn, England, **Gibberellsäure und deren Derivate,** erhältlich durch Züchten von Pilzstämmen. Zu E. P. 783 611; C. **1959.** 16461 ist nachzutragen: *Gibberellsäure* (**I**), $C_{19}H_{22}O_6$, F. 233—235° (Zers.); $[\alpha]_D^{20}$ +83°. *Methylester,* $C_{20}H_{24}O_6$, F. 209 bis 210°; $[\alpha]_D^{16}$ +75° (c = 0,5 in A.); aus I + Diazomethan oder CH_3J in Aceton in Ggw. von K_2CO_3. *p-Bromphenacylester,* $C_{27}H_{27}BrO_7$, F. 218—219°. *Äthylester,* $C_{21}H_{26}O_6 \cdot 1/2\ CH_3OH$, prismat. Nadeln, F. 150—152°; daraus bei 140° im Vakuum → $C_{21}H_{26}O_6$, F. 155—156°. *Isopropylester,* $C_{22}H_{28}O_6 \cdot 1/2\ CH_3OH$; Nadeln, F. 151—152°. *Butylester,* $C_{23}H_{30}O_6 \cdot 1/2\ CH_3OH$, prismat. Nadeln, F. 152—153°. *Octylester,* $C_{27}H_{38}O_6$, prismat. Nadeln, F. 157—158°. *Butyryl-Deriv.,* $C_{23}H_{28}O_7$, F. 192°; *Äthylester,* $C_{25}H_{32}O_7$, F. 175 bis 176°. *Benzoyl-Deriv.,* $C_{26}H_{26}O_7$, F. 204—205°; *Äthylester,* $C_{28}H_{30}O_7$, F. 192°. *Acetyl-Deriv.,* $C_{21}H_{24}O_7$, F. 233—234° (Zers.; Essigester–PAe.); $[\alpha]_D^{17}$ + 152° (c = 0,5; A.); *Methylester,* $C_{22}H_{26}O_7$, F. 180—181°; $[\alpha]_D^{18}$ + 150° (c = 0,4; A.); *Äthylester,* $C_{23}H_{28}O_7$, F. 202—204°; *Isopropylester,* $C_{24}H_{30}O_7$, F. 202—203°; *Butylester,* $C_{25}H_{32}O_7$, F. 147—149°; *Octylester,* $C_{29}H_{40}O_7$, Kp.$_{5 \cdot 10^{-5}}$ 195—202°. *Diacetyl-Deriv.,* $C_{23}H_{26}O_8$, Prismen, F. 186,5 bis 187°; *Methylester,* $C_{24}H_{28}O_8$, aus Methylenchlorid–PAe., F. 166,5—168,5°. *Na-Salz,* $2\ C_{19}H_{21}O_6Na \cdot 3\ H_2O$, F. 230—238° (Zers.). *K-Salz,* $2\ C_{19}H_{21}O_6K \cdot 3\ H_2O$, F. 225—229° (Zers.). *Ca-Salz,* $(C_{19}H_{21}O_6)_2Ca \cdot 3\ H_2O$, F. 230—270° (Zers.). — *Mittel zur Förderung des Pflanzenwachstums.* (**A. P. 2 842 051** vom 27/6. 1955, ausg. 8/7. 1958. E. Prior. 30/6. 1954.) G. KRAUSS. 6297

Wood Ridge Chemical Corp., übert. von: George J. Six, Wood Ridge, William J. Leddy, Rutherford, und Eugene L. Cadmus, Glenridge, N.J., V.St.A.,

Herstellung von Methylquecksilbercyanid. Man setzt CH_3J mit Hg unter Bldg. von CH_3HgJ um, entfernt nicht umgesetztes CH_3J aus dem Prod. durch Dampf-Dest., worauf das Prod. mit einem Alkalimetallcyanid umgesetzt wird. Das Rk.-Gemisch wird sodann mit Bzl. extrahiert u. aus dieser Lsg. CH_3HgCN durch Behandlung mit W. entzogen. — *Saatgutbeizmittel.* (**A. P. 2 967 800** vom 26/11. 1957, ausg. 10/1. 1961.) J. MÜHLEISEN. 6313

Imperial Chemical Industries of Australia and New Zealand Ltd. (Erfinder: George Sosnovsky), **Herstellung von Perchlormethylmercaptanderivaten.** Man läßt auf Perchlormethylmercaptan ein Amin der allg. Formel $(CH_2)_nNH$ oder $H_2N-(CH_2)_n-NH_2$, worin n für 2—5 steht, oder Piperazin im Überschuß oder in Ggw. einer tert. organ. Base (Pyridin) bes. bei $<10^0$ in einem inerten Lsgm. einwirken. Man erhält so: *N.N'-Bis-(trichlormethylsulfenyl)-äthylendiamin*, F. 43 bis 44°; *N-Trichlormethylsulfenylpiperidin*, F. 28—29°; *N-Trichlormethylsulfenylpyrrolidin*, $Kp._{1-1,5}$ 73°; *N.N'-Bis-(trichlormethylsulfenyl)-piperazin*, F. 166°. — Als *biolog. akt.* Mittel verwendbar. (**Aust. P. 213 837** vom 31/5. 1955, ausg. 3/4. 1958.) W. GRÄGER. 6313

Upjohn Co., Kalamazoo, Mich.,' V.St.A., **Herstellung von Cycloheximidalkylhydrazonen,** dad. gek., daß man Cycloheximid = 3-[2-(3.5-Dimethyl-2-oxocyclohexyl)-2-hydroxyäthyl]-glutarimid, ein Antibioticum, erhalten durch Züchten von Streptomyces griseus in üblichen Nährmedien, in alkohol. Lsg. mit einem Alkylhydrazin, gelöst in Säure, z. B. Eisessig, umsetzt. Als Hydrazine kommen in Betracht: Methylhydrazin, N.N-Dimethylhydrazin, Äthylhydrazin, N.N-Diäthylhydrazin, Isopropylhydrazin oder n-Butylhydrazin. — *Schädlingsbekämpfungsmittel.* (**E. P. 855 106** vom 1/4. 1958, ausg. 30/11. 1960. A. Prior. 4/4. 1957.) W. HEYER. 6313

Rohm & Haas Co., Philadelphia (Erfinder: Raymond Joseph Sobatzki, Glenside), Pa., V.St.A., **Fungicides Mittel** auf der Basis von *Mangan-Äthylenbisdithiocarbamat*, enthaltend als Stabilisator ca. 0,2—5% Hexamethylentetramin. Man kann diesen Zusatz der wss. Aufschlämmung des Carbamats, während dessen Herst. oder vor der Trocknung der Aufschlämmung zum Fest-Prod. einverleiben, bevorzugt wird der Zusatz zum bereits getrockneten Carbamat in einer Mischtrommel. Die Ggw. von Hexamethylentetramin beeinträchtigt die fungicide Wrkg. des Prod. nicht, verhindert aber seine Zers. bei der Lagerung. (**D. A. S. 1 113 607** Kl. 45 l vom 7/8. 1959, ausg. 7/9. 1961. A. Prior. 29/8. 1958.) H. NEBELSIEK. 6313

Union Rheinische Braunkohlen Kraftstoff Akt.-Ges., Wesseling (Erfinder: Günter Spengler, München), **Bekämpfung von Pflanzenschädigungen hervorrufenden Insekten und ihren Entwicklungsstadien** durch Verw. einer oder mehrerer Hg-Additions-Verbb. (**I**), die aus einem Hg(II)-Salz, einer organ. Verb. mit akt. H vom Typ der Alkohole, Säuren, Phenole oder aromat. Amine u. einer olefin. Verb. mit einer Doppelbindung im Mol., z. B. Äthylen oder Propylen, erhalten wurden. — Beispiele für **I**: Acetoxypropyl-Hg-Acetat, Phenoxypropyl-Hg-Chlorid, Anilinophenyläthyl-Hg-Acetat. — Die Herst. der **I** ist bekannt. — Anwendung z. B. in Form einer 0,05%ig. wss. Emulsion gegen Kiefernschwärmerlarven u. Kiefernspannerlarven. (**D. A. S. 1 111 450** Kl. 45 l vom 31/7. 1959, ausg. 20/7. 1961.) H. NEBELSIEK. 6313

Imperial Chemical Industries Ltd., übert. von: Ranajit Ghosh, Blackley, Manchester, England, **Basische Thiophosphorsäureester.** Zu E. P. 738 839; C. **1958.** 11355 ist nachzutragen: Aus β-Diäthylaminoäthanol u. Diäthylchlorthionophosphat in Bzl. in Ggw. von Na → *O.O-Diäthyl-O-(β-diäthylaminoäthyl)-thionophosphat*, $Kp._{0,007}$ 80—83°; n_D^{24} 1,4669. — 1-Diäthylaminopropan-2-ol → *O.O-Diäthyl-O-[1-diäthylaminopropyl-(2)]-thionophosphat.* — 2-Di-n-propylaminoäthanol → *O.O-Diäthyl-O-(β-di-n-propylaminoäthyl)-thionophosphat.* — *Pesticide.* (**A. P. 2 863 901** vom 9/11. 1953, ausg. 9/12. 1958. E. Prior. 19/11. 1952.) G. KRAUSS. 6313

Farbenfabriken Bayer Akt.-Ges., Leverkusen (Erfinder: Gerhard Schrader und Walter Lorenz, Wuppertal), **Schädlingsbekämpfungsmittel,** bes. für den Pflanzenschutz, enthaltend neben den üblichen Trägerstoffen u. Verdünnungsmitteln Dimethyl- bzw. Diäthyldithiophosphinsäureester als Wirkstoff. — Man erhält die Ester durch Rk. von Dialkyldithiophosphinsäuren bzw. deren Salzen mit ggf. substituierten Alkyl-Verbb., die in α-, β- oder γ-Stellung ein austauschfähiges Halogenatom enthalten, bei 20—100°, zweckmäßig in Ggw. eines Lsgm., wie Acetonitril, Dimethylformamid, Alkoholen oder Ketonen. Beispiele: *S-Äthylmercaptomethyl-*, $Kp._{0,01}$ 83°, *S-p-Chlorphenylmercaptomethyl-*, F. 60°, u. *S-Phenylmercaptomethyldimethyldithiophos-*

phinat, Öl. — Weitere Beispiele. (**D. A. S. 1 112 852** Kl. 45 l vom 18/3. 1958, ausg. 17/8. 1961.) H. Nebelsiek. 6313

Johann an der Lan, Innsbruck, Österreich, **Insektenabwehrmittel**, enthaltend als Wirkstoff Vitamin B_1 in Lsgg., Salben, Ölen oder Cremen zum Einreiben von Körperteilen oder zum Auftragen auf Gegenstände, wie Fliegengitter, Tischlampen usw., oder in Pulverform. Zweckmäßig wird dem Trägerstoff ein Antioxydans, z. B. Kaliumbisulfit, zugesetzt. (**Oe. P. 213 141** vom 1/10. 1958, ausg. 25/1. 1961.) W. Wittholz. 6313

Dow Chemical Co., übert. von: Edgar M. Ilgenfritz, Midland, Mich., V.St.A., **2-Brom-3-chlor-1.1.3.3-tetrafluor-1-propen**, $CF_2{=}CBr{-}CF_2Cl$, Kp.$_{742}$ 63,5°; $D._4^{25}$ 1,866; n_D^{25} 1,3750, erhält man aus 1.2-Dibrom-3-chlor-1.1.3.3-tetrafluorpropan durch HBr-Abspaltung mit 20%ig. wss. KOH (vgl. A. P. 2 904 601; C. **1960**. 9353) unter Rückfluß. — *Räuchermittel*, bes. gegen *Mehl-* u. *Teppichkäfer*. (**A. P. 2 904 602** vom 18/1. 1957, ausg. 15/9. 1959.) G. Krauss. 6313

Schering Akt.-Ges., Berlin (Erfinder: Sebastian Pastac, Viroflay, Frankreich), **Schneckenbekämpfungsmittel**, enthaltend Rk.-Prodd. (**I**) halogenierter, aliphat. Aldehyde mit Amiden, Aminen u./oder Zuckern unter Zusatz von Lockstoffen, wie Hefe, Schlempe u. dgl., u./oder bekannten Schneckenbekämpfungsmitteln, bes. *Metaldehyd*. — Beispiele: Mono- oder Dichloralharnstoff, Glucochloralose, Chloralammoniak Chloralhydroxylamin, Trichloracetaldoxim, Arabochloralose, Mannochloralose, Galaktochloralose, Chloralurethan, Chloralformamid. Beispiel für ein Schneckenbekämpfungsmittel mit anlockender Wrkg.: 3 (%) Glucochloralose, 30 Mycel von Penicillium notatum, 20 Luzernemehl, 36 Kreide, 10 Ocker u. 1 Metaldehyd. Köder für Gewässer: 2 Dichloralharnstoff, 14 Leinpreßrückstände, 14 Hefe, 5 wasserabweisender Zusatz, 64,5 Kreide oder Sand u. 0,5 Metaldehyd. (**D. A. S. 1 113 330** Kl. 45 l vom 3/9. 1960, ausg. 31/8. 1961. F. Prior. 14/9. 1959.) H. Nebelsiek. 6313

Imperial Chemical Industries Ltd., London, England (Erfinder: David Garnet Davey, Norman Greenhalgh und Ronald Frederick Homer), **Schneckenbekämpfungsmittel**, enthaltend mindestens ein Triphenylmethan-Deriv. der allg. Formel $R_3'C{-}OR_1$ (**I**) oder $R_3'C{-}NHR_2$ (**II**), worin R' einen ggf. durch Cl oder die CH_3-Gruppe substituierten Phenylrest, R_1 ein Alkyl mit 1—4 C-Atomen u. R_2 ein Alkyl mit 1—4 C-Atomen oder den ggf. durch Cl oder die CH_3-Gruppe substituierten Phenylrest bedeuten, oder, falls der Wirkstoff bas. ist, dessen Säureadditionsprodukt. — Die Herst. von **I** u. **II** ist bekannt. — Beispiele: Äthyltriphenylmethyläther, Methyltriphenylmethylamin, Isopropyltriphenylmethylamin, Phenyltriphenylmethylamin, n-Propyltri-(p-tolyl)-methylamin u. n-Propyltri-(p-chlorphenyl)-methylamin. Sie wirken in 0,5 Teilen pro Million auf bilharziaübertragende Schnecken tödlich. (**D. A. S. 1 110 941** Kl. 45 l vom 17/4. 1958, ausg. 13/7. 1961. E. Prior. 17/4. 1957 u. 2/4. 1958.) H. Nebelsiek. 6313

Monsanto Canada Ltd. (Erfinder: Arthur F. McKay und David L. Garmaise), **Herstellung von 1.3-Diazacycloalkanverbindungen** der allg. Formel **I** (R = geradkettiger oder verzweigter Alkylrest mit 1—8 C-Atomen; n u. m = 2 oder 3). Man läßt CS_2 auf ein Polyamin der Formel $NH_2(CH_2)_nNH(CH_2)_mN(R)_2$ in Ggw. eines inerten Lsgm. (A., Bzl.) bei 0—35° einwirken. Das gebildete Rk.-Prod. wird abgetrennt u. bes. auf 150° erhitzt, bis kein H_2S mehr entwickelt wird. Man erhält so: *1-(β-Dimethylaminoäthyl)-1.3-diazacyclopentan-2-thion*, weiße Kristalle, F. 94—95°, *Pikrat*, F. 166—167°; *1-(α-Dimethylaminopropyl)-1.3-diazacyclohexan-2-thion*; *1-(β-Diäthylaminoäthyl)-1.3-diazacyclopentan-2-thion*, F. 77—78°, *Pikrat*, F. 141—142°, *Hydrojodid*, F. 117—118°; *1-(γ-Diäthylaminopropyl)-1.3-diazacyclohexan-2-thion*; *1-(β-Di-n-propylaminoäthyl)-1.3-diazacyclopentan-2-thion*, F. 74—75°, *Pikrat*, F. 124—125°, *Hydrojodid*, F. 147—148°; *1-(β-Di-n-butylaminoäthyl)-1.3-diazacyclopentan-2-thion*, F. 43—44°, *Pikrat*, F. 115—117°; *1-(α-Di-n-butylaminopropyl)-1.3-diazacyclohexan-2-thion*. — Geeignet *zur Nagetiervertilgung*. (**Aust. P. 213 344** vom 30/7. 1956, ausg. 20/3. 1958. Can. Prior. 9/11. 1955.) W. Gräger. 6313

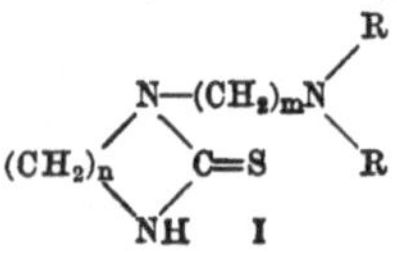

I

Badische Anilin- & Soda-Fabrik Akt.-Ges., Ludwigshafen/Rh. (Erfinder: **Johann Jung** und **Carl Pfaff**, Limburgerhof/Pfalz, **Hans-Ottmar Mueller von Blumencron**, Köln, und **Hans Scheuermann**, Ludwigshafen/Rh.), *Langsam wirkender Stickstoffdünger*. (**Oe. P. 213 926** vom 4/2. 1960, ausg. 10/3. 1961. D. Prior. 4/2. 1959. — C. **1961**. 633 [D. A. S. 1 081 482].)

Stamicarbon N. V., Holland, *Herstellung von Düngemitteln*. (**F. P. 1 204 896** vom 15/10. 1958, ausg. 28/1. 1960. Holl. Prior. 16/10. 1957. — C. **1961**. 13332 [E. P. 834 766].)

Rumianca S. p. A., Turin, Italien, *Granulierte Düngemittel*. (**Dän. P. 84 714** vom 22/10. 1954, ausg. 14/4. 1958. — C. **1950/54**. 4969 S [Aust. P. 159 193].)

Boots Pure Drug Co. Ltd., Nottingham, England, *Herbicides Mittel*. (**Oe. P. 213 659** vom 17/9. 1957, ausg. 27/2. 1961. E. Prior. 18/9. 1956. — C. **1960**. 11444 [D. A. S. 1 071 411].)

Farbwerke Hoechst Akt.-Ges., vormals Meister Lucius & Brüning, Deutschland, *N-Chloraryl-N'-alkoxy-N'-alkylharnstoffe.* (**F. P. 1 220 593** vom 16/4. 1959, ausg. 25/5. 1960. D. Prior. 17/4. 1958. — C. **1960.** 9007 [D. A. S. 1 076 117].)

Farbenfabriken Bayer Akt.-Ges., Leverkusen, *Pflanzenschutzmittel mit systemischer, fungicider Wirksamkeit.* (**E. P. 866 734** vom 13/3. 1959, ausg. 26/4. 1961. D. Prior. 14/3. 1958. — C. **1960.** 17586 [D. A. S. 1 079 381].)

Upjohn Co., Kalamazoo, Mich., V.St.A., *Cycloheximidthiosemicarbazon als Schädlingsbekämpfungsmittel.* (**E. P. 854 433** vom 1/4. 1958, ausg. 16/11. 1960. A. Prior. 4/4. 1957. — C. **1960.** 15882 [A. P. 2 885 320].)

Farbenfabriken Bayer Akt.-Ges., Leverkusen (Erfinder: **Rudolf Heusch** und **Bernhard Homeyer,** Köln), *Nematodenbekämpfungsmittel.* (**Schwz. P. 355 646** vom 20/3. 1957, ausg. 31/8. 1961. D. Prior. 12/4. 1956. — C. **1959.** 2945 [D. A. S. 1 035 959].)

N. V. Philip's Gloeilampenfabrieken, Holland, *Milbenbekämpfung.* (**F. P. 1 219 465** vom 25/3. 1959, ausg. 18/5. 1960. Holl. Prior. 27/3. 1958. — C. **1961.** 14806 [D. A. S. 1 105 657].)

Norddeutsche Affinerie und C. F. Spiess & Sohn, Deutschland, *Herstellung von insekticiden Phosphorverbindungen.* (**F. P. 1 205 620** vom 30/4. 1958, ausg. 3/2. 1960. D. Prior. 18/7. 1957. — C. **1960.** 16232 [D. A. S. 1 067 433].)

Ciba Akt.-Ges., Basel, Schweiz, *Schädlingsbekämpfungsmittel.* (**Oe. P. 213 142** vom 7/8. 1959, ausg. 25/1. 1961. Schwz. Prior. 8/8. 1958. — C. **1961.** 12977 [D. A. S. 1 105 231].)

Ernst Freyberg, Chemische Fabrik Delitia, Delitzsch (Erfinder: **Viktor Thie,** Delitzsch, und **Horst Würker,** Leipzig), *Schädlingsbekämpfungsmittel.* (**D. P. [DDR] 21 737** Kl. 451 vom 9/1. 1957, ausg. 10/8. 1961. [Ausschließungspatent]. — C. **1961.** 8811 [D. A. S. 1 093 361].)

VIII. Metallurgie. Korrosion

Die Blei-Zink-Erzlagerstätten der Sowjetunion. A. Mirtsching. (Z. Erzbergbau Metallhüttenwes. **15.** 37—42. Jan. 1962. Frankfurt/M.) (Dt.)
Übersicht auf Grund des russ. Schrifttums. — 59 Literaturangaben.
M. GEHLEN-KELLER. 6354 □

Entwicklungen in der Aufbereitung malayischer Zinnerze. I. R. M. Chaston. (Int. Mineral Processing Congr., London **1960.** 592—609. Ipoh, Malaya, Dep. of Mines, Res. Div.) (Engl.)
Beschreibung der in Malaya eingeführten Verff. zur Aufbereitung von Seifen- u. Alluvial-Sn-Erzen u. einer Hydrocyclon-Setzmaschinen-Anlage, deren Bau, Arbeitsweise u. Vorteile. W. WESLY. 6360 □

Anwendung der Flotation in gereinigten, mechanisch aufbereiteten Zinnkonzentraten. F. B. Michell. (Int. Mineral Processing Congr., London **1960.** 936—50. Camborne, School of Metalliferous Min.) (Engl.)
Bei der Flotationstrennung der sulfid. u. Sulfoarsenatmineralien von Sn-Konzentraten erreicht man hohe Ausscheidungsgrade, wenn eine übermäßige Zerkleinerung vermieden wird. Feinkorn verursacht instabile Trüben. Die Ausbeute an sulfid. Mineralien wird erhöht durch niedriges pH; die optimalen Werte betragen für Pyrit 3,5—5,0, für As-Pyrit (I) 3—3,5. Der zur Vermeidung von Sn-Verlusten günstigste pH-Wert beträgt 3,5—5,0. Ungünstig auf die Flotation wirken Fe-Salze, bes. $Fe_2(SO_4)_3$ u. Schlammüberzüge. Die I-Flotation wird durch Amylxanthogenat im Vgl. mit Äthylxanthogenat etwas verbessert; mit fallendem pH geht dieser Vorteil verloren. $CuSO_4$ verbessert die Flotation von SnO_2. W. WESLY. 6362 □

Die Flotation von Brauneisenerz und von Schlämmen der mechanischen Aufbereitung von Manganerzen. Z. S. Bogdanova, S. I. Gorlovsky und B. M. Lakota. (Int. Mineral Processing Congr., London **1960.** 476—89. Leningrad, Inst. Mekhanobr.) (Engl.)
Unterss. über die Flotation von Mn- u. Brauneisenerz (BE) von verschiedenen Lagerstätten unter Verw. verschiedener Sammler bestätigen die im Labor. gewonnenen Erkenntnisse. Aus Schlämmen der Schwerkraftaufbereitung werden mit oxydiertem Terpentinölersatz u. einer Tallölemulsion u. anderen Reagentien (Na_2CO_3, Kerosin, Sulfatseife, Ölsäure) 35—40 (%) Mn-Konzentrate u. aus BE mit 13—16 Fe-Konzentrate mit 41—48 *Fe* gewonnen. Die Ergebnisse werden durch die Ggw. von Teilchen $< 10\,\mu$, die Sammlerstruktur u. die Rührgeschw. beeinflußt. W. WESLY. 6362 □

Konversion von Naturgas für die Reduktion von Erzen. K. Je. Machorin. (Газовая Промышленность [Gas-Ind.] **6.** Nr. 4. 45—50. 1961.) (Russ.)
Auf Grund der Literaturdaten u. eigener Unterss. stellt Vf. fest, daß zur Herst. eines Gasgemisches mit hoher Konz. an H_2 u. *CO* aus CH_4 u. O_2 für die direkte Red. von *Fe*-Erzen folgendes beachtet werden muß: 1. Zur Erzielung einer guten Verbrennung u. einer Temp. von 1200—1500° im Tunnelofen, bei welcher eine vollständige Rk. des

CH_4 eintritt, muß die O_2-Konz. im Gasgemisch 40—42% betragen. Wird die O_2-Konz. bis auf 33% gesenkt, so enthält das Rk.-Prod. CH_4 u. Ruß; die Verbrennung ist ungleichmäßig. Beim O_2-Geh. über 45% schlägt die Flamme zurück; das reduzierende Gas wird arm an H_2 u. CO_2; im Tunnelofen steigt die Temp. über 1600°, wodurch ein rascher Verschleiß der Ofenmauerung eintritt; 2. zur Vermeidung eines Rückschlagens der Flamme muß die Geschw. des Gas–O_2-Gemisches 25—50 m/s übersteigen; 3. um eine Stabilität u. Intensivierung der Verbrennung zu erzielen, ist die Anwendung von Siebstabilisatoren zu empfehlen. Die Brenner für die unvollständige Verbrennung von CH_4 durch O_2 können auch für das oxydationsfreie Glühen der Metalle u. für die Red. einiger Buntmetalle verwendet werden. O. LEBTAG. 6370 □

Ein Jahrhundert Reduktionsverfahren mit Natrium. M. Schofield. (Metallurgia [Manchester] **65.** 21—24. Jan. 1962. Wolverhampton and Staffordshire Coll. of Technol.) (Engl.)

Histor. Überblick über die Gewinnung von *Al, Mg, Be, Ti* u. *Zr* durch *Na*.
M. GEHLEN-KELLER. 6380 □

Beseitigung nichtmetallischer Einschlüsse aus Metallen. A. G. Spasski und N. Ss. Kljagina. (Литейное Производство [Giesserei-Betr.] **1959.** Nr. 4. 30—32. April.) (Russ.)

Beschrieben wird der Aufbau u. die Wrkg.-Weise eines Filters zur Reinigung von *Al-Legg.*, *Al-Bronzen* u. *Mg-Legg.* von nichtmetall. Verschmutzungen, bes. von Al_2O_3-Einschlüssen. Hierzu wird in eine Metallschmelze im Ofen (Vakuumofen) ein auf 700 bis 800° vorgewärmtes Filter eingetaucht u. dort durch eine bes. Vorr. in der Arbeitslage gehalten. Das aus einem Graphitzylinder hergestellte Filter besitzt im Boden Öffnungen. Dieser Boden ist 40—60 mm hoch mit einem Flußmittel von 5—7 mm Körnigkeit bedeckt. Beim Eintauchen dieses Filters in die Schmelze wird der Graphitzylinder gefüllt. Der Abguß des Metalles erfolgt nur aus dem filternden Zylinder. Die beste Benetzbarkeit besitzt für diesen Zweck ein eutekt. Flußmittelgemenge, bestehend aus 52,7 (%) CaF_2 u. 47,3 *NaF* oder ein eutekt. Gemisch aus 51 MgF_2 u. 49 NaF oder aus 66 *NaCl* u. 34 NaF oder aus 60 Na_3AlF_6 u. 40 NaF. Bei dieser Filtration wird die geschmolzene Leg. von nichtmetall. Einschlüssen gereinigt. Das so gereinigte Metall ist grobkörnig, was in einer Anzahl von Fällen unerwünscht ist. In diesem Fall kann entweder der von Carbiden, Nitriden u. Oxiden durch Filtern gereinigten Leg. zwecks Kornverfeinerung ein Modifikator zugesetzt werden oder die Aktivität des Filters durch entsprechende Zusammenstellung des Flußmittels bis zur Verw. neutraler Filter herabgesetzt werden. H. HOCHSTEN. 6380

Modernisierung der Gießereitechnik. Bertil Thyberg. (Tekn. Tidskr. **91.** 1153—59. 10/11. 1961. Huskvarna.) (Schwed.)

Schmelz-Verff., Form-Verff. u. ihre Anwendung in der schwed. Industrie.
M. GEHLEN-KELLER. 6382 □

Gießereitechnik. Kurt Zimmermann. (VDI-Z. **103.** 1222—24. 21/8. 1961. Remscheid.) (Dt.)

Fortschrittsbericht. — 45 Literaturangaben. M. GEHLEN-KELLER. 6382 □

Formsand-Gewinnung. Hans Reininger. (Giesserei-Praxis **1961.** 213—19. 10/6. 239—44. 25/6.) (Dt.)

Überblick. M. GEHLEN-KELLER. 6382 □

Die Einwirkungen löslicher Chemikalien auf das pH und die Eigenschaften von tongebundenen Formsanden. W. R. Roberts. (B.C.I.R.A. Journal **9.** 327—46. Mai 1961.) (Engl.)

Ein wss. Auszug eines Formsandes gibt das pH des Sandes nicht richtig wieder. Zusätze zahlreicher chem. Verbb., z. B. Na_2CO_3, verändern pH u. Eigg. von Formsand; diese Veränderungen sind die Folge der basenaustauschenden Wrkg. des als Bindemittel im Sand vorhandenen Tones. Der Einfl. von Elektrolytzusätzen zu Formsand auf dessen Eigg. muß erprobt werden. Die Bindekraft von Bentonit wird durch 90 Min. langes Erhitzen auf 400°, teilweise auf 600°, fast völlig unter gleichzeitigem Anstieg der Acidität des Sandes zerstört. Durch nachträgliche Behandlung mit Na_2CO_3 werden die Binde-Eigg. prakt. nicht zurückgewonnen. — 15 Literaturangaben. W. WESLY. 6382 □

Schmelzen, Gießen und Wärmebehandlung beim Präzisionsguß. A. Bouman. (Metalen **16.** 259—62. 15/8. 1961. Amsterdam, Werkspoor N.V.) (Holl.)

Übersicht über Arten u. Geräte zum Schmelzen u. Gießen u. Ausführung der Warmbehandlung nach dem Gießen von Stählen u. Nichteisenlegierungen.
W. WESLY. 6382 □

Die Bedeutung einiger „seltener" Metalle in der heutigen Technik. M. Clasing. (Metall **14.** 697—703. Juli 1960. Hanau, DEGUSSA, Metall-Labor.) (Dt.)

Die Werkstoffe für die Reaktortechnik *U, Th, Zr, Be, Hf*, für die Halbleitertechnik *Ge, Si, Ga, In, Bi, Se, Sb, Te*, für die hochwarmfesten Werkstoffe *Nb, Ta, Re, V, Ti* werden behandelt. — 106 Literaturangaben. M. GEHLEN-KELLER. 6388□

Anreicherung von Eisenerz mit toniger Oberfläche aus Tuscaloosa County, Ala., durch Auswaschen. I. L. Feld, R. E. Perry und W. E. Lamont. (U. S. Dep. Interior, Bur. Mines, Rep. Invest. **1960.** Nr. 5623. 1—15. Tuscaloosa, Ala., Bur. of Mines. U.S. Pipe & Foundry Co.) (Engl.)

Die Entw. einer einfachen Meth. der Herst. von *Hämatit*-Konzentraten mit niedrigem *P*-Geh. aus bestimmten Tuscaloosa-Fe-Erzen wird beschrieben. In einer Vers.-Anlage zeigte sich, daß eine verhältnismäßig einfache Naßreinigung, gefolgt von einer Entkalkungsbehandlung zur Beseitigung der tonhaltigen Gangart, zu einem körnigen Hämatit führt. Die Fe-Verluste waren verhältnismäßig hoch. Das arme, tonige, rote Fe-Erz mit 32 (%) Fe wird durch die Naßaufbereitung auf ca. 51 Fe angereichert. Sein P-Geh. beträgt 0,04, von dem 21% säureunlöslich ist. Die Aufbereitungsanlage u. ihre Arbeitsweise werden im einzelnen beschrieben. H. HOCHSTEIN. 6390□

Der Einfluß von Mischungen oberflächenaktiver Stoffe auf die Wirtschaftlichkeit der Eisenoxidflotation. Peter Young. (Z. Erzbergbau Metallhüttenwes. **14.** 184—88. April 1961. Düsseldorf.) (Dt.)

Die Verw. synthet. Sammler, *Na-Cocosfettsäuresarkosid* (*Medialan* KA®), u. ihrer Mischungen mit anderen sammelnden oder auch nicht sammelnden Reagentien führt in der Eisenoxidflotation zu wesentlichen verfahrenstechn. Verbesserungen. Da die synthet. Mittel im Vgl. zu den bisher in der Oxidflotation verwendeten Ölen feiner sind, wird an Hand von graph. Darst. gezeigt, daß durch die Anwendung von Mischungen die Reagentienkosten erheblich erniedrigt werden können. Im optimalen Mischungsverhältnis ist dem Maximum des Metallausbringens ein Minimum an Reagentienkosten zugeordnet. H. HOCHSTEIN. 6390□

Zur Metallurgie der Reduktionsverfahren im Drehrohrofen. 2. Mitt. **Untersuchungen über die Reduzierbarkeit von Erzpellets.** M. Wahlster. (Techn. Mitt. Krupp **19.** 1—16. März 1961. Essen, Fried. Krupp, Forschungsanst.) (Dt.) — 1. vgl. C. **1960.** 12486.

Verss. zur Red. hämatit. Pellets verschiedener Herkunft unter Zusatz fester Red.-Stoffe im kleinen Drehrohrofen werden beschrieben. Die untersuchten Pellets mit Durchmessern zwischen 4 u. 18 mm zeigten gegenüber natürlichen Erzen ein gutes, teilweise besseres Red.-Verh., das sich bei Verw. unterschiedlich reaktionsfähiger Brennstoffe in weiten Grenzen verändern ließ. Die S-Geh. in den red. Pellets betrugen bei Verw. von Koksgrus u. Zusatz von 3% Kalk 0,03%, bei 6% Kalk aber 0,01%. Die Ofen-Temp., die Art des verwendeten Red.-Stoffes sowie die Größe der Pellets beeinflussen den Wrkg.-Grad der Entschwefelung. Die Druckfestigkeit der Pellets wird durch die während der Red. gebildeten Fe-Oxid- bzw. Fe-Phasen bestimmt. Sie erreicht bei der Wüstitstufe ihren Tiefstwert u. steigt während der Ausscheidung von metall. Fe wieder an. Die erreichbaren Endwerte für die Druckfestigkeit werden bes. durch die Verf.-Dauer u. die Ofen-Temp., ferner auch durch den C-Geh. der Pellets beeinflußt. Vergleichende Unterss. an Feinerzen mit bekanntem Red.-Verh. lassen für die Verw. von Pellets günstige Ofenleistungen erwarten. — 40 Literaturangaben. H. HOCHSTEIN. 6390□

Schießer, Ceroxid, Cermet oder Schlacke. C. A. Sanders, H. J. Heine und R. F. Marande. (Mod. Castings **40.** 108—12. Juli 1961. Stokie, Ill., American Colloid Co., Cleveland, Malleable Founders Soc. u. Columbus, Dayton Malleable Iron Co.) (Engl.)

Es wurde gefunden, daß Porosität, Feinlunker u. Gasporen häufig mit einer fl. u. gasführenden Schlacke verknüpft sind, welche man gewöhnlich auf dem Eisen längs der Wände der Gießpfannen schwimmen sehen kann. Die Natur u. der Ursprung der fl. Schlacke wird eingehend erörtert. Wirksame u. prakt. Mittel zur Regelung der Fehlerquelle werden vorgeschlagen. Eine gute Pfannenführung einschließlich Auskleidung, Wartung u. Schlackenabzug ist von besonderer Bedeutung für die Vermeidung von Porosität u. Gasporen. — 22 Literaturangaben. H. HOCHSTEIN. 6390□

Sondermaßnahmen beim Kupolofenschmelzprozeß. Wolf Friedel. (Giessereitechnik **6.** 143—45. Mai, 241—43. Aug., 295—96. Okt., 363—64. Dez. 1960. Leipzig, Zentralinst. für Gießereitechnik.) (Dt.)

Behandelt werden bei der Erörterung von Sondermaßnahmen beim Kupolofenschmelzprozeß das Schmelzen mit Carbidzusatz, mit heißem Wind oder mit O_2-Zusatz sowie das Duplex-Verf. Kupolofen–Elektroofen. Es wird nachgewiesen, daß die Erhöhung der Abstich-Temp. des fl. Fe nur durch bes. Maßnahmen möglich ist. Diese Sondermaßnahmen gewährleisten bei sachgemäßer Anwendung eine bessere Qualität des Erzeugnisses u. erhöhtes Ausbringen. — 39 Literaturangaben. H. HOCHSTEIN. 6390 □

Der Einfluß des Impfens auf die Zahl der Mangansulfidteilchen im Gußeisen. J. H. Gittus. (Metallurgia [Manchester] **62.** 69—72. Aug. 1960. Mond Nickel Co., Ltd.) (Engl.)

Veränderungen im Impfgrad von Gußeisen, die durch Änderungen in der Gieß-Temp. oder durch einen Pfannenzusatz von Ferrosilicium auftreten, werden von einer Änderung in der Anzahl der *MnS*-Teilchen begleitet. Eine gewisse Beziehung besteht auch zwischen dem Anteil an Porosität u. der MnS-Teilchenzahl. Es wird jedoch nicht angenommen, daß eine Zunahme in der Anzahl der durch Keim-Bldg. entstandenen eutekt. Zellen eine direkte Folge der gleichzeitig auftretenden Zuwachs in der Zahl der Einschlüsse ist. H. HOCHSTEIN. 6404 □

Die technische Überwachung in Stahlgießereien von Nordamerika. Clyde B. Jenni. (Foundry Trade J. **110.** 69—77. 19/1. 133—44. 2/2. 1961. Eddystone, Pa., General Steel Castings Corp.) (Engl.)

Übersicht über die einzelnen Arbeitsgänge in Stahlgießereien u. deren Überwachung. — 49 Schrifttumshinweise. W. WESLY. 6408 □

Einfluß von Arsen auf die Phasenumwandlungen im Kohlenstoffstahl. D. Ss. Kasarnowski und T. M. Rawitzkaja. (Известия Академии Наук СССР, Отделение Технических Наук, Металлургия и Топливо [Nachr. Akad. Wiss. UdSSR, Abt. techn. Wiss., Metallurg. Brennstoffe] **1959.** Nr. 6. 83—91. Nov./Dez.) (Russ.)

In Stählen mit 0,46—0,80% C bewirkt eine Erhöhung des As-Geh. bis auf 0,36% keine merkliche Temp.-Änderung der krit. Punkte, jedoch wird die Erhöhung des As-Geh. von einer Vergrößerung der Austenitkornabmessungen bei einer Erwärmung auf 1000° u. höher begleitet. Die Zunahme des As-Geh. von 0,018—0,36% in Stählen mit 0,78—0,92% C beschleunigt den isotherm. Austenitzerfall im Temp.-Bereich 250 bis 550°. In einem Stahl mit 0,62—0,92% C wird durch As die Durchhärtbarkeit beim Abschrecken von Temp., die 80—100° über dem Ac_3-Punkt liegen, erniedrigt. Bei Abschrecken von höheren Temp. ist die Durchhärtbarkeit des Stahles mit erhöhtem As-Geh. sowie des As-freien Stahles oder des Stahles mit relativ niedrigem As-Geh. (0,12—0,14% As) ungefähr gleich groß. Bei einer Wärmebehandlung unter Anwendung hoher Temp. zum Härten (ca. 1000°) sowie durch eine langsame Abkühlung nach dem Anlassen von Temp. über 600° bewirkt As das Auftreten von Anlaßsprödigkeit im Stahl mit 0,4% C u. in dem mit 0,8% C. Bei den üblichen Härte-Temp. beeinflußt As (bis 0,36%) nur in geringem Maße die Anlaßsprödigkeit. — 17 Schrifttumsangaben.
H. HOCHSTEIN. 6408 □

Der Wirkungsfaktor des Manganoxids in Siemens-Martin-Ofenschlacken und die Verteilung des Mangans während der Stahlaffinierung. G. Violi. (Metallurgia ital. **52.** 807—12. Dez. 1960. Soc. Ilva, Stab. di Piombino.) (Ital.)

Durch das Verhältnis der Wrkg.-Faktoren von Fe- u. Mn-Oxiden, das linear mit den sauren Bestandteilen der Schlacke verläuft, läßt sich die Verteilung des Mn als Metall- u. Schlackenbestandteil in einfacher Weise ausdrücken. Ausführung u. Auswertung der Verss. wird näher beschrieben. — 11 Literaturhinweise.
A. SANDER. 6408 □

Die Entwicklung eines hochfesten Stahlbleches zur Verwendung bei erhöhten Temperaturen und Drücken. T. F. Pearson und M. Z. de Lippa. (Iron Steel Inst., spec. Rep. **69.** 463—516. 1960. Consett Iron Co. Ltd.) (Engl.)

Beschrieben wird die Entw. eines Stahles, der für die Herst. von schmelzbaren dicken Platten mit einer Zerreißfestigkeit von 36—38 t/in.^{2}, mit hoher Kerbzähigkeit u. ferner mit hoher Kriechfestigkeit bei erhöhten Temp. geeignet ist. Erschmolzen wird im SIEMENS-MARTIN-Ofen ein Stahl mit 0,10—0,13 (%) *C*, 1,0 *Mn*, 1,5 *Ni*, 0,25 *Mo*, 0,1 *V*, 0,3 oder 0,5 *Cr*, Rest *Fe* mit den üblichen Verunreinigungen, der zu Platten von 3—4 in. Stärke ausgewalzt wurde. Es wurde nachgewiesen, daß nach einer Doppelnormalisierung bei 920 u. 880° sowie einer 72std. Entspannungsglühung bei 600° die erforderliche Zerreißfestigkeit u. Kerbschlagzähigkeit dieser Platten erhalten werden. Der Stahl mit 0,5% *Cr* besitzt eine geringere Schlagzähigkeit bei tiefer Temp., jedoch ist diese Eig. noch immerhin gleich derjenigen von mit Si beruhigten, gleich dicken Stahlplatten. Durch die angegebene Zus. u. Wärmebehandlung wird die Schweißbarkeit nicht nachteilig beeinflußt. Durch die Senkung des *V*-Geh. auf 0,1% wird die Verwicklung der Sekundärhärtungsmerkmale vermindert. H. HOCHSTEIN. 6410 □

Einfluß von Aluminium auf die Dichte von elektrischen Stählen. R. J. Bendure. (Metallurgia [Manchester] **62.** 58—60. Aug. 1960. Middleton, Ohio, Armco Steel Corp.) (Engl.)

Eine Unters. über den Einfl. von *Al*, *Si*, *Cu* u. *Mn* auf die Dichte von elektr. Stählen ergibt, daß Mn keinen meßbaren Einfl. ausübt. Cu aber beeinflußt in der gewöhnlich in dieser Stahlsorte vorkommenden Menge die Dichte um weniger als 0,01. Mit steigenden Si- u. Al-Geh. nimmt jedoch die Dichte der Stähle stärker ab, die formelmäßig angegeben wird. H. HOCHSTEIN. 6410□

Die Gewinnung von Zink durch Elektrolyse des Chlorsalzes. A. F. Nikiforow und W. W. Stender. (Вестник Академии Наук Казахской ССР [Nachr. Akad. Wiss. Kasach SSR] **14.** Nr. 10. 42—48. Okt. 1958.) (Russ.; Auszug: Kasach.)

$ZnCl_2$ wurde als Abfallstoff aus einem Soda-Werk nach der Rk.: $ZnO + CaCl_2 + CO_2 \rightarrow ZnCl_2 + CaCO_3$ gewonnen. Untersucht wurden: Abhängigkeit der Zn-Ausbeute von der Stromstärke u. von der Konz. des Zn im Elektrolyten; Abhängigkeit der Korrosion des Zn (in $ZnCl_2$- u. $ZnSO_4$-Elektrolyten) von der Konz. der Säure; Geschw. der H-Ausscheidung bei der Zn-Fällung u. ihre Abhängigkeit von der Stromstärke bei 25°. Ein Schema der Zn-Herst. aus den Abfällen einer Sodafabrik wird beschrieben. C. KOZÁK. 6426□

Erzeugung von Blei hoher Reinheit durch Amin-Auslaugung. F. A. Forward, H. Veltman und A. Vizsolyi. (Int. Mineral Processing Congr., London **1960.** 822—37. Vancouver, Univ., of Brit. Columbia, Dep. of Mining and Metallurgy; Sherritt Gordon Mines, Ltd., Res. and Dev. Div.) (Engl.)

Pb (99,99% Reinheit) wird in nachst. Stufen aus *PbS* gewonnen. Saure Oxydation zu $PbSO_4$ unter Druck in wss. Lsg., Auslaugung von $PbSO_4$ u. *PbO* mit Alkylaminen bei Raum-Temp., Ausfällung von $PbCO_3 \cdot Pb(OH)_2$ durch Einleiten von CO_2 u. Red. mit C bei 800° zu *Pb*, Regenerierung der Amin-Lsg. mit CaO bei Raum-Temp. mit $CaSO_4 \cdot 2\,H_2O$ als Abfall. Mit Diäthyltriamin werden Lsgg. mit Pb-Geh. bis 650 g/Liter erzeugt. W. WESLY. 6430□

Das neukaledonische Nickel. Jean Guillard. (Mém. Soc. Ing. Civils France **114.** Nr. 11. 21—28. Nov. 1961. Soc. Le Nickel.) (Franz.)

Vork. u. Gewinnung. M. GEHLEN-KELLER. 6434□

Metallkundliche Probleme bei der Entwicklung warmfester Knetlegierungen auf Nickelbasis. Günter Häußler. (Wiss. Z. Techn. Hochschule Dresden **9.** 1211—15. 1959/60. Freiberg/Sa.) (Dt.)

Die an die warmfesten Knet-Legg. auf Ni-Basis zu stellenden Anforderungen werden erörtert u. an Hand von Zustandsdiagrammen Aufbau u. Gefüge der Legg. besprochen. Das Verh. von Versetzungen, Diffusionsvorgänge u. innere Adsorption wurden behandelt. F. VIER. 6434□

Ausscheidungshärtung von Kobalt-Legierungen durch eine intermetallische Co-Mo-Phase. B. Lux und W. Bollmann. (Kobalt **1961.** Nr. 11. 4—18. Juni. Genf, Battelle-Mem.-Inst.) (Dt.) — Vgl. C. **1962. 6946.**

Die Möglichkeit einer Härtung durch Ausscheidung intermetall. Cr-Mo-Verbb. wurde bei Co-Legg. untersucht. Da in wärmebeständigen Legg. das Cr ein wesentliches Zusatzelement ist, das ihnen Oxydationsbeständigkeit verleiht, wurden die Legg. für die Prüfung dem tern. Syst. Co-Cr-Mo entnommen. Ihre Cr- u. Mo-Geh. reichten von 12—17,5% bzw. von 15—20%. Es wurde gezeigt, daß in tern. Co-Cr-Mo-Legg. eine Alterungshärtung auftritt. Während der Glühung bei 800 u. 1000° wurde schon in den ersten Stunden ein beträchtlicher Härteanstieg beobachtet. Aus den Elektronenbeugungs- u. den Elektronenmikroskopaufnahmen wurde geschlossen, daß während des Härtungsvorganges kohärente oder teilweise kohärente Teilchen mit einem Durchmesser von ca. 50 Å entstehen. Es konnte jedoch nicht ermittelt werden, ob diese Teilchen in den Übergangszuständen der Ausscheidung Co_3Mo- oder Co_7Mo_6-Struktur besitzen. Bei den meisten Legg. im Gußzustand wurden feine Haarrisse beobachtet. Es wurden einige technolog. Eigg. geprüft, die für wärmebeständige Werkstoffe von Bedeutung sind u. einen Anhalt für die Verw. derselben geben können. Die an einer Leg. mit 12 Cr-17,5 Mo-Rest Co durchgeführten Prüfungen auf Zeitstand-Verh. zeigten, daß die Bruchfestigkeit dieser Leg. im Temp.-Bereich von 700—850° Ähnlichkeit hat mit derjenigen von *Nimonic 95*. Oxydationsprüfungen bei 900° ergaben, daß die Oxydationsbeständigkeit der gleichen Leg. bis zu 2000 Std. zufriedenstellend ist. Auch die Werte für die Beständigkeit gegen Wärmeschock u. für die Schmiedbarkeit sind mit denjenigen der üblichen Hochtemp.-Legg. vergleichbar. — 25 Literaturangaben. H. HOCHSTEIN. 6434□

Elektrolytisches Chrom hoher Reinheit. M. J. Ferrante, P. C. Good, F. E. Block und D. H. Yee. (J. Metals **13.** 780. Nov. 1961.) (Engl.)

Diskussion zu der C. **1961.** 11500 referierten Arbeit. M. GEHLEN-KELLER. 6440□

Wolframherstellung durch Lichtbogenspritzen. R. H. Singleton, E. L. Bolin und F. W. Carl. (J. Metals **13.** 483—86. Juli 1961. Indianapolis, Ind., General Motors Corp.) (Engl.)

Die Herst. von frei stehenden Zylindern u. Kegeln aus W durch Spritzen im Lichtbogen u. die entsprechenden Vorr. werden beschrieben. Durch Hammerschmieden gelingt es, aus durch Spritzen hergestellten W-Teilen weitgehend rißfreies W herzustellen. W-Überzüge auf Graphit können ebenfalls durch Spritzen im Lichtbogen aufgebracht werden. F. VIER. 6440 □

Oxydation von Wolfram bei niedrigem Druck und hohen Temperaturen. R. A. Perkins und D. D. Crooks. (J. Metals **13.** 490—93. Juli 1961. Palo Alto, Calif., Lockheed Missilis and Space Div.) (Engl.)

Das Oxydations-Verh. von W bei Drucken von 1—40 mm Hg u. 1300—3000° an Luft wurde zur Unters. seiner Eignung für Flüge über die Atmosphäre mit Rückkehr zur Erde überprüft. Danach verdampft W-Oxid so schnell wie es sich bildet unter diesen Bedingungen. Dabei bleibt die Oberfläche blank. Die Oxydations-Geschw. folgt einem linearen Gesetz. Über 1750° zersetzen sich die Oxide u. der reine Metallverlust nimmt mit steigender Temp. ab. Unlegiertes W kann bis zu seinem F. 1—2 Std. lang unter 1,0 mm Hg erhitzt werden, ohne daß ein nennenswerter Metallverlust eintritt. F. VIER. 6440 □

Metallkunde und -technologie aus der Perspektive des Lithiums. H. Bechtel. (Metall **14.** 718—25. Juli 1960. Frankfurt/M., Hans-Heinrich-Hütte GmbH.) (Dt.)

Überblick über die physikal. u. chem. Eigg. von *Li* u. die Ergebnisse aus metallkundlicher Forschung u. Entwicklung. — 242 Literaturangaben. M. GEHLEN-KELLER. 6442 □

Yttrium, Scandium und die Seltenen Erden. Überblick über den Stand der Forschung. K. Strnat und H. Weik. (Metall **14.** 713—17. Juli 1960.) (Dt.)

Vork. u. Herstellung. — 47 Literaturangaben. M. GEHLEN-KELLER. 6448 □

Tantallegierungen für die Verwendung bei erhöhten Temperaturen. F. F. Schmidt, D. J. Maykuth und H. R. Ogden. (J. Metals **13.** 487—89. Juli 1961. Columbus, Ohio, Battelle Mem. Inst.) (Engl.)

Untersucht wird die Wrkg. von Zusätzen von *Ti, Zr, Hf, V, Nb, Mo* u. *W* auf die mechan. Eigg. bei erhöhten Temperaturen. Durch Mo u. W wird die Festigkeit beachtlich gesteigert, bes. durch Mo, das aber die Duktilität u. Bearbeitbarkeit bei Raum-Temp. erheblich herabsetzt. Gute Zugfestigkeit bei erhöhter Temp. u. gleichzeitig gute Dehnbarkeit bei niedriger Temp. hat eine Ta-Leg. mit 30 (%) Nb u. 7,5 V. Die Ta-Leg. mit 10 Hf u. 5 W zeigt einen geringen Abfall der Dehnbarkeit von Raum-Temp. bis —320° F. F. VIER. 6448 □

Wolfram-Niob-Tantal-Legierungen, ihre Eigenschaften bei hohen Temperaturen. J. L. Wilson und C. R. McKinsey. (J. Metals **13.** 494—96. Juli 1961. Niagara Falls, N.Y., Union Carbide Metals Co.) (Engl.)

Durch Härteprüfungen bei 2300—2900° F u. Best. des Gew.-Verlustes in O_2 bis 2190° F konnte im Syst. *W–Nb–Ta* ein Gebiet abgegrenzt werden mit 10facher Oxydationsbeständigkeit bei 2190° F u. 3facher Härte bis 2900° F gegenüber den reinen Metallen. Auch die Zugfestigkeiten sind erheblich höher. F. VIER. 6448 □

Erholungsmessungen an spektralreinem Silber nach schwacher Verformung. Eva Bode. (Z. Metallkunde **51.** 632—36. Nov. 1960. Darmstadt, TH.) (Dt.)

Die nach einer stat. Verformung in Torsion auftretende elast. Nachwrkg. von spektralreinem grobkristallinem Ag wurde mit einem Torsionspendel nach KÊ bei 170° untersucht. Sie beträgt einige % der elast. Dehnung u. erholt sich bei 170° zum größten Teil, bei 140° prakt. vollständig. Die Erholungs-Geschw. u. die Größe des zurückbleibenden plast. Anteils hängt von der Zeitdauer der plast. Verformung ab. Für den Anteil der nichtelast. Dehnung, der sich erholt, wird ein Modell vorgeschlagen, dem die Auslenkung aus ihrer Ruhelage u. ihrer Verankerung durch Fremdatome im ausgelenkten Zustand zugrunde liegt. Dieser Anteil gehorcht nicht dem BOLTZMANNschen Superpositionsprinzip oder einem einfachen Modell des viscoelast. Verhaltens. F. VIER. 6456 □

Das Quellen von Eisen–Kupfer-Verdichtungen während des Sinterns. G. Matsumura. (Planseeber. Pulvermetallurgie **9.** 33—35. April 1961. Kawasaki, Japan, Yawata Iron & Steel Co. Ltd.) (Engl.)

Verdrillte Fe-Drähte werden im Vakuum mit fl. Fe-gesätt. Cu überzogen. Die Eindiffusion des Cu bei 1050° wird beobachtet. Zunächst ist in den ersten 50 Std. die Cu-Diffusion mit einem Quellen der Drähte verbunden. Danach ist der Quellprozeß beendet, die Diffusion setzt sich aber weiter fort. Noch nach 200 Std. ist die Diffusion nicht beendet. Nach 100 Std. Diffusionszeit werden Risse am Umfang der Drähte beobachtet. H. FAHLENBRACH. 6474 □

Sinterverhalten loser Metallpulver. H. H. Hausner. (Planseeber. Pulvermetallurgie **9.** 26—32. April 1961. New York, N.Y., Polytechnic Inst. of Brooklyn.) (Engl.)

An einer Reihe von Pulvern aus nichtrostenden Stählen wird durch Sintern loser, ungepreßter Pulver gezeigt, daß die Sinterdichte noch viel stärker als beim Sintern gepreßter Pulver von der Korngröße, der Kornverteilung u. der Aktivität abhängt. Das Ergebnis wird an kugelförmigen Pulvern u. an solchen mit unregelmäßiger Gestalt bestätigt. Bes. ist die Schüttdichte der Pulver nicht alleinbestimmend. Mit zunehmender Schüttdichte wird nicht unbedingt eine höhere Sinterdichte erreicht.

H. FAHLENBRACH. 6474 □

Kontinuierliche Herstellung von hochfestem Bleiband durch direktes Pulverwalzen. S. Storchheim und A. Cross. (Planseeber. Pulvermetallurgie **9.** 21—25. April 1961. Woodside, New York, Storchheim Res. and Dev., Inc.) (Engl.)

Durch ein kontinuierliches Pulverwalzen von handelsüblichen *Pb*-Pulvern, können Pb-Bänder hergestellt werden, die hohe Festigkeiten u. Kriechbeständigkeiten infolge der Kaltverformungen besitzen u. die außerdem recht wirtschaftlich sind. Die überlegenen mechan. Eigg. erlauben in vielen Fällen einen Ersatz teuerer Pb-Legierungen.

H. FAHLENBRACH. 6474 □

Zur Beurteilung der Sprödigkeit von schwerschmelzenden Verbindungen beim Eindrücken. A. N. Piljankewitsch. (Заводская Лаборатория [Betriebs-Lab.] **26.** 88—90. 1960. Inst. für Metallkeramik u. Sonderlegg. der Akad. der Wiss. der Ukrain SSR.) (Russ.)

Mit der Meth. der Mikrosprödigkeit wird die Sprödigkeit nachfolgender schwerschmelzender Stoffe bestimmt: *TiC*, Cr_3C_2, CrB_2, *ZrC*, *β-SiC*, NbB_2, *TiN* u. *Si* (Reihenfolge nach der zunehmenden Sprödigkeit bei 20 g). Diese Meth. besteht in der Aufstellung von Kurven, die entweder die Abhängigkeit der Anzahl von Eindrücken, die unter einem Pyramidengerät zur Best. der Mikrohärte rissig werden, von der an die Pyramide angelegten Belastung oder die Abhängigkeit der Rißanzahl um den Eindruck von der Belastungshöhe angeben. Hierbei werden die spröderen Materialien bei gegebener Belastung eine größere Anzahl von Eindrücken mit Rissen aufweisen. Auf Grund der gegenseitigen Lage der Mikrosprödigkeits-Kurven kann man über die relative Sprödigkeit der untersuchten Materialien urteilen. Die an den angegebenen Verbb. durchgeführten Verss. zeigen, daß die Mikrosprödigkeits-Meth. für die Gewinnung von Sprödigkeitswerten schwerschmelzender Verbb. nur in dem Falle angewendet werden kann, wenn sie vergleichbaren Belastungen ausgesetzt werden. H. HOCHSTEIN. 6480 □

Die Abhängigkeit des Dauerbiegeverhaltens von der Anlaßtemperatur bei unlegiertem ölvergütetem Federstahldraht mit ca. 1,0% C. Peter Fischer. (Draht-Welt **47.** 401—04. Mai 1961. Ebingen, Württ.) (Dt.)

An unlegiertem, ölvergütetem Federstahldraht mit ca. 0,1% C ausgeführte Unterss. über das Biege-Verh. bei Anlaß-Temp. von 100—360° zeigen, daß Elastizitätsgrenze (EG) u. Biegefestigkeit (BF) in Abhängigkeit von der Anlaß-Temp. einen Höchstwert durchlaufen; gleichzeitig fällt die Härte gleichmäßig. Nur die Schwellbiegefestigkeit hat einen ähnlichen Verlauf wie die EG u. die BF. Das Setzmaß durchläuft bei Steigerung der Anlaß-Temp. einen Tiefstwert. Die Wechselbiegefestigkeit bleibt bis 220° Anlaß-Temp. konst. u. fällt dann gleichmäßig. W. WESLY. 6480 □

Spannungsoptische Studien an verschiedenen Stabformen für Zeitstanduntersuchungen von Hochtemperaturwerkstoffen. Werner Schatt und Dieter Kockott. (Wiss. Z. TH Dresden **9.** 1189—91. 1959/60.) (Dt.)

2 Formen von Probestäben werden spannungsopt. auf ihre Eignung für die Zeitstandprüfung pulvermetallurg. hergestellter Werkstoffe untersucht. F. VIER. 6480 □

Eine thermische Rißprüfung für Stähle und Legierungen. M. Riddihough. (Metallurgia [Manchester] **62.** 53—57. Aug. 1960.) (Engl.)

Eine neue therm. Rißprüf-Meth. wird entwickelt, bei der Metalle von 650° an aufwärts abgeschreckt u. dann hinsichltich des Beginns der Riß-Bldg. miteinander verglichen werden. Hierbei werden kleine zylindr. Proben durch eine O_2-Azetylen-Flamme erhitzt u. in W. abgeschreckt. Die hiermit erhaltenen Ergebnisse der therm. Behandlung u. nachfolgenden Härteprüfung sowie mkr. Struktur-Unters. werden für einige *Stähle*, *Gußeisen* sowie für *Legg.* mit harter Oberfläche u. für warmfeste Legg. mitgeteilt.

H. HOCHSTEIN. 6480 □

Die Kinetik der Ermüdungszerstörung von Gußeisen mit kugelförmigem Graphit. Ss. W. Sserensen, O. Ju. Kramarenko und O. W. Kulikowskaja. (Вестник Машиностроения [Nachr. Maschinenbau] **41.** Nr. 5. 14—19. Mai 1961.) (Russ.)

Charakterist. für Gußeisen mit Kugelgraphit ist, unabhängig von der Struktur seiner metall. Grundmasse, das frühere Auftreten der Ermüdungserscheinungen an der Oberfläche, die regelmäßig von den Graphiteinschlüssen ausgehen. Bei der Beobachtung solcher Ermüdungsrisse werden drei Hauptstadien der Ermüdungszerstörung, unabhängig von der Gußeisenstruktur u. der Spannungshöhe, festgestellt. Die erste Stufe umfaßt die Entw. der anfänglichen Ermüdungsfehler der Oberfläche, die eine Länge bis 0,25 mm aufweisen; die 2. Stufe entspricht einer Vereinigung dieser Fehler zu Rissen u. einer Entw. der letzteren mit einer bestimmten Geschw.; die dritte Stufe wird durch eine starke Zunahme der Riß-Bldg., durch eine Vereinigung der einzelnen Risse u. durch eine schnelle Zerstörung gekennzeichnet. Die Dauer der einzelnen Entw.-Stufen der Ermüdungszerstörung u. die Rißlänge hängen von der Spannung u. der Struktur der gußeisernen Grundmasse ab. Von bes. Bedeutung für die Entw. der Ermüdungszerstörung ist die 2. Stufe, welche die Lebensdauer des Gußeisens bestimmt. Die geringste Haltbarkeit besitzt ein perlit. normalisiertes Gußeisen, trotz seiner hohen mechan. Festigkeit u. Dauerfestigkeit. Im Gegensatz zu einem mittelhochgekohlten Stahl wird bei einem *ferrit. Gußeisen* mit Kugelgraphit ein wesentlich späteres Auftreten der Ermüdungsrisse beobachtet. Beim *perlit. Gußeisen* verläuft die Ermüdungsriß-Entw. mit größerer Geschw. als beim Stahl. Die Geschw. der Rißzunahme sowohl in der 2. als auch in der 3. Stufe ändert sich in Abhängigkeit von der Spannung u. der Struktur des Gußeisens. Am stärksten wird eine solche Geschw. steigender Spannung beim perlit. normalisierten Gußeisen beobachtet. In Ggw. von Spannungs-Konz. wird der Verlauf der Ermüdungszerstörung verändert; dabei werden die beiden ersten Stufen verkürzt. Für Gegenstände, bei denen die spätere Entstehung der Risse unerwünscht ist, besitzt das weniger plast. perlit. Gußeisen Vorzüge vor dem plastischeren ferrit.-perlit. Gußeisen.

H. HOCHSTEIN. 6480 □

Der Einfluß des Streckungsgrades der Kohlenstoffstähle auf ihre Bearbeitbarkeit. E. Bodart und L. Czaplicki. (Microtecnic [Lausanne] **14.** 287—89. Dez. 1960. Lüttich, Univ.) (Dt.)

Unterss. über den Einfl. des Streckungsgrades (8, 13 u. 20%) von Stählen mit ca. 0,30% C auf ihre Bearbeitbarkeit zeigen, daß eine Wechselbeziehung zwischen der Bruchbelastung (BB) u. der Zerspanbarkeit besteht. Diese Stähle sind dem gleichen Gesetz unterworfen, auf dem das Verhältnis zwischen BB u. der Geschw. V_{60} (= Schnitt-Geschw., die eine 1 std. Standzeit des Schnittwerkzeugs zuläßt) beruht, wenn sie im Rohzustand des Streckens oder im normalisierten Zustand untersucht werden. Unter Berücksichtigung der BB-Erhöhung, die dem Strecken zuzuschreiben ist, wird die Zerspanbarkeit verbessert. Einige Stähle zeigen eine abs. Verbesserung der Bearbeitbarkeit als Folge des Streckens. W. WESLY. 6480 □

Der Einfluß einer Hochtemperatur-Bestrahlung auf die Zugfestigkeitseigenschaften eines niedriglegierten Stahles. A. L. Lowe jun. und L. R. Weissert. (Iron Steel Inst., spec. Rep. **69.** 410—15. 1960. Lynchburg, Va., Babcock & Wilcox Co.) (Engl.)

Die Einfl. der Bestrahlungs-Temp. auf die mechan. Eigg. eines niedriglegierten Stahles mit 0,11 (%) *C*, 0,48 *Mn* ,0,75 *Si*, 1,24 *Cr*, 0,55 *Mo*, 0,06 *Cu*, 0,11 *Ni*, 0,013 *S*, 0,011 *P* u. 0,01 *N* wird untersucht, wobei die Zugproben über 1 MeV im Temp.-Gebiet von 725—1700° F bestrahlt wurden. Vorverss. von bei Raum-Temp. ausgeführten Prüfungen nach der Bestrahlung zeigen an, daß über 800° F der Einfl. des Bestrahlungsschadens verringert wird, jedoch tritt eine völlige Erholung der unbestrahlten Eigg. nicht ein, bevor die Bestrahlungs-Temp. nicht der Glüh-Temp. entspricht.

H. HOCHSTEIN. 6480 □

Einfluß einiger metallurgischer Veränderlichen auf die Bestrahlungsversprödung von ferritischem Stahl. L. P. Trudeau. (Iron Steel Inst., spec. Rep. **69.** 382—92. 1960. Toronto, Ontario, Canada, International Nickel Co. of Canada, Ltd.) (Engl.)

Der Einfl. der Stahlreinheit, der Carbidphase u. der Korngröße auf die Bestrahlungsversprödung bei Bestrahlungs-Temp. unter 100° wurde untersucht. Hierbei zeigt sich, daß mit wachsender Reinheit des Stahles die Bestrahlungsversprödung etwas abnimmt. Freies Carbid im Stahl betont diese Versprödung u. die Kerbschlagzähigkeitsübergangstemp. eines ferrit. Stahls mit 3,25% Ni nach der Bestrahlung ist von der Korngröße u. der anfänglichen Übergangs-Temp. unabhängig. Eine Bestrahlung bei ca. 200° (oder eine Erwärmung in dieses Temp.-Gebiet nach der Bestrahlung bei unter 100°) erhöht die Versprödung. Die Größe dieser Erhöhung scheint von der Stahl-Zus. abhängig zu sein. H. HOCHSTEIN. 6480 □

Die Ultraschallprüfung von Sinterstäben hochschmelzender Metalle. H. Stöllner. (Planseeber. Pulvermetallurgie **9.** 47—50. April 1961. Reutte, Tirol, Metallwerk Plansee AG.) (Dt.)

Mit einem Ultraschallgerät werden an direkt unter Stromdurchgang gesinterten W- u. Mo-Teilen Unterss. nach dem Echo-Verf. durchgeführt. Dabei zeigte sich, daß

bei richtiger Deutung der Schirmbilder des Echogerätes eine einwandfreie Best. der Lage, Größe u. Art des Fehlers im Werkstoff mit geringem Kostenaufwand möglich ist.
H. FAHLENBRACH. 6480□

Autoradiographische Untersuchungen über die Ortsänderung von Verunreinigungen während des Rekristallisationsvorganges. Tivadar Millner, László Bartha und János Prohászka. (Z. Metallkunde **51.** 639—42. Nov. 1960. Budapest, Ungar. Akad. der Wiss.) (Dt.)

Die Unterss. wurden an *Sn*-Gußkörpern durchgeführt, die 0,2—0,005% *Ag* enthalten. Ag häuft sich sowohl an den Kristallgrenzen als auch an den Subgrenzen an, unabhängig davon, ob die Ag-Konz. oberhalb oder unterhalb der Löslichkeitsgrenze von 0,02% liegt. Ag wandert bei der allein durch Wärmebehandlung hervorgerufenen u. auch bei der den Walzvorgang begleitenden Rekristallisation von seinen bisherigen Plätzen zu den neugebildeten Korngrenzen. F. VIER. 6484□

Radioindikatorverfahren zur Bestimmung von Oberflächenausscheidungen in Legierungen. M. C. Inman und D. Quigley. (J. Inst. Metals **90.** Nr. 2. 51—52. Okt. 1961. Teddington, National Physical Labor.) (Engl.)

Zusätze von ca. 1% *Sb* zu *Cu* führten bei 950° zu einer Herabsetzung der Oberflächenenergie um den Faktor 2. Es muß daraus geschlossen werden, daß sich Sb an der Oberfläche bei 950° in einer einatomigen Schicht abscheidet. Zur Prüfung dieser Frage wurde die Probe mit Neutronen bestrahlt u. danach 40 Std. bei 950° zum Ausscheiden von Sb behandelt. Die Aktivitäten von ^{64}Cu u. ^{122}Sb/^{124}Sb konnten getrennt u. so die Sb-Geh. an der Oberfläche bestimmt werden. Es wurde bestätigt, daß Sb an der Oberfläche stark angereichert ist u. daß der Sb-Geh. nach dem Innern sehr schnell zum mittleren Geh. abfällt. F. VIER. 6484□

Grundsätzliche Betrachtungen über die Kaltverformung von Metallen. T. Ll. Richards. (Jernkontorets Ann. **145.** 290—91. 1961.) (Schwed.)

Vortrag. Überblick über neuere Arbeiten zur Kristallgeometrie des plast. Verh. metall. Vielkristalle. F. VIER. 6490□

Einfluß einer „Warm-Kalt-Verformung" auf Schnellarbeitsstähle. R. F. Harvey. (Kobalt **1961.** Nr. 11. 32—33. Juni. Braeburn, Pa., Alloy Steel Co.) (Dt.)

Der Einfl. einer „Warm-Kalt-Verformung" auf die Verformbarkeit der Schnellarbeitsstähle *M-2* u. *M-6* wurde bestimmt u. dabei mkr. festgestellt, daß eine starke Verformung u. Streckung des austenit. Korngefüges auftrat. Die durch Glühbehandlung verursachten höheren Härtewerte sind auf die fast völlige Umwandlung des Austenits in Martensit zurückzuführen. Die Verformung der Schnellarbeitsstähle im metastabilen Austenitzustand hat eine Kaltverfestigung zur Folge. Infolge der höheren Härte wird eine erhöhte Lebensdauer des Werkzeuges erwartet. H. HOCHSTEIN. 6490□

Explosions-Formpressung von Metallen. H. P. Tardif. (Canad. Metalworking **23.** Nr. 4. 24—28. 53. April 1960. Canadian Armament Res. and Dev. Establishm., Materials Group.) (Engl.)

Übersicht über Grundzüge, Ausführung, Zubehör u. Anwendung der Verff. der Explosionsformpressung von Metallen. W. WESLY. 6490□

Speziell für Spritzgußwerkzeuge: Werkstoff Nr. 2341. Bericht über die Untersuchung eines kalteinsenkbaren Einsatzstahles. Gerhard Budde. (Plastverarbeiter **12.** 349—51. Aug. 1961.) (Dt.)

Die Arbeitsbedingungen des Kalteinsenkens werden an Werkstoff *Nr. 2341,* Stahl mit 0,07 (%) *C,* 0,20 *S,* 0,20 *Mn,* 4,00 *Cr,* 0,30 *Mo,* 0,15 *V,* erläutert u. seine Eigg. beschrieben. W. WESLY. 6492□

Schutzgasglühen. G. Kluge. (Metalloberfläche **15.** 325—35. Nov. 1961. Planegg bei München.) (Dt.)

Überblick. F. VIER. 6492□

Oxydationsschutz von Niob-Legierungen durch die Einpack-Diffusionstechnik. H. Blumenthal. (Planseeber. Pulvermetallurgie **9.** 44—46. April 1961. West Nyack, N.Y., Chromalloy Corp.) (Engl.)

Die beim Mo bestens erprobten, sog. *W-2*-Überzüge, die nach Einpacken in Pulvern beim Erhitzen Gase abgeben, die sich dann als oxydationsfeste Schutzschichten auf den Metallen niederschlagen, werden bei Nb-Metall u. Nb-Legg. mit je 8 (%) *Ti,* 0,75 *Zr,* 10 *Mo* + 10 Ti, 33 *Ta* + 0,75 Zr erprobt, wobei das reine Metall u. die Legg. mit Ti u. Zr bei 1000° in Luft die geringsten Gew.-Verluste ergaben. Dabei bleibt die Duktilität des Grundwerkstoffes nach dem Aufbringen des Oberflächenschutzes erhalten. Eine Weiterbearbeitung dieser Einpackdiffusions-Meth., bes. auch mit Einpackmassen anderer Zus., verspricht eine allg. Anwendungsmöglichkeit auch für größere u. kompliziertere Formstücke. H. FAHLENBRACH. 6492□

Beobachtungen über das Reibungsschweißen von Metallen. Wilhelm Hofmann und Svein Jenssen. (Z. Metallkunde **51.** 642—45. Nov. 1960. Braunschweig, TH.) (Dt.)
Mit Hilfe einer Vorr. nach SCHILDWÄCHTER [1956], die das Reibungsschweißen durch Aufbringen des Preßdruckes durch eine Zerreißmaschine bei Anwendung kleiner Drehwinkel ermöglicht, wurden Unterss. an den Metallpaaren *Al–Al*, *Cu–Al* u. *Cu–Cu* durchgeführt. Reibungs-Koeff. u. die bei den verschiedenen Andrucken erreichten Festigkeiten wurden gemessen. Es wurde keine meßbare Wärme-Entw. festgestellt. Das Verf. wird als eine Variante der Kaltpreßschweißung im technolog. Sinne angesehen. Allerdings bleibt bei Reibschweißungen im Gegensatz zu Preßschweißungen eine deutliche Trennlinie zwischen den Ausgangsstücken erhalten. F. VIER. 6506□

Hochfrequenzschweißen von Titanrohren. K. H. Wollaston. (J. Inst. Metals **90.** Nr. 2. 33—37. Okt. 1961. Birmingham, Imp. Chemical Industries. Ltd.) (Engl.)
Das für Al- u. Messingrohre bekannte Hochfrequenzschweißen ist auch für Ti-Rohre anwendbar. F. VIER. 6506□

Vakuum-Elektronenstrahlenschweißen. T. H. Crane. (Product. Engng. **31.** 70—74. 18/7. 1960. Hingham, Mass., High Vacuum Equipm. Corp.) (Engl.)
Übersicht über Grundzüge, Ausführung, Zubehör u. Anwendung des Verf. des Vakuum-Elektronenstrahlschweißens. W. WESLY. 6506□

Alkalische Lösungen von Metallchelat-Verbindungen als galvanische Bäder. Tetsuzo Atoda. (J. sci. Res. Inst. [Tokyo] **54.** 129—33. März 1960.) (Engl.)
Neue alkal. elektrolyt. Verkupferungsbäder werden beschrieben. Durch die Anwendung von Bädern der Zus. AeDTE·Cu–AeDTE-Dinatriumsalz–NaOH-Borax werden glänzende elektrolyt. Verkupferungen erhalten. Die kathod. Stromdichten sind 0,8 bis 1,3 A/dm². Die kathod. Stromausbeute beträgt dabei fast 100%. Für die Praxis wird folgende Bad-Zus. vorgeschlagen: 4,33 $YNa_2Cu \cdot 2\,H_2O$, 8 *NaOH*, 20 $YNa_2H_2 \cdot 2\,H_2O$, 1,0~7,8 *Borax* (Y = AeDTA). J. PETERS. 6516□

Prozeßvariable beim Plasmaspritzen. D. R. Mash, N. E. Weare und D. L. Walker. (J. Metals **13.** 473—78. Juli 1961. Mountain View, Calif., American Standard.) (Engl.)
Die bei der Herst. von Überzügen aus hochschm. Stoffen, wie ZrO_2, UO_2, *TiC*, *TaC*, *ZrC*, *TiN*, B_4C, *Stahl*, *W*, durch Spritzen im Lichtbogen auftretenden Verf.-Bedingungen werden erörtert. Zum Beispiel wird die Abhängigkeit der Überzugs-Geschw. von dem Wärmeinhalt des Ar-Plasmas u. den Einfl. der Geschw. der Pulverzufuhr zur Spritzpistole auf die Wachstums-Geschw. des Überzuges zeichner. dargestellt. F. VIER. 6528□

Technik des Plasmaspritzens von toxischen und oxydierbaren Stoffen. A. R. Stetson und C. A. Hauck. (J. Metals **13.** 479—82. Juli 1961. San Diego, Calif., Solar Aircraft Co.) (Engl.)
Beschreibung von Vorr., die das Plasmaspritzen von *Be*-haltigen Stoffen u. von *Carbiden* u. *Nitriden* ermöglichen. F. VIER. 6528□

Schutzüberzüge für Wolfram. C. G. Goetzel und P. Landler. (Planseeber. Pulvermetallurgie **9.** 36—38. April 1961. New York, N.Y., Univ.) (Engl.)
Der beste Oxydationsschutz für W bei Temp. bis zu 1800° ist *Silicid* (WSi_2–W_3Si_2). Solche Überzüge werden am einfachsten durch Einpacken der Drähte in das Silicid u. Erhitzen auf 900° erhalten. Schutzschichten aus ZrO_2 mit Zwischenschichten aus WSi_2 wurden ferner untersucht, waren aber den reinen Silicidschichten nicht überlegen. H. FAHLENBRACH. 6528□

Ein Beitrag zum Oberflächenschutz von Molybdän bei hohen Temperaturen. K. Sedlatschek und H.-J. Stadler. (Planseeber. Pulvermetallurgie **9.** 39—43. April 1961. Reutte, Tirol, Metallwerk Plansee.) (Dt.)
Berichtet wird über ein Silicierungs-Verf. für Mo, das einen guten Oxydationsschutz bis zu Temp. von 1600° gestattet. Mo wird in eine *Si–Cu*-Schmelze getaucht, wobei sich eine dichte Schicht von $MoSi_2$ bildet. Die Schichtdicke steigt parabol. mit der Tauchzeit an, wobei die Diffusion von Si geschwindigkeitsbestimmend wirkt. Die prakt. Anwendung dieser Schichten wird erörtert. H. FAHLENBRACH. 6528□

Theoretische Grundlagen der Färbung des eloxierten Aluminiums. Antonio Cutroni. (Galvanotecnica [Varese] **12.** 148—50. Juli 1961. Bergamo, Ist. tecn. industr.) (Ital.)
Allg. Überblick über Theorie u. Praxis der Eloxal- u. Färbe-Verff. des Al mit besonderem Hinweis auf das Färben mit *Phthalocyanin*-Farbstoffen sowie die Bedeutung des pH-Werts u. der Oxidschichten für die Veredelung der Al-Oberfläche. A. SANDER. 6534□

Über die Anwendung von UV-Absorbern in Wachslösungen als Lichtschutz für eingefärbte Eloxalschichten auf Aluminium. Hanns Benninghoff. (Seifen-Öle-Fette-Wachse **87.** 373—79. 7/6. 1961.) (Dt.)

Die Oberfläche gefärbter anod. behandelter Al-Oberflächen wurde mit einem farblosen Wachs bedeckt, dem 5 verschiedene UV-Absorber zugemischt waren. Die Verss. zeigten, daß sowohl bei gesealten als auch bei ungesealten Oberflächen die UV-Absorber die Lichtechtheit gefärbter Al_2O_3-Schichten wesentlich verbessern. In den meisten Fällen wurde die Lichtechtheit verdoppelt, bei einigen Verss. sogar um das 8- bis 10fache erhöht. — 13 Literaturangaben. F. VIER. 6534□

Die Spannungskorrosions-Rißbildung von Flußeisen in Kohlengasflüssigkeiten. R. N. Parkins und R. Usher. (J. appl. Chem. **9.** 445—56. Sept. 1959. Newcastle-upon-Tyne, Univ. of Durham u. Corby, Techn. Coll.) (Engl.)

Die Spannungsrißkorrosion von Flußstahl tritt bevorzugt an irgendeinem Punkt längs der Kohlengasreinigungsstrecke auf, wenn vorhandene Fll. eine in einem bestimmten Bereich liegende Zus. besitzen. Die Ausdehnung dieses Zus.-Bereiches wird durch die Konzz. von NH_3, H_2S, CO_2 u. *HCN*, die in diesen Fll. auftreten, bestimmt u. liegt zwischen den Grenzen von 1 u. 2 des Äquivalents entweder von freier NH_3 oder von den Gesamtsäuren. Synthet., diese Bestandteile enthaltende Fll. können auch bei Labor.-Verss. die Riß-Bldg. verursachen. Es wird angenommen, daß das die Cyanide die Korngrenzen des Flußstahles korrodieren u. die Risse durch Bldg. lösl. Komplexe mit Fe in alkal. Lsgg. weiter entwickeln. H. HOCHSTEIN. 6538□

Seewassertests organischer Stoffe. L. R. Snoke. (Corrosion Prevent. and Control **5.** Nr. 1. 57—62. Jan. 1958. Bell Telephone Labor. Inc., Outside Plant Dev. Dep.) (Engl.)

Inhaltlich ident. mit der C. **1959.** 9723 referierten Arbeit. W. WESLY. 6540□

Fonderies Poudevigne & Cie., Frankreich, **Entschwefelung von schmelzflüssigen Metallen,** z. B. von ***Roheisen,*** durch Bldg. flüchtiger, metallhaltiger *Sulfide* u. *Sulfate*, dad. gek., daß mittels eines Graphiteintauchrohres durch N_2 oder Ar als Trägergas sich zersetzende Metalloxide, wie die *Oxide* von *Zn, Al, S* u. *Si*, in die Schmelze zur Bldg. von Metallsulfiden u. -sulfaten eingeblasen werden. Das Einblasen erfolgt zweckmäßig in einem sauer ausgekleideten Tiegel. (**F. P. 1 229 288** vom 3/7. 1959, ausg. 6/9. 1960.) H. HOCHSTEIN. 6381

Hill & Griffith Co., Cincinnati, übert. von: Edward H. King, Cincinnati, Ohio, Richard W. Heine, Madison, Wis., und Joseph S. Schumacher, Cincinnati, Ohio, V.St.A., **C-haltiger Zusatz zu Gießereiformsandmischungen.** Hierfür werden Rückstände aus der *Furfurol*-Darst. empfohlen. Den Rückständen mit einem pH-Wert von 2½—4 werden Alkalien, wie *calc. Soda* oder *gebrannter Kalk* zugesetzt, so daß sich ein pH-Wert von 5—9 einstellt. Mit diesem Zusatz wird dieselbe Wrkg. wie mit teurer, aktivierter Holzkohle erzielt. (**A. P. 2 920 970** vom 29/5. 1957, ausg. 12/1. 1960.) W. SCHWARZMAIER. 6383

Mo och Domsjö Aktiebolag, Örnsköldsvik, Schweden, **Form- oder Kernsand zum Vergießen von Metallen** enthält einen Binder aus einem *Erdalkalioxid* oder *-hydroxid* u. wird mit CO_2 ausgehärtet. Daneben können auch noch organ. Binder in Mengen von 1—3 Gew.-% des Sandes, wie *Cellulose-Derivv.*, warmhärtbare *Kunstharze*, zugemischt werden. Beispiel: 2 (Gew.-% bezogen auf Sand) $Ca(OH)_2$, 0,4 *Äthylhydroxyäthylcellulose*, 4 *Quarzsand*, 0,5 *Melasse*, 3 *W.* gemischt u. sodann der Sandmasse zugesetzt, ergibt nach 20 Sek. Begasung mit CO_2 eine Druckfestigkeit der Formkörper von 3,5 (kg/cm²) die nach 1 Std. Lagerung auf 6 ansteigt. (**F. P. 1 209 659** vom 26/8. 1958, ausg. 3/3. 1960. **E. P. 834 876** vom 4/9. 1958, ausg. 11/5. 1960. Beide Schwed. Prior. 5/9. 1957.) W. SCHWARZMAIER. 6383

Mo och Domsjö Aktiebolag, Örnsköldsvik (Erfinder: Rolf Erhard Morén, Alfreshem), Schweden, **Kerne oder Formen für Gießereizwecke** werden aus einem mit einer wss. *Silicat*-Lsg. versetztem *Sand*, dem noch ein in W. oder Alkali lösl. *Casein* oder *Caseinat* u./oder *Cellulose-Deriv.* zugemischt wurde, hergestellt u. mit gelbildenden Mitteln ausgehärtet. Die Masse zerfällt nach dem Gießen verhältnismäßig leicht. (**Schwz. P. 347 304** vom 29/12. 1956, ausg. 15/8. 1960. Schwed. Prior. 2/1. 1956.) W. SCHWARZMAIER. 6383

International Minerals & Chemical Corp., V.St.A. (Erfinder: Thomas E. Barlow), **Kernsandbindemittel** besteht aus gelatinisiertem *Amylopektin* u. einem wasserlösl. *Alkali-* oder *Erdalkaliphosphat* mit pH 4—7. Der Phosphatanteil beträgt 5—25 Gew.-% des Amylopektingehalts. Dem (trocknen) Sand werden 0,5—2,5 Amylopektin sowie 3—6 W. zugesetzt. Die aus dieser Masse hergestellten Kerne erreichen in

10—30 Min. Festigkeiten von bis zu 20 kg/cm² bei Backtemp. von 175—230⁰. Bei über 400⁰ sinkt die Festigkeit erst nach ca. 10 Min. auf Werte unter 7 kg/cm² ab. (**F. P. 1 226 952** vom 9/6. 1959, ausg. 18/8. 1960. **E. P. 849 327** vom 11/6. 1959, ausg. 28/9. 1960. Beide A. Prior. 27/6. 1958.) W. Schwarzmaier. 6383

International Minerals & Chemical Corp., V.St.A. (Erfinder: Jacob W. Sietsema), **Kernsandbindemittel** enthält prakt. *amylosefreies, gelatinisiertes Amylopektin.* In Mischung mit herkömmlichen Cerealbindern werden bei relativ niedrigen Back-Temp. hohe Kernfestigkeiten (ca. 19 kg/cm²) erreicht. Bei Temp. zwischen ca. 430 bis 820⁰ sinkt die Festigkeit der Kerne erst nach ca. $3^1/_2$—$^3/_4$ Min. unter ca. 7 kg/cm² ab. (**F. P. 1 229 707** vom 29/12. 1958, ausg. 9/9. 1960. **E. P. 851 211** vom 24/12. 1958, ausg. 12/10. 1960. Beide A. Prior. 30/12. 1957.) W. Schwarzmaier. 6383

International Minerals & Chemical Corp., V.St.A. (Erfinder: John W. Frieders), **Kernbindemittel für Gießereizwecke** besteht aus einem *Amylosederivat. Gelatinisierte Amylose* oder *nichtgelatinisierte Stärke* werden mit einer wss. *Alkaliphosphat*-Lsg. behandelt, bis unter 15% Feuchte getrocknet, sodann 1—15 Std. bei 125—200⁰ erhitzt. Diese prakt. amylosefreie Stärke wird in Mengen von 0,1—3 (Gew.-% bezogen auf trockenen Sand) dem Sand zugemischt. Nach 15 Min. langem Backen bei 218⁰ erhält man Kerne mit einer Zugfestigkeit von 17 kg/cm² u. erhöhter Warmfestigkeit. (**F. P. 1 229 708** vom 29/12. 1958, ausg. 9/9. 1960. A. Prior. 30/12. 1957.) W. Schwarzmaier. 6383

Huiles & Gommes du Nord, Quesnoy-sur-Deule, Frankreich, **Erstarrungsbinder für Gießereiformen und -kerne** besteht aus dem Rk.-Prod. von trocknendem Öl, wie *Oiticicaöl,* mit 2—30% *Iso-* oder *Isothiocyanaten.* Zusätzlich können noch Oxydationsmittel, bes. *Peroxide,* zugesetzt werden. Sandformen mit 1—4% dieses Binders weisen bereits nach 5—30 Min. Lagerung eine gute Biegefestigkeit auf, die nach 17 bis 24 Std. auf 25—30 kg/cm² steigt. (**Belg. P. 549 334** vom 6/7. 1956, ausg. 20/11. 1959. F. Prior. 22/9. 1955.) W. Schwarzmaier. 6383

Howe Sound Co., New York, N.Y., V.St.A., **Hochfeste Schalengießform.** Das zerstörbare Modell wird mit einer Masse überzogen, die aus einer Suspension eines feuerfesten Gutes, z. B. *Zirkonsand,* in einem *Silicasol* mit einem Feststoff-Geh. in koll. Verteilung von 60—80 (Gew.-%, bezogen auf Gesamtfeststoff-Geh.) u. 8—35 eines harzartigen Polymerisates, wie *Polyvinylacetat,* besteht. Der Masse können auch noch geringe Mengen an Netz- u. filmbildenden Mitteln zugesetzt werden. Die nach dem Ausschmelzen des Modells gebrannten Formschalen eignen sich zum Vergießen von hochlegierten *CrNi-Stählen* u. ergeben Gußstücke mit glatten, fehlerfreien Oberflächen. (**E. P. 853 641** vom 9/3. 1959, ausg. 9/11. 1960. A. Prior. 9/6. 1958.) W. Schwarzmaier. 6383

Nicolas Herzmark, Clarens-Montreux, Schweiz, **Nahtlose Schalenformen für Präzisionsguß.** Auf dem Wachsmodell werden mehrere Schichten einer feuerfesten Aufschlämmung aufgebracht, die ein lösl. Alkalisilicat als Bindemittel enthält. Jede Schicht wird besandet, die ersten Schichten einer sauren Atmosphäre ausgesetzt, die anderen Schichten durch Entwässerung, z. B. durch Trocknen oder mittels eines wasserlösenden, brennbaren Mediums, unlösl. gemacht. Diese Form-Herst. eignet sich zur Mechanisierung des Arbeitsablaufes. (**Oe. P. 208 006** vom 1/4. 1958, ausg. 10/3. 1960. **E. P. 841 873** vom 17/5. 1957, ausg. 20/7. 1960. Beide Schwz. Prior. 25/4. 1957.) W. Schwarzmaier. 6383

Nicolas Herzmark, Clarens-Montreux, Schweiz, **Formen für die Gießerei, besonders Präzisionsgießformen** werden aus einem *Kieselsäuresol* mit 12% koll. Kieselsäure in einem organ. Medium hergestellt. Das W. eines gereinigten Kieselsäuresols wird zu diesem Zweck mittels Osmose oder Dialyse, bes. Elektrodialyse, gegen *Alkohol, Keton, Dioxan* oder deren Gemische ausgetauscht. Das auf diese Weise gewonnene Sol vereinigt Stabilität des Sols mit schneller Aushärtbarkeit u. Gasdurchlässigkeit der daraus hergestellten Gießform. Die Formmasse kann schichtweise aufgetragen u. unlösl. gemacht, die äußeren Schichten der Gießform können aus mit Wasserglas gebundenem Schamottegrieß bestehen u. mit CO_2 ausgehärtet werden. (**D. A. S. 1 105 114** Kl. 31c vom 14/3. 1958, ausg. 20/4. 1961. **E. P. 841 874** vom 23/4. 1958, ausg. 20/7. 1960. Beide Schwz. Prior. 23/4. 1957. **Belg. P. 567 039** vom 23/4. 1958, ausg. 12/8. 1960. Schwz. Prior. 23/4. 1957 u. 22/4. 1958.) W. Schwarzmaier. 6383

Imperial Chemical Industries Ltd., London, England (Erfinder: Albert Ronald Clifton Westwood), **Gießformen für Ti, Zr oder deren Legierungen.** Auf dem Modell wird *Graphitpulver* mit z. B. 40% eines warmhärtbaren Kunstharzes, z. B. *Phenolformaldehydharzes,* gelöst in 90% *Isopropylalkohol,* schichtweise aufgetragen, die Formschicht sodann ausgehärtet u. das Harz nach Entfernen des Modells durch Glühen

z. B. $1^1/_2$ Std. bei 850° in Ar-Atmosphäre carbonisiert. Die Formschicht kann in herkömmlicher Weise hinterstützt sein. (**E. P. 834 864** vom 21/2. 1958, ausg. 11/5. 1960. **F. P. 1 217 412** vom 21/2. 1959, ausg. 3/5. 1960. E. Prior. 21/2. 1958.)
W. SCHWARZMAIER. 6383

Richard T. Carter, Hitchiner Mfg. Co., Inc., Milford, N.H., V.St.A., **Herstellen feuerfester Schalenformen zum Vergießen von Metallen.** Das Modell wird mit einer silicatgebundenen, feuerfesten Masse überzogen, die noch feuchte Schicht mit groben *Stuckgips* bestreut u. sodann ein alkal. Trockenbinder, wie *Na-* oder *K-Borat* oder *-Phosphat* aufgebracht, das Modell entfernt u. die Formschale gebrannt. Diese Formschale ist selbsttragend u. gasdurchlässig, so daß ohne Überdruck oder ohne Schleudern der Form abgegossen werden kann. (**A. P. 2 948 935** vom 7/4. 1958, ausg. 16/8. 1960.)
W. SCHWARZMAIER. 6383

Commonwealth Industrial Gases Ltd. (Erfinder: Eileen Perryer), **Entschwefeln von Hochofenschlacke.** Man läßt die geschmolzene Schlacke in feinen Strahlen oder als Sprühregen durch einen Turm im Gegenstrom zu einem O_2-Strom fallen, wobei z. B. der *S*-Geh. der Schlacke von 1,37 Gew.-% auf 0,41 gesenkt wird. (**Aust. P. 223 846** vom 20/11. 1957, ausg. 1/10. 1959. E. Prior. 21/11. 1956.)
K. DEMMLER. 6391

Soc. Métallurgique d'Imphy, Frankreich, **Behandlung einer beim Abgießen beruhigten, insbesondere durch unvollkommene Reduktion von Fe-Erzen oder durch Einschmelzen von praktisch Si-freiem Fe-Schwamm erhaltenen, Si-armen Fe-Schmelze,** dad. gek., daß die Ausgangsschmelze mit einer Schlacke in Berührung gebracht wird, deren Masse mindestens gleich der Hälfte der Masse der Schmelze ist u. die Schlacke ein komplexes Fe-Oxid von der allg. Formel FeO_x, in der x größer als 1 u. höchstens gleich 1,12 ist, enthält, der Geh. der Schlacke an diesem Fe-Oxid mindestens 5 u. höchstens 40 Gew.-% beträgt u. die durch die Gleichung $[(CaO) + (MgO)]/SiO_2$ bestimmte Schlackenbasizität mindestens 2,4 u. höchstens 6 ist, worauf die Schmelze von der Schlacke getrennt u. abgegossen wird. (**F. P. 1 239 351** vom 24/6. 1959, ausg. 7/12. 1960.)
H. HOCHSTEIN. 6391

Klöckner-Werke Akt.-Ges., Deutschland, **Frischen von Roheisen** in einem Frischbehälter mit beliebigem, z. B. rundem oder von der Kreisform abweichendem Querschnitt, in dem auf die Roheisenbestandteile ein Umrühreffekt durch eine Bewegung des Frischbehälters ausgeübt wird, dad. gek., daß der Frischbehälter so bewegt wird, daß er period. Schwenkbewegungen in der senkrechten Ebene um einen festen Drehpunkt ausführt. Zweckmäßig beträgt die Amplitude der Schwenkbewegungen ca. 20°. — Abbildung. (**F. P. 1 246 974** vom 27/11. 1959, ausg. 15/2. 1961. D. Prior. 27/12. 1958.)
H. HOCHSTEIN. 6401

International Meehanite Metal Co. Ltd., England, **Herstellung von Gußeisen mit Kugelgraphit,** dad. gek., daß die Gußeisenschmelze mit *Te* u. einem auf die Graphitisierung keimbildend wirkenden Mittel in solchen Mengen behandelt wird, daß der Te-Zusatz den Abschreckwert des Grundmetalls bis auf etwa einen Wertbereich von $^1/_5$—$^9/_{10}$ des mittleren Gußstückquerschnittes erhöht, während der Zusatz des Graphitisierungskeimmittels ausreicht, um den Abschreckwert des mit Te behandelten Gußeisens auf einen Wert im Bereich zwischen $^1/_{10}$ u. der Hälfte des mittleren Querschnittes zu verringern, u. daß der gebundene C, der dann in den Gußstücken in instabiler Form vorliegt, durch eine kurzzeitige Glühung in Perlit u. Ferrit zersetzt wird. (**F. P. 1 247 631** vom 4/2. 1960, ausg. 22/2. 1961. E. Prior. 5/2. 1959.) H. HOCHSTEIN. 6405

Bochumer Verein für Gußstahlfabrikation Akt.-Ges., Bochum, **Verbesserung der Vakuumentgasung von Stahl,** dad. gek., daß der pyrophore Staub in den Gasen in einem Staubfilter ausgeschieden u. hier zu seiner Inaktivierung sowie zur Vermeidung seines Abbrennens während der nachfolgenden Filterbelüftung behandelt wird. Zweckmäßig wird zu diesem Zweck Luft durch das den pyrophoren Staub enthaltende Filter mit einer so geringen Geschw. hindurchgeleitet, daß eine Oxydation des Staubes ohne Brennen stattfindet. Auch können in das Filter ein desaktivierendes Gas, z. B. N_2 mit einem Reinheitsgrad von mindestens 97%, u./oder ein desaktivierender Feststoff, z. B. trockener *Ton* oder *Asbest*, eingeführt werden. — Abbildung. (**E. P. 863 167** vom 30/10. 1957, ausg. 15/3. 1961. D. Prior. 3/11. 1956.) H. HOCHSTEIN. 6409

Molybdenum Corp. of America (Erfinder: Arthur Linz und Norman Fenwick Tisdale), V.St.A., **Herstellung von Eisen und Stahl, besonders von nichtrostendem Stahl,** dad. gek., daß dem Fe-Schmelzbad während der Ofenbehandlung ein Metall, wie *Cr, Mn, Mo, Ni, W, Nb, Co, Ta, Ti, Zr, B* oder *Si*, zugesetzt u. dann dem Bad ein komplexes Salz eines *Seltenen Erdmetalls* mit einer Ordnungszahl von 57—71 einverleibt wird. Bes. besitzt dieses komplexe Salz die allg. Formel MRX_4, worin M Na oder K, R ein Seltenes Erdmetall mit einer Ordnungszahl zwischen 57 u. 71 u. X ein Halogen, vorzugsweise F, bedeuten. Zweckmäßig wird nach dem Metallzusatz während der Behandlung im Ofen die Schmelze desoxydiert u. das komplexe Salz in einer Menge von 2,5 kg/t in der Gießpfanne der Schmelze zugesetzt. (**F. P. 1 233 349** vom 19/8. 1959, ausg. 12/10. 1960. A. Prior. 6/11. 1958.) H. Hochstein. 6411

Philips Electrical Industries Ltd., London, England, **Herstellung von magnetisch anisotropen Dauermagneten aus einer Ni–Co–Al–Ti–Cu–Fe-Legierung mit einer Kristalltextur,** bei der die Wärme während der Erstarrung der Leg. nur in einer Richtung abgezogen wird, während zur Erzielung der Anisotropie die Wärmebehandlung in einem magnet. Feld durchgeführt wird, dessen Richtung mit der Richtung des Wärmeentzugs übereinstimmt, dad. gek., daß einer in bezug auf die Elemente O, N u. C sehr reinen, außer aus *Fe* noch aus 28—42 (%) *Co*, 10—20 *Ni*, bis 8 *Cu* u. 6—10 *Al* bestehenden Leg. 4—10 *Ti* zugesetzt wird, dessen Reinheit mindestens so hoch ist, wie bei dem nach dem Jodid-Verf. hergestellten Ti, u. daß die Magnet-Herst. aus dem geschmolzenen Zustand einschließlich der Erstarrung u. der isotherm. Behandlung im Magnetfeld so sorgfältig durchgeführt werden, daß eine Rk. der reinen Schmelze mit der Atmosphäre sowie mit dem Tiegel- u. Form-Wandmaterial vermieden wird u. der Magnet nach seiner Endmagnetisierung eine Koerzitivkraft von über 1000 Oe u. einen $(BH)_{max}$-Wert von wenigstens $8 \cdot 10^6$, vorzugsweise wenigstens $9 \cdot 10^6$ Gauß-Oersted besitzt. — Kurvenbild. (**E. P. 860 128** vom 30/9. 1957, ausg. 1/2. 1961. Holl. Prior. 3/10. 1956.) H. Hochstein. 6419

Commonwealth Industrial Gases Ltd. (Erfinder: James Anthony Charles), **Entfernen von gelöstem Gas aus geschmolzenen Nichteisenmetallen und deren Legierungen,** bes. aus Schmelzen von *Cu* u. *Ni* u. deren Legg., durch Zusatz von $CaCN_2$, das ca. 15% C enthält, bei nicht $< 1100^0$. Der O wird zu CaO umgesetzt. Der entwickelte N_2 ist in der Schmelze nicht löslich. (**Aust. P. 213 353** vom 13/9. 1956, ausg. 20/3. 1958. E. Prior. 14/10. 1955.) W. Gräger. 6421

Soc. Minière et Métallurgique de Penarroya (Erfinder: Maurice Rey und Victor Formanek), **Schwimmaufbereitung von oxydierten Zinkerzen,** wie Zinkspat, unter Verw. von *Aminen* mit mindestens 2 N-Atomen u. einer hydrophoben aliphat. oder cycl. Gruppe mit wenigstens 6 C-Atomen, wobei in diesen Aminen 1 oder mehr C-Atome durch *Si*, *Sn*, *Ge*, *P*, *As* oder *Sb* ersetzt sein können. Verwendbar sind Verbb. der allg. Formeln $R-NH-(CH_2)_n-NH_2$ oder $R-NH-(CH_2)_n-NH-R$, in denen R für die hydrophobe Gruppe steht, oder Amidoamine oder Thioamidoamine der allg. Formeln $R_1-NH-(CH_2)_n-CO-NH-R_2$ bzw. $R_1-NH-(CH_2)_n-CS-NH-R_2$, in denen R_1 u. R_2 durch H ersetzt sein kann. Bes. günstige Ergebnisse werden mit dem

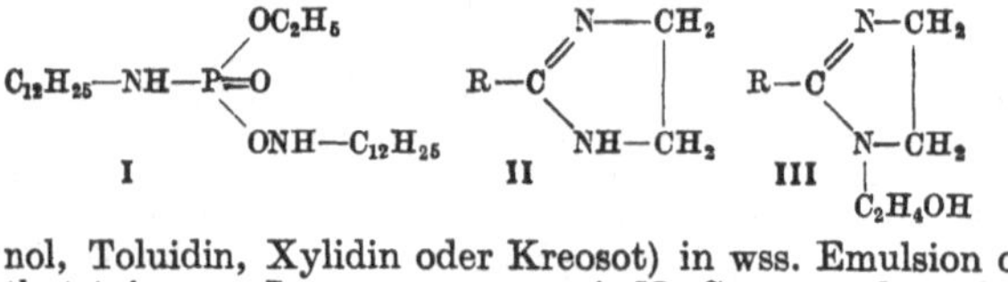

Phosphorsäure-Deriv. der Formel I, dem „Victamin“ erreicht. Weiterhin sind geeignet *Imidazole* der Formeln II u. III. Diese Verbb. werden gelöst in einem organ. Lsgm. (Petroleum, Xylenol, Toluidin, Xylidin oder Kreosot) in wss. Emulsion oder als wasserlösl. Salze (Xanthate) in wss. Lsg. zusammen mit Na_2S verwendet. (**Aust. P. 213 806** vom 2/10. 1956, ausg. 3/4. 1958. F. Prior. 9/11. 1955.) W. Gräger. 6427

Mond Nickel Co. Ltd. (Erfinder: Clarence George Bieber und George Nesbitt Ziegler), **Nickellegierung** zum Gießen von Gegenständen, die starken mechan. Beanspruchungen bei erhöhter Temp. ausgesetzt sind, wie z. B. Turbinenschaufeln, bestehend aus 6—10 (%) *Mo*, 10—35 *Cr*, 4—8 *Al*, 0,1—3 *Ti*, 0,1—5 *Nb*, 0,001—0,01 *B*, 0—25 *Fe*, 0—2 *Zr*, $\geqq 40$ *Ni*. (**Aust. P. 229 096** vom 9/9. 1958, ausg. 28/7. 1960. A. Prior. 16/9. 1957.) C. Lüttgen. 6435

Chrysler Corp., Highland Park, übert. von: Roy E. Blue, Detroit, Mich., V.St.A., **Herstellung einer Masse aus besonderen pulverförmigen Fe-Teilchen mit verbesserter metallurgischer Bindungsfähigkeit** zwischen den Teilchen für pulverkeram. Verw.-Zwecke mit verbesserten physikal. Eigg. des Sinterprod., dad. gek., daß die pulverförmigen Fe-Teilchen auf 275—325° F erhitzt werden u. darauf durch die lose Masse dieser Teilchen H_2S so hindurchgeleitet wird, daß an der Teilchenoberfläche eine Berührung mit H_2S unter Bldg. einer zusammenhängenden *FeS*-Schicht sowie unter S-Anreicherung der Teilchen auf einen S-Geh. von 0,275—0,325% stattfindet. — Abbildungen. (**A. P. 2 942 334** vom 18/1. 1957, ausg. 28/6. 1960.) H. Hochstein. 6475

Armco International Corp. (Erfinder: Dale Martin Kohler und Martin Frederick Littmann), V.St.A., **Herstellung von Blechen oder Bändern aus Fe–Si-Legierungen mit erhöhter magnetischer Permeabilität** in Kornrichtung u. senkrecht dazu, dad. gek., daß ein Blech oder ein Band aus einer Fe–Si-Leg. mit 2,5—4% Si mit einer bevorzugten kristallinen Orientierung von 1 1 0 [0 0 1] (Millerschen Indices) mit einer Abnahme von 55—90% kaltgewalzt, bei 648—1204° rekristallisierend geglüht, nochmals mit einer Abnahme von 50—80° kaltgewalzt u. bei 1037—1260° derart wärmebehandelt wird, daß ein vielkristallines Prod. mit einer Vorzugsorientierung von 1 0 0 [0 0 1] entsteht. —Abbildung. (**F.P. 1 240 322** vom 10/11. 1959, ausg. 25/7. 1960. A. Prior. 29/5. 1959.) H. HOCHSTEIN. 6491

Yawata Iron & Steel Co. Ltd., Tokyo, übert. von: Tadashi Ohtake, Tobata, Keizo Ishizaki und Naoki Eguchi, Yawata, Japan, **Vermeidung von Oberflächenfehlern bei der Warmverarbeitung von einem Cu + Sn + As oder Cu + Sn als Verunreinigung enthaltenden Stahl,** dad. gek., daß die bloße Oberfläche des Stahls mit einem Gemisch im wesentlichen aus *FeS*, Na_2S, K_2S u./oder Al_2S_3 sowie aus *Fe-Oxid* bedeckt u. die Warmverarbeitung bei einer Temp. durchgeführt wird, bei der das aufgetragene Mittel geschmolzen ist, wobei die Menge dieses Mittels gleich der der während der Warmverformung auf der Oberfläche in fl. Phase vorhandenen Stahlverunreinigung sein muß. Zweckmäßig wird das Auftragsmittel in Pulverform bei einem Stahl mit 0,18—2,0% *Cu* u. 0,02—0,5% *Sn* verwendet. Die Warmverarbeitung wird bes. bei 1150—1200° durchgeführt. (**A. P. 2 968 092** vom 12/2. 1957, ausg. 17/1. 1961. Jap. Prior. 13/2. 1956.) H. HOCHSTEIN. 6491

Soc. Vallourec Soc. An. und Soc. An. Stein & Roubaix, Frankreich, **Vermeidung einer Oxydation bei der Erhitzung von Metallen, besonders von Stahl, auf eine hohe Temperatur,** dad. gek., daß das Metall in einer stark reduzierenden Ofenatmosphäre auf die gewünschte hohe Temp. erhitzt wird, nachdem es zuvor in einem anderen, durch die Verbrennung der unvollkommen verbrannten Heizgase des ersten Ofens beheizten zweiten Ofen auf ca. 650—700° vorgewärmt war. (**F. P. 1 245 023** vom 25/9. 1959, ausg. 27/1. 1961.) H. HOCHSTEIN. 6493

To-A Kako Kabushiki Kaisha, Japan, **Zementieren von Stahlteilen in einer Wirbelschicht,** dad. gek., daß der zu zementierende Stahlgegenstand in eine aus feinen C-Teilchen bestehende *Wirbelschicht* eingetaucht u. ein elektr. Strom zwischen dieser Wirbelschicht u. dem zu zementierenden Stahlteil derart erzeugt wird, daß die Wirbelschicht gegenüber dem Stahlteil eine positive Spannung aufweist. Zur Erzeugung der Wirbelschicht wird ein gasförmiger KW-Stoff, z. B. CH_4, verwendet. — Abbildung. (**F. P. 1 247 713** vom 9/2. 1960, ausg. 24/2. 1961. Jap. Prior. 15/9. 1959.) H. HOCHSTEIN. 6493

To-A Kako Kabushiki Kaisha, Japan, **Schnellnitrierung von Stahlteilen,** dad. gek., daß eine *Wirbelschicht* eines Nitriermittels, das in Form feiner Teilchen vorhanden ist, erzeugt wird, in die Elektroden u. den zu nitrierenden Stahl eingefangen werden, u. daß ein Spannungsunterschied zwischen diesen Elektroden u. dem Stahl angelegt wird, derart, daß die Elektroden im Verhältnis zum Stahl eine positive Spannung besitzen, um eine Funkenentladung an der Oberfläche des zu nitrierenden Stahls zu erzielen. Zweckmäßig besteht das Nitriermittel aus $Ba(CN)_2$. Als Gas zur Erzeugung der Wirbelschicht wird N_2 oder gasförmiges NH_3 verwendet. — Abbildung. (**F. P. 1 247 714** vom 9/2. 1960, ausg. 24/2. 1961. Jap. Prior. 15/9. 1959.) H. HOCHSTEIN. 6493

Metal Diffusions, Inc., Philadelphia, Pa., übert. von: George A. Samuel, White Plains, N.Y., V.St.A., **Chromieren von Eisen und Stahl.** Man läßt NH_4HF_2 u. *Cr* zu einer komplexen Verb. reagieren. Diese wird getrocknet u. dann zusammen mit Cr in einem abgeschlossenen Behälter mit den Eisenteilen zusammengebracht u. zum Eindiffundieren des Cr auf 1650—2300° F erhitzt. (**A. P. 2 899 332** vom 14/12. 1955, ausg. 11/8. 1959.) H. BAUR. 6493

Diffusion Alloys Ltd. (Erfinder: Henrik Dorner), **Metallüberzüge auf Metallen durch Diffusion.** Das zu überziehende Metall, z. B. ein Fe-Metall, wird im geschlossenen Gefäß mit dem den Belag bildenden Metallhalogenid, z. B. einem *Halogenid des Cr*, unter Anlegung eines Vakuums erhitzt u. unter Inertgas abgekühlt. Als Fe-Metalle dienen *Fe, Stahl, Ni, Co* oder deren Legg. u. als Überzugsmetalle *Cr, Al, V, W, Mo, Ti, Zr, Sn, Zn, Pb, Sb, Bi, Ni, Co, Ba, Si* oder deren Legierungen. (**Aust. P. 226 664** vom 4/9. 1957, ausg. 3/3. 1960. E. Prior. 21/9. 1956.) H. NEBELSIEK. 6493

Daimler-Benz Akt.-Ges., Deutschland (Erfinder: Friedrich Schöllhammer), **Verbesserung und Erneuerung von Reibflächen,** bes. an Synchronringen von Sperrsynchronisierungen bei Kraftfahrzeuggetrieben, an einem Reibkörper aus einer Buntmetall-Leg., die mit einer Gegenfläche an einem Stahlkörper zusammenwirkt. Die Reibfläche wird mit Stoffen, z. B. *SiC, Mo* (Korngröße 0,5—0,8 mm), bestrahlt, welche das Material der Gegenfläche anzugreifen vermögen. In der durch das Bestrahlen aufgerauhten Reibfläche bleiben die Strahlmittelpartikel haften u. erhöhen die Reibwrkg. gegenüber der Stahlgegenfläche. (**F. P. 1 239 767** vom 4/11. 1959, ausg. 9/12. 1960. D. Prior. 13/11. 1958.) H. BAUR. 6511

Ball Brothers Co., Inc., Muncie, Ind. (Erfinder: Abraham Isidor Sherer, Belleville, N.J., und John Ruzicka, Brooklyn, N.Y.), V.St.A., **Ätzlösung** zur Einstufen-Schnellätzung für Metallplatten, bes. aus Legg., die *Zn* oder *Mg* enthalten. Sie enthält 12—18 Vol.-% HNO_3, 1—2 *Erdölfraktion* mit einem Geh. an *aromat. KW-Stoff*, 0,4—1,0 *Türkischrotöl*, weniger als 0,1 *Alkylarylsulfonat* u. *Wasser*. Beispiel: 13,8 Vol.-% HNO_3 (42° Bé), 1,63 Erdölfraktion mit aromat. KW-Stoff (Siedebereich 205—235°, Aromaten-Geh. ca. 90%, Flammpunkt ca. 65°), 0,59 Türkischrotöl (75% Festsubstanz), 0,03 Dodecylbenzolsulfonat (93% Festsubstanz), Rest Wasser. (**Schwz. P. 350 853** vom 21/7. 1958, ausg. 31/1. 1961. A. Prior. 8/10. 1957.) H. Baur. 6513

Farbwerke Hoechst Akt.-Ges., vormals Meister Lucius & Brüning, Frankfurt/M. (Erfinder: Franz Besemann und Heinz Ludwig, Frankfurt/M., und Fritz Klotzsch, Krefeld), **Gleichzeitige Reinigung, Entfettung und Beseitigung der Ziehmittelträgerschicht von kaltgeformtem Edelstahl** durch Verw. einer Phosphate, bes. Salze kondensierter Phosphorsäuren, u. eine oder mehrere oberflächenakt. Substanzen vom ionogenen Typ (Alkarylsulfonate, Fettsäuresarkoside) oder vom nichtionogenen Typ (Alkylphenylpolyglykoläther) enthaltenden wss. Lsg., der noch organ. Lsgm. (hochsd. KW-Stoffe) zugesetzt sein können. Beispiel: 30 g/Liter *Tetranatriumpyrophosphat*, 5 *Alkylphenylpolyglykoläther*, 3,5 Mischung aus *Alkylarylsulfonat* u. weiteren bekannten *anionakt. Netzmitteln* u. 2,5 *aliphat. KW-Stoffgemisch* (Siedebereich 250—320°). (**D. A. S. 1 105 250** Kl. 48d vom 10/12. 1958, ausg. 20/4. 1961. **F. P. 1 242 207** vom 9/12. 1959, ausg. 30/12. 1960. D. Prior. 10/12. 1958.) H. Baur. 6513

Detrex Chemical Industries, Inc., Detroit, Mich., V.St.A. (Erfinder: Thomas James Kearney), **Reinigen und Entfetten von Formstücken** mittels erwärmter *chlorierter KW-Stoff-Lsgg.* u. gleichzeitiger Einw. von *Ultraschall*. Die Fl. des Ultraschallbades kann umlaufen u. ihre Temp. geregelt werden. — Abbildung. (**E. P. 860 581** vom 7/6. 1957, ausg. 8/2. 1961.) H. Baur. 6513

Othmar Ruthner, Wien, Österreich, **Beizen von legierten Stählen.** Sie werden zunächst in einer Lsg. neutraler Salze von Mineralsäuren (Na_2SO_4) elektrolyt. behandelt u. dann in Säuren (H_2SO_4, HNO_3) chem. gebeizt. Beispiel: mit 6 A/dm² 10 Sek. in wss. Lsg. von 200 g/Liter Na_2SO_4 mit pH-Wert 7,0 anod. behandelt, dann 25 Sek. in 10%ig. HNO_3 bei 40°. (**Oe. P. 213 190** vom 23/12. 1958, ausg. 25/1. 1961.) H. Baur. 6513

Othmar Ruthner, Wien, Österreich, **Rückgewinnung von eisensalzhaltigen Beizablaugen,** bei welchem die salzsaure Beizablauge in H_2SO_4 eingeleitet wird, aus der das sich bildende $FeSO_4 \cdot H_2O$ ausgeschieden u. der bei Erwärmung der H_2SO_4 freigesetzte HCl zur Wiederverwertung in die Beizanlage zurückgeleitet wird. Die H_2SO_4 wird im Kreislauf durch den Rk.-Behälter u. einen bes. Behälter, der ihrer Erhitzung auf vorzugsweise 150° dient, geführt. (**Oe. P. 212 663** vom 14/8. 1959, ausg. 27/12. 1960. **F. P. 1 234 930** vom 27/8. 1959, ausg. 8/11. 1960. Oe. Prior. 29/8. 1958 u. 14/8. 1959.) H. Baur. 6513

General American Transportation Corp. (Erfinder: Paul Talmey), **Vernickeln der inneren Oberflächen von Hohlkörpern** (Stahlflaschen). In die Hohlkörper, die um eine im wesentlichen horizontale Achse gedreht werden, wird eine fast bis zum Kp. erhitzte, Ni-Kationen u. Hypophosphit-Anionen enthaltende Lsg. unter Druck eingeführt. Außer Fe-Flächen wirken bei dieser chem. Vernickelung ebenfalls katalyt. *Co, Ni, Ru, Rh, Pd, Os, Ir* u. *Pt* ebenso direkt oder auf galvan. Wege *Cu, Ag, Au, Be, Ge, Al, C, V, Mo, W, Cr, Se, Te* u. *U*, während *Bi, Cd, Sn, Pb* u. *Zn* nicht katalyt. wirken. — Vorrichtung. (**Aust. P. 213 397** vom 21/12. 1955, ausg. 20/3. 1958. A. Prior. 9/3. 1955.) W. Gräger. 6521

Pyrene Co. Ltd., Brentford, Middlesex, England, **Herstellung von Überzügen auf Titan und seinen Legierungen.** Inhaltlich ident. mit Belg. P. 546 345; C. **1961.** 4877. (**E. P. 823 928** vom 7/2. 1955, ausg. 18/11. 1959.) H. Baur. 6529

Pyrene Co. Ltd., Brentford, Middlesex, England (Erfinder: George Roland King und Dennis Brian Freeman), **Herstellung von Überzügen auf Titan und seinen Legierungen.** Die Überzüge aus komplexen Fluoriden erhält man mit wss. Lsgg., die *F*-Ionen u. *Na*-, *K*- u./oder NH_4-Ionen u. ggf. *Li*-Ionen enthalten (mindestens 0,5% Fluoridionen u. mindestens 0,5 Na- u./oder K-Ionen). Der pH-Wert wird zwischen 2 u. 6 eingestellt. Zur Beschleunigung der Überzugs-Bldg. werden Verbb. des 2wertigen Sn, 3wertigen *As*, 5wertigen *V*, 6wertigen *Cr*, 4- oder 6wertigen *Mo* oder des 6wertigen *W* zugesetzt. (**E. P. 826 912** vom 15/4. 1955, ausg. 27/1. 1960. **Zusatz zu E. P. 823 928; s. vorst. Referat.**) H. Baur. 6529

Metallgesellschaft Akt.-Ges., Frankfurt/M., **Phosphatüberzüge** auf Metalle, bes. *Fe* u. *Stahl* sowie auf *Al* mittels *Zn*, *Phosphat* u. Beschleuniger, bes. NO_3, enthaltenden wss. Lsgg., die außerdem 0,02—4,0 g/Liter *Tartrat* enthalten u. einen pH-Wert von ca. 3,5 besitzen. Beispiel: wss. Lsg. aus 0,45(%) Zn, 1,36 PO_4, 1,40 NO_3, 0,02 NO_2, 0,32

$C_4H_6O_6$, Geh. an freier Säure 1,2 Punkte, Gesamtpunkte 20,0, 45°. (**Oe. P. 212 106** vom 27/11. 1959, ausg. 25/11. 1960. **F. P. 1 243 081** vom 26/11. 1959, ausg. 11/1. 1961. Beide E. Prior. 28/11. 1958.) H. BAUR. 6533

Metallgesellschaft Akt.-Ges. (Erfinder: Werner Rausch), Frankfurt/M., **Phosphatieren von Eisen und Stahl.** Zur Vermeidung der Korrosionsanfälligkeit bei den Übergängen in Spritzanlagen werden den Lsgg. nichtschichtbildender Phosphate Verbb. des 3wertigen u./oder 5wertigen *As* zugesetzt (10—500 mg/Liter). (**Oe. P. 212 662** vom 14/1. 1960, ausg. 27/12. 1960. D. Prior. 5/3. 1959.) H. BAUR. 6533

Gerhard Collardin G. m. b. H., Köln (Erfinder: Ernst Mayer, Köln, und Hans Rogner, Düsseldorf), **Phosphatieren von Metallen.** Üblichen, Schwermetallphosphate enthaltenden Phosphatierungs-Lsgg. werden Salze aus organ., quart. NH_4-Basen, bes. solche mit mindestens 18 C-Atomen, u. starken anorgan. Säuren zugesetzt, um feinkristalline u. dünne Phosphatschichten auf Metallen, bes. Eisen u. Stahl, zu erhalten, die korrosionsfest sind u. sich als Haftschicht für Lacke eignen. Beispiel: wss. Lsg. mit 6,75(g/Liter) *Zn*, 8,75 P_2O_5 in Form von H_3PO_4, 8,5 NO_3 u. 1 *Alkyltrimethylammoniumchlorid* (Alkylrest C_{12}—C_{18}). (**D. A. S. 1 095 624** Kl. 48d vom 1/3. 1958, ausg. 22/12. 1960. **F. P. 1 217 584** vom 27/2. 1959, ausg. 4/5. 1960. D. Prior. 1/3. 1958.) H. BAUR. 6533

American Chemical Paint Co. (Erfinder: Ferdinand Philip Heller), Ambler, Pa., V.St.A., **Manganphosphatschichten zur Erleichterung gleitender Reibung** zwischen eisernen, bes. geschmierten Maschinenteilen, wie Kolbenringen, Schreibmaschinenteilen. Zur Herst. dienen NO_3-haltige $Mn(H_2PO_4)_2$-Lsgg., bei denen die Nitratmenge (berechnet als NO_3) die Phosphatmenge (berechnet als PO_4) übersteigt u. bei denen das Verhältnis $NO_3 : PO_4$ = vorzugsweise ca. (1,5—4,5) : 1 ist. Beispiel: 17,7 (g) $Mn(H_2PO_4)_2$, 1,8 $Mn(NO_3)_2$, 5,3 H_3PO_4 frei (100% ig.), 40,0 $NaNO_3$, ad 1 Liter Wasser. Entspricht einer Gesamtmenge 4,5 Mn, 18,6 PO_4, 30,4 NO_3, 10,8 Na. $PO_4 : NO_3$ (Gew.) = 1,0 : 1,64, pH 2,4, Temp. der Lsg. ca. 95°, Dauer 5—60 Minuten. (**D. A. S. 1 109 484** Kl. 48d vom 29/2. 1956, ausg. 22/6. 1961.) H. BAUR. 6533

Oswald Kubaschewski and Bernarr Eugen Hopkins, Oxidation of metals and alloys. 2nd edit. London: Butterworths. 1962. (XII + 319 S. m. Abb., Tab. u. Diagr.) 65 s.

Willy Schreiter, Seltene Metalle. Bd. III. Leipzig: Deutscher Verl. für Grundstoffindustrie. 1961. (Etwa 348 S. m. 12 Abb.) Etwa DM 28,—.

IX. Organische Industrie

Gewinnung von Tetrachlorkohlenstoff. A. A. Proschkin, W. T. Wdowitschenko, N. P. Galenko, A. M. Gluchomanjuk und B. M. Kowka. (Газовая Промышленность [Gas-Ind.] **6.** Nr. 8. 31—34. 1961.) (Russ.)

In einer halbtechn. Anlage wurde der Einfl. der Zus. des für die Wärmeabfuhr angewandten Gemisches auf die Qualität u. Ausbeute an CCl_4 bei der Chlorierung von CH_4 untersucht. Die Temp. betrug 420—430°, das Verhältnis Cl_2/CH_4 3,8—4,3, die Vol.-Geschw. des Gasgemisches 40—45 Nm³/h, der Chlf.-Geh. des Wärmeträgers 2—98%. Das angewandte techn. Methan enthielt 98% CH_4, 0,3—0,6% Äthan–Butan u. bis zu 1,4% N_2. Es zeigte sich, daß mit steigendem Chlf.-Geh. Konz. u. Ausbeute des CCl_4 wegen der Chlorierung des Chlf. zunehmen. Auch die Menge des nicht in Rk. getretenen Methans nimmt zu. Aus der Temp.-Abhängigkeit der CCl_4-Darst. geht hervor, daß bei 415—435° die Ausbeute an CCl_4 mit 85% am höchsten ist. Beim Verhältnis Cl_2/CH_4 = 5 : 1 erreicht die CCl_4-Ausbeute in Verss. bei 420—430° 93—95%. O. LEBTAG. H 510□

Gewinnung von reinem Isopentan durch Trennung an künstlichen Zeolithen. N. W. Kelzew und A. F. Starowoitowa. (Газовая Промышленность [Gas-Ind.] **6.** Nr. 8. 34—37. 1961.) (Russ.) — Vgl. C. **1961.** 8467.

Durch Unters. der Möglichkeit einer Entfernung von n-Pentan aus Isopentan durch Adsorption an Zeolithe vom Typ 5A wird festgestellt, daß durch Kombination der üblichen Fraktionierung der Pentanfraktion mit der Adsorptionsreinigung ein 99,9% ig. Isopentan erhalten wird, das den Anforderungen für die Verarbeitung zu synthet. Kautschuk genügt. O. LEBTAG. H 520□

Darstellung von Äthylenchlorhydrin aus technischen Gasen mit niedriger Äthylenkonzentration. A. I. Brodowitsch, M. Ss. Solotnitzkaja und R. W. Krassnowskaja. (Химическая Промышленность [Chem. Ind.] **1959.** 394—97. Juli/Aug.) (Russ.)

Für die Umwandlung von Äthylen (**I**) in *Äthylenchlorhydrin* (**II**) durch Umsetzung mit Cl_2 in Ggw. von W. sind **I**-arme Gase (z. B. Kokereigas mit 2—2,5% **I**) vorteilhafter zu verwenden als **I**-reiche Gase, bei deren Chlorierung schon bei relativ geringen **II**-Konzz.

die Bldg. von Dichloräthan stark zunimmt. In einer Labor.-Anlage (schemat. Abb.) wird das I-haltige Gas in einer Kolonne zusammen mit Cl_2 über mit W. berieselte Füllkörper geleitet. Bei der Rk. spielt die Hydrolyse des Cl_2 zu HCl u. HOCl eine Rolle. Der günstige Einfl. der Verdünnung des I durch inertes Gas ergibt sich auch theoret. aus der Gleichgewichtsberechnung. Bei kontinuierlicher Durchführung des Prozesses kann man entweder period. Lsg. entnehmen, wenn ihre II-Konz. 8—10% erreicht, oder kontinuierlich eine Lsg. mit 15—20% II abführen u. durch II-ärmere Lsg. ersetzen. Höhere Temp. (50°) begünstigt die II-Gewinnung. Durch doppelte Rektifizierung erhält man in 92%ig. Ausbeute reines II mit Kp. 128—128,9°. R. K. MÜLLER. H 560□

Darstellung der Monomethyläther von Polypropylenglykolen. Ss. M. Gurwitsch, W. R. Lichterow und W. Ss. Etliss. (Журнал Прикладной Химии [J. angew. Chem.] **32.** 1640—42. Juli 1959.) (Russ.)

Zur Umsetzung von Propylenoxid (I) mit Methanol (II) zur Darst. von *Polypropylenglykolmonomethyläthern* (III) in kontinuierlichem Verf. wird ein (zur Verhinderung vorzeitiger Rk. eisgekühltes) Gemisch von I mit NaOH unter verschiedenen Drücken mit N_2 in ein mit II gefülltes, erhitztes Gefäß gepreßt. Für die Bldg. von III mit 3—5 Gliedern $-CH_2-CH(CH_3)-O-$ bei vollständiger Umsetzung von I u. II sind die optimalen Bedingungen 120—140°, 2—5 at, 50—120 Min., I : II = 1 : 0,2, NaOH 2,0—2,3%. Die Eigg. der III sind: *Dipropylenglykolmonomethyläther*, $Kp._{12}$ 90—91°, $D._4^{20}$ 0,9375, n_D^{20} 1,4229; *Tri-*, $Kp._2$ 100°, 0,9684, 1,4302; *Tetra-*, $Kp._2$ 124—125°, 0,9773, 1,4350; *Penta-*, $Kp._2$ 151—155°, 0,9832, 1,4382. R. K. MÜLLER. H 570□

Zur Auswahl eines Verfahrens zur Gewinnung von Phenol. B. Je. Berkman. (Химическая Промышленность [Chem. Ind.] **1960.** 554—56. Okt./Nov.) (Russ.)

Neben der Gewinnung von *Phenol* (I) aus Cumol mit *Aceton* als Nebenprod. ist die Gewinnung nach dem „Sulfurations-Verf.“, wobei neben I Na_2SO_3 erhalten wird, noch konkurrenzfähig, wie in vergleichenden Tabellen gezeigt wird. R. K. MÜLLER. H 1060

Verbesserung der β-Naphtholfabrikation. P. F. Margassjuk, W. N. Bowin und M. D. Belosstotzki. (Химическая Промышленность [Chem. Ind.] **1959. 447.** Juli/ Aug.) (Russ.)

Zur Rationalisierung einer β-Naphtholfabrik wird die Zufuhr von Naphthalin u. der Austrag von Na_2SO_4 u. NaCl mechanisiert u. durchweg in geschlossenen App. gearbeitet. Das aus der Zentrifuge zurückgeführte Naphthalin mit 4,5—5% W. kann ohne Entwässerung sulfoniert werden. Beim Schmelzen des Naphthalins u. Erhitzen der Na_2SO_3-Lsg. werden Temp. u. Mengen automat. geregelt. R. K. MÜLLER. H 2700□

Die Möglichkeiten einer Ausbeuteerhöhung von Furfurolölen in holzchemischen Fabriken. Je. N. Melkaja, K. I. Konowalowa, L. W. Gordon und Ss. O. Skworzow. (Гидролизная и Лесохимическая Промышленность [Hydrolysen- u. holzchem. Ind.] **11.** Nr. 8. 20—21. 1958.) (Russ.)

Die Abscheidung des *Furfurols* (I) als Öl, das 23—41% I enthält, aus den fl. Rohprodd. der Holzpyrolyse wird mit einer Rektifikationskolonne von 22 Böden vorgenommen. Die Abnahme des I-Öls erfolgt auf den Böden 8, 10 u. 12 (von oben gezählt). Der wss. Teil des Öls wird 2 Böden tiefer der Kolonne wieder zugeführt. Das Rücklaufverhältnis muß größer als 3 sein. Am Kopf der Kolonne muß ein Rohmethanol von mindestens 80 Vol.-% abgenommen werden. Die Ausbeute an I ist um so größer, je besser die Entalkoholisierung u. je milder die Pyrolyse ist. Sie beträgt 1,2—1,8 kg pro m^3 Birkenholz. Bei einem I-Geh. $< 0,3\%$ im Rohprod. betragen die Verluste an I 40—60%, sonst 25—45%. H. NESTLER. H 3061□

Merck & Co., Inc., Rahway, N.J., V.St.A. (Erfinder: Frank J. Wolf, Irving Putter, James Gillin und George V. Downing jun.), **Gewinnung organischer Substanzen,** wie *Novobiocin, Penicillin, Morpholin, Methylorange* oder *Gibberellinsäure* aus ihren Lsgg., dad. gek., daß sie an einem Ionenaustauschharz adsorbiert u. aus diesem durch ein Gemisch aus CH_3OH, W. u. NH_4Cl eluiert werden. (**F. P. 1 209 143** vom 19/5. 1958, ausg. 29/2. 1960. **Oe. P. 205 468** vom 20/5. 1958, ausg. 25/9. 1959. Beide A. Prior. 21/5. 1957.) S. BÖTTCHER. 6557

Wilhelm Ber und Emmerich Kálmán, Budapest, Ungarn, **Nitroparaffine** werden bei der Rk. von Alkylsulfonsäureestern, Monoalkylschwefelsäureestern bzw. deren Alkalisalzen im alkal. Medium oder von Arylsulfonsäureestern mit Alkalinitrit, vorteilhaft in Ggw. geringer Mengen polarer Lsgm., wie A., oder einem A./W.-Gemisch erhalten. — 7,6 (Gew.-Teile) Na_2CO_3 als konz. Lsg. werden mit 152 $CH_3SO_4Na \cdot H_2O$ oder mit CH_3SO_3Na, 20 CH_3OH u. 75 $NaNO_2$ vermischt u. erhitzt, wobei *Nitromethan* entweicht. (**Ung. P. 143 828** vom 20/12. 1955, ausg. 30/11. 1957.) G. KÖNIG. H 510

Esso Research and Engineering Co., Elizabeth, N.J. (Erfinder: Robert Wayne MacDonald, Baton Rouge, La.), V.St.A., **Entfernen von Methyl-, Äthyl-**

und Vinylacetylen aus diese enthaltenden butadienhaltigen KW-Stoffen erfolgt durch deren Behandeln mit einer solchen Menge einer verd., wss. Cu-Ammoniumacetat-Lsg. (**I**), daß mindestens ein großer Teil Vinylacetylen (**II**), bes. ca. 80%, u. höchstens kleine Mengen Methyl- u. Äthylacetylen (**III**), höchstens 35%, extrahiert werden. Verd. **I** wird dann abgetrennt u. der Gasstrom mit einer solchen Menge frischer **I** behandelt, daß das übrige **II** u. mindestens ein großer Teil **III** aufgenommen werden, wodurch der Acetylen-Geh. des Gasstromes wesentlich herabgesetzt wird. Aus **I** wird **II** entweder durch Erhitzen entfernt oder die in **I** enthaltenen Acetylene werden polymerisiert u. die Polymeren abfiltriert. **I** wird dann in die 1. Extraktionsstufe zurückgeführt. Aus der 2. **I** wird durch Erhitzen zuerst **III** u. nur eine geringe Menge **II** entfernt u. **I** dann in die 2. Extraktionsstufe zurückgeführt. **I** soll in der 1. Stufe höchstens 2,5 Mol u. in der 2. Stufe 2—4 Mol Cu(I)-Ionen je Liter Lsg. enthalten. — Vorr., Zeichnung. (**D. A. S. 1 057 096** Kl. 12o vom 26/6. 1957, ausg. 14/5. 1959. A. Prior. 26/6. 1956.)
G. KRAUSS. H 520

Soc. Belge de l'Azote et des Produits Chimiques du Marly, Lüttich (Erfinder: Frederic François Albert Braconier, Plainevaux, und Jean Joseph Lambert Eugène Riga, Lüttich), Belgien, **Ungesättigte Kohlenwasserstoffe, besonders Acetylen,** wird durch teilweise Verbrennung von stärker gesätt., gasförmigen KW-Stoffen in einem bes. Brenner, der eine Anzahl Mischvorr. von geringem Querschnitt enthält, erhalten, in die die vorerhitzten Rk.-Teilnehmer getrennt eingeführt werden. — Aus auf 750° vorerhitztem Methan u. O_2 durch Abschrecken der entstandenen Gase → 9(%) *Acetylen* neben 0,2 *Äthylen,* 57,1 H_2 u. 25,2 CO. — Vorr., Zeichnungen. (**D. A. S. 1 052 397** Kl. 12o vom 25/6. 1957, ausg. 12/3. 1959. E. Prior. 27/6. 1956 u. 13/6. 1957.)
G. KRAUSS. H 530

Rohm & Haas Co., Philadelphia, Pa. (Erfinder: Warren Hisami Watanabe, Philadelphia, Pa., und Lawrence Ellery Conlon, Esmond, R.I.), V.St.A., **Herstellung von Allyläthern aliphatischer, araliphatischer und cycloaliphatischer Alkohole,** dad. gek., daß Allylalkohol mit einem nicht tert. Alkohol vorteilhaft bei 75—150°, bes. bei 85—100°, in Ggw. eines in dem Rk.-Syst. lösl. u. ionisierbaren Katalysators umgesetzt wird, der aus einem lösl. Hg-Salz [Hg(II)-Acetat] oder -Benzoat] u. einer starken Säure (H_2SO_4, HF oder koordinativ gebundene BF_3-Komplex-Verbb.) besteht. Ggf. kann die Rk. in Ggw. von inerten Lsgm. (Bzn., Bzl., Toluol, Xylol, Chlf., Äthylendichlorid, CCl_4, Diisopropyl- oder Dibutyläther) durchgeführt werden. Beim Arbeiten unter Rückfluß wird das bei der Rk. gebildete W. gleichzeitig abgetrennt. — Es wird dargestellt: *Allylmethyläther,* Kp. 42—42,3°, $D._4^{25}$ 0,7568, n_D^{25} 1,3759; *Allylbutyläther,* $Kp._{120}$ 64—65°, $D._4^{25}$ 0,7794, n_D^{25} 1,4029; *Allyloctadecyläther,* $Kp._{0,15-0,20}$ 146—153°; *Allyloctadecenyläther,* $Kp._{15}$ 205—215°; *Allylpenten-(5)-yläther,* Kp. 135—140°; *Allyl-3-methylbuten-(3)-yläther,* Kp. 132—136°; *Allyldodecenyläther,* $Kp._5$ 118—122°; *Allylcyclohexyläther,* $Kp._{38-39}$ 81—83,5°, $D._4^{25}$ 0,8830, n_D^{25} 1,4483; *Allylbenzyläther,* $Kp._5$ 71 bis 71,5°, $D._4^{25}$ 0,9548, n_D^{25} 1,5052; *Allylcinnamyläther,* $Kp._{14}$ 142—148°; wird nur Allylalkohol verwendet → *Diallyläther,* Kp. 94—94,8°, $D._4^{25}$ 0,8027, n_D^{25} 1,4134. Die Rk. kann auch mit Alkoholen durchgeführt werden, die eine oder mehrer Ätherbindungen enthalten, auch mit Polyäthoxyäthanolen. — Geeignet als *Lsgm., Weichmacher* u. *Zwischenprodd.* zur Herst. von Polymerisaten oder Mischpolymerisaten. (**D. A. S. 1 102 728** Kl. 12o vom 12/8. 1957, ausg. 23/3. 1961. A. Prior. 13/8. 1956.)
W. GRÄGER. H 560

John B. Pierce Foundation, New York, N.Y., übert. von: Ettore da Fano, Downey, Calif., V.St.A., **Alkyl- und Arylsilicate** von höchster Reinheit werden erhalten, wenn die an sich bekannte Herst. aus Alkoholen u. Phenolen einerseits u. $SiCl_4$, $SiOCl_2$ oder Kieselsäureestern andererseits in Ggw. von 0,2—3,0% Aktivkohle (bezogen auf das Gesamtgew. des Rk.-Gemisches) durchgeführt wird. (**A. P. 2 814 634** vom 16/12. 1952, ausg. 26/11. 1957.)
A. KALIX. H 590

Esso Research and Engineering Co., V.St.A. (Erfinder: Perry H. Argabright, Graham G. Wanless und Eugène L. Stogryn), **Herstellung organischer Sulfide,** dad. gek., daß ein Mercaptan mit 1—20 C-Atomen u. ein Olefin mit 2—30 C-Atomen in einem unpolaren Lsgm. bei —100 bis +100° u. 0,5—100 at einer Behandlung mit γ-Strahlen unterworfen wird. — *Cyclopentyldodecyl-,* $Kp._{0,1}$ 130—140°, *Hexylphenyl-,* $Kp._{0,1}$ 99—101°, *Di-n-cetylsulfid,* F. 58,5—59°, *β-[n-Hexadecylmercapto]-propionsäure,* F. 72—73°, aus Cyclopenten u. Dodecylmercaptan, Hexen-(1) u. Thiophenol, Ceten-(1) u. H_2S bzw. Hexadecen-(1) u. β-Mercaptopropionsäure. — Verf.-Schema. (**F. P. 1 213 907** vom 6/11. 1958, ausg. 5/4. 1960. A. Prior. 2/12. 1957.)
S. BÖTTCHER. H 600

Badische Anilin- & Soda-Fabrik Akt.-Ges. (Erfinder: Hans Jürgen Nienburg, Ernst Eckert und Malte Goilav), Ludwigshafen/Rh., **Sauerstoffhaltige organische Verbindungen, besonders Aldehyde,** werden durch Rk. von Olefinen mit CO u. H_2, bes. im Verhältnis 1 : 1, bei 120—200° u. mindestens 100, bes. 200—300 at in Ggw. wss. Co-Salz-Lsgg. als Katalysatoren (Co-Acetat, -Propionat), die in den Kreislauf der nicht entspannten, aber wenigstens teilweise entwässerten Rk.-Prodd. vor deren Einführung in den unteren Teil des Rk.-Gefäßes eingespritzt werden, erhalten. Die wss. Co-Salz-Lsg. können mit einem Teil des CO/H_2-Gemisches in einem Vorwärmer vorbehandelt werden; anschließend wird die vorcarbonylierte Co-Salz-Lsg. in den Kreislauf eingespritzt. — Octengemisch (Kp. 106—116°) → *Aldehyde*, Ausbeute 80—85%. — Vorr., Zeichnungen. (**D. A. S. 1 106 307** Kl. 12o vom 22/3. 1957, ausg. 10/5. 1961.)
G. KRAUSS. H 660

Farbenfabriken Bayer Akt.-Ges., Deutschland (Erfinder: Arnold Hausweiler, Klaus Schwarzer und Rudolf Stroh), **Herstellung von Acrolein.** Das Verf. nach D. A. S. 1 079 615; C. **1961.** 7082 wird dahingehend erweitert, daß als Katalysatoren für die Oxydation von Propylen Verbb. therm. stabiler Sauerstoffsäuren der Elemente B, P, Cr, Mo, W oder V auch mit Ti, Ag, Cd, Sn, Ce, Pb, Bi, Th oder U verwendet werden. (**F. P. 1 208 444** vom 12/6. 1958, ausg. 23/2. 1960. D. Prior. 21/6. 1957 u. 22/3. 1958.)
S. BÖTTCHER. H 670

Spofa, Sdruzeni Podniku pro Zdravotnickou Vyrobu, Tschechoslowakei (Erfinder: Ludvik Blaha und Jaroslav Weichet), **Herstellung von Dehydrophyton** [*6.10.14-Trimethylpentadecen-(5)-on-(2)*], $Kp._{0,15-0,2}$ 103—106°, n_D^{20} 1,4556, dad. gek., daß Acetessigester mit 3.7.11-Trimethyldodecen-(1)-ol-(3) umgeestert u. der neue Ester therm. zersetzt wird. (**F. P. 1 219 166** vom 24/3. 1959, ausg. 16/5. 1960. Tschech. Prior. 24/3. 1958.)
S. BÖTTCHER. H 710

Union Carbide Corp., V.St.A. (Erfinder: Jesse Thomas Dunn und William Robert Proops), **Herstellung von Acrylsäureestern,** dad. gek., daß C_2H_2 bei erhöhter Temp. unter Druck in Ggw. eines kombinierten $NiBr_2$-Organothiophosphat-Katalysators mit CO u. Alkoholen umgesetzt wird. — *Acrylsäureäthylester*, aus C_2H_2 u. CO (1 : 1), 550 (g) A., 10,2 $NiBr_2$ u. 10,2 Tribenzyltetrathiophosphat bei 149° u. 31,5 at. — Als Katalysatoren werden ferner genannt: 2-[Butylmercapto]-5-äthyl-4-propyl-2-thiono-1.3.2-dioxaphosphorinan, 2.4-Dioxa-5-methylphosphormethylamidophosphorthiono-3-phosphobicyclo-[4.4.0]-decan, Tris-[2-chlorpropyl]-thiophosphat, Trialkylphosphine u. andere. (**F. P. 1 221 396** vom 24/3. 1959, ausg. 1/6. 1960. A. Prior. 1/4. 1958.)
S. BÖTTCHER. H 810

Chempatents, Inc., New York, N.Y., V.St.A., **Maleinsäureanhydrid** wird durch Oxydation von Bzl. mit O_2 bei 400—550° in Ggw. eines kugelförmigen Trägers mit 5,58—12,7 mm ∅ u. einer Oberfläche von 0,002—10 m² je g, der 1 (Teil) MoO_3, 3—8 V_2O_5, 0,1—0,01 Na, 0,1—0,01 Ni u. 0,1—0,01 P_2O_5 als Katalysator enthält, erhalten. Der Katalysator besteht bes. aus 50 Träger (Al_2O_3, MgO, Mullit, Cr oder Be-Oxid), 1 MoO_3, 5 V_2O_5, 0,04 Na, 0,06 Ni u. 0,04 P_2O_5, der z. B. durch Tränken von geschmolzenem Al_2O_3 mit einer Lsg. von $(NH_4)_6Mo_7O_{24} \cdot 4\,H_2O$, NH_4VO_3 in 35%ig. HCl, $Na_3PO_4 \cdot 12\,H_2O$ u. $Ni(NO_3)_2 \cdot 6\,H_2O$ in W. u. Erhitzen der Masse auf 400° hergestellt wird. Ausbeute 75—80%. (**Belg. P. 535 712** vom 14/2. 1955, ausg. 19/12. 1958. A. Prior. 19/2. 1954.)
G. KRAUSS. H 820

Cilag Soc. An., Schaffhausen, Schweiz, **Diacylweinsäuren** der allg. Formel HOOCCH(OR)CH(OR)COOH (R = α.β-ungesätt., aliphat. Acylrest) werden durch Rk. von d- oder *l*-Weinsäure (**I**) mit den entsprechenden Anhydriden oder Säurechloriden der α.β-ungesätt. Säuren u. anschließende milde Verseifung des entstandenen Diacylweinsäureanhydrids erhalten. **I** kann auch mit Diketen umgesetzt werden. — Aus 120 g Cumarin-3-carbonsäurechlorid u. 19 g d-**I** in 100 ml wasserfreiem Xylol bei 135 bis 145° → **I**-*Anhydriddicumarin-3-carbonsäureester*, F. 122—125°; unlösl. in Bzl.; daraus in Aceton unter Rückfluß → *d*-**I**-*Cumarin-3-carbonsäurediester*, Nadeln, F. 195 bis 196° (Zers.; 95%ig. A.); $[\alpha]_D^{22}$ 150° (c = 1,05; 90%ig. Dioxan). — *l*-**I**-*Cumarin-3-carbonsäurediester*, F. 195—196° (95%ig. A.); $[\alpha]_D^{22}$ —151° (c = 1,1; 90%ig. Dioxan). — *Dicrotonyl-d*-**I**, F. 74—76° (Bzl.); $[\alpha]_D^{20}$ —58° (c = 1,45; W.). — *Dicrotonyl-l*-**I**, F. 73 bis 75° (Bzl.); $[\alpha]_D^{20}$ +56,5° (c = 1,38; W.). — *Bis-[β.β-dimethylacryloyl]-l*-**I**, F. 132 bis 134° (Bzl.); $[\alpha]_D^{23}$ +63,7° (c = 1,85; Aceton). — *Bis-[β.β-dimethylacryloyl]-d*-**I**, F. 131—132° (Bzl.); $[\alpha]_D^{22}$ —61,5° (c = 1,94; Aceton). — *Zwischenprodd.* zur *Trennung* von *Lyserg-* u. *Isolysergsäure* in ihre opt. *l-* u. *d-Isomeren.* Vgl. Schwz. P. 331 852; C. **1962.** 229 Oe. P. 193 081; C. **1959.** 1221 u. Schwz. P. 324 188; C. **1961.** 7402. (**Belg. P. 539 242** vom 23/6. 1955, ausg. 17/7. 1959. Schwz. Prior. 23/6. 1954 u. 9/6. 1955.)
G. KRAUSS. H 850

Československá Socialistická Republika (Erfinder: Otakar Leminger, Stanislav Novák, Georg Chalupa, Zdeněk Kubek, Ladislav Kraus, Franz Blechta, Milan Morák, Aussig, und Jaroslav Málek, Prag), Tschechoslowakei, **Kontinuierliche Herstellung von Alkalixanthogenaten,** dad. gek., daß CS_2, Alkalihydroxid in wss. Lsg. u. Alkohol in einem Verhältnis CS_2:XOH:ROH:H_2O wie 1:0,8 bis 1,2:2—5:2—5 Mol vermischt werden, wobei X = K, Na, Li, R = Alkyl, Alkenyl, Cycloalkyl, Aralkyl bedeuten. Das Fl.-Gemisch durchfließt 0,5—10 Min. lang bei 20—50° ein Rk.-Gefäß, worauf die wss. alkohol. Lsg. des entsprechenden Xanthogenates getrocknet u. die hierbei auftretenden Alkoholdämpfe in den Prozeß zurückgeleitet werden. Als Rk.-Gefäß dient eine mit RASCHIG-Ringen gefüllte gerade oder gebogene Röhre, eine Etagenkolonne oder aber auch ein mit Rührwerk versehener Behälter, der auch kaskadenförmig angeordnet sein kann. — Vorr., Zeichnung. (**Tschech. P. 97 929** vom 1/10. 1959, ausg. 15/1. 1961.) L. MACHER. H 880

Monsanto Chemical Co., St. Louis, Mo., V.St.A., **Herstellung von Alkylaminen,** dad. gek., daß ein sek. oder tert. Olefin in Ggw. von H_2SO_4 u. W. mit HCN bei ca. 160° im Autoklaven umgesetzt wird, wobei das intermediär gebildete N-Alkylformamid hydrolysiert wird. — Aus tert. Dodecylen u. HCN bei 160—170° → *Dodecylamin*, $Kp._{35}$ 107—140°; aus Isobutylen u. HCN bildet sich prim. N-tert.-Butylformamid u. daraus → *tert.-Butylamin.* (**E. P. 805 018** vom 17/8. 1956, ausg. 26/11. 1958. A. Prior. 18/8. 1955.) W. HEYER. H 910

Chemische Werke Hüls Akt.-Ges., Deutschland, **Herstellung von Dialkanolaminen,** z. B. *Diisopropanol-* u. *Diäthanolamin,* dad. gek., daß Monoalkanolamine (Isopropanol- bzw. Äthanolamin) in der Dampfphase mit einem Alkylenoxid (Propylen- bzw. Äthylenoxid) umgesetzt werden. (**F. P. 1 214 788** vom 3/2. 1959, ausg. 12/4. 1960. D. Prior. 22/2. 1958.) S. BÖTTCHER. H 920

Union Carbide Corp., V.St.A. (Erfinder: Benjamin Townsend Freure und Harry Joe Decker), **Herstellung von 7-Aminoheptansäureestern** durch Veresterung von 6-Halogenhexansäure, Überführung des Esters in Ggw. von N-, P- oder S-haltigen polaren organ. Lsgm. im Mengenverhältnis 1:1 durch Rk. mit einem Alkalioder Erdalkalicyanid bei 70—150°, bes. 120—140°, in den 6-Cyanhexansäureester u. Hydrierung der Nitrilgruppe. — *6-Cyanhexansäure, Äthylester* (I), $Kp._1$ 96—99°, aus 6-Chlorhexansäureäthylester durch Erhitzen mit NaCN in Dimethylsulfoxid oder Dimethylacetamid auf 95—100° u. fraktionierte Dest.; 90% (Ausbeute). — Analog: *Isopropylester*, $Kp._1$ 95—100°; 73,5%. *n-Propylester*, $Kp._1$ 110°; n_D^{30} 1,4330; 87,5%. *n-Butylester*, $Kp._1$ 125°; n_D^{30} 1,4348; 90%. *Cyclohexylester*, $Kp._{1,5}$ 155°; n_D^{30} 1,4595; 77%. *2-Äthylbutylester*, $Kp._3$ 151°; n_D^{30} 1,4405; 63%. *1-Phenyläthylester*, $Kp._{2,5}$ 186°; n_D^{30} 1,4950; 77%. — *7-Aminoheptansäure, Äthylester*, $Kp._1$ 78—82°, aus I in 99%ig. Isopropanol durch Hydrieren in Ggw. von RANEY-Ni unter Zuführen von NH_3 bei 10, at u. 100°; $D._{15,6}^{20}$ 0,936; n_D^{30} 1,4368. — Analog: *Isopropylester*, $Kp._1$ 78—84°; $D._{15,6}^{25}$ 0,912; n_D^{30} 1,4340. *n-Propylester*, $Kp._{0,5}$ 78—80°; n_D^{30} 1,4378; 95%. *n-Butylester*, $Kp._{0,4}$ 90°; n_D^{30} 1,4396; 95%. *Cyclohexylester*, $Kp._{0,5}$ 110 bis 115°; n_D^{30} 1,4025; 94,5%. *2-Äthylbutylester*, $Kp._{0,4}$ 104°; n_D^{30} 1,4442; 99%. *1-Phenyläthylester*, $Kp._{0,5}$ 140—144°; n_D^{30} 1,4988; 83%. (**F. P. 1 210 137** vom 3/9. 1958, ausg. 7/3. 1960. A. Prior. 6/9. 1957.) EBERHARD RIEDEL. H 950

Farbenfabriken Bayer Akt.-Ges., Deutschland (Erfinder: Hans Haberland und Rudolf Stroh), **Herstellung von N-Trialkylborazanen,** dad. gek., daß tert. Amine in Form ihrer Salze in mit W. nicht mischbaren Lsgm. mit wss. Lsgg. von Alkaliboranaten umgesetzt werden. — *N-Triäthyl-*, $Kp._{12}$ 96—97°, *N-Trimethyl-*, F. 93—96°, *N-Tri-n-propyl-*, $Kp._{10}$ 116—118°, *N-Dimethylcyclohexyl-*, F. 42—44°, $Kp._{11}$ 130—132°, u. *N-Dimethylstearylborazan*, F. 55—57°, *N-Methylpyrrolidinborin*, $Kp._{12}$ 96°, u. *Dimethylaminopropyldithiocarbaminsäureborinäthylester*, aus Triäthyl-, Trimethyl-, Tri-n-propyl-, Dimethylstearylamin, Hexahydrodimethylanilin, N-Methylpyrrolidin bzw. Dimethylaminopropyldithiocarbaminsäureäthylester u. K- bzw. Na-Boranat. (**F. P. 1 206 882** vom 21/5. 1958, ausg. 12/2. 1960. D. Prior. 24/5. 1957.) S. BÖTTCHER. H 980

British Petroleum Co. Ltd. (Erfinder: Peter Desmond Holmes und Graham John Brockis), **Umsetzen von aromatischen Kohlenwasserstoffen mit wenigstens einem aliphatischen Rest am aromatischen Kern zu aromatischen Kohlenwasserstoffen mit niedrigerem Molekulargewicht** bei $>520°$, bes. 520—650°, mittels eines durch Imprägnieren von akt. Al_2O_3 mit H_2F_2 hergestellten Katalysators, der 1—25, bes. 3—7, Gew.-% F enthält. — Beispiel: Desalkylieren von Toluol zu Benzol. (**Aust. P. 223 192** vom 26/4. 1957, ausg. 27/8. 1959. E. Prior. 1/5. u. 10/5. 1956.) K. DEMMLER. H 1010

Metallgesellschaft Akt.-Ges., Frankfurt/M. (Erfinder: Karl Grob, Frankfurt/M., Karl-Heinz Eisenlohr, Buchschlag, und Wilhelm Herbert, Frank-

furt/M.), **Gewinnung von neutralölfreien und lichtbeständigen Phenolen aus phenolhaltigen Ölen oder Rohphenolen.** Das Verf. zur Gewinnung von neutralölfreien u. lichtbeständigen Phenolen aus phenolhaltigen Ölen (**I**) oder Rohphenolen (**II**) durch Extraktion von **I** oder **II** mit Alkaliphenolatlauge (**III**), Extraktion der erhaltenen, mit Phenolen übersätt. **III** mit einem sauerstoffhaltigen Lsgm. (**IV**) u. Abtrennen von **IV** aus dem phenolhaltigen Extrakt wird dadurch verbessert, daß **I** oder **II** im Gegenstrom mit **III** u. einem Bzn. (Aromaten-Geh. 10—50%) bes. gleichzeitig extrahiert, anschließend die mit Phenolen übersätt. **III** mit Wasserdampf u. vor der Extraktion mit **IV** mit sauerstoffhaltigen Gasen oder festen oder fl. Oxydationsmitteln bei normaler oder erhöhter Temp. behandelt wird. — Zum Beispiel werden stündlich 1000 kg Steinkohlenöl (Kp. 170 bis 225°; Phenol-Geh. 37 Gew.-%) in die 4. Stufe einer 11stufigen Gegenstrom-Extraktions-Vorr. geleitet, während in der 1. Stufe stündlich 3000 kg einer 25%ig. Na-Phenolat-Lsg. u. in der 11. Stufe stündlich 600 kg Bzn. (Kp. 40—110°; Aromaten-Geh. 10%) zufließen. Vom Bzn. werden 8,5 kg Phenol aufgenommen, die nach der Abdest. im Neutralöl verbleiben. Die mit Phenolen übersätt. Phenolat-Lsg. nimmt 361,5 kg Phenole u. 90 kg Bzn. auf, das in der Abtreibekolonne durch Einblasen von Wasserdampf entfernt wird. Die benzinfreie Phenolatlauge wird bei 80° mit Luft verblasen u. in einer 2. Extraktions-Vorr. in 6 Stufen im Gegenstrom mit 900 kg Diisopropyläther (**V**) extrahiert. Der phenolhaltige **V**-Extrakt wird in einem mit RASCHIG-Ringen gefüllten Turm mit 5 Vol.-% einer 10%ig. H_2SO_4 behandelt. Das nach Abdest. von **V** verbleibende Phenolgemisch (341 kg) liefert bei der Fraktionierung 172 kg klarlaugelösl. Phenol, 42 kg klarlaugelösl. o-Kresol, 98 kg eines m-/p-Kresol-Gemisches, beide ebenfalls klarlaugelösl. u. frei von Pyridin u. 29 kg klarlaugelösl. Xylenole, Pyridin-Geh. 0,03%. (**D. A. S. 1 094 758** Kl. 12q vom 24/7. 1957, ausg. 15/12. 1960.)
A. MOHR. H 1060

Merck & Co., Inc. (Erfinder: Frederick C. Novello), **Herstellung von Anilin-2.4-disulfonyldichloriden** durch Rk. von substituiertem Anilin mit $ClSO_3H$ in Ggw. eines Alkalihalogenids. — 64 (g) m-Chloranilin wird tropfenweise unter Kühlung mit Eis zu 375 ml $ClSO_3H$ gegeben, im Verlauf von 1—2 Std. 350 NaCl portionsweise zugesetzt, allmählich auf 150—160° erhitzt, die Temp. 3 Std. lang gehalten, im Eisbad gekühlt, 1000 kaltes W. zugegeben, mit Ae. extrahiert u. der Extrakt aufgearbeitet: *5-Chloranilin-2.4-disulfonyldichlorid*, F. 130—132°. Analog folgende Anilin-2.4-disulfonyldichloride: *6-Chlor-*, F. 134—135°, *5-Brom-*, F. 143—145°, *5-Methoxy-*, F. 129—130° u. *5-Fluor-*, F. 131—132°. — *Zwischenprodd. zur Herst. von Benzothiadiazin-1.1-dioxid*-Verbindungen. (**Aust. P. 227 957** vom 10/10. 1957, ausg. 26/5. 1960.)
C. LÜTTGEN. H 1090

Shell Research Ltd., London, England (Erfinder: Pieter Ten Haken), **Cyclische Nitrile** werden durch Erhitzen einer cycl. Verb., die mindestens 1 Halogen an ein Ring-C-Atom gebunden enthält, mit CuCN in einem Dialkylcarbonsäureamid, bes. Dimethylformamid, oder Dialkylsulfoxid, bes. Dimethylsulfoxid, als Rk.-Medium, bes. auf 125—200°, unter Rückfluß erhalten. Hergestellt wurden *2-Chlor-6-nitrobenzonitril* u. *2.6-Dinitrocyanbenzol* aus 2.3-Dichlornitrobenzol bzw. 2.6-Dinitrochlorbenzol. (**E. P. 861 898** vom 24/7. 1959, ausg. 1/3. 1961.) L. STADELMANN. H 1210

E. I. du Pont de Nemours & Co., Wilmington, übert. von: Harold Steen Kemp, Elsmere, und Cyrus Pyle, New Castle, Del., V.St.A., **Entfernung von Xylol (I) aus Dimethylterephthalat,** das außerdem kleine Mengen an Verunreinigungen enthält, die über dem Kp. von **I** sd., durch Dest. in einer Glockenbodenkolonne. Dabei ist die Temp.-Differenz zwischen den Platten der Dest.-Kolonne durch Regelung auf ca. 5° u. die Schichtdicke des Dest.-Gutes über der Spitze der Glockenkamine auf mehr als 2,5″ zu halten. (**A. P. 2 795 537** vom 21/6. 1952, ausg. 11/6. 1957.)
L. STADELMANN. H 1220

United States Rubber Co., V.St.A. (Erfinder: Paul Louis Merz), **Herstellung von N-Alkyl-N′-[p-alkylphenyl]-p-phenylendiaminen.** Ein Gemisch aus 1 (Mol) p-Nitrochlorbenzol, 2 p-Toluidin, 0,7 K_2CO_3, 0,66 Dimethylformamid u. 0,01 CuJ wird 6 Std. lang unter Bldg. von *4-Nitro-4′-methyldiphenylamin* (F. 135—138°) gekocht, das in Aceton in Ggw. von Cu-Chromit bei 155° u. 91—35 at zu *N-Isopropyl-N′-[p-methylphenyl]-p-phenylendiamin*, F. 89°, $Kp._{0,2}$ 155—164°, hydriert wird. Analog folgende p-Phenylendiamine: *N-Isopropyl-N′-[p-isopropylphenyl]-*, F. 75°, aus p-Cumidin. — *N-Isopropyl-N′-phenyl-*, F. 79—81°, aus p-Aminodiphenylamin; daraus mit Isobutylen *N-Isopropyl-N′-[p-tert.-butylphenyl]-*, F. 104°, mit Diisobutylen *-[p-tert.-[octylphenyl]-*, F. 76—78°. — *N-Cyclohexyl-N-[p-methylphenyl]-*. — *N-sek.-Butyl-N′-p-tert.-butylphenyl]-*, *N-Cyclohexyl-N′-[p-tert.-butylphenyl]-*, *N′-[p-tert.-octylphenyl]-*. *N-[1.3-Dimethylbutyl]-N′-[p-tert.-butylphenyl]-p-phenylendiamin.* — *Inhibitoren* für die

Autoxydation ungesätt. Prodd. u. *Stabilisatoren* für *vulkanisierten Kautschuk*. (**F. P. 1 213 130** vom 29/10. 1958, ausg. 29/3. 1960. A. Prior. 12/11. 1957.)
S. BÖTTCHER. H 1310

Joh. A. Benckiser G. m. b. H., Chemische Fabrik, Ludwigshafen/Rh., übert. von: Arno Debo, Heidelberg, **N-substituierte Imidodiphosphorsäure- und -thiophosphorsäurederivate.** Im wesentlichen inhaltlich ident. mit D. A. S. 1 041 044; C. **1959.** 12387, jedoch mit dem Unterschied, daß an Stelle der Imidodiphosphorsäure-Derivv. noch zusätzlich Imidodithiophosphorsäure-Derivv. hergestellt werden. Hierfür werden jedoch keine Beispiele angegeben. (**A. P. 2 965 666** vom 7/7. 1958, ausg. 20/12. 1960. D. Prior. 5/7. 1957.)
A. JAHN. H 1380

Inventa Akt.-Ges. für Forschung und Patentverwertung (Erfinder: Kurt Kahr), **Herstellung von Oximen alicyclischer Ketone** durch Rk. eines Gemisches von NO, NO_2 u. HCl auf die entsprechenden gesätt. alicycl. KW-Stoffe in 250 ml Cyclopentan werden stündlich 5 Liter HCl-Gas u. je 0,75 Liter NO u. NO_2 mit einem Geh. von ca. 20% N_2 eingeleitet, wobei die Temp. auf 15° gehalten u. mit einer 500-W-Lampe bestrahlt wird. Nach 3 Std. wird die gebildete salzsaure Lsg. abgetrennt u. aus ihr nach dem Neutralisieren 8 g Cyclopentanonoxim, F. 56°, extrahiert. Analog: *Cyclohexanonoxim*, F. 88°. (**Aust. P. 227 390** vom 6/12. 1957, ausg. 14/4. 1960. Schwz. Prior. 14/12. 1956.)
C. LÜTTGEN. H 1960

Studiengesellschaft Kohle m. b. H. (Erfinder: Roland Köster), Mülheim, **Herstellung von Borverbindungen** der Formel $R'R''R'''N \cdot BH_3$ durch Erhitzen von R_3B, tert. Aminen NR'R''R''' u. H_2 bei $>120°$ u. Überdruck (R bis R''' = Alkyl-, Aryl- oder Cycloalkylrest). — 34 (g) $B(CH_3)_3$ u. 44 Dimethylcyclohexylamin werden im Autoklaven bei 300 at u. 190—200° 15 Std. lang hydriert: *N-Dimethylcyclohexylborazan*, F. 49° (Hexan oder Cyclohexan). — *N-Trimethylborazan* F. 94°. — *N-Triäthylborazan*, $Kp._{12}$ 100—101°. — *N-Dimethylphenylborazan*, F. 35°. — *N-Diäthyl-n-butylborazan*, $Kp._{14}$ 125°. — *N-Tributylborazan*, $Kp._{10^{-3}}$ 87°. — (**Jap. A. S. 6717/1959** vom 8/6. 1957, ausg. 6/8. 1959. D. Prior. 8/6. 1956 u. 18/1. 1957.) M. PANKOW. H 2180

Egyesült Gyógyszer és Tápszergyár (Erfinder: Elemér Fogassy und Gábor Zólyomi), Budapest, Ungarn, **Herstellung von 2.2'-Dinitrodibenzyl** aus o-Nitrotoluol durch Rk. mit Na bei 0—5° in Ggw. von in W. nicht lösl. Lsgm., bes. PAe. oder $HCOOC_2H_5$. (**Ung. P. 149 380** vom 9/1. 1961, ausg. 20/8. 1961.)
F. LANDSBERGER. H 2210

Givaudan Corp., New York, N.Y., übert. von: William S. Gump, Upper Montclair, Max Luthy, Ridgewood, und Henry G. Krebs, Clifton, N.J., V.St.A., **Herstellung von Bis-[3.5.6-trichlor-2-hydroxyphenyl]-methan.** Das an sich bekannte Verf. der Kondens. von 2.4.5-Trichlorphenol mit CH_2O in Ggw. von hochkonz. H_2SO_4 (I) oder Oleum wird dahingehend modifiziert, daß die Rk. bei 50—100° in Ggw. von stark halogenierten aliphat. KW-Stoffen (II) durchgeführt wird, die kein reaktionsfähiges H-Atom mehr enthalten. Nach beendeter Rk. kann I leicht rein abgetrennt u. sofort wiederverwendet werden, da sie im Rk.-Gemisch eine schwere Unterschicht bildet. Beispiele für II: Chlf., CCl_4, Äthylendichlorid u. -dibromid, $Cl_2C = CCl_2$, Tri- u. Tetrachloräthan. Nach dem Abtrennen von I u. Abdestillieren von II wird sofort ein reines End-Prod., F. 161—164°, erhalten. (**A. P. 2 812 365** vom 18/3. 1954, ausg. 5/11. 1957.)
A. KALIX. H 2260

F. Hoffmann-La Roche & Cie. Soc. An., Schweiz, **Hydronaphthalinderivate.** 4-[2-Methyl-6.6-dialkylcyclohexen-(1)-yl]-2-methylbutanale-(1), die ggf. in 5-Stellung des Hexenringes eine weitere Alkylgruppe tragen, werden in Ggw. eines sauren Kondens.-Mittels, bes. 85%ig. H_3PO_4, HCOOH oder $(CH_3CO)_2O$ (I) zu entsprechenden *1-Hydroxy-*, *1-Formoxy-* bzw. *1-Acetoxy-1.2.3.5.6.7.8.9-oktahydronaphthalinen* kondensiert, die ggf. verestert, zu 1-Oxo-Derivv. oxydiert, red. oder isomerisiert werden. — 2.5.5.9-Tetramethyl-1.2.3.5.6.7.8.9-oktahydronaphthaline: *1-Hydroxy-* (II), F. 79—80° (PAe.), aus 4-[2.6.6-Trimethylcyclohexen-(1)-yl]-2-methylbutanal-(1) (III) durch 1/4std. Erhitzen mit 85%ig. H_3PO_4 auf 50°, 24std. Stehen bei Raum-Temp., Vermengen mit W., Behandeln des Rk.-Prod. mit einem Gemisch aus granuliertem Eis, Ae. u. konz. NaOH u. Isolierung aus der Ae.-Phase; Nadeln. — *1-Formoxy-*, $Kp._{0,2}$ 95—96°, a) aus II u. 100%ig. HCOOH durch 24std. Rk. in Ggw. von I bei Raum-Temp.; b) aus III durch 4std. Kochen mit HCOOH; Öl; n_D^{24} 1,5010—1,5020. — *1-Acetoxy-*, $Kp._{0,04}$ 75°; a) aus II u. I in Pyridin durch 24std. Rk. bei Raum-Temp.; b) aus III u. I durch 3std. Erwärmen in Ggw. von p-Toluolsulfonsäure auf 50°; n_D^{23} 1,4954. — *1-Benzoxy-*, F. 90—91° (PAe.), aus II in Pyridin durch Rk. mit Benzoylchlorid in Bzl.; Kristallpulver. — *1-Oxo-*, $Kp._{0,1}$ 90°, aus II durch Oxydation mit CrO_3

in Eisessig bei 40°; n_D^{23} 1,5027. — *1-Oxo-2.5.5.9-tetramethyl-1.4.5.6.7.8.9.10-oktahydronaphthalin* (**IV**), F. 38—39° (PAe.), aus vorst. Verb. durch 2std. Erhitzen mit konz. H_2SO_4 auf 50°. — 2.5.5.9-Tetramethyldekahydronaphthaline: *1-Hydroxy-*, F. 92—93° (PAe.), aus **II** in Eisessig durch Hydrierung in Ggw. von 5%ig. Pd/Kohle. *Isomeres*, Kp.$_{0,07}$ 95°, aus nachst. Verb. durch Red. mit $LiAlH_4$ in Ae.; n_D^{23} 1,5030. — *1-Oxo-*, Kp.$_{0,04}$ 84°, aus vorst. Verb. durch Oxydation mit CrO_3 in Eisessig bei 40°; n_D^{20} 1,4930. *Isomeres*, F. 48—49°, aus **IV** durch Hydrierung in CH_3OH in Ggw. von Pd/Kohle. (**F. P. 1 210 692** vom 13/5. 1958, ausg. 10/3. 1960. Schwz. Prior. 21/5. 1957.)
EBERHARD RIEDEL. H 2700

Československá Socialistická Republika (Erfinder: Theodor Pfliegel, Pardubice, und Ladislav Hruška, Rybitví), Tschechoslowakei, **Herstellung von Acylaminoanthrachinon** durch Acylierung von Aminoanthrachinon (I), dad. gek., daß $SOCl_2$ mit **I** umgesetzt u. zum gebildeten *Thionylaminoanthrachinon* bei 80—150° eine organ. Säure der allg. Formel $R(COOH)_n$ (R = aliphat. oder aromat. Rest u. $n = 1$ oder 2) u. ein tert. Amin (Pyridin) in Mengen von 10—40 Gew.-% des eingesetzten **I** zugesetzt werden. — Beispiel: In 150 ml o-Dichlorbenzol werden 22,3 (g) **I** (= 0,1 Mol.) suspendiert, bei 60° unter Rühren 16,8 (= 0,14 Mol) $SOCl_2$ zugegeben, 1 Std. auf 70° erhitzt, 4,0 (= 0,051 Mol) Pyridin u. 8,5 Terephthalsäure zugesetzt u. solange auf 100° erwärmt, bis kein freies Amin mehr nachweisbar ist (ca. 4—5 Std.). Das Rohprod. (30) wird in konz. HCl dispergiert u. mit 60—100 ml 10%ig. $NaClO_3$ bei 95° oxydiert (**Tschech. P. 97 943** vom 7/10. 1959, ausg. 15/1. 1961.) L. MACHER. H 2800

Farbwerke Hoechst Akt.-Ges., vormals Meister Lucius & Brüning, Frankfurt/M. (Erfinder: Erich Dietz, Kelkheim/Taunus, und Otto Fuchs, Frankfurt/M.), **Perylen-3.4.9.10-tetracarbonsäurediimid (I)** wird in nahezu quant. Ausbeute erhalten, wenn ein Alkalisalz von Acenaphthenchinonmonoxim (II) der Alkalischmelze bei 190—250°, bes. 230—240°, unterworfen wird. — So werden z. B. 100 (Gew.-Teile) KOH, 5 W. u. 5 Triäthanolamin auf 190—200° erhitzt, in 1 Std. 25 Na-Salz von **II** in die Schmelze eingetragen, 20 Min. lang nachgerührt, in 3 Liter W. eingetragen u. **I** durch Einblasen von Luft oder durch Zugabe eines Oxydationsmittels wie H_2O_2, Na-Perborat oder -Hypochlorit gefällt. Ausbeute 95% der Theorie. **II**, F. 230—231°, kann erhalten werden, indem 200 Acenaphthen in 1000 butanol. HCl gelöst, bei 100° 584 n-Butylnitrit unter die Oberfläche der Lsg. zugegeben, das Butanol mit Wasserdampf abdest., der Rückstand in wss. Alkali heiß gelöst, geklärt u. **II** bei erhöhter Temp. mit HCl gefällt wird. (**D. A. S. 1 115 386** Kl. 22e vom 16/5. 1959, ausg. 19/10. 1961.)
O. ROICK. H 2950

National Research Corp., V.St.A., **Herstellung von Olefinoxiden,** z. B. *Propylenoxid,* dad. gek., daß Propylen in Bzl. bei >20 kg/cm² u. $>130°$ in Ggw. von Nitrobenzol als Polymerisationsinhibitor mit Luft oxydiert u. laufend das gebildete Oxid, W. u. Säuren aus dem Gemisch extrahiert wird. (**F. P. 1 202 812** vom 4/5. 1956, ausg. 13/1. 1960.) S. BÖTTCHER. H 3030

Merck & Co., Inc., V.St.A. (Erfinder: John Douglas Garber, Robert Ellery Jones und Gustav Albert Stein), **Herstellung von Furfurylderivaten,** z. B. *5-[Methoxymethyl]-*, Kp.$_5$ 89—90°, n_D^{25} 1,5168, *5-[Äthoxymethyl]-*, *5-[Octyloxymethyl]-furfurol*, Kp.$_{0,15}$ 110°, F. 20,1°, n_D^{25} 1,4860, dad. gek., daß *5-[Hydroxymethyl]-furfurol* in Ggw. eines sauren Katalysators (H_2SO_4, p-Toluolsulfonsäure, HCl, $ZnCl_2$, Ionenaustauscher) mit CH_3OH, A. bzw. n-Octanol umgesetzt wird. Analog *Bis-[5-formylfuryl-(2)-methyl]-äther.* (**F. P. 1 201 866** vom 27/8. 1958, ausg. 6/1. 1960. A. Prior. 4/9. 1957.) S. BÖTTCHER. H 3061

Farbwerke Hoechst Akt.-Ges., vormals Meister Lucius & Brüning, Deutschland, **Herstellung von 3.5-disubstituierten Thiophen-2-carbonsäuren,** dad. gek., daß Thioglykolsäure (I)-Derivv. in Ggw. bas. Kondens.-Mittel mit α.β-ungesätt. α-Halogenketonen oder α.β-ungesätt. β-Halogen-γ-ketocarbonsäureestern umgesetzt u. ggf. hydrolysiert werden. — Zu 50 cm³ 2n CH_3ONa-Lsg. in CH_3OH werden 5,3 g **I**-Methylester u. unter Kühlen 11,3 g α-Brombenzalaceton in 25 cm³ CH_3OH zugegeben, 1 Std. gerührt, alkalisiert u. *3-Methyl-5-phenylthiophen-2-carbonsäure*, F. 185° erhalten. *Anilid*, F. 174° u. *p-Toluidid*, F. 156°, aus **I**-Anilid bzw. -p-Toluidid. — *3.5-Diphenylthiophen-2-carbonsäure*, F. 225°, aus α-Brombenzalacetophenon. — *3-Phenylthiophen-2.5-dicarbonsäure*, F. 295° (*Dimethylester*, F. 110°), aus β-Brom-β-benzoylacrylsäuremethylester. — *3-Phenyl-5-methoxycarbonyl-*, F. 156° u. *-5-carboxythiophen-2-carbonsäure-p-toluidid*, F. 219°. — *3-[p-Tolyl]-thiophen-2.5-dicarbonsäure*, F. 279° (*Dimethhylester*, F. 112—113°), aus β-Brom-β-[p-toluyl]-acrylsäuremethylester. — *3-[α-Naphthyl]-thiophen-2.5-dicarbonsäure*, F. 300° (*Dimethylester*, F. 151°), aus β-Brom-β-[α-naphthoyl]-acrylsäuremethylester. — *3-Methylthiophen-2.5-dicarbonsäure*, F. 266° (*Dimethylester*,

F. 84°), aus β-Brom-β-acetylacrylsäuremethylester. (**F. P. 1 219 869** vom 11/4. 1959, ausg. 20/5. 1960. D. Prior. 12/4. 1958.) S. Böttcher. H 3071

Beecham Research Laboratories Ltd., England, **Herstellung basischer Ester** der allg. Formel I (R = Alkyl- oder Allylrest), dad. gek., daß 1-Alkyl-2-hydroxymethylpyrrolidin mit einem entsprechenden Säurehalogenid umgesetzt u. das Rk.-Prod. mit W. u. einer Base behandelt wird. — *[1-Methylpyrrolidyl-(2)]-methylbenzilat*, F. 100—101° (*Hydrochlorid*, F. 170—171°; *Methojodid*, F. 192°; *Äthojodid*, F. 146—148°; *Methobromid*, F. 171°; *Methomethylsulfat*, F. 135—137°), durch Rk. von 1-Methyl-2-hydroxymethylpyrrolidin ($Kp._4$ 57—58°; $n_D^{19,5}$ 1,4692) mit α-Chlordiphenylacetylchlorid in Butanon u. Hydrolyse des entstandenen [1′-Methylpyrrolidyl-(2′)]-methyl-1.1-diphenyl-1-chloracetathydrochlorids. — *[1-Äthyl-(Hydrochlorid*, F. 144—145°), *[1-n-Propyl-(Hydrochlorid*, F. 159—160°), *[1-Isopropyl-(Hydrochlorid*, F. 165—166°; *Methomethylsulfat*, F. 165—167°), *[1-n-Butyl-(Hydrochlorid*, F. 171—172°) u. *[1-Allylpyrrolidyl-(2)]-methylbenzilat* (*Hydrochlorid*, F. 128—130°), aus 1-Äthyl- ($Kp._{13}$ 76°; n_D^{18} 1,4720), 1-[n-Propyl]- ($Kp._{0,05}$ 44°; n_D^{22} 1,4659), 1-Isopropyl- ($Kp._{0,2}$ 54—56°; n_D^{21} 1,4721), 1-[n-Butyl]- ($Kp._{0,4}$ 61°; n_D^{23} 1,4638), bzw. 1-Allyl-2-hydroxymethylpyrrolidin ($Kp._{10}$ 86°; n_D^{18} 1,4829), deren Herst. aus 2-Hydroxymethylpyrrolidin bzw. Butylpyroglutamat ebenfalls beschrieben ist, über [1′-Äthyl-, [1′-(n-Propyl)-, [1′-Isopropyl-, [1′-(n-Butyl)- bzw. [1′-Allylpyrrolidyl-(2′)]-methyl-1.1-diphenyl-1′-chloracetathydrochlorid. (**F. P. 1 212 449** vom 16/10. 1958, ausg. 23/3. 1960. E. Prior. 17/10. 1957.) S. Böttcher. H 3081

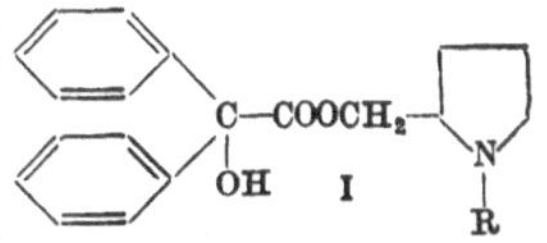

Istituto Galenico e Chimico Biologico A. Gentili S. p. A., Italien, **Herstellung von 1.4-Diphenyl-3.5-diketopyrazolidin,** F. 223—224°, dad. gek., daß Phenylmalonsäurediphenylhydrazid in der Wärme mit NaOH oder KOH behandelt oder mit Phenylmalonsäurediäthylester umgesetzt wird. (**F. P. 1 206 416** vom 3/10. 1958, ausg. 9/2. 1960. Portugies. Prior. 21/6. 1958.) S. Böttcher. H 3122

Ciba Akt.-Ges., Basel (Erfinder: Franz Ackermann, Binningen, Max Dünnenberger, Birsfelden, und Adolf-Emil Siegrist, Basel), Schweiz, **α.β-Bis-[benzoxazolyl-(2)]-äthylene** der allg. Formel I, in der R_1 u. R_2 ein an den Oxazolring kondensierter, ggf. substituierter Benzolrest sind, werden durch Dehydrierung des entsprechenden oxazolylsubstituierten Äthans erhalten. Zur Dehydrierung wird $Hg(OOC\cdot CH_3)_2$, HgO, $KMnO_4$ MnO_2, CuO, $CuSO_4$, H_2O_2, SeO_2, PtO_2, $C_6H_5NO_2$ bei 150° in Ggw. von Lsgm. verwendet. — *Aufhellungsmittel in Lacken, Natur- u. Kunstharzen, Fasern.* (**Schwz. P. 349 983** vom 24/5. 1956, ausg. 31/12. 1960.) A. Dandl. H 3132

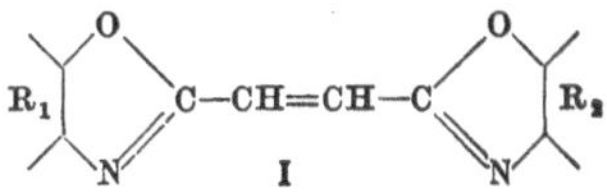

Farbwerke Hoechst Akt.-Ges., vormals Meister Lucius & Brüning, Frankfurt/M. (Erfinder: Reinhard Mohr und Hasso Hertel, Offenbach/M.), **2.3-Dihydro-1.2.3-triazole** der allg. Formel I (R_1 = aromat. oder herocycl. Rest, R_2 u. R_3 = H oder niedermol. Alkylrest, R_4 = niedermol. Alkylrest X = H oder Rest einer mehrbas. anorgan. Säure, n = 1 oder 2) werden durch Rk. einer, aus einem prim. aromat. oder heterocycl. Mono- oder Diamin gewonnenen Diazo- oder Tetrazo-Verb. bei pH 8—12 mit einem Ester aus einem substituierten Diäthanolamin u. einer mehrbas. anorgan. Säure u. ggf. Nachbehandlung der erhaltenen Ester mit stark sauren Mitteln erhalten. — Eine aus 93 (g) Anilin hergestellte Diazo-Lsg. wird innerhalb 1/2 Std. unter Rühren zu einer Lsg. von 385 Diisopropanolamindischwefelsäureester als Na-Salz u. 300 Na_2CO_3 in 1800 W. gegeben. Innerhalb von 10 Std. scheidet sich der *Schwefelsäureester des 1-Phenyl-3-β-hydroxypropyl-5-methyl-2.3-dihydro-1.2.3-triazols*, F. 241—242°, ab. In gleicher Weise werden hergestellt: *1-Phenyl-3-β-hydroxypropyl-2.3-dihydro-1.2.3-triazolhydrochlorid*, F. 135—136°. *1-Phenyl-3-[α.β-dimethyl-β-hydroxyäthyl]-2.3-dihydro-1.2.3-triazolschwefelsäureester*, F. 218—219°; sowie weitere 2.3-Dihydro-1.2.3-triazole der Formel I, in denen die Substituenten die nachstehende Bedeutung haben: *R_1 = 2.5-Dichlorphenyl, R_2 u. R_3 = H, R_4 = C_2H_5, n = 1, X = SO_3H*, F. 223—224°. — *R_1 = Phenyl, R_2 u. R_3 = H, R_4 = CH_3, n = 1, X = SO_3H*, F. 214—215°. — *R_1 = Phenyl, R_2 u. R_3 = H, R_4 = C_2H_5, n = 1, X = SO_3H*, F. 187—188°. — *R_1 = 2.5-Dimethylphenyl, R_2 u. R_3 = H, R_4 = CH_3, n = 1, X = SO_3H*, F. 237—238°. — *R_1 = 2.5-Dimethylphenyl, R_2 = CH_3, R_3 = H, R_4 = CH_3, n = 1, X = SO_3H*, F. 241—242°. — *R_1 = 2.5-Dimethylphenyl, R_2 u. R_3 = H, R_4 = C_2H_5, n = 1, X = SO_3H*, F. 239—240°; *R_1 = 2-Chlorphenyl, R_2 u. R_3 = H, R_4 = CH_3, n = 1, X = SO_3H*, F. 203—204°. — *R_1 = 2-Chlorphenyl, R_2 u. R_3 = H, R_4 = C_2H_5, n = 1, X = SO_3H*, F. 216—217°. —

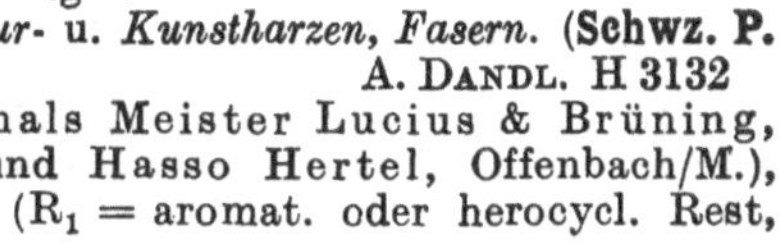

R_1 = *2-Methoxyphenyl*, R_2 *u.* R_3 = *H*, R_4 = CH_3, *n* = *1*, *X* = SO_3H, F. 223—224°. — R_1 = *2.5-Dichlorphenyl*, R_2 *u.* R_3 = *H*, R_4 = CH_3, *n* = *1*, *X* = SO_3H, F. 242—243°. — R_1 = *2.5-Dichlorphenyl*, R_2 = CH_3, R_3 = *H*, R_4 = CH_3, *n* = *1*, *X* = SO_3H, F. 246 bis 247°. — R_1 = *2.5-Dichlorphenyl*, R_2 = *H*, R_3 = CH_3, R_4 = CH_3, *n* = *1*, *X* = SO_3H, F. 248—249°. — R_1 = *Biphenylen*, R_2 *u.* R_3 = *H*, R_4 = CH_3, *n* = *2*, *X* = SO_3H, F. 249—250°. — R_1 = *Biphenylen*, R_2 *u.* R_3 = *H*, R_4 = CH_3, *n* = *2*, *X* = *H*, F. 152 bis 153°. — R_1 = *Biphenylen*, R_2 = *H*, R_3 = CH_3, R_4 = CH_3, *n* = *2*, *X* = SO_3H, F. 271 bis 272°. — R_1 = *5-Methoxyfluorenonyl-(4)*, R_2 *u.* R_3 = *H*, R_4 = CH_3, *n* = *1*, *X* = SO_3H, F. 288—289°. — R_1 = *5-Methoxyfluorenonyl-(4)*, R_2 *u.* R_3 = *H*, R_4 = CH_3, *n* = *1*, *X* = *H*, F. 244—245°. — R_1 = *5-Methoxyfluorenonyl-(4)*, R_2 = *H*, R_3 = CH_3, R_4 = CH_3, *n* = *1*, *X* = SO_3H, F. 284—285°. — R_1 = *5-Methoxyfluorenonyl-(4)*, R_2 = *H*, R_3 = CH_3, R_4 = CH_3, *n* = *1*, *X* = *H*, F. 218—219°. — *Zwischenprodd.* zur Herst. von *Farbstoffen* oder *Arzneimitteln*; *Lichtschutzmittel* für *transparente plast. Massen* oder *Kunststoffe*. (**D. A. S. 1 075 623** Kl. 12p vom 3/11. 1958, ausg. 18/2. 1960.)
A. DANDL. H 3153

Badische Anilin- & Soda-Fabrik Akt.-Ges., Deutschland (Erfinder: Hans Weidinger und Joachim Kranz), **Herstellung von 1.3.4-Oxdiazolen,** dad. gek., daß das Salz eines Iminoäthers mit einem Monoacylhydrazid umgesetzt wird. — 120 (Teile) N-Methylpyrrolidon, 13,6 Benzhydrazid u. 21 Benziminoäthylätherhydrochlorid (**V**) werden unter Rühren 1 Std. lang auf 160° erwärmt. Nach Zusatz von W. krist. *2.5-Diphenyl-(1.3.4)-oxdiazol*, F. 137—138° aus. — *2-Methyl-5-phenyl-1.3.4-oxdiazol*, F. 61—64°, aus Benzhydrazid u. Acetiminoäthylätherhydrochlorid (**I**). — Ein *Bis-oxdiazol*, F. 237—239°, entsteht aus Isophthalsäure-bis-[imidoäthyläther]-hydrochlorid (**VI**). Andere *Oxdiazole* werden erhalten aus **I** u. 1-Aminoanthrachinon-2-carbonsäurehydrazid (**II**), F. 262—265°, **I** u. 1.4-Diaminoanthrachinon-2-carbonsäurehydrazid (**III**), F. 267—269°, **II** u. Bernsteinsäure-bis-[iminoäthyläther]-hydrochlorid (**IV**), **III** u. **IV**, **II** u. **V**, F. 307—310°, **III** u. **V**, F. 327—329°, **III** u. **VI**, **II** u. **VI**, **II** u. Terephthalsäure-bis-[iminoäthyläther]-hydrochlorid (**VII**), **III** u. **VII**, Benzhydrazid u. **VII**, F. 311—313°, **V** u. Isonicotinsäurehydrazid (**VIII**), F. 145—147°, **VIII** u. **I**, F. 149—151°. — *2-Phenyl-5-cyclohexyl-1.3.4-oxdiazol*, F. 96—99°. — *Oxdiazol* aus Benzhydrazid u. m-Toliminoäthylätherhydrochlorid (**IX**), F. 107—109°, **VIII** u. **IX**, F. 127—129°, **II** u. **IX**, F. 277 bis 280°, **III** u. **IX**, F. 298—300°, **VIII** u. m-Nitrobenziminoäthylätherhydrochlorid (**X**), F. 193—196°, Benzhydrazid u. Hexahydrobenziminoäthylätherhydrochlorid (**XI**), F. 98—100°, **VIII** u. **XI**, F. 124—126°, **II** u. **X**, F. 324—328°, **III** u. **X**, F. 284—286°, Benzhydrazid u. **IV**, F. 200—202°. — *2.5-Dimethyl-1.3.4-oxdiazol*, $Kp._{745}$ 172—176°, F. 161—163°. (**F. P. 1 222 050** vom 19/3. 1959, ausg. 7/6. 1960. D. Prior. 20/3. 1958.)
S. BÖTTCHER H 3163

Recherches & Documentation Chimique (Redchim), Frankreich, **Herstellung von Isoflavon-2-carbonsäure (I),** ihren Derivv. u. *Estern*, z. B. **I**, **I**-*Äthylester*, *7-Methyl-*, *7-Hydroxy-* u. *7-Chloräthylester*, dad. gek., daß o-Hydroxydesoxybenzoin, 2-Hydroxy-4-methyl-, 2.4-Dihydroxy- bzw. 2-Hydroxy-4-chlordesoxybenzoin in Ggw. von Pd bzw. von KOH mit Äthoxydichloressigsäureäthylester umgesetzt werden. (**F. P. 1 215 226** vom 12/11. 1958, ausg. 15/4. 1960.) S. BÖTTCHER H 3211

Farbenfabriken Bayer Akt.-Ges., Leverkusen (Erfinder: Friedrich Bossert und Hans Henecka, Wuppertal), **Herstellung von Thiochromonen.** Thiophenole mit freier o-Stellung zur SH-Gruppe werden mit Diacylessigsäureestern in Ggw. von Polyphosphorsäure ringschließend kondensiert. Zum Beispiel geben Thiophenol u. Diacetylessigester *2-Methylthiochromon*, F. 104°. — Weitere Beispiele für die Herst. von *2.8-Dimethyl-5-acetamidothiochromon*, F. 163—164°; *2.8-Dimethyl-5-aminothiochromon*, F. 170°; *2-Phenyl-5-amino-8-methylthiochromon*, F. 114—115°. — Zwischenprodukte. (**D. A. S. 1 089 773** Kl. 12q vom 4/7. 1956, ausg. 29/9. 1960. **Zusatz zu D. A. S. 1 048 926; C. 1961. 18881.**) K. FABEL. H 3221

Cilag Soc. An., Schweiz, **Herstellung von 2.3-Diarylpiperidinen,** dad. gek., daß Verbb. der allg. Formel X—CH_2—CH_2—C(R)(A_2)—Y (R = H oder Alkylrest; X = —CN, —CH=NH, —CH=NOH, —CH_2NH_2, —CHO oder —CH_2Hal; Y = —C(=O)·—Ar, —C(=NH)—Ar, —C(=NOH)—Ar, —$CHNH_2$—Ar oder —CHHal—Ar) cyclisiert, z. B. ein 4.5-Diaryl-5-oxopentansäurenitril, 4.5-Diaryl-5-oxopentanalmonoxim oder -dioxim katalyt. hydriert oder ein 4.5-Diaryl-5-oxopentanal mit NH_3 oder einem Amin umgesetzt u. hydriert wird. — Piperidine: *2.3-Diphenyl-* (**I**), F. 75—80° (*Hydrochlorid*, F. 218°), durch Hydrierung von 4.5-Diphenyl-5-oxopentanonitril an RANEY-Ni. — *2-[3'-Methylphenyl]-3-phenyl-*, $Kp._{0,03}$ 128—131°, u. *2.3-Diphenyl-3-äthyl-* (**II**) $Kp._{0,02}$ 116—120°, aus 4-Phenyl-5-[3'-methylphenyl]- bzw. 4-Äthyl-4.5-diphenyl-5-oxopentansäurenitril. — *1-Methyl-*, $Kp_{0,02}$ 107—110° (*Hydrochlorid*, F. 169—175°) u. *1-Formyl-2.3-diphenyl-*, F. 115—117°, aus **I** u. HCHO u. HCOOH bzw. Äthylenglykoldiformiat. —

1-Methyl-, Kp.$_{0,02}$ 106—108°, *1-Chloracetyl-*, *1-Dimethylamino-*, *1-Diäthylamino-*, *1-Pyrrolidino-* u. *1-Piperidinoacetyl-* u. (durch Red.) *1-Dimethylamino-*, *1-Diäthylamino-*, *1-Pyrrolidino-* u. *1-Piperidinoäthyl*-Verbb. von **II**. — *N'-Alkylpiperazinoacetylpiperidine*, aus der 1-Chloracetyl-Verb. von **II** u. 1-Methyl- bzw. 1-Äthylpiperazin. — **I**-*1-Acetyl-Deriv.*, F. 81—83°, aus **I** u. Essigsäureanhydrid; daraus die *1-Äthyl-Verb.*, Kp.$_{0,025}$ 96—97°; *Hydrochlorid*, F. 193°. — *2-[4'-Methoxyphenyl]-3-phenyl-*, Kp.$_{0,03}$ 158—163°, FF. der Stereoisomeren 136—137° u. 68—70° (*Hydrochloride*, FF. 233—235° u. 170 bis 173°), aus 5-[4'-Methoxyphenyl]-4-phenyl-5-oxopentansäurenitril (F. 87—89°; hergestellt aus p-Methoxydesoxybenzoin u. Acrylonitril). — *2-[4'-Chlorphenyl]-*, Kp.$_{0,02}$ 140—145°, *1-Äthyl-2-[4'-chlorphenyl]-*, Kp.$_{0,01}$ 132—135°, u. *1-Methoxyacetyl]-2-[4'-chlorphenyl]-3-phenyl-* u. *1-[Methoxyäthyl]-2-[4'-chlorphenyl]-3-phenyl-*, aus 5-[4'-Chlorphenyl]-4-phenyl-5-oxopentansäurenitril. — *1-Formyl-*, F. 115—118°, u. *1-Methyl-2-[4'-methoxyphenyl]-3-phenyl-*, Kp.$_{0,02}$ 127—133°. *Hydrochlorid* F. 220—223° (Zers.). — *3-Methyl-*, Kp.$_{0,02}$ 108—115° (*Hydrochlorid*, F. 170—200° [Zers.]), *3-[Methoxyäthyl]-*, Kp.$_{0,015}$ 115—120°, u. *1-Äthyl-3-[methoxyäthyl]2.-3-diphenyl-*, aus 4-Methyl- bzw. 4-Methoxy-4.5-diphenyl-5-oxopentansäurenitril. — *1.3-Dimethyl-2.3-diphenyl-*, Kp.$_{0,02}$ 101—105°. *Hydrochlorid* F. 237—240° (Zers.). *1-Allyl-*, Kp.$_{0,03}$ 120—125° (*Hydrochlorid*, F. 171 bis 173°), *1-Methoxyäthyl-*, Kp.$_{0,02}$ 115—120°, u. *1-[Methylmercaptoäthyl]-2.3-diphenyl-*, aus **I** u. Allylbromid, Methoxyäthylbromid bzw. Methylmercaptoäthylchlorid. — *1-Acetyl-*, F. 104—106°, u. *1-Äthyl-2-[4'-methoxyphenyl]-3-phenyl-*, Kp.$_{0,04}$ 138—140°, F. 80—82°. *Hydrochlorid*, F. 195—197°. — *1-Allyl-2-[4'-methoxyphenyl]-3-phenyl-*, Kp.$_{0,04}$ 148—151°. *Hydrochlorid*, F. 197—198°. — *2-[3'.4'-Dimethoxyphenyl]-3-phenyl-*, Kp.$_{0,08}$ 170—175°, aus 4-Phenyl-5-[3'.4'-dimethoxyphenyl]-5-oxopentansäurenitril (aus 1-Phenyl-2-[3'.4'-dimethoxyphenyl]-2-oxoäthan). — *2-Phenyl-3-[3'-* u. *4'-methoxyphenyl]-* aus 5-Phenyl-4-[3'- bzw. -4'-methoxyphenyl]-5-oxopentansäurenitril. — *2-[4'-* u. *3'-Hydroxyphenyl]-3-phenyl-*, aus 4-Phenyl-5-[4'- bzw. -[3'-benzyloxyphenyl]-5-oxopentansäurenitril. — *2-Phenyl-3-[4'-hydroxyphenyl]-*, aus 4-[4'-Benzyloxyphenyl]-5-phenyl-5-oxopentansäurenitril. — *2-[4'-Methoxyphenyl]-3-phenyl-*, *2-Phenyl-3-[4'-methoxy-* u. *-3'.4'-dimethoxyphenyl]-3-methoxyäthyl-*, *2-Phenyl-3-[2'-methylphenyl]-3-äthyl-* u. *-[3'-äthoxyphenyl]-3-propyl-*, aus 5-[4'-Methoxyphenyl]-4-phenyl-, 4-[4'-Methoxyphenyl- bzw. 4-[3'.4'-Dimethoxyphenyl]-5-phenyl-4-methoxyäthyl-, 5-Phenyl-4-[2'-methylphenyl]-4-äthyl- bzw. -4-[3'-äthoxyphenyl]-4-propyl-5-oxopentansäurenitril. — *1-Dimethylamino-2-[4'-methoxyphenyl]-3-phenyl-*, Kp.$_{0,07}$ 159—160°. — *1-Dimethylaminoäthyl-2.3-diphenyl-*, Kp.$_{0,06}$ 155—158°, aus Dimethylaminoäthylbromid. — *1-[p-Nitrophenäthyl]-*, *1-[p-Nitrophenacetyl]-* u. *1-[p-Aminophenacetyl]-2.3-diphenyl-*, aus p-Nitrophenäthylbromid, bzw. p-Nitrophenacetylchlorid. — Weitere Verbb. der allg. Formel **A**, worin R_1 u. R_2 folgende Reste bedeuten: $(CH_3)_2N-(CH_2)_2$, *H*, Kp.$_{0,03}$ 130—135°. — *Pyrrolidino*-$(CH_2)_2$, *H*, Kp.$_{0,03}$ 125—130°. — *Piperidino*-$(CH_2)_2$, *H*, Kp$_{0,02}$ 135—140°. — $(CH_3)_2$-*N*-$(CH_2)_2$, CH_3, Kp.$_{0,8}$ 170—175°. — $(C_2H_5)_2$-*N*-$(CH_2)_2$, *H*, Kp.$_{0,04}$ 130—140°. — *Cyclopentyl-N*-$(CH_2)_2$, CH_3, Kp.$_{0,04}$ 150—155°. — *N'-Methylpiperazino*-$(CH_2)_2$, C_2H_5, Kp.$_{0,1}$ 160—170°. — *N'-Äthylpiperazino*-$(CH_2)_2$, C_2H_5, Kp.$_{0,05}$ Kp. 152—155°. (**F. P. 1 209 727** vom 6/9. 1958, ausg. 3/3. 1960. Schwz. Prior. 6/9. 1957 u. 17/3. 1958.)

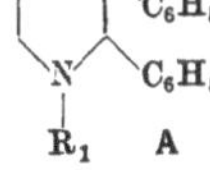

A

S. BÖTTCHER. H 3231

Helmut Lück, Berlin-Weißensee (Erfinder: Werner Lück, Teltow-Seehof), **Herstellung polycyclischer Äther mit polymerisierbaren Gruppen** durch Umsetzung von Dioxanen, Formalen oder cycl. Estern unter Einleiten von Cl_2 mit Glykolen, Rk. der erhaltenen Mehrringäther mit Halogenalkoholen in Ggw. von konz. H_2SO_4 zu Halogenalkyl-Derivv. u. Überführung dieser in Vinyl-Verbb. durch Einw. von Ätzalkalien. — In eine Lsg. von 148 (g) Glykolformal u. 124 Äthylenglykol wird Cl_2 eingeleitet u. das Rk.-Prod. auf 160 NaOH getropft. 1 (Mol) des gebildeten dicycl. Äthers wird mit 3 Äthylenchlorhydrin u. 6 cm³ konz. H_2SO_4 16—18 Std. lang unter Feuchtigkeitsausschluß gekocht u. die erhaltene Chloräthyl-Verb. in Xylol mit NaOH versetzt: Äther. Fl., Kp. 63°. — Analog aus 176 (g) Dioxan u. 124 Äthylenglykol Naphthodioxan (Kp. 75 bis 80°; n_D^{20} 1,3964), daraus die *Divinyl-Verb.*, Kp. 60°. — Aus 44 (Teilen) Äthylencarbonat u. 50 Glykol Dioxancarbonat (Kp. 120°) daraus die *Divinyl-Verb.*, Kp. 68°. — Aus 1 (Mol) 2.6-Dimethylpropylen-1.5-dioxan u. 2 Äthylenglykol die *tricycl. Tetravinyl-Verb.*, Kp. 70°. — *Monomere zur Herst. von Folien, Lacken u. Klebstoffen.* (**D. P. [DDR] 20 228** Kl. 12o vom 16/7. 1957, ausg. 4/11. 1960 [Wirtschaftspatent].)

L. GROSSNER H 3252

J. R. Geigy Akt.-Ges., Basel, Schweiz, **Herstellung von 3.5-Diaminopyrazin-2.6-dicarbonsäureamiden.** 1 Mol eines in 1- u. 3-Stellung mit einer aliphat., cycloaliphat., araliphat. oder aromat. Gruppe substituierten 4-Aminouracils wird mit 1 Mol eines ebenso substituierten 4-Amino-5-nitrosouracils in saurem Medium bei $>60°$ unter

Wasser- u. NH_3-Abspaltung zum entsprechenden 3.2;5.6-Bis-[2'.4'-dioxo-1'.2'.3'.4'-tetrahydropyrimidino]-pyrazin (**A**) kondensiert diese Verb. mit einer starken Base direkt oder stufenweise, hydrolysiert u. amidiert die ggf. erhaltene 3.5-Diaminopyrazincarbonsäureamid-(2)-carbonsäure-(6) durch Überführung mit $SOCl_2$, PCl_3 oder PBr_3 in das Säurehalogenid u. Rk. mit einem Amin. Die Verbb. können auch durch Aminolyse der **A** bei erhöhter Temp. zu entsprechenden 6-Amino-3.2-[2'.4'-dioxopyrimidino]-pyrazincarbonsäureamiden-(5) u. anschließende Hydrolyse gewonnen werden. — — 3.2-[1'.3'-Di-alkyl(R_1)-2'.4'-dioxo-1'.2'.3'.4'-tetrahydropyrimidino]-5.6-[1''.3''-di-alkyl(R_2)-2''.4''-dioxo-1''.2''.3''.4''-tetrahydropyrimidino]-pyrazine: R_1 = R_2 = *Äthyl-* (I), $C_{16}H_{20}N_6O_4$, F. 235,5—236° (75%ig. CH_3COOH), aus 1.3-Diäthyl-4-amino-5-nitrosouracil (II) u. 1.3-Diäthyl-4-aminouracil durch 3std. Kochen in CH_3COOH; 89% (Ausbeute). — Analog: R_1 = R_2 = *n-Propyl-*, F. 150—151°. — R_1 = R_2 = *n-Butyl-*, F. 115—116°. — R_1 = R_2 = *Methyl-* (III), $C_{12}H_{12}N_6O_4$, F. 390°; 84%. — R_1 = *Äthyl-*, R_2 = *n-Propyl-*, $C_{18}H_{24}N_6O_4$, F. 150—151° (A.), aus **II** u. 1.3-Dipropyl-4-aminouracil; 90%. — R_1 = *Methyl-*, R_2-*n-Propyl-*, F. 169—169,5°. — R_1 = *Methyl-*, R_2 = *Äthyl-* (**VI**), F. 253—254°. — Pyrazindicarbonsäuren-(2.6): *3.5-Bis-[äthylamino]-*, *2.6-Bis-äthylamid*, $C_{14}H_{24}N_6O_2$, F. 133—134° (A.), aus 10 (Teilen) I durch $2^1/_2$std. Kochen in 200 A. mit 300n NaOH; 7,5 (Teile). *6-Äthylamid* (**IV**), F. 174—175°, aus I durch 6std. Kochen mit KOH in Alkohol. *2-Phenylamid-6-äthylamid*, F. 146,5—147,5°, aus **IV** durch Rk. mit $SOCl_2$ u. anschließende Rk. mit Anilin in abs. Pyridin. — Analog: *2-[Pyridyl-(2)]-amid-6-äthylamid*, F. 108—109°. — Ähnlich: *3.5-Bis-[propylamino]-*, *2.6-Bis-propylamid*, F. 96—97°. — *3.5-Bis-[n-butylamino]-*, *2.6-Bis-n-butylamid*, F. 89—91°. — *3-Propylamino-5-äthylamino-*, *2-Propylamid-6-äthylamid*, $C_{16}H_{28}N_6O_2$, F. 91—92° (A.). — *3-Propylamino-5-methylamino-*, *2-Propylamid-6-methylamid*, F. 136—137°. — *3-Äthylamino-5-methylamino-*, *2-Äthylamid-6-methylamid*, F. 169—170°. — *3.5-Bis-[benzylamino]-*, *6-Benzylamid*, F. 161—162°. — *3.5-Bis-[methylamino]-*, *2.6-Bis-methylamid*, F. 232—233°. *6-Methylamid* (**V**), $C_9H_{13}N_5O_3$. $^1/_2$ H_2O, F. 214°, aus 152 **III** durch 6std. Kochen in alkoh. KOH; 117 Teile. — *2-Phenylamid-6-methylamid*, $C_{15}H_{18}N_6O_2$, F. 198—198,5° (A.), aus **V** durch $^3/_4$std. Rk. mit $SOCl_2$, Einengen im Vakuum u. mehrstd. Rühren mit Anilin in abs. Pyridin; hellgelbe Kristalle. — Analog folgende 3.5.-Bis-[methylamino]-2-carbonsäuremethylamid-6-carbonsäure-R-amide- $R = H$, F. 290—292°. — R = *β-Hydroxyäthyl-*, F. 210—210,5°. — R = *n-Propyl-*, F. 218—219°. — R = *Äthyl-*, F. 197—198,5°. — R = *Benzyl-*, F. 218,5 bis 220°. — R = *β-Phenyläthyl-*, F. 76—78°. — R = *m-Methoxyphenyl-*, F. 126,5 bis 127°. — R = *n-Butyl-*, F. 194—196°. — R = *p-Phenoxyphenyl-*, F. 252—254°. — R = *Allyl-*, F. 194—195,5°. — R = *n-Octyl-*, F. 121—121,5°. — R = *Cyclohexyl-*, F. 237—238°. — R = *Dimethyl-*, F. 128—129°. — R = *Butyl-(2)-*, F. 188—190°. — R = *Pyridyl-(2)-*, F. 223—224°. — R = *tert.-Butyl-*, F. 204—205°. — R = *p-Tolyl-*, F. 211—212,5°. — R = *o-Tolyl-*, F. 194—195°. — R = *m-Tolyl-*, F. 172—173°. — R = *p-Chlorphenyl-*, F. 261—262,5°. — R = *m-Chlorphenyl-*, F. 186—187°. — R = *3.4-Dichlorphenyl-*, F. 216—217°. — R = *m-Carboxyphenyl-*, F. 268—270°. — R = *3-[p-Toluolsulfonamido]-phenyl-*, F. 226—227°. — R = *m-Aminosulfonylphenyl-*, F. 234 bis 236°. — R = *Isopropyl-*, F. 175—177°. — R = *γ-Hydroxypropyl-*, F. 147—149°. — R = *Pyridyl-(3)-*, F. 209—211°. — R = *1-Phenyl-3.4-dimethylpyrazolyl-(5)-*, F. 267 bis 269°. — R = *Thiazolyl-(2)-*, F. 234—236°. — R = *1-Phenylpyrazolyl-(3)-*, F. 236 bis 238°. — R = *Chinolyl-(6)-*, F. 232—234°. — *2-Morpholid-6-methylamid*, F. 155 bis 156°. — 2-[ω-R-Ureid]-6-methylamide: R = *Phenyl-*, F. 233—234°. — R = *Benzyl-*, F. 190—101°. R = *Methyl-*, F. 215—217°. — *3-Methylamino-5-äthylamino-*, *6-Äthylamid*, $C_{11}H_{17}N_5O_3$, F. 160—162° (CH_3OH), aus **VI** durch 6std. Kochen mit KOH in Alkohol. — *2-Amid-6-äthylamid*, $C_{11}H_{18}N_6O_2$, F. 223—224° (A.), aus vorst. Prod. durch $^3/_4$std. Rk. mit $SOCl_2$, Einengen im Vakuum u. mehrstd. Rühren in A. mit konz. NH_4OH; hellgelbe Kristalle. — Analog: *2.6-Bis-[äthylamid]*, F. 162—164°. — *2-Propylamid-6-äthylamid*, F. 84—86°. — *2-Benzylamid-6-äthylamid*, F. 87—89°. — Vgl. Oe. P. 207 024; C. **1960**. 14554. (**Oe. P. 205 504** vom 28/5. 1958, ausg. 10/10. 1959. Schwz. Prior. 29/5. 1957.) EBERHARD RIEDEL. H 3272

Farbwerke Hoechst Akt.-Ges., vormals Meister Lucius & Brüning, Frankfurt/M.-Höchst, **α-Halogenierte Amine** der Formel $R_1(R_2)N-CH(X)-$*Halogen* (R_1 u. R_2 = Alkyl- oder Phenylalkylreste, die ggf. zusammen mit N einen heterocycl. Rest bilden; X = H, aliphat. oder aromat. KW-Stoff-Rest) wird aus entsprechenden Verbb. der Formel $R_1(R_2)N-CH(X)-Y$ [$Y = -N(R_1)R_2$ oder $-O-R_1$] durch Umsetzung mit Verbb. R—CO-Halogen (R = aliphat. oder aromat., ggf. über ein Heteroatom an die CO-Gruppe gebundener Rest) in Ggw. eines Lsgm. u. unter Feuchtigkeitsausschluß gewonnen. — *N-Chlormethyldiäthylamin*, aus Tetraäthyldiaminomethan u. Benzoylchlorid in Ae.; Kristalle 89% (Ausbeute). — Ähnlich: *N-Chlormethyldi-n-*

butylamin, aus Tetra-n-butyldiaminomethan u. Acetylchlorid (I); Nadeln; 85%. — Piperidine: *N-Chlormethyl-*, aus Bis-[piperidino]-methan (II) u. I; Kristalle; 90%. — *N-[α-Chlorbenzyl]-*, aus Bis-[piperidino]-benzyliden u. I; Nadeln; 91%. — *N-Jodmethyl-*, aus II u. Benzoyljodid; Kristalle; 91%. — *N-Fluormethyl-*, *BF_3-Komplex*, aus II u. Buttersäurefluorid durch Rk. unter N_2 in Ae. in Ggw. von BF_3-Ätherat; Kristalle; 73%. — Dimethylamine: *N-[α-Chlorbenzyl]-*, aus Bis-[dimethylamino]-benzyliden (III) u. $ClCOOC_2H_5$; Kristalle; 91%. — *N-[α-Jodbenzyl]-*, aus III u. Benzoyljodid; gelbe Kristalle; 83%. — *N-Brommethyl-N-methyl-N-benzylamin*, aus Bis-[methylbenzyl-amino]-methan u. Acetylbromid (IV); Kristalle; 86%. — Morpholine: *N-[α-Bromisobutyl]-*, aus α-Morpholinoisobutyl-n-butyläther u. IV; Kristalle; 93%. — *N-Fluormethyl-*, *BF_3-Komplex*, aus Bis-[morpholino]-methan u. Trichloracetylfluorid in Ae. durch Umsetzung unter N_2 in Ggw. von BF_3-Ätherat; rosafarbene Kristalle; 83%. — *N-Brommethyldi-n-propylamin*, aus Tetra-n-propyldiaminomethan u. IV; Kristalle; 92%. (**Oe. P. 211 291** vom 26/8. 1959, ausg. 26/9. 1960. D. Prior. 28/8. 1958.)
EBERHARD RIEDEL. H 3282

Soc. des Usines Chimiques Rhône-Poulenc, Frankreich (Erfinder: John Arthur Kemp, Paul Jean Clément Buisson, Paul Gailliot und Jacques Gaudechon), **Herstellung von Phenthiazinderivaten** der allg. Formel **I** [Z = H oder $-A-N(R_1)(R_2)$; A = 2wertiger aliphat. Rest, R_1 u. R_2 = Alkylreste oder zusammen mit N = heterocycl. Rest], dad. gek., daß ein entsprechendes 2-Amino-2'-halogendiphenylsulfid alkal. cyclisiert wird. — 2-Brom-2'-[3''-dimethylaminopropylamino]-4'-chlordiphenylsulfid (Kp.$_{0,5}$ 200—220°, F. 70—72°; aus 1-Dimethylamino-3-chlorpropan u. 2-Brom-2'-amino-4'-chlordiphenylsulfid hergestellt) wird in Dimethylformamid unter Zusatz von K_2CO_3 u. Cu-Pulver 48 Std. lang gekocht; es wird *3-Chlor-10-[3'-dimethylamino-propyl]-phenthiazin*, Kp.$_{0,7}$ 210—225° erhalten. *Hydrochlorid*, F. 180°. *Pikrat*, F. 171—172°. — *10-[2'-Dimethylaminopropyl]-*, Kp.$_{0,05}$ 190—200° (*Hydrochlorid*, F. 215—220°; *Pikrat*, F. 167—168°), *3-Chlor-10-[3'-diäthylaminopropyl]-*, Kp.$_1$ 225—240°, *3-Methyl-10-[3'-dimethylamino-propyl]-*, Kp.$_{0,5}$ 190—210°, *3-Methoxy-10-[3'-dimethyl-aminopropyl]-*, Kp.$_1$ 210—225°, *3-Chlor-*, F. 201°, *2-Chlor-*, F. 199°, *4-Chlorphenthiazin*, F. 90° u. *Phenthiazin*, F. 180—182°, aus 2-Brom-2'-[2''-dimethylaminopropyl]-amino-, (Kp.$_{0,8}$ 200—225°), 2-Brom-2'-[3''-diäthylaminopropyl]-amino-4'-chlor- (Kp.$_{0,65}$ 220 bis 235°), 2-Brom-2'-[3''-dimethylaminopropyl]-4'-methyl- (Kp.$_{0,6-0,7}$ 200—230°) u. -4'-methoxy-, (Kp.$_{0,7}$ 210—230°, F. 52—55°), 2-Brom-2'-amino-4'-chlor-, 2-Brom-2'-amino- (F. 57°), 2-Brom-2'-amino-5'-chlor- bzw. 2-Brom-2'-amino-3'-chlordiphenylsulfid (F. 84—85°). (**F. P. 1 211 304** vom 25/3. 1954, ausg. 15/3. 1960. E. Prior. 8/4., 14/7. 1953 u. 27/1. 1954.)
S. BÖTTCHER. H 3292

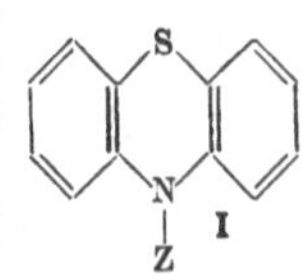

I

Imperial Chemical Industries Ltd., London, England, **Verbesserung der Haltbarkeit von Verbindungen von Halogen-symm.-triazinylaminen** durch Zusatz von wenigstens 10 Gew.-% einer Puffer-Lsg. mit einem pH von 6—8, die bes. aus einem Gemisch aus Di-Na- oder Di-K-Hydrogenphosphat u. Mono-Na- oder Mono-K-Dihydrogenphosphat in wss. Lsg. besteht. Diese Puffer-Lsgg. werden entweder während des Herst.-Verf. oder nach der Isolierung zugesetzt. — Zum Beispiel wird eine Suspension von 18,5 (Teilen) Cyanurchlorid in Eiswasser hergestellt u. zu dieser langsam eine neutrale Lsg. von 19,5 Na-m-Aminobenzolsulfonat zugefügt, wobei die Temp. auf 0—5° gehalten wird. Durch Zusatz von Na_2CO_3 bis zur leichten Alkalität fällt *Na-m-[4'.6'-Dichlor-symm.-triazinyl-(2)-amino]-benzolsulfonat* aus. Dieses wird noch feucht mit einem Gemisch aus 7 Di-Na-Hydrogenphosphat u. 12,5 KH_2PO_4 vermischt. — Wird die Puffersubstanz weggelassen, so zeigt sich nach $^1/_2$ Jahr, daß 64% des am Triazinkern sitzenden Cl durch Hydrolyse abgespalten sind. (**Ind. P. 60 222** vom 16/4. 1957, ausg. 5/3. 1959. E. Prior. 20/4. 1956.)
H. NEBELSIEK. H 3313

American Cyanamid Co., New York, N.Y., übert. von: Stanley F. Staficj, Stamford, und Janet Hall Smalley, Norwalk, Conn., V.St.A., **Borazole** der allg. Formel **I**, worin R H u. KW-Stoffreste, R' KW-Stoffreste bedeuten u. n 1—3 ist, werden durch Rk. der entsprechenden, an den B-Atomen H-substituierten Borazole mit Verbb. der Formel nR'MgX, worin n u. R' die obige Bedeutung haben u. X Halogen bedeutet, erhalten. — Phenyl-MgBr (erhalten aus 0,095 Mol Brombenzol u. 0,095 g-Atom Mg in 200 cm³ Ae.) wird durch 2std. Kochen mit 0,03 Mol N.N'.N''-Trimethylborazol (Kp. 132°) in 100 cm³ Ae. umgesetzt. Nach 16std. Stehen wird das Lsgm. abgezogen, der Rückstand mit n-Hexan gekocht u. die Lsg. nach Filtrieren konz. u. abgekühlt, wobei in 61%ig. Ausbeute *B-Triphenyl-N-trimethylborazol*, F. 267

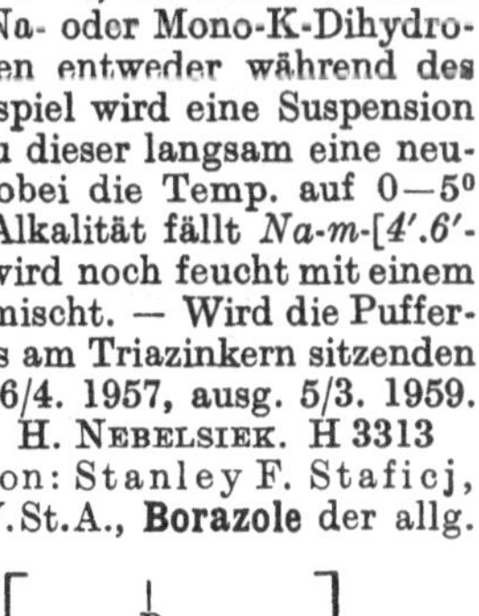

I

bis 269°, erhalten wird. Analog werden hergestellt: *B-Trimethyl-N-triphenylborazol*, F. 269—272°, *Hexaphenylborazol*, F. 413°, *B-Monomethyl-N-triphenylborazol*, F. 140 bis 142° (aus PAe. 30—60°), *B-Dimethyl-N-triphenylborazol*, F. 202—204 (aus Hexan), *B.N.N'.N''-Tetraphenylborazol*, F. 214—215° (aus Chlf.) u. *B.B'.N.N'.N''-Pentaphenylborazol*, F. 203—205° (Chlf.). *Weichmacher, Insekticide, Bakterizide, Germicide, Fungicide, Pesticide* u. *flammfestmachende Verbindungen*. (**A. P. 2 954 402** vom 7/4. 1958, ausg. 27/9. 1960.) J. MÜHLEISEN. H 3354

Morislav Protiva und Miloš Borovička, Tschechoslowakei, **Herstellung von N-[Aminoalkyl]-homoacridanen** durch Kondens. von Homoacridan (1-Aza-2.3;5.6-dibenzocycloheptadien; I) mit Aminoalkylhalogeniden in Ggw. von $NaNH_2$. — Homoacridane: *N-[β-Dimethylaminoäthyl]-*, Kp.$_{0,5}$ 150—154°, aus I u. β-Dimethylaminoäthylchlorid durch 10std. Kochen mit $NaNH_2$ in Toluol; Öl; 62,5% (Ausbeute). *Hydrochlorid*, $C_{18}H_{23}ClN_2$, F. 198—200° (A./Ae.). *Pikrat*, $C_{24}H_{25}N_5O_7$, F. 171—172° (Aceton/Ae.). *Jodmethylat*, $C_{19}H_{25}JN_2$, F. 220—221° (Isopropanol). — Analog: *N-[β-Diäthylaminoäthyl]-*, Kp.$_{0,9}$ 175°; 63%. *Dihydrochlorid*, $C_{20}H_{28}ClN_2$, F. 162—164° (CH_3OH/Ae.). *Jodmethylat*, $C_{21}H_{29}JN_2$, F. 209—210° (wss. A.). — *N-[β-Piperidinoäthyl]-*, Kp.$_{0,5}$ 180—185°; 62,5%. *Dihydrochlorid*, $C_{21}H_{28}Cl_2N_2$, F. 207—209° (CH_3OH/Ae.). *Jodmethylat*, $C_{22}H_{29}JN_2$, F. 200—201° (wss. A.). — *N-[β-Morpholinoäthyl]-*, Kp.$_{0,5}$ 192 bis 194°, F. 90—92° (PAe.); 62%. *Hydrochlorid*, $C_{20}H_{25}ClN_2O$, F. 125° (Zers.; A./Ae.). *Jodmethylat*, $C_{21}H_{27}JN_2O$, F. 225° (Zers.; wss. A.). — *N-[β-Dimethylaminopropyl]-*, $C_{19}H_{24}N_2$, Kp.$_{0,5}$ 150—155°, vermutlich im Gemisch mit *N-[1-Dimethylaminoisopropyl]-*; 56,5%. *Pikrat*, $C_{25}H_{27}N_5O_7$, F. 157—158° (A./Aceton). *Jodmethylat*, $C_{20}H_{27}JN_2$, F. 207 bis 209° (wss. A.). — *N-[γ-Dimethylaminopropyl]-*, Kp.$_{0,4}$ 176—182°; 43%. *Hydrochlorid*, $C_{19}H_{25}ClN_2$, F. 182—183° (CH_3OH/Ae.). *Jodmethylat*, $C_{20}H_{27}JN_2$, F. 189—190° (A.). (**F. P. 1 181 474** vom 9/8. 1957, ausg. 16/6. 1959. Tschech. Prior. 9/8. 1956.) EBERHARD RIEDEL. H 3370

Ju. P. Ssoboljew und B. M. Bjeresowsskij, **Gewinnung von D-Ribose** durch Red. von D-Ribono-γ-lacton mit 0,5—2%ig. Na-Amalgam bei —2 bis +5°. — 1 bis 1,5%ig. Na-Amalgam wird aus 68 ml Hg u. 300 ml 40—50%ig. NaOH durch Elektrolyse zwischen Hg-Kathode u. Ni-Anode mit 30 A (Stromdichte 53 A/dm²) u. 6—8 V bei 70—80° in 40—45 Min. erhalten. Zu dem Amalgam werden 100 g Eis u. die mit H_2SO_4 angesäuerte Lsg. von 20 g D-Ribono-γ-lacton in 90 ml W. gegeben, u. der pH-Wert durch laufende Zugabe von 30%ig. H_2SO_4 aufrechterhalten. Nach 60—80 Min. werden 69,7% *D-Ribose* erhalten. — Zeichnung. (**UdSSR. P. 118 130** vom 24/3. 1958.) L. GROSSNER. H 3400

Laboratoires Français de Chimiothérapie, Frankreich (Erfinder: Georges Muller und Léon Velluz), **Herstellung von 6-Äthylreserpin,** F. 130°, $\alpha]_D^{20}$ —124° (c = 0,5%; Pyridin). Aus d-1β-Carboxymethyl-2β-methoxycarbonyl-3α-methoxy-4β-acetoxy-6β-formylcyclohexan u. 2-[6'-Methoxyindolyl-(3')]-butyl-(1)-aminacetat wird *6-Äthyl-18β-acetoxy-11.17α-dimethoxy-16β-methoxycarbonyl-2.3-diseco-Δ$^{4.21}$-20α-yohimben-3-säure* dargestellt, die mit KBH_4 zur entsprechenden *-20α-yohimban-3-säure* hydriert wird; diese wird cyclisiert zu *6-Äthyl-11.17α-dimethoxy-16β-methoxycarbonyl-18β-acetoxy-2-seco-3-oxo-20α-yohimban*, dieses verseift zu *6-Äthyl-11.17α-dimethoxy-16β-carboxy-18β-hydroxy-2-seco-3-oxo-20α-yohimban*, dieses mit Essigsäureanhydrid/CH_3COONa behandelt unter Bldg. des *Lactons*, das mit $POCl_3$ zu der quatern. Base *6-Äthyl-11.17α-dimethoxy-16β-carboxy-18β-hydroxy-Δ³-20α-yohimbenlacton* cyclisiert, zum entsprechenden *-20α-yohimbanlacton* red. u. mit HCOOH zu *-3β.20α-yohimbanlacton* isomerisiert wird, welches mit CH_3OH zu *6-Äthyl-11.17α-dimethoxy-16β-methoxycarbonyl-18β-hydroxy-3β.20α-yohimban*, F. <130°, verestert wird, das mit 3.4.5-Trimethoxybenzoylchlorid umgesetzt wird. (**F. P. 1 211 514** vom 8/8. 1958, ausg. 16/3. 1960.) S. BÖTTCHER. H 3500

Laboratoires Coupin Soc. An., Frankreich, **Herstellung wasserlöslicher Flavanonderivate,** dad. gek., daß Hesperidin, Citronin, Naringin, Eriodictin oder Liquiritin an Graphitanoden mit $Ba(OH)_2$ chalkonisiert u. das Rk.-Prod. sogleich mit Dimethylsulfat, Diäthylsulfat, Äthyljodid oder -bromid, Chlor- oder Bromessigsäure, Äthylenoxid, Glykol- oder Glycerinchlorhydrin oder Äthylenimin alkyliert, mit CO_2 oder H_2SO_4 neutralisiert u. durch Zusatz von NaCl oder Na_2SO_4 das Rk.-Prod. krist. wird. (**F. P. 1 221 869** vom 15/1. 1959, ausg. 7/6. 1960.) S. BÖTTCHER. H 3550

Shell Research Ltd., England, **Herstellung von Terpenoiden.** d(+)-Citronellal wird mit Äthylenglykol in Bzl. in Ggw. von p-Toluolsulfonsäure 12 Std. im DEAN-STARK-Separator erhitzt unter Bldg. von *d(+)-2.6-Dimethyl-8.8-äthylendioxyocten-(2)*, Kp.$_{18}$ 125—130°, $[\alpha]_D^{22}$ + 3,02°, das mit SeO_2 in A. zu *d(+)-2.6-Dimethyl-8.8-äthylendioxyocten-(2)-al-(1)* (I), Kp.$_{0,1}$ 100—106°, $[\alpha]_D^{17}$ + 5,95°, oxydiert wird. I wird durch

Behandeln mit CH_3COOH in *d(+)-2.6-Dimethylocten-(2)-dial-(1.8)* (**II**), Kp.$_{0,5}$ 90—95°, $[\alpha]_D^{27}$ + 7,68° (*2.4-Dinitrophenylhydrazon*, F. 209—210°), übergeführt oder zu *d-2-Formyl-3-[2'-formyläthyl]-1-methylcyclopentan* (**III**), Kp.$_{0,4}$ 78—82°, $[\alpha]_D^{26}$ 3,65° (*Bis-[2.4-dinitrophenylhydrazon]*, F. 225—227°; *Bis-semicarbazon*, F. 197—198°), hydrolysiert. **II** wird in CH_3OH unter N_2 mit CH_3ONa behandelt unter Bldg. von *d(+)-Isoiridomyrmecin*, F. 58,5—59°, $[\alpha]_D^{26}$ + 56° (c = 1,41; CCl_4), das auch aus **III** durch Behandeln mit NaOH erhalten wird. — **II** kann auch aus Citronellylacetat u. SeO_2 in CH_3COOH über *2.6-Dimethylocten-(2)-diol-(1.8)-diacetat*, Kp.$_{0,15}$ 105—108° u. Verseifung zum *Diol*, Kp.$_{0,03}$ 102—104°, hergestellt werden, das mit CrO_3 oxydiert wird; wenn Citronellylacetat in A. mit SeO_2 behandelt wird, kann *8-Acetoxy-2.6-dimethylocten-(2)-al-(1)*, Kp.$_{0,1}$ 92—94°, isoliert werden, das mit alkohol. NH_3 zu *8-Hydroxy-2.6-dimethylocten-(2)-al-(1)* (**IV**), Kp.$_{0,04}$ 140—150° (*2.4-Dinitrophenylhydrazon*, F. 112,5°), hydrolysiert wird u. das sich zu **II** oxydieren läßt. **IV** wird auch durch Oxydation von Citronellol erhalten. (**F. P. 1 208 360** vom 6/6. 1958, ausg. 23/2. 1960. E. Prior. 7/6., 24/6. 1957 u. 16/5. 1958.) S. BÖTTCHER. H 3600

Glaxo Laboratories Ltd., Greenford, England, **Extraktion und Reinigung von Sapogeninen**, bes. *Hecogenin*. Hecogeninhaltiger Schlamm wird mit wss. NaOH oder einem Alkalialkoholat eines Alkanols mit 1—5 C-Atomen, z. B. CH_3ONa erhitzt. Anschließend werden durch Zusatz eines Erdalkalisalzes die färbenden Verunreinigungen ausgefällt, der Nd. abgetrennt u. das Filtrat auf reines Hecogenin aufgearbeitet. (**Ind. P. 60 736** vom 10/6. 1957, ausg. 20/12. 1958.) H. NEBELSIEK. H 3650

Swift & Co., Chicago, übert. von: Charles S. Steiner, Homewood, Ill., und Earle Fritz, East Chicago, Ind., V.St.A., **Gewinnung von Sterinen** aus vegetabil. oder tier. Fetten, dad. gek., daß das Ausgangsmaterial mit einem KW-Stoff, der bei normaler Temp. gasförmig ist, z. B. Propan, unter Druck extrahiert, die Extraktions-Lsg. mit alkohol. Alkali-Lsg. verseift, die so erhaltene Lsg. mit 10—30% W. verd. u. gekühlt wird u. die sich ausscheidenden Sterine isoliert werden. (**A. P. 2 835 682** vom 8/8. 1955, ausg. 20/5. 1958.) W. HEYER. H 3700

Esso Research and Engineering Co., Elizabeth, N.J., V.St.A., *Kontinuierliches Verfahren zur Gewinnung von p-Xylol durch mehrstufiges Auskristallisieren.* (**D. A. S. 1 116 205** Kl. 12o vom 2/12. 1954, ausg. 2/11. 1961. A. Prior. 7/12. 1953. — C. **1958.** 5510 [E. P. 760 092].)

N. V. de Bataafsche Petroleum Mij., Den Haag, Holland (Erfinder: **J. R. Raley, R. D. Mullineaux** und **S. A. Ballard**), *Alkene, Dialkene, Cycloalkene und Diolefine durch Dehydrierung von Kohlenwasserstoffen.* (**Belg. PP. 550 310** u. **550 312** vom 14/8. 1956, ausg. 4/12. 1959. A. Prior. 6/2. 1956 u. **550 293** vom 13/8. 1956, ausg. 4/12. 1959. A. Prior. 22/12. 1955. — C. **1961.** 8830 [E. PP. 796 048 u. 796 085].)

Farbwerke Hoechst Akt.-Ges., vormals Meister Lucius & Brüning, Frankfurt/M., *Herstellung von Chlorierungsprodukten von Methan.* (**Holl. P. 98 162** vom 7/7. 1954, ausg. 15/6. 1961. D. Prior. 7/7. 1953 u. 26/6. 1954. — C. **1957.** 264 [F. P. 1 108 804].)

Farbwerke Hoechst Akt.-Ges., vormals Meister Lucius & Brüning, Frankfurt/M., *Herstellung von Olefinen.* (**Oe. P. 204 020** vom 16/4. 1958, ausg. 25/6. 1959. D. Prior. 18/4. 1957. — C. **1959.** 14877 [D. A. S. 1 048 910].)

Sicedison S. p. A., Italien (Erfinder: **Germano Patron**), *Abtrennung von Acetylen aus Kohlenwasserstoffgemischen.* (**F. P. 1 218 942** vom 17/3. 1959, ausg. 13/5. 1960. It. Prior. 20/5. 1958. — C. **1961.** 7894 [D. A. S. 1 093 788].)

N. V. de Bataafsche Petroleum Mij., Holland (Erfinder: **William Charles Smith, Charles Alexander McMurray** und **Walter Lancy Holmes**), *Katalysator für die Hydratisierung von Olefinen.* (**F. P. 1 225 199** vom 2/4. 1959, ausg. 29/6. 1960. A. Prior. 4/4. 1958. — C. **1961.** 14457 [D. A. S. 1 096 890].)

Esso Research and Engineering Co., Del., übert. von: **Erwin Ward Nommensen, Edward Allen Hunter, Joseph Kern Mertzweiller** und **Elaine Theodora Delaune**, Baton Rouge, La., V.St.A., *Reinigung von Äthylalkohol.* (**A. P. 2 944 087** vom 16/5. 1955, ausg. 5/7. 1960. — C. **1959.** 7959 [E. P. 791 747].)

Crown Zellerbach Corp., San Francisco (Erfinder: **Merle Edward Cisney** und **David W. Goheen**, Camas), Calif., V.St.A., *Herstellung organischer Sulfide.* (**Oe. P. 204 021** vom 4/4. 1958, ausg. 25/6. 1959. A. Prior. 8/4. 1957. — C. **1962.** 2167 [A. P. 2 908 716].)

Badische Anilin- & Soda-Fabrik Akt.-Ges., Deutschland (Erfinder: **Walter Hieber**), *Co-Komplexe.* (**F. P. 1 226 079** vom 29/5. 1959, ausg. 8/7. 1960. D. Prior. 29/5. 1958. — C. **1961.** 5966 [D. A. S. 1 083 264].)

Chas. Pfizer & Co., Inc., V.St.A. (Erfinder: **Abraham Bavley** und **Eric Christian Schreiber**), *Nonaen-(8)-dion-(2.5)-ol-(3).* (**F. P. 1 169 517** vom 20/4. 1955, ausg. 29/12. 1958. A. Prior. 22/4. 1954. — C. **1960.** 3357 [D. A. S. 1 030 331].)

Deutsche Gold- und Silber-Scheideanstalt vormals Roessler, Frankfurt/M., *Herstellung von Telomerisaten.* (**Oe. P. 204 023** vom 11/1. 1957, ausg. 25/6. 1959. D. Prior. 13/1. 1956. — C. **1961.** 18871 [E. P. 836 895].)

Deutsche Gold- und Silber-Scheideanstalt vormals Roessler, Frankfurt/M., *Herstellung von Telomerisaten.* (**Oe. P. 204 024** vom 11/1. 1957, ausg. 25/6. 1959. D. Prior. 13/1. 1956. — C. **1959.** 5296 [D. A. S. 1 040 015].)

Inventa Akt.-Ges. für Forschung und Patentverwertung Luzern, Luzern (Erfinder: **Johann Giesen**, Haldenstein bei Chur, und **Clau Berther**, Chur), Schweiz, *ω-Cyancarbonsäureamide durch halbseitige Verseifung von Dinitrilen mit schwachen Basen.* (**Schwz. P. 335 650** vom 30/7. 1955, ausg. 14/3. 1959. — C. **1959.** 6293 [F. P. 1 154 311].)

Distillers Co. Ltd., England (Erfinder: **Hubert Jowitt**), *3-Alkoxypropionsäurealkylester.* (**F. P. 1 225 867** vom 27/2. 1959, ausg. 6/7. 1960. E. Prior. 5/3. 1958. — C. **1961.** 5613 [D. A. S. 1 086 682].)

Rumianca S. p. A., Turin, Italien, *Herstellung von Schwefelkohlenstoff.* (**Belg. P. 541 750** vom 1/10. 1955, ausg. 28/8. 1959. It. Prior. 4/3. 1952. — C. **1959.** 3644 [It. P. 486 848].)

Chas. Pfizer & Co., Inc., Brooklyn, N. Y., V.St.A., *Erzeugung von Diaminopimelinsäure durch Gärung.* (**Belg. P. 552 551** vom 13/11. 1956, ausg. 31/12. 1959. A. Prior. 9/12. 1955. — C. **1958.** 6099 [A. P. 2 771 396].)

Imperial Chemical Industries Ltd. (Erfinder: **Robert Craig Anderson** und **Geoffrey John Sleddon**), *Alkylsilane und Alkylhalogensilane.* (**Aust. P. 225 426** vom 24/9. 1957, ausg. 10/12. 1959. E. Prior. 28/9. 1956, 1/4. u. 16/8. 1957. — C. **1959.** 13635 [E. P. 805 674].)

N. V. de Bataafsche Petroleum Mij. (Erfinder: **John Howard Raley** und **Milton Max Wald**), *Alkylieren von Kohlenwasserstoffen.* (**Aust. P. 225 364** vom 19/5. 1958, ausg. 10/12. 1959. A. Prior. 21/5. 1957 u. 10/4. 1958. — C. **1960.** 14518 [E. P. 824 553].)

VEB Leuna-Werke „Walter Ulbricht", Leuna, *Entphenolung phenolhaltiger Öle und Entölung neutralölhaltiger Phenolöle.* (**Oe. P. 209 329** vom 11/7. 1958, ausg. 25/5. 1960. — C. **1962.** 2906 [D. P. [DDR] 18 946].)

Henkel & Cie. G. m. b. H., Deutschland, *Aromatische und heterocyclische Dicarbonsäuren.* (**F. P. 1 221 236** vom 5/3. 1959, ausg. 31/5. 1960. D. Prior. 7/3. 1958. — C. **1960.** 302 [D. A. S. 1 056 598].)

Vereinigte Glanzstoff-Fabriken Akt.-Ges., Wuppertal-Elberfeld (Erfinder: **Rudolf Lotz** und **Arthur Krimm**, Obernburg/M., und **Gerhard Wick**, Erlenbach/M.), *Terephthalsäure.* (**Oe. P. 206 889** vom 23/4. 1958, ausg. 28/12. 1959. D. Prior. 6/6. 1957. — C. **1961.** 13002 [A. P. 2 930 812].)

Farbenfabriken Bayer Akt.-Ges., Deutschland (Erfinder: **Arnold Hausweiler**, **Robert Seydel** und **Rudolf Stroh**), *3,5-Disubstituierte 4-Hydroxybenzoesäuren.* (**F. P. 1 226 352** vom 5/6. 1959, ausg. 11/7. 1960. D. Prior. 25/6. 1958. — C. **1961.** 3814 [D. A. S. 1 082 273].)

Studiengesellschaft Kohle m. b. H., Mülheim/Ruhr (Erfinder: **Günther Wilke**, Mülheim, und **Roland Rienäcker**, Essen), *Herstellung von Trivinylcyclohexanen.* (**D. P. [DDR] 21 424** Kl. 12o vom 28/10. 1958, ausg. 9/6. 1961 [Ausschließungspatent]. D. Prior. [Bundesrepublik Deutschland] 16/11. 1957. — C. **1961.** 7420 [D. A. S. 1 065 413].)

Studiengesellschaft Kohle m. b. H. (Erfinder: **Günther Wilke** und **Peter Wilhelm Borner**), Mülheim/Ruhr, *Umlagerung von Epoxiden der Cyclododecanreihe.* (**D. P. [DDR] 21 531** Kl. 12o vom 11/3. 1959, ausg. 28/6. 1961 [Ausschließungspatent]. D. Prior. [Bundesrepublik Deutschland] 31/3. 1958. — C. **1961.** 3170 [D. A. S. 1 075 601].)

Farbwerke Hoechst Akt.-Ges., vormals Meister Lucius & Brüning, Deutschland, *Olefine.* (**F. P. 1 226 264** vom 3/6. 1959, ausg. 11/7. 1960. D. Prior. 3/6. 1958. — C. **1961.** 4523 [D. A. S. 1 079 030].)

Farbenfabriken Bayer Akt.-Ges., Deutschland (Erfinder: **Hermann Schnell** und **Gustav Buchwald**), *Bis-[p-hydroxyaryl]-arylacetonitrile.* (**F. P. 1 225 946** vom 1/4. 1959, ausg. 6/7. 1960. D. Prior. 23/4. 1958. — C. **1960.** 10408 [D. A. S. 1 075 631].)

Farbenfabriken Bayer Akt.-Ges., übert. von: **Hans Roos** und **Kurt Briesewitz**, Leverkusen, *1-Nitronaphthalin-3.6-* und *3.7-disulfonsäuren.* (**A. P. 2 875 242** vom 14/3. 1957, ausg. 24/2. 1959. D. Prior. 19/3. 1956. — C. **1958.** 11079 [D. A. S. 1 016 258].)

Knoll Akt.-Ges., Chemische Fabriken, Ludwigshafen/Rh., *Herstellung von cyclischen Acetalen.* (**Oe. P. 204 039** vom 16/5. 1957, ausg. 25/6. 1959. **Belg. P. 557 483** vom 14/5. 1957, ausg. 11/3. 1960. Beide D. Prior. 2/6. 1956. — C. **1961.** 17391 [D. P. [DDR] 17 455].)

VEB Leuna-Werke „Walter Ulbricht", Deutschland, *1.2.4-Trithiolane.* (**F. P. 1 218 686** vom 5/1. 1959, ausg. 12/5. 1960. Oe. Prior. 8/4. 1958. — C. **1960.** 16263 [D. A. S. 1 079 068].)

J. R. Geigy Akt.-Ges., Basel, Schweiz, *Neue Ester des 5-Acyl-8-Hydroxychinolins.* (**E. P. 812 177** vom 15/6. 1956, ausg. 22/4. 1959. Schwz. Prior. 16/6. 1955. — C. **1960.** 12166 [D. P. [DDR] 14 971].)

Soc. des Usines Chimiques Rhône-Poulenc, Paris, Frankreich, *Phenothiazinderivat.* (**Holl. P. 97 706** vom 19/7. 1957, ausg. 17/4. 1961. F. Prior. 1/8. 1956. — C. **1960.** 2351 [E. P. 813 025].)

X. Färberei. Organische Farbstoffe

Der Zusammenhang zwischen dem adsorbierten Farbstoff und der Leuchtkraft von gefärbter Viscosefaser. Kazuyoshi Murata und Takao Ogihara. (J. Soc. Textile Cellulose Ind., Japan [Sen-i Gakkaishi] **13.** 703—10. Okt. 1957.) (Jap.; Auszug: Engl.)

Die Beziehung zwischen der auf einer Viscosefaser adsorbierten Farbstoffmenge u. der Leuchtkraft wird untersucht. H. Rossow. 7002 □

Die Oxydation von Baumwollcellulose durch Direktfarbstoffe. K. V. Datye, G. M. Nabar und G. G. Shroff. (Textile Res. J. **31.** 813—20. Sept. 1961. Bombay, Indien, Univ. of Bombay, Dep. of Chem. Technol.) (Engl.)

Sorgfältig gereinigtes u. gebleichtes Baumwollgarn (Gewebe) wird zunächst mit 2% handelsüblichen oder 1% gereinigten Direktfarbstoffen gefärbt (Flotte 1:20), mit Eiswasser gewaschen, abgequetscht u. an der Luft getrocknet. Danach wurde mit gepufferter NaClO-Lsg. (pH 10) bei 32° im Dunkeln bzw. bei Tageslicht 10 Min. lang behandelt, gespült, mit $Na_2S_2O_3$ nachbehandelt u. getrocknet. Anschließend wurde noch im Fadeometer 50 u. 100 Std. lang belichtet. Die Zusammenhänge zwischen der chem. Konstit. der Direktfarbstoffe u. dem gefundenen Abbau der Baumwolle während der NaClO-Behandlung sowie der Belichtung werden ausführlich diskutiert. — 8 Tabellen, 1 Figur, 28 Literaturhinweise. H. G. Fröhlich. 7002 □

Eigenschaften der Polyoxyäthylenalkylthioäther. Akira Nagata, Yoshio Nemoto, Tatsurô Imai und Takashi Morikawa. (J. Oil Chemists' Soc. Japan **9.** 30—33. Jan. 1960. Nagoya-Si, Kôgyô-Kenkyûzyo.) (Jap.)

Aus Dodecyl- (I) sowie Hexadecylmercaptan (II) werden durch Einleiten von Äthylenoxid (III) bei 200° Polyoxyäthylenalkylthioäther (IV) hergestellt u. auf ihre Eigg. als Hilfsmittel zum Färben von Textilien geprüft. Zum Färben mit 1:2-Metallkomplexen ist IV aus I mit 10 Moll. III verwendbar u. zum Färben mit Naphtholfarbstoffen IV aus I mit 10 bzw. 20 Moll. III sehr gut geeignet. IV vermeiden auch die elektr. Aufladung von Seide. Sie sind jedoch nicht verwendbar als Hilfsmittel zum Färben mit 1:1-Metallkomplexen sowie mit substantiven Farbstoffen. E. MAEKAWA. 7006□

Färbungen ohne Ungleichheiten zwischen Kopf- und Seitenteilen dicht gepackter, zum Färben mit Indanthrenfarbstoffen auf dem Foulard ausgerüsteter Gewebe. Erich Schneider. (Tinctoria [Milano] **56.** 296—302. Juli 1959. Ludwigshafen/Rh., B.A.S.F.-AG.)

Berechnung der Zusätze zur Foulardflocke im Jigger von weder vormericierten noch geschlichteten Geweben mit näheren Angaben über das Verh. der Indanthrenfarbstoffe im Färbebad u. prakt. Beispielen zur Ausführung gut egalisierender Färbungen im Jigger unter Verw. geeigneter Hilfsmittel. A. SANDER. 7020□

Färben und Ausrüsten von pelzähnlichen Geweben aus Polyamidfasern. Gunnar Zimmerman. (Chemiefasern **11.** 619—20. Sept. 1961.) (Dt.)

Es werden die verschiedenen Herst.-Verff. für Pelzimitationen kurz angeführt u. die Reihenfolge der Arbeitsgänge beim Färben u. Ausrüsten für ein Polyamidgewebe, für Wirkpelze aus in der Flocke gefärbten Kardenbändern, für Artikel mit gewirkten Schlingen u. für das Färben in der Kufe von Stückware angegeben. Besonders behandelt werden Pelzimitationen aus Polyamid u. Rhovyl. L. JENTGEN. 7020□

Untersuchungen über das Anfärbbarkeitsverhalten von Vinylon. 3. Mitt. **Das ungewöhnliche Verhalten von Vinylon beim Färben.** Akihumi Nasuno und Kenichi Tanabe. (J. Soc. Textile Cellulose Ind., Japan [Sen-i Gakkaishi] **17.** 263—72. März 1961. Kurashiki City, Japan, Kurashiki Rayon Co. Ltd. Res. Labor.) (Jap.; Auszug: Engl.) — 2. vgl. C. **1962.** 312.

Beim Färben von Vinylon mit Kongorot beobachtet man im Gegensatz zu Reyon keine Gleichgewichtsaufnahme. Mit steigender Färbetemp. nimmt die Aufnahme von Kongorot weiter zu. Färbt man dagegen mit Dispersionsfarbstoffen (Diacellitonechtbrillantblau BF), so verhält sich Vinylon wie eine Acetatfaser. Dieses färber. Verh. von Vinylon wird auf die verschiedene Zugänglichkeit der reaktionsfähigen Gruppen, die einmal in den amorphen Bereichen (bei Dispersionsfarbstoffen) u. das andere Mal in den amorphen als auch in den kristallinen Bereichen liegen (Direktfarbstoffe), zurückgeführt. — 18 Figuren, 4 Tabellen, 11 Literaturzitate. H. G. FRÖHLICH. 7020□

Farbstoffkontrolle auf gefärbten Unionsstoffen. Kazuyoshi Murata und Takao Ogihara. (J. Soc. Textile Cellulose Ind., Japan [Sen-i Gakkaishi] **13.** 693—702. Okt. 1957.) (Jap.; Auszug: Engl.)

Farbdifferenzen werden aus der Reflektion einer gegebenen Wellenlänge an der Spektralreflektionskurve abgelesen. H. ROSSOW. 7086□

Rydboholms A/B, Rydboholm, Schweden (Erfinder: K. O. Erikson und N. D. Landquist), **Färben von Textilien und Garnen.** Das in bekannter Weise imprägnierte Material wird auf <100° erwärmt u. über eine mittels Hochfrequenz auf Einfärbungstemp. (90—125°) erwärmte Walze oder Rolle geführt, die sich in einer geschlossenen Kammer befindet u. in die Dampf von gleicher Temp. eingeblasen wird. Nach ca. 1—2 Std. wird die Rolle herausgenommen u. das Material getrocknet. — Abbildungen. (**Schwed. P. 165 247** vom 24/6. 1957, ausg. 11/11. 1958.)

K. H. KÄHLER. 7021

Ciba Ltd. (Erfinder: Raymond Gust, Rudolph Aenishaenslin, Alfred Fasciati und Eugen Johann Koller), **Färben von Textilien** durch Imprägnieren mit einer Lsg., die wasserlösl. Farbstoffe mit mindestens einer evtl. Hydroxygruppen aufweisenden, an einen Triazinring gebundenen Aminogruppe oder einer evtl. Hydroxygruppen aufweisenden Harnstoffgruppe, z. B. Anthrachinon- oder Monoazofarbstoffe, u. einen in W. lösl. oder dispergierbaren Aminoplast (I), bes. Methylolharnstoff oder -melamin enthält, u. anschließendes Härten von I z. B. mit CH_2O unter Erwärmen. (**Aust. P. 227 336** vom 5/6. 1958, ausg. 7/4. 1960. Schwz. Prior. 20/6. 1957.)

C. LÜTTGEN. 7021

Farbenfabriken Bayer Akt.-Ges., Leverkusen, **Bedrucken von Textilien.** Man verwendet als Bindemittel für die Pigmentfarben eine in W. unlösl. bis schwerlösl. filmbildendes Polymer zusammen mit einem Polykondens.-Prod., das Methylolgruppen (I) aufweist, u. das durch Rk. von hochmol. N-Methylolpolyäthern, die I enthalten, mit einer Polymethylolverb. erhältlich ist. — Beispiel: 5,8 (g) einer 30%ig. wss. Dispersion eines Cu-Phthalocyaninfarbstoffs, 24,7 eines 40%ig. wss. Latex eines Mischpolymerisats aus Butadien, Acrylsäurebutylester, Styrol, Acrylonitril, Methacrylsäure u. Methacrylamid im Verhältnis 30:30:(30:6:2), 49,4 eines Verdickers, bestehend aus 70% KW-Stoff (Kp. 180—200°), 28% W. u. 2% Emulgator, 9,7 Methylcellulose in 7%ig. wss. Lsg. u. 6,8 Trimethylharnstoffbutantriol-(1.2.4)-polyäther, der mit Hexamethylolmelamin durch bas. Kondens. modifiziert ist, in 71,4%ig. W.-Hexantriol-(1:1)-Lösung. (**Ind. P. 62 461** vom 3/12. 1957, ausg. 20/10. 1959.) C. LÜTTGEN. 7023

Farbwerke Hoechst Akt.-Ges., vormals Meister Lucius & Brüning, Frankfurt/M. (Erfinder: Kurt Egon Roth, Hofheim, und Friedrich C. Schneider, West Warwick, R.I., V.St.A.), **Herstellung von Weiß- und Buntätzen auf Textilmaterial, das aus aromatischen Polyestern besteht.** Um das bei dem in der D. A. S. 1 044 030; C. **1959.** 12703, beschriebenen Verf. zuweilen unter dem Einfl. von Licht auftretende Nachdunkeln zu verhindern, unterwirft man das gefärbte u. mit der Ätzdruckpaste bedruckte Material nach einer Zwischentrocknung einer kurzzeitigen Hitzebehandlung bei >130°, bes. 150—200°. (**D. A. S. 1 101 354** Kl. 8n vom 26/6. 1957, ausg. 9/3. 1961.) F. BÖHM. 7023

Imperial Chemical Industries Ltd. (Erfinder: Albert Riley), London, England, **Herstellung von β-Naphthochinaldin,** F. 78°, dad. gek., daß man Naphthylamino-(2)-sulfonsäure-(1) oder ein Salz davon mit bes. 60—70%ig. H_2SO_4, Crotonaldehyd u. einem Oxydationsmittel, wie Nitrobenzol, Nitrobenzol-m-sulfonsäure, oder Arsensäure erhitzt. — *Farbstoffzwischenprodukt.* (**E. P. 791 140** vom 15/8. 1955, ausg. 26/2. 1958.) W. HEYER. 7049

Farbwerke Hoechst Akt.-Ges., vormals Meister Lucius & Brüning, Frankfurt/M., **Herstellung wasserunlöslicher Azofarbstoffe** der allg. Formel I, in der R für einen Arylrest u. X für H oder ein Halogenatom stehen, durch Kupplung einer Diazoniumverb. des 1-Amino-4-fluorbenzol-2-carbonsäuremethylesters auf der Faser mit einem Arylamid der 2-Hydroxynaphthoesäure-(3) oder deren 6-Halogenderivat. — Man erhält so orange- bis scharlachrote *Farbstoffe* mit guter Cl- u. Peroxidfestigkeit. (**Ind. P. 60 805** vom 17/6. 1957, ausg. 13/11. 1958.) H. NEBELSIEK. 7053

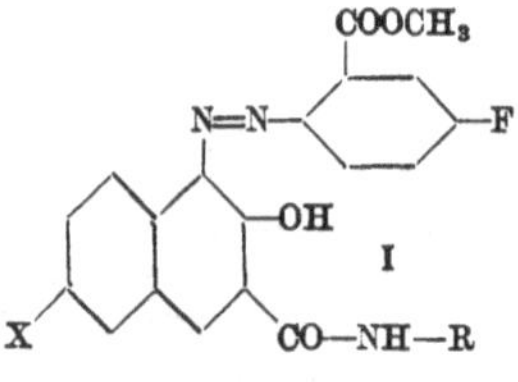

Ciba Ltd., Basel, Schweiz, **Herstellung von Carbonsäureamidderivaten von Azofarbstoffen.** Man setzt Carbonsäurehalogenide der allg. Formel $XOCR_3(OH)-N=N-R_2-N=NR_1$ mit Arylendiaminen zu Verbb. der allg. Formel I um, wobei X Halogen, R_1 einen Bzl.- oder Naphthalinrest, R_2 einen Bzl.- oder Naphthalinrest, an dem die Azobindungen in 1,4-Stellung zueinander stehen u. R_3 einen Naphthalinrest bedeutet, zu dem sich die Azobindung, die OH-Gruppe u. die Carbonsäureamidgruppe in 1,2,3-Stellung befinden. — Ein in üblicher Weise aus diazotiertem 4-Aminoazobenzol u. 2-Hydroxynaphthalin-3-carbonsäure gewonnener Farbstoff wird mit $SOCl_2$ in das Carbonsäurechlorid übergeführt u. durch 24std. Kochen in trockenem Chlorbenzol unter Zusatz von Pyridin mit 4.4'-Diamino-3.3'-dichlordiphenyl kondensiert. Der ausgefallene dunkelrote Farbstoff ist in Lsgm. höchstens schwach löslich. — *Pigmentfarbstoffe zum Färben von Kunststoffen u. zum Bedrucken von Textilien.* (**Ind. P. 62 017** vom 15/10. 1957, ausg. 21/8. 1959.) C. LÜTTGEN. 7021

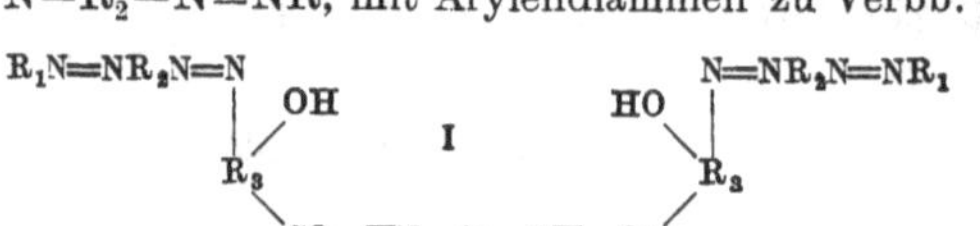

Ciba Ltd., Basel, Schweiz, **Herstellung von Anthrachinonfarbstoffen** durch Kondens. von 2.4.6-Trichlor-1.3.5-triazin mit einem wasserlösl. Anthrachinonfarbstoff, der wenigstens eine Säuregruppe, bes. eine Sulfonsäuregruppe, u. eine acetylierbare Aminogruppe besitzt, u. mit NH_4OH oder einer organ. OH-Verb., bes. einem aliphat. Alkohol, einem Phenol oder einem aromat. Amin mit wenigstens einer Sulfonsäure- u./oder Carbonsäuregruppe. Die Kondens. wird dabei so ausgeführt, daß man ein sek. Kondens.-Prod. erhält, welches außer einem am Triazinkern sitzenden Halogenatom noch wenigstens Gruppen enthält, die es in W. lösl. machen. — Man fügt z. B. 100 (Teile) Eis zu 20 Cyanurchlorid in 80 Aceton u. versetzt diese Suspension mit einer auf 0° gekühlten Lsg. von 32,7 Dinatriumsalz der 1-Aminobenzol-2.5-disulfonsäure in 330 Wasser. Anschließend tropft man in 2 Std. 55 einer 2n Na_2CO_3-Lsg. hinzu u. hält dabei die Temp. auf 2—4°. Man erhält so ein klares fl. Kondens.-Prod. aus gleichen Mengen Cyanurchlorid u. 1-Aminobenzol-2.5-disulfonsäure. Diese Lsg. fügt man sofort zu einer Lsg. aus 43,1 Na-Salz der 1-Amino-4-[3'-aminophenylamino]-anthrachinon-

2-sulfonsäure in 2000 W. bei 40°. Nach 1std. Erhitzen auf 35—40° erhält man nach NaCl-Zusatz, Filtrieren u. Trocknen einen dunkel gefärbten *Farbstoff*, der Baumwolle rötlichblau färbt, lichtecht u. waschbar ist. (**Ind. P. 61 679** vom 9/9. 1957, ausg. 3/7. 1959.) H. Nebelsiek. 7059

Ciba Akt.-Ges., Basel, Schweiz, **Küpenfarbstoffe der Acedianthronreihe.** Zu Schwz. P. 350 056; C. **1962.** 1039 ist nachzutragen: Behandelt man 1 (Gew.-Teil) des durch Rk. von 8,2 Aminoacedianthron mit 2,8 1.5-Dichloranthrachinon erhältlichen Farbstoffs (**I**) 20 Std. lang bei 20° mit 10 $ClSO_3H$, so erhält man einen Baumwolle (**A**) aus der Küpe rotbraun färbenden Farbstoff. Durch 1std. Behandlung von 2 **I** in einer Schmelze aus 40 $AlCl_3$ u. 8 NaCl bei 120° wird ein *Farbstoff* erhalten, der **A** kräftig braun färbt. — Färbe- u. Druckbeispiele. (**F. P. 1 196 850** vom 3/10. 1957, ausg. 26/11. 1959. **E. P. 858 586** vom 24/9. 1957, ausg. 11/1. 1961. Beide Schwz. Prior. 4/10. 1956.) O. Roick. 7059

Union Carbide Corp., New York, N.Y. (Erfinder: Donald Leroy Bailey, Snyder, N.Y., und Ronald Marston Pike, Chelmsford, Mass.), V.St.A., **Silicium enthaltende Thiazinfarbstoffe,** substantive Farbstoffe für natürliche u. synthet. Fasern, die auch auf Geweben aus Glasfasern aus wss. Färbebädern gut wasch- u. lichtechte Färbungen liefern, erhält man durch Oxydation eines Gemisches eines Arylaminoalkylsilans, eines p-Aminoanilins u. eines Thiosulfats, z. B. eines Na-, K- oder Al-Thiosulfats, mit einer mineralsauren Lsg. eines Alkalibichromats in Ggw. von $ZnCl_2$. — Zu 3,89 (g) in 35 cm^3 1n-HCl gelöstem N.N-Dimethyl-p-phenylendiamin gibt man unter Rühren eine Lsg. von 17,5 $ZnCl_2$ in 25 cm^3 W., dann bei 25° eine Lsg. von 13,5 Na-Thiosulfat in 30 cm^3 W., versetzt mit ca. $^1/_3$ einer Lsg. von 8 Na-Bichromat (**Ia**) in 15 W., erhitzt sehr schnell auf 40°, gibt nun eine Lsg. von 7,7 N-Methyl-N-[γ-triäthoxysilylpropyl]-anilin (**I**) in 4 cm^3 37%ig. HCl u. den Rest der **Ia**-Lsg. hinzu. Ist die Temp. auf 70° u. im Verlauf von 10 Min. auf 85° gestiegen, so läßt man in $^1/_4$ Std. das Rk.-Gemisch auf 50° erkalten, löst den entstandenen Nd. in 7,5 cm^3 konz. H_2SO_4, läßt das Rk.-Gemisch bei normaler Temp. stehen, filtriert den ausgefallenen Farbstoff ab, wäscht mit W. u. trocknet 24 Std. unter red. Druck bei 65°. Man erhält 11,7 eines dunkelblauen *Farbstoffs*; färbt Wolle u. Baumwolle grünblau, Seide, Nylon, Acetatseide u. Viscose graublau. Ersetzt man **I** durch N-[γ-Trimethylsilylpropyl]-anilin, so erhält man den *Thiazinfarbstoff* der Zus. **II**. — Färbebeispiel. (**F. P. 1 205 992** vom 29/4. 1958, ausg. 5/2. 1960. **Schwz. P. 351 054** vom 29/4. 1958, ausg. 15/2. 1961. Beide A. Prior. 29/4. 1957. **A. P. 2 955 898 vom 29/4. 1957, ausg. 11/10. 1960.**) O. Roick. 7063

II

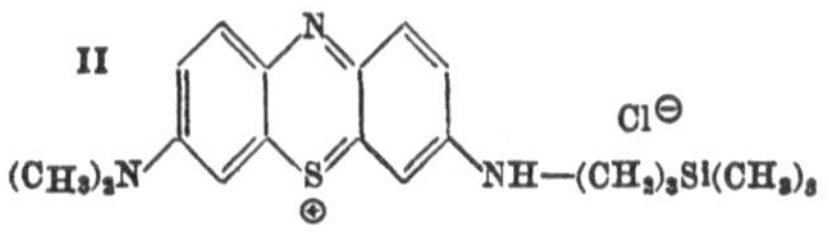

Farbwerke Hoechst Akt.-Ges., vormals Meister Lucius & Brüning, Frankfurt/M. (Erfinder: Wilhelm Eckert, Frankfurt/M., und Hermann Remy, Bad Soden), **Farbstoff,** der Kunststoffe, wie weichmacherhaltiges Polyvinylchlorid oder Polyäthylen, in klaren blaustichig roten, gut öl-, überspritz-, lösungsmittel-, ausblut-, lichtechten u. hitzebeständigen Tönen färbt u. sich auch sehr gut als Pigment in der Druck- u. Lackindustrie, in Einbrennlacken sowie zum Färben in der Spinnmasse eignet, erhält man durch Kondens. von Perylen-3.4.9.10-tetracarbonsäure oder ihrem Anhydrid mit 1-Amino-3-brombenzol. Der *Farbstoff*, F. >300°, ist in den üblichen organ. Lsgm. schwerlösl. u. löst sich in konz. H_2SO_4 violettrot ohne Fluorescenz. (**Schwz. P. 351 061** vom 1/12. 1959, ausg. 15/2. 1961. D. Prior. 13/12. 1958. **Zusatz zu Schwz. P. 349 727; C. 1962. 1423. D. A. S. 1 105 085** Kl. 22e vom 13/12. 1958, ausg. 20/4. 1961.) O. Roick. 7077

British Celanese Ltd., London, England (Erfinder: **Henry Charles Olpin** und **Joseph Anthony Bright**), *Färben von Textilmaterial*. (**E. PP. 845 752** vom 29/3. 1956, ausg. 24/8. 1960 u. **859 685** vom 28/3. 1956, ausg. 25/1. 1961. — C. **1959.** 15846 [D. A. S. 1 050 301].)

Imperial Chemical Industries Ltd., London, übert. von: **Harry Rose Hadfield, Brian Batterbee** und **Denis Ronald Lemin**, Manchester, England, *Färbeverfahren*. (**A. P. 2 950 165** vom 10/9. 1957, ausg. 23/8. 1960. — C. **1961.** 5972 [E. P. 826 376].)

Imperial Chemical Industries Ltd. (Erfinder: **Robert Ronald Davies, Raymond Price, Jan Durham Rattee, William Elliott Stephen** und **James Wardleworth**), *Färben von Cellulosetextilien*. (**Aust. P. 226 530** vom 4/12. 1957, ausg. 25/2. 1960. E. Prior. 14/12. 1956. — C. **1961.** 8123 [E. P. 823 098].)

Soc. Monsavon-l'Oréal (Erfinder: **John Robert Seemuller**), *Färben von tierischen Fasern*. (**Aust. P. 223 023** vom 26/11. 1956, ausg. 20/8. 1959. F. Prior. 18/10. 1956. — C. **1960.** 3704 [E. P. 802 554].)

Montecatini Soc. Gen. per l'Industria Mineraria e Chimica und **Karl Ziegler** (Erfinder: **Francesco Vacanti**), *Herstellung gleichmäßig gefärbter Bänder, Folien, Fäden usw.* (**Aust. P. 229 473** vom 12/11. 1957, ausg. 11/8. 1960. It. Prior. 15/11. 1956. — C. **1960.** 7004 [F. P. 1 185 971].)

J. R. Geigy Akt.-Ges. (Erfinder: **Werner Bossard** und **Jacques Voltz**), *Färben von Gebilden aus synthetischen Polymeren (Acrylonitril)*. (**Aust. P. 226 579** vom 30/10. 1958, ausg. 25/2. 1960. Schwz. Prior. 12/11. 1957. — C. **1960.** 13531 [D. A. S. 1 069 563].)

Imperial Chemical Industries Ltd., London (Erfinder: **William Baird, Derek Keith Lawman, William Elliot Stephen** und **Charles Douglas Weston**, Manchester), England, *Druckpaste für Textilmaterialien aus Cellulose.* (**Schwz. P. 352 311** vom 11/9. 1957, ausg. 14/4. 1961. E. Prior. 12/9. 1956 u. 12/8. 1957. — C. **1959.** 10402 [D. A. S. 1 052 946].)

Ciba Ltd. (Erfinder: **Jacques Wegmann**), *Färben und Bedrucken von cellulosehaltigen Fasern.* (**Aust. P. 227 670** vom 14/8. 1957, ausg. 5/5. 1960. Schwz. Prior. 14/8. 1956 u. 15/2. 1957. — C. **1960.** 3047 [D. A. S. 1 066 987].)

Gevaert Photo-Producten N. V., Mortsel, Belgien, *Anfärbbare Nitrilgruppen enthaltende Polymere.* (**E. P. 850 116** vom 10/3. 1958, ausg. 28/9. 1960. Holl. Prior. 8/3. 1957. Zusatz zu E. P. 786 960; C. 1959. 5643. — C. **1960.** 9731 [Holl. P. 92 192].)

Gevaert Photo-Producten N. V. (Erfinder: **Ferdinand Leonard Schonteden**), *Verbesserung des Färbens von Nitrilgruppen enthaltenden Polymerisaten.* (**Aust. P. 229 506** vom 7/3. 1958, ausg. 18/8. 1960. Holl. Prior. 8/3. 1957. — C. **1960.** 9731 [Holl. P. 92 192].)

Farbwerke Hoechst Akt.-Ges., vormals Meister Lucius & Brüning, Frankfurt/M. (Erfinder: **Herbert Kracker** und **Ulrich Dreyer**, Offenbach/M.), *Feste haltbare Diazoniumverbindungen.* (**Schwz. P. 354 099** vom 18/12. 1956, ausg. 30/6. 1961. D. Prior. 20/12. 1955, 23/8., 24/8. u. 19/9. 1956. — C. **1958.** 270 [D. A. S. 1 008 310], C. **1959.** 6963 [D. A. S. 1 040 562], C. **1959.** 9057 [D. A. S. 1 047 787] u. C. **1960.** 4033 [D. A. S. 1 045 414].)

Farbenfabriken Bayer Akt.-Ges., Leverkusen (Erfinder: **Günter Gehrke**), *Halogenierte Diaminodihydroxyanthrachinone.* (**F. P. 74 175** vom 15/9. 1958, ausg. 7/11. 1960. D. Prior. 27/9. 1957. Zusatz zu F. P. 1 152 124; C. 1959. 5636. — C. **1961.** 4893 [E. P. 834 518].)

Ciba Akt.-Ges., Basel, Schweiz, *Anthrachinonfarbstoffe.* (**F. P. 73 871** vom 23/7. 1958, ausg. 12/9. 1960. Zusatz zu F. P. 1 163 363; C. 1959. 15197. — C. **1961.** 3492 [E. P. 829 527].)

J. R. Geigy Akt.-Ges. (Erfinder: **Peter Hindermann, Hans-Peter Kölliker** und **Peter Trautzl**), Basel, Schweiz, *1-Amino-4-arylaminoanthrachinon-2-sulfonsäuren.* (**Schwz. P. 354 532** vom 28/12. 1956, ausg. 15/7. 1961. — C. **1960.** 5983 [A. P. 2 870 173].)

XIa. Farben. Anstriche. Lacke. Naturharze

Der Chemismus der Öltrocknung. M. Dyck. (Farbe u. Lack **67.** 442—47. Juli 1961. Kopenhagen.) (Dt.)

Vf. gibt eine Darst. der chem. Rkk. u. des Mechanismus der Verfilmung von trocknenden Ölen unter Berücksichtigung von Konjuen- u. Isolenölen sowie der Wrkg. der gebräuchlichsten Metallsikkative. Vf. erwähnt die trocknende Wrkg. organ. Radikale (als Zugabe zu nicht raffiniertem Holzöl), wie z. B. Triphenylmethyl u. Phenyldibiphenylmethyl, u. den Einfl. von Chelatbildnern. — 25 Literaturhinweise. K. WEKUA. 7096□

„Pent-Oxone" und „Pent-Oxol". L. C. Norton und R. A. Scherzinger. (Paint Varnish Product. **51.** Nr. 7. 25—31. 99. Juni 1961. N. J., Shell Chem. Co., Union Techn. Serv. Labor.) (Engl.)

Vff. berichten über die physikal. u. anwendungstechn. Eigg. von zwei neuen hochsd. Lack-Lsgm. „Pent-Oxone" (I) u. „Pent-Oxol" (**II**). **I**: 4-Methoxy-4-methylpentanon-(2), $Kp._{760}$ 147—163°, $D._{25}^{25}$ 0,906, Flammpunkt 141° F, Dampfdruck (mm Hg) 31,5 bei 70°; 112 bei 100°; 315 bei 130°; 570 bei 150°, n_D^{20} 1,4181, Oberflächenspannung 26 dyn/cm. **II**: 4-Methoxy-4-methylpentanol-(2), $Kp._{760}$ 164—169°, $D._{25}^{25}$ 0,891, Flammpunkt 140° F, Dampfdruck (mm Hg) 22,3 bei 70°; 83,0 bei 100°; 244 bei 130°; 454 bei 150°, n_D^{20} 1,4204, Oberflächenspannung 27 dyn/cm. Es wird bes. auf deren Anwendung in kalt- u. warmhärtenden Acrylat-, Vinyl-, Nitrocellulose-, Epoxidharz-, Polyurethanharz- u. Polyvinylbutyrallacken eingegangen. H.-J. TASCHOW. 7100□

Die Emulsions-Wasserfarben auf Grundlage synthetischer Latices. W. W. Shebrowski und Ch. M. Liwschitz. (Химическая Наука и Промышленность [Chem. Wiss. Ind.] **4.** 333—38. 1959.) (Russ.)

Übersicht an Hand der Literatur. 33 Literaturangaben. K. WEKUA. 7106□

Ein wasserlösliches Melamin-Acrylharz-System für industrielle Decklacke. William L. Hensley und Herbert J. West. (Chem. in Canada **12.** Nr. 11. 36—37. Nov. 1960. Stamford, Conn., American Cyanamid Co., Plastics and Resin Div.) (Engl.)

Beschreibung der Eigg. der 50%ig. wss. u. mit W. verdünnbaren Lsg., ihrer Verarbeitung u. Verw. für Einbrennlacke. Sie enthält ein Gemisch eines Melaminharzes u. eines Acrylatpolymeren; beim Einbrennen wird das Acrylpolymere durch das Melaminharz vernetzt. M. HAGEDORN. 7106□

Moderne Nitrocellulose-Decklacke für Möbel. R. F. Wint, R. P. Hirt und E. C. Hamilton. (Chem. in Canada **12.** Nr. 11. 32—35. Nov. 1960. Wilmington Del., Hercules Powder Co.) (Engl.)

Aufzählung der Eigg. lufttrocknender Mischlacke aus Nitrocellulose u. in ihrer chem. Zus. nicht bekannt gegebenen, katalysierten, mit Aminoharz modifizierten Lackkomponenten. M. HAGEDORN. 7106□

Fette Vinyläthercopolymere. L. E. Gast, H. M. Teeter und J. C. Cowan. (Chem. in Canada **13.** Nr. 4. 36. April 1961. Peoria, Ill., U.S. Dep. of Agricult., Northern Regional Res. Labor.) (Engl.)

Monomere fette Vinyläther aus Soja- u. Leinölalkoholen wurden in konjugierter Form durch Rk. mit C_2H_2 bei Atmosphärendruck u. in nichtkonjugierter Form durch Umätherung nichtkonjugierter Fettalkohole mit Äthylvinyläther dargestellt u. anschließend unter Anwendung kation. Katalysatoren polymerisiert oder mit einer Anzahl von Monomeren mischpolymerisiert. Die konjugierten Polymeren ergaben beim Einbrennen auf Metall bei 150—200° unter Trockenstoffzusatz relativ harte Filme, die ausgezeichnete Haftfestigkeit, jedoch keine Alkalibeständigkeit zeigten. Die konjugierten Copolymeren aus fetten Vinyläthern u. niedrigen Alkylvinyläthern lieferten runzelfreie Filme von erhöhter Alkaliresistenz; diejenigen aus ungesätt. fetten Vinyläthern u. Monomeren mit einer vernetzenden Gruppe (Allylvinyläther) Einbrennfilme von größerer Härte u. guter Adhäsion u. Elastizität. B. SCHEIFELE. 7106 □

Tannin als Korrosionsschutz. Rudolf Freitag. (Alkohol-Ind. **72.** 98—99. 16/2. 1959.)

Handelsübliche, wss., schwach saure Tanninextrakte bilden auf Fe-Oberflächen einen blauschwarzen Fe-Tannatfilm, der bis zu Temp. von 250° einen ausgesprochenen Korrosionsschutz darstellt. Die optimale Tannin-Lsg. wies eine Tannin-Konz. von 20 bis 25% u. einen pH-Wert von 2—2,5 auf. Diese Tannin-Lsg. wandelt zunächst Fe oder Fe-Oxid zu Ferrotannat um, das an der Luft zu Ferritannat hydrolysiert. Die volle Schutz-Wrkg. u. Haftfestigkeit des Fe-Tannatfilms wird daher erst nach 24 Std. erreicht. Prakt. Hinweise für die Anwendung des Tanninanstrichs werden gegeben. Auch Emulsionsrostschutzfarben, deren wss. Phase beispielsweise aus einer 25%ig. Tannin-Lsg. besteht, während die Ölphase Leinöl, Silicone u. vor allem Polyvinylacetat enthält, finden Verwendung. W. KREIPE. 7106 □

Spritzlackieren mit niedrigem Druck. T. B. Vaughan. (Corrosion Technol. [London] **7.** 254—57. Aug. 1960. Ferro Enamels Ltd.) (Engl.)

Sprühen mit ca. 2 at bietet verschiedene Vorteile, wie leichteres Ausgleichen kleiner Oberflächenunregelmäßigkeiten, einheitliche Schichtdicke in Flächen mit Aussparungen, Kontrolle der Schichtdicke in einem weiten Bereich u. Unempfindlichkeit gegenüber Änderungen des Sprühwinkels. Nachteilig sind Materialverluste bis zu 50%, die durch neue Arbeitstechniken weitgehend gesenkt werden können. H.-J. TASCHOW. 7106 □

Zum optischen Verhalten von Weißpigmenten. Hans H. Weber und Josef Gerhards. (Farbe u. Lack **67.** 434—37. Juli 1961. Leverkusen, Farbenfabriken Bayer AG., Lithopone-Labor.) (Dt.)

Vff. untersuchten den Zusammenhang zwischen der Extinktion (E) u. der Wellenlänge des Lichtes an Weißpigmenten (ZnS). Bei einer bestimmten Wellenlänge erreicht E von Weißpigment-Suspensionen ein mehr oder weniger ausgeprägtes Maximum. Dieses Maximum hängt linear vom Durchmesser der Teilchen ab. Die Maximum-Wellenlänge wird größer, wenn der Teilchendurchmesser ansteigt. Da die Lichtstreuung der Weißpigmente von der Wellenlänge abhängt, sind Suspensionen dieser Pigmente schwach gefärbt. Der Farbton ändert sich mit der Teilchengröße. Darauf beruht das Verf. zur Schätzung der Teilchengröße geglühter Weißpigmente. Die experimentell gefunden Zusammenhänge stehen in Einklang mit den Theorien von MIE u. KUBELKA-MUNK. Vff. beschreiben eine zur Messung der Extinktion geeignete Methode.
K. WEKUA. 7152 □

Ein Beitrag zur Methodik der Bestimmung der Pigmentdichte. František Kašpar und Vlastimil Foršt. (Chem. Průmysl **11** (**36**). 390—91. Juli 1961. Pardubice, Výzk. ústav syntet. pryskyřic a laků.) (Tschech.)

Vff. vereinfachten die Standard-Meth. CSN 67 05 20. Anstatt die Proben, die sich in einem Pyknometer unter Petroleum befinden, zu evakuieren, setzen sie dem Petroleum eine 0,2%ig. Lsg. einer oberflächenakt. Substanz zu. Die Genauigkeit der Meth. beträgt 0,5—0,75%. J. SCHNEIDER. 7152 □

Moderne Verfahren in der Lackanalytik. Wolf Lamprecht. (Farbe u. Lack **67.** 560—65. Sept. 1961. Gießen/Lahn, Inst. für Lackforsch. u. Materialprüfung.) (Dt.)

Vf. beschreibt die komplexometr. Pb-Best. mit n/10 Äthylendiamintetraessigsäure-Lsg., die potentiometr. Zn-Best. mit n/10 $K_4[Fe(CN)_6]$-Lsg., wobei Spannungsdifferenz zwischen einer Pt- u. einer Kalomel-Elektrode gemessen wird u. eine Al-Best., bei der das Al als Oxinat gefällt u. mit $KBrO_3$ titriert wird. Zur Endpunkt-Best. diente die Dead-stop-Methode. Die Best. von $CCl_2{=}CHCl$ in CH_2Cl_2 (**I**) gelingt mit einer Schlüsselbande im IR-Spektrum bei 12 μ, während zur Best. von $CHCl_3$ u. CCl_4 in **I** eine UV-Bande bei 230 mμ besser geeignet ist. Unter geeigneten Bedingungen können CH_3OH, A. u. W. in **I** im nahen IR zwischen 1,2—2,5 μ bestimmt werden. Polyvinylacetat u. -propionat im Bindemittel lassen sich im IR-Spektrum bei 8 μ erkennen. H. PENN. 7158 □

Ein einfaches Verfahren zur Prüfung der Ablaufneigung thixotroper Polyesterlacke. Herbert Niesen. (Farbe u. Lack **67.** 566—69. Sept. 1961. Detmold.) (Dt.)

Es wird eine App. beschrieben, welche aus einem thermostatisierten Prüfgefäß, das mit einem Hahn im Boden sowie einer zwischen 500 u. 1500 U/min einstellbaren Rühreinrichtung versehen ist u. einer darunter befindlichen, in verschiedenem Neigungswinkel einstellbaren Platte, besteht. Man bringt die zu untersuchende Farbe in das Prüfgefäß, stellt die gewünschte Temp. ein, rührt ggf. u. läßt unter Einhaltung einer bestimmten Tropfgeschw. eine bestimmte Anzahl Tropfen auf die Platte ausfließen. Die gemessene Ablauflänge nimmt mit steigender Viscosität ab. Die Einhaltung einer Temp. von 20° u. eines Neigungswinkels der Platte von 30 Grad haben sich als zweckmäßig erwiesen. Bei thixotropen Lacken erfolgt durch 15 Min. langes Rühren mit 1500 U/min ein Viscositätsabbau bis zu einem Grenzwert, der auch nach Abschaltung der Rührung längere Zeit erhalten bleibt. Vf. hält das Verf. für Rohstoff- u. Prod.-Überwachung geeignet. H. PENN. 7158□

Physikalische Grundlagen der Glanzmessung auf dem Lackgebiet. U. Zorll. (Farbe u. Lack **67.** 426—34. Juli 1961. Stuttgart, Forsch.-Inst. für Pigmente u. Lacke e.V.) (Dt.)

Die bereits bestehenden Glanzmeß-Verff. gestatten eine Einstufung glänzender Anstriche, die im wesentlichen mit der visuellen Einordnung übereinstimmt. Die Glanzmeß-Verff. bewertet Vf. bes. bzgl. ihrer Anwendung auf dem Anstrichgebiet, denn auf anderen Gebieten, z. B. bei Metallen u. Papier, treten andere physikal. Zusammenhänge in den Vordergrund. Für den Glanz einer Anstrichschicht sind die Reflexions- oder Streuvorgänge an der Oberfläche u. die Streuvorgänge in der Schicht maßgebend. Die Eigg. lassen sich in Form der Glanzkurve, der Lichtintensität als Funktion des Beobachtungswinkels bei paralleler Beleuchtung, mit einem Goniophotometer messen. — 13 Literaturangaben. K. WEKUA. 7158□

Imperial Chemical Industries Ltd. (Erfinder: William Abbotson, David Hay Coffey, Reginald Hurd, John Maddison Phillipson und Edward Jervis Vickers), **Polymerisierbare Gemische** bestehend aus einem Mischpolymerisat von Vinylacetat mit einer kleinen Menge polymerisierbarer Carbonsäure, z. B. Methacrylsäure, einer Polyepoxy-Verb., einem Katalysator, einem Lsgm. u. einem polymeren Weichmacher. — Beispiel: Ein Gemisch aus 8,5 (Teilen) Pigment (bestehend aus 100 Rutil-TiO_2, 10 mit Benzoesäure modifiziertem Polypropylenadipat, 30 Xylol u. 30 Butanol), 12,3 Vinylacetat–Crotonsäure (95 : 5), 2,3 Diphenyldipropandiglycidäther u. 0,6 Diäthylentriamin ergibt auf Metall aufgesprüht nach $^3/_4$std. Trocknen bei 120° einen hochglänzenden, gut haftenden, zähen u. chem. widerstandsfähigen Überzug. (**Aust. P. 221 267** vom 2/7. 1957, ausg. 14/5. 1959.) K. DEMMLER. 7107

E. I. du Pont de Nemours & Co., V.St.A. (Erfinder: Eugene Edouard Magat, Donald Rittler Stracham und Ray Clyde Houtz), **Herstellung von Folien und Fäden aus Polymeren.** (Nachtrag zu A. P. 2 708 617; C. **1957.** 2628.) Man kann bei der Rk. auch Ausgangsmaterial mit 3 funktionellen Gruppen verwenden. — So leitet man eine Lsg. von 4,5% Adipoylchlorid u. 0,5% Tricarballylchlorid in eine 5%ig. wss. Hexamethylendiamin-Lsg. von 25°, oder man schichtet auf eine 10%ig. Lsg. von Hexamethylendiisocyanat in CCl_4 eine 10%ig. wss. Lsg. von 2.5.8-Tris-[aminomethyl]-nonan; es bildet sich in der Grenzschicht eine *Folie*, die sich bei 400° zersetzt u. nach $2^1/_2$std. Erhitzen auf 150° in m-Kresol unlösl. ist. (**F. P. 1 202 104** vom 12/5. 1952, ausg. 7/1. 1960. A. Prior. 12/5. 1951 u. 25/3. 1952.) M. PANKOW. 7107

Éthylène-Plastique, Nord, Frankreich (Erfinder: Claudine Lumbroso, Henri Sack und Gaston Stroh), **Herstellung von Pfropfpolymerisaten** mit 5—95% eines niedrigmol. Polyäthylens, dessen Eigg. dadurch verbessert werden. — 1 Teil wachsartiges Polyäthylen (Molgew. 2000) wird mit ^{60}Co bestrahlt (Gesamtdosis 1500000 r) u. mit 9 Teilen Vinylacetat 6 Std. bei 100° unter Luftausschluß gehalten. Das Polymere wird mit 15% Dioctylphthalat zu *Filmen* u. *Papierersatz* verarbeitet u. wird durch oberflächliche Verseifung antistat. gemacht. (**F. P. 1 170 326** vom 27/3. 1957, ausg. 13/1. 1959.) M. PANKOW. 7107

Minnesota Mining & Mfg. Co., Minn., V.St.A., **Gegen hohe Temperaturen beständiges Präparat** aus mindestens 70% *Polyäthylen* in Mischung mit einem Antioxydans, Ruß u. einem Harz oder Elastomeren. — Man walzt 100 (Teile) Polyäthylen bei ca. 135°, bis es plast. geworden ist, gibt dann 0,15 Antioxydans Acroflex C, 5 chloriertes Polyphenylharz Aroclor 5460, 5 Sb_2O_3 u. 0,4 Ruß Carbolac Nr. 2 zu, walzt zu einem *Film* von 0,007 in. Stärke aus u. bestrahlt mit 20 Megarepp. (**Jap. A.S. 10 176/1959** vom 19/2. 1957, ausg. 18/11. 1959. A. Prior. 20/2. u. 21/3. 1956.) M. PANKOW. 7107

N. V. de Bataafsche Petroleum Mij., Den Haag, Holland, **Mischpolymerisate von konjugierten Diolefinen mit alkenylsubstituierten Aromaten** erhält man durch therm. Polymerisation der Monomeren bei 80—350° in Ggw. der mindestens 0,2fachen

Menge Vinylcyclohexen als Lsgm. unter inerter Atmosphäre. — Beispiele: Mischpolymerisation von Butadien/Styrol, Butadien/Vinyltoluol u. Butadien/Isopren/Styrol. — Fl. Polymere, die als *Überzugsmittel* verwendet u. in bekannter Weise gehärtet werden können. (**E. P. 850 894** vom 26/1. 1959, ausg. 12/10. 1960. A. Prior. 28/1. 1958.)
L. STADELMANN. 7107

VEB Farbenfabrik Wolfen, Wolfen, Kr. Bitterfeld (Erfinder: Walter Singer, Berlin, Felix Seidel, Wolfen, Hans Springer, Jeßnitz, Horst Heinrich, Greppin, und Dora Goethling, Wolfen), **Herstellung von Lösungen aus nachchloriertem Polyvinylchlorid für Lacke, Klebstoffe usw.** Die Nachchlorierung wird in dem für die genannten Zwecke verwendeten Lsgm., z. B. Chlorbenzol, durchgeführt, wobei das in der Lsg. im Überschuß befindliche Cl_2 u. der gebildete HCl durch Ausblasen mit inerten Gasen, z. B. mit trockener Luft, oder durch Auswaschen mit W., bes. mit wss., säurebindenden Lsgg., entfernt werden. (**D. P. [DDR] 21 616** Kl. 22h vom 5/10. 1959, ausg. 27/7. 1961 [Wirtschaftspatent].) W. WITTHOLZ. 7107

Vianova-Kunstharz Akt.-Ges., Wien (Erfinder: Herbert Hönel, Graz-Andritz), Österreich, **Herstellung von im wesentlichen neutralen, wässerigen Einbrennlacken;** diese enthalten 1. ein niedrigmol. hydrophiles härtendes Kondens.-Prod., z. B. ein *Resol* oder *Aminoplast*, 2. ein plastifizierendes Harz, z. B. ein *Alkydharz* mit einer SZ. von mindestens 40, welches zahlreiche freie, bes. prim., OH-Gruppen sowie C=C-Bindungen aufweist, 3. *Ammoniak* oder eine starke, wasserlösl. Stickstoffbase u. 4. *Wasser*. Das Gemisch von 1—4 oder die Komponente 2. werden einer oxydativen Behandlung, bes. mit H_2O_2, unterworfen. Ferner kann als Komponente 1. eine relativ niedrig mol. *Resolcarbonsäure* verwendet werden, welche eine (Poly-)Methylol-Verb. einer Phenolcarbonsäure ist, die eine SZ. von 100—250 aufweist u. in der die Gesamtzahl aller zu sämtlichen freien Phenol-OH-Gruppen in o- oder p-Stellung stehenden Kern-H-Atome nicht wesentlich von 2. abweicht, wobei die Komponente 2. eine Gramm-Hydroxylgruppe auf 200—400 g des Harzes aufweist. (**D. A. SS. 1 113 774** u. **1 113 775** Kl. 22h vom 19/11. 1956, ausg. 14/9. 1961. Oe. Prior. 22/11. 1955.)
M. BÖTTCHER. 7107

Francys C. Breese, übert. von: Shek Ying Lam, San Francisco, Calif., V.St.A., **Antischaummittel für die Herstellung von nicht schäumenden Überzugsmitteln, insbesondere Latexfarben,** bestehend aus 45—95 (%) eines Öls (z. B. raffiniertes Mineralöl) mit 0,5—10 einer wasserunlösl. Metallseife, 0,5—10 eines sek. Amins mit von Tallöl, Cocosnußöl oder Sojabohnenöl abgeleiteten Alkylresten, sowie 1—10 eines nichtionogenen veresterten Alkylenoxydanlagerungs-Prod. an mehrwertige Alkohole. Zusätzlich kann man noch Polyglykole, wie Polyäthylenglykol oder Polybutylenglykol mit verwenden. (**A. P. 2 956 971** vom 13/1. 1958, ausg. 18/10. 1960.)
P. KRUG. 7107

Amercoat Corp., South Gate, übert. von: Lester Morris, Whittier, und Flora Lombardo, Lynwood, Calif., V. St. A., **Schutzüberzüge auf Silicatbasis.** Auf mit Zn- oder Pb-Silicat oder deren Mischungen vorbehandelte Substrate werden zur Härtung der Silicatschicht, bes. die eine geringe Menge W. enthaltenden alkohol. Lsgg. eines Salzes von einem organ. Amin, z. B. Di-n-butylamin, mit Phosphor-, Schwefel-, Salz-, Salpeter- oder Chromsäure aufgetragen. (**A. P. 2 952 562** vom 27/1. 1958, ausg. 13/9. 1960.) P. KRUG. 7107

Imperial Chemical Industries Ltd., London, England (Erfinder: Dorothy Joyce Guest, Frank Whitley Lord und Walter Peace), **Wässerige Überzugsmassen auf der Basis von Polyvinylacetatdispersionen.** Die neben dem Polyvinylacetat noch einen Weichmacher, ein Pigment u. ein wasserlösl. koll. Verdickungsmittel (**I**) enthaltenden Dispersionen werden dadurch in ihren Eigg. verbessert, daß ein Teil des **I** schon während der Polymerisation zugegen war u. ein anderer Teil während der Fertigstellung der Farbe zugesetzt ist. Geeignete **I** sind z. B. Alkalisalze von Polyacrylaten, Stärke oder Stärkeäther, Cellulose-Derivaten, Frost–Tau-Stabilisatoren, Rostinhibitoren u. Antischaummittel kann man zusetzen. (**E. P. 854 346** vom 4/7. 1958, ausg. 16/11. 1960.)
P. KRUG. 7107

Acheson Industries, Inc., Port Huron, Mich., V.St.A., **Überzugsmasse auf der Grundlage von Polytetrafluoräthylendispersionen.** Die Haftfähigkeit auch bei niederen Temp. wird durch Einbau von einem wärmehärtenden Harz (**I**) verbessert. Der Gesamt-Geh. an Polytetrafluoräthylen (**II**) u. **I** beträgt $<$25 Gew.-% der Dispersion, wobei bes. die Zusatzverhältnisse von **I** : **II** zwischen 20 : 80 u. 80 : 20 liegen. Die Stabilität wird erhöht durch Mitverwendung von Vinylharzen oder Cellulosederivaten. (**Belg. P. 564 931** vom 18/2. 1958, ausg. 15/7. 1960. A. Prior. 18/2. 1957 u. 24/1. 1958.)
P. KRUG. 7107

E. I. du Pont de Nemours & Co., Wilmington, Del., V.St.A., **Formen von Polyamiden.** Man imprägniert das Polymere oder dessen Formstücke mit einer sauren, polymerisierbaren Vinyl-Verb., polymerisiert letztere u. führt das Polymere, wenn nötig, in sein Salz über. — So gibt man zu einem Nylonfilm eine wss. Lsg., die 25% Acrylsäure u. 0,2% $(NH_4)_2S_2O_8$ enthält, läßt $^1/_2$ Std. lang stehen, hält 1 Std. bei 90° u. erhält durch Pfropfpolymerisation einen Polyacrylsäurebelag, der bei 60° mit dest. W. gewaschen u. in 0,3%ig. wss. Ca-Acetat 3mal je 30 Min. gerührt wird. Der Film kann, ohne zu kleben u. zu schmelzen, auf 300° (Metallblock) erhitzt werden. (**Jap. A.S. 7 248/1959** vom 2/7. 1957, ausg. 20/8. 1959. A. Prior. 17/12. 1956.) M. PANKOW. 7107

E. I. du Pont de Nemours & Co., Wilmington, Del., V.St.A., **Zum Überziehen von nicht faserigen Flächengebilden,** bes. aus regenerierter Cellulose, wird ein Mittel verwendet, das als Filmbildner eine Mischung aus 99—90 (Gew.-Teilen) Polyäthylen u. 1—10 cyclisiertem Kautschuk (I) enthält. Durch die Mitverwendung von **I** wird die Haftfestigkeit der Polyäthylenschutzschicht auf dem Grundfilm erheblich verbessert. (**E. P. 845 372** vom 18/10. 1957, ausg. 24/8. 1960. A. Prior. 31/10. 1956.) P. KRUG. 7107

N. V. de Bataafsche Petroleum Mij. (Erfinder: Warren Candler Simpson), **Überzugsmittel für Verputz, Asphalt, Holz und Stahl,** bestehend aus einem homogenen Gemisch eines hocharomat. *Erdölrückstandes* u. einem *Polyepoxyd* mit mindestens 1 Epoxygruppe im Mol., bes. *Glycidylpolyäther* des *2.2-Bis-(4-hydroxyphenyl)-propans.* Geeignet ist z. B. ein Gemisch aus 100 (Teilen) Polyepoxyd, 50 *Dest.-Rückstand* von *gecracktem Gasöl* u. 6 Diäthylentriamin. (**Aust. P. 222 145** vom 22/4. 1958, ausg. 9/7. 1959. A. Prior. 24/4. 1957.) H. MÖLLERING. 7107

Monsanto Chemicals Ltd. (Erfinder: Abraam Gancberg), **Überziehen von Küchengeräten, wie Bratpfannen, Tiegel usw., mit einer Siliconschicht.** Zur Erhöhung der mechan. Festigkeit des Überzugs wird dieser in mehreren Schichten aufgebracht unter Verw. einer Mischung aus einem Silicon (I) u. Polytetrafluoräthylen (II), wobei das Mischungsverhältnis von **I** : **II** von innen nach außen abnimmt. Es beträgt z. B. bei der 1. Schicht 50 **I** : 50 **II**, bei der 2. 25 **I** : 75 **II** u. bei der 3. 5 **I** : 95 **II**. (**Aust. P. 227 037** vom 12/11. 1957, ausg. 24/3. 1960. Belg. Prior. 16/11. 1956.) C. LÜTTGEN. 7107

Pearl Varnish Co. Ltd., Pontypridd, Wales, England (Erfinder: Willi Stern und Sigbert Katz), **Feuerhemmende Schichten bildende Überzugsmittel** auf der Grundlage von organ. polymeren Filmbildnern, Na-Borat u. festen Chlor-KW-Stoffen. Zu der wss. Emulsion des Filmbildners (I) wird die Lsg. des chlorierten KW-Stoffs (II) in einem organ. Lsgm. u. hiernach die wss. Lsg. des Borats zugesetzt. Der Geh. an **II**, z. B. Chlorparaffin mit 70% Chlor, beträgt mindestens 30% der nichtflüchtigen Bestandteile. Geeignete **I** sind z. B. Polyvinylchlorid, Butadien–Styrol-Mischpolymerisate u. bes. Polyvinylacetat. (**E. P. 858 039** vom 21/1. 1959, ausg. 4/1. 1961.) P. KRUG. 7107

Sterling Drug, Inc., New York, N.Y., V.St.A., **Fluorescierende Überzugsmassen.** Die auf Basis von farblosen transparenten Bindemittel-Lsgg. hergestellten Massen enthalten in jeweils geringer Menge eine Substanz, die im UV-Licht rot (I), eine solche, die blau (II) u. schließlich eine, die gelb (III) fluoresciert. Alle 3 Substanzen sollen in verd. Lsg. bei Tageslicht weitgehend farblos u. durchsichtig sein. Die Mischung soll im UV-Licht weiß bis bläulichweiß fluorescieren. Geeignete **I**, **II** u. **III** sind z. B. *2-(3-Hydroxy-2-naphthyl)-benzimidazol, 4-Methyl-7-dimethylaminocumarin* u. *3.7-Bis-(phenylcarbamylamino)-dibenzothiophen-5.5-dioxyd.* Die Massen eignen sich bes. als Deckschichten. (**E. P. 859 891** vom 9/12. 1957, ausg. 25/1. 1961. A. Prior. 10/12. 1956. **A. P. 2 956 027** vom 10/12. 1956, ausg. 11/10. 1960.) P. KRUG. 7107

Karl Reinig, Darmstadt-Eberstadt, **Strahlenabsorbierende Schutzüberzugsmasse,** bes. für Labor. bzw. medizin. Zwecke, enthaltend in einem Träger aus Fetten oder synthet. Kautschuk ein Bleisalz (I) sowie einen opt. Aufheller u. ggf. ein Flammschutzmittel. Geeignete **I** sind z. B. Pb-Nitrat, Pb-Sulfat. (**E. P. 851 602** vom 16/10. 1956, ausg. 19/10. 1960. D. Prior. 10/4. 1956.) P. KRUG. 7107

E. I. du Pont de Nemours & Co., Wilmington (Erfinder: **Myron S. Whelen,** Brandywine Hundred), Del., V.St.A., *Herstellung eines Kupferphthalocyanin-Zwischenproduktes.* (**Schwz. P. 354 534** vom 31/12. 1955, ausg. 15/7. 1961. — C. **1961.** 8487 [A. P. 2 795 586].)

Farbenfabriken Bayer Akt.-Ges., Deutschland (Erfinder: **Helmut Flasch**), *Anorganische Pigmente.* (**F. P. 1 178 058** vom 29/6. 1957, ausg. 4/5. 1959. D. Prior. 2/7. 1956. — C. **1961.** 14 474 [D. A. S. 1 063 304].)

Godfrey L. Cabot, Inc., V.St.A. (Erfinder: **Joseph Stoffard Boyd** und **Claude Cleveland Powell**), *Herstellung von Pastillen aus feinverteilten Pigmenten.* (**F. P. 1 199 452** vom 25/2. 1958, ausg. 14/12. 1959. A. Prior. 26/2. 1957. — C. **1961.** 13732 [Aust. P. 219 633].)

Harshaw Chemical Co., V.St.A. (Erfinder: **Kenneth Edmund Long** und **Jack Russell Lytle**), *Herstellung von Quecksilber enthaltenden Pigmenten und Farben.* (**F. P. 1 174 103** vom 3/4. 1957, ausg. 6/3. 1959. A. Prior. 6/4. 1956. — C. **1961.** 10765 [A. P. 2 850 400].)

National Lead Co., V.St.A. (Erfinder: **Adrian Richard Pitrot**), *Bleiphosphat und Bleisilicat enthaltende Farbstoffgemische.* (**F. P. 1 187 368** vom 29/11. 1957, ausg. 10/9. 1959. A. Prior. 30/11. 1956. — C. **1961.** 8848 [A. P. 2 822 285].)

Chemische Fabrik Hoesch K. G., Deutschland, *Herstellung von komplexen basischen Bleisalzen.* (**F. P. 1 172 564** vom 21/12. 1956, ausg. 12/2. 1959. D. Prior. 22/12. 1955. — C. **1960.** 6670 [D. A. S. 1 068 237].)

E. I. du Pont de Nemours & Co., Wilmington, Del., V.St.A., *Hydrophobes Eisenoxydpigment.* (**E. P. 858 072** vom 2/4. 1958, ausg. 4/1. 1961. A. Prior. 15/4. 1957. — C. **1961.** 5622 [A. P. 2 917 400].)

Laporte Titanium Ltd., England, *Herstellung von Titandioxidpigmenten.* (**F. P. 1 159 504** vom 2/11. 1956, ausg. 27/6. 1958. E. Prior. 3/11. 1955. — C. **1961.** 14842 [E. P. 846 085].)

Laporte Titanium Ltd., Luton, England (Erfinder: **James Thomson Richmond** und **Raymond James Wigginton**), *Titandioxidpigmente.* (**E. P. 853 959** vom 21/2. 1956, ausg. 16/11. 1960. — C. **1960.** 17 289 [F. P. 1 167 144].)

Titangesellschaft m. b. H., Deutschland (Erfinder: **Franklin Laflin Kingsbury**), *Umhüllen von Titandioxidpigmenten.* (**F. P. 1 170 017** vom 25/3. 1957, ausg. 8/1. 1959. A. Prior. 16/5. 1956. — C. **1960.** 17626 [Belg. P. 557 402].)

Walter Marx & Co. K. G. (Erfinder: **Thomas Rehner**), Hallein, Österreich, *Hochdisperses Zinkpigment.* (**Schwz. P. 353 830** vom 30/7. 1956, ausg. 15/6. 1961. — C. **1958.** 9916 [Oe. P. 194 035].)

Comp. des Lampes, Seine, Frankreich (Erfinder: **Herman Christian Froelich**), *Durch Infrarotstrahlung erregbares Zinksulfid.* (**F. P. 1 173 636** vom 24/4. 1957, ausg. 27/2. 1959. A. Prior. 30/4. 1956. — C. **1959.** 11414 [A. P. 2 798 854].)

Westinghouse Electric Corp., Pittsburgh, Pa., V.St.A., *Elektroluminescierender Leuchtstoff.* (**E. P. 854 684** vom 9/12. 1957, ausg. 23/11. 1960. A. Prior. 24/12. 1956. — C. **1960.** 16604 [A. P. 2 874 128].)

Westinghouse Electric Corp., Pittsburgh, Pa., V.St.A., *Elektroluminescierender Leuchtstoff.* (**E. P. 854 683** vom 9/12. 1957, ausg. 23/11. 1960. A. Prior. 24/12. 1956. — C. **1960.** 16604 [A. P. 2 874 128].)

Siemens-Reiniger-Werke Akt.-Ges., Deutschland, *Herstellung von Substanzen mit Elektroluminescenz.* (**F. P. 1 197 556** vom 3/7. 1958, ausg. 1/12. 1959. D. Prior. 5/7. 1957. — C. **1959.** 17497 [D. A. S. 1 046 806].)

Fabriques de Produits Chimiques de Thann et de Mulhouse, Thann, Frankreich, *Herstellung organophiler und hydrophober Pigmente.* (**E. P. 847 007** vom 21/3. 1958, ausg. 7/9. 1960. F. Prior. 28/3. 1957. — C. **1961.** 9992 [D. A. S. 1 063 733].)

J. R. Geigy Soc. An., Schweiz, *Herstellung von Dioxazinpigmenten.* (**F. P. 1 196 878** vom 16/10. 1957, ausg. 26/11. 1959. Schwz. Prior. 17/10. 1956. — C. **1961.** 11158 [Schwz. P. 347 924].)

Farbwerke Hoechst Akt.-Ges., vormals Meister Lucius & Brüning, Deutschland, *Acylurethane als Acylierungsmittel.* (**F. P. 1 221 253** vom 6/3. 1959, ausg. 1/6. 1960. D. Prior. 6/3. 1958. — C. **1961.** 4532 [D. A. S. 1 081 460].)

Walter Marx & Co. K. G., Deutschland, *Anstrichfarbe.* (**F. P. 1 170 724** vom 8/11. 1956, ausg. 16/1. 1959. — C. **1959.** 2626 [Oe. P. 194 503].)

Walter Marx & Co. K. G., *Rostschützendes Grundanstrichmittel.* (**Aust. P. 229 607** vom 9/11. 1956, ausg. 25/8. 1960. Oe. Prior. 21/4. 1956. — C. **1959.** 312 [Oe. P. 196 036].)

N. V. de Bataafsche Petroleum Mij., Holland (Erfinder: **Edward Shokal**), *Herstellung von harzartigen Hydroxypolyäthern.* (**F. P. 1 172 415** vom 20/2. 1957, ausg. 10/2. 1959. A. Prior. 27/2. 1956. — C. **1959.** 10737 [A. P. 2 809 177].)

Imperial Chemical Industries Ltd., England, *Herstellung von Polyäthylenfolien.* (**F. P. 1 187 726** vom 1/6. 1957, ausg. 15/9. 1959. E. Prior. 1/6. 1956 u. 17/5. 1957. — C. **1960.** 17630 [Aust. P. 217 890].)

E. I. du Pont de Nemours & Co., Wilmington, Del., V.St.A. (Erfinder: **Leon E. Wolinski**), *Oberflächenverbesserung von Polyäthylenfilmen.* (**Jap. A. S. 10 487/1959** vom 28/11. 1953, ausg. 1/12. 1959. A. Prior. 29/11. 1952. — C. **1957.** 6906 [F. P. 1 092 664].)

Ciba Ltd., Basel, Schweiz, *An der Luft trocknende Überzüge bildende Massen.* (**E. P. 824 335** vom 26/7. 1956, ausg. 25/11. 1959. Schwz. Prior. 27/7. 1955. — C. **1959.** 11741 [Oe. P. 196 035].)

E. I. du Pont de Nemours & Co., V.St.A. (Erfinder: **Robert Morris Kirkpatrick jun.**), *Wässeriges thixotropes Überzugsmittelgemisch.* (**F. P. 1 170 847** vom 11/1. 1957, ausg. 19/1. 1959. A. Prior. 25/1. 1956. — C. **1960.** 5329 [E. P. 806 556].)

Minnesota Mining & Mfg. Co., V.St.A. (Erfinder: **Alfred H. Nellessen**), *Reflektierende Überzugskomposition.* (**F. P. 1 186 224** vom 13/6. 1957, ausg. 18/8. 1959. A. Prior. 14/6. 1956. — C. **1959.** 16172 [Oe. P. 200 691].)

Union Chimique Belge Soc. An., Brüssel, Belgien (Erfinder: **A. Gancberg**), *Herstellung nichtklebender Überzüge.* (**Jap. A. S. 8 133/1959** vom 15/11. 1957, ausg. 11/9. 1959. Belg. Prior. 16/11. 1956. — C. **1961.** 4924 [E. P. 833 899].)

Reichhold-Beckacite, Seine-et-Oise, Frankreich, übert. von: **Reichhold Chemie Akt.-Ges.**, *Überzüge für adsorbierende Substrate.* (**F. P. 1 170 339** vom 27/3. 1957, ausg. 13/1. 1959. D. Prior. 28/3. 1956. — C. **1961.** 11159 [D. A. S. 1 059 808].)

Hal Fulenwider jun., Marion K. Fulenwider und **Easy Glitter Wax Co.**, V.St.A. (Erfinder: **Daniel Schoenholz** und **Bernard Berkeley**), *Wachspolituremulsionen.* (**F. P. 1 174 736** vom 30/4. 1957, ausg. 16/3. 1959. A. Prior. 16/5. 1956. — C. **1961.** 4177 [E. P. 813 471].)

XIb. Plaste (Kunstharze. Plastische Massen)

Einfärbung von Thermoplasten. 1. Mitt. Probleme und Entwicklungsrichtungen. Anonym. (Brit. Plastics **34.** 156—61. 170. April 1961.) (Engl.)

Übersicht über Meth., wirtschaftliche Aspekte u. andere Probleme, wie Standardisierung. R. SCHÄFF. 7170 □

Einfärbung von Thermoplasten. 2. Mitt. Das Trockeneinfärbverfahren. R. Mather (Brit. Plastics **34.** 162—66. April 1961. Slough, Monsanto Chem. Ltd., Fulmer Hall Labor.) (Engl.) — 1. vgl. vorst. Referat.

Unters. des „dry-colouring"-Verf. am Beispiel des Polystyrols. R. SCHÄFF. 7170□

Einfärbung von Thermoplasten. 3. Mitt. Einfärbung auf der Schneckenstrangpresse. E. J. G. Balley. (Brit. Plastics **34.** 167—70. April 1961. Welwyn Garden City, Herts., Imp. Chem. Ind. Ltd., Plast. Div.) (Engl.) — 2. vgl. vorst. Referat.

Vorteile u. Grenzen des Verf., optimale Verarbeitungsbedingungen u. die Probleme bei bestimmten Thermoplasten (Acrylharze, Nylon, Polyäthylen, Polystyrol, Polyvinylchlorid, Polypropylen) werden erörtert. R. SCHÄFF. 7170□

Moderne Verfahren der Epoxydation von Fetten. Henry Chotiner. (Oléagineux **16.** 451—54. Juli 1961.) (Franz.)

Unter Hinweis auf die ständig zunehmende technolog. u. wirtschaftliche Bedeutung der Kunststoffe werden in einer Übersicht Begriff u. Zweck der „Weichmacher" mit besonderer Berücksichtigung der epoxydierten Fette sowie die Durchführung der Epoxydation bei ungesätt. pflanzlichen Ölen bzw. bei Fettsäureestern mit Perameisen- bzw. Peressigsäure behandelt. Die technolog. Epoxydation wird an Hand der vorliegenden Patente (C. **1959.** 16844 u. C. **1961.** 8121) dargestellt; krit. Bemerkungen zu diesen beiden Prozessen. — 11 Literaturzitate. K. TÄUFEL. 7170□

Die Katalysatoren für die Herstellung von Polyäthylenderivaten der Dehydroschleimsäure. Zdeněk Zámorský. (Chem. Průmysl **11** (**36**). 387—90. Juli 1961. Gottwaldov, Výzk. ústav gumárenské a plastikářské technol.) (Tschech.)

Für die Polykondens. wurden folgende Katalysatoren verwendet: Bimsstein, Na_2CO_3, Mg, Zn, $Zn(CH_3COO)_2$, Zn-Borat, Al, $Al(C_3H_7O)_3$, B_2O_3, PbO, Sb_2O_3, Mg-Borat, Co-Borat, Ni, Cu, Fe u. AKV I-Legierung. Beste Resultate wurden mit Zn-Borat erzielt. Optimale Konz.: 0,03—0,05%. In App. aus Fe oder Cu verfärbt sich das Polykondensat. Bei Temp. über 250° wird der Polyester gespalten unabhängig von der Art des verwendeten Katalysators. J. SCHNEIDER. 7172□

Blasverfahren für Polyäthylen hoher Dichte. D. Burgess und H. I. Lewis. (Brit. Plastics **34.** 177—80. April 1961. Barry, Glamorgan, Brit. Resin Prod. Ltd.) (Engl.)

Probleme der Verarbeitung von Polyäthylen hoher Dichte (*Rigidex*) nach dem Hohlkörper-Blas-Verf. auf Schneckenstrangpressen werden besprochen. R. SCHÄFF. 7172□

Eigenschaften und Verarbeitung von Polypropylen. C. D. Wells und G. J. Nichols. (Plast. Inst., Trans. and J. **29.** 21—29. Febr. 1961. Shell Chem. Co. Ltd.) (Engl.)

Die Eigg. von Polypropylen, auf denen das anwendungstechn. Verh. u. die Verarbeitungsmöglichkeiten beruhen, werden erörtert (Rohre, Spritzgußartikel, Kabelummantelung, Filme, Fasern, Hohlkörper, Platten). R. SCHÄFF. 7172□

Oxydations-Inhibitoren für die Stabilisierung von Polypropylen. Drahomír Ryšavý. (Chem. Průmysl **11** (**36**). 553—55. Okt. 1961. Brno, Výzk. ústav makromol. chemie.) (Tschech.)

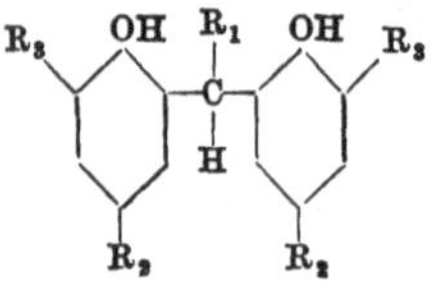

Es wurden 34 verschiedene Oxydationsinhibitoren (OI) für die Stabilisierung von Polypropylen untersucht. Als bester OI erwies sich ein Kondens.-Prod. aus Diphenylamin u. Aceton. Die intensive Färbung des damit stabilisierten Polymeren ist von Nachteil. Darum werden OI mit der nebenst. Strukturformel empfohlen, worin R_1 u. R_2 Alkyl oder Phenylgruppen, R_3 = tert.-Butylgruppen bedeuten. Diese OI erhöhen wesentlich die Oxydationsstabilität des Polypropylen bei 170°. Eine einfache Prüfmeth. der Oxydationsstabilität wird beschrieben. J. SCHNEIDER. 7172□

Über den heutigen Stand der PeCe-Herstellung. R. Kuschk und H. Kaltwasser. (Plaste u. Kautschuk **7.** 528—33. Nov. 1960. Bitterfeld, VEB Elektrochem. Kombinat.) (Dt.)

Überblick über die Prinzipien der Chlorierung von Polyvinylchlorid sowie über die Ausgestaltung des techn. Verf. u. die Anwendung von chloriertem Polyvinylchlorid. — 42 Literaturhinweise. H. REUTHER. 7172□

Cyclopolymerisation von Divinylverbindungen. Jean Mercier. (Ind. chim. belge **25.** 359—65. April 1960. Löwen, Univ. Catholique, Labor. de Chim. Macromol.) (Franz.)

Die Polymerisation unter Ring-Bldg. (CP) bei bekannten Stoffen u. bei den zu lösl. Polymeren polymerisierenden 1.6-Heptadienen wird besprochen; sie verläuft als ein dreistufiger Prozeß unter intra- u. inter-mol. Kettenwachstum. Auf die Mischpolymerisation unter Ring-Bldg. u. die techn. interessante Möglichkeit, über die CP Heteroatome in Polymere einzubauen, wird hingewiesen. Die CP ist ein allg. Polymerisationsprinzip u. bei verschiedenen Dienpolymerisaten allein oder in Konkurrenz mit der linearen Kettenpolymerisation u. der Linearpolymerisation unter Brücken-Bldg. anzutreffen. M. Hagedorn. 7172☐

Diffusion von Gasen und Dämpfen durch Filme aus Vinylpolymeren. C. A. Kumins. (Chem. in Canada **13.** Nr. 4. 33. April 1961. New York, N.Y., Interchem. Corp.) (Engl.)

Vf. untersuchte die Diffusion von Gasen verschiedener Mol.-Größe (H_2, Wasserdampf) durch Filme aus Polyvinylchloridacetat in unpigmentiertem u. pigmentiertem Zustand. B. Scheifele. 7172☐

Einfluß von Gleitmitteln auf Hart-Polyvinylchlorid. Ulf Jacobson. (Brit. Plastics **34.** 328—33. Juni 1961. Stockholm, Fosfatbolaget.) (Engl.)

Der Einfl. von Gleitmitteln auf die Verarbeitung von Hart-Polyvinylchlorid (**I**) u. auf das Endprod. wurde untersucht. Gleitmittel sollen niedrige Löslichkeit in **I** aufweisen, sollten aber gleichzeitig stark polar sein, so daß sie Affinität sowohl für die **I**-Mischung als auch für die Stahloberflächen in den Verarbeitungsmaschinen besitzen. Eine geeignete Viscosität des Gleitmittels sollte bei den Verarbeitungs-Temp. einen zusammenhängenden Film des Gleitmittels längs der Stahloberflächen ermöglichen (zweckmäßiger F. des Gleitmittels bei der Extrusion ca. 100—120°, beim Kalandern ca. 140—160°). R. Schäff. 7172☐

Der Einfluß kleiner Weichmachermengen auf die Korrosionsbeständigkeit des harten Polyvinylchlorids. Břetislav Doležel. (Chem. Průmysl **11** (**36**). 556—58. Okt. 1961. Praha, Státní výzkumný ústav ochrany materiálu G.V. Akimova.)(Tschech.)

Es wurde die Korrosionsbeständigkeit von 45 Mustern aus hartem Polyvinylchlorid mit kleinen Anteilen verschiedener Weichmacher in dest. W., 80%ig. H_2SO_4, 40%ig. HNO_3 u. 20%ig. NaOH bei 20 u. 40° während 90 Tagen geprüft. Aus den Verss. wurden keine allg. gültigen Resultate gewonnen. Die Korrosionsbeständigkeit für alle Zus. u. Medien wurden tabellar. angegeben. Die Proben korrodierten am wenigsten in dest. W., am meisten in 80%ig. H_2SO_4. J. Schneider. 7172☐

Stabilisatoren für PVC. 2. Mitt. **Prüfmethoden.** W. S. Penn. (Rubber Plastics Weekly **141.** 42. 44. 46. 48. 8/7. 1961.) (Engl.) — 1. vgl. C. **1962.** 1428.

Vf. vermittelt einen Überblick über die wichtigsten stat. u. dynam. Verff. zur Bewertung der Eignung von Stabilisatoren für Polyvinylchlorid u. diskutiert ihre Leistungsfähigkeit. M. Winiker. 7172☐

Weichmacher für PVC. 3. Mitt. **Monomere Weichmacher.** W. S. Penn. (Rubber Plastics Weekly **141.** 472—74. 23/9. 1961.) (Engl.) — 2. vgl. vorst. Referat.

Zusammenfassender Überblick über die in England üblichen monomeren Weichmacher für Polyvinylchlorid u. ihre Eigenschaften. M. Winiker. 7172☐

Die komplexbildenden Harze. M. Brochard. (Rev. Produits chim. **64.** 9—12. 31/1. 1961.) (Franz.)

Überblick über Herst., Eigg. u. Anwendungen von *Devlex 130* [Polymerisations-Prod. des *5-Methyl-3-vinyloxazolidinons-(2)* (**I**)] u. *Devlex A 515* (Copolymerisations-Prod. von **I** u. *Vinylacetat*). — 7 Literaturangaben. M. Winiker. 7172☐

Entwicklung neuer zäher Polyester-Preßmischungen. J. Newton. (Plastics. **26.** 51—54. Mai 1961. B.I.P. Chem. Ltd.) (Engl.)

Zähe Polyester-Preßmischungen bestehen aus ungesätt. Polyesterharz, Mineralfüllstoffpulver, wie Kreide, u. faserförmigem Verstärkungsmaterial, z. B. Glas, sowie aus kleinen Mengen von Katalysatoren, Inhibitoren, Gleitmitteln u. Pigmenten. Die Entw. auf dem Gebiet der Herst. u. Verarbeitung solcher Preßmischungen u. die damit zusammenhängenden Probleme werden erörtert. R. Schäff. 7176☐

Der Einfluß von Katalysatoren auf Zweikomponenten-Polyurethan-Filme. R. N. O'Brien und R. N. Swindlehurst. (Chem. in Canada **13.** Nr. 4. 34—36. April 1961. Edmonton, Cann., Univ. of Alberta.) (Engl.)

Zweikomponenten-Polyurethane liefern bei Zusatz von Katalysatoren (Amine, Co-Naphthenat) Filme von höherem Polymerisationsgrad u. größerer Lsgm.-Beständigkeit. Amine sind als Katalysator wirksamer als metallorgan. Verbindungen. B. Scheifele. 7180☐

Festigkeitsuntersuchungen an glasfaserverstärkten Prüfkörpern und Bauteilen. K.-G. Reinhardt. (Plaste u. Kautschuk **7.** 533—42. Nov. 1960. Halle, Zentralinst. für Schweißtechnik der DDR.) (Dt.)

Die Bedeutung u. Aussagemöglichkeit der experimentell bestimmten Festigkeitskennwerte von glasfaserverstärkten Plasten wird überprüft. Die Festigkeitsunterss. werden an Zug- u. Scherprüfkörpern sowohl im Normalzustand als auch nach einem 2std. Kochvers. sowie nach Wasserlagerung bestimmt. Ein besonderer Abfall der Festigkeit kommt durch die Wasserlagerung zustande. Die an Prüfkörpern gewonnenen

Ergebnisse werden durch Messungen ergänzt, die an einem 4 Monate wassergelagerten, biegebeanspruchten Träger mit Hutprofil erzielt wurden. H. REUTHER. 7204 □

Phillips Petroleum Co., Del., übert. von: Harold M. Hawkins und Walter A. Goldtrap, Bartlesville, Okla., V.St.A., **Gewinnung von trocknen Olefinpolymeren** aus einem Suspensionsschlamm im Lsgm. durch Versprühen in einer geheizten Zone, wodurch das Lsgm. verdampft u. das Polymerisat zu Boden sinkt. Der Dampf wird von unten in die Zone rückgeführt u. dient zur Erzeugung eines Fließbetts, das das trockne Polymerisat abführt. Beschreibung u. Zeichnung der App. an Hand eines Beispiels zur Herst. von Polyäthylen. (**A. P. 2 949 447** vom 28/2. 1957, ausg. 16/8. 1960.) H. SCHINDLER. 7173

Phillips Petroleum Co., Del., übert. von: William James Wride, Bartlesville, Okla., und Richard L. Kimmel, Pasadena, Tex., V.St.A., **Gewinnung fester Polyolefine** aus ihren Gemischen mit fl. KW-Stoffen, z. B. (Methyl-) Cyclohexan, durch Wasserzusatz, Einleiten von Dampf zum Entfernen des Verdünnungsmittels, Abschöpfen des Polymeren vom W. u. Trocknen in inerter Atmosphäre, z. B. N_2, bei 230° F. W. u. N_2 werden über einen Scrubber u. Separator geleitet u. dem Prozeß wieder zugeführt. Beispiel mit Äthylen. Beschreibung u. Zeichnung der erforderlichen App. u. Tabellen über die Wrkg. des Verf. beim Niederschlagen von feinen mitgerissenen Polymerisatteilchen. (**A. P. 2 953 557** vom 24/9. 1956, ausg. 20/9. 1960. **E. P. 846 585** vom 4/9. 1957, ausg. 31/8. 1960. A. Prior. 24/9. 1956.) H. SCHINDLER. 7173

Esso Research and Engineering Co. (Erfinder: Arthur Walter Langer jun., Joseph Matthew Kelley und Erik Gustav Marcus Tornquist), **Katalysator für die Niederdruckpolymerisation von Olefinen.** Trialkyl-Al (I) mit 2 bis 4 C-Atomen in den Alkylresten wird im inerten Verdünnungsmittel 5—20 Min. bei 20 bis 100° mit $Ti(Halogen)_4$ so umgesetzt, daß auf 0,2—1,5 Al-Atome 1 Ti-Atom kommen. Der erhaltene braune halbkrist. Nd. wird mit I aktiviert. Bes. geeignet sind Prodd. aus *Triäthyl-Al* u. $TiCl_4$. Verw. bei Herst. von *Polypropylen* u. *-buten.* (**Aust. P. 224 028** vom 2/4. 1957, ausg. 15/10. 1959. A. Prior. 9/4. 1956.) H. MÖLLERING. 7173

Imperial Chemical Industries Ltd., London, England (Erfinder: Richard Derek Mulley und Percy Arthur Small), **Katalysatorgemisch für Olefinpolymerisation,** bestehend aus einem Halogenid der Formel RX oder $X(CH_2)_nX$, worin X = Halogen, R = Alkyl, Aralkyl oder Cycloalkyl u. n nicht weniger als 3 ist, u. Ti-Pulver, denen noch J, Br, Hg-Halogenide, Äther, tert. Amine oder gepulvertes Be, Mg, Al, Zn, Cd, Sn oder Mischungen oder Legg. dieser Metalle zugefügt werden. — Nach einem Beispiel werden Ti-Pulver, Äthylbromid u. HgCl in PAe. (Kp. $>100°$) 18 Std. bei 50° in einer Kugelmühle vermahlen. Mit dem Gemisch erhaltenes Polyäthylen zeichnet sich durch einheitliches Molgew. aus. (**E. P. 838 723** vom 17/7. 1957, ausg. 22/6. 1960.) H. SCHINDLER. 7173

Deutsche Erdöl-Akt.-Ges., Deutschland (Erfinder: Karl A. Fischer), **Verbessern von Polyolefinen.** Um in den Polymeren die Bldg. feiner Sphärolithe zu erreichen, setzt man den Schmelzen Körper mit rauher Oberfläche zu, z. B. Phenol-, Harnstoff-CH_2O-Harze, Silicate, Silicagel, Koks, krist. MgO, kristalline wasserunlösl. Erdalkalisalze. Man mischt Polyäthylen z. B. mit 5% Schlackepulver, schmilzt u. kühlt ab. (**F. P. 1 182 817** vom 16/9. 1957, ausg. 30/6. 1959. D. Prior. 15/9. 1956.) M. PANKOW. 7173

Deutsche Erdöl-Akt.-Ges., Deutschland (Erfinder: Karl A. Fischer und Kurt Pilgram), **Herstellung von Polyolefinen mit Doppelbindungen** u./oder vernetzten Bindungen. Man halogeniert Polyolefine u. spaltet Halogenwasserstoff u./oder Halogen z. B. in wss. Medium mit Alkali ab. — Man leitet in eine Suspension von 15 g Polyäthylen in 500 cm³ Chlf. 5 Std. Cl_2 bei 20—25°. Man erhält ein in Chlf. lösl. Chlorierungs-Prod. $(C_3H_4Cl_2)_n$ mit 62,8% Cl u. ein unlösl. $(C_7H_{13}Cl)_n$ mit 26,6% Cl. Man gibt 5 g eines chlorierten Polyäthylens in eine Lsg. von 1 g K in 300 cm³ fl. NH_3 bei —40°, entfernt NH_3, wäscht mit W., A., Ae. u. erhält ein braunes Pulver. (**F. P. 1 183 126** vom 19/9. 1957, ausg. 3/7. 1959. D. Prior. 19/9. 1956.) M. PANKOW. 7173

Phillips Petroleum Co., Del., übert. von: John E. Cottle, Bartlesville, Okla., V.St.A., **Reglung von Olefinpolymerisationen,** z. B. von Äthylen, in fl. Verdünnungsmitteln, z. B. KW-Stoffen mit 3—12 C-Atomen, durch Kontrollen des Katalysator- u. Monomerenzuflusses u. des Drucks in der Rk.-Zone einer näher beschriebenen App. (Zeichnung). Das Verf. ist kontinuierlich u. wird bei 285° F u. 500 lbs./sq.in. durchgeführt. (**A. P. 2 964 511** vom 12/3. 1956, ausg. 13/12. 1960. **E. P. 850 597** vom 20/2. 1957, ausg. 5/10. 1960. A. Prior. 12/3. 1956.) H. SCHINDLER. 7173

Monsanto Chemical Co., St. Louis, Mo., V.St.A., **Niederdruckäthylenpolymerisation** erfolgt in Ggw. von 0,01—1 Gew.-% Polyhalogenmethanen, bes. CCl_4, bezogen auf das Äthylen-Gew., u. üblicher ZIEGLER-Katalysatoren. Nach einem Mengenbeispiel erhält man ein Polyäthylen mit einem Schmelzindex von 14,9 im Vgl. zu dem von 0,66 ohne CCl_4-Mitverwendung. (**E. P. 841 324** vom 23/11. 1956, ausg. 13/7. 1960. A. Prior. 23/11. 1955.) H. SCHINDLER. 7173

Imperial Chemical Industries Ltd., London, England, **Polymerisation von Äthylen** bei erhöhtem Druck mit einem Acylperoxyd als Katalysator, das im Acylrest eine verzweigte Alkyl- oder Cycloalkylgruppe enthält, so daß mindestens eine Seitenkette oder ein Ring an ein C-Atom gebunden ist, das nicht das α-C-Atom des Acylrestes ist, u. daß das Peroxyd bei höchstens -10^0 schmilzt. Solche Peroxyde sind 3.5.5-Trimethylhexanoyl- (**I**), Isovaleroyl- u. gemischte Naphthenoylperoxyde. Andere Monomere können mitpolymerisiert werden. — 17 (Vol.-Teile) 3.5.5-Trimethylhexanoylchlorid u. 8 H_2O_2 (100 Vol.) werden bei 0^0 portionsweise mit 8 Pyridin versetzt u. 1 Std. gemischt, dann wird die organ. Schicht abgetrennt, gewaschen u., mit Ae. verd., getrocknet: **I**, n_D^{20} 1,4382, wird bis -70^0 nicht fest. Zu 0,25 cm^3 einer Lsg. mit 50 g/Liter **I** in Terpentinölersatz wird Äthylen bis 1400 at gedrückt u. bei 90^0 unter Nachdrücken von Äthylen gehalten, bis der Druckabfall insgesamt 100 at betrug. (**Oe. P. 211 545** vom 13/2. 1959, ausg. 25/10. 1960. E. Prior. 14/2. 1958.) M. PANKOW. 7173

Imperial Chemical Industries Ltd. (Erfinder: Peter Lionel Clegg und Stanley Turner), **Polyäthylengemisch** mit hohem Elastizitätsmodul u. großer Zähigkeit, bestehend aus 40—70 (%) Polyäthylen (**I**), Dichte >0,935, Schmelzindex >0,1, u. 60—30 **I**, Dichte <0,922, Schmelzindex >2,0. (**Aust. P. 227 788** vom 19/12. 1957, ausg. 12/5. 1960. **Ind. P. 62 620** vom 18/12. 1957, ausg. 25/11. 1959. Beide E. Prior. 3/1. 1957.) C. LÜTTGEN. 7173

Hercules Powder Co., übert. von: David S. Breslow, Wilmington, Del., V.St.A., **Katalysatorgemisch für Äthylenpolymerisation,** bestehend aus einem Bis-(cyclopentadienyl)-Zr- oder -V-Salz u. einer Alkylmetall-Verb. eines Metalls der IA-, IIA- u. IIIA-Gruppe des Period. Syst., z. B. n-Amyl-Na, n-Butyl-Li, Diäthyl-Mg, Triäthyl-Al oder Diäthyl-Al-chlorid. Die Zr- oder V-Salze erhält man über die Na-Verb. aus Cyclopentadien u. Na in Tetrahydrofuran u. Rk. der Na-Verb. mit $ZrCl_4$ oder VCl_4 als die entsprechenden Halogenide. Hochmol. Polyäthylene. — Beispiele. (**A. PP. 2 924 593** u. **2 924 594** vom 23/8. 1956, ausg. 9/2. 1960.) H. SCHINDLER. 7173

Elektrochemische Werke München Akt.-Ges., Deutschland, **Katalysator für die Herstellung von Block- und Lösungspolymerisaten.** Man verwendet eine hochkonz. H_2O_2-Lsg. in einem gegenüber H_2O_2 neutralen Lsgm., wie Phosphor- oder Phthalsäureester. — Man gibt 25 (Teile) 80%ig. H_2O_2 zu 75 Triäthylphosphat unter Kühlen. — Als andere Lsgm. kann man Dimethylphthalat, Dimethylglykolphthalat oder Äthylglykolacetat verwenden u. zu der H_2O_2-Lsg. andere Peroxydkatalysatoren, wie Methyläthylketonperoxyd, zusetzen. — Verw. zur *Polymerisation von Vinyl- oder Allyl-Verbb., Malein-, Fumar- oder Itaconsäureestern.* (**F. P. 1 203 205** vom 12/9. 1958, ausg. 18/1. 1960. D. Prior. 5/11. 1957.) M. PANKOW. 7173

Farbenfabriken Bayer Akt.-Ges., Deutschland (Erfinder: Ernst Roos, Friedrich Lober und Jürgen Koerner), **Stabilisieren von halogenhaltigen Polymeren,** wie *Polyvinylchlorid,* gegen Verfärbung beim Erwärmen oder bei Belichtung mit Pyrazolen der Formel I, worin R, R′ u. R″ = H, Halogen, Cycloalkyl-, Aralkyl-, Alkyl- u. Arylgruppen. Solche Verbb. sind *3.5-Diphenyl-, 3-Methyl-5-phenyl-, 3-Phenyl-, 3-Phenyl-5-[p-chlorphenyl]-* oder *3-Phenyl-5-[p-methoxyphenyl]-pyrazol.* (**F. P. 1 193 569** vom 25/3. 1958, ausg. 3/11. 1959. D. Prior. 27/3. 1957.) M. PANKOW. 7173

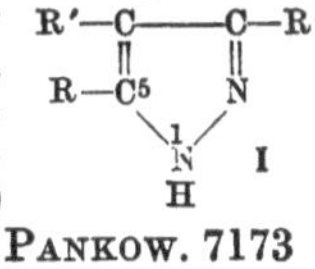

I

Catalin Ltd., Waltham Abbey (Erfinder: John Edward Seager Whitney, Epping, und Peter Frederick Cartlidge, Harlow, Essex), England, **Herstellung von Novolaken** durch Kondens. von Phenol (**I**), m-Alkylphenol oder m-Alkenylphenol in mol. Überschuß mit CH_2O oder CH_2O abspaltenden Stoffen in wss. Lsg. bei pH-Werten von 4—7, dad. gek., daß das wss., Methylolphenol u. nicht umgesetztes **I** enthaltende Rk.-Gemisch unter vermindertem Druck u. erhöhter Temp. entwässert wird, bis eine exotherme Rk. einsetzt, u. diese ohne weitere Zufuhr von Wärme durch die im Rk.-Gemisch enthaltene Menge W. geregelt wird. — Diese Regelung beruht auf der Beobachtung, daß sich bei der Rk. W. bildet, welches die Rk. bremst. Wird W. abgeführt, steigt die Rk.-Geschw. wieder. Zum Beispiel enthält der Kessel, in dem das Verf. durchgeführt wird, 2 Kühler, einen Rückfluß- u. einen Dest.-Kühler. Die Hähne der beiden Kühler sind so eingestellt, daß die Temp. im Syst. auf ca. 120^0 gehalten wird, während bisher bis auf 150—160^0 bei normalem Druck zwecks Entfernung der flüchtigen Verbb. erhitzt werden mußte. (**D. A. S. 1 086 432** Kl. 39c vom 27/3. 1958, ausg. 4/8. 1960. E. Prior. 28/3. 1957.) K. SARRE. 7177

N. V. de Bataafsche Petroleum Mij. (Erfinder: Eduard Lelyveld und Geoffrey Lawton), **Herstellung von Epoxyharzen.** Man kondensiert in Ggw. eines Dehydrohalogenierungsmittels ein mehrwertiges Phenol, z. B. Diphenylolpropan, mit einer Halogen-Verb., die einen Glycidylrest enthält oder unter den Rk.-Bedingungen zu bilden imstande ist, wäscht das rohe Kondens.-Prod. nahe oder über dem F. des Harzes mit W., das das Salz einer anorgan. Säure u. eines mehrwertigen Metalls in einer Menge von 0,02—10, bes. 0,1—0,5 Gew.-%, gelöst enthält, z. B. Ca- oder $MgSO_4$. (**Aust. P. 223 130** vom 31/12. 1957, ausg. 27/8. 1959. E. Prior. 4/1. 1957.) K. DEMMLER. 7177

Deutsche Solvay-Werke G. m. b. H., Solingen (Erfinder: Gerhard Faerber, Rheinberg/Rhld.), **Härten von Epoxydkondensationsprodukten** mit einer Mischung aus Phthalsäureanhydrid u. Phthalsäure im Molverhältnis 2 : 1 bis 2 : 0,6. Man gibt z. B. eine gepulverte Mischung zu dem Epoxydharz von 130°, wobei Temp.-Anstieg erfolgt. Die Mischung kann bei 120—130° gegossen werden u. wird in der Form 5 Std. bei 160° gehärtet. Der Zusatz der beiden Härtungsmittel kann auch nacheinander erfolgen. (**F. P. 1 193 031** vom 5/2. 1958, ausg. 29/10. 1959. D. Prior. 1/3. 1957. **D. A. S. 1 110 861** Kl. 39b vom 1/3. 1957, ausg. 13/7. 1961.) M. PANKOW. 7177

Gevaert Photo-Producten N. V., Belgien (Erfinder: André Jan Conix und Urbain Léopold Laridon), **Herstellung thermoplastischer Polyester** durch Kondens. der p-Diphenole $HO\cdot C_6H_4\cdot R\cdot C_6H_4\cdot OH$ (oder ihren veresterbaren Derivv.) mit ungesätt. Dicarbonsäuren (oder deren veresterbaren Derivv.), wie ungesätt. aliphat. Dicarbonsäuren, Isophthalsäure oder den aromat. p-substituierten Säuren $HOOC\cdot C_6H_4\cdot R'\cdot C_6H_4\cdot COOH$ (R u. R' = 2wertige Reste; wie $-CH_2-$, $-CO-$, $-O-$, $-S-$ oder substituierte Methylengruppen). Man kann in einem Lsgm., wie CH_2Cl_2, u. mit einem Katalysator, wie Trimethylbenzylammoniumchlorid, kondensieren. Die Rk.-Prodd. zeigen erhöhten Erweichungspunkt, gute Löslichkeit in den üblichen Lsgm. u. wenig oder keine Neigung zur Kristallisation. Man kann sie im Preßverf. im Spritzguß verarbeiten, zu *Fasern* schmelzspinnen u. für *Photofilme* verwenden. — 22,4 g 2.2-[4.4'-Dicarboxydiphenyl]-propan u. 24,55 g 2.2-[4.4'-Diacetyloxydiphenyl]-propan werden mit 10 mg p-Toluolsulfonsäure u. 15 mg Sb_2O_3 unter Durchleiten von N_2 durch die Schmelze auf 305°, später bei 0,1 mm erhitzt. Nach 3 Std. erhält man ein *Harz* mit einem Erweichungspunkt von ca. 230°. Lsgg. in Dichloräthan können zu *Filmen* ausgegossen werden. (**F. P. 1 195 311** vom 14/12. 1957, ausg. 17/11. 1959. E. Prior. 14/12. 1956, 2/4., 26/4. u. 13/11. 1957.) M. PANKOW. 7177

Goodyear Tire & Rubber Co., Akron, Ohio, V. St. A., **Katalysator zur Herstellung von Polyestern,** bestehend aus Ti-Derivv. von Polycarbonsäuren, z. B. der allg. Formel $HO-C(O)-R'-C(O)O-Ti(OR)_3$, $(RO)_3Ti-O-C(O)-R'-C(O)O-Ti\cdot(OR)_3$ oder $(RO)_3-Ti-O-C(O)R'-C(O)-O-Ti(OR)_2-C(O)-R'-COOH$, worin R = Substituenten der ursprünglichen Titanate u. R' = aliphat., aromat. oder araliphat. KW-Stoffreste bedeuten. In gleicher Weise kann mit Ti-Derivv. von Hydroxycarbonsäuren gearbeitet werden. Nach einem Beispiel wird Tetraisopropyltitanat in Bzl. gelöst u. mit Äthylenglykol versetzt. Nach der Wärme-Rk. fällt ein weißes, in W. bei Raum-Temp. nicht hydrolysierbares Äthylenglykoltitanat aus. Entsprechend erhält man das Tetra- u. Dekamethylenglykoltitanat. Weitere Beispiele für die Herst. von Glycerin- u. Resorcintitanat, von Isopropoxy-Ti-isophthalat u. der Rk.-Prodd. von Tetrabutyltitanat mit Milchsäure u. p-Hydroxybenzoesäure. Schließlich wird der Einsatz dieser Katalysatoren zur Herst. von Mischpolyestern auf Basis des Monomerengemisches Dimethylterephthalat–Dimethylisophthalat eingehend beschrieben. Schwach gefärbte Prodd. mit Schmelzviscositäten von 800—2000 cP bei 280°. (**E. P. 851 061** vom 27/5. 1957, ausg. 12/10. 1960. A. Prior. 9/7. 1956.) H. SCHINDLER. 7177

Udic Soc. An., Schweiz, **Herstellung von modifizierten Alkydharzen.** An Stelle der zur Kondens. verwendeten mehrwertigen Alkohole, wie Glycerin, Pentaerythrit u. a., werden Gemische von Polyalkoholen verwendet, die durch katalyt. Hydrierung von Zuckergemischen erhalten werden. Letztere werden ihrerseits aus pflanzlichen Stoffen, wie Kiefernholz, Bagasse u. dgl., durch Hydrolyse mittels Mineralsäure gewonnen. (**F. P. 1 195 601** vom 2/5. 1958, ausg. 18/11. 1959. Schwz. Prior. 2/5. u. 3/5. 1957.) W. WITTHOLZ. 7177

Dow Chemical Co., übert. von: Herbert B. Rickert, Midland, Mich., V. St. A., **Ölmodifizierte Alkydharze** enthalten als Esterkomponente 0,1—1,80 Äquivalente ungesätt., trocknender Öle u. 1,9—0,2 Äquivalente an chlorierten Säuren, die durch Kohleoxydation entstehen. Diese haben ein Molgew. von 200—300, ein Äquivalent Gew. von 70—90, enthalten 2,5—5 COOH-Gruppen pro Ring u. haben einen Cl-Geh. von 0,5—35 Gewichtsprozent. (**A. P. 2 971 932** vom 19/9. 1957, ausg. 14/2. 1961.) F. KOCH. 7177

Union Carbide Corp. (Erfinder: John Robert Kilsheimer), **Allyl-3.4-epoxy-2-hydroxyalkanoat-Polymerisate und Mischpolymerisate** durch Polymerisation der monomeren Verbb. in Ggw. von anorgan. oder organ. Perverbindungen. — Ausgangsmaterial ist bes. Allyl-3.4-epoxy-2-hydroxybutyrat u. -valerat, das mit Vinylchlorid, -acetat, Vinylidenchlorid, Acrylnitril, Isobuttersäuredinitril, Chlorstyrol u. Äthylacrylat mischpolymerisiert wird. Die Harze sind mit Säuren, z. B. H_3PO_4, oder Diäthylentetramin härtbar. (**Aust. P. 229 027** vom 29/11. 1957, ausg. 28/7. 1960. A. Prior. 19/12. 1956.) C. LÜTTGEN. 7177

Jenson & Nicholson Group Ltd., London, England (Erfinder: Herbert Walter Chatfield und Kenneth Fred Thomas Allen), **Partielle Ester von Epoxyätherharzen** werden aus Epoxyätherharzen, welche keine Hydroxylgruppen oder im Durchschnitt 1 Hydroxylgruppe pro Epoxygruppe enthalten, durch Rk. mit ungesätt. Fettsäuren mit 8—22 C-Atomen oder einer Mischung derselben in der Wärme hergestellt. Als Säurekomponente können auch polymere Säuren,die durch Rk. von vinylaromat. KW-Stoffen mit ungesätt. Fettsäuren mit 8—22 C-Atomen oder Mischungen derselben hergestellt sind, verwendet werden. Der Veresterungsgrad der erfindungsgemäß hergestellten Ester beträgt 5—25%. Die Ester können nach Zugabe von Härtungsmitteln zur *Herst. von Formkörpern* verwendet werden. — 59 (Teile) dehydrierter Ricinusölfettsäuren werden auf 140° erhitzt u. 40,1 Styrol sowie 0,9 Di-tert.-butylperoxyd zugegeben, dann die Temp. für 1 Std. auf 190° gesteigert. 20,8 dieser Säure werden zusammen mit 62,5 „Epikote 228" auf 200° erwärmt, bis die SZ. auf unter 4 gefallen ist. Das Prod. kann nach Zugabe von Phthalsäureanhydrid gehärtet werden, wobei für die Herst. der Formkörper kein Weichmacher notwendig ist. (**E. P. 858 652** vom 24/1. 1956, ausg. 11/1. 1961.) A. DANDL. 7177

Union Carbide Corp. (Erfinder: Benjamin Phillips, Frederick Charles Frostick jun., Charles Wesley Mc Gary jun. und Charles Theo Patrick jun.), **Herstellung von heißhärtbaren Epoxyharzen** durch Polymerisation von 3.4-Epoxycyclohexylmethyl-3.4-epoxycyclohexancarboxylaten bei 50—160° in Ggw. von 0,005 bis 10% eines Polymerisationskatalysators. — Geeignet zur Herst. von *Klebstoffen, Überzügen* u. *Formkörpern*. (**Aust. P. 220 518** vom 23/5. 1957, ausg. 26/3. 1959. A. Prior. 24/5. 1956.) C. LÜTTGEN. 7177

Hudson Foam Plastics Corp. (Erfinder: Christopher Lumley Wilson und William Leonard Riedman), **Herstellung von schalldämpfenden Schaumstoffen.** 100 (Teile) eines Rk.-Prod. aus einem Polyalkylenglykoläther mit einem Molgew. von 1000—4000, bes. Kondens.-Prodd. vom Propylenoxyd u. Äthylenoxyd, Trimethylenoxyd, Tetramethylenoxyd oder Butylenoxyd, einem aromat. Diisocyanat u. einer aliphat. Polyhydroxy-Verb. mit $\geqq 3$ OH-Gruppen werden mit 1—5 W. zur Rk. gebracht. (**Aust. P. 227 671** vom 11/9. 1957, ausg. 5/5. 1960. A. Prior. 13/9. 1956.) C. LÜTTGEN. 7181

California Research Corp., San Francisco, Calif., V.St.A., **Herstellen von Nylonpolymerisaten**, dad. gek., daß man ein Nylonsalz (AH) in einer für beide Bestandteile nicht lösl. Fl. suspendiert u. unter Bedingungen (Temp. u. Druck) polymerisiert, bei denen eine Suspension der nicht agglomerierten festen Teilchen des Rk.-Prod. während der Polymerisations-Rk. beibehalten bleibt, worauf die Polymerisationsteilchen gesammelt werden. — 41 (g) Nylonsalz, gewonnen aus Hexamethylendiamin u. Adipinsäure, werden mit 100 ml Kerosin gemischt u. in einen 500 ml-Rundkolben mit Dest.-Aufsatz eingetragen, worauf der Behälter bei Unterdruck (80—159 mm Hg) u. 25—175° binnen 2 Std. erhitzt wird. Während dieser Zeit werden 0,2 ml W. abdest.; dann wird ½ Std. lang auf 190° bei 239 mm Hg erhitzt u. 2,3 ml W. abdestilliert. Zur vollständigen Polymerisation wird der Druck gesenkt u. die M. 4 Std. lang auf 242° erhitzt, wobei 2,8 ml W. abdest. werden. Das Rk.-Prod. wird abgekühlt; das Polymerisat von Kerosin getrennt, gewaschen, getrocknet bis zur Gew.-Konstanz bei 180° u. 1 mm Hg binnen 2 Std.; das Polymerisat hat den Schmelzpunkt 265°. (**E. P. 852 672** vom 21/11. 1958, ausg. 26/10. 1960. A. Prior. 26/11. 1957.) W. SCHLITT. 7181

British Nylon Spinners Ltd. (Erfinder: Kenneth Gordon Brown und Clifton Douglas Cowell), **Herstellung hochmolekularer linearer Polyamide** durch Erhitzen von Xylol-Verbb. (I), die in 1- u. 5- oder 4-Stellung Aminomethyl-, Carboxy- u. Carboxymethylgruppen aufweisen oder polyamidbildende funktionelle Derivv. dieser Substituenten, mit aliphat. Diaminen (II) oder aliphat. Dicarbonsäuren (III), je nachdem ob die I 2 Amino- oder 2-Carboxygruppen enthalten, aber mit keiner II oder III, wenn die I beide Gruppen aufweisen. — Man erhitzt 11,1 (Teile) 2.5-Di-(carboxymethyl)-p-xylol u. 8,6 Decamethylendiamin mit 80 Methanol unter Rückfluß, kühlt auf 0° ab, trennt das gebildete Salz, F. 225—227°, ab, erhitzt es 2 Std. lang unter N_2-Atmosphäre auf 240° u. 3 Std. auf 300°. Das gebildete Polyamid erweicht bei 272°, hat eine Viscositätszahl von 0,52 u. läßt sich bei 300° zu Fäden verarbeiten. (**Aust. P. 227 686** vom 18/3. 1958, ausg. 5/5. 1960. E. Prior. 27/3. 1957.) C. LÜTTGEN. 7181

Snia Viscosa Soc. Nazionale Industria Applicazioni Viscosa S. p. A., Mailand, Italien, **Rückgewinnung der bei der Herstellung von Polyamiden aus Aminocarbonsäuren,** bes. 11-Aminoundecansäure oder anderen polyamidbildenden Monomeren, beim Abtreiben des W. durch die entweichenden Dämpfe mitgerissenen Aminocarbonsäure- oder anderen Monomeranteile, wobei die im wesentlichen aus Wasserdämpfen bestehenden Abdämpfe in einer Vorlage aufgefangen werden, dad. gek., daß die in den Abdämpfen enthaltene Wärme auf die verhältnismäßig große Innenfläche der Vorlage, vorzugsweise auf darin enthaltene Füllkörper, übertragen wird, derart, daß sich der Hauptanteil der mitgerissenen festen Aminocarbonsäure- oder anderen Monomeranteile an dieser Fläche bzw. den Füllkörpern in geschmolzener reiner Form abscheidet. Beschreibung der zu verwendenden Vorrichtung. — 2 Zeichnungen. (**D. A. S. 1 113 569** Kl. 39c vom 21/12. 1956, ausg. 7/9. 1961. It. Prior. 22/12. 1955.) W. OVERBECK. 7181

Vereinigte Chemische Fabriken Kreidl, Rutter & Co., Wien, Österreich, und Spumalit-Anstalt, Vaduz, Lichtenstein, übert. von: Werner H. Kreidl, New York, N.Y., V.St.A., und Otto Vieli, Razuns, Schweiz, **Schaumstoffe aus Carbamidharzen,** bes. Harnstoff (I)-Formaldehyd (II)-Harzen mit nur 10 bg/m³, entstehen aus einem Prod. aus 1 Mol I u. 1,5—2,5 Mol II, das in W. unter Zuhilfenahme von 0,002—0,2 Mol einer bas. Verb. (NH_4OH, Triäthanolamin, Melamin) gelöst wird. Es wird auf Siedehitze gebracht, mit HCl auf pH 4,5—5 eingestellt, sodann nach 20 Min. neutralisiert, wodurch das Prod. eine Viscosität von 40—80 Cs bekommt. Nun wird mit Luft in Ggw. eines Alkylsulfonates verschäumt u. wie üblich gehärtet. (**A. P. 2 970 120** vom 3/6. 1958, ausg. 31/1. 1961. Oe. Prior. 3/6. 1957.) F. KOCH. 7181

Koppers Co., Inc., übert. von: Gaetano F. D'Alelio, Pittsburgh, Pa., V.St.A., **Allylaryloxyacetamide** der allg. Formel $CH_2{=}CH{-}CH_2{-}Ar{-}O{-}CH_2{-}CO{-}N(R)_2$ (Ar = Arylen; R = H, Alkyl, Aryl, Aralkyl, Alkaryl, Naphthyl, Chlorphenyl, beide R können zusammen mit dem N auch einen heterocycl. Ring mit weniger als 7 C-Atomen bilden, wie Pyridyl, Pyrimidyl, Amino-1.2.4-triazolyl, Piperidyl, Piperazino, Morpholino) erhält man durch Rk. der entsprechenden Allylphenoxyessigsäuren mit NH_3 oder den entsprechenden Aminen. — Aus 100 (Teilen) 4-Allylphenoxyessigsäure in 1000 Toluol unter Durchleiten von NH_3 u. unter Rückfluß → *4-Allylphenoxyacetamid*. — *2- u. 3-Allylphenoxyacetamid*. Weitere Ausgangsstoffe sind: Allyl-1- u. -2-naphthoxyessigsäure, Methyl-, Äthyl-, Propyl-, Butyl-, Decyl-, Dimethyl-, Dipropyl-, Dibutyl-, Didecyl-, Benzyl-, Dibenzylamin, Anilin, Methyl- u. Propylanilin, Dimethylaminoaniline, Aminopyridine, -pyrimidine u. Guanazole. Die Verbb. lassen sich *polymerisieren* u. *mischpolymerisieren*, bes. mit Styrol, Butadien, Acrylsäurenitril, Maleinsäureanhydrid, Methacrylsäuremethylester, z. B. mit Benzoylperoxyd. Die Polymeren lassen sich mit Polyisocyanaten, Polyoxiranen u. HCHO *vernetzen*. (**A. P. 2 850 482** vom 20/10. 1954, ausg. 2/9. 1958.) G. KRAUSS. 7181

E. I. du Pont de Nemours & Co., übert. von: Manfred Katz, Wilmington, Del., V. St.A., **Herstellen von Piperazinphthalamidpolymeren.** Man kondensiert ein Piperazin der allg. Formel I (R = H, niederes Alkyl) in wss. Aufschlämmung mit einem Dicarbonsäurehalogenid, Phthaloylhalogenid in einem mit W. nicht mischbaren Lsgm., bes. Chlf., in Ggw. von Alkalihydroxyd als säurebindendes Mittel u. ggf. eines Emulgiermittels bei —10 bis +95°. Es entstehen lineare, orientierbare *faserbildende* Polyamide mit einer Eigenviscosität in m-Kresol von wenigstens 1,5. — In einen eisgekühlten Behälter werden 24 (Teile) einer wss. NaOH-Lsg., enthaltend 4 NaOH, 21 eines 5% ig. wss. Na-Laurylsulfats, 6,5 2.5-Dimethylpiperazin, 150 W. u. 37,5 Chlf. gegeben. Zu dieser Mischung gibt man unter Rühren 10,2 Phthaloylchlorid in 37,5 Chlf., dest. Chlf. ab, wäscht u. trocknet das Polymere; Ausbeute 80%; lösl. in Chlf., heißem Dimethylformamid, Essigsäure u. 1.1.2-Trichloräthan; eine 20% ig. Lsg. in einer Mischung aus 12% Methanol u. 88% Chlf. ist *verspinnbar*. (**A. P. 2 949 440** vom 28/11. 1956, ausg. 16/8. 1960.) W. SCHLITT. 7181

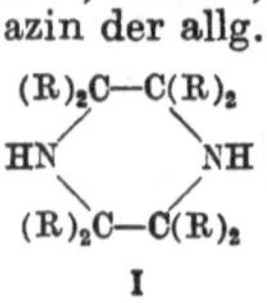

I

Formea Chemical Corp., Logansport, Ind., V.St.A., **Herstellung eines pulverförmigen, heißhärtbaren Aminoaldehydharzes.** Man bringt CH_2O in trockener Form, Harnstoff, Melamin, Biuret oder Thioharnstoff u. einen faserigen Cellulosefüller, z. B. α-Cellulose, in einen geschlossenen Kessel, erhitzt auf die Kondens.-Temp. u. kühlt rasch ab, wenn die Kondens. fast vollständig ist unter Ablassen der gebildeten Wasserdämpfe. Das Prod. fällt direkt als trockenes Pulver an. (**Ind. P. 62 210** vom 5/11. 1957, ausg. 19/8. 1959.) C. LÜTTGEN. 7181

Ciba Ltd., übert. von: Gustav Widmer, Basel, Schweiz, **Kationaktive Melaminharze enthaltende Trockenpräparate,** die vor dem Einsatz bes. auf dem Überzugsgebiet in W. gelöst werden. Die eingesetzten härtbaren Kondens.-Prodd. sind hergestellt durch Rk. von 1 (Mol) Melamin mit 2—6 HCHO in Ggw. von HCl oder NHO_3 in Mengen von 0,5—1,5 je Melamin u. anschließende Trocknung, bes. Sprühtrocknung. Den Trocken-Präpp. kann man Modifizierungsmittel, wie Methylcellulose, Dextrin, anorgan. Salze, zusetzen. (**A. P. 2 918 453** vom 19/11. 1956, ausg. 22/12. 1959. **Belg. P. 552 854** vom 23/11. 1956, ausg. 15/1. 1960. Beide Schwz. Prior. 24/11. 1955.) P. KRUG. 7181

Eagle-Picher Co., V.St.A. (Erfinder: Marvin Achterhof, Miles Quinton Fetterman, Nelson Louis Havens und John Francis McWhorter), **Mehrstufige Herstellung vernetzter Polyurethane.** Nach Rk. von Verbb. mit mehreren akt. H-Atomen, wie Glykole, Polyester, Polyäther u. Polyamide, mit Polyisocyanaten werden die erstarrten Prodd. geschmolzen u. mit einem Vernetzer versetzt. Das erneut verfestigte Prod. wird durch Erwärmen erweicht, verformt (bei 149—177°, bzw. 163—204°) u. unter Ausbildung thermoplast. Eigg. in Formen behandelt. — 1 (Mol) entwässerter Polyester (aus Äthylenglykol u. Adipinsäure; Molgew. 2000; OH-Zahl 54) werden mit Diphenylmethan-4.4'-diisocyanat umgesetzt u. zu der 25 Min. auf 145° erwärmten, entgasten Masse 1 1.4-Butandiol zugegeben. Nach 30 Sek. langem Rühren bei 127° wird die Masse 24 Std. bei 110° gehalten, dann in einer Form bei 177° (10 Min. unter einem Druck von 2450 kg/cm^2) in den thermoplast. Zustand übergeführt. Die thermoplast. Eigg. bleiben auch nach dem Entformen bei 120° erhalten. — Strangpreß-Vorr. u. Abbildungen. (**F. P. 1 225 927** vom 24/3. 1959, ausg. 6/7. 1960. A. Prior. 26/3. 1958 u. 6/1. 1959.) G. TEWES. 7181

Farbenfabriken Bayer Akt.-Ges., Leverkusen (Erfinder: Peter Hoppe, Troisdorf, Erwin Weinbrenner, Leverkusen, und Karl Breer, Köln), **Erzeugen poröser oder homogener Kunststoffe auf Polyurethanbasis** in starrer, halbstarrer oder elast. Form, dad. gek., daß Vernetzer u./oder Rk.-Beschleuniger u. die zur Bldg. des Polyurethans erforderlichen Rk.-Teilnehmer mit Hilfe von Spritzdüsen unter Druck in einen Mischraum gespritzt u. in diesem ggf. noch einer mechan. Nachmischung unterworfen werden u. dann die Mischung der Rk.-Teilnehmer in noch fl. Zustand in Formen oder Hohlkörper eingebracht wird, in denen anschließend mit oder ohne Temp.-Erhöhung Vernetzung ggf. bei gleichzeitiger Verschäumung erfolgt. (**D. A. S. 1 066 349** Kl. 39a vom 29/10. 1952, ausg. 1/10. 1959.) H. NATHER. 7181

Goodyear Tire & Rubber Co., Akron, Ohio, V.St.A., **Herstellung von Polyurethanprodukten mit Zellstruktur.** Man vermischt einen Polyester, der z. B. aus Diäthylenglykol u. Adipinsäure hergestellt ist u. ein Molgew. von ca. 1800 u. eine SZ. von 1,5 besitzt, mit Harnstoff, W. u. N-Methylmorpholin oder Triäthylamin als Aktivator unter Zusatz eines Emulgiermittels. Nach dem gründlichen Vermischen versetzt man mit einem Toluoldiisocyanatgemisch, das aus 80 (Gew.-%) 2.4-Isomeren u. 20 2.6-Isomeren besteht, u. gießt die Mischung unter tüchtigem Rühren in eine Form. Die Anfangs-Temp. der schäumigen Mischung betrug 23°, u. nach 7 Min. war die Temp. auf ein Maximum von 84° gestiegen. (**Ind. P. 61 708** vom 11/9. 1957, ausg. 10/11. 1959.) H. NEBELSIEK. 7181

Metallgesellschaft Akt.-Ges. (Erfinder: Wolfgang-Dieter Luz und Horst Becker), Frankfurt/M., **Härtbare, als Dichtungs- und Klebemassen geeignete Thioplastmischungen,** dad. gek., daß sie neben den üblichen Mischungsbestandteilen einen Zusatz von halogeniertem Kautschuk, bes. von Chlorkautschuk, enthalten. (**D. A. S. 1 113 806** Kl. 39b vom 18/8. 1959, ausg. 14/9. 1961.) W. OVERBECK. 7185

Metallgesellschaft Akt.-Ges. (Erfinder: Wolfgang-Dieter Luz und Horst Becker), Frankfurt/M., **Vorzeitige Härtung der Oberfläche gegenüber der gesamten Mischung bei der Verarbeitung von flüssigen Thioplasten,** dad. gek., daß die Oberfläche der auf eine Unterlage aufgetragenen Thioplastmischung mit einer an sich bekannten Beschleunigersubstanz in einem Lsgm. bestrichen wird, z. B. Lsgg. von Diphenylguanidin, Organo-Sn-Verbb. oder Chlorkautschuk. (**D. A. S. 1 113 561** Kl. 39b vom 28/7. 1959, ausg. 7/9. 1961.) W. OVERBECK. 7185

Soc. des Usines Chimiques Rhône-Poulenc, Seine, Frankreich, **Herstellung von Elastomeren aus Diorganopolysiloxanen.** Man behandelt bei Raum-Temp. ein fl. lineares Diorganopolysiloxan mit den Einheiten R_2SiO (R = KW-Stoffrest) mit einer Viscosität von 5000—500000 cSt bei 25° u. mit wenigstens 0,1 % OH-Gruppen pro Polysiloxan-Gew. mit 0,5—10% Methyltriacetoxysilan, auch in Ggw. von Füllstoffen (SiO_2, ZnO, CdO), u. ggf. 0,1—2% einer organ. Verb. als Katalysator (Äthanolamin, Diäthylaminoäthanol, o-Toluolsulfamid, Oxalsäure). — 5000 (Teile) Octamethylcyclotetrasiloxan (F. 17,5°) erhitzt man mit 5 10%ig. wss. KOH 3½ Std. in N_2 auf 150°, gibt zu dem Öl in 3 Std. 40 Min. in kleinen Anteilen 16,5 W., läßt 15 Std. lang abkühlen, neutralisiert mit 50 SiO_2 u. erhitzt in N_2 auf 195—200°, um Flüchtiges zu entfernen. Zu den 4345 Rückstandsöl gibt man 3% Methyltriacetoxysilan. Ein *Film* aus dem Material erhärtet in ½ Std.; man kann ihn auch zwischen 2 Glasplatten zur Herst. von *Sicherheitsglas* geben. (**F. P. 1 188 495** vom 12/7. 1957, ausg. 23/9. 1959. **E. P. 835 790** vom 28/4. 1958, ausg. 25/5. 1960. F. Prior. 12/7. 1957.) M. PANKOW. 7189

Soc. des Usines Chimiques Rhône-Poulenc, Paris, Frankreich, **Organopolysiloxanelastomere** durch Kalthärtung werden hergestellt, indem man zu einer Masse aus fl. linearen Diorganopolysiloxan der Viscosität 5000—500000 cSt/50° mit mindestens 0,1% Si-gebundenen OH-Gruppen, Füllstoffen u. Härtungsbeschleunigern (I) 0,5—10% (bezogen auf die Masse) eines Organotriacyloxysilans (II) der Formel $RSi\cdot(OOCR^1)_3$ gibt, in dem R = niederes Alkyl, Alkenyl, Aryl oder Aralkyl, R^1 = Alkyl (1—18 C-Atome) oder Aryl bedeutet. Als I dienen Äthanolamin, Diäthylaminoäthanol, o-Toluolsulfonamid, als II Methyltripropionoxy-, Methyltribenzoxy- oder Äthyltriacetoxysilan. (**E. P. 856 321** vom 13/2. 1959, ausg. 14/12. 1960. F. Prior. 2/12. 1958. **Zusatz zu E. P. 835 790; s. vorst. Referat.**) A. DANDL. 7189

Dow Corning Corp. (Erfinder: Richard A. Falk), Midland, Mich., V.St.A., **Herstellung von Polysiloxanen** durch Erhitzen einer Mischung von a) einer Organo-Si-Verb. mit wenigstens 1 SiOH-Gruppe pro Mol u. im Mittel wenigstens einer organ., mittels Si–C-Bindung an Si-gebundenen organ. Gruppe, die kein akt. H-Atom enthält, wobei die Restvalenzen des Si durch H, O oder andere Si-Atome abgesätt. sind, u. mit verseifbaren von akt. H-Atomen freien Gruppen u. b) einem organ. Isocyanat mit einer Isocyanatgruppe pro Molekül. Rk.-Verlauf vermutlich nach dem Schema $2 \geq SiOH \rightarrow \geq SiOSi \leq + H_2O$; $H_2O + 2\,RNCO \rightarrow CO_2 + (RNH)_2CO$. Der entstehende Harnstoff kann aus dem Rk.-Prod. verdampft werden. — Man erhitzt 514,6 (g) fl. Dimethylpolysiloxan mit OH-Endgruppen (Viscosität 5075 cSt.) mit 2,82 Phenylisocyanat (I) auf 150°: Viscosität des Prod. nach 8 Std. 40000, nach 16 Std. 153000 cSt. — Oder man erhitzt 19,2 fl. Dimethylsiloxan mit OH-Endgruppen (Viscosität 14400 cSt.) u. 0,16 I 24 Std. auf 150° u. erhält ein gummiartiges Prod. mit $6\cdot10^6$ cSt. Viscosität. (**F. P. 1 205 877** vom 13/3. 1958, ausg. 5/2. 1960. **Jap. A. S. 1244/1960** vom 8/1. 1958, ausg. 26/2. 1960. **D. A. S. 1 101 767** Kl. 39c vom 10/4. 1958, ausg. 9/3. 1961. Alle A. Prior. 29/4. 1957.) M. PANKOW. 7189

Union Carbide Corp., New York, übert. von: Frank Fekete, Tonawanda, N.Y., V.St.A., **Zu Elastomeren härtbare Organopolysiloxanmasse**, bestehend aus 100 Teilen eines Organopolysiloxanharzes des Substitutionsgrades 1,95—2,05, dessen KW-Stoffsubstituenten aus Methyl-, Äthyl- u. Phenylgruppen, sowie Vinyl-, Allyl- u. Cyclohexenylgruppen bestehen, wobei die ungesätt. Reste zu 0,037—0,7% vertreten sind, ferner 8—40 Teilen eines Organopolysiloxanöles des Substitutionsgrades 1,889 bis 2,0, das 8—20 Dihydrocarbylsiloxyeinheiten enthält u. kettenendständig 1—1,5 niedere Alkoxygruppen trägt, ferner einem anorgan. Füllstoff. Als Härtungsmittel wird Di-tert.-butylperoxyd oder Benzoylperoxyd verwendet. (**A. P. 2 954 357** vom 7/8. 1957, ausg. 27/9. 1960.) A. DANDL. 7189

American Cyanamid Co., New York, N.Y., übert. von: Stephen J. Groszos und Stanley F. Stafiej, Stamford, Conn., V.St.A., **Polymere aus ungesättigten Borazolen** (I) werden durch Rk. der I in der Wärme in Ggw. von radikalbildungsfähigen Katalysatoren hergestellt. Auch Mischpolymere der I mit ungesätt., z. B. vinylidengruppenhaltigen Verbb. u. ungesätt. Polyestern können hergestellt werden. — 10 (Teile) B.B'.B''-Triallyl-N.N'.N''-triphenylborazol werden in 90 Bzl. gelöst u. 0,3 einer 75%ig. Lsg. Pinanhydroperoxyd in Pinan zugegeben. Nach 6 Std. langem Erwärmen auf 150° ist die Polymerisation abgeschlossen. — Die Polymeren können zur Herst. von Formkörpern dienen, sowie als Klebstoffe u. Bindemittel für Papier, Glas, Holz, Gummi usw. verwendet werden. (**A. P. 2 954 361** vom 21/2. 1958, ausg. 27/9. 1960.) A. DANDL. 7199

I

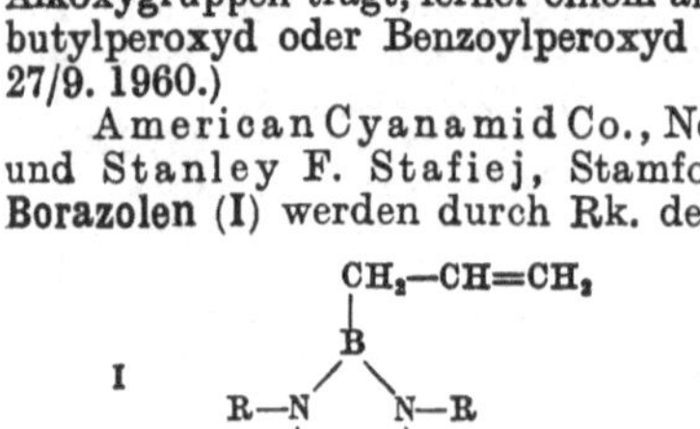

United States Borax & Chemical Corp., Los Angeles, Calif., V.St.A., **Phenylphosphinophenylboranpolymere** mit den Struktureinheiten $[C_6H_5P-BC_6H_5]$ erhält man durch Kondens. von $C_6H_5PH_2$ mit $C_6H_5BCl_2$, zweckmäßig im Mol-Verhältnis 1:1 u. in Ggw. eines fl. KW-Stoffs u. von Triäthylamin. — Zu einer Lsg. von 2 g $C_6H_5PH_2$ in 100 cm^3 PAe. (Kp. 30—60°) gibt man eine Lsg. von 2,9 g $C_6H_5BCl_2$ in 10 cm^3 PAe., sowie eine Lsg. von 3,7 g $(CH_3)_3N$ in 20 cm^3 PAe.; wobei eine heftige Rk. einsetzt u. ein fester Stoff abgeschieden wird. Bei der Aufarbeitung des Nd. mit W., Lösen in A. u.

Fällen mit W. erhält man ein weißes Pulver vom F. ca. 142—144°, das in A. lösl. ist. — Filme u. Formmassen. (**E. P. 848 656** vom 8/6. 1959, ausg. 21/9. 1960. A. Prior. 3/7. 1958.) J. Mühleisen. 7199

Shawinigan Resins Corp., Springfield, übert. von: Saul M. Cohen, Springfield, und Edward Lavin, Longmeadow, Mass., V.St.A., **Lineare hochschmelzende thermoplastische Polyspirane,** die ein Molgew. von 1000—10000 u. einen F. von über 200° aufweisen, werden durch Rk. eines Dialdehydes mit 3—5 C-Atomen, wie 3-Methylglutaraldehyd u. dessen Mischungen u. Mischungen von Pentaerythrit, welche 12—25% Dipentaerythrit enthalten, in einem inerten Lsgm. u. Erwärmen auf 75—100° in Ggw. von 0,1—1% eines Säurekatalysators hergestellt. Die erhaltenen Harze haben die allg. Formel I. — 400 (Teile) Pentaerythrit, 70 Natriumlaurylsulfat, 294 Glutaraldehyd, 2040

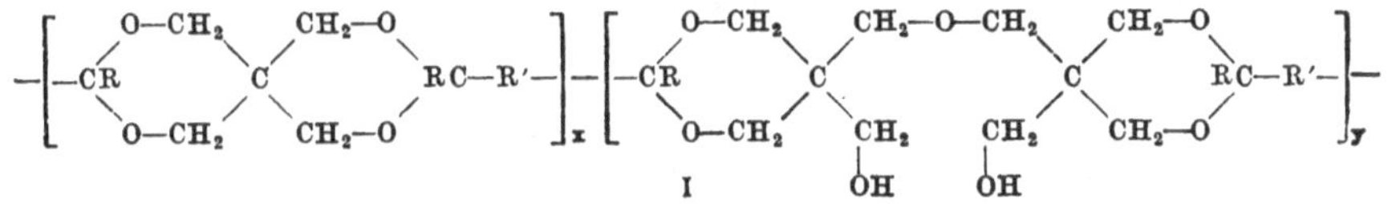

I

W. werden am Rückfluß erhitzt u. bei Kochbeginn 1,5 saures Laurylsulfat zugegeben. Nach 4½ std. Kochen werden 10 einer 45% ig. KOH–W.-Lsg. zugesetzt, gerührt u. stehengelassen. Die Rk.-Masse wird dann in 10000 einer 1:1-W.–Methanol-Mischung geschüttet. Das Polymere wird nach Abscheidung 18 Std. bei 55° im Vakuum getrocknet. (**A. P. 2 963 464** vom 10/6. 1957, ausg. 6/12. 1960.) A. Dandl. 7199

Union Carbide Corp., New York, N.Y., übert. von: Benjamin Phillips, Charleston, Charles W. McGary jun. und Charles T. Patrick jun., South Charleston, W. Va., V.St.A., **Polymerisation von Dicyclopentadiendioxid.** Bei der Polymerisation von Dicyclopentadiendioxyd werden Polymere mit Einheiten der allg. Formel I erhalten. Als Katalysator dienen Mineralsäuren, Lewis-Säuren u. -basen sowie Metallhalogenide. Das Dicyclopentadiendioxyd wird ggf. durch Schmelzen mit dem Katalysator gemischt, von dem man 0,05—20% verwendet. Die Polymerisation wird durch Erhitzen auf 100—400° während einiger Std. vorgenommen. Die *Harze sind härtbar.* Sie dienen zur *Herst. von Formkörpern.* — Eine Mischung von 100 Teilen Dicyclopentadiendioxyd u. 1 BF_3·Piperidinkomplex wird auf 180° erwärmt u. dann die Temp. 2½ Std. auf 200° gehalten. (**A. P. 2 962 453** vom 31/7. 1957, ausg. 29/11. 1960.) A. Dandl. 7199

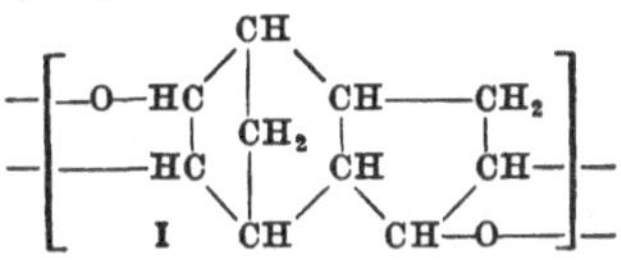

I

Bjorksten Research Laboratories, Inc., Madison, übert. von: Frank F. Koblitz, Oregon, Wis., und Joan Tinoco, West Haven, Conn., V.St.A., **Herstellung plastischer Schichtstoffe.** Man schützt die Oberfläche von Filmen aus Polymerisaten oder Mischpolymerisaten von Acrylsäure, Methacrylsäure u. deren Estern durch Aufkleben einer Nylonfolie mit Hilfe eines Klebstoffes, bes. eines Epoxydharzklebers, u. überzieht diese mit einem Gemisch aus einem Polyepoxyd (I) u. Acrylsäure-, Methacrylsäure- oder Acrylsäureesterpolymerisaten oder Mischpolymerisaten, z. B. 1 (Teil) Cyclohexylmethacrylat-Methacrylsäure-Mischpolymerisat (5:1), 3 Methylisobutylketon u. 1 **I**, hergestellt aus Bis-phenol u. Epichlorhydrin in Ggw. von Alkali. — Weitere 12 Beispiele für das Überzugssmittel. — Zeichnung. (**A. P. 2 825 672** vom 28/2. 1955, ausg. 4/3. 1958.) C. Lüttgen. 7205

United States Rubber Co., New York, N.Y. (Erfinder: Conleth Edward Kiernan und Walter Kent Clark, Conn.), V.St.A., **Schichtkörperherstellung** aus einer metall. Grundschicht u. einem Film aus Vinylchloridharz, die mittels einer Klebschicht aus A) einem gummiartigen Polymeren aus 40—80 (%) *Butadien*, 10—50 *Acrylnitril* u. 2—25 einer *äthylen. ungesätt. Monocarbonsäure* mit 3—5 C-Atomen, wie Methacrylsäure, u. B) einem harzartigen Polymeren aus 5—20 *Vinylacetat*, 80—95 *Vinylchlorid* u. 0,5—5 einer *α.β-ungesätt. Carbonsäure*, wobei pro 100 Teile A + B 10—50 Teile A u. 90—50 Teile B vorhanden sind, miteinander verklebt werden. — Man überzieht eine Stahlplatte elektrolyt. mit Zn u. bringt hierauf Zn-Phosphat, das in Cr-Oxyd-Lsg. in Zn-Chromat übergeht. Hierauf bringt man folgende Mischung: 3,81 (Gew.-Teile) des Butadien–Acrylnitril–Methacrylsäure (69:26,5:4,5%)-Mischpolymeren, 0,954 Hexamethylentetramin enthaltendes Phenol–CH_2O-Harz, 14,3 Vinylchlorid–Vinylacetat–Maleinsäureanhydrid (87:12:1%)-Mischpolymerisat, 37,61 Methyläthylketon, 18,51 Methylisobutylketon, 20 Toluol, 0,066 Mercaptobenzothiazol, 4,75 CS_2, trocknet nach Aufbringen bei 204—232° u. legt nun die Polyvinylchloridfolie auf. Pb-Salze als Stabilisatoren enthaltende Polyvinylchloridfolien dürfen mit S-Verbb. enthaltenden Klebstoffen nicht zusammengebracht werden. — Vgl. D. A. S. 1 039 167; C. **1959.** 15236. (**F. P. 1 173 614** vom 23/4. 1957, ausg. 27/2. 1959. **Jap. A. S. 4984/1959** vom 10/4. 1957, ausg. 13/6. 1959. Beide A. Prior. 20/7. 1956.) M. PANKOW. 7205

Continental Gummi-Werke Akt.-Ges. (Erfinder: Karl Brünger, Fritz Koch und Heinz Adolf Ludewig), Hannover, **Herstellen geformter Schichtkörper aus Kautschuk und vernetzten Isocyanat–Polyester-Kunststoffen,** dad. gek., daß zunächst die Schicht aus vernetztem Isocyanat–Polyester-Kunststoff vorgeformt wird u. der so erhaltene Teil in eine Form eingelegt wird, worauf die Schicht aus unvulkanisiertem Kautschuk auf die in der Form befindliche Kunststoffschicht gelegt u. die beiden Teile, ggf. unter Verw. eines Isocyanathaftmittels, durch Vulkanisieren miteinander vereinigt werden. (**D. A. S. 1 080 289** Kl. 39a vom 21/4. 1959, ausg. 21/4. 1960.) H. NATHER. 7205

Soc. des Usines Chimiques Rhône-Poulenc, Seine, Frankreich, **Pfropfpolymerisation.** Man imprägniert ein Polymeres (Celluloseester, -äther, Regeneratcellulose, Polyvinylalkohol, -acetale, -ester) mit einem polymerisierbaren Monomeren (Acrylsäureester), ggf. unter Verw. eines nicht polymerisierbaren Imprägniermittels, formt ggf. u. polymerisiert kalt mittels ionisierender, elektromagnet. oder Korpuskularstrahlung. — Man hängt Polyvinylchloridfolien, die mit 10% Octylphthalat weichgemacht sind, in einen Raum von 26—27°, der Methylmethacryldämpfe enthält. Nach 10 Std. sind 200 Gew.-% des Dampfes absorbiert. Man legt die Folie zwischen 2 Glasplatten u. bestrahlt in N_2 mit γ-Strahlen von radioakt. Co 4 Std. bis zu 1 Mr. Die *Folie* zeigt die Transparenz u. Härte von Methacrylharzen. (**F. P. 1 188 000** vom 16/11. 1957, ausg. 17/9. 1959.) M. PANKOW. 7205

N. V. de Bataafsche Petroleum Mij., Den Haag, Holland, *Behandlung von Koagulationsprodukten von Emulsionspolymerisaten.* (**Jap. A. S. 10 488/1959** vom 1/7. 1954, ausg. 1/12. 1959. Holl. Prior. 3/7. 1953. — C. **1957.** 3673 [F. P. 1 103 357].)

Union Carbide & Carbon Corp., New York, N.Y. (Erfinder: **T. F. Carruthers**), *Anlagern von Lactonen an Hydroxycarbonsäuren oder deren Estern.* (**Belg. P. 556 775** vom 17/4. 1957, ausg. 26/2. 1960. A. Prior. 27/4. 1956. — C. **1960.** 8026 [F. P. 1 173 650 u. Oe. P. 205 236].)

Inventa Akt.-Ges. für Forschung und Patentverwertung, Luzern (Erfinder: **Walter Zehnder**, Chur, **Rudolf Gabler**, Küsnacht, und **Emil Barman**, Chur), Schweiz, *Nachbehandlung von schüttfähigen festen Stoffen.* (**D. A. S. 1 115 017** Kl. 39c vom 11/12. 1956, ausg. 12/10. 1961. Schwz. Prior. 2/2. 1956. — C. **1960.** 17293 [Schwz. P. 343 373].)

Rohm & Haas Co. (Erfinder: **Stanley Paul Rowland** und **Ralph Gordon White**), Philadelphia, Pa., V.St.A., *Anlagern von Alkylenoxyden an aliphatische ungesättigte Carbonsäureester.* (**Schwz. P. 354 762** vom 8/6. 1955, ausg. 31/7. 1961. A. Prior. 9/6. 1954. — C. **1957.** 10346 [D. A. S. 1 001 978].)

Dow Chemical Co. (Erfinder: **John William Vanderhoff** und **Ralph McConnel Wiley**), Midland, Mich., V.St.A., *Invertierte Emulsionspolymerisation.* (**Jap. A. S. 10 644/1959** vom 15/3. 1958, ausg. 10/12. 1959. A. Prior. 31/5. 1957. — C. **1961.** 10383 [D. A. S. 1 089 173].)

Alwyn George Davies und **Erwin Buncel**, England, *Polymerisationsverfahren.* (**F. P. 1 189 882** vom 29/11. 1956, ausg. 7/10. 1959. E. Prior. 2/12. 1955. — C. **1960.** 4039 [Jap. A. S. 871/1959].)

Distillers Co. Ltd., England (Erfinder: **Irène Marianne Watt geb. Cohen**), *Polymerisation von α-Olefinen.* (**F. P. 1 182 451** vom 16/8. 1957, ausg. 25/6. 1959. E. Prior. 17/8. 1956. — C. **1961.** 10381 [E. P. 820 411].)

Imperial Chemical Industries Ltd., England, *Polymerisieren von Olefinen.* (**F. P. 1 195 253** vom 29/11. 1957, ausg. 16/11. 1959. E. Prior. 29/11. 1956 u. 22/11. 1957. — C. **1961.** 12287 [E. P. 824 369].)

Imperial Chemical Industries Ltd., England, *Polymerisieren von Olefinen.* (**F. P. 1 179 408** vom 11/6. 1957, ausg. 25/5. 1959. E. Prior. 11/6. 1956 u. 29/5. 1957. — C. **1961.** 6324 [E. P. 821 107].)

Dow Chemical Co., V.St.A. (Erfinder: **Fred D. Hoerger** und **Elton K. Morris**), *Herstellung halogenierter Polyolefine.* (**F. P. 1 173 185** vom 26/10. 1956, ausg. 20/2. 1959. A. Prior. 28/10. 1955. — C. **1961.** 7769 [Aust. P. 219 209].)

Solvic Industria delle Materie Plastiche S. p. A., Ferrara, Italien, *Emulsionspolymerisation von Vinylchlorid.* (**It. P. 524 106** vom 10/3. 1954. Holl. Prior. 31/3. 1953. — C. **1956.** 14194 [F. P. 1 099 239].)

Rohm & Haas Co., Philadelphia, Pa., V.St.A., *Herstellung von Halogenvinylpolymerisationsprodukten.* (**Jap. A. S. 8136/1959** vom 4/6. 1957, ausg. 11/9. 1959. A. Prior. 4/6. 1956. — C. **1960.** 15236 [Aust. P. 218 123].)

B. F. Goodrich Co., New York, N.Y., V.St.A. (Erfinder: **John Frank Jones**), *Herstellung von Säureanhydridgruppen enthaltenden Polymeren.* (**Jap. A. S. 10 645/1959** vom 27/12. 1956, ausg. 10/12. 1959. A. Prior. 27/12. 1955. — C. **1961.** 9619 [F. P. 1 168 263].)

Imperial Chemical Industries Ltd., England, *Herstellung von Polystyrol.* (**F. P. 1 177 824** vom 5/6. 1957, ausg. 29/4. 1959. E. Prior. 11/6. 1956 u. 8/5. 1957. — C. **1960.** 14201 [E. P. 812 176].)

Courtaulds Ltd., England, *Herstellung von Acrylnitrilpolymeren.* (**F. P. 1 183 593** vom 30/9. 1957, ausg. 9/7. 1959. E. Prior. 1/10. 1956. — C. **1961.** 4903 [D. A. S. 1 049 579].)

Imperial Chemical Industries Ltd., England, *Polymerisieren von Diisopropenylbenzol,* (**F. P. 1 172 725** vom 28/2. 1957, ausg. 13/2. 1959. E. Prior. 29/2. 1956. — C. **1961.** 13737 [D. A. S. 1 097 138].)

Imperial Chemical Industries Ltd., England, *Katalysatorsystem zur Polymerisation ungesättigter Verbindungen.* (**F. P. 1 175 661** vom 22/5. 1957, ausg. 31/3. 1959. E. Prior. 22/5. 1956 u. 10/5. 1957. — C. **1960.** 13859 [Aust. P. 217 988].)

Röhm & Haas G. m. b. H., Darmstadt, *Polyesterharze.* (**Belg. P. 537 262** vom 9/4. 1955, ausg. 27/3. 1959. D. Prior. 13/4. 1954 u. 9/2. 1955. — C. **1957.** 11165 [F. P. 1 122 541].)

Imperial Chemical Industries Ltd., England, *Herstellung von Polyestern.* (**F. P. 1 169 659** vom 7/2. 1957, ausg. 5/1. 1959. E. Prior. 10/2. 1956 u. 23/1. 1957. — C. **1959.** 16164 [E. P. 802 700].)

Imperial Chemical Industries Ltd., England, *Polyesterherstellung.* (**F. P. 1 182 143** vom 7/9. 1957, ausg. 23/6. 1959. E. Prior. 7/9. 1956 u. 21/8. 1957. — C. **1960.** 4689 [Oe. P. 202 777].)

Ferro Chemical Corp., Bedford, Ohio, V.St.A. (Erfinder: **Albright M. Nicholson** und **Stanley B. Elliot**), *Stabilisieren ungesättigter Polyester.* (**Jap. A. S. 10 784/1959** vom 21/2. 1958, ausg. 18/12. 1959. A. Prior. 15/3. 1957.— C. **1959.** 12395 [A. P. 2 835 649].)

Imperial Chemical Industries Ltd., England, *Mischpolyester.* (**F. P. 1 175 662** vom 22/5. 1957, ausg. 31/3. 1959. E. Prior. 22/5. 1956 u. 6/5. 1957. — C. **1960.** 16609 [Belg. P. 557 694].)

Union Carbide Corp., New York, N.Y., V.St.A. (Erfinder: **K. L. Smith**), *Stabilisiertes polymeres Äthylenoxydpräparat.* (**Jap. A. S. 10 783/1959** vom 19/6. 1957, ausg. 18/12. 1959. A. Prior. 20/6. 1956. — C. **1959.** 7309 [Oe. P. 199 879].)

Union Carbide Corp., New York, N.Y. (Erfinder: **Joseph Edward Wilson**, Pa., und **Richard K. Walton**, N.J.), V.St.A., *Wärmehärtbares Harz.* (**Jap. A. S. 8139/1959** vom 26/12. 1957, ausg. 11/9. 1959. A. Prior. 27/12. 1956. — C. **1961.** 11918 [A. P. 2 915 492].)

Union Carbide Corp., New York, N.Y. (Erfinder: **Howard Russell Guest**, Charleston, **Joe T. Adams**, St. Albans, und **Ben Wilton Kiff**, Ona, W. Va.), V.St.A., *Wärmehärtbare harzartige Kondensationsprodukte.* (**Jap. A. S. 8138/1959** vom 26/12. 1957, ausg. 11/9. 1959. A. Prior. 27/12. 1956. — C. **1961.** 9999 [A. P. 2 915 501].)

Union Carbide Corp., New York, N.Y. (Erfinder: **Joseph Edward Wilson**, Pa., und **Richard K. Walton**, N.J.), V.St.A., *Wärmehärtendes Harz.* (**Jap. A. S. 8140/1959** vom 26/12. 1957, ausg. 11/9. 1959. A. Prior. 27/12. 1956. — C. **1961.** 9999 [A. P. 2 915 500].)

Union Carbide Corp., New York, N.Y. (Erfinder: **Joseph Edward Wilson**, Pa., und **Richard K. Walton**, N.J.), V.St.A., *Wärmehärtendes Harz.* (**Jap. A. S. 8141/1959** vom 26/12. 1957, ausg. 11/9. 1959. A. Prior. 27/12. 1956. — C. **1961.** 9999 [A. P. 2 915 499].)

Beck, Koller & Co. (England) Ltd., England, *Herstellung neuer Polyamide.* (**F. P. 1 170 803** vom 8/1. 1957, ausg. 19/1. 1959. E. Prior. 10/1. 1956. — C. **1960.** 12519 [E. P. 803 517].)

Snia Viscosa Soc. Nationale Industria Applicatio Viscosa S. p. A. (Erfinder: **Luigi Notalbertolo**), bzw. **Perfogit S. p. A.**, Mailand, Italien, *Herstellung linearer Polyamide.* (**Jap. A. S. 10 792/1959** vom 24/12. 1956, ausg. 18/12. 1959. **F. P. 1 171 380** vom 7/1. 1957, ausg. 26/1. 1959. Beide It. Prior. 26/1. 1956. — C. **1961.** 677 [Aust. P. 219 147].)

Dunlop Rubber Co. Ltd., England, *Herstellung von synthetischen Elastomeren.* (**F. P. 70 808** vom 26/7. 1956, ausg. 1/9. 1959. E. Prior. 28/7. 1955 u. 4/6. 1956. Zusatz zu F. P. 1 119 897; C. 1958. 1715 — C. **1959.** 14893 [D. A. S. 1 046 302].)

Dow Chemical Corp. (Erfinder: **George King Greminger jun.** und **Miles A. Weaver**), Midland, Mich., V.St.A., *Thermoplastisches Präparat.* (**Jap. A. S. 10 789/1959** vom 3/10. 1957, ausg. 18/12. 1959. — C. **1959.** 7311 [A. P. 2 810 659].)

Ciba Soc. An., Schweiz, *Stabilisierungsmittel für Aminoplaste.* (**F. P. 1 195 084** vom 25/4. 1958, ausg. 13/11. 1959. It. Prior. 16/5. 1957. — C. **1960.** 7703 [Oe. P. 204 275].)

Imperial Chemical Industries Ltd., England, *Herstellung von Laminaten.* (**F. P. 1 179 479** vom 22/6. 1957, ausg. 25/5. 1959. E. Prior. 22/6. 1956 u. 27/5. 1957. — C. **1960.** 10779 [Oe. P. 204 286].)

Agfa Akt.-Ges., Leverkusen, übert. von: **Walter Harz**, Hamburg, und **Rolf Bruck**, Leverkusen, *Magnetisches Tonaufzeichnungsmittel.* (**A. P. 2 978 414** vom 1/6. 1956, ausg. 4/4. 1961. D. Prior. 9/4. 1951. — C. **1955.** 8983 [E. P. 717 537].)

XII. Kautschuk

Die mikrobiologische Zerstörung von Gummiisolierungen. John T. Blake, Donald W. Kitchin und Orson S. Pratt. (Rev. gén. Caoutchouc **36.** 529—36. April. (Franz.); 699—705. Mai 1959. (Engl.). Cambridge, Mass., Simplex Wire and Cable Co.) — Vgl. C. **1954.** 10830; C. **1956.** 9314.

Isolierungen aus Naturgummi (I) u. synthet. GR–S werden, falls nicht resistent gemacht, von Pilzen angegriffen. Auf Grund kombinierter elektr. u. mikrobiolog. Unterss. beruhen die elektr. Defekte unterird. Kabel auf dem Eindringen von Pilzen in I-, GR–S- u. Neoprenisolierungen, wobei neben einer *Fusaria*-Spezies *Spicaria violacea Abbott* als häufigster Pilz identifiziert werden konnte. Ggw. dieser Mikroorganismen im Isoliermaterial vermindert die dielektr. Durchschlagfestigkeit, ehe noch die Mycelfäden die Isolierung völlig durchdrungen haben. Isolierungen aus verschiedenen Proben von Butylkautschuk wiesen erhöhte Pilzresistenz auf, wobei nach 2,5 Jahren z. T. noch keine Schäden beobachtbar waren. Polyvinylchlorid, Polyäthylen- u. gewisse Siliconisolierungen zeigten nach mehrjährigem Aufenthalt im Boden noch keine Veränderung.

K. Maier. 7220 □

Betriebssichere Vulkanisationssysteme für Viton-Fluorelastomere. A. L. Moran, R. P. Kane und J. F. Smith. (J. chem. Engng. Data **4.** 276—78. Juli 1959. Wilmington, Del., E. I. du Pont de Nemours & Co.) (Engl.) — Vgl. C. **1961.** 13744. R. Schäff. 7228 □

Einfluß der Struktur auf einige Eigenschaften von Mischungen und Vulkanisaten gefüllter Elastomere. 2. Mitt. **Einfluß des Grades der Verkettung der Rußteilchen.** J. Janáček. (Plaste u. Kautschuk **7.** 504—08. Okt. 1960. Gottwaldov, Forsch.-Inst. für Gummi- u. Plasttechnol.) (Dt.) — 1. vgl. C. **1961.** 323.

Der Einfl. der Verkettung der Rußteilchen sowohl auf die Plastizität u. Verarbeitbarkeit unvulkanisierter Kautschuk/Ruß-Mischungen als auch die mechan. Eigg. der Vulkanisate wird untersucht. Zur Kennzeichnung u. Prüfung von 42 Rußsorten wird die Ölabsorptions-Meth. verwendet. Für 5 verschiedene Sorten von Elastomeren (Naturkautschuk, Buna S 3, Hycar 1042, Butylkautschuk u. Svitpren) wird an Hand von Diagrammen nachgewiesen, daß ein unmittelbarer Zusammenhang zwischen der Verarbeitbarkeit durch Strang- u. Spritzpressen, der MOONEY-Plastizität, dem Modul u. der Härte der Vulkanisate einerseits u. der zur Kennzeichnung der Rußsorten ermittelten Werte für die Ölabsorption andererseits besteht. Der Mechanismus der Wrkg.-Weise der Rußverkettungen wird diskutiert. H. REUTHER. 7226□

Esso Research and Engineering Co., Elizabeth, N.J., V.St.A., **Vulkanisierverfahren.** Mischungen aus Butylkautschuk u. normalem Kunstkautschuk werden mit einem ggf. halogenierten, durch KW-Stoffreste substituierten Polymethylolphenolharz heiß vulkanisiert. Das Phenol hat die Formel I, in der R = Alkyl, Aryl, Aralkyl mit 4—16 C-Atomen in m- oder p-Stellung, X = Halogen, u. Y = H oder OH. — Beispiele: 2.6-Dichlormethyl-4-tert.-butylphenol; 2.6-Dijodmethyl-4-dodecylphenol; 2.6-Dibrommethyl-5-pentadecylphenol. (**E. P. 855 032** vom 21/10. 1958, ausg. 30/11. 1960. A. Prior. 29/11. 1957.)

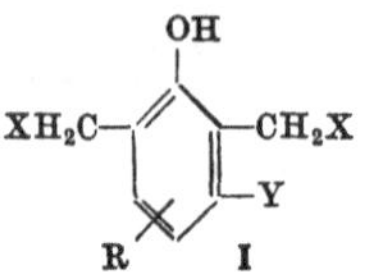
I

W. OVERBECK. 7229

Firestone Tire & Rubber Co., Akron, übert. von: Robert A. Hayes, Cuyahoga Falls, und Floyd A. Smith, Akron, Ohio, V.St.A., **Vulkanisierverfahren.** Ein Copolymerisat aus ≧50 (%) eines konjugierten aliphat. Diolefins, 2—20 Äthylen-, Propylen- oder Butylenglykolmonoester einer Acryl- oder Methacrylsäure u. ggf. dem Rest eines Monoolefins, z. B. Styrol, Alkylacrylat oder -methacrylat, Acrylsäurenitril, wird mit einem Polyanhydrid einer Polycarbonsäure mit ≧2 cycl. Anhydridgruppen je Mol. mit der Formel I erhitzt, wobei die Anhydridgruppen nicht im Überschuß vorhanden sein sollen. (**A. P. 2 971 946** vom 22/8. 1957, ausg. 14/2. 1961.) W. OVERBECK. 7229

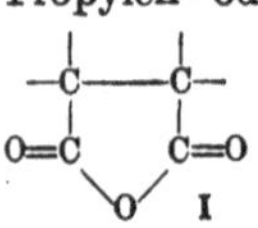
I

Dunlop Rubber Co. Ltd., London, England, **Vulkanisieren von Kautschukmilch** durch energiereiche Strahlung von z. B. 3–10^6 bis 1–10^8 Röntgen. (**E. P. 853 926** vom 15/5. 1956, ausg. 9/11. 1960.) W. OVERBECK. 7229

Firestone Tire & Rubber Co., Akron, Ohio, V.St.A., **Vulkanisationsbeschleunigung.** Eine ohne freien S vulkanisierbare Mischung enthält auf 100 (Gew.-Teile) Kautschuk 0,1—2 eines Hexathio-bis-sek.-amins, das aus einem in W. lösl., sek. aliphat. oder cycloaliphat. Amin hergestellt ist, das nur C, H u. N enthält, u. zwar 2—12 C-Atome je Amin-Mol., z. B. Hexathio-bis-dimethyl-(oder -diäthyl-)amin. (**E. P. 830 791** vom 17/12. 1956, ausg. 23/3. 1960.) W. OVERBECK. 7229

Goodyear Tire & Rubber Co., Akron, übert. von: Albert F. Hardman, Northampton Township, Summit County, Ohio, V.St.A., **Aminoazoldisulfide** der allg. Formel R—N(R')—S—S—R'' erhält man durch Rk. eines Aminmonosulfids der allg. Formel $(R)_2N—S—N(R)_2$ (R u. R' = gleiches oder verschiedenes Alkyl, Cycloalkyl, Aralkyl; die beiden R oder R u. R' können zusammen auch einen Ring bilden, der noch durch S, O oder —NH unterbrochen sein kann; R'' = Thiazyl, Oxazyl, Imidazyl) mit einem Azyldisulfid. — Aus N.N'-Bis-(morpholin)-monosulfid u. 2.2'-Bis-(benzothiazyl)-disulfid in Ggw. von wenig Morpholin als Katalysator u. Methanol → *2-(4-Morpholinyldithio)-benzothiazol* u. als Nebenprod. N-Oxydiäthylen-2-benzothiazolsulfenamid. — Ferner können umgesetzt werden: N.N'-Thio-bis-(dimethylamin), -(diäthylamin), -(di-n-propylamin), -(di-n-butylamin), -diisobutylamin, -di-n-amylamin, -diisoamylamin, -di-n-hexylamin, -di-n-heptylamin, -di-n-octylamin, -dibenzylamin, -methylcyclohexylamin, -äthylcyclohexylamin, -(thiomorpholin), -(4-N-äthylpiperazin), -(piperidin), -pyrrolidin mit 2.2'-Bis-(t)-, -(o)-, -(i)-, (t = thiazyl; o = oxazyl, i = imidazyl), -(4-methyl-t)-, -(4-methyl-o)-, -(4-methyl-i)-, -(4-äthyl-t)-, -(4-äthyl-o)-, -(4-äthyl-i)-, -(4-n-propyl-t- oder -o- oder -i)-, -(4-n-butyl-t)-, -(4-n-butyl-o)-, -(4-n-butyl-i)-, -(4.5-dimethyl-i- oder -t- oder -o)-, -(4.5-diäthyl-i)-, -(4.5-di-n-propyl-o)-, -(4-phenyl-t- oder -o- oder -i)-, -(4-phenyl-5-methyl-t- oder -o- oder -i)-, -(4-phenylbenzo-t- oder -o- oder -i)-, -(4-chlorbenzo-t- oder -o- oder -i)-, -(6-chlorbenz-i)-, -(benzo-t- oder -o- oder -i)-, -(tetrahydrobenzo-t- oder -o- oder -i)-, -(naphtho-t- oder -o- oder -i)-disulfid. — *Vulkanisationsbeschleuniger* für *Kautschuk* in An- oder Abwesenheit von Schwefel. — Vgl. A. PP. 2 772 278; C. **1959.** 7963 u. 2 837 519; C. **1960.** 15245. (**A. P. 2 850 496** vom 23/9. 1954, ausg. 2/9. 1958.) G. KRAUSS. 7229

Imperial Chemical Industries Ltd., England (Erfinder: Harry Cardwell Glover und William Mason), **Herstellung von Pastillen von Chemikalien,** z. B.

Vulkanisationsbeschleunigern. Man verpreßt Mischungen dieser Stoffe mit Polyacryl- oder -methacrylsäureestern als Bindemittel. — Zu 100 (Teilen) eines Filterkuchens aus Tetramethylthiuramdisulfid mit 49% Wasser-Geh. gibt man 1,1 50% ig. wss. Dispersion eines Methylmethacrylat–Äthylacrylat-Mischpolymerisats, preßt die Masse zu Stäben, die zu Plättchen zerbrochen werden. Letztere lassen sich leicht in Kautschuk einwalzen. (**F. P. 1 198 072** vom 13/3. 1958, ausg. 4/12. 1959. E. Prior. 13/3. 1957.) M. PANKOW. 7229

Leda Chemicals Ltd., London, England (Erfinder: Hyman Yarrow, Zvi Enrico Jolles und Ezra Shamash), **Vulkanisationsbeschleuniger für Schaumkautschuk,** bestehend aus N.N-Diäthyldithiocarbamat. (**E. P. 855 844** vom 30/1. 1958, ausg. 7/12. 1960.) W. OVERBECK. 7229

Esso Research and Engineering Co., Elizabeth, N.J., V.St.A., **Hitzebeständige Vulkanisate** werden erhalten aus einer Mischung aus 96—92 (Gew.-Teilen) halogeniertem Butylkautschuk, 4—8 normalem Kunstkautschuk, z. B. Butadien–Styrol-Kautschuk, 1—5 S, 1—10 eines bas. mehrwertigen Metalloxyds, z. B. ZnO, u. 1—5 eines Vulkanisationsbeschleunigers, z. B. Te-Diäthyldithiocarbamat, die 1—300 Min. bei 200—450°F (93—232°C) vulkanisiert wird. (**E. P. 862 698** vom 17/7. 1959, ausg. 15/3. 1961. A. Prior. 18/9. 1958.) W. OVERBECK. 7229

Zellstofffabrik Waldhof (Erfinder: Walter Albert und Karl M. Zimmermann), Mannheim-Waldhof, **Herstellen von elastischen Materialien aus Kautschuk** oder anderen Elastomeren oder deren Mischungen durch gemeinsame Fällung des Elastomeren mit einem Celluloseester aus fl. Medium, dad. gek., daß man eine wss. Dispersion des Rohstoffs mit einer Lsg. eines Celluloseesters in einem mit W. mischbaren organ. Lsgm. vermischt u. aus der Mischung die festen Bestandteile gemeinsam ausfällt, wobei ggf. vor der Fällung übliche Zusätze beigefügt werden können. (**D. A. S. 1 109 358** Kl. 39b vom 26/10. 1956, ausg. 22/6. 1961.) W. OVERBECK. 7231

Firestone Tire & Rubber Co., Akron, Ohio, V.St.A., **Butylkautschukmischung,** bes. für *Reifen-Seitenwände*, bestehend aus 70—90 (Teilen) Butylkautschuk, 30—10 chlorsulfoniertem Polyäthylen u., auf 100 dieser Mischung bezogen, 105—130 eines Verstärkerfüllstoffes, bestehend aus 15—40 ZnO, 20—47 TiO_2 u. 30—50 SiO_2. (**E. P. 836 716** vom 8/8. 1956, ausg. 9/6. 1960. A. Prior. 23/8. 1955.) W. OVERBECK. 7231

Esso Research and Engineering Co., Elizabeth, N.J., V.St.A., **Verbesserte vulkanisierbare Butylkautschuk-Rußmischung.** Man erhitzt die Butylkautschuk-Ruß-Mischung im Mischer mit N-Nitroso-N-nitrosoarylen der allg. Formel ON\R>N—Ar—NO, worin R eine Alkylgruppe mit 1—20 C-Atomen u. Ar eine aromat. Gruppe mit 6—18 C-Atomen ist, z. B. N-4-Dinitroso-N-methylanilin oder N-4-Dinitroso-N-methyl-1-aminonaphthalin, 1—30 Min. auf 280—400°F. Die Vulkanisate haben verbesserten Dehnungs- u. Elastizitätsmodul. (**Belg. P. 565 930** vom 21/3. 1958, ausg. 29/7. 1960. A. Prior. 26/3. 1957.) L. STADELMANN. 7231

Esso Research and Engineering Co., Elizabeth, N.J., V.St.A., **Mischungsnachbehandlung.** Mischungen von *chloriertem Butylkautschuk mit Ruß* werden 5 Min. bis 12 Std. auf 200—500°F erhitzt unter Vermeidung einer therm. Zers. oder Vulkanisation. (**E. P. 849 007** vom 19/6. 1957, ausg. 21/9. 1960. A. Prior. 2/7. 1956.) W. OVERBECK. 7231

Rhein-Chemie G. m. b. H., Mannheim, **Herstellung von feinporösem Material aus Kautschuk oder kautschukartigen Kunststoffen,** dad. gek., daß man es mit einem Nitrosamin, bes. *Di-N-nitrosopentamethylentetramin*, u. einem oberflächenakt. Mittel, bes. Fettalkoholpolyglykoläther, mischt u. erhitzt. (**Ind. P. 58 263** vom 27/8. 1956, ausg. 8/6. 1959.) C. LÜTTGEN. 7231

Dayco Corp., übert. von: Joseph Rockoff, Dayton, Ohio, V.St.A., **Faserüberzüge auf Zellkautschuk.** Elast. Zellkörper werden mit einer wss. Dispersion einer Butadien–Vinylpyridin–Polymerisat-Mischung besprüht, dann mit Faserstaub, bes. im elektr. Feld, beflockt, getrocknet u. vulkanisiert. — 2 Figuren. (**A. P. 2 964 421** vom 23/10. 1957, ausg. 13/12. 1960.) W. OVERBECK. 7231

Farbenfabriken Bayer Akt.-Ges., Leverkusen, *Wärmesensibilisierte Kautschukmilch.* (**E. P. 866 401** vom 14/10. 1958, ausg. 26/4. 1961. D. Prior. 14/10. 1957. — C. **1960.** 11136 [D. A. S. 1 066 734].)

Imperial Chemical Industries Ltd., England, *Herstellung von kautschukartigem Material.* (**F. P. 1 185 349** vom 21/1. 1957, ausg. 31/7. 1959. E. Prior. 20/1. 1956 u. 4/1. 1957. — C. **1959.** 11750 [E. P. 799 410].)

B. F. Goodrich Co., New York, N.Y., V.St.A., *Herstellung stabiler Latices.* (**E. P. 830 931** vom 19/6. 1956, ausg. 23/3. 1960. A. Prior. 30/6. 1955. — C. **1959.** 17525 [A. P. 2 847 404].)

Distillers Co. Ltd., England (Erfinder: **Donald Alexander Fraser** und **Alaric Jeffrey Raum**), *Polymerisation konjugierter Alkene.* (**F. P. 1 186 323** vom 12/9. 1957, ausg. 20/8. 1959. E. Prior. 15/9. 1956. — C. **1961.** 7058 [D. A. S. 1 092 660].)

E. I. du Pont de Nemours & Co. (Erfinder: **Henry Clement Walter**), Wilmington, Del., V.St.A., *Herstellung elastomerer Kondensationsprodukte.* (**Jap. A. S. 7448/1959** vom 24/3. 1956, ausg. 25/8. 1959. A. Prior. 24/3. 1955. — C. **1961.** 14122 [F. P. 1 149 487].)

Esso Research and Engineering Co., übert. von: **Irving Kuntz**, Roselle Park, N.J., V.St.A., *Halogenieren von Butylkautschuk.* (**A. P. 2 948 709** vom 27/12. 1956, ausg. 9/8. 1960. — C. **1961.** 12293 [D. A. S. 1 101 763].)

Farbenfabriken Bayer Akt.-Ges., Leverkusen, übert. von: **Günter Kolb**, Köln, *Herstellen von carboxylgruppenhaltigen Kautschukerzeugnissen.* (**A. P. 2 961 290** vom 27/11. 1957, ausg. 22/11. 1960. D. Prior. 1/12. 1956. — C. **1961.** 8860 [D. A. S. 1 092 645 u. E. P. 841 392].)

Montecatini Soc. Gen. per l'Industria Mineraria e Chimica (Erfinder: **Giulio Natta, Giorgia Mazzanti** und **Giorgio Boschi**), Mailand, Italien, *Herstellen von linearen ungesättigten Mischpolymeren mit hohem Molekulargewicht.* (**D. A. S. 1 114 324** Kl. 39c vom 4/7. 1957, ausg. 28/9. 1961. It. Prior. 11/7. 1956. — — C. **1960.** 2370 [Oe. P. 202 771].)

B. F. Goodrich Co., New York, N. Y., V.St.A., *Halogenfreie Kieselsäurepigmente.* (**E. P. 848 675** vom 20/12. 1956, ausg. 21/9. 1960. A. Prior. 22/12. 1955. — C. **1960.** 4694 [D. A. S. 1 065 825].)

Imperial Chemical Industries Ltd., England, *Kautschukmischung.* (**F. P. 1 173 023** vom 16/3. 1957, ausg. 18/2. 1959. E. Prior. 16/3. 1956 u. 6/3. 1957. — C. **1961.** 326 [Belg. P. 555 836].)

Imperial Chemical Industries Ltd., England, *Vulkanisierbare Mischung.* (**F. P. 1 182 038** vom 5/9. 1957, ausg. 22/6. 1959. E. Prior. 5/9. 1956 u. 7/8. 1957. — C. **1961.** 5985 [E. P. 822 621].)

Imperial Chemical Industries Ltd., England, *Alterungsschutz für Kautschuk.* (**F. P. 1 184 280** vom 12/10. 1957, ausg. 20/7. 1959. E. Prior. 12/10. 1956 u. 4/10. 1957. — C. **1960.** 11843 [E. P. 815 263].)

XIII. Ätherische Öle. Parfümerie. Kosmetik

Die terpenfreien ätherischen Öle und ihre Herstellung. A. M. Burger. (Riechstoffe u. Aromen **10.** 314—16. 343—46. Sept. 1960.) (Dt.)

Die für die Geruchsqualität äther. Öle zumeist nicht maßgebenden Terpene u. Sesquiterpene werden mit Vorteil nach 3 verschiedenen Meth. entfernt: 1. durch Gegenstrom-Dest. oder durch Trägerdampf-Dest. (im Original ausführlich besprochen); 2. mit Hilfe der aus der Auswaschmeth. hervorgegangenen Gegenstromextraktion u. 3. unter Verw. der Säulenchromatographie. G. LOSSNER. 7262□

Die duftende Nelke und ihre vielfältigen Verwendungsmöglichkeiten. George R. Beattie. (Soap, Perfum. Cosmet. **34.** 541—44. Juni 1961.) (Engl.)

Hinweis auf die verschiedenen Verw.-Möglichkeiten der getrockneten Blütenknospen der *Caryophyllus aromaticus L.* (Nelken) u. des Nelkenöles. — 25 Literaturangaben. H. P. FIEDLER. 7262□

Benzoeharze und ihre Verwendung in der Parfümerie. Albert J. Wolkowiski. (Riechstoffe u. Aromen **8.** 105—06. April 1958. 137—38. Mai 1958.) (Dt.)

Übersicht über Theorien der Bldg. von Benzoeharzen u. die Gewinnung der einzelnen Benzoeharzarten in den verschiedenen Anbaugebieten. Chem. Zus. der Harze u. ihre Verw. in Pharmazie u. Parfümerie werden erörtert. Angabe von 2 Rezepten für Ambraöle auf Basis von Benzoeresinoid. H. SONTAG. 7276□

Glycidsäureester. Bildung und geruchliche sowie geschmackliche Eigenschaften. Fritz Schulz. (Seifen-Öle-Fette-Wachse **86.** 303—04. 11/5. 342. 25/5. 460—61. 20/7. 1960.) (Dt.)

Vf. gibt einen Überblick über die Herst.-Verff. der wegen der Verschiedenheit ihrer Gerüche in Parfümerie u. Nahrungsmittelindustrie vielseitig verwendeten Phenylglycidester. G. LOSSNER. 7276□

Sammlung wichtiger Fachausdrücke der Kosmetik und ihrer Industrie in drei Sprachen. 1. Mitt. (3. verbesserte und erweiterte Auflage). G. Carrière, W. Eckardt, H. Freytag, S. Preisinger und Y. Tollard d'Audiffret. (Parfümerie u. Kosmet. **42.** 433—39. Nov. 1961.) (Dt.)

Aufstellung einer Liste kosmet. Fachausdrücke in deutscher, engl. u. fanzös. Sprache. J. LEHMBERG. 7284□

Experimentelle Untersuchungen über die cutane Wirkung der fettlöslichen Derivate der Vitamin B-Gruppe. 1. Mitt. **Der Tripalmitinester des Pyridoxins.** Guido Roccheggiani. (Soap, Perfum. Cosmet. **34.** 547—52. Juni 1961.) (Engl.)

Inhaltlich ident. mit der C. **1961.** 13746 referierten Arbeit. H. P. FIEDLER. 7284□

Netzmittel in der Kosmetik. Th. Klug. (Riechstoffe u. Aromen **10.** 110—12. April 1960.) (Dt.)

Nach Hinweisen auf den Zweck des Einsatzes von Netzmitteln in kosmet. Erzeugnissen werden an jeweils einer Reihe von typ. Vertretern u. Handels-Prodd. die anionakt., kationenakt. u. nichtionogenen Netzmittel besprochen. H. SPOHN. 7284□

Blockpolymere oberflächenaktive Substanzen. W. B. Stanton. (Amer. Perfumer Aromatics **72.** Nr. 4. 54—58. Okt. 1958. Wyandotte, Mich., Wyandotte Chem. Corp.) (Engl.)

Diese Substanzen werden durch aufeinanderfolgende Addition von Propylen- u. Äthylenoxid an einen Kern, bestehend aus Propylenglykol oder Äthylendiamin, hergestellt. Das Molgew. u. bes. das Verhältnis des hydrophoben zum hydrophilen Anteil kann variiert u. damit die Eigg. der Prodd., wie Löslichkeit, Schaumkraft, Viscosität usw., in einem weiten Bereich verändert werden. Die Toxizität der Prodd. ist gering. Sie können als wenig schäumende, dispergierende Zusätze in kosmet. Prodd. eingesetzt werden. K. HINTERAUER. 7284□

Quaternäre Ammoniumverbindungen in der Kosmetik. B. Zdralek. (Seifen-Öle-Fette-Wachse **84.** 663–64. 15/10. 697–98. 29/10. 1958.) (Dt.)

Überblick über Verw. u. Anregung weiterer Einsatzmöglichkeiten quatern. Ammonium-Verbb. in kosmet. Präparaten. H. SONTAG. 7284□

Das Fischsilber und seine Ersatzprodukte. H. Hunsdiecker und S. Sabetay. (Riechstoffe u. Aromen **11.** 120–25. April 1961. Köln, Chem. Fabrik Dr. Vogt u. Co., Labor. u. La Garesme-Colombes, Ets. Laseron u. Sabetay.) (Dt.)

Die Nomenklatur, Phänomenologie, Geschichte, Rohstoffquellen, Herst., chem. Zus., Konservierung, Analyse, Toxizität u. Anwendung von natürlichem Fischsilber (Fs) werden besprochen. Als Ersatz wird hexagonal krist. metall. Ag (nicht Ag-Pulver), nach einem bes. Verf. hergestellt, für pastöse kosmet. Zubereitungen empfohlen. Es soll Fs an Deckkraft erheblich übertreffen. K. HINTERAUER. 7284□

Untersuchungen über Hormofruchtextrakte als Bioaktivatoren in der kosmetischen und pharmazeutischen Praxis. Paolo Rovesti. (Soap, Perfum. Cosmet. **34.** 562–70. Juni 1961. Milano, Ist. di Ricerche sui Deriv. vegetali.) (Engl.)

Bei den Hormofruchtextrakten handelt es sich um Frucht- u. Gemüsesäfte, die nach einem bes. Verf. hergestellt werden (ESPERIS S. A., Milano), welche die Keimung von Pflanzensamen fördern, die Zellatmung der Hefe steigern, die Wundheilung begünstigen u. schließlich auf die Humanhaut eine euderm. Wrkg. ausüben. H. P. FIEDLER. 7284□

Sonnenschutz-Schaumaerosole ... unsichtbar fettend. Karl Bergwein. (Seifen-Öle-Fette-Wachse **85.** 253–54. 29/4. 1959.) (Dt.)

Die vorgenannten Prodd. sind gek. durch ihren Geh. an Isopropylmyristat (I). Als Schaumaerosole lassen sie sich ohne Verschmutzung der Kleidung auf die Haut aufbringen, auf der sie einen gleichmäßigen Schutzfilm bilden, wobei **I** der Haut Fett zuführt u. so akuten Schäden durch Lichteinwirkung entgegenwirkt, ohne die Haut fettglänzend erscheinen zu lassen. Da **I** als Schutzkolloid gegenüber den Lichtschutzstoffen wirkt, sind die damit hergestellten Emulsionen bes. stabil. Angabe von Grundrezepten. H. SONTAG. 7284□

Mechanismus und Norm der thermischen Wirkung verschiedener Emulsionstypen auf der Haut. Heinz-Egon Kleine-Natrop. (Parfümerie u. Kosmet. **41.** 99–102. März 1960. Dresden, Klinik u. Poliklinik für Hautkrankheiten der Med. Akad. „Carl Gustav Carus".) (Dt.)

Es wurden 300 Oberarm-Temp. nach Behandlung mit Öl/W.- u. W./Öl-Emulsionen gemessen u. mit den entsprechenden Temp. nackter, unbehandelter Haut verglichen. Die Zusammenstellung der Ergebnisse in einer graph.-statist. Anordnung (Wahrscheinlichkeitsnetz) zeigte, daß die durch die Emulsionsapplikation erzielten Temp. zwar im Streubereich der Haut-Temp. liegen, daß dieser aber durch die W./Öl-Emulsionen zugunsten der höheren, durch die Öl/W.-Emulsionen zugunsten der niedrigeren Temp. eingeengt werden. Grundsätzlich sollte jede Emulsionsapplikation wegen der damit verbundenen Bedeckung der Haut eine Erhöhung der Haut-Temp. bewirken, wie es bei W./Öl-Emulsionen auch der Fall ist. Der gegenteilige „Kühleffekt" der Öl/W.-Emulsionen wird im wesentlichen durch deren bessere Wärmeleitfähigkeit u. zusätzliche Verdunstungskälte erklärt. H. SONTAG. 7284□

Über die Herstellung einiger in der Kosmetik und Pharmazie verwendeter Aerosolbehälter und Ventile. Walter Kempe. (Parfümerie u. Kosmet. **42.** 480–82. Dez. 1961. Frankfurt/Main-Höchst, Farbwerke Hoechst A. G., vorm. Meister Lucius u. Brüning.) (Dt.) J. LEHMBERG. 7284□

Citrus-Geschmack. Flüchtige Bestandteile des ätherischen Öls der Orange (Citrus sinensis). Richard A. Bernhard. (Food Res. **26.** 401–11. Juli/Aug. 1961. Davis, Calif., Univ. of California, Dep. of Food Sci. and Technol.) (Engl.)

Gas-Fl.-Chromatographie (GFC) der äther. Öle von California Valencia Orangen (CVO) zeigte das Vorhandensein von über 50 Komponenten. Wird das intakte Öl vorher durch fl.-fest-Chromatographie in zwei Hauptfraktionen, die Terpenfraktion (Tp) u. die Terpenoidfraktion (Td) aufgeteilt, so zeigt Tp bei der GFC-Analyse das Vorhandensein von über 15 u. Td von über 37 Komponenten, von denen einige durch Vgl. des berechneten relativen Retentions-Vol. mit den Werten bekannter Verbb. identifiziert wurden. Auf diese Weise konnte das Vorhandensein der folgenden 14 Verbb. in CVO festgestellt werden, von denen bisher in der Literatur noch nicht berichtet wurde: 3-Heptenol-(1), n-Octylacetat, n-Undecanal, Bornylacetat, Isopulegol, n-Decylacetat, Borneol, Citronellol, Neral, Geranylacetat, α-Pinen, α-Phellandren, γ-Terpinen u. p-Cymen. — 30 Literaturangaben. K. Hinterauer. 7286□

Bestimmung des β-Phenyläthylalkohols durch heiße pyridinische Phthalierung unter Verwendung von Pyridin als Lösungsmittel. Indra Kishore und J. B. Lal. (Indian Oil Soap J. **26.** 255—62. Juni 1961. Kanpur, H. P. Technol. Inst.) (Engl.)

Die Nacharbeitung der von Sabetay u. Naves [1957] entwickelten Meth. zur Best. von *β-Phenyläthylalkohol* (**I**) zeigt, daß diese Meth. wegen partieller Hydrolyse des Monophthalats im Verlauf des Erhitzens am Rückfluß zu niedrige I-Werte liefert. Es wird nachfolgende Meth. vorgeschlagen: 0,2—0,5 g **I** werden in einem 250 ml Schliffkolben genau eingewogen u. mit 2—3 Mol Phthalsäureanhydrid u. 5 ml reinem wasserfreien Pyridin auf einem sd. Wasserbad 1 Std. am Rückfluß erhitzt. Dann wird auf 30° abgekühlt u. die Lsg. mit 15 ml W. (30°) versetzt. Nach 15 Min. wird die Lsg. zusammen mit der Fl., die zum Ausspülen des Rückflußkühlers verwendet wurde, mit n/3 NaOH gegen Phenolphthalein titriert. Ein Blindvers. ist in gleicher Weise anzusetzen. Berechnung: % **I** = M(b—a)/10·e; M = I-Molgew., b = ml NaOH Blindvers., a = ml NaOH Hauptvers., e = Einwaage. H. P. Fiedler. 7286□

Nachweis und Bestimmung biologisch aktiver Substanzen in kosmetischen Erzeugnissen. 1. Mitt. Ilona Gál. (Élelmiszervizsgálati Közlemények [Lebensmittelanalyt. Mitt.] **7.** 154—58. Okt. 1961. Budapest, Hauptstädt. chem. Inst.) (Ung.)

Zur Best. von Hexachlorophen in Rasiercreme liefert die Diffusions-Meth., bei Verw. von *Staph. aureus SG 511* als Testorganismus, nur orientierende Werte. Der relative Fehler beträgt ±20%. Es ist unbedingt erforderlich, wegen der Anwesenheit inaktivierender Bestandteile die als Grundlage der Best. dienende Kalibrationskurve im eigenen Medium des Kosmetikums aufzunehmen. K. Gärtner. 7294

Ciba Akt.-Ges., Basel, Schweiz, *Herstellung von neuen carbonylgruppenhaltigen Copolymerisaten.* (**Oe. P. 210 137** vom 27/12. 1957, ausg. 11/7. 1960. Schwz. Prior. 28/12. 1956 u. 21/3. 1957. — C. **1961.** 9625 [D. A. S. 1 091 290].)

Oscar Wurmböck und **Egon Wurmböck**, übert. von: **Dr. Wurmböck G. m. b. H.**, Deutschland, *Nagellackentferner.* (**F. P. 1 173 974** vom 20/2. 1957, ausg. 4/3. 1959. D. Prior. 29/2. 1956. — C. **1958.** 9926 [D. A. S. 1 021 134].)

XIV. Zucker. Kohlenhydrate. Stärke

Ionenaustauscher in der Zuckerindustrie. 1. Mitt. D. Ehrenkrantz. (Ind. Alimentara-Produse veget. **11.** 274—77. Sept. 1960.) (Rum.)

Überblick über die Entw. der Anwendung von Ionenaustauschern in der Zuckerindustrie, die Eigg. von Kationen- u. Anionenaustauscherharzen u. die verwendeten apparativen Einrichtungen. R. K. Müller. 7400□

Versuche mit Hydrocyclonen bei Säften der II. Saturation. O. Asp. (Socker, Handl. **II. 15.** 15—24. 1959. (Engl.). Zucker **13.** 231—38. 1/5. 1960.) (Dt.)

Es werden Verss. beschrieben, mit 5 parallelgeschalteten Hydrocyclonen (Fassungsvermögen pro Gefäß 410 Liter/min) eine Abtrennung des Schlammes in Säften der II. Saturation zu erreichen. Die App. bewirkte u. a. eine Verringerung der Ablagerungen in den Rohrleitungen u. Vorratsgefäßen. Die gereinigten Säfte mußten nach Durchlaufen der App. noch filtriert werden (0,3 g Schlamm/Liter Saft). Bei teilweiser Schlammrücknahme werden erheblich gröbere Teilchen gebildet u. damit die Sedimentations-Geschw. erhöht. Manfred Schulz. 7412□

Einige Beobachtungen über die Filtrierbarkeit von Natal-Rohzuckerlösungen. J. B. Alexander. (Proc. annu. Congr. South African Sugar Technologist's Assoc. **31.** 68—75. 1957.) (Engl.)

Vf. berichtet über die Ergebnisse von Filtrations-Verss. mit verschiedenen Natalrohzuckerlösungen. Zahlreiche Stärke-, Phosphorsäure-, Kieselsäure- u. Wachsanalysen werden mitgeteilt u. die Analysen-Meth. beschrieben. Zwischen dem Phosphat-Geh. u. dem Filtrationsvermögen (FV) besteht keine Beziehung. Das FV ist wenig abhängig vom Stärke-Geh., aber deutlich abhängig vom SiO_2- u. Wachsgehalt.

Manfred Schulz. 7412□

Die Anwendung und Prüfung von Knochenkohle für die Zucker-Raffinierung. D. Hastilow. (Proc. annu. Congr. South African Sugar Technologists' Assoc. **31.** 76—85. 1957.) (Engl.)

Vf. beschreibt die Anwendung von Knochenkohle für die Zuckerraffinierung u. die Behandlung der Kohle im technolog. Prozeß. Test-Meth. für die Brauchbarkeit von Knochenkohlen werden angeführt. Manfred Schulz. 7416□

Charakterisierung von Farbtypen. S. Persson. (Socker, Handl. II **15.** 5—10. 1959.) (Engl.)

Zucker-Lsgg. werden mit Zusätzen von synthet. gewonnenen Farbstoffen vom Caramel- bzw. Melanoidintyp versetzt. Die Absorption dieser Lsgg. wird vor u. nach dem Behandeln mit Aktivkohle untersucht. Es zeigt sich, daß der Entfärbungseffekt bei Caramelanfärbung größer ist. Die Zus. der Farbstoffe in Originalgemischen kann auf Grund der Entfärbungs-Verss. ermittelt werden. Um festzustellen, in welchem Umfange Farbstoffe in den Zuckerkristall eingebaut werden, wurden Kristallisations-Verss. durchgeführt. Die Ursachen von Verfärbungen im Fabrikationsprozeß werden diskutiert. MANFRED SCHULZ. 7416 □

Anwendungen von Ionenaustauschern in Rohzuckerfabriken auf Hawaii. G. E. Sloane. (Rep. Hawaiian Sugar Technologists **14.** 59—61. 1955.) (Engl.)

Vf. gibt eine Zusammenfassung von Labor.- u. Betriebserfahrungen mit verschiedenen Austauschern. Anschließend erfolgt eine Diskussion der Rentabilität des Arbeitens mit Austauschern. MANFRED SCHULZ. 7440 □

Die Entwicklung der Siedehausarbeit auf Hawai. John H. Payne. (Rep. Hawaiian Sugar Technologists **14.** 61—63. 1955.) (Engl.)

Überblick über die Entw. u. Bedeutung der Siedehausarbeit in hawaiischen Zuckerfabriken. MANFRED SCHULZ. 7440 □

Beitrag zur Bildung von 2-Methyl-3-hydroxypyron (Maltol). W. Diemair und H. Hala. (Z. Lebensmittel-Unters. u. -Forsch. **110.** 161—68. 12/8. 1959. Frankfurt/M., Univ., Inst. für Lebensmittelchem.) (Dt.)

Die Herkunft von *Maltol*, einem charakterist. Bestandteil von Malzkaffee, Farb- u. Caramelmalz war bisher unklar. Auf Grund des chem. Aufbaues scheiden Eiweiß u. dessen Abbau-Prodd. als Quelle aus. Auf Grund analyt. Best. wurde ermittelt, daß als Ausgangsstoff nur *Maltose* oder ein beim Rösten daraus gebildeter Stoff in Betracht kommt. Die Bldg. ist abhängig von der Ggw. katalyt. wirkender Salze, die alle in der Diastase vorkommen. A. GRADL. 7444 □

Die Spurenelemente in Weizenstärken. M. Momtaz El-Gindy. (Indian J. agric. Sci. **29.** 78—80. Dez. 1959. Cairo, Univ.) (Engl.)

Unters. der Aschebestandteile der *Stärke* von 3 Weizenvarietäten ergab sehr stark streuende Werte. So lagen z. B. die Werte für Mg in den Grenzen von 1,38—17,35%. Durchschnittswerte: Mg 5,45%, Mn 1,77%, Si 4,67%, Al 15,66%, K 4,28%. Auch die Spurenelemente zeigten große Unterschiede. Als Durchschnittswerte, ausgedrückt in ppm, wurden gefunden: B 0,80, Fe 10,05, Sn 2,51, Cu 0,43, Ag 0,68, Zn 2,77. Die von den 3 Weizenarten erhaltenen Stärkeproben zeigten in ihrer Backfähigkeit Unterschiede. MANFRED ULMANN. 7448 □

Die Anwendung selektiver Desorption an Aktivkohlesäulen für die Bestimmung von Maltotriose in Stärke-Konversionsprodukten. Stella J. Patterson und J. L. Buchan. (Analyst **86.** 160—63. März 1961. London, Custom House, Dep. Sci. and Ind. Res.) (Engl.)

Zur Best. von *Maltotriose* wird eine Meth. zur Best. von Maltose u. Dextrose in Stärkekonversions-Prodd. nach PATTERSON [1957] modifiziert. Die Elution von Maltotriose aus der Aktivkohle–Kieselgur-Säule, die länger u. von geringerem Durchmesser war als bei der Original-Meth., gelang vollständig (nach Entfernung von Dextrose u. Maltose) mit 8%ig. A. bei 40°. E. WIEHR. 7498 □

W. A. Scholten's Chemische Fabrieken N. V. (Erfinder: **Herman Hendrick Nanne Stel**), Holland, *Herstellung von Stärkederivaten auf trockenem Wege.* (**F. P. 1 176 891** vom 26/6. 1957, ausg. 16/4. 1959. **Belg. P. 558 640** vom 24/6. 1957, ausg. 8/4. 1960. Beide Holl. Prior. 26/6. 1956. — C. **1961.** 13218 [E. P. 815 358].)

Coöperatieve Verkoop- en Productievereniging van Aardappelmeel en Derivaten „Avebe" G. A., Veendam, Holland, *Trennen von Stärke in verzweigte und unverzweigte Bestandteile.* (**Holl. P. 98 152** vom 15/5. 1953, ausg. 15/6. 1961. — C. **1957.** 4838 [D. B. P. 940 340].)

Coöperatieve Verkoop- en Productievereniging van Aardappelmeel en Derivaten „Avebe" G. A., Veendam, Holland, *Trennung von Stärke in Bestandteile mit verzweigter und unverzweigter Kette.* (**Holl. P. 98 154** vom 9/6. 1953, ausg. 15/6. 1961. — C. **1957.** 3971 [D. B. P. 946 338].)

Coöperatieve Verkoop- en Productievereniging van Aardappelmeel en Derivaten „Avebe" G. A., Veendam, Holland, *Trennung von abgebauter Stärke in Bestandteile mit verzweigter und unverzweigter Kette.* (**Holl. P. 98 155** vom 10/6. 1953, ausg. 15/6. 1961. — C. **1957.** 3971 [D. B. P. 946 339].)

Coöperatieve Verkoop- en Productievereniging van Aardappelmeel en Derivaten „Avebe" G. A., Veendam, Holland, *Trennung von Stärke in Bestandteile mit verzweigter und unverzweigter Kette.* (**Holl. P. 98 156** vom 10/6. 1953, ausg. 15/6. 1961. — C. **1957.** 3971 [D. B. P. 946 340].)

XV. Gärungsindustrie

Die Mycelformen einer Hefe Torulopsis utilis (Candida utilis). J. Leopold, A. Palivec, Z. Fenzl und Z. Valter. (Kvasný Průmysl **7.** 175—82. 1961. Kazuějov Spolana-Neratovice, Biochem. výzk. závodu Julia Fučika.) (Tschech.)

Die Hefe *Torulopsis utilis* gewinnt die Fähigkeit der Pseudomycel-Bldg. durch die Adaptation an die Ablaugen aus der Citronensäuregärung. Bei nicht adaptierten Stämmen ist die Erzielung dieser Disposition schwierig. W. WESLY. 7506□

Die Alkoholausbeuten aus Roggen. B. Drews und H. Specht. (Branntweinwirtschaft **101.** 185—87. 10/4. 1961. Berlin, Inst. für Gärungsgewerbe.) (Dt.)

Stärkereicher Roggen der Ernte 1959 wurde nach verschiedenen Labor.-Verff. [Maisch-Verf. bei Verzuckerungs-Temp. (I), Dämpfverf. (II), Kochverf. (III)] auf A. verarbeitet. Das Verf. I mit 10%ig. Zusatz von Darrmalz ergab höchste A.-Ausbeuten, mit 5%ig. Zusatz wurden A.-Werte erhalten, die mit 10% Darrmalz nach Verf. II erzielt wurden. Bei Verf. I ohne Malzzusatz reichte die korneigene Diastase zur vollständigen Verzuckerung der Stärke nicht aus, beim Verf. III war der Stärkeaufschluß ebenfalls nur ungenügend. Auf die Vor- u. Nachteile der Verf. I u. II bei der Verarbeitung stärkereicher Roggen wird eingegangen. K.-U. RIEDEL. 7536□

Möglichkeit der Keimruheverkürzung bei Braugersten. Jiří Maštovský und Vladimír Karel. (Kvasný Průmysl **7.** 169—72. 1961. Praha, Výzk. úst. pivovarsky a sladařský.) (Tschech.) — Vgl. C. **1961.** 15953.

Unterss. über die Verkürzung der Keimruhe von Braugersten führen zu nachst. Verf.: Man weicht die Gerste 8 Std. in einer 0,0025%ig. NH_4HF_2-Lsg. ein, läßt sie 48 Std. ohne W. stehen u. berieselt sie so lange im Brause-Verf., bis der gewünschte Weichgrad erreicht ist. — 18 Literaturangaben. W. WESLY. 7540□

Die derzeitige technische Entwicklung der Mälzerei. J. de Clerck. (Brasserie **15.** 136—38. Mai 1961. Louvain, Univ.) (Franz.)

Übersicht über die in der Mälzerei erzielten Fortschritte bei der Konservierung u. Keimruhe der Gerste, beim Maischen, Keimen, Darren, Bau der Mälzereien. — 9 Literaturangaben. W. WESLY. 7540□

Sonderbehandlungen beim Mälzen: Zusatz von Glucose. E. Urion und Ch. Barthel. (Brasserie **15.** 139—42. Mai 1961. Nancy, Fac. des Sci.; E.B.N., Labor. des Analyses.) (Franz.)

Ein 3—5%ig. Zusatz von Glucose in 40—50%ig. wss. Lsg. zur Gerste bewirkt eine Erhöhung des Extrakts, des lösl. N, der KOLBACH-Zahl, der HARTONG-Zahl bei 20 u. 45° u. eine Erniedrigung des pH-Wertes. W. WESLY. 7540□

Einfluß des mit Gibberellinsäure behandelten Malzes auf den Stickstoffgehalt von Würze und Bier. H. Kringstad. (Brygmesteren **18.** 141—45. Juli 1961. Oslo, Norske Bryggeriforenings Forskningslabor.) (Engl.)

Ein mit 1, 2 u. 3 mg/kg *Gibberellinsäure* behandeltes Malz führt zu einer Würze, die ca. 42% mehr N als eine Vgl.-Probe enthält; der Amino-N verdoppelt sich; jedoch erhöht sich der Geh. an Leucin auf etwa das 4-, an Isoleucin auf das 3fache. Einige N enthaltende Stoffe treten auf, die in normalem Bier fehlen. Das aus behandeltem Malz gewonnene Bier hat einen unangenehmen Geschmack. Ein Vorteil der Behandlung ist eine Verkürzung der Mälzzeit. W. WESLY. 7540□

Über eine neuartige Reinigungs- und Desinfektionsmethode in der Brauerei. R. Reimann und E. Regener. (Brauwelt, Ausg. B **100.** 1653—56. 6/10. 1960. Dortmund, Labor. der Ritterbrauerei AG.) (Dt.)

Vff. berichten über prakt. Betriebserfahrungen mit dem Desinfektionsmittel *Octozon* u. dem Reinigungsmittel *Desal.* K.-U. RIEDEL. 7544□

Einige praktische Gesichtspunkte zur mikrobiologischen Kontrolle in der Brauerei. Gerhard J. Haas. (Brewers Digest **36.** 38—45. Mai 1961.) (Engl.)

Durch mikrobiolog. Infektionen während des Herst.-Prozesses können Geruch, Geschmack u. Aussehen des fertigen Bieres beeinträchtigt werden. Vf. behandelt die Faktoren, die bei der Bier-Herst. als Infektionsquelle in Frage kommen (Konstruktion von Brau- u. Fermentationsausrüstungen, ungenügende Reinigungs- u. Desinfektionsmaßnahmen, Eigg. der Hefe u. des Bieres) u. die Meth., die zur Erkennung von Infektionsschäden führen u. gibt Richtlinien für die Konsequenzen, die aus den Testergebnissen zu ziehen sind. W. KNÖBEL. 7544□.

Neue Methode der mikrobiologischen Kontrolle mittels Mikrobitest. Miloš Teplý. (Kvasný Průmysl **7.** 183—87. 1961. Praha, Výroba Čist. mlékařsk. kultur.) (Tschech.)

Die Herst. u. Anwendung der Mikrobiteste werden beschrieben. Es handelt sich um Papier, das mit einem geeigneten, selektiven Nährboden imprägniert ist u. die in der zu untersuchenden Fl. enthaltenen Mikroorganismen aufsaugt. Nach der Inkubation wachsen Kolonien, oder es kommt infolge der biochem. Tätigkeit der Organismen zu einer Rk. mit dem Indicator, die sich durch Farbflecken zu erkennen gibt.
W. WESLY. 7544□

Der Bittergeschmack von Bier und die Regelmäßigkeit der Herstellung. H. van Cauwenberge. (Bull. Assoc. anciens Étudiants Brasserie Univ. Louvain **57.** 45—78. Juli 1961. Louvain, Brasseries Artois.) (Franz.)

Übersicht über die bei der Bier-Herst. verwendeten Hopfenarten, die Berechnung der Hopfenmenge, die Verff. zur Best. des Geh. des Bieres an Isohumulonen, die Ursache der Geh.-Schwankungen u. das Verh. des Bieres nach dem Abziehen. — 17 Literaturangaben. W. WESLY. 7550□

Betriebsfaktoren, welche die Stabilität der pasteurisierten Biere beeinflussen. B. D. Hartong. (Mschr. Brauerei **13.** 165—67. Dez. 1960. Beilage zu: Brauerei. Amersfoort, Phoenix Brauerei.) (Dt.)

Auf die Stabilität des pasteurisierten Bieres (Klarheit, Schaumhaltbarkeit, Farbe u. Geschmack) hat die „Braumeth." keinen Einfluß. Ob ein Zusammenhang zwischen Malz- u. Bierqualität besteht, ist noch nicht geklärt. Mit der Lagerzeit nimmt die Trübung ab. Je höher jedoch die Lager-Temp. des Bieres, um so stärker ist auch die Trübung. Der Einfl. des Flaschenglases ist sehr groß, u. die schwankenden Flaschenqualitäten rufen beträchtliche Trübungsunterschiede hervor. Die Ursachen hierfür sind noch unbekannt. W. KREIPE. 7550□

Beseitigung der biologischen, durch Schizosaccharomyces acidodevorax verursachten Säureabnahme in Apfelsäften. D. K. Tschalenko und T. F. Korssakowa. (Микробиология [Mikrobiologie] **30.** 152—57. Jan./Febr. 1961. Moskau, Zentr. Forschungslabor. der Weinind.) (Russ.; Auszug: Engl.)

In Ggw. von 2% Apfelweinhefen in Reinkultur u. nur 0,1% *Schizosaccharomyces acidodevorax* (Schiz.) kommt bei 15—17° prakt. keine Säureabnahme vor. Steigt bei der gleichen Temp. die Zahl der Schiz. auf 0,5%, so erfolgt auch in Ggw. eines Gemisches von Sacch. vini u. Hans. apiculata eine Säureabnahme um 1,3—1,4 g/Liter. Mit steigender Temp. (20—24°) ist an sich die Säureabnahme stärker, da sich die Schiz. energischer entwickeln als die Weinhefen. In Ggw. von Hans. apiculata erfolgt jedoch trotzdem nur eine geringe Säureabnahme (um 0,7 g/Liter), da sich diese bei höheren Temp. noch schneller entwickelt. Die biolog. Säureabnahme kann durch Zugabe von mindesten 2% kälteresistenter Apfelweinhefe in Reinkultur u. durch Vergärung bei 15—17° beseitigt werden. Zur Unterdrückung der Entw. der Schiz. kann 24 Std. vor dieser Maßnahme der Gär-Fl. 0,04% H_2O_2 zugesetzt werden. K. SATTLER. 7556□

Hefe-Patent G. m. b. H., Hamburg (Erfinder: Robert Kautzmann, Karlsruhe), **Herstellung von Hefe, besonders Backhefe,** in zuckerhaltigen Nähr-Lsgg. nach dem Belüftungs-Verf., dad. gek., daß der fortlaufend zu messende Geh. der Nähr-Fl. (Melasse) an gelöstem O_2 durch eine entsprechende Regelung der Luftzufuhr zumindest abschnittsweise auf einer von der jeweils gewünschten Hefeausbeute bestimmten Höhe gehalten wird. — Tabellen über Melassezulauf, Vorr., Zeichnung. (**D. A. S. 1 107 172** Kl. 6a vom 10/10. 1959, ausg. 25/5. 1961.) G. VOGEL. 7507

Svenska Jästfabriks A/B, Stockholm (Erfinder: S. O. Rosenquist), **Herstellung von Backhefe.** Die Stellhefe wird zunächst auf —5°, bes. —20 bis —60°, tiefgefroren u. ca. 14—30 Tage bei dieser Temp. aufbewahrt. Danach taut man die gefrorene Hefe auf u. verwendet sie zur Hefezüchtung. Dieser Gefrier- u. Auftauprozeß kann mehrere Male wiederholt werden. Hierdurch erhält die Hefe eine größere osmot. Widerstandskraft. (**Schwed. P. 165 641** vom 2/10. 1954, ausg. 16/12. 1958.)
K. H. KÄHLER. 7507

Farbenfabriken Bayer Akt.-Ges., Leverkusen (Erfinder: Wilfried Kaufmann und Klaus Bauer, Wuppertal), **Herstellung von penicillinspaltenden Enzympräparaten,** dad. gek., daß man penicillinspaltende Bakterien, bes. *Escherichia coli,* nach üblichen Meth. unter Belüftung in solchen Nähr-Lsgg. züchtet, die höchstens unbedeutende Mengen von vergärbaren Kohlenhydraten enthalten u. denen Phenylessigsäure oder deren Derivv. in Mengen von ca. 0,002—2% zugesetzt sind, wobei ggf. während des Wachstums CO_2 eingeleitet wird. Als Hauptnährboden dient Maisweichwasser. — Mengenbeispiele. (**D. A. S. 1 114 766** Kl. 6a vom 24/9. 1959, ausg. 12/10. 1961.)
G. VOGEL. 7509

Metallgesellschaft Akt.-Ges. (Erfinder: Konrad Mattern), Frankfurt/M., **Eindampfen von Sulfitablauge vor der Vergärung und Vorwärmung der vergorenen Ablauge** in einer mehrstufigen Umwälzeindampfanlage, dad. gek., daß die mit ca. 70° aus der Kocherei kommende Sulfitablauge ohne vorherige Aufheizung, Eindampfung u. Neutralisation unter Dampfzufuhr in der 1. Eindampfstufe bis zur Erreichung von ca. 40° der mehrstufigen Umwälzeindampfung unterworfen, die so eingedickte Ablauge durch Entspannung auf die Gärtemp. von ca. 30—32° gekühlt u. die vergorene Ablauge im Gegenstrom in einem an die Eindampfanlage angeschlossenen Vorwärmer-Syst. stufenweise auf die zur A.-Gewinnung erforderliche Temp. gebracht wird. — Vorr., Zeichnung. (**D. B. P. 974 997** Kl. 6b vom 14/10. 1952, ausg. 20/7. 1961. Anmeldung bekanntgemacht 9/5. 1956.) G. VOGEL. 7537

J. Leopold und **Z. Fencl**, Kaznejov bei Pilsen, Tschechoslowakei, *Züchten von Hefen der Gattung Torula utilis in Melasseschlempen der Citronensäuregärung.* (**Belg. P. 541 558** vom 24/9. 1955, ausg. 28/8. 1959. — C. **1959.** 17543 [E. P. 802 487].)

Fromageries Bel-la Vache qui rit, Paris, Frankreich, *Herstellung von Nährhefen aus lactosehaltigen Molkereiprodukten.* (**Belg. P. 548 583** vom 12/6. 1956, ausg. 20/11. 1959. F. Prior. 22/6. 1955. — C. **1957.** 9536 [F. P. 1 128 063].)

Distillers Co. Ltd., Edinburgh, Schottland, *Erzeugung von Backhefe.* (**Belg. P. 542 858** vom 17/11. 1955, ausg. 11/9. 1959. E. Prior. 17/11. 1954. — C. **1958.** 5236 [F. P. 1 137 889].)

American Cyanamid Co., New York, N.Y., V.St.A., *Gewinnung von Streptodornase, Streptokinase oder deren Gemischen.* (**Belg. P. 537 082** vom 4/4. 1955, ausg. 13/3. 1959. A. Prior. 5/4. 1954. — C. **1957.** 8088 [A. P. 2 753 291].)

Armour & Co., Chicago, Ill., V.St.A., *Erzeugung von Proteinasen.* (**Belg. P. 546 811** vom 6/4. 1956, ausg. 23/10. 1959. A. Prior. 11/4. 1955. — C. **1961.** 18427 [Holl. P. 95 153].)

American Cyanamid Co., New York, N.Y., V.St.A., *Gewinnung eines proteolytischen Enzyms.* (**Belg. P. 542 271** vom 24/10. 1955, ausg. 28/8. 1959. A. Prior. 25/10. 1954. — C. **1958.** 11391 [D. A. S. 1 016 669].)

Dumont Frères & Cie., Chassart, Belgien, *Rektifizieren von Äthylalkohol.* (**Belg. P. 545 408** vom 21/2. 1956, ausg. 9/10. 1959. — C. **1961.** 691 [F. P. 1 166 890].)

Enzymic Malt Co. Ltd., London, England, *Erzeugung von Sauermalz.* (**Belg. P. 539 118** vom 18/6. 1955, ausg. 17/7. 1959. E. Prior. 21/7. 1954. — C. **1958.** 6120 [F. P. 1 141 886].)

Usines de Melle, Deux Sèvres, Frankreich, *Erzeugung von organischen Säuren, besonders Citronensäure, durch Gärung.* (**Belg. P. 549 432** vom 10/7. 1956, ausg. 20/11. 1959. F. Prior. 11/7. 1955. — C. **1957.** 10353 [F. P. 1 128 746].)

Joh. A. Benckiser G. m. b. H., Chemische Fabrik, Ludwigshafen/Rh., *Citronensaure Salze.* (**E. P. 865 309** vom 10/8. 1959, ausg. 12/4. 1961. D. Prior. 9/8. 1958. — C. **1960.** 5054 [D. A. S. 1 055 483].)

XVI. Nahrungs-, Genuß- und Futtermittel

Die Anwendung von Bor in der Bekämpfung des Faulens der Orange. 1. Mitt. **Einfluß von Natriumhydroxid, Temperatur und Seife auf das Faulen durch Penicillium.** B. Orihuel Gasque, J. Merí Puig und J. Moragues Tarrasó. (An. Edafol. Fisiol. vegetal **18.** 289—320. April 1959. Gandia, Inst. laboral.) (Span.)

Als Vorunters. zur Bekämpfung der Orangenfäule durch Penicillium wird der Einfl. von NaOH, Temp. u. Seife auf das durch Penicillium digitatum (PD) u. Penicillium italicum verursachte Faulen geprüft. NaOH zeigt gegenüber beiden eine geringe fungicide u. fungistat. Wrkg., die bei 2%ig. NaOH u. 43—46° mit einem Schrumpfen, Glanzverlust u. phytotox. Wrkg. einhergeht. Bei steigender NaOH-Konz. (0,4 → 2%) wird das Faulen durch PD deutlich zurückgedrängt, dieser Effekt verschwindet aber rasch bei längerer Lagerdauer. Ein Einfl. der Temp. (15 → 43—46°) ist nicht eindeutig zu erkennen; soweit eine Wrkg. eintritt, geht sie beim Lagern rasch zurück. Seife ist ohne Einfl., auch wenn sie bei höherer Temp. angewandt wird. — 33 Literaturangaben.

R. K. MÜLLER. 7688□

Zusammensetzung der Aminosäuren in den Blättern und im Fruchtfleisch des Affenbrotbaumes (Adansonia Digitata L.). F. Busson, P. Deniel und J. Toury. (Bull. Soc. Chim. biol. **40.** 711—14. 9/6. 1958. Marseille, Serv. de Santé Col., Labor. de Rech.) (Franz.)

Die säulenchromatograph. Best. der freien u. gebundenen Aminosäuren (I) in jungen Blättern (Blattpulver) u. im Fruchtfleisch von *Adansonia dig.* L. ergab für das Blattpulver, das in Afrika zur Bereitung von Suppen Verw. findet, hinsichtlich des Nährwertes ein befriedigendes Gleichgewicht in der Zus. der I. Für den afrikan. Kontinent bildet daher das Blattpulver einen wichtigen Nahrungsmittelzusatz an Proteinen. Für das Fruchtfleisch trifft dies hingegen infolge eines größeren Defizits an essentiellem I nicht zu. — 16 Literaturangaben. H. SPOHN. 7688□

Isolierung, Charakterisierung und quantitative Bestimmung der chemischen Bestandteile von Guava-Pektin. J. S. Pruthi, K. K. Mookerji und Girdhari Lal. (Sci. and Cult. [Calcutta] **26.** 34—35. Juli 1960. Mysore, Central Food Technol. Res. Inst.) (Engl.)

Die saure Hydrolyse des Pektins (jeweils 1 g Pektin wird mit 200 ml 2%ig. H_2SO_4 10 Std. am Rückfluß erhitzt) u. die enzymat. Hydrolyse (Pectinol von ROHM & HAAS, 37°, pH 4,48, Std.) werden verglichen. Für die Chromatogramme auf WHATMAN-Papier Nr. 1 diente im aufsteigenden Verf. als Laufmittel ein Gemisch von Aceton, Butanol u. W. (7 : 2 : 1), als Entwickler Trichloressigsäure. Die schonendere enzymat. Hydrolyse ergab: *d-Galakturonsäure* 72,03%, *d-Galaktose* 12,05%, *l-Arabinose* 4,40%. Die entsprechenden Werte bei saurer Hydrolyse waren: 62,30, 8,30 u. 6,50%.
W. RITTLER. 7702□

Die Konsistenz von Stärkemilchpudding. 2. Mitt. **Der Einfluß der Koch- und Abkühlbedingungen usw. und der Stärkeart.** R. Rutgers. (J. Sci. Food Agric. **9.** 69—77. Febr. 1958.) (Engl.) — 1. vgl. C. **1962.** 7739.

Niedrigere Temp. erhöhen die Synärese u. erzeugen ein weniger homogenes Gefüge. Zwischen der Stärke-Konz. u. der Konsistenz besteht eine logarithm. Beziehung; bei ca. 4,2% nimmt die Konsistenz plötzlich zu. Längeres Kochen führt zu etwas stärkerem Gerinnen, aber etwas geringerer Viscosität. Durch Abkühlen auf 50 oder 30° u. Rühren erhält man dünnere, feinere u. rahmartigere Produkte. Die Lagerungs-Temp. hat zwischen 3 u. 15° wenig Einfl. auf die Konsistenz; die Viscosität fällt $>$15 u. 25°. Durch Lagern bei 25° steigt die Konsistenz 24 Std. u. länger, bei 3° steigt die Gerinnung 24 bis 40 Std. u. bleibt dann konst.; die Viscosität fällt ca. 15 Std. nach der mechan. Behandlung.
W. WESLY. 7710□

Über Kakaobutter und den Fettreif von Kakaoerzeugnissen. S. V. Vaeck. (Gordian **60.** Nr. 1439. 18—23. Mitte Nov.; Nr. 1440. 13—17. Ende Nov.; Nr. 1441. 18—20. Mitte Dez. 1960.) (Dt.) — C. **1961.** 10785.
M. WINIKER. 7726□

Phosphate und ihre Verwendung in der Fleischindustrie. Zygmunt Schonherz. (Food Technol. Australia **9.** 87—91. Febr. 1957.) (Engl.)

Allg. Ausführungen. — 7 Literaturangaben.
M. WINIKER. 7750□

Der gegenwärtige Stand der Strahlungskonservierung von Nahrungsmitteln. — Fisch. J. M. Shewan. (Inst. J. appl. Radiat. Isotopes **6.** 143—48. Okt. 1959. Torry, Aberdeen, Torry Res. Stat., Dep. of Sci. and Ind. Res.) (Engl.)

Vortrag. Während die Sterilisierung durch Bestrahlung eine zu hohe Dosis erfordert, erscheint die Pasteurisierung von Fisch durch Bestrahlung — bes. in Kombination mit anderen konservierenden Maßnahmen — aussichtsreich. — Diskussion.
H.-G. FLOSS. 7752□

Die Zerstörung von Salmonella-Bakterien in gekühltem flüssigem Eigelb und Eiweiß durch γ-Strahlen. D. A. A. Mossel, (Int. J. appl. Radiat. Isotopes **9.** 109—12. Dez. 1960. Utrecht, T.N.O., Central Inst. for Nutrit. and Food Res.) (Engl.)

Zur Prüfung der Frage nach der Haltbarmachung von Hühnereiern durch Bestrahlung mit ionisierenden Strahlen wurden Eidotter u. Eiweiß unter asept. Bedingungen gemischt, auf 2° gekühlt u. mit *Salmonella typhimurium* oder *S. Senftenberg* (*S*) inokuliert. Die Anfangsdichte betrug 10^7/ml. Bei 0—1° wurden Proben in Al-Behältern mit maximal $6 \cdot 10^5$ rad einer ^{60}Co-γ-Strahlung bestrahlt. Bei Anwendung von $2 \cdot 10^5$ rad wird die Zahl der überlebenden *S* zwar um 6, bei $5 \cdot 10^5$ rad um 9 Größenordnungen gesenkt. Bei Bestrahlungen mit mehr als 10^4 rad tritt aber Geruchsschädigung, bei $2 \cdot 10^5$ rad Farbveränderung auf. Die Pasteurisierung von Eiern auf diese Weise erscheint danach ungünstig.
W. REUSSE. 7754□

Vergleich einiger chemischer und physikalischer Eigenschaften von γ-Casein und Immunglobulin aus Milch. G. K. Murthy und R. Mc L. Whitney. (J. Dairy Sci. **41.** 1—12. Jan. 1958. Urbana, Ill., Univ. of Illinois, Dep. of Food Technol.) (Engl.)

Die elektrophoret. Beweglichkeit von *γ-Casein* (I) entspricht bei pH 8,7 (Veronalpuffer) u. $\mu = 0,1$ der von *Pseudoglobulin* (II), *Euglobulin* (III) hat bei pH 8,7 eine geringere Beweglichkeit. Bei pH 2,3 verhalten sich **I, II** u. **III** verschieden, so daß hier eine elektrophoret. Trennung möglich ist. Bei der Ultrazentrifugierung (**a**) zeigten **I, II** u. **III** ebenfalls Unterschiede. Das Molgew. von **I**, bestimmt durch **a**, zeigte eine Abhängigkeit vom pH-Wert u. wurde mit 30650 (pH 8,7) bzw. 53700 (pH 2,3, HCl-Puffer) bzw. 659000 (pH 2,3, Lactatpuffer) bestimmt. Die Molgew. von **II** u. **III** betrugen, unabhängig vom pH-Wert, 252000 bzw. 289000.
E. LÜCK. 7756□

Beobachtungen (über den Zusammenhang) zwischen Keimzahl und Gehalt an Nichtfett-Trockensubstanz bei Kuhmilch. D. A. Mc Kenzie, Elizabeth M. K. Booker und W. Moore. (J. Dairy Res. **25.** 52—59. Febr. 1958. Aberdeen, North Scotland Coll. of Agric.) (Engl.)

Proben mit hohen Keimzahlen hatten oft einen niedrigeren Geh. an Nichtfetttrockensubstanz als Proben mit niedrigen Keimzahlen.
E. LÜCK. 7756□

Eine Untersuchung über die Leistungsfähigkeit einer Ultrahoch-Kurzzeit-Pasteurisieranlage für Milch. 1. Mitt. **Einführung und physikalische Messungen.** H. Burton. (J. Dairy Res. **25.** 75—84. Febr. 1958. Reading, Univ., Nat. Inst. for Res. in Dairying.) (Engl.)

Beschreibung der App. u. der Meth. zur Messung der Temp., der Wärmeübertragung u. der Durchflußgeschwindigkeit. E. Lück. 7756□

Die Säuerung von 80%igem Rahm. Max Erich Schulz, Eberhard Voss und Helmut Gütter. (Milchwissenschaft **15.** 65—71. Febr. 1960. Kiel, Bundesforschungsanst. für Milchwirtsch., Chem. Inst.) (Dt.)

Zwecks Herst. einer aromat. Alfa-Sauerrahmbutter ist es erforderlich, den Rahm unter Verw. von Buttereisäureweckern u. einer Beimpfungsmenge von 1,0—0,1% 20—22 Std. bei 17—22° zu säuern. Durch eine Übersäuerung des Rahms (unter pH 4,7) sowie durch falsche Behandlung des Säureweckers können Geschmacksfehler (metall., sauer, ölig) entstehen. Da wegen der festen Konsistenz von gekühltem 80%ig. Rahm die Säuerung desselben nicht wie bei gewöhnlichem Rahm durch Kühlung auf 10—15° abgestoppt werden kann, müssen Art u. Vorbehandlung der Kulturen u. die Beimpfungsmenge den besonderen Verhältnissen beim Alfa-Verf. angepaßt werden.
M. Winiker. 7758□

Untersuchungen über die Kantenbildung von Butter. Rudolf Heiss. (Milchwissenschaft **15.** 72—78. Febr. 1960. München, Inst. für Lebensmitteltechnologie u. Verpackung.) (Dt.)

Es wurde festgestellt, daß *Butter* (u. auch Margarine) kein „hygroskop.“, sondern ein „feuchter“ Körper ist, der bei jeder relativen Feuchtigkeit in entsprechender Zeit prakt. seinen gesamten Geh. an W. durch Verdunstung verliert. Basierend auf dieser Feststellung konnte eine Beziehung abgeleitet werden, die den zeitlichen Ablauf des Auskantens wiedergibt. Weiter konnte eine die Grenzen der Verkäuflichkeit charakterisierende „krit. Kantendicke“ ermittelt werden, u. es wurde klargestellt, nach welcher Lagerzeit unter definierten Lagerbedingungen bei Verw. verschiedener Packstoffe die krit. Kantendicke erreicht wird. M. Winiker. 7758□

Einfluß der Hitzebehandlung von Milch auf die Ausbeute, die Qualität und bestimmte Eigenschaften von standardisierten Frischkäsen. G. M. El Sadek und L. Abd El Moteleb. (J. Dairy Res. **25.** 85—91. Febr. 1958. Cairo, Kobbah Palace, Faculty of Agricult.) (Engl.)

Auf 1,5% Fett eingestellte Milch wurde in pasteurisiertem u. unpasteurisiertem Zustand mit Lab gefällt. Die Ausbeute an Käsebruch war bei pasteurisierter Milch 3,33% höher als bei unpasteurisierter. Die Pasteurisierung bewirkte auch eine Verbesserung des Aromas u. der Struktur des Käses. Die Haltbarkeit war bei Ware aus unpasteurisierter Milch besser. Dieses abnorme Verhalten wird auf den etwas höheren Feuchtigkeits-Geh. des Käses aus pasteurisierter Milch u. Störungen des mikrobiolog. Gleichgewichtes infolge der Pasteurisierung, die keine Sterilität bewirkt, zurückgeführt. Die Pasteurisierung verringert die Acidität der Molke. E. Lück. 7760□

Einflüsse der Verminderung des Labzusatzes und des Zusatzes von Calciumchlorid bei der Herstellung und Reifung von Cheddarkäse. C. A. Ernstrom, W. C. Price und A. M. Swanson. (J. Dairy Sci. **41.** 61—69. Jan. 1958. Madison, Univ. of Wisconsin, Dept. of Dairy and Food Ind.) (Engl.)

Zusätze von 0,02% $CaCl_2$ zur Kesselmilch u. Verminderung der Labzusätze auf die Hälfte des normalen ergab einen guten Käsebruch u. normale Ausbeute. Der Proteinabbau wurde aber verlangsamt u. die Reifung etwas verzögert. E. Lück. 7760□

Bekämpfung des Verderbs von Mischfutter. L. R. Richardson und B. D. Webb. (Cereal Sci. today **6.** 260. 262. 264. 266—67. Okt. 1961. College Station, Tex., Texas A and M Coll.) (Engl.)

Übersicht über die Bedingungen für eine zuverlässige Lagerung von Mischfuttern, den Einfl. von Mischfutterbestandteilen mit hoher Feuchtigkeit auf die spontane Erhitzung der Proben u. die Maßnahmen zu deren Verhütung. — 21 Literaturangaben.
W. Wesly. 7786□

Nachweis und Bestimmung von aromatischen, polycyclischen Kohlenwasserstoffen in Paraffin. H. J. Eichhoff und G. Titschack. (Arzneimittel-Forsch. **7.** 376—79. Juli 1958. Mainz, Univ., Anorg. Chem. Inst.; Hamburg.) (Dt.)

Es wurde ein fluoreszenzspektrometr. Verf. zur Best. von polycycl. KW-Stoffen in Paraffin, das den bei der Verw. in der Lebensmittelindustrie als Verpackungsmaterial gestellten Reinheitsforderungen genügen soll, ausgearbeitet. Da eine bei der UV-Bestrahlung techn. Paraffine auftretende, nicht charakterist., strukturlose Fluorescenzstrahlung eine Entscheidung über das Vorhandensein solcher KW-Stoffe nicht erlaubt, ist eine spektrale Zerlegung des Fluorescenzlichts u. die Best. charakterist. Intensitäten zur Beurteilung der Probe erforderlich. Die verwendete App. u. die Meßmeth. werden beschrieben. Reine Paraffine wurden mit den betreffenden KW-Stoffen verschmolzen u. in Form 5 mm starker Platten verwendet. Zur Anregung wurde die gefilterte UV-Strahlung einer Xenon-Höchstdrucklampe benutzt. Die Fluorescenzspektren u. auf charakterist. Banden bezogenen Eichkurven (die auf die Fluorescenzintensität von Paraffin DAB bei entsprechender Wellenlänge bezogenen Intensitäten gegen die Konz. in doppelt logarithm. Maßstab) sind für 3.4-Benzpyren, Methylcholanthren, Anthracen u. 1.2-5.6-Dibenzanthracen wiedergegeben. W. BETCKE. 7788□

Einfluß kleiner Unterschiede im Plattenverfahren auf die Bakterienauszählungen von zubereiteten gefrorenen Nahrungsmitteln. Paul A. Hartmann und David V. Huntsberger. (Appl. Microbiol. **9.** 32—38. Jan. 1961. Ames, Iowa, Iowa State Univ., Dep. of Bacteriology and Dairy and Food Industries, and Dep. of Statistics.) (Engl.)

Vff. beschreiben kleine Modifikationen des Platten-Verf., die die Bakterienauszählung von gefrorenen zubereiteten Nahrungsmitteln beeinflussen könnten. Die folgenden Faktoren sind für die Auszählung von Bedeutung: Probengröße, Größe der Anfangsverdünnung, Art der Zugabe der Anfangsverdünnung, Puffer an Stelle von destilliertem W. als Anfangs- u. Folgeverdünner, Verw. von Perlen in Verdünnungsproben, Modell der verwendeten Mischer des Mischgefäßes. Die Resultate werden statist. ausgewertet. D. PÖHLAND. 7788□

Die Bildung von Bakterienhemmzonen in Molkenagar durch Rohmilch. A. G. Wolin und F. V. Kisokowski. (J. Dairy Sci. **41.** 34—40. Jan. 1958. Ithaca, N.Y., Cornell Univ., Dep. of Dairy Ind.) (Engl.)

An Hand eines Blättchentests, ähnlich wie er zum Nachw. von Antibioticis verwendet wurde, wurde die Wrkg. von Rohmilch gegenüber Bacillus subtilis bestimmt. Eine erste Hemmzone (**a**) entstand nach 12std. Einw. bei 72°F, eine zweite **a** nach der Bebrütung, Kühlung u. erneuter Bebrütung. Das Ausmaß der ersten **a** ist etwas von der Jahreszeit u. der Fütterung der Kühe abhängig, die zweite **a** weniger. E. LÜCK. 7856□

Ein Zurückweisungstest für Rohmilch. Peggy B. Taylor und L. F. L. Clegg. (J. Dairy Res. **25.** 32—51. Febr. 1958. Reading, Univ., National Inst. for Res. in Dairying.) (Engl.)

Das Verf. basiert auf der Best. des Geh. an freier *Milchsäure* (**I**). Die Milchproteine werden mit $BaCl_2$, NaOH u. $ZnSO_4$ ausgefällt, abfiltriert u. das Filtrat mit $FeCl_3$ versetzt. Es bildet sich gelbes Fe-Lactat. Für das Ansprechen des Tests u. die Intensität der Gelbfärbung sind nicht nur der Geh. an **I** sondern wahrscheinlich weitere Faktoren wesentlich. Die Stärke der Färbung, die visuell oder colorimetr. bestimmt werden kann, zeigt eine gute Korrelation mit der Haltbarkeit der Milch. Es wurde weiter geprüft, inwieweit die Entw. der Milchsäurebakterien mit der Stärke der Färbung einhergeht u. gefunden, daß nur eine teilweise Korrelation besteht. **I** wird erst nachweisbar, wenn die Keim-Entw. bereits in vollem Gange ist. Zwischen Sommer- u. Wintermilch bestehen Unterschiede: 0,03% **I** entsprechen bei Sommermilch einer wahrscheinlichen Haltbarkeit von ca. $8^1/_2$ Std., bei Wintermilch einer solchen von $5^3/_4$ Stunden. Da die Ausführungszeit des Tests nur ca. 5 Min. dauert, wird er zur Kontrolle an der Rampe der Molkerei vorgeschlagen. E. LÜCK. 7856□

Die Kontrolle der Thermisation von Käsereimilch durch Bestimmung der „Rest-Phosphatase". Max Erich Schulz, Hans Kay und Günter Mrowetz. (Milchwissenschaft **15.** 399—403. Aug. 1960. Kiel, Bundesforschungsanst. für Milchwirtschaft, Chem. Inst.) (Dt.)

Vff. berichten über Verss., aus deren Ergebnissen hervorgeht, daß für den Nachw. der *Thermisation* von Käsereimilch, d. h. einer Hitzebehandlung unterhalb des Pasteurisierungseffektes, die Best. des *Phosphatase*-Geh. der Milch geeignet ist. Zur Best. der Phosphatase wurde die Rk. mit Dinatrium-p-nitrophenylphosphat nach ASCHAFFENBURG u. MULLEN herangezogen. Arbeitsvorschrift. N. WINIKER. 7856□

Bestimmung der nicht oxydierten Tocopherole aus Milchfett. R. L. Handwerk und E. W. Bird. (J. Dairy Sci. **41.** 28—33. Jan. 1958. Ames, Iowa State Coll. Dairy Ind. Dep.) (Eng,.)

Es wurde eine Meth. entwickelt, um den *Tocopherol*-(**I**)-Anteil zu bestimmen, der in nicht oxydierter Form im Milchfett vorliegt. Nach chromatograph. Reinigung wurde **I** colorimetr. mit $FeCl_3$ u. Dipyridyl bestimmt. Zur Verhinderung der Oxydation von **I** während der Isolierung hat sich Pyrogallol bewährt, Arbeiten unter N_2 ist nicht notwendig. Die zur Reinigung benutzte Floridinsäule bewirkte eine Red. der **I**-p-Chinone, nicht aber eine solche der **I**-o-Chinone. E. LÜCK. 7856□

Eine colorimetrische Schnellmethode zur Bestimmung von Milchsäure in Milch und Milchprodukten. K. Steinsholt und H. E. Calbert. (Milchwissenschaft **15.** 7—11. Jan. 1960. Madison, Wisc., Univ. of Wisc., Dep. of Dairy and Food Industries.) (Engl.)

Vff. beschreiben eine Modifikation der Meth. von LING. (Das Prinzip letzterer besteht darin, daß ein durch $BaCl_2$, NaOH u. $ZnSO_4$ gewonnenes citronensäurefreies Filtrat mit $FeCl_3$ zur Rk. gebracht wird.) Arbeitsvorschrift. Beleganalysen. M. WINIKER. 7858 □

Mikromethode zur Bestimmung von Annatto in Käse. Antonio J. M. D'Almeida. (Rev. farmac. Bahia **2.** 6—8. Juni/Sept. 1958. Pórto Alegre, Univ., Fac. de Farm.) (Port.)

Zur Best. von *Annatto* in Käse verwendet Vf. ein vereinfachtes chromatograph. Verf.: Das am unteren Ende mit einem engeren Rohr verbundene Rohr eines Trichters wird mit Al_2O_3 (nach BROCKMANN) gefüllt, die Säule zuerst mit 10 ml Bzl. gewaschen, dann die benzol. Lsg. durchgeleitet u. mit 20 ml Bzl. nachgewaschen, um Lipide zu entfernen. Aus einer gelben oder orange Färbung des Al_2O_3 kann man noch 10 μg des Farbstoffs nachweisen. R. K. KÜLLER. 7860 □

United States of America, Secretary of Agriculture, übert. von: Arthur I. Morgan jun. und John M. Randall, Berkeley, Calif., V.St.A., **Herstellung von Kaffee-Extrakt.** Ein wss. Kaffee-Extrakt mit einem Feststoff-Geh. von z. B. 50% wird mit einem Schaumstabilisierungsmittel, z. B. 0,5% eines Glycerin- oder Zuckerfettsäureesters, z. B. dem Mono- oder Diester der Palmitin- oder Stearinsäure, versetzt u. mit Luft zu einem Schaum geschlagen. Der Schaum wird kontinuierlich in dünner Schicht in Heißluft von 120—220° getrocknet. (**A. P. 2 976 158** vom 24/7. 1959, ausg. 21/3. 1961.) W. KRANZ. 7721

Tea Corp., Baltimore, Md., übert. von: Douglas Ernest Melzard, Swampscott, David A. Kendall, West Newton, Mass., und Albert J. Karas, Catonsville, Md., V.St.A., **Herstellung von Teekonzentrat.** Zerkleinerte Teeblätter werden mit W. von 180—220 °F unter Vakuum innerhalb weniger als 30 Min. extrahiert, wobei der Extrakt durch ein Filter laufend einer wss. Lsg. eines anorgan. Polyphosphats, z. B. Na-Hexametaphosphat, Na-Tripolyphosphat oder Tetranatriummonokaliumtripolyphosphat, zugeführt wird. Die Mischung wird gefroren u. verpackt. (**A. P. 2 978 328** vom 24/6. 1958, ausg. 4/4. 1961.) W. KRANZ. 7725

Inredeco, Inc. (Erfinder: Robert Egli), **Verbessern des Geruchs und Geschmacks von Walfleischextrakten,** in dem diese in wss. Lsg. auf ein pH = 6,3 bis 8,0 eingestellt werden u. Trimethylamin durch Einleiten von Wasserdampf ausgetrieben wird. (**Aust. P. 223 937** vom 9/8. 1957, ausg. 8/10. 1959. Schwz. Prior. 29/8. 1956.) K. DEMMLER. 7751

Carl Sven Oscar Hagberg, Saltsjö-Duvnäs, Schweden, **Analysieren von Getreide und anderen stärkehaltigen Materialien** u. daraus hergestellten Prodd. durch Erhitzen einer Aufschwemmung (**a**) von zerkleinertem, stärkehaltigen Material in W. über die Verkleisterungs-Temp. der Stärke hinaus (Autolyse), dad. gek., daß entweder die Zeit bestimmt wird, die eine schnell erhitzte **a** bestimmter Konz. zum Übergang vom verkleisterten in den viskosen Zustand benötigt, oder daß der Verkleisterungszustand an Hand einer Serie von **a**-Proben unterschiedlicher Konz. beobachtet wird, die gleichartig u. gleich lang erhitzt worden sind. (**D. A. S. 1 101 021** Kl. 421 vom 23/11. 1956, ausg. 2/3. 1961. Schwed. Prior. 24/11. 1955.) W. v. HUHN. 7797

Unilever Ltd., Port Sunlight, England, *Herstellung von künstlichem Aroma für Lebensmittel.* (**Ind. P 62 596** vom 16/12. 1957, ausg. 3/5. 1960. E. Prior. 27/12. 1956. — C. **1959.** 14588 [D. A. S. 1 058 824].)

Unilever Ltd. (Erfinder: **Charles Gerard May** und **Philip Akroyd**), *Künstliches Aroma für Lebensmittel.* (**Aust. P. 229 930** vom 16/12. 1957, ausg. 15/9. 1960. E. Prior. 27/12. 1956. — C. **1959.** 14588 [D. A. S. 1 058 824].)

Mazetti Aktiebolag (Erfinder: **Haqvin Malmros** und **Waldemar Jacobsson**), *Gefäßschonendes Nahrungs- und Diätmittel.* (**Aust. P. 222 820** vom 29/7. 1957, ausg. 13/8. 1959. Schwed. Prior. 30/7. 1956. — C. **1960.** 1030 [F. P. 1 180 286].)

Merck & Co., Inc., Rahway, N. J., V.St.A. (Erfinder: **Donald E. Wolf** und **Carl H. Haffman**), *Herstellung von Pentensäurederivaten.* (**Jap. A. S. 5110/1959** vom 11/7. 1957, ausg. 19/6. 1959. A. Prior. 12/7. 1956. — C. **1961.** 11934 [A. P. 2 915 531].)

XVII. Fette. Seifen. Wasch- u. Reinigungsmittel. Wachse. Bohnermassen usw.

Die Beziehung zwischen Jodzahl und Refraktionskoeffizient von Ölen und ihre Verwendung für die Kontrolle und Regulierung des Hydrierungsprozesses. W. A. Wyssotschin und Je. T. Demina. (Маслобойно-Жировая Промышленность

[Öl- u. Fett-Ind.] **26.** Nr. 12. 19—23. 1960. Moskau, Städt. Volkswirtschaftsrat, Zentr. Forsch.-Labor. für Fettindustrie.) (Russ.)

Das lineare Verhältnis zwischen JZ u. dem Refraktions-Koeff. (RK) der Öle wird erörtert. Differentialrefrakrometer für die Best. des RK in einem kontinuierlich hydriertem Ölstrom wird beschrieben (Genauigkeit: $1 \cdot 10^{-7}$). S. BARYSCHNIKOW. 7880

Ventilation hoher Anschüttungen von Sonnenblumensamen. G. I. Garbusowa und M. I. Rjasanzewa. (Маслобойно-Жировая Промышленность [Öl- u. Fett-Ind.] **26.** Nr. 12. 10—14. Dez. 1960. Krasnodar, Inst. für Lebensmittelindustrie.) (Russ.)

Vff. erörtern die Einw. einer starken Ventilation (spezif. Luftbeschickung von 400—450 m^3/h) auf Temp., Feuchtigkeit u. SZ. des Öls, Mikroflora, Keim- u. Lagerfähigkeit von Sonnenblumensamen, die in 7,5 m dicker Schicht aufbewahrt werden. Das Verf. hat sich als zuverlässig erwiesen. S. BARYSCHNIKOW. 7894

Herstellung von Oryzanol aus Reiskleieöl. 1. Mitt. **Vorbereitende Versuche zur Herstellung von Oryzanolkonzentrat aus Alkaliauszügen aus Reiskleieöl.** Tomotaro Tsuchiya und Osamu Okubo. (Rep. Government chem. ind. Res. Inst., Tokyo **53.** 222—25. Juni 1958.) (Japan.; Auszug: Engl.)

Bei der alkal. Raffination von Reiskleieöl fällt *Oryzanol* (**I**) zusammen mit der entsprechenden Seife als Alkalisalz an. Hieraus sollte **I** als Konzentrat gewonnen werden. Erst nach Behandlung des Alkalisalzes mit verd. H_2SO_4 war es möglich, **I** durch Extraktion mit Ae. zu gewinnen. Das anfallende dunkle Öl wurde bei 1,5 Torr dest., die Fraktion bis 193° abgenommen u. **I** fast verlustlos aus dem Rückstand erhalten.

F. ROSENDAHL. 7894□

Die Zusammensetzung des Alkaliauszuges des Reiskleieöls. 2. Mitt. **Der Destillationsrückstand des Methylesters des Dunkelöls.** Tomotaro Tsuchiya und Hideo Mamuro. (Rep. Government chem. ind. Res. Inst., Tokyo **53.** 225—28. Juni 1958.) (Japan.; Auszug: Engl.) — 1. vgl. vorst. Referat.

Das nach Ansäuern des Alkaliauszuges des Reiskleieöls anfallende Dunkelöl wurde mit CH_3OH u. H_2SO_4 gekocht. Das anfallende Gemisch wurde bei 2 Torr. destilliert u. die Fraktion bis 183° verworfen. Nach Abscheidung von Oryzanol aus dem Dest.-Rückstand wurde die Zus. des Restes untersucht. Es wurden zwei neue Substanzen mit einem Absorptionsmaximum bei 230 u. 269—280 mμ nachgewiesen. Eine weitere Substanz mit einem Absorptionsmaximum bei 268 mμ ist wahrscheinlich. F. ROSENDAHL. 7894□

Herstellung reiner, zur papierchromatographischen Analyse von Fettstoffen geeigneter Fettsäuren. Halina Grynberg, József Perédi und Hanna Szczepanska. (Élelmiszervizsgálati Közlemények [Lebensmittelanalyt. Mitt.] **7.** 171—79. Okt. 1961.) (Ung.)

Fettsäuren wurden aus Lsgg. verschiedener Öle durch fraktionierte Kristallisation hergestellt. Die Trennung u. Reinigung erwies sich nach Entfernen der unverseifbaren Bestandteile am besten. Mit dieser Meth. konnten reine Öl-, Linol-, Linolen-, Eruca- u. Ricinolsäure hergestellt werden. K. GÄRTNER. 7908

Verwendung von Natriumsilicat bei der Herstellung von Toiletteseife. M. N. Saliopo. (Маслобойно-Жировая Промышленность [Öl- u. Fett-Ind.] **26.** Nr. 10. 40—42. Okt. 1960.) (Russ.)

Na-Silicat (**I**) soll als Inhibitor des Oxydationsprozesses nicht in die Seifenspäne, aber in die Seifengrundlage (SG) vor ihrem Trocknen eingeführt werden. Die Erniedrigung des Geh. an freiem NaOH soll beim Vakuumtrocknen der SG durch eine Zugabe von **I** ($Na_2O : SiO_2 = 2,5—3,3$) erreicht werden. **I** kann unmittelbar in den Siedekessel beim Schleifen der Seife (**II**) oder beim Stehenlassen zum Aussalzen zugeführt werden. Toiletten-**II** mit 0,5% **I** sind hell u. bleichen bei der Lagerung weiter aus. Das Verf. befreit die **II** von Fe-Salzen, verhindert das Ranzigwerden der **II** u. gewährleistet eine regelmäßige Verteilung des **I** im Produkt. S. BARYSCHNIKOW. 7910

Kritische Konzentration der Micellenbildung in wässerigen Lösungen von Seifen aus synthetischen Fettsäuren. M. P. Besspjatow und S. W. Oleinikowa. (Маслобойно-Жировая Промышленность [Öl- u. Fett-Ind.] **26.** Nr. 11. 26—29. Nov. 1960. Forsch.-Inst. für synthet. Fette u. Waschmittel.) (Russ.)

Das Waschvermögen einer Seife ist durch die krit. Konz. der Micellen-Bldg. (KKM) seiner wss. Lsgg. gekennzeichnet u. wird durch Messen der KKM bestimmt. Vff. bringen eine kurze Zusammenfassung über die Einw. verschiedener Verbb. (bes. von Elektrolyten) auf die KKM von Seifen aus synthet. Fettsäuren u. Meth. zur colorimetr. u. spektrophotometr. Best. der KKM (Pinacyanolchlorid als colorimetr. Indicator.). — 22 Literaturangaben. S. BARYSCHNIKOW. 7910

Einfluß von Elektrolyten auf die kritische Konzentration der Micellenbildung wäßriger Mischlösungen von primären und sekundären Alkylsulfaten. M. P. Besspjatow und Sh. Ja. Leschtschenko. (Маслобойно-Жировая Промышленность [Öl- u. Fett-Ind.] **26.** Nr. 12. 24—26. Dez. 1960. Forsch.-Inst. für synthet. Fette u. Waschmittel.) (Russ.) — Vgl. vorst. Referat.

Die Beziehung zwischen den technolog. Eigg. von Alkylsulfaten (I) aus Alkoholen, die durch direkte Oxydation von Paraffin bzw. aus dem Unverseifbaren-2 hergestellt wurden, u. der Struktur der I ist noch ungeklärt. Vff. erörtern die Einw. verschiedener Elektrolyte, wie Na_2CO_3, Na_2SO_4, $NaHCO_3$, NaCl, $(NaPO_3)_6$ u. $(Na_3PO_4)_x$, auf die krit. Konz. der Micellen-Bldg. (KKM) der wss. I-Lösungen. Nach dem Einfl. auf die KKM ergibt sich folgende Reihe: $[Na_4P_3O_{10}]^- > SO_4^{2-}, CO_3^{2-}, [Na_4P_6O_{18}]^{2-} > HCO_3^- > Cl^-$.
S. BARYSCHNIKOW. 7910

Fette oder Fettsäuren für die Seifenherstellung? E. T. Webb. (Soap, Perfum. Cosmet. **31.** 1053—57. Nov. 1958.) (Engl.)

Ökonom. Gesichtspunkte bei der Auswahl werden stark durch den Grad der Rückgewinnung von Glycerin bestimmt. Andererseits sind bei der Herst. der Seifen aus Fetten Arbeitsvorgänge nötig, die Zeit u. apparativen Aufwand erfordern. Für die Herst. von Seifenpulver schlägt Vf. unbedingt die Verw. von Fettsäuren vor, während bei Seifenstücken kein Unterschied besteht, da hier in beiden Fällen der gleiche Aufwand nötig ist u. die gleiche Qualität erzielt wird. Die neuen Verff. der Seifen-Herst. aus Fetten (Monsavon, Pharples usw.) vermeiden zudem noch die Nachteile, die Fettsäuren aus dem Twitchell- oder Autoklavenprozeß anhaften. G. MEINHARDT. 7910□

Anwendung von dilatometrischen Differentialkurven bei der Untersuchung von Fetten und Fettgemischen. 3. Mitt. L. A. Grauerman, L. G. Karanzewitsch und T. Ss. Uljanowa. (Маслобойно-Жировая Промышленность [Öl- u. Fett-Ind.] **26.** Nr. 11. 13—18. Nov. 1960. Allunions-Forsch.-Inst. für Fette.) (Russ.) — 2. vgl. C. **1961.** 5291.

Die Anwendung von dilatometr. Differentialkurven erleichtert die Herst. von Fettgemischen mit vorgegebenen Eigg., eine genauere Best. der technolog. Bedingungen bei ihrer Hydrierung u. die Kontrolle bei der Darst. von umgeesterten Fetten mit gewünschten Eigenschaften. S. BARYSCHNIKOW. 7932

Über die Kennzeichnung der freien Fettsäure in Ölen und Fetten. H. Heller. (Seifen-Öle-Fette-Wachse **84.** Nr. 16. 483—84. 6/8. 1958.) (Dt.)

Da die Umrechnung der SZ. verseifbarer Öle u. Fette auf „Säuregrad" oder „% freie Fettsäure" wissenschaftlich nicht einwandfrei ist, empfiehlt Vf., die freie Fettsäure ausschließlich durch die SZ. zu kennzeichnen. F. ROSENDAHL. 7932□

Reaktion für den Nachweis gereinigter Öle (Samenöl, Kernöl und raffiniertes Olivenöl) in natürlichem Olivenöl. El. E. Synodinos und Zis. E. Konstas. (Praktika Akad. Athenon **32.** 493—503. 1957, herausgeg. 1958.) (Griech.; Auszug: Dt.)

Man versetzt 10 ml entfärbtes Öl (30 g Öl + 2 g Entfärbungserde Tonsil) mit 10 ml HNO_3 (spezif. Gew. 1,40), schüttelt 30 Sek. u. erhält die nachst., für verschiedene Öle kennzeichnenden Färbungen: Reines Olivenöl schwach citronenfarbig, Baumwollsamenöl braunviolett, Soyaöl orangerot, Sonnenblumenöl tiefbraun, Sesamöl klar braun (NHO_3-Schicht grün), Kernöl gelb bis hellbraun, Tabaköl braunviolett. Diese deutlichen Färbungen lassen 5% des fremden Öles in Olivenöl erkennen. Da natürliches Olivenöl eine negative Rk. gibt, zeigt eine Färbung eine Verfälschung an, deren Nachw. durch Best. der physikal. Konst. vervollständigt wird. W. WESLY. 7932□

Papierchromatographische Untersuchungen über die Zusammensetzung der Samenöle verschiedener, auf ihre Anbauwürdigkeit in Polen geprüfter Pflanzen. H. Grynberg, A. Rutkowski und H. Szczepanska. (Fette, Seifen, Anstrichmittel **61.** 908—10. Okt. 1959. Warszawa, Polen, Inst. für Fettind.) (Dt.)

Die Samenöle folgender Pflanzen wurden untersucht: Crambe (*Crambe abissynica*), Perilla (*Perilla occinoides*), Leindotter (*Camelina sativa*), Saflor (*Carthamos tisetoris*) u. kreuzblättrige Wolfsmilch (*Euphorbia lathyris*), um festzustellen, welche Ölpflanze sich am besten als ergänzende Komponente zum Raps zum Anbau eignet. Die Best. der Kennzahlen erfolgte nach den DGF-Einheits-Meth. u. der Zus. der Fettsäuren nach einem papierchromatograph. Verfahren. Safloröl zeichnet sich durch seinen hohen Geh. an Linolsäure (63%) aus, Leindotteröl durch den Geh. an Linolsäure (19,2%) u. Linolensäure (31,2%). E. WIEHR. 7932□

Colorimetrische Schnellbestimmung von Phosphor in Ölen und phosphorhaltigen Stoffen. A. N. Mironowa und T. A. Danilowa. (Маслобойно-Жировая Промышленность [Öl- u. Fett-Ind.] **26.** Nr. 10. 18—21. Okt. 1960.) (Russ.)

0,07—0,1 g Öl werden mit 1 ml 72%ig. $HClO_4$-Lsg. u. 1—2 Tropfen HNO_3 bei schwachem Erwärmen verbrannt (Rk.-Dauer 15—20 Min.). Nach dem Abkühlen werden

2–3 Tropfen HNO_3, einige ml W., 1 ml 5%ig. NH_4-Molybdat-Lsg., 2 ml einer Lsg. aus 12,5 g $NaHSO_3$, 0,5 g Methanol, 2,4 g Na_2S u. W. bis zu 100 ml u. W. bis zu 25 ml zugefügt. 25 Min. nach Auftreten der Färbung wird die Lsg. spektrophotometriert. Der P-Geh. wird in Stearooleolecithin ausgedrückt. Vgl.-Lsgg. mit 0,1–0,01 mg/ml P werden durch Verd. einer 0,04394% ig. KH_2PO_4-Lsg. hergestellt. Die Dauer der Best. beträgt 50–60 Min., die Genauigkeit 5 u. 8% (Öle bzw. Phosphatidkonzentrate). S. BARYSCHNIKOW. 7932

Procter & Gamble Co., Ivorydale, Ohio, V.St.A., übert. von: Ronald Coskic, Whitley Bay, England, **Flüssiges Reinigungsmittel,** bestehend aus 10–25 (%) *Na-Dodecylbenzolsulfonat,* 1–5 Fettsäuremonäthanolamid, in dem die Fettsäuren im Mittel 10–14 C-Atome enthalten, 2–10 $K_4P_2O_7$, 10–12 Harnstoff, 5–10 A., 1–4 Citronensäure oder 1,5–3 Weinsäure oder 2–4 Salicylsäure u. 34–70,5 Wasser. Der pH-Wert wird auf 5–7 eingestellt. Das Mittel bleibt im Temp.-Bereich von 40–80 °F klar. (**A. P. 2 947 702** vom 21/1. 1958, ausg. 2/8. 1960. E. Prior. 23/1. 1957.) C. LÜTTGEN. 7913

Unilever N. V., Rotterdam, Holland, **Herstellung oberflächenaktiver Mittel** der allg. Formel $RCOOR'SO_3M$ durch Erhitzen einer Säure der Formel RCOOH mit einer Verb. der Formel $HOR'SO_3M$ (R = organ. Gruppe mit 7–19 C-Atomen; R' = organ. Gruppe mit 2–8 C-Atomen; M = Kation einer starken Base). Die Rk. verläuft schneller u. vollständiger, wenn man in Ggw. von 0,1–10, z. B. 1%, eines Salzes einer schwachen Base mit einer starken Säure, bes. $Al_2(SO_4)_3$, arbeitet. (**Holl. P. 97 493** vom 9/5. 1958, ausg. 15/3. 1961. E. Prior. 10/5. 1957.) F. BÖHM. 7913

William Pearson Ltd., London, England, **Block- oder stangenförmiges Reinigungsmittel.** Zu E. P. 825 960; C. **1961.** 3517 ist nachzutragen: Das Mittel kann ein organ. Lsgm. enthalten, z. B. A., Propylenglykol, Tetrahydrofurfurylalkohol, Benzylalkohol. — Zeichnung. (**Belg. P. 563 759** vom 7/1. 1958, ausg. 17/6. 1960. E. Prior. 17/1. u. 2/5. 1957.) C. LÜTTGEN. 7917

Unilever N. V., Rotterdam, Holland (Erfinder: **Denis Szabo,** Villeneuve la Garenne, Frankreich), *Hydrierung ungesättigter Fettsäuren.* (**Holl. P. 98 139** vom 15/10. 1958, ausg. 15/6. 1961. E. Prior. 15/10. 1957. — C. **1961.** 698 [D. A. S. 1 082 362].)

Procter & Gamble Co. (Erfinder: **William Clarence Krumrei** und **Joseph Blinka**), *Flüssiges, undurchsichtiges Reinigungsmittel.* (**Aust. P. 225 355** vom 26/3. 1958, ausg. 10/12. 1959. A. Prior. 16/4. 1957. — C. **1960.** 17316 [D. A. S. 1 081 172].)

Joh. A. Benckiser G. m. b. H., Chemische Fabrik, Ludwigshafen/Rh., *Wasch-, Reinigungs- und Spülverfahren.* (**Oe. P. 212 260** vom 16/5. 1957, ausg. 12/12. 1960. D. Prior. 18/5. 1956. — C. **1960.** 4064 [D. A. S. 1 057 716].)

Joh. A. Benckiser G. m. b. H., Chemische Fabrik, Ludwigshafen/Rh., *Waschen gefärbter Textilien.* (**Oe. P. 211 260** vom 9/11. 1956, ausg. 26/9. 1960. D. Prior. 12/11. 1955. — C. **1959.** 17557 [D. A. S. 1 055 733].)

Colgate-Palmolive Co., V.St.A. (Erfinder: **Peter T. Vitale**), *Schleifend wirkendes Reinigungsmittel.* (**F. P. 1 154 308** vom 27/6. 1956, ausg. 4/4. 1958. A. Prior. 2/3. 1956. — C. **1959.** 8356 [E. P. 796 383].)

Ruhrchemie Akt.-Ges., Deutschland, *Gewinnung von Wachssäure-Paraffin-Gemischen.* (**F. P. 1 150 370** vom 2/6. 1956, ausg. 10/1. 1958. D. Prior. 26/7. 1955. — C. **1959.** 13663 [D. A. S. 1 047 191].)

XVIIIa. Holz. Cellulose. Zellstoff. Papier. Papierdruck. Celluloid. Linoleum

Röntgenstrahlen-Absorptionsmessungen an Holzbestandteilen. Marietta Ruck und Heinz Ruck. (Holzforschung **15.** 39–44. Mai 1961. Wuppert.-Oberbarmen, J. P. Bemberg AG.) (Engl.)

Um aus Messungen des Massenabsorptions-Koeff. Angaben über Partikelgröße u. Oberflächenareale erhalten zu können, wurde eine einfache Röntgenflachfilmkamera angewandt, deren Aufbau beschrieben wird. Untersucht wurden Pulver aus Micellen von regenerierter Cellulose (hydrolysierte Kordfasern), Holzschliff von Nadelholz, Perjodatlignin u. Holzschliff-Feinstoff. Die Ergebnisse stimmen mit Messungen nach anderen Meth. überein. W. WERGIN. 7952 □

Isolierung von Polysacchariden aus der Rinde von Gymnospermen. Tore E. Timell. (Svensk Papperstidn. **64.** 651–61. 30/9. 1961. Montreal, Pulp and Paper Res. Inst. of Canada; McGill Univ., Dep. of Chemistry.) (Engl.)

Es werden die Rinden (**I**) je eines Vertreters von Abies, Picea u. Pinus (innere u. äußere **I**) u. des Gingkobaums (innere u. äußere **I**) untersucht. Die saubere Fraktionierung der darin enthaltenen Polysaccharide (**II**) ist nur möglich, wenn vorher im Chloritaufschluß Lignine u. Tannine entfernt werden. Mit bei Gymnospermenhölzern üblichen Extraktionsfolgen worden aus den so gewonnenen Holocellulosen je fünf **II**-Fraktionen isoliert; die letzten beiden davon sind jeweils ein rohes Galactoglucomannan u. reine Cellulose. Die **II**-Fraktionen von **I** von Abies amabilis (Dougl.) Forb. werden weiter zerlegt in: 2 ähnliche Galactoglucomannane, $[\alpha]_D$ –15°, welche Galactose-, Glucose- u. Mannosereste im Verhältnis 2:5:13 enthalten; eine Pektinsäure, $[\alpha]_D$ +177°; ein Arabin-

Methylglukuron-Xylan, $[\alpha]_D$ -57^0, mit einer Arabinose- u. einer Methylglucuronsäuregruppe auf 10 bzw. 6 Xylosereste; Galactoglucomannan $[\alpha]_D$ -35^0, vom Verhältnis Galactose/Glucose/Mannose wie 1:14:35. Diese elektrophoret. als homogen erwiesenen II-Fraktionen ähneln den früher aus Holz isolierten II. Der hohe Geh. von I von Pinus an Arabinose u. der Geh. an Glucose bei allen 4 Gymnospermen-I, der wahrscheinlich nicht aus Galactoglucomannanen, Stärke oder Cellulose stammt, wird auf seinen Ursprung hin u. im Rahmen anderer Veröffentlichungen besprochen. M. HAGEDORN. 7952□

Neue wässerige Cellulose-Lösungsmittel auf der Basis von Metallkomplexen. Georg Jayme. (Tappi **44.** 299—304. April 1961. Darmstadt, TH., Inst. für Cellulosechemie.) (Engl.)

Die nach SCHWEIZERS Reagens bekannt gewordenen Lsgm. für Cellulose (I) von ähnlicher Konstit.-Grundlage auf Co-, Ni-, Zn- u. Cd-Basis werden nach Eigg., Vorzügen u. Nachteilen besprochen; an Cadoxen-Lsgg. kann auch die Farbe u. die Trübung von Cellulose-Lsgg. gemessen werden. Nach Struktur u. Verh. weicht die neuere Klasse der Na/Eisen(III)/Weinsäure/Säure/Alkali-Komplex-Verbb. (EWNN) von den obigen Metall/Amin-Komplex-Verbb. ab. Cellulose-Lsgg. niederer Konz. in EWNN sind nicht O_2-empfindlich u. daher für Viscositäts- u. Kettenlänge-Best. geeignet. Es werden Vorstellungen über das Zustandekommen der EWNN-Lsgg. der Cellulose entwickelt. M. HAGEDORN. 7954□

Herabsetzung des Aschegehaltes im Chemiefaserzellstoff. Eugen Oltus. (Papír a Celulosa **16.** 104—07. Mai 1961. Bratislava, Výsk. úst. papieru a celulózy.) (Slovak.)

Für die Herst. hochfester Fasern sind aschearme Zellstoffe (I) erforderlich. Vf. bespricht: die Auswirkungen der Asche (Schwermetalle wirken katalyt., SiO_2-Kristallite verletzen die Fasern u. verstopfen die Spinndüsen), die Arten der Asche-Bindung (fest, adsorptiv, frei) u. die Asche-Quellen. Aus den Analysen (Gesamtasche, SiO_2, Ca, Fe) der ungebleichten I (Fichten-Sulfit; Buchen-Sulfat mit Vorhydrolyse u. der I aus den einzelnen Bleichstufen [sowohl mit $Ca(OCl)_2$ als auch NaOCl bei Anwendung von W. mit verschiedener Härte] bis zum End-Prod. wird gefolgert: I mit 0,03—0,06% Asche erhält man nur durch Kombination verschiedener Maßnahmen; Anwendung reiner Mineralsäure u. NaOCl (bzw. NaOH), korrosionsbeständige App., W. von möglichst geringer Härte bei allen Bleichstufen bis zur Entwässerung auf der Maschine, Aussortieren von 3% kurzen Fasern, die viel Harz u. Asche enthalten. H. DEMUS. 7965□

Versuche zur Zellstoffgewinnung aus drei Kiefernarten aus Mauritius. A. E. Chittenden und E. R. Palmer. (Trop. Sci. **2.** 82—89. 1960.) (Engl.)

Nach dem Sulfataufschluß werden aus *Pinus taeda* (I), *Pinus elliottii* (II) u. *Pinus tabuliformis Carr.* var. densata (Masters) (III) Zellstoffe hergestellt. I u. II aus Mauritius liefern Zellstoffe, die denen aus der Gruppe der Südkiefern der USA, zu welcher I u. II in den USA gehören, sehr ähnlich sind. Zellstoffe aus III zeigen nahe Verwandtschaft mit solchen aus Pinus caribaea aus Britisch Honduras; beide gehören aber, auch dem Zellstoff nach, nicht zur Gruppe der Südkiefern. Kleine Zusätze von III zu Mischungen von I u. II würden den Charakter der daraus herstellbaren Zellstoffe vom Südkiefertyp nicht wesentlich beeinflussen. M. HAGEDORN. 7960□

Ammoniumsulfid als Aufschlußmittel für Zellstoff. J. E. Stone und L. F. Nickerson. (Pulp Paper Mag. Canada **62.** Nr. 9. T-429—36. Sept. 1961. Pulp and Paper Res. Inst. of Canada.) (Engl.)

Hackspäne aus P. tremuloides u. aus Weißtanne werden im Autoklaven mit Ammoniumhydroxyd (I) u. Ammoniumsulfid (II) aufgeschlossen. Konz. I führt bei Espe zu Zellstoff üblicher Zus., aber unter erheblich größerem Zeitaufwand. II schließt viel schneller u. schon bei geringeren Konzz. auf; der II-Zellstoff ist dem Kraft- u. Neutralsulfit-Zellstoff aus demselben Holz durchaus vergleichbar. II-Zellstoff läßt sich sehr leicht, bei hoher Ausbeute, mahlen; er ist sehr dunkel, was auf dunkle, in allen Reagentien unlösl., im Faserlumen befindliche Fl.-Tröpfchen von wahrscheinlich Ligninursprung zurückgeführt wird. Unverbrauchtes I u. II in der Abfallauge kann durch einfache Dest. quant. wiedergewonnen werden. Die Eigg. der Abfallauge vom Aufschluß mit II weichen von den üblichen infolge andersartigen Verhaltens des Lignins ab. M. HAGEDORN. 7962□

Tallöluntersuchungen. 1. Mitt. **Reinigung japanischen Tallöls.** Toichiro Waida und Masayoshi Terauchi. (J. chem. Soc. Japan, ind. Chem. Sect. [Kôgyô Kagaku Zassi] **62.** 1734—41. Nov. 1959. Kôbe, Nippon-Syônô K. K.) (Jap.; Auszug: Engl. S. A 105.)

Aus rohem japan. *Tallöl* wurde helles Tallöl (I) durch Erhitzen mit 0,3% $ZnCl_2$ (unter vermindertem Druck). u durch Dest. im Vakuum u. helles Tallöl mit hoher SZ.

durch Abdestillieren des Unverseifbaren unter Zusatz von Alkali (NaOH- oder KOH-Lsg.) u. wenig $ZnCl_2$, durch Verseifen des Rückstandes u. durch Vakuum-Dest. der gebildeten Säuren hergestellt. Beim Erhitzen des I mit p-Toluolsulfonsäure auf 300° fanden nicht nur eine Zers. u. Polymerisation der Harzsäuren, sondern auch die der Fettsäuren statt. Maleinsäureanhydrid bildete mit Harnsäure u. mit Fettsäuren Addukte mit unverseifbaren Bestandteilen. Aus dem Methylester des rohen Tallöls wurden durch Schütteln mit einem Gemisch aus 20%ig. NaOH u. Kerosin (**II**) u. durch Ansäuern der Lauge Harzsäuren isoliert; aus der organ. Schicht konnten durch Verseifen der Methylester u. durch Ausziehen des Unverseifbaren mit **II** Fettsäuren zurückgewonnen werden. Das aus dem Tallöl durch Dest. erhaltene Harz mit niedrigerem Erweichungspunkt (z. B. 31°) oder dessen Gemisch mit Harzsäuren wurde mit Pentaerythrit (**III**) bei 240—270° teilweise verestert u. das Rk.-Gemisch im Vakuum destilliert; das Prod. zeigte einen viel höheren Erweichungspunkt (z. B. 70,5°), schied jedoch beim Stehen keine Kristalle aus. Ein Parallel-Vers. mit Glycerin statt **III** blieb erfolglos.
E. MAEKAWA. 7966□

Die Einwirkung des Luftsauerstoffs auf die Viscosität des Schleims von Tororo-Aoi. (Abelmoschus Manihot, Medic.) Saburo Inokawa, Ryozo Goto und Einosuke Fujimoto. (J. chem. Soc. Japan, pure Chem. Sect. [Nippon Kagaku Zasshi] **81.** 678. April 1960. Kyôto-Daigaku, Rigakubu, Kagaku-Kyôsitu.) (Jap.; Auszug: Engl. S. A 47.)

Die Viscosität des Schleims von Tororo-Aoi (*Abelmoschus Manihot*, *Medic*) (Ausgangs-Prod. zur Darst. des japan. Papiers) nimmt beim Stehen oder Erhitzen stark ab, wobei auch die Spinnbarkeit verschwindet. Die Abnahme der Viscosität verläuft jedoch in Abwesenheit des O_2 der Atmosphäre sowie im Schleim viel langsamer. Vff. schließen, daß die Denaturierung des Schleims auf der Einw. des O_2 beruht. E. MAEKAWA. 7974□

Die Rolle der Wollfilze bei der Entwässerung auf der Trockenpartie einer Papiermaschine. J. R. Bell, W. F. E. Robinson und A. H. Nissan. (Tappi **40.** 558—64. Juli 1957. Leeds, England, Univ., Dep. of Textile Ind.; Canterbury, Kent, Messrs. William Howard & Son Ltd., Chartham Paper Mills.) (Engl.)

Unter Anwendung der von NISSAN (C. **1957.** 4795 u. früher) erhaltenen Gleichungen, untersuchten Vff. die Entwässerungsvorgänge auf der Trockenpartie einer langsam laufenden Papiermaschine für Naturpauspapier. Es zeigte sich, daß der größte Wasseranteil das Papier während des Kontakts mit dem Wollfilz verläßt, u. zwar in fl. Form. Im Gegensatz dazu war früher an einer Zeitungspapiermaschine beobachtet worden, daß die Hauptmenge an W. als Dampf in der Phase IV (Papierbahn verläßt den Trockenzylinder) vertrieben u. nur wenig W. vom Filz aufgenommen wird. Es ergibt sich also, daß das Ausmaß des Entzugs von fl. W. durch einen Trockenfilz bei den verschiedenen Maschinen unterschiedlich ist. Die Anwendung der l. c. entwickelten Gleichungen gestattet die Best., welche Art der Entwässerung auftritt. B. GNAUCK. 7980□

Koppers Co., Inc., übert. von: Irving S. Goldstein, Pittsburgh, Pa., V.St.A., **Abdichten von mit Kreosot behandeltem Holz.** Zur Verhinderung des späteren Durchdringens bzw. Durchblutens von Kreosot in die Deckschichten wird eine Zwischenschicht aus der Lsg. eines unpolymerisierten Furfurylalkoholharzes mit geringem Geh. an einem Katalysator aufgebracht. (**A. P. 2 933 413** vom 2/1. 1958, ausg. 19/4. 1960.)
P. KRUG. 7953

Karl Seifert, Berlin, **Herstellung von hydrophobierenden Holzbindemitteln.** Man läßt das Bindemittel als ein Gemisch aus Leimen, wie Harnstoff–Formaldehyd-Kunstharzleimen, einerseits u. einer wss. Dispersion von Alkoxymethylpyridiniumhalogeniden mit einem Alkylrest von mindestens 8 C-Atomen, wie Octadecyloxymethylpyridiniumchlorid, andererseits aus diesen gesondert zugeführten Komponenten auf den zu behandelnden Cellulosefasern selbst entstehen. Zur Herst. von *Spanplatten* mit wasserabweisenden u. dimensionsbeständigen Eigg. besprüht man z. B. Holzspäne mit wss. Dispersionen der einzelnen genannten Verbb. u. verpreßt sie zu Platten. (**D. P. [DDR] 21 157** Kl. 22 i vom 11/8. 1958, ausg. 12/4. 1961 [Wirtschaftspatent]. **Zusatz zu D. P. [DDR] 19600; C. 1961. 13763.**) W. RAETZ. 7953

J. H. Wallin, Karlstad, Schweden, **Kochen von Sulfitzellstoff.** Die Koch-Fl. sowie SO_2-Gas werden mittels Injektoren oberhalb des Fl.-Niveaus eingespritzt. — Abbildung. (**Schwed. P. 163 622** vom 27/7. 1953, ausg. 17/6. 1958.)
K. H. KÄHLER. 7963

Takeda Yakuhin Kogyo Kabushiki Kaisha, Osaka (Erfinder: Hayao Nawa, Amagasaki), Japan, **Herstellung von β-Sitosterin** (**I**) aus Ablaugen der Zellstoffherstellung. Man extrahiert die entstandenen Seifenanteile oder deren Behandlungs-Prodd. mit Lsgm. für **I** (Ae., Bzl., Chlf., PAe.). — 163 (g) Tallöl werden unter Rühren

mit 1,7 Liter 10%ig. NaOH in 1 Std. versetzt; man filtriert kalt u. löst in 1 Liter Ae., wäscht mit W. die Lsg. neutral, trocknet mit Na_2SO_4 u. erhält nach Abdest. 28 eines sirupartigen Rückstandes, der mit A. versetzt I-Kristalle gibt: F. 134–135°; $[\alpha]_D^{20}$ –35° (in 1%ig. Chlf.-Lsg.) (**Jap. A. S. 10 472/1959** vom 15/7. 1957, ausg. 1/12. 1959.)
M. PANKOW. 7967

Council of Scientific & Industrial Research, Neu-Delhi (Erfinder: Chandra Datt Dhariyal und Vasant Bhimrao Chipalkatti, Delhi), Indien, **Herstellung von Carboxyalkylcelluloseäther** durch Rk. von Cellulose, Alkali u. Verätherungskomponente in einem suspendierenden Mittel (I), um das Rk.-Prod. in ungelöstem Zustand zu halten, dad. gek., daß als I A. verwendet wird. — Man suspendiert 25 (g) lufttrockene ägypt. Baumwolle in 400 94%ig. A., gibt 105,5 30%ig. NaOH innerhalb ½ Std. zu u. nach einer weiteren ½ Std. 24,8 feste Monochloressigsäure. Man erhöht die Temp. 45 Min. lang auf 50–60° u. zentrifugiert den entstandenen Celluloseäther ab. Das Verf. wird in einer Hammermühle durchgeführt. (**Ind. P. 62 751** vom 6/1. 1958, ausg. 13/8. 1959.)
C. LÜTTGEN. 7971

Haloid Xerox, Inc., Rochester, N.Y., übert. von: John F. Byrne, Columbus, Ohio, V.St.A., **Kontrastverbesserung bei xerographischen Aufnahmen.** Während der Belichtung der photoleitfähigen Schicht durch die Vorlage hindurch steht die Schicht eine Zeitlang unter Einw. eines elektr. Feldes. Dann wird ein 2. elektr. Feld angelegt, das die gleiche Polarität wie das erste, jedoch eine bedeutend höhere Spannung aufweist. Die Belichtung kann während dieses Wechsels fortgesetzt oder unterbrochen werden, u. die Spannungserhöhung kann (bei ununterbrochener Belichtung) auch kontinuierlich erfolgen. Unter den gleichen Bedingungen kann auch ein drittes, noch stärkeres Feld angelegt werden. (**A. P. 2 965 483** vom 23/9. 1958, ausg. 20/12. 1960.) A. KALIX. 7989

Émile Boillet, Schweiz, **Druckfarben für graphischen Druck und Reproduktion,** bestehend aus einer Emulsion, welche ein Netzmittel u. wenigstens ein Bindemittel für den Farbstoff enthält, der in dem Netzmittel nicht lösl. ist. Die Druckfarbe trennt sich beim Kontakt mit dem Klischee von dem Netzmittel. Das Klischee besitzt eine Druckoberfläche aus 2 verschiedenen Metallen, z. B. aus Cr u. Cu, oder aus einem nichtmetall. Stoff, z. B. Glas oder Alkalisilicat, u. einem Metall. Die Druckoberfläche kann auch aus einer Al-Folie mit körniger Fläche bestehen, welche ein Bild trägt, das aus einem Häutchen eines lichtempfindlichen Koll. gebildet wird, oder aus einem Film eines synthet. plast. Materials, der ein Bild trägt aus Teilchen eines anderen Stoffes, das auf photograph. Wege gebildet wurde. — Die Druckfarbe besteht z. B. aus 249 (g) Glycerin, 586 Leinölfirnis, 161 Pigment u. 4 Triäthanolamin. — Zum Abziehen eines Bildes in Gelb u. Schwarz, das das Bild in Schwarz u. den Grund in Gelb zeigt, wird dem Glycerin ein in W. lösl. gelber Farbstoff zugesetzt. — Für eine Emulsion mit 2 Farben werden verwendet: 258 Glycerin, 70 Gelbpigment, 523 Leinölfirnis, 145 Schwarzpigment u. 4 Triäthanolamin. (**F. P. 1 204 961** vom 20/10. 1958, ausg. 29/1. 1960. Schwz. Prior. 26/10. 1957 u. 9/5. 1958.)
M. F. MÜLLER. 7991

Sun Oil Co., Philadelphia, Seymour W. Ferris, Chester, Pa., V.St.A., **Wachshaltige Überzugsmassen.** Die auf der Basis eines Petroleumwachses hergestellten Massen, bes. zum *Überziehen von Verpackungsbehältern,* enthalten noch 0,01 bis 1,0% von Fasern einer Länge von 1/16–1/2 inch. (**A. P. 2 942 766** vom 27/2. 1959, ausg. 28/6. 1960.)
P. KRUG. 7993

Svenska Oljeslageri A/B, Göteborg, Schweden, *Komplexe Chromsalze.* (**Schwed. P. 165 160** vom 29/6. 1953, ausg. 28/10. 1958. — C. **1958.** 3772 [F. P. 1 108 774].)

Formica Ltd. (Erfinder: **Ernest Alec Davis** und **John Jaggs**), *Herstellung von Schichtholz.* (**Aust. P. 227 470** vom 22/11. 1957, ausg. 14/4. 1960. E. Prior. 27/11. 1956. — C. **1961.** 11940 [F. P. 1 186 754].)

Buckman Laboratories, Inc. (Erfinder: **Stanley Joseph Buckman, John Dominic Pera** und **John William Appling**), *Desinfektionsmittel.* (**Aust. P. 226 790** vom 24/10. 1957, ausg. 3/3. 1960. A. Prior. 23/9. 1957. — C. **1961.** 8879 [A. P. 2 929 758].)

Mo och Domsjö A/B, Stockholm, Schweden, *Behandeln von Cellulose.* (**Schwed. P. 164 828** vom 14/11. 1956, ausg. 23/9. 1958. — C. **1959.** 9430 [D. A. S. 1 045 386].)

A/B Rosenblads Patenter, Stockholm, Schweden, *Kochen von Cellulose.* (**Schwed. P. 164 988** vom 7/2. 1957, ausg. 7/10. 1958. — C. **1960.** 11860 [D. A. S. 1 056 914].)

Unilever N. V., Rotterdam, Holland (Erfinder: **Ewald Georg Becker** und **Werner Clemens,** Hamburg), *Verfahren und Vorrichtung zur Umesterung von Estern aliphatischer Carbonsäuren und mehrwertiger Alkohole.* (**Schwz. P. 354 068** vom 2/11. 1956, ausg. 30/6. 1961. D. Prior. 2/11. 1955. — C. **1958.** 14199 [Oe. P. 196 038].)

A/B Hedemora Verkstäder, Hedemora, Schweden, *Herstellung von Rohsäure für Herstellung von Sulfitzellstoff.* (**Schwed. P. 164 826** vom 31/5. 1946, ausg. 23/9. 1958. — C. **1952.** 5836 [Finn. P. 25 372].)

Monsanto Chemical Co., St. Louis, Mo., übert. von: **Elmer H. Rossin,** Springfield, und **Milton J. Scott,** Lexington, Mass., V.St.A., *Schwerentzündliche Celluloseäther-Dispersionen.* (**A. P. 2 953 464** vom 30/6. 1951, ausg. 20/9. 1960. — C. **1956.** 8511 [E. P. 714 214].)

Giulio Consiglio e Sindicato Cellulosa Pomilio S. p. A., Rom, Italien, *Kontinuierliches Chlorieren von Halbzellstoff.* (**It. P. 525 219** vom 19/7. 1954. — C. **1957.** 11180 [E. P. 764 425].)

Burroughs Corp. (Erfinder: **Ralph Horton Clark**), *Druckfarbe für Vervielfältigungszwecke.* (**Aust. P. 226 603** vom 19/11. 1957, ausg. 25/2. 1960. A. Prior. 14/12. 1956. — C. **1961.** 10024 [F. P. 1 192 369].)

Vereinigte Glanzstoff-Fabriken Akt.-Ges., Wuppertal-Elberfeld (Erfinder: **Josef Buchkremer**, Oberbruch), *Viscoseschwamm.* (**Schwz. P. 351 748** vom 25/2. 1955, ausg. 15/3. 1961. D. Prior. 15/3. 1954. — C. **1957.** 3420 [Oe. P. 186 860 und F. P. 1 119 565].)

XVIIIb. Textilfasern

Vermeidung elektrostatischer Aufladungen mittels Radioisotopen. Dániel Vödrös. (Energia és Atomtechn. **14.** 409—11. Sept. 1961.) (Ung.)

Es wird ein Gerät beschrieben, in welchem ein mit einer ^{204}Tl-Schicht bedeckter Messingstreifen durch einen länglichen Spalt gegen die aufgeladenen Strähne β-Strahlen sendet u. infolge entsprechender Erdung die stat. Ladung eliminiert wird. Die Abschattung der Strahlung ist so eingestellt, daß schon die in 50 cm Entfernung Arbeitenden vollständig geschützt sind. J. PLANK. 8024

Der Prozeß des Bleichens mit Chlorit bei Verwendung von Estern als Aktivatoren. Kazimierz Aścik. (Przeglad Włókienniczy **15.** 76—78. Febr. 1961.) (Pol.)

Bei einem Vgl. der Aktivierung der Chloritbäder mit organ. Säuren u. Estern zeigte sich, daß die Säuren den Bleichprozeß bei Cellulose- u. Synth.-Fasern wesentlich stärker aktivieren als die Ester. Es wurden folgende optimale Bleichbedingungen gefunden: $NaClO_2$ 1,5—2,0 g/Liter, 85%ig. Ameisensäure 1,2—1,7 ml/Liter, 85°, Dauer 4 Stunden. T. LUKANOFF. 8034□

Fortschritte im Bereich der wasser-, feuer- und mottenfesten Imprägnierung. Mieczysław Orzeł. (Przeglad Włókienniczy **15.** 71—76. Febr. 1961.) (Pol.)

Literaturübersicht über die neuesten Meth. der wasser-, feuer- u. mottenfesten Imprägnierung. T. LUKANOFF. 8036□

Die Knitterfreieigenschaften von Dialdehydbaumwolle. Charles H. Mack und Wilson A. Reeves. (Textile Res. J. **31.** 800—03. Sept. 1961. New Orleans, La., US-Dep. of Agricult., Southern Reg. Res. Labor.) (Engl.)

Es wird der Einfl. der HJO_4-Oxydation (Behandlung mit 1—116 Mol/HJO_4/100 Mol Glucoseeinheiten bis zu 48 Std.) von Baumwolle auf die Beeinflussung der knitterfreien Eigg. derselben untersucht. Hierbei wurde gefunden, daß mit steigendem Oxydationsgrad (Bldg. von Dialdehydgruppen) die Feuchtigkeitsaufnahme der Baumwolle ansteigt. Gleichzeitig steigt der Trockenknitterwinkel von 165 auf 250° an, ohne daß sich der Naßknitterwinkel merklich ändert. Erst oberhalb eines Oxydationsgrades von 20% steigt auch der Naßknitterwinkel deutlich an, während gleichzeitig der Trockenknitterwinkel wieder abfällt. Die Ergebnisse werden ausführlich besprochen. — 15 Literaturzitate. H. G. FRÖHLICH. 8044□

Eine Röntgenuntersuchung an acetylierter Jute. S. C. Roy. (Textile Res. J. **30.** 451—56. Juni 1960. Calcutta, Indian Jute Mills Association Res. Inst.) (Engl.)

Jutefasern (I) wurden deacetyliert (NaOH), sowie I, Ramie (II) u. Baumwolle (III) stufenweise acetyliert. Die Röntgenbeugungsaufnahmen der partiell acetylierten I, II u. III sind sich ähnlich, jedoch fehlt aus ungeklärten Gründen bei acetylierten I der der Acetylcellulose zuzuschreibende intensive Reflex am Äquator (11 Å). Beim höchsten Acetyl-Geh. ist das Diagramm von acetylierten I dem von Cellulosetriacetat I sehr ähnlich u. die Transformation zum neuen Gitter anscheinend so vollständig wie in reiner Cellulose. Die beiden breiten Äquatorreflexe A_x (an natürlicher I bei 14,7 Å) u. A_y (9,7 Å) sind in partiell acetylierten I schärfer, intensiver u. breiter als in nicht acetylierten I, aber fehlen bei vollständig acetylierten I. Durch Deacetylierung von natürlichen I werden sie nicht verändert. Die Ergebnisse werden im Hinblick auf die Struktur von I diskutiert. R. JUNGE. 8052□

Die Filzgeschwindigkeit von unbehandeltem und schrumpffest ausgerüstetem Wollgewebe. J. R. McPhee. (Textile Res. J. **31.** 770—78. Sept. 1961. Geelong/Australien; Wool Res. Labor. C.S.I.R.O.) (Engl.)

10 verschiedene rohe Wollgewebe (gewebt u. gewirkt) wurden im Vgl. zu schrumpffest ausgerüsteter Ware ($KMnO_4$/Sulfit; H_2SO_5/Sulfit; Peressigsäure/NaClO; saure Chlorierung pH 2; NaClO bei pH 8) in 5 handelsüblichen Waschmaschinen unterschiedlicher Größe u. Lauf-Geschw. (50—460 Um/Min.) 30 Min. bei 45° in 0,5% Seifen-Lsg. (pH 9) gefilzt. Hierbei wurde gefunden, daß die Filz-Geschw. der rohen Gewebe von der Gewebestruktur einschließlich Garndrehung u. den angewandten mechan. Kräften abhängt. Je loser die Ware u. die Garne u. je höher die Lauf-Geschw. der Waschmaschine, um so höher die Filzgeschwindigkeit. Die schrumpffest ausgerüsteten Gewebe zeigen ein ähnliches Verh., nur daß der Filzprozeß wesentlich später einsetzt, um dann aber rasch

anzusteigen. Der Zeitpunkt, nach welchem die filzfrei ausgerüstete Ware stärker filzt, hängt in erster Linie von der Art der Antifilzausrüstung ab. Die im einzelnen erhaltenen Ergebnisse werden ausführlich diskutiert. — 4 Tabellen, 8 Figuren, 55 Literaturzitate.
H. G. FRÖHLICH. 8060□

Die Zersetzung von Seidenfibroin durch Sonnenlicht. 4. Mitt. **Über die Veränderung von Polytyrosin durch Licht.** Susumu Okamoto und Tsuneo Yamaya. (J. Soc. Textile Cellulose Ind., Japan [Sen-i Gakkaishi] **13.** 683—692. Okt. 1957. Tokyo, Univ. of Agriculture and Technology Fac. of Text. Ind.) (Jap.; Auszug: Engl.) — 3. vgl. C. **1960.** 3418.

Test-Verss. mit Tyrosinpolymeren ergaben, daß das Vergilben der Proteinfaser im Sonnenlicht nicht durch Veränderung des Tyrosins, sondern des Tryptophans hervorgerufen wird. H. Rossow. 8068□

Der Antishrinkeffekt einer mit löslicher Stärke kombinierten Harnstoff-Formaldehyd-Behandlung auf gesponnenen Reyonfabrikaten. Hiroaki Tonami. (J. Soc. Textile Cellulose Ind., Japan [Sen-i Gakkaishi] **13.** 687—702. Okt. 1957. Tokyo, Inst. of Techn., Dep. of Textiles.) (Jap.; Auszug: Engl.)

Muslin aus Zellwolle wurde in einem 10% Dimethylolharnstoff u. 4% lösl. Stärke enthaltenden Bade bei 12%ig. Dehnung behandelt u. zeigte nach dreimaliger Seifenwäsche bei 50° weniger als 2% Schrumpfung. H. Rossow. 8074□

Trocknen von Viscose-Cordfaser auf der Versuchsmaschine PN-275-J. W. I. Fedotow. (Химические Волокна [Chemiefasern] **1959.** Nr. 5. 43—45. Kalinin, Zweigstelle des Allunions Forschungsinst. für Kunstfasern.) (Russ.)

Für ein kontinuierliches Trocknungs-Verf. beim Spinnen an einer Vers.-Kontinuierspinnmaschine werden Nomogramme aufgestellt, die die Feuchtigkeit der getrockneten Fäden in Abhängigkeit von Abzugs-Geschw. u. Zahl der Windungen auf der Trockenwalze bei den Temp. 102—104° u. 108—110° darstellen. Es wird gezeigt, daß die Trocknung bei 102—104° schneller vor sich geht als diejenige bei 108—110°, was sich durch eine Verzögerung der Wasserdiffusion durch die äußere verhornte Schicht bei höheren Temp. erklären läßt. Eine Übertrocknung der Cordfäden führt zur Abnahme der Festigkeit u. der Bruchdehnung u. zur erhöhten Ungleichmäßigkeit des Cordgarnes.
T. LUKANOFF. 8074□

Untersuchungen über die Herstellung von Polyäthylenfaser. 9. Mitt. **Einige Ergebnisse über das Verstrecken und die Hitzebehandlung.** Masao Takahashi. (J. Soc. Textile Cellulose Ind., Japan [Sen-i Gakkaishi] **15.** 523—26. Juli 1959. Ōtsu, Japan, Toyo Rayon Co. Ltd., Res. Dep.) (Jap.; Auszug: Engl.) — 7. vgl. C. **1960.** 11862.

Es werden Unterss. über das Verstrecken (4—16fach), die Verstreckungs-Temp. (20—170°) sowie die Hitzebehandlung (50—130°) von Niederdruckpolyäthylen auf die Beeinflussung von Doppelbrechung, Reißfestigkeit u. Dehnung mitgeteilt. Die hierbei erhaltenen Ergebnisse werden diskutiert. — 9 Figuren, 3 Tabellen.
H. G. FRÖHLICH. 8080□

Über die Wirkung von Reagentien auf unorientierte amorphe Polyäthylenterephthalatfasern. Shoichi Sakajiri. (J. Soc. Textile Cellulose Ind., Japan [Sen-i Gakkaishi] **15.** 6—8. Jan. 1959. Iwakuni, Teikoku Rayon Co., Res. Labor.) (Jap.; Auszug: Engl.)

Die Änderung der Doppelbrechung, des spezif. Gew. u. der Röntgenstreuung beim Eintauchen der Proben in verschiedene Reagentien wird untersucht. Meist nimmt die Doppelbrechung ab, im Falle von Aceton u. HNO_3 dagegen zu. Das spezif. Gew. steigt an, u. röntgenograph. läßt sich Kristallisation nachweisen. Mit dem DP ändert sich die Schrumpfung, dagegen nicht mit der Doppelbrechung. Am wirksamsten sind Verbb. mit einer dem Polyäthylenterephthalat ähnlichen Struktur sowie mit einem den Benzolring aktivierenden Nitroradikal. R. WITTWER. 8080□

Untersuchung des Kraft-Temperatur-Verhaltens der Polyäthylenterephthalatfaser. Shoichi Sakajiri. (J. Soc. Textile Cellulose Ind., Japan [Sen-i Gakkaishi] **14.** 522—24. Aug. 1958. Iwakuni, Teikoku Rayon Co., Res. Labor.) (Jap.; Auszug: Engl.)

Vf. stellt eine thermodynam. Beziehung für den Elastizitätszustand auf u. untersucht verstreckte Fasern mit unterschiedlichem DP u. Orientierungsgrad bei konst. Dehnung von 1%. Die Kontraktion nimmt mit der anfänglichen Doppelbrechung der unverstreckten Faser u. dem Verstreckungsgrad zu. Die Tangenten der Kraft–Temp.-Kurven sind bei geringer Verstreckung negativ, nehmen jedoch mit höherer Verstreckung positive Werte an. R. WITTWER. 8080□

Eine neue Prüfmethode zur Bestimmung der Scheuerfestigkeit von Textilien. G. Dürig und W. Augsburger. (Textil-Rdsch. [St. Gallen] **13.** 259—67. Mai 1958. Basel, Ciba AG.) (Dt.)

Mkr. Unterss. an Faserenden von abgenutzten Kleidungsstücken ergaben, daß die Scheuerbeanspruchung hauptsächlich auf die Dauerknickung zurückgeführt werden muß. Diese Dauerknickung wird durch eine Anordnung unter Verw. von Nylonbürsten u. einem Kreisring als Scheuerfläche nach dem mechan. Prinzip der SCHIEFER-Maschine erreicht. Die erhaltenen Meßwerte werden bei hoher Arbeits-Geschw. als gut reproduzierbar bei kleinster Streuung beschrieben. H. GRIMM. 8096 □

Der Einfluß der Nitrosierung des Tyrosins auf einige Eigenschaften der Wolle. 2. Mitt. M. Leveau. (Bull. Inst. Textile France **1961.** 75—79. März/April. Paris, Inst. Text. de France.) (Franz.) — 1. vgl. Bull. Inst. Textile France **90.** [1960.] 7.

Mit Ae. u. A. extrahierte *Merino-Wolle* wurde bei pH 4 während 24 Std. bei 38° mit einer Lsg. von 0,125m $NaNO_2$ + 0,25m Na-Acetat behandelt. Aminosäure-Best. an der unbehandelten u. behandelten Wolle zeigten, daß außer Glycin u. Histidin alle anderen Aminosäuren mehr oder weniger stark angegriffen werden. Von den bas. Aminosäuren wird vor allem das Lysin stark desaminiert. Auch das Tyrosin wird sehr deutlich beeinflußt (nur noch 10% nachweisbar) u. ein Teil des Cystins wird zu Cysteinsäure oxydiert. Die im einzelnen erhaltenen Ergebnisse sind in einer Tabelle zusammengefaßt. H. G. FRÖHLICH. 8108 □

Quantitative Untersuchungen über die Röntgen-Beugungsdiagramme einiger Spezial-Reyonqualitäten. P. H. Hermans und A. Weidinger. (Textile Res. J. **31.** 1. Mitt. 558—71. Juni 1961. Utrecht, Holland, Inst. for Cellulose Res. of AKU and affiliated Co.) (Engl.)

Die quant. Auswertung von Röntgendiagrammen hoch orientierter Reyonfäden (Faser G, Cordfaser, Textilreyon, Kupferreyon) ergab eine Beziehung zwischen Kristallinität u. Kristallitgröße. So scheint es, daß eine höhere Kristallinität parallel verläuft mit größeren oder besser geordneten Kristalliten, eine Beziehung, die schon bei anderen Polymeren beobachtet wurde. App. u. Arbeitsweise sind ausführlich beschrieben. — 13 Figuren, 5 Tabellen, 23 Literaturzitate. H. G. FRÖHLICH. 8112 □

Schnellbestimmung von Baumwoll-Viscosezellstoff-Gemischen mit Hilfe des Ameisensäure-Chlorzink-Reagens. Franco Brunello. (Tinctoria [Milano] **56.** 290—91. Juli 1959.) (Ital.)

Erhöhen der Vers.-Temp. von 40 auf 55° verkürzte die Dauer der bisherigen Meth. nach SCHLÜTTER-MARSCHALL von 2½ auf 1 Stunde. Ausführung u. Ergebnisse der analyt. Best. werden näher beschrieben. — 8 Literaturhinweise. A. SANDER. 8112 □

Quellungs- und Lösetest zur Beurteilung des Fixiergrades von DEDERON. M. Jänsch. (Mitt. Inst. Textiltechnol. Chemiefasern Rudolstadt **5.** 8—14. März 1961.) (Dt.)

Den Fixierungsgrad von Dederonfasern (Polyamid 6) zu messen, schlägt Vf. eine Lösemeth. vor, nach der eine Fadenschlinge von 20 cm Länge, mit einem vom Fadenquerschnitt abhängigen Gew. belastet, in ihrer ganzen Länge einschließlich der Aufhängung in H_2SO_4 von 390 g/Liter taucht, die auf 25° gehalten wird. Als Maß für den Fixierungsgrad wird die Zeit bis zum Reißen des Fadens in Sek. gemessen. Diese Zeit wird vom Vf. als krit. Quellungszeit bezeichnet. Ihr Zusammenhang mit der Vorgeschichte des Materials wird an einigen Beispielen gezeigt. Bei statist. Auswertung ist auch eine Aussage über die Gleichmäßigkeit des Fixierungsprozesses möglich. H. STEFFENS. 8116 □

Imperial Chemical Industries Ltd., London, England, **Entölen und Entschlichten von reyonhaltigen Textilien.** Man führt die Textilien, bes. bei erhöhter Temp., durch ein Lsgm., bes. Tri- oder Perchloräthylen, durch ein wss. Bad, dessen Temp. über dem Kp. des Lsgsm. liegt, durch eine wss. alkal. Lsg. mit Geh. an H_2O_2 u. einem pH-Wert von $\geqq 11$, dämpft sie u. wäscht die Schlichte mit heißem u. anschließend kaltem W. aus. (**Ind. P. 62 955** vom 28/1. 1958, ausg. 13/4. 1959. E. Prior. 13/2. 1957.) C. LÜTTGEN. 8031

Bancroft & Sons Co., übert. von: James A. Murphy, Wilmington, Del., V. St. A., **Keton-Aldehydharzausrüstungen von Geweben** erleiden unter der Einw. von UV-Licht auf die Carbonylgruppe *Harzverfärbungen*, die dadurch vermieden werden, daß man die Ketogruppe zu sek. Alkoholgruppe reduziert. — Ein unter alkal. Aushärtung mit 15% Keton-Aldehyd-Harz beladenes Baumwollgewebe wird bei 20° mit einer wss. 1%ig. Lsg. von *K-Borhydrid* behandelt. Nach 70% Flottenaufnahme wird das Gewebe 10 Min. gedämpft, heiß gespült u. getrocknet. (**A. P. 2 967 787** vom 21/8. 1958, ausg. 10/1. 1961.) H. MÖLLERING. 8033

Böhme Fettchemie G. m. b. H., Düsseldorf (Erfinder: Wolfgang Benzel, Haan, und Karl Goldann, Düsseldorf), **Antistatische Textilausrüstung** erfolgt durch

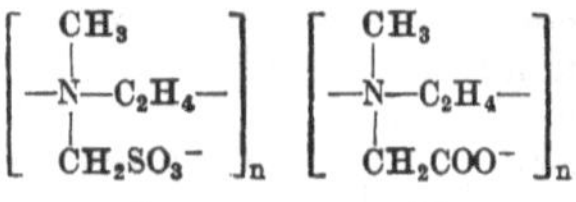

I II

Behandlung des Gutes mit wss. Lsgg. von höhermol. polyampholyt. *Polyalkylenpolyimin-Derivv.*, die am N durch kurzkettige Alkylcarbon- bzw. -sulfonsäuregruppen substituiert sind u. evtl. durch kurzkettige Alkyl- oder Oxalkylreste quaterniert sein können, wobei die Alkylengruppen gleich oder verschieden sind. — 22 (g) *Polyäthyleniminhydrochlorid* wird in wss.-alkohl. Lsg. mit 70 *hydroxymethansulfonsaurem Na* bei Siedetemp. umgesetzt, eingedampft u. mit A. anorgan. Salze extrahiert. Das Prod. hat die Gruppierung **I**, bzw. **II** bei Rk. mit *chloressigsaurem* Na. *Perlontaft* wird mit der wss. 0,8%ig. Lsg. behandelt u. bei 80° getrocknet. (**D. A. S. 1 113 676** Kl. 8k vom 25/3. 1959, ausg. 14/9. 1961.) H. MÖLLERING. 8033

Ciba Akt.-Ges., Basel (Erfinder: Otto Albrecht, Neue Welt, Alfred Berger, Basel, und Walter Hofmann, Oberwil), Schweiz, **Antistatische Ausrüstung von Synthesefasern.** Man imprägniert das Gut mit einem Ansatz, der in 1000 (Teile) W. 3—25 in W. lösl. *Polyglycidyläther* (0,75—4,5 Epoxidäquivalente je 1 kg Polyäthylenglykol mit Molgew. 300—1500) u. 0,4—15 in W. lösl. Amin enthält, trocknet u. härtet. — In 365 (Teilen) W. löst man 6,2 *Polyglycidyläther* aus Polyäthylenglykol 300 u. 0,5 *Triäthylentetramin*; man imprägniert mit der Lsg. Polyamidgewebe, preßt auf 55% Flottenaufnahme ab, trocknet u. erwärmt 10 Min. auf 120°. (**D. A. S. 1 109 133** Kl. 8k vom 28/7. 1959, ausg. 22/6. 1961. Schwz. Prior. 29/7. 1958.) H. MÖLLERING. 8033

Pan American Petroleum Corp., übert. von: George C. Howard und Lawrence B. Wilder, Tusla, Okla., V.St.A., **Imprägnieren von Dichtungsschnüren für Pipelines.** Das Imprägniermittel besteht aus 50—90 (%) *Mineralöl*, das mit *Li-Seife* geliert ist, u. 10—50 feinstem Mehl aus schwarzen *Walnußschalen.* (**A. P. 2 961 401** vom 30/10. 1957, ausg. 22/11. 1960.) H. MÖLLERING. 8037

Imperial Chemical Industries Ltd., London, England, **Hydrophobieren von Textilien** durch Imprägnieren mit einer Lsg. eines organ. Polysiloxans u. einer organ. Zr-Verb. in einem organ. Lsgm., z. B. 30 (Teile) Methylhydrogenpolysiloxan (Viscosität 230 cP bei 25°, Verhältnis der CH_3-Gruppen zu Si 1,93 : 1), 7,5 Tetrabutylzirkonat oder Zirkoniumdiacetylacetonat, 962,5 Toluol. (**Ind. P. 62 896** vom 21/1. 1958, ausg. 20/5. 1960. E. Prior. 1/2. 1957.) C. LÜTTGEN. 8037

Alessandro Pozzi, Italien, **Bleichen von pflanzlichen oder synthetischen Fasern,** z. B. von *Baumwollgewebe*, unter Verw. eines Bades, welches 40 (g im Liter) $NaClO_2$, 2 U-Acetat, 2 Netzmittel „Hoechstapon" u. so viel NaOH (32° Bé) enthält, daß der pH-Wert 8—9 beträgt. (**F. P. 1 201 924** vom 30/8. 1958, ausg. 6/1. 1960. It. Prior. 31/8. 1957.) M. F. MÜLLER. 8045

Edward Robbart, Watertown, Mass., V.St.A., **Hydrophobe und krumpffreie Wollwaren.** Das Gut wird bis unter 10% Wasser-Geh. getrocknet u. mit Dämpfen von organ. Si-Halogeniden behandelt. — Auf 4—7% Wasser-Geh. getrocknete Wolle wird mit einer Aerosoldispersion des Gemisches von *Methyltrichlor-* u. *Dimethylchlorsilan* behandelt. Die Einw.-Zeit soll 1—5 Min. betragen. Anschließend wird das Gut mit einer wss. 0,02%ig. Lsg. eines nichtion. Netzmittels gewaschen („*Triton X 100*" der RÖHM & HAAS Co.), gespült u. getrocknet. (**A. P. 2 961 338** vom 7/5. 1958, ausg. 22/11. 1960.) H. MÖLLERING. 8061

Hightower Morse & Co., übert. von: Lloyd M. Kozloff, Joseph W. Antonow, Chicago, und Bernard Wolnak, Highland, Park, Ill., V.St.A., **Mottenfestausrüstung von Keratinfasern,** bes. *Wolltextilien.* Man imprägniert das Gut mit wss. Lsgg. von *Pyridin-3-sulfonsäure*, zweckmäßig bei pH 2—2,5 (Einstellung der Flotte z. B. mit $Na_2SO_4 \cdot 10\ H_2O$) u. bei 65°, worauf getrocknet wird. Die Behandlung kann auch während des Färbens, z. B. mit sauren Wollfarbstoffen, erfolgen. — Nach A. P. 2 945 736 wird die gleiche Wrkg. erreicht durch Beladung des Gutes mit mindestens 0,5% *Benzimidazol*, z. B. aus wss. Lsg. bei zweckmäßig 50—85°. (**A. PP. 2 945 735** u. **2 945 736** vom 17/12. 1957, ausg. 19/7. 1960.) H. MÖLLERING. 8063

Mo och Domsjö A/B, Örnsköldsvik, Schweden (Erfinder: P. M. T. Matell), **Verbesserung der Filtriereigenschaften von Viscoselösungen.** Man setzt den Lsgg. 0,01—1,0%, bes. 0,02—0,5%, berechnet auf Cellulose, einer Verb. der Formel $CH_3 \cdot (CH_2)_5\underset{\displaystyle OR_2}{\underset{|}{C}}HCH_2CH{=}CH(CH_2)_7CH_2OR_1$ zu, wo $R_1 = (CH_2CH_2O)_nH$, $R_2 = (CH_2CH_2O)_mH$ u. n, m = ganze Zahl ≥ 0, deren Summe = 2—40, bes. 4—25, z. B. *Octadecenyl-* bzw. *Octadecylpolyglykoläther.* (**Schwed. P. 162 342** vom 31/1. 1957, ausg. 4/3. 1958.) K. H. KÄHLER. 8075

Svenska Rayon A/B, Valberg, Schweden (Erfinder: J. R. Wirén), **Avivieren von Viscosefäden.** Nach der Schwefelsäurebehandlung u. nachfolgendem Waschen werden die Fäden durch ein Avivagebad geführt, das eine Emulsion von Mineralöl in W. enthält, dem ein oder mehrere kationakt. oder nichtionogene Stoffe, z. B. *Cetylpyridiniumsulfat* oder *Di-(isohexyl-* bzw. *-isoheptyl)-phenylpoly-(7,5—8,5)-glykoläther* zugesetzt sind. Hierdurch werden Ausfällungen chem. Art verhindert. (**Schwed. P. 163 424** vom 2/10. 1951, ausg. 10/6. 1958.) K. H. KÄHLER. 8075

British Celanese Ltd., London, England, **Schmelzspinnverfahren** für Kunstfasern aus Cellulosetriacetat oder anderen schmelzbaren Kunststoffen, wie Cellulosepropionat, Polyaminen, Polyäthylen, dad. gek., daß man das Material zu Blöcken preßt, die man gegen die Rückseite einer geheizten Spinndüse drückt, in welcher es zum Schmelzen erhitzt wird. (**It. P. 516 321** vom 22/4. 1954. E. Prior. 24/4. 1953.) K. KOEBKE. 8077

Eastman Kodak Co., Rochester, N.Y., übert. von: Charles C. White und Raymond E. Donaldson, Kingsport, Tenn., V.St.A., **Schmälzmittel für Celluloseestergarne und -fäden,** bes. *Celluloseacetate, -propionate* oder *-acetatpropionate,* bestehend aus 10—80 (Teilen) Mineralöl, 4—20 saures *Oleylphosphat* (teilweise durch Fettalkoholsulfat ersetzbar), 1—15 Olein u. 1—10 Alkylolamin, wie *Dimethylaminoäthanol* oder *Aminomethylpropanol*; noch zugesetzt werden können pflanzliche oder tier. Fette oder Öle bzw. deren Sulfonate, Dibutyltartrat, Alkylaryläther u. Imidazolin. (**A. P. 2 956 949** vom 19/10. 1955, ausg. 18/10. 1960.) H. MÖLLERING. 8077

Československá Socialistická Republika (Erfinder: Arthur Stoy, Prag), Tschechoslowakei, **Herstellung von Spinnflüssigkeiten durch direkte Radikalpolymerisation von Acrylnitril in konzentrierten, wässrigen Lösungen anorganischer Salze,** dad. gek., daß sich das Acrylnitril (**I**) mittels Inhibitoren vom Redoxtyp bei einer Anfangs-Temp. von maximal 10° polymerisiert, wobei die Polymerisationswärme abgeleitet wird. Die mit einem Redoxinhibitor u. evtl. mit einem Promotor (Cu-Salz) versetzte, gesätt. u. unterkühlte Lsg. von $ZnCl_2$, $CaCl_2$ oder $MgCl_2$, die das **I** enthält, wird an einem schnell rotierenden Teller, der die Lsg. homogenisiert, auf die innere Seite eines außen gekühlten zylindr. Behälters gesprüht. (**Tschech. P. 98 049** vom 16/4. 1958, ausg. 15/1. 1961.) L. MACHER. 8081

Stockholms Superfosfat Fabriks A/B, Stockholm, Schweden (Erfinder: S. H. Sönnerskog), **Verspinnen von Polyacrylnitrilfasern.** Eine Lsg. von Polyacrylnitril in *Propylencarbonat* wird in ein Koagulierbad, enthaltend W., bei einer Temp. von 90° gespritzt. Nach Abkühlen des Bades wird das Lsgm. als untere Phase in dem Bad abgeschieden u. wiedergewonnen. (**Schwed. P. 164 017** vom 21/7. 1951, ausg. 15/7. 1958.) K. H. KÄHLER. 8081

Kōkoku Jinken Pulp Kabushiki Kaisha, Tokyo (Erfinder: Sutezo Kusiyama, Fukuoka, Chiaki Yamashita, Mikio Korematsu, Hisashi Uchida, Giho Ikegami, Kazuhito Matsuo, Jun Initsuka, Sadao Okashi und Osamu Ikeda, Saeki), Japan, **Herstellung von Polyestermischkondensationsprodukten,** die ein verbessertes *Fadenmaterial* liefern. Man polykondensiert 3-Methoxy-4-[β-hydroxyäthoxy]-benzoesäure (**I**) oder deren Ester mit p-[β-Hydroxyäthoxy]-benzoesäure (**II**) oder deren Estern. — Man schmilzt eine Mischung aus 45 (g) **I**-Methylester, 157 **II**-Methylester u. 0,02 K_2CO_3, leitet N_2 ein u. erhitzt auf 180°, von wo ab CH_3OH abzudestillieren beginnt, steigert auf 215°, senkt den Druck langsam auf 60 mm u. hält dann bei 260° u. 0,5 mm. Nach ca. 10 Std., wenn die Viscosität nicht mehr zunimmt, erhält man nach Abkühlen den festen *Polyester*, F. 223°, der aus einer 250° heißen Schmelze zu *Fäden* in W. von 90° gesponnen u. auf das 5fache gestreckt wird. (**Jap. A. S. 10 793/1959** vom 31/3. 1956, ausg. 18/12. 1959.) M. PANKOW. 8081

Eastman Kodak Co., Rochester, N.Y., übert. von: Howard A. Thompson, Raymond E. Donaldson und Charles Clayton White, Kingsport, Tenn., V.St.A., **Antistatische Fettungsmittel für hydrophobe Synthesefasern** enthalten neben Mineralöl *2-Alkyl-4.4-dimethyl-2-oxazolinsalze* von sauren *Lauryl-* oder *Oleyl-H_3PO_4-Estern.* — Ansatz: 45 (%) Mineralöl, 10 Laurylalkohol (**I**), 25 saurer **I**-Ester der H_3PO_4 u. 20 2-Alkyl-4.4-dimethyl-2-oxazolin. — Man beläd aus einer wss. 25%ig. Lsg. des Ansatzes *Acetatgarn* mit 2,5%, *Acrylgarn* mit 0,4% u. *Polyestergarn* mit 0,4%. (**A. P. 2 976 186** vom 27/11. 1957, ausg. 21/3. 1961.) H. MÖLLERING. 8081

Heinrich Thiele und Helmut Schmink, Karl-Marx-Stadt, **Erhöhung der Saugfähigkeit von Strumpf-, Wirk- und Webware.** Man behandelt die aus vollsynthet. Fäden bestehende oder solche Fäden enthaltende Ware vor der Fixierung mit wss. Lsgg. von capillarakt. Verbb., z. B. des Na-Salzes des Oleinschwefelsäureesters, des Laurylpyridiniumbromids oder eines oxäthylierten Fettalkoholgemisches mit 12—16 C-Atomen u. durchschnittlich 9 Moll. Äthylenoxid je Mol. Fettalkohol, bei $\leqq 40°$, wobei die wss. Behandlungs-Lsgg. bes. mindestens 6 g capillarakt. Verb. im Liter enthalten u. die Behandlungsdauer bes. mindestens 20 Min. betragen soll. (**D. P. [DDR] 21 153** Kl. 8k vom 6/9. 1958, ausg. 24/4. 1961 [Wirtschaftspatent].) W. RAETZ. 8081

Ciba Ltd., Basel, Schweiz, *N-Arylmaleaminsäuren und Herstellung von α.β-Di-(arylazolyl)-äthylenderivaten.* (**E. P. 861 472** vom 23/7. 1957, ausg. 22/2. 1961. Schwz. Prior. 31/7. 1956. — C. **1961.** 9251 [Jap. A. S. 2 234/1959].)

Vereinigte Glanzstoff-Fabriken Akt.-Ges., Wuppertal-Elberfeld, übert. von: **Karl Macura**, Klingenberg, und **Erhard Siggel**, Laudenbach/M., *Antistatische Textilausrüstung.* (**A. P. 2 974 066** vom 30/6. 1958, ausg. 7/3. 1961. D. Prior. 28/6. 1957. — C. **1959.** 17569 [Oe. P. 202 546].)

Montecatini Soc. Gen. per l'Industria Mineraria e Chimica, Mailand, Italien, *Antistatisches Textilausrüstungsmittel.* (**Schwz. P. 353 123** vom 27/3. 1957, ausg. 15/5. 1961. It. Prior. 29/3. 1956. — C. **1959.** 17568 [F. P. 1 173 346].)

Farbenfabriken Bayer Akt.-Ges. (Erfinder: **Annemarie Wagner** und **Siegfried Petersen**), Leverkusen, *Aufhellungsmittel.* (**D. A. S. 1 104 483** Kl. 8i vom 10/10. 1955, ausg. 13/4. 1961. — C. **1961.** 18186 [A. P. 2 879 174].)

Deering Milliken Research Corp., V.St.A. (Erfinder: **Dmitry Michael Gagarine, Henry Repokis** und **Francis Marion Sell**), *Wasserabweisendmachen von Textilien.* (**F. P. 72 026** vom 20/5. 1957, ausg. 21/3. 1960. A. Prior. 4/6. 1956. Zusatz zu F. P. 1 154 175; C. 1960. 6368. — C. **1961.** 13404 [E. P. 823 168].)

Phrix-Werke Akt.-Ges., Hamburg, *Herstellung von Viscose.* (**Ind. P. 63 932** vom 2/5. 1958, ausg. 24/2. 1960. — C. **1959.** 9434 [D. A. S. 1 045 387].)

E. I. du Pont de Nemours & Co., Wilmington (Erfinder: **Eugene Cameron Pontius**, Newark, und **Donald Douglas Bachlott**, Wilmington), Del., V.St.A., *Herstellung von Gebilden aus modifizierter Viscose.* (**Schwz. P. 351 364** vom 30/10. 1956, ausg. 28/2. 1961. — C. **1959.** 15873 [A. P. 2 855 321] u. C. **1959.** 12094 [A. P. 2 810 658].)

Courtaulds Ltd. (Erfinder: **Ernest Edward Tallis** und **Norman Samuel Wooding**), London, England, *Herstellung von Fäden aus modifizierter Viscose.* (**Schwz. P. 351 705** vom 8/5. 1956, ausg. 15/3. 1961. E. Prior. 9/5. 1955. — C. **1959.** 16824 [D. A. S. 1 053 718].)

Courtaulds Ltd. (Erfinder: **Edwin Holroyd Sharples** und **Anthony Gerald Poole**), *Verbesserung der Eigenschaften der Fäden aus regenerierter Cellulose.* (**Aust. P. 226 649** vom 16/7. 1957, ausg. 3/3. 1960. E. Prior. 24/7. 1956. — C. **1960.** 14562 [F. P. 1 179 830].)

Monsanto Chemical Co., St. Louis, Mo., übert. von: **Elmer H. Rossin**, Springfield, und **Milton J. Scott**, Lexinton, Mass., V.St.A., *Schwerentzündliche Viscoselösungen.* (**A. P. 2 953 463** vom 30/6. 1951, ausg. 20/9. 1960. — C. **1956.** 8511 [E. P. 714 214].)

Imperial Chemical Industries Ltd. (Erfinder: **Eric Gee** und **John Francis Wood**), *Herstellung von spinngefärbten Polyamid- und Polyesterfasern.* (**Aust. P. 226 537** vom 7/1. 1958, ausg. 25/2. 1960. E. Prior. 11/1. 1957. — C. **1961.** 6008 [E. P. 820 975].)

Stockholms Superfosfat Fabriks A/B, Stockholm, Schweden, *Polyacrylnitrilfasern.* (**Schwed. P. 165 599** vom 17/7. 1953, ausg. 9/12. 1958. — C. **1957.** 5148 [F. P. 1 091 081].)

Farbenfabriken Bayer Akt.-Ges., Leverkusen (Erfinder: **Heinrich Seibert**, Leverkusen, **Adam Schultheiß**, Dormagen, und **Karl Neufang**, Köln), *Herstellung spinngefärbter Polyacrylnitrilfäden.* (**D. A. S. 1 109 830** Kl. 29b vom 10/8. 1955, ausg. 29/6. 1961. — C. **1961.** 7040 [E. P. 817 614].)

Farbenfabriken Bayer Akt.-Ges., Leverkusen, *Fadenherstellung aus Polycarbonaten.* (**Belg. P. 564 009** vom 16/1. 1958, ausg. 17/6. 1960. D. Prior. 17/1. 1957. — C. **1961.** 10799 [E. P. 844 488].)

Sven Olof Birger Ljungbo, Stockholm, Schweden, *Schiebefestmachen von Netzen.* (**Dän. P. 84 267** vom 30/7. 1953, ausg. 20/1. 1958. — C. **1957.** 6931 [D. B. P. 954 326].)

Owens-Corning Fiberglas Corp., V.St.A. (Erfinder: **Richard F. Shannon, Willard L. Morgan** und **Philip W. Sullivan**), *Imprägnieren von Mineralfasern mit synthetischem Harz.* (**F. P. 1 168 270** vom 27/12. 1956, ausg. 5/12. 1958. A. Prior. 27/12. 1955. — C. **1961.** 10799 [E. P. 842 634].)

XIX. Brennstoffe. Erdöl. Mineralöle

Viscosität, Gasdurchläßigkeit und Treibvermögen der plastischen Kohlenmasse. N. Ss. Grjasnow. (Кокс и Химия [Koks u. Chem.] **1960.** Nr. 8. 7—10.) (Russ.)

Vf. stellte fest, daß Viscosität, Gasdurchlässigkeit u. Treibvermögen der plast. Kohlenmassen voneinander abhängige Größen sind. Mit der abnehmenden Viscosität füllen oder blockieren die erweichenden Kohlenkörner die freien Zwischenräume, was zu einer Verringerung der Gasdurchlässigkeit u. Vergrößerung des Treibvermögens der Kohle führt. Infolgedessen ist die Blähung um so größer, je geringer die Viscosität der plast. Kohlenmassen u. je größer die Menge der flüchtigen Stoffe ist. Der Einfl. der aus den Kohlenmassen auftretenden Gase ist um so größer, je geringer die Viscosität der weichgewordenen Kohle ist. Es sind auch die quant. Beziehungen zwischen diesen Erscheinungen festgestellt worden. K. WEKUA. 8126 □

Über den oxydativen Abbau der Kohle. 4. Mitt. **Das Molekulargewicht der Huminsäure.** Chikao Yokokawa, Yoshihisa Watanabe, Shigeru Kajiyama und Yoshinobu Takegami. (J. Fuel Soc. Japan **40.** 38—47. Jan. 1961. Kyôtô-Daigaku-Kôgakubu.) (Jap.; Auszug: Engl.) — 3. vgl. C. **1961.** 10416.

Besprochen wird die kryoskop. Best.-Meth. des Molgew. der Huminsäure (**I**). Als Modellsubstanzen dienten verschiedene aromat. Verbb. mit Carboxyl- u. Hydroxylgruppen. Ihr Molgew. wurde neben dem von **I**, ihrer Derivv. u. der Steinkohlenextrakte unter Verw. von p-Nitrophenol (**II**), Acetamid (**III**) u. a. kryoskop. bestimmt. Das kryoskop. bestimmte Molgew. von **I** in **II** (300) scheint wegen der Spaltung von **I** in diesem Lsgm. viel zu niedrig zu sein, was schon SMITH u. HOWARD [1936] festgestellt haben, während das kryoskop. bestimmte Molgew. in **III** (500—600) offensichtlich mit dem Äquivalenz-Gew. der funktionellen Gruppen, die in diesem Lsgm. merkliche Aktivität besitzen, zusammenhängt. Beide Werte können nicht von den Werten des wahren Molgew. abhängig sein. Auf Grund vorst. Verss. wurde das Molgew. von I aus der Gefrierpunktserniedrigung des W. beim Zusatz des K-Salzes u. dem bei der Dissoziation dieses Salzes gemessenen VAN'T HOFFsche Faktor errechnet. Diese Best.-Meth. muß sowohl theoret. als auch experimentell noch geprüft werden, könnte aber wohl zumindest als Näherungs-Verf. dienen. Nach diesem Verf. sollten das Molgew. von I, die aus einer bituminösen Kohle gewonnen wird, u. der Braunkohlenhuminsäure jeweils in der Größenordnung von 1000 liegen. E. MAEKAWA. 8126□

Theoretische Grundlagen der Intensivierung der Kohlenflotation beim Zentrifugalverfahren. W. I. Klassen und B. A. Korjakow-Ssawoisski. (Кокс и Химия [Koks u. Chem.] **1959.** Nr. 12. 7—10. Dnepropetrowsk, Berg-Inst.) (Russ.)

Bei gewöhnlichen Flotationsmaschinen steigt die Produktivität nur in einem engen Bereich mit der Blasenzahl. Wird die Blasenzahl darüber hinaus gesteigert, so sinkt die Konzentratqualität. Dieses Phänomen wird beim AIRLIFT-Zentrifugal-Verf. (A) nicht beobachtet. Die Ursachen sind: 1. intensivere Flotation, 2. das Ausscheiden gelöster Luft fördert das Anhaften der Kohle an die Blasen. Die Produktivität des A ist gegenüber dem gewöhnlichen (B) 4—5mal größer. Effektive Anreicherung B 41—49, A 49—58%; optimaler Luft-Geh. B 30, A 50%; Verteilung der Luft B ungleichmäßig, A gleichmäßig; mittlere Blasengröße B 0,9, A $<$0,25 mm. W. PÖTSCH. 8134□

Ein neues Reagenz für die Flotation von Kohlen. M. W. Ziperowitsch und W. G. Pljussnin. (Кокс и Химия [Koks u. Chem.] **1959.** Nr. 12. 11—13.) (Russ.)

Der bei der Produktion von Isooctan durch Polymerisation der Butan–Butylen-Fraktion von Crackgasen anfallende Rückstand (als Polymerrückstand bezeichnet) ist ein guter Sammler u. Schäumer. In einigen Fällen empfiehlt sich jedoch der Zusatz einer kleinen Menge Schäumer. Bei einem hohen Verbrauch an Polymerrückstand (0,7 kg/t) ist ein Zusatz von Schaummittel nicht erforderlich. W. PÖTSCH. 8134□

Neue Arten von Kupolofen-Brennstoff. L. M. Marijenbach. (Литейное Производство [Giesserei-Betr.] **1959.** 3—4. März.) (Russ.)

Als Brennstoff für die Erschmelzung von Gußeisen in Kupolöfen werden Briketts empfohlen, die aus der S-armen Magerkohle mit geringem Zusatz an Fettkohle sowie aus Steinkohlenpech hergestellt sind. Auch können diese Briketts aus 91% Magerkohle u. 9% Steinkohlenpech bestehen. Bei Einführung von 10—12% Fettkohle statt der gleichen Menge Magerkohle in die Gattierung werden nach einer Wärmebehandlung Koksbriketts erhalten, die eine höhere Festigkeit als Koks aus Sinterkohle besitzen. Die Eigg. dieser Koksbriketts u. die Vorzüge ihrer Verw. werden behandelt u. es werden Angaben über die Koks–Koksbrikett-Sätze, Gußeisen-Temp. u. Kupolofendurchsatzleistungen gemacht. H. HOCHSTEIN. 8144

Bewertung der physikalisch-mechanischen Eigenschaften des Kokses. Ss. A. Schwarz, I. O. Schatunowski und W. P. Onoprijenko. (Кокс и Химия [Koks u. Chem.] **1959.** Nr. 1. 24—33. Ukrain. Metallinst.) (Russ.)

Nach eingehender Diskussion der Meth. zur Best. verschiedener Kennwerte für die Beurteilung von Koks, bes. der Trommelfestigkeit, werden Vers.-Ergebnisse über den Zusammenhang der Garungszeit mit den nach verschiedenen Prüfverff. festgestelllten Kennwerten mitgeteilt. Die Ergebnisse werden nach den statist. Meth. der Korrelationsrechnung ausgewertet. Das gilt auch für mehrmonatige Betriebs-Verss., bei denen der Zusammenhang der Koksqualität mit verschiedenen Kennwerten des Hochofenbetriebs untersucht wird. F. OTTO. 8144□

Die Anwendung von Kiesabbrand für die Trockenreinigung von Gas vom Schwefelwasserstoff. Ss. B. Belinski und I. F. Prokopow. (Кокс и Химия [Koks u. Chem.] **1959.** Nr. 1. 54—56. Kaliningrad, Kokerei.) (Russ.)

Zur Trockenreinigung des Gases wurden mit Erfolg Kiesabbrände verwendet. Mit 1 Horde wurden 96% u. mit 3—4 Horden 98% des H_2S entfernt. Auch die bis 61% mit S beladene Masse absorbierte noch 68—70% des H_2S-Gehaltes. Zur besseren Ausnützung der Masse empfiehlt es sich, den Gasstrom nach einer gewissen Zeit umzukehren. Zur Verw. wird der Kiesabbrand mit Sägespänen 1 : 3 gemischt u. mit 0,5% gelöschtem Kalk versetzt. Nach dem Durchsieben hat die Masse ein Raum-Gew. von 0,5—0,6 t/m³. Beim Einfüllen wird auf einen Wasser-Geh. von 30—45% angefeuchtet. Der Widerstand einer frischbeschickten Horde beträgt 30—35 mm Wassersäule. Die optimale Arbeits-Temp. liegt bei 26—30°. Die mit S gesätt. Masse wird zur SO_2-Gewinnung wieder abgeröstet. F. OTTO. 8172□

Über den Einfluß von Betriebsstörungen in der Wäscherei auf die Arbeit der Arsen-Soda-Entschwefelung. Je. Ch. Semskaja. (Кокс и Химия [Koks u. Chem.] **1960.** Nr. 2. 39—40. Shdanow, Kokerei.) (Russ.)

Labor.-Verss. u. Betriebsanalysen zeigen, daß Rohbenzol, Schmieröl, Teeröl (Waschöl) u. Naphthalin die Wirksamkeit der As-Soda-Lsg. bei der Reinigung von Kokereigas herabsetzen. Geringe Mengen NH_3 stören die Entschwefelung nicht, erschweren aber die Betriebskontrolle. F. OTTO. 8172□

Die Umwandlungen von Cyclohexan über einem Kobaltoxid–Molybdänoxid–Bauxit- und einem Nickelsulfid–Wolframsulfid-Katalysator. W. J. Hendriks, J. C. Vlugter, H. I. Waterman und W. J. van de Weerdt. (Brennstoff-Chem. **42.** 185 bis 191. Juni 1961. Delft, Inst. für Chem. Technol. der TH.) (Dt.)

Es wurden die Umwandlungen untersucht, die eintreten, wenn Cyclohexan zusammen mit H_2 unter Druck in einem kontinierlichen Prozeß über einen techn. Entschwefelungskatalysator (EK) geleitet wird. Für die ersten Verss. wurde ein Kobaltoxid–Molybdänoxid–Bauxit-Katalysator verwendet, später ein Nickelsulfid–Wolframsulfid-Katalysator. Um einen Einblick in die dehydrierende Wrkg. von EK zu gewinnen, wurden Verss. mit reinem Cyclohexan durchgeführt. Die angewendeten Rk.-Bedingungen sind mit denen vergleichbar, welche bei industriellen Entschwefelungs-Verff. angewendet werden. K. TRIEMS. 8196□

Berechnung der Änderung des Kraftstoff-Luft-Verhältnisses in Kraftfahrzeugvergasern bei Verwendung von Kraftstoffen verschiedener Dichte. Horst Saxe. (Freiberger Forsch.-H., Reihe A Heft **192.** 127—34. Aug. 1961. Dresden, TH, Inst. für Brenn-, Kraft- u. Schmierstoffe.) (Dt.)

Es wird abgeleitet, daß bei Änderung der Kraftstoffdichte sich weder das Kraftstoff-Luft-Verhältnis noch die dem Motor pro Zeiteinheit zugeführte Energie u. damit die Motorleistung prakt. ändert. Voraussetzung sind S-arme u. O-freie Benzine.
W. HOLLAND. 8204□

Zur Ermittlung der Alterungsbeständigkeit von Motorenölen mittels des Alterungsverfahrens nach Baader. J. Mausolff. (Schmiertechnik **8.** 186—87. Juli/Aug. 1961. Dortmund.) (Dt.)

Das Alterungs-Verf. nach BAADER wird modifiziert (Fe/Cu-Doppelspirale, Alterungsdauer bis 192 Std.) u. das Motorenöl 01 Mot 12 ohne u. mit Zusatz von Phosphorsäureester C_7—C_9 u. Thiophosphorsäureester C_7—C_9 untersucht. Zur Bewertung werden verschiedene Skalen vorgeschlagen. O. HENNING. 8204□

Über den Einfluß der chemischen Zusammensetzung auf die Wirksamkeit von Schmieröladditiven. Michael Freund und Peter Bencze. (Erdöl, Kohle-Erdgas-Petrochem. **14.** 717—20. Sept. 1961. Budapest u. Veszprém, Ungarn, Ungar. Erdöl- u. Erdgas-Forsch.-Inst.) (Dt.)

Zur Verbesserung der Motorenschmieröl-Eigg. wurde eine Reihe von Additives hergestellt, geprüft u. erprobt. Hierbei konnten vorerst für die Detergentien u. Inhibitoren gültige Gesetzmäßigkeiten bzgl. des Zusammenhanges zwischen chem. Zus. u. Wirksamkeit der Additive beobachtet werden. Bes. wurde der Einfl. des Molgew., der Alkylradikalen verschiedener Struktur bzw. des im Mol. eingebauten S u. P untersucht.
K. TRIEMS. 8220□

Ein Beitrag zur Analytik und Auswahl der Metallbearbeitungsöle. E. H. Kadmer. (Erdöl-Z. Bohr- u. Fördertechn. **76.** 352—59. Okt. 1960.) (Dt.)

Ein Überblick über die Kenntnisse der Vorgänge beim Zerspanen von Metallen in bezug auf die Wrkg. des Öles wird gegeben u. die Reibverschleißwaage von REICHERT eingehend erläutert. Die Späne üben bei der Metallzerspanung eine selektive Adsorption auf die Inhaltsstoffe des Öles aus, indem sie die Inhaltstoffe des Öles allmählich herausnehmen u. das Öl erschöpfen, wenn nicht laufend frisches Öl zugeführt wird. Auch das Schleuderöl aus den Spänezentrifugen ist zu beachten u. das Extraktöl aus den geschleuderten Spänen, das mit Bzl./Aceton oder selektiv abgelöst werden kann. Hier kommen auch Alterungsharze zur Abscheidung. F. ROSENDAHL. 8220□

Ableitung elektrostatischer Aufladungen durch Gußasphaltbeläge. E. Schönain. (Bitumen **13.** 45—49. April 1961.) (Dt.)

Als Schutzmaßnahme zur Ableitung elektrostat. Aufladungen elektr. leitender Gußasphaltfußböden wird ein Zusatz von geeignetem feingemahlenen Koks oder Pudergraphit empfohlen, der den Ableitwiderstand unter den festgelegten Höchstwert von 10^6 Ohm sinken läßt. E. KLEVER. 8236□

Neues Analyseverfahren für die Natriumphenolate. N. A. Grusdewa und L. A. Chochlowa. (Кокс и Химия [Koks u. Chem.] **1960.** Nr. 8. 48—52.) (Russ.)

Die Standard-Meth. der Phenolatanalyse liefert zu hohe Werte an Alkali. Der Fehler beträgt 40,6%. Vff. haben ein schnelleres exaktes Verf. entwickelt, dem eine elektrometr. Titration zugrunde liegt. Die App. wird eingehend beschrieben. Diese Meth. ermöglicht die Best. der freien Lauge sowie der Phenole u. Carbonate in einer einzigen

Phenolatprobe. Sie erwies sich als exakt u. verkürzt die Analysenzeit von 4,5 Std. auf 30 Minuten. K. WEKUA. 8242 □

Bestimmung des Schmelzpunktes von Aschen fester Brennstoffe und der Entwurf der ČSN-Normen. J. Hubáček und Zd. Krejčík. (Práce Ustavu Výzkum Paliv **2.** 121—45. 1960.) (Tschech.)

Der F. von Aschen fester Brennstoffe wird bestimmt, indem kleine Aschenpyramiden oder -rollen in Ggw. eines Gasgemisches aus 70 Vol.-% N_2, 18—20 Vol.-% CO_2 u. 10 bis 12 Vol.-% Stadtgas in einem Ofen, der einen im H_2-Strom geglühten Mo-Widerstand enthält u. ständig auf 1500°, vorübergehend auf 1600°, geheizt werden kann, erhitzt werden. Die Temp. wird mit einem Vorschaltwiderstand reguliert. — Zeichnung, Tabellen. N. MEDIĆ. 8246 □

Bestimmung des Wassergehaltes in Diäthylenglykol. A. Je. Drabkin. (Газовая Промышленность [Gas-Ind.] **6.** Nr. 7. 32—33. 1961.) (Russ.)

Das bei der Trocknung von Brenngasen als Sorbens angewandte Diäthylenglykol muß zwecks Kontrolle des technolog. Prozesses auf seinen Geh. an W. untersucht werden. Vf. beschreibt die Durchführung der Best. mittels Dest. mit n-Butylalkohol u. anschließender Aussalzung mit Pottasche nach JORDAN u. HATCH (vgl. C. **1951.** 1048.) O. LEBTAG. 8250 □

Identifizierung von Verunreinigungen in einem mit Säure gewaschenen Koksofenbenzol von 1°-Siedebereich. C. F. Glick, A. J. Miskalis und Theodore Kessler. (Analytic. Chem. **32.** 1692—95. Nov. 1960. Monroeville, Pa., U. S. Steel Corp., Appl. Res. Labor.) (Engl.)

Die Verunreinigungen eines typ. gereinigten *Koksofenbenzols* (Kp. 79,8—80,4°, F. 5,07°, 99,30 Mol-% Reinheit, 177 ppm S, 444 ppm *Thiophen*, 0,36 ppm CS_2, prakt. olefinfrei) wurden durch fraktioniertes Ausfrieren in mehreren Stufen angereichert, anschließend gaschromatograph. an einer 40 feet langen Säule mit einem Gemisch von o- u. p-Benzylbiphenyl bei 121° getrennt u. massenspektrometr. identifiziert. Folgende Verbb. (Gesamtmenge 0,67 Mol-%) wurden neben den genannten identifiziert u. bestimmt: *Toluol, 2.2-, 2.3-, 2.4-* u. *3.3-Dimethylpentan, 3-* u. *2-Methylhexan, Methylcyclopentan, n-Heptan, 1.1-Dimethyl-,* 1^{trans}*.2-Dimethyl-,* 1^{trans}*.3-Dimethyl-,* 1^{cis}*.2-Dimethylcyclopentan, 3-Äthylpentan, Cyclohexan, Methylcyclohexan,* 1^{trans}*.2-*^{cis}*.4-Trimethylcyclopentan,* ein weiteres *Trimethylcyclopentan* (?) u. ein *Octan* (?). E. DEHMLOW. 8252 □

Empfehlenswerte Methoden für die Analyse von verwertbaren Abflüssen. — Methoden zur Bestimmung nichtflüchtiger, in Leichtpetroleum extrahierbarer Bestandteile und flüchtiger, nicht mischbarer Flüssigkeiten. Anonym. (Analyst **82.** 123—26. Febr. 1957.)

Vom JOINT A.B.C.M.-S.A.C. COMMITTEE wurden folgende Verff. vorgeschlagen: *Extraktion mit Leichtpetroleum*: Eine evtl. auf der Probe-Fl. schwimmende spezif. leichte Schicht wird möglichst weitgehend dekantiert u. etwas W. nachgefüllt. Der Rückstand wird mit 5 ml 1%ig. $MgSO_4 \cdot 7 H_2O$-Lsg. versetzt u. darauf unter leichtem Rühren mit etwas CaO-Suspension (2%ig.), worauf sich ein Nd. absetzen soll. Gegebenenfalls wird zur Ausflockung statt CaO eine $FeCl_3$-, $Al_2(SO_4)_3$- oder $Zn(CH_3COO)_2$-Lsg. verwendet. Die obere klare Schicht wird abgehebert, der Nd. durch Zufügen von verd. HCl gelöst, die klare Lsg. zu den vorher abgenommenen Fl.-Schichten gefügt u. alles zusammen 2 mal mit je 50 ml Petroläther ausgeschüttelt. Nach dem Trocknen wird der Petroläther abgezogen, der Rückstand auf dem Wasserbad getrocknet u. ausgewogen. — *Flüchtige, nichtmischbare Flüssigkeiten*: Die flüchtigen Öle werden in einer geeigneten App. mit einem Luftstrom aus der Probe entfernt, an Aktivkohle adsorbiert u. dann mit Aceton eluiert. Die Best. wird turbidimetr. nach Zusatz von Teepol durchgeführt. Die Herst. von Standard-Lsgg. ist beschrieben. W. BETCKE. 8254 □

Nephelometrische Bestimmung der Aerosole von Schmierölen (Turbinen-, Spindel-Maschinenöl) in der Luft von Fabrikationsräumen. M. I. Poletajew. (Гигиена и Санитария [Hyg. u. Sanitätswes.] **25.** Nr. 1. 61—62. 1960.) (Russ.)

Die hier beschriebene Best. der Aerosole von Schmierölen in der Luft von Werkräumen basiert auf der Fähigkeit der Schmieröle aus Erdöl, eine stabile Emulsion in wss. Lsgg. von Eisessig zu bilden. Die kleinste feststellbare Konz. solcher Schmieröle sind 0,05 mg/4 ml. Die Intensität der Trübe der entnommenen Proben wird mit einer Standardskala verglichen. Bei gleichzeitiger Ggw. von Bzn., Kerosin u. White Spirit ist die Meth. nicht spezif., da diese Prodd. ebenfalls mit Eisessig stabile Emulsionen bilden. H. TREUMANN. 8258 □

Die Trennung, Identifizierung und Bestimmung der Fettsäuren des Montanwachses. D. R. Hewett, P. J. Kipping und P. G. Jeffery. (Nature [London] **192.** 65. 7/10. 1961. Stevenage, Herts., Warren Spring Labor.) (Engl.)

Die Methylester der Carbonsäuren eines verseiften, gebleichten Montanwachses wurden gaschromatograph. untersucht. Es wurden 11 geradkettige Säuren C_{22}—C_{32} isoliert u. identifiziert. Eine Säure C_{34} (Fuch-Dieberg, 1956) konnte nicht gefunden werden. Es besteht eine lineare Beziehung zwischen der C-Zahl der Säuren u. dem log der Retentionszeit. Für die Ableitung der angenäherten quant. Zus. des Estergemisches aus den Chromatogrammflächen ist ein Schema angegeben. W. Betcke. 8262 □

Submerged Combustion, Inc., Hammond, übert. von: Robert V. Heinze, Whiting, Ind., und Lloyd H. Reyerson, St. Paul, Minn., V.St.A., **Verarbeitung von Lignit (Braunkohle).** Man oxydiert die Braunkohle, die noch ihre natürliche Feuchtigkeit hat, teilweise mit einem oxydierenden Gas (z. B. Stickoxide u. Halogene) u. erhält wasserlösl. *Carbonsäuren* u. *Polycarbonsäuren.* — Zeichnungen. (**A. P. 2 949 350** vom 23/12. 1954, ausg. 16/8. 1960.) P. Unger. 8125

A. A. Severin, Eskilstuna, Schweden (Erfinder: N. R. Wahlberg), **Verwendung eines Schachtofens als Gasgenerator.** C- u. teerhaltiger Brennstoff wird zusammen mit Luft eingeführt. Man führt heiße Luft in den oberen Teil des Ofens in zwei Niveauebenen ein, wobei die Zuführungsöffnungen schräg nach unten u. um den ganzen Ofen herum angeordnet sind. Die Luftmengen sollen so bemessen sein, daß die Schlackenbestandteile nicht sintern. — Abbildung. (**Schwed. P. 163 662** vom 23/3. 1955, ausg. 24/6. 1958.) K. H. Kähler. 8151

Bendix Corp., übert. von: James R. Logan, Rock Island, Ill., V.St.A., **Gewinnung von Öl aus Ölsand.** Der ölhaltige Sand wird in ein Öl-Lsgm. fallengelassen, das einer Ultraschall-Wrkg. ausgesetzt ist. — Zeichnung. (**A. P. 2 973 312** vom 4/2. 1958, ausg. 28/2. 1961.) E. Kahles. 8191

Phillips Petroleum Co., übert. von: Robert A. Findlay, Bartlesville, Okla., V.St.A., **Abtrennen von geradkettigen Kohlenwasserstoffen aus Gemischen,** die einen Taupunkt über 550° F aufweisen. Zu dem Gemisch wird in ausreichender Menge eine fl. nichtgeradkettige organ. Verb. mit einem Taupunkt unter 550° F zugegeben, so daß der Taupunkt des Gesamtgemisches unter 550° F liegt. Das gesamte Dampfgemisch wird bei unter 550° F mit einem Molekularsieb in Kontakt gebracht. — Zeichnung. (**A. P. 2 975 222** vom 15/8. 1957, ausg. 14/3. 1961.) E. Kahles. 8193

Phillips Petroleum Co., übert. von: Carl M. Kron, Houston, Tex., V.St.A., **Fraktionierung von Kohlenwasserstoffgemischen.** Das Gemisch, welches *Isohexan, n-Hexan* u. wenig *Bzl.* enthält, wird einer Fraktionierzone zugeführt. Die Wärmezufuhr, die Wärmeabfuhr, die Rückflußmenge wird genau kontrolliert. Ein Seitenstrom wird abgezogen u. das darin enthaltene Bzl. analysiert. Hierzu dient ein UV-Spektrometer. — Zeichnungen. (**A. P. 2 977 289** vom 20/1. 1958, ausg. 28/3. 1961.) E. Kahles. 8193

Merck & Co., Inc. (Erfinder: John D. Garber und Harold C. Reynolds), **Abtrennen von aromatischen und naphthenischen Kohlenwasserstoffen aus Gemischen mit aliphatischen Kohlenwasserstoffen** durch selektive Extraktion, dad. gek., daß als Lsgm. für die aromat. u. naphthen. KW-Stoffe 2.5-Dihydroxymethyltetrahydrofuran verwendet wird. — Schema u. Diagramme. (**Aust. P. 229 219** vom 6/6. 1958, ausg. 4/8. 1960. A. Prior. 19/6. 1957.) C. Lüttgen. 8195

Phillips Petroleum Co., übert. von: Joseph R. Cobb jun., Bartlesville, Okla., V.St.A., **Abtrennen von Halogenwasserstoff aus einem Kohlenwasserstoffgemisch.** Das KW-Stoff-Gemisch wird erhitzt u. mit Dämpfen des Endprod. vereinigt. Das Ganze wird in den oberen Teil einer Abstreifzone eingeleitet. Oberhalb der Einleitungsstelle des Gemisches werden aus der Abstreifzone überkopf Dämpfe abgezogen. Aus dem Kesselteil des Abstreifers wird eine Kesselfraktion abgezogen u. in 2 Teile aufgeteilt. Ein Teil wird über die Kessel-Temp. erhitzt u. dabei in eine Dampfphase u. eine heiße fl. Phase zerlegt. Die Dämpfe werden mit dem abzustreifenden erhitzten KW-Stoff-Gemisch gemischt, während die fl. Phase in die Abstreifzone zurückgeführt wird u. dort als Wärmelieferant dient. — Zeichnung. (**A. P. 2 964 385** vom 27/2. 1959, ausg. 13/12. 1960.) E. Kahles. 8195

Universal Oil Products Co., Des Plaines, übert. von: Vladimir Haensel, Hinsdale, und George R. Donaldson, Barrington, Ill., V.St.A., **Umwandlung von aromatischen Kohlenwasserstoffen** in höher sd. u. tiefer sd. Aromaten. Die Ausgangsaromaten werden zuerst zu den entsprechenden Naphthenen hydriert. Diese Naphthene werden in Ggw. eines Katalysators aus Al_2O_3, Pt u. $AlCl_3$ sowie von H_2 u. HCl disproportioniert. Dann werden diese zu den entsprechenden Aromaten dehydriert. — Zeichnung. (**A. P. 2 966 529** vom 28/4. 1958, ausg. 27/12. 1960.) E. Kahles. 8195

Chemisches Zentralblatt

1962 **Bibliographien** Nr. 22

Neue Fachzeitschriften

Enzymologia biologica et clinica. Vol. 1, No. 1. Basel, New York: S. Karger. 1961. Vier Hefte = 1 Bd. sfr 56,—.

Neue Bücher

A. Allgemeine, physikalische und anorganische Chemie

Rudolf Brdička, Grundlagen der physikalischen Chemie. 2. berichtigte Aufl. Berlin: Deutscher Verl. der Wissenschaften. 1961. (XXVI + 934 S. m. Abb.) 8⁰. DM 44,40.

Max von Laue, Die Relativitätstheorie. Bd. 1: Die spezielle Relativitätstheorie. 7. durchgesehene Aufl. Herausgeg. v. **Friedrich Beck.** Braunschweig: Vieweg & Sohn. 1961. (VIII + 204 S. m. 23 Abb.) 8⁰ = Die Wissenschaft. Bd. 38. DM 19,80.

Eugen Merzbacher, Quantum mechanics. New York: Wiley. 1961. (544 S.) $ 12,—.

J. Thewlis, Encyclopaedic dictionary of physics: general, nuclear, solid state, molecular, chemical, metal and vacuum physics, astronomy, geophysics, biophysics and related subjects. Vol. 3: Epitaxy to Intermediate image. London: Pergamon. 1961. (IX + 894 S. m. Tab. u. Diagr.) 7 £. 10 s.

A_3. Elektrizität. Magnetismus. Elektrochemie

Stuart A. Rice and **Mitsuru Nagasawa,** Polyelectrolyte solutions: a theoretical introduction. London: Academic P. 1961. (XV + 568 S. m. Tab. u. Diagr.) 5 £. 18 s.

A_4. Thermodynamik. Thermochemie

Tom Leadbetter Cottrell and **J. C. McCoubrey,** Molecular energy transfer in gases. London: Butterworths. 1961. (VIII + 205 S. m. Taf., Tab. u. Diagr.) 45 s.

Y. S. Touloukian, ed., Retrieval guide to thermophysical properties research literature. 3 vols. New York: McGraw-Hill. 1961. 1: (1250 S.) 2: (169 S.) 3: (372 S.) set $ 120,—.

A_6. Strukturforschung

Leslie Ernest Sutton, Chemische Bindung und Molekülstruktur. Berlin, Göttingen, Heidelberg: Springer. 1961. (VII + 122 S. m. 77 Abb.) 8⁰ = Anorganische und allgemeine Chemie in Einzeldarstellungen. Bd. 3. DM 19,80.

A_7. Gleichgewichte. Kinetik

Wladimir D. Kusnezow, Einfluß der Oberflächenenergie auf das Verhalten fester Körper. Berlin: Akademie Verl. 1961. (XII + 253 S. m. 104 Abb. u. 56 Tab.) 8⁰. DM 32,—.

Günther Briegleb, Elektronen-Donator-Acceptor-Komplexe. Berlin, Göttingen, Heidelberg: Springer. 1961. (X + 279 S. m. 93 Abb.) 8⁰. DM 48,—.

A_8. Präparative anorganische Chemie. Komplexverbindungen Metallorganische Verbindungen

Robert C. Brasted, ed., Comprehensive inorganic chemistry. Vol. 8. Princeton (New Jersey): Van Nostrand. 1961. (306 S. m. Abb.) $ 10,—.

H. J. Emeleus and **A. G. Sharpe,** eds., Advances in inorganic chemistry and radiochemistry. Vol. 3. New York: Academic. 1961. (463 S. m. Abb.) $ 12,50.

Gerhard Albert Cook, ed., Argon, helium and the rare gases: the elements of the helium group. Vol. 1: History, occurrence, and properties. New York, London: Interscience. 1961. (XXII + 394; 33 S. m. Abb., Tab. u. Diagr.) 6 £. 12 s.

Stanley Kirschner, ed., Advances in the chemistry of the coordination compounds, proceedings. International Conference on Coordination Chemistry. 6th Detroit, 1961. New York: Macmillan. 1961. (XII + 682 S. m. Abb.) $ 15,—.

A. E. Martell und **M. Calvin,** Die Chemie der Metallchelat-Verbindungen. Weinheim/Bergstr.: Verl. Chemie. 1958. (VIII + 576 S. m. 140 Abb. u. 81 Tab.) DM 47,—.

E_1. Allgemeine Biologie und Biochemie

F. B. Straub, Biochemie. Praha: Nakladatelství Ceskoslovenské akademie věd. 1961. (674 S.) Kčs 70,—.

E_2. Enzymologie. Gärung

J. E. Falk, R. Lemberg and **R. K. Morton,** eds., Haematin enzymes. Part 1—2. Oxford, London: Pergamon. 1961: 1: (XXII + 362 S. m. Taf., Tab. u. Diagr.) 2: (XVIII + 304 S. m. Taf., Tab. u. Diagr.) 8 £.

J. B. Nellands e **P. K. Stumpf,** Uvod do enzymologie. Praha: NČSAV. 1961. (392 S.) Kčs 26,50.

—, Enzymes in Clinical Chemistry. London: Butterworths. 1962. (132 S. m. Abb.) 60 s.

E_3. Mikrobiologie. Bakteriologie. Immunologie

Alfred J. Crowle, Immunodiffusion. New York, London: Academic P. 1961. (X + 333 S. m. Abb., Tab. u. Diagr.) 80 s.

E_5. Tierchemie. Tierphysiologie. Tierpathologie

M. Büchner, Moderne chemische Methoden in der Klinik unter besonderer Berücksichtigung physikalisch-chemischer Analysenverfahren. 2., erw. Aufl. Leipzig: Georg Thieme. 1961. (Etwa 900 S. m. etwa 450 Abb.) 8°. Etwa DM 70,—.

M. Florkin, Introduction biochimique à la chirurgie. Paris: Masson et Cie. 1961. (248 S. m. 103 Abb.) 38 NF.

Henry McIlwain and **Richard Rodnight**, Practical neurochemistry. London: Churchill. 1962. (VII + 296 S. m. Tab. u. Diagr.) 50 s.

A.-M. Monnier, Actualités neurophysiologiques. 3e série. Paris: Masson et Cie. 1961. (372 S. m. 190 Abb. u. 2 Tab.) 60 NF.

Harry Sobotka and **C. P. Stewart**, eds., Advances in clinical chemistry. Vol. 4. New York: Academic 1961. (378 S. m. Abb.) $ 12,—.

E_6. Pharmakologie. Therapie. Toxikologie. Hygiene

Lloyd B. Tepper and others, Toxicity of beryllium compounds. Amsterdam: Elsevier; London: Van Nostrand. 1961. (VIII + 190 S. m. Abb., Tab. u. Diagr.) 20 s.

G. Analyse. Laboratorium

Erich Heftmann, ed., Chromatography: adsorption, partition, ion exchange, electrochromatography, column, slab, paper, gas. New York: Reinhold. 1961. (753 S. m. Abb.) $ 17,50.

R. Kaiser, Gas-Chromatographie. 2., unveränderte Aufl. Leipzig: Akademische Verlagsgesellschaft Geest & Portig. 1962. (X + 223 S. m. 125 Abb. u. 17 Tab.) 8°. DM 32,—.

Arnošt Okáč, Analytická chemie kvalitativní. 2. Aufl. (Qualitative analytische Chemie) Prag: Verl. der Tschechoslowakischen Akademie der Wissenschaften. 1961. (552 S. m. 46 Abb.) 8°. Kčs 41,50.

—, Analyse der Metalle. Bd. 2: Betriebsanalysen. 2. neubearb. Aufl. Teil 1. 2. Berlin, Göttingen, Heidelberg: Springer. 1961. 1: (XVI + 726 S. m. Abb.) 2: (IV + 841 S. m. Abb.) Zus. DM 158,—.

H III. Elektrotechnik

Paul Delahay, ed., Advances in electrochemistry and electrochemical engineering. Vol. 1: Electrochemistry. New York, London: Interscience. 1961. (IX + 326 S. m. Tab. u. Diagr.) 90 s.

VIII. Metallurgie. Korrosion

Oswald Kubaschewski and **Bernarr Eugen Hopkins**, Oxidation of metals and alloys. 2nd edit. London: Butterworths. 1962. (XII + 319 S. m. Abb., Tab. u. Diagr.) 65 s.

Willy Schreiter, Seltene Metalle. Bd. III. Leipzig: Deutscher Verl. für Grundstoffindustrie. 1961. (Etwa 348 S. m. 12 Abb.) Etwa DM 28,—.

XXIV. Photographie

Edwin Mutter, Kompendium der Photographie. 2. Bd. Die Negativ-, Diapositiv- und Umkehrverfahren. Berlin: Verl. f. Radio-Foto-Kinotechnik. 1962. (334 S. m. 51 Abb.) DM 27,50.

—, Veröffentlichungen der Wissenschaftlichen Photo-Laboratorien AGFA. Bd. IX. Leipzig: Hirzel. 1961. (VII + 273 S. m. 101 Abb. u. 8 Taf.) 8°. DM 20,—.

Ausgewertete Bibliographie-Fachzeitschriften

Belgien	Bibliographie de Belgique — Belgische Bibliographie
ČSSR	Bulletin — Die Neuesten Forschungsergebnisse der Tschechoslowakischen Wissenschaft
	Nové Knihy (Neue Bücher)
	Novinky (Neuheiten)
Dänemark	Danske Bogmarked
Deutschland	Börsenblatt für den Deutschen Buchhandel — Frankfurter Ausgabe
	Börsenblatt für den Deutschen Buchhandel — Leipziger Ausgabe
	Deutsche Bibliographie. Wöchentliches Verzeichnis. Ausgabe II. [Frankfurt/Main]
	Deutsche Nationalbibliographie. Reihe A: Neuerscheinungen des Buchhandels [Leipzig]
England	British Books (Incorporating the Publishers Circular & Booksellers Record)
	British National Bibliography
Frankreich	Bibliographie de la France
Holland	Nieuwsblad voor de Boekhandel
Italien	Bibliografia Nazionale Italiana
Japan	Nōhon Shūhō (Current Publications)
Österreich	Österreichische Bibliographie
Schweiz	Schweizer Buch. Serie A und Serie B
UdSSR	Bücherverzeichnis des Jahres (Книжная летопись)
	Neue Bücher (Новые книги)
USA	Publishers' Weekly

Sun Oil Co., Philadelphia, Pa., übert. von: William L. McClure, Toledo, Ohio, V.St.A., **Umwandlung von Kohlenwasserstoffen.** Fl. KW-Stoffe werden abwärts durch eine Einführungszone geführt u. gelangen von dort aus in eine Zone in die gleichzeitig von oben inerte Feststoffteilchen, welche durch eine 2. Einführungszone geleitet sind, herabfallen, so daß die KW-Stoffe an den heißen Wärmeträgerteilchen umgewandelt werden. — Vorr., Zeichnungen. (**A. PP. 2 952 621** vom 7/3. 1958 u. **2 952 622** vom 12/12. 1957, beide ausg. 13/9. 1960.) E. KAHLES. 8197

Sun Oil Co., Philadelphia, übert. von: Charles H. Brooks und Charles L. Thomas, Swarthmore, Pa., V.St.A., **Hydrocracken von Kohlenwasserstoffen.** Schwere Erdölfraktionen werden zusammen mit feinverteiltem Katalysator im Kreislauf durch eine Rk.-Zone geführt. In diesen Kreislaufstrom werden zusätzlich KW-Stoff-Öl, Katalysator u. H_2 eingebracht. Von diesem Rk.-Strom wird H_2 abgezogen. Außerdem werden fl. Rk.-Prodd. zusammen mit Katalysator aus dem Kreislaufstrom abgenommen. — Vorr., Zeichnungen. (**A. P. 2 968 614** vom 3/7. 1957, ausg. 17/1. 1961.) E. KAHLES. 8197

Esso Research and Engineering Co., übert. von: Alan Schriesheim, Fords, N.J., V.St.A., **Isomerisieren von Paraffinen** mit 4—7 C-Atomen. In fl. Phase werden die KW-Stoffe bei 60—120° F mit einem Katalysator in Kontakt gebracht. Der Katalysator besteht aus einem Träger der $AlBr_3$ oder Gemische von $AlBr_3$ u. $AlCl_3$ enthält, wobei mindestens 3,5 Gew.-% $AlBr_3$, bezogen auf die KW-Stoffe, vorhanden sind u. im Falle des Vorhandenseins des 0,4fachem an $AlCl_3$, mindestens 8 Gew.-%, bezogen auf KW-Stoffe, an Al-Halogeniden zugegen sind. 2—50 Teile Al-Halogenid sind auf 100 Teile Träger vorhanden. Der Träger enthält außerdem mindestens 6% Fe_2O_3, bezogen auf $AlBr_3$. (**A. P. 2 956 096** vom 2/1. 1958, ausg. 11/10. 1960.) E. KAHLES. 8201

Farbwerke Hoechst Akt.-Ges., vormals Meister Lucius & Brüning, Frankfurt/M. (Erfinder: Arie Schmetterling und Werner Dimmling), **Herstellung von Aromaten.** Hierzu werden ein oder mehrere aliphat. KW-Stoffe mit 9 bis 16 C-Atomen, die durch Polymerisation von Propylen erhalten wurden, oder ein oder mehrere acycl. Olefine mit 4 C-Atomen oder ein oder mehrere Hydrierungs-Prodd. derselben oder ein Gemisch von einem oder mehreren dieser aliphat. KW-Stoffen mit einem Dimerisierungs-Prod. von einem oder mehreren dieser Olefine oder mit einem Hydrierungs-Prod. derselben erhitzt, wobei ein aus Cr-Oxid, Mo-Oxid oder W-Oxid oder einem Gemisch von diesen bestehender Aromatisierungskatalysator zugegeben wird. (**E. P. 862 709** vom 8/11. 1957, ausg. 15/3. 1961.) E. KAHLES. 8201

Socony Mobil Oil Co., Inc., übert. von: Vern W. Weekman jun., Woodbury, N.J., V.St.A., **Hydrocracken von Kohlenwasserstoffgemischen,** die mindestens eine der nachfolgenden Komponenten enthalten, nämlich 0,05 (Gew.-%) N, 0,2 S, 0,1 O, 20 Vol.-% ungesätt. KW-Stoffe. Es wird mit 3 Hydrocrackzonen gearbeitet, die mit Katalysator gefüllt sind. Die Menge an Katalysator in der letzten Zone ist größer als die Gesamtmenge an Katalysator in den beiden anderen Zonen. Der Katalysator in der 2. Zone hat eine größere Hydrieraktivität als Crackaktivität. Das KW-Stoff-Gemisch wird bei $> 700^0$F durch die Hydrocrackzone geführt. — Zeichnungen. (**A. P. 2 971 900** vom 17/10. 1958, ausg. 14/2. 1961.) E. KAHLES. 8201

American Oil Co., Texas City, übert. von: Carl C. Georgian, La Marque, Tex., V.St.A., **Herstellung von hochoctanigem Benzin.** Gecracktes Leichtbenzin wird fraktioniert u. eine Fraktion vom Kp. $< 200^0$F mit hoher Octanzahl u. eine Fraktion vom Kp. $> 200^0$F mit niedriger Octanzahl erhalten. Die höhersd. Fraktion wird extrahiert u. die Aromaten aus dem Extrakt u. aus dem Raffinat die Aliphaten isoliert. Das aliphat. Raffinat wird katalyt. hydroformiert. — Zeichnungen. (**A. P. 2 970 101** vom 7/5. 1958, ausg. 31/1. 1961.) E. KAHLES. 8207

Esso Research and Engineering Co., übert. von: George M. Kramer, Berkeley Heights, und George R. Gilbert, Elizabeth, N. J., V.St.A., **Alkylieren von Paraffinen** zur Erzeugung von hochoctanigem Schwerbenzin. Paraffine mit 6 bis 18 C-Atomen werden mit einem Überschuß von Butanen u. Pentenen in Ggw. eines Katalysators aus $AlBr_3$, einem Fluoalkohol mit 3—7 C-Atomen u. einem aliphat. Alkohol mit 1—3 C-Atomen, wobei das Mol-Verhältnis von Fluoalkohol zu aliphat. Alkohol 2 :1 bis 1 : 2 beträgt, miteinander umgesetzt. — Zeichnung. (**A. P. 2 963 526** vom 1/12. 1959, ausg. 6/12. 1960.) E. KAHLES. 8207

Esso Research and Engineering Co., übert. von: George R. Gilbert, Elizabeth, John E. McCormick, Roselle Park, und Alan Schriesheim, Fords, N.J., V.St.A., **Alkylieren von Paraffin** zur Herst. von hochoctanigem Schwerbenzin, welches zum größten Teil aus verzweigtkettigen Paraffinen mit 5—7 C-Atomen u. einem kleineren Anteil an geradkettigen Paraffinen mit 6—18 C-Atomen besteht. Bei 140° F

werden die KW-Stoffe mit einer größeren Menge von Butanen oder Pentanen in Ggw. eines Katalysators miteinander zur Rk. gebracht. Der Katalysator besteht aus $AlBr_3$ u. γ-Al_2O_3. — Zeichnung. (**A. P. 2 971 037** vom 1/12. 1958, ausg. 7/2. 1961.)
E. KAHLES. 8207

Soc. S. A. R. C. Soc. Applicazione Ricerche Chimiche, Fidenza, Italien, **Antiklopfmittelgemisch.** Es enthält neben Pb-Alkylat oder Arylat ein Arylat- oder Alkylat von P oder As. (**Belg. P. 552 837** vom 22/11. 1956, ausg. 15/1. 1960.)
E. KAHLES. 8209

California Research Corp., San Francisco, übert. von: James H. Walker, Richmond, Calif., V.St.A., **Stabile, filtrierbare Schmieröle** vom Basenverhältnis > 4. Man erhitzt ein Gemisch eines zweibas. Alkohols (**I**) mit einer C-Zahl < 5, eines Erdalkalioxids (**V**) u. eines Filtermittels (**II**), eines Schmieröls u. 0,3—2 (Gew.-%) eines Erdalkalisulfonats auf 250—350° bis zur Entfernung von **I**, filtriert, fügt zum Filtrat wieder **I**, Alkalioxid, Schmieröl u. 0,3—2 Sulfonat u. **II**, erhitzt wieder auf 250—350° u. filtriert. **II** ist ein Gemisch aus HCOOH (**III**) u. Glykolsäure (**IV**) mit 35—80 Mol.-% **IV** im Gemisch. Zusatzmenge **II** im Mol.-Verhältnis 0,2—0,5 zu **V**, Gew.-Verhältnis **I** : **V** = 30 : 1—10 : 1. (**A. P. 2 865 857** vom 13/7. 1955, ausg. 23/12. 1958.) E. DREWS. 8221

Esso Research and Engineering Co., Elizabeth, N.J., V.St.A., **Fluorierte Dithiophosphate** mit 0,01—1, bes. 0,05—0,5 Gew.-% gebundenem F erhält man durch Fluorieren von 1 Mol Dithiophosphaten der allg. Formel **I** (R u. R' = Aryl, Alkyl, Aralkyl, Cycloalkyl, Aryloxyalkyl, Acylaryl, Alkoxyaryl mit 2—20 C-Atomen; M = salzbildendes Metall [Fe, Ni, Al, Cd, Sn, Zn, Mg, Ca, Sr, Ba]; n = Wertigkeit von M) mit 0,1—2 Mol eines milden Fluorierungsmittels (AgF_2, MnF_3, PbF_4, CeF_4, BiF_3, TlF_3) bei 300—450°, bes. 375 bis 400°F in An- oder Abwesenheit eines Verdünnungsmittels (KW-Stoffe mit Kp. bes. > 400°F. — Aus Zn-Bis-[1.4-dimethylbutyl]-dithiophosphat u. CoF_3 unter N_2 in Ggw. eines Mineralöles (Viscositätsindex 105) bei 380°F → *Zn-1.4-Dimethylbutylfluordithiophosphat*, F-Geh. 0,12%. Die entstandene Lsg. ist 45%ig. Ferner können fluoriert werden: Dibutyl-, Dihexyl-, Di-n-octyl-, Dicapryl-, Dilauryl-, Dioctadecyl-, Diphenyl-, Bis-[2.4-diamylphenyl]-, Dikerylphenyl- (aus chloriertem Kerosin + Phenol in Ggw. von $AlCl_3$ + P_2S_5), Bis-[2.4-diamylphenoxyäthyl]-, Di-(lauroylphenyl)-, Di-(methoxyphenyl)-dithiophosphat u. Thiophosphate aus Cyclopentanol, -hexanol, -heptanol, Methyl-, Äthyl-, Propyl-, Amylcyclopentanol, -hexanol, -heptanol u. P_2S_5. — *Schmierölzusatzmittel.* (**E. P. 804 777** vom 17/5. 1957, ausg. 19/11. 1958. A. Prior. 8/6. 1956.) G. KRAUSS. 8221

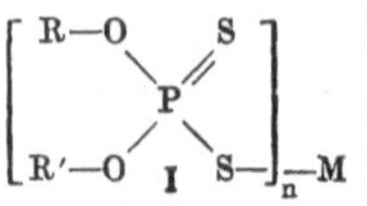

Shell Research Ltd., London, England (Erfinder: Alan Dewhurst und George Charles Eltenton), **Öllösliche, mehrwertige, basische Metallsalze organischer Säuren** (Carbon-, Thiocarbon-, Sulfon-, Sulfam-, Sulfin-, Thiosulfon-, Phosphon-, Phosphinsäuren, saure Ester von H_2SO_4 oder P-Hydroxysäuren oder P-Thiosäuren) erhält man durch Rk. eines in einem Öl gelösten mehrwertigen, neutralen oder bas. Salzes einer organ. Säure mit wss. Alkalicarbonat u. einem wasserlösl., mehrwertigen Metallsalz. Je 2 Teilnehmer werden zunächst miteinander dispergiert, dann wird der 3. Teilnehmer zugesetzt, wodurch Metallcarbonate im Entstehungszustand gebildet werden; dann entfernt man das W. u. nichtgelöste Anteile. — Zu 360 (Teilen) einer Lsg. von 35 Ca-Naphthenat in Xylol gibt man 35 CH_3OH, erhitzt die Mischung auf 70° u. gibt dann gleichzeitig 288 einer Lsg. aus 45 Na_2CO_3 u. 6 NaOH in W. u. 468 einer Lsg. aus 97 $CaCl_2$ in W. zu; durch Abtrennen der wss. Schicht u. Abschleudern erhält man eine klare Lsg. von bas. Ca-Naphthenat in Xylol. Als mehrwertige Metalle sind verwendbar: Ca, Ba, Mg, Zn, Cu, Fe, Ni, Co, Cr, Mn u. Pb; als Säuren: Palmitin-, Stearin-, Myristin-, Öl-, Linol-, Hydroxystearin-, Chlorstearin-, Nitrolaurin-, Stearylbenzoe-, Alkylsalicyl-, Cetylcyclohexancarbon-, Dilauryldekahydronaphthalincarbon-, Dioctylcyclopentancarbonsäure, Petroleumsulfon-, langkettige Alkylnaphthalin- oder -benzolsulfon-, Dodecylbenzolsulfon-, Cetylphenolsulfon-, Cetylphenoldisulfidsulfon-, Cetoxycaprylbenzolsulfon-, Dilauryl-β-naphtholsulfon-, Dicaprylnitronaphthalinsulfon-, Tetraisobutylensulfon-, Tetraamylensulfon-, Cetylcyclopentylsulfon-, Laurylcyclohexylsulfon-, Bis-[diisobutyl]-cyclohexylsulfonsäuren, Dicapryldithio-, Di-[methylcyclohexyl]-dithio-, Dilauryldithiophosphorsäure, Dicapryldithiophosphorigsäure, Di-[methylcyclohexyl]-dithiophosphorigsäure, Laurylmonothiophosphor-, Di-[butylphenyl]-dithiophosphorsäure; als Öle: KW-Stoff-Öle, Kerosin, Gas-, Diesel-, Schmieröl, polymere Olefine, Alkylaromaten, Polysiloxane, Fluorkohlenstoffe, Bis-[2-äthylhexyl]-sebacat, -adipat, Tricetylphosphat, Ricinusöl, Bzl., Xylol, Toluol, Cyclohexan, Isooctan, Decan, Decylalkohol u. Diamyläther. — *Schmierölzusatzmittel.* Vgl. Holl. P. 95 148; C. **1961.** 16341. (**E. P. 795 172** vom 7/4. 1955, ausg. 21/5. 1958.) G. KRAUSS. 8221

British Petroleum Co. Ltd., London, England, **Synthetische Schmiermittel,** bestehend aus einem Gemisch eines fl. aliphat. Diesters einer aliphat. Dicarbonsäure u. eines Polyesters der allg. Formel $ROOCR_1COO(R_2OOCR_1COO)_nR$, in der R der KW-Stoff-Rest eines aliphat. einwertigen Alkohols, R_1 der einer aliphat. oder aromat. Dicarbonsäure u. R_2 $-CH_2CH_2CH(CH_3)-$ bedeuten. Die beiden Komponenten werden in solchem Verhältnis gemischt, daß die Viscosität des Mittels bei 210° F 2—3 cSt beträgt. Beispiel: 78,28 (Teile) Octylmonylsebacat, 20,72 Polyester aus Sebacinsäure, Butylenglykol-(1.3) u. 2-Äthylhexanol u. 1 Phenothiazin als Antioxydans. Das Gemisch zeigt eine Viscosität von 7,98 cSt bei 210° F u. 9,123 cSt bei —40° F. (**Ind. P. 62 645** vom 20/12. 1957, ausg. 10/12. 1958. E. Prior. 1/1. 1957.) C. LÜTTGEN. 8223

Hardman & Holden Ltd. (Erfinder: Samuel Edward Harson), Manchester, England, **Herstellung polymerer organischer Al-Verbindungen** erfolgt durch Erhitzen der Al-Alkoholate mit W. u. ggf. mit Monocarbonsäuren, Alkoholen oder Phenolen, bis 2 (Mol) Alkohol des Al-Alkoholats, bezogen auf 1 des zugesetzten W., entfernt sind. 20% der Monocarbonsäure kann durch Polycarbonsäuren ersetzt werden. Das prim. Polymerisations-Prod. kann anschließend mit weiteren, auch verschiedenen Carbonsäuren, Alkoholen, Phenolen, umgesetzt werden. Die Ggw. nichtflüchtiger inerter Verdünnungsmittel mit Kp. >200° ist vorteilhaft, jedoch ist der weitere Verw.-Zweck des Polymerisats zu beachten. — Tri-Al-sek.-Butylat in Toluol, werden am Rückfluß mit W. u. sek. Butanol erhitzt. Nach 2 Std. wird Toluol u. Butanol abdestilliert. Man setzt nun 2-Äthylhexanol in Toluol allmählich zu u. erhitzt ½ Std. am Rückfluß. Anschließend wird bei normalem Druck das Toluol abdestilliert. Man erhält ein gelbliches Prod. der Formel I. — Tri-Al-Isopropylat wird mit Mineralöl auf 120° am Rückfluß erhitzt, auf 85° abgekühlt, wss. Isopropylalkohol zugesetzt u. 1 Std. am Rückfluß erhitzt. Isopropylalkohol wird abdestilliert. Man setzt eine auf 90° erhitztes Gemisch aus Stearinsäure u. Mineralöl hinzu u. erhitzt unter Rühren u. gleichzeitiger Dest. auf 200°. Man erhält eine leicht bräunliche Paste. Verw. als *konsistentes Fett.* — Die prim. Al-Verbb. sind *Verdickungs- u. Geliermittel.* (**E. P. 825 878** vom 6/7. 1956, ausg. 23/12. 1959.) G. KÖNIG. 8223

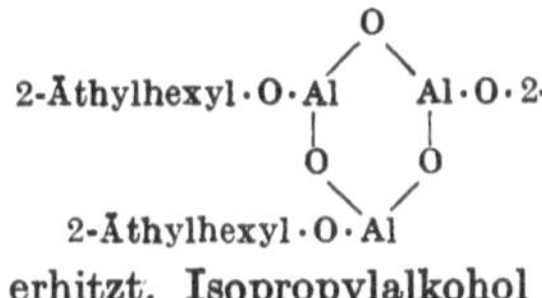

I

Gerhard Keil, Dresden, Ernst Boeck, Peckfitz über Gardelegen, und Kurt Hesse, Brandenburg/Havel, **Tropenfestes, wasserbeständiges Schmiermittel auf Schmierölbasis,** dad. gek., daß das Schmieröl mit Seifen hochmol. Fettsäuren mit einer Kettenlänge von mindestens 22 C-Atomen, bes. Montanfettsäuren, eingedickt ist. (**D. P. [DDR] 21 327** Kl. 23c vom 4/8. 1958, ausg. 27/5. 1961 [Wirtschaftspatent].) T. OPPERMANN. 8223

Ernst Boeck, Peckfitz üb. Gardelegen, und Gerhard Keil, Dresden, **Schmiermittel** aus synthet. u. mineral. Ölen, gek. durch im Überschuß vorhandene Metallhydroxide, bes. von Metallen der 2. u. 3. Gruppe des period. Systems. (**D. P. [DDR] 21 328** Kl. 23c vom 4/8. 1958, ausg. 27/5. 1961 [Wirtschaftspatent].) T. OPPERMANN. 8223

Phillips Petroleum Co. (Erfinder: Paul John Boeke und John Noel Scott jun.), **Mischungen aus mikrokristallinem Paraffin und hochkristallinem Olefinpolymeren** hoher Dichte (≦ 0,34), die sich durch einen hohen F. auszeichnen, erhält man bei Verw. von Polymerisaten, bes. Polyäthylen, die in Ggw. von CrO_3-Katalysatoren hergestellt wurden. (**Aust. P. 229 237** vom 30/9. 1958, ausg. 4/8. 1960. A. Prior. 9/10. 1957.) C. LÜTTGEN. 8227

California Research Corp., San Francisco, Calif., übert. von: Edward W. Mertens und James R. Wright, El Cerrito, Calif., V.St.A., **Herstellung von schnellbrechenden bituminösen Emulsionen für den Straßenbau,** dad. gek., daß man bes. emulgierbare Erdölasphalte mit Carbonsäure-Geh. behandelt mit Amid-Verbb. (**I**) für längere Zeit, bis die VZ. 1,8—0,8 beträgt; als **I** sind z. B. genannt Diäthylentriamin, Tetraäthylenpentamin, Anilin, Polyamine. (**A. P. 2 974 107** vom 27/1. 1959, ausg. 7/3. 1961.) M. BÖTTCHER. 8237

Roman Rummel, Brühl, *Vergasen und/oder Spalten von flüssigen Brennstoffen.* (**Ind. P. 63 364** vom 10/3. 1958, ausg. 20/2. 1960. — C. **1959.** 2662 [D. A. S. 1 035 308].)

N. V. de Bataafsche Petroleum Mij., Den Haag, Holland, *Entfernen von Wasser aus dampfabgestreiften flüssigen Kohlenwasserstoffen.* (**Ind. P. 62 692** vom 27/12. 1957, ausg. 3/3. 1960. — C. **1961.** 3203 [E. P. 823 495].)

N. V. de Bataafsche Petroleum Mij. (Erfinder: **Keith Owen** und **Karel Swart**), *Katalytische Spaltung von Kohlenwasserstoffölen.* (**Aust. P. 226 630** vom 28/7. 1958, ausg. 25/2. 1960. E. Prior. 30/7. 1957. — C. **1960.** 2398 [D. A. S. 1 062 858].)

W. R. Grace & Co. (Erfinder: **Milton Edward Winyall**), *Herstellung von Katalysatoren.* (**Aust. P. 209 097** vom 26/7. 1956, ausg. 25/7. 1957. A. Prior. 30/8. 1955. — C. **1961.** 15151 [D. A. S. 1 069 582].)

N. V. de Bataafsche Petroleum Mij., Den Haag, Holland, *Herstellung von Motortreibstoffen durch katalytisches Reformieren.* (**Ind. P. 62 327** vom 20/11. 1957, ausg. 29/1. 1960. — C. **1959.** 10772 [D. A. S. 1 050 480].)

Houdry Process Corp. (Erfinder: **Robert Martin Shirle, Robert George Craig, Albert Wesley Hoge, Bent Busch-Peterson** und **Julius Joseph Cicalese**), *Dehydrieren von Kohlenwasserstoffen.* (**Aust. P. 229 192** vom 30/10. 1957, ausg. 4/8. 1960. Can. Prior. 27/9. 1957. — C. **1960.** 16640 [E. P. 823 626].)

Universal Oil Products Co. (Erfinder: **Clarence George Gerhold** und **Robert Eugene Sutherland**), *Alkylieren von Kohlenwasserstoffen.* (**Aust. P. 229 688** vom 4/11. 1958, ausg. 25/8. 1960. A. Prior. 5/11. 1957. — C. **1960.** 14570 [A. P. 2 910 522].)

Universal Oil Products Co., Des Plaines, Ill., V.St. A., *Herstellung von Benzinkohlenwasserstoffen.* (**Schwed. P. 165 347** vom 29/11. 1957, ausg. 18/11. 1958. — C. **1960.** 13 575 [Oe. P. 206 090].)

British Petroleum Co. Ltd., London, übert. von: **Ernest Carlton Housam** und **Ronald Lester**, Sunbury-on-Thames, England, *Reinigen von Benzol.* (**A. P. 2 976 336** vom 9/7. 1957, ausg. 21/3. 1961. E. Prior. 11/7. 1956. — C. **1960.** 2058 [E. P. 805 050].)

American Cyanamid Co., V.St.A. (Erfinder: **George Oliver Pruett**), *Antioxydationsmittelkompositionen für Schmieröle.* (**F. P. 1 149 329** vom 12/4. 1956, ausg. 24/12. 1957. A. Prior. 21/4. 1955. — C. **1958.** 12575 [A. P. 2 809 164].)

Alpha Molykote Corp., Stamford, Conn., V.St.A., *Organische Molybdänderivate enthaltende Schmieröle.* (**E. P. 865 970** vom 2/7. 1957, ausg. 26/4. 1961. D. Prior. 4/7. 1956. — C. **1960.** 5696 [D. A. S. 1 060 079].)

XXI. Leder. Gerbstoffe

Eine Schnellmethode zum Weichen und Äschern von Lederrohstoff bei der Herstellung von Unterleder. W. P. Leonow. (Кожевенно-Обувная Промышленность [Leder- u. Schuhwaren-Ind.] **3.** Nr. 6. 28. Juni 1961.) (Russ.)

Nach 1std. Walken der Häute im Faß werden sie entfleischt u. dann 3 Std. mit 5 (g/Liter) Na_2SO_3 im Faß gewalkt, dann 4 Std. nach Zusatz von 2% des Ferment-Präp. Orizon 4 Std. weiter gewalkt. Geäschert wird im Faß mit 14—15 CaO u. 0,6 bis 0,7 Na_2S in 18—24 Std., wobei das Faß alle 3 Std. 2 Min. gedreht wird.

J. v. Schroeder. 8334□

Ein beschleunigtes Weichen und Äschern bei der Herstellung von Juchten. M. R. Litwinow, M. Sch. Owrutzki, M. L. Derbaremdiker und R. M. Schor. (Кожевенно-Обувная Промышленность [Leder- u. Schuhwaren-Ind.] **3.** Nr. 7. 22—25. Juli 1961.) (Russ.)

Durch Anwendung aller die Weiche u. den Äscher begünstigenden Faktoren läßt sich eine wesentliche Beschleunigung des Prozesses erzielen. Nach 1 Std. langem Waschen im Faß werden die Häute entfleischt, dann 3—3½ Std. bei 30—32° mit 1 (g/Liter) Netzmittel, 2,5—3 Na_2CO_3 u. 0,75 Na_2SiF_6 gewalkt, worauf ein Faßäscher mit 10—12 CaO u. 0,8—0,9 Na_2S bei 30—32° im Lauf von 24 Std. folgt. Dann werden 1,5—2 Na_2CO_3 zugefügt u. 3mal 10 Min. in 12 Std. bewegt. Hiermit ist die Äscherung beendet.

J. v. Schroeder. 8334□

Gerben des Halbfabrikats im Schneckenapparat. M. P. Sacharow. (Кожевенно-Обувная Промышленность [Leder- u. Schuhwaren-Ind.] **3.** Nr. 6. 24—27. Juni 1961.) (Russ.)

Es werden einige neuere Verbesserungen in Konstruktion u. Verw. des Schnecken-App. angeführt, die in der Abkehr vom Gegenstromprinzip u. einer Einrichtung zur automat. Entfernung der Leder aus dem App. bestehen. J. v. Schroeder. 8336□

Einfluß der Dauer der Gerbung auf den Verschleiß von Sohlenleder. K. G. Karimow und G. I. Kutjanin. (Кожевенно-Обувная Промышленность [Leder- u. Schuhwaren-Ind.] **3.** Nr. 7. 25—26. Juli 1961.) (Russ.)

Vff. haben festgestellt, daß Leder, die nach erfolgter Durchgerbung noch weiter gegerbt wurden, einen größeren Verschleiß bei Abrieb-Verss. erfahren als die schwächer gegerbten. Mit Weidenextrakt gegerbtes Leder ist bei den Abrieb-Verss. widerstandsfähiger als mit Eichenextrakt gegerbtes. J. v. Schroeder. 8336□

Einige praktische Angaben über die Gerbung von Ledern für Webstuhlarmaturen für die Textilindustrie. G. A. Bravo. (Cuoio-Pelli-Mater. concianti **35.** 31—36. Februar 1959.) (Ital.)

Für die Gerbung von Leder für Webstuhlarmaturen hat sich ein Gemisch von abgeschwächtem Kastanien- u. Sumachextrakt 9:1 bewährt. Diese Leder sollen mindestens 20% Fett enthalten. Sie müssen sehr langsam getrocknet werden.

R. K. Müller. 8336□

Das Indicatorpapier „Rifan". M. I. Karpman. (Кожевенно-Обувная Промышленность [Leder- u. Schuhwaren-Ind.] **3.** Nr. 7. 29—30. Juli 1961.) (Russ.)

Die 9 Indicatorstreifen für die verschiedenen pH-Bereiche (0,3—2,2; 1,8—3,8 4,0—5,4; 5,8—7,4; 7,2—8,8; 7,8—9,0; 8,7—10,0; 10,0—11,6; 12,4—13,6) sind mi

entsprechenden Farbskalen versehen, wodurch genauere Ablesungen erzielt werden. Das Papier „Rifan" wird bei der Kontrolle der Gerbstoff-Herst. angewandt.
J. v. SCHROEDER. 8336□

Ein neues Verfahren zur Verklebung von Schuhteilen. W. P. Koslow. (Кожевенно-Обувная Промышленность [Leder- u. Schuhwaren-Ind.] **3.** Nr. 7. 21—22. Juli 1961.) (Russ.)

Bericht über ein Verf., bei dem die zu verklebenden Lederteile durchlocht werden, wodurch beim Kleben eine nahtähnliche Verbindung entsteht. Als Klebstoffe sind geeignet: Polyvinylchlorid, Polyamide u. Polyäthylen. J. v. SCHROEDER. 8340□

Ein Versuch zur Entfettung von Leder mit Hilfe von Chromhydroxid. G. A. Labsin und G. G. Scharonina. (Кожевенно-Обувная Промышленность [Leder- u. Schuhwaren-Ind.] **3.** Nr. 7. 32—34. Juli 1961.) (Russ.)

Nach der Chromgerbung der fetten Leder wurde die Chrombrühe mit Na_2CO_3 auf pH 6 gebracht u. 45 Min. lang bewegt, dann wurde noch Na_2CO_3 (im ganzen 1,8%) zugegeben, bis die äußeren Lederschichten ein pH 6,7, die inneren pH 5,7—6,1 hatten. Die entfettende Wrkg. ist hierbei größer als die durch Na_2CO_3 allein.
J. v. SCHROEDER. 8340□

Eine Schnellmethode zur Bestimmung des verbliebenen Fettes in Juchtenleder nach dessen Bearbeitung mit „Staub". Je. Ss. Owetschkiss und R. O. Schifman. (Кожевенно-Обувная Промышленность [Leder- u. Schuhwaren-Ind.] **3.** Nr. 6. 19—20. Juni 1961.) (Russ.)

5 g des zerkleinerten Leders werden mit 25 g „Staub" (60% Kaolin u. 40% Sand) 6 Std. geschüttelt, vom Staub abgesiebt u. extrahiert. Da ein Rest von ca. 1,25 g Staub vom Leder nicht entfernt werden kann, muß eine Korrektur von ca. 0,036 g Fett in Rechnung gestellt werden. Vff. zeigen, daß man aus dem Tropfpunkt des aus dem Leder extrahierten Gesamtfettes einen Anhalt für den durch Staub entfernbaren Fettanteil gewinnen kann. J. v. SCHROEDER. 8368□

Farbenfabriken Bayer Akt.-Ges., Leverkusen (Erfinder: Wilhelm Graulich, Leverkusen, Gustav Mauthe, Opladen, und Kurt Eitel, Leverkusen), **Zurichten von Leder mit wässrigen Emulsionen von Mischpolymerisaten aus Butadien und Acrylnitril.** Es werden solche Mischpolymerisate bei der Grundierung eingesetzt, die durch Kettenabbrecher im Molgew. so niedrig eingestellt sind, daß sie bei Raum-Temp. eine ölige Konsistenz aufweisen. Man erhält so Leder von einem feinen Narbenbruch. Ggf. können die Mischpolymerisate auch eine dritte Komponente, z. B. Styrol, Methacrylester, asymm. Dichloräthan, einpolymerisiert enthalten. (**Schwz. P. 338 546** vom 30/12. 1954, ausg. 15/7. 1959. **A. P. 2 887 410** vom 21/1. 1955, ausg. 19/5. 1959. Beide D. Prior. 21/1. 1954.) P. KRUG. 8339

Lucille V. Singleton & Sons, Blanco, Tex., übert. von: John W. Cunningham, San Antonio, Robert S. Singleton, Blanco, Tex., und George W. Singleton, Greenville, S.C., V.St.A., **Harzimprägniertes Leder,** bes. für Zwecke der Textilindustrie, mit erhöhter Zähigkeit u. Reibfestigkeit bei unverminderter Ölaufnahmefähigkeit. Als Imprägniermittel verwendet man eine wss. Dispersion eines thermoplast. Kunstharzes wie Polyvinylchlorid, zweckmäßig plastifiziert mit synthet. Kautschuk (Butadien–Acrylnitril-Polymerisat), Acrylsäure-, Butadienstyrol, Vinylbutyral oder Styrolpolymerisat in solcher Menge, daß im Leder nach dem Abpressen des Überschusses 1—10 (%), bes. 2—6, des Harzes verbleiben. Dann trocknet man das zuvor fixierte Leder langsam in einer Atmosphäre abnehmender Feuchtigkeit, schmilzt das Harz durch Erwärmen u. walzt das noch warme Leder. (**A. P. 2 885 300** vom 22/10. 1952, ausg. 5/5. 1959.) E. LINDEMANN. 8341

Farbenfabriken Bayer Akt.-Ges., Deutschland (Erfinder: **Ernst Komarek** und **Gustav Mauthe**), *Herstellung von Gerbstoffen.* (**F. P. 1 159 827** vom 20/9. 1956, ausg. 2/7. 1958. D. Prior. 21/9. 1955. — C. **1959.** 8762 [Oe. P. 197 522].)

Dow Corning Corp. (Erfinder: **John W. Gilkey**), Midland, Mich., V.St.A., *Organisches Siliciumpräparat mit einer β-Dicarbonyl-Zirkoniumverbindung.* (**Jap. A. S. 646/1960** vom 13/9. 1957, ausg. 30/1. 1960. A. Prior. 23/1. 1957. — C. **1961.** 15629 [Aust. P. 221 998].)

E. I. du Pont de Nemours & Co., V. St. A., *Lederartiges Material.* (**F. P. 1 162 548** vom 12/8. 1955, ausg. 15/9. 1958. — C. **1958.** 7937 [E. P. 783 020].)

XXIV. Photographie

Agfa Akt.-Ges., Leverkusen, **Abwandlung von Proteinen für photographische Zwecke.** Gelatine oder andere Proteine werden durch Rk. mit N-Arylvinylsulfonamiden hinsichtlich ihrer Verwendbarkeit in der Photographie verbessert. Die Sulfonamide haben die Formel $CH_2{=}CH{-}SO_2NR^1R^2$ (in der R^1 = ggf. substituiertes einwertiges Aryl; R^2 = H, Alkyl mit 1—4 C-Atomen oder Acyl ist). Die Vinylgruppe reagiert mit einer freien Aminogruppe des Proteins. — 1 kg Gelatine wird mit 10 Liter W. gequollen, dann 50 g Vinylsulfonsäureanilid, gelöst in verd. NaOH, zugegeben, das pH auf 9 eingestellt, auf 45° erhitzt, 2 Std. gerührt u. neutralisiert. Das getrocknete Gel ist in W. bei pH 1—2 u. 5—11 löslich. (**E. P. 861 414** vom 4/12. 1959, ausg. 22/2. 1961. D. Prior. 6/12. 1958.) A. DANDL. 8603

Eastman Kodak Co., übert. von: Donald M. Burness, Rochester, N.Y., V.St.A., **Härtung von Gelatineschichten.** Den schichtbildenden Lsgg. von Gelatine (I) werden unmittelbar vor ihrem Vergießen 0,5—5,0% (bezogen auf das Gew. von I) einer Verb. zugesetzt, die mindestens 2 Aziridingruppen enthält, die durch Sulfonylgruppen miteinander verbunden sind u. die allg. Formel II besitzen. Hierbei sind die X H-Atome oder Alkylgruppen, C_6H_4 ist ein o- oder m-Phenylenrest u. n = 1—4. Herst. z. B. durch Mischen von Äthylenimin, Triäthylamin u. Propan-1.3-disulfonylchlorid in einer eisgekühlten Bzl.-Lsg. u. Abfiltrieren des als Nebenprod. entstandenen Triäthylaminhydrochlorids, Endprod.: *1.3-Bis-[aziridinosulfonyl]-propan*, farblose Kristalle, F. 72 bis 73°; in analoger Weise wird hergestellt: *1-[Aziridinocarbonyl]-3-[1-aziridinosulfonyl]-benzol*, farblose Kristalle, F. 107°. (**A. P. 2 964 404** vom 26/7. 1957, ausg. 13/12. 1960.)

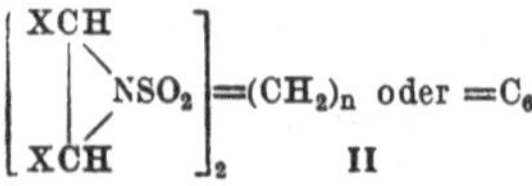

II

A. KALIX. 8603

Kodak-Pathé, Frankreich (Erfinder: William Jacob Knot, Charles Vernon Wilson, Burt H. Carroll, H.-S. Elins, James L. Graham, John Sagal jun. und Dorothy J. Beavers), **Netzmittel für das Vergießen von Halogensilber-Emulsionen** sind Urethan-Derivv. der allg. Formel $RX[{-}CO{-}NH{-}CH(Y){-}(CH_2)_m{-}COOM]_n$. Hierin ist m = 0, 1 oder 2, n = 1 oder 2, wenn x 2wertig ist, x = —O—, —CONH—CH_2—CH_2O— oder —CON=(CH_2—CH_2O—$)_2$ oder — falls n = 2 ist — eine —O—$(CH_2CH_2O)_p$-Gruppe, in der p = 1—10 ist. Y ist ein H-Atom, eine Alkylgruppe mit 1—5 C-Atomen oder eine der Gruppen —COOM, —CH_2COOM u. —CH_2CH_2COOM, in der M = Na, K oder Li ist oder eine NH_4-Gruppe darstellt, in der ggf. ein oder mehrere H-Atome durch (gleiche oder verschiedene) niedrigmol. Alkyl- oder Hydroxyalkylgruppen substituiert sind. R ist eine Alkyl- oder Alkylengruppe mit 8—18 C-Atomen oder eine Aralkylgruppe mit 12 C-Atomen im Alkylrest, oder eine Arylgruppe. Darst. z. B. durch Rk. des entsprechenden Alkohols mit einem Isocyansäureester u. selektive Hydrolyse des Rk.-Prod. mit einem Alkalihydroxid. — Beispiele: N-(Carbo-p-tert.-octylphenoxypentaäthoxy)-glutamat u.-aspartat (Di-Na-Salze), N-(Carbo-p-tert.-octylphenoxypolyäthoxy)-aspartat, N-Carbooleyloxyaspartat u. -glykokollat (Na-Salze), N-Carbo-β-oleylamidoäthoxyaspartat, 3.11-Diaza-4.10-dioxo-5.9-dioxa-7-methyl-7-lauroylamino-1.13-tridecandionsäure, $C_{11}H_{23}\cdot CONH\cdot C(CH_3)\cdot(CH_2\cdot OCONHCH_2\cdot COOH)_2$, N-Carbolauroxypentaäthoxyglutaminsäure, $C_{12}H_{25}O(CH_2CH_2O)_5\cdot CONH\cdot CH(COOH){-}CH_2\cdot CH_2\cdot COOH$, 3.8.13-Triaza-4.12-dioxo-5.11-dioxa-8-lauroylpentadecan-1.15-dionsäure, $C_{11}H_{23}\cdot CON(CH_2CH_2OCONHCH_2COOH)_2$. — Dosierung: 0,0001—0,05 (Teile) auf 1 Teil der verwendeten Gelatine im Trockengewicht. (**F. P. 1 205 155** vom 29/7. 1957, ausg. 1/2. 1960. A. Prior. 30/7. u. 10/12. 1956.) A. KALIX. 8603

Soc. Ferrania, Italien, **Härtemittel für Proteinschichten, besonders für photographische Zwecke.** Den Schichten werden Verbb. zugesetzt, die an ein u. demselben N-Atom mindestens 2 Gruppen der allg. Formel $CH_3\cdot SO_2\cdot O\cdot X{-}$ enthalten. Hierin bedeutet X eine oder mehrere —CH_2-Gruppen. Bevorzugt verwendet werden: Tri-(methylsulfonoxymethyl)-methylamin u. N.N-Di-(methylsulfonoxyäthyl)-methylamin, u. zwar in Mengen von ca. 2 g auf 1 kg gießfertiger Gelatine-Lsg. mit einem pH-Wert von 6,6. (**F. P. 1 196 359** vom 23/5. 1958, ausg. 24/11. 1959. It. Prior. 25/5. 1957.) A. KALIX. 8603

Eastman Kodak Co., Rochester, übert. von: Leslie G. S. Brooker und Lewis L. Lincoln, Rochester, N.Y., V.St.A., **Arylbenzthiazoline** der allg. Formel I (R = Alkyl-, Hydroxyalkyl- oder Aralkylrest; R_1 u. R_2 = ggf. substituierter Arylrest) werden erhalten durch Rk. entsprechender Benzthiazolium-Verbb. mit Verbb. der allg. Formel $R_2{-}CO{-}X_1$ (R_2 = wie vorst.; X_1 = Halogenatom) in Ggw. von säurebindenden Mitteln, z. B. Pyridin, Picolin oder Chinolin. — Zu einer eisgekühlten Lsg. von 16,3 (g) 2.3-Dimethyl-5-phenylbenzthiazolium-p-toluolsulfonat (II) in 300 ml Pyridin läßt man unter Rühren 5,5 Benzoylchlorid zutropfen. Nach 15 Min. wird dann das Gemisch 1½ Std. auf dem Dampfbad erhitzt u. das Pyridin im Va-

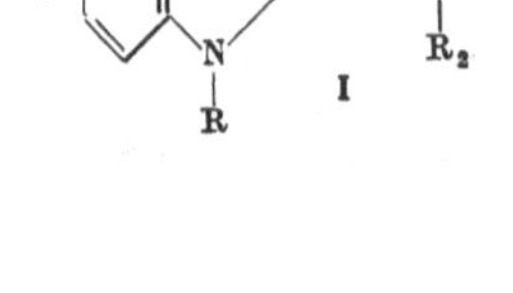

I

kuum entfernt. Der Rückstand wird in 2 Liter W. gegossen. Nach Stehen über Nacht wird das W. dekantiert, der Rückstand mit 50 ml CH_3OH bis zur Kristallisation verrührt u. das krist. Prod. abgetrennt → *2-Benzoylmethylen-3-methyl-5-phenylbenzthiazolin* (III), aus CH_3OH, F. 225—226° (Zers.). — Analog werden folgende *2-Benzoylmethylenbenzthiazoline* erhalten: *3-Äthyl-5-phenyl-*, aus CH_3OH, F. 153—154° (Zers.). — *3-Methyl-4-phenyl-*, F. 186—187° (Zers.). — *3-Methyl-6-phenyl-*, F. 223—224° (Zers.). — *3-Äthyl-6-phenyl-*, F. 193—194°. — Die **I** stellen Zwischenprodd. zur *Herst. von Carbocyaninfarbstoffen* dar, die als *Sensibilisatoren für photograph. Emulsionen* verwendet werden. — Zum Beispiel wird **III** nach Behandlung mit $POCl_3$ mit **II** zu 3.3'-Dimethyl-5.5'.9-triphenylthiacarbocyanin-p-toluolsulfonat, F. 272—273°, umgesetzt. Analog wird 3-Äthyl-3'-methyl- [F. 283—284° (Zers.)] bzw. 3.3'-Diäthyl-5.5'.9-triphenylthiacarbocyanin-p-toluolsulfonat vom F. 290—291° (Zers.) erhalten. (**A. P. 2 763 646** vom 29/3. 1954, ausg. 18/9. 1956.) H. BRÄUCKER. 8605

Gevaert Photo-Producten N. V., Mortsel bei Antwerpen, Belgien, **Sensibilisatoren** bilden Dimethincyanine der allg. Formel **I**. Hierin sind D_1 u. D_2 gleich oder verschieden u. stellen die zur Bldg. von in Cyaninfarbstoffen üblichen Heterocyclen nötigen Atome dar; R_1 u. R_2 sind gleiche oder verschiedene Alkyl-, Aryl-, Aralkyl- oder Arylengruppen; P u. Q sind (gleiche oder verschiedene) elektronegative Gruppen, die einen Ketomethylenring bilden,

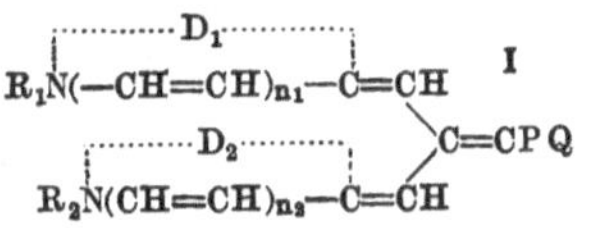

I

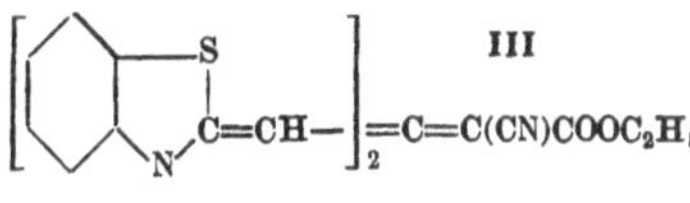

III

n = 0 oder 1. Die gleiche sensibilisierende Wrkg. besitzen die davon abgeleiteten Mero- u. Rhodacyanine. Herst. durch Kondens. von Verbb., die eine reaktionsfähige CH_2-Gruppe enthalten, mit quatern. Trimethincyaninen, die in meso-Stellung zur Ketengruppe eine Thio- oder Selenoäthergruppe enthalten (Rk.-Schema). — Beispiele: Rk.-Prod. aus Cyanessigester u. Di-[2-(3-methylbenzthiazol)]-β-methylmercapto-trimethincyaninmethylsulfat (**II**), von der wahrscheinlichen Formel **III**. Sensibilisierungsmaximum (SM) für AgBr: 540 mμ; Kondens.-Prod. aus **II** u. 1-Phenyl-3-methyl-5-pyrazolon, SM für AgBr/Cl: 590 mμ; Kondens.-Prod. aus **II** u. N-Äthylrhodanin (**III**), SM für AgBr/J: 595 mμ; Kondens.-Prod. aus **III** u. [2-(3-Methylbenzthiazol)]-[2-(3-methyl-α-naphthothiazol)]-β-methylmercapto-trimethincyanin)-methylsulfat (**IV**), SM für AgBr: 600 mμ; das Rk.-Prod. aus **II** u. **III** wird mit Methylsulfat behandelt u. der entstehende Farbstoff mit 2-Methyl-α-naphthothiazolätho-p-toluolsulfonat kondensiert (**V**), SM für AgBr/J: 660 mμ; **IV** wird erst mit Dimethylsulfat, dann mit 2-Methyl-4,5-diphenylthiazol-äthojodid umgesetzt, SM für AgBr/J: 645 mμ; **V** wird mit 2-(β-methoxy-β-methylvinyl)-benzthiazol-äthomethylsulfat umgesetzt, SM für AgBr/Cl 695 mμ; Rk.-Prod. aus **V** u. 3-Äthyl-5-äthylidenrhodanin, SM für AgCl: 645 mμ; (wahrscheinliche Strukturformeln aller Verbb. im Original). Dosierung: 15—20 mg Farbstoff auf 1 kg gießfertige Emulsion. (**Belg. P. 521 309** vom 0/7. 1953, ausg. 2/9. 1955.)
A. KALIX. 8605

Gevaert Photo-Producten N. V., Mortsel (Erfinder: Albert Emiel van Hoof, Benhem, Rene Maurice Hart und Jozef Frans Willems, Wilrijk), Antwerpen, Belgien, **Silberkomplexdiffusionsübertragungsverfahren.** Dem Bildempfangsmaterial werden in W. lösl. bas. Polymerisate, zugesetzt, die in der Seitenkette Heterokerne tragen, die ein quatern. N-Atom enthalten (*Poly-[1-methyl-2-vinylpyridiniumjodid]*, *Poly-[1-methyl-4-vinylpyridiniummethylsulfat]*, *Poly-[1-vinyl-3-methylimidazoliumjodid]*). Gleichzeitig kann Harnstoff zugegen sein, ggf. auch in der Emulsionsschicht. Hierdurch kann eine größere Anzahl gut gedeckter Abzüge hergestellt werden. (**D. A. S. 1 118 007** Kl. 57b vom 23/9. 1960, ausg. 23/11. 1961. Holl. Prior. 24/9. 1959.) E. FUCHS. 8625

General Dynamics Corp., San Diego, Calif., übert. von: Edward F. Mayer, Cleveland, Ohio, V.St.A., **Entwicklung von latenten elektrostatischen Bildern.** Die Entw. wird mit einer Suspension durchgeführt, die aus folgenden Komponenten besteht: eine Fl. (**I**) mit einem spezif. Widerstand von mindestens 10^9 Ω/cm, einem dunkelgefärbten Pigment (**II**) mit einer Korngröße bis zu 10, einem feinverteilten Zusatz (**III**), der die Zusammenballung von **II**-Teilchen in **I** verhindert. Beispiele für **I**: CCl_4, Bzl., Toluol, Kerosin u. andere KW-Stoffe mit einem Kp. von 70—200°; Beispiele für **II**: Holzkohle aus Hartholz, Dosierung: bis 25, bes. 15% vom Gesamt-Gew. der Suspension; Beispiel für **III**: Silica-Aerogel mit einer Korngröße von 2 μ u. einem Anteil bis zu 20% der Suspension. Diese wird auf die Bildfläche aufgesprüht oder mit einer Anspülwalze aufgetragen. (**A. P. 2 877 133** vom 22/10. 1956, ausg. 10/3. 1959.) A. KALIX. 8625

Haloid Xerox, Inc., New York, übert. von: Michael A. Insalaco, Rochester, N.Y., V.St.A., **Entwickler für latente elektrostatische Bilder.** Die Harzkomponente hat einen Anteil von Polybutylmethacrylat bis zu 25%, der Rest besteht aus einem Mischpolymerisat von Styrol oder einem Styrolhomologen der allg. Formel I. Hierbei ist R ein H-Atom oder eine niedrigmol. Alkylgruppe. Das Harzgemisch enthält außerdem 5–10% eines N-haltigen Pigments, bes. Nigrosin, Iosolschwarz oder Luxal Fast Blue. (**A. P. 2 892 794** vom 3/1. 1955, ausg. 30/6. 1959.) A. KALIX. 8625

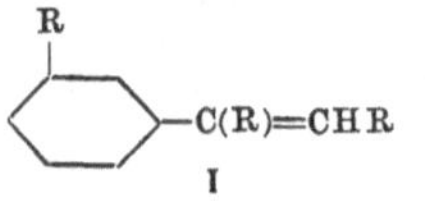

I

Haloid Xerox, Inc., New York, übert. von: Richard E. Hayford, Pittsford, N.Y., V.St.A., **Entwicklung von latenten elektrostatischen Bildern.** Als Entwicklerpigment wird Holzkohle mit einer Korngröße von 0,1–20 μ benutzt, die in einer N_2-Atmosphäre innerhalb von $1^1/_2$ Std. auf 1000° F erhitzt worden ist. Nach der Abkühlung u. Umwandlung in ein Aerosol wird dieses durch eine enge Messingdüse auf die belichtete Fläche geleitet. (**A. P. 2 899 331** vom 25/1. 1955, ausg. 11/8. 1959.) A. KALIX. 8625

Kodak-Pathé, Frankreich (Erfinder: Fred Carlin McCrossen, Paul Wendell Vittum und Arnold Weissberger), **Farbkuppler für Gelb** bilden Verbb. der allg. Formel I. Hierin ist R eine Alkylgruppe mit 1–20 u. R^1 eine solche mit 1–4 C-Atomen. Beispiele: α-{3-[α-(2.4-Di-n-amylphenoxy)-butyramido]-benzoyl}-2-methoxyacetanilid (I; R = CH_3 u. R' = C_2H_5) F. 80°, u. die isomere Form α-{3-[α-(2.4-Di-tert.-amylphenoxy)-butyramido]-benzoyl}-2-methoxyacetanilid, F. 105°. Herst. z. B. durch Kondens. von α-(3-Aminobenzoyl)-2-methoxyacetanilid u. α-(2.4-Di-tert.-amylphenoxy)-butyrylchlorid. (**F. P. 71 153** vom 30/3. 1957, ausg. 13/10. 1959. A. Prior. 30/3. 1956. **Zusatz zu F. P. 1 152 880; C. 1959. 16866.**) A. KALIX. 8631

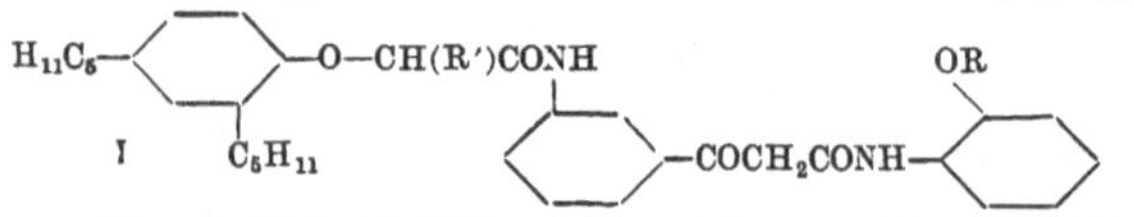

I

International Polaroid Corp., Jersey, N.J. (Erfinder: Milton Green, Newton Highlands, und Howard Gardner Rogers, Weston, Mass.), V.St.A., **Herstellung ein- und mehrfarbiger Bilder nach dem Farbstoffentwicklungsverfahren unter Verwendung von Halogensilberemulsionsschichten.** Die belichtete Emulsion wird bes. zur Herst. von Übertragungsbildern auf Bildempfangsschichten mit einer Lsg. entwickelt, die eine Farbstoffentwicklersubstanz der allg. Formeln enthält: $Y-S-R-Ar(Z^1)_n-N=N-X^1(-N=N-X^2)_m$ oder $Y-S-Ar(Z^2)_n-N=N-X^1(-N=N-X^2)_m$. Hierin ist X^2 der Rest eines Farbkupplerbestandteils, ein $[Y-S-R-Ar(Z^1)_n-]$-Rest oder $[Y-S-Ar(Z^2)_n-]$-Rest, Y eine (ggf. durch Alkyl oder Halogen substituierte) 2.5-Dihydroxyphenylgruppe oder R eine Alkylengruppe, jedes Z^1 Alkyl oder Halogen, jedes Z^2 Alkyl, Alkoxy oder Halogen, n = 0, 1, 2, Ar = Aryl, m = 0 oder 1 u. X^1 der Rest eines Kupplerbestandteils: *2-[p-(2'.5'-Dihydroxyphenylmercapto-äthyl)-phenylazo]-4-methoxynaphthol-(1)*; *1-Phenyl-3-methyl-4-[p-(2'.5'-dihydroxyphenyl-mercapto)-phenylazo]-pyrazolon-(5)*; *2-[p-(2'.5'-Dihydroxyphenylmercapto)-phenylazo]-4-meth xynaphthol-(1)*. Der Entwickler-Lsg. kann noch eine beschleunigende Entwicklersubstanz [Pyrazolidon-(3) oder bes. 1-Phenylpyrazolidon-(3)] zugemischt werden. (**D. A. S. 1 114 706** Kl. 57b vom 20/5. 1958, ausg. 5/10. 1961. A. Prior. 6/6. 1957.) E. FUCHS. 8631

International Polaroid Corp., V.St.A. (Erfinder: Milton Green und Howard Gardner Rogers), **Farbentwickler für die Herstellung von Mehrfarbenbildern nach dem Diffusionsverfahren.** Die bildmäßig belichtete Schicht wird mit einer Lsg. entwickelt, die eine Verb. I der allg. Formel $Y-S-Ar(Z')_n-N=N-X'(-N=N-X'')_m$ oder $Y-S-Ar(Z'')_n-N=N-X'(-N=N-X'')_m$ enthält. Hierbei ist X' der Rest einer kupplungsfähigen Verb., X'' ein ebensolcher Rest oder $[Y-S-R-Ar(Z')_n-]$ oder $[Y-S-Ar(Z'')-]$, Y ist eine (ggf. durch Alkylreste oder Halogenatome substituierte) 2.5-Dihydroxyphenylgruppe, R ist eine Alkylengruppe mit höchstens 5, bes. 2 C-Atomen, Ar ist ein Benzol- oder Naphthalinrest, Z' ist eine niedrigmol. Alkylgruppe oder ein Halogenatom, Z'' = Z' oder eine Alkoxygruppe, n = 0, 1 oder 2, m = 0 oder 1. Bevorzugt verwendet werden I, in denen Ar = C_6H_3 u. m = 0 ist u. X' u. X'' aromat. Verbb. sind, die eine OH- oder NH_2-Gruppe enthalten u. in o- oder p-Stellung dazu unsubstituiert sind. Ferner können X' u. X'' darstellen: aromat. Heterocyclen mit OH- oder NH_2-Gruppen; aliphat. oder alicycl. Methylengruppen, die durch benachbarte CO-, CN-, Aldehyd- oder Estergruppen reaktionsfähig gemacht sind, oder Substitutions-Prodd. der genannten Verbb., z. B. Aryl-, Alkyl-, Alkoxy-, Aryloxy-, Sulfo-, Sulfonamido-, Amino-, Alkylamino-, Arylamino-, Carboxamido-, Carbalkoxy-, CO-, CN-, OH- oder NH_2-Derivate. Herst. durch Diazotierung von

Verbb. der allg. Formeln $(Z')_n{-}Ar(NH)_2{-}R{-}S{-}Y'$ oder $(Z'')_n{-}Ar(NH_2)S{-}Y'$ u. Kupplung mit X oder X''. Anschließend wird Y', das einen Bis-Acylrest von Y darstellt, hydrolysiert, wobei die entsprechende Dihydroxyphenyl-Verb. entsteht. — Beispiele: p-Aminophenäthylmercaptohydrochinon, F. 121—123°; 1-Phenyl-3-methyl-4-[p-(2'.5'-dihydroxyphenylmercaptoäthyl)-phenylazo]-pyrazolon-(5), F. 100—105°; 2-[p-(4'-Methyl-2'.5'-dihydroxyphenylmercaptoäthyl)-phenylazo]-4-methoxynaphthol-(1); 2-[p-(2'.5'-Dihydroxyphenylmercaptoäthyl)-phenylazo]-4-methoxynaphthol-(1), F. 165—170°; 1-Phenyl-3-methyl-4-[p-(2'.5'-dihydroxyphenylmercapto)-phenylazo]-pyrazolon-(5), F. 202 bis 204°; 1-Phenyl-3-methyl-4-[p-(2'.5'-dihydroxyphenylmercapto)-phenylazo]-pyrazolon-(5); 2-(α-Cyan-α-(p-[2'.5'-dihydroxyphenylmercapto]-phenylazo)-acetylnaphthalin. Die **I** sind stark gefärbt, durch entsprechende Auswahl u. Verteilung in einem Mehrschichtmaterial kann während oder nach seiner Entw. ein Mehrfarbenpositiv durch Diffusion auf eine andere Unterlage übertragen werden, da die bei der Entw. entstehenden Oxydations-Prodd. der **I** am Ag diffusionsfest gebunden werden u. nur die unveränderten Reste von **I** überdiffundieren können. Dabei können Farbton u. Intensität durch Variation der Einw.-Zeit, der Temp., des pH-Wertes, durch Anwendung von Beizen u. andere Mittel weitgehend variiert werden. (**F. P. 1 209 979** vom 5/6. 1958, ausg. 4/3. 1960. A. Prior. 6/6. 1957.) A. KALIX. 8631

Ilford Ltd., Ilford, England (Erfinder: Leslie Frederick Alfred Mason), **Farbentwicklung.** Zur streng selektiven Farbentw. einer einzelnen belichteten Schicht eines Mehrschichtmaterials, die einer oder mehreren unbelichteten Schichten benachbart ist, verwendet man einen der üblichen Farbentwickler (**I**) mit einem Zusatz eines 3-Pyrazolidons in Mengen bis zu 0,5 g, bes. 0,1—0,2 g im Liter. Bes. wirksam ist 1-Phenylpyrazolidon-(3) in einem **I**, der ein N.N-Dialkyl-p-phenylendiamin oder 2-Amino-5-diäthylaminotoluol enthält u. einen pH-Wert von 10,5—12,5 besitzt. (**E. P. 811 185** vom 3/10. 1956, ausg. 2/4. 1959.) A. KALIX. 8631

Imperial Chemical Industries Ltd., London, England (Erfinder: James Rankine), **Mehrschichtmaterial für die Mehrfarbentwicklung.** Die dem Träger am nächsten liegende Halogensilberschicht ist in 2 Schichten aufgeteilt, die die gleichen spektralen, jedoch verschiedene Allgemeinempfindlichkeiten aufweisen, wobei die dem Träger am nächsten liegende Schicht die höhere Empfindlichkeit besitzt. Beide Teilschichten enthalten den gleichen Farbkuppler (**I**) oder verschiedene (diffusionsfeste) Farbkuppler, die annähernd gleiche Bildfarbstoffe ergeben. Diese Schichtanordnung soll die schwächere Belichtung ausgleichen, die die unterste Schicht eines Mehrschichtmaterials durch die Lichtabsorption in den darüberliegenden (Halogensilber- u. Hilfs-) Schichten erfährt. Anordnung u. Sensibilisierung der übrigen Schichten wie üblich. (**E. P. 818 687** vom 16/1. 1957, ausg. 19/8. 1959.) A. KALIX. 8631

Kodak Ltd., London, England (Erfinder: George Feniak, Warren Addison Reckhow und Anthony Loria), **Farbkuppler für die farbige Entwicklung.** Man verwendet 1-Phenyl-3-alkyl-5-pyrazolone mit mindestens 2 Halogensubstituenten am Phenylrest u. 11—17 C-Atomen im Alkylrest. 1-(2.4.5-Trichlorphenyl)-3-heptadecyl-5-pyrazolon u. 1-(2.4-Dichlorphenyl)-3-pentadecyl-5-pyrazolon. Die hiermit erhaltenen Farbstoffe besitzen ein schwächeres 2. Absorptionsmaximum. Die Kuppler selbst sind beständiger gegen Licht u. Wärme. (**E. P. 868 937** vom 4/9. 1957, ausg. 25/5. 1961. A. Prior. 6/9. 1956.) E. FUCHS. 8631

General Aniline & Film Corp., New York (Erfinder: Carl Emil Johnson, Binghamton), N.Y., V.St.A., **Entfernung des Silbers aus entwickelten Farbfilmen und Bleichbad für die Verarbeitung von Farbfilmen.** Das Ag wird mit einem Bleichbad entfernt, das neben den üblichen Oxydationsmitteln, wie Alkaliferricyanid, Äthylenglykolmono-n-hexyläther (n-Hexoxyäthanol), enthält: 50 g K-Ferricyanid, 5 g K-Ferrocyanid, 15 g NaBr, 11 g Na_2HPO_4, 8 g Citronensäure, 10 g $B(OH)_3$, 5 g n-Hexoxyäthanol u. W. aufgefüllt auf 1 Liter. (**D. A. S. 1 105 719** Kl. 57b vom 14/4. 1960, ausg. 27/4. 1961. A. Prior. 23/4. 1959.) E. FUCHS. 8631

E. I. du Pont de Nemours & Co., übert. von: Arthur Livingston Barney, Wilmington, Del., V.St.A., **Herstellen von Druckreliefs** aus einem photopolymerisierbarem Material, das 0,01—10% eines Polymerisationsinitiators, z. B. Polyalkylenäthers, 10—60% einer additionspolymerisierbaren Verb. mit einer Vielzahl von endständigen Äthylengruppen, z. B. 2.4-Tolylendiisocyanat, 4-Chlor-1.3-phenylendiisocyanat in Tetrahydrofuran-Lsg., u. ein lineares Polyalkylenäther-Polyurethan-Polymerisat enthält. (**A. P. 2 948 611** vom 30/10. 1957, ausg. 9/8. 1960.) K. KITTLER. 8645

Agfa Akt.-Ges., Leverkusen (Erfinder: Wolfgang Lässig, Köln, und Eberhard Günther, Leverkusen), **Herstellung von seitenrichtigen Flachdruckformen auf photographischem Wege nach dem Silbersalzdiffusionsverfahren.** Man bringt eine belichtete Halogensilberemulsionsschicht in Ggw. eines Halogensilber-Lsgm. mit einer von Entw.-Keimen freien Positivschicht in Kontakt, entwickelt u. setzt das in die Positivschicht überdiffundierte Halogensilber mit organ. Verbb. um, die SH-Gruppen enthalten u. mit Ag-Ionen schwerlösl. salzartige oder Komplex-Verbb. bilden, die fette Druckfarbe annehmen, z. B. der allg. Formel $R_1-S-C\langle^{Y}_{Z}\rangle-R$, worin Z u. Y wahlweise eines der Heteroatome O, N, S, Se, die entweder in offener Anordnung oder als Ringglieder eines Heterocyclus vorliegen, R einen langkettigen, geraden oder verzweigten, gesätt. oder ungesätt. KW-Stoff-Rest mit mindestens 12 C-Atomen, der entweder an einem der beiden Atome Y u. Z direkt oder mittels weiterer verbindender Gruppen bzw. an einem der Ringglieder des Heterocyclus gebunden ist, $R_1 = H$ oder CH_3 bedeutet. (**D. A. S. 1 116 536** Kl. 57d vom 7/11. 1958, ausg. 2/11. 1961.) C. KITTLER. 8645

Gestetner Ltd. (Erfinder: Armand de Waele und John Henry Croker), London, England, **Kopierschicht aus Epoxydharzen für Flachdruckplatten,** dad. gek., daß die einen Katalysator für die *Photopolymerisation*, z. B. MICHLERS Keton, enthaltende lichtempfindliche Substanz ein Veresterungs-Prod. eines Epoxydharzes mit einer ungesätt. aliphat. Monocarbonsäure, deren CO-Gruppe unmittelbar einer —CH=-Gruppe benachbart ist, oder mit einer cycloaliphat., aromat. oder heterocycl. Monocarbonsäure darstellt, die eine ungesätt. Seitenkette enthalten. Als Polymerisationsinhibitor wird z. B. Hydrochinon verwendet. (**D. A. S. 1 104 339** Kl. 57d vom 8/5. 1956, ausg. 6/4. 1961. A. Prior. 9/5. 1955.) K. KITTLER. 8645

Polychrome Corp., New York, N.Y., V.St.A., **Mit Diazoverbindungen sensibilisierte Flachdruckplatten.** Eine Platte aus Al, Zn, Mg, Cr, Cu oder Stahl wird zuerst mechan., z. B. mit einem Sandstrahlgebläse oder mit Drahtbürsten, gekörnt, dann in einem Säurebad abgebeizt u. schließlich eine 85° warme Na-Silicat-Lsg. aufgetragen. Durch Behandlung mit einer ca. 5%ig. Lsg. eines Erdalkalinitrats wird eine Erdalkalischicht erzeugt; diese beiden Verf.-Stufen können wiederholt werden. Schließlich wird eine Diazo- oder Diazosulfonatschicht aufgetragen. — An Stelle der mechan. Körnung kann auch eine „Mikroätzung" der Platte angewandt u. im übrigen wie oben gearbeitet werden. Zur Ätzung wird vorzugsweise eine 8,5%ig. Lsg. von H_3PO_4 bei 85° verwendet. — Vgl. A. P. 2 882 154; C. **1960.** 9071. (**E. PP. 764 442** u. **764 443** vom 21/1. 1955, ausg. 28/12. 1956. A. Prior. 3/5. u. 4/2. 1954.) A. KALIX. 8645

Art Color Printing Co., New York, N.Y., und Dunellen, N.J., übert. von: John G. Consaul, Bayonne, und Edwin Velten, Gladstone, N.J., V.St.A., **Herstellung von Tiefdruckformen.** Von einem ungerasterten Halbtonnegativ des zu reproduzierenden Originals wird ein Halbtonpositiv hergestellt, dieses durch ein übliches Halbtonraster u. gleichzeitig durch ein Hilfsraster, dessen undurchsichtige Fläche viele runde Öffnungen besitzt, die in 2 rechtwinklig sich kreuzenden geraden Linien angeordnet sind u. sich mit den Mittelpunkten der Flächen des Halbtonrasters decken, auf ein Pigmentpapier kopiert. Dann wird das Halbtonpositiv ohne die erwähnten Raster ebenfalls auf das Pigmentpapier kopiert. Nach Übertragen der Kopie auf die Druckfläche wird entwickelt u. geätzt. (**A. P. 2 914 406** vom 26/7. 1955, ausg. 24/11. 1959.) K. KITTLER. 8645

Oxford Paper Co., New York, N.Y., V.St.A., **Papier für Flachdruckfolien.** Das Papier erhält einen Vorstrich, der ein anorgan. Pigment u. ein Gemisch aus Cellulose, einem Cellulose-Deriv. (I) mit freien OH-Gruppen, Stärke oder einem Stärke-Deriv. einerseits u. einem Formaldehyd–Harnstoff–Dihalogenalkan (II)–Polyäthylenpolyamin (III)-Rk.-Prod. andererseits enthält. Das **II** soll aus Cl oder Br u. 2—3 C-Atomen bestehen, **III** soll ein Molgew. >146 besitzen, das Mengenverhältnis von **II**:**III** soll 0,7:1, höchstens 1,6:1 betragen; **III** ist vorzugsweise Triäthylentetramin-I-Carboxymethylcellulose. Das Gemisch wird als wss. Dispersion mit 12—40% Feststoffen aufgetragen u. nach dem Trocknen bei 280° gehärtet. Die daraus gebildete Schicht ist in gleicher Weise für W. u. fette Druckfarben annahmefähig u. tont nicht bei Auflagen von mehr als 1000 Drucken. (**E. P. 821 375** vom 6/5. 1957, ausg. 7/10. 1959. A. Prior. 18/9. 1956.) A. KALIX. 8645

Arthur Ernest Field, London, England, **Photographische Aufnahmen für Reproduktionszwecke.** Von einer Halbtonvorlage wird zunächst eine Rasteraufnahme mit einer normalen Lochblende gemacht u. dann auf die gleiche lichtempfindliche Schicht (I) zusätzlich noch eine solche mit einer Formblende, z. B. mit kreuzförmiger Öffnung oder von einem Typ wie aus dem E. P. 563 028 bekannt. Als **I** wird hierzu vorzugsweise eine solche benutzt, die den lichtempfindlichen Stoff in Form eines Rasters aufgetragen enthält. (**E. P. 824 769** vom 2/7. 1955, ausg. 2/12. 1959.) A. KALIX. 8645

Tintoria Comense S. p. A., Como, Italien, **Photomechanische Herstellung von zylindrischen Siebdruckschablonen.** Ein für die Herst. von Siebdruckschablonen geeignetes Textilmaterial wird schlauchförmig gewebt u. über einen seinem Durchmesser entsprechenden zylindr. Hilfsträger (I) gezogen. Auf diesem wird es nach bekannten Verff. sensibilisiert, unter der zu druckenden Vorlage belichtet u. entwickelt, dann von I wieder abgezogen u. auf den eigentlichen Druckzylinder aufgezogen. I kann aus einer Metallröhre bestehen oder aus einem Kautschukschlauch, der bis zum gewünschten Durchmesser aufgeblasen wird. (**Belg. P. 521 208** vom 4/7. 1953, ausg. 19/8. 1955. It. Prior. 19/7. 1952.) A. KALIX. 8645

Kalle Akt.-Ges. (Erfinder: Heinz Schlesinger), Wiesbaden, **Lichtleitfähiges Material.** Das Material enthält eine Schicht, die ganz oder teilweise aus *Acylhydrazonen* der allg. Formel $R_1-CO-NH-N=CR_2R_3$ besteht. Hierbei ist R_1 ein H-Atom, eine Alkyl-, Aralkyl oder ggf. substituierte Arylgruppe oder ein heterocycl. Rest, R_2 ist eine Aralkyl-, eine ggf. substituierte Arylgruppe oder ein heterocycl. Rest, R_3 ist ein H-Atom, eine Alkyl- oder ggf. substituierte Arylgruppe. Die Schicht kann außerdem organ. Koll. u. opt. Sensibilisatoren enthalten. Herst. durch Rkk. zwischen Carbonsäurehydraziden einerseits u. Verbb. mit reaktionsfähigen CO-Gruppen andererseits, z. B. mit Aldehyden, Chinonen u. Ketonen. Bevorzugte Rk.-Komponenten sind: einerseits: Benz-, Form- u. Pyridin-2-, -3- u. -4-carbonsäurehydrazid, andererseits: 4-Dimethylaminobenzaldehyd, Furfurol, Piperonal u. 9.10-Phenanthrenchinon. — 63 Beispiele u. Strukturformeln. Beispiele für die Zus. von Schichten mit: Dimethylaminobenzylidennicotinsäurehydrazid, -isonicotinsäurehydrazid u. -benzhydrazid, Diäthylaminobenzylidennicotinsäurehydrazid, Methoxybenzylidenbenzhydrazid u. einem Gemisch aus Dimethylaminobenzyliden-2'-tolylhydrazid + 2-Chlor-4-dimethylaminobenzyliden-isonicotinsäurehydrazid u. Furfuryliden-(2)-4'-dimethylaminobenzhydrazid. (**D. A. S. 1 101 145** Kl. 57b vom 19/12. 1958, ausg. 2/3. 1961.) A. KALIX. 8647

A. B. Dick Co., Niles, Ill., übert. von: Joseph E. Frederick, Johnson City, N.Y., V.St.A., **Diazotypieschicht.** Die Schicht enthält in Mengen von 1—28%(bezogen auf das Gew. der lichtempfindlichen Substanz) ein Wachs mit einer Korngröße von 0,1—5 μ u. einem F. >110° F, z. B. Paraffin-, Carnauba-, Bienen-, Ceresin- oder Javawachs. Die Gieß-Lsg. enthält zweckmäßig im Liter nicht mehr als 70 g davon. (**A. P. 2 807 545** vom 18/7. 1952, ausg. 24/9. 1957.) A. KALIX. 8647

Agfa Akt.-Ges. (Erfinder: Erhard Hellmig, Leverkusen, Lothar Burghardt, München, und Alfred Schumacher, Dübendorf, Schweiz), **Retusche von vorzugsweise transparenten Kopiervorlagen.** Die in üblicher Weise zu verwendenden, zur Retusche dienenden, durch chem. Mittel ausbleichbaren Farbstoffe, mit denen die Vorlage gleichmäßig gefärbt wird, sollen in mindestens $^2/_3$ des sichtbaren Spektrums absorbieren. Die Anfärbung soll so erfolgen, daß die minimale Farbdichte in einem der 3 Spektraldrittel höchstens die Hälfte der maximalen Farbdichte u. nicht > 0,5 beträgt. Die ggf. Mattierungsmittel enthaltende Farbschicht besteht z. B. aus Styrylfarbstoffen, die durch Rk. von akt. Methylengruppen enthaltenden Verbb. mit aminogruppenhaltigen aromat. Aldehyden erhalten werden, ggf. in Kombination mit Triphenylmethanfarbstoffen ähnlicher Ausbleichgeschwindigkeit. Die Farbschicht kann auf einer transparenten Retuschierfolie angebracht sein. (**D. A. S. 1 099 354** Kl. 57d vom 17/10. 1957, ausg. 9/2. 1961.) E. FUCHS. 8651

David Kaner, Bererly Hills, und Patrick D. Dignan, Van Nuys, Calif., V.St.A., **Trocknung von photographischen Schichten nach der Naßbehandlung.** Von den Schichten wird zunächst das äußerlich anhaftende W. entfernt, dann werden sie 1 Min. lang in ein Gemisch eingetaucht, das ca. 77 (Vol.-Teile) eines oder mehrerer mit W. mischbarer Alkohole (Äthyl- oder Isopropylalkohol), 13 Trichlortrifluoräthan u. 10 dest. W., ggf. noch 2 Triäthanolamin oder 1 Methylisobutylketon enthält. Nach dieser Behandlung trocknen die Schichten fleckenfrei innerhalb von 30 Sekunden. (**A. P. 2 967 771** vom 16/7. 1957, ausg. 10/1. 1961.) A. KALIX. 8651

Kalle & Co. Akt.-Ges., Wiesbaden, *Material für elektrophotographische Reproduktion.* (**Holl. P. 97 724** vom 7/11. 1957, ausg. 17/4. 1961. D. Prior. 21/11. 1956. — C. **1960.** 2403 [D. A. S. 1 060 713].)

Minnesota Mining & Mfg. Co., St. Paul, Minn., V.St.A., *Elektrophotographische Bildherstellung.* (**E. P. 864 474** vom 28/3. 1957, ausg. 6/4. 1961. A. Prior. 30/3. 1956. — C. **1960.** 15280 [Aust. P. 215 754].)

Gevaert Photo-Producten N. V., Mortsel, übert. von: **Jean Marie Nys** und **Theofiel Hubert Ghys**, Antwerpen, Belgien, *Supersensibilisierte photographische Emulsion.* (**A. P. 2 973 264** vom 4/3. 1958, ausg. 28/2. 1961. E. Prior. 6/3. 1957. — C. **1961.** 1436 [Belg. P. 556 403].)

Kodak Soc. An., Brüssel, Belgien (Erfinder: **R. A. Jeffreys** und **E. B. Knott**), *Sensibilisatoren.* (**Belg. P. 553 516** vom 18/12. 1956, ausg. 15/1. 1960. A. Prior. 19/12. 1955. — C. **1961.** 14523 [E. P. 816 014].)

Kodak-Pathé, Frankreich (Erfinder: **Leslie George Scott Brooker** und **Frank Luther White**), *Sensibilisatoren.* (**F. P. 1 210 647** vom 11/9. 1957, ausg. 9/3. 1960. A. Prior. 13/9. 1956. — C. **1960.** 17007 [A. P. 2 882 159].)

Agfa Akt.-Ges., Leverkusen, übert. von: **Lothar Burgardt**, Leverkusen, und **Ottmar Wahl**, Opladen, *Photographische Filterschichten.* (**A. P. 2 968 557** vom 23/11. 1956, ausg. 17/1. 1961. D. Prior. 23/12. 1955. — C. **1958.** 5264 [D. A. S. 1 014 430].)

Agfa Akt.-Ges., Deutschland (Erfinder: **Peter Kruck, Wilhelm Thoma, Heinrich Rinke, Armin Ossenbrunner**), *Antistatische Schichten für photographisches Material.* (**F. P. 1 212 879** vom 1/10. 1958, ausg. 28/3. 1960. D. Prior. 1/10. 1957. — C. **1961.** 2857 [D. A. S. 1 081 754].)

Agfa Akt.-Ges., Deutschland (Erfinder: **Bernhard Morcher, Günter Kolb** und **Ingofroh Dennstedt**), *Mattierungszusätze für photographische Schichten.* (**F. P. 1 213 544** vom 28/8. 1958, ausg. 1/4. 1960. D. Prior. 30/8. 1957. — C. **1960.** 17593 [D. A. S. 1 058 835].)

Gevaert Photo-Producten N. V. (Erfinder: **René Maurice Hart, Laurent Pierre Roosens** und **Jacques René Troquet**), *Hydrophobe, alkalilösliche Hilfsschichten für photographisches Material.* (**Aust. P. 226 962** vom 25/11. 1957, ausg. 17/3. 1960. Belg. Prior. 26/11. 1956. — C. **1960.** 4082 [D. A. S. 1 071 477].)

Lumoprint Zindler K. G., Hamburg, *Entwickeln elektrostatischer Bilder.* (**E. P. 839 397** vom 13/6. 1957, ausg. 29/6. 1960. D. Prior. 29/6. u. 28/8. 1956. — C. **1958.** 9959 [D. A. S. 1 021 715].)

Établissements Bauchet & Co., Frankreich (Erfinder: **Horst Wuhrmann** und **Jacques Lesueur**), *Stabilisierung von entwickelten Silberbildern.* (**F. P. 1 212 921** vom 14/10. 1958, ausg. 28/3. 1960. — C. **1961.** 13419 [D. A. S. 1 100 465].)

Kalle & Co. Akt.-Ges., Wiesbaden, *Elektrophotographische Vervielfältigung.* (**E. P. 853 880** vom 16/12. 1957, ausg. 9/11. 1960. D. Prior. 22/12. 1956. — C. **1960.** 1726 [D. A. S. 1 060 714].)

Kalle & Co. Akt.-Ges., Wiesbaden, *Photoleitfähige Stoffe für die Xerographie.* (**Oe. P. 213 701** vom 28/8. 1958, ausg. 27/2. 1961. D. Prior. 7/9. 1957 u. 25/7. 1958. — C. **1960.** 6383 [D. A. S. 1 068 115].)

Kalle & Co. Akt.-Ges., Wiesbaden, *Wärmeempfindliche Kopierschichten.* (**Oe. P. 214 271** vom 7/7. 1959, ausg. 27/3. 1961. D. Prior. 15/7. 1958. — C. **1961.** 12329 [D. A. S. 1 100 655].)

Ozalid Co. Ltd., London, England, *Herstellung von lichtempfindlichem Material.* (**Ind. P. 60 932** vom 28/6. 1957, ausg. 16/1. 1960. — C. **1960.** 14930 [D. A. S. 1 068 116].)

Kodak-Pathé, Frankreich (Erfinder: **Scheuring Session Fierke** und **Homer William John Cressman**), *Mehrschichtmaterial für die Farbenphotographie.* (**F. P. 1 212 029** vom 10/10. 1957, ausg. 21/3. 1960. A. Prior. 12/10. 1956. — C. **1959.** 359 [D. A. S. 1 027 511].)

Agfa Akt.-Ges. (Erfinder: **Wolfgang Lässig** und **Eberhard Günther**), Leverkusen, *Herstellung von Flachdruckformen auf photographischem Wege.* (**Oe. P. 213 917** vom 30/5. 1959, ausg. 10/3. 1961. D. Prior. 27/6. 1958. — C. **1961.** 3878 [D. A. S. 1 087 001].)

Ciba Akt.-Ges., Basel, Schweiz, *Herstellung von Reliefs aus photographischen Bildern.* (**Oe. P. 214 272** vom 23/4. 1957, ausg. 27/3. 1961. Schwz. Prior. 24/4. 1956. — C. **1959.** 6352 [D. A. S. 1 032 670].)

Kalle & Co. Akt.-Ges., Deutschland, *Lichtempfindliches Material für die Herstellung von Flachdruckplatten.* (**F. P. 1 210 042** vom 28/7. 1958, ausg. 4/3. 1960. D. Prior. 1/8. 1957. — C. **1960.** 14578 [D. A. S. 1 053 930].)

General Aniline & Film Corp., New York (Erfinder: **Clifford Ernest Herrick jun.**, Chenango Forks, und **Ann Heins Balk**, Woodstock), N.Y., V.St.A., *Negativ arbeitendes Diazosulfonatmaterial.* (**Schwz. P. 355 027** vom 17/3. 1956, ausg. 31/7. 1961. A. Prior. 18/3. 1955. — C. **1959.** 7352 [D. A. S. 1 047 617].)

Edwin Mutter, Kompendium der Photographie. 2. Bd. Die Negativ-, Diapositiv- und Umkehrverfahren. Berlin: Verl. f. Radio-Foto-Kinotechnik. 1962. (334 S. m. 51 Abb.) DM 27,50.

—, Veröffentlichungen der Wissenschaftlichen Photo-Laboratorien AGFA. Bd. IX. Leipzig: Hirzel. 1961. (VII + 273 S. m. 101 Abb. u. 8 Taf.) 8°. DM 20,—.

Redaktionsschluss 16. März 1962.

Herausgeber: Prof. Dr. Heinrich Bertsch, Berlin, u. Prof. Dr. Dr. h. c. Wilhelm Klemm, Münster. Chefredakteure und verantwortlich für den Inhalt: Dr. Eugen Klever, Berlin W 30, Geisbergstraße 39, Fernsprecher: 249541 u. Dr. Willi Barz, Berlin N 4, Schiffbauerdamm 19, Fernsprecher: 425571.

©

Verlag: Akademie-Verlag GmbH, Berlin W 8, Leipziger Str. 3—4 (Fernsprecher: 220441, Telex-Nr. 011773, Postscheckkonto Berlin 35021), und Verlag Chemie, GmbH, Weinheim/Bergstr. (Fernsprecher: Weinheim 3635 [Sammelnummer]; Fernschreiber: 0465516 chemieverlwhn; Postscheckkonten: Frankfurt/M. 145314 u. Berlin [West] 7430). Bestellnummer: 1007/133. Das Chemische Zentralblatt erscheint wöchentlich. Preis des Jahrganges einschl. Autoren-, Patent-, Sach- u. Formelregister: DM 1200,—; einseitig bedruckte Ausgabe: DM 1350,—. Abgabe der Zeitschrift nur mit sämtlichen Registern. Abbestellungen nur bis spätestens 6 Wochen vor Ablauf des Kalenderjahres.

Satz u. Druck: VEB Leipziger Druckhaus, Leipzig, III/18/203. V. 62.
Veröffentlicht unter der Lizenznummer ZLN 5002 des Ministeriums für Kultur, Hauptverwaltung Verlagswesen.
Printed in Germany.

FSC
www.fsc.org
MIX
Papier | Fördert gute Waldnutzung
FSC® C083411

Kolibri 360 GmbH
Ferdinand-Jühlke-Straße 7
99095 Erfurt, Deutschland
produktsicherheit@kolibri360.de